성의 역사 연대표

인간의 성 세계는 영향력을 끼친 수많은 역사적인 사건들로 점철되어 왔다. 150년 전까지 되돌아가 인간의 성에 대한 우리의 관점을 바꾸게 만든 중요한 사건들을 알아보자.

- **1846** 처음으로 격막 피임기구가 미국 특허로 등록됨
- **1873** 의회가 피임 정보와 피임기구의 배포를 금지하는 컴스톡 법안(Comstock Act)을 통과시킴
- **1874** 남성의 음주와 부도덕한 행위를 반대하기 위한 여성 크리스천 금주연합(Women's Christian Temperance Union)이 설립됨
- **1897** 엘리스(Havelock Ellis)가 처음으로 성의 심리학 연구(*Studies in the Psychology of Sex*) 제1권(총 6권)을 출판함; 성이 삶에서 즐거움을 주는 중심적인 기능을 한다고 주장함
- **1909** 지그문트 프로이트(Sigmund Freud)가 매사추세츠의 클라크대학에서 강의함; 인간 본성의 일차 동인으로서 성 이론을 미국에 소개함
- **1916** 생어(Margaret Sanger)가 성규범의 변화를 나타내는 브룩클린 산아제한 상담소를 처음으로 오픈한 것 때문에 체포되어 수감됨; 여성에게 있어 성은 생식과 분리시켜야 한다고 주장함

1920 1930 1940 1950 1960 1970

- **1920년대** 자동차의 확산으로 데이트 커플들에게 사생활과 독립성을 제공함
- **1923** 켈로그(John Kellogg)가 배틀크릭 온천요양소(Battle Creek Sanitarium)의 사장이 됨; 성감과 자위행위를 감퇴시킬 수 있는 간편 식사로서 콘플레이크를 제공함
- **1934** 외설적이라는 판결을 받았던 제임스 조이스의 율리시즈가 항소법원에서 그 판결이 뒤집혀짐으로써 외설법 자유화의 신호탄이 됨
- **1934** 가톨릭교회가 영화를 평가하고 등급을 부여하는 "품위수호단(Legion of Decency)"을 결성함; 할리우드는 영화에 성적 내용을 축소시킴으로써 이에 대응함
- **1936** 미국 연방법원이 피임반대 법안인 컴스톡 법안을 뒤집음
- **1942** 미국 가족계획연맹이 창설됨: 결혼하여 가족계획을 하고 성적 만족감을 얻는 것을 옹호함
- **1948** 킨제이연구소에서 "성적 행동과 남성이라는 인간"을 출간; 20만 부가 팔리고, 27주 동안 뉴욕타임즈의 베스트셀러가 됨

- **1950** 그라펜버그(Ernst Grafenberg)가 질벽에 '성감대'가 존재하고 있다고 주장함
- **1953** 휴 헤프너(Hugh Hefner)가 처음으로 플레이보이 잡지를 출간함
- **1953** 조르겐센(Christine Jorgensen)이 처음으로 남성에서 여성으로 '성전환' 수술을 함
- **1953** 킨제이연구소에서 "여성이라는 인간의 성적 행동"을 출간
- **1960** 프리단(Betty Friedan)이 "여성, 그 신비로움"을 출간; 여권주의 운동 시작의 신호탄이 됨
- **1960** 식품의약국이 맨처음으로 '에노비드(Enovid)'라는 상품명의 경구피임약을 승인함

- **1966** 마스터즈와 존슨에 의해 "인간의 성적 반응"이 출간됨. 성 생리학에 대한 대중의 이해에 혁신을 일으킴
- **1969** 뉴욕의 그린위치 빌리지에 있는 게이 바인 스톤웰 인(Stonewall Inn)에서 고객과 경찰들이 크게 충돌함; 게이의 권리운동의 신호탄이 됨
- **1969** 우드스톡(Woodstock)에서 성대하게 열린 록 콘서트는 '히피 자유연애' 운동의 최고 절정을 나타냄
- **1970** 맨처음으로 게이라는 줄거리와 인물로 구성된 장편영화 '밴드의 소년들'이 공개적으로 개봉됨
- **1972** 로키호러픽처쇼(*Rocky Horror Picture Show*)가 성에 대한 고정 관념을 흔들어 놓음
- **1973** 미국정신의학회(APA)가 심리적 질환 목록에서 동성애를 삭제키로 의결함
- **1973** 미국 대법원의 획기적인 판결의 하나인 로우 대 웨이드(*Roe vs. Wade*)의 사례; 낙태에 대한 여성의 권리, 특히 효과적이고 합법적인 낙태가 여성의 기본권에 의해 보호받아야 함을 선언함
- **1975** 미국 민원서비스행정당국 게이와 레즈비언 고용금 법을 폐지함
- **1976** 여성의 성적 환상과 행동을 상세히 묘사한 하이트보고서(*the Hite Report*)가 출간됨

1978
시험관 수정으로 임신된 첫 아기인 루이스 브라운(Louise Brown)이 태어남

1979
캘리포니아는 남편에 의한 강제적 섹스를 아내 강간으로 규정한 첫 번째 주가 됨

1980

1981
샌프란시스코와 뉴욕의 게이 중에 이유가 불분명한 사망에 이르게 되는 특이한 감염이 처음 발생함. 언론에서는 '게이 관련 면역결핍증'이라고 명명함. 속칭 '게이 전염병'이라고도 함. 이것이 미국에서 HIV/AIDS라는 전염병의 시작이 됨

1983
인간면역결핍바이러스(HIV)가 후천성면역결핍증(AIDS)의 원인으로 밝혀짐; 동성애자와 이성애자에서 발견됨

1990

1991
'피위의 어린이 놀이터'에서 피위 허먼(Pee Wee Herman) 역을 맡은 영화배우 루벤스(Paul Reubens)가 x-등급 영화관에서 자위행위를 했다는 이유로 체포됨

1993
클린턴 대통령이 군대 내의 게이와 레즈비언을 위한 "묻지도, 말하지도 말라"는 정책을 도입함

1993
FDA가 처음으로 '리얼리티(Reality)'라는 상품명의 여성 콘돔을 승인함

1994
미국 성출판협회(Publication of Sex in America)가 킨제이 보고서 이후 처음으로 대규모의 성적 행동에 대한 설문조사를 함

1997
드제너리스(Ellen Degeneris)가 '엘렌'이라는 인기 TV 쇼에서 게이임을 밝힘

1998
클린턴-르윈스키 성 스캔들이 터짐

1998
비아그라가 발기장애 치료제로 FDA 승인을 받음

1999
인간 파필로마 바이러스가 자궁경부암의 주된 원인으로 밝혀짐

2000

2000
공개적으로 게이를 주제로 한 윌과 그레이스(Will and Grace)라는 TV 코미디 시리즈가 에미상을 수상함

2002
소위 '강간약'이 대학 캠퍼스의 주요 문제가 됨

2003
미국 대법원이 모든 텍사스 동성연애법(Texas sodomy laws)을 폐지함

2004
부시 대통령이 동성결혼을 금지하는 미국 헌법수정안을 요청함; 이 제안은 의회에서 충분한 투표수를 받지 못함

2004
두 종류의 새로운 남성 발기부전 약품(상품명, 시알리스와 레비트라)이 FDA 승인을 받음. 두 종류 모두 남성에서 비아그라보다 오래 지속됨

2006
18세 이상의 여성에게 처방 없이도 미국에서 팔 수 있는 응급피임약(성교후 먹는 피임약, morning-after pill)을 FDA가 승인함

2007
'금욕만 강조된' 성교육은 청소년의 임신이나 성병을 감소시키지 못한다는 연구결과가 발표됨

2007
FDA는 365일 호르몬 피임약인 리브렐(Lybrel)을 승인함: 월경 기간을 없게 만듦

2007
미국 대법원은 산모의 건강과 무관하게 늦은 낙태를 금지시킴; 로우 대 웨이드 판결을 약화시킴

2007
미국에서 수백만 명 분의 HPV(생식기 혹)와 자궁경부암을 예방하는 새로운 백신 가다실(Gardasil)이 배포됨. 9~12세의 여아에게 예방접종이 권장됨

2008
성전환 남성이 건강한 여아를 분만함

2008
코네티컷은 동성결혼을 합법화한 두 번째 주가 됨

2008
미국 대법원이 아동성폭력에 대한 사형을 불법(잔인하고 이례적인 형벌)으로 결정함

2008
새로운 연구를 통하여 70대, 80대, 그 이상에서도 성은 삶의 중요한 부분임이 확인됨

『인간의 성』 8판의 주요 특징 8가지!

❶ 인간의 성과 관련해 새롭게 밝혀진 최신 내용들이 책 전체에 걸쳐 반영되어 있으며, 수백 편에 달하는 이들 논문에 대한 정보가 참고문헌에 수록되어 있다.

❷ 외과적인 방법으로 결혼 전 처녀성의 재복원, 지능과 정액량과의 관계, 남성들이 끌리는 빨간색, 여성의 치장과 월경주기와의 관계 등 여러 새로운 주제에 대해서도 다루고 있다.

❸ 수학 분야에서 성차이의 존재여부, 3~8개월 된 남녀 유아들이 성별유형화된 장난감에 대해 서로 다른 시각적 선호를 보인다는 연구 보고, 나이 많은 아버지에 의해 어린이에게 가해지는 위험의 정도 등과 같은 주제에 대한 최신의 내용들을 담고 있다.

❹ 본문과 따로 구분하여 배치한 두 항목, "가까이서 보기" 와 "다양한 세상"이 20편 이상 새롭게 보충되었다.

❺ "학생들의 실제 질문"이라는 새로운 항목을 추가하였고, 이를 본문과 따로 구분해 놓았다.

❻ 새롭게 작업이 이루어진 100개 이상의 삽화가 실려 있다.

❼ 이해력과 주의력을 증진시킬 수 있는 새로운 교육 방법을 도입하였는데, 그것은 각 장마다 말미에 총정리: 재숙고, 재인용, 재검토라는 항목으로 들어가 있다.

❽ 전 뉴욕 주지사나 루이지애나 상원의원 등 저명인사가 관련되어 있는 새로운 사례연구들도 실려 있다.

인간의 성 제8판

Human Sexuality in a World of Diversity

Spencer A. Rathus • Jeffrey S. Nevid • Lois Fichner-Rathus

역자 고상균 윤치영 송대용 오상훈 정용우

이 도서의 국립중앙도서관 출판시 도서목록 (CIP)은 e-CIP 홈페이지
(http://www.nl.go.kr/cip.php)에서 이용하실 수 있습니다.
(CIP 제어번호: 2014000730)

인간의 성 제8판

초판 인쇄: 2014년 3월 3일
초판 발행: 2014년 3월 10일
지은이: Spencer A. Rathus • Jeffrey S. Nevid • Lois Fichner-Rathus
옮긴이: 고상균, 윤치영, 송대용, 오상훈, 정용우
발행인: 문정구
편집팀: 이종률, 홍수희, 정지혜, 김지훈
영업팀: 한상정, 김태진, 최태웅
기획총괄: 최성원
발행처: (주)바이오사이언스출판
주 소: 137-060 서울특별시 서초구 효령로2길 10, 201호(방배동, 호산빌딩)
전 화: (02)581-4057~8, 팩 스: (02)581-4059
이메일: inquiry@biosciencepub.com
홈페이지: http://www.biobooks.co.kr
ISBN: 978-89-92709-95-8 93470
등록 번호: 제22-3079호
값 32,000원

(주)바이오사이언스출판

주요 차례

목차

2 인간의 성적 특성에 대한 연구 방법 36

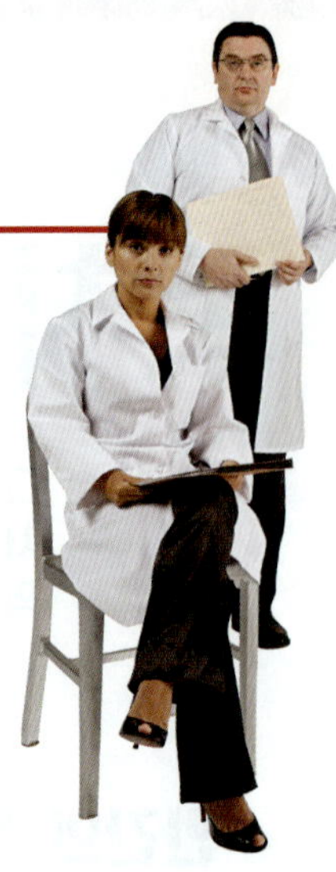

3 여성 생식기관의 해부와 생리 62

4
남성 생식기관의 해부와 생리 104

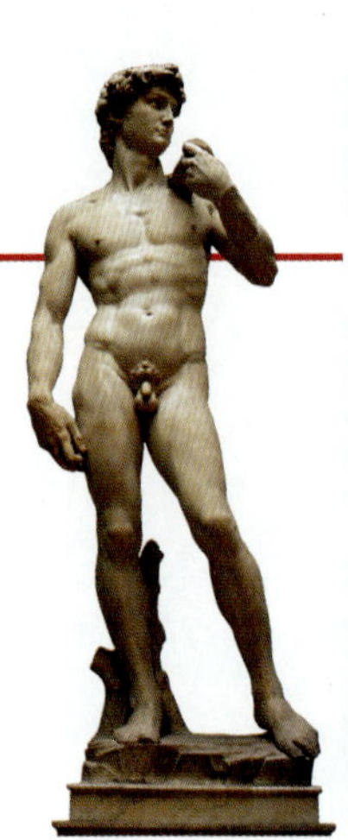

5
성적 흥분과 반응 132

7 끌림과 사랑—결속력 200

10
성적 성향 292

11
수정, 임신 그리고 출산 332

12
피임과 낙태 378

13 아동기와 청소년기의 성적 특성 418

14 성인의 성적 특성 446

15 성기능 장애 480

16 성병 516

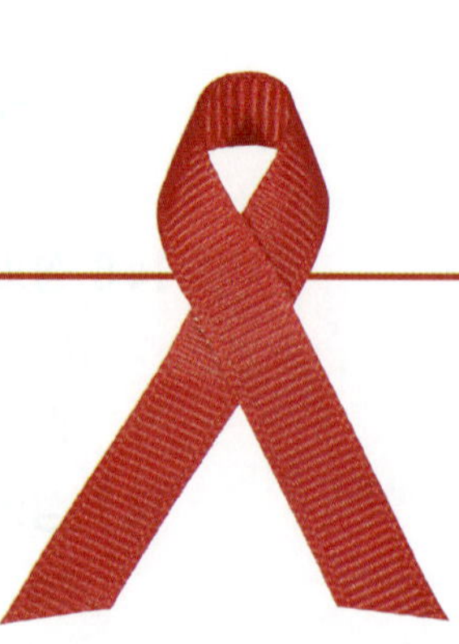

17
비정상적인 성적 변이 560

18
성폭력 590

19 성매매의 세계: 성인들의 디즈니랜드? 630

그림 상자

다양한 세상

가까이서 보기

자기평가

서문

호레이쇼, 천지간에는 자네의 철학으로 상상하는 것보다 더 많은 것들이 있다네.

–셰익스피어, 햄릿

우리 대부분이 상상하는 것보다 실제로 이 세상에는 보다 많은 유형의 사람들이 있으며, 사람들의 성을 경험하는 보다 많은 방법이 존재한다. 인간 성의 특성은 인체생물학과 친밀하게 연관되어 있을 수도 있지만, 그것은 인간의 문화와 사회라는 구조 안에 갇혀 있다. 다른 책과 달리 이 책의 독특한 접근법은 많은 사람의 다양성을 최대한 포용한다는 것이다.

먼저 학습과 기억을 보다 증진시키는 향상된 교수법에 대해 살펴보자. 그 다음에 인간의 성이라는 영역 안에서 지속적인 관심사를 나타내는 본문의 주제를 생각해 보자. 또한 이 책에 생명력과 학습 의욕을 유발시키는 다양한 특징도 논의해 보자.

PQ4R–향상된 교수법

PQ4R 방법은 강력한 교수법이다. 이 방법은 학생들에게 소극적이 아니라 주도적이 되게 함으로써 적극적으로 주제에 참여하도록 자극을 준다. PQ4R은 예습(preview), 질문(question), 읽기(read), 재숙고(reflect), 재검토(review) 그리고 재인용(recite)을 나타낸다. 이 방법은 교육심리학자인 로빈슨(Francis P. Robinson)의 연구와 관련되어 있다. PQ4R 방법은 표준 연구지침보다 더 탁월하다. 이 방법은 많은 교과서에서 발견되는 연계성 없이 분리되어 있는 질문이나 연습문제들의 한계를 잘 극복하도록 해준다. PQ4R는 이 책의 필수적인 부분이다. 모든 장마다 이것으로 시작하고 끝나며, 페이지마다 학생들과 함께 할 것이다.

예습 내용을 미리 보는 것은 학생들의 기대를 구체화하는 데 도움이 된다. 그것은 그들에게 주제를 분류하는 정신적인 틀 또는 "선행조직자(advance organizers)"를 만들어내도록 해준다. '인간의 성' 8판의 각 장은 "사실인가 아니면 허구인가" 부분과 "장 예습"으로 주제를 미리 학습하도록 해준다. "사실인가 아니면 허구인가" 항목은 학생들에게 민간전승과 상식(때때로 터무니없기도 하다)에 도전함으로써 주제를 찾아내도록 자극을 준다. 각 "장 예습"은 그 장의 개요를 보여주는데, 그것은 학생들의 읽기를 안내하는 정신적인 범주를 만들어 내게 한다.

질문 주제에 관한 질문들을 생각해 낸다는 것은 PQ4R 방법의 또 다른 특징이다. 질문들에 대하여 생각해 보는 것은 학생들에게 목표를 준다: 학생들은 그 문제들에 답하기 위해서 수업에 참석하거나 교재를 읽게 된다. 질문들은 학생들이 PQ4R 방식을 가장 효과적으로 이용하도록 도와주기 위하여 모든 본문의 첫 부분에 있다. 이러한 질문들은 본문 여백에 있으며, "재숙고"(적용 질문들, 나중에 설명됨)와 "비판적인 사고하기"(학생들이 주장, 연구, 그리고 최근 사건들을 평가할 수 있게 해주는 질문들)라는 명칭으로 되어 있다. 학생들이 이런 질문들을 본문에서 보게 될 때, 학생들은 잠시 멈춰서 자신이 질문에 답하기 위해 읽었던 정보를 이용할 수 있게 해준다. 만약에 그들이 원한다면, 그들은 로빈슨이 권장하는 것처럼 자신의 공책에 질문과 답을 적을 수도 있다. 게다가, 각 장에는 여러 대학의 학생들로부터 수집된 보편적인 질문들을 부각시킨 새로운 "학생들의 실제 질문"이 있는데, 그것들은 인간의 성에 관한 그들의 관심과 오해를 반영하는 것들이다. 이러한 질문들에 대한 답은 본문에서 얻게 된다.

읽기 PQ4R 방식의 첫 번째 R은 읽기를 뜻한다. 학생들이 스스로 읽어야 하겠지만, 그들은 혼자가 아니다. 본문은 아래에 있는 것들을 제공함으로써 도움을 준다.

- 상식과 민간전승에 도전함으로써 학생들을 자극하는 '사실인가 아니면 허구인가' 섹션
- 내용을 체계화하는 데 도움을 주는 '예습'
- 간결하고 자극이 되는 산문체의 주제 제시
- 용어가 나온 본문 가까운 곳의 여백에 의미를 정의한 용어 사전
- 이전에 제시된 개념 위에 새로운 개념이 세워지기 위해 질서정연한 방법으로 개념을 발전시킴

이 책의 문체는 "직접적"이다. 그렇게 함으로써 독자들에게 직접적으로 말하고, 학생들을 자극하여 동기를 부여하기 위해 유머와 개인적인 일화를 활용하고 있다. "인간의 성" 문체는 학생들이 수용할 수 있을 만큼 활력이 넘치며, 그것을 통하여 독자들이 지식을 알게 될 때, 흥미를 유발하며 기억을 새롭게 하도록 의도되어 있다.

총정리: 재숙고, 재인용, 재검토

8판에서 새로운 것은 각 장은 교육학적 방식으로 끝낸다는 것이다. 이것은 각 장의 내용을 반영하고 설명하며 복습함으로써 학생들의 이해력과 기억력을 자극하는 총정리라고 하는 부분이다. 이러한 총정리는 PQ4R 방법의 연속이다.

재숙고 학생들은 그들이 무엇을 배우고 있는지에 대해 재숙고할 때 더 효과적으로 배운다. 학습과 기억을 연구하는 심리학자들은 재숙고를 정교화 시연(elaborative rehearsal)이라고 말한다. 학생들이 주제에 대해 반영하는 한 가지 방법은 자신들이 이미 알고 있는 것들과 연관시키는 것이다. 그것들이 학술적인 내용이건, 자신들의 생활 속에서 일어나는 사건들이건 상관이 없다. 재숙고한다는 것은 내용을 의미 있게 해주며 쉽게 기억할 수 있도록 해준다. 또한 학생들이 자신들의 삶에 그 정보들을 적용할 수 있도록 해준다. 효과적인 재숙고를 통하여, 학생들은 내용을 자신들의 기억 속에 강하게 남겨 놓을 수 있는 것이

다. 그렇게 되면 암기 반복이 불필요하게 되는 것이다. "재숙고"에 관한 질문들은 각 장을 통하여 총정리 부분에서 여러 차례 나타난다.

재인용 PQ4R 방법은 학생들에게 정기적으로 질문에 대한 답을 큰 소리로 설명하도록 권장한다. 답을 큰 소리로 설명하는 것은 반복의 수단으로서, 학생들이 배운 개념과 생각을 생성해 내도록 자극하고, 말하는 단어와 몸짓을 연관시킴으로써 사실을 기억하는 데 도움이 된다. "재인용" 부분들은 학생들이 내용을 요약하도록 도와주는데, 그것들은 생생한 요약인 셈이다. 그것들은 질문과 대답 형식으로 쓰여졌으며, 본문에 나오는 핵심 용어들을 포함하고 있다.

재검토 정기적으로 주제를 재검토하는 것은 학생들의 학습에 큰 도움이 된다. 따라서 각 장의 뒷부분에는 재검토 연습문제가 있다. 재검토에는 생생한 학습, 기억, 그리고 비판적 사고를 키우는 10개의 객관식 문제가 있다.

"인간의 성" 주제

"인간의 성" 8판은 다음과 같은 주제들을 기반으로 하고 있다.

1. 성의 역할, 성적 태도, 그리고 성적인 행동과 관습에서 볼 수 있는 풍부한 다양성
2. 비판적인 사고하기
3. 책임 있는 성적 의사결정
4. 건강한 성

주제 1: 인간의 다양성 대학들은 인간의 다양성에 대해서 감사하고 수용하도록 학생들의 관점의 폭을 넓히는 일을 한다. 미국은 수백 개의 다른 민족과 종교 집단으로 구성된 하나의 국가이다. 그 많은 민족과 종교 집단들의 대부분은 문화적으로 남녀에 대한 성의 적절한 역할, 그리고 다른 성적 관행과 풍습을 지지하고 있다. 다양성은 거의 200여 개의 국가로 되어 있는 지구촌과 그러한 국가들의 하위문화보다 더 크다. "인간의 성"은 우리 자신이 속한 사회와 세계의 성적 경험의 다양성을 반영하는 다문화, 다민족의 관점을 포함한다. 그렇게 함으로써 이 책은 학생들의 문화적 차이에 따른 성에 대한 태도와 행동을 전 세계로 이해를 넓혀 주고 우리가 속한 사회도 이해하도록 한다.

덧붙여서, "다양한 세상"의 특성은 우리 사회와 세계의 다른 사회의 성적 관행과 풍습의 풍부한 다양성을 강조해 준다. 다양성에 대한 논의는 다양한 신념과 태도를 유지하는 사람들에게 존경과 격려를 보내는 것이다. 또한 우리는 학생들에게 무엇이 문화적 전통과 기준에 비추어 사회적 역할과 성적 규범이라는 면에서 여성과 남성에 대해 적절한 것인지 질문하도록 격려하고자 한다.

주제 2: 비판적인 사고하기 새 천 년을 맞는 대학들은 또한 학생들에게 비판적 사고자들이 되도록 장려하고 있다. 오늘날의 학생들에게 허구로부터 진실을 구별하기 힘든 성별과 성적 특성에 대한 정보들은 감당 못 할 정도로 너무 많다. 정치가, 신학자, 그리고 지역사회

지도자들이 우리의 성별과 성적 태도와 행동 특성에 관련된 태도와 행동에 영향을 줄 뿐만 아니라, 신문, TV 프로그램, 인터넷 그리고 그 외 미디어들도 인간의 성에 관련된 성 역할과 문제에 대한 특집들로 차 있다.

비판적인 사고하기란 유인물이나 인터넷에 발표되거나, 권위자나 유명인에 의해 언급되는 정보에 대해 의심을 가져 보는 것을 의미한다. 비판적 사고는 증거에 비쳐 볼 때 다른 사람들의 주장이나 논거에 대해 사려깊은 분석과 면밀한 조사를 필요로 한다. 더욱이, 그것은 우리가 인정하는 일반적인 통념과 상식에 기꺼이 도전하는 것이 요구된다. 그것은 용어들의 의미를 세심히 살피고 주장의 기저를 이루는 전제나 추정을 평가하고, 그 주장의 타당성에 대해 조사하는 것을 의미한다.

이 책을 통하여 우리는 비판적 사고를 요구하는 문제들을 제기하고자 한다. 이러한 문제들은 축적된 과학적 증거에 비쳐 볼 때 성의 역할과 특성에 대한 신념과 태도를 분석하고 평가하는 데 있어서 학생들의 흥미를 자극하도록 의도되었다. 더구나, 새로운 판에는 1장의 "1.3 인간의 성적 특성에 대해 비판적으로 사고하기"라는 절을 통하여, 그리고 각 장마다 "비판적인 사고하기" 문제들을 포함시킴으로써 비판적인 사고를 키운다.

주제 3: 책임 있는 성적 의사결정 우리는 또한 학생들에게 성 문제에 대해 책임 있는 결정을 하도록 장려한다. 사람의 성에 관해 자연스러운 흐름에 맡기거나 수동적이 되는 것은 정신적, 육체적 위험이 있게 된다. 물론 우리는 학생들에게 성적으로 적극적인 것을 권장하지는 않는다(그러한 결정은 개인적인 것이다). 반면에 우리는 학생들이 정확한 정보에 기초하여 그들 자신의 성적 의사결정을 능동적으로 하기를 장려한다.

의사결정은 개인의 성적 경험과 깊게 연관되어 있다. 예를 들어, 각 사람은 결정하기 위해 아래 사항이 필요하다.

- 누구와 만나는지, 어떻게 그리고 언제 성적으로 친밀하게 되는지
- 피임을 할 것인지, 그리고 어떤 방법을 선택할 것인지
- HIV/AIDS 그리고 다른 성병들로부터 어떻게 스스로를 보호할 것인지

책임 있는 성적 의사결정은 정확한 정보를 얻는 것뿐만 아니라 자신의 도덕적 가치의 관점에서 주의 깊게 그 정보를 평가하는 것이다. 우리는 학생들에게 대중을 따르거나 그저 파트너가 원하거나 요구하는 것을 따르는 것보다는 항상 자신들의 가치, 필요, 관심을 고려하기를 권한다. 본문을 통하여, 우리는 학생들에게 그들이 책임 있는 의사결정을 하는데 필요한 정보를 제공한다. 그것들은 신체적 건강, 남녀의 성적 역할, 성행위, 피임, 그리고 성병의 예방에 대한 것들이다.

주제 4: 건강한 성 "인간의 성"은 HIV/AIDS와 그 외 성병들, 피임의 혁신과 생식 기술, 유방암, 월경의 고통, 섹스와 장애들, 그리고 생식관에 발생하는 질병 등과 같은 광범위한 주제를 포함하여 성 건강과 관련된 문제들을 집중적으로 말하고 있다. 본문은 학생들에게 건강증진에 능동적이고 주도적인 역할을 취할 것을 권장한다. 예를 들어, 이 책은 학생들이 자신의 신체 이상을 검사하고, HIV 감염의 위험을 줄이고, 월경 불편감을 대처하는 데 도움이 되는 운동과 특집을 마련해 놓고 있다.

이 책의 특징

이 책에는 학생들의 흥미를 자극하고 이해를 높이는 많은 특징들이 들어 있다.

새로운 "학생들의 실제 질문" 학생들이 인간의 성에 대해 아는 것은 무엇인가? 무엇이 그들을 교수나 친구들, 또는 부모에게 묻는 것을 쑥스럽게 하는가? 이 새로운 특집은 크든 작든 전국 대학생들에게서 모은 그들이 생각하는 인간의 성을 주제로 한 질문들을 강조하고 있다. 그 다음에 우리는 그들의 질문에 답한다. 질문의 예시는 다음과 같다.

- 유방의 하나가 더 큽니다. 이것은 정상인가요?
- 관계가 끝났다는 것을 당신은 어떻게 말하나요?
- 나의 파트너가 섹스에 흥미를 계속 갖게 하려면 어떻게 해야 하나요? 우리는 5년 동안 함께 했습니다.

다양한 세상 "다양한 세상"의 특징은 많은 우리 자신이 속한 사회와 전 세계를 통틀어 성의 풍습과 관행에 대한 풍부한 다양성을 강조하고 있다. 다문화의 맥락에서 인간의 성을 보는 것은 학생들이 어떻게 문화적 신념, 가치, 그리고 태도가 성의 표현에 영향을 끼칠 수 있는지 이해하도록 도와준다. 학생들은 그들과 동일한 민족적 또는 종교적 유산을 공유하지 않는 파트너가 성적 친밀감에 대해 다르게 느낄 수 있다는 사실을 이해하게 될 것이다. 학생들은 남녀의 역할, 성적 기호, 성적 질투심, 그리고 혼전과 혼외의 성적 양상 등에 관련된 문화적 차이에 대해 배우게 될 것이다.

가까이서 보기 "가까이서 보기"의 특징은 과학기술(예를 들어, "성적 흥분의 생리학적 측정")과 기술을 요하는 연습들("유방 자가검사," "고환 자가검사)에 대한 심도 있는 논의를 제공한다.

자기평가 자기를 평가하는 설문지는 학생들의 흥미를 자극하고 그들의 궁금한 점을 만족시켜줌으로써 자기 통찰을 제공한다. 또한 이러한 설문들은 학생들의 삶과 본문의 관련성을 높여준다. 예시에는 "면접관에게 당신의 성적 행동에 대한 조사에 진실을 말해 주겠습니까? 사회적 바람직성 척도" 그리고 "스턴버그(Sternberg)의 사랑의 삼각형 이론과 척도"(이것은 학생들에게 그들이 "사랑하고 있는지", 그렇다면 어떤 유형의 사랑을 하고 있는지를 결정하도록 도와줄 것이다) 등이 있다. 점수 지시문은 본문 마지막의 부록에 있다.

진실인가 아니면 허구인가 각 장을 여는 독특한 이런 방식은 학생들에게 상식, 고정관념, 그리고 민간전승에 도전하게 함으로써 동기를 부여한다. "진실인가 아니면 허구인가" 부분은 각 장에 배치되어 있으며, 학생들에게 각 장에 나타나 있는 증거들에 비추어 추정의 정확성에 대한 피드백을 제공한다.

본문 용어사전 대부분의 학생들은 책의 마지막에 있는 용어사전을 사용하지 않는다는 연구보고가 있다. 용어의 뜻을 찾는 것은 힘든 일인데, 주제로부터 멀어지게 해서 집중력을 방해하기 때문이다. 따라서 이 책은 본문 용어사전을 가지고 있어서, 핵심 단어들은 굵은 활자체로 본문에 있고 가까운 곳 여백에 정의되어 있다. 학생들은 내용의 흐름에 따라 핵심 단어들의 뜻을 집중력을 흩트리지 않고 손쉽게 찾을 수 있다.

역자소개

고상균
대전대학교 생명과학부 미생물생명공학과
skkoh@dju.kr

윤치영
대전대학교 생명과학부 생명과학과
chyun@dju.kr

송대용
을지의대학교 의과대학 해부학교실
dysongchoi@eulji.ac.kr

오상훈
대전대학교 생명과학부 생명과학과
soh42@dju.kr

정용우
고려대학교 약학대학 약학과
yjung@korea.ac.kr

역자서문

자연은 생명으로 가득 차 있다. 이 말을 다시 '자연은 성(性)으로 가득 차 있다'고 바꾸어 표현해도 그리 과장되어 보이지는 않는다. 성이 자연에 생명을 불어넣는 원동력이 되기 때문이다. 자연의 생명체 대부분은 성을 바탕으로 한 생식을 통해 자손을 낳고 그로 인해 자신의 종을 영속시켜 나간다.

우리 인간도 예외일 수는 없다. 오늘날 지구라는 행성에는 약 70억 명의 사람들이 살아가고 있는데, 이 모든 사람들이 이러한 성의 작용에 기인한 존재들이다. 하지만 우리 인간은 다른 생명체와는 달리, 성의 작용을 단지 생식에만 초점을 맞추기에는 너무 다양하고 복합적인 문제들을 내포하고 있기 때문에 사회문화적 관점과 심리학적 관점 등 여러 방면에서 조망해 보아야 한다.

사실 태어나서부터 죽을 때까지 인간에게 있어서 성은 일생동안 각자의 개별적인 삶에 구체적으로 그리고 다방면에서 강력하게 영향을 미친다. 그럼에도 불구하고 우리가 정규 교육과정을 통해 우리 자신의 성에 대해 배우고 이를 통해 성에 관해 균형 잡힌 올바른 시각을 구축해 나갈 기회를 갖게 된 사람은 그리 많지 않다. 아마도 우리 대부분은 책, 잡지, 친구, 종교, 방송매체, 인터넷 등 여러 출처로부터 보고 들은 정보를 가지고 자기 나름대로의 성에 관한 자신의 관념을 구축해 나가는 것이 일반적이지 않을까 싶다. 그러나 이러한 정보들이 얼마나 믿을 만한 것인지에 대해서는 의문을 별로 제기하지 않고 그냥 간과하고 넘기는 경향이 많다. 즉 너무 쉽게 믿는다는 것이다. 이로 인해 많은 사람들이 성에 관해 잘못되고 편향된 시각을 갖게 되기 쉽다. 따라서 지금 우리에게는 인간의 성에 관해 어떠한 치우침도 없이 객관적인 시각으로 다루어진 교과서적인 책이 요구된다.

다양한 세상에서 다양한 사람들에 의해 다양하게 표현되는 우리 인간의 성을 균형 잡힌 시각으로 서술된 책은 흔치 않다. 라서스, 네비드, 휘크너라서스 박사 3인이 집필한 이 번역서의 원서인『Human Sexuality In a World of Diversity』는 이를 잘 반영한 책으로 1993년 초판이 출간된 이래 독자들의 꾸준한 사랑으로 8판까지 나오게 되었다. 이 책은 인간의 성적 특성에 관해 폭넓은 내용을 담고 있으며, 최신의 연구를 잘 반영하고 있고, 또한 독자들의 실제 질문도 함께 하고 있다. 아울러 독자들이 학습을 용이하게 할 수 있는 체제를 채택하고 있다. 우리 역자들은 저자가 독자들에게 알려주고자 하는 바를 충실히 전달할 수 있도록 번역을 함에 있어 성실한 마음을 유지하려는 노력을 가볍게 하지 않으려고 애썼다.

성과 관련된 우리의 동경과 욕구는 삶에서 중요한 원동력이 된다. 이것은 몸의 감각으로, 일상의 활기로, 삶에 대한 즐거움으로 변화된다. 건강한 성적 욕구는 우리로 하여금 긍정적인 삶의 에너지를 발산하게 만들며, 이는 우리 주변에 영향을 미쳐 결국 우리의 즐거움이 다른 사람에게도 전파된다. 이를 실현하기 위해서는 우리에게 성에 관한 올바른 지식과 성에 관련된 문제에 대한 비판적인 사고 능력이 필요한데 이 책을 통해 이것들을 얻을 수 있으리라 기대해 본다.

역자진 모두는 이 책이 나오기까지 마음을 다해 애써 주신 ㈜바이오사이언스출판의 문정구 대표이사님, 한상정 이사님, 홍수희 팀장님, 이지혜 대리님께 감사의 말씀을 전하고 싶다.

2014년 1월

고상균

1장

인간의 성적 특성은 무엇인가?

목차

사실인가 아니면 허구인가

다음 중 어느 것이 사실이고 어느 것이 허구인가? 답은 본문 안에 있는 「사실인가 아니면 허구인가」 아이콘에서 만날 수 있다.

1. 과학적 지식은 우리로 하여금 올바른 성적 결정을 내릴 수 있게 만들어준다. T F
2. 인터넷에서 볼 수 있는 성에 관한 여러 조언들은 저명한 권위자들이 알려주는 것이다. T F
3. 고대 그리스에서 성인 남자는 청소년에 대해 성적 관심을 가졌는데, 때로는 소년들의 부모로부터 축복까지 받았다. T F
4. 인간의 역사 대부분에서 여자는 남편의 재산으로 여겨졌다. T F
5. 섹스에 관한 지침은 현대에 와서야 만들어졌다. T F
6. 그레이엄 크래커는 젊은이들의 성욕 억제를 목적으로 만들어지게 되었다. T F
7. 암컷 붉은등검정거미는 교미하던 수컷이 사정을 끝내면 그 수컷을 잡아먹는다. T F
8. 꿈에 나타난 비행기, 총알, 뱀, 막대기 그리고 이와 비슷하게 생긴 물건은 남성의 성기를 상징한다. T F

유럽 해안에서 멀리 떨어져 있는 섬과 남태평양에 있는 섬들을 공간적으로 그리고 시간적으로도 구글로 검색해 보자. 구글지도로 가서 이니스비그를 찾아 위성사진 이미지를 클릭하고, 더 나아가 1955년을 클릭하여(실제로 이럴 수 있는 것은 아니지만) 점점 더 안으로 들어가 본다면…

그리하면 이제 우리는 지리적으로뿐만 아니라 성적으로도 세상과 동떨어진 섬에 와 있는 우리 자신을 문득 발견하게 될 것이다. 우리의 첫 방문지는 대서양에 있는 이니스비그라는 곳인데, 안개가 많이 끼는 아일랜드 해변 가까이에 있다. 두 번째 기착지는 망가이아란 곳인데 태평양의 푸른 바다 가운데에 있다.

멀리서 찍은 위성사진에서 이니스비그는 비옥하고 매혹적인 녹색의 보석처럼 보인다. 이 지역의 거주자들은 여성이 오르가즘을 느끼는 것을 정상적이라고 생각하지 않는다. 인류학자들은 섹스에서 기쁨, 특히 오르가즘이 동반하는 강렬한 파상적인 쾌감을 알게 된 여자는 정상적이지 못한 성도착자로 간주된다는 보고를 해왔다.

이니스비그에는 혼전섹스라는 것이 없다. 결혼 전에 남자와 여자는 서로 떨어져 사회생활을 한다. 결혼은 늦은 편이어서 통상 남자는 30대 중반에, 여자는 20대 중반에 한다. 어머니는 "열매를 맺고 번성하라"는 신의 명령에 따라야 하므로 남편의 동물적 욕구에 순종해야 한다고 딸에게 가르친다.

그러나 이니스비그의 여자는 잦은 섹스에 대해 크게 염려하지 않아도 되는데 그 이유는 이 섬의 남자들은 성적 활동이 자신의 강함을 빠져나가게 한다는 잘못된 믿음을 가지고 있기 때문이다. 따라서 남자들은 스포츠 활동이나 힘든 작업을 하기 전날에는 섹스를 피한다. 전라에 대한 터부(금기)로 인해 결혼한 부부는 속옷을 입은 채로 섹스를 한다. 성교는 말 그대로 또 상징적으로도 어두운데서 이루어진다.

성교 중에 남자는 위에 위치한다. 항상 남자가 먼저 시작한다. 전희는 짧다. 남자는 성관계를 갖는 유일한 상대이자 그리고 할 수 있는 최선을 다해 자신의 아내를 아껴야 한다는 믿음 때문에 가능한 한 빨리 사정을 한다. 그런 후에 그는 돌아누워 잠에 빠진다.

망가이아로 가보자. 망가이아는 진주 같은 섬이다. 이 섬은 여러 의미에서 이니스비그와는 다른 세계이다. 망가이아의 소년과 소녀들은 어렸을 때부터 성적 놀이와 자위행위를 통해서 자신의 성적 본성과 자연스럽게 접하게 된다. 망가이아의 소년들은 성적 기술을 가르쳐 주는 어른에 의해 13세 정도에 성년이 시작된다.

소년들은 자신이 배운 기술을 한적한 해변가나 늘어진 야자수 잎 아래서 여자 친구들과 실습을 한다. 그들은 여자친구의 가족들이 잠자고 있는 오두막집을 찾아가 몰래 여자 친구를 만나기도 한다. 부모들은 자기 딸이 웃고 헉헉거리는 소리도 종종 들을 수 있는데 자기 딸이 방문한 젊은 "동침객"과 함께 오르가즘에 도달했음을 알게 된다. 부모들은 구애에 지장을 주어 딸이 자신의 짝을 찾을 기회에 방해되지 않기 위해 종종 잠들어 있는 척한다. 딸들이 하룻밤에 여러 명의 밤 동침객들을 받아들여 여러 번의 오르가즘을 체험할 수도 있다.

망가이아. 한 세대 이전 만해도 이 사진과는 달리 코코넛 껍질을 입고 있지 않았겠지만 아무튼 망가이아에서 성은 자유분방하였다. 하지만 다른 장소와 다른 시간에서는 성이 "열매를 맺고 번성하라"는 신의 명령을 따르기 위한 필요악으로 여겨졌다.

망가이아 사람들은 처녀성을 경멸의 눈으로 보는데 그 이유는 그런 처녀는 성적 즐거움을 줄 수 있는 방법을 알지 못한다고 보기 때문이다. 따라서 남성 어른들은 소녀에게 비법들을 전수시켜 준다.

망가이아 사람들은 많은 서양 여성들이 오르가즘을 정기적으로 느끼지 못한다는 것을 알게 되자 의아하게 생각하였다. 오르가즘은 망가이아 여성에게는 확실히 보편적이다. 따라서 망가이아 사람들은 서양 여성들이 성기관의 어떤 문제로 인해 고통 받고 있다고 생각할 수 있다.

이니스비그와 망가이아의 거주민들은 해부학적 특성은 같지만 성에 대한 태도는 판연하게 다르다. 문화적 배경이 이들의 성적 행동의 패턴과 섹스를 통해 얻는 즐거움(또는 얻지 못하던지)에 영향을 미친다. 성은 자연적인 기능이긴 하지만 그러나 성은 종교적 믿음, 도덕적 믿음, 문화적 관습과 민속신앙, 미신에 의해 커다란 영향을 받는다.

인간의 성적 특성에 대한 연구에 이제 막 들어선 상황에 있다. 그렇다면 우리는 인간의 성적 특성을 왜 연구하는가? 성이란 자연적 기능이 아닌 것인가? 우리가 알고 있어야 할 것들을 다른 사람의 경험이나 또는 부모나 친구로부터 배울 수 없는 것인가?

이에 대한 답은 그럴 수도 그렇지 않을 수도 있다. 개인적 경험을 통해서 우리의 몸이 성적 자극에 어떻게 반응하는지 배울 수는 있지만, 그 경험이 성적반응이나 오르가즘에 대한 생물학적 관련 지식에 대해서는 거의 아무것도 가르쳐주지 않는다. 그 경험이 세상에 존재하는 다른 유형의 성적행동에 대해 어떤 정보도 주지 않는다. 또한 그 경험이 성병의 징후를 인지하게 또는 임신의 위험을 평가할 수 있게 해주지 않는다. 많은 사람들은 섹스에 대해 부모에게서 배웠던 것을 단 한마디로 요약하자면 아마도 "하지 말라"는 것일 게다. 우리가 친구들로 받았던 정보는 아마도 과장된 수수께끼 같은 말이었거나, 심지어는 거짓이기도 했다. 오늘날 많은 젊은 사람은 학교에서 성교육 과정을 통해 정확한 정보를 받지만 그러나 통상 성적 기술에 대해서가 아닌 주로 성병이나 임신에 대한 가르침을 받는다.

우리는 부모나 조부모가 우리 나이일 때에 알았던 것에 비해 인간의 성적 특성에 대해 더 많이 알고 있을 것이다. 그러나 실제로 얼마나 더 많이 알고 있는가? 발기와 질의 윤활은 무엇에 기인하는가? 성적 성향을 결정하는 요인은 무엇인가? 성기능 장애란 무엇이고 이들의 원인은 무엇인가? 성적 반응과 관심은 나이에 따라 어떻게 변하는가? 성병에 걸릴 수 있는지 사전에 알 수는 없는가? 증상이 없는데도 다른 사람을 감염시킬 수 있는가?

바로 이런 것들이 이 책에서 탐구하게 될 이슈들이다. 이 책의 특성 중 하나인 "학생들의 실제 질문"은 우리 대부분이 성에 대해 가지고 있는 몇몇 의문과 잘못 알고 있는 생각들을 예시하고 있다.

학생들의 실제 질문

질문: 저는 지금 가족들과는 성에 관한 주제로 어떠한 대화도 해본 적이 없어요. 가족과 어떤 대화로 어떻게 시작하면 될까요?

답변: 대부분의 사람이 성에 대해 이야기하기를 어려워한다. 우리는 이 책을 통해서 가족 구성원과 그 밖의 다른 사람과 성에 대해, 예를 들면 피임, 성병, 관계에서 오는 문제들에 대한 대화를 시작하기 위한 아이디어를 발견하게 될 것이다. 어떤 경우든 이야기할 수 있는 좋은 시간과 장소를 선택하는 것을 고려하자. 민감한 주제에 대해 이야기를 하기 위해서는 "제가 알기로는 우리 집안에서는 산아제한에 대해서 이야기하는 것을 금하고 있지만 몇 가지 궁금한 점이 있는데요. 이에 대해 이야기해 볼 수 있는지요?" 또는 "저는 도움을 좀 받고 싶습니다. 그것에 대해 이야기할 수 있나요?" 와 같이 사전에 양해를 먼저 구해보는 것도 고려하자. 우리에게 관심을 가지고 있는 사람이 껄끄러운 주제에 대해 의사소통을 하려고 애쓰는 우리의 도전을 받아들임으로써 우리를 놀라게 할지도 모른다. 만약 우리가 부모의 도움을 바란다면 아버지나 어머니가 혼자 있을 때 좀 더 수용적인 부모가 될 수 있다는 것을 알고 있었으면 좋겠다.

1.1 인간의 성적 특성은 무엇인가?

인간의 성적 특성은 무엇인가? 이것은 장난을 해 보려고 하는 질문은 아니다. 성(sex)이라는 단어의 의미를 생각해 보자. 성이라는 용어의 한 가지 사용은 해부학적 성, 즉 남성 또는 여성을 말한다. 성 또는 성적(sexual)이란 용어는 또한 생식과 성적 즐거움에서 역할을 하는 성기관(sex organ) 또는 성적 기관(sexual organ)이라 부르는 해부학적 구조에 대해 말할 때도 사용한다. 또한 성행위에서와 같이 생식 또는 즐거움의 목적으로 우리의 성기관과 관련된 육체적 활동을 언급할 때도 성에 대해 이야기한다. 성은 또한 성적 환상과 생각이나 성적 충동이나 성적 이끌림의 기분과 같은 에로틱한 기분 또는 경험이나, 욕구와도 역시 관련된다.

많은 연구자들은 성이라는 단어는 해부학적 또는 생물학적 범주에 대한 관련이 있을 때 사용하나, 사회적 또는 문화적 범주에 대해 말할 때는 **성별(또는 젠더)(gender)**이라는 단어를 선호한다. 예를 들면 어떤 사람이 "생식적 해부구조는 (성별이 아닌) 개체의 성에 의존하는 것처럼 보이나, 소위 전통적 사회에서 (성역할이 아닌) **성별역할(gender role)**은 종종 극과 극인 것처럼 보인다"라고 말할 수 있다.

인간의 성적 특성(human sexuality)이란 용어는 성적 존재로서 우리 자신을 경험하고 표현하는 방법들을 말한다. 여성 또는 남성으로써 자신에 대한 우리의 자각(인식)은 에로틱한 경험과 반응에 대해 갖는 수용능력과 마찬가지로 성적 특성의 한 부분이다. 우리 문화에서 성별역할에 대한 지식 역시 심대한 영향을 미친다.

성별(젠더, gender) 전형적으로 한 성과 관련된 행동적, 문화적, 심리적 특성.

성별역할(gender role) 남성과 여성이 주어진 문화 안에서 행동하리라고 기대되는 복잡한 일단의 방식.

인간의 성적 특성(human sexuality) 성적 존재로서 우리 자신을 경험하고 표현하는 방식.

가치관(values) 중요한지 아닌지, 옳은지 그른지, 욕구가 있는지 없는지를 판단하는 삶에서의 특질.

인간의 성적 특성에 관한 연구

인간의 성적 특성에 관한 연구는 이 분야와 관련된 여러 전문 그룹인 인류학자, 생물학자, 의학연구자, 사회학자, 심리학자들의 과학적 전문지식 위에서 이루어진다. 이들 학문분야 모두가 공헌을 하게 되는데, 그 이유는 인간의 성적 특성은 생물학적 소질, 심리적인 특성, 사회적이고 문화적인 영향이 반영되기 때문이다. 생물학자는 성적 각성과 반응의 생리적 메커니즘에 대한 정보를 준다. 의과학은 성병과 성기능 장애의 생물학적 토대를 제공한다. 심리학자는 우리의 성적 행동과 태도가 인식, 배움, 사고, 동기, 정서, 개성에 의해 어떻게 그런 모양으로 만들어지는지를 조사한다. 사회문화이론가는 성적 행동과 종교, 인종, 사회계층 사이의 관계성을 조사한다. 인류학자는 성적 행동에서 이문화 간 유사성과 차이점에 초점을 맞춘다.

사실인가 아니면 허구인가 

사실인가 아니면 허구인가 1: 과학이 우리에게 정보를 주기는 하지만 그것이 성적 결정을 내릴 수 있게 하지는 않는다. 성적 결정을 해야 할 때 우리는 또한 우리의 **가치관(values)**을 고려한다. 미국의 독립선언문에는 "생명, 자유, 행복추구권"이라는 기본 가치관을 담고 있는데, 시작치고는 그리 나쁘지 않았던 것 같다. 다음 절에서 배우겠지만 종교적 관습 역시 우리의 가치관 형성에 중요한 역할을 한다.

1.2 성과 가치관

우리 사회는 다원적이다. 그래서 다양한 성적 태도와 가치들이 받아들여지고 있다. 일부 독자는 성적 관점과 행동에 있어서 자유롭다. 다른 사람은 보수적일 수 있다. 어떤 사람은 임신 중절(낙태) 합법화를 찬성하고, 다른 사람은 임신 중절 합법화에 반대한다. 어떤 사람은 서로 잠시 아는 커플과의 혼전성교를 찬성한다. 다른 사람은 정서적 책임에서 그 선을 지킨다. 여전히 다른 사람은 결혼 때까지 기다려야 한다고 믿는다. 사람들의 성적 태도, 경험, 행동은 문화적 관습과 신념에 의해 그 모양이 만들어진다. 이것들은 우리가 성적으로 어디서, 어떻게, 누구와 관련되느냐에 따라 영향을 받게 된다.

페미니스트들이 지적하듯이 성적 행동에서 남성과 여성 사이의 일부 차이는 선택보다는 권력에 영향 받는다. 역사를 통해서, 많은 장소에서, 예를 들면 여성은 남성의 재산으로 여겨져 왔다. 오늘날에도 아버지가 자기 딸을 남편이 될 사람에게 종종 "팔아 넘기고" 있다.

사람들이 성적 결정을 내릴 때 사용하는 여러 가치체계에 대해 생각해 보자.

성적 결정을 내릴 때의 가치체계

성이 자연적 기능이라 할지라도 우리 대부분은 성적으로 관계를 맺게 될 때 어떻게, 어디서, 누구와 관계를 해야 하는지를 선택하게 된다. 우리는 다양한 성적 결정에 직면한다: 나는 누구와 데이트를 해야 하나? 내 파트너와 내가 성적으로 친밀해져야 하나? 내가 성적 관계를 먼저 시작해야 하나 아니면 파트너가 나한테 다가올 때까지 기다려야 하나? 나와 내 파트너는 피임을 해야 하나? 만약 그래야 한다면 성병을 예방하기 위해 콘돔을 사용해야 하나 아니면 내 파트너에게 그렇게 하도록 요구해야 하나? 나는 HIV(에이즈를 일으키는 바이러스) 검사를 받아야 하나? 나는 우리가 성관계를 갖기 전에 파트너가 HIV 검사를 받으라고 주장해야 하나?

가치체계는 성적 선택권의 도덕적 용인성을 판단하기 위한 뼈대를 제공한다. 우리는 종종 우리가 직면한 선택에 대해 도덕적 가치와 양립할 수 있는지를 결정함으로써 성적 결정에 이르게 된다. 성적 기준에 대한 우리의 가치체계는 부모, 동료, 종교적 훈련, 소수민족 문화, 보다 큰 문화, 이들의 영향에 대한 우리의 평가 등 여러 근원을 가지고 있다. 가치체계에는 율법주의, 상황윤리, 윤리적 상대론, 쾌락주의, 금욕주의, 실용주의, 합리주의 등이 있다.

율법주의 율법주의적 접근은 종교와 마찬가지로 외부 출처에서 유래된 도덕률의 규범에 바탕을 둔 윤리적 행동을 만들어낸다. 히브리 성서와 기독교 성경은 유대교와 기독교의 도덕규범의 많은 예를 담고 있다. 히브리 성서의 레위기(20:10~17)에는 간통, 근친상간, 동성간 성행위, 수간에 대한 많은 금지사항을 찾아볼 수 있다:

> 이웃집 아내와 간통한 사람이 있으면, 그 간통한 남자와 여자는 반드시 함께 처형을 당해야 한다. … 여자와 한자리에 들듯이 남자와 한자리에 든 남자가 있으면, 그 두 사람은 망측한 짓을 하였으므로 반드시 사형을 당해야 한다: … 가축과 교접한 사람은 반드시 사형을 당해

우리의 가치관은 책임감 있는 성적 결정에 어떤 역할을 하는가? 사람들은 성적 행동에 관한 결정에 생물학과 성에 대한 지식뿐만 아니라 자신의 가치관도 고려한다. 가치관의 시스템은 다양한데, 이들 중 일부는 종교에 기반을 두는 것도 있고 그렇지 않은 것도 있다. 중앙아시아 남부에 사는 신혼부부가 고대 힌두교 전통에 따라 혼례를 올리고 있다.

야 한다; 그 가축도 죽여야 한다. … 제 누이를 데리고 살면서 누이의 부끄러운 곳을 벗기고 여자가 오라비의 부끄러운 곳을 벗겼으면 그들은 겨레가 보는 앞에서 없애야 한다. …

레위기는 월경 중 성교도 역시 금하고 있다.

많은 종교 추종자들은 신념과 헌신의 문제로서 자신이 믿는 종교의 도덕규범을 받아들인다. 일부 사람들은 어떤 행동과정이 옳고 그른지가 종교적 권위나 경전으로부터 확인되어야만 비로소 안심하는 경우도 찾아볼 수 있다. 하지만 다른 사람은 좀 더 자유로운 관점을 취한다. 이들은 말한다. 성경은 꼭 종교적 영감에 의한 것이 아니고 쓰여진 그 시대의 사회적 배경을 반영하고 있는 것이라고 말한다. 세계의 많은 지역에서 인구증가가 폭발적 상황에 있는 지금, 열매를 맺고 번성하라는 성경적 명령은 사회적으로 환경적으로 더 이상 건전하지 않다. 월경 중에 성관계를 하지 말라는 이러한 금기사항은 위험에 대한 과학이 아닌 직관에 그 바탕을 두고 있다. 따라서 일부 사람들은 종교적 가르침을 하나의 절대적인 법칙이라기보다 일반적인 의사결정으로 간주한다.

상황윤리 성공회 신학자인 조셉 플레처(J. Fletcher, 1966, 1967)는 윤리적 의사결정은 엄격한 도덕법칙에 의해서보다 사랑으로 다른 사람을 이끌어야 하고 그리고 성적 의사결정은 개인이 직면한 상황배경에 바탕을 두어야 한다고 주장하였다. 이러한 이유로 그의 관점은 **상황윤리**라는 용어로 부른다. 플레처에 따르면 로마 가톨릭 여성의 경우 낙태는 인간의 생명을 죽이는 것이라 배우게 될 것이다. 하지만 그녀의 상황(현재 존재하고 있는 가족에 대한 사랑과 그리고 다른 아이를 위해 제공해야 할 한정된 그녀의 자원에 대한 인식)이 그녀가 낙태하는 쪽으로 결정을 내리도록 영향을 미칠 수도 있다.

플레처는 행위법칙은 유연해야만 한다고 주장한다. "상황윤리주의자는 어떤 규칙을 따르는 것보다 그렇게 하지 않는 것이 더 좋은 영향을 줄 수 있다면 어떤 구체적인 경우에도 그 규칙을 희석하거나, 무시하거나, 위반하기 위한 준비가 되어 있어야 한다(Fletcher, 1966, 34쪽)."

윤리적 상대론 윤리적 상대론은 다양한 가치관이 인간존재에 바탕을 두고 있다고 가정한다. 윤리적 상대론자들은 노출된 옷을 입는 것, 자위행위, 수음, 혼전성교, 구강성교, 항문성교, 피임, 낙태와 같은 다양한 주제들에 대해 오직 하나의 올바른 도덕적 관점만 있다는 생각을 배척한다. 어떤 사람은 혼전성교가 어떠한 상황에서도 받아들일 수 없다고 믿는 반면 다른 사람은 "사랑한다면" 그것을 받아들일 수 있다고 수용할 수도 있다. 또 다른 사람은 섹스는 정서적 헌신 없이도 도덕적으로 허용될 수 있다고 믿는다. 윤리적 상대론자들은 한 종류의 도덕적 가치관이 다른 종류의 도덕적 가치관보다 낫다고 정당화할 객관적인 방법은 없다고 믿는다. 이러한 관점에서 볼 때 인간의 도덕성의 본질은 한 개인의 자신의 원칙에서 나오는 것이고 이들을 자신의 양심에 따라 적용하는 것이다. 윤리적 상대론에 대한 반대자들은 무엇이 옳고 그른지의 결정을 아무런 통제없이 사람들로 하여금 자유롭게 맡기는 것은 사회를 혼란스럽게 그리고 부패하게 만든다고 주장한다.

윤리적 상대론의 한 형태가 **문화적 상대론**이다. 이 관점으로부터 무엇이 옳고 그른지를 결정하는 것은 성적 의사결정에 영향을 미치는 문화적 신념의 관점에서 이해되어야 한다. 어떤 문화에서는 혼전성교가 허용될 뿐 아니라 장려되기까지도 하지만, 반면에 다른 문화에서는 그것을 부도덕한 것으로 받아들인다.

쾌락주의 쾌락주의자는 특정 행동이 도덕적으로 또는 상황적으로 정의로운가에 의해서가 아니고 즐거움의 추구가 그 지표가 된다. "그것이 기분을 좋게 한다면 그것을 하라"가 쾌락주의적 윤리이다. 쾌락주의자는 허기나 갈증과 마찬가지로 성적 욕구는 도덕적 고려가 요구되는 것은 아니라고 믿는다.

금욕주의 로마 가톨릭 신부와 불교의 중과 같은 종교적 독신주의자는 자기 자신을 영적 추구에 헌신하기 위해 **금욕주의**(물질과 성에 대한 욕구를 자제)를 선택한다. 동양과 서양의 종교에서 많은 금욕주의자들이 육체적인 욕구와 세속적인 욕구를 초월하기를 추구한다.

학생들의 실제 질문

질문: 수녀와 같이 순결서약을 한 사람은 더 이상 성적 존재로 생각하지 않아야 하나요?

답변: 순결서약을 한 사람은 단지 성적으로 활동적인 존재가 되지 않기로 약속한 것이다. 그 이유는 종교적 전통에 따라 성적 욕구에 대한 극기가 핵심 역할을 하는 가치관에 대해 헌신해야 하기 때문이다. 그렇다고 그 사람은 더 이상 성적 존재가 아니라는 의미는 아니다. 그 사람은 여성 또는 남성으로 남아 있고, 계속하여 성적 충동, 성적 건강문제, 여성과 남성에 영향을 주는 문화적 기대에 적용을 받는다.

실용주의 윤리적 지침은 종교적 지침과는 다른 원칙에 근거할 수 있다. 영국의 철학자 존 스튜어트 밀(1806~1873)은 **실용주의**(도덕적 행위는 "최대 다수의 최대의 행복[Mill,

표 1.1

성적 결정을 내리는 가치체계

체계	근간을 이루는 믿음	예
율법주의	윤리적 행위가 종교와 같은 외부적 근원에서 온다.	구약에는 간통, 근친상간, 동성간 성행위, 수간에 대한 많은 금지사항을 포함하고 있다.
상황윤리	윤리적 의사결정은 상황에 의해 그리고 다른 사람에 대한 순수한 사랑에 의해 이루어져야 한다.	낙태가 인간의 생명을 죽이는 것이라 배운 여성도 자기 자신이 뒷받침할 여력이 없음을 인식하게 된다면 낙태하는 쪽으로 결정을 내리게 될 수도 있다.
윤리적 상대론	다른 것보다 상위에 있는 한 종류의 도덕적 가치를 정당화할 객관적인 방법은 없다.	동거가 어떤 문화에서는 허용되나 다른 문화에서는 부도덕한 것으로 여긴다.
쾌락주의	즐거움의 추구가 지표가 된다.	쾌락주의자는 허기나 갈증과 같이 성적 욕구는 도덕적 고려와 관련이 없다고 주장한다.
금욕주의	성적 욕구를 거부하고 영적 추구에 헌신한다.	동양과 서양의 종교에서 많은 금욕주의자들이 육체적 욕구와 세속적 욕구의 초월을 추구한다.
실용주의	도덕적 행위는 최대 다수의 최대 행복을 가져다준다.	우리는 정직해야 하는데, 그 이유는 사람들이 자신의 말에 진실해야 하고 서로를 그렇게 대할 때 최대 행복을 제공받기 때문이다.
합리주의	성적 결정은 맹목적이 아닌 지성과 이성에 바탕을 두어야만 한다.	실용주의자들은 불행한 결혼의 지속 여부에 있어서 가족이나 공동체의 중요성보다 개인의 중요성에 더 큰 무게를 두고 결정한다.

1863]"이라는 것에 바탕을 둔 관점)에 기초한 윤리체계를 제시했다. 실용주의자들은 어떤 행위가 최대 행복을 가져다주고 최소의 해만 일으킬 때 그 행동이 윤리적인 것으로 그 특성을 부여한다. 이것은 행동의 자유와 같은 것이 아니다. 실용주의자들은 혼전성교와 사생아를 갖는 것이, 예를 들면 이러한 행동패턴이 국가의 건강과 사회조직을 위태롭게 한다고 믿게 되면 그들은 이에 반대하여 호되게 꾸짖을 수도 있다. 밀의 윤리학은 우리가 서로 바르고 정직하게 대할 것을 요구하는데, 그 이유는 그들의 말이 진실이고 그리고 다른 사람을 그렇게 대할 때 그것이 사람을 위한 최대 행복을 제공하기 때문이다.

합리주의 합리주의는 행동을 결정하는 과정에서 이성을 사용하는 것이다. 합리주의자들은 어떤 결정이 감정이나 신앙보다 지성과 이성에 바탕을 두어야만 한다고 믿는다. 합리주의자들은 성적 상황에서 사실들을 평가하고, 그런 다음 결정을 내리는 행동들의 여러 과정의 결과를 저울질한다. 합리주의자들은 이성적인 것이 윤리적 행위로 이끌 수 있다는 믿음을 실용주의자들과 공유는 하지만, 최대 다수의 최대 행복에 근거한 결정을 내리는 실용주의적 규범에 구속받지는 않는다. 예를 들면 실용주의자들은 불행한 결혼을 끝내기보다는 유지하는 것이 가족과 공동체에 더 큰 행복이 주어진다는 믿음 때문에 불행한 그 결혼 생활을 지속하기로 결정할 수 있다. 합리주의자들은 불행한 결혼이 지속될 때 가족이나 공동체의 중요성보다 개인의 중요성에 더 큰 무게를 두고 결정한다.

이러한 윤리체계들은 성적 행위와 성과 무관한 행위에 대해 도덕적 수용가능성을 판단하기 위한 도덕적 논리나 경로의 일반적인 틀이 된다. 우리 중 일부는 이들 체계의 하나를 본래 그대로의 형태로 적용할 수도 있고, 한편 다른 사람은 이들 윤리체계의 몇몇을 조합하거나 변형시킨 도덕적 논리의 체계를 적용할 수도 있다. 표 1.1에 몇 가지 가치체계가 요약되어 있다.

많은 학생들이 주어진 상황에 적용시킨 그 가치관에 대해 비판적으로 생각할 수도 있다. 그들은 권위적인 사람들, 동료들, 친구들, 광고들에서 접하게 되는 인간의 성적 특성에 대한 주장과 논쟁에 대해 비판적인 사고하기를 적용해 볼 수 있다. 다음 절에서 우리는 비판적인 사고하기의 성질에 대해 알아볼 것이다.

1.3 인간의 성적 특성에 대해 비판적으로 사고하기

우리 주위에는 성에 대해 너무 많은 정보들로 넘쳐나서 사실과 허구를 구분하기가 쉽지 않다. 신문, 텔레비전 쇼, 대중 잡지와 책, 인터넷은 성에 대한 특별 기사를 끊임없이 다룬다. 이들 중 많은 것이 서로 모순되고, 절반만 진실이거나 지지받지 못할 결론들을 도출한다.

또한 대부분의 사람들은 의사나 정부 관료와 같이 권위 있는 사람들은 우리에게 올바른 정보를 제공하며 우리의 삶에 영향을 미칠 정도의 결정을 내릴 수 있는 자질을 충분히 가지고 있다고 생각하는 경향이 있다. 그러나 두 의사가 가슴수술에 대한 필요성에 서로 동의하지 않을 때, 또는 두 정부 관료가 콘돔을 공립학교에 배포해야 하는지에 대해서도 일치하지 않을 때, 어떻게 둘 다 옳다고 할 수 있겠는가? 비판적인 사고자는 결코 "그 사람이 사실이라고 말했기 때문에 그것은 사실이다"라고 말하지 않는다.

학생들이 주장, 논쟁, 그리고 널리 퍼진 믿음을 평가하는 것을 돕기 위해 대부분의 대학은 비판적으로 사고하는 것을 북돋아 준다. 비판적 사고의 핵심은 어떤 것도 당연한 것으로 받아들이지 않는 것, 즉 회의주의다. 비판적 사고는 인쇄되거나, 권위자나 저명인사가 말하거나, 친구로부터 전해들은 것들에 대해 회의적이라는 것을 의미한다. 비판적 사고의 다른 측면은 사려 깊은 분석과 주장과 논쟁을 탐지하는 것이다. 비판적 사고는 용어의 정의를 자세하게 조사하고 그리고 주장과 이들의 논리의 전제를 평가하는 것을 의미한다. 비판적 사고자는 열린 마음을 유지한다. 그들은 자신의 믿음을, 자신이 증거를 얻고 평가할 수 있기 전까지는 유보한다.

비판적인 사고하기의 원칙

여기에 비판적인 사고하기에 대한 몇 가지 원칙이 있다:

1. 의심하라. 정치가, 종교지도자, 여러 권위자들은 여러분이 그들의 관점을 확신하게 만들려는 시도를 한다. 연구자나 저자 자체도 어떤 편견을 가지고 있다. 여러분이 그 증거를 개인적으로 저울질하기 전까지는 그 의견을 사실로 받아들이지 말라.
2. 용어의 정의를 검사하라. 어떤 말은 용어를 어떤 방법으로 정의할 때는 사실이나, 다른 방법으로 정의할 때는 사실이 아니다. "사랑은 눈을 멀게 한다"는 속담을 가지고 생각해 보자. 사랑을 홀딱 반하는 것으로 정의한다면 그 문장에 그 실체가 있을 수도 있다. 홀딱 빠진 사람은 사랑하는 사람을 이상화하는 경향이 있다. 그러나

비판적인 사고하기

자신이 비판적인 사고자가 되기로 결정한 사람들은 어떤 종류의 지적 갈등과 대인관계적 갈등에 직면하게 되는가?

사랑이 사랑하는 사람에 대해 보다 현실적인 평가(여전히 어느 정도는 경사져 있지만)에 바탕을 둔 깊은 돌봄과 헌신으로 정의한다면, 그때 사랑은 눈 먼 것이 아니고, 그저 약간 근시안이 되는 것이다.

3. 논쟁의 가정과 전제를 검사하라. "낙태는 살인이다"라는 말을 생각해 보자. 웹스터의 뉴월드 사전은 살인을 "한 사람이 다른 사람을 불법적으로 그리고 고의적 또는 계획적으로 죽이는 것"으로 정의한다. 따라서 이 말은 사전에 따르면 (a) 희생자가 인간이고, (b) 그 행동이 불법적이고 또 고의적이거나 계획적일 때만 사실이다. 많은 낙태반대 지지자들은 배아와 태아는 임신이 되는 순간부터 인간이라고 주장한다. 많은 임신중절합법화 지지자들은 배아와 태아는 여러 발생단계를 거치기 전까지는 인간이 아니라고 주장한다. 따라서 낙태가 살인이라는 판단은 부분적으로 배아와 태아를 어느 시점에서부터 인간으로 볼 것인지 아닌지에 대한 자신의 신념에 맡겨진다.
4. 증거로부터 어떤 결정을 이끌어낼 때 주의를 기울여라. 연구를 통해 성적으로 노골적인 (성적 대상으로서 여성을 언급하는) 가사로 된 랩, 힙합, 팝, 록 음악을 듣는 10대들이 더 빨리 성적 활동을 시작하는 것으로 밝혀지고 있다. 대중매체가 "추잡한" 노래가 성을 부추긴다는 생각으로 몰고 갈 수 있다. 하지만 이러한 노래들을 듣는 10대들은 자신들의 가치관이 다른 사람들과는 달라서, 아이팟(iPod)으로 성적 가사를 들으면서 많은 시간을 보낼 뿐만 아니라 아주 어린 나이임에도 섹스를 택할 수 있다. 이런 음악을 듣는 것과 섹스와의 관련 증거에 대해 여러 해석이 있는데, 이것은 우리를 비판적 사고의 다음 원칙으로 이끈다.
5. 연구 증거에 대한 다른 해석도 생각하라. 예를 들면 성적 노래가사와 함께 살고 있는 10대는 또한 성적 활동에 더 개방되어 있을지도 모르는데, 왜냐하면 그들은 (문자 그대로) 이들 노래를 듣지 않는 10대들에 비해 일반적으로 관습에 덜 얽매어 있기 때문이다. 사건들 사이의 상관관계나 결합 정도를 가지고 원인이나 효과를 꼭 밝힐 수 있는 것은 아니다.
6. 결론의 바탕이 되는 증거의 종류를 생각하라. 일부 결론, 심지어 "과학적인" 것처럼 보이기조차 하는 결론도 일화나 개인적 신화에 바탕을 두고 있다. 이들은 건전한 연구에 기초하지 않는다.
7. 지나치게 간략화시키지 마라. "동성애는 타고 나는 것이다"라는 말을 생각해 보자. 거기에는 성적 성향이 유전적 영향처럼 타고난 성향이 관련될 수도 있다는 몇몇 증거가 있다. 하지만 생물학이 인간의 성적 특성에 있어서 숙명(운명)은 아니다. 게이 남성, 레즈비언, 그리고 이성애의 성적 성향은 생물학적 환경요인의 복잡한 상호작용의 결과에 의해 발달되는 것처럼 보인다.
8. 지나치게 일반화하지 마라. 게이 남성은 여자 같고 그리고 레즈비언은 남자 같다는 믿음을 생각해 보라. 그렇게 일부 게이 남성과 레즈비언은 이들 고정관념에 들어맞는다. 하지만 많은 사람들이 그런 것은 아니다. 지나치게 일반화하는 것은 우리로 하여금 쉽게 고정관념을 받아들이게 만든다.

11쪽에 있는 "가까이서 보기"는 인터넷에 있는 정보의 수용과 폐기에 대해 비판적인 사고하기를 적용하고 있다.

가까이서 보기

인터넷상의 성적 조언에 대해 비판적으로 사고하기: 이에 대한 손쉬운 어떤 해결책이 있는가?

www.goaskalice.columbia.edu
www.advocatesforyouth.org
www.cdc.gov
www.oxygen.com
www.healthgate.com
www.lovingyou.com
www.uneet.com
http://backupmd.com/eschec.html
www.dyspareunia.org
www.aasect.org

"Go ask Alice?" "Oxygen?" "Backup MD?" 바로 이것들은 최근 인터넷을 가득 채우고 있는 성적 조언을 제공하는 몇몇 웹사이트들이다. 수줍은 사람, 불안한 사람, 혼란에 빠진 사람, 그리고 성적 문제를 가진 사람이 매일 답변을 줄 웹사이트를 찾기를 기대하며 인터넷을 서핑하고 있다. 이들은 어떻게 괜찮은 웹사이트라는 것을 판별해낼 수 있는가?

이에 대한 쉬운 답은 없다. 우리 대부분은 게시된 내용물과, 그리고 타이론이란 남자가 음경의 크기를 30%까지 늘린 방법과 "매번" 오르가즘에 도달하기를 배운 마리아란 여자가 강력한 성적 매력을 가질 수 있게 된 방법에 관한 일화들을 믿는다.

경계하라. 어떤 것도 웹사이트나 인쇄물에 게시될 수 있다는 사실은 우리가 언론의 자유에 대해 지불하고 있는 대가라고 보면 된다. 저자가 가벼운 처벌을 각오한다면 터무니없는 주장도 할 수 있다. 엘비스 프레슬리나 UFO를 보았다고 거짓말을 할 수 있듯이, 이와 마찬가지로 그들이 새로운 성적 만병통치약의 효능에 대해 거짓말을 할 수도 있다.

여러분은 여러분 자신을 어떻게 보호할 수 있겠는가? 다음과 같은 몇몇 비판적인 사고하기를 시도해 보라:

1. **맨 먼저 "책의 표지를 보고 그 책을 판단"하라. 웹사이트가 잘 꾸며져 있는 것처럼 보이는가?** 웹페이지 내에서 다른 웹사이트들과의 연결은 잘 되는가? 신뢰할 수 있는 웹사이트는 전문적인 것으로 보일 것이고 관리 또한 잘 되고 있을 것이다.

2. **과장된 주장을 하고 있는 웹사이트는 무시하라.** 그럴 듯해 보여 오히려 신뢰가 느껴지지 않는 경우, 그것은 통상 사실이 아닌 경우가 많다. 그런 것을 믿으려는 사람들을 도울 수 있는 방법은 없다. 이런 것을 하룻밤 만에 알아낼 수 있는 방법은 없다.

3. **정보 게시자의 자격증명서를 확인하라.** 저자의 직함이 "박사(Dr.)"고 이름 앞에 놓여 있다면 의심하라. 그 학위는 메일을 통해 구입한 가짜 박사학위일 수 있다. 그 "박사"라는 직함에다 이름 다음에 이학박사(Ph.D.)나 심리학박사(Psy.D.)나 의학박사(M.D.)나 교육학박사(Ed.D.)가 있다면 좀 낫다.

4. **저자의 소속을 확인하라.** 대학, 진료소, 병원에 소속되어 도와주는 전문가들은 그렇지 않은 사람에 비해 보다 많은 내용들을 제공할 수도 있다.

5. **웹사이트에 기록된 그 증거를 확인하라.** 비과학적 웹사이트(와 도서)는 일반적으로 한 명 또는 몇 명에서 얻은 환상적인 결과로부터 만들어진 지지될 수 없는 이야기나 사례 연구와 같은 일화를 광범위하게 사용한다. 책임감 있게 도와주는 전문가는 많은 사람을 대상으로 기술의 효과성을 검사한다. 그들은 신중하게 결과를 측정한다. 그들은 신중한 언어를 사용한다. 예를 들면, 그들은 "그것은 …인 것처럼 보인다" 또는 "그것은 …일지도 모른다…"라고 말한다.

6. **증거에 대한 참고문헌을 확인하라.** 합법적인 연구는 이 책의 참고문헌 항목에서 볼 수 있듯이 저널에 또는 웹사이트상에 발표된다. 인용된 참고문헌이 없거나 참고문헌이 의심스러워 보이면, 여러분은 당연히 의심해야 한다.

7. **여러분의 지도교수에게 조언을 구하라.** 무엇을 해야 할지, 어디로 가야 할지(아마도 인터넷상에서), 누구와 이야기하면 될지, 무엇을 읽어야 할지에 대한 조언을 구하라.

8. **여러분이 다니고 있는 대학 내의 보건소에서 일하는 누군가와 이야기해 보라.**

사실인가 아니면 허구인가 2

사실인가 아니면 허구인가 2: 여러분이 인터넷에 게시된 모든 것을 믿을 수는 없다. 많은 자료가 존경받는 저자에 의해 쓰이고 게시되지만, 저자의 자격을 확인하라. 의심하라. 증거를 검토하라. 일반적으로 성과 관계에 관련된 문제에 대해 빠른 어떤 해결책은 거의 없다. 숙고해 보라.

이 사람들은 판매되고 있는 것을 그냥 구매하는가? 비판적인 사고를 하는 사람은 조심스럽게 주장의 근거를 검토하고, 모든 증거를 저울질하여, 자신의 결론에 도달한다. 비판적 사고는 인간의 성적 특성에 관한 문제에 있어서도 중요하며 그리고 삶의 모든 영역에서 그 가치를 지닌다.

1.4 인간의 성적 특성에 대한 총체적 관점

인간의 성적 특성은 복잡한 주제 중의 하나이다. 단 하나의 이론이나 관점을 가지고 미묘한 차이를 모두 파악할 수는 없다. 이 책에서 우리는 많은 관점으로부터 인간의 성적 특성을 탐험하게 된다. 이 절에서 역사적, 생물학적, 진화적, 다른 종간, 문화간, 심리학적, 사회문화적인 관점들이 소개될 것이다. 우리는 이후 여러 장에서 이들 관점에 대해 이야기하게 될 것이다.

역사적 관점

역사는 성적 태도와 행동을 상황 속에 위치시킨다. 역사는 성적 행동이 수천 년 동안 우리와 함께 해온 경향이나 또는 특정 문화와 시대의 관습을 반영하는지 그 여부를 알게 해준다. 역사는 보편적인 성적 경향에 대한 증거는 거의 보여주지 않는다. 태도와 행동은 시간과 장소에 따라 광범위하게 다양하다. 오늘날의 미국사회는 빅토리아 시대나 제2차 세계 대전 이후의 시대와는 달리 관용적일 수 있다.

그러나 그것은 고대 로마의 지배 계급에서와 같이 일부 고대 사회에서 있었던 성적 무절제에 비해서는 엄격해 보인다. 역사는 종교가 어떻게 성적 가치와 행동에 주요한 영향을 주었는지를 보여준다. 우리는 성에 대한 태도에 대한 몇몇 역사적인 변화를 추적해 보자. 우리가 시계를 2만 년에서 3만 년 전까지 되돌리면 기록이 있기 전, 즉 선사시대에 이르게 된다.

"빌렌도르프(Willendorf)의 비너스." 작은 이 고대 입상은 다산을 상징하는 것으로 추측하고 있다.

선사시대의 성적 특성: 여자 신상부터 남근 숭배까지 석기시대 조상들의 생활에 관한 정보는 주로 동굴 벽화, 석재 유물, 그리고 기록으로는 남아 있지 않으나 그 존재가 천 년 이상에 걸쳐 거의 변화가 없는 사람들의 관습으로부터 도출된다. 이러한 자료로부터 역사학자와 인류학자들은 선사시대의 노동 분업을 추론해 낸다. 전반적으로 남자는 사냥을 하고, 여자는 집 가까이에 남아 있었다. 여자는 아이를 양육하고 식용 식물과 견과류를 채집하고, 그리고 해안을 따라다니면서 또는 얕은 물에서 수영을 하여 게와 그 밖의 다른 해양생물을 수집하였다.

석기시대에 만들어진 예술품은 아이를 잉태하고 종을 보존하는 여성의 능력에 대한 숭배를 암시한다(Fichner-Rathus, 2010). 원시적인 작은 인형과 동굴에 그려진 그림은 늘어진 커다란 유방과 둥근 엉덩이와 두드러진 생식기를 가진 여성을 묘사하고 있다. 대부분의 이론가들은 이러한 작은 인형들을 다산을 상징하는 것으로 여긴다. 석기시대 사람들은 생식에 대한 남성의 공헌을 인식하지 못했을 수도 있다.

마지막 빙하기의 빙하판이 후퇴하고(기원전 만천 년) 기후가 따뜻해져 인간사회는 농경사회로 변하게 되었다. 수렵인과 채집인은 농부와 목동이 되었다. 마을은 경작지 주위에 세워졌다. 남자들은 가축을 돌보았다. 여자들은 농사를 지었다. 생식에 있어서 남성의 역할에 대한 인식이 늘어나면서 **남근숭배(phallic worship)**가 생겨났다. 부권에 대한 인식은 가축을 관찰하면서 기원전 9천 년경에 발전된 것으로 생각된다. 그 시기에 사람들이 오랫동안 동물을 관찰하기 시작하면서 성교와 자손의 탄생 사이에 경과기간이 예측 가능하다는 것을 이해하기 시작하였다.

남근숭배(phallic worship) 생식능력의 상징으로 음경을 숭배.

음경은 쟁기나 도끼나 칼 등과 같은 예술작품으로 미화되었다. 고대 이집트의 종교의식에서 **남근상징(phallic symbol)**들이 역할을 하기도 했다. 고대 그리스인들은 때로는 음경을 반지로, 때로는 목걸이로 표현하였다. 고대 로마에서 커다란 음경은 사랑의 여신인 비너스를 기리는 퍼레이드에서 장식된 수레와 같이 운반되었다.

근친상간 금기(incest taboo)는 인간의 첫 번째 금기였을지 모른다. 모든 인간사회는 분명히 어느 정도 형태의 근친상간 금기를 가지고 있지만, 엄격한 정도는 사회에 따라 다양하다. 서민들의 경우 형제와 자매 간의 결혼은 일반적으로 금지되어 있었지만, 이집트의 고대 신성한 통치자 그리고 잉카와 하와이의 왕족 중에서는 허용되었다. 아버지와 딸 간의 결혼이 고대 이집트의 귀족과 왕족 사이에 허용되었다. 이들 왕족 혈통에서는 근친상간의 관계는 왕가의 "신성"뿐만 아니라 부와 권력을 지킬 수 있게 해주었을지도 모른다.

남근상징(phallic symbol) 음경의 이미지.

근친상간 금기(incest taboo) 가까운 혈연관계 사이의 성교와 생식을 금지.

고대 히브리 고대 히브리에서는 적어도 결혼에서 섹스는 "열매를 맺고 번성하라"라는 신의 명령을 이루기 위해 의도된 만족스러운 체험으로 보았다(Browning 등, 2006). 섹스의 생식적 기능에 대해 강조하게 되면서부터 몇몇 흥미로운 사회관습이 생기게 되었다. 예를 들어 자식을 낳지 못하거나 혐오감을 주는 부스럼이 몸에 날 경우, 이것은 이혼의 사유가 되었다. 남성-남성 간 그리고 여성-여성 간의 성적 행동은 가족의 영속을 위협하는 것이기 때문에 강력한 비난을 받았다.

고대 히브리는 섹스가 부부간의 유대를 강화시키고 가족을 결속시켜 준다고 믿었다. 유대법은 심지어 부부 관계의 최소 횟수까지도 기록해 놓고 있는데 그 횟수는 남자의 직업과 가정에서 보낸 시간의 양에 따라 다양하다.

> 직업이 없는 사람은 매일, 노동자는 일주일에 두 번, 당나귀 몰이꾼은 일주일에 한 번; 낙타 몰이꾼은 30일에 한 번; 선원은 6개월마다 한 번.
>
> –미슈나 커투보트 5:6; 커투보트 62b~62b(Telushkin, 1991)

잠언집에 따르면 좋은 아내는 가족을 보살피기 위해 해뜨기 전에 일어나고, 음식을 집으로 가져오고, 하인들에게 작업지시를 내리고, 포도원을 가꾸고, 옷을 만들고, 대장간을 유지하고, 궁핍한 자를 돕고, 밤에도 일을 잘한다. 그럼에도 불구하고 아내는 남편의 재산으로 간주되었고, 한순간에 이혼을 당할 수도 있었다. 또한 아내가 간음하게 되면 돌에 맞아 죽어야 하는 형벌에 처해지지만, 아내는 후처와 내연의 처와 함께 남편을 공유해야 한다. 다른 사람의 아내와 어울린 남자는 그 남편의 재산에 대한 권리를 침해 것으로 간주되었으며 "손해배상"을 해야만 했다.

여러분에게는 여자가 남자의 재산이라는 내용이 옛이야기처럼 들릴지도 모르지만 오늘날에도 이것이 다양한 문화에서 여전히 남아 있다는 점을 지적하지 않을 수 없다. 예를 들면 아프가니스탄의 경우 도박 빚을 진 아버지가 빚을 갚기 위해 돈을 빌려준 남자에게 자신의 딸을 내어준다(Bearak, 2006). 그리고 잠비아의 판사 쉴리브와는 한 여자의 가슴을 만진 호텔직원 시얀칼랑가에게 보상금으로 그녀의 남편에게 300달러를 지불하라고 명령하였다("남자는 희생자의 남편에게 지불한다", 2000). 그 여자는 그 당시 세탁

고대 그리스의 많은 도자기들에는 남성-남성 간의 성적 행위를 묘사하고 있다. 고대 그리스인들은 남성이 양성애자라고 믿고 있었다. 트로이라는 제목으로 영화화된 호머의 일리아드에서 아킬레스는 자신의 연인인 파트로클루스가 살해당하자 전투에 참가하게 된다. 그러나 이 영화에서는 둘 사이의 가족적인 관계를 강조함으로써 진의를 은근슬쩍 비껴가고 있다.

소에서 다림질을 하고 있었다. 그녀는 시얀칼랑가의 얼굴과 머리에 난 상처에 대해 설명했다: "나는 다리미로 그의 머리를 내리쳤다." 시얀칼랑가는 그녀의 상사였기 때문에, 판사는 성희롱한 그에게 유죄를 선고하였다.

고대 그리스 고대 그리스의 황금기는 기원전 약 500년에서부터 시작하여 기원전 300년까지 지속되었다. 철학자인 소크라테스와 플라톤과 아리스토텔레스, 극작가인 아리스토파네스와 아에실러스와 소포클레스, 자연과학자인 아르키메데스, 그리고 입법자인 솔론이 비교적 짧은 이 시기에 살았다. 히브리인과 마찬가지로 그리스인들은 가족생활을 존중하지만, 그리스 남자는 또한 잘 발달된 남성의 몸을 동경하였고, 경기장에서 누드 레슬링을 즐겼다. 색정적인 조우와 상스러운 농담은 아리스토파네스와 다른 극작가 연극의 특징이다. 그리스인들은 건강한 마음이 건강한 몸 안에 머물러 있어야 한다고 생각하였다. 그들은 근육과 몸의 동작을 마음과 함께 키워갔다.

그리스인들은 최고의 신 제우스, 예술과 음악에 영감을 주는 아폴론, 최음제라는 단어의 어원이기도 한 육체적 사랑의 여신인 아프로디테, 그 밖의 신들을 포함하여 이러한 신들을 다양하면서도 왕성한 성적 추구자로 보았다. 그들은 자기들끼리 성적 모험을 한다고 믿었을 뿐만 아니라 인간도 유혹하는 것으로 생각했다.

그리스의 성에서 세 가지 측면, 즉 남성-남성 간의 성행위와 남색과 매춘은 그 시대의 성행위에 대한 연구에 있어서 특히 흥미를 준다. 그리스인들은 사람을 **양성애적(bisexual)**인 것으로 보았다. 남성-남성 간 섹스는 정상적인 것으로 간주되었고, 그것이 가족제도를 위협하지 않는 경우에는 용인되어 오랫동안 지속되었다.

양성애적(bisexual) 두 성별 모두에 대해 성적으로 반응.

남색(pederasty) 소년 상대의 성적인 사랑.

남색(pederasty)은 소년을 좋아하는 것을 의미한다. 남자와 사춘기 전의 소년 간의 섹스는 불법이었지만, 가족들은 청소년기 자기 아들이 사회적으로 유명한 스승을 매혹시키고 있다면 일반적으로 만족해했다. **사실인가 아니면 허구인가 3:** 고대 그리스 남자들은 청소년기의 남성을 연인으로서 그리고 학생으로서 맡아 지도했다. 남색이 소년의 장래에 남성-여성 간의 성적 기능을 방해하지 않았는데, 그 이유는 남색가 자신은 일반적

사실인가 아니면 허구인가 3

으로 결혼을 했기 때문에, 또 그리스 사람들은 남성-여성 간, 남성-남성 간의 성적 활동이 똑같이 가능하다고 믿고 있었기 때문이다.

매춘은 사회의 모든 수준에서 번성했다. 매춘부는 **창녀(courtesan)**에서부터 **내연의 처(concubine)**까지 광범위하였지만 이들은 통상 노예였다. 창녀는 악기를 연주하고, 춤을 추고, 재치 있는 만담가로서 이야기도 하고, 그리고 정치에 대해서도 논할 수 있었다. 또한 그들은 사랑의 기술에도 숙련되어 있었다. 창녀를 찾는 것이 사회적으로 어떠한 오명도 되지 않았다. 하층사회에는 밤거리 여자와 매음굴의 매춘부가 있었다. 후자의 경우 죄다 나무로 만들어진 성기나 그림을 문 옆에 세워두었기 때문에 찾기가 힘들지 않았다.

아테네의 여성들은 노예보다 많은 권리를 갖지는 못했다. 이들은 결혼 전에는 집안 남성의 권위에 그리고 결혼 후에는 남편의 권위에 지배받았다. 이들은 정규 교육을 받지 못했으며 가정에서는 대부분을 여자 숙소에서 지냈다. 이들은 집 밖에서는 시중을 드는 역할을 하였다. 남편은 아무런 이유 없이도 아내와 이혼할 수 있었고 그녀로 하여금 강제적으로 간통을 하게끔 시킬 수도 있었다. **사실인가 아니면 허구인가 4:** 고대 세계에서는 여성을 하나의 재산으로 취급하였다.

사실인가 아니면 허구인가 4

고대 로마의 세계 많은 성적 월권이 로마 황제와 지배계층에 의해 이루어졌다. 줄리어스 시저는 양성애자였던 것으로 알려져 있다. 칼리귤라와 같은 황제는 흥청망청 놀고 마시는 향연(난교파티)을 후원하였고, 거기서 손님들은 **수간(bestiality)**과 **가학증(sadism)**을 포함한 성행위를 하였다. 하지만 성적 무절제는 보통의 로마시민에서 보다 주로 상류층에서 볼 수 있었다.

로마인들은 로마 가정의 고결함이 위협 받을 때는 남성-남성 간의 성행위를 승인하지 않았다. 가정을 제국의 강력함을 이루는 한 바탕으로 보았기 때문이다. 로마의 여자들은 그리스에 비해 자기 남편의 사회생활을 더 많이 공유하기는 했지만, 여전히 남편의 재산이라는 점에서는 차이가 없었다.

서구사회에서 로마문화의 성에 관련된 많은 용어의 뿌리를 추적해 보면 이들은 라틴어를 근간으로 하고 있음을 알 수 있다. 예를 들어 **펠라티오(fellatio)**는 "빨다"라는 의미를 지닌 라틴어의 「*fellare*」에서 유래된 것이다. **쿤닐링구스(cunnilingus)**는 "음부"를 의미하는 「*cunnus*」와 "핥다"라는 뜻을 가진 「*lingere*」에서 유래한다. **간음(fornication)**은 아치나 둥근 천장을 뜻하는 「*fornix*」에서 온 것이다. 이 용어는 경기장이나 극장과 같은 공공건물 근처에 있는 그림자가 드리운 아치길의 어두운 곳에서 자신의 고객들에게 서비스를 제공한 로마의 매춘부로부터 유래한다.

창녀(courtesan) 매춘부, 특히 귀족이나 부유한 사람의 정부.

내연의 처(concubine) 일반적으로 법적으로 사회적으로 열등한 위치에 있는 보조 아내.

수간(bestiality) 사람과 동물 사이의 성적 관계.

가학증(사디즘, sadism) 다른 사람에게 고통이나 굴욕을 주어 성적 만족을 얻는 행위.

펠라티오(fellatio) 입으로 음경을 접촉하는 성행위.

쿤닐링구스(cunnilingus) 입으로 여성의 성기를 접촉하는 성행위.

간음(fornication) 결혼관계에 있지 않은 사람 사이의 성교.

초기 기독교

> 19세기 중엽까지 대부분의 세계에서는 하렘문화(규방문화)를 … 여전히 찬동하였고, 그리고 작은 반도로 이루어진 서구의 몇몇 기독교 국가에서만 이와는 다른 문화가 우세했다 (Bernstein, 2009).

기독교는 예수의 죽음 이후 여러 세기를 거쳐 로마 제국 안에 등장하게 되었다. 성적 특성에 대한 초기 기독교의 관점은 대체로 바오로 성인과 초기 교회의 교부들과

4세기 후반의 아우구스티노 성인에 의해 형성되었다. 간통과 간음은 당시 로마의 상류층 사이에 만연했고, 초기 기독교 지도자들은 성적 특성을 죄와 연결시키기 시작하였다(Browning 등, 2006).

로마에서 이교도의 가치관으로 대체될 때 히브리인과 같은 초기 기독교인들은 결혼이라는 것을 통해 섹스를 통제하려고 애썼다. 그들은 육체의 유혹을 영적 헌신에 대한 방심으로 보았다. 바오로는 결혼을 하는 것보다 독신으로 지내는 것이 기독교의 이상에 더 가깝다고 설교하였다. 그는 모든 사람들이 독신생활을 해나갈 수 있는 것은 아니라는 점을 인정하여, "(즉, 욕정으로) 불타기보다는 결혼하는 것이 낫다"고 말했다.

기독교인들은 유대교인처럼 신부의 처녀성을 요구했다(Newman, 2006). 매춘은 비난받았다. 기독교에서는 남자는 욕정을 억눌러가며 아내를 사랑해야 한다고 가르쳤다(Browning 등, 2006). 성행위는 출산을 목적으로 하는 것이어야 했고, 정신은 육체를 다스리는 것이어야만 했다. 이혼은 금지되었다. 만약 배우자와의 불행 원인이 성적인 것에 있다면 그것은 죄가 되는 것으로 생각하였다. 결혼이라는 것이 없어지면 교회를 지원하는 사회구조를 위태롭게 할 수도 있었다. 자위, 남성-남성 간의 성행위, 여성-여성 간의 성행위, 구강-성기 접촉, 항문 성교, 이들 모두가 하느님의 눈에는 혐오스러운 행위로 간주되었다(Browning 등, 2006).

아우구스티노 성인(353~430년)은 아담과 하와의 에덴동산에서의 원죄를 성적 정욕과 결합시켰다. 정욕과 부끄러움이 세대에 걸쳐 이어져 왔다. 부부간의 성적 표현도 정욕으로 간주하여 악한 것으로 받아들였다. 아우구스티노에 따르면, 오직 금욕을 통해서만이 남성과 여성은 은총의 상태에 다다를 수 있었다.

이슬람교

오스만 제국의 군주인 술탄의 궁궐에는 약 1,600명의 처녀들이 거주하고 있었는데, 이들은 영광의 하룻밤에 자신이 간택되기를 희망하였다. 이 술탄에 비하면 아내가 수십명 밖에 되지 않는 모르몬교의 브리검 영은 게으름뱅이인 것처럼 보일 수도 있다(Bentley, 2009).

중동과 북아프리카 전역과 남부 아시아의 일부 지역에서 우세한 이슬람교는 예언자 무하마드에 의해 창시되었다. 무하마드는 570년경에 지금의 사우디아라비아에서 태어났다. 이슬람 전통은 결혼과 결혼을 통해서 얻게 되는 성적 성취를 소중하게 여긴다. 혼전 섹스는 부끄러운 짓으로 여겨 사회적 비난을 받게 되며, 일부 근본 이슬람 국가에서는 벌칙으로 사형선고까지 내려진다.

가족은 이슬람 사회의 중추이다(Browning 등, 2006). 독신을 찬동하지 않는다. 무하마드는 결혼이 덕행으로 가는 길이라고 선포하였다. 하지만 이슬람 전통은 성에 대해 이중적인 기준을 허용하고 있다. 대부분의 상황에서 남자는 네 명의 아내(우리는 오스만 제국의 술탄이 얼마나 더 많이 가졌는지 앞에서 배웠다)를 가질 수 있지만, 여자에게는 오직 하나의 남편만 허용된다. 보수적인 이슬람 사회에서 남녀 사이의 사회적인 상호관계는 심하다고 싶을 정도까지 제한받는다. 여자가 공공장소에서 머리와 얼굴을 가리는 것과, 그리고 자기 남편 이외의 다른 남자와는 모든 접촉을 피하는 것은 당연하다.

인도 인도의 고대 힌두교에서처럼 영적인 목적으로 성적 쾌감을 장려하는 문화는 지금까지 아마도 없었던 것 같다. 5세기 이후로 사원에는 에로틱한 포즈를 한 신들, 요정들, 그리고 일반 사람들의 조각들이 새겨져 있다. 힌두교의 성적 수련은 섹스 매뉴얼인 카마수트라에 체계적으로 정리되어 있는데, 성행위 자세가 묘사되어 있는 것은 물론이고, 이 중에 어느 것은 곡예사도 도전해 봄직한 묘한 자세도 있다. 거기에는 또한 최음제를 만드는 방법도 들어 있다. 이 매뉴얼은 서양에서 기독교가 상승하던 시기인 3~5세기 사이에 힌두교의 현자 바츠야야나(Vatsyayana)에 의해 쓰여진 것으로 알려져 있다.

성행위 자세와 그 모습을 그림으로 표현한 카마수트라는 섹스가 부끄러운 것이거나 죄가 되는 것이 아니라 종교적 의무라는 힌두교의 믿음을 반영하였다. 힌두교의 신들은 남성-여성 간의 성적 행위뿐만 아니라 종종 동성과의 성적 행위도 묘사되어 있다. 카르마(한곳에서 다른 곳으로 영혼이 옮겨가는 것)라는 힌두교 교리에서, 성적 만족은 존재의 높은 수준으로 다시 태어나게 되는 한 방법으로 간주되었다. 그러나 1000년대 이후부터 인도사회는 성에 대해 점차 통제되기 시작하였다.

카마수트라에 있는 그림. 3세기와 5세기 사이에 쓰여진 것으로 여겨지는 인도의 섹스 매뉴얼인 카마수트라에는 섹스 테크닉과 실제 행위가 묘사된 그림들을 포함하고 있다.

극동

2세기경의 섹스 매뉴얼에서는 … 춤추는 소녀들의 "풀처럼 유연한" 아름다운 몸을 "삶과 죽음을 잊을 정도로 자신의 모든 매력을 내뿜고 있다"라고 묘사하고 있다(Bentley, 2009).

극동의 문화에서 성적 특성은 영성과 유사한 것이었다. 수천 년 동안 중국 문화에 영향을 준 중국의 도가들에게 있어서 섹스는 자연과 불멸의 조화로 이끄는 숭배의 한 형태, 즉 신성한 의무로 여겨졌다.

사실인가 아니면 허구인가 5

사실인가 아니면 허구인가 5: 섹스 매뉴얼이 만들어진 것은 현대에 와서야 시작되었다는 것은 사실이 아니다. 중국 문화에서 맨 처음 상세한 섹스 매뉴얼이 만들어졌는데, 이때가 예수 탄생 약 2백년 전이었다. 남자는 그의 아내의 타고난 진수, 즉 음기를 더 많이 흡수하기 위해 가능한 한 성교를 길게 오랫동안 하기를 바랐다. 음기는 자신이 지닌 남성의 진수, 즉 양기를 향상시키게 된다. 또한 그는 자신이 흡수할 에너지의 흐름을 증가시킬 수 있게 자신의 파트너가 오르가즘에 다다를 수 있게 도왔다.

도가에서는 남자가 "자신의 씨앗을 쏟아 내는 것"은 낭비라고 믿었다. 여자한테는 허용되는 자위를 남자는 못하게 하였다. 항문 성교와 구강-성기 접촉(펠라티오와 쿤닐링구스)과 같은 성행위는 남자가 낭비적인 사정을 통해 양기를 소비하지 않는다면 허용되었다. 동성 간의 행위는 도가의 경전에서 금지하지는 않았지만, 일부 도가들은 배타적인 동성애를 찬성하지 않았다. 서양문화와 일치하는 것 중 하나는 전통적인 중국사회에서 여자에게 주어진 역할이었다. 서양의 경우도 "양처"는 집안 내에서 하는 역할에 국한시켰다.

다양한 세상

중경(충칭) 시의 성테마 공원에 대해 냉담한 반응을 보인 중국인들

명나라 시대의 고전인 금병매에서 넘치는 성욕에 대한 이야기와 최근에 모택동(마오쩌둥)의 만족을 모르는 성욕에 관한 이야기에서 입증할 수 있듯이, 중국에서 성은 길고 다양한 역사를 가지고 있다. 그러나 중국 최초의 성테마 공원을 개장하려는 시도는 건설이 완료되기 바로 직전에 현지 당국에 의해 취소되었다.

중경 저녁뉴스의 보도에 따르면, 음란한 성격을 띤 소위 '러브 랜드'라는 공원이 건설되고 있던 거대한 도시 중경에서 최근 관계 당국이 그 음란함에 격노하여 파괴 명령을 내렸다. 그 공원에 대해 분노한 게시물들이 인터넷에 넘쳐났다.

인터넷상의 사진에서 보듯 작업자들이 공원 입구 위에 우뚝 솟은 거대한 여성 마네킹의 아래 반쪽으로 여겨지는 흰색 플라스틱 다리 한 쌍과 엉덩이를 끌어내리고 있다. 마네킹은 빨간색 팬티를 입고 있다.

러브 랜드. 이 섹스테마 공원의 입구 위에 우뚝 세워졌던 거대한 여성 마네킹의 하반신을 끌어내리고 있다.

중국일보에 따르면 공원 관리자 루 자오퀑은 알몸의 인간 조각상, 대형 생식기 모형, 섹스테크닉 "워크숍"과 성의 역사에 관한 사진 전시도 계획하고 있었다. 전시물에는 안전한 성관계와 콘돔의 적절한 사용에 대한 강좌도 포함되어 있었다.

관리자 루씨는 중국일보에서 그 공원은 "공공의 이익을 위해" 건설하고 있다고 말했다. 그는 러브 랜드가 성교육에 유용할 것이며, 성인에게는 "조화로운 성생활을 즐길 수 있게" 도움을 줄 것이라고 말하였다. 그는 "섹스가 중국에서는 금기시 되는 주제이긴 하지만, 사실 사람들에게는 이에 관한 정보에 더 많은 접근이 필요하다"는 말을 덧붙였다.

중국인은 서양인에 비해 성에 대해 고상한 체하면서도 또 때론 더 개방적인 태도로 접근한다. 예를 들면 정부는 섹스를 지나치게 묘사한 영화와 다른 예술작품을 정기적으로 검열해 오고 있다. (금병매는 칙령에 의해 금지되었다.) 부모는 자녀에게 섹스에 대해 거의 이야기하지 않는다. 한편 매춘은 공식적으로는 불법이지만, 어디서나 볼 수 있는 완벽한 서비스의 "안마시술소"와 "미용실" 형태로 개업하고 있다. 공무원과 사업가들은 성공의 한 상징으로 애첩을 만들어 후원하는 경향이 있다.

재숙고: 섹스에 대한 중국의 혼합적인 접근 방법과, 미국과 캐나다에서 섹스에 대한 접근 방법 사이에 비교될 만한 것으로는 어떤 것이 있는가?

출처: E. Wong, "Chinese City Is Chilly to a Sex Theme Park," *The New York Times*, May 18, 2009.

중세 기독교 중세는 476년에서부터 1450년까지 천 년에 걸친 서양 역사를 일컫는다. 성적 특성에 대한 로마 가톨릭 교회의 태도는 중세의 사상을 지배하였던 아우구스티누스의 시대 이래로 크게 변하지 않았다(Browning 등, 2006). 그러나 여자의 사회적 지위에 대한 변화는 중세 유럽에서 천천히 일어났다. 교회는 오랫동안 모든 여성을 이브의 죄로 물든 존재로 여겨왔다. 그러나 콘스탄티노플의 동방교회에서는 성모 마리아의 숭배가 번성하였다. 이상적인 여자는 선하고, 상냥하고, 사랑스럽고, 성스러운 마리아의 이미지를 가져야 했다. 십자군과 동방에 다녀온 사람들이 들여온 성모 마리아에 대한 숭배는 유럽 기독교에 퍼져나가 여성의 지위를 향상시키게 되었다(Newman, 2006).

여자에 대해 대립되는 두 개념이 있었는데, 하나는 유혹하는 여자로서의 이브였고, 다른 하나는 고결하고 순수한 마리아와 같은 여자였다. 오늘날에도 서양에서 여자에 대한 이미지는 성모 마리아와 창녀의 예처럼 여전히 좋은 여자 아니면 나쁜 여자로만 구분하여 보고 있다.

영국의 빅토리아 여왕. 빅토리아 여왕의 재위 기간 동안에는 알려진 것처럼 성이 그렇게 억압되지는 않았다.

종교개혁 종교개혁 동안 마틴 루터(1483~1546)와 존 캘빈(1509~1564)과 같은 기독교 개혁자들은 로마 가톨릭 교회에서 분리해 자신들의 종파를 창단하여, 오늘날의 개신교 교단의 발전으로 이끌었다. 루터는 성과 관련된 수많은 로마 가톨릭 교리를 반박하고 나섰다. 그는 성직자가 결혼하여 아이를 키울 수 있게 허용해야 한다고 믿었다. 루터에게는 먹고 마시는 것처럼 결혼이란 것이 인간의 본성의 한 부분이었다. 캘빈은 결혼해서 하게 되는 섹스는 생식을 위해서만 허용된다는 로마 교회의 태도를 거부하였다. 그는 결혼해서 하게 되는 성적 표현도 부부간의 유대를 강화시켜주고 일상생활의 스트레스를 해소시켜 준다고 믿었다.

미국으로 건너옴 초기 정착민들은 수 세기 동안 서양의 사상과 문화를 지배했던 종교적 가르침들을 북미로 가져왔다. 그들의 차이가 무엇이든 간에 각 종교는 이상적인 가정생활을 강조하였고, 결혼이라는 범위를 벗어난 섹스는 부도덕한 것이어서 죄를 짓는 것으로 여겼다. 전반적으로 여성이 있어야 할 장소는 가정과 밭이었다. 오벨린 대학이 최초로 여자에게 대학의 문을 개방한 1833년 이전까지만 해도 미국에서 여자가 대학에 입학하는 것이 허용되지 않았다(1920년 이전까지는 여자들은 투표권도 없었다).

빅토리아 시대 영국의 빅토리아 여왕의 재위기간인 19세기 중반과 그 이후의 일정기간을 보통 빅토리아 시대라고 부른다. 빅토리아는 1837년 여왕으로 즉위하여 1901년 죽을 때까지 통치하였다. 그녀의 이름은 성적 억압과 사실상 동의어가 되었다. 빅토리아 시대에 유럽과 미국 사회는 적어도 표면적으로는 엄격하고 정숙하였다(Horowitz, 2002). 섹스는 예의바른 사회에서는 논의되지 않았다. 심지어 피아노 다리조차도 정숙함의 표시로 헝겊으로 감싸 덮었다. 결혼한 많은 여자들이 섹스를 생식을 수행하거나 남편의 갈망을 충족시키기 위한 하나의 의무로 생각하였다. 다음과 같은 인용문을 생각해 보라:

> 찰스가 침실에서 이전보다 훨씬 적게 요구해서 지금 기쁩니다. 실은 일주일에 두 번의 요구를 견디어 내고 있는데, 나는 문 밖에서 그 사람의 발자국 소리가 들리면, 침대에 누워, 눈을 감고, 다리를 벌리고, 영국을 생각합니다.
>
> –힐링돈 부인 앨리스로부터

여자는 성적 욕망이나 즐거움을 경험하지 않는다고 생각하였다. 영향력 있는 영국의 의사였던 윌리엄 엑톤(1814~1875)은 1875년 "다수의 여자들이 (사회가 볼 때는 행복하게도) 어떤 성적 감정 때문에 고통을 받지는 않는 것 같다"고 관찰하였다.

영국과 미국의 의료기관에서는 섹스가 남자의 활력을 빼앗아간다고 폭넓게 믿고 있었다. 따라서 의사는 성관계를 자주 하지 않도록 권했다. 실베스터 그레이엄 목사

(1794~1851)는 사정을 하게 되면 건강과 활력을 유지하는데 필요한 "생기의 체액"을 빼앗긴다고 설교하였다. 그레이엄은 자위행위 또는 잦은 부부관계에 의한 "씨앗의 낭비"에 대해 역설했다(Laqueur, 2003; Stengers 등, 2001). (얼마나 자주의 "자주"는 몇 번을 말하는가? 그레이엄의 관점에서, 한 달에 한 번 이상의 성교는 생기 에너지를 위험할 정도로 빼앗는다.) **사실인가 아니면 허구인가 6:** 그레이엄은 젊은이들이 통밀 밀가루로 만들어진 소박한 음식으로 자신의 성욕을 조절할 것을 추천하였는데, 오늘날 그레이엄 크래커라고 부르는 이것은 이러한 목적을 위해 발명되었다.

사실인가 아니면 허구인가 6

그러나 빅토리아 시대 사람들의 행동은 알려진 것처럼 그렇게 억압받지는 않았다. 액톤의 믿음과는 달리 빅토리아 시대의 여성들은 성적 즐거움과 오르가즘을 느끼기도 하였다. 1892년 여의사인 클레리아 듀얼 모셔가 실시한 초창기의 섹스 설문조사에서 얻은 몇몇 발견들을 들여다보자. 표본은 그 크기가 작았고, 무작위적인 것이 아니긴 했지만 응답한 44명의 여자 중 35명이 성관계에 대한 욕망을 인정하였다. 그리고 이들 중 34명이 오르가즘을 경험했다. 그 당시의 여자의 일기에는 열정적인 연애에 대한 이야기도 써 있었다.

매춘은 빅토리아 시대 동안에 번성하였다. 남자들은 다른 곳에서 찾음으로써 자신의 아내를 위하고 있다고 생각하였다. 정확한 통계를 구하기는 힘들지만, 19세기 런던에는 남자 12명당 1명의 창녀가 있었으며, 비엔나에는 아마도 남자 7명당 1명 정도의 창녀가 있었다.

동성 간 성행위는 빅토리아 시대의 사회에서는 풍기문란으로 간주되었다. 게이인 유명한 앵글로아일랜드계 소설가이자 극작가인 오스카 와일드(도리언 그레이의 초상, 이상적인 남편, 진지함의 중요성과 같은 글의 저자)는 "총체적인 외설"로 유죄 판결을 받고 투옥되었다.

성적 특성에 관한 과학적 연구의 토대 이러한 억압의 배경에 대항해서 과학자와 학자들은 합법적인 과학적 연구의 영역으로 성적 특성에 대해 접근하기 시작했다. 영국인 의사 하벨록 엘리스(Havelock Ellis, 1859~1939)는 1897과 1910 사이에 『성의 심리에 관한 연구』라는 백과사전을 출판하였다. 엘리스는 병력, 인류학적 발견들, 의학지식에 관한 정보를 실었다. 그는 여자에 있어 성욕이 자연스러운 것이고 건강한 것이라고 주장하였다. 그리고 많은 성적 문제가 물리적인 원인보다는 심리적인 것이라고 썼다. 엘리스는 게이 남성이나 여자 동성애자의 성적 성향은 상궤에서 벗어난 것이 아니라 일종의 자연변이라고 주장하였다. 그는 게이 남성이나 여자 동성애자의 성적 성향을 악덕이나 성격상의 결점으로써가 아니라 타고난 기질로 생각하여 치료하였다.

영향력 있는 독일인 정신과 의사 리처드 폰 클라프트에빙(Richard von Krafft-Ebing, 1840~1902)은 그의 책 『성심리학(1886)』에서 성적 편차가 있는 사람들의 병력에 대해 기술하였다. 이러한 사례에는 가학피학성 성욕(고통을 가하거나 받음으로써 성적으로 만족), 수간, 그리고 시체성애(죽은 사람과 성교)가 포함되어 있었다. 클라프트에빙은 이러한 편차를 연구 가능하고 의학적으로도 치료 가능한 정신적 질환으로 보았다.

비슷한 시기에 비엔나의 의사, 지그문트 프로이트(Sigmund Freud, 1856~1939)는 현대 문화와 과학에 엄청난 영향을 미쳤던 성격에 대한 이론을 발전시켰다. 프로이트는 우리의 성욕구가 근본적인 동기부여의 힘이라고 믿었다.

인디애나 대학 동물학자였던 알프레드 킨제이(Alfred Kinsey, 1894~1956)는 1930년대와 1940년대에 걸쳐 맨 처음으로 성적 행동에 대한 대규모 연구를 수행했다. 킨제이는 미국 전역에서 거의 1만 2천 명에 이르는 사람과 상세한 인터뷰를 실시했다. 그의 조사 결과는 두 권의 책, 『남성이라는 인간에 있어서 성적 행동(Kinsey 등, 1948)』과 『여성이라는 인간에 있어서 성적 행동(Kinsey 등, 1953)』으로 출간되었다. 이들 책은 미국에서 성적 행동에 대한 종합적인 상황을 제공한 최초의 과학적 시도였다.

이 책은 사실 재미없게 만들어져 있다. 이들은 선정적인 사진이나 윤곽을 흐릿하게 만든 그림보다는 오히려 통계표로 가득 차 있다. 그럼에도 불구하고 아직 성에 대해 공개적으로 논의하기를 배워보지 못한 일반대중에게는 폭발적인 관심을 얻어 베스트셀러가 되었다. 다른 한편 이 출판물에 대해 많은 비판들이 쏟아져 나왔다. 킨제이의 작업은 몇 가지 방법론적 결함(특히 참여자의 선정에 있어서)을 지니고 있었으나, 많은 비판 중 하나는 이것이 부도덕하고 음란하다는 것이었다. 대부분의 신문들은 여성의 성적 특성에 관한 설문조사 결과를 싣기를 거부했다. 1950년대에 한 의회위원회는 킨제이의 연구가 국가의 도덕을 훼손시켜, 나라가 공산당에게 넘어가기 쉽게 취약해졌다고 주장하였다. 이러한 대소동에도 불구하고, 킨제이와 그의 동료들은 성에 관한 연구를 과학적으로 손색이 없는 연구영역으로 만들었고, 공개적으로 성적 행동에 대해 논의를 할 수 있게 그 토대를 제공해주었다.

성혁명 1960년대 중반에서 1970년대 중반까지를 종종 성혁명의 시기라고 부르기도 한다. 이 "힘찬 60년대"에 미국인의 성적 태도와 성적 실행에 극적인 변화가 일어났다. 성적 행동에서뿐만 아니라 과학, 정치, 패션, 음악, 미술, 영화에서도 대변동의 문턱까지 와 있었다. 상업주의와 베트남 전쟁에 실망한 소위 우드스톡 세대는 (라디오에서 록음악으로) 바꾸고, (마약을) 복용하고, (주류사회로부터) 떨어져 나왔다. 그러한 열기는 특히 히피족과 보수반동자 사이에서 나타났다. 남자는 갈기 같은 긴 머리를 하고, 바지는 나팔바지를 입었다. 검열이 없어지자 영화는 노골적인 성적 표현도 마다하지 않았다. 비평가들은 "고전적인" 포르노 「딥스로트(목 깊숙이 넣는 펠라티오)」가 사회적으로 깊은 영향을 주었는지를 진지하게 들여다보고 있다. 하드 록 음악은 반란과 혁명의 메시지를 외쳤다.

성혁명은 과학적, 사회적, 정치적, 경제적 세력과의 시의적절한 상호작용을 통해 그 추진력을 얻었다. 전쟁(베트남에서), 폭탄(핵폭탄의 공포), 경구피임약(출산조절 피임약의 도입), 대중매체(특히 텔레비전)가 위에서 언급된 네 종류의 세력이었다. 경구피임약은 원치 않는 임신의 위험을 감소시켜 줄 수 있었기 때문에 젊은 사람들이 생각없이 재미로 섹스를 할 수 있게 해주었다. 1960년대와 70년대의 「인간 잠재능력 회복운동(자기중심주의의 시대)」과 같은 대중지향적인 심리학운동은 사람들이 서로 접촉을 유지하고 또 성적 감정을 포함하여 자신의 진짜 감정을 표현해야 한다는 메시지를 확산시켰다. "너 자신의 일을 하라"는 말이 하나의 구호가 되었다. "옳다는 느낌이 들면, 그것과 함께 하라"가 또 다른 구호였다. 램프를 문지르자 성이라는 요정이 불쑥 나타났다.

성혁명은 사회적 허용과 정치적 관대함과 결부되었다. 미디어는 성을 공개적으로 다루었다. 인기 있는 도서는 사람들이 자신의 성적 특성을 탐험하도록 북돋았다. 야한 영화

스톤월의 유산. 스톤월 사건 이후 한 달이 지나자 최초로 거리에서 이루어진 당당한 게이 행진이 개최되었다. 경찰이 단순히 여관에 있었다는 이유만으로 게이를 체포하였던 스톤월 사건은 일련의 봉기와 대중행동을 촉발시켰다. 도발적인 슬로건이 사용되었다: "우리는 여기에 있다. 우리는 동성애자다. 익숙해지려고 노력하라."

에서 성교 장면은 너무도 평범해져 영화등급 시스템은 부모에게 주의를 환기시키는 정도의 역할로 축소되었다.

> **비판적인 사고하기**
>
> 그렇다면 역사는 성에 대해서 우리에게 어떤 이야기를 해주고 있는가? 성의 가치를 정의하는 데 보편적인 하나의 기준만 있는가, 아니면 여러 기준이 있는가?

게이의 적극적 행동 일부는 게이의 적극적 행동이 1969년에 맨해튼에 있는 스톤월 여관의 게이 바에서 있었던 경찰의 차별에 대한 게이의 "폭동"으로 시작되었다고 말한다. 게이 행동주의는 성혁명 동안에 급격하게 퍼져나갔다. 게이들은 동등한 권리를 요구하였을 뿐만 아니라 샌프란시스코와 뉴욕의 그리니치빌리지에서 연례 행진을 하는 등 주요 도시에서 게이 퍼레이드를 해나가기 시작했다. 1980년대 초반에 게이들도 에이즈(후천성 면역결핍증후군)의 문제를 해결하기 위한 사회단체들을 만들었는데, 몇 개밖에 안 되었지만 게이들에게는 제법 영향을 미쳤다. 앞으로 10장과 16장에서 에이즈와 성적 성향에 대해 자세히 알아보게 될 것이다. 에이즈는 치명적이었기 때문에, 많은 게이들이 "침묵 = 죽음" 이라는 모토를 채택하였다. 대부분의 게이는 공개적으로 자신의 성적 성향을 밝혔으며, 또한 의학 연구에 박차를 가하라고 큰소리로 요구하였다.

성 연구 성혁명 동안에 노골적인 성적 설문조사가 대중잡지에 만연하게 되었고, 면접원이 전화로 또는 직접 만나 성과 관련하여 노골적인 질문을 하였고, 그리고 윌리엄 마스터즈와 버지니아 존슨을 포함한 몇몇 개척자들은 실험실에서 성적 활동에 참가한 사람들을 관찰하였다. 쉬어 하이트는 잡지 설문조사를 기반으로 한 논란이 된 책을 출판하였는데, 3,000명의 잡지 구독자(아니 잡지 구독자 전부라 해도)가 나라 전체를 대표하는 것은 아니라는 사실로 인해 그녀의 인기는 곧바로 떨어졌다. 모튼 헌트는 1970년대 「플레이보이지」의 자금 지원을 받아 전화 설문조사를 실시하였는데, 그는 킨제이 시대보다 성적으로 더 자유로운 사람들을 발견했다고 주장하였다. 하지만 그는 쉬어 하이트와 같이 상대적으로 낮은 응답률에 바탕을 두었다. 1960년대에 마스터즈와 존슨도 킨제이 때와 마찬가지로 나라의 도덕적 근간을 파괴하고 있다(초기에 킨제이에 행해졌던 수준 정도의 불만)는 비난을 많은 사람들로 부터 받았다. 오늘날의 성연구는 모집단과 매우 무관심한 시민들로부터 표본을 보다 유효한 방법으로 얻는 방식을 사용하여 계속되고 있다.

최근 동향 오늘날 성에 관해서 많은 10대들이 예전에 비해 어린 나이에 적극성을 띤다(Henshaw, 2003). 혼전 성관계뿐만 아니라 성혁명의 다른 두 특징, 즉 여성의 성 해방과 성을 기꺼이 공개적으로 논의하는 것이 사회구조에서 자연스러워졌다. 인터넷에 수많은 포르노 웹사이트가 있고 어린아이까지도 접근이 가능하다. 1960년대 초기가 되어서야 남성 잡지는 모델의 가슴을 드러낼 수 있었고, 나체주의자 잡지 정도는 되어야 좀 더 보여줄 수 있었다. 하지만 오늘날은 패리스 힐튼과 클로에 세비니 같은 유명 인사의 성행위 동영상을 내려 받을 수 있는 여러 웹사이트와 함께 포르노가 만연된 상태에 놓여 있다.

요컨대 모든 사회는 근친상간을 어떤 형태로든 금기하고 있다. 대부분의 사회는 보통 결혼이라는 형태를 통해 지속적인 관계의 배경 안에서 이루어지는 생식적인 성에 그 가치를 두고 있다. 결혼은 어린이의 안전을 제공하고, 인구를 유지 또는 증가시키고, 그리고 세대간 자산의 바른 전달을 제도화한다. 다른 성적 관행(자위, 난잡한 섹스, 남성-남성 간의 성행위, 여성-여성 간의 성행위, 매춘, 일부다처 등)이 어떤 사회에서는 비난을 받으나, 다른 데서는 용납되고, 그리고 또 다른 데서는 장려받기도 한다.

오늘날의 젊은이들은 성에 관한 표현을 함에 있어 이전 세대의 사람에 비해 대체로 자유로운가? 오늘날 HIV/에이즈는 모든 성적인 접촉을 위협하고 있다. 오늘날 많은 젊은이들은 파트너를 선택할 때 생각해서 고르는 편이며, 보다 안전한 섹스를 위해 예방조치를 취하는 한편, 많은 청소년들이 이전 세대에 비해 더 어린 나이에 성적 활동에 달려든다.(설명을 목적으로 한 모델들의 연출.)

생물학적 관점

인간의 성적 특성에 있어서 생물학적 관점은 유전자, 호르몬, 신경계, 그리고 그 밖의 다른 생물학적 요인의 역할에 초점을 맞추고 있다. 성은 궁극적으로 생식이라는 생물학적 기능을 제공한다. 우리는 성적 행동을 가능케 하고 대부분의 사람에게 즐거움을 주는 생물학적 구조를 가지고 있다.

성에 관한 생물학 연구는 우리들에게 생식의 메커니즘에 대한 정보를 알려준다. 그것은 성적 흥분과 반응의 메커니즘에 대한 정보를 알려준다. 우리는 오르가즘이 심리적 사건과 마찬가지로 일종의 척수반사라고 배운다.

생물학 연구자들은 불임 부부의 임신도 가능하게 만들었는데, 예를 들면 시험관 아기 같은 것이다. 생물학의 지식은 성적 문제를 극복해 낼 수 있는 능력을 더욱 발전시켰다.

진화(evolution) 현재 상태의 종으로의 발달을 말하는데, 이것은 환경에 대한 적응이 관련된 것으로 여겨짐.

자연선택(natural selection) 적응된 형질이 한 종의 구성원으로 하여금 생식 연령에까지 생존하여 미래 세대에 이들 형질을 전달할 수 있게 하는 진화적 과정.

돌연변이(mutation) DNA의 분자 구조의 무작위적인 변화.

진화적 관점

종은 자신의 신체적 특성뿐만 아니라, 짝짓기 행동을 포함한 사회적 행동도 다양하다. 과학자들은 이러한 다양성을 설명하기 위해 **진화(evolution)**로 눈을 돌린다(Buss, 2009). 영국의 자연과학자 찰스 다윈(1809~1882)은 현재의 동식물 종들이 **자연선택(natural selection)**, 또는 "적자생존"을 통해 다른 형태의 생명으로부터 진화하였음을 보여주었다. 한 종 안에서 개체들도 서로 다양하며, 이들 중 일부는 다른 것에 비해 환경에 더 잘 적응한다. 더 잘 적응하는 개체는 살아남아 생식하게 되고 결국 다음 세대에 자신의 형질을 전해줄 가능성이 높다. 이들 형질이 일부 종에서는 적응력이 있어서 이들의 생식성공률이 높아지겠지만 그렇다고 해서 이들이 가장 강하거나 가장 빠른 발을 가져야 하는 것은 아니다.

종에서 새로운 변이는 **돌연변이(mutation)**라 부르는 무작위적인 유전적 변화를 통해 도입될 수 있다. 돌연변이가 무작위적이기는 해도 이들은 자연선택의 지배를 받는다. 적응성 돌연변이는 생식성공률을 향상시킨다. 더 많은 종의 일원이 이들 형질을 갖게 되므로, 종은 변화하게 된다.

형질들은 **유전자(gene)**라 부르는 유전의 단위로 전해진다. 형질은 자식들이 부모로부터 물려받는 하나의 유전자 또는 유전자의 조합에 의해 결정된다. 유전자는 **염색체(chromosome)**의 단편인데, **데옥시리보핵산(deoxyribonucleic acid, DNA)**으로 이루어져 있다. 사람의 세포는 일반적으로 23쌍으로 이루어진 46개의 염색체를 포함하고 있다. 각 염색체에는 1,000개 이상의 유전자가 있다. 어린아이는 일반적으로 각각의 부모로부터 유전자의 반을 물려받는다. 한 사람이 물려받는 유전자의 특정 조합은 어떤 사람이 파란 눈 또는 갈색 눈을, 밝은색 또는 진한 색의 머리카락을, 그리고 팔 또는 날개를 갖는지를 설명해 준다.

일부 과학자들은 인간과 또한 다른 동물에서 성적 행동을 포함한 사회적 행동에 대해 유전적 근거가 있음을 제시하고 있다(Buss, 2009). 따라서 우리는 선사시대의 조상들이 성공적으로 생존하고 생식하게 해주었던 형질들을 가지고 있을 수 있다.

성적 행동은 생물학적으로 결정되는가? 다른 종에서는 성적 특성이 생물학적 과정에 의해 주로 결정될지라도, 인간의 성적 특성에서는 문화와 경험 역시 중요한 역할을 한다(Plomin & Asbury, 2005). 인간의 성적 특성은 생물학적, 심리적, 문화적 요인들이 복잡하게 얽혀 있다.

진화적 관점과 성적 유연성 사람들은 다양한 사회적, 문화적 힘에 반응하여 서로 다른 수준의 성욕을 보이며 다양한 방법으로 성적 욕망을 표현한다는 사실에 붙여진 "성적 유연성"이란 개념(Baumeister, 2000)에 대해 생각해 보자. 여성이 남성보다도 더 큰 성적 유연성을 보인다는 증거들이 있다(Baumeister, 2000; Diamond, 2008). 예를 들면, (1) 시간이 지날수록 여자들이 남자보다 성적 행동에 더 큰 변화를 보인다; (2) 여자는 남자보다 문화적 허용이나 구속과 같은 문화적 요인에 대해 더 반응적인 것 같다; (3) 남자의 성적 행동은 여성에 비해 성적 태도와 더 일치한다. 진화적, 생물학적 작용이 여성이 보다 큰 성적 유연성을 갖게 된 주된 요인이 되는가?

이타주의 덜 적응적인 형질보다는 어쨌든 보다 더 "가치 있는", "선한(좋은)", "훌륭한"과 같이 적응적인 형질에 대해 초점을 맞추는 경향이 있다. 그러나 진화는 도덕적인 어떤 활동이 아니다. 단지 그 형질이 생식적 성공률을 향상시키느냐 아니냐에 있다. 그것은 그 자체로 선도 악도 아니다. 그것은 짝짓기 후 수컷을 잡아먹는 한 곤충 종의 암컷에게는 명확하게 적응적이다. 이때 "아빠"는 말 그대로 회임 기간 동안에 자신의 자식에게 영양분을 주는 것이 된다. 진화적 용어로 그의 "이타주의"(그의 개인적인 희생)는 자식들이 생존하여 자신의 유전자를 가질 가능성이 증가하게 된다면 적응적이 된다. 다른 종에서는 아버지가 "그들을 사랑해서 그들을 떠나는 것"(즉 가능한 한 많은 암컷과 짝짓기를 하고 다른 곳에도 "자신의 씨를 심기 위해" 돌연히 그들을 포기하는 것)이 적응적인 것이 될 수 있다.

사실인가 아니면 허구인가 7: 수컷 붉은등독거미는 암컷을 수정시킨 후 곧 암컷의 입안으로 공중제비를 하여 들어가 섹스 후 암컷의 먹이가 된다. 암컷은 자신의 파트너를

유전자(gene) 유전의 기본단위인데, 염색체 DNA의 한 부분으로 이루어짐.

염색체(chromosome) 살아 있는 모든 세포의 핵에 위치하며, 유전암호를 유전자의 형태로 지니고 있는 막대 모양의 구조물.

디엔에이(DNA) 데옥시리보핵산(deoxyribonucleic acid)을 말하는데, 이 분자는 유전자와 염색체를 구성하는 화학물질.

사실인가 아니면 허구인가 7

"먹어버린" 후에는 성적 활동을 일시적으로 중지한다. 따라서 자신의 파트너의 희생은 다른 수컷이 그 암컷을 갖기 전에 자신의 정자가 암컷의 난자에 수정될 확률을 높인다.

선호하는 섹스 파트너의 수에 있어 성별 차이 일부 진화심리학자들은 남자들은 원래 여자에 비해 상대를 가리지 않고 성교한다고 주장하는데, 그 이유는 생식성공률이 그들이 임신시킬 수 있는 여자의 수와 관련이 있던 그러한 조상의 유전 상속자이기 때문이다(Buss, 2005; Jonason 등, 2009). 이와는 대조적으로 여자는 일생동안 몇 명의 자식만 생산할 수 있다. 따라서 이 이론에 따르면 이들에게는 짝짓기 파트너에 대해 보다 신중한 선택이 요구된다. 여자의 생식적 성공은 톰이나 딕이나 또는 해리가 아닌 가장 어울리는 남자와 짝짓기를 함으로써 향상된다. 이러한 관점에서 본다면 남성의 "두리번 거리는 눈"과 여성의 선택성은 자신의 유전자에 들어 있다.

다른 종의 관점

다른 동물종에 대한 연구는 인간의 행동을 보다 폭넓은 맥락에서 볼 수 있게 해준다. 성적 행동의 놀라운 다양함이 인간 이외의 다른 생물에도 존재한다. 인간에서의 남성-남성 간의 성행위, 여성-여성 간의 성행위, 구강-성기 접촉, 그리고 구강-구강 행위(즉 키스)가 동물에서도 그와 같은 예 또는 유사한 유형들이 있다. 애무도 동물 세계에 잘 알려져 있다. 거북은 자신의 발톱으로 자신의 짝의 머리를 마사지한다. 수컷 생쥐들은 파트너의 목을 조금씩 물어뜯는다. 대부분의 포유류는 교미 시 후배위만 사용하지만, 유인원과 같은 동물은 다양한 성교자세를 사용한다.

다른 종의 연구는 흥미로운 패턴을 보여준다. 영장류 같은 "고등" 포유류 중에서 성행위는 조류나 어류나 또는 하등포유류와 같은 "하등"종에 비해 본능에 따르는 정도가 덜하다. 진화 사다리의 위쪽으로 올라갈수록 경험과 학습이 성적 특성에 더 중요한 역할을 한다.

비판적인 사고하기

생물학적 관점, 진화적 관점 그리고 다른 종의 관점은 어떤 종류의 성적 행동이 "자연적"이라는 몇몇 통찰을 제공한다. 어떤 성적 행동패턴이 자연적인 것으로 판단되면, 그것은 옳거나 좋은 것을 의미하는가? 설명해 보시오.

사회적 관점

역사적 관점과 마찬가지로 사회적 관점은 문화제도와 신앙이 성적 행동과 사람의 도덕심에 영향을 미치는 방법에 대해 통찰력을 제공한다(Henslin, 2007). 성적 특성에 미치는 문화의 영향에 대한 관심은 마거릿 미드(Margaret Mead, 1901~1978)와 브로니슬로 말리노프스키(Bronislaw Malinowski, 1884~1942)의 20세기 초기 연구에 의해 박차가 가해졌다.

미드는 「세 원시 부족 사회의 성과 기질(1935)」에서 성별역할의 고정관념에 도전하는 최근의 심리학적인 연구와 사회학적인 연구를 위한 토대를 마련하였다. 성별에 따른 노동의 분담으로 특징지어지는 대부분의 문화권에서는 남자는 일반적으로 일하러, 사냥하러, 또는(필요한 경우)전쟁하러 나간다. 이러한 문화권에서 남자는 강하고, 활동적이고, 독립적이고, 논리적인 것으로 인식된다. 여자는 수동적이고, 의존적이고, 양육하고, 정서적인 것으로 봐왔다. 미드는 이러한 고정관념은 우리의 유전적 유산에 내재하는 것은 아니라고 결론을 내렸다. 오히려 그들은 문화적 기대와 사회화를 통해 습득된 것이다. 즉 특정한 문화에서 남자와 여자는 그들에게 기대되는 방법으로 행동해야 함을 배운다.

다양한 세상

섹스 파트너의 수에 미치는 성, 민족적 배경, 나이, 결혼여부, 교육수준, 종교의 영향

진화론에서는 여성보다 남성이 여러 섹스 파트너를 갖는 것에 더 많은 관심을 나타낸다는 제시를 하고 있는데, 그 이유는 그렇게 하면 자신의 생식기회가 증대되기 때문이다. 그러나 여성의 경우는 성공적으로 아이를 가져 출산할 수 있게 보호된 환경을 제공하는 관계의 개발을 더 선호하는 것처럼 보인다. 연구에서는 어떤 한 그룹의 남자가 여자에 비해 더 많은 섹스 파트너를 갖는다는 그 관점을 지지한다. 예를 들면 표 1.2는 18세 이후부터 관계한 섹스 파트너의 수에 관한 미국 내에서의 전국적인 조사 결과를 보여주고 있다(Laumann 등, 1994). 남성이 여성보다 더 많은 섹스 파트너를 가지고 있음을 밝히고 있다. 3명 중 1명의 남성(33%)이 18세 이후 11명 이상의 섹스 파트너를 가지고 있는데, 이에 반해 여성은 10명 중 1명 이하(9.2%)라고 보고하고 있다. 그러나 문제는 그 이유가 무엇이냐는 것이다.

섹스 파트너의 수는 40대의 나이에서 증가하고 있다. 이것은 나이가 들수록 흥미 대상이 자꾸만 옮겨간다는 것을 의미하는가? 전혀 그렇지 않다. 사람이 나이가 들수록 삶의 경험을 축적할 더 많은 기회를 가질 수 있는데 여기에는 성적 경험도 포함된다. 그러나 다른 한편 50대의 응답자에서는 파트너의 수가 떨어진다. 이 설문 조사에 대한 나이든 많은 응답자는 성혁명 이전에 성인으로 들어섰고 그리하여 보다 보수적인 성적 태도에 노출되었다. 따라서 나이가 생물학적 문제로 나타날 수도 있지만, 그것은 그 사람의 체험의 양과 아동기와 청소년기에 널리 유행했던 여러 종류의 사회적 영향 또한 연결되어 있다. 이와 같은 연령대별로 각기 다른 다양한 체험을 우리는 동년배 효과(cohort effect)라고 부른다.

생물학과 진화의 역할에 대해서는 논란의 여지가 있지만, 그것은 인종이나 민족의 차이, 결혼여부, 교육수준, 종교에 있어서의 차이가 중요한 역할을 하다는 것이 뚜렷해 보인다. 인종이나 민족에 대해 검토해 보자. 표 1.2에 나타낸 목록을 보면 유럽계 미국인과 아프리카계 미국인이 가장 많은 수의 섹스 파트너를 갖는 것으로 나타난다. 아시아계 미국인이 가장 적은 것으로 보고하고 있다.

가장 높은 처녀의 비율은 당연히 결혼을 하지 않았거나, 동거하지 않는 미혼에서 나타난다. 대조적으로 결혼한 사람 중에서는 한 명의 섹스 파트너를 갖는 경우가 가장 많다.

교육은 성적 행동에 자유로운 영향을 미치는가? 대학에 다니고 있거나 또는 대학을 졸업한 사람은 초등학교나 중고등학교만 다녔던 사람에 비해 더 많은 섹스 파트너를 가질 가능성이 높다. 한편 보수적인 종교체험은 억압적인 요인이 된다. 표 1.2에서 종교가 없거나 진보적 개신교(예를 들면 감리교, 루터교, 장로교, 미국 성공회, 그리스도 연합교회)를 믿는 사람은 천주교나 보수적 개신교(예, 침례교, 오순절교회, 그리스도의 교회, 하나님의 성회)를 믿는 사람에 비해 더 많은 섹스 파트너를 가지고 있음을 보고하고 있다. 라틴계 미국인들은 대부분 천주교인이며, 천주교는 성적 행동을 억누르는 경향이 있다.

▶ 비판적인 사고하기

어떤 사람은 많은 섹스 파트너를 갖고 또 다른 사람은 단지 몇 명의 섹스 파트너를 갖거나 아예 갖지 않는 이유에는 어떤 것들이 있는가?

이 조사에서는 얼마나 많은 섹스 파트너를 가져야 좋은지 또는 나쁜지를 보여주는가? 설명해 보시오.

말리노프스키는 제1차 세계대전 동안에 남태평양에 있는 보야와의 트로브리안드 제도에서 살았다. 그는 거기서 트로브리안드 사람과 암페트 제도의 사람에 대한 자료를 수집하였다. 암페트 제도의 사람들은 엄격한 성적 금기를 유지하였으나, 반면 트로브리안드 사람은 보다 큰 자유를 즐겼다. 예를 들면 트로브리안드 사람들은 자녀가 자위행위를 하는 것을 권장하였다. 청소년들은 결혼하기 전까지 여러 명의 섹스 파트너를 가지리라 기대하였다. 말리노프스키는 트로브리안드 사람들이 암페트 제도의 사람보다 걱정이 적다는 것을 발견하였다. 그는 이러한 차이가 성적 자유에서 오는 것이라 생각하였고, 따라서 서양

표 1.2

국민건강과 사회생활 조사연구에서 나타난 섹스 파트너의 수(%)

섹스 파트너의 수	0	1	2~4	5~10	11~20	20+
성별(%)						
남성	3.4	19.5	20.9	23.3	16.3	16.6
여성	2.5	31.5	36.4	20.4	6.0	3.2
인종/종족별(%)						
유럽계 미국인	3.0	26.2	28.9	22.0	10.9	9.1
아프리카계 미국인	2.2	18.0	34.2	24.1	11.0	10.5
라틴계 미국인	3.2	35.6	27.1	17.4	8.2	8.5
아시아계 미국인*	6.2	46.2	24.6	13.8	6.2	3.1
아메리카 원주민*	6.0	27.5	35.0	22.5	5.0	5.0
나이별(%)						
18~24	7.8	32.1	34.1	15.4	7.8	2.8
25~29	2.2	25.3	31.3	22.2	9.9	9.0
30~34	3.1	21.3	29.3	25.2	10.8	10.3
35~39	1.7	18.9	29.7	24.9	14.0	10.8
40~44	0.7	21.9	27.6	24.2	13.7	12.0
45~49	2.0	25.7	23.8	25.1	9.6	13.9
50~54	2.4	33.9	27.8	18.0	9.0	9.0
55~59	1.3	40.0	28.3	15.2	8.3	7.0
결혼여부별(%)						
미혼(미동거)	12.3	14.8	28.6	20.6	12.1	11.6
미혼(동거 중)	0.0	24.6	37.3	15.7	9.7	12.7
기혼	0.0	37.1	28.0	19.4	8.7	6.8
교육수준별(%)						
고등학교 이하	4.2	26.7	36.0	18.6	8.8	5.8
고졸	3.4	30.2	29.1	20.0	9.8	7.4
대학중퇴	2.1	23.9	29.4	23.3	11.9	9.3
대졸	2.1	24.1	25.8	23.9	11.1	13.0
대학원	3.5	24.6	26.3	22.8	9.6	13.2
종교별(%)						
없음	2.6	16.2	29.0	20.3	15.9	15.9
진보적 개신교	2.3	22.8	31.2	23.0	12.4	8.3
보수적 개신교	2.9	29.8	30.4	20.4	9.5	7.0
천주교	3.8	27.2	29.2	22.7	8.1	9.1
유대교*	0.0	24.1	13.0	29.6	16.7	16.7

*이들의 표본 크기는 매우 작다.

출처: Adapted from Laumann, E. O., Gagnon, J. H., Michael, R. T., & Michaels, S. (1994). *The Social Organization of Sexuality: Sexual Practices in the United States*. Chicago: University of Chicago Press.

사회에서 금기를 완화해야 한다고 일찍부터 항변하였다.

1951년 인류학자인 클레랜 포드(Clellan Ford)와 심리학자인 프랭크 비치(Frank Beach)는 전세계에 걸친 거의 200곳의 문맹사회에서의 성적 행동을 정밀조사하였다. 그들은 성적 관습과 신념에 커다란 다양성이 있음을 발견하였고, 공통적인 몇 가지 실마리를 찾았다. 키스하는 것이 전반적이지는 않았지만 제법 흔했다. 아프리카의 통가에서는 키스를 하지 않는다. 서로 키스하는 유럽 관광객을 목격하면, 그 부족 사람들은 유럽인들이 왜 다른 사람의 침과 먼지를 "먹는지" 이해할 수 없다고 하였다. 성교의 빈도 또한 문화마다 다르지만, 어디서든지 젊은이들이 상대적으로 더 자주 성관계를 갖는다.

사회마다 어린 시절의 자위에 대한 태도가 각기 차이가 있다. 미국 남서부의 호피어 원주민 같은 일부 사회에서는 그것을 무시한다. 그러나 트로브리안드 사람들은 권장하고 다른 사회에서는 비난한다.

사회마다 그들의 성적 태도, 관습, 관행은 크게 다르다. 하지만 인간사회의 모든 구성원은 동일한 해부학적 구조와 성적 쾌락에 대한 동일한 생리적 수용력을 가진다. 동일한 호르몬이 그들의 동맥을 통해 흘러 다닌다. 여전한 그들의 성적 관행과, 그들이 얻기도 하고 얻지 못하기도 하는 즐거움은 서로 다를 수 있다. 인간의 성적 특성이 전적으로 생물학에 의해서만 결정된다면, 우리는 그러한 다양성을 찾아볼 수 없을 것이다.

심리학적 관점

심리학적 관점은 여성 또는 남성으로써의 성적 행동과 우리 자신의 경험에 영향을 주는 많은 심리적인 영향(지각, 학습, 동기부여, 감정, 개성 등)에 초점을 맞춘다. 지그문트 프로이트 같은 일부 심리이론가들은 인간의 개성에 있어서 동기를 부여하는 성의 역할에 중점을 둔다. 그러나 다른 이론가들은 세상에 대한 우리의 경험과 정신적 표현이 성적 행동에 어떻게 영향을 미치는가에 대해 중점을 둔다.

지그문트 프로이트와 정신분석이론 비엔나의 의사 지그문트 프로이트는 **정신분석(psychoanalysis)**이라는 용어로 성격에 대해 대단한 이론을 공식화하였다. 프로이트는 우리 모두가, 가족과 사회생활이 과도한 충돌을 하지 않고 계속되기 위해서는 사회적으로 승인된 출구를 통해 표출되어야만 하는, 생물학적 기반의 성적 충동으로 태어난 것이라고 믿었다.

프로이트는 마음이 의식과 무의식 수준에서 작용한다고 제안하였다. 의식 수준은 현재 우리의 의식 상태에 해당한다. 무의식의 마음은 우리의 직접적인 인식 바깥쪽에 놓여 있는 마음의 보다 어두운 구역을 말한다. **억압(repression)**과 같은 **방어기제(defense machanism)**나 또는 충격적인 경험을 적극적으로 망각하는 방식으로 자아는 밑바닥에 있는 성적인 충동과 공격적인 충동의 인식으로부터 의식적 마음을 보호한다.

많은 성적인 생각과 충동이 무의식으로 추방된다 하더라도 그들은 계속 표현될 방법을 찾는다. 표현의 한 방법이 꿈인데, 이를 통해 성적 충동이 위장되거나 또는 상징적인 형태로 인식하게 된다. 프로이트의 전통을 따르는 임상의사나 학자들은 꿈을 분석하는 것에 관심이 크며, 표 1.3에 나와 있는 꿈의 객체는 종종 성적 상징으로 간주된다.

정신분석(psychoanalysis) 지그문트 프로이트가 맨 처음 제안한 성격에 관한 이론을 말하는 것인데, 이것은 내적인 힘이 충돌한 결과를 나타내는 것이라고 제안함.

억압(repression) 불안을 불러일으키는 생각을 의식으로부터 자동적으로 쫓아냄.

방어기제(defense mechanism) 정신분석이론에 있어서 수용할 수 없는 생각이나 충동을 감추거나 내쫓음으로써 불안으로부터 자신을 보호하는 자동적인 과정.

다양한 세상

독일에서 일어난 "명예살인"

23살의 하툰 수르크는 베를린의 템펠호프에서 버스 정류장으로 가는 도중 정면에서 발사된 여러 발의 총알을 머리와 상체에 맞고 살해되었다. 여러 달 전에 그녀는 자기 오빠들 중 한 명이 자신을 위협한다고 경찰에 신고한 바가 있었다. 그녀의 다섯 남자형제 중 세 명이 그녀를 죽이려고 시도했다. 검찰에 따르면 가장 큰 오빠(25살)가 무기를 구하였고, 가운데 오빠(24살)가 자신의 동생을 범죄의 현장으로 꾀어내었고, 가장 작은 남동생(18살)이 그녀를 쐈다.

하툰 수르크는 그녀의 가족에게 "불명예"를 안게 만들었다. 그녀는 터키계 쿠르드인의 딸로서 베를린에서 자라났다. 중학교 2학년 때, 그녀의 부모는 학교에서 그녀를 데려왔다. 그리고는 터키로 데리고 가서 그녀의 사촌과 결혼시켰다. 나중에 그녀는 남편과 헤어져 임신한 상태로 베를린으로 돌아왔다. 그녀는 성인도 되기 전에 아들을 출산했다. 그녀는 여성 쉼터에 입소한 후 학업을 재개하여 중등 과정을 마치게 되었다. 후에 그녀는 전기기사가 되기 위해 직업훈련 프로그램을 마쳤다. 그녀는 화장을 하고, 머리에 두건을 쓰지도 않고, 춤을 추러 다니고, 반지와 목걸이와 팔찌를 끼고 다녔다. 이로 인해 그녀의 인생은 일찍 마감하게 되었다.

그녀의 오빠들의 눈으로 볼 때 하툰 수르크가 사형에 처해져야 할 죄목은 바로 독일에 살면서 독일 사람처럼 살기 시작했다는 것이었다. 한 오빠는 특히 그녀가 머리 두건 착용을 그만둔 것, 자기 가족에게 다시 돌아오기를 거부한 것, 그리고 "그녀 자신만의 친구 모임을 찾겠다"고 선언했던 점에 대해 언급하였다.

종종 이런 경우에 처벌을 결정하는 사람은 아버지이긴 하지만, 터키계 독일인 변호사인 세이란 아테스는 딸에게 자신과 똑같은 운명을 강요하면서 강제결혼을 시킨 어머니처럼 때로는 어머니가 주된 역할을 하는 경우도 있다고 한다. 터키계 독일인 작가인 네클라 켈렉은 "어머니는 딸들이 자기와 똑같은 어려움과 고통을 짊어지도록 요구함으로써 결속을 찾고 있다"고 설명하였다. 그러나 그 딸은 이를 거부함으로써 강제결혼이라는 관례에 대해 말없이 복종한 어머니의 삶에 이의를 제기한다.

하툰 수르크(Hatun Surucu)

많은 독일인들은 주로 세이란 아테스, 네클라 켈렉, 세랍 씨엘리와 같은 세 이슬람 여류작가 덕분에 그들의 중심부에서 일어나고 있는 유사한 이슬람 세계에 대해 알게 되었다. 아테스와 켈렉은 하툰 수르크와 같은 운명으로부터 가까스로 도망칠 수 있었고, 그리고 씨엘리는 13살 때 첫 번째 강제결혼을 피하기 위해 자살을 시도하였다. 후에 그녀는 터키로 끌려가 자신의 뜻과 반하는 결혼을 하게 되었고, 그런 다음 그녀는 그 결혼에서 얻은 두 아이를 데리고 독일로 돌아왔고, 아버지의 폭력을 피해 여성 쉼터로 피난하였다.

세이란 아테스는 아마도 독일에 살고 있는 젊은 터키계 여성의 절반이 매년 결혼을 강요받고 있다고 추정하고 있다. 이러한 강제결혼을 계기로 종종 폭력과 강간을 불러온다. 신부에게는 선택권이 없고, 그녀의 부모와 시댁에 의해 결정된 결혼의 의무를 이행해야만 한다.

지난 9년 동안 독일에서는 알려진 "명예범죄"만 49번이나 된다. 아마도 하툰 수르크의 살인은 결코 헤드라인 기사가 되지 못하고 오히려 그 신문을 부추긴 다른 기사들이 실렸다. 수르크가 살해당한 곳에서 불과 몇 백 미터 떨어진 토마스 모러스라는 학교에서 세 명의 무슬림 학생이 공개적으로 그 살인을 찬성한다고 선언했다. 이 학생들이 바로 직전에 동료학생을 왕따시켰는데, 이유라는 것이 그녀의 의상이 "종교규정에 맞지 않았기" 때문이었다.

정치가와 모든 신앙의 종교학자들은 많은 종류의 이슬람이 있다는 것을, 이슬람주의와 이슬람을 혼동하지 않아야 한다는 것을, 살인을 정당화하는 말은 코란에 한 줄도 없다는 것을 지적해 주는 것이 옳다. 그러나 여성의 권리를, 특히 성적 자기결정권을 무시하는 것은 거의 모든 이슬람 사회에서 총체적인 요소이다. 이슬람은 계몽운동과 같은 그 무엇이 필요하다. 종교와 국가가 분리된 상태에서 그들 자신의 계몽운동에 열심히 매달릴 때만 서구 민주주의가 인간의 권리가 보편적으로 타당하다는 것을 이슬람 주민에게 설득시킬 수 있다. 세이란 아테스는 "우리와 같은 서양 무슬림 여성들이 전통적인 이슬람에 대한 개혁을 시작할 수 있는데, 그 이유는 우리가 바로 그러한 희생자였기 때문이다" 라고 말하고 있다.

▶ 비판적인 사고하기

이슬람 작가 세이란 아테스는 "인간의 권리는 보편적으로 유효하다"고 언급하고 있다. 그녀는 어떤 인간의 권리에 대해 말하고 있는가? 그녀가 옳은가? 여러분의 관점을 옹호해 보시오.

어떤 기관이 사람들의 태도와 행동을 규율하는 권리를 가지는가, 국가인가 아니면 종교인가? 여러분의 관점을 설명해 보시오.

표 1.3

정신분석이론에서 꿈의 상징

남성 생식기에 대한 상징				
비행기	물고기	넥타이	연장	무기
총알	손	막대기	열차	
다리	호스	뱀	나무	
불	칼	지팡이	우산	
여성 생식기에 대한 상징				
병	동굴	문	오븐	배
상자	가슴	모자	주머니	터널
케이스	벽장	단지	항아리	
성교에 대한 상징				
사다리를 오름		비행기로 비행		
계단을 올라감		말을 탐		
다리를 건넘		엘리베이터를 탐		
자동차를 운전		롤러코스터를 탐		
방에 들어감		터널 안으로 또는 강당 아래로 걸어감		
유방에 대한 상징				
사과	복숭아			

프로이트는 꿈의 내용은 우리가 깨어 있는 상태에서 검열하여 금지시킨 성적 환상에 대한 충동, 소망, 대상을 상징한다는 이론을 내놓았다.

사실인가 아니면 허구인가 8: 정신분석학자에게 있어서 비행기, 탄환, 뱀, 지팡이, 그리고 이들과 유사한 객체의 꿈은 실제로 남성의 성기를 상징한다. 하지만 이것은 정신분석이론에 따른 경우이며, 반드시 연구에 의한 증거가 꼭 뒷받침되는 것은 아니다. 특이하게도 프로이트 자신은 꿈의 상징의 중요성에 대해 회의적인 입장을 유지했다. 한번은 그는 "때로는 담배는 단지 담배일 뿐이다"라고 이야기하였다.

프로이트는 성적 존재로서의 우리 자신에 대해 새롭고 논쟁적인 아이디어를 우리에게 소개했다. 예를 들면 그는 **성감대(erogenous zone)**라는 개념(생식기가 아니더라도 신체의 많은 부분이 성적 자극에 반응적이라는 아이디어)을 고안해냈다.

프로이트의 가장 논쟁적인 믿음 중 하나는 아이들이 일반적으로 성욕에 대한 관심을 품고 있다는 것이었다. 그는 구순기에 있는 유아가 젖을 빠는 것은 성적인 행위라고 믿었고, 2살 아이가 배설의 과정에서 그들의 괄약근을 조임으로써 기쁨을 발견한다는 항문 신체실험을 통해서도 똑같이 믿었다. 또한 아이들의 에로틱한 관심이 한 성감대로부터 다른 성감대로, 예를 들면 입 또는 구강에서 항문 구멍으로 옮겨가는 발달 단계를 거치면서 진행되는 것이 정상적이라는 이론을 내놓았다. 그의 **정신성 발달(psychosexual development)**이론에 따르면, 어린이는 발달의 다섯 단계를 착수한다; 구순기, 항문기, 남근기, 잠복기, 그리고 생식기인데 각 단계의 주요 성감대에 따라 그 이름을 붙였다.

성감대(erogenous zone) 성적 자극에 반응하는 성 기관과 그 밖의 다른 신체 부분들.

정신성 발달(psychosexual development) 정신분석이론에 있어서 한 성감대에서 다른 성감대로 성적 감정이 이동하는 과정.

프로이트는 아이들이 남근기 단계에서 다른 성의 부모쪽에서 성적 감정을 발달시키는 것은 정상이라고 믿었다. 이러한 근친상간은 같은 성의 부모와 충돌하게 된다. 앞으로 배우게 될 장들에서 우리는 프로이트가 **오이디푸스 콤플렉스(Oedipus complex)**라 칭한 이러한 발달이 성별역할과 성적 성향에 대한 가설에서 어떤 의미가 있음을 배우게 될 것이다.

오이디푸스 콤플렉스(Oedipus complex) 정신분석이론에서 남자아이가 성적으로 어머니를 소유하기를 원하고 자신의 아버지를 연적으로 여기는 남근기 때 일어나는 충돌.

행동주의자(behaviorist) 이해의 행동에 대한 과학적 접근은 관찰가능하고 측정가능한 행동만을 참조해야 한다고 주장하는 학습이론가.

성교(coitus) 성교.

사회인지이론(social-cognitive theory) 관측 가능한 학습과 가치와 기대가 행동을 결정하는 핵심적인 역할을 한다는 인지 지향적 학습이론.

페미니스트(여권[여성]주의) 이론(feminist theory) 규범과 전통적인 성 역할과 여성에 대한 남성의 억압과 같은 남성 편들기에 도전하는 이론.

학습이론 성적 행동에 경험이 어느 정도까지 반영되는가? 여러분이 다른 문화에서 양육된 경우에도 지금과 같은 성적 태도를 취하고 같은 행동을 하겠는가? 우리는 아니라고 생각한다. 심지어 같은 사회 안에서도 가족과 개인의 경험은 각자 고유한 성적 태도와 행동을 형성할 수 있다.

존 왓슨(John B. Watson, 1878~1958)과 스키너(B. F. Skinner, 1904~1990)와 같은 **행동주의자(behaviorist)**는 학습과정에서 보상과 처벌의 중요성을 강조하였다. 부모의 비난을 받지 않고 자기 몸을 탐험하게 된 어린이는 좋은 느낌이 무엇인지를 배우고, 그것을 반복하는 경향을 배우게 된다. 부모의 칭찬과 격려를 통해 자위와 혼전 **성교(coitus)**에 대한 보상을 받는 트로브리안드의 아이들은, 성적으로 제한된 문화에서 같은 행동에 대해 벌을 받은 아이보다 이러한 동작을 반복할 가능성이 더 높을 것이다. 성적 행동(자위 행위와 같은)이 좋게 느껴지는데, 그러나 부모가 그것을 죄책감과 수치심의 감정으로 연결해 버리면 자녀는 불일치에 놓이게 되고, 그리고 자위와 그런 짓을 하지 않아야 한다는 결심 사이에서 방황하게 된다. 어린아이가 성적 탐험에 대해 심한 벌을 받았다면, 일반적인 성적 자극에 대해서도 죄책감이나 불안의 감정으로 연결시킬 수 있다. 이와 같은 초기 학습 경험이 성인에서 성적인 문제나 장애로 전개될 수 있는가?

인지적 견해 인지심리학자는 인지력(문제를 해결, 의사를 결정, 기대 등)의 중요성을 강조한다. 또한 사람들은 의도적으로 다른 사람을 관찰함으로써 배운다고 이들은 말하고 있다. 관찰학습은 다른 사람의 관찰을 통해 지식과 기술을 습득하는 것을 말한다. 관찰학습은 영화나 TV에서 모델을 보고, 그들에 대해 듣고, 그들에 대해 읽는 것을 포함한다. **사회인지이론(social-cognitive theory)**에 따르면 어린이는 성별에 맞는 행동의 강화 통해서, 그리고 부모나 동료, 또 텔레비전, 영화, 책 같은데서 등장한 모델들의 성별역할 행동의 관찰을 통해서 사회에서 적합한 것으로 간주되는 성별 역할을 습득한다.

성별 역할의 습득. 사회인지이론에 따르면, 어린아이들은 어떤 행동패턴의 강화 통해서, 그리고 부모, 동료, 또 텔레비전이나 영화나 책과 같은 대중매체에서 접하게 된 여러 역할 모델들의 성별과 연관된 행동들을 관찰함으로써 성별 역할을 배운다.

페미니스트 이론

그리스 철학자 아리스토텔레스는 여성을 변형된 남성으로 서술했다고 전해진다. 남성을 이상적인 것으로 보는, 남자와 여자 사이의 유사성보다 오히려 차이에 초점을 맞추는, 여성에 대한 권력을 갖기 위한 무언의 권리를 내세우는 등의 표현처럼, 이의의 여지가 많은 이러한 믿음이 얼마나 만연되어 있는지 우리는 그저 추측해 볼 수 있을 뿐이다.

페미니즘과 **페미니스트 이론(feminist theory)**은 대부분은 아니겠지만 오늘날에도 여전히 많이 남아 있는 아리스토텔레스의 이러한 견해에 항의하기 위해 태어나게 된다(Chesler, 2006). 페미니즘과 페미니스트 이론의 정의는 논란이 있지만, 페미니스트 이론은 남자에 대한 여자의 예속과, 성차별, 동성애에 대한 차별(이성애자에 의해 동성애자에 대한 차별이나 편견), 인종차별, 부당한 권력행사들 사이의 관계성을 분석하는 것과, 개인과 사회 수준에서 저항의 수단을 탐구하는 데에 초점을 맞추고 있다(Butler, 1993, 2003).

- 일손으로서의 남자와 가사를 꾸리는 사람으로서의 여자에 대한 전통적인 관점.
- 정책 입안자로서의 남자에 대한 전통적인 관점, 특히 이런 입안자의 정책은 여성과 어린이에 영향을 주게 됨.
- 성적인 공격자로서 남자와 성적인 문지기로서 여자에 대한 전통적인 관점.
- 남자를 객관적이고 이성적인 존재로, 여자를 감정적이고 비이성적인 존재로 보는 전통적인 성별 역할.

여성다움이나 남성다움이라는 개념 존재는 일종의 생물학적 또는 "실제적인" 바탕에 차이가 있음을 암시하는 것이기 때문에 일부 여권주의자는 바로 이 개념에 도전한다(Squier & Littlefield, 2004; Wood, 2005). 이들은 여성다움과 남성다움은 여자에게 2등 시민권을 부여하거나 어떠한 시민권도 주지 않는 사회가 되게 만들지도 모른다고 주장한다.

이 책과 관련성이 가장 큰 여러 주제들에서 남자가 여자의 신체를 통제할 권리가 없다는 것(예를 들면, 낙태는 여자의 개인적 선택이다; 여자도 남자만큼 성적 행위를 할지 안할지, 그리고 누구와 그럴지를 결정할 권리가 있다; 수학과 과학 같은데서 사용되는 그러한 정신적인 능력에 있어 성별 차이는 거의 없다; 그리고 대부분의 의료 연구는 남자를 대상으로, 남자에 의해, 남자와 함께 수행되어 왔다)을 주장하는 여권주의자를 보게 될 것이다.

성차이의 범위와 성질이 논란의 여지가 있지만, 여자를 지배하는 많은 전통이 적어도 선진국에서는 사라지고 있음을 알 수 있다. 예를 들면 지금 대부분의 서양여자들은 일을 하는 노동인구이기도 하다. 그 결과 지금은 많은 남자들이 자녀 양육과 가사를 아내와 분담한다. 미국에서는 많은 여자들이 남자처럼 비즈니스, 법률, 의학과 같이 전통적으로 남자들의 영역이었던 곳에서 자신의 경력을 쌓아가고 있다(Stamback & Miriam, 2005). 지금은 많은 여자들이 섹스와 관계를 먼저 시작하는 경우도 자유롭게 생각하고 있다.

퀴어 이론

퀴어(queer)라는 단어는 처음 동성애자를 설명할 때 모욕을 주려는 의도를 가지고 사용하였다. 두 세기 정도가 지난 지금, 이 용어는 점차 게이(gay)라는 단어로 대체되었다(Bhugra, 2005). 하지만 전에 방영되었던 '보통 사내를 보는 퀴어의 눈'이란 TV 쇼의 제목에서 보듯이, 동성애자는 자부심의 표시로 퀴어라는 단어를 다시 사용하였다. 이러한 재사용의 결과 중의 하나가 성별역할과 성적 성향에 관해 심리학과 사회학에서 널리 인용되는 이론에 **퀴어 이론(queer theory)**이라고 이름을 붙인 것이다(Alexander, 2006; Valocchi, 2005).

퀴어 이론(queer theory) 이성애 규범성과 이성애주의에 도전하는 이론.

퀴어 이론은 이성애가 정상이고 동성애보다 우월하다는 가정과 같이, 성별과 성적 특성에 대해 일반적으로 받아들여지는 많은 가정에 도전한다(Lovaas 외, 2007). 퀴어 이론은 사람들이 일반적으로 이성애자와 동성애자로 나뉜다는 가정에 대해서도 도전한다(Halpern, 2003; Hird 2004).

동성애 혐오증(homophobia) 동성애자에 대한 혐오.

퀴어 이론에 따르면 이성애와 동성애의 개념은 사람의 해부학적 성, 사회의 성별역할, 개인의 성적 욕구 가운데서 주로 경험되는 부조화의 상황을 무시하는 사회의 구성개념이다(Schlichter, 2004). 퀴어 이론은 인간의 성적 특성은 힘을 가진 쪽(특히 남성 이성애자)이 인정하는 것보다는 훨씬 다양하다고 주장한다. 이들은 고대 그리스에서의 양성애와 같은 역사적인 예와 오늘날의 **동성애 혐오증(homophobia)**을 그 증거라고 강조한다. 나중에 배우게 될 여러 장에서, 특히 성별과 성적 성향에 관한 장에서 퀴어 이론의 개념을 다시 접하게 될 것이다.

인간의 성별에 대한 여러 관점

인간의 성적 행동의 복잡성과 범위를 감안할 때, 성을 이해하기 위해서는 여러 관점을 고려해야 한다. 각 관점들(역사적, 생물학적, 다른 종의, 사회적, 심리적, 여권신장론의, 그리고 동성애자의 관점)은 저마다 그 무언가를 우리에게 가르쳐준다. 이런 관점의 개요를 기반으로 몇 가지 결론을 과감하게 이야기해 보자. 첫째, 인간의 성적 특성은 생물학적, 사회적, 문화적, 그리고 심리적 요인들의 조합이 복잡한 방식으로 상호작용하여 나타나는 것으로 보인다. 둘째, 성적 행동의 보편적인 패턴이라는 것은 거의 없고, 그리고 무엇이 옳고 그른지에 대한 관점은 커다란 다양성을 보인다. 셋째, 우리 자신의 문화적 가치와 신념이 우리에게 깊은 의미가 있을 수 있지만, 그것들이 성적 행동에 있어서 어떤 것이 정상적인지, 자연스러운지, 도덕적인지를 가르쳐 주는 것은 아니다. 인간의 성적 특성의 복잡성(과학자들에게조차도 다소 이해할 수 없는 문제로 남겨놓는 복잡성)은 성적 경험을 더욱 경이롭고 풍부하게 만든다.

학생들의 실제 질문

질문: 성을 바라보는 여러 방법이 있다면, 그런 일에 대해 생각할 때 올바른 방법이 무엇인가요? 그래서 오히려 어떤 결정을 내리기가 어려워요.

답변: 그렇다, 성적 의사 결정을 내리기 어려울 수 있지만, 어려워해야 할 필요는 없다! 그 결정이 여러 정보로부터 얻은 결정이라면, 그것이 여러분의 가치관과 일치한다면, 그리고 가장 중요한 것으로 그것이 여러분의 결정이라면, 그 결정을 편안하게 생각해도 된다. 누군가에 의한 압박을 여러분 자신이 허용하지 않게 하라. 압박을 받고 그 압박에 따른다면, 그것은 여러분이 결정을 내리는 것이 아니다. 이 책은 수십 개의 성적 주제에 대해 어떤 결정을 내려야 할 때 고려해야 할 것들을 제시하고 있다. 그러나 결국 결정은 여러분 자신이 내려야만 한다. 어떤 사람에게는 옳은 것이 여러분에게는 옳지 않을 수도 있다. 한 가지 더 덧붙인다면 모든 문제에 대해 항상 올바른 결정을 내리는 사람은 이 세상에는 단 한 명도 없다. 성적 건강의 문제에 대해서는 단호해져라. 그러나 여러분이 다른 사람에 대한 판단을 그르치더라도, 여러분은 혼자가 아니라는 것도 알고 있도록 하라. 우리가 "함께하고 있다."

1.5 인간의 성적 특성은 무엇인가?

총정리: 재숙고, 재인용, 재검토

이 책은 PQ4R 방법을 사용하고 있다. 여러분은 맨 먼저 장 읽기, 즉 첫 번째 R을 잘 마쳤다. 이제부터 나머지 3R(총정리), 즉 재숙고, 재인용, 재검토는 여러분이 숙달한 정도를 여러분 스스로 테스트해 볼 수 있게 해줄 뿐 아니라, 이 장의 내용들을 이해하고 기억할 수 있게 도와줄 것이다.

재숙고

- 어떤 가치체계나 체계들이 여러분으로 하여금 윤리적 의사결정을 내리도록 이끄는가? 그것은 본 장에서 논의된 것 중의 하나인가? 여러분은 여러분 자신의 가치체계를 어떻게 발달시켰는가?

▶ **비판적인 사고하기:** 여러분 스스로 그것들을 평가해 보았을 때 동의가 되지 않는 경우, 비판적인 사고하기는 그 의견에 대한 증거를 요구하고, 권위자의 지시를 받아들이지 않고 거부할 것을 요구한다. 여러분 자신의 삶에서 권위자는 누구인가? 다른 사람들이 여러분에게 비판적 검토 없이 권위자의 요구에 따르는 것이 좋다고 조장을 하지는 않는가? 여러분은 이것에 대해 어떤 느낌을 갖는가?

- 역사의 대부분의 시기 동안 여자들은 아버지 그리고 그 다음에는 남편의 재산으로 간주되었다. 여러분과 같은 배경을 지닌 사람들에서 이러한 신념들의 "유물"이 여전히 남아 있는가? 설명해 보시오.
- 진화론은 종교적 견해와 모순이 되는가? 설명해 보시오.

▶ **비판적인 사고하기:** 이 장은 여러분이 성적 행동에 관한 여러분의 가치를 재고하도록 만들었는가? 설명해 보시오.

재인용

1. 인간의 성적 특성에 관한 과학은 무엇에 대한 것인가?

- 인간의 성적 특성은 우리가 성적 존재로서 우리 자신을 경험하고 표현하는 방법과 관련되어 있다. 인간의 성적 특성에 관한 연구는 인류학자, 생물학자, 의학 연구자, 사회학자, 심리학자, 그리고 그 밖의 다른 과학자의 전문성 위에서 이루어진다.

2. 우리의 가치관이 어떻게 우리 성적 판단과 행동을 알려주는가?

- 인간의 성적 특성에 대한 정확한 지식과 함께 우리의 가치관은 우리가 성적 결정을 내려야 할 때 정보를 제공해 준다. 가치체계는 법률만능주의, 상황윤리, 윤리적 상대주의, 쾌락주의, 금욕주의, 공리주의, 그리고 합리주의를 포함한다.

3. 인간의 성적 특성에 대해 비판적으로 사고한다는 것은 무엇을 의미하는가?

- 비판적인 사고하기는 논점, 광범위한 신념, 그리고 증거를 평가함에 있어서 회의적으로 접근하는 것을 말한다. 비판적인 사고를 하는 사람은 용어의 정의와 논점의 전제를 확인한다.

4. 인간의 성적 특성에 대한 다양한 관점에는 어떤 것이 있는가?

- 역사적 관점은 보편적인 성적 경향이 거의 없음을 제시한다. 고대 히브리인, 그리스인, 로마인은 여성을 하나의 재산으로 본 남자 중심 사회에서 살았다. 억압적이었던 빅토리아시대에서의 성적 태도는 1960년대와 1970년대의 성적 혁명으로 무너졌다.
- 생물학적 관점은 유전적 요인, 호르몬 요인, 신경 요인과 같은 생물학적 성적 과정에 초점을 맞추고 있다. 진화론은 생식적 성공을 강화하는 사회적 행동이 자연선택의 대상이 될 수 있음을 제시한다. 다른 종의 관점은 인간이외의 생물 안에서 성적 행동의 다양함을 밝혀주고 있다.
- 사회학적 관점은 문화적 신념이 성적 행동과 태도에 영향을 미치는 방법을 연구한다. 심리학 관점은 성별과 성적 행동에 영향을 미치는 인식, 학습, 동기부여, 감정, 성격의 과정에 초점을 맞춘다. 정신분석이론은 생물학적으로 바탕을 둔 성적 충동이 사회의 코드와 충돌한다고 제안한다. 학습이론은 보상, 처벌, 관찰학습과 같은 요인에 중점을 두고 있다.
- 페미니스트 이론은 전통적인 성별역할과 여성에 대한 남성의 억압에 도전한다. 퀴어 이론은 이성애가 정상적이라는 견해를 가진 이성애주의에 도전한다.

재검토

1. 비판적 사고는 다음의 ___만 제외하고 나머지 모두 포함한다.
   (a) 회의주의
   (b) 전통에 도전하는 것
   (c) 논리의 전제를 평가하는 것
   (d) 권위 있는 사람을 맹목적으로 따르는 것

2. 석기 시대 예술은 사람들이 ________을(를) 숭배하였음을 암시한다.
   (a) 아이를 낳는 여자의 능력
   (b) 인간의 성에 대한 과학적인 접근
   (c) 남자에 있어서 양성애
   (d) 아이들의 아버지가 되는 남자의 능력

3. 고대 ________이 섹스 매뉴얼을 맨 처음 만들었다.
   (a) 그리스사람
   (b) 로마사람
   (c) 중국인
   (d) 인디언

4. 교재에 따르면 ________가(이) 여자에 있어서 성적 욕구는 자연적인 것이며 그리고 건강한 것이라고 주장함으로써 우세하였던 영국의 관점에 도전하였다.
   (a) 하벨록 엘리스
   (b) 실베스터 그레이엄
   (c) 지그문트 프로이트
   (d) 리차드 폰 크라프트-에빙

5. 논란이 된 프로이트의 믿음은 ________이다.
   (a) 어린아이들에서는 일반적으로 에로틱한 관심이 숨어 있다는 것
   (b) 어린아이들이 수용할 수 없는 충동을 무시한다는 것
   (c) 어린 시절은 인생의 중요한 시기라는 것
   (d) 어린아이들은 고통을 추구하고 기쁨을 피한다는 것

6. 마스터즈와 존슨은 인간의 성적 반응에 대한 이들의 연구에서 ________을(를) 사용하여 가장 잘 알게 된다.
   (a) 상관 계수
   (b) 문화 간 방법
   (c) 실험실-관찰 방법
   (d) 조사

7. 퀴어 이론은 ________을(를) 반대한다.
   (a) 이성애주의
   (b) 퀴어라는 단어의 사용
   (c) 행동주의
   (d) 성별와 성적 특성에 대한 지배적인 견해에 도전하는 것

8. ________이론에 따르면, 어린아이들은 보강과 관찰학습을 통해 사회에서 적합한 것으로 간주된 성별 역할을 습득한다.
   (a) 진화
   (b) 사회인지
   (c) 페미니스트
   (d) 정신분석

9. 성적 정신병질(Psychopathia Sexualis)은 ________에 의해 써졌다.
   (a) 하벨록 엘리스
   (b) 실베스터 그레이엄
   (c) 지그문트 프로이트
   (d) 리하르트 폰 크라프트-에빙

10. 퀴어 이론에 따르면, ________.
    (a) 동성애란 건 없다
    (b) 모든 이성애자는 편견을 갖는다
    (c) 모든 사람은 양성애자이다
    (d) 성적 성향에 대한 구분 방법을 가지고는 모든 사람을 적절하게 설명하지 못하고 있다

정답: 1. d; 2. a; 3. c; 4. a; 5. a; 6. c; 7. a; 8. b; 9. d; 10. d

인간의 성적 특성에 대한 연구 방법

2장

목차

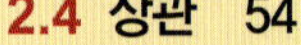

사실인가 아니면 허구인가

다음 중 어느 것이 사실이고 어느 것이 허구인가? 답은 본문 안에 있는 「사실인가 아니면 허구인가」 아이콘에서 만날 수 있다.

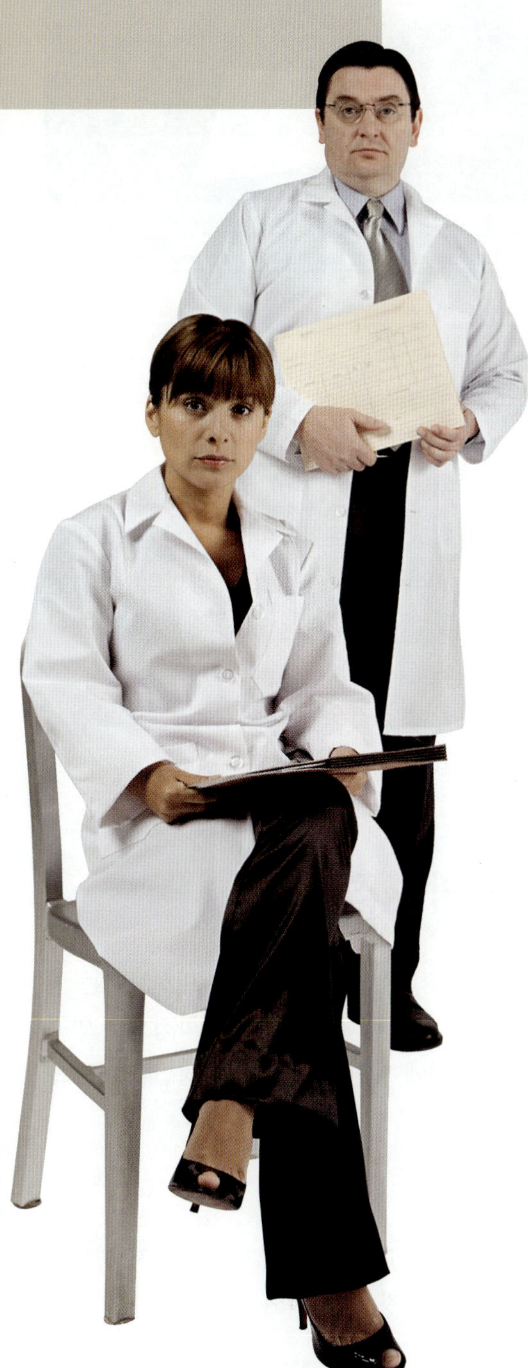

1. 인간의 성적 특성에 대한 과학은 사람들이 어떻게 행동해야 하는지를 알려준다. T F
2. 수백만 미국인의 성적 행동을 연구했지만 여전히 일반적인 미국인 모집단의 성적 행동에 대해 정확한 상황을 얻을 수 없다. T F
3. 죽은 사람에 대해서도 사례연구가 시행되었다. T F
4. 청소년과 젊은 성인 중 소수만이 자신의 성적 건강에 대해 우려하고 있다. T F
5. 어떤 성 연구자들은 그들이 연구하는 그 대상자들과 난교를 하기도 한다. T F
6. 마스터즈와 존슨은 여성의 성적 반응을 연구하기 위해 사진장치가 장착된 인공음경을 만들었다. T F
7. 비아그라는 위험한 성적 행동을 일으킨다. T F
8. 교회에 정기적으로 참석하는 사람은 자신들의 관계에 보다 만족하는 경향이 있다. T F
9. 연구자들은 전문잡지에 종종 성연구에 참가한 사람의 이름을 게재하기도 한다. T F

1940년대 알프레드 킨제이의 공동연구자의 한 명인 워델 포머로이는 첫 사정에 대해 한 남자와 인터뷰를 하였다. 연구자는 "언제?"냐고 물었다. 그 사람은 "14세"라고 답했다. 그 다음에 포머로이는 "어떻게?" 라고 물었고, "말과" 라는 대답에 깜짝 놀랐다.

그의 전기인『모든 것의 척도, 성; 알프레드 킨제이의 삶』안에는 조나단 게스론-하디가 그 다음에 무슨 일이 일어났는지를 기록하고 있다. 포머로이는 그 남자에게 "당신은 14살 때 얼마나 자주 동물과 성교를 가졌느냐?" 고 물었다.

그 사람은 혼란스럽게 보였고, "네 그래요, 내가 14살 때 조랑말과 성교를 했던 것은 사실이에요"라고 말했다. 포머로이가 그 남자의 이전 답변을 잘못 알아들었다는 것이 판명되었다. 그것은 "말(with a horse)과"가 아닌 "창녀(with whores)와"였다. 그래서 그 남자는 포머로이가 자기에게 느닷없는 말에 대한 질문에 깜짝 놀랐던 것이다(Boxer, 2000).

이 질문은 성적 행동에 대한 연구 역사에서 가장 잘 알려진 조사였던 미국의 킨제이 연구의 수행과정에서 있었던 것이다. 이러한 조사 방법은 일반적으로 설문조사 또는 인터뷰를 통해 성적 태도와 성적 행동에 관한 정보를 수집한다.

연구인터뷰. 인터뷰는 조사에서 흔히 사용되는 방법이다. 또한 설문조사도 사용된다.

이 장에서 우리는 인간의 성적 특성을 연구하는 과학자들이 어떻게 연구를 수행하는지 배우게 될 것이다. 킨제이 팀의 워델 포머로이와 다른 구성원 등 많은 사람들이 응답자들을 인터뷰한다. 인터뷰와 설문조사는 조사 방법의 예가 된다. 그러나 사례연구, 현장연구, 실험 등 많은 다른 방법이 있다는 것도 배우게 될 것이다. 그런 다음에 성연구에서 윤리적 쟁점을 논의하게 될 것이다.

그러나 먼저 과학적 방법에 대해 알아보자. 과학이란 것은 연구를 통해 얻은 발견을 의견, 미신, 신화, 오류 등으로부터 떼어놓는 것이다.

2.1 인간의 성적 특성에 대한 과학적 접근

성을 연구하는 과학자들은 경험적인 접근 방식을 취한다. 그들은 직관, 믿음, 미신보다는 연구 증거를 그들의 지식 기반으로 삼는다. 직관이나 종교적 신념으로도 과학적으로 연구될 주제를 제시할 수 있다. 일단 주제가 선정되면 이에 대한 답은 과학적 방법을 바탕으로 해서 찾게 된다.

과학적 방법

비판적 사고와 과학적 접근은 회의론의 특징을 공유하고 있다. 과학자들은 성적 행동에 대해 유력한 가정과 이론에 의문을 제기한다. 그들은 정치지도자와 종교지도자와 같은 권위적인 인물들 그리고 심지어는 다른 과학자들의 주장에 대해서도 기꺼이 토론을 한다. 그들은 완벽한 지식을 얻을 수 없다는 것 또한 인정한다. 한 시대의 "진실"이 다른 시대에 와서는 고대신화나 허위가 될 수 있다. 과학자들은 진실에 대한 질문에 지속적으로 몰두하지만 그들 자신을 뜻밖의 사실을 경험하거나 최종 진리를 정의하는 사람으로 보지는 않는다.

과학적 방법은 과학적 증거를 수집하고 가정을 테스트하는 체계적인 방법이다. 그것은 여러 요소들을 가지고 있다.

1. **연구 질문을 만들어냄.** 가능한 연구 질문의 한 예: 술은 성적 반응을 고무시키는가 아니면 감소시키는가? 과학자들은 사건이나 행동의 관찰이나 이들에 대한 이론에 근거하여 연구 질문을 만들어낸다. 그런 다음 경험적인 연구를 수행하여 이러한 질문에 대한 답을 찾는다.
2. **연구 질문을 가설의 형태로 짜 맞춤.** 실험은 보통 연구를 통해 테스트될 정확한 예측, 즉 마음에 둔 가설을 가지고 수행된다. 예를 들면 어떤 과학자가 술은 성적 반응을 직접적으로 자극하거나 성과 관련된 죄책감을 감소시킴으로써 성적 반응을 고양시키는 것이라고 이론을 세울 수 있다. 그런 다음 실험실 환경에서 술을 마시게 하는 것과 같은 개입(실험 용어로는 "처리"라 부름)을 통해 성적으로 노골적인 영화를 보여주면 성적 흥분이 높아질 것이라는 가설을 세울 수 있다.
3. **가설을 검정하기.** 그 다음 과학자들은 신중하게 통제된 관찰과 실험을 통해 가설들을 검정한다. 술이 성적 반응을 증가시키거나 감소시킨다는 술과 성적 흥분에 대한 특정 가설은 한 그룹의 사람들에게 일정량의 술을 주고 그런 다음 성적으로 노골적인 영화를 보여주는 등의 특정 유형의 성적 자극을 준 후, 이들의 성적 흥분을 술을 주지 않고 영화를 보여준 그룹의 성적 흥분의 정도와 비교함으로써 검사할 수 있다.
4. **결론을 도출하기.** 그 다음 연구 결과의 분석에 기초해 자신의 가설의 정확성에 대해 결론 또는 추론을 도출한다. 잘 설계된 연구 조사의 결과가 특정 가설들을 실증하지 못한다면, 가설의 근거가 된 이론을 수정할 수 있다. 연구 결과들은 종종 과학자들로 하여금 자신의 이론들을 수정하도록 이끌고 아울러 새로운 가설을 수립하게 만든다.

인간의 성적 특성에 대한 과학의 목표

인간의 성적 특성에 대한 과학의 목표는 다른 과학의 목표와 마찬가지로, 관심 있는 사건들(이 경우에는 성적 행동)을 서술하고, 설명하고, 예측하고, 통제한다. 과학자들은 사건과 행동에 대해 편견 없이 분명하고 정확하게 서술하려는 시도를 한다. 인간의 성적 특성에 관한 과학적 접근은 현장연구, 조사, 개인 사례연구, 실험관찰 등 다양한 기법을 통해 성적 행동을 서술한다.

편견 없는 서술의 필요성이 얼마나 중요한 것인지를 강조하기 위해, 키스하는 구라미라는 이름의 열대어를 가지고 생각해 보자. 납작하게 생긴 이 작은 물고기는, 그 중에서도 특히 수컷은 입을 연 채로 맞대고 서로를 밀어붙인다. 키스한다는 용어가 애정을 암시하는 것으로 생각한다면 그것은 잘못 부르는 것일 수도 있다. 이 물고기에 대

키스하는 구라미. 이 물고기들은 자신들의 입을 연 채로 맞대어 서로를 밀어붙여서 그런 별명을 갖게 된다. 키스한다는 단어가 애정을 암시하는 것으로 생각한다면 다시 생각해 보라. 이 물고기에 대한 장기간의 관찰에서 "키스하는 것"은 서로 힘을 겨루는 것인 것처럼 보인다. 물고기의 행동을 "키스하는 것"으로 표현한다면 그러한 표현으로 인해 추론(즉 결론을 이끌어내는 것)에 혼란을 준다. 과학자에게 도전 중 하나는 설명을 추론으로부터 분리해 내는 것이다.

한 장기간의 관찰로부터 키스하는 것이 사실은 서로 힘을 겨루는 것임을 알게 되었다. 이러한 구라미의 행동을 "키스하는 것"으로 표현한 실수는 **추론(inference)**을 혼란에 빠져들게 만든다. 사실 그것은 **의인화(anthropomorphism)**된 추론인데, 이 의인화라는 것은 동물의 행동을 설명하기 위해 인간의 기준을 적용하는 것을 말한다. 과학자에게 도전 중 하나는 설명을 추론으로부터 분리해 내는 것이다.

연구자들은 자신의 관찰을 그것을 설명할 수 있는 요인이나 변수와 연결시키려는 시도를 한다. 예를 들면 연구자들은 같은 나이, 종교나 사회적 배경, 문화적 기대와 같은 인구통계학적 변수에 따라 섹스 빈도와 연관시켜 섹스 빈도에서의 변화를 설명하려는 시도를 해볼 수 있다. 성적 행동을 설명하는데 통상 사용되는 변수들은 생물학적(나이, 건강), 심리학적(불안, 기술), 사회학적(교육수준, 사회경제 상태, 민족)인 것들이 있다.

이론은 과학자들로 하여금 그들이 관찰하고 예측한 것을 설명할 수 있게 해주는 틀을 제공해 준다. 이론은 우리로 하여금 예측을 할 수 있게 해주어야 한다. 심리분석이론과 학습이론의 건전성 테스트 중 하나는 우리로 하여금 행동을 예측하는 것을 허용하느냐 안하느냐이다. 성 연구자들은 성적 행동의 다양한 유형을 예측할 수 있는 요인을 연구한다. 예를 들면 일부 연구자들은 게이 남성이나 레즈비언의 성적 성향의 발달을 예측할 수 있는 어린 시절의 관심과 행동패턴을 조사해 왔다. 다른 연구자는 10대의 임신 가능성을 예측할 수 있는 데이트를 시작하는 나이와 부모-청소년 관계의 질과 같은 요인들을 탐구해 왔다.

"통제하는" 인간행동에 대한 개념은 다른 사람에게 명령을 행하라고 강요하는 사람을 의미하는 것이 아니다. 오히려 그것은 사람들이 자신의 목표를 만들고, 목표에 이르기 위해 그들의 자원을 결집할 수 있도록 과학적 지식으로부터 도출해 내는 것을 의미한다. 유명한 과학자는 연구참가자의 권리를 보호하는 윤리적 기준과 직업적 기준을 지킨다.

사실인가 아니면 허구인가 1

사실인가 아니면 허구인가 1: 인간의 성적 특성에 대한 과학은 사람들에게 어떻게 행동해야만 한다고 이야기하지는 않는다. 오히려 그것은 자신 또는 다른 사람들이 결정을 내리는데 사용될 수 있는 정보를 제공한다. 예를 들면 인간의 성적 특성에 대한 과학은 임신이 잘 안 되는 어려움을 겪고 있는 부부에게 임신 가능성을 높일 수있는 정보를 제공한다. 동시에 과학은 부부들이 그들의 생식적 선택을 조절하는데 도움이 될 수 있는 수태조절의 수단을 개발하고 검토한다.

이제 성과학자가 인간의 성적 특성을 연구하는 방법을 살펴보자. 연구자들은 우선 그들이 연구할 사람이나 사건을 식별해야 하는데, 이것은 표본추출이라는 주제에서 만나게 된다.

2.2 모집단과 표본: 다양한 세상을 나타내기

연구자들이 알고자 하는 것은 사람 또는 동물 전체 집단을 뜻하는 **모집단(population)**에 대해서이다. 예를 들면 많은 연구자들이 미국인에 대해 알고자 한다. 다른 연구자들은 모

추론(inference) 결론이나 의견.

의인화(anthropomorphism) 어떤 동물에 인간의 특성을 부여하는 것.

모집단(population) 생물이나 사건의 전체 집단.

집단으로 미국의 성인 또는 미국의 청소년을 선택할 수도 있다. 또 다른 연구자들은 아프리카계 미국인의 성적 행동을 라틴계 미국인과 그 밖의 다른 미국인과 비교해 보려고 한다. 이들은 관심 모집단 또는 대상 모집단이라 불린다. 이들 대상 모집단은 꽤 클 수 있어서, 이들에 속한 모든 개체를 연구하려는 시도는 비용도 많이 들고 어려운 일이 된다.

모집단의 모든 구성원을 연구하는데 어려움이 있기 때문에 과학자들은 모집단에서 개인들을 선택해 그들을 가지고 연구를 한다. 연구에 참여하는 개인은 **표본(sample)**을 구성한다고 이야기한다. 어쨌든 그 표본은 대상 모집단을 나타낸다. 예를 들면 만일 아시아계 미국인의 성적 행동을 연구하고자 한다면, 모집단은 모든 아시아계 미국인으로 구성된다. 만일 표본으로서 아시아계 미국대학생을 이용한 경우, 이 결과를 가지고 모든 아시아계 미국인에 대한 것으로 일반화시킬 수는 없다.

모집단과 표본. 여러분은 어떤 모집단에 속하는가? 대학생에? 복학생에? 여러분의 성별에? 여러분의 민족배경에? 연구자들은 이와 같은 모집단을 대표하는 표본을 어떻게 얻는가? 이것을 얻고자 할 때 어떠한 문제에 직면하게 되는가?

표본추출 방법: 크기가 중요한가?

때때로 잡지 편집자들은 2만 명 또는 3만 명이나 되는 독자의 표본을 조사했다고 자랑하지만, 크기 하나만 가지고 그 표본이 대표성을 가진다고 말할 수는 없다. 『심리학의 오늘』과 『글래머』라는 잡지의 정기구독자들 같은 이들이 일반적인 모집단을 대표하지는 않는다. 『심리학의 오늘』의 독자는 큰 모집단에 비해 이들은 더 많은 교육을 받고 더 자유로운 경향을 갖는 쪽으로 "편중되어" 있다(*Psychology Today*, 2006). 『글래머』의 독자도 마찬가지로 평균 미국인에 비해 더 많은 교육을 받고, 외모와 성생활을 최대한 활용하는 데 관심을 가질 가능성이 높은 쪽으로 "편중되어" 있다.

사실인가 아니면 허구인가 2

사실인가 아니면 허구인가 2: 수백만 명의 미국인을 대상으로 성적 행동에 관한 연구를 한다고해도 여전히 일반적인 미국 모집단의 성적 행동에 대한 정확한 그림을 얻을 수 있는 것은 아니다. 연구자들은 대상 모집단을 대표하는 표본을 얻을 필요를 느낀다.

대표하는 표본을 얻는 한 가지 방법은 **무작위 표본(random sample)**이다. 무작위 표본은 대상 모집단의 모든 구성원이 동등하게 참여할 기회를 갖는 표본이다. 계층화된 무작위 표본에서 한 모집단의 소집단은 그 모집단에서 그들의 수에 비례해 나타난다. 예를 들면 미국 모집단의 13%는 아프리카계 미국인이다. 따라서 연구팀은 그들이 일반적인 미국 모집단을 나타내는 경우에는 해당 표본의 13%가 아프리카계 미국인이어야 한다는 결정을 할 수 있다. 소집단의 구성원들이 특정한 소집단으로부터 무작위로 선택되었기 때문에 표본의 무작위성은 보존될 것이다.

무작위 표본은 얻기 힘들 수 있는데, 특히 사람들의 성적 태도나 행동에 대해 물을 때 그렇다. 예를 들면 성적 연구는 언제나 참여하기를 자원하는 사람들로 이루어진다. 자원자들은 참여를 거절하는 사람들과 다른 경향이 있다(Quartaro & Spier, 2002; Zelenski 등, 2003). 예를 들면 자원자들은 일반 모집단보다 성적 특성에 대해 더 개방적인 성향이

표본(sample) 모집단의 일부.

무작위 표본(random sample) 모집단의 구성원 모두가 동등한 참여기회를 가지는 표본.

있다.

한 연구에서는 컴퓨터에 의해 생성된 임의의 전화번호를 가지고, 홍콩남자들에 있어서 에이즈에 걸릴 위험에 빠트리는 남성-남성 간의 성적 행동(예를 들면 콘돔을 사용치 않은 항문성교)의 발생률을 평가하려고 했다. 연락된 2,074명의 남자 중 85명(4%)의 남자가 다른 남자와 섹스를 한다고 인정하였고, 이들의 성적 행동에 대해서도 서술하였다(Lau 등, 2002). 하지만 남자와 섹스를 했지만 응답을 거부한 사람이 얼마나 많았는지 어떻게 알 수 있겠는가? 남성-남성 간의 성적 행동을 인정한 남자들이 자신의 접촉을 정확하게 서술했는지 어떻게 알 수 있을까? 또 다른 연구는 많은 레즈비언 주민이 있을 것으로 여겨지는 보스턴 지역에서 간단한 전화면담의 유용성을 평가하였다(Meyer 등, 2002). 연구자와의 협력 수준이 높은 편(94%!)이었고, 응답자의 14%가 자신을 레즈비언이라고 밝혔다. 그러나 협력한 94% 모두가 진실을 말했겠는가? 그리고 이러한 조사로부터 일반적인 모집단에서 레즈비언의 성적 성향의 발생률에 대한 어떤 결론을 내릴 수 있는가?

무작위로 선택되어 조사에 참여 제의를 받은 사람들의 거절은 표본의 대표성을 잃게 만들 수도 있는데, 그렇다고 그 사람들을 연구에 참여하도록 강요할 수는 없다. 그러므로 진짜 무작위 표본보다는 차라리 자원자의 표본을 사용해야 한다. 자원자의 조사인데도 응답률이 낮은 경우 그 반응은 그 조사에 해당되는 사람들을 대표하지 못한다는 표시가 된다.

어떤 표본은 "편의 표본"이다. 그것은 연구자에게 이용가능한 그리고 대개는 종교적 배경이나 성적 성향 등 해당 모집단의 몇몇 특성을 공유하는 사람들로 이루어져 있다. 여전히 그들은 진정으로 그 대상 집단을 대표하지는 않는다. 편의 표본은 종종 자신의 학교에서 수행되는 연구에 자원한 중간 학년의 유럽계 미국인 대학생으로 이루어진다. 그들은 일반적으로 학생을 대표하지 못할 수 있다.

2.3 관찰 방법

과학자들이 그들이 연구하게 될 사람을 한번 선택하게 되면, 연구자는 그들을 관찰한다. 이 절에서 우리는 사례연구 방법, 조사 방법, 그리고 자연관찰, 민족학관찰, 참여자관찰, 실험실관찰 등의 여러 가지 관찰 방법을 알아본다.

사례연구 방법

사례연구(case study)는 개인이나 작은 집단에 대해 주의 깊게 작성된 상세한 전기와 같다. 그 초점은 그들의 배경에 있는 다양한 요소의 상호작용을 해명함으로써 한 명 또는 여러 명의 개인을 가능한 한 완전하게 이해하는데 있다. 대부분의 사례연구에서 연구자는 인터뷰나 다른 집중적인 접촉을 통해 개인이나 집단을 알기에 이르게 된다. 설문조사에 사용될 인쇄된 질문용지를 원치 않는 경우 인터뷰 패턴은 그 자체 많은 자유를 부여한다.

사례연구(case study) 인터뷰, 설문조사, 역사기록을 통해 얻을 수 있는 개인이나 개인들의 작은 집단에 대해 주의 깊게 얻어진 상세한 전기.

또한 연구자들은 알려진 개인을 인터뷰하거나 공공기록들을 조사함으로써 사례연구를 수행한다. **사실인가 아니면 허구인가 3:** 일부 사례연구가 죽은 사람한테서 수행되었다는 것은 사실이다. 예를 들면 지그문트 프로이트는 르네상스 발명가이자 화가인 레오나르도 다빈치에 대한 사례연구에서 역사적 기록을 가지고 만들어갔다. 프로이트는 레오나르도의 예술작품은 보는 사람들로 하여금 승화시키거나 교감케 하는 어떤 힘을 지니고 있다고 결론을 지었다.

사실인가 아니면 허구인가 3

성적 장애에 대한 혁신적인 치료에 대한 보고가 종종 상세한 사례연구로 나타난다. 임상의사는 의뢰인의 배경을 면밀하게 기록하고, 그 치료와 명백한 성과를 서술하고, 치료의 성공이나 실패에 기여할 수 있는 요인을 제시할 수도 있다. 유망한 사례연구나 다중 사례연구(몇 사람에 관한 보고들)는 처리군과 대조군을 포함하는 실험적인 연구를 해야 될 때도 있다.

사례연구는 얻게 될 자료의 풍부함에도 불구하고 실험처럼 엄밀하게 설계된 연구는 아니다. 사람들은 가끔 기억 속에 간격을 갖는데, 특히 유년기의 사건에 대해서는 더욱 그렇다. 거기에는 관찰자의 잠재적인 편견 또한 있다. 임상의와 면접관들은 본의 아니게 사람들로 하여금 자기가 듣고자 하는 것을 말하도록 유도할지도 모른다. 심지어 연구자들은 그들에 대해 메모할 때 미묘하게 자신의 견해를 반영하는 방식으로 그들을 유도하여, 무의식중에 그 사람들에 대한 보고서를 왜곡시킬 수도 있다.

조사 방법

연구자들은 그들의 성적 행동과 태도에 대해 알기 위해 특정 모집단 그룹으로부터 수천 명의 사람들에게 인터뷰나 설문조사를 하여 응답자에 대한 조사를 해나갈 수 있다. 알프레드 킨제이와 동료들이 사용한 것(Kinsey, 1948, 1953)과 같이 대면 인터뷰는 면접관에게 철저하게 조사할 기회를, 즉 유용한 정보로 보이는 답변에 대해 추적조사를 할 수 있는 기회를 제공한다. 숙련된 면접관은 응답자를 편안하게 해주고 자기의 비밀을 털어놓을 수 있게 용기를 북돋는 신뢰감이나 일치감을 갖게 해준다.

설문조사는 인터뷰를 하는 것에 비해 비용 면에서 저렴하다. 설문조사에 쓰이는 주된 경비는 인쇄와 배포, 또는 온라인 게시에 드는 비용 정도이다. 응답자들이 설문지를 서명 없이 반환할 수 있어서, 그들은 익명으로 하는 것이 가능하다. 익명성은 성적인 정보를 밝힐 수 있게 북돋을 수 있다. 물론 설문조사는 자신의 반응을 읽고 쓸 수 있는 사람들에게만 사용할 수 있다. 그러나 인터뷰는 읽지도 쓰지도 못하는 사람에게도 사용할 수 있다.

이 책에 서술되어 있는 주요 조사 중 몇몇은 킨제이와 동료들(Kinsey, 1948, 1953), 시카고 대학의 그룹(Laumann 등, 1994), 카이저 가족재단(Kaiser Family Foundation, 2003)에 의해 실시되었다. 이들은 남자와 여자, 기혼자와 미혼자, 독신자, 남성-여성, 남성-남성, 여성-여성 간에 성적 활동의 발생률과 빈도를 발표했다.

많은 조사가 인간의 성적 특성에 대한 이해에 기여하는 무언가를 가지고 있지만, 어느 누구도 미국인 모집단 전체를 대표하지는 못한다. 정치문제에 대해 여론조사에 동의한 사람들이라 해도, 그들의 성적 행동에 대한 조사에 참여하는 문제에 있어서는 저항이 있을 수 있다. 심지어 최고의 조사들도 자원자의 편중으로 어려움을 겪는다.

킨제이와 그의 동료들에 의해 사용되었던 것을 시작으로 하여 인간의 성적 특성에 관한 조사에서 사용된 몇 가지 방법을 검토해 보자.

알프레드 킨제이. "킨제이 보고서"는 1950년대의 미국에 충격을 던져주었다. 거기에는 어떤 종류의 조사들이 포함되어 있는가? 연구진은 사람들이 참여하도록 북돋기 위해 어떤 시도를 하고 있는가? 기억, 자원자의 편중, 사회적 바람직성에서의 격차는 조사 결과를 어떻게 왜곡하고 있는가?

킨제이 보고서 알프레드 킨제이와 동료들(Kinsey, 1948, 1953)은 1938년과 1949년 사이에 미국에서 5,300명의 남성과 5,940명의 여성을 인터뷰했다. 그들은 결혼하기 전과 결혼 후에 있었던 자위행위, 구강성교, 성교를 포함한 성적 경험에 대한 질문들을 하였다. 킨제이는 무작위 표본을 얻기 위한 노력은 하지 않았다. 높은 거절률이 일반적인 모집단을 대표할 기회를 망치게 할 것이라고 믿었기 때문이다. 대신 집단 표본추출법을 사용했다. 대학 남학생 사교클럽이나 여학생 클럽 같은 그들이 속한 조직이나 지역사회 단체로부터 참가자들을 모집했다. 단체 내 동료회원의 협력을 얻기 위해 지역사회의 다양한 단체의 대표에게 연락하여 그들을 설득하려고 애썼다. 만일 그들이 당황해하거나 불편해하는 것 같아 보이지 않으면, 킨제이는 그들이 다른 회원도 참여토록 설득해주기를 원했다. 어떤 경우에는 한 단체의 회원 모두가 참여하기도 했다.

그러나 킨제이의 인터뷰에서 유색인, 농촌지역의 사람, 노인, 가난한 사람, 가톨릭교도와 유대인은 그 수가 적게 나타났다(Barth 등, 2002; Sharp, 2002). 따라서 그것은 킨제이의 결과가 그 당시 미국 모집단을 정확하게 반영했던 것 같지는 않다. 10장에서 남성 모집단의 37%가 남성-남성 간 성적 활동을 통해 적어도 한 번은 오르가즘에 도달했다는 그의 추정치가 높았음을 배우게 될 것이다. 그러나 교육수준과 구강성교 참여 사이의 명백한 연관성 등 킨제이가 밝혔던 몇몇 관계는 일반화시킬 수 있을 것이다.

킨제이는 정직한 답변을 촉구하기 위한 조치를 했다. 참가자에게는 비밀을 보장했다. 면접관들은 개인적인 기준에 따른 판단을 피해 행동하도록 훈련을 받아서, 그들은 "조용하면서도 안정된 눈"과 점잖은 목소리를 가졌다. 한편 킨제이의 면접관은 모두 남자였는데, 어쩌면 여성 응답자에게는 여성 면접관에게 비밀을 털어놓기가 더 자유로운 느낌이 들었을 수 있다.

킨제이는 18개월이 지난 후 수백 개의 주제를 재검사하여 자료의 신뢰성을 점검하였다. 성적 활동의 발생률에 대한 보고(예를 들면 그들이 혼전성교나 혼외성교의 경험이 있는지 없는지 여부)는 매우 일치하였지만, 성적 활동의 빈도에 대한 보고(예, 주당 자위행위의 횟수와 같은)는 덜 일치하였다. 사람들이 어떤 성적 활동에 경험이 있었는지 아닌지에 대해 답하는 것보다 성적 활동에 대한 빈도를 추정하는 것이 더 어렵다는 것을 알 수 있다.

킨제이는 반응의 일관성이 시간이 지날수록 그 유효성이 보장되지 않는다는 것을 알았다. 즉 반복된 인터뷰는 보고된 행동이 서술한 대로 실제로 일어났었는지를 보여주지 못했다. 하지만 배우자에 대한 706쌍의 보고에서는 일치하는 정도가 높게 나타났는데, 이것은 이들의 자기보고서가 꽤 정확했다는 것을 암시하고 있다.

국민건강과 사회생활 조사(NHSLS) 연구 NHSLS 연구는 에이즈의 확산을 예측하고 예방하기 위해 사용될 수 있는 구체적인 정보와 함께, 미국에 사는 사람에 대한 일반적

학생들의 실제 질문

질문: 저는 영화 『킨제이』를 보았는데, 그가 연구목적을 위해 그의 아내 이외의 다른 사람과 성관계를 가졌다는 것이 정말로 사실인가요?

답변: 우리는 킨제이에 대한 그러한 소문에 동조하지는 않지만, 그러나 우리는 악용된 특별한 경우의 이야기 때문에 합법적인 섹스연구의 역사가 손상을 받기도 한다는 것에 주목해야 할 것이다. 어쨌든 파란만장한 과거가 그 연구사업을 쓰레기통으로 던져버려야 한다는 것을 뜻하지는 않는다. 그것은 삶을 구해냈고 수많은 사람들에게 즐거움을 제공해 왔다.

인 성적 정보를 제공하기 위한 의도가 있다. 이것은 1990년대에 시카고 대학의 에드워드 라우만과 세 명의 동료에 의해 수행되었고, 1994년에 『성적 특성의 사회구조: 미국에서의 성적 관습』이라는 제목으로 출판되었다. NHSLS는 원래 정부 기금에서 지원하는 것이었지만, 상원의원인 제시 헬름이 정부가 성연구를 지원하는 것은 부적절하다는 이유로 연방자금의 지원을 차단시켰다(Bronner, 1998). 연구팀은 민간자금을 간신히 얻기는 했지만, 대신 프로젝트의 범위를 손질해야만 했다.

표본은 3,432명의 사람이 포함되었다. 이들 중 3,159명은 가정(기숙사, 감옥 등이 아닌)에 살고 있는 나이가 18~59살의 영어권 성인이었다. 나머지 다른 273명은 의도적으로 아프리카계 미국인과 라틴계 미국인 가정을 과다하게 표본을 추출하여 얻었고, 그래서 이들 인종그룹에 대해 더 많은 정보가 얻어질 수 있었다. 표본이 아마도 전체 미국인 모집단(또는 18~59살의 사람)을 아주 잘 나타낼 수 있겠지만, 아시아계 미국인, 아메리카 원주민, 유대인은 너무 적었기 때문에 이들 그룹에 대한 많은 정보를 제공할 수는 없었다.

연구자들은 이름이 아닌 주소를 가지고 지역별로 가정 표본을 확인하였다. 그들은 목적과 연구 방법을 설명된 편지를 각 가정에 보냈고, 그런 다음 일주일 후에 각 가정을 방문하여 인터뷰했다. 잠재적인 대상자에게 이 연구의 목적이 중요하다는 것과 그들의 신분은 비밀로 지켜지리라는 것을 확신시켜 주었다. 협조에 대해 최대 100달러의 장려금이 제공되었다. 80%에 가까운 높은 응답률은 이런 방식으로 얻어진 것이다.

가족성장에 관한 국가조사(NSFG) NSFG는 "인구통계와 공중보건사업과 관련된" 성적 행동을 평가하는 또 다른 수단으로써 미국 질병관리본부(CDC)에 의해 수행되었다(Mosher 등, 2005). 이 조사는 15~44살에 해당하는 4,928명의 남자와 7,643명의 여자들을 포함한 총 12,571명의 사람들을 집에서 대면 인터뷰를 하였다. 면접대상자들의 사생활이 보장되고 이들이 정직하게 답할 수 있도록 자신들의 성적 행동에 대한 질문에 대해 휴대용 컴퓨터로 응답케 하였다. 응답률은 79%였다. 대체로 NHSLS와 NSFG는 킨제이의 전성시대 이래로 미국의 일반 모집단의 성적 행동에 대해 완벽하지는 않지만 상당히 정확한 정보를 제공하기 위한 유일한 조사일지도 모른다.

남성-남성 간의 성적 행동과 여성-여성 간의 성적 행동에 대한 몇몇 흥미로운 결과들이 있었다. 예를 들면 남성의 5.7%는 다른 남성과 구강성교를 가졌었고, 3.7%는 다른 남성과 항문성교를 가졌다. 여성 가운데 11%가 "당신은 다른 여성과 어떤 성적 경험을 가진 적이 있는가?"라고 질문을 받았을 때 그렇다고 대답하였다. 10장에서 우리는 자기 자신을 동생애자 또는 양성애자로서 인정하는 남성과 여성의 비율이 실제보다 낮다는 것을 배우게 될텐데, 퀴어 이론가들이 제안하는 것처럼 성적 관심, 성적 행동, 그리고 자신이 인정하는 성적 성향 사이에는 어떤 차이가 있다는 여러 증거들을 보여주고 있다. 아프리카계 미국인 여자들의 9% 그리고 라틴계 미국인 여자들 5%와 비해 유럽계 미국인 여자들의 10%는 15명 이상의 섹스 파트너를 가지고 있다는 보고를 하였다.

청소년과 젊은 성인에 대한 국가조사 카이저 가족재단(2003)은 전화번호를 무작위로 선택한 다음 영어나 스페인어로 1,854명 젊은 사람들과 전화로 인터뷰하여 13~24살의 전국적으로 대표하는 표본을 얻으려는 시도를 했다. 그들은 아프리카계 미국인, 라틴계 미국인, 아시아계 미국인과 같은 소수 민족집단의 사람을 의도적으로 초과해 표본을 추출하였는데, 그 이유는 대부분의 이들 연구에서 그들에 대한 정보를 충분히 얻지 못했기 때문이다. 미성년자들(17살 이하의 젊은 응답자)과의 인터뷰에 대해서는 부모들의 허락을 받았다. 그 응답률은 55%였다.

이 연구의 주요한 발견 몇 가지를 주목해 보자.

사실인가 아니면 허구인가 4

- **사실인가 아니면 허구인가 4:** 5명의 응답자들 중 4명은 그들이 자신의 성적 건강에 대해 걱정했다고 보고하였다.
- 3명 중 1명 정도의 청소년은 섹스를 강요받았다고 답하였다.
- 그 표본의 60%는 "성관계를 갖기 위해 기다리는 것은 좋은 생각이지만, 실제로는 아무도 그렇게 하지 않는다"라는 말에 동의했다.
- 3명 중 1명의 청소년은 종종 성교를 피하기 위해 구강성교를 하였다. 많은 응답자들은 구강성교를 통하여 성접촉에 의한 감염(STI) 위험을 과소평가했다.
- 성적으로 활동적인 젊은 성인의 70%와 성적으로 활동적인 청소년의 40%는 그들이나 그들의 파트너가 임신 테스트를 해보았다고 답하였다.
- 5명의 청소년 중 4명이 청소년은 성관계 전에 약물을 마시거나 사용하려는 경향이 있다고 답하였다. 많은 청소년들과 젊은 성인들은 "피임기구를 사용하지 않은 성관계"(콘돔을 사용하지 않은 성관계)를 포함하여 술이나 약물의 영향 하에 하려한 것이 실제로는 계획한 것보다 더 많았다고 답하였다.
- 많은 청소년들은 많은 STI의 전염과 결과에 대해 상세한 내용을 알지 못했다.
- 청소년의 약 70%는 콘돔에 비해 다른 형태의 피임법이 STI로부터 더 잘 보호해준다고 잘못 믿고 있었다.
- 청소년의 약 90%가 콘돔을 사용하는 것이 파트너를 존중하고 보호하는 표시라고 말하지만, 대략 절반은 파트너와 콘돔 사용여부를 논의하는 것을, 예를 들면 그 문제를 끄집어내는 것이 당황스럽게 만들거나 또는 자신의 파트너를 의심스러워하는 것을 암시하게 될 것 같은 두려움 때문에 꺼려했다.
- 청소년과 젊은 성인 4명 중 3명 이상은 STI들에 대하여 더 많은 정보를 갖고 싶다고 말하고 있다.

플레이보이 재단의 조사 플레이보이 재단은 1970년대에 성적 관습들에 대한 조사를 의뢰하였는데, 이것은 1974년 다모턴 헌트(Morton Hunt)의 이름으로 『1970년대에 성적 행동』이라는 책명으로 출판되었다. 플레이보이/헌트 조사는 킨제이의 전성시대와 1970년대 초 사이에 미국인의 성적 행동에서 변화를 검토하려고 했다.

플레이보이의 표본은 미국의 24개 도시의 전화번호부 목록으로부터 무작위로 얻었다. 사람들은 미국에서 성적 관습에서의 추세에 초점을 맞춘 소집단 토론에 참가하도록 요청받았다. 헌트는 2026명의 참가자로 이루어진 최종 표본은 다양한 표본의 미국 도시의 거주자들의 나이와 인종에 대해 적절하게 계층화되었다고 주장하였지만, 그러나 접촉한 사람들의 80%는 참여하기를 거절하였다. 참여했던 20%의 사람들은 모든 주를 대표하는 모집단에 비해 성적 이슈에 대해 더 개방적이고 솔직하다고 추정하는 것이 타당하다.

잡지의 조사 또한 독자층 조사는 「사이콜로지 투데이」, 「글래머」, 「레이디스 홈 저널」, 「코스모폴리탄」과 같은 인기 있는 잡지들에 의해 진행되어 왔다. 이러한 조사들이 상당수의 응답자들을 얻을지 모르지만, 표본추출 기법은 의문을 제기한다. 각각의 표본은 기껏해야 설문조사가 나타나 있는 잡지의 독자들을 대표한다. 더욱이 우리는 이러한 설문조사에 응답하기 위해 자원하는 독자들에 대해서만 단지 알게 되는 것인데, 이것은 전체 독자층 중 작은 부분밖에 되지 않는다. 마지막으로 이러한 잡지들의 독자들은 일반대중보다 더 부유하며, 그리고 「코스모폴리탄」, 「사이콜로지 투데이」, 「글래머」의 독자들은 더 자유로운 경향을 가지고 있다(Barney & Feenberg, 2004; *Psychology Today*, 2006).

특정한 모집단에 대한 조사 NHSLS와 NSFG 연구들은 지역, 사회경제적 계층, 연령대가 다른 남자들과 여자들에게 질문하였다. 몇몇 연구자들은 그들의 노력을 청소년, 노인, 특정 인종/민족 그룹의 사람들, 게이와 레즈비언과 같은 특정 모집단에 초점을 맞추었다.

최근에 미국과 그 밖의 다른 나라에서의 대규모 연구들은 에이즈와의 싸움에 유용하다고 입증될지 모를 성적 관습들에 관한 정보를 얻기 위해 수행되었다. 예를 들면 미국에서 시애틀의 바텔연구소의 연구원들은 젊은 성인 남자들 가운데 불안한 성적 관습들의 유행을 알아내기 위해 20살부터 39살 사이에 3,321명 남자들의 전국적인 대표 표본을 인터뷰하였다(Billy 등, 1993; Tanfer 등, 1993).

1978년과 1981년에 킨제이 연구소라고도 불리는 인디애나 대학의 성연구 연구소는 샌프란시스코 지역의 979명의 게이와 이들과 걸맞은 나이, 인종, 교육, 직업을 가진 477명 사람들의 참조 집단에 대한 조사 결과를 보고하였다(Bell & Weinberg, 1978; Bell 등, 1981). 이들의 책 「동성애」에서 연구자 알란 벨과 마틴 와인버그(Alan Bell & Martin Weinberg, 1978)는 이들의 발견이 다른 도시나 지역들에 살고 있는 게이까지 확대할 수 없다는 것을 인정하였다. 사실 이들은 자기의 표본이 샌프란시스코의 게이를 대표하지 않을지도 모른다고 인정하였다. 이 표본은 게이 권리단체에 가입하기 위해 "자기 정체성을 털어놓은" 사람들과 게이 바와 목욕탕 등에 다녔던 사람들로 구성되어 있었다.

킨제이는 아프리카계 미국인들의 성적 행동에 관한 일부 자료를 얻었지만, 아프리카

UCLA 연구원 게일 와이엇

계 미국인들은 그의 표본에서 대표가 되기에는 부족하였기 때문에 그것을 보고하지 않았다. 그러나 게일 와이엇과 NHSLS 집단에 의한 보다 최근의 연구들은 일부 유용한 정보를 제공하고 있다. UCLA 연구원 게일 와이엇과 그녀의 동료들(Wyatt, 1985, 1989)은 로스앤젤레스 카운티의 122명 유럽계 미국인 여자와 126명 아프리카계 미국인 여자로 이루어진 표본의 성적 행동을 조사하였다. 여자들은 나이가 18살에서 36살 사이였고 전화부에서 무작위로 추출되었다. 참여에 동의했던 사람들은 나이, 교육, 자식수, 혼인 여부와 같은 인구통계적 특성에 대한 표본을 균형이 잡히도록 선택되었다. 잠재적인 참가자들 3명 중 1명은 협조하기를 거부했다. 참가자들은 대면 인터뷰를 받았다.

킨제이의 자료와 와이엇의 자료 사이에 차이점들 중 하나는 와이엇의 1980년대 표본의 여자, 즉 아프리카계 미국인여자와 유럽계 미국인여자들은 이른 나이에 성교를 시작했다는 것이었다. 킨제이는 5명의 여자 중 1명 정도는 20살이 넘기 전에 혼전 섹스를 가졌다고 보고하였다. 이와는 대조적으로 와이엇은 그녀의 연구 대상자의 98%가 그 나이에 그랬다는 보고를 하였다(Wyatt, 1989). 사회계층 차이를 고려하면, 와이엇의 표본에서 아프리카계 미국인 여자와 유럽계 미국인 여자들에 대한 첫 성교의 나이는 상당히 비슷하였다. 물론 와이엇의 연구는 로스앤젤레스에 한정되어 있었고 일반적인 미국 모집단을 대표하지는 않는다. 그러나 킨제이의 표본도 역시 지리적으로 왜곡되어 있었다. 킨제이는 미국 북동부를 과하게 대표하였다.

최근에 게일 와이엇은 특히 그녀의 주의를 여자의 에이즈 문제로 돌렸다(Wyatt 등, 2008; Wyatt 등, 2009). 그녀는 독신여자와 결혼한 여자들 가운데 위험한 성적 행동의 전조를 조사하였고, 그리고 어린 시절의 성적 학대와 후에 계속되는 위험한 성적 행동을 줄이기 위한 노력들 사이에 복잡한 관계를 조사해왔다.

조사 방법의 한계 조사의 한 가지 한계는 행동과 태도에 대해 자기보고가 있다는 사실과 관계가 있다. 자기보고는 잘못된 기억과, 당혹감, 부끄러움, 죄책감 때문에 정보를 왜곡하거나 숨기는 경향과, 사회적으로 좋은 이미지를 나타내려는 시도 등의 요인들로 인해 부정확하고 편중되기 쉽다(Rosenbaum, 2006). 사람들은 애무나 자위행위를 통해 처음 오르가즘을 체험한 때의 나이를 기억하지 못할 수 있다. 사람들은 부부간 주당 성교 횟수 등 어떤 행동에 대한 횟수를 기억하거나 계산하는 것이 어려울 수도 있다. 또한 조사자료가 마구잡이식이거나 대표적이지 못한 표본으로부터 얻게 될 수도 있어서 그러한 자료는 대상 모집단을 대표하지 못한다.

성적 행동에 대한 조사에서 참가자들은 질문에 대해 사회적 바람직성의 방향 쪽으로 답해야 한다는 압박을 느낄 수도 있다. 일부는 그들이 사회적으로 바람직한 대답이라고 믿는 것을 제공하여 면접관의 환심을 사려고 애쓴다. 또 일부 사람들은 반감이나 범죄 고발을 두려워해 민감한 정보를 누설하지 않을 수도 있다. 면접관들이 참가자에게 익명으로 할 것이라고 이야기해도 응답자들은 자신의 신원이 언젠가 노출될지도 모른다고 두려워할 수도 있다. 여러분은 49쪽에 있는 자기평가를 가지고 여러분이 사회적으로 바람직한 대답을 제공하려는 자신의 경향을 평가해 볼 수 있다.

일부의 응답자들은 과장하기를 선택한다. 우리의 문화에서 남자들은 그들의 성적 위업을 과장하려는 경향이 있을 수 있고, 여자들은 그것들을 대단치 않게 생각하려는 경향

자기평가

성적 행동에 대한 설문조사에서 여러분은 면접관에게 사실대로 이야기하겠는가? 사회적 바람직성 척도

인간의 성적 특성을 연구하는 연구자들은 그들의 주제에서 사회적 바람직성에 대한 문제를 자주 직면하게 된다. 즉 인터뷰 받았던 많은 사람들은 자신의 성적 태도와 성적 행동에 대한 진실을 공개하기 보다는, 연구자가 듣기 원한다고 생각되는 것을 연구자에게 이야기하는 것이다. 그 이유는 흔히 그 연구자의 호감을 얻는데 있다. 사람들이 사회적으로 바람직한 방향으로 믿고 있는 것에 응답하는 경향은 사례연구와 조사 방법의 정확성을 왜곡시킨다.

여러분은 어떤가? 성적 태도와 성적 행동에 대해 면접관에게 정직한 답변을 주겠는가, 아니면 호감을 얻기 위해 여러분의 신념과 행동과 다르게 이야기하겠는가?

여러분이 사회적으로 바람직한 반응을 만들어내는 경향을 가지고 있는지에 확인해 보고 싶으면, 크라운과 말로가 고안해 낸 『사회적 바람직성 척도』를 완성해 보면 된다.

안내

각 항목을 읽고 그것이 옳은지(T) 아니면 그른지(F)를 결정하시오. 신속하게 하려고 애쓰고 각 질문에 T나 F에 동그라미로 표시하여 답하시오. 마친 후에 여러분의 답변에 대한 해석은 부록에 있는 점수표에서 확인해보시오.

T F 1. 나는 투표하기 전에 모든 후보자의 자격을 철저하게 조사한다.

T F 2. 나는 누군가 곤경에 처하면 도우려는 것을 결코 주저하지 않는다.

T F 3. 나는 격려 받지 못한다면 때로는 일을 계속하기가 어렵다.

T F 4. 나는 누구를 심하게 싫어해본 적이 없다.

T F 5. 나는 가끔 인생에서 성공할 수 있는 능력이 있는지를 의심한다.

T F 6. 나는 내 방식대로 주어지지 않을 때 종종 분개한다.

T F 7. 나는 옷매무새에 대해 항상 조심한다.

T F 8. 나는 집에서의 식사예절도 레스토랑에서만큼이나 좋다.

T F 9. 나는 만약 돈을 내지 않고 들키지 않게 영화관에 들어갈 수 있다면 아마 그렇게 할 것이다.

T F 10. 나는 능력이 너무 없다고 생각하기 때문에 이따금 뭔가를 포기한다.

T F 11. 나는 때때로 잡담하는 걸 좋아한다.

T F 12. 나는 그들이 옳았다는 걸 알았을 때조차도 권위 있는 사람에 대해 반항하고 싶은 생각이 들 때가 여러 번 있다.

T F 13. 나는 누구와 이야기하든 상관없이 항상 잘 듣는다.

T F 14. 나는 무언가로부터 벗어나기 위해 꾀병을 부린 기억이 있다.

T F 15. 나는 누군가를 이용할 때가 있었다.

T F 16. 나는 실수를 하면 항상 기꺼이 받아들인다.

T F 17. 나는 항상 훈계 받은 것을 실천하려 애쓴다.

T F 18. 나는 목소리가 크거나 불쾌한 사람과 함께 있어도 특별히 힘들지 않다.

T F 19. 나는 용서하고 잊기보다는 때때로 복수하려고 한다.

T F 20. 나는 어떤 것에 대해 모를 때는 그것을 받아들일 마음이 전혀 없다.

T F 21. 나는 마음에 안 드는 사람에게조차도 항상 정중하다.

T F 22. 나는 종종 내 방법대로 우길 때가 있다.

T F 23. 나는 아주 뛰어난 것 같은 느낌이 들 때가 가끔 있다.

T F 24. 나는 다른 사람이 내 잘못에 대해 나를 처벌하게 둔다는 것은 상상도 할 수 없다.

T F 25. 나는 내 부탁이 거절당한다 해도 결코 분개하지 않는다.

T F 26. 나는 사람들이 내 생각과 매우 다른 생각을 표현하더라도 괴로워하지 않는다.

T F 27. 나는 내 자동차의 안전을 확인하지 않고는 긴 여행을 절대 하지 않는다.

T F 28. 나는 다른 사람의 행운에 질투를 꽤 느낄 때가 여러 번 있었다.

T F 29. 나는 누군가를 꾸짖으려는 충동을 거의 느끼지 않는다.

T F 30. 나는 내게 부탁하는 사람에게 가끔 신경질적일 때가 있다.

T F 31. 나는 이유 없이 벌을 받는다고 생각한 적은 없다.

T F 32. 나는 사람들이 불행할 때 그럴 만하다고 종종 생각한다.

T F 33. 나는 누군가의 마음을 상하게 하려고 의도적으로 어떤 말을 한 적은 결코 없다.

출처: D. P. Crowne and D. A. Marlowe, A new scale of social desirability independent of pathology, *Journal of Consulting Psychology* 24 (1960): 351.

이 있을 수 있다(Ferraro, 2004; Nanda & Warms, 2004). 일부의 응답자들은 그들 자신에게 관심을 끌기 위해 또는 연구 결과를 망치기 위해 그들의 기이한 행동이나 태도를 과장한다.

많은 사람들이 조사에 참여하는 것을 거절하기 때문에 표본들이 많은 자원자들에 의해 편중된다. 자원자들은 비자원자에 비해 성적으로 보다 관대하고 자유로운 경향이 있다.

여러분은 이러한 문제들이 인간의 성적 특성에 대한 배움의 수단으로서 그 조사 방법을 쓸모없게 만들 것이라고 생각할지 모른다. 사실 신중하게 생각하고 수행한 조사는 성적 태도와 관습에 많은 통찰력을 제공한다. 많은 경우 그것이 유일한 이용 수단이다. 킨제이 이전에 우리 사회에는 사람들의 성적 관습들에 대한 정보가 거의 없었다.

학생들의 실제 질문

질문: 우리가 어떻게 성적 특성에 관한 연구의 일부가 될 수 있나요?

답변: 일반적으로 여러분이 잡지에서 또는 웹사이트에서 보게 되는 전형적인 설문조사에 응답하는 것은 성적 특성에 관한 연구에 도움이 되지 않는다. 표본추출이 아마도 편중되어 있고 그리고 답에 대한 "과학적" 분석이 모두 과학적이지 않을 수 있다. 대신에 여러분은 캠퍼스나 근처에서 진행 중에 있는 유용한 연구에 관해 여러분의 교수나 근처의 의과대학을 통해 확인해 볼 수 있다. 만일 성적 특성 연구가 여러분에게 주어진다면 그리고 그것이 합법적인 정부기관이나 교육기관 또는 민간단체에 의해 지원된다는 사실이 여러분 마음에 들면 자유롭게 참여해 보라.

자연관찰 방법

현장연구로도 불리는 **자연관찰(naturalistic observation)**에서 과학자들은 그것이 일어나는 현장에서 동물과 인간의 행동을 직접 관찰한다. 예를 들면 생물학자들이 야생에서 동물의 행동을 관찰할 수도 있고, 사회학자들이 매춘부들의 거리 생활을 관찰할 수도 있고, 심리학자들이 낭만적인 커플들에서 몸짓 언어의 양식을 관찰할 수도 있다.

지난 몇 년간 자연관찰자는 도덕적 딜레마에 놓여져 왔다. 그들은 의료 지원을 해서 그들을 구할 수 있었을 때에도 개입하기보다는 아프거나 다친 동물들이 죽도록 내버려 두었다. 그들은 당국에 보고되지 않은 약물남용과 불법의 성적 행위를 허용해왔다. 이에 관한 도덕적 협정은 개입치 않는 관찰이 많은 사람에게 유익한 자료를 얻어 낼 수 있다는 것인데, 즉 최대 다수의 최대 행복이라는 것이다.

자연관찰(naturalistic observation) 생물들이 자신의 자연환경에서 관찰되어지는 한 방법.

민족학관찰(ethnographic observation) 특정 문화, 특히 문맹사회를 서술적으로 다루는 연구의 한 방법.

민족학관찰 방법

민족학관찰(ethnographic observation)은 다양한 민족집단, 즉 문화가 상당히 다른 집단이나 소수의 한정된 문화 집단 가운데서 일어나는 성적 행동과 관습에 관한 자료를 제공한다. 인류학자들이 민족학 연구에 전형적으로 참여하는 전문가들이다. 그들은 인간의 다양성을 관찰하고 연구하기 위해 세계 구석구석에서 살아가고 있는 인간사회 안에 직접 들어가 살곤 했다. 마가렛 미드(Margaret Mead, 1935)는 뉴기니의 다양한 사람들의 사회관습과 성적 관습에 대해 보고하였다. 브로니스로우 말리노프스키(Bronislaw Malinowski, 1929)는 특히 트로브리안드 제도 원주민을 연구하였다. 그렇기는 하지만 민족학관찰은 성적 행동에 관한 연구를 하는데 있어서 한계를 갖는다. 성적 활동은 다른 사람이 보지 않는데서 흔히 이루어지는데, 특히 다른 문화에서 온 방문객에 대해서는 더욱 그렇다. 그러므로 민족학학자들은 인터뷰를 하는 등의 방법에 의존해야 할지도 모른다.

어떤 문화 내의 특정 문화나 또는 하위 집단을 연구하는 민족학학자가 그들의 행동 일부에 관심의 초점을 두어 집단 구성원의 행동을 바꾸려 애쓰지는 않는다. 일부 사람들은 민족학학자가 있는 동안에 사회적 바람직성의 희생물이 되어 "그들의 행동을 바르게" 할지도 모른다. 다른 사람들은 평소보다 더 공격적이거나 성적으로 자극적인 방식으로 행동함으로써 민족학학자에게 깊은 인상을 주려고 노력할지도 모른다. 어느 경우에나 사람들이 왜곡된 정보를 제공하게 된다.

캐서린 프랭크. 프랭크는 수입도 늘리고 스트립 클럽에 자주 가는 남자들에 대해 알기 위해 대학원에 다니면서 스트리퍼로 일했다.

참가자관찰 방법

사실인가 아니면 허구인가 5

사실인가 아니면 허구인가 5: 일부의 성 연구자들은 그들이 연구한 사람들과 함께 "난교"에 참여해 왔던 것이 사실이다. **참가자관찰(participant observation)**에서 조사자들은 그들과 직접적으로 상호작용함으로써 사람들의 행동에 대해 배운다(Boynton, 2008; Frank, 2007). 참가자관찰은 남성-남성 간의 성적 행동과 짝-교환의 연구에서 사용되어 왔다. 사실상 참가는 관찰에 관한 "입장료" 였다. 어떤 경우에는 연구자들이 "난교파티" 동안 참가자들과 함께 성교에 참여하였는데, 이것은 과연 "과학을 위해서" 허용될 수 있는 것인지 의문을 불러일으킨다.

우리는 더 이상 공개적으로 "과학적 난교"에 대해 많이 듣게 되지는 않지만 현재 참가자관찰의 이용이 더 많아지고 있다. 인류학 대학원생으로서 캐서린 프랭크는 "대학원 학비 마련을 위한 수단으로서 그리고 여성의 객관화와 신체 이미지를 조사하는 어떤 여권주의이론 프로젝트의 한 부분으로서" 둘 다를 위해 동남부 도시에서 스트리퍼로 일했다(Sternberg, 2004). 그녀의 경험에 관한 보고에서 프랭크(Frank, 2002, 2003)는 많은 남자들이 "단지 휴식하기를 원하기" 때문에 클럽에 간다고 그녀에게 말했던 것을 주목한다. 스트리퍼만큼은 아니지만 남성 고객들은 클럽을 방문하는 것에 대해 오명을 쓰게 될지도 모른다고 그녀는 쓰고 있다. 더욱이 어떤 남자들은 스트립 클럽에서 사업을 하고 그 비용은 회사에 떠넘긴다.

실험실관찰 방법

자연환경에서 개인을 연구하기보다는 **실험실관찰(laboratory observation)**은 그들을 실험실 안으로 데려와 그들의 행동을 더 꼼꼼하게 관찰할 수 있게 해준다. 『인간의 성적 반응』에서 윌리엄 마스터즈와 버지니아 존슨(William Masters & Virginia Johnson, 1966)은 성행동에 참여한 개인과 부부의 직접적인 실험실관찰을 맨 처음으로 보고하였다. 총 694명의 사람들(312명의 남자들과 382명의 여자들)이 연구에 참가했다. 여자

참가자관찰(participant observation) 관찰자가 자료를 수집할 때 그들이 연구하는 사람들과 상호작용하는 한 방법.

실험실관찰(laboratory observation) 어떤 주제를 실험실 환경에서 연구하는 방법.

가까이서 보기

여자가 원하는 것이 무엇인지 우리는 어떻게 알 수 있는가?

아직까지 답해진 적도 없고, 그리고 30년이나 되는 여성의 영혼에 대한 나의 연구에도 불구하고 아직도 내가 답해 줄 수 없는 중대한 질문은 "여자가 무엇을 원하는가?" 하는 것이다.

—지그문트 프로이트

무엇이 남자를 성적으로 자극할까? 무엇이 여자를 성적으로 자극할까? 다양한 방법을 사용한 연구들은 남자의 성적 반응은 보다 예측가능하다는 것을, 또 남자의 신체에서 일어나는 일들은 그들이 생각하는 있는 것과 상관을 가질 가능성이 크다는 것을 암시하고 있다. 메러디스 쉬버스와 동료들(Chivers & Bailey, 2007; Chivers 등, 2007)에 의해 이루어진 몇몇 연구를 검토해 보라. 그녀는 남성-여성 간의 섹스, 남성-남성 간의 섹스, 여성-여성 간의 섹스, 자위를 하는 남자, 자위를 하는 여자, 해변에서 누드로 걷는 근육질의 남자, 미용체조를 하는 좋은 색조의 누드 여성의 모습을 담은 에로틱한 비디오를 남자와 여자에게, 비동성애자와 동성애자에게 보여주었다. 그 피험자들은 안락의자에 편안히 앉아 보았고, 그동안에 쉬버스는 객관적으로 또 주관적으로 그들의 흥분을 측정하였다. 객관적인 측정은 시청자의 성기에 연결된 용적계에 의해 가능하게 되었다. 남자는 음경위에 음경의 팽창(즉 발기)을 측정할 수 있는 장치를 걸친다. 여자는 질 벽에 쏘아 되튀어 나오는 빛으로 성기의 혈류를 계측할 수 있는 탐폰 모양의 탐측기를 질에 삽입한다. 남자의 경우 혈액으로 인한 성기의 팽창으로 발기가 일어난다. 여자의 경우 윤활을 자극하여 질 벽을 통해 액체가 흘러나온다. 그리고 참가자들은 그들의 주관적인 흥분된 감정을 리모컨으로 평가할 수 있다.

스스로 이성애자("비동성애자")인 남자는 남성-여성 간이나 여성-여성 간의 섹스를 볼 때, 그리고 자위하고 운동하는 여자를 바라볼 때 발기가 일어났다. 그러나 이들은 자위를 하는 남자나 남성-남성 간의 섹스를 볼 때는 일반적으로 반응을 보이지 않았다. 게이 남성은 성적 흥분에 있어 반대 패턴을 보였다. 비동성애 남성과 동성애 남성 모두에 있어서 주관적인 평가가 용적계에서 얻은 값과 맞아 떨어졌다. 말하자면 남자의 생각은 신체의 반응과 일치하였다.

여자의 경우는 그렇지 않았다. 여자가 자신을 비동성애자 아니면 레즈비언이라고 하던 관계없이 이들은 남성-남성 간의 섹스, 여성-여성 간의 섹스, 남성-여성 간의 섹스를 볼 때 성기의 흥분으로 반응했다. 이들의 성기는 누드의 남자보다 운동하는 여자에게서 더 많은 반응을 했다. 하지만 흥분에 대한 이들의 자기보고는 특히 이들의 신체반응과는 맞아 떨어지지 않았다. 이성애자인 여자는 여성-여성 간의 섹스를 볼 때 이들의 신체가 나타내는 것에 비해 덜 흥분한다고 보고하였다. 이들은 남성-남성 간의 섹스를 볼 때는 이들의 신체는 덜 흥분하는 것으로 보고하였는데, 그러나 남성-여성 간의 섹스를 볼 땐 그들의 신체에 비해 더 많이 흥분하는 것으로 보고하였다. 레즈비언은 여성-여성 간의 섹스에 대한 반응에서 주관적인 그리고 객관적인 흥분을 보여주었으나 남성-남성 간의 섹스를 볼 때 그들의 신체에 비해 덜 흥분하는 것으로 보고되었다.

쉬버스(Bergner, 2009에서)는 여자는 남자에 비해 폭넓은 범위의 자극에 의해 성기가 흥분되는데, 그 이유는 이들 성차이가 타

들은 나이가 18~78살이었고, 남자들은 21~80살이었다. 이들은 276쌍의 결혼한 부부, 106명의 독신 여자, 36명의 독신 남자들이었다. 결혼한 부부들은 성교와 그리고 성기를 손과 입으로 자극시키는 행위에 참여했다. 결혼하지 않은 사람들의 경우 성교가 필요치 않았고, 대신 여성의 경우 음경 모양의 기구 삽입에 대한 반응으로 나타난 성적 흥분의 측정과 남성의 경우 자위행위 동안의 사정 등이 포함되어 있는 연구에 참가했다. 마스터즈와 존슨은 그들의 1979년의 책 『동성애 바로보기』에 있는 동성 간 성적 반응에 대해서도 유사한 실험실관찰을 수행했다.

생물학적 과정의 직접적인 실험실관찰은 마스터즈와 존슨에 의해 발명된 것은 아니지만, 그들은 사람들이 성관계를 갖는 것을 관찰하기는커녕 아직 성을 터놓고 말할 수 있는 준비도 되지 않았던 그러한 사회에 맞서고 있었다. 때문에 마스터즈와 존슨은 부도덕함과 관음증으로 비난받았다. 그럼에도 불구하고 그들의 방법은 성적 반응 동안 신체

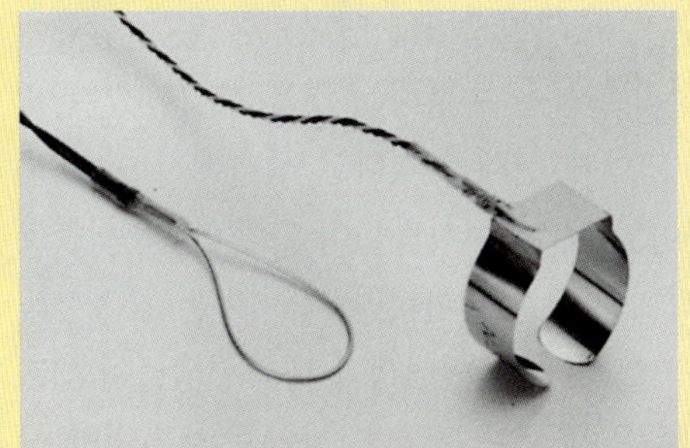

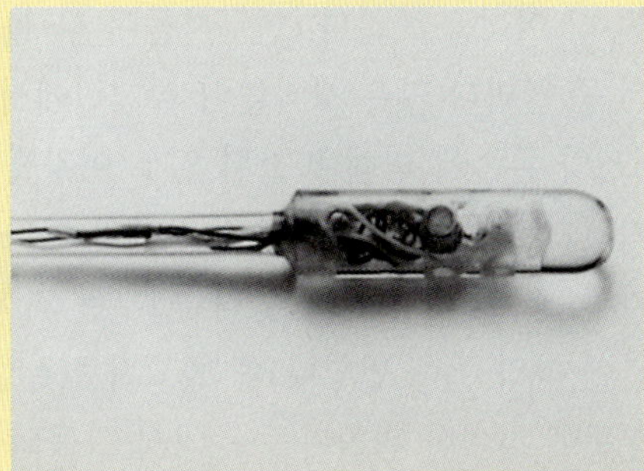

음경긴장계측기와 질광학용적계 이러한 장치는 남자와 여자의 성기에서 혈관울혈을 측정하여, 성적 흥분 수준의 객관적인 측정치를 제공한다. 여러분은 성적 흥분에 대해 다른 측면을 생각할 수 있는가?

고난 진화적 힘을 반영하고 있기 때문이다. 왜냐하면 그들의 성적 다름은 선천적으로 점진적인 힘을 반영하는 것이라고 제시하고 있다. 여성의 성적 특성을 두 가지 시스템, 즉 하나는 생리학적인 것, 다른 하나는 주관적인 것으로 나눌 수 있는가? 이 관점에 따르면 여성의 욕망은 주관적인 현상이 될 것이고, 그리고 성기의 생리적 흥분은 욕망에 대하여 많은 이야기를 해주지는 않는데, 즉 여자가 인지적으로 "원하는" 것이 신체가 반응하는 것과 꼭 같지는 않을 수 있다는 것이다. 또 다른 예를 들면 쉬버스는 여자가 강간에 대한 이야기를 들었을 때 질의 혈류의 급상승을 보여주는 용적계 연구의 결과를 보고하고 있다. 쉬버스는 원치 않는 섹스에 대한 반응으로 여성 성기의 흥분에 대한 임시적인 설명에 진화적 가설을 사용하고 있다. 성기의 윤활은 성관계시 불편함과 부상의 가능성을 줄일 수 있는 반사적인 반응일 수 있다. 성적 행동자극이 있을 때 윤활이 안 되었던 조상 여성들은 아마도 불임이나 죽음으로 이어질 수 있는 부상을 입었을 가능성이 컸을 것이다. 따라서 그들은 이러한 형질을 자손에게 전달할 가능성이 줄어들게 될 것이다. 이것은 여자들이 강제로 하는 섹스를 원한다는 것을 암시하는 것이 아니고, 단지 여자들 또는 일부 여자들이 윤활케 하는 보호반응을 본래부터 가지고 있었을지도 모른다는 것이다.

쉬버스의 연구에서 이성애 여자와 레즈비언 여자 모두 남성표적을 보여주는 자극보다 여성표적을 표현한 자극에 반응하여 더 큰 성적 흥분을 보였다. 한 가능성은 여자관찰자가 묘사된 여성표적을 동일시해 즐거워하는 여자를 자신이라고 상상하는 것인데, 반면에 남자는 배우들의 신체적 속성에 관심을 쏟기 쉽다는 것이다.

성과학자 리사 다이아몬드는 폭넓은 범위의 성적 자극에 대한 여성의 반응은 성적 반응에 상당한 유연성을 허용한다는 것을 제시한다. 그녀는 2008년 그녀의 책에서 "여배우 앤 헤이시는 전에는 동성간 끌림이나 관계가 없었다가 레즈비언임을 공개적으로 밝힌 코미디언 엘렌 드제너러스와 공개적으로 낭만적인 관계를 시작했다. 드제너러스와의 관계는 2년 후에 끝나고, 헤이시는 한 남자와 결혼했다"고 지적하면서 시작한다. 다이아몬드는 줄리 사이퍼가 이성과 결혼했지만 음악가 멜리사 에서리지를 위해서 그와 헤어졌다고 계속 적고 있다. 그러나 이들은 12년 후에 갈라섰고 사이퍼는 이성애 관계로 돌아왔다. 그녀는 많은 여성의 욕망이 다른 파트너의 매력이나 또는 심지어 섹스에 의해서보다 친밀이나 정서적 연결에 의해 좌우될 가능성을 제공하고 있다.

▶ 비판적인 사고하기

여러분은 성적 흥분에 대한 보다 정확한 측정치로서, 흥분에 대한 그 사람의 주관적인 보고서나 또는 음경긴장계측기나 질광학용적계와 같은 객관적인 기구에서 보이는 수치 중에서 어느 것을 취하겠는가? 여러분의 답변을 옹호해 보시오. (힌트: 비판적인 사고자는 용어의 정의에 주의를 기울인다. "보다 정확한"이란 단어는 여러분에게 어떤 것을 의미하는가?)

에 무엇이 일어나는지에 관한 믿을만한 자료들을 제일 먼저 내놓았다. 그들의 기구들은 그들이 직접 **혈관울혈(vasocongestion)**, **근긴장(myotonia)**, 그 외의 다른 생리적 반응들을 측정할 수 있게 했다.

사실인가 아니면 허구인가 6: 마스터즈와 존슨은 여성의 성적 반응을 연구하기 위해 사진장치가 달린 인공음경을 만들어냈다. 투명하게 만든 기구는 성적으로 흥분하게 되었을 때 그들로 하여금 여자 성기 내부의 변화를 관찰할 수 있게 해주었다. 이러한 연구들로부터 그들은 성적 반응을 네 단계, 즉 흥분기, 고조기, 절정기, 해소기(5장)로 나누는 것이 유용하다는 것을 관찰했다(마스터즈와 존슨의 "성적 반응주기").

마스터즈와 존슨의 연구에서 어리둥절하게 만드는 하나의 요소는 실험실관찰에 참가하는 사람들이 자신들이 관찰되고 있다는 것과 자신들의 반응이 측정되고 있다는 것을 알고 있다는 것이다. 성 조사에 대한 골칫거리인 자원자 편중의 문제는 실험실관찰에

혈관울혈(vasocongestion) 혈류로부터의 울혈.(라틴어의 *vas*는 혈관을 의미)

근긴장(근경직증, myotonia) 근육의 긴장.

상관(correlation) 두 변수 간 관계의 통계적 측정.

상관계수(correlation coefficient) 두 변수 간 관계의 강도와 방향(양 또는 음)을 표현하는 통계량.

서 훨씬 더 어려움을 준다. 연구자들이 다 볼 수 있는 관찰장비에 연결되어 있는 상황에서 우리 중 얼마나 많은 사람들이 실험실에서 성적 활동을 수행하는 것을 찬성하겠는가? 마스터즈와 존슨에 의해 관찰된 일부 여자들은 그에게 신세를 졌다고 생각해서 이 때문에 참가하기로 동의한 마스터즈 박사의 환자들이었다. 많은 사람들이 그들의 남편들 또한 참가하도록 설득할 수 있었다. 일부는 과학적 호기심뿐만 아니라 과외의 돈(참가자들은 시간에 따라 돈을 받았다)을 벌고자 하는 동기를 가졌을 의대생과 대학원생들이었다. 성적 활동에 참여한 관찰자들도 역시 그들의 반응을 바꿀지 모른다. 사람들은 은밀한 상황에서는 반응을 보이나 공개적인 상황에서는 이와는 달리 반응하지 않을지도 모른다.

연구자들은 그 이후로 성적 흥분과 성적 반응을 측정하는 더 정교한 생리적 방법들을 개발해 왔다. 마스터즈와 존슨의 실험실 방법은 지금도 세계 곳곳의 연구센터에서 문제점들을 줄일 수 있게 약간씩 변형하여 사용되고 있다.

2.4 상관

어떤 관계가 있는가, 결혼한 부부 중에서 나이와 섹스 빈도 사이에? 사회경제적인 상태와 십대 임신 사이에 연관성은 무엇인가? 성적으로 노골적인 랩 음악을 듣는 것은 어떤가? 그리고 첫경험의 나이는 어떤가? 각 경우에 변수들이 관련되어 있다. 상관적 방법은 수로 표시되는 변수들 사이에 관계를 양이나 또는 음으로 서술한다.

상관(correlation)은 두 변수 사이의 관계에 대한 통계적 척도이다. 상관연구에서 둘 또는 그 이상의 변수들이 서로 관련 되어 있는지 통계적 방법에 의해 밝혀지게 된다. 어떤 두 변수 사이에 관계의 강도와 방향(양 또는 음)은 **상관계수(correlation coefficient)**라고 일컬어지는 통계량으로 표현된다.

연구는 어떤 관계에 대한 만족과 많은 변수들(예를 들면 의사소통 기술, 가치 공유, 유연성, 친구들과 사회적 상호작용의 빈도, 교회 다니기) 사이에 관계성(상관)을 보여 준다(그림 2.1). 이러한 연구는 어떤 관계에서의 만족과 이와 관련된 요인들에 대한 아이디어를 제공할지는 모르지만, 연구자들은 흥미라는 변수들을 조작해 보지는 않았다. 그 이유에 대해 우리는 만약 있다손 치더라도 요소 중 어떤 것이 관계에서 행복과 일상적으로 관련되어 있는지를 말할 수는 없다.

연구는 또한 성적 반응을 향상시키는 실데나필(비아그라)의 사용과 게이와 양성애자인 남자들 중에 위험한 성적 행동 사이에 관계를 보여주었다(Kim 등, 2002). 비아그라를 사용하는 남자들은 더 많은 수의 섹스 파트너를 가지며 콘돔을 사용하지 않은 항문성교가 더 많아졌음을 보고하고 있다.

사실인가 아니면 허구인가 7: 그러나 비아그라가 위험한 성적 행동을 일으킨다는 증거는 없다. 성적 반응을 향상시키려는 노력이 비아그라의 사용과 위험한 성행위 둘 다의 원인으로 설명될 수 있을 것 같다.

상관은 양 또는 음일 수 있다. 하나가 증가할 때 다른 하나도 증가하면 두 변수는 양으로 상관되어 있다. 412명의 대학생들을 상대로 한 스페인에서의 연구는 사회인구통계적 변수, 심리적 변수, 대인관계의 변수를 성적 행동 및 친밀감과 연관시켰다(Yela,

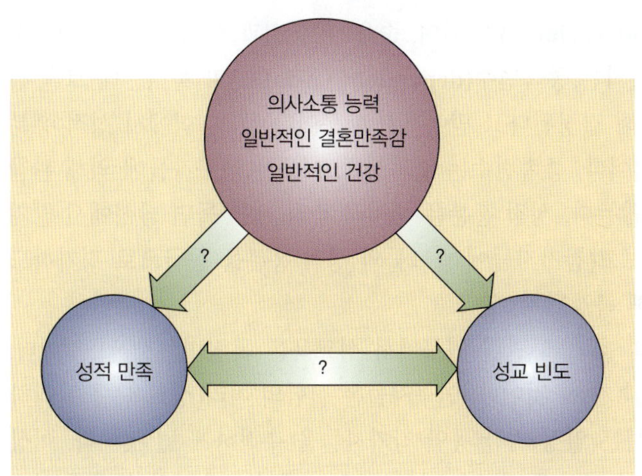

그림 2.1 성교의 빈도와 성적 만족 간의 관계는 어떠한가? 더 자주 성관계를 갖는 부부가 성적 만족도가 더 높다는 보고가 있는데, 그 이유는? 연구자가 변수를 조작하지 않았기 때문에, 성적 만족이 성교의 빈도를 높게 해주는 원인이라고 결론을 내릴 수 없다. 또한 우리는 잦은 성교가 더 큰 성적 만족을 준다고도 말할 수 없다. 두 변수는 아마도 의사소통 능력, 건강, 관계에서의 일반적인 만족도와 같은 다른 요인에 의해 영향을 받는다.

2000). 헌신, 친밀감, 성적 관계의 빈도는 남자들과 여자들 모두에 대해 사랑의 감정 및 성적 만족과 양으로 상관되어 있는 것으로 나타났다. 그러나 연구자들은 변수들을 조작해 보지는 않았다. 그래서 우리는 성적 만족이 성교의 빈도를 높인다고 결론내릴 수는 없다. 역시 빈번한 성적 활동이 더 큰 성적 만족에 기여한다는 것도 가능할 수 있다. 변수들 사이에 인과관계가 없는 것 또한 가능하다. 아마도 성교의 빈도와 성적 만족 둘 다 의사소통 능력, 일반적인 결혼생활의 만족, 일반적인 건강, 기타 등등과 같은 다른 요소들에 의해 영향을 받게 된다(그림 2.1). **사실인가 아니면 허구인가 8:** 교회에 규칙적으로 출석하는 사람들이 그들의 관계에 더 만족하는 경향이 있다고 제시된 증거가 있다. 관계의 만족이 교회 다니기에 동기부여를 하는가? 교회 다니기가 관계를 향상시키는가? 그렇지 않으면 안정 추구가 둘 다에 기여하는가?

비판적인 사고하기

여러분은 어떤 관계에서의 만족과 소통 사이에 양이나 음의 상관이 있을 것이라고 기대하는가? 설명해 보시오.

사실인가 아니면 허구인가 8

2.5 실험 방법

원인과 결과를 연구하는데 최고의 방법은 **실험(experiment)**이다. 실험은 실험자가 직접 관심을 가진 변수들을 조작하여 그 결과들을 관찰하기 때문에 과학자들로 하여금 인과관계에 대해 결론을 도출할 수 있게 해준다.

예를 들면 성적 흥분에 대한 술의 효과에 관한 실험에서 참가자 그룹은 일정량의 술을 마시는 것과 같은 **처리(treatment)**라 일컬어지는 개입을 받게 될 것이다. (다른 실험들에서 개입 또는 처리가 어떤 약물의 투여, 폭력적인 포르노물에 노출, 성 교육의 프로그램 등이 될 수 있다). 참가자들은 그 다음에 이 처리가 그들의 행동에 어떤 차이를 만드는지 그 여부를 알아보기 위해 조심스럽게 관찰되는데, 이 경우에는 그들의 성적 흥분을 관찰하게 된다.

어떤 실험에서 인과관계를 갖는다고 가설이 세워진 변수들(처리들)은 연구자에 의해 조작하거나 제어된다. 술이 성적 흥분을 자극하는지 아닌지를 결정하도록 설계된 실험을 생각해 보라. 그에 대한 실험설계는 한 그룹의 참가자들에게 특정량의 술을 주는 것과 그런 다음에 그 결과를 측정하는 것이 포함될 수 있다. 그러한 실험계획에서 마시는 술

실험(experiment) 독립변수를 조작하여 종속변수에 미치는 영향을 관찰하여 인과관계를 입증하기 위한 과학적 방법.

처리(treatment) 실험에서 그것의 효과가 관찰될 수 있도록 참가자들에게 가하는 개입(예를 들면 어떤 검사, 어떤 약물, 성교육 프로그램).

비판적인 사고하기

강간이 심리적 건강에 미치는 영향을 연구하기 위한 실험 수행이 가능한가? 그런 이유나 또는 그렇지 않은 이유는?

독립변수(independent variable) 과학적 연구에서 그 효과가 관찰될 수 있도록 조작되는 어떤 조건.

종속변수(dependent variable) 어떤 실험의 측정 결과를 말하는데, 이것은 독립변수의 어떤 역할이라고 생각된다.

실험군(experimental group) 어떤 처리를 받는 연구참가자 집단.

대조군(control group) 실험적 처리를 받지 않는 연구참가자 집단. 하지만 나머지 다른 조건들은 실험군에 속한 개인의 조건들과 같다.

선택요인(selection factor) 사람들이 어떤 처리를 받을지 아니면 받지 않을지를 결정해야 하는 상황에서 연구에 작용하게 될지 모를 어떤 편중.

의 양은 **독립변수(independent variable)**가 되며, 술을 주는 것과 술의 양은 그 연구자들에 의해 조작된다. 측정된 결과는 **종속변수(dependent variable)**라 불리는데 그들 값에서의 변화는 독립변수에 의해 결정된다고 믿어지기 때문이다. 이 실험에서 성적 흥분의 측정치가 종속변수가 될 것이다. 종속변수는 결과인데, 이들은 연구자들에 의해 관찰되고 측정되지만 조작되지는 않는다. 성적 흥분은 생리적 측정(예를 들면 남성에서 발기의 정도를 측정함) 또는 자기보고(참가자들에게 그들의 성적 흥분을 등급으로 평가하도록 요청함)와 같은 수단에 의해 측정될 수 있다.

십대 임신에 대한 성교육의 효과에 관한 연구에서 성교육은 독립변수가 될 것이다. 10대 임신의 발생률은 종속변수가 될 것이다. 연구자들은 실험의 처리(성교육)를 관리하게 될 것이고, 임신율을 결정하는 일정 기간 동안 참가자들을 추적하게 될 것이다. 이상적으로 이러한 피험자들 중에서 임신 발생률은 다른 모든 면에서는 유사하나 단지 성교육을 받지 않은 피험자들의 임신 발생률과 비교될 것이다.

실험군과 대조군

진정한 실험은 피험자들을 무작위로 실험군과 대조군에 배정한다. **실험군(experimental group)**의 피험자에게는 처리가 행해진다. 그러나 **대조군(control group)**의 피험자에게는 처리가 행해지지 않는다. 그 외의 다른 조건들은 두 그룹에서 모두 동일하다. 무작위 배정을 하고 다른 조건들은 모두 동일하게 함으로써 연구자들은 무관한 요소들(그 처리가 행해진 방의 온도나 실험군과 대조군에서 피험자들 사이에 차이들과 같은)이 아닌 독립변수(처리)가 그 결과를 야기했음을 합리적으로 확신할 수 있다.

실험자들은 왜 무작위로 실험군 또는 대조군에 피험자들을 배정하는가? 포르노물처럼 성적으로 노골적인 자료에 반응하여 성적 흥분에 미치는 술의 효과를 측정하는 연구를 생각해 보라. 우리가 술을 마실지 안 마실지를 참가자들에게 선택하게 한다면, 우리는 그 결과를 가져온 것이 술 자체이었는지 알 수 없게 된다. **선택요인(selection factor)**으로 불리는 일부의 다른 요소는 술 마시는 것을 선택한 사람이나 선택하지 않는 사람들 사이에 차이를 보일 수도 있다. 차이 하나는 술을 마시는 쪽을 선택한 사람들은 그렇지 않은 다른 사람들에 비해 성적으로 노골적인 자료에 보다 관대한 태도 또한 가질 수 있다. 이들 자극에 대한 성적 민감성은 술보다는 오히려 그들의 관대함에 영향을 받았을 수 있다.

과학자들은 실험 방법이 원인과 결과에 대해 최고의 증거를 제공한다는 것에 동의하지만, 실험자들이 많은 변수들을 직접 다룰 수 없다. 예를 들면 대학생에 관한 동거의 영향을 알아보기 위해 실험을 할 수는 없다. 한 실험군을 동거에 그리고 한 대조군을 분리된 거처에 배정할 수 없다. 우리는 단지 동거를 선택한 그룹을 동거를 선택하지 않은 그룹과 비교할 수 있을 뿐이다. 우리의 연구는 동거한 다음 결혼한 사람들이 결코 동거해 본 적 없이 결혼한 부부들보다 언젠가는 이혼하게 되기 쉽다는 것을 우리에게 알려줄지도 모르는데, 그러나 그것으로 이러한 문제들이 동거에 기인한다고 볼 수는 없다(14장). 동거하는 사람들과 동거하지 않는 사람들은 결혼의 다른 결과를 일으키는 다른 요소들, 예를 들면 비인습적 태도와 인습적 태도 등의 요소에 따라 달라질지 모른다.

마찬가지로 우리는 아이들과 청소년들에 대한 포르노물의 영향을 알아보기 위한 실

비판적인 사고하기

에이즈에 걸린 사람들에게 신약의 효과에 대한 정확한 실험을 수행하기 위해 에이즈에 걸린 사람 일부는 대조군에 배정되어야 할 것이다. 기대효과를 통제하기 위해 그들은 진짜약과 똑같이 생긴 "설탕 알약"을 받게 될 때, 그들은 받은 그 약이 진짜약이라는 이야기를 듣게 될 것이다. 연구자들이 대조군에 속한 사람들에게 진짜약의 투약을 보류시키는 것이 정당화될 수 있는가? 여러분은 어떻게 생각하는가?

험을 할 수는 없다. 사회활동에 관한 금지와 윤리적 기준이 실험자들로 하여금 아이들이나 청소년들이 에로틱한 자료에 노출되지 못하게 막는다.

2.6 성연구의 윤리

성 연구자들은 피험자들을 보호하도록 요구받는다. 피험자들이 신체적 피해나 정신적 피해를 받아서는 안 되며, 그들 자신의 자유의지로 참가해야만 한다. 대학, 병원, 연구기관에서 윤리검토위원회는 연구자들이 제안된 연구의 잠재적 피해를 윤리적 가이드라인에 따라 평가해 보는 것을 도와준다. 만약 위원회가 제안에서 잘못을 발견한다면, 연구자에게 윤리적 기준에 따라 연구설계를 수정하도록 권고할 수도 있고, 그 제안이 수정될 때까지 허가를 보류할 수도 있다. 성연구에 관하여 어떤 종류의 윤리적 쟁점들이 제기되는가? 같이 여러 쟁점들을 생각해 보자.

- **참가자들이 해로움에 노출.** 참가자 개인들이 고통에 노출되거나 스트레스가 많은 상황에 처하게 되면 피해를 입을 수 있다. 이런 이유로 연구자들은 어떤 영향을 알아보기 위해 에로틱한 자료들을 아이들에게 노출시키지는 않는다. 연구자들은 그들이 말괄량이 같은 경향, 게이나 레즈비언의 성적 성향, 관심을 가진 다른 변수들이 만들어지는지 알아보기 위해 인간의 태아를 남성 성호르몬이나 여성 성호르몬에 노출시키지 않는다.
- **비밀.** 사실인가 아니면 허구인가 9: 연구자들이 전문학술지에 성연구에 참가한 참가자들의 이름을 게재하는 것은 사실이 아니다. 성 연구자들은 생길 수 있는 피해나 곤혹으로부터 참가자들을 보호하기 위해 그들의 신상과 반응을 비밀로 부쳐야 한다. 연구보고서에서 참가자들의 신상을 누설하지 않고도 그들의 배경에 대한 충분한 정보(출신 도시의 크기, 국가의 지역, 종교, 나이군, 인종, 교육수준 등)는 연구를 유용하게 만들기 위해 제공될 수 있다. 후속조치에 대한 필요가 완료되고 결과가 완전히 분석된 다음에는 참가자들의 이름과 주소, 그들의 기록은 파괴될 수 있다.
- **사전 동의.** 사전 동의의 원칙은 현명한 결정을 할 수 있게 하기 위해 사람들에게 연구의 절차, 목적, 그것의 위험과 혜택에 대해 충분한 정보가 제공된 후 참가에 대해 자유롭게 동의할 것을 요구한다. 연구가 시작되면 참가자들은 불이익 없이 언제라도 중단하는 것이 자유로워야 한다.
- **속임수의 사용.** 윤리적 갈등은 실험이 참가자들에게 실험의 목적과 방법에 대한 모든 것을 알지 못하도록 요구할 때 나타날 수 있다. 예를 들면 여자에 대한 공격성에 대해 폭력적인 포르노물의 영향에 관한 실험에서 참가자들은 충격이 실제로 전달되지 않더라도 그들이 (실제로는 실험자의 공모자들인) 여자들에게 전기충격을 가하고 있다고 믿게끔 감추게 될지 모른다. 실험자는 공격적인 에로틱한 영화에 노출시킨 다음 참가자들이 여자들을 기꺼이 위해하는 마음을 알아내려고 한다. 만약 참가자들이 충격이 실제로 전달되지 않는 것을 알았다면 그러한 연구는 수행될 수 없다.

사실인가 아니면 허구인가 9

비판적인 사고하기

어떤 연구자가 섹스에 대한 설문조사에 참여하는 개인의 신상과 이들의 성적 행동을 공개했다면 어떤 유형의 피해가 발생될 수 있는가?

다양한 세상

터스키기 매독연구: 잘못된 연구를 윤리가 바로 잡다

터스키기 매독연구는 앨라배마의 메이컨 시에서 1932년부터 1972년까지 수행되었던 잘못된 의학연구의 한 예이다. 매독에 대해 더 많이 배우고 흑인을 위한 치료프로그램을 정당화하기 위해 노력 중에 있던 미국공중위생국은 질병을 가진 가난한 흑인남자 집단에 대한 적당한 치료를 보류하여 불필요한 고통을 일으키고, 이들과 이들을 사랑하는 사람들에게까지 상처를 입혔다. 터스키기 연구와 그 밖의 다른 연구들의 영향으로 연방정부는 인간이 대상이 된 연구에 대해 자세히 조사하였고, 터스키기에서 발생했던 도덕적 위반이 다시는 일어나지 않도록 하기 위한 변화를 만들어냈다.

연구가 시작되다

1932년에 터스키기 연구소와 함께 일하던 공중위생국은 앨라배마 메이컨 카운티에서 흑인에 대한 치료 프로그램이 정당화되기를 희망하면서 매독에 관한 자연사를 기록하려는 연구를 시작했다. 이 연구는 "흑인남성에서 치료되지 않은 매독에 관한 터스키기 연구"라고 이름 붙였다.

매독에 걸린 399명과 매독에 걸리지 않은 201명이 포함된 총 600명의 흑인이 참가한 연구였다. 연구자들은 그 남자들에게 매독, 빈혈, 피로를 포함하는 여러 질환을 설명하는데 사용하던 로컬 용어인 "나쁜 피"에 대한 치료를 받는 것이라고 이야기했다. 사실 그들은 질병을 치료하는 데 필요한 적절한 처치를 받지 못했다. 이 연구에 참여하는 대신에 남자들은 무료의 의료 검사, 무료 식사, 장례 보험을 받았다. 그렇지만 이 연구는 원래 6개월로 계획되었지만 실제로는 40년 동안 계속되었다.

무엇이 잘못 되었는가?

1972년 7월 터스키기 연구에 대한 뉴욕 타임즈 일면 기사는 공공의 격렬한 항의를 불러일으켰고, 이로 인하여 이 연구를 재검토하기 위해 보건과학성 차관보가 주도하는 특별 패널 자문단이 꾸려지게 되었다. 패널들은 의학, 법률, 종교, 노동, 교육, 건강관리, 공공업무 분야로부터 선정된 9명의 위원으로 구성되었다. 패널들은 그 남자들이 검사받고 치료받는데 자유롭게 동의하였음을 알게 되었다. 하지만 연구자들은 그 연구나 실제 목적에 대해 그들한테 정보를 주었다는 증거는 없었다. 사실 그 남자들은 속고 있었고, 동의를 얻기 위해 제공된 내용은 필요한 사실 모두를 알려준 것이 아니었다.

그 남자들은 자신의 질병에 대해 적절한 치료를 받지 못했다. 1947년 페니실린이 매독에 대한 선택된 약물이 되었음에도 불구하고 연구자들은 그것을 대상자에게 제공하지 않았다. 패널 자문단은 그 대상자들에게 그 연구를 중단할 선택권이 주어졌다는, 심지어는 새롭고 매우 효과적인 이러한 치료가 널리 사용되었을 때도 그 선택권이 주어졌다는 어떠한 증거도 찾아볼 수 없었다.

연구는 종료되고 보상이 시작되다

패널 자문단은 터스키기 연구가 그 대상자에게 가해지는 위험과 비교했을 때 얻어진 지식이 적었기 때문에 그 연구는 "윤리적으로 부당하였다"고 결론을 내렸다. 1972년 10월에 패널은 그 연구를 즉각적으로 중지하라고 권고하였다. 한 달 후에 보건과학성 차관보는 터스키기 연구의 종결을 발표했다.

1973년 여름에 유색인종향상 전국협의회(NAACP)에 의해 제기된 집단소송은 연구 참가자에게 9백만 달러 이상 주는 것으로 합의함으로써 종료되었다. 합의의 일환으로 미국정부는 살아 있는 모든 참가자들에게 무료의 의료서비스와 장례서비스를 제공하겠다고 약속했다. 터스키기 건강 자선 프로그램이 이러한 서비스를 제공하기 위해 설립되었다. 또한 연구 때문에 감염된 부인, 미망인, 어린이들을 위한 의료서비스도 시행되었다. 미국질병통제예방센터(CDC)에 그 프로그램에 대한 책임이 맡겨졌고, 그것은 현재 에이즈, 성병, 결핵 예방국립센터에 남아 있다.

▶ 비판적인 사고하기

터스키기 연구에서 어떤 윤리원칙이 위반되었는가?

출처: Centers for Disease Control and Prevention. (2005, May 23). The Tuskegee Syphilis Study: A Hard Lesson Learned. www.cdc.gov/nchstp/od/tuskegee/time.htm.

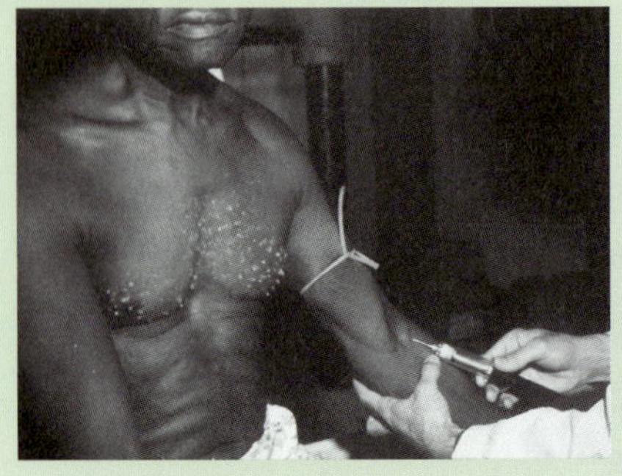

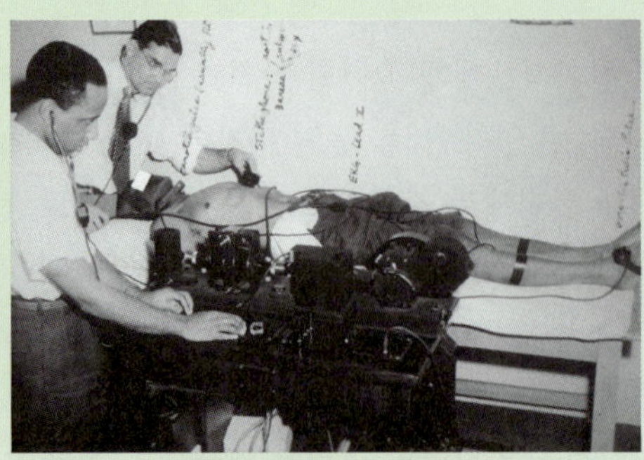

연구는 하나의 과학으로서 인간의 성적 특성의 중추가 된다. 이 교재는 성적 특성에 대한 우리의 이해를 분명히 하고, 성적 경험을 높이는 것을 돕고, 성적으로 전염된 감염(STI)을 예방하고 치료하며, 보다 가치 있는 관계를 만들 수 있는 과학적 발견들에 초점을 두고 있다.

비판적인 사고하기

폭력 포르노가 공격성에 미치는 영향에 대한 실험에서 남자로 하여금 실제는 그렇지 않지만, 버튼을 누르게 되면 여성에게 충격을 주게 된다고 믿게끔 만든다. 이 속임수가 정당하다고 생각하는가? 여러분은 "공격성"을 측정하는데 있어 보다 윤리적인 방법을 생각할 수 있는가?

2.7 인간의 성적 특성에 대한 연구 방법

총정리: 재숙고, 재인용, 재검토

이 책은 PQ4R 방법을 사용하고 있다. 여러분은 맨 먼저 장 읽기, 즉 첫 번째 R을 잘 마쳤다. 이제부터 나머지 3R(총정리), 즉 재숙고, 재인용, 재검토는 여러분이 숙달한 정도를 여러분 스스로 테스트해 볼 수 있게 해줄 뿐 아니라, 이 장의 내용들을 이해하고 기억할 수 있게 도와줄 것이다.

재숙고

- 인간의 성적 행동을 과학적으로 연구하는 것이 여러분이 볼 때 적절하게 보이는가? 왜 그런가 또는 왜 그렇지 않은가?
- 여러분은 여러분 자신을 어떻게 정의하는가? 만약 여러분이 인간의 성적 특성에 관한 연구를 위해 모집되었다면 여러분은 어떤 모집단 또는 어떤 모집단들이 여러분을 나타내게 되는가?
- 여러분은 연구자나 여론조사요원이 사람들로 이루어진 "과학적 표본"을 사용했다고 말하는 것을 들어 본 적이 있는가? 여러분은 과학적 표본이란 용어가 뜻하는 것이 무엇인지 생각해 보았는가? 그것은 사실상 무엇을 의미하는가?

▶ **비판적인 사고하기:** 마스터즈와 존슨에 의해 사용된 실험실관찰의 방법에 관해 여러분 자신의 견해는 무엇인가? 설명해 보시오.

▶ **비판적인 사고하기:** 여러분은 이 과정을 시작하기 전에 인간의 성적 특성에 대한 여러분의 견해들이 과학적이었다고 생각하는가? 여러분은 여러분의 견해가 과학적 또는 더 과학적이어야만 한다고 생각하는가? 설명해 보시오.

재인용

1. 과학적 방법은 무엇인가?

- 과학적 방법은 연구를 통해 가정들을 테스트한다. 그것은 연구 질문을 만들고, 가설을 세우고, 가설을 테스트를 하고, 가설에 대해 결론을 도출해 내는 것을 필요로 한다. 인간의 성적 특성에 대한 과학의 목표는 성적 행동을 서술하고, 설명하고, 예측하고, 통제하는 것이다.

2. 연구자들은 그들의 연구에서 모집단을 어떻게 나타내는가?

- 모집단은 연구자들이 연구를 위해 대상으로 삼은 사람들 또는 동물들의 전체 집단이다.
- 표본은 모집단을 연구하기 위해 연구자들이 선택한 모집단의 하위 집단이다.
- 연구자들은 모집단을 대표하기 위해 모집단의 모든 구성원들이 선택될 기회를 동일하게 갖는 것을 확실히 하기 위해 가능한 한 무작위 표본 추출 방법을 사용한다.

3. 연구원들은 어떤 관찰 방법을 사용하는가?

- 사례연구는 개인이나 작은 집단의 전기가 조심스럽게 그려진다. 조사는 인터뷰나 설문지를 통해 행동에 대한 정보를 모은다. 자연관찰에서 과학자들은 그것이 일어나는 곳, 즉 "현장"에서 동물과 인간의 행동을 직접 관찰한다. 민족학 연구는 다양한 민족집단, 즉 문화가 상당히 다른 집단과 하나 또는 소수의 한정된 문화 집단 가운데서 일어나는 성적 행동과 관습에 관한 자료를 제공한다. 참가자관찰에서 조사관들은 그들과 상호작용함으로써 사람들의 행동에 대해 배운다. 실험실관찰 방법에서 사람들은 실험실 환경에서 연구에 포함되어 있는 행동에 참여한다. 마스터즈와 존슨은 몸이 성적 자극에 어떻게 반응하는지를 알아보기 위해 사람들로 하여금 실험실에서 성적 활동을 하게 만들어서 연구를 수행했다.

4. 상관의 방법은 무엇인가?

- 상관 연구는 의사소통 능력과 어떤 관계에 대한 만족에서처럼 변수들 사이에 관계의 강도와 방향을 밝힌다. 그러나 그들은 인과관계를 보여주지는 않는다.

5. 실험은 무엇인가?

- 실험은 과학자들이 인과관계에 대한 결론을 도출하도록 허락하는데, 그 이유는 그들이 관심이 있는 변수들을 조작하여 그것의 영향을 관찰하기 때문이다. 잘 설계된 실험은 선택요인을 피하기 위해 참가자 개인들을 실험군과 대조군에 무작위로 배정한다.

6. 성적 태도와 성적 행동에 대한 연구를 수행하게 될 때 어떤 종류의 윤리적 쟁점들이 제기되는가?

- 윤리적 기준은 잠재적으로 해로운 연구가 참가자들에 대한 위험보다 기대되는 이점이 분명히 클 때만 수행될 수 있음을 요구한다. 성 연구자들은 참가자들의 신원을 비밀로 유지하고 그들의 사전동의를 얻지만 연구의 목적과 방법에 관해 때때로 사람들을 속여야 한다. 터스키기 매독 연구는 참가자들에게 해를 입혔고, 속였고, 사전동의를 제공받지 못했었기 때문에 비윤리적인 것으로 결론이 났다.

재검토

1 ______ 표본에서 대상 모집단의 모든 구성원은 동일한 참가기회를 갖는다.

(a) 분배
(b) 디지털화한
(c) 평등주의
(d) 무작위

2. ______ 보고서는 1938년과 1949년 사이에 5,300명 남성과 5,940명 여성을 인터뷰하였다.

(a) 플레이보이
(b) 킨제이
(c) 와이엇
(d) 마스터즈와 존슨

3. 와이엇은 ______ 미국인과 유럽계 미국인 여자들의 성적 행동을 비교하였다.

(a) 아프리카계
(b) 아시아계
(c) 라틴계
(d) 원주민의

4. 실험자들은 실험군이나 ______ 군의 피험자들을 무작위로 배정한다.

(a) 플라시보
(b) 중층
(c) 대조
(d) 자연주의

5. 과학적 표본은 ______ 한다.

(a) 커야
(b) 대표적이어야
(c) 자연적이어야
(d) 중립적이어야

6. 참가자들은 ______ 매독 연구에서 사전동의를 하지 않았다.

(a) 텍사캐나
(b) 투손
(c) 터스키기
(d) 터커호

7. 심리학적 연구에 참가를 동의한 사람들은 ______ 때문에 일반적인 모집단을 대표하지 않을지도 모른다.

(a) 눈에 띄는 측정의 수단
(b) 자원자의 성향
(c) 부정직
(d) 교육수준

8. 대부분의 연구자들은 인과관계에 대해 알기 위한 최고의 수단은 ______ (이)라는 것에 동의한다.

(a) 실험
(b) 상관 방법
(c) 조사
(d) 사례연구

9. 캐서린 프랭크는 ______ 에 참여하였다.

(a) 실험 방법
(b) 참가자관찰
(c) 사례연구 방법
(d) 온라인 조사

10. ______ 은(는) 레오나르도 다 빈치의 사례연구를 하였다.

(a) 미켈란젤로
(b) 알프레드 킨제이
(c) 지그문트 프로이트
(d) 게일 와이엇

정답: 1. d; 2. b; 3. a; 4. c; 5. b; 6. c; 7. b; 8. a; 9. b; 10. c

3장

여성 생식기관의 해부와 생리

목차

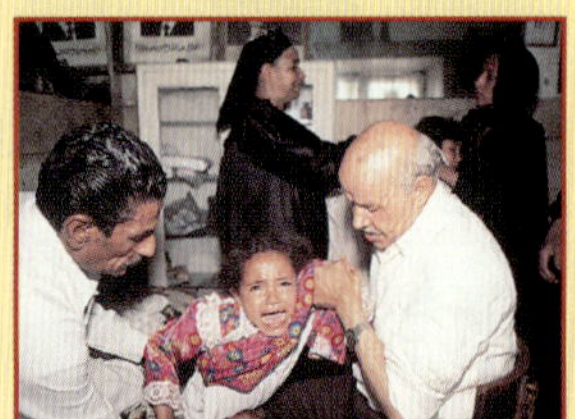

사실인가 아니면 허구인가

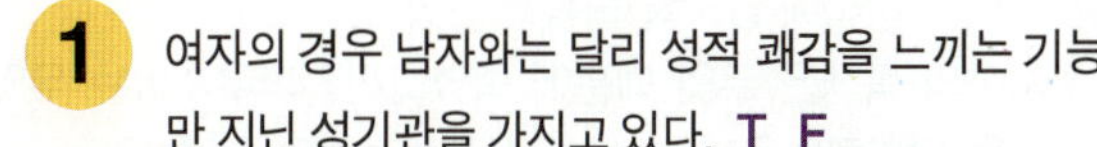

다음 중 어느 것이 사실이고 어느 것이 허구인가? 답은 본문 안에 있는 「사실인가 아니면 허구인가」 아이콘에서 만날 수 있다.

1. 여자의 경우 남자와는 달리 성적 쾌감을 느끼는 기능만 지닌 성기관을 가지고 있다. T F
2. 여성들의 오줌 배출과 성교는 동일한 신체 개구를 통하여 이뤄진다. T F
3. 사람은 여성의 처녀막을 검사하여 처녀인지 여부를 결정하기도 한다. T F
4. 아기 양육시 큰 유방을 가지고 있는 여성들은 더 많은 젖을 생산한다. T F
5. 낙태를 했던 여성들은 유방암의 위험이 보다 크다. T F
6. 미국암학회는 여성들이 한 달에 한 번 유방 자가검사를 하도록 권장한다. T F
7. 고대 로마인들은 월경 혈액이 포도주를 시게 하며 농작물을 해친다고 믿었다. T F
8. 월경 중의 섹스는 해롭다. T F
9. 폐경기에 여성들은 열감이 저하되는 것을 경험한다. T F
10. 폐경기는 여성들의 성욕에 대한 종말을 알리는 것이다. T F

수백 년 전통에도 불구하고, 하지아 주웨라 카신다(Hajia Zuwera Kassindja)는 17세 된 그녀의 딸 파우지아(Fauziya)에게 그 일이 일어나지 않기를 원했다. 하지아의 여동생은 그것 때문에 죽었다. 그래서 하지아는 딸에게 죽은 남편으로부터 받은 3,500달러 전부를 주었다. 이 일로 하지아는 빈털털이가 되었지만 그 딸은 그 돈으로 가짜 여권을 구입하고 고국 아프리카 토고를 탈출하여 미국으로 도망갔다.

미국에 도착한 후, 파우지아는 종교적인 박해를 피하기 위해 망명을 요청지만 불법입국으로 1년이 넘게 수감생활을 하게 되었다. 결국 이민상소위원회는 파우지아가 학대로부터의 망명을 인정하였으며, 그녀는 미국에 남도록 허락을 받았다.

하지아의 동생은 무엇 때문에 죽었을까? 파우지아는 무엇 때문에 고국을 탈출하였을까? 여성 생식기 절제의 한 형태인 음핵절제(clitoridectomy)는 그녀의 고국에서 행해지고 있다. 아프리카와 중동의 일부 문화는 의례적으로 여성의 성기를 절제하는데, 음핵과 그 주변의 성기 구조물들을 제거한다. 음핵을 잘라내는 음핵절제는 많은 이슬람 문화권에서 여성이 되는 하나의 의식이다(Jaeger 등, 2009). 그것은 종종 늦은 유년기 또는 청소년기 초기에 사춘기 의식으로 행해지기도 한다(남성 할례처럼, 태어난 지 며칠 만에 이루어지는 것이 아니다). 오늘날 이집트에서, 대다수의 10~19세 사이의 청소년기 여자들은 음핵을 제거당한다(El-Gibaly 등, 2002; Jaeger 등, 2009).

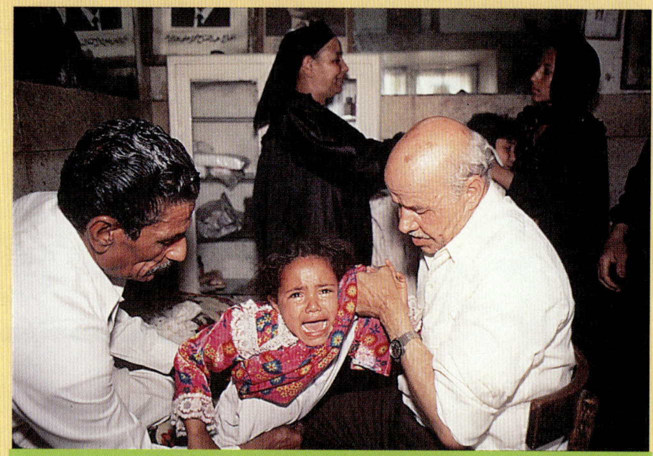

음핵절제. 일부 아프리카와 중동의 주로 이슬람 문화권에서는 여성 입문의 의식 절차에 따라 의례적으로 음핵을 제거한다.

음핵은 여성의 성적 쾌감을 불러일으킨다. 그렇지 않은 여성은 성적 욕구에 사로잡힐 것이라고 여겨지기 때문에 여성의 순결은 지키기 위한 하나의 시도로서 음핵절제가 시행되고 있는 것이다.

"*Vive la différence!*"(차이점 만세!)라는 프랑스 말이 있다. 잘 알려진 이 말은 남성과 여성의 차이점을 기념하는 것이다. 여성들이 음핵을 가지고 있다는 점에서, 어떤 사람들은 여성이 특별하게 찬양받을 점이 많다고 주장하기도 한다.

사실인가 아니면 허구인가 1

사실인가 아니면 허구인가 1: 여성은 성적 자극에 둔감하다는 역사적인 견해는 아이러니하다. 그 이유는 여성만이 유일하게 쾌감을 느끼는 음핵이라는 성기관을 가졌기 때문이라는 것이다. 음핵은 가장 성적으로 민감한 여성의 성기관이다; 여성 대부분은 종종 질 삽입이 아니라 음핵 자극을 통하여 자위행위를 한다.

이 장에서는 여성의 성기관의 구조와 생리를 알아본다. 우리는 여성의 성기관들을 공부하기 위해 여행할 것이다. 일반적으로 교양 있는 학생이라 하더라도 자신들의 지식에 보다 낳은 부분은 채워야 할 것이다. 예를 들어, 질이 무엇인지는 알지만, 어떻게 여성만이 전적으로 쾌락에 관련된 기관을 갖고 있는지, 또는 오줌의 배출이 질과는 무관한 것인지를 알아야 한다.

4장에서는 남성의 성기관의 구조와 생리에 대해 기술하였다. 명확한 차이에도 불구하고, 당신이 상상하는 것보다 남녀 성기관에 보다 많은 유사점들이 있다는 것을 알게 될 것이다. 5장에서는 지적인 기능, 성격, 행동에 있어서 남성과 여성의 유사점과 차이점을 논하게 된다. 다시 한 번, 여성과 남성이 예상보다 더 많이 닮았다는 것을 알게 될 것이다.

여성 독자들이 자신의 성기관의 구조적 특성을 보게 되면, 거울을 가지고 자신의 성기를 자세히 보고 싶어질 것이다. 내용과 그림 설명들을 보면서, 학생들은 새로운 해부학적 특성들을 발견하게 될 것이다. 학생들은 자신의 성기가 독특한 그림의 그것들과 비슷할 수 있다는 것을 알게 될 것이다.

3.1 외부 성기관

여섯 살 때, 나는 욕조 세면대에 올라가서 거울 속의 벗은 나를 쳐다보았다. 갑자기 나는 내가 세 개의 다른 구멍을 가지고 있다는 것을 알게 되었다. 이 발견에 대해 매우 흥분이 되었고, 저녁 식탁으로 달려가서는 모든 사람에게 그 사실을 말했다. "나는 세 개의 구멍을 가지고 있어!" 침묵이 흘렀다. "그것들이 뭔지 알아?" 나는 물었다. 전보다 더 무거운 침묵이 흘렀다. 나는 모든 사람이 얼마나 불쾌했는지 느끼게 되면서, 내 자신에게 대답했다. "하나는 쉬할 때, 다른 하나는 응가할 때, 세 번째도 응가할 때 사용하는 것 같아요." 안도의 한숨을 쉬었다. 아무도 내 질문에 응답할 필요가 없었다. 그러나 나는 교훈을 얻었는데, 그것은 내가 그때 "그러한" 것이 무엇인지 충분히 깨닫지 못했지만, 나는 "그러한" 질문을 하려고 하지 않았다는 것이다.

—Boston Women's Health Book Collective (2005)

자신의 성기 구조에 대해 말하는 것은, 이 여섯 살 어린이가 발견했던 것처럼 종종 편견과 오해를 만나게 된다. 여성의 외부 생식기를 말하는 **외음부(pudenda)**라는 단어의 기원은 고대 지중해 세계에서 성차별에 대해 많은 것을 말해준다.

오늘에 와서도, 이런 문화유산은 여성들이 자신의 성기에 대해 부정적인 태도를 낳도록 했다. 남녀 아이들 모두 가끔은 부끄러움이나 혐오감을 가지고 자신의 성기에 관심을 갖는다. 그리고 그것들에 대해 정상적인 호기심을 표현하는 것 때문에 혼나기도 한다. 아이들은 자기의 "음부"를 비밀로 해두기 위해 "손대지 못하도록" 양육된다. 이것은 불행한 일인데, 그 이유는 자신의 성기 구조에 대해 알아야만 성적 건강과 즐거움을 향유할 수 있기 때문이다.

종합적으로 말하자면, 여성의 외부 생식기 구조는 **외음부(pudendum, 단수형)** 또는 음문이라고 한다. **음문(vulva)**은 라틴어로 "포장지" 또는 "덮개"라는 의미이다. 음문은 음부(mons veneris), 대음순과 소음순(labia majora and minora, 크고 작은 입술), 음핵(clitoris), 그리고 질구로 구성되어 있다(그림 3.1). 그림 3.2는 여성 생식기의 외형에 있어서 변이를 보여준다.

외음부(pudenda) 여성의 외부 생식기.

음문(vulva) 여성의 외부 생식기에 대한 또 다른 용어.

음부(mons veneris) 신체의 앞부분 그리고 복부 아래에 있으면서 음핵 위에 있는 치골의 관절을 덮고 있는 지방조직의 둔덕.

음부

음부(mons veneris)는 몸의 앞, 복부의 아래, 음핵의 위에 있는 치골의 관절을 덮고 있는 지방조직으로 되어 있다. 사춘기에 음부는 두꺼워지고 곱슬곱슬하며 개인에 따라 파상, 결, 색깔 등이 다른 음모로 덮이게 된다. 음모는 성적 흥분 동안 질에서 분비되는 화학분비물을 흡습한다. 그 냄새는 연인들을 유혹하기도 한다. 음부는 성교 동안 여성의 신체에 완충작용을 하는데, 성교시 치골에 미치는 부딪힘으로부터 보호해 준다. 음부에는 신경말단이 풍부하게 공급되어 있어서 애무를 통하여 쾌감을 만들어 내게 된다.

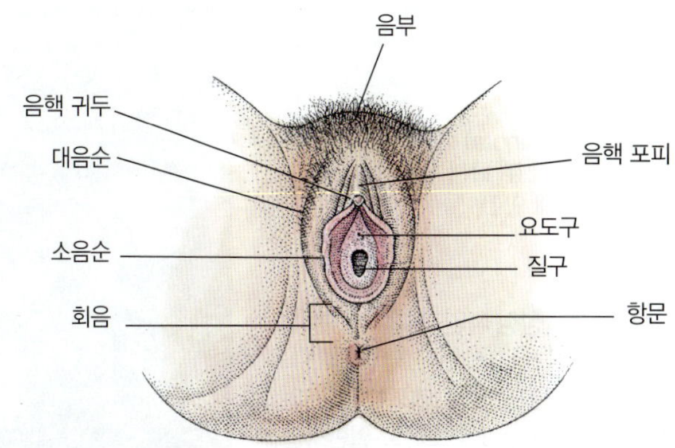

그림 3.1 여성의 외부 성기관. 이 그림은 요도구와 질구가 보이도록 열려 있는 음문을 보여준다. 좌우 주변에 음순이 있다.

학생들의 실제 질문

질문: 음모를 부분적으로 또는 전체적으로 제거하게 되면 어떤 부정적인 결과를 가져오게 될까요?

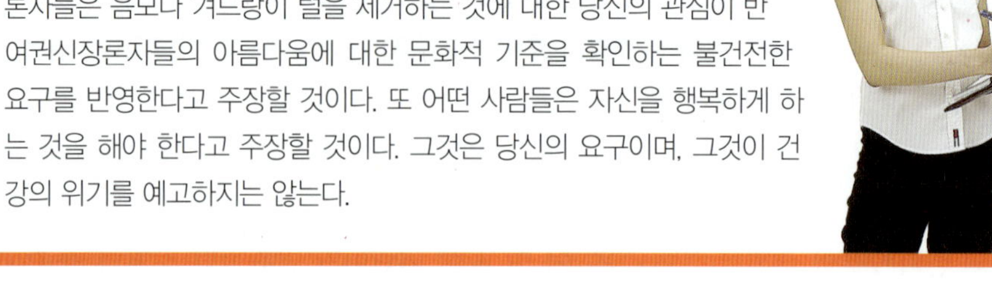

답변: 심하게 깎아 내지 않는 한, 당신의 아래쪽은 아마 피부 자극 때문에 불편할 정도이며, 음모가 자라기 시작하면 가렵게 될 것이다. 그러나 이러한 부작용이 절대적이지는 않다. "왁스를 이용한 체모 제거"(bikini waxing)를 이용할 수도 있지만, 이 방법은 통증을 가져올 수 있다. 어떤 여권신장론자들은 음모나 겨드랑이 털을 제거하는 것에 대한 당신의 관심이 반여권신장론자들의 아름다움에 대한 문화적 기준을 확인하는 불건전한 요구를 반영한다고 주장할 것이다. 또 어떤 사람들은 자신을 행복하게 하는 것을 해야 한다고 주장할 것이다. 그것은 당신의 요구이며, 그것이 건강의 위기를 예고하지는 않는다.

대음순

대음순(labia majora)은 음문의 양쪽 옆을 따라 음부로부터 아래쪽에 놓여 있는 피부의 큰 주름이다. 어떤 여성들의 대음순은 두껍고 튀어나와 있다. 또 어떤 여성들의 경우는 대음순이 얇고 편평하며 두드러지지 않다. 닫혀 있는 상태에서, 대음순은 소음순과 요도구와 질구를 숨기게 된다. 대음순의 외부 표면은 대퇴부나 소음순보다 짙은색의 피부와 음모로 덮여 있다. 대음순의 내부 표면은 음모가 없으며 옅은색을 띤다. 이것은 자극에 반응하는 신경말단이 충분히 공급되어 있어서, 성적 쾌감을 만들어 낸다. 대음순은 내부 여성 생식기를 보호한다.

소음순

소음순(labia minora)은 털이 없고, 옅은색을 띠는 막으로 되어 있으며, 대음순 사이에 위치해 있다. 소음순은 요도구와 질구를 둘러싸고 있다. 소음순의 외부 표면은 대음순과 통합되어 있다. 맨위에서, 소음순은 음핵의 포피(덮개)와 결합되어 있다. 소음순은 여성

대음순(labia majora) 음문의 양쪽 옆을 따라 음부로부터 아래쪽에 놓여 있는 피부의 큰 주름.

소음순(labia minora) 털이 없고, 옅은색을 띠는 막으로 되어 있으며, 대음순 사이에 위치해 있다.

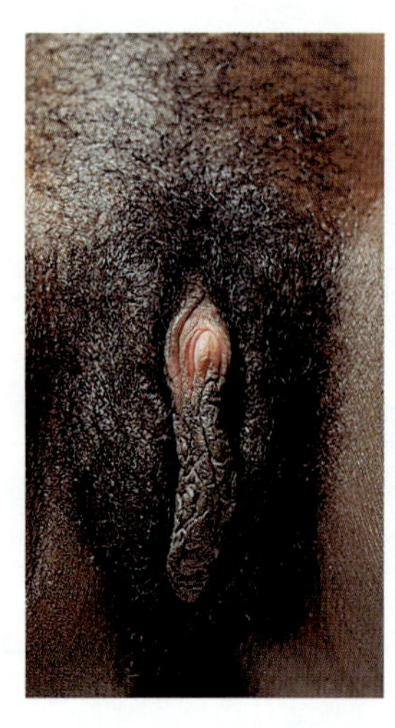
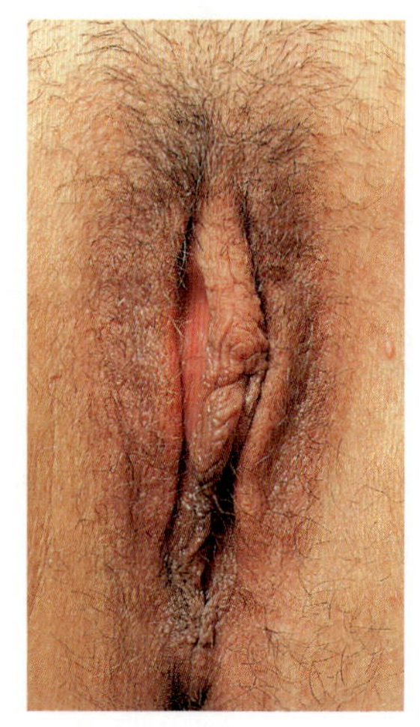
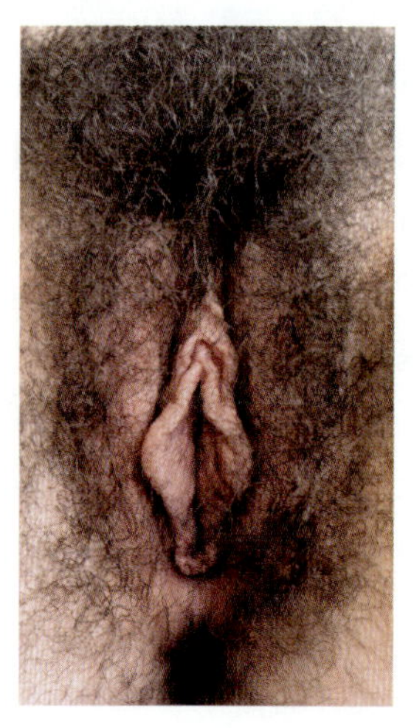

그림 3.2 정상적인 음문의 변이. 음문의 형태는 많은 변이를 보여준다. 생식기에 대한 여성의 태도는 자신의 음문 자체에 대한 모양보다도 일반적인 자아상과 유년기의 메세지를 반영하는 것으로 보인다.

에 따라 외형이 다르다. 어떤 여성의 소음순은 돌출된 꽃모양을 형성하는데, 아프리카의 호텐토트인의 그것처럼 일부 문명에서는 매우 가치있게 평가된다. (호텐토트인 여성은 고의로 세게 잡아당겨 소음순을 늘여 놓는다.) 소음순에는 혈관과 신경말단이 풍부해서 성적 자극에 매우 민감하다. 자극되면, 그것들은 색깔이 짙어지며 부풀어 올라서, 혈액으로 충혈된다.

음핵

파파, 무슨 일이야? 제발 핑계대지 말아요.
내가 그것을 좋아하고 그것 전부를 원한다는 것을 알잖아요?
난 그것에 미쳤어요. 단지 나의 벨을 울려주세요.
당신이 내 버튼을 눌렀어요. 난 그것에 미쳤어요.

—"I'm Wild about That Thing," recorded by Bessie Smith, 1929

전 세계적으로, 음핵은 프랑스어로 "보석"(*bijou*)에서 러시아어 "성욕"(*pokhotnik*)에 이르기까지 많은 이름으로 알려져 있다. 폴리네시아의 투아모투안(Tuamotuan) 사람들은 음핵에 대하여 여성의 성에 대한 관심을 상징하는 10개의 말을 가지고 있다.

음핵(clitoris)이란 말은 그리스어로 "언덕" 또는 "경사"를 뜻하는 *kleitoris*라는 말에서 유래했다. 그것은 자루에서 위쪽으로 경사를 이루며 귀두에 있는 해면조직의 언덕을 형성하는 방식 때문에 그 명칭이 나왔다(그림 3.1). 음핵 몸체(음핵 자루)는 길이가 1인치, 너비가 1/4인치이다. 그 자루는 충혈되면 혈액으로 채워지며 성적 자극에 대한 반응으로 발기하는 **음핵해면체(corpora cavernosa)**라고 하는 발기조직으로 이루어져 있다. 음핵이 딴딴해지는 것은 음경보다 덜해 보이는데, 그 이유는 음핵이 자유롭게 흔들지 못하기 때문이다. "팽창 전"이라는 의미의 **포피(prepuce)** 또는 덮개는 음핵 자루를 덮고 있다. 그것은 소음순의 윗부분에 의해 형성된 피부의 덮개이다. 음핵 귀두는 요도구 위에 있는 매끄럽고 둥근 조직의 덩어리이다. 귀두는 부드럽게 소음순과 분리되고 덮개를 움츠러들게 함으로써 나타난다. 귀두는 신경말단이 풍부하게 분포되어 있어서 촉각에 매우 민감하다.

음핵의 크기는 여성에 따라 다양하다. 음핵 귀두는 촉감에 매우 민감하기 때문에, 보통 여성들은 직접 귀두를 자극하기보다는 음부 위를 만지거나 자극하는 것을 좋아한다.

몇 가지 점에서, 음핵은 남성의 음경에 해당된다. 음핵과 음경 모두 같은 배아조직으로부터 발생했으며, 그것들은 구조적으로 유사하거나 같다(**homologous, 상동의**; 4장 참조). 그러나 기능적으로는 완전히 유사하거나 같지는 않다(**analogous, 상사의**). 두 기관 모두 성감을 수용하고 전달하지만, 음경은 직접 정자와 오줌을 각각 수송함으로써 생식과 배설에 관여한다.

음핵 덮개의 절개(**clitoridectomy**, **음핵절제**)가 서남아시아, 아라비아반도와 아프리카의 이슬람교도에게는 일반적이다. "다양한 세상"에서 본 것처럼, 음핵절제는 여성이 되는 "통과 의례" 로서 육체적 감정적인 흔적을 남기는 것이다.

전정

"입구"란 의미의 **전정(vestibule)**이란 말은 질과 요도의 개구를 포함한 소음순 안 영역을

비판적인 사고하기

당신은 미국인이나 기타 서구인들의 음핵절제에 대한 반감이 문화적 겸양이나 문화적 둔감성을 나타낸다고 믿는가? 그 이유는?

음핵(clitoris) 요도구 위에 있으며 몸체와 귀두로 구성되어 있는 여성의 생식기관. 그것은 성적 감각에 극히 민감하다.

음핵해면체(corpora cavernosa) 혈액으로 충혈되며 성적 자극에 반응하여 딴딴해지는 음핵 자루에 있는 혈액조직의 덩어리.

포피(prepuce) 음핵(또는 음경)의 귀두를 덮는 피부의 주름.

상동의(homologous) 구조가 유사한; 동일한 배아조직으로부터 발생함.

상사의(analogous) 기능이 유사한.

음핵절제(clitoridectomy) 수술에 의한 음핵의 제거.

전정(vestibule) 질과 요도의 개구를 포함하는 소음순 안에 있는 부위.

여성 생식기의 절제

뉴스 발신지, 이집트의 카프르알만쉬 아부하마르 마을—이 가난한 농촌 공동체의 한 남성은 분노하고 있었다. 음핵을 제거하기 위해 13살의 여자아이가 의사에게 왔다. 이 수술은 여아의 순결과 명예를 보존하기 위해 필요한 것으로 여겨졌다. 그 여아는 죽었는데, 이것이 그 분노의 원인이 아니었다. 여아의 죽음 후에, 정부는 그 병원문을 닫게 했는데, 이것이 모든 사람들을 흥분시켰다.

—슬랙만(Slackman, 2007)

거의 1억 3,000만 명의 여성과 여아들이 생식기 절제를 당한다. 페미니스트들은 여성 생식기 절제는 가부장적인 사회에서 여성의 신체와 행동을 조절하기 위해 행해진 것이라고 말한다(www.feminist.com,2006). 그들의 관점에서, 이집트와 수단의 일부 집단에서 음핵절제는 논쟁의 여지가 없는 사회적인 풍습으로서 시행된다(Missailidis & Gebre-Medhin, 2000). 왜냐하면 여성들은 그들이 사는 보다 큰 풍습의 가치에 순응하기 때문에, 여성의 생식기 절제는 보통 그들 스스로 시행되는 경우가 대부분이다(Nour, 2000). 이슬람의 일부는 이것이 순종의 한 부분이라고 인식한다. 하지만 이것은 이슬람의 성경인 코란의 지지를 받지 못한다(Nour, 2000). 이 문화에서 일반적인 여성들은 (대부분의 가부장적 문화의 전형적인 여성들과 같은) 자기들이 희생자라고 생각하지 않는다(www.feminist.com, 2006). 그들은 음핵제거가 여성이 되는 하나의 과정이라고 생각한다. 부인과 전문의인 나왈 누아(Nawal M. Nour, 2000)는 한 여성의 음핵제거는 고통스럽지만 여성이 되었기 때문에 좋은 일이라고 말했다.

"할례"가 여성에게 어떤 영향을 주는가? 이집트의 '이스마일리아 모자 센터'의 250명의 여성 환자들을 연구한 결과, 음핵절제를 한 80%가 고통스러운 월경, 49%는 성교 중의 질 건조, 45%가 성욕의 부족에 대해 불만을 가졌고, 49%가 섹스에 즐거움을 덜 느낀다고 말했고, 61%가 오르가즘에 도달하는데 어려움을 느낀다고 말했다(El-Defrawi 등, 2001). 의학적 합병증으로는 출혈, 조직의 흉터, 고통스러운 월경과 폐색성 분만 등이 있다.

좀 더 극단적인 음핵제거는 적출이라고 불리는데, 이것은 수단, 에티오피아와 일부 아프리카 국가에서 널리 사용된다(Eltahawy, 2003). 음핵적출은 음핵뿐만 아니라 대음순과 소음순까지 제거한다. 단지 소변과 월경 배출물을 위한 통로인 작은 구멍만 남는다. 외음부를 같이 봉합하는 것은 결혼 전까지 순결을 보장하기 위함이다. 의학적 합병증으로는 월경과 소변 문제들이 흔하다. 심지어 죽을 수도 있다. 결혼 후에, 입구를 넓혀서 성교를 하게 된다. 출혈과 주변 조직의 열상은 흔한 일이다. 일부 이집트와 케냐를 포함한 아프리카 국가에서, 비록 음핵제거를 불법화했지만, 이런 법들은 잘 시행되지 않는다.

아프리카와 중동의 1억 명 이상의 여성은 음핵적출을 받는다. 음핵제거는 반복적으로 일어나고 있으며, 심지어 전세계적으로, 아프리카의 거의 30개국, 중동 지역의 많은 나라들과 말레이시아, 예멘, 오만, 인도네시아와 인도–파키스탄 아대륙 등에서 행해진다. 유럽과 미국에 살고 있는 이민 온 아프리카의 수천 명의 소녀들도 제거의 대상이 되고 있다(Nour, 2000).

할례라는 명목 하에 여아들에게 가해지는 불구 만들기와 남성의 할례를 혼동하지 마라. 누아(2000)는 여성의 할례를 남성과 비교한다면 음경을 잘라버리는 것이라고 묘사한다. 퓰리쳐상 수상자인 아프리카계 미국인 소설가 앨리스 워커(Alice Walker)는 그녀의 베스트셀러인 '기쁨의 비밀을 간직하기'에서 실천을 통하여 주목받았으며, 그녀의 책과 영화 '전사의 증표'에서 할례의 폐지를 주장하였다.

미국은 의식적인 생식기 절제를 금지하고 있으며, 세계경제기구들의 미국 대표들에게 이 풍습을 중단시키기 위한 교육 프로그램이 없는 나라들은 지원하지 말도록 지도하고 있다. 아직도 그 풍속을 금지하는 서구인들의 요청은 한 문화권에 있는 사람이 다른 문화권의 풍습을 좌우할 수 없다는 논쟁을 촉발시켰다. 하지만 앨리스 워커는 "고문은 문화가 아니다"라고 말한다. 이런 토론이 진행되는 과정에도, 매년 약 200만 명의 아프리카 여아들은 불구가 되고 있다.

일컫는 말이다. 전정은 신경말단이 풍부하게 분포되어 있어서 촉감이나 그 외 성적 자극에 대해 매우 민감하다.

요도구

오줌은 **요도구(urethral opening)**를 통하여 여성의 신체를 빠져나가는데(그림 3.1), 그것은 짧은 관(요관)에 의해 방광에 연결되어 있다(그림 3.3). 요도구는 음핵 귀두 아래, 질구 위에 위치한다. 요도구, 요도, 그리고 방광은 생식계와 연결되어 있지 않다.

요도구(urethral opening) 여성의 신체로부터 오줌이 배출되는 출구.

사실인가
아니면
허구인가 2

사실인가 아니면 허구인가 2: 많은 남성들(일부 여성들조차)은 여성의 배뇨작용과 성교가 같은 신체 개구를 통하여 일어난다고 잘못 알고 있다. 그러한 혼란은 오줌과 정액 모두 남성의 음경을 통하여 지나가거나 요도구가 질구 가까이에 위치해 있기 때문에 일어나는 것 같다.

외부 성기관에 대해 요도구가 가까이 있다는 것은 성적으로 왕성한 여성들에게 위생적인 문제를 제기할 수 있다(Sheffield & Cunningham, 2005). 요도, 방광, 그리고 신장을 포함하는 요로는 질이나 직장으로부터 세균에 의해 감염될 수 있다. 병원체는 성적 활동시 섹스 파트너의 성기관이나 손으로부터 요도구로 들어간다. 항문성교 후에 질성교를 하게 되면 직장으로부터 방광으로 병원체가 옮겨간다. 비슷한 이유로 여성들은 화장실에서 먼저 음문을 닦고 그 다음에 항문을 닦아야 하는 것이다.

방광염(cystitis)은 이런 원인들로부터 생기는 방광의 염증이다. 그 증상으로서 화끈거리고 자주 소변이 마려운 현상(빈뇨증)이 나타난다. 보통 고름이나 피가 섞인 분비물이 나타나며, 치골 상부에 불편한 감이 있다. 이러한 증상들은 수일 후에 사라지지만, 부인과전문의들은 방광염을 치료하지 않으면 신장 감염을 일으킬 수 있다고 말한다. "허니문 방광염"은 질 성교 시에 일어나는 방광과 요도 벽 당김에 의해 일어난다. 그것은 성교 초기에(각자의 허니문에 반드시 그런 것은 아니더라도), 또는 장기간 금욕 후 성교를 다시 시작할 때 일어날 수도 있다. 그림 3.3은 요도와 질이 가까이 있음을 보여준다.

여성의 심각한 방광 염증을 예방하는데 도움을 주는 몇 가지 조치는 다음과 같다.

- 방광을 씻어내기 위하여 하루에 2 L 이상의 물을 마실 것.
- 감염균의 성장을 억제하는 산성 환경을 유지하기 위해 오렌지나 크랜베리 주스를 마실 것.
- 방광의 염증을 일으키는 알코올이나 카페인 음료(커피, 차, 콜라 등) 줄이기.
- 자위행위나 자가 검사 전에 손을 씻을 것.
- 성교 전후에 파트너와 자신의 성기를 씻을 것.
- 항문과 닿았던 것들(손가락, 음경, 화장실 티슈)이 음문과 닿지 않도록 할 것.
- 세균을 씻어내는데 도움이 되도록 성교 직후 소변을 볼 것.

방광염(cystitis) 방광의 염증.

질구(introitus) 질의 입구.

처녀막(hymen) 처녀막은 질구를 가로지르는 조직의 주름. 보통 출생 시에 존재하며, 여성이 성교 전까지 적어도 부분적으로는 원래 상태를 유지함.

질구

> 내가 대여섯 살 때, 어머니는 나에게 성에 대해서 말하셨다. 나는 어머니가 말씀하셨던 것에 대해 혼란스러웠는데, 그 이유는 웬일인지 여성의 질이 무엇과 닮았는지를 개념화할 수 없었기 때문이라고 기억하고 있다. 나는 책에 어떻게 그려 있는지가 아니라 실제 질을 보는 것에 호기심이 끌렸다. (Morrison 등, 1980, p. 35)

소음순을 벌렸을 때 질 전체를 보지 못하고 질구를 보게 된다. **질구(introitus)**는 요도구보다 아래에 있으며 그것보다 크다. 모양은 처녀막과 비슷하다.

처녀막(hymen)은 질구를 가로지르는 조직의 주름으로서, 일

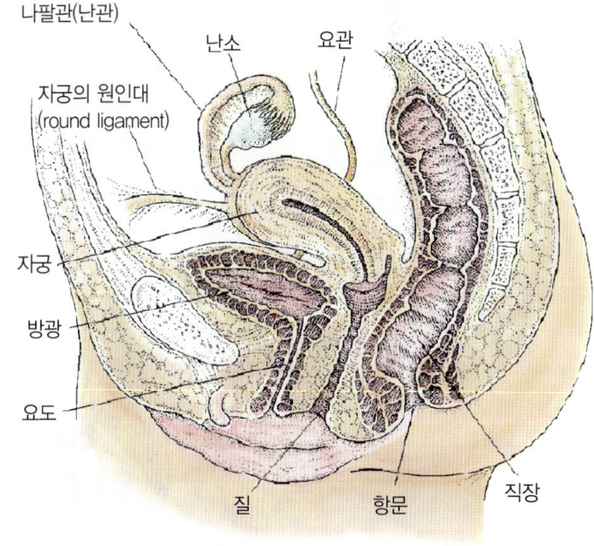

그림 3.3 여성 생식계. 이 횡단면은 여성 생식계를 구성하고 있는 많은 내부 성기관들을 보여준다. 자궁은 정상적으로 끝이 앞을 향하고 있다.

반적으로 출생 시에 존재하는데 여성이 성교 전까지는 적어도 어느 정도 원래 상태로 남아 있게 된다. 이런 이유 때문에 처녀막은 "처녀성"을 나타내기도 한다. 처녀막의 존재는 순결의 증거로서 여겨지며 처녀막이 없으면 성경험의 증거로 치부되기도 한다. 그러나 어떤 여성은 불완전한 처녀막을 가지고 태어나며, 또 어떤 여성의 처녀막은 말타기, 격렬한 운동이나 체조, 그리고 자전거 타기 등에서처럼 뜻하지 않게 파열되기도 한다.

그러므로 파열된 처녀막을 성경험의 증거로서 말하기에는 빈약하다. 유연한 처녀막은 많은 성경험을 잘 견디기도 해서 그것의 존재를 가지고 처녀성을 보장할 수도 없는 것이다. 그럼에도 유럽의 많은 이슬람교도 여성들은 결혼 전에 **처녀막재생술**(hymenoplasty)을 하고 있는데, 그것은 그들의 결혼 첫날밤에 처녀임을 나타내기 위하여 처녀막을 복원하는 수술이다(Sciolino & Mekhennet, 2008). 처녀막재생술을 한 어떤 여성은 "우리 문화에서 처녀가 아니라는 것은 불결한 것이다. 지금 당장 처녀성은 나에게 생명보다 중요하다" 라고 말했다(Sciolino & Mekhennet, 2008).

사실인가 아니면 허구인가 3

사실인가 아니면 허구인가 3: 근거없는 통념과는 달리, 사람이 처녀막을 검사하여 한 여성의 처녀성 여부를 결정하는 것은 옳지 않다. 일부 사람들은 처녀는 질에 탐폰이나 손가락을 넣을 수 없다고 잘 못 알고 있지만, 대부분의 처녀막은 큰 어려움 없이 이런 정도는 받아들일 수 있다.

그림 3.4는 다양한 질구를 나타내고 있다. 처음 세 개는 성경험이 없는 여성들의 일반적인 처녀막 모양을 보여주고 있다. 다섯 번째 그림은 아기를 낳은 경험이 있는 전형적인 여성의 출산 후의 질구를 나타낸다. 네 번째 그림처럼 때때로 처녀막은 단단한 섬유성 조직으로 구성되어 있어서 닫혀 있다. 닫혀 있는 처녀막은 월경 분비물이 질에 쌓이기 시작하는 사춘기 이후까지는 발견되지 않는다. 이런 드문 경우에는 외과적 절개로 처녀막을 뚫어 준다. 어떤 여성은 처음 성경험에 따르는 통증과 불편 등이 없도록 외과적으로 처녀막을 뚫기도 한다. 어떤 여성은 성교를 준비하는데 있어서 수일 동안 질구를 늘이기도 하는데, 손가락을 넣고 항문을 향해 아래쪽으로 부드럽게 누르는 것이다. 수회 반복 후에는 두 손가락을 넣을 수 있으며, 그 과정을 반복하면서 손가락을 넣은 후 살살 펴나간다.

처녀막은 말과 사람에게서만 발견된다. 침팬지와 고릴라 등과 같이 진화적으로 사람과 가장 가까운 동물종에도 존재하지 않는다. 처녀막은 생물학적 미스터리로 남아 있는데, 그것은 처녀막이 어떤 명확한 생물학적 기능도 나타내지 않기 때문이다.

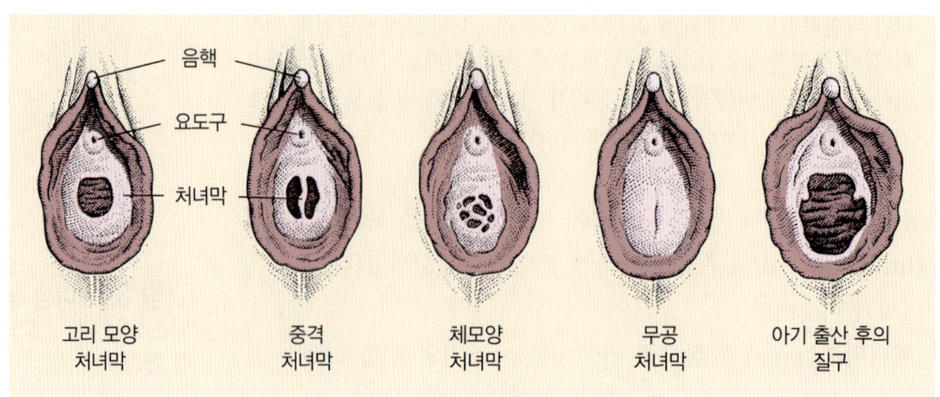

그림 3.4 다양한 형태의 처녀막과 아기 출산 후에 나타나는 질구(오른쪽)

회음

회음(perineum)은 질구와 항문 사이의 피부와 밑에 있는 조직을 통틀어 말한다. 회음은 신경말단이 풍부하다. 그 부위의 자극은 성적 흥분을 고조시킨다. 많은 의사들은 출산을 쉽게 하기 위해 **회음절개술**(episiotomy)이라고 하는 통상적인 회음 절개를 분만 시에 시행한다.

외부 성기관 밑에 있는 구조물

그림 3.5는 음문의 피부 아래 있는 구조를 보여준다. **전정구**(vestibular bulb)와 **바르톨린샘**(Bartholin's gland)은 성적 흥분 동안 활성을 나타내며, 그림 3.5의 오른쪽에 보이는 것처럼 양쪽에 모두 존재한다. 질구와 항문처럼 신체의 개구를 수축시키는 근육 고리인 괄약근은 양쪽에 다 있다.

음핵 **다리(crura)**는 날개 모양을 가지며, 음핵을 치골 아래에 부착시키는 다리와 같은 구조물이다. 다리는 음경해면체를 가지고 있는데, 그것은 혈액으로 채워져서 성적 흥분기 동안 딴딴해진다.

전정구(vestibular bulb)는 위에 있는 음핵에 부착되어 있으며, 질구의 양쪽을 따라 아래로 확장되어 있다. 성적 흥분기동안 혈액은 전정구를 채워서 음문을 부풀게 하고 질을 신장시킨다. 이런 팽창 상태는 섹스 파트너 모두에게 성감을 높이게 된다.

바르톨린샘(Bartholin's gland)은 질구의 각 측면에 있는 소음순 바로 안쪽에 존재한다. 그것들은 오르가즘 직전에 소량의 윤활제를 분비한다. 이런 윤활제는 성적 결합에 필수적이지는 않다. 사실, 바르톨린샘에서 생산되는 이 액체는 어떤 기능도 알려지지 않았다. 그러나 만일 그 분비선이 감염되어 문제가 생기게 될 때, 여성은 팽창 현상과 국소적인 따끔거림에 유의해야 한다. 만일 이런 증상이 수일 내에 사라지지 않는다면, 부인과 전문의에게 상담하는 것이 좋다.

여성들이 성적 흥분 시에 경험하는 질의 윤활작용 또는 "축축함"의 원천이 바르톨린샘에 의해 분비된다고 믿었던 적이 있다. 지금은 성적 흥분 시에 질 조직의 충혈로 질벽 내면에서 분비되는 "땀"의 형성 때문인 것으로 알려져 있다. 성적 흥분 동안, 이런 충혈로 인한 압력은 질벽 내면에 존재하는 다수의 작은 혈관으로부터 수분을 나오게 하며 질 내면을 통하여 지나가게 하여, 윤활작용의 기반을 형성시킨다. 일반적으로 10~30초 안에, 질의 윤활제 또는 "땀" 방울이 성적 자극에 반응하여 질 안쪽 면을 따라 나타나게 되는데,

회음(perineum) 질구와 항문 사이에 있는 피부와 그 아래 조직.

다리(각, crura) 치골에 음핵을 부착시키는 다리와 같은 해부학적 구조.

전정구(vestibular bulb) 질구의 양쪽을 따라 아래로 확장되어 있으며 성적 흥분기 동안 팽창되는 동굴 같은 구조물.

바르톨린샘(Bartholin's gland) 소음순 바로 안쪽에 존재하며 오르가즘 직전에 액체를 분비하는 샘.

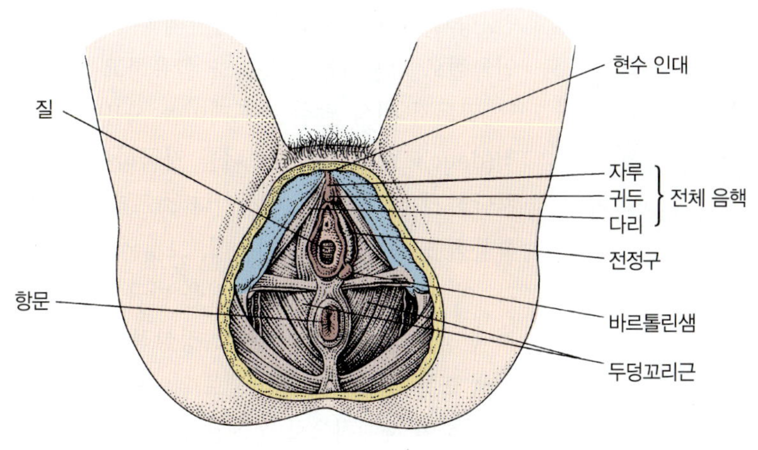

그림 3.5 여성의 외부 성기관들 밑에 있는 구조. 만일 우리가 음문의 아래쪽을 볼 수 있다면, 음핵, 전정구, 바르톨린샘 등의 다리(crura)에 더하여 여러 가지 신체 개구를 수축하는 근섬유를 발견하게 될 것이다.

그것은 온도가 올라가면서 수분이 땀으로 피부를 통하여 나오는 것과 똑같은 방법이다.

여성들은 골반 바닥 근육으로 질구와 항문을 수축한다. 이 근육들은 오르가즘시 자동적 또는 불수의적으로 수축하며, 이들의 긴장 상태는 성 감각에 중요하다.

3.2 내부 성기관

여성의 내부 성기관들은 질의 가장 안쪽 부위, 자궁경부, 자궁, 그리고 두 개의 난소 등이 있다. 각각의 난소는 난관에 의해 자궁과 연결되어 있다(그림 3.3, 3.6). 이러한 구조들은 여성 생식계를 이루고 있다.

질

질(vagina)은 질구로부터 뒤의 위쪽으로 뻗어 있다(그림 3.3). 안정 시에 질의 길이는 보통 7.6~12.7cm 정도이다. 자궁으로부터 월경의 유출과 신생아의 출산이 질을 통하여 바깥 세상으로 통하게 된다. 성교 시에 음경은 질 안에 있게 된다.

질은 일반적으로 원통형으로 나타내지만, 안정 시의 질은 자전거 타이어의 안쪽 튜브처럼 납작하게 접어져 있다. 이완 상태에서, 질벽이 만져진다. 성적으로 흥분되었을 때, 질은 길어지고 더 넓어진다. 또한 질은 탐폰을 삽입시킬 수 있을 뿐만 아니라, 출산시 신생아의 머리와 어깨가 지나갈 수 있다.

질벽은 세 층으로 되어 있다. 소음순을 벌리면 질점막인 내층이 보인다. 질벽은 구강 내면의 상피와 유사한 점막이다. 질벽은 부풀어 있고, 부드러우며, 주름 잡혀 있다. 질벽은 매우 건조한 상태에서(특히 검사 등과 같은 것 때문에 불안할 때) 매우 젖은 상태까지 다양하다. 질벽의 중간층은 근육이다. 외층은 질을 다른 골반 구조와 연결하는 섬유성 껍질이다.

질(vagina) 성교 시에 음경이 들어가며, 신생아의 출산 통로가 되는 여성의 성기관.

질세척(douche) 린즈(rinse)처럼 질로 액체를 분사하는 도포 방법.

질벽은 혈관이 풍부하게 분포되어 있지만, 신경말단의 분포는 그렇지 않다. 질의 바깥 1/3이 예민한 것과는 달리, 안쪽 2/3은 때때로 마취 없이 작은 수술이 시행될 만큼 그 부분은 아주 둔감하다. 그러나 전체 질 구조는 압력에 민감한데, 그것은 쾌감으로 느껴질 수 있다.

질벽은 정상 산도(pH 4.0~5.0)를 유지하는 데 도움을 주는 물질들을 분비한다. 정상적으로 그 물질들은 짠맛을 나타내지만, 향과 냄새는 월경주기 동안에 다양하다. 질 분비물은 성 유인물질로 작용하는 성분들을 함유하고 있다. 빈번하게 세정기로 씻든지 여성 탈취 스프레이를 사용하는 여성들은, 즉 질세척(douche)은 섹스 파트너를 자극하는 물질들을 제거하거나 차단하게 된다. 또한 세정기나 스프레이 사용은 질의 천연 화학물질 균형을 변경시키는데, 그것은 감염의 위험을 증가시킨다. 여성 탈취 스프레이는 질을 따끔거리게 하기도 하며, 알러지 반응을 일으키기도 한다. 정상적이고 건강한 질은 옅은 하얀색 또는 노란색의 분비물로 알 수 있는 규칙적인 화학분비물을 통하여 자체적으로 정화된다.

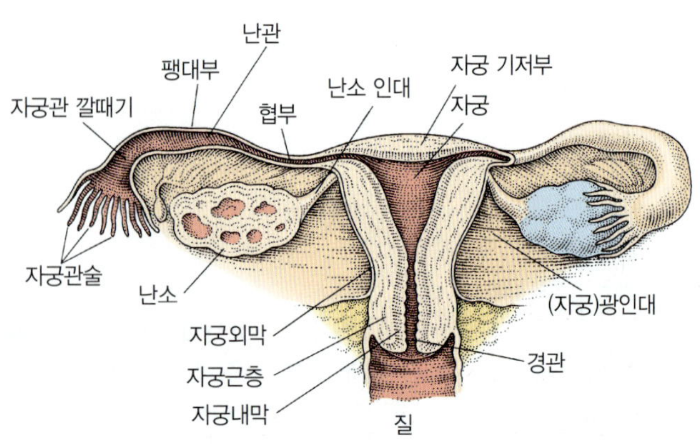

그림 3.6 여성의 내부 생식기관. 난관과 난소에 대한 자궁의 관계를 나타내고 있다. 자궁의 층, 난소를 자궁에 부착하는 인대, 그리고 난관의 자궁관술에 대한 난소의 관계를 유의해 보라.

질염(vaginitis)은 질의 염증을 말한다. 질염은 염증, 피임약, 자연적인 신체 화학을 변경시키는 항생제, 알러지 반응, 화학적 자극제, 또는 피로나 영양실조에 의해 초래되는 낮은 저항력 때문에 일어나게 된다. 신체 화학의 변화나 저항력의 저하는 정상적으로 질 안에서 미생물들의 감염을 증가시킨다. 질염은 비정상적인 분비물, 가려움증, 음부의 따가움, 그리고 요절박 등에 의해 알 수 있다. 질염 환자는 의학적인 주의가 필요하지만, 질염을 예방하기 위한 몇 가지 제안은 다음과 같다.

질염(vaginitis) 질의 염증.

- 부드러운 비누로 정기적으로 외음부와 항문을 씻어라. 가볍게 두드려 말려라(항문을 가볍게 두드린 후 외음부를 만지지 않도록 조심함).
- 면 팬티를 입어라. 나일론 속옷은 위해한 세균이 잘 자라게 하는 열과 습기를 갖고 있다.
- 가랑이에 꽉 끼는 팬티를 피하라.
- 섹스 파트너가 잘 씻었는지를 확인하라. 콘돔은 섹스 파트너로부터의 감염의 확산을 줄일 수 있다.
- 만일 인공 윤활제가 성교에 필요하다면, K-Y 젤리와 같은 수용성이고 멸균된 젤리를 사용하라. 바셀린을 사용하지 말라. 피임 젤리는 윤활제로 사용할 수도 있다.
- 질에 통증이나 마찰을 일으키는 성교를 피하라.
- 설탕이나 정제된 탄수화물 함유량이 높은 음식을 피하라. 그것들은 질의 정상적인 산성도를 변경시킨다.
- 질 감염에 걸리기 쉬운 여성들은 가끔 깨끗한 물이나, 따뜻한 물에 식초 한두 스푼 넣은 용액이나, 물에 베이킹 소다를 넣은 용액으로 씻는 것이 도움이 된다. 저온살균을 하지 않고 순수한(맛을 들이지 않은) 요구르트로 구성된 세정법은 정상적으로 질에 존재하며 항생제에 의해서 죽게 되는 "좋은" 세균을 보충하는데 도움을 줄 수 있다. 세정할 때 조심하라. 그리고 임신이나 임신이 의심될 때는 세정하지 말라. 세정이나 질에 사용하는 용품을 사용하기 전에 의사와 상담하라.
- 당신의 전반적인 건강을 살피라. 영양 부족이나 충분치 못한 휴식은 감염에 대한 저항성을 감소시킨다.

학생들의 실제 질문

질문: 질에서 불쾌한 냄새가 나는 것처럼 느껴진다. 세정을 해야 하는가요?

답변: 샤워를 할 때, 그리고 그 문제가 마음에 남아 있어서 그것에 대해 부인과 의사와 상담할 때, 대부분의 의료인들은 규칙적으로 표면 세척을 하도록 권고할 것이다. 불쾌한 냄새는 건강문제의 신호일 수 있다. 만일 당신이 성적으로 왕성하다면, 부인과 의사를 정해서 정기적으로 만나야 할 필요가 있다. 일부 질 냄새는 정상적이다. 만일 당신이 개인 건강에 주의하고 있으며 건강문제로 진단받지 않았다면, 파트너는 정상적인 질 냄새를 혐오스럽게 느끼기보다는 매력적으로 느낀다.

가까이서 보기

G 스팟과 여성의 사정: 성적 현실인가 아니면 부인과적 미신인가?

G스팟(Grafenberg spot)은 이론적으로 질의 한 부분인데, 앞쪽 벽에 있는 콩 모양의 부분으로 특별한 성적 의미를 지닌다. G 스팟은 질 입구로부터 2.5~5.0 cm에 있다고 알려져 있으며, 부드러운 조직으로 이루어져있다. 이것은 흥분하면 직경 약 2 cm에서 3 cm 크기로 부푼다. 이 명칭은 성적 흥분을 가져오는 부분이 있을 것이라고 생각한 부인과 의사인 에르네스트 그라펜베르그(Ernest Grafenberg)에 의해 만들어졌다. G 스팟은 손가락이나 음경이 질 입구 근처에서 문지르거나 여성 상위 자세일 때 직접적으로 자극된다. 일부 연구자들은 G 스팟의 자극은 강렬한 성적 흥분을 일으키고, 지속적인 자극이 가해지면, 강한 쾌감을 느끼게 한다고 한다. 이전에 남성에게만 일어난다고 생각되는 '사정'의 생물학적 작용으로 여겨지는 독특한 오르가즘을 경험하기도 한다(Geddes, 2008; Jannini 등, 2008). 이러한 주장들은 극단적인 논쟁의 중심이 되어왔다.

한 연구실 실험에서, 자비아크(Zaviacic)와 그의 동료들(1988a, 1988b)은 연구하던 27명의 여성 중 10명이 사정을 경험한 것을 발견하였다. 일부 연구자들은 이 액체가 몇몇 여성들이 오르가즘을 겪는 동안에 무의식적으로 배출된 소변이라고 믿는다. 다른 사람들은 이것이 소변과는 다르고 한다(Zaviacic & Whipple, 1993). 이 액체의 성질과 출처는 알려지지 않았지만, 자비아크와 휘플(1993)은 성행위 도중에 방출되는 이 액체가 아마도 '여성 전립선'에 의해 남성의 정액이 남성 전립선에서 방출되는 방법과 비슷하게 스킨샘(*Skene's gland*)이라고 불리는 통로나 분비선에서 방출될 것이라고 주장했다. 자비아크와 휘플은 "많은 여성들이 섹스를 하는 동안에 소변이 배출되는 것을 느낀다…그들이 배출하는 액체는 소변과는 다르고, 성적 반응 동안 일어나는 정상적인 현상이라는 지식이 도움이 될지 모른다"(1993, p. 149). 하지만 일부 여성들에게 성행위 중에 소변이 방출되는 것이 복압성 요실금 때문일 수도 있다(Zaviacic & Whipple,1993). 또한 자비아크와 휘플은 G 스팟을 자극하는 것은 일부 여성들에게 사정을 일으키지만 다른 사람들에게는 그렇지 않다고 말한다.

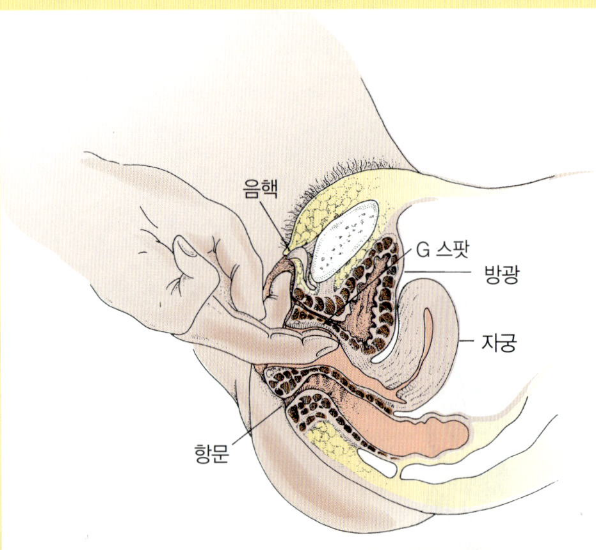

그림 3.7 그라펜베르그 스팟(G 스팟). G 스팟은 손가락이나 후배위 또는 여성 상위 자세의 성교에 의해 자극될 수 있다는 것이 이론화되었다. G 스팟의 자극으로 강렬한 성적 느낌과 독특한 유형의 오르가즘이 일어나는가?

심지어 G 스팟의 존재를 믿는 사람들도 이 위치를 찾기 어렵다고 인정한다. 왜냐하면 이것은 명백하게 눈으로 보여지거나 만져지지 않기 때문이다(Geddes, 2008; Jannini 등, 2008). 테렌스 하인스(Terence Hines, 2001)는 약간의 일화와 주제에 대한 사례 연구들을 바탕으로 G 스팟 연구에 대한 비판을 요약하였다. 하인스는 G 스팟이 존재한다는 증거가 약하고 정밀한 해부학적, 생화학적 연구에 의해 지지되지 못한다고 규정했다. 그는 G 스팟을 '현대의 부인과적 미신'이라고 불렀다.

현대의 성문제 전문가들은 G 스팟과 '여성 전립선'이 여러 면에서 관계 있다는 것에 동의한다. 단지 한 부분이 아니라, 질의 앞쪽 벽의 대부분이나 심지어 전체에 신경말단이 많이 분포되어 있고, 그래서 성적 자극에 민감할 것이다(Jannini 등, 2008; Levin 2003a). 하지만 이것은 질의 앞쪽 벽의 어떠한 특정 부분의 기능이 독립된 생식기로 작용하며, 정교하고 민감한 하나의 부위 또는 여러 부위들이 여성에 따라 다양할 수도 있다는 것을 충분히 증명하지 못한다(Maaita 등, 2002). 두 번째로, 많은 여성들은 이 액체를 오르가즘 도중에 요도로 방출한다. 하지만 이 액체가 무엇인지도 불분명하고 심지어는 남성의 사정과 어느 정도 대응된다는 사실은 더욱 불분명하다(Alzate & Hoch, 1986; Hines, 2001). 세 번째로, 많은 성문제 전문가들은 왜 어떤 성전문가들이 이 문제에 대해 매우 '민감하고', 왜 그것이 정치적이 되어 가는지 궁금해 한다((Alzate & Hoch, 1986).

▶ 비판적인 사고하기

인간의 성에 대한 연구의 일부 관찰자들은 G 스팟의 존재와 여성 사정에 대한 논쟁은 과학적인 영향뿐만 아니라 정치적이라고 말한다. 당신은 이 논쟁이 여성의 성과 남성의 성을 걱정하는 더 큰 문제, 즉 여성이나 남성이 성적으로 우위에 있거나 보다 성적으로 활발하거나 아니면 성적 반응이 강한지 여부에 관련될 수 있다는 것에 대해 어떻게 생각하는가? 설명하라.

자궁경부

2년 전 누군가가 먼저 나에게 "너는 손가락을 이용하여 자궁경부의 끝을 만질 수 있다"고 말했을 때, 나는 당황했지만 관심이 있었다. 나는 내 손가락을 질 안에 넣어 본 적이 전혀 없었으며, 연인과 의사들을 위해 "남겨 둔" 곳이라는 점에서 거기를 만지는 것에 대한 결벽증을 가지고 있었다. 내가 그것을 시도하기 위해 용기를 내는데 2개월이 걸렸다. 어느 날 오후, 매우 조심스럽게, 나는 욕실에 웅크리고 앉아 내 손가락을 질에 깊게 넣었다. 내가 느끼기에, 월경 유출이 일어나는 중심에 움푹 들어가면서, 미끄럽고 둥글게 된 느낌이 왔다. 그것은 매우 흥미있고 동시에 아주 평범한 것이었다. 지난 주에 나는 나의 자궁경부를 보기 위해 플라스틱 스페큘럼을 샀다. 이번에는 오래 걸리지 않을 것이다.

— Boston Women's Health Book Collective (2005)

자궁경부(cervix)는 자궁의 아래 끝에 있다. 질 벽처럼, 그것의 벽은 질의 화학적 균형에 관여하는 분비물을 생산한다(Levin, 2005b). 출산 시에는 자궁으로부터 질까지 아기가 지나갈 수 있도록 확대되지만, 자궁경부의 중간에 있는 구멍**(os)**은 정상적으로 빨대 크기와 같다. 정자는 자궁경부 관을 통하여 질에서 자궁으로 들어간다.

자궁경부암 자궁경부암은 매년 11,270명이 새로 생기고 4,070명이 사망하지만, 미국에서는 비교적 드물다(미국암학회, 2009). 자궁경부암의 1차 원인은 사람 파필로마 바이러스(HPV; 16장 참조)의 감염이다. 백신이 개발되어 대부분의 여성들이 암과 관련된 HPV에 면역이 된다. 여성은 성적으로 왕성해지기 전이나 바이러스에 노출되기 전에 예방접종하는 것이 최선이다(미국암학회, 2009). 자궁경부암은 많은 파트너와 섹스를 하며, 비교적 이른 나이에 성적 활동을 하고, 담배를 피는 여성들에게 더 흔하다(Duggirala 등, 2003). 사망률은 아프리카계 미국인들이 늦게 진단받는 경향 때문에 부분적으로는 유럽계 미국인 여성보다 아프리카계 미국인 여성이 더 높다(미국암학회, 2009).

팹테스트(Pap test)는 자궁경부 세포의 시료를 검사하는 것이다. 자궁경부 세포는 슬라이드 글라스 위에 도포하여 자궁경부암과 그 외 비정상적인 것들을 검색한다. 미국암학회(2009)는 성적으로 왕성하거나 지속적으로 왕성한 여성, 또는 18세가 된 여성에 대해 매년 골반검사에 따라 팹테스트를 권장한다. 대부분의 자궁경부암은 초기에 발견될 경우 수술과 **방사선 요법(radiotherapy)**에 의해 성공적으로 치료될 수 있다. 국부적인 암으로 진단된 여성들의 생존율은 거의 100%에 가깝다(미국암학회, 2009). 자궁경부암은 전암 증상 조직의 제거로 예방될 수 있다. 전반적인 5년 생존율은 약 70%이다.

자궁

자궁(uterus)은 수정란이 착상하여 출산 시까지 발생하는 기관이다(그림 3.3, 3.6). 자궁은 보통 **앞으로 구부러져**(antroverted) 있는데, 약 10%의 여성들은 **뒤로 구부러진**(retroverted) 자궁을 가지고 있다. 대부분의 예시에서 뒤로 구부러진 자궁들은 문제가 되진 않지만 일부 여성들은 성교시 어떤 자세에서 통증을 느끼게 된다. 뒤로 구부러진 자궁은 정상적으로 임신 동안 앞으로 기울어진다. 자궁은 유연한 인대에 의해 골반 안에 매달려 있다. 출산하지 못하는 여성들에게 있어서 자궁은 길이가 7.6 cm, 너비가 7.6 cm

자궁경부(cervix) 자궁의 아래 끝.

구멍(os) 자궁경부의 중간 개구(구멍).

팹테스트(Pap test) 자궁경부암과 기타 질환을 검색하는 자궁경부 세포의 시료에 대한 검사.

방사선 요법(radiotherapy) X-선이나 방사능 물질의 방사물에 의한 질병의 치료.

자궁(uterus) 가운데가 비어 있고 근육성인 배모양의 기관으로서 여기서 수정란이 착상하여 출산까지 발생.

그리고 윗부분의 두께는 2.5 cm이다. 임신 동안 자궁은 확장되어 태아를 부양하며, 원래의 크기는 아니지만 임신 후에는 수축된다.

자궁의 가장 윗부분은 **기저부(fundus)**라고 한다(그림 3.6). 자궁은 뒤집힌 배모양을 하고 있다. 만일 자궁의 세라믹 모델을 책상 위에 올려 놓는다면, 그것은 기저부 중심으로 균형을 잡게 된다. 자궁의 중앙 부위는 **몸통**(body)이라 하고, 좁은 아래 부위를 **자궁경부**(cervix)라고 하는데, 그것은 질 쪽으로 아래로 향하고 있다.

질처럼, 자궁은 세 개의 층을 가지고 있다(그림 3.6). 가장 안쪽에 있는 **자궁내막(endometrium)**은 혈관과 분비샘이 풍부하게 분포되어 있다. 그것의 구조는 여성의 나이와 월경주기의 단계에 따라 다양하다. 자궁내막 조직은 월경기에 자궁경부와 질을 통하여 방출된다. 일부 여성들의 경우, 자궁내막 조직이 복강이나 생식계가 아닌 부위에서 자랄 수도 있다. 이런 질환을 **자궁내막증(endometriosis)**이라고 하며, 가장 흔한 증상은 월경통이다. 치료하지 않으면, 불임이 될 수 있다.

자궁내막암 자궁내막 안의 암을 자궁내막암(endometrial caner)이라고 한다. 매년 42,160명의 새로운 환자가 발생하며, 7,780명이 죽는다(미국암학회, 2009). 자궁내막암의 위험인자는 이른 초경, 늦은 폐경기, 또는 에스트로겐 치환요법 등과 같은 에스트로겐에 대한 노출이다. 호르몬 치환요법(HRT)으로 치료받는 여성들에게 프로게스틴과 에스트로겐을 조합하여 쓰면 자궁내막암의 위험을 낮춘다. 아이를 임신하지 않는 경우 위험에 노출되는 반면, 임신이나 호르몬 피임약은 위험을 낮추는 것으로 보인다. 자궁내막암의 증상으로서 비정상적인 자궁의 얼룩이나 출혈이 있는데, 특히 폐경기 이후에 그렇다. 가장 일반적인 치료는 수술이다(미국암학회, 2009). 초기에 발견되고 자궁내막에 국한되어 있다고 가정할 때, 자궁내막암의 5년 생존율은 92% 이상이다. (여성들은 폐경 이후의 출혈을 의사에게 빨리 이야기하는 경향이 있어서, 자궁내막암은 보통 초기에 진단된다.) 암이 주변 조직으로 전이되었을 때 생존율은 떨어진다.

자궁의 두 번째 층인 **자궁근층(myometrium)**은 근육이 잘 발달되어 있다. 그것 때문에 자궁은 유연성과 강도를 갖게 되고, 출산 시에 태아를 밖으로 밀어내는 강력한 수축을 일으키게 된다. 가장 바깥에 있는 세 번째 층인 **자궁외막(perimetrium)**은 외부의 덮개 역할을 제공한다.

난관

난관(fallopian tube)은 길이가 약 10 cm 정도이며 자궁의 위쪽 끝에서부터 난소로 뻗어 있다(그림 3.6). 각 관의 자궁과 가장 가까운 부분은 **협부**(isthmus)인데, 그것은 난소로 다가감에 따라 **팽대부**(ampulla)로 확장된다. 바깥 부분인 **자궁관 깔때기**(infundibulum)는 뻗어 있는 **자궁관술**(fimbriae)이라고 하는 술장식 같은 돌기들을 가지고 있는데, 난소에 닿아 있지는 않다. 난자는 난관을 통하여 자궁으로 간다. 난관이 통로 역할만 하는 것은 아니다. 그것은 난자에 영양분을 제공하고 안내하는 것을 도와준다. 난관의 안쪽은 미세한 머리털 같은 돌기물을 가지고 있는데, 그것을 **섬모**(cilia)라고 한다. 섬모는 하루에 2.5 cm 정도 난관을 통하여 난자를 보낸다. 난자는 난소에서 방출된 후 하루 또는 이틀 안에 수정되어야 하기 때문에, 수정은 보통 난소에서 5 cm 안에 있는 난관에서 이뤄진다. **난관결찰**(tubal ligation)이라고 하는 불임의 유형은 난관을 묶어서 난자가 난관을 지나갈 수 없도

기저부(fundus) 자궁의 맨 윗부분.

자궁내막(endometrium) 자궁의 가장 안쪽 층.

자궁내막증(endometriosis) 복강이나 자궁 밖에 자궁내막 조직의 성장으로 인해 생기는 질환으로서 월경통이 특징적으로 나타남.

자궁근층(myometrium) 근육이 잘 발달한 자궁의 중간층.

자궁외막(perimetrium) 자궁의 외층.

난관(fallopian tube) 난소를 향해 위쪽으로 뻗어 있으며 난자를 자궁으로 보내는 관.

록, 또는 수정될 수 없도록 하는 것이다.

자궁외 임신(ectopic pregnancy)에서, 수정란은 자궁 밖에 착상된다. 정상적으로 수정은 난관 안에서 일어난다. 자궁외 임신은 결과적으로 난관을 파열시켜 출혈을 일으키고 죽음에 이르게 할 수 있다. 그래서 그런 임신은 난관 파열 전에 끝이 난다. 그러나 자궁외 임신은 쉽게 알지 못하는데, 시기를 놓친 월경기간, 복통, 불규칙한 출혈 등과 같은 증상들이 많은 질환들을 연상시키기 때문이다. 이런 증상들 중 어떤 것은 부인과 전문의와 상담하는 게 좋다. 나이 많은 여성들, 골반내 염증질환(PID)을 가진 여성들, 난관 수술을 경험한 여성들, 또는 자궁내 피임기구(IUD)를 사용하는 여성들은 자궁외 임신 발생 위험이 높아진다(Boston Women's Health Book Collective, 2005).

확대시킨 난자(알세포)

난소

두 개의 **난소(ovary)**는 길이가 각 3.8 cm인 아몬드 모양의 기관이다. 그것들은 자궁의 양쪽에 있으며, 난소 인대에 의해 부착되어 있다. 난소는 난자(알세포)를 생산하며, 여성 호르몬인 에스트로겐과 프로게스테론을 생산한다. **에스트로겐(estrogen)**은 사춘기의 변화를 촉진시키고 월경주기를 조절하는 여러 가지 호르몬(에스트라디올, 에스트리올, 그리고 에스트론)에 대해 총칭하는 용어이다. 에스트로겐은 나이 든 여성들이 인지기능과 심리적인 행복감을 유지하는 것을 도와주기도 한다(Ross 등, 2000). **프로게스테론(progesterone)** 역시 여러 가지 기능을 가지고 있는데, 월경주기를 조절하고 자궁내막의 발달을 자극함으로써 임신을 위해 자궁을 준비하는 것 등이다. 에스트로겐과 프로게스테론 수준은 월경주기의 단계에 따라 다양하다.

여성은 약 200만 개의 난자를 가지고 태어나지만, 그것들은 미성숙한 형태이다. 이것들 중에서 약 400,000개가 사춘기까지 생존하는데, 각각은 난소 속에 얇은 **난포(follicle)** 안에 있다. 사춘기로부터 폐경기까지 여성의 생식 기간 동안, 단지 400개 정도의 난자만이 성숙해서 일반적으로 한 달에 1개씩 난포로부터 방출된다. 어떻게 이런 난자들이 선택되는 지는 미스테리로 남아 있다.

난소암 매년 미국에서 약 21,550명의 여성들이 난소암으로 진단을 받으며, 14,600명이 죽는다(미국암학회, 2009). 난소암은 대부분 40~70세 사이의 여성들이 걸리는데, 여성 사망암 순위에서 폐암, 유방암, 결장암 다음으로 4번째이다. 암 위험에 있는 여성들 대부분은 난소암이나 유방암 친족들을 가진 사람들인데, 특히 1급 친족인 어머니, 자매, 또는 딸의 경우 위험이 크다. 기타 위험 요인들은 고체중과 출산 경험이 없는 것이다.

조기발견은 난소암과 싸우는 핵심이다. 만일 난소 이외로 확산되기 전에 발견되면, 94%가 생존할 수 있다. 그러나 5년 생존률은 약 44%이다(미국암학회, 2009). 불행하게도, 난소암은 초기에 "침묵"하기 때문에, 명확한 징후나 증상을 나타내지 않는다. 가장 흔한 징후는 복부의 확장인데, 그것은 체액의 축적에 의해 일어나는 것이다. 주기적이고 철저한 골반검사가 중요하다. 자궁경부암을 발견하는데 유용한 팹테스트는 난소암을 찾아내지 못한다. 미국암학회(2009)는 40세 이상의 여성들에게 매년 암검사를 받도록 권장하고 있다.

수술, 방사선, 약물 요법 등을 치료 방법으로 선택할 수 있다. 일반적으로 수술은 하나 또는 양쪽 난소, 자궁, 그리고 난관을 제거하는 것이다.

자궁외 임신(ectopic pregnancy) 수정란이 자궁 밖에, 착상되는 임신으로서 보통 난관에 착상된다.

난소(ovary) 난자와 여성호르몬인 에스트로겐과 프로게스테론을 생산하는 아몬드 모양의 기관.

에스트로겐(estrogen) 여성 특성의 발달을 촉진시키고 월경주기를 조절하는 여성 호르몬 또는 합성물질에 대해 총칭하는 용어.

프로게스테론(progesterone) 자궁내막의 증식을 자극하고 월경주기의 조절에 관여하는 스테로이드 호르몬으로서 황체에 의해 분비되는데 합성하기도 함.

난포(follicle) 난소 안에 난자를 함유하고 있는 캡슐 구조.

자궁절제술 미국에서 60대까지 세 명의 여성 중 한 명은 **자궁절제술(hysterectomy)**을 시행한다. 자궁절제를 시술한 대부분의 여성들이 35~45세에 해당한다. 자궁절제술은 미국에서 여성들에게 두 번째로 흔하게 시행되는 수술이다(제왕절개가 가장 흔하다). 자궁절제술은 여성이 자궁, 난소, 또는 자궁경부에 암이 발생했거나, 통증이나 과도한 자궁 출혈을 일으키는 또 다른 질병이 있을 때 수행된다. **완전 자궁절제술(complete hysterectomy)**은 난소, 난관, 자궁경부, 그리고 자궁의 외과적 제거이다. 그것은 보통 생식계를 통하여 확산되는 암의 위험을 감소시키기 위해 수행된다. **부분 자궁절제술(partial hysterectomy)**은 자궁을 제거하는 것이며, 난소와 난관은 남겨 둔다. 따라서 그런 여성은 배란과 충분한 양의 여성의 성호르몬 생산을 지속한다. 자궁절제술은 다양한 부인과 질환과 관련된 증상들을 완화시키며 많은 여성들에게 삶의 질을 향상시킬 수 있다(Kjerulff 등, 2000). 그러나 많은 부인과 의사들은 적절한 치료 단계가 취해지거나 절제술 이외의 방법으로 그 문제를 완화시킬 수 있는 경우에도 그 이전에 자궁절제술이 너무 흔히 권장되고 있다고 믿는다(Broder 등, 2000). 우리는 의사들의 자궁절제술을 권장 받은 여성들이 시술 전에 제2의 의견을 찾도록 강력하게 제안한다.

골반검사

여성들은 19세 전까지는 (또는 성적으로 활발하다면 보다 일찍) 적어도 1년에 한 번 내부(골반)검사를 받을 것을 권장 받는다. 그리고 35세 이상이 되거나 피임약을 복용하는 경우라면 1년에 두 번 받아야 한다. 의사들(보통 부인과 전문의들)은 먼저 외부적으로 여성을 검사하는데, 자극 상태, 팽창, 비정상적인 질분비물, 그리고 음핵의 부착 등을 본다. 의사는 분비물(감염의 징후가 될 수 있는), 변색, 병변, 또는 생장에 대해 자궁경부와 질벽을 검사하기 위해 보통 스페큘럼을 삽입한다. 이런 검사는 전형적으로 자궁경부암을 찾기 위해 팹테스트를 할 때 시행한다. 질분비물 시료는 성병(STI)인 임질을 검사하기 위해 채취되기도 한다(16장).

팹테스트 또는 팹스미어(Pap smear)를 하기 위해 의사는 플라스틱 또는 금속 스페큘럼으로 질벽을 열어서, 목제 스패튤라를 사용하여 자궁경부에서 세포의 시료("도포 표본")를 긁어낸다(그림 3.8). 여성들은 도포 표본 분석의 혼란을 피하기 위해 팹테스트 전에 세정을 하지 말아야 하며, 월경 중에 검사계획을 잡지 말아야 한다.

자궁절제술(hysterectomy) 자궁의 제거 수술.

완전 자궁절제술(complete hysterectomy) 난소, 나팔관, 자궁경부, 자궁 등을 제거하는 수술.

부분 자궁절제술(partial hysterectomy) 난소와 나팔관을 제외한 자궁의 제거 수술.

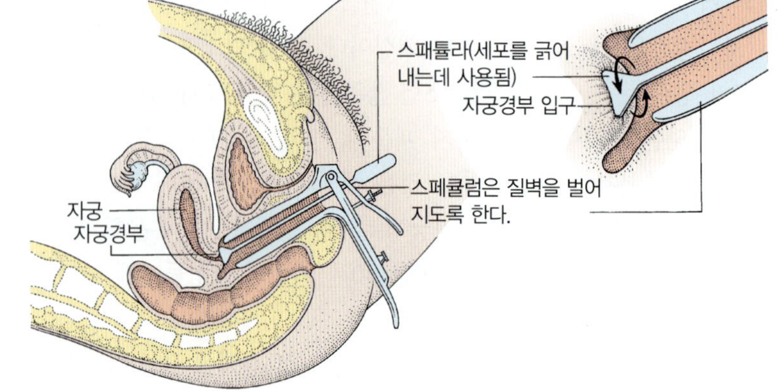

그림 3.8 골반검사시 스페큘럼과 스패튤라의 이용. 스페큘럼으로 질벽을 벌어지게 하는 동안, 스패튤라는 자궁경부의 세포를 부드럽게 긁어내는데 이용된다. 팹테스트(Pap test)를 통하여 자궁경부암과 그 외 이상을 찾아낸다.

스페큘럼 검사는 일반적으로 양손을 쓰는 질검사에 이용되는데, 그것은 한 손의 집게 손가락과 가운데 손가락을 질에 집어넣고, 외부에서는 다른 손으로 복부 아래 부분을 손으로 진단(촉진)한다. 의사는 내부 성기관의 위치, 형태, 크기, 그리고 가동성을 검사하기 위해 이런 방법을 사용하며, 다른 문제들의 이상 성장과 증상들을 찾아낸다. 촉진은 다소 불쾌감을 주기도 하지만, 심각한 통증은 뭔가 좋지 않다는 징후이다. 여성은 검사자로부터 받는 그런 불편감을 숨길 필요는 없다. 그것은 증상을 감추게 될 뿐이다(즉, 의사는 유용한 정보를 놓치게 된다). 그러나 보통 신체적 불편감은 가벼운 편이며, 때때로 정신적 불편감은 상담을 통해서 감소시킬 수 있다.

마지막으로, 의사는 하나의 손가락을 직장에 집어넣고 다른 손가락은 질에 집어넣는 직장-질검사를 해야 한다. 이런 과정은 자궁, 난소, 그리고 난관의 인대에 관한 추가적인 정보를 얻을 수 있다. 또한 이 방법은 의사가 직장의 건강을 평가하는데 도움도 된다.

비록 그것이 다소 불쾌감을 주기는 하지만, 골반 검사는 일반적으로 통증이 없다. 한 번도 검사를 안했던지 새로운 의사를 찾아간 여성들이 그 검사에 대해 불안해하는 것은 정상이다. 여성이 우려를 나타낸다면, 의사는 안심을 시켜야 한다. 만일 의사가 그렇지 않는다면, 그 여성은 다른 의사에게 상담받기 위해 가버릴 것이다. 그러나 여성은 골반 검사 자체를 포기하지 말아야 한다. 그것은 문제들의 조기 발견을 위해서는 필수적이다.

3.3 유방

여대생들이 회상한다.

> 나는 나의 가슴 발달에 대해 매우 흥분하였다. 초등학교에서 브래지어를 착용하는 애들을 보는 것은 큰 경쟁이었다. 내가 브래지어를 착용하기 시작했을 때, 나 역시 누구나 알 수 있게 블라우스를 통해 보이도록 입는 것을 즐겼다...
>
> 나의 유방은 매우 늦게 발달했다. 이것은 남학생 또래들로부터 나에게 많은 고민을 가져다 주었다. 나는 해변가를 가든지 라커룸에서 샤워를 하는 상황이 정말 두려웠다...
>
> 중학교와 고등학교 전체를 통하여, 나는 "과하게 부여되는" 것에 대해 불만스럽게 느꼈다. 나는 보여줄 것이 아주 많았기 때문에 스웨터를 입었을 때 너무 불편했으며, 나는 항상 남학생들이 나를 좋아하는 유일한 이유는 내 가슴선 때문이라는 것을 확신했다...
>
> 브래지어가 필요한 11살이 될 때까지… 6학년 체육시간에 내 가슴이 꽤 컸는데 브래지어를 하고 있지 않았기 때문에, 여자애들이 나를 보고 웃었다. 나는 옷을 입고 벗을 때 위를 가리려고 애썼다. 나의 11번째 생일에, 어머니는 나에게 세일러 블라우스와 첫 브래지어를 사주셨다... 그것이 내가 받을 수 있는 가장 좋은 선물이었다. 브래지어는 내 자신에 대해 더 좋은 감정을 느끼게 해주었지만, 오랫동안 나는 아직도 내 여성다움에 확신을 가질 수가 없었다...
>
> —모리슨 등(Morrison et al., 1980, pp. 66 - 70)

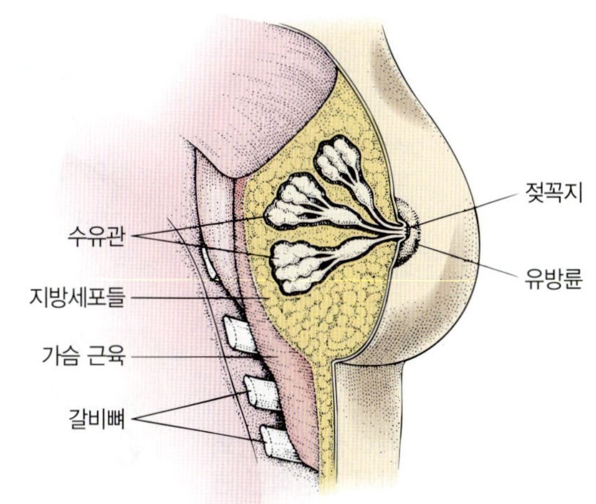

그림 3.9 성인 여성의 유방. 이 그림은 수유관과 지방세포 등 유방 아래 구조를 나타낸다.

일부 문화에서는 유방은 단순히 유아를 양육하기 위한 생물학적인 도구로서 보는 견해가 있다. 그러나 미국 문화에서 유방은 성적 중요성을 갖는데, 여성의 자부심이 자신의 가슴선과 연결되기도 한다.

유방은 **2차 성징(secondary sex characteristics)**이다. 즉, 엉덩이가 둥근 것처럼, 그것은 남자와 다르지만, 직접적으로 생식과 관련되어 있지는 않다. 한 쪽 유방은 15~20개 정도의 젖을 생산하는 **젖샘(mammary gland,** 그림 3.9) 덩어리를 가지고 있다. 각 샘은 관을 통하여 젖꼭지로 열려 있다.

학생들의 실제 질문

질문: 성형(외과) 수술없이 자신의 유방을 크게 하는 어떤 방법이 있나요?

답변: 당신은 아마 가슴을 크게 해준다는 식이보조제에 대한 광고를 마주치게 되겠지만, 당신은 의사와 상의 없이는 어떤 것도 하지 말아야 한다. 그러나 왜 당신이 자신의 유방 크기에 관심을 갖는지에 대해 생각해보라. 섹스 파트너가 큰 유방을 가진 여성을 선호할 것이라는 일반적인 생각에 맹종하기 때문인가? 일부는 그렇지만, 대부분은 그렇지 않다. 한 인간으로서 당신은 당신의 브라컵 크기보다 더 중요하다! 만일 당신의 파트너가 그것에 동의하지 않는다면, 당신은 큰 유방을 원하지 않는 다른 파트너를 찾으면 된다. 어떤 경우든, 작은 유방도 큰 유방과 마찬가지로 성적 자극에 대해 민감하기 때문에, 당신이 원하는 것을 파트너에게 보여 줄 수 있다.

사실인가 아니면 허구인가 4

젖샘은 부드럽고 지방성 조직에 의해 분리되어 있다. 주로 유방의 크기를 결정하는 것은 샘 조직이 아니라 바로 이 지방성 조직의 양이다(Levin, 2006). **사실인가 아니면 허구인가 4:** 샘 조직의 양적 차이는 여성 간에 큰 차이가 없기 때문에, 생산되는 젖의 양은 유방의 크기와 무관한 것이다.

유방륜(areola)의 중심에 있는 젖꼭지는 그것들이 수축할 때 젖꼭지를 발기시키는 평활근 섬유를 가지고 있다. 젖꼭지의 주변부인 유방륜은 임신 동안에 짙은 색을 띠다가, 출산 후에는 더 짙어진다. 유방륜의 기름을 생산하는 샘은 수유를 하는 동안 젖꼭지를 매끄럽게 해준다. 젖관은 젖샘으로부터 젖을 젖꼭지로 수송한다. 젖꼭지에는 신경말단이 풍부하게 분포되어 있어서, 대부분의 여성들에게 젖꼭지의 자극은 성적 흥분을 높인다. 남성의 젖꼭지는 민감도에서 유사하다(Levin, 2006).

2차 성징(secondary sex characteristics) 생식에 직접적으로 관여되어 있지 않지만 상호 성을 구별하는 특성.

젖샘(mammary gland) 젖을 분비하는 샘.

유방륜(areola) 젖꼭지를 둘러싸고 있는 유방의 짙은 고리.

그림 3.10은 성인 여성의 유방의 크기와 모양에 있어서 정상적인 변이의 일부를 보여준다. 성적 자극에 대한 유방의 민감도는 크기와 무관하다. 작은 유방은 큰 유방만큼이나

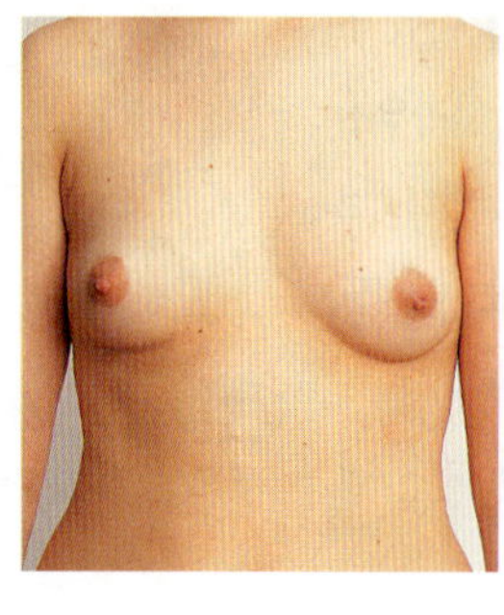

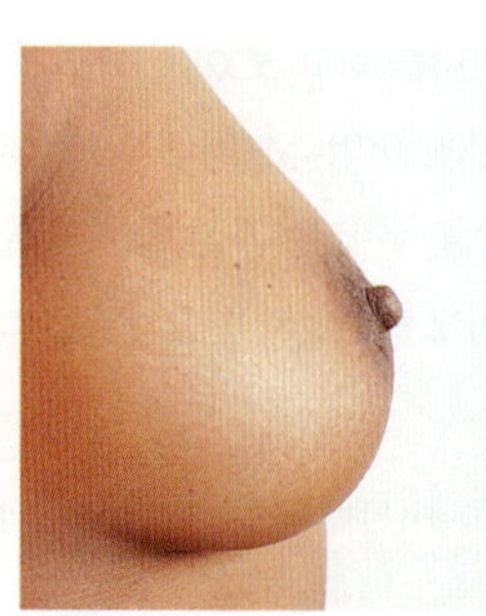

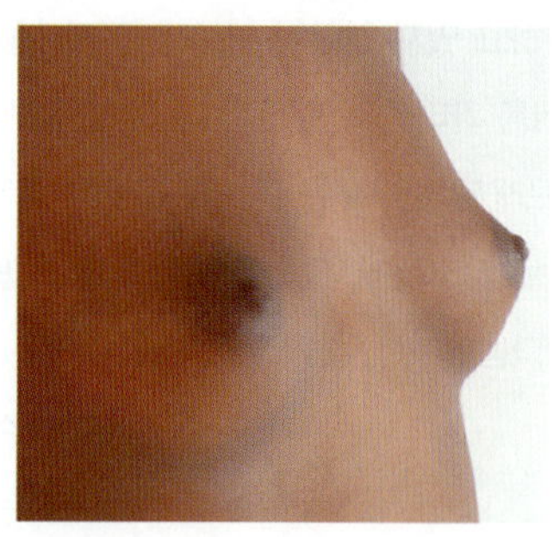

그림 3.10 성인 여성의 유방의 크기와 형태에 있어서 정상적인 변이. 유방의 크기와 형태는 젖을 생산하는 능력이나 성적 자극에 대한 민감도에 무관하다. 유방은 우리의 문화에서 매우 에로틱하게 되었다.

많은 신경말단을 가지고 있지만, 보다 더 빽빽이 배치되어 있다.

여성들은 파트너에게 자신의 유방이 자극에 민감하다는 것을 알려줌으로써 유방 자극을 원한다고 말할 수 있다. 또한 그들은 자신이 원하는 자극을 해달라고 파트너의 손을 유도할 수도 있다. 유방은 월경주기의 단계에 따라 민감성에서 다양하며, 어떤 여성은 다른 여성보다 유방 자극에 대한 반응성이 적을 수 있다. 그러나 덜 민감한 여성들은 편한 분위기에서 애정 행위를 하는 동안 유방 감각에 초점을 맞춤으로 유방 자극을 즐기는 것을 배워야 할 수도 있다.

학생들의 실제 질문

질문: 내 유방 중 하나는 다른 쪽보다 크다. 이것은 정상인가요?

답변: 그렇다. 큰 차이가 없다면 걱정할 필요가 없다. 그것은 주로 여성 사이에서 유방의 크기 차이를 설명하는 유방의 지방성 조직의 양 때문이다. 더구나 유방은 임신과 함께 커지며, 보다 작은 유방은 큰 유방보다 크기에서 극적으로 더 커지는 경향이 있다. 그리고 젖의 생산이 지방성 조직이 아닌 유방의 샘 조직의 양에 의존하기 때문에, 당신의 유방의 크기는 당신의 아기를 가졌을 때 생산할 수 있는 젖의 양과는 무관하다. 반면에 한쪽에 비해서 다른 한쪽의 크기가 변화를 보이게 된다면 당신의 의사에게 상담해야 한다. 그것이 어떤 결과를 나타내지 않더라도, 확실하게 하는 것이 더 낫다.

유방암

수잔은 30세에 유방암에 걸렸다. 그녀의 유선 X-선 촬영에서 어떤 혹이 "갑자기" 나타났다. 그녀와 가족들은 그 종양 조직을 검사하는 2주 동안 두려움 속에 살았다. 악성으로 판명된 이후 유방을 제거하기로 합의하였다. 그 종양의 "공격성"이 생기면서 — 그것이 성장하는 급속성 — 그녀가 상담한 모든 외과 의사들은 그녀에게 **유방종양제거술(lumpectomy,** 유방에서 혹을 외과적으로 제거하는 것)보다는 **유방절제(mastectomy;** 유방을 외과적으로 제거하는 것)를 권장했다. 수잔은 건강한 유방을 예방조치로써 제거해야만 하는지에 대해서 의문이 생겼다. 혈액검사를 통하여 그녀는 유전적 돌연변이(BRCA1 또는 BRCA2)를 갖지 않은 것으로 판명되었는데, 그것들은 초기 유방암의 시작과 관련되어 있다. 그래서 건강한 유방은 수술하지 않았다. 그 암이 유방 안에 확산되었는지 또는 림프절로 확산되었는지를 결정하기 위해 조직을 검사했을 때 유방의 제거에 따르는 또 다른 우려가 있었다. 다행스럽게도, 그것은 성장의 급속성에도 불구하고 분명히 관 안에 남아 있었다.

다음에 수잔은 불완전감에 대한 정신적인 문제에 직면하게 되었는데, 그것은 유사한 경험을 갖고 있는 여성들의 지원 모임에 참여함으로써 어느 정도 완화되었다. 유방의 변형은 예기치 않는 것이었으며, 정상적으로 유방을 유지하는 근육들이 실리콘 임플란트를 둘러싸고 지지하도록 점차적으로 부풀어 가는 긴 과정이었다. 새로운 장식용 젖꼭지가 넓적다리 조직으로부터 제조되었다. 그녀는 화학요법이나 방사선 치료가 필요하지 않았지만, 에스트로겐이 체내 공급을 감소시키는 약제인 타목시펜(tamoxifen) 치료를 계속했다.

유방종양절제술(lumpectomy) 유방의 종양을 제거하는 수술.

유방절제(mastectomy) 유방 전체를 제거하는 수술.

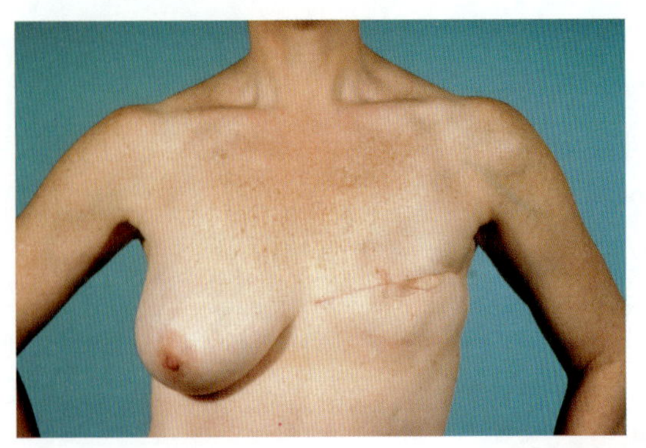

한쪽 유방을 제거한 여성

유방에서 에스트로겐은 암조직의 발생인자이다. 수잔에게 "마법의" 5년 수술후 생존일이 다가왔지만 악성 조직이 남아 있다는 어떤 증거도 없었다.

유방암은 미국에서 매년 192,370명의 여성이 걸리며, 40,170명이 죽는다(미국암학회, 2009). 남성도 매년 440명이 유방암으로 죽는다. 유방암에 걸려서 다 죽지는 않지만 뇌, 뼈, 허파, 또는 간과 같은 다른 신체 부위로 확산된다.

유방에 있는 암 종양을 찾아내는 X-선의 일종인 **유선 X-선 촬영(mammography)** 때문에 유방암이 보다 조기에 발견되고 있다. 조기 발견과 치료의 발전은 회복률을 증가시켰다. 반면에 일부 비판론자들은 유선 X-선 촬영이 결코 자라지 않는 어떤 국소 암에 대해서도 발견되고 치료해야 한다고 주장한다(Keen & Keen, 2009). 미국암학회(2009)는 이러한 작은 종양들의 대부분은 자랄 수 있다고 반박한다. 유방 이외로 확산되지 않는 유방암을 갖고 있는 여성의 5년 생존율은 약 98%인데, 1950년대에는 거의 80%였다(미국암학회, 2009). 암이 주변에 확산되면 5년 생존율은 80%로 떨어지며, 보다 먼 부위에 확산되면 26%로 떨어진다.

위험인자들 유방암은 25세 이하의 여성에서 드물게 나타난다. 위험도는 나이에 따라 급격하게 증가한다. 5명 중 4명은 50대 이상의 여성에서 발생한다. 유방암이 발생하는 위험도가 30~39세의 여성에서는 약 229명 중 1명꼴이며(국립암연구소, 2009), 그것은 나이의 10년 단위로 증가한다. 국립암연구소(2009)는 어떤 여성이 언젠가 유방암으로 진단될 확률은 7~8명 중의 1명(13.2%)으로 보고 있다.

유전적 인자들이 유방암에 관련되어 있는데, 특히 유방암과 관련된 유전적 돌연변이를 물려받은 여성들(BRCA1, BRCA2)과 가족력이 있는 여성들에서 나타난다(미국암학회, 2009). 100,000명 이상의 여성 간호사들에 대한 연구에서, 유방암을 갖고 있는 모친이나 이모를 둔 간호사들은 스스로 유방암에 걸릴 확률이 거의 2배가 됨을 보여주었다(Colditz & Rosner, 2000). 유방암에 걸렸거나 걸린 모친과 이모 모두를 둔 여성은 2~3배 높은 위험도를 갖는다. 더구나 BRCA1나 BRCA2 돌연변이를 물려받은 여성은 유방암 확률이 50~85%이다(미국암학회, 2009). 그에 비하여 일반 개체군에서는 8, 9명 중에 1명꼴이다. 그들은 난소암에 걸릴 확률도 증가한다.

유방암의 유전자들을 통해 여성이 그 병에 걸릴지 여부뿐만 아니라 그것이 얼마나 치명적인지를 예측할 수 있을 것이다. 일단 종양이 외과적으로 제거된다면, 전문의들은 화학요법과 방사선 치료법 등과 같이 어떻게 그 병을 치료해야 하는지 결정하기 위해 유방암 환자의 유전체를 검사할 수 있다(미국암학회, 2009).

유방암에서 핵심적인 위험인자는 장기적으로 에스트로겐에 노출되는 것이다. 에스트로겐은 젊은 여성들에게는 유방의 발달을 촉진하지만 동시에 유방암 세포들의 증식도 촉진시킨다(Colditz 등, 2004; Tamini et 등, 2006). 여성의 에스트로겐 노출을 증가시키는 이유로, 다음의 조건 모두가 유방암의 위험을 높인다: 이른 월경 시작(14세 이전), 늦은 폐경(55세 이후), 늦은 임신(30세 이후), 그리고 아기 출산 경험이 없는 것 등이다(미국암학회, 2009). 그런데 신체의 운동은 지방조직의 양을 감소시킴으로써 유방암의 위험을 감소시킨다. 지방은 에스트로겐의 생산 수준을 높인다.

유선 X-선 촬영(mammography) 유방의 암종양을 찾아내는 특수한 유형의 X-선 검사.

다양한 세상

아프리카계 미국인 여성과 유방암

대체로 아프리카계 미국인들은 유럽계 미국인들보다 암이 잘 발생한다. 유방암은 다소 다른 경우이다. 하나의 집단으로서, 아프리카계 미국 여성들은 유럽계 미국 여성들보다 유방암이 다소 적게 발생한다. 하지만 이런 경우는 어린 시기에 그렇다는 것이다(Stead 등, 2009). 질병이 늦게 진단되면 이 것 때문에 죽게 된다(미국암학회, 2009). 질병이 늦게 진단되는 것처럼 인종적 차이의 어떤 측면은 건강관리에 대한 기회가 적음을 반영하기도 한다. 반면에, 유전학적 요인들 또한 포함되어 있다. 보통 에스트로겐은 유방암 세포를 증식시키기 때문에 타목시펜 같은 약들은 유방암을 치료하기 위해 체내의 에스트로겐 공급을 억제한다. 하지만 아프리카계 미국인들은 종종 '에스트로겐 수용체 음성'인 종양을 발생시키는 것 같다. 즉, 그들은 에스트로겐이 없음에도 불구하고 종양이 빠르게 증식한다는 것이다(Stead 등, 2009). 이런 종양들은 매우 빠르게 자라며 공격적이고, 이 때문에 아프리카계 미국인 여성의 높은 사망률의 원인이 된다.

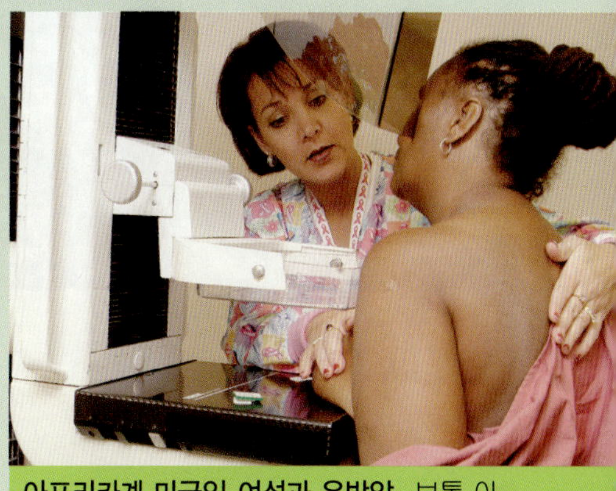

아프리카계 미국인 여성과 유방암 보통 아프리카계 미국인 여성들은 유럽계 미국인 여성들보다 유방암 발생이 낮다. 하지만 그들이 유방암에 걸리면, 암은 더 공격적이고 치명적인 경향이 있다. 이러한 인종적인 차이는 주로 유전적인 것으로 보인다.

체내 지방조직이 많은 사람처럼, 술을 많이 마시는 사람도 유방암의 위험을 높인다(미국암학회, 2009; Stein & Colditz, 2004). 그러나 50~79세의 약 49,000명에 대하여 8년 동안 추적한 연구에 따르면, 저지방 식이를 한 사람들이 원하는 대로 먹었던 사람들과 유방암 비율에서 크게 다르지 않았다(Prentice 등, 2006).

유산은 여성의 유방암 위험을 높이는가? 어떤 사람들은 임신이 유방암의 위험을 낮추므로 유산은 간접적으로 위험을 증가시킬 것이라고 추측한다(Malec, 2003).

사실인가 아니면 허구인가 5: 그러나 주의깊게 통제된 연구에서 유산이 여성의 유방암에 대한 위험을 증가시키는 것을 발견하지 못했다(미국암학회, 2009; Tang 등, 2000). 마찬가지로, 실리콘 유방 임플란트가 유방암의 위험을 증가시키는 것을 보여주지 않았다. 그러나 그것들은 흉터 조직의 발생을 야기하여 유선 X-선 촬영 해독을 어렵게 할 수 있다(Lipworth 등, 2008).

사실인가 아니면 허구인가 5

발견과 치료 유방암 환자는 유방에 혹을 가지고 있다. 그러나 대부분의 혹은 악성이 아니다. 대부분은 **낭종(cyst)**이거나 **섬유선종(fibroadenomas)**이라고 하는 **양성(benign)** 종양이다. 유방암은 유방에 **악성(malignant)** 혹을 가지고 있다.

초기의 발견과 치료는 사망의 위험을 감소시킨다. 암을 빨리 발견할수록, 주요 기관으로의 확산은 적어진다.

유방암은 유방 자가검사(BSE), 신체검사(임상 유방검사, CBE), 유선 X-선 촬영, 초음파 등 여러 가지 방법으로 진단될 수 있다. 만져서 알기 전에, 유선 X-선 촬영을 통하여, 작고 치유 가능한 암이 발견되고 치료될 수 있다. 악성 혹이 만져서 알 수 있을 만큼 커질 때는 이미 수백만 개의 세포들로 이루어지며, 전이되고 쪼개져서 체내 어딘가에

낭종(cyst) 액체나 병적인 물질로 채워진 주머니 모양의 구조.

양성(benign) 위해성이 없거나 극히 적은.

섬유선종(fibroadenoma) (유방의) 양성 섬유상의 종양.

악성(malignant) 죽거나 치명적인 결과를 초래하는.

가까이서 보기

유방 자가검사

정기적으로 의사를 방문하거나 유선 X-선 사진 촬영은 유방암의 초기 발견과 치료를 가능하게 하기 때문에 예방을 위한 최고의 방법이 된다. 하지만 많은 여성들이 스스로 혹을 찾아내기도 한다. 이전에는 여성들에게 적어도 한 달에 한 번은 유방 자가검사(BSE)를 하도록 권장했지만, 지금은 미국암학회가 유방 자가검사는 선택적인 것으로 간주하고 있다. 반면에 유방 자가검사는 여성들이 자신의 몸을 스스로 검사하고 자신의 질병을 예방하는데 적극적으로 참여하는 심리학적인 이점이 있다. 게다가 미국암학회(2006)는 여성들이 자신들의 몸에 어떤 일이 일어나는지 알아야 한다고 지속적으로 권고한다. 유방 자가검사는 인식을 개발시키는 하나의 방법이다.

다음의 유방 자가검사를 위한 요령은 미국암학회의 지침에 근거를 두고 있다(그림 3.11 참조). 유방 자가검사의 추가적인 방법을 알고 싶다면 미국암학회의 1-800-ACS-2345로 전화하면 된다. 하지만 유방 자가검사를 시작하려는 여성들은 '혹이 없음'이라는 기준선을 결정하고 올바른 기술을 배우기 위해 건강전문가에게 조언을 받아야 한다.

1. 샤워 중일 때. 젖은 피부에서 손이 잘 미끄러지기 때문에 목욕이나 샤워 도중에 자신의 유방을 검사한다. 손가락을 평평하게 하고 각각의 유방을 전체적으로 부드럽게 문지른다. 오른손은 왼쪽 가슴을 검사하기 위해 사용하고, 왼손은 오른쪽 가슴을 검사한다. 혹이나, 단단한 마디, 또는 두꺼워짐 등이 있는지 확인한다.

2. 거울 앞에서. 자신의 옆쪽을 보면서 팔을 사용하여 유방을 검사한다. 다음으로, 머리 위로 손을 올린다. 각 유방의 부풀어 오르거나 피부가 옴폭 들어가거나 젖꼭지가 변했는지 등 유방의 윤곽에 변화가 있는지 관찰한다. 자신의 손바닥을 엉덩이에 올려놓고 강하게 밀어 내려서 가슴 근육이 수축하게 한다. 자신의 오른쪽과 왼쪽 유방이 정확히 똑같지는 않을 것이다. 극소수의 여성들만이 대칭적이다. 정규 검사를 통해 당신에게 무엇이 정상인지 알 수있으며 당신의 검사에 자신감을 가지게 된다.

3. 누워서. 자신의 오른쪽 유방을 검사하기 위해서, 베개나 접힌 수건을 오른쪽 어깨 아래에 놓는다. 오른쪽 팔을 머리 뒤에 놓는다. 이 자세는 유방조직을 가슴 위에 고르게 놓도록 해준다. 왼쪽 손을 펴고 세 번째 손가락의 끝부분(핑거 패드)으로 가상의 시계를 그린다고 생각하고, 작은 원형의 동작을 시행한다. 오른쪽 유방의 가장 바깥쪽의 위를 12시로 시작하여 1시 방향으로 움직여서 계속 원형으로 돌아 다시 12시로 돌아오게 한다. 각 유방에 낮은 커브를 그려서 바깥쪽에 단단한 조직이 있는 것은 정상이다. 그리고 유두로 2.5 cm 정도 옮긴다. 계속해서 원형으

서 세포집단을 형성할 수도 있다. 유선 X-선 촬영을 통하여 전이 전에 작은 종양을 찾아낼 수 있다. 보건사회복지성(Department of Health and Human Services)의 전문가들은 50세에 시작하여 2년마다 유선 X-선 사진을 촬영할 것을 권장한다(U.S. Preventive Services Task Force, 2009). 고위험군에 속하는 여성들은 유방 X-선 사진을 매년 촬영하되 40세부터 할 것을 권장한다. 그러나 미국암학회와 기타 단체들에 의해 명시된 이해관계 때문에, 보건사회복지성은 유방 X-선 사진을 40세부터 시작하여 매년 시행해야 한다는 입장을 바꾸지 않고 있다(Phillips, 2009).

많은 약제들 역시 유방암 치료에 사용되며, 다른 것들도 연구 중에 있다. 예를 들어, 타목시펜은 유방암 세포들의 에스트로겐 수용체를 가둬버린다. 그 결과 에스트로겐이 암세포들을 성장시키고 증식시키는 자극을 억제시키게 되는 것이다. 그러나 타목시펜은 일부 부작용으로서 자궁암과 혈전의 위험을 증가시킨다. 이러한 부작용의 위험은 50세 이하의 여성들에게는 아주 낮다. 라록시펜(raloxifene)도 유방암의 위험을 감소시킨다(Cummings 등, 1999). 더구나, 라록시펜은 타목시펜과 같은 부작용을 갖고 있지 않은 것처럼 보인다. 그 외에도 몇 가지 약제들이 유방암 치료를 위해 연구되고 있다. 최신의 연구결과와 당신을 위해 어떤 약들이 있는지를 문의해보라.

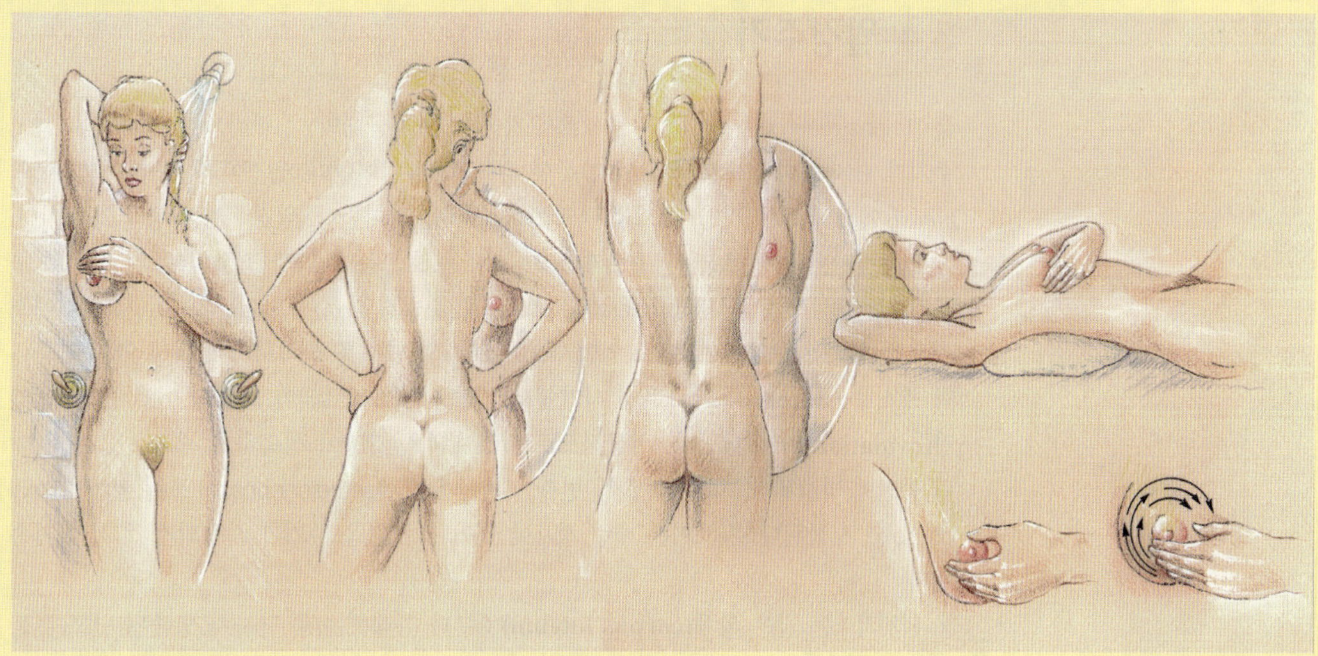

그림 3.11 여성은 자신의 유방에 혹이 있는지를 검사할 수 있다

로 움직이며 유방 전체와 유두까지도 검사한다. 이것은 적어도 세 번 이상 원형을 그리면서 살펴야 한다. 이제 이 과정을 당신의 왼쪽 유방에도 수행한다. 왼쪽 어깨 아래에 베개를 두고, 왼쪽 팔을 머리 뒤에 두고, 당신의 오른손의 핑거패드를 이용한다.

왼쪽 유방도 완전히 검사를 마친 후에, 각각의 유방의 유두를 당신의 엄지와 두 번째 손가락으로 부드럽게 비튼다. 투명하거나 혈액이 섞여 있거나 어떤 분비물이라도 있다면 의사에게 바로 말해야 한다.

▶ 비판적인 사고하기

미국암학회는 여성이 유방암을 조기에 발견하기 위해서 더 이상 유방 자가검사를 이용할 것을 추천하지 않는다. 당신은 여성들이 어떠한 방법이든 스스로 유방 자가검사를 하는 것이 옳다고 생각하는가? 그렇게 생각하는 이유는 무엇이며 아니라면 그 이유는 무엇인가?

유방절제를 한 많은 여성들은 제거된 그 조직을 대체하기 위한 외과용 유방 임플란트를 가지고 있다. 또 어떤 여성들은 자신의 유방을 크게 하기 위한 유방 임플란트를 가지고 있다. 연구를 통하여 유방 임플란트는 유방암, 류마티즘성 관절염, 그리고 많은 그 외 건강 문제들을 발생시킬 가능성이 없음을 보여주었는데, 그것은 이전의 연구들에 대한 의심을 벗어버리게 했다(Spiegel, 2001; Wooster & Weber, 2003). 다시 한 번 부인과 전문의와 상담할 것을 권한다.

미국암학회(2006)는 여성들이 20~39세 사이에서는 3년마다 1회, 그 이후는 매년 임상 유방검사를 하도록 권장하고 있다. 1985년, 여성의 20%가 지난 2년 안에 유선 X-선 사진을 찍었지만, 2005년에는 70% 이상이 찍었다(Kolata, 2005). 뉴잉글랜드 의학저널(*The New England Journal of Medicine*)은 유선 X-선 촬영이 지난 20년 이후로 유방암 생존율을 28~65%로 올린 것 같다고 보고했다(Berry 등, 2005).

사실인가 아니면 허구인가 6

사실인가 아니면 허구인가 6: 미국암학회는 더 이상 매월 유방 자가검사(BSE)를 권장하지 않는다. 그러나 "가까이서 보기"의 그림은 유방 자가검사를 원하는 여성들을 위하여 그 방법을 제시하고 있다.

3.4 월경주기

월경(menstruation)은 주기적인 출혈로서 자궁 내면(자궁내막)이 탈락되어 일어난다. 생식주기가 난자의 수정으로 유도되지 못할 때 월경이 일어난다. 월경이라는 말은 라틴어의 *mensis*에서 유래된 것인데, 그것은 "달(month)"을 의미한다. 월경주기는 평균 28일이다.

그 주기는 에스트로겐과 프로게스테론이라는 호르몬에 의해 조절되며, 네 시기로 구분된다. 첫 시기는 증식기(proliferative phase)로서 월경 다음에 일어난다. 이 시기에 에스트로겐 수준이 증가하여, 난포 안에서 10~20개의 난자를 성숙시키며 자궁 안의 자궁내막 조직을 증식시킨다. 두 번째 시기에서는 혈중 에스트로겐이 최대에 이르게 되고, **배란(ovulation)**이 일어난다. 정상적으로 단 1개의 난자만이 성숙하게 되고 난소에서 배란 동안에 방출된다. 그 다음에 세 번째 시기인 분비기(secretory phase) 또는 황체기(luteal phase)가 시작된다. 황체기는 배란 직후에 일어나며, 다음 주기가 시작되기 전 까지 지속된다.

황체기라는 말은 **황체(corpus luteum)**로부터 유래했는데, 난자가 방출된 난포에 붙여진 명칭이다. 황체는 내분비샘의 기능을 나타내며, 많은 양의 에스트로겐과 프로게스테론을 생산한다. 프로게스테론은 자궁내막을 두껍게 해서, 수정이 일어나면 배아를 부양할 수 있도록 한다. 그러나 만일 난자가 수정이 안되면, 에스트로겐과 프로게스테론 수준이 급격히 떨어진다. 그런 급격한 감소가 네 번째 시기인 월경기(menstrual phase)를 유발시키는데, 그것은 새로운 주기를 시작하도록 한다.

배란은 매 월경주기마다 일어나지 않는다. 첫 월경기인 **초경(menarche)** 후 수년 동안에는 무배란(anovulatory, "배란이 없는") 주기가 매우 보편적이다. 그것은 폐경기 전 수년 동안에도 자주 반복될 수 있지만, 어떤 연령에서는 불규칙하게 일어날 수도 있다.

월경주기는 평균 28일이지만, 흔히 여성들 사이에서 또한 같은 여성이라도 월에 따른 변이가 있다. 청소년기의 주기는 초경 후 수년 동안 대개 불규칙하지만, 후에는 규칙적인 양상을 나타낸다. 주기와 주기 사이의 변이는 배란 전인 증식기 동안에 일어나는 경향을 보인다. 월경은 배란 후 약 14일에 일어난다.

호르몬이 월경주기를 조절하지만, 심리학적인 요인이 호르몬의 분비에 영향을 미칠 수 있다. 스트레스는 월경을 지연시키거나 중단시킬 수 있다. 예를 들어, 많은 건강한 여성들이 2차 세계대전 시 나치 강제수용소에 수감되어 있는 동안 월경이 중단되었다(Ofer & Weitzman, 1998; Ritner & Roth, 1993).

월경주기의 조절

월경주기에서 뇌(**시상하부[hypothalamus]**와 **뇌하수체[pituitary gland]**)와 난소와 자궁 구조 간의 관계가 미세하게 조정된다. 이런 모든 구조들은 내분비계의 일부분인데, 내분비계는 화학물질을 직접 혈액으로 분비한다(그림 3.12). 내분비계에서 분비된 화학물질들을 **호르몬(hormone)**이라고 한다. 난소와 자궁은 또한 생식기관이기도 하다.

생식샘은 여성의 난소와 남성의 **고환(testes)**을 말하는데, 이것들은 혈액으로 직접 성호르몬을 분비한다. 여성 생식샘인 난소는 성호르몬인 에스트로겐과 프로게스테론을 생산한다. 남성의 고환은 남성호르몬인 **테스토스테론(testosterone)**을 생산한다. 남성과

월경(menstruation) 자궁 내면의 탈락으로 일어나는 주기적인 출혈.

배란(ovulation) 난소로부터 난자의 방출.

황체(corpus luteum) 난자를 방출한 다음 여성주기의 황체기 동안 풍부한 프로게스테론과 에스트로겐을 생산하는 난포.

내분비샘(endocrine gland) 혈액으로 직접 분비물을 방출하는 관이 없는 샘.

초경(menarche) 첫 월경기.

시상하부(hypothalamus) 체온, 동기부여, 감정 등의 조절에 관여하는 뇌의 중앙 근처의 구조.

뇌하수체(pituitary gland) 성장호르몬, 프로락틴, 옥시토신 등을 분비하는 샘.

호르몬(hormone) 다양한 신체 기능을 조절하는 내분비샘에 의해 분비되는 물질.

고환(testes) 남성의 생식샘.

테스토스테론(testosterone) 남성 특징의 발달을 촉진시키고 성적 충동과 관련된 남성 호르몬.

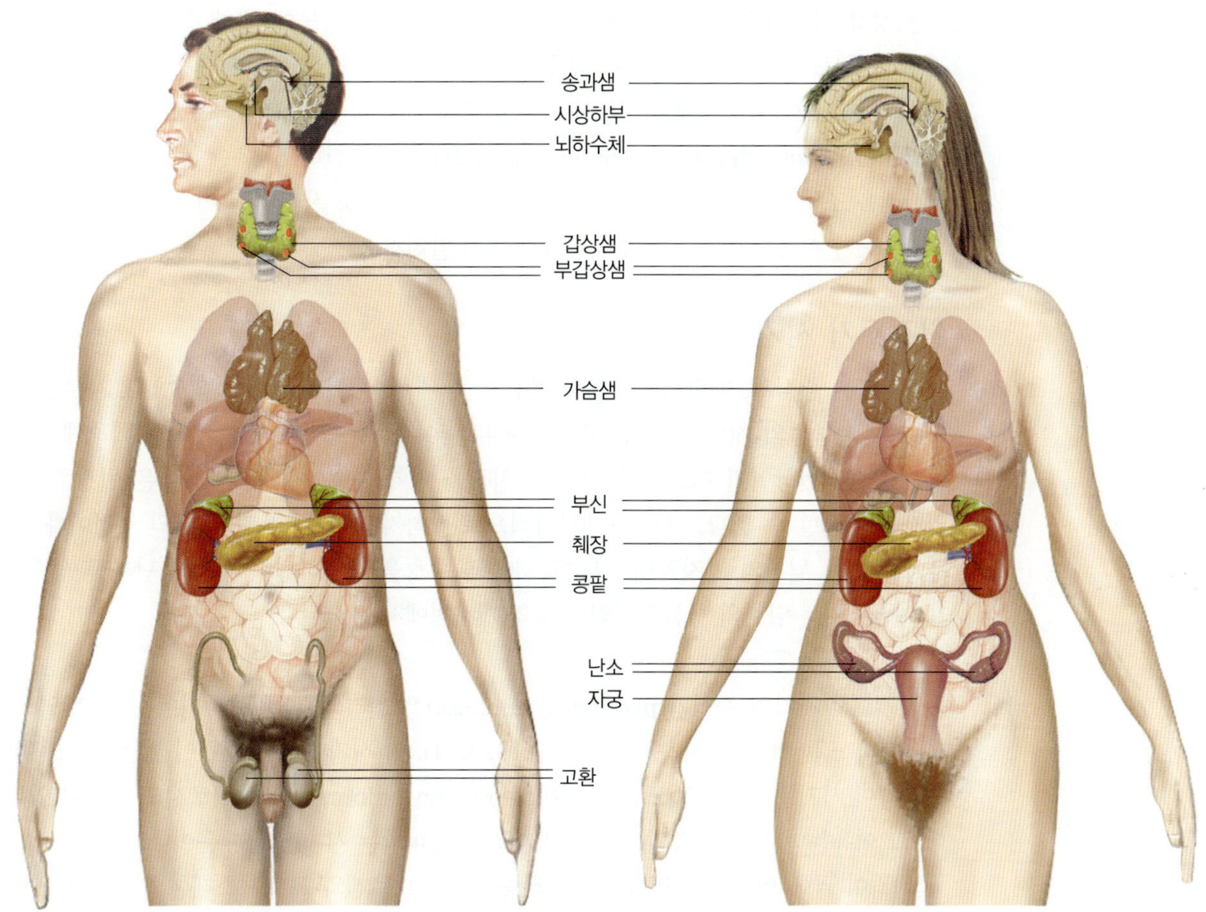

그림 3.12 내분비계의 주요 샘들. 내분비계는 호르몬이라고 하는 화학물질들을 직접 혈류로 분비하는 샘들로 구성되어 있다.

여성은 상대적으로 적은 양이기는 하지만 다른 성의 성호르몬을 생산한다.

시상하부는 뇌의 앞부분에 있는 완두콩 크기의 구조이다. 그것은 뇌하수체 위에, 시상의 아래에 놓여 있다(접두어 *hypo*-는 "아래"를 뜻한다). 그것은 작은 크기에도 불구하고, 배고픔, 갈증, 공격성, 그리고 섹스 등과 같은 여러 가지 상태의 동기를 조절하는 역할을 한다. 예를 들면, 수컷 쥐의 시상하부의 뒷부분이 전기 탐침으로 자극되면, 쥐는 구애 행위와 교미 행위를 나타낸다. 수컷 쥐는 암컷의 귀와 목 뒤를 갉아먹는다. 암컷이 반응을 보이면 그것들은 교미하게 된다. 사람의 성행위는 틀에 박혀 있지 않으며 기계적이지 않다. 사랑에 빠진 사람의 경우라 할지라도 그렇다.

역시 완두콩만한 크기인 뇌하수체는 뇌의 기부에 있는 시상하부 아래에 놓여 있다. 많은 뇌하수체 분비물은 다른 내분비샘을 조절하기 때문에, 뇌하수체를 중심샘(master gland)이라고 부르기도 한다. 뇌하수체 호르몬들은 뼈와 근육의 성장과 오줌 생성을 조절한다. 2종의 뇌하수체 호르몬은 임신과 어머니로서의 역할 기간 동안 활성적이다: **프로락틴(prolactin)**은 젖의 생산을 자극하며, **옥시토신(oxytocin)**은 분만시 자궁 수축과 수유기간 동안 젖의 배출을 자극한다. 또한 뇌하수체는 난소를 자극하는 **성선자극호르몬(gonadotropin;** 문자적으로, "생식샘을 부양하는")을 생산하는데, **난포자극호르몬(follicle stimulating hormone, FSH)**과 **황체형성호르몬(luteinizing hormone, LH)**이 있다. 이러한 호르몬들은 월경주기를 조절하는데 중요한 역할을 한다.

프로락틴(prolactin) 젖의 생산을 촉진시키는 뇌하수체호르몬.

옥시토신(oxytocin) 분만시 자궁수축과 아기 양육시 젖의 방출을 촉진시키는 뇌하수체호르몬.

성선자극호르몬(gonadotropins) 생식샘을 자극하는 뇌하수체호르몬.

난포자극호르몬(follicle-stimulating hormone, FSH) 난소에서 난소의 발달을 촉진시키는 성선자극호르몬.

황체형성호르몬(luteinizing hormone, LH) 배란을 유발시킴으로써 월경주기 조절을 도와주는 성선자극호르몬.

시상하부는 신경계와 순환계를 통하여 신체 상의 현상들에 대한 정보를 받는다. 그것은 에스트로겐과 프로게스테론을 포함하는 여러 가지 호르몬의 혈중 수준을 감시하며, 뇌하수체가 성선자극호르몬을 방출하도록 자극하는 **성선자극호르몬-방출호르몬(gonadotropin-releasing hormone, Gn-RH)**을 방출한다. 다음에 성선자극호르몬은 생식샘을 조절한다. 과거에는 뇌하수체가 좌지우지한다고 생각한 적이 있었지만, 지금은 뇌하수체가 시상하부에 의해 조절된다는 것이 알려졌다.

월경주기 시기

월경주기는 증식기, 배란기, 분비기, 월경기 등 네 시기로 나뉜다(그림 3.13). 새로운 주기는 월경 출혈의 첫날에 시작된다. 그 이유는 이것이 주기에 대해 가장 명확하게 증명할 수 있는 현상이기 때문이다. 월경의 시작을 알기 때문에 많은 여성들은 월경주기의 일자를 계산할 수 있다. 그러나 생물학적으로 말하자면, 월경은 그 주기의 절정이다. 실제로 주기는 월경의 마지막에, 그리고 배란과 수정을 대비하면서 미성숙 난자를 성숙하게 이끌어가는 일련의 생물학적인 현상의 개시점에서 시작된다.

증식기 첫 시기인 **증식기(proliferative phase)**는 월경의 끝에 시작되어 평균 28일 주기에서 9 또는 10일간 지속된다(그림 3.13, 3.14). 이 시기에 자궁내막이 발달하며 "증식한다." 이 시기는 **배란전기** 또는 **난포기**(preovulatory or follicular phase)로서도 알려져 있는데, 그 이유는 난포가 성숙되고 난소가 배란을 대비하는 시기이기 때문이다.

월경이 끝에 이르게 되면 순환 혈액 중의 에스트로겐과 프로게스테론의 수준은 낮아진다. 시상하부가 혈중 에스트로겐의 낮은 수준을 감지하면, Gn-RH 분비를 증가시키는데, 이것은 뇌하수체에서 난포자극호르몬(FSH)을 분비하도록 자극한다. FSH가 난소에 도달하면, 그것은 난포(약 10~20)가 성숙을 시작하도록 자극한다. 난포가 성숙함에 따라 그것들은 에스트로겐을 생산한다. 그러나 정상적으로는 그것들 중의 하나—**성숙 난포**(graafian follicle)—만이 배란 전 수일 안에 완전히 성숙하게 된다. 난포가 성숙해짐에 따라 그것은 난소의 표면으로 이동하여, 결국 터져서 방출된다(그림 3.14, 3.15).

에스트로겐은 자궁의 자궁내막을 약 0.3 cm로 두꺼워지게 한다. 샘이 발달하여 나중에 배아를 부양할 수 있도록 한다. 에스트로겐은 또한 얇은 자궁 점액의 출현을 자극한

성선자극호르몬-방출호르몬(gonadotropin-releasing hormone, Gn-RH) 뇌하수체가 성선자극호르몬을 방출하도록 자극하는 시상하부에 의해 분비되는 호르몬.

증식기(proliferative phase) 월경주기의 첫 시기로서, 월경 마지막에 시작되며 9 또는 10일 동안 지속된다. 이 시기에 자궁내막이 증식된다.

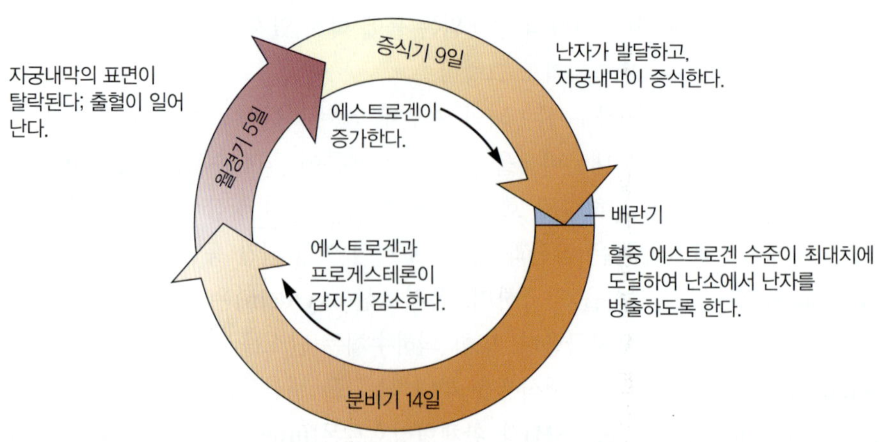

그림 3.13 월경주기의 네 시기. 월경주기는 증식기, 배란기, 분비기(황체기), 월경기로 되어 있다.

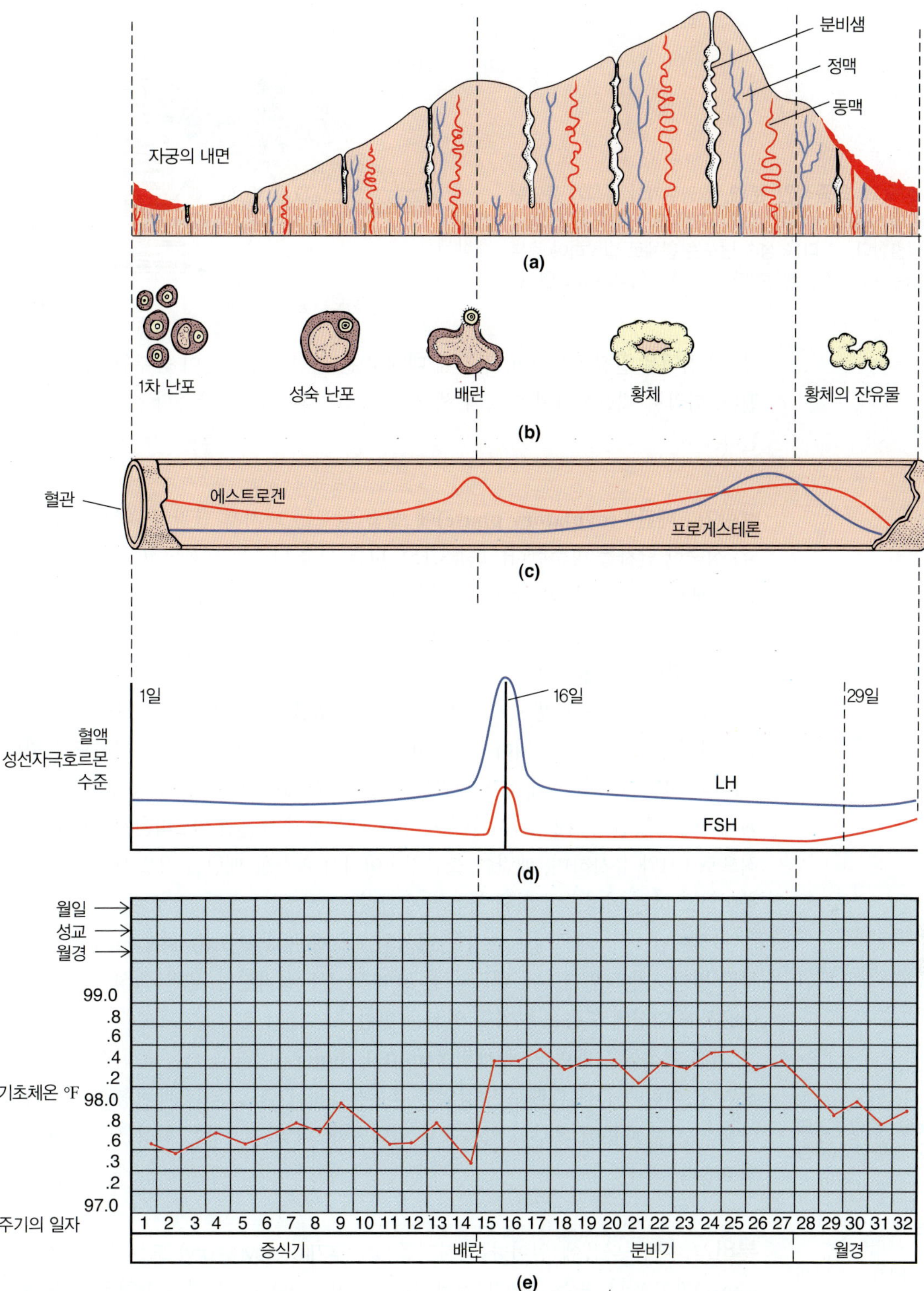

그림 3.14 월경주기 동안에 일어나는 변화. 이 그림은 5가지 범주의 생물학적 변화를 보여준다: (a) 자궁 내면(자궁내막)의 발달에 따른 변화, (b) 난포의 변화, (c) 난소 호르몬의 혈중 수준 변화, (d) 뇌하수체 호르몬의 혈중 수준 변화, (e) 기초체온의 변화. 체온의 하강이 배란과 관련 있음을 유의하라.

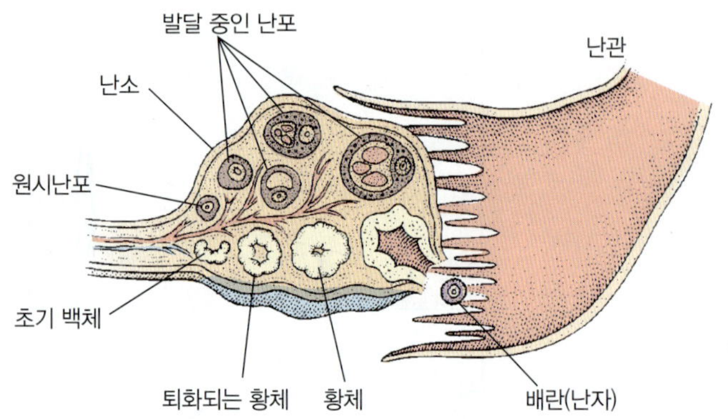

그림 3.15 난포의 성숙과 최종적인 분해. 월경주기의 증식기 동안에 많은 난포들은 발달하여 에스트로겐을 생산한다. 일반적으로 성숙 난포 하나만이 파열되어 난자를 방출한다. 그 다음 성숙 난포는 황체로 발달하여 풍부한 양의 에스트로겐과 프로게스테론을 생산한다. 수정이 일어나지 않으면, 황체는 분해된다.

다. 이 점액은 알칼리성이며, 정자에 대해 좋은 환경과 영양분이 풍부한 배지를 제공하게 된다. 따라서 배란시기에 여성의 생식계로 들어 온 정자가 생존할 수 있는 기회는 증가된다.

배란기 **배란기(ovulatory phase)**에 성숙 난포는 터져서 난관 근처로("난관 속"이 아님) 성숙한 난자를 방출한다(그림 3.15). 다른 성숙 난포는 퇴화되고 체내로 흡수되어 버린다. 배란 시에 두 개의 난자가 성숙되고 방출되어 모두 수정이 된다면, 형제와 같은(동일하지 않은) 이란성 쌍둥이가 발생된다. 일란성 쌍둥이는 하나의 수정된 난자가 두 개의 다른 **접합자(zygote)**로 분리될 때 생긴다.

배란은 에스트로겐 생산이 임계수준에 이르렀을 때 일어난다. 시상하부가 높은 에스트로겐 수준을 감지하여 뇌하수체에서 풍부한 양의 FSH와 LH를 분비하도록 한다(그림 3.14와 3.15). LH의 최대치가 배란을 촉발시키는데, 배란은 보통 체내의 LH의 수준이 최대치에 도달한 후 12~24시간에 시작된다. 합성 호르몬인 클로미펜(clomiphene)은 화학적으로 LH와 유사하며, 배란이 불규칙적이어서 확실한 배란을 유발시켜 임신의 기회를 높이려고 하는 여성들에 의해 사용되어 왔다.

구강이나 직장 체온계로 측정한 여성의 기초체온(basal body temperature)은 배란 시에 약간 떨어지며(그림 3.14), 배란 다음 날에 약 1°F 올라간다. 많은 여성들은 이런 정보를 이용하여 임신에 도움을 받거나 임신을 피한다.

어떤 여성들은 배란 시에 **배란통(mittelschmerz)**이라고 하는 불편감이나 경련을 일으킨다. 이런 통증은 때때로 맹장염과 혼돈을 일으킨다. 그러나 배란통은 난소가 난자를 방출하는 것 때문에 복부의 양쪽에서 일어난다. 파열된 맹장은 항상 오른쪽에서 통증을 일으킨다.

배란기(ovulatory phase) 월경주기의 두 번째 시기로서, 난포가 파열되어 성숙한 난자가 방출된다.

접합자(zygote) 수정된 난자(알세포).

배란통(mittelschmerz) 배란기에 발생하는 통증 (독일어로 "중간 통증" 이라는 용어임. 월경 기간 사이 중간 쯤에 발생하는 통증).

분비기(secretory phase) 월경주기의 세 번째 시기로서, 배란 뒤에 일어난다. 배란에 따라 황체(corpus luteum)로부터 많은 양의 프로게스테론과 에스트로겐을 분비되기 시작하는데, 황체기(luteal phase)라고도 함.

분비기 배란 다음에 일어나는 시기를 배란후기(postovulatory) 또는 **분비기(secretory phase)**라고 한다. 또는 황체기(luteal phase)라고도 하는데, 그것은 파열된 성숙 난포인 황체(corpus luteum)에 때문에 붙여진 명칭이다.

LH의 영향 아래, 난소에 남아 있는 황체는 많은 양의 프로게스테론과 에스트로겐을 생산하기 시작한다. 이러한 호르몬의 수준은 평균 주기의 20 또는 21일째에 최대치를 나타낸다(그림 3.14). 이러한 호르몬들은 자궁내막의 분비샘으로부터 자궁벽에 착상되는 수정란을 유지하기 위해 영양분을 분비하도록 한다.

만일 착상이 일어나지 않으면, 시상하부는 프로게스테론의 최대치에 반응하여 뇌하수

학생들의 실제 질문

질문: **남자로서, 나는 여자들이 생리기간 중에 하루하루 무엇을 하는지 정말 모르겠다. 물론 나는 누이 동생이 없다. 그들은 하루에 1개 이상의 탐폰을 쓰는지? 탐폰은 놔두는지? 모든 여자들이 탐폰을 사용하는지? 나는 여자들이 실제로 무엇을 하는지 알고 싶다.**

답변: 오늘날 개발 국가에서 많은 여성들은 탐폰이나 여성용 냅킨을 사용하며, 그것들을 하루에 여러 번 교환한다. 소위 초흡수성 탐폰은 독소충격증후군(toxic shock syndrome)의 위험 때문에 유행되지 않았다. 대부분의 경우, 혈액량은 당신이 상상하는 것보다는 적을 것이다. 그러나 많은 여성들은 월경 전 또는 월경 시에 통증과 어떤 자극감을 경험하는데, 그것들은 불편감은 주지만 매우 정상적인 것이다. 성변혁기에, 성연구가들과 사회비평가들은 성 차별을 최소화시키는 하나의 방편으로 월경전증후군(PMS)과 그 외 월경에 따른 문제점들을 최소화시켰다. 그러나 오늘날, 월경의 문제점들은 광범위하게 일어나며 여성의 해부학과 생리학을 반영하는 것으로 받아들여지고 있다. 현재의 문제는 우리가 어떻게 그런 문제들이 없는 것처럼 할 수 있는가 하는 것이 아니라, 어떻게 그런 어려움을 가지고 있는 여성들을 도와줄 수 있는가 하는 것이다.

체가 LH와 FSH의 생산을 중단하도록 신호를 보낸다. 이러한 음성되먹임 과정은 가정집의 난로가 식어지면 온도를 올리도록 작동하는 자동온도조절기의 그것과 유사하다. LH와 FSH의 수준은 신속히 감소하여 황체를 분해시키도록 한다. 분해 후에 에스트로겐과 프로게스테론 수준은 급격하게 떨어진다. 황체 호르몬은 그것을 유지하는 물질의 분비를 중단시키기 위해 뇌로 신호를 보낸다.

월경기: 끝과 시작 **월경기(menstrual phase)**는 에스트로겐과 프로게스테론 수준이 감소하고 더 이상 자궁 내면이 유지될 수 없을 때 일어난다. 그 다음에는 내면이 탈락되어 월경 출혈과 함께 체외로 배출된다.

월경기의 낮은 에스트로겐 수준은 시상하부로 신호를 보내어 Gn-RH를 방출하도록 하는데, 이것은 FSH를 분비하도록 뇌하수체를 자극한다. 그 다음 난포자극호르몬은 난소의 에스트로겐 분비와 또 다른 증식기의 시작을 촉진시킨다. 따라서 새로운 주기가 시작되는 것이다. 월경기는 끝이며 동시에 시작이다.

월경 출혈은 자궁내막(자궁의 내면), 자궁내막 조직, 그리고 자궁경부와 질 점액으로부터 나오는 혈액을 포함하고 있다. 월경출혈이 5일 이상 지속된다 할지라도, 대부분의 여성들은 전체 57~85 g(4~6테이블스푼)의 혈액만을 유실하게 된다. 반면에 일반적인 혈액 공여자는 한번에 454 g의 혈액을 헌혈한다. 극히 많은 양이거나 일주일 이상 지속된 월경 출혈은 건강에 문제가 있음을 나타내는 것이며, 의료진과 상의하여야 한다.

1933년 이전에 여성들은 일반적으로 외부 생리대 또는 월경 유출을 흡수하는 패드를 사용했다. 그러나 그 해에 탐폰이 소개되었다. **탐폰(tampon)**은 질에 끼워 넣어 월경액을 흡수하도록 놔둔다. 탐폰을 쓰는 여성들은 월경과 관계없이 수영을 할 수 있고, 보다 노출이 자유로우며 편안한 의복을 입을 수 있고, 부담감을 덜 느낄 수 있다. 탐폰이 독

월경기(menstrual phase) 월경주기의 네 번째 시기로서, 그 동안에 월경출혈로 자궁내막이 떨어져 나온다.

탐폰(tampon) 면이나 유사한 재질로 만든 마개로서, 월경출혈을 흡수하기 위해 질에 끼워 넣는다.

소충격증후군(toxic shock syndrome, TSS)과 같은 감염증을 일으키거나 악화시키는지, 여부에 대해 이해가 필요하다. TSS는 때때로 치명적이 될 수 있다. TSS의 증상들은 열, 두통, 인후염, 구토, 설사, 근육통, 발진, 그리고 어지러움 등이 있다. 피부 벗겨짐, 방향 감각 상실, 그리고 혈압 하강이 뒤따른다. 독소충격증후군은 황색포도상구균(*S. aureus*)에 의해 일어나는데, 그것은 고도의 흡수성을 띤 탐폰이 여러 시간 동안 방치되었을 때 번식을 가장 잘하게 된다. 결과적으로, 지금은 많은 여성들이 초흡수성 탐폰보다는 오히려 보통의 탐폰을 사용한다. 또 다른 여성들은 하루에 3 또는 4회 탐폰을 교환하거나, 생리대로 대체한다. 여성들에게는 TSS에 대해 의료진과 상의하는 것을 권장한다.

월경 중의 섹스

많은 커플들은 월경 중에도 섹스를 지속하지만. 어떤 커플들은 중단한다(Schneidewind-Skibbe 등, 2007). 어떤 사람들은 종교적인 금지법 때문에 삼간다. 어떤 사람들은 월경 유출에 대한 불평 또는 엉망인 상태에 대해 우려를 나타낸다.

사실인가 아니면 허구인가 7

사실인가 아니면 허구인가 7: 월경을 불결함과 관련시키는 전통적인 태도에도 불구하고, 월경 중의 성교가 신체적으로 남녀 모두에게 해롭다는 증거는 없다. 아이러니하게도 월경 중의 성교는 여성에게 도움이 될 수 있다. 오르가즘 동안에 일어나는 자궁 수축은 울혈을 없애 버림으로써 경련을 완화시키도록 해준다(Masters & Johnson, 1966). 자위행위에 의한 오르가즘은 같은 효과를 갖는다.

여성들은 월경주기 동안 언제라도 성적으로 흥분될 수 있다. 그러나 다수의 연구결과는 배란시기에 있는 여성들의 성적 욕구가 가장 높다는 것을 나타낸다.

네 시기의 월경주기 동안, 사람의 성적 양상은 개인적인 결정을 반영하는 것이지 호르몬의 변동이 아니다. 어떤 커플들은 임신의 기회를 맞추기 위해 배란 시에 성교 회수를 높이거나 문화적 또는 종교적 신념 때문에 월경 중에 삼가기로 결정한다. 어떤 커플들은 월경 동안 성행위를 할 수 없기 때문에 월경 전에 성적 활동을 활발하게 하거나, 나중에 성적 활동을 증가시키기도 한다. 반대로, 발정기에 의해 결합하는 동물의 암컷은 대개 **발정기(estrus)**에만 성적으로 반응한다.

폐경기, 폐경전후기, 그리고 갱년기

폐경기(menopause) 또는 "인생의 변화"는 월경의 중단이다. 폐경기는 46~50세 사이에 가장 흔하게 일어나며 약 2년간 지속되는 과정이다. 그러나 그것은 35~60세 사이에 언제라도 일어날 수 있다.

폐경전후기(perimenopause)는 폐경기의 시작을 일컫는 말이며, 보통 3~11개월간의 무월경 또는 불규칙한 기간이 나타나는 특성이 있다. 폐경전후기는 폐경기로 끝난다. 다른 말로 하면, 폐경기는 **갱년기(climacteric)**로 알려진 장기간의 과정에서 특이적인 사건이다. 갱년기라는 말은 특이적으로 난소의 생식능력이 점차 감소하는 것을 일컫는 말이다. 일반적으로 갱년기는 45세로부터 60세까지 약 15년간 지속된다. 35세 이후에, 많은 여성들의 월경주기는 짧아지는데, 40대에서는 약 28~25일, 40대 중반에서는 23일까지 짧아진다. 40대 말의 여성들의 주기는 어떤 시기는 끝나게 되고 어떤 시기는 건너뛰는 등 변덕스럽게 된다.

폐경기에서 뇌하수체는 정상적인 수준의 FSH와 LH가 혈액으로 방출된다. 그러나 잘

발정기(estrus) 호르몬 수준에 의해 조절되는 특정 기간으로서, 많은 종들은 그 기간에 성적 활동이 가장 수용적이다.

폐경기(menopause) 월경의 중지.

폐경전후기(perimenopause) 폐경기의 시작. 3~11 개월 동안 무월경 또는 불규칙적인 기간이 특징적임.

갱년기(climacteric) 폐경기를 포함하는 장기간의 과정으로 난소의 생식능력이 점진적으로 쇠퇴해 감.

다양한 세상

월경에 대한 역사적, 교차 문화적인 관점

페루에서, 여성이 "피피 삼촌에게 방문을 받았다" 라고 말하거나, 사모아에서는 월경을 '부기맨'이라고 표현한다. 월경의 보다 흔한 별칭은 '저주'이다. 아프리카의 오트볼타의 풀나니족이 사용하는 용어를 해석해 보면 '더러운 것을 본다'는 것이다. 민족주의가 그렇게 부르도록 하기도 했다. 일부 민족들은 '그 저주'로 역사적인 적들을 비난한다. 프랑스인들은 한때 월경을 '영국(the English)'이라고 불렀고, 월경이 시작되면 '영국이 온다'라고 했다.

보통 사람들은 월경 중인 여성을 오염되었다고 믿는다. 따라서 남성은 월경 중인 여성과의 접촉을 피하기도 했다. 다른 사람들을 오염시키는 것을 막기 위해, 부족 사회에서 월경 중인 여성들을 마을의 변두리에 있는 오두막으로 내보냈다. 예를 들어, 인디아의 전통적인 나바조라는 문화에서는 월경을 할 때마다 따로 떨어진 거주 지역으로 맡겨졌다. 많은 이슬람 사회에서 월경 과다 현상은 불결한 것으로 간주되었고, 월경 중인 여성은 회교사원에서 기도하거나 출입하는 것이 불가능했다.

산업화된 국가의 여성은 특별한 오두막으로 보내지지 않았지만, 서구 문화의 역사를 통하여 월경은 불결하고, 오염되고, 종종 신비하다고 여겨지기도 했다.

사실인가 아니면 허구인가 8: 고대 로마인들은 월경혈이 와인을 시게 만들고 작물을 죽인다고 믿었다. 서기 77년 로마의 역사학자인 플리니가 월경혈에 대한 로마인의 잘못된 믿음을 정리했다.

> 월경혈과 접촉하면 새 와인을 시게 만들고, 작물이 가물고, 나무가 죽고, 정원의 씨앗들은 말라 버리고, 나무의 열매들이 떨어지고… 강철의 모서리와 상아의 빛이 무뎌지고, 벌집의 벌들이 죽고, 심지어는 동과 철에 녹이 슬어버리고, 공기 중에 끔찍한 냄새가 퍼진다; 이 맛은 개를 미치게 만들고, 물린 곳에 치명적인 독이 감염된다.

고대 사회와 몇몇 동시대의 문화들이 신체적 과정에 대한 한정된 이해를 갖고 있거나 그렇지 않으면 과학보다 전통에 더 의존한다. 과학은 월경 중인 여성을 고립시키거나 월경중에 성교를 피해야 한다는 의학적인 근거가 없다고 가르친다.

만약 이것이 여성에게 깊은 영향을 끼치지 않는다면, 우리는 이 오해를 바보 같고 무시하면서 웃어버릴 수 있을지도 모른다. 월경에 대한 미신을 믿는 여성은 자신들이 불결하다고 여기며 걱정, 우울과 낮은 자존감을 견뎌야한다. 부정적인 문화의 월경에 대한 믿음은 월경에 대한 고통을 악화시킨다.

밝혀지지는 않았지만, 난소는 점차적으로 반응하는 능력을 상실하게 된다. 난소는 더 이상 난자를 성숙시키지 않든지 또는 성호르몬인 에스트로겐과 프로게스테론을 생산하지 않게 된다.

에스트로겐의 부족은 식은땀(night sweats), 열감(hot flashes), 홍반(hot flushes) 등과 같은 많은 유쾌하지 않은 폐경전후기 느낌을 일으킨다(Bastian et al., 2003; Tuomikoski 등, 2009). 열감과 홍반은 식은땀으로 바뀔 수 있는데, 그것은 여성이 갑자기 차갑고 습한 느낌을 갖는 것이다. "공포심"을 경험했거나 불안과 두려움을 느끼는 사람은 혈액 흐름의 변화 양상이 얼마나 극적으로 일어나는지 이해하게 될 것이다. 열감과 홍반은 주로 얼굴과 상체의 혈관 팽창의 "파동"에 기인한다. 이런 모든 느낌은 혈관 운동신경의 불안정성을 반영하는 것이다. 즉, 체온을 유지하는 혈관을 팽창시키거나 수축시키는 신체 기작에 있어서 혼란이 있는 것이다. 에스트로겐 부족의 또 다른 신호는 현기증, 두통, 관절 통증, 손발의 따끔거리는 느낌, 뜨겁거나 가려운 피부, 그리고 심장의 두근거림 등이 있다. 피부는 보통 건조해진다. 유방 조직의 일부가 소실되고 성적 흥분 시에 질의 윤활작용이 감소된다. 여성들은 밤에 자주 깨고 다시 잠드는데 어려움이 있는 등 수면문제도 갖게 된다. 많은 폐경전후기 여성들은 편두통을 겪기도 한다(MacGregor, 2009).

장기간 에스트로겐의 결핍은 뼈가 쉽게 부러지고 다공성이 되는 **골다공증(osteoporosis)**에 걸리게 한다. 뼈가 쉽게 더 많이 부서지는데, 어떤 여성들은 "노파 등

골다공증(osteoporosis) 에스트로겐 부족으로 인한 질환이며, 뼈가 다공성이고 쉽게 부서지는 등 골밀도의 감소가 특징이다.

여성에게만 해당되는 것이 아니다. 일반적으로 골다공증은 여성 노인들을 괴롭히는 건강문제로 생각되지만, 미국에서 골다공증 환자 1,000만 명 중 약 200만 명이 남성들이다. 남성들은 여성보다 크고 강한 골격을 가지고 있기 때문에 골다공증에 대한 위험이 덜한 편이다. 골다공증은 테스토스테론 수준이 낮고, 스테로이드와 같은 약물을 이용하며, 흡연과 음주를 많이 하고, 주로 앉아서 생활하는 남성들에게 더 많다(Anderson et al., 2002).

어리의 혹(dowager's hump)"으로 발전되기도 한다(Seifert-Klauss 등, 2005). 골다공증은 신체장애로 어려움을 겪을 수 있는데, 생명을 위협받을 수도 있다. 뼈가 잘 부러지게 되면 특히, 심각한 고관절의 골절 위험을 증가시키며, 많은 노인 여성들은 결코 회복되지 못한다(Marwick, 2000). 에스트로겐 결핍은 인지기능과 심리적 행복감을 손상시키기도 한다(Hill 등, 2009; Ross 등, 2000).

호르몬 치환요법: 좋은 약인가 위협인가?

캔디스(Candace)는 폐경기의 불편감을 해소하기 위해 척추지압요법, 침술, 항불안제, 콩 정제, 약초 치료 등 거의 모든 노력을 다해 왔다. 결국에는, **호르몬 치환요법(hormone replacement therapy, HRT)**을 이용하라는 주치의의 권고에 동의하고 따르게 되었다. 의사는 즉각적인 효과가 51세의 캔디스에게 위험을 과중시켰다는 것을 알게 되었다(Rabin, 2006).

캔디스처럼 심각한 신체적 증상을 가지고있는 여성들은 HRT 약물치료에 의해 도움을 받을 수 있는데, 그것은 일반적으로 합성 에스트로겐과 프로게스테론으로 조성되어 있다. 그 호르몬들은 자연적으로 일어나는 작용의 소실을 보상해 주는데 이용된다. 호르몬 치환요법은 폐경기 동안 호르몬의 결핍에 의해 일어나는 홍반과 기타 증상들을 감소시키는 데 도움이 된다(den Tonkelaar & Oddens, 2000). 에스트로겐 치환은 여성들의 골다공증 위험을 낮춘다는 연구결과도 있다(Studd, 2009). 에스트로겐과 결장암 사이의 관계는 불분명하다(Clendenen 등, 2009).

그러나 HRT는 논쟁의 여지가 있다. 비록 그것이 많은 여성들에게 도움이 된다고 하지만, 50~79세의 폐경이 끝난 여성 16,600명에 대한 여성건강계획(Women's Health Initiative, WHI) 연구는 에스트로겐과 프로게스틴의 조합에 대한 노출은 유방암, 뇌졸중, 그리고 혈전의 위험을 증가시키고, 심장에 대한 보호효과를 나타내지 않았음을 알게 되었다(Chlebowski 등, 2003; Tamini 등, 2006). 프로게스틴은 에스트로겐과 병행하여 사용되는데, 그 이유는 에스트로겐 단독으로 사용하는 것이 여성들에게 자궁암에 대한 보다 큰 위험에 노출시키는 것이기 때문이다. 유방암의 성장을 촉진시키는 것에 더하여, 호르몬들의 조합은 종양 발견을 더 어렵게 해서, 진단이 지체됨으로 위험하게 된다(Pommier 등, 2008). 클레보우스키(Chlebowski) 연구에서, 실험의 플라시보 집단 8,102명 중 150건에 비해, HRT를 받는 8,506명 중에서 199명이 침습성의 유방암으로 발전하였다(Chlebowski 등, 2003). 또한 매년 유선 X-선 사진을 촬영하는데도 불구하고, HRT를 이용하는 동안 암을 일으킨 여성들의 25.4%는 전이가 시작된 암을 가지고 있었다. 반면에 플라시보 집단에서는 16%였다.

에스트로겐이 유방암 세포들의 증식을 촉진시키지만, 연구결과는 자궁절제술을 한 여성들이 에스트로겐 치환에 의해 유방암의 위험이 높아지지 않는다는 것을 보여준다(Stefanick 등, 2006). 이것은 여성들이 에스트로겐 치환을 신중하게 하도록 하기 위해, 틀에 박힌 사고에 도전하고 반복적으로 요구되는 연구 중 하나이다.

또한 호르몬 치환요법은 담배를 폈든지 현재 피고 있는 폐경 후의 여성들에게 폐암의 위험도 증가시키는 것으로 보인다(Chlebowski 등, 2009). 이런 관련성을 발견한 연구의 제1저자인 로완 클레보우스키(Rowan Chlebowski)는 "명백한 사실은 담배를 피지 말고 호르몬 치료를 하지 않는 것이다" 라고 기술하고 있다.

호르몬 치환요법(hormone replacement therapy, HRT) 자연 호르몬의 감소로 인한 건강문제를 완화시키기 위하여 에스트로겐과 프로게스틴과 같은 호르몬을 투여함.

가까이서 보기

폐경기에 대한 미신

폐경은 분명히 대부분의 여성에 있어서 중요한 삶의 변화이다. 많은 여성들에게, 폐경은 외모, 성 능력, 그리고 건강 등과 같은 그들이 직면하는 많은 중년의 문제들을 상징한다. 그럼에도 불구하고 우리는 정확하게 어떤 형태의 변화를 찾고 있는가? 우리들 중 많은 사람들이 폐경에 대한 많은 오해들을 가지고 있다. 이 오해들은 여성에게 해로울 수 있다. 다음에 나오는 미신들과 현실들을 살펴보자. 어떤 미신이 표적이 되는가?

- 폐경은 비정상적이다. 물론 아니다. 폐경은 여성의 삶에서 정상적인 과정이다.
- 의료기관에서 폐경을 일종의 질병이라고 생각한다. 더 이상은 아니다. 오늘날 폐경은 '결핍증'으로 설명되며, 에스트로겐과 프로게스테론의 분비 부족과 연관되어 있다. 유감스럽게도, 결핍이라는 용어는 부정적인 의미를 가지고 있다.
- 폐경이후에 여성들은 완전한 에스트로겐의 대체제가 필요하다. 꼭 그렇지는 않다. 일부 에스트로겐이 부신, 지방조직, 그리고 뇌에서 분비된다(Guzick & Hoeger, 2000)
- 폐경은 우울과 불안을 수반한다. 때때로 그렇기는 하지만 반드시 그런 것은 아니다. 이것에 대한 정리된 많은 문헌들에 따르면, 폐경과 이러한 심리적인 증상들 간에 지속적인 관계는 밝혀지지 않았다(Avis, 2003; Kessler, 2003). 한 네덜란드의 과학자가 46~54세의 2,103명의 여성을 5년 동안 연구했다. 이 기간 동안, 폐경후 상태에 이른 여성은 두 배가 되었고, 우울증을 보고한 여성들은 18.5에서 23.7%로 증가했다(Maartens 등, 2002). 이런 증가가 우연 때문인 것 같지는 않지만, 이 연구에서 4명 중 3명 이상이 폐경기의 경험 중에 심각한 수준의 우울증이나 불안을 보고하지 않았다.
- 폐경기에, 여성들은 심신을 약화시키는 열감을 경험한다.

  사실인가 아니면 허구인가 9

  사실인가 아니면 허구인가 9: 때때로 그렇기는 하지만 반드시 그런 것은 아니다. 많은 여성들이 폐경기에 열감을 경험하지 않는다. 열감을 경험하는 사람들 중 그것은 흔히 가볍게 나타난다. 하지만 일부 여성들은 불안감을 주는 열감을 가지고 있음을 알아야한다. 우리는 그들에게 부인과 전문의와 상담하기를 권한다.
- 자궁절제술을 받은 여성은 그 후에 폐경기를 겪지 않는다. 실제로 이것은 난소(에스트로겐의 주된 생산 기관)가 제거되었는지에 달려있다. 그것들이 제거되지 않았다면 폐경기는 정상적으로 진행될 것이다.
- 폐경기의 신호는 여성의 성욕의 종결을 의미한다.

  사실인가 아니면 허구인가 

  사실인가 아니면 허구인가 10: 폐경기는 성욕의 종결을 의미한다는 것은 사실이 아니다. 실제로 일부 여성들은 섹스와 임신이 무관해짐으로써 새롭게 성적 자유감을 느낀다.
- 폐경기 이후에 일반적인 여성의 활동 수준이 낮아진다. 많은 폐경후기 여성들은 보다 생기 발랄하며 적극적이 된다.

폐경기 여성들에게 LDL("나쁜 콜레스테롤")의 수준은 상승하는 것으로 알려져 있는데, 반면에 HDL("좋은 콜레스테롤")의 수준은 감소된다(Hall 등, 2002). 많은 연구들에 따르면 HRT은 HDL의 수준을 높이고, LDL의 수준은 낮춘다(Bray 등, 2008; Teo 등, 2009). LDL의 높은 수준은 심혈관계 질환과 관계가 있기 때문에, HRT는 폐경후 여성들의 심장 질환의 위험을 감소시키는 것으로 생각된다. 비록 이런 견해가 수년에 걸쳐 120,000명의 간호사들의 연구에서 나온 것이지만, 여성건강계획(WHI)의 HRT를 받고 있는 여성들은 분명하게 다소 큰 심장 발작과 뇌졸중의 위험이 있었다(Fletcher & Colditz, 2002).

이러한 상관관계 때문에, HRT를 이용하는 여성들의 수는 지난 수년 동안에 약 반으로 줄어들었다(Rabin, 2006). 그러나 간호건강연구(Nurses Health Study, Grodstein 등, 2006)에서 나온 보다 최근의 연구는 여성건강계획(WHI)의 시도가 HRT로부터 어떤 효과를 얻기에는 너무 나이가 많다는 것을 나타내고 있다. 폐경기의 평균 연령이 거의 51세라고 할 때 평균 나이 64세는 너무 많았다는 것이다. 50대 여성들의 동맥은 60대 여성

비판적인 사고하기

왜 어떤 사람이 HRT의 효과에 관련된 증거에 대해 혼란스럽다고 불만하는 것은 당연한 것인가?

들의 동맥에 비해 더 탄력적이며, 에스트로겐은 여성들을 유연하게 유지시키고 플라크의 형성을 감소시킨다(Rabin, 2006). 그러나 60대 여성들은 일반적으로 덜 유연한 동맥과 일부 플라크를 가지고 있다. 에스트로겐은 혈액의 응고를 증가시킬 수 있기 때문에, 젊은 여성들에게는 도움이 되겠지만, 나이든 여성들에 대해 위험을 일으킬 수 있다.

그렇다면 결론은 무엇인가? HRT의 유익과 위험에 대한 연구결과들이 혼재되어 있기 때문에, HRT를 고려하는 여성들은 의료진과 최근의 결과들을 알아볼 것을 권장한다. 다른 방도를 고려할 수도 있다. 유방암 전문가인 래리 노턴(Larry Norton) (Duenwald, 2002)은 프로게스틴 단독 사용이 여성들의 70%에서 열감을 억제하거나 감소시킨다는 것에 주목한다. 이펙사, 팍실, 프로작 등과 같은 선택적 세로토닌 재흡수 억제제(SSRI) 역시 도움이 된다(Stearns 등, 2003). 그것들이 월경전증후군(PMS), 중증월경전증후군(PMDD), 식이 장애, 그리고 기타 문제들에 도움이 된다 할지라도, 열감을 치료하기 위해 SSRI를 이용하는 여성들은 보통 우울증을 치료하는데 이용하는 양의 반을 복용한다.

질건조증은 국소적으로 이용되는 에스트로겐으로 치료될 수 있다. 즉, 보통 호르몬처럼 혈류보다는 질 내에 처리한다. 크림(Estrace), 좌제(Vagifem), 플라스틱 링(Estring)은 그런 목적을 위해 유용하게 쓰인다.

칼슘이 많이 들어 있는 우유를 마시면 여성의 골밀도를 높여 주어 나중에 골다공증을 억제하는데 도움이 될 것이다. 칼슘 보충제와 비스포스포네이트(bisphosphonates; Actonel 또는 Fosamax) 역시 뼈의 강도를 유지하는데 도움이 된다.

일부 여성들은 폐경기에 이르는 몇 년을 잘 보낸 다음 그것을 중단하는 방법으로 HRT를 이용한다. 이때 우리가 예견할 수 있는 한 가지는 의사에 따라 그 문제에 대한 견해가 다를 수 있다는 것이다.

3.5 월경의 문제들

비록 월경이 자연적인 생물학적 과정이라 할지라도, 여성들의 50~75%는 월경 전 또는 월경 중에 어떤 불편감을 경험하게 된다(Sommerfeld, 2000). 이 장 뒤편에 있는 자기평가는 일반적인 월경전증후군에 관계되어 있다. 이 섹션에서 우리가 탐구하는 문제는 월경곤란, 유방통, 월경 편두통, 무월경, 월경전증후군(PMS), 그리고 중증월경전증후군(PMDD)이다.

월경곤란

월경 중의 통증이나 불편을 **월경곤란(dysmenorrhea)**이라고 하는데, 그것은 가장 일반적인 월경문제이다. 대부분의 여성들이 적어도 가벼운 통증이나 불편을 갖게 되는데, 짜증나기는 해도 그것은 완전히 정상이다. 골반 경련은 가장 일반적인 월경곤란의 표현이다. 그것들은 두통, 요통, 오심, 또는 팽만증이 수반된다. 심각한 경우로 발전되는 여성들은 보통 초경 후 수년 동안에는 그렇다. **1차 월경곤란(primary dysmenorrhea)**은 알고 있는 기질성 병인이 없는 월경통 또는 불편을 말한다. **2차 월경곤란(secondary dysmenorrhea)**을 갖는 여성들은 월경문제들을 일으킨다고 알려진 확인된 기질성 문제들을 가지고 있다. 그것들의 통증이나 불편은 이러한 문제들에 의해 야기된다. 자궁내막

월경곤란(dysmenorrhea) 월경 동안 생기는 통증이나 불편감.

1차 월경곤란(primary dysmenorrhea) 알려진 타고난 문제 없이 발생하는 월경통 또는 불편감.

2차 월경곤란(secondary dysmenorrhea) 확인된 타고난 문제에 의해 발생하는 월경통 또는 불편감.

증, 골반염증질환, 그리고 난소낭증은 바로 몇 안되는 기질성 질환인데, 이것들은 2차 월경곤란을 일으킬 수 있다. 그러나 비록 정확한 원인이 알려지지는 않았지만, 1차 월경곤란이 종종 호르몬 변화에 대해 2차 증상이라는 증거가 쌓이고 있다. 예를 들어, 임신과 함께 일어나는 대량의 호르몬 변화의 결과로서, 월경 경련은 때때로 출산 후에 급격하게 감소된다. 임신된 여성들은 월경통의 발생정도가 낮지만 월경전증후군과 월경 불편의 발생정도는 높다고 보고되었다.

월경 경련은 **프로스타글란딘(prostaglandin)**이라고 하는 호르몬이 많이 분비됨으로써 일어나는 자궁 경련의 결과이다. 출산 동안에 프로스타글란딘은 분명하게 자궁벽 안의 근섬유를 수축시킨다. 대부분의 수축이 눈에 띄지 않지만, 강력하고 지속적인 수축이 스스로 일어나며, 일시적으로 자궁에서 또 다른 통증의 원인인 산소를 빼앗아 간다. 보다 강한 월경 불편을 갖는 여성들은 확실히 많은 양의 프로스타글란딘을 생산한다. 이부프로펜, 인도메타신(indomethacin), 아스피린 등과 같은 프로스타글란딘을 억제하는 약들이 종종 도움이 된다. 월경통은 자궁내막증의 2차 증상이기도 하다.

골반 압력과 팽만감은 골반 부종(edema, 그리스어로 "팽창")으로 거슬러 올라갈 수도 있다. 골반 부종은 골반 부위에 액체가 몰리는 현상이다. 체액의 정체는 1~2 kg의 증가, 무게감, **유방통(mastalgia)**을 야기할 수 있다. 유방통은 때때로 월경전 불편을 일으키는 유방의 팽창이다. 마스터즈와 존슨(1966)은 오르가즘이 팽만감과 압력을 일으키는 골반 울혈을 감소시킴으로써 월경 불편을 완화시키는 데 도움을 줄 수 있다는 점을 주목하였다. 오르가즘은 역시 월경 유출을 증가시키고, 주기에서 이 시기를 단축시킨다.

두통은 자주 월경 불편을 수반한다. 대부분의 두통은 남녀 모두 단순한 근육 긴장, 특히 어깨, 뒷목, 그리고 두피로부터 기인된다. 골반 불편은 근수축을 일으킬 수 있으므로 두통을 일으키는 긴장을 제공하게 된다. 따라서 월경 유출에 대해 긴장하는 여성들은 근육 긴장 두통의 후보자인 것이다. 그러나 편두통은 뇌에서 혈액 흐름의 변화로 생긴다. 편두통은 일반적으로 머리의 한 쪽에 한정되어 있어서 종종 시각 장애를 수반한다.

무월경

무월경(amenorrhea)은 월경이 없는 것이며, 불임의 주요한 신호이다. **1차 무월경(primary amenorrhea)**은 16 또는 17세경까지 전혀 월경을 하지 않는 여성에 있어서 월경이 없는 것을 말한다. **2차 무월경(secondary amenorrhea)**은 과거에 규칙적인 기간을 갖는 여성에 있어서 월경기간이 지연되거나 없는 것을 말한다. 무월경은 생식계 구조의 이상, 호르몬 이상, 낭종과 종양의 생성, 그리고 스트레스와 같은 심리적인 문제들을 포함하여 다양한 원인을 가지고 있다. 임신 기간과 폐경기에서 무월경은 정상적이다. 무월경은 일종의 식이 장애인 **신경성 식욕부진(anorexia nervosa)** 증상을 나타내기도 한다. 그것은 체중 증가에 대한 강한 불안감과 정상 체중을 유지하기에 충분한 식사를 거부하는 특징을 나타내는데, 종종 극도의 체중 감소(때때로 생명을 위협하는)를 초래하기도 한다. 신체의 쇠약을 수반하는 호르몬의 변화는 월경의 중단 때문인 것으로 생각된다. 무월경은 승부를 다투는 장거리 주자처럼 필사적으로 운동하는 여성에게 일어날 수도 있다(Robert-McComb, 2008). 여성 육상경기 선수의 월경 중단이 격렬한 운동 자체 때문인지, 저체지방과 같은 신체적 요인과 관련된 것인지, 강도 높은 훈련에 대한 스트레스 때문인지, 또는 복합적인 요인들 때문인지는 불명확하다.

프로스타글란딘(prostaglandin) 출산에서처럼 자궁벽에 있는 근육섬유가 수축을 일으키도록 하는 호르몬.

유방통(mastalgia) 때때로 월경 전 불편감을 일으키는 유방의 팽창.

무월경(amenorrhea) 월경이 없음.

1차 무월경(primary amenorrhea) 아예 월경이 없는 여성의 무월경.

2차 무월경(secondary amenorrhea) 월경이 있었던 여성의 무월경.

신경성 식욕부진(anorexia nervosa) 식사에 대한 정신적인 질환으로서 특징은 체중 증가에 대한 강한 불안감과 정상 체중을 유지하기에 필요한 식사를 거부함.

그림 3.16 중증월경전증후군(PMDD)의 증상.

유의점: PMDD를 진단하기 위하여, *DSM-IV-TR*은 증상들이 특정 연도에 국한되지 않고 대부분의 월경주기 동안 존재하는 것을 필요로 한다. 그 생리기간 전 일주일 동안에 거의 모든 시간에 그 증상들 중에서 5개 이상이 존재해야만 하며, 생리기간이 시작된 후 수일 안에 끝난다. 적어도 하나의 증상이 첫 4개 중 하나라야 한다. 그 증상들은 직장이나 학교에서 또는 사회적 활동과 관계에서 기능을 현저하게 손상시킨다.

출처: *DSM-IV-TR* (2000). Washington, DC: American Psychiatric Association.

1. 슬픔, 절망 또는 무가치의 감정
2. 긴장, 불안, "안절부절못하는" 감정
3. 자주 우는 것을 포함하여 기복이 심한 기분의 변화
4. 지속적인 조급함과 분노로 인한 대인관계의 갈등 증가
5. 사회적 관계로부터 이탈됨과 함께 일상적인 활동에 대한 관심의 감소
6. 집중 곤란
7. 피로, 무기력, 에너지 부족
8. 폭식이나 특정 음식을 갈망하는 것 같은 심한 식욕의 변화
9. 과도한 수면 또는 불면
10. 억눌리거나 통제 불능의 감정
11. 유방의 늘어짐이나 팽창감, 두통, 관절통이나 근육통, 팽만감, 체중 증가 등 신체적 증상

월경전증후군과 중증월경전증후군

월경전증후군(premenstrual syndrome, PMS)이라는 말은 매달 월경 전에, 4~6일 간격으로 많은 여성들을 괴롭히는 생물학적, 정신적 증상의 조합을 나타낸다. 많은 여성들에게 월경전증후군은 월경하는 동안 지속된다. **중증월경전증후군(premenstrual dysphoric disorder, PMDD)**은 미국정신과협회 편람(DSM)에 의해 진단의 범주로서 사용되는 보다 기술적인 용어이다. PMDD은 PMS보다 심각하며, 그 특징은 그림 3.16에 나타낸 증상들이다. 그 용어가 항상 정확하게 시용되지는 않으며, 어떤 사람들은 그것을 PMS와 혼동하여 실수하기도 한다. 그러나 PMDD의 진단은 증상의 5개 또는 그 이상이 그 기간 전주 동안, 그리고 그 기간이 시작된 후 수일 안에 끝나는 시간이 있어야 한다. 적어도 하나의 증상이 첫 4개 중에 하나이어야 한다. 덧붙여 PMDD를 진단하기 위해서, DSM은 그러한 증상들이 지난해 이후로 대부분의 월경주기 동안에 존재해 왔다는 것과 그것들이 명백히 직장이나 학교에서 또는 사회적 활동과 관계에서 기능을 손상시킨다는 것이 필요하다.

거의 4명 중 3명의 여성이 어떤 폐경전증후군을 경험한다(Sommerfeld, 2000). 타이완의 중국 여성에 대한 연구에서 PMS의 가장 일반적인 증상들은 작은 심리적 불편, 근육 긴장, 그리고 통증이라고 보고되었다(Hsiao 등, 2002). 대부분의 경우는 가벼운 것에서 중간 정도의 불편이다. 소수의 여성만이 사회적, 교육적, 직업적 기능을 해칠 만큼 심각한 월경증후군을 가지고 있다고 보고되었다. PMS와 PMDD의 원인은 불명확하지만, 연구자들은 PMS와 PMDD을 포함한 월경의 문제들과 신체의 화학적 불균형 간의 가능성 있는 관계에 주목하고 있다. 연구자들은 PMDD를 갖고 있는 여성들과 PMS를 갖고 있거나 증상이 없는 여성들 간에 아직 에스트로겐이나 프로게스테론의 수준 차이를 발견하지 못했다(Bäckström 등, 2003). 증상이 없는 경우는 이러한 호르몬들에 대한 비정상 반응인 것으로 추측된다(Schmidt 등, 1998). 또한 PMS와 PMDD은 세로토닌과 같은 신경전달물질의 불균형과 관계있는 것으로 나타난다(Bäckström 등, 2003; Mortola, 1998). 신경전달물질은 신경계의 화학전달물질이다. 세로토닌 불균형은 식욕의 변화와도 관련이 있다. PMS와 PMDD를 갖고 있는 여성들은 황체기에 다른 여성들

월경전증후군(premenstrual syndrome, PMS) 매달 월경 전에, 4~6일 간격으로 많은 여성들을 규칙적으로 괴롭히는 신체적 정신적 증후군의 조합(예, 불안, 우울증, 자극 감응성, 체액 정체에 의한 체중 증가, 복부불쾌감).

중증월경전증후군(premenstrual dysphoric disorder, PMDD) 월경전증후군의 경우를 설명하는 미국정신과협회(APA)에 의한 하나의 진단. 그 특징에는 심각한 기분의 변화와 직장에서 학교에서 또는 사회적 관계에서 기능 장애가 있다.

에 비해 식욕이 크게 증가함을 나타낸다. 또 다른 신경전달물질인 감마아미노부티르산(γ-aminobutyric acid, GABA)도 월경전 문제들과 관련되어 있음을 보여준다. GABA의 수준에 영향을 미치는 약들은 이런 문제들을 가지고 있는 여성들에게 도움이 된다(Bäckström 등, 2003). PMS와 PMDD는 난소 호르몬들과 신경전달물질들 간의 복잡한 상호작용에 의해 잘 일어나는 것 같다(Bäckström 등, 2003; Reed 등, 2008).

두 세대 전에는, 월경 전 장애가 여성들이 참아야 하는 "여성의 운명"으로 여겨졌다. 더 이상 이제는 그렇지 않다. 오늘날에는 많은 치료 방법들이 있다. 이러한 것들은 훈련을 포함하며, 다음과 같다: 식이 조절(예를 들어, 2 또는 3회의 많은 양의 식사보다는 하루에 적은 양의 음식을 여러 차례 먹기, 소금과 설탕 섭취를 제한하기, 비타민을 함유한 음식을 보충하기); 호르몬 치료(보통 프로게스테론); 불안을 감소시키거나 신경계의 세로토닌 양을 증가시키는 약물 치료. 다음 면에 있는 자기평가에 의해, 당신은 PMS를 가지고 있는지, 어떻게 그 증상이 당신에게 영향을 미치는지를 알 수 있다. 만일 당신이 심하거나 매우 심한 증상을 가지고 있다면, PMDD로 진단받게 될 것이다. 여성들이 PMS나 PMDD라면 무엇을 해야 할까? 부인과 전문의의 점검을 받으라. 그리고 다음 절에 있는 제안에 주의를 기울이라.

비판적인 사고하기

비판적 사고자들은 지나친 단순화를 피한다. 어떻게 PMS와 PMDD가 생물학적, 심리학적 요인들 모두를 포함한 복잡한 원인을 갖게 되는지를 설명하라. 약물과 인지-행동 요법 모두 PMS와 PMDD를 가지고 있는 여성에게 도움이 된다는 연구결과는 어떤 의미가 있는가?

월경 불편을 어떻게 다룰 것인가

대부분의 여성들은 어떤 월경 불편을 경험한다. 지속적인 월경의 고통을 갖고 있는 여성들에게 여기에 나열된 제안들은 도움이 될 것이다. 연구자들은 통제 연구에서 이런 기술들의 효과성을 연구하는 중이다. 당신이 원한다면, 전체 중에서 당신에게 맞다고 생각되는 제안들을 시도해 볼 수 있다. 만일 당신이 어떤 도움을 받으려면, 몇 개월 동안 그것들을 시도해보라.

- 자신을 나무라지 말라! 월경문제들은 일단 여성의 "히스테릭한" 특성 때문이라고 잘 못 생각하게 된다. 이것은 난센스다. 월경문제들은 주로 호르몬의 변화나 월경주기 동안에 뇌의 화학적 변동을 반영하여 나타난다. 연구자들은 아직 충분하게 원인 요소들이나 양상을 밝히지 못했지만, 지식이 부족하다고 해서 월경문제를 가지고 있는 여성들이 히스테릭하다는 것을 의미하지는 않는다.
- 월경 일람표를 만들어라. 그러면 당신의 월경 증상을 체계적으로 추적하고 양상을 확인할 수 있다.
- 가장 고통스러운 날들을 다루기 위한 전략을 개발하라. 그 전략은 당신의 즐거움을 높이고 그런 날들이 당신에게 미치는 스트레스를 최소화하는 데 도움이 될 것이다. 당신의 월경 불편을 분산시키는 활동들은 도움이 될 수 있다. 영화를 보고, 읽고 싶었던 책을 읽어라.
- 고통을 만들 수도 있는 월경에 대한 자기 패배를 숨기고 있는지를 생각해보라. 가까운 친지들이나 친구들은 월경을 하나의 병, "불결"의 시기, "더러운 것"으로 보고 있는가? 생리기간 중 사회적 활동을 제한하는 것과 같이 말이 아니라 당신의 행동에 영향을 미치는 방법에 있어서 당신은 이런 태도들 중 어느 것을 채택하고 있는가?
- 특히 당신에게 심각한 증상이 있다면, 당신의 관심사에 대해 부인과 전문의를 만나라. 심각한 월경증후군은 자궁내막염과 골반염증질환(PID)과 같은 내과 질환의 2차 증

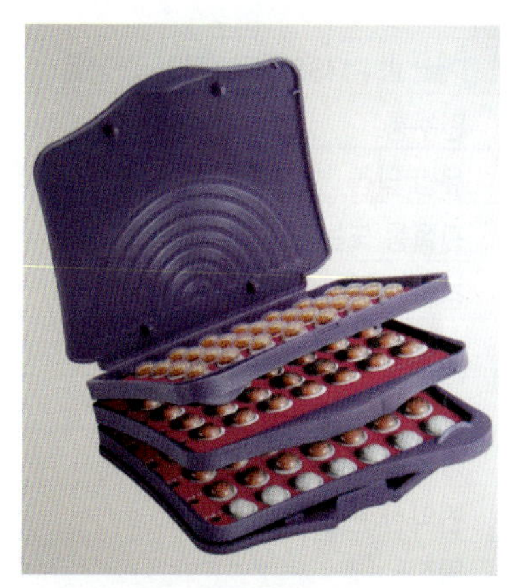

경구피임약 시즈날레(Seasonale). 시즈날레를 사용하는 여성들은 매년 4회의 기간만을 갖게 된다.

자기평가

당신은 PMS 또는 PMDD를 겪고 있는가?

월경전증후군(PMS)은 월경 전과 월경 동안의 8일 정도의 기간 동안 여성에게 영향을 미치는 일단의 증상들이다. 연구결과들은 대부분의 여성들이 이러한 증상들의 일부를 가지고 있지만 심각하게 일상의 기능을 손상시킬 만큼 심하지는 않음을 나타낸다. 만일 그런 증상들이 나타난다면 이러한 증상들은 아마 중증월경전증후군(PMDD)의 단서일 수 있다. 심각하거나 매우 심각한 증상들을 가지고 있는 여성들이라면 부인과 전문의와 상담하는 것이 좋다.

당신은 PMS 또는 PMDD를 겪고 있는가? 다음의 자기평가를 완성하여 당신이 어떤지 여부를 알아보라.

지시: 다음의 표는 PMS와 PMDD의 정신적, 신체적인 증상들을 나열한 것이다. 당신이 이러한 증상들에 대한 해당 여부와 얼마나 심각한지에 대해 알맞은 곳에 표시하라. 그 다음 부록 A에 있는 답으로 넘겨 당신의 응답을 평가해보라.

Part I: PMS의 정신적인 증상들	해당 없음	가벼움	보통	심각함	매우 심각함
사고를 당하기 쉬운					
우울증					
불안					
공황					
기분의 두드러진 변화					
한바탕 울기					
갑작스러운 분노					
과민					
일상 활동의 흥미 상실					
집중 곤란					
기운이 없음					
지나친 음주					
좌절감					
특정 음식에 대한 과식 또는 갈망					
불면증 또는 과도한 수면					
통제 불능 또는 압도당하는 기분					
편집증(피해망상)					

Part II: PMS의 신체적인 증상들	해당 없음	가벼움	보통	심각함	매우 심각함
편두통					
유방 압통					
관절통 또는 근육통					
경직					
체중 증가					
팽만감					
몽롱함					
빈약한 운동 협응					
탈진					
눈밑의 다크서클					
물기가 많은 눈					

운동은 월경 불편을 타개하기 위한 한 가지 방법이다. 어떤 여성들은 격렬한 운동이 월경불편을 완화시켜 주는 것을 알게 된다.

상일 수가 있다. 그것을 점검하라.

- 매년 4회(Seasonale or Seasonique) 또는 1회(Lybrel)의 월경 기간의 수를 감소시키는 경구피임약에 대해 부인과 전문의에게 문의하라. 어떤 것들은 기간을 단축시킨다(Roan, 2006).
- 영양분이 많은 식사 습관을 개발하라. 그리고 그것들을 꾸준하게 지속하라. 특히 월경 전 수일 동안 알코올, 카페인, 지방, 단것의 섭취를 제한하도록 주의를 기울이라. 연구결과에 의하면 저지방 채식은 월경통의 지속시간과 강도, 그리고 월경전증후군의 지속시간을 경감시킨다는 것을 시사한다(Barnard 등, 2000).
- 적은 횟수의 아주 배부른 식사보다는 여러 번 적은 양의 식사(영양분이 많은 가벼운 식사)를 하라.
- 일부 여성들은 조깅, 수영, 사이클링, 빠른 걷기, 춤, 스케이트, 로프 타기 등 격렬한 운동이 월경전 불편과 월경 불편을 완화시키는데 도움이 된다는 것을 알게 되었다. 운동은 월경 불편을 완화하고 억제하는데 도움이 된다는 연구결과가 있다(Daley, 2009).
- 비타민과 미네랄 보충제(칼슘과 마그네슘 등)에 대해 당신의 의사와 의논하라. 비타민 B6는 일부 여성들에게 도움이 된다(Chavez & Spitzer, 2002).
- 이부프로펜(브랜드명: Medipren, Advil, Motrin 등)과 그 외 처방전 없이 사용가능한 의약들이 경련에 도움이 될 수도 있다. 항불안제(예, alprazolam)와 항우울제(선택적 세로토닌 재흡수억제제, SSRI)와 같이 처방전이 필요한 의약들도 역시 도움이 될 수 있다(Bäckström 등, 2003; Stearns 등, 2003). 항우울제는 PMS 또는 PMDD를 가지고 있는 여성들에게 도움이 될 수 있다는 점에서 신경전달물질의 수준에 영향을 미친다. 항우울제를 사용하는 것이 PMS나 PMDD가 있는 여성들이 우울증도 있다는 것을 의미하지는 않는다. 의사의 추천을 요청하라.
- 월경문제들이 기한이 있다는 것을 염두에 두라. 인생 또는 하나의 경력을 통과하는 것이므로 염려하지 말라. 다만 며칠간만 견뎌라.

이 장에서 우리는 여성 성기관의 해부와 생리를 알아보았다. 다음 장에서 우리의 관심은 남성에게로 옮겨 갈 것이다.

3.6 여성 생식기관의 해부와 생리

총정리: 재숙고, 재인용, 재검토

이 책은 PQ4R 방법을 사용하고 있다. 여러분은 맨 먼저 장 읽기, 즉 첫 번째 R을 잘 마쳤다. 이제부터 나머지 3R(총정리), 즉 재숙고, 재인용, 재검토는 여러분이 숙달한 정도를 여러분 스스로 테스트해 볼 수 있게 해줄 뿐 아니라, 이 장의 내용들을 이해하고 기억할 수 있게 도와줄 것이다.

재숙고

- 여성 성기관은 당신이 알고 있는 것보다 더 복잡한가? 그렇다면 이 장의 정보에 의해 어떤 잘못된 생각을 바로 알게 되었는가?
- 여권신장론자인 저메인 그리어(Germaine Greer)는 "유방이 받는 주의 정도는 실제로 유방 성도착자들이 원하는 혼란과 결합되어 그것들에 대하여 여성들을 지나치도록 불안하게 만든다. 즉, 그것들은 항상 너무 작고, 너무 크고, 모양이 나쁘고, 너무 축 늘어진 것이 틀림없다."라고 쓰고 있다. 당신에게 자신의 가슴의 크기와 형태는 얼마나 중요한가? 그 이유는?
- 사람들은 당신의 사회문화적인 배경으로부터 월경에 대한 어떤 특정한 태도를 유지하려는 경향이 있는가? 그것들은 무엇인가? 당신은 이런 태도들을 공유할 수 있는가? 설명하시오.
- 당신(또는 당신의 사랑하는 사람들)은 PMS나 PMDD를 경험하는가? 당신(그들)은 그것에 대해 무엇을 하고 있는가? 그 이유는?

▶ **비판적인 사고하기:** 여성의 해부학과 생리학에 대한 자료가 여성 성기관에 대한 당신의 견해를 바꿨는가? 당신의 견해가 바뀌지 않았다면, 그 이유를 설명하시오.

재인용

1. 여성의 외부 성기관은 무엇인가?

- 음부는 치골 부위를 덮고 있는 지방조직의 둔덕이다. 대음순은 음문의 양쪽 옆을 따라 음부로부터 아래쪽으로 달리는 피부의 큰 주름이다. 소음순은 요도구와 질구를 둘러싸고 있는 털이 없는 막이다. 음핵은 성적 감각에 극히 민감하지만 생식에 직접적으로 관여하지는 않는다. 전정은 질과 요도의 개구를 포함하는 소음순 내 부위이다. 오줌은 요도구를 통하여 여성의 신체를 빠져나간다. 질구는 요도구 아래에 있다.

2. 여성의 내부 성기관은 무엇인가?

- 월경의 배출과 신생아는 질을 통하여 자궁으로부터 외부 세계로 나온다. 성적 결합시 음경이 질에 들어간다. 자궁경부는 입구를 가지고 있다. 자궁경부암은 HPV와 연관이 있으며 팹테스트로 찾아낼 수 있다. 자궁은 수정란이 착상되어 출산 시까지 발생하는 배모양의 기관이다. 자궁 내면은 자궁내막이라 한다. 난자는 난관을 통하여 자궁으로 가며, 정상적으로 이 난관 안에서 수정되는 것이다. 난소는 난자와 성호르몬인 에스트로겐과 프로게스테론을 생산한다.

3. 유방은 무엇인가?

- 유방은 젖샘을 함유하고 있는 2차 성징이다. 유방암 환자들은 유방에 혹을 가지고 있지만, 대부분의 혹들은 양성이다. 위험인자들에는 가족력, BRCA1 또는 BRCA2 돌연변이, 에스트로겐에 대한 노출, 그리고 알코올 등이 있다.

4. 월경주기란 무엇인가?

- 월경은 생식주기에서 난자가 수정되지 않을 때 자궁내막의 허물로부터 유래하는 주기적인 출혈이다. 그 주기는 증식기, 배란기, 분비기, 월경기 등 네 시기로 나뉜다. 첫 번째 시기에서 난자는 난포 내에서 성숙하며, 자궁내막 조직은 증식한다. 두 번째 시기에서 배란이 일어난다. 세 번째 시기에서 황체는 자궁내막을 두껍게 하는 풍부한 양의 프로게스테론과 에스트로겐을 생산한다. 만일 난자가 수정되지 않으면, 프로게스테론과 에스트로겐 수준의 하락으로 네 번째 시기인 월경기를 촉발시킨다.
- 폐경기는 월경의 중단이다. 폐경전후기는 폐경기의 시작이며, 불규칙한 기간 또는 무월경이 특징이다. 갱년기는 에스트로겐의 감소와 폐경기의 끝으로 뚜렷하게 구분되는 수 년의 과정이다. 호르몬치환요법은 에스트로겐과 프로게스테론의 상실을 보상하며, 식은땀, 열감, 홍반, 건조 피부, 유방조직의 상실, 질 윤활작용의 감소 등을 포함하는 폐경전후기와 폐경후기 증상들을 가지고 있는 여성들에게 도움이 된다. 그러나 HRT는 유방암 및 자궁내막암의 위험 증가와 관련이 있다.

5. 여성들은 어떤 종류의 월경문제들과 부딪치게 되는가?

- 월경곤란은 통증을 수반하는 월경으로서 가장 일반적인 월경 문제이며, 골반경련은 가장 흔한 증상이다. 무월경은 월경이 없는 것으로서 생식계 구조의 이상, 호르몬 이상, 낭종, 종양, 스트레스에 의해 일어난다. 월경전증후군(PMS)의 특징은 우울증과 불안, 과민, 집중 곤란, 편두통, 유방 압통, 팽만감 등이다. 중증월경전증후군(PMDD)은 증상들이 과도하고, 학교, 직장, 또는 관계에서 기능을 손상시킬 때 일어나는 것으로 알려진 심각한 경우의 PMS와 같다

재검토

1. HPV는 _______과 관계 있다.
   (a) 자궁경부암
   (b) 자궁내막암
   (c) 유방암
   (d) 난소암

2. 오줌은 _______을(를) 통하여 배출된다.
   (a) 자궁
   (b) 요도
   (c) 자궁경부
   (d) 질구

3. 월경 경련은 _______에 의해 일어난다고 생각된다.
   (a) 에스트로겐
   (b) 프로게스테론
   (c) 프로스타글란딘
   (d) 테스토스테론

4. 열감(hot flashes)과 홍반(hot flushes)은 주로 _______의 파동으로부터 기인한다.
   (a) 자궁경부
   (b) 혈관
   (c) 난소의 난포
   (d) 근육

5. 자궁내막은 월경주기의 _______ 동안 발달한다.
   (a) 배란기
   (b) 월경기
   (c) 분비기
   (d) 증식기

6. _______의 큰 변동이 배란을 촉발시킨다.
   (a) 난포자극호르몬
   (b) 황체형성호르몬
   (c) 옥시토신
   (d) 프로락틴

7. _______의 기능은 오로지 성적 쾌감을 느끼는 것만으로 알려진 유일한 기관이다.
   (a) 자궁경부
   (b) 질
   (c) 유방
   (d) 음핵

8. HRT를 시행하는 여성들에게, _______과 에스트로겐의 조합은 자궁내막암의 위험을 낮춰준다.
   (a) 프로게스틴
   (b) 프로락틴
   (c) 옥시토신
   (d) 프로스타글란딘

9. G 스팟에 대한 회의론자들은 대부분이 _______ 것을 주장한다.
   (a) 앞쪽 질벽은 성적 자극에 민감하지 않다는
   (b) G 스팟은 별개의 성기관이 아니다는
   (c) G 스팟의 존재에 대한 어떤 연구도 없었다는
   (d) G 스팟은 성기관으로서 양식 없는 명칭이다는

10. 시상하부는 혈액 중 낮은 수준의 에스트로겐을 감지하게 되면, 그것은 Gn-RH의 분비를 증가시킨다. 그 다음 Gn-RH는 뇌하수체가 _______를(을) 방출하도록 촉발시킨다.
    (a) FSH
    (b) LH
    (c) 성숙 난포(그라프 난포)
    (d) 프로락틴

정답: 1. a; 2. b; 3. c; 4. b; 5. d; 6. b; 7. d; 8. a; 9. b; 10. a

4장

남성 생식기관의 해부와 생리

목차

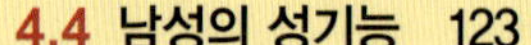

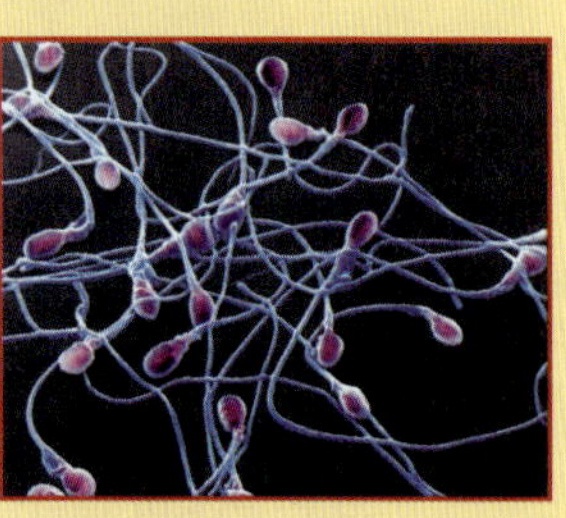

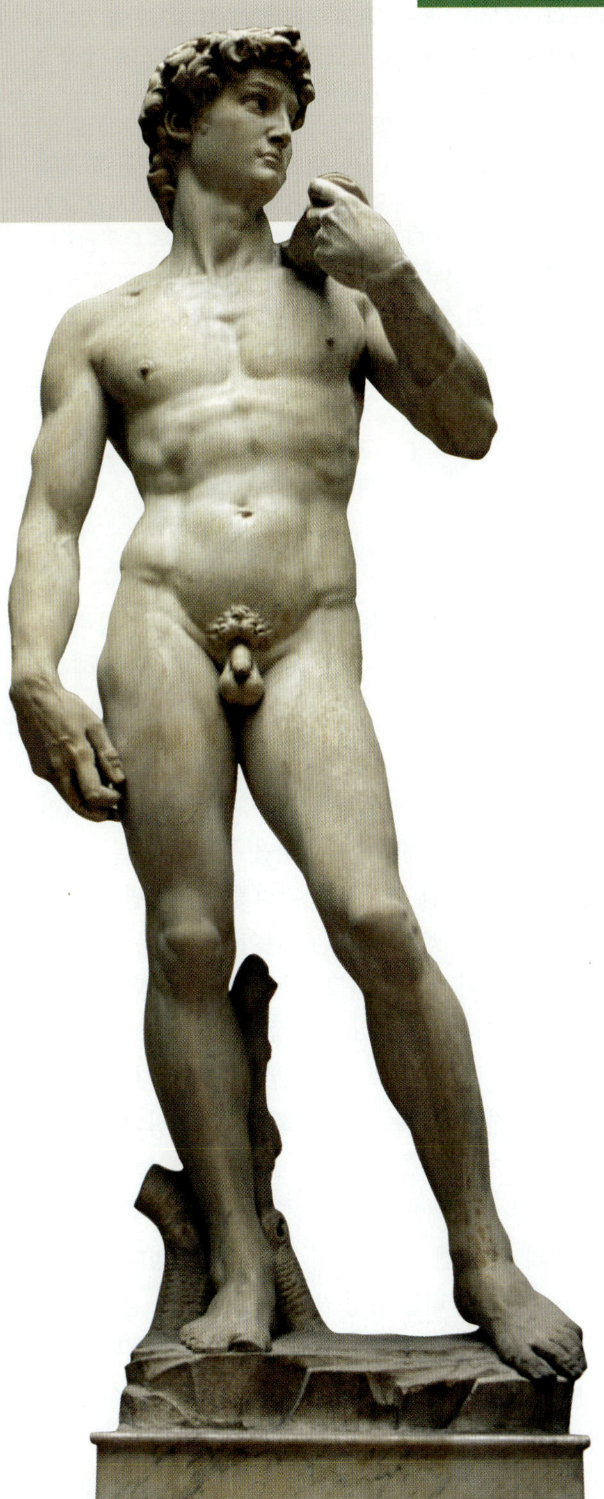

사실인가 아니면 허구인가

다음 중 어느 것이 사실이고 어느 것이 허구인가? 답은 본문 안에 있는 「사실인가 아니면 허구인가」 아이콘에서 만날 수 있다.

1. 음경은 뼈와 근육을 가지고 있다. T F
2. 아빠는 아기의 성을 결정한다. T F
3. 정액은 정자와 동의어이다. T F
4. 아침 발기는 오줌이 마려운 것 때문이다. T F
5. 남자들은 의지에 따라 발기할 수 있다. T F
6. 음경은 자기 스스로 판단한다. T F
7. 허리 아래가 마비된 남자들도 발기할 수 있으며, 성교가 가능하고, 사정할 수 있다. T F
8. 남자들은 사정 없이도 오르가즘을 느낄 수 있다. T F

서른네 살의 어떤 중국인이 영화를 보는 동안 소변이 마려움을 느꼈다. 화장실에서 그는 갑자기 자신의 생식기 부위의 감각이 없어지고, 그의 음경이 자기 몸속으로 움츠러든다는 두려움이 점점 커지게 되었다. 그는 패닉 상태에 빠지게 되었고, 다리가 풀렸다. 그는 자신의 음경이 움츠려 들지 않도록 붙잡은 채 바닥에 주저앉았다. 30분이 지나서야 이런 상황은 멈추게 되었다. 그는 건강전문가를 찾아갔는데, 건강전문가는 그에게 음경은 움츠려 들지 않는다는 확신을 주었고, 그 후로 그 중국인은 그런 경색 때문에 고통 받는 일은 없었다.

그 중국인은 생식기 위축 증후군(genital retraction syndrome)인 코로(Koro)를 경험했던 것이다. 이것은 말레이시아, 인도네시아, 그리고 중국 등에서 발견되며, 남자들이 자신의 음경이 몸 쪽으로 수축되고 위축된다고 그릇 믿게 되는 병이다(Dzokoto & Adams, 2005; Freudenmann & Schönfeldt-Lecuona, 2005). 경색이 일어나는 동안 그들은 음경이 빨려 들어간다고 불안해 하지만 실제로 그것이 빨려들어 가지는 않는다. 그것은 해부학적으로 불가능하다. 코로는 남자가 추운데서 소변을 보려고 할 때, 자위행위나 매춘에 대한 죄책감을 가질 때, 그리고 성관계에 대한 우려 또는 아내와 언쟁을 벌일 때 주로 일어난다.

남성들은 일반적으로 움츠러들지 않도록 자신의 생식기를 잡게 된다. 그래서 도움이 된다고 느낄 때까지, 끈, 젓가락, 집게 또는 작은 추 등과 같은 기계적 장치를 이용하기도 한다. 코로가 흔하지는 않지만, 일종의 집단 히스테리로서 그러한 증후군에 대한 급속한 확산이 지난 수년 동안 싱가포르의 남자들 사이에서 발생했다.

코로 경색을 경험한 대부분의 남자들은 건강전문가의 처방처럼 해부학적 정보나 안심시키는 말들이 도움이 된다. 최근 2건의 사례에서 경색증을 가지고 있는 남자들이 효과적으로 항우울제로 치료되었다(Kennedy & McDonough, 2002; Nakaya, 2002). 이러한 치료 효과의 이유는 아직 명확하지는 않다. 이러한 치료들이 비통제적인 사례연구라 할지라도, 항우울제가 플라세보처럼 작용했을 가능성이 있다. 플라세보란 "설탕으로 만든 알약(sugar pills)"으로서 그것들이 작용할 것이라는 환자의 믿음이 곧 "치료제"인 것이다.

코로는 중국인의 "문명과 결합된 증후군"인데, 그것은 남성의 양성 에너지의 한 형태인 양기의 상실감(또는 상실감에 대한 두려움)을 반영하는 것으로 여겨진다. 양기는 자연에서 여성 에너지인 음기에 의해 균형을 이루게 된다. 그럼에도 불구하고, 다른 문화권으로 확산되는 몇몇 코로의 경우가 있다(Kennedy & McDonough, 2002). 그러나 이 시대의 건강 정보가 더욱 광범위하게 확산됨에 따라 코로가 많아진 것에 비해 전체적으로는 더 적어진 것 같다.

그 중국인의 경험은 우리들에게 육안으로 보는 남성 성기의 크기와 그것의 주변에서 자라난 민속문화의 중요성에 대한 정보를 준다. 서구 문명의 여명기에 사람들은 남근 숭배사상에 젖어 있었다. 남근의 상징은 쟁기, 도끼, 칼의 형태로 예술 속에서 미화되었다. 고대 그리스인들은 디오니소스 행진에서 남근 상징으로서 과장된 물고기의 형상을 달고 있었다. 디오니소스 행진이란 인간의 성을 기념하는 야만적이고 광란적인 축제이다. 그리스인들도 남근 반지와 목걸이로 자신들을 꾸몄다.

고대 로마인들은 커다란 남근의 형태로 꽃수레를 장식하고 거리를 행진하면서 비너스를 찬양했다. 로마 법정에서 성서에 손을 얹고 맹세하는 것과 같이 남성들은 종종 성기를 잡고 진실을 말할 것을 맹세했다. Testes와 *testicles*(고환)는 동일한 라틴어 말인 "testify(증언하다)"에서 왔다. *Testis*라는 라틴어 말은 "a witness(증인)"을 뜻한다.

오늘날에도 큰 성기를 가지고 있는 남자는 남자 동료로부터 부러움을 산다. 이러한 문화적인 태도 때문에 자기가 기대에 부합되지 못한다는 것을 느낄 때 젊은 사람들이 그들 스스로를 하찮게 여기게 되는 것이다. 늦게 성숙한 아이들은 또래들에 의해 조롱을 받기도 한다. 성인들 역시 자신의 음경이 여성들을 만족시킬 수 있을 만큼 큰지에 대해 의구심을 갖는다. 또한 그들은 자기 애인의 전 애인이 더 큰 성기를 갖고 있었다는 것에 대한 두려움을 갖고 있을 수도 있다. 이 장에서 우리는 남성 생식계의 해부와 생리를 이해하고 허구로부터 진실을 가려낼 것이다. 여성 생식계의 생리와 해부를 학습했던 것처럼 우리는 외부 생식계를 시작으로 내부로 이동할 것이다. 그 다음에는 남성 생식계 전반을 통하여 정자의 이동 경로에 초점을 맞추게 될 것이다.

학생들의 실제 질문

질문: 남자들은 정말로 자신들의 성기에 집착하나요? 왜 그런가요?

답변: 꼭 그렇지는 않다. 개인의 차이가 있다. 일반적으로 큰 음경은 우리의 문화에 더해서 고려된다. 그러나 그들의 섹스 파트너가 충분하게 흥분될 수 있는 한, 평균 크기 또는 다소 작은 음경을 가지고 있는 남자는 크기에 덜 관심을 갖는 경향이 있다.

4.1 외부 성기관

외부 생식기관에는 음경과 음낭이 있다(그림 4.1과 4.2).

음경

음경은 칼보다 강하다

—마크 트웨인(Mark Twain)

당신 주머니에 있는 것은 한 자루의 총인가요? 아니면 나를 봐서 기뻐하는 것인가요?

—매 웨스트(Mae West)

언뜻 보기에 여성의 생식기관과 비교해 볼 때, 음경의 구조는 단순하고 분명해 보인다. 그러나 그림 4.1에서 보는 것처럼, 음경의 외형상의 단순성은 오해이다. 표면 아래로 가면 훨씬 분명해진다. 여성의 질처럼 음경은 성관계에 이용되는 성기관이다. 그러나 여성의 질과는 달리, 음경은 오줌의 배출관으로도 작용한다. 정액과 오줌은 **요도 개구**(urethral meatus)를 통해 빠져나간다. 요도는 생식과 관련이 없는 방광과 연결되어 있으며, 정액을 운반하는 생식계의 부위와 연결되어 있다.

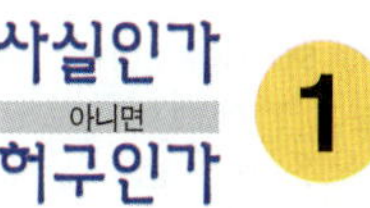

사실인가 아니면 허구인가 1: 개를 포함한 많은 포유류들은 음경을 단단하게 발기시키고 교미를 용이하게 해주는 음경 뼈를 가지고 있다. 그러나 속어인 "boner"라는 말에도 불구하고 사람의 음경은 뼈가 아니다. 또한 음경은 근육 조직도 가지고 있지 않다. 그

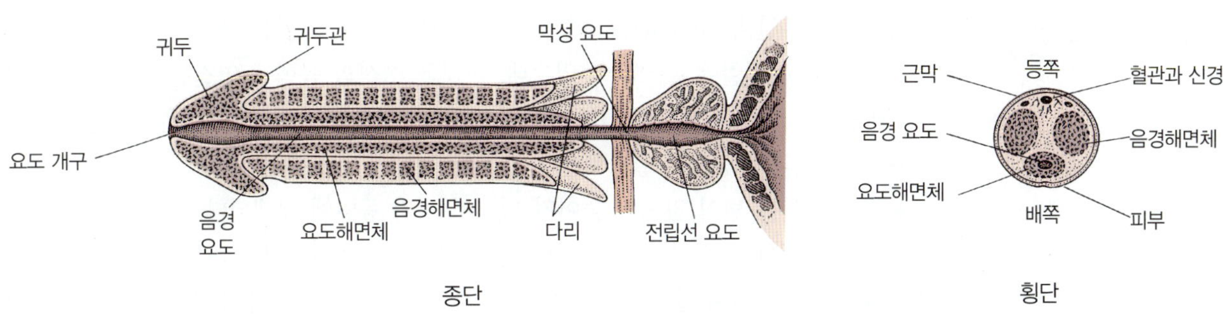

그림 4.1 음경. 성적 흥분 동안 음경해면체와 요도해면체는 혈액으로 채워져서 음경은 확장되고 딴딴해진다.

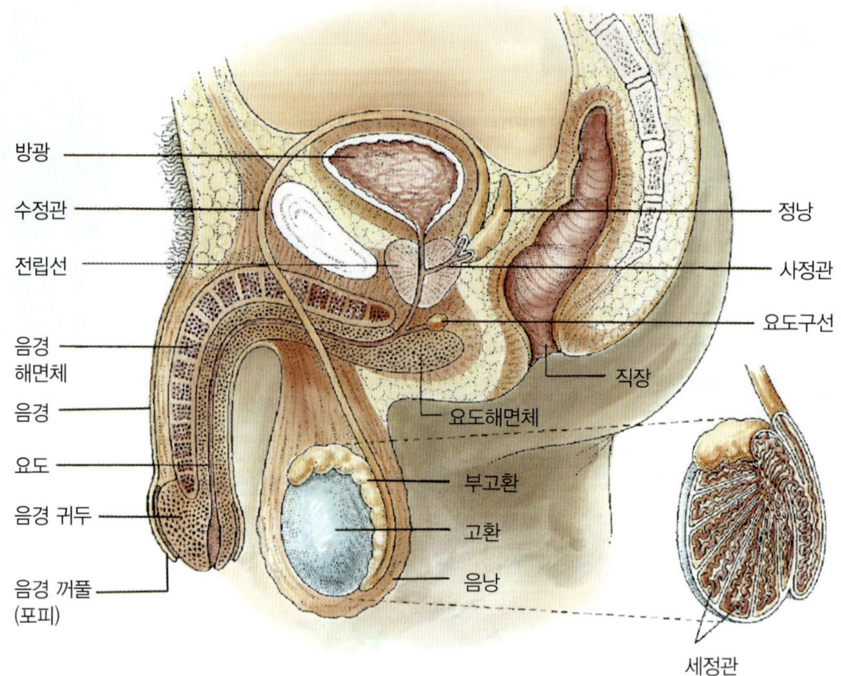

그림 4.2 남성 생식계. 외부 남성 성기관에는 음경과 음낭이 있다.

러나 여성의 질과 요도 개구부를 둘러싸는 근육과 마찬가지로, 음경의 기부에 있는 근육은 배뇨와 사정과 관련되어 있다.

뼈나 근육보다는 오히려 음경은 해면물질로 된 세 개의 원주형 구조로 되어 있다. 이것들은 혈액으로 채워지면 부풀어 오르게 된다. 성 흥분기 동안에 발기를 일으키는 보다 큰 두 개의 **음경해면체(corpora cavernosa,** 그림 4.1)가 나란히 놓여 있으며 음핵의 해면체처럼 기능을 한다. 남자가 흥분할 때, 그것들은 혈액으로 채워져서 딴딴해진다. 또한 **요도해면체(**해면체, **corpus spongiosum)**는 음경의 아래쪽 표면을 달린다. 그것은 끝에 요도 개구로 오줌을 배출하는 음경 요도를 갖고 있다.

여성의 음핵 귀두와 같은 음경 귀두는 성적 자극에 매우 예민하다. 그러나 직접적이고 지속적인 자극은 아리게 할 수 있다. 대부분의 남성들은 자위행위를 할 때에 귀두보다는 음경 몸통을 비비는 것을 더 좋아한다. **귀두관(corona)**은 귀두와 음경의 몸통을 구분해 준다. 그것도 성 자극에 매우 예민하다. **주름띠(frenulum)**는 몸통에 귀두의 아랫부분을 연결하는 얇은 조직의 띠로써 역시 매우 예민하다. 때문에 남성들은 음경의 끝부분이 가장 덜 예민하다는 것을 알게 된다.

음경의 기부인 **뿌리(root)**는 골반으로 연결되어 있다. 그것은 각이라 부르는 다리 유사 구조에 의해 치골에 부착되어 있는데, 이것은 여성의 음핵에 연결된 것과 유사하다. 음경의 몸통을 음경 **자루(shaft)**라고 한다. 음핵의 몸통과는 달리, 그것은 자유롭게 움직일 수 있다. 따라서 충혈의 결과로 발기가 되면 형태가 분명해진다.

음경의 피부는 털이 없으며 늘어져 있어서 발기 동안에 확대된다. 그것은 귀두의 바로 아래인 몸통에 고정되어 있다. 그러나 그것의 일부는 여성의 소음순처럼 주름져 있어서 부분적으로 귀두를 덮고 있다. 이렇게 덮고 있는 구조를 음경 꺼풀 또는 **포피 (foreskin)**라고 한다. 그것은 마치 음핵의 꺼풀(덮개)이 음핵 몸통을 덮고 있는 것처럼

음경해면체(corpora cavernosa) 원통형의 음경의 해면조직으로써 성적으로 흥분하면 혈액으로 채워지며 딴딴해진다.

요도해면체(corpus spongiosum) 음경의 밑을 따라 달리는 해면체로써 음경요도를 가지고 있으며 음경의 끝에서 확장되어 귀두를 형성한다.

귀두관(corona) 음경의 몸통과 기둥을 분리하는 관 모양 구조.

주름띠(frenulum) 음경 귀두의 밑과 자루를 연결하는 예민한 띠 모양의 조직.

뿌리(root) 골반으로 뻗어 있는 음경의 기부.

자루(shaft) 혈관에 혈액이 채워짐으로써 확장되는 음경 자루.

포피(foreskin) 음경 귀두를 덮는 늘어진 피부. 또한 음경 꺼풀(prepuce)이라고도 한다.

음경 귀두의 전부 또는 일부분을 덮고 있다. 포피는 자유롭게 귀두 위에서 움직이는 늘어진 피부로 구성되어 있다. 귀두지(smegma)는 마치 치즈와 같으며, 악취가 나는 일종의 분비물인데 이것은 포피 아래 축척되어 귀두에 부착되도록 한다.

학생들의 실제 질문

질문: 내 음경은 오른쪽으로 휘어져 있어요. 이것은 정상인가요?

답변: 그렇다. 음경은 곧게 뻗어 있지 않다. 본문에서 언급했던 것처럼 일반적으로 왼쪽 고환이 다른 쪽보다 더 밑으로 늘어져 있는데, 그 이유는 정삭의 길이가 다르기 때문이다.

포경수술 남성 **포경수술(circumcision)**은 외과적으로 음경 꺼풀을 제거하는 것이다(그림 4.3). 그것은 종교의식으로서 오랜 역사를 가지고 있다. 유대인들은 전통적으로 아기가 태어난 후 곧바로 남성 포경수술을 시행한다. 할례(포경수술)는 하나님과 아브라함의 백성 사이의 언약의 징표로써 시행되었다. 무슬림도 종교적인 이유로 포경수술을 하는데, 태어난 지 수년이 지난 후에 시행한다. 병원에서 행해지는 포경수술 비율은 중서부의 75%로부터 서부의 31%까지 미국 내에서도 매우 다양하다(*Medical News Today*, 2008). 그 비율은 미국 전역에 걸쳐 약 56%이다. 어떤 곳에서는 포경수술이 일반적이지 않은데, 라틴아메리카에서는 드물다. 라틴계 미국 이민자들은 미국 전체에 비율에 있어서 큰 차이를 나타낸다(*Medical News Today*, 2008). 그 비율은 캐나다에서 17%, 잉글랜드에서 5%이다. 그림 4.4는 전 세계에서 가장 높은 포경수술 비율은 주로 무슬림이 사는 국가에서 발견됨을 보여준다.

NHSLS(National Health and Social Life Survey)에 따르면 18~59세 사이의 남자 1,410명 중에서 유럽계 미국인 남성(81%)과 어머니가 대학 졸업자인 남성(87%)이 포경수술이 가장 많았다(Laumann 등, 1997). 그림 4.5는 미국 내에 다양한 민족 집단 사이의 포경수술 비율을 비교한 것이다. 그 그룹들은 일부 중복되기도 한다. 즉, 할례가 종교적 의식인 유대인 최대 다수는 역시 유럽계 미국인이다.

포경수술은 미국에서 광범위하게 확산되어 있는데, 그 이유는 의료연구에서 포경수술

포경수술(할례, circumcision) 음경의 포피를 외과수술로 제거함.

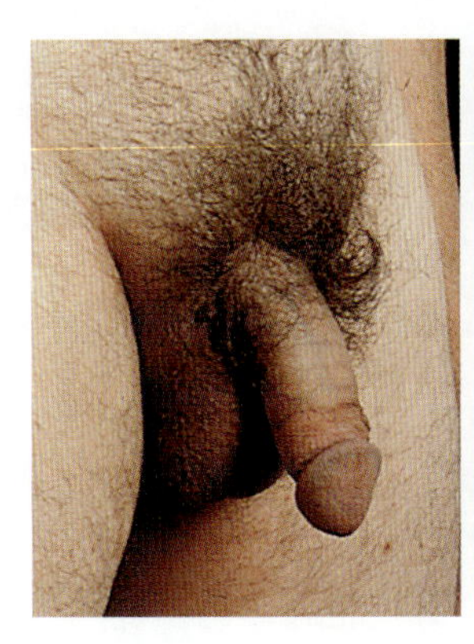

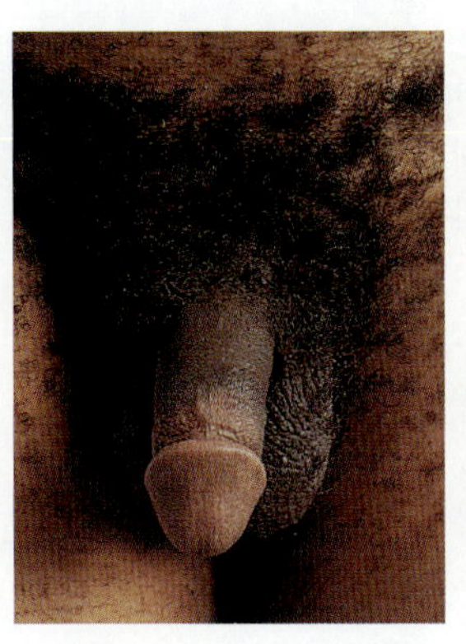

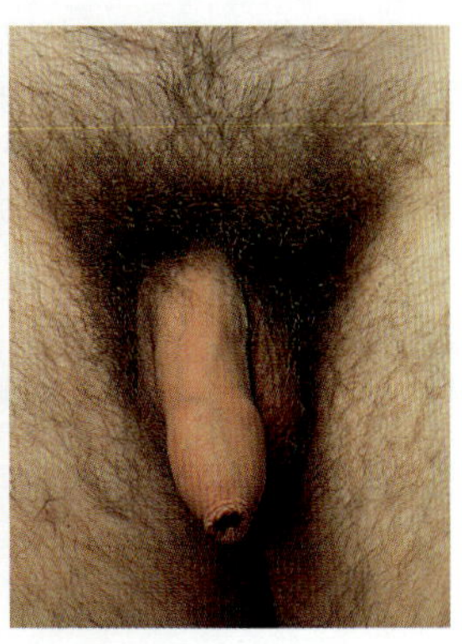

그림 4.3 남성 생식기의 정상적인 변이. 음경과 음낭은 사람에 따라 매우 다양한 외형을 지니고 있다. 오른쪽 음경은 포경수술을 하지 않은 것이다.

그림 4.4 세계의 포경수술 분포. 포경수술은 이슬람 국가에서 가장 많은데, 그것은 종교상의 의식 때문이다. 이스라엘 역시 종교적인 이유로 할례를 행한다.

이 요로 감염, HPV, HIV/AIDS(Tbian 등, 2008) 그리고 음경암에 대한 위험을 감소시킨다는 보고가 있었기 때문이다(Muckherjee 등, 2009). 아프리카의 높은 비율을 가지고 있는 두 개의 도시와 낮은 비율을 가지고 있는 두 개의 도시에서 HIV 감염의 발생 정도를 비교한 연구가 있다(White 등, 2008). 야운데, 카메룬, 그리고 코토누, 베냉에서, 성적으로 왕성한 남성들 사이의 HIV의 확산은 약 4~5%이었으며 그 남자들 99%가 포경수술을 했다. 포경수술 비율이 훨씬 낮은 키수무, 케냐, 그리고 느돌라, 잠비아에서는 HIV 감염 비율이 26~27%였다. 포경수술의 이러한 보호 효과는 HIV의 감염경로를 제공하는 국소적인 염증과 생식기 궤양의 낮은 발생 정도를 나타내며, 또한 HIV에 의한 감염을 허용하는 귀두 꺼풀의 랑게르한스 세포를 제거한데 대한 발생 정도를 반영하는 것처럼 보인다(Gray 등, 2009).

일부 부정적인 견해는 포경수술이 성감을 감소시킬 수 있으며(Liptak, 2003), 충분하게 마취한 후에 수술하지 않는다면 고통스럽다는 것이다. 1999년에 미국소아과학회(American Academy of Pediatrics)는 암과 STIs에 대한 상대적으로 높은 음경 위험이 포경수술이 일반적으로 수행되는 것을 추천하기에는 충분하지 않다고 발표했다. 또한 포경수술이 태어난 지 얼마 안 되는 아이들에게 동의 없이 시행된다는 것에 대한 비판 역시 논란이 되고 있다(Liptak, 2003).

외과 의사들은 포경수술이 귀두로부터 귀두 꺼풀을 수축시키는데 어려움이 있는 일

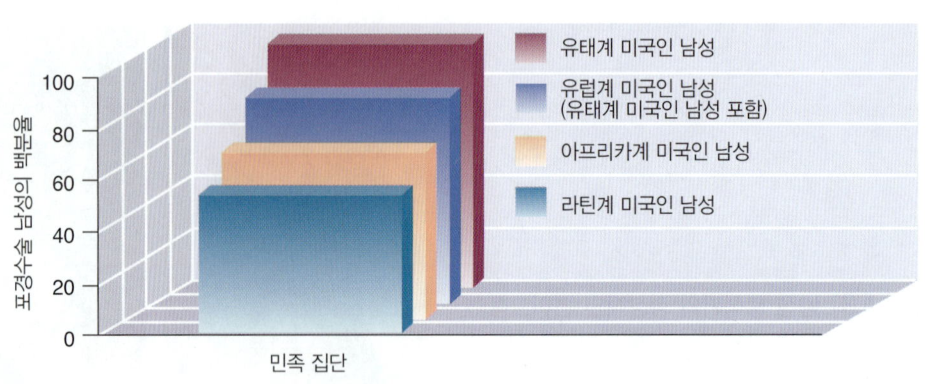

그림 4.5 누가 할례를 받았는가? NHSLS 연구에서, 포경수술은 유태계 미국인 남성 사이에 가장 많으며, 그 이유는 종교상의 의식 때문이다. 아프리카계 미국인 남성과 라틴계 미국인 남성과 비교해서 유럽계 미국인 남성들 사이에서는 흔한 편이다. 그 밖에 포경수술은 무슬림을 제외하고는 비교적 드물다. 무슬림 역시 종교상의 이유로 할례를 행한다.

출처: From "Circumcision in the U.S.: Prevalence, Prophylactic Effects and Sexual Practice," by E. O. Laumann, et al., *Journal of the American Medical Association*, 227(4/2/97), pp. 1052-1057. Copyright © 1997, American Medical Association. All rights reserved. Reprinted by permission.

종의 병으로서 **포경(phimosis)**을 치료하기 위한 선택이 될 수 있다고 동의한다. 하지만 오늘날, 포경을 가지고 있는 소수의 남성들만이 그런 이유로 포경수술을 한다(Rickwood 등, 2000).

비판적인 사고하기

남성의 할례와 3장에 기술된 여성의 할례(음핵 절제술) 사이의 유사점과 차이점은 무엇인가? 사람은 논리적으로 이런 것들 중 하나를 찬성하고 다른 하나를 반대할 수 있는가?

음경 크기

아이라스: 내가 그녀보다 한 치의 행운이 더 있지 않은가?

샤미언: 글쎄, 당신이 나보다 오직 한 치의 행운이 더 있다면, 어디서 그것을 선택할 것인가?

아이라스: 나의 남편의 코에서는 아니야.

—윌리엄 셰익스피어(William Shakespeare), 안토니오와 클레오파트라

우리의 문화에서 음경의 크기는 종종 남성성의 척도이며, 섹스 파트너를 즐겁게 할 수 있는 능력으로 보인다(Lever 등, 2006). 셰익스피어와 여러 작가들은 남성들이 수 세기 동안 가끔은 그들 스스로를 기쁘게 받아들일 때도 있지만, 많은 경우에 억울하게도 자기 자신을 낮춰 왔다는 것을 알려주고 있다. 자신의 성적 또는 생식적인 업적을 나타내는 남성들은 자신의 남자다움에 대한 보다 중요한 계약을 갖고 있다고 생각된다. 기능장애를 갖는 한 쌍의 남녀에 대한 임상 경험은 여성들이 남성의 음경의 크기보다는 파트너의 소통 능력 또는 감정 또는 관계성 등에 대한 불만이 더 많음을 보여준다(Zilbergeld, 1999). 그럼에도 불구하고 설문조사는 소수의 여성들이 남성의 음경의 크기에 불만족함을 보여주었다(Lever 등, 2006; Štulhofer, 2006).

약 52,000명의 이성 남녀의 인터넷 조사에서 남자의 2/3(66%)는 자신의 음경의 크기가 평균이라고 답했으며, 그들 중 22%는 크다고 답했고 12%는 작다고 대답하였다(Lever 등, 2006). 음경 크기에 대한 자체 보고는 체지방의 양과 상반적인 관계를 가지고 있는데, 이것은 15장에서 보고된 다른 연구와 일치한다. 즉, 남성의 성기능은 저밀도 콜레스테롤 농도와 상반됨을 나타내었다. 남자들은 오직 55%만이 만족했다는 것에 반해 대부분의 여성들(85%)은 자신의 파트너의 음경의 크기에 만족하고 있었다. 남성의 45%는 자신의 음경이 더 크기를 원했으며 단지 0.2%만이 작은 것을 원했다.

일반적으로 음경은 발기되지 않은 상태에서 길이가 약 5~10 cm 범위에 있다(Masters & Johnson, 1966). 발기시 13~18 cm 정도 된다. 발기상태의 음경은 발기되지 않은 상태에서 보다 크기의 차이가 덜하다. 발기하지 않을 때 작은 음경은 발기가 됐을 때 더 커지는 경향이 있다.

발기되지 않았을 때라고 하더라도, 음경의 크기는 다양하다. 찬 공기나 물, 또는 두려움이나 불안의 감정 등과 같은 요인들이 음경을 몸 쪽으로 더 밀착시키고 크기는 작아진다. 우리가 이 장 처음에서 봤던 것처럼 이러한 요인들은 중국 문화에서 코로 증후군을 일으킬 수 있다. 늘어진 음경은 따뜻한 물이나 휴식 시에 확장되기도 한다.

음낭

음낭(scrotum)은 음경의 기부 아래에 있는 늘어진 피부로 둘러싸인 일종의 주머니이며, 사춘기 때에 약간의 털로 덮이게 된다. 그것은 고환을 갖고 있는 두 개의 구획으로 되어 있다. 고환은 **정삭(spermatic cord)**에 의해 위치를 유지하고 있다. 정삭은 **정관(vas**

포경(phimosis) 포피가 아주 단단하게 덮여 있어서 귀두가 노출될 수 없는 비정상의 상태.

음낭(scrotum) 고환을 가지고 있는 늘어진 피부로 된 주머니.

정삭(spermatic cord) 음낭 안의 고환을 매달고 있으며 정관, 혈관, 신경을 갖고 있는 삭(끈).

정관(vas deferens) 음경의 사정관으로 정자를 수송하는 관.

다양한 세상

중국인들의 아들에 대한 욕구는 남아 유괴를 부채질한다

"만약 당신에게 여자아이들만 있다면, 당신은 속으로 옳지 않다고 느낄 것이다. 당신은 자신의 지위가 다른 사람들보다 낮다고 느낄 것이다."

"당신이 얼마나 많은 돈을 가지고 있는지는 중요하지 않다. 만약 당신이 아들이 없다면, 당신은 한 명의 아들을 가지고 있는 다른 사람보다 좋을 것이 없다."

중국의 심천—어린이들은 밖에서 놀고, 부모들이 기지맥진해서 주의가 산만해질 때, 종종 도둑들은 해질 무렵을 노려 덤벼든다.

덩 후이 둥은 그녀의 9개월 된 아들을 눈 깜빡할 새에 잃어버렸다. 어떤 남자가 집 문 근처에 있던 7살 딸을 품안에서 갑작스럽게 채간 것이다. 그 차는 두 팔이 창문 밖으로 나와 남자아이를 집어갈 때에도 멈추지 않았다.

남과 어울리기 좋아하는 3년 6개월의 쑨 주오는 망고 한 조각과 장난감 차에 꾀인 것이다. 유괴 현장은 경찰의 감시 카메라에 잡혔다.

펭 자오펭은 많은 공장 노동자들이 봄날 저녁을 즐기고 있던 그의 가게 바로 앞에 있는 광장에서 어떤 남자가 그의 4살 된 아들을 붙잡아 갈 때 그는 손님들 때문에 분주해 있었다. 펭은 "저는 잠시 눈을 돌렸고 제가 다시 제 아들을 불렀을 때, 그 아이는 없어졌어요"라고 말했다.

중국의 진주강 삼각주(Pearl River Delta)의 사람들이 바글거리는 산업의 중심지에서 납치된 수천 명의 아이들은 자기 부모나 경찰들에게 되돌려진 적이 없다. 하지만 입증되지 않은 증거는 아이들이 그렇게 멀리 떠나지 않았다고 시사한다. 비록 몇몇은 싱가포르, 말레이시아 그리고 베트남의 인신 매매자들에게 팔려가지만, 대부분의 아이들은 남자 상속자를 원하는 국내 가정에서 매매된다.

중국 남부 지방은 특별히 수요가 많다. 문화적으로 여아들보다 남아들을 더 선호하고, 시골의 엄격한 가족계획 정책은 납치한 아이들의 매매를 번창하게 만들었다.

푸젠 섬 해안의 산악지방에서 찻잎 농사를 하는 쑤 칭차이는 그가 왜 작년에 3,500 달러를 5살 남자아이를 위해 썼는지에 대해 설명했다. "여자아이는 남자아이만큼 좋지 않아요"라고 38살인 쑤 씨는 말했다. 그는 14살의 딸이 있지만, 그의 친아들은 3개월 만에 죽었다. "당신이 얼마나 많은 재산을 가지고 있는지는 중요하지 않다. 만약 당신이 아들이 없다면, 당신은 한명의 아들을 가지고 있는 다른 사람보다 좋을 것이 없다."

4살 된 펭 자오펭의 아들의 사진. 이 어린이는 펭의 가게 앞에서 유괴되었다.
Du Bin for *The New York Times*.

남자아이를 소중히 여기는 수백 년 된 전통(그리고 남편의 가족과 함께 살러 들어가도록 강요하는 관습)은 현대의 현실 때문에 강화되었다. 즉, 중국의 진정한 사회안전망 없이, 많은 부모들은 그들이 늙어서 부양받지 못한 채 버려질 것을 두려워하고 있다.

그 문제의 정도는 논의할 여지가 있다. 중국 정부는 매년 여성들과 아이들을 포함하여 적어도 2,500건 정도의 인신매매 사례가 발생하고 있다고 주장한다. 하지만 납치된 아이들을 옹호하는 사람들은 수십만 건이 있을 것이라고 말한다.

출처: A Jacobs. (2009, April 5). "Rural China's hunger for sons fuels traffic in abducted boys." *The NewYork Times*, pp. A1, A8.

deferens), 혈관과 신경 그리고 **고환거근(cremaster muscle)**을 갖고 있는 구조물이다. 고환거근은 온도 변화와 성적 자극에 반응하여 음낭 내에서 고환을 끌어 올리거나 늘어뜨린다. 성적 흥분기는 고환을 몸 쪽 가까이로 끌어당긴다.

정자 생산은 몸의 정상 온도인 37°C 약간 아래에서 최적이 된다. 음낭의 온도는 체온보다 2~3°C 정도 낮다. 음낭은 늘어진 채 달려 있으며 유연하다. 그것은 특히 더운 날씨에 고환과 인근 구조물들의 높은 체열이 빠져나가도록 해준다. 음낭의 중간층에 **음낭근(dartos muscle)**이 있는데, 음낭거근과 마찬가지로 온도 변화에 따라 반사적으로 수축과 이완을 한다. 추운 날씨 또는 찬물에 뛰어들 때, 그 음낭근은 수축되고 고환을 몸 가까

고환거근(cremaster muscle) 온도변화와 성적 자극에 따라 고환을 끌어올리거나 늘어뜨리는 근육.

음낭근(dartos muscle) 온도변화에 따라 수축하고 이완시키는 음낭의 중간층 근육.

이로 끌어온다. 따뜻한 날씨에는 이완되어 고환은 몸에서 멀어지게 된다. 또한 음낭근은 온도변화에 반응하여 음낭의 표면적을 증가 또는 감소시킨다. 더운 날씨에서 늘어진 음낭은 열 손실을 더 크게 한다. 추운 날씨에 피부 표면의 수축은 열을 유지해 주고 음낭을 주름지게 한다.

음낭은 여성의 대음순이 되는 동일한 배아조직으로부터 발생된다. 따라서 대음순과 마찬가지로 그것은 성적 자극에 대해 매우 예민하다.

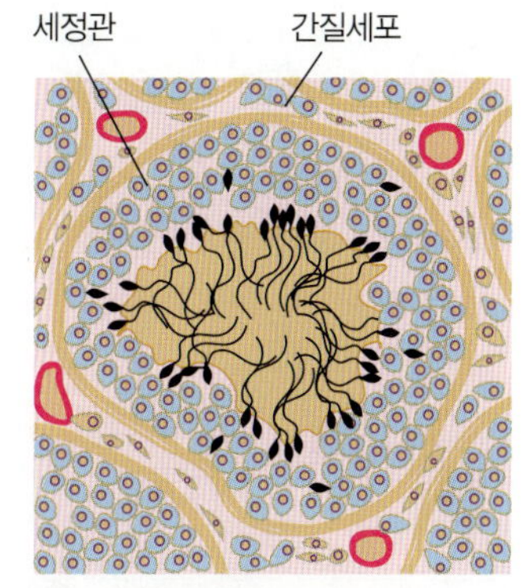

그림 4.6 간질세포. 테스토스테론은 각각의 고환의 세정관 사이에 있는 간질세포에 의해서 분비된다. 정자(그림의 중앙)는 세정관 안에서 생성된다.

4.2 내부 성기관

내부 성기관은 남성의 정자와 테스토스테론을 만들어 내는 기관인 고환을 갖고 있다. 고환은 남성 생식계를 통하여 정자를 수송하는 관과 도관으로 이루어져 있는 체제이다. 고환은 정자에게 영양을 주며 활성화시키는 기관이고, 정자가 여성의 질에서 접하게 되는 산성도를 어느 정도 중화시키는 기관이다(그림 4.2).

고환

고환은 남성의 생식선이다(*gonad*는 "종자"를 뜻하는 그리스어 *gone*로부터 유래되었다). 속어로, 고환은 "공" 또는 "nuts"로 자주 말한다. 이러한 용어들은 저속한 것으로 생각되지만, 합리적인 기술이다.

고환은 난소와 유사한 두 가지 기능을 담당한다. 고환은 성호르몬들을 분비하고 성숙한 **생식세포(germ cell)**를 생산한다. 고환의 경우 생식세포는 **정자(sperm)**이며 성호르몬들은 **안드로겐류(androgens)**이다. 가장 중요한 안드로겐류는 **테스토스테론(testosterone)**이다.

테스토스테론 테스토스테론은 **간질세포(interstitial cell)**에서 분비되는데, 그것을 **레이디히세포(Leydig's cell)**라고도 한다. 간질세포는 세정관 사이에 존재하며, 혈액으로 테스토스테론을 분비한다(그림 4.6). 테스토스테론은 남성 성기관의 출생전 분화, 정자 생산 그리고 수염, 굵은 목소리, 근육량과 같은 **2차 성징(secondary sex characteristic)**의 발생을 촉진시킨다.

남성에 있어서, 일자별 또는 월별, 스트레스나 그 외에 인자들에 대한 약간의 변이가 있다 할지라도, 여러 개의 내분비선들은 대략적인 수준에서 혈액 테스토스테론 농도를 유지시킨다. (시상하부, 뇌하수체 그리고 고환 사이의 되먹임 고리, 그림 4.7). 이러한 사실은 월경주기 동안 여성의 성호르몬 수준의 최고점 및 최저점과 대조를 이룬다.

뇌하수체 호르몬인 FSH와 LH는 난소의 활성을 조절하는데, 역시 고환의 활성도 조절한다. FSH는 정자의 생산을 조절한다. LH는 간질세포에 의한 테스토스테론의 분비를 촉진시킨다. 테스토스테론의 농도가 낮아지면 시상하부로 신호를 보내어 LH 분비 호르몬(LH-RH)을 분비한다. 한 줄로 서 있는 도미노가 넘어지는 것처럼, LH-RH는 뇌하수체로 하여금 LH를 분비하게 하는데, 이것은 그 다음에 고환을 자극하여 테스토스테론을 분비하도록 한다. LH는 역시 간질세포 자극호르몬(interstitial-cell-stimulating-hormone, ICSH)으로도 알려져 있다.

생식세포(germ cell) 새로운 생물을 발생시키는 세포.

정자(sperm) 남성생식세포.

안드로겐류(androgens) 남성 성호르몬.

테스토스테론(testosterone) 남성의 스테로이드 성호르몬.

간질세포(interstitial cell) 세정관 사이에 있으며 테스토스테론을 분비하는 세포.

레이디히세포(Leydig's cell) 간질세포의 다른 이름.

2차 성징(secondary sex characteristic) 직접적으로 생식에 관련되어 있지는 않지만 성을 구분 짓는 성향.

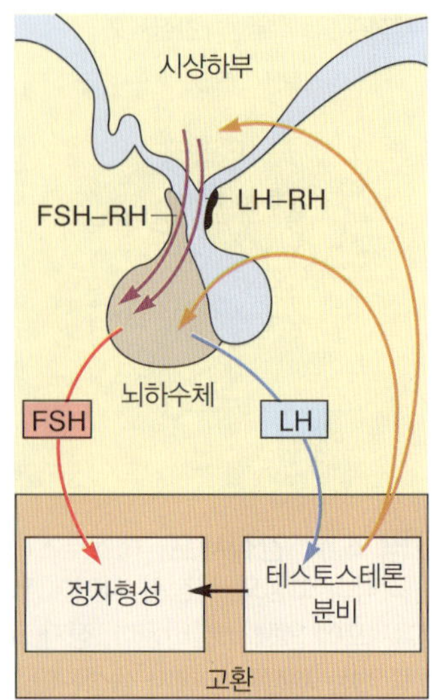

그림 4.7 고환의 호르몬 조절. 시상하부, 뇌하수체 그리고 고환 등 여러 가지 내분비선은 대체로 일정한 수준에서 혈액 테스토스테론 수준을 유지한다. 테스토스테론의 수준이 낮게 되면 뇌하수체로 신호를 보내어 LH 방출 호르몬(LH-RH)을 분비한다. 줄지어 넘어가는 도미노처럼 LH-RH는 뇌하수체로 하여금 LH를 분비하게 하는데, 그것은 그 다음에 고환을 자극하여 테스토스테론을 방출하도록 한다. 시상하부에서 분비되는 FSH-RH는 뇌하수체로 하여금 FSH를 분비하게 한다. 그 다음에 FSH는 고환이 정자를 생성하도록 한다.

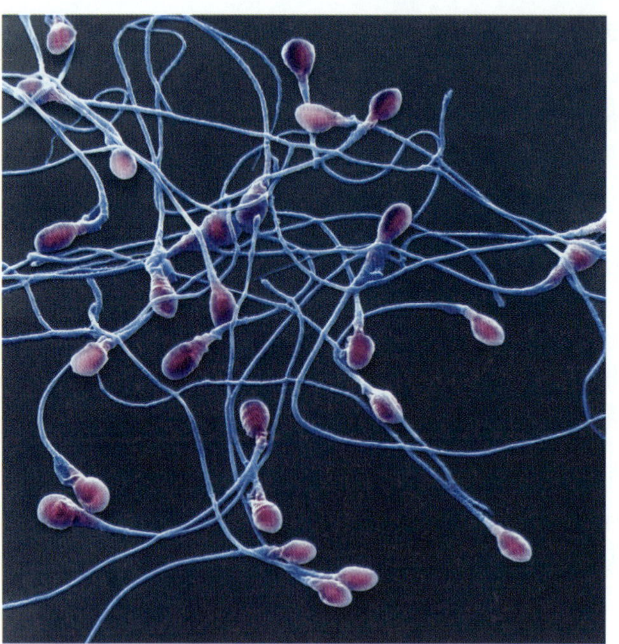

확대된 사람의 정자세포

혈액에 테스토스테론 농도가 최고치에 이르면 시상하부는 뇌하수체에서 LH 분비를 못하도록 한다. 이러한 세 개의 내분비선 사이에서 일어나는 순환적인 정보 시스템을 **되먹임 고리**(feedback loop)라고 한다. 이러한 되먹임 고리는 음성적이다. 즉, 그 시스템의 한 부분에서 호르몬 농도가 증가하면 또 다른 부분에서는 그 부분의 분비를 멈추게 하며, 반대로 한 부분이 감소하면 다른 부분은 증가된다.

일반적으로 고환은 길이가 2.5~4 cm이다. 그것들의 폭과 두께는 약 1.3 cm이다. 왼쪽 고환은 보통 낮게 달려 있는데, 그 이유는 왼쪽 정삭이 다소 길기 때문이다.

정자 각각의 고환은 여러 개의 엽으로 나뉘어져 있는데, 그것은 감겨 있는 **세정관(seminiferous tubule)**으로 채워져 있다(그림 4.2). 비록 작은 공간에 채워져 있지만, 이러한 세관들은 끝과 끝을 잡아당기면 그 길이가 여러 개의 축구장만큼 된다. **정자형성(spermatogenesis)**을 통하여 이러한 실 같은 구조물이 일생동안 수천억 개의 정자를 생산하고 저장한다.

정자세포들은 여러 단계를 통하여 발생한다. 고환이 성숙한 정자세포를 만들어내는 데에는 약 72일이 소요된다. 초기 단계의 정자 세포들을 **정모세포(spermatocytes)**라 한다. 각 세포는 각 한 개의 X와 Y 염색체를 포함하여 46개의 염색체를 갖고 있다. 각 정모세포는 두 개의 **정세포(spermatids)**로 분열되고 각각은 23개의 염색체를 갖게 된다. 정세포의 반은 X 성염색체를 가지며, 다른 반쪽은 Y 성염색체를 가진다. 성숙한 정자세포를 **정자(spermatozoa)**라고 하는데, 현미경 아래에서 관찰하면 올챙이처럼 보인다. 각 정자는 하나의 머리, 옥수수 모양의 중편 그리고 하나의 꼬리를 가지고 있다. 머리는 약 5 μm 정도이며, 염색체를 함유하는 세포핵을 가지고 있다. 중편은 정자가 유영할 때 꼬리의 파동운동을 하는데 필요한 에너지를 공급하는 구조물을 가지고 있다. 각 정자세포는 길이가 약 50 μm이며 우리 몸에서 가장 작은 세포 중의 하나이다.

수정하는 동안, 아버지의 정자세포로부터 온 23개의 염색체는 어머니의 난자로부터 온 23개의 염색체와 결합해서 아기의 기본적인 46개의 염색체 조합을 만들어 낸다. 정자세포로부터 유래한 23개의 염색체 중에서 하나는 X 성염색체 또 하나는 Y 성염색체이다. 난자는 X 염색체만을 가지고 있다. X 성염색체와 Y 성염색체의 결합은 남자 아이의 발생을 유도한다. 두 개의 X 성염색체의 결합은 여자 아이를 발생시킨다.

세정관(seminiferous tubule) 고환의 엽안에 있는 작고 꼬여 있으며 정자를 생산하는 관.

정자형성(spermatogenesis) 정자가 생성되고 발생되는 과정.

정모세포(spermatocyte) 정자세포의 발생에서 초기 단계를 말하며 각 친세포는 하나의 X염색체와 하나의 Y염색체를 포함하여 46개의 염색체를 갖고 있다.

정세포(spermatids) 정모세포의 분열에 의해 형성된 세포. 각 정세포는 23개의 염색체를 갖고 있다.

정자(spermatozoa) 성숙 정자세포.

사실인가 아니면 허구인가 2: 아버지는 X 또는 Y성염색체를 가지고 있으므로 아기의

성을 결정하게 된다.

고환은 초당 약 1,000개의 정자 또는 연간 300억 개의 정자를 지속적으로 대량 생산해 낸다. 수학적으로 말하면, 지구상의 인구를 유지하는데 필요한 정자수는 10~20회의 사정으로 충분한 것이다.

연구자들은 코가 냄새를 감지할 때 이용하는 동일한 수용체를 정자세포가 가지고 있음을 발견하였다(Baum & Kelliher, 2009). 따라서 정자는 난자의 냄새를 감지함으로써 난자를 찾아가게 된다. 앞으로 우리는 난자세포의 냄새를 인식하는 이런 수용체를 억제함으로써 수정을 방지하는 피임약을 사용하게 될 것이다.

정자는 도관의 미로를 통하여 세정관에서 나와 **부고환(epididymis)**이라는 관으로 모이게 된다. 부고환은 고환의 뒤쪽 벽에 존재하며 정자를 저장한다. 그것은 길이가 5 cm 정도이며, 곱게 펼 때, 3~6 m가 되는 꼬인 통로로 구성되어 있다. 정자가 부고환으로 들어올 때는 불활성 상태이다. 정자들은 2~4주 동안 부고환을 통해 지나가면서 지속적으로 성숙해간다.

학생들의 실제 질문

질문: 정액의 맛은 어떤가요? 먹으면 몸에 해로운가요?

답변: 한마디로, 짠맛이다. 어떤 사람들은 그 맛을 좋아하고, 어떤 사람들은 불쾌하게 생각하는데, 보통 많은 사람들은 무관심하여 이도저도 아니라고 생각한다. 어떤 사람들은 그 맛이 성적인 흥분을 일으킨다고 한다. 얼마나 많은 대답이 자연스러운 개인의 차이를 반영하는지, 또 얼마나 많은 대답이 문화적 이유와 친구들로부터 들은 이야기의 결과로서 사람들이 기대하는 것을 반영하는지 명확하지 않다.

정액 속에 들어 있는 물질들은 절대적으로 해가 없다. 정액이 사레들리게 하여 목을 막히게 할 수 있다고 막연하게 상상하지만, 이러한 가능성은 그 어떤 액체, 심지어 물에서라도 존재한다. 정액은 저칼로리이며 주로 단백질로 되어 있다.

수정관

각각의 부고환은 수정관(또는 *ductus deferens*)으로 정액을 보낸다. 그 관은 가늘고 원주형이며, 길이가 약 40 cm이다. 그것은 정자를 성숙시키는 기능도 가지고 있다. 음낭에서, 수정관은 정삭 안의 피부표면 근처에 존재한다. 따라서 좌우 수정관을 잘라내는 수술인 **정관절제술(vasectomy)**은 손쉬운 불임방법이다. 그 관은 음낭을 떠나 굽은 경로를 따라 복강으로 들어간다. 그 다음 그것은 방광의 뒤쪽 표면을 따라 되돌아간다(그림 4.10).

정낭

두 개의 **정낭(seminal vesicle)**은 작은 샘이며 각 길이는 약 3 cm이다. 그것은 방광의 뒤쪽에 있으며 **사정관(ejaculatory duct)**으로 열려 있다. 거기에서 정낭이 분비하는 액체가 정자와 혼합된다(그림 4.10). 정낭은 샘이라기보다는 정액의 저장소로 잘못 이해되어

부고환(epididymis) 각 고환의 뒤쪽 벽에 있으며 정자를 저장하는 관.

정관절제술(vasectomy) 정관을 절제하여 정자가 사정관에 도달하지 못하도록 억제한다.

정낭(seminal vesicle) 방광 뒤에 있으며 사정관에서 정자와 혼합되는 액체를 분비하는 작은 선.

사정관(ejaculatory duct) 정낭으로 정관이 수렴됨으로써 형성된 도관. 그것을 통하여 정자는 전립선을 지나 요도로 간다.

가까이서 보기

남성 갱년기: 호르몬이 더 이상 격노하지 않을 때

우리들 대부분은 여성이 월경 전에 아무 이유 없이 과민반응을 보일 때 "격노 호르몬(raging hormone)"이라는 말이 떠오르는데, 이것은 분명하게 성호르몬의 변동과 관계가 있다. 남성들 또한 "격노 호르몬"의 희생양이 되고 있다고 말할 수 있다. 남성 호르몬인 테스토스테론은 다른 사람을 지배하려는 경향과 관련이 있다. 공격적인 남자 아이들, 대학생, 그리고 성인 남성들은 그들의 또래보다 더 높은 테스토스테론 수치를 갖고 있다는 연구가 있다(Chance 등, 2000; Giotakos 등, 2005; McAndrew, 2009). 높은 수치의 테스토스테론은 공격적인 행동에 대한 결과의 두려움을 줄이기도 하는 것으로 보인다(King 등, 2005). 이러한 이유들 때문에 사회평론가인 안나 퀸들렌은 "테스토스테론은 유독성인가?"라는 글을 썼다. 우리는 퀸들렌의 질문에 테스토스테론이 유독하다는 것이 옳다는 대답을 알게 되겠지만, 그녀가 쓴 글 때문만은 아니다.

역사적으로 말하자면, 남성의 건강문제에 대한 연구가 여성들보다 더 많이 이루어졌다. 그러나 남성의 성호르몬의 낮은 수준에 따른 문제점들이 아직도 공인된 명칭조차 갖지 못하고 있다. 남성 갱년기(andropause)는 안드로겐(남성 성호르몬)이 떨어지면 나타난다. *Viropause*는 과학 용어가 아닌 정력의 감소와 일반적인 능력의 상실을 말한다. *Manopause*는 널리 쓰이지만 과학 용어인 *menopause*에서 나온 말이다.

여성들에게 갱년기(menopause)는 비교적 분명하게 나이와 상관있으며, 성호르몬과 생식력이 감소하는 시기이다. 남성들에게 성호르몬의 생산과 생식력의 감소는 서서히 일어난다(Harvey & Berry, 2009). 따라서 남성이 70대 이상에서도 아이의 아버지가 되는 것은 그리 놀랄만한 일이 아니다. 그러나 많은 남성들은 50대나 60대 때 발기하고 유지하는데 문제가 있음을 경험하게 된다(Corona 등, 2009). 이것은 혈액 순환의 문제 또는 호르몬 결핍을 반영하는 것일 수 있다. 그림 4.8은 한 집단의 연구원들이 남성 갱년기의 증세가 시작되는 나이를 나타내고 있다.

성 행위는 그 이야기의 한 부분이다. 그림 4.9는 많은 문제들의 빈도를 보여주고 있다. 40대와 70대 사이에, 일반적인 미국인 남성들은 약 5~9 kg의 근육, 약 5 cm의 키, 그리고 15%의 질량을 상실한다. 여성뿐만 아니라 남성도 골다공증의 위험이 있다(Yeap, 2009). 체지방의 비율은 거의 두 배가 된다. 청각과 시각이 상실된다. 심혈관계의 내구력의 상실이 있고, 폐는 격렬한 운동에 적응하는 능력이 떨어진다. 그림 4.9는 남성 갱년기라고 진단된 300명 이상의 남성들의 증상 빈도를 나타낸 것이다.

이런 변화들의 일부는 더디게 일어나거나 반대로 일어날 수 있다. 운동은 근육의 긴장을 유지하도록 도와주고, 지방조직의 증가와 골다공증을 방지하도록 도와준다(Tan, 2002). 풍부한 칼슘과 비타민 D의 식사는 뼈의 손실을 피할 수 있다. 호르몬 치환요법은 도움이 될 수 있지만 논란의 여지가 있다.

▶ 비판적인 사고하기

그 증거는 남성들이 여성의 갱년기와 유사한 "남성 갱년기"를 겪고 있음을 시사하는가? 설명하시오.

미국의 의사들은 매년 백만 건 이상의 테스토스테론과 그에 관련된 약처방전을 남성

붙여진 이름이다.

정낭에서 생성되는 액체는 당의 일종인 과당이 풍부한데, 이것은 정자에 영양분을 공급하고, 정자를 활성화시키고 운동성을 부여하는 데 도움을 준다. 정자의 운동성은 남성의 생식을 위해 중요한 인자이이다. 사정관에 도착하기 전에 정자는 부고환과 수정관의 수축과 수정관의 벽의 내면에 존재하는 **섬모(cilia)**에 의해 보내어진다. 일단 정자들이 운동성을 갖게 된 후에는 꼬리의 운동으로 스스로 추진된다.

방광의 기부에서, 각 수정관은 정낭과 결합하여 전립선의 중앙을 지나가는 짧은 사정관을 형성한다(그림 4.10). 전립선에서 사정관은 요도로 열리게 되고, 정자와 오줌이 음경을 통하여 밖으로 배출된다.

섬모(cilia) 털과 같은 세포의 돌기물로써 리드미컬하게 파동운동을 하여 이동이나 흐름을 만들어낸다.

전립선(prostate gland) 방광 아래에 있으며 전립선액을 분비하는 선. 전립선액은 정액의 특징적인 냄새와 질감을 부여한다.

전립선

전립선(prostate gland)은 방광 밑에 있으며 모양과 크기(직경 약 2 cm)가 밤과 비슷하다. 그것은 전립선액을 분비하는 근섬유와 선조직을 가지고 있다. 전립선액은 우유

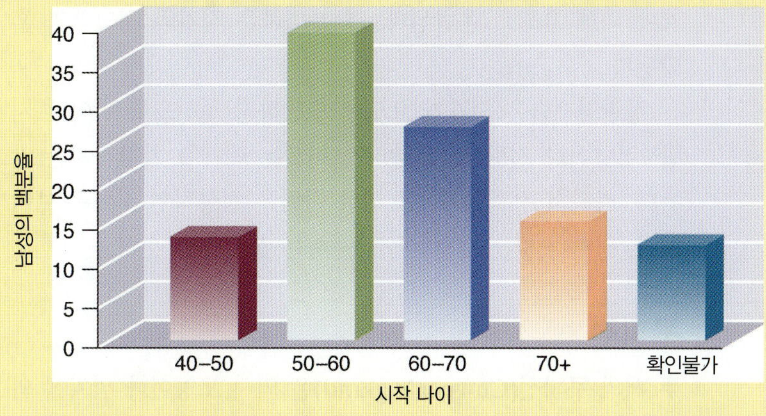

그림 4.8 남성 갱년기가 시작되는 나이. 한 연구에 따르면, 남성 갱년기는 50~60대에서 가장 많이 시작된다.

출처: R. S. Tan. Managing the andropause in aging men. *Clinical Geriatrics.* (Accessed March 23, 2002.) www.mmhc.com/cg/articles/CG9907/Tan.html.

들에게 써 주지만, 그 이점이 완전히 증명되지 않았으며, 그 위험이 경고등을 깜빡이도록 만들었다(Emmelot-Vonk et al., 2009). 테스토스테론의 대체는 힘, 에너지, 그리고 성충동을 북돋을 수는 있겠지만, 그것은 또한 전립선암과 심혈관계 질병의 위험을 높일 수가 있다(미국암학회, 2009). 실제로 2002년에는 이러한 우려 때문에 정부에서는 나이가 든 남성들에 대한 테스토스테론의 효과에 대하여 연구를 진행하지 않기로 결정했다.

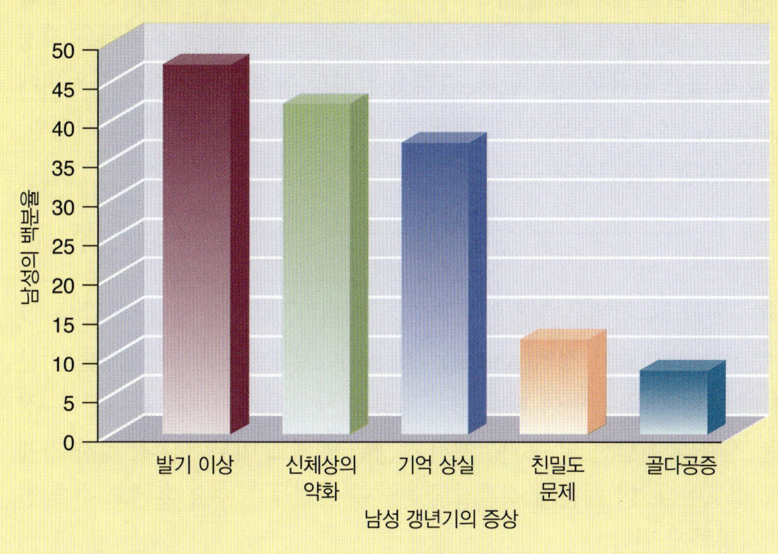

그림 4.9 남성 갱년기의 증상과 빈도. 남성 갱년기의 가장 흔한 특징은 대부분 발기와 유지의 이상, 신체상의 약화, 기억 이상 등이다. 친밀도 문제란 배우자와 가족들에 대한 남성의 의존성이 증가하는 것을 말한다. 테스토스테론이 감소됨에 따라 남성들은 활동이 적어진다.

출처: R. S. Tan. Managing the andropause in aging men. *Clinical Geriatrics.* (Accessed March 23, 2002.) www.mmhc.com/cg/articles/CG9907/Tan.html.

같으며 알칼리성을 띤다. 그것은 정액의 특징적인 질감과 냄새를 제공한다. 알칼리성은 여성의 질 내의 산성을 어느 정도 중화시키며, 정액이 여성의 생식계를 통하여 확산되어 나아갈 때, 정자의 수명을 연장시킨다. 전립선은 성숙한 남성에서 지속적으로 활성을 나타내지만, 성적 흥분이 고조되면 분비가 더욱 촉진된다. 분비물은 체와 같은 도관

학생들의 실제 질문

질문: 완전히 발기된 상태에서 소변을 보는 것이 가능한가요?

답변: 아니오 그리고 네. 남성의 도관 장치는 배뇨와 사정이 상호배타적으로 일어나게 되어 있다. 다른 한편으로는 만일 발기한 남성이 자신의 방광을 완전히 이완시키려고 노력한다면(즉, 소변을 보려고 한다면) 조금 지체될 수 있겠지만 가능할 것이다.

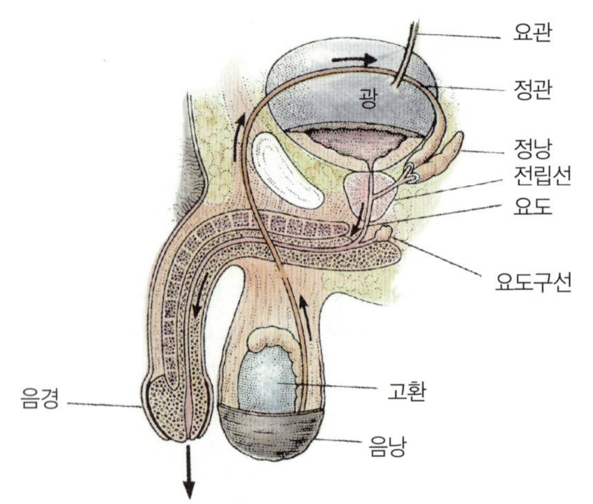

그림 4.10 정자의 경로. 각각의 고환은 실 같은 세정관을 갖고 있는 엽으로 나뉘어 있다. 정자의 형성 과정을 통하여 세정관은 일생동안 천억 개의 정자를 생성하고 저장한다. 사정이 일어나면, 정자세포는 정관을 통하여 위로 올라가서 방광 위를 지나고 사정관으로 간 다음 요도를 통과한다. 정낭과 요도구선의 분비물은 정자와 혼합되어 정액을 형성한다.

계에 의해 요도로 운반된다. 그 분비물은 정자와 정낭액과 혼합된다.

정관절제술은 정자가 요도에 도달하지 못하도록 막아 주지만, 정낭이나 전립선으로부터 분비되는 액체를 차단하지는 않는다. 따라서 정관절제술을 받은 사람은 정상적인 것처럼 보이지만, 정자가 없는 사정액을 방출하는 것이다.

쿠퍼선

두 개의 **쿠퍼선(Cowper's gland)**은 역시 모양이나 위치에 의해 **요도구선(bulbourethral gland)**이라고도 한다. 전립선 아래에 있으며 분비물을 요도로 보낸다. 성적으로 흥분되었을 때 맑고 미끈한 액체 몇 방울을 분비하여 음경의 끝에 나타나게 된다. 그 액체는 남성의 요도의 산도를 완충시키며 요도의 통로를 매끄럽게 해준다. 그러나 그것이 성교 시에 여성의 질을 매끄럽게 해주기에는 충분하지 않다. 쿠퍼선의 분비액은 사정액 전에 나오며 가끔 정액을 함유하기도 한다. 따라서 남성과 여성이 성관계시 사정전에 음경을 뺀다 하더라도 임신이 될 수도 있다. 이러한 이유로 가족계획으로 "질외사정법"을 이용하는 사람들은 종종 "부모"라고 불린다.

사실인가 아니면 허구인가 3

정액

사실인가 아니면 허구인가 3: 정액은 정자와 동의어가 아니다. 정자와 정낭, 전립선, 그리고 쿠퍼선에서 분비한 액체들이 **정액(semen)**, 또는 희끄무레한 정액의 액체를 이룬다. 그것은 사정 시에 음경 끝을 통하여 배출된다. 정낭은 사정액의 70%를 분비한다. 정액의 나머지 30%는 정자와 전립선 및 쿠퍼선에서 생성된 액체로 이루어진다. 정자 자체는 정액 부피의 1% 정도이다. 이 때문에 정관절제술을 한 남성들은 수술 후에도 수술 전과 거의 같은 양을 사정하게 된다.

정액은 남성의 생식계를 통해 정자를 여성의 생식관으로 운반한다. 정액은 물, 점액, 당(과당), 산, 그리고 염기를 함유하고 있다. 그것은 정자를 활성화시키고 영양분을 제공한다. 그리고 염기는 여성 질의 산성 환경으로부터 정자를 보호한다. 전형적인 사정액은 약 2~4억 개의 정자를 함유하고 있으며 부피는 3~5 ml이다.

정액의 양은 나이와 사정의 횟수에 따라 감소한다. 반면에 정액의 질과 지능 사이에는 어떤 상관관계가 있는 것처럼 보인다. 에이랜드 피어스와 그의 동료들(2009)은 표준화된 지능 검증을 이용하여 수백 명의 퇴역 미국군의 지능을 측정한 결과 지능은 정액($r = +0.15$) 안의 정자의 농도, 정자 수($r = +0.19$), 그리고 정자의 운동성($r = +0.14$)과 관련이 있음을 밝혀내었다. 상관관계 0.00은 어떤 상관관계도 없음을 나타내며 +1.00은 완전한 상관관계를 나타낸다. 그 연구에서 발견된 상관관계는 지능과 정액량에 관하여 의미 있는 예측을 하기에는 너무 적지만, 기회변동 때문이 아니라고 하기에는 많다. 전반적이고 장기적인 경향이 보다 높은 지능으로 될 수 있겠지만, 결과에 대한 이런 해석은 "도달"될 수도 있는 것으로 생물학적 요인들이 작용한다고 저자들은 제안하고 있다.

쿠퍼선(Cowper's gland) 전립선 아래에 있으며, 성적 흥분시 그것의 분비액을 요도를 통해 보내는 구조물.

요도구선(bulbourethral gland) 쿠퍼선의 다른 이름.

정액(semen) 정자와 정낭, 전립선 그리고 쿠퍼선의 분비물로 구성된 사정액을 이루는 희끄무레한 액체.

4.3 비뇨생식계의 건강문제

비뇨계와 생식계를 포함하는 기관들은 서로 가까이 있고, 어떤 기능을 공유하고 있기 때문에, 그것들은 **비뇨생식계**(urinogenital 또는 urogenital system)라고 한다. 많은 건강상의 문제들이 비뇨생식계에 영향을 미친다. 이런 문제들을 진단하고 치료하는 전문의사들을 비뇨기과전문의라고 한다.

요도염

여성과 마찬가지로, 남성은 방광과 요도 염증의 문제를 안고 있는데, 그것은 일반적으로 **요도염(urethritis)**이라고 한다. 그 증상은 잦은 소변(빈뇨), 강한 요의(요절박), 소변시 타는 듯한 느낌 그리고 음경 배출물 등을 포함한다. 빈뇨와 요절박 증세가 있는 사람들은 소변 직후라 할지라도 반복적으로 소변을 누고자 하는 압박감을 느끼며 한두방울 더 배출하기도 한다. 배출물은 음경 개구 위에서 마르기도 하고 껍질이 떨어져 나가기도 하고 소변으로 씻겨져 나가기도 한다. 요도는 염증이 있으면 수축되고 소변이 늦거나 머뭇거리게 된다. 요도염의 예방 조치는 방광염에 대한 조치와 같다. 즉, 많은 물 마시기, 크랜베리 주스 마시기(약 120 ml, 하루에 두세 번), 그리고 알코올과 카페인 섭취 줄이기 등이다. 크랜베리 주스는 매우 높은 산성을 나타내는데, 산성은 요도염을 일으키는 많은 세균들을 제거한다. 요도염은 보통 항생제로 치료된다.

고환의 암

고환의 암은 비교적 드문 암의 한 형태인데, 매년 8,400건이 보고되며 약 380명이 매년 사망한다(미국암학회, 2009). 그것은 고형종양암의 가장 흔한 형태로써 20~34세 사이에 남자들이 걸리며 그 중 약 10%가 사망한다.

고환암이 과도한 성관계나 자위행위 때문에 생긴다는 증거는 없다. 고환암 환자 중 약 14%는 어릴 때 **잠복고환증(cryptorchidism)**을 갖고 있다. 이 질환은 한쪽 또는 양쪽 고환이 복부에서 음낭으로 내려갈 수 없는 병이다(미국암학회, 2009). 역시 가족력이 그 위험을 증가시킨다. 유럽계 미국인은 고환암 발생률이 아프리카계 미국인보다 5~10배 더 많다. 그리고 아시아계 미국인보다는 2배 더 많다(미국암학회, 2009).

고환암은 일반적으로 과거에는 치명적인 질환이었지만, 오늘날 그 예후는 특히, 초기에 발견만 된다면 매우 긍정적이다. 치료에는 고환의 제거수술, 방사선, 화학요법 등이 있다. 그 암이 고환을 넘어서 확산되기 전에 발견되는 경우라면 생존율은 약 99%이다(미국암학회, 2009).

고환의 제거 수술은 깊은 심리학적 의미를 갖게 된다. 고환을 잃은 남자들은 덜 남자답게 느껴지기 때문이다. 또한 성행위에 관련된 두려움이 성기능 장애를 일으킬 수 있다. 생리학적 관점에서 보면, 남아 있는 고환에서 충분한 테스토스테론이 생성되기 때문에 성기능이 손상되지 않은 채로 남아 있다.

일반적으로 고환암의 초기에는 크기 그 자체 외에는 어떤 증세도 나타내지 않는다. 초기의 발견이 생존에 중요하기 때문에 남성들은 사춘기 이후에는 스스로 매달 자가점검을 해야 하며, 정기적인 의료점검을 받는 것이 좋다. 자가점검은 성병(STIs)과 기타 다

요도염(urethritis) 방광 또는 요도의 염증.

잠복고환증(cryptorchidism) 한쪽 또는 두 쪽의 고환이 복부에서 음낭으로 내려가지 않는 병.

른 문제점들을 발견하도록 해준다.

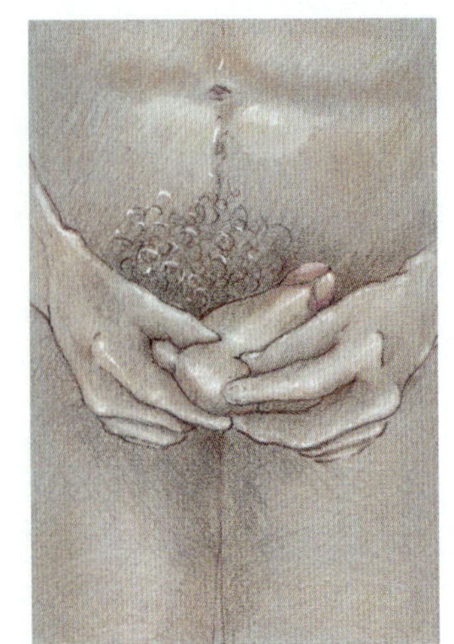

그림 4.11 고환의 자가점검

고환의 자가점검 자가점검(그림 4.11)은 따뜻한 샤워나 목욕 후 음낭의 피부가 가장 이완되었을 때 잘 이루어질 수 있다. 음낭을 점검하여 완두콩 크기의 혹이 있는지를 확인해야 한다. 각각의 고환은 엄지와 손가락들 사이에서 부드럽게 굴려본다. 일반적으로 혹은 고환의 옆이나 앞에서 발견된다. 혹의 존재가 반드시 암의 신호는 아니지만, 정밀 검사를 위해서 의사에게 신속하게 알려야 한다. 미국암학회(2009)는 이러한 경고 신호를 나열해 놓았다.

- 고환의 혹
- 고환의 확장 또는 팽창
- 고환의 일관성의 변화
- 하복부 또는 사타구니의 무딘 통증(고환암에서 통증은 없을 수도 있다)
- 고환에서의 당기는 느낌 또는 무게감

드문 증세:

- 유방 조직의 성장; 연하고 부어오른 유방
- 성충동의 감소
- 사춘기 이전에 얼굴과 몸에 털이 자람

전립선 질환

출생시에는 전립선이 작지만 사춘기에 급속하게 자란다. 그것은 성인기에 줄어들었다가 50세가 지나면서 커지게 된다.

양성 전립선비대증(BPH) 50세가 지난 남성의 약 절반은 전립선이 커지게 되며 80세 이상에서는 80%가 커진다(www.prostatecare.com, 2006). **양성 전립선비대증(benign prostatic hyperplasia, BPH)**은 성병으로 인한 염증 등의 요인이라기보다는 나이에 따른 호르몬 변화로 인하여 전립선이 확대된 것을 말하며 암은 아니다. 전립선은 요도(그림 4.2)의 윗부분을 둘러싸기 때문에 확장되면 요도를 압축시키며 빈뇨증(야뇨증의 빈도를 증가시킴)과 요절박을 일으키며 소변 보기가 어려워진다. 요도의 압력을 완화시키고 소변의 흐름을 용이하게 하는 몇 가지 치료가 있다. BPH를 가지고 있는 남자들에게 두 가지 약을 처방한다. 하나는 5-ARIs(5-alpha reductase inhibitors)인데, 그것은 테스토스테론의 한 형태인 DHT의 생성을 억제시킨다. DHT는 전립선의 확장을 일으키는 요인이 된다. 5-ARIs는 전립선을 수축시키고 장기적으로 증세를 호전시키며, 심각한 요 정체와 수술의 위험을 감소시킨다. 두 번째는 알파-차단제인데, 그것은 방광의 근육을 이완시킴으로써 소변의 흐름을 증진시켜주는 역할을 하며, 증세를 완화시켜 준다. 때때로 전립선의 일부분을 외과적으로 제거하기도 한다(www.prostatecare.com, 2006).

양성 전립선비대증(benign prostatic hyperplasia) 나이에 따른 호르몬 변화로 인한 전립선의 비대증. 증세로는 빈뇨증, 요절박 그리고 소변보기 어려움 등이 있다.

전립선염(prostatitis) 전립선의 염증.

전립선염 **전립선염(prostatitis)**은 전립선의 염증으로써 여러 가지 감염 때문에 일어난다. 가장 중요한 증세는 음낭과 항문 사이의 통증과 사정 시의 고통이다. 전립선염은 보통 항생제로 치료한다. 아스피린과 이부프로펜은 통증을 완화시킬 수 있지만, 이러한 증세를 갖고 있는 환자들은 의사의 상담을 받아야 한다. 사정이 고통스러우면 자위행위나 성관계의 의욕을 저하시키는데, 실제로 사정을 통한 규칙적인 세정은 염증의 치료에 도움이 될 수 있다. 일반적으로 전립선염은 주로 사이프로플락신(ciproflaxin)이라는 항생제로 치료된다.

전립선암 전립선암은 심각하며 생명을 위협한다. 미국에서 6명 중 1명의 비율로 전립선암이 생긴다(미국암학회, 2009). 그것은 남성에게 일어나는 가장 흔한 암 중 피부암 다음이며, 사망률로 따지자면 폐암 다음으로 두 번째 암이다. 미국에서는 매년 192,280명의 전립선암 환자가 새로 생기며, 27,360명이 죽는다(미국암학회, 2009).

전립선암은 만일 초기에 발견해서 치료하지 않으면 뼈와 림프절로 전이될 수 있는 악성 전립선 종양의 성장을 수반한다. 아프리카계 미국인 남성들은 전립선암 발생이 유럽계 미국인보다 50~60% 더 많다(암통계, 2008). 일반적으로 아프리카계 미국인 남성은 유럽계 미국인 남성들보다 건강관리를 덜 하는 편이다. 그래서 그들 사이에서 전립선암의 진단이 늦어지며 그것으로 인해 죽는 경우도 두 배 이상이다(미국암학회, 2009).

연구자들은 동물성 지방의 섭취를 위험요인으로써 지목했다. 동물성 지방 중에서도 특히 적색육의 동물성 지방을 많이 섭취하는 남성들은 실제로 동물성 지방의 섭취가 낮은 사람보다도 전립선암 발생 비율이 아주 높아진다. 전립선암 발생은 나이에 따라서도 증가하는데, 65세 이상인 남성에서 80% 이상이 발생된다. 유전적 인자들도 분명하게 관련이 되어 있다. 더구나 테스토스테론은 BPH뿐만 아니라 전립선암의 발생을 촉진한다(미국암학회, 2009).

전립선암의 초기 증세는 빈뇨증과 배뇨의 어려움 등 양성 전립선비대증의 증세와 유사하다. 후기 증세는 혈뇨, 소변시에 통증 또는 따끔거림, 그리고 아랫 등, 골반 또는 상부대퇴부 위쪽에 통증이 있다(미국암학회, 2009). 초기 단계에서는 대부분의 경우 두드러진 증세 없이 진행된다.

의료종사자들은 여러 검사들에 의해 전립선암을 발견하고 평가한다. 이것들에는 PSA 검사가 있는데, 이것은 **전립선 특이 항원**에 대한 일종의 혈액검사이다. 이 검사는 50세 이상의 남성들은 1년에 한 번, 그리고 고위험군의 남성들이라면 그 전에라도 검사를 권장한다. 아프리카계 미국인 남성들은 45세에 시작하는 것이 좋다고 충고한다. 정상 값은 4 ng/mL 이하이며, 4~10은 경계 값이다. PSA는 전립선의 겔-유사물질을 사정 시에 정자를 운반하는 액체로 변형시켜 주는 단백질이다. 병적이거나 비대해진 전립선에서는 PSA가 높은 농도로 혈액으로 새어 나와 높은 검사 수치를 나타낸다. 초기발견은 암이 전이되기 전에 치료하도록 해주는데, 만일 암이 전이된다면, 생존율은 급격히 떨어진다. 현재 전체 생존율은 1960년대 50%에서 80% 이상으로 개선되었다(미국암학회, 2009). 그러나 아직도 "가까이서 보기"(122쪽)에서처럼, PSA 검사 수치는 논란의 여지가 있다.

미국암학회(2009)는 남성들이 매년 손가락 직장검사(DRE)를 하도록 권장하고 있다(그림 4.12). 의사들은 손가락을 직장에 넣어 전립선에 있는 혹이나 단단한 점을 느끼게 된다. 유감스럽게도 많은 남성들은 유쾌하지는 않지만 생명을 구할 수 있는 직장검사를 달갑게 여기지 않는다. 어떤 사람들은 의사와 비뇨기 문제를 상의하는 것도 거북해 하거나 마지못해 한다. 어떤 사람들은 직장 삽입을 남성-남성 섹스로 연상하는 것 때문에 직

비판적인 사고하기

만일 어떤 남성이 전립선암에 강한 가족력을 가지고 있다면, 그가 자기의 식생활에 신경을 쓰기 위해 노력해야 할 점은 무엇인가? 설명하시오.

가까이서 보기

PSA 검사: 검사를 할 것인가 말 것인가?

2009년 뉴잉글랜드 의학저널에는 전립선암의 PSA 검사의 유효성에 대한 두 개의 주요 연구가 보고되었다. 미국의 연구에서는 매년 검사를 받게 한 실험 집단과 자신들의 판단에 의해 PSA 검사를 받을지 여부를 선택하도록 한 통제 집단 사이에 전립선암에 의한 사망률이 통계적으로 유의하게 차이가 없다는 것을 알게 되었다. 유럽의 연구에서는 개인의 재량에 따라 검사를 받는 것과는 대조적으로 매 4년 마다 검사를 받는 것이 전립선암으로 사망할 위험이 20% 낮게 나온다는 것을 알아내었다(Schröder 등, 2009). 하지만 우리가 유럽의 결과를 긴 안목에서 본다면, 검사를 안 받는 남성들이 전립선암에 의해 사망할 있는 위험은 약 3%라는 것을 알 수 있으며, 검사를 받은 남성들의 감소된 비율은 약 2.4%이다.

전립선암이 꼭 치명적이지는 않다. 그리고 일반적으로 75세 이상의 남성들에게는 PSA 검사를 하지 말라고 조언한다. 결과적으로 미국과 유럽에서의 PSA 양성 결과(전립선암을 나타내는)는 많은 남성들을 발기부전과 요실금을 유발할 수 있는 "공격적이고 불필요한 치료"(Parker-Pope, 2009a)에 노출시켰다. 미국암학회의 오티스 브롤리(2009)에 따르면, 유럽의 연구 결과는 "PSA 검사가 당신의 생명을 살리기보다는 50배는 더 망치게 될 것"임을 시사하고 있다.

그러나 이런 연구들이 완벽하지는 않다. 각각은 문제점들을 갖고 있다. 예를 들어, 미국의 연구는 7~10년 주기로 PSA 검사를 시행하는 것에 대한 이점을 찾지 못했다. 하지만 10년이 지나서, 연구된 77,000명 중에서 오직 약 170명의 남성이 전립선암으로 사망했다. 전립선암은 천천히 진행되기 때문에, 사망률에 있어서 집단의 차이는 수년이 지나서 나타날 수 있다. 또 다른 문제는 통제 집단의 "오염"이다. 윤리적인 배려 때문에 통제 집단도 PSA 검사를 받지 않도록 요청하지 않았으며, 비록 실험 집단들만큼 정기적으로 받지는 않았더라도 그들 가운데 약 40~50%는 검사를 받은 것으로 보인다. 따라서 연구는 정확히 검사를 받은 집단과 안 받은 집단으로 비교된 것이 아니라, 검사를 받은 집단과 받았는지 받지 않았는지 모르거나 또는 무계획적으로 검사를 받은 집단과 비교된 것이다. 또한 그 연구는 아프리카계 미국인과 전립선암의 위험도가 높은 가족력이 있는 남성들을 가려내지도 않았다.

이런 연구들의 결과는 남성들은 더 이상 PSA 검사를 받지 말아야 된다는 뜻인가? 반드시 그렇지는 않다. 대부분의 의료 집단들은 검사를 받는 것은 의사와 상의한 후에 "개인적 선택"에 따라 결정되어야 한다고 말한다. 미국 연구의 선도 저자인 외과전문의 제럴드 앤드리올(2009)은 기대 수명이 10년 이상 지속되길 원하는 중년층 또는 노인들이 "검사에 대한 장점과 단점에 대해 정보를 받을 필요가 있다고 믿고 있다. 만약 PAS 검사를 시작하고 싶다면, 좋다. 나는 아직도 우리가 남성의 전립선에 대해 그리고 PSA를 측정하는 것으로 그 사람이 전립선암을 갖고 있거나 갖게 될 확률에 대해 많은 것을 배우기 위해 마음을 열어 놓고 있다."

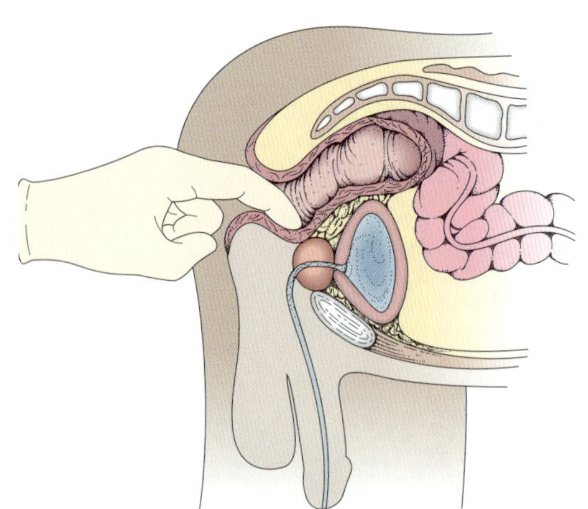

그림 4.12 전립선암의 손가락 직장검사(DRE)

출처: Reprinted by the permission of the American Cancer Society, Inc.

장검사를 반대하기도 한다. 물론 어떤 사람들은 암을 갖고 있을 수 있다고 두려워하여, 모르는 채 있기를 원하기도 한다. 정기적인 검사를 받지 않는다면, 전립선암의 사망률을 높이는 주요 원인이 된다. 초음파도 이용된다. 만일 암이 의심되면, 생체검사를 시행하는데, 이 방법은 의사가 주사바늘을 이용하여 의심 부위의 전립선 조직이나 림프절을 떼어 내는 것이다. 만일 종양이 발견되면, 병리학자들은 두 개의 조직 시료에 등급을 정하고 그것들을 소위 글리슨 등급에 따라 1~5 사이의 급수를 매긴다. 글리슨 등급은 암의 공격성 척도를 제공한다. 점수가 합산되어, 합이 2~4라면 공격성이 낮은 것(늦게 자람)으로 간주되고, 5와 6은 중정도, 그리고 7~10은 높은 것으로서 가장 나쁜 예후를 나타낸다. 의사들은 암이 확산 여부를 알기 위해 뼈 스캔, CAT 스캔, 그리고 MRI 등과 같은 검사들을 할 수 있다.

가장 광범위하게 이용되는 전립선암의 치료는 전립선의 제거수술이다. 그러나 수술은 비뇨기와 성기능에 문제를 초래할 수 있는 주변의 신경을 손상시킬 수도 있다. 외과의사는 주변의 신경을 살리기 위해 애쓰겠지만, 복잡성 때문에 위험이 없어진다고 보증할 수 없다. 그외 다른 치료들로서 방사선, 호르몬 치료, 그리고 항암제가 있다. 안드로겐(테스토스테론) 억제 치료의 유형으로서 호르몬 치료와 항암제는 종양의 크기를 감소시키며, 통증을 완화시킨다. 수술한 남성들은 방사선 치료를 받은 사람들보다 요실금(소변 조절기능 상실)과 성기능 장애(발기의 어려움)를 많이 나타내는 것 같다(Potosky 등, 2000). 그러나 많은 외과의사들은 생존율 면에서는 수술이 좋은 선택이 아닐 수도 있다고 주장한다. 늦게 자라는 전립선암을 갖고 있는 노인들에게 외과의사들은 수술보다 "주의깊은 기다림"을 선호한다. 그런 사람들은 암보다는 다른 요인으로 죽을 만큼 오래 살기도 한다. 치료의 선택은 "가까이서 보기"에서 더 알게 될 것이다.

4.4 남성의 성기능

발기와 사정이라는 남성의 성기능은 정자가 남성의 생식관에서 여성의 생식관으로 여행하는 수단을 제공한다. 거기서 정자세포와 난자가 결합하여 새로운 생명을 잉태하는 것이다. 물론, 쾌감을 수반하는 자연 생식능력은 이러한 생물학적 사실에 대한 지식과 무관하게 그것이 확실히 일어나도록 도와준다.

발기

발기(erection)는 음경에 혈액으로 채워지면서 일어나는데, 음경은 확대되고 딴딴해지게 된다. 발기한 음경은 여성의 질 속 깊숙이 정자를 운반하기 위한 효율적인 깔때기가 된다.

발기는 일종의 수력학적 사건이다. 음경의 해면성 덩어리는 혈액으로 채워지면 마치 물을 흡수해서 팽창해진 스펀지처럼 음경을 커지게 한다. 발기는 맥관계(순환계)와 신경계 모두가 관여한다.

10 또는 15초 동안에 음경은 크기와 단단함이 두 배가 되며, 오줌이 지나가는 깔때기가 정액을 방출하는 깔때기로 변화된다. 남성이 성적으로 흥분하게 되면, 근육은 방광의 흐름을 차단해서 정액과 오줌의 혼합을 막는다.

음경해면체는 섬유질의 단단한 덮개로 둘러싸여 있다. 마치 풍선의 고무가 들어가는 공기 압력에 저항하는 것처럼, 이 덮개는 음경을 딱딱하게 확장시키는 것에 대해 반대로 작용한다. 요도를 포함하고 있는 요도해면체도 발기 시에 혈액으로 채워진다. 그러나 그것은 굳어지지는 않는데, 그 이유는 섬유상의 외피가 없기 때문이다. 음경의 끝에 왕관 모양의 해면체에 의해 형성된 음경귀두는 충혈됨에 따라 짙은 자주색으로 변하게 되지만, 아주 단단해지지는 않는다.

음경 조직으로 들어오는 혈액보다 흘러나가는 혈액이 많게 되면 발기는 반대가 되어, 흥분 전의 순환 균형으로 되돌아가고 해면체 부위는 오그라들게 된다. 발기부전은 성적 자극이 중단되든지, 오르가즘 뒤에 몸이 휴식상태로 돌아가게 될 때 일어난다. 발기부전은 불안이나 위협을 감지하게 될 때도 일어난다(Janssen, 2006; Janssen 등, 2006). 그러한 발기부전은 "격정의 고통" 속에 있는 어떤 남성이 갑자기 침입자를 연상시키는 소리를 들었을 때, 돌연히 일어날 수 있다. 성공적으로 성관계를 할 수 없을 것이라고 두려

발기(erection) 혈액이 채워짐으로써 음경이 확대되고 단단해지는 것.

가까이서 보기

전립선암: 치료할 것인가 기다릴 것인가?

매년 190,000명 이상의 남성들이 전립선암으로 진단받는다. 하지만 아무도 어떤 종류의 치료가 그들의 생명을 살릴 수 있을지에 대해서는 말할 수 없다. 그러한 것이 '보건 의료 연구 및 질에 대한 기구'(AHRQ)(Parker-Pope, 2008)의 조사 결과들인데, 그것은 가장 성공적인 치료법을 남성들에게 조언하기 위해 발표된 592개의 연구보고를 분석한 것이다. 그 단체는 전립선 절제수술에서부터 방사능 이식, 급속동결융해, 그리고 암이 진행되지 않으면 아무것도 시행하지 않고 병을 지켜보며 주의 깊게 기다리는 것까지 8개의 치료법에 대한 성공과 위험에 대해 비교하였다. 치료들은 또한 최소로 절개하는 수술(복강경 또는 자동기계장치의 의한 전립선 절제술), 암에서 안드로겐을 제거하는 호르몬 치료술 또는 고환 제거술, 고밀도 초음파 그리고 방사선 치료를 포함하고 있다. 이러한 치료 중에 어떤 것도 '지켜보며 기다리는 것'보다 더 성공적이라고 보여준 것은 없다.

전직 뉴욕 시장 루돌프 줄리아니. 뉴욕의 전직 시장인 루디 줄리아니는 자신의 전립선암을 외래환자 수속 동안 방사능 시드 이식물로 치료하기로 결정했다. 오늘날에는 전립선암을 위한 많은 치료들이 있는데, 질병을 가지고 있는 사람들은 그것들의 이점과 위험 요소를 각각 비교해 봐야 한다.

미국 내과학연보에 발표된 연구는 남성들에게 작은 지침을 제공한다. 전립선암은 일반적으로 늦게 자라는데, 많은 사람들은 수년 동안 암을 가지고 살다가 다른 이유로 죽기도 한다. 그러나 어떤 남성들에게 있어서 전립선암은 보다 공격적이어서 2008년에는 27,000명이 죽었다.

그 외 조사 결과들:

- 모든 치료법은 부작용이 있다. 요실금, 변비 그리고 발기부전 등의 성기능 장애와 변비는 외과수술과 방사선 치료의 가능성이 비슷한데, 요실금은 외부 방사선으로 치료받는 환자보다 외과수술을 받는 환자에 더 많다.
- 외부 빔 방사선치료와 안드로겐 제거술은 각각 전립선 제거술(1%)보다 더 잦은 빈도의 배변의 긴급성(3%)을 나타내었다.
- 발기부전은 안드로겐 결핍(86%)과 보다 더 관련이 있는데, 지켜보며 기다리는 치료(33%)보다는 근치전립선절제술(58%)이 더 많은 관련이 있었다.
- 한 연구는 수술을 한 남성들이 암이 전이되거나 죽는 것이 그저 지켜보며 기다리는 사람들 보다 적다고 결론지었으나, 다른 연구에서는 생존에 있어서 두 집단은 차이를 보이지 않았다고 보고했다.
- 전립선절제술 전의 호르몬 치료는 생존율을 높여주거나 재발률을 낮춰주지 않았다.
- 방사선 치료를 호르몬 치료와 병행하는 것은 사망률을 줄일 수는 있겠지만, 방사선 치료만을 사용했을 때와 비교하면 병행하는 것은 발기부전과 비정상적인 가슴 발달률이 증가하는 것으로 나타났다.

새로운 치료들은 계속 생긴다. 하나는 전립선암의 치료 백신인 프로벤지(Pollack, 2009)이다. 치료 백신은 어린 시절 맞았던 백신처럼 질병을 막아주지는 않는다. 대신에 이것은 이미 진행 중인 질병을 몸 안의 면역계를 촉발시켜 공격하는 것을 의미한다.

다양한 치료를 위한 최근의 조사 결과들에 대해 당신의 의사와 점검하라.

워 하는 남성은 **수행불안(performance anxiety)**을 경험하게 되는데, 그것은 발기를 일으키고 유지할 수 없게 한다.

남성들은 잘 때 약 90분 정도마다 야간 발기를 한다. 이것은 일반적으로 REM 수면 동안에 일어나는데, 그것은 꿈꾸는 것과 관련이 있다. 그것은 잠자는 사람의 눈이 이 시기에 닫힌 눈꺼풀 아래서 급하게 계속 움직이기 때문에 붙여진 이름이다.

수행불안(performance anxiety) 성적 활동과 관련하여 경험된 두려움과 불안감(또는 다른 사람들에 의해서 판단될 것 같은 어떤 다른 행동).

야간 발기의 기작은 생리학적이다. 즉, 꿈은 성적인 내용을 담지 않을 수도 있다. 아침 발기는 실제로 야간 발기이다. 그것은 남성이 REM 수면 동안 깨게 될 때 일어난다. **사실인가 아니면 허구인가 4:** 아침 발기는 소변이 마려운 것을 나타내지 않는다.

사실인가 아니면 허구인가 4

척수반사와 성 반응

남성들은 파트너의 촉각 자극, 시각 자극(인터넷상의 나체 사진을 볼 때), 또는 성적 환상 등을 포함한 다양한 자극에 의해 성적으로 흥분하게 된다. 자극의 출처와 관계없이, 남성의 성적 반응, 발기, 그리고 사정은 반사에 의해 일어난다.

성적 반사는 성적 자극에 대한 자동적이고 학습되지 않은 반응이다. 여성의 경우에는 질의 윤활작용과 오르가즘이 있다. 우리는 흥분되기 위해 노력하지 않는다. 우리는 자신이 성적 자극에 노출되기만 하면, 반사로 하여금 흥분되는 것이다.

사실인가 아니면 허구인가 5

사실인가 아니면 허구인가 5: 남성들은 스스로 발기하기 위하여 의지를 발동할 수 없다. 마치 팔을 들어 올리는 것처럼, 사람들은 자발적으로 성적 반사를 조절하지 못하지만, 그들이 성적 자극을 추구함으로써 일어나는 무대장치를 꾸밀 수 있다. "의지력"에 의해 의식적으로 성적 반응을 조절하려는 노력은 역효과를 낳게 되며, 흥분되는 것을 보다 어렵게 만들어 버린다(예를 들어, 발기하는 것 또는 질의 윤활작용).

발기와 사정을 지배하는 반사들은 척수에서 조절된다. 그래서 이러한 것들을 **척수반사**(spinal reflexes)라고 한다. 손으로 만지거나 혀로 핥는 것과 같은 직접적인 자극에 대한 발기 반응은 뇌가 직접적으로 관여하지 않는 단순 척수반사에 속한다(그림 4.13). 발기는 남성이 성적 환상을 가질 때 또는 매력적인 사람을 보게 될 때와 같이 뇌에 의해서 시작되기도 한다. 그러한 경우에 뇌로 부터의 자극은 척수로 가며 거기에서 발기 반사가 시작된다.

비판적인 사고하기

발기와 사정이 반사라면, 어떻게 사람들은 의식적으로 그것을 일어나게 할 수 있는가?

음경이나 그 주변(아랫배, 음낭, 안쪽 대퇴부)에 대한 촉감 자극(만지기)은 감각뉴런의 신경신호를 **천골(sacrum)**이라고 하는 척수 부위에 있는 등쪽 아래의 발기중추로 보내게 한다. 천골의 발기중추는 반사 발기를 조절한다. 즉, 반사 발기는 음경과 그 주변 부위의 직접적인 자극에 반응하여 일어나는 것이다. 직접적인 음경 자극이 일어나면, 신경충격의 형태로 신호가 발기중추로 간다. 거기서 발기 중추는 음경에 연결된 신경을 경유하여 성기로 신경충격을 보낸다. 이러한 신경충격은 음경해면체와 요도해면체로 혈액을

천골(sacrum) 척주의 아래 부위에 위치한 삼각형의 두꺼운 뼈.

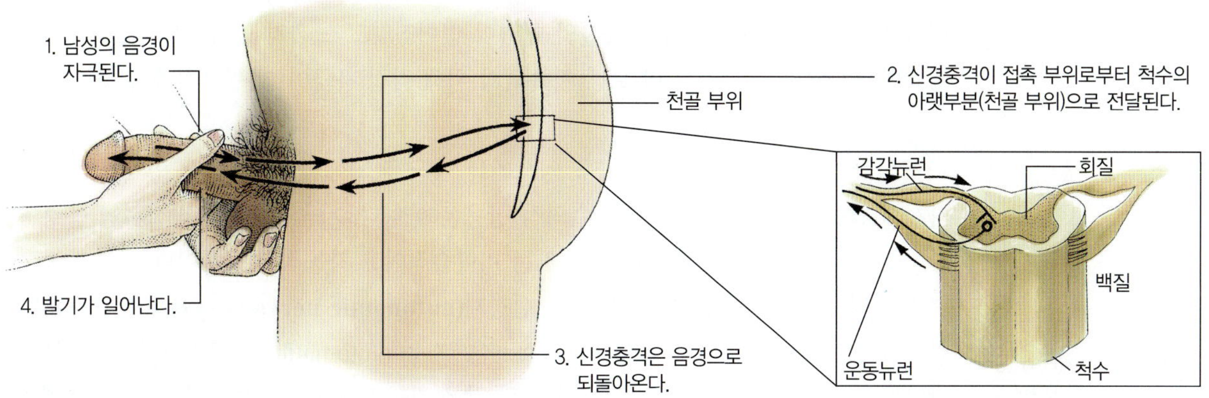

그림 4.13 반사. 반사가 일어날 때 뇌로 가는 신호가 그 사실을 우리에게 알려주기는 하지만, 뇌를 필요로 하지는 않는다. 반사는 척수의 "국소적 통제"의 결과이다.

보내는 동맥을 확장시켜 더 많은 혈액이 흐르도록 하여 발기를 일으킨다.

천골 발기중추는 어떤 남성이 척수에 심한 손상을 입었더라도, 그 중추 위라면 직접적인 촉감자극에 반응하는 발기와 사정을 일으키게 할 수 있다. 그 부상 때문에 신경신호가 뇌에 도달하지 못할지라도 발기는 일어난다.

뇌의 기능 직접적인 음경 자극이 척수 수준에서 발기를 일으킨다면, 뇌의 기능은 무엇인가? 때때로 음경이 제멋대로인 것처럼 보인다 할지라도, 뇌는 성적 반응을 조절하는데 중요한 역할을 한다.

음경의 촉감 자극은 척수를 통하여 발기를 일으킬 수 있지만, 성적 감각은 정상적으로 뇌로 중계되는데, 그것은 일반적으로 쾌감을 주며 성적 자극에 집중시키는 결정으로 귀결될 것이다. 자신의 파트너 보기, 성적 환상, 기억 등은 발기를 유지하거나 강화시키면서 척수를 통하여 뇌에 의해 음경으로 연결된 동맥으로 보내는 신호가 된다.

뇌가 발기 반사를 일으키는 신호를 만들 때, 그것은 척수의 요추 부위에 있는 상부 등쪽에 위치한 제2의 상위 발기중추로 신경충격을 전한다. 이 상위 척수 발기중추는 뇌와 음경 사이의 "배전반"으로 기능을 하며, 지각적, 인지적, 감정적 반응들로 하여금 이바지하도록 한다. 뇌와 상부 척수 사이의 신경경로가 막히든지 잘리면, 남성들은 정신적 자극에만 반응하여 발기를 일어나게 할 수 없다.

뇌는 성적 반응을 억압할 수도 있다. 자신의 성적 능력에 대해 아주 불안해하는 남성은 강렬한 음경 자극에도 불구하고 발기를 일으킬 수 없다. 또는 성적 쾌락을 죄스럽고 더럽다고 믿는 남성은 불안과 죄책감으로 차게 될 수 있으며, 발기를 일으킬 수 없다.

특히 청소년기의 남자들에서 발기 반사는 아주 쉽게 일어난다. 성기가 자신의 속옷에 우연히 마찰될 때, 걷다가 매력적인 사람을 보게 될 때, 순식간의 성적 환상 등은 발기를 일으킨다. 즉흥적인 발기는 중학교나 고등학교에서 교실로 이동하기 전 또는 해변 등에서처럼 난처한 상황에서도 일어날 수 있다. 성적 환상으로부터 주의를 딴 데로 돌리고 발기를 가라앉히기 위한 노력으로, 많은 청소년기 남자들은 벨이 울리기 전까지 수업시간에 수학이나 언어 교과서에 필사적으로 집중한다. (적절히 준비된 수건이 있다면 해변의 위기에서 벗어날 수 있다.)

남성들은 성숙해지면서 발기를 극대화시키기 위해 보다 많은 음경 자극을 원하게 된다. 만일 연인이 옷을 벗는 것을 보면서, 더 이상 즉각적인 발기가 일어나지 않는다면, 30대와 40대 남성들의 연인들은 자신의 매력이 없어졌다고 느끼지 말아야 한다. 나이가 들어가면서 남성들은 발기가 더 오래 지속되기 위해 직접 자극이 더 필요하게 된다.

자율신경계(ANS)의 역할 발기를 일으키는 자극은 뇌에서 시작될 수 있지만, 발기가 자신의 팔을 들어 올리는 것처럼 수의적 반응은 아니다. 자극의 원천 (직접적인 음경 자극 또는 성적 환상)이 무엇이든지, 발기는 비학습적이고 자동적인 반사이다.

발기와 같은 자동적인 반응은 **자율신경계(autonomic nervous system, ANS)**라고 하는 신경계에서 일어난다. 자율(autonomic)은 "자동"(automatic)을 의미한다. ANS는 심장박동, 동공 확장, 호흡, 그리고 소화 등과 같은 자동적인 과정들을 조절한다. 반면에 팔을 들어 올리는 것과 같은 수의적 운동은 신경계에서 체성(somatic)신경계의 조절 하에

자율신경계(Autonomic nervous system, ANS) 심장박동, 동공확장, 호흡 그리고 소화 등과 같은 자동적인 신체 과정을 조절하는 신경계의 부분.

있다.

ANS는 교감신경계와 부교감신경계라는 두 개의 분지로 되어 있다. 이러한 분지들은 주로 상반적인 효과를 나타낸다. 둘이 동시에 활성화될 때, 그것들의 효과는 어느 정도까지 균형을 이루게 된다. 일반적으로 **교감신경** 가지(**sympathetic** branch)는 달리기, 운동 과제 수행하기, 또는 두려움이나 불안으로 단단히 붙잡기 등과 같이 저장된 것으로부터 신체 에너지의 방출에 관여하는 과정을 지배한다. 교감신경 가지는 위협적인 상황에 대해 심박률과 호흡률을 증가시키는 것처럼 몸의 전반적인 동원 상태를 지배하기도 한다.

부교감신경 가지(**parasympathetic** branch)는 소화와 같은 에너지의 저장을 위한 과정에서 주로 활성적이다. 우리가 무서움이나 불안을 느낄 때, ANS의 교감신경 가지는 심박률을 빠르게 한다. 우리가 쉴 때, 부교감신경 가지는 소화과정을 활성화시키고 심박률을 억제한다. 우리가 무서움과 불안을 느낄 때 교감신경 가지가 관여하기 때문에, 그러한 자극은 부교감신경계의 활성을 억제해서 소화불량을 일으킬 수 있다.

자율신경계는 성적 흥분과 반응에서 다른 역할을 한다. 발기 동안에 음경동맥을 확장시키는 신경은 자율신경계의 부교감신경에 속한다. 부교감신경계는 주로 발기를 지배한다. 그러나 사정을 지배하는 신경은 교감신경 가지에 속한다. 이런 신경 반응성의 구분에 대한 하나의 영향은 교감신경계의 활성이 관여하는 강한 두려움이나 불안이 부교감신경계의 활성을 중지시킴으로써 발기를 억제할 수 있다는 것이다. 교감신경성 흥분은 사정을 일으키게 하기 때문에, 불안이나 두려움은 사정이 빨라지게 해서 **조루**(premature ejaculation)를 일으킨다(15장).

감정, 교감신경성 활성, 그리고 사정 사이의 연결은 악순환을 가져올 수 있다. 성관계에 대한 불안은 조루를 일으킬 수 있다. 뒤이은 성관계에서 남성은 조루가 재현될 것을 두려워 하게 된다. 그 두려움은 현실로 나타날 수 있다. 그 사람은 앞으로 더 큰 두려움을 가지고 성관계에 직면하게 될지 모른다. 조루가 재촉될 수 있으며, 발기가 억제될 수도 있다. 발기부전과 조루 환자들을 도와주는 방법으로서 불안감을 감소시켜 주는데, 이것은 결과적으로 교감신경 활성을 줄이는 것이다.

사실인가 아니면 허구인가 6: 발기가 때로는 즉흥적인 것처럼 보이고 오히려 원하지 않을 때 일어나기 때문에, 남성에게 그것은 제멋대로인 것처럼(음경은 자신의 정신을 가지고 있는 것처럼) 보인다. 그러나 이런 일반적인 민간신앙에도 불구하고, 음경은 어떤 지능도 갖고 있지 않다. 그것은 당신의 생각의 과정을 아주 예리하게 만드는 매우 치밀한 회색질이 아니라, 스펀지 같은 발기성 조직의 덩어리로 구성되어 있다.

사실인가 아니면 허구인가 

교감신경(sympathetic) 공포나 불안 등과 같은 에너지를 소비하는 감정적인 반응 동안 주로 활동적인 자율신경계의 가지. 교감신경성 자율신경계는 주로 사정을 조절한다.

부교감신경(parasympathetic) 소화와 같은 에너지를 저장하는 과정 동안에 주로 활동적인 자율신경계의 가지. 부교감신경성 자율신경계는 주로 발기를 조절한다.

파이로니병(Peyronie's disease) 발기를 고통스럽게 할 수 있을 만큼 음경이 과도하게 구부러져 있음.

발기이상 어떤 남성들은 자신의 발기한 음경이 약간 휘어졌다는 것을 알게 된다. 어느 정도의 굴곡은 정상이지만, **파이로니병**(**Peyronie' disease**)을 가진 남성들은 발기가 고통스러울 만큼 구부러져 있다. 이 병은 음경 자루에 섬유성 조직의 축적으로 일어난다. 파이로니병의 어떤 경우는 자기 스스로 해결할 수도 있지만, 대부분의 환자들은 의학적 치료가 필요하다.

어떤 남성들은 수시간 또는 수일간 지속되는 발기를 경험한다. 이런 질환을 **지속발기증**(priapism)이라고 하는데, 그리이스 신화의 남성 생식력의 화신인 디오니소스와 아프로디테의 아들인 프리아포스(Priapus)에서 유래한다. 원인이 확인되지 않은 경우도 있지만, 지속발기증은 종종 백혈병, 겸상적혈구빈혈, 또는 척수질환에 의해서 일어난다. 지속발기증은 음경을 발기시키는 혈액이 빠져나가는 기작이 손상을 입어서 쉽게 혈액이 순환계로 되돌아나가지 못할 때 일어난다. 지속발기증은 응급상황이 될 수도 있는데, 6시간 이상 발기가 지속되면 음경조직에 산소 고갈을 일으켜서 조직 퇴행이 야기되기 때문이다. 약이나 수술방법의 의료 개입을 통하여 그 질환을 치료하는 것이 필요하다.

사정

발기와 마찬가지로, 사정도 척수반사이다. 그것은 성적 자극이 임계점 또는 역치에 도달했을 때 촉발된다. 사정은 일반적으로 갑작스런 근육 수축인 **오르가즘(orgasm)**과 함께 일어난다. 그런 수축은 성적 흥분의 절정에서 일어나며 성적 흥분 동안에 강화되었던 성적 긴장이 갑자기 해소됨으로써 일어난다. 일반적으로 오르가즘은 쾌감을 가져다준다. 그러나 **사정(ejaculation)**은 음경의 끝으로부터 정액의 방출이 일어났을 때만을 말한다. 따라서 오르가즘과 사정이 동의어는 아니다. 예를 들어, 사정을 조절하는 하부 척수부위가 손상되지 않았다면, **양측 하지마비 환자(paraplegics)**는 사정할 수 있다. 그러나 그들은 오르가즘의 주관적인 면을 경험하지 못하는데, 그 이유는 오르가즘의 감각이 뇌에 도달하지 않기 때문이다.

사실인가 아니면 허구인가 7

사실인가 아니면 허구인가 7: 발기와 사정을 조절하는 척수중추가 손상되지 않았다면 허리 아래가 마비된 대부분의 남성들은 발기와 성교와 사정을 할 수 있다.

사실인가 아니면 허구인가 8

사실인가 아니면 허구인가 8: 사정액 없이 방출하기는 하지만(마른 오르가즘, dry orgasms), 사춘기 전의 아이들도 오르가즘을 경험할 수 있다. 사춘기까지 아이들은 정낭액과 정자를 생산하지 않는다. 성인 남성들도 마른 오르가즘을 경험할 수 있다. 이러한 것들은 보다 큰 오르가즘에 선행되는 "작은 오르가즘" 의 형태를 취하든지, 성적 자극이 지속되지만 정낭액이 보충되지 않았을 때 "젖은 오르가즘"이 뒤따를 수 있다.

사정은 두 시기로 나뉘어서 일어난다(Levin, 2005a). **배출기(emission stage)**라고 하는 첫 단계는 전립선, 정낭, 그리고 수정관 상부인 **팽대부(ampulla)**의 수축과 관련되어 있다. 이러한 수축의 힘은 정낭액을 **요도망울(urethral bulb)**이라고 하는 작은 관인 요도관의 전립선 부위로 몰아낸다. 그것은 양 끝에 가까운 근육으로 부풀어 있어서 사정 전에 정액을 가두어 둔다. 남성이 오르가즘을 불가피하게 인식하는 것은 바로 이 점이다. 남성은 아무것도 사정을 억제할 수 없음을 느끼게 된다.

두 번째는 **압박방출기(expulsion stage)**이다. 이때 정낭액은 요도를 통하여 밀려 나와서 음경 끝에 있는 요도 개구로부터 방출된다. 이 시기에, 음경 기부에 있는 근육은 율동적으로 수축하여 정액을 밀어낸다. 일반적으로 두 번째 단계는 오르가즘 느낌을 수반한다.

사정에서 정액은 요도망울로부터 방출되어, 요도 채널과 음경의 다리를 둘러싸는 골반 근육의 수축에 의해 배출된다. 처음의 작은 수축들은 대부분 강렬하며, 0.8초 간격으로 일어난다. 뒤이어 일어나는 수축은 약해진다. 그것들 사이의 간격이 증가한다. 정액은 처음의 작은 수축들 동안에 용솟음치듯 단속적으로 배출된다. 젊은 남성들에서 정액은

오르가즘(orgasm) 성적 흥분의 절정.

양측 하지마비 환자(paraplegic) 몸의 하반신의 감각과 운동이 마비된 사람.

배출기(emission stage) 사정의 첫 번째 단계로써 전립선, 정낭, 그리고 정관의 상부의 수축을 포함한다.

팽대부(ampulla) 관이나 통로의 주머니 또는 확장된 부분.

요도망울(urethral bulb) 요도의 전립선 부위를 이루며, 양 끝에 밀접한 근육으로 부풀어 있어서 사정전에 정액을 가두어 두는 작은 관.

압박방출기(expulsion stage) 사정의 두 번째 단계로써 음경 기부에 있는 근육은 율동적으로 수축하여 정액을 강하게 밀어내고 쾌감을 느끼게 한다.

약 30~60 cm 정도 나아간다. 그러나 어떤 남성들의 정액은 단지 수 cm 정도 나가거나, 음경 개구로부터 그냥 흘러나오기도 한다. 배출하는 힘은 남성의 전립선, 일반적인 건강, 나이 등에 따라 다양하다. 오르가즘이 강렬할수록 더 힘있는 사정을 수반하는 경향이 있다.

발기처럼, 사정은 척수에 있는 두 개의 중추에 의해 조절되는데, 하나는 천골 부위에 있으며 또 하나는 보다 높은 요추 부위에 있다. 성적 흥분이 사정의 필연점에 도달하면, 요추의 사정중추는 첫 번째 사정 단계인 정액 배출을 촉발시킨다. 보다 낮은 천골의 사정중추는 오르가즘의 두 번째 단계를 촉발시킨다.

비록 사정이 반사에 의해 일어나지만, 임계 역치 또는 "비복귀점" 아래의 성적 자극 수준을 유지함으로써 남자는 사정을 지연시킬 수 있다. 빨리 사정하는 남성들은 그들에게 "비복귀점"을 인식하는 것을 학습시키고, 그 점 이하로 성적 자극을 유지하는 것을 훈련하는 프로그램에서 성공적으로 치료된다. (조루의 정의와 치료에 관련된 주제들은 성기능 장애에 대한 11장에서 알아본다.) 남자가 조루를 경험하지 않는 때라 하더라도, 비복귀점을 인식하고 임계수준 아래의 자극을 유지하는 것은 성교 시간을 늘일 수도 있으며, 커플들을 위한 성적 즐거움을 증진시킬 수 있다.

정액역류증 **정액역류증(trograde ejaculation)**에서 사정액은 몸 밖으로 배출되기보다는 방광으로 밀려나게 된다. 정상적인 사정에서는 외부 괄약근이 열려서 정액이 몸 밖으로 나가게 된다. 또 다른 내부 괄약근은 방광의 개구를 막아서 정액이 방광으로 밀려나가는 것을 막아준다. 정액역류증에서 이런 괄약근들의 작용은 반대이다. 외부 괄약근은 닫혀 있어서 정액의 배출을 차단하고, 반면에 내부 괄약근은 열려 있어서 사정액이 방광으로 밀려나게 된다. 그 결과는 분명히 마른 오르가즘이다. 정액역류증은 전립선 수술, 정신안정제와 같은 약, 어떤 질환들, 그리고 사고에 의해 일어날 수 있다. 정액역류증은 일반적으로 그것 자체는 해롭지 않다. 그 이유는 후에 정액이 오줌과 함께 배출되기 때문이다. 그러나 불임이 일어날 수 있으며, 오르가즘과 연관된 느낌에 있어서 변화가 있게 된다. 지속적인 마른 오르가즘은 의학적으로 평가되어야 한다.

여성의 성기능과 마찬가지로, 남성의 성기능은 복잡하다. 그것은 신경계, 내분비계, 심혈관계, 그리고 근골격계의 협력작용이기 때문이다. 5장에서 우리는 어떻게 여성과 남성 성기관들이 성적 자극에 대해 반응하는가에 대해서 더 많이 배운다. 6장에서 우리는 성분화, 성행동, 그리고 성적 개성에 관하여 여성과 남성의 유사점과 차이점을 알아본다.

정액역류증(retrograde ejaculation) 사정 시에 사정액이 방광으로 밀려나는 증상.

4.5 남성 생식기관의 해부와 생리

총정리: 재숙고, 재인용, 재검토

이 책은 PQ4R 방법을 사용하고 있다. 여러분은 맨 먼저 장 읽기, 즉 첫 번째 R을 잘 마쳤다. 이제부터 나머지 3R(총정리), 즉 재숙고, 재인용, 재검토는 여러분이 숙달한 정도를 여러분 스스로 테스트해 볼 수 있게 해줄 뿐 아니라, 이 장의 내용들을 이해하고 기억할 수 있게 도와줄 것이다.

재숙고

- 당신의 민족 집단은 남성 포경수술의 습관을 둘러싸고 있는 어떤 특정 태도나 신앙을 가지고 있는가? 당신은 그것들을 공유하고 있는가? 설명하시오.
- 근거를 고려해서, 당신은 운동경기에서 기량을 증가시키기 위해 테스토스테론을 사용할 것인가? 이유를 설명하시오.
- 당신이 알고 있는 어떤 사람이 전립선암에 대한 정기적인 검사(DRE와 PSA 검사)를 마지못해 하는가? 마음이 내키지 않은 원인은 무엇인가? 당신은 그가 검사를 받도록 납득시키기 위해 어떤 주장을 할 것인가?

▶ **비판적인 사고하기:** 남성의 해부와 생리에 대한 이 책의 내용이 남성 성기관에 대한 당신의 견해를 어떻게 변화시켰는가? 당신의 견해가 변화되지 않았다면, 그 이유를 설명하시오.

재인용

1. 외부 남성 성기관은 무엇인가?

- 외부 남성 성기관에는 음경과 음낭이 있다. 이들 모두 성적 자극에 민감하다. 정액과 오줌은 요도 개구를 통하여 음경으로부터 배출된다. 포경수술은 종교적이고 위생적 이유로 시행되어 왔다. 포경수술은 어떤 건강문제에 대해 남성이 덜 취약하도록 해주지만 성감을 감소시킨다. 음낭은 고환을 가지고 있는 주머니이다.

2. 내부 남성 성기관은 무엇인가?

- 내부 남성 성기관은 고환, 정자를 운반하는 관과 도관, 그리고 정자에 양분을 제공하고 활성화시키는 기관들로 구성되어 있다. 고환은 남성 성호르몬을 분비하고 정자를 생산한다. 시상하부, 뇌하수체, 그리고 고환은 음성 되먹임 고리를 통하여 거의 평형 수준으로 혈액의 테스토스테론 수준을 유지한다. 각각의 부고환은 방광을 지나 정자를 수송하는 정관으로 흐른다. 정낭은 사정관으로 열려 있는데, 정낭에서 분비하는 액체는 정자에 양분을 제공한다. 정액은 정자와 액체로 구성되어 있다. 액체는 정낭, 전립선, 쿠퍼선에서 분비된다.

3. 어떤 건강문제가 비뇨생식계에 영향을 미치는가?

- 여성처럼, 남성도 방광과 요도 염증의 대상이 된다. 그것을 일반적으로 요도염이라고 한다. 여성과 달리, 남성은 전립선염에 걸릴 수 있다. 고환의 암은 20~34세 사이의 젊은 남성들에게 위협이 되는 가장 흔한 형태의 고형종양암이다. 양성 전립선비대증(BPH)은 전립선의 비종양성 확장증이다. 그것은 테스토스테론에 의해 발생하며 노화와 관련되어 이다. 전립선암에 대한 위험 요인으로서 유전, 노화, 동물성 지방 섭취 등이 있다. 테스토스테론은 전립선암 세포들의 성장을 자극한다.

4. 어떻게 발기와 사정이 일어나는가?

- 음경은 혈액으로 채워졌을 때 발기가 일어나는데, 음경은 확장되고 딴딴해진다. 발기는 성적 자극에 따라 일어나지만, REM 수면 동안 흔히 일어나기도 한다. 척수에는 두 개의 발기중추가 있다. 발기가 반사적이기는 하지만, 음경의 감각은 뇌로 연결되어, 거기서 일반적으로 쾌감을 느끼게 된다. 자율신경계의 부교감신경 가지는 발기를 지배하는 반면, 교감신경 가지는 주로 사정을 조절한다. 발기처럼, 사정도 하나의 반사이다. 성적 자극이 역치에 도달하면 사정이 촉발된다. 사정의 배출기에 전립선, 정낭, 정관의 상부에 수축이 일어난다. 압박방출기에, 근육은 정액을 음경으로 밀어낸다.

재검토

1 _______의 특징은 발기가 지속되는 것이다.

(a) 포경(phimosis)
(b) 파이로니병(Peyronie' disease)
(c) 사정
(d) 지속발기증(priapism)

2. 사정의 배출기 동안에, 정액은 _______(으)로 밀려간다.

(a) 요도망울
(b) 전립선
(c) 천골
(d) 방광

3. 남성 여성 모두 _______를(을) 가지고 있다.

(a) 정자
(b) 정액
(c) 정관
(d) 음경해면체

4. 남성 포경수술은 _______를(을) 제거하는 것이다.

(a) 주름띠
(b) 음경꺼풀
(c) 귀두
(d) 귀두관

5. 음낭 온도는 체온 _______ 경향을 나타낸다.

(a) 보다 2~3°F 높은
(b) 보다 2~3°F 낮은
(c) 과 같은
(d) 예측할 수 없는

6. _______은 간질세포에 의한 테스토스테론의 분비를 자극한다.

(a) 프로게스틴
(b) 프로락틴
(c) 황체형성호르몬
(d) 여포자극호르몬

7. 혈액 1 mL당 전립선 특이 항원 _______ ng이 정상이다.

(a) 4 이하
(b) 4~0
(c) 10~0
(d) 20 이상

8. 정액과 오줌은 모두 _______를(을) 통하여 지나간다.

(a) 정관
(b) 방광
(c) 요도 개구
(d) 창자

9. 남성은 잠자는 동안 약 _______ 분마다 발기를 한다.

(a) 30
(b) 60
(c) 90
(d) 120

10. 사람의 음경은 _______를(을) 가지고 있다.

(a) 음경해면체
(b) 뼈
(c) 근육
(d) 간질조직

정답: 1. d; 2. a; 3. d; 4. b; 5. b; 6. c; 7. a; 8.c; 9. c; 10. a

성적 흥분과 반응

5장

목차

사실인가 아니면 허구인가

다음 중 어느 것이 사실이고 어느 것이 허구인가? 답은 본문 안에 있는 「사실인가 아니면 허구인가」 아이콘에서 만날 수 있다.

1. 고대 로마인들은 악취에 사로잡혀 있어서 말에게도 향수를 뿌렸다. T F
2. 함께 사는 여성들의 월경주기는 동기화되는 경향이 있다. T F
3. 스트립퍼들은 배란기 중에 높은 팁 수입을 올린다. T F
4. 1차 성감대는 뇌이다. T F
5. "스페니시 플라이"는 당신의 데이트 상대를 흥분시킬 수 있지만 그것은 사마귀를 치료할 수도 있다. T F
6. 사람 뇌의 특정 부위에 대한 전기적 자극은 성적 쾌감과 만족감과 유사한 느낌을 줄 수 있다. T F
7. 정상적인 남성들은 에스트로겐을 생산하며, 정상적인 여성들은 안드로겐을 생산한다. T F
8. 오르가즘 동안 남성과 여성의 경험에 대해 기술한 내용은 구별되지 않을 수 있다. T F
9. 성교를 통해 얻어진 오르가즘은 자위행위를 통해 얻는 오르가즘보다 더 강렬하다. T F

당신은 새들과 벌들에 대해 들었을 것이다. 꽃봉오리와 벌들은 어떤가?

벌들이 마당에서 일하고 있을 때 우리들은 아이들의 눈을 가려야만 할지도 모른다. 호주국립대학의 과학자들은 어떤 꽃에 앉은 벌들은 꽃가루보다는 다른 어떤 것을 찾는다는 것을 알았다. 어떤 식물들은 암컷 벌들에 의해 분비되는 화학신호물질을 방출한다는 것이 판명되었다("Australia scientists", 2000). 그 결과, 수컷 벌들은 이러한 식물들과 교미하려고 한다. 부차적인 효과로서 벌들은 꽃가루를 한 식물에서 다른 식물로 옮겨서, 이러한 식물 종들의 수정과 생존을 용이하게 한다.

당신이 이상히 여길 경우, 이런 식물들이 벌들을 속이기 위해 "노력하고 있다"는 증거는 없다. 식물들은 결국 생각하지 않는다. 진화적으로 말하자면, 이런 화학분비물의 발생에 기여하는 모든 유전자들은 다음 세대로 전달되는 것으로 보인다.

신호 속임수에 관여하는 식물의 종류들은 난초류이다. 한 가지 형태는 유럽에서 발견되며, 아홉 가지 형태는 벌들이 분명하고 특별히 활동적인 호주에서 발견된다. 이러한 난초류는 암컷 벌에 의해 분비되는 화학물질에서 발견되는 동일한 탄화수소 화합물을 생산한다.

이러한 화학물질들을 **페로몬(pheromones)**이라고 한다. 이것들은 냄새가 없는 화학물질들로서, 공기 중 물질들의 분자를 채취함으로써 동물들이 냄새 맡는 동일한 방법으로 감지한다. 보다 하등한 동물들은 페로몬을 이용하여, 성적 반응을 자극하고, 조직적으로 먹이를 모으며, 서열을 유지하고, 경보를 울리며, 영토를 표시한다(Cutler, 1999; Wyatt, 2003). 페로몬은 벌과 같은 곤충에서 짝짓기 행동을 유도한다. 난초류의 경우에 페로몬의 위력은 명확하게 벌들의 시각을 무효화시킨다. 그렇다 할지라도, "그 벌들은 꽃들과 수 차례 짝짓기를 하려고 할 것"이라는 사실에 한 연구자는 주목하였다("Australia scientists", 2000). 안하는 것보다는 늦더라도 배우는 것이 낫다.

페로몬을 이용한 사기행위. 호주의 연구자들은 어떤 난초가 암벌의 페로몬과 유사한 페로몬을 내뿜는다는 것을 발견하였다. 결과적으로, 수벌은 그것들(꽃)과 교미하려고 한다. 이런 과정에서 수벌은 꽃가루를 취하게 되고 다른 난초로 옮기게 되어 난초의 생식을 돕게 되는 것이다.

무엇이 당신을 흥분하게 만드는가? 무엇이 당신의 심장을 뛰게 하고, 목을 조이며, 생식기에 분비물을 흘리게 하는가? 당신의 연인이 옷을 벗은 모습인가, 크리스 파인이나 매간 폭스의 사진인가, 사향 냄새가 나는 향수 한 방울인가, 와인 한 모금인가?

많은 요인들이 성적 흥분을 일으킨다. 많은 사람들이 에어브러시로 완벽하게 처리된 잡지의 나체나 반나체 모델들의 사진을 보고 흥분한다. 어떤 사람들은 그저 할리우드의 최근의 섹스 심벌을 상상하는 것만으로도 충분하다. 어떤 사람들은 과거의 연인을 기억하며 흥분하기도 한다. 또한 어떤 이들은 낯선 사람과 바람을 피우는 것으로 성적 환상이 자극되기도 한다.

사람들은 자신을 성적으로 흥분시키는 신호와 성적인 생각이나 느낌을 경험하는 빈도에서 매우 다양하다. 일부 젊은 사람들은 끊임없이 흥분되거나 흥분될 수 있다. 어떤 사람은 거의 또는 전혀 성적인 생각이나 환상을 즐기지 않는다.

이 장에서 우리는 성적 흥분을 일으키는데 영향을 주는 요소와 성적인 반응이 일어나는 과정에 대하여 볼 것이다. 그 세계에 대한 우리의 경험은 감각에 의해 시작되기 때문에, 우리는 이 장을 질문으로 시작한다: 성적 흥분에서 감각의 역할은 무엇인가? 고찰에서 우리는 페로몬의 역할에 대해 알아볼 것이다.

페로몬(pheromones) 어떤 동물들에 의해 분비되는 화학물질로서, 정보를 동종의 다른 개체들에게 전달하거나 동종의 다른 개체들 안에서 특이 반응을 일으킴.

5.1 성의 이해: 성적 흥분에서 감각의 역할

우리는 세상을 시각, 청각, 후각, 미각, 그리고 피부 감각 등과 같은 우리의 감각을 통하여 이해한다. 피부 감각은 모든 중요한 촉각을 포함한다. 각각의 감각들은 우리의 성적 경험에서 하나의 역할을 하지만, 어떤 감각들은 보다 큰 역할을 하게 된다.

시각: 당신을 더 잘 보기 위해

시각적 신호는 성적인 흥분을 일으킬 수 있다. 우리는 아마도 연인의 나체, 옷을 벗고 있든지 이브닝 웨어를 입은 모습을 보고 흥분할 수도 있다. 란제리는 몸을 효과적으로 가리기도 하고 드러내기도 하면서 여성의 성적 매력을 높여 준다. 비록 여성들도 매력적인 미인을 분명하게 알 수 있지만, 남성은 여성에 비해서 시각적인 자극에 더 잘 반응하는 것처럼 보인다(Rupp & Wallen, 2009).

한 연구에 의하면 여성은 가임기인 배란주기에 자신들을 좀 더 매력적으로 보이게 하는 방법으로 옷을 입고 장식하는 경향이 있다(Haselton 등, 2007). 42명의 심사위원들이 '더 매력적으로 보이는' 여성의 사진을 선택했는데, 가임기(59.5%)의 사진이 황체기(40.5%)보다 높았다. 또 다른 연구 결과는 남성의 "짝을 유지하려는 노력"은 그들의 파트너가 배란기에 근접했을 때 최고치를 보였는데, 남자가 적어도 부분적으로는 파트너의 외모에 의해 자극을 받았을 것이다(Haselton 등, 2007).

과학자들은 여성들이 남성의 관심을 끌기 위해서 빨간색의 옷을 입는다는 사실을 란제리 회사들이 수세기 동안 알고 있었다고 생각한다. 연구에서 비록 남성들은 색깔의 효과에 대해서 자각하지 못하지만, 남성들은 빨간 옷을 입은 여성에게 성적으로 더 호감이 가며 매력적으로 느끼는 경향이 있다고 밝혔다(Elliot & Niesta, 2008). 하지만 흥미로운 점은 남성들은 빨간 옷을 입은 여성들이 보다 친절하고 더 지적이며 보다 마음에 드는 것은 아니라고 평가했다.

일부 커플들은 그들이 사랑을 나누는 모습을 머리 위의 거울이나 비디오 테이프를 통해 볼 때 자극적이라는 사실을 알고 있다. 어떤 사람들은 성적으로 노골적인 영화가 자극적임을 알고 있다. 어떤 다른 사람들에게는 그런 것들이 지루하거나 기분을 상하게 한다. 비록 여성과 남성 모두 시각적으로 보이는 성애물('포르노 영화'에 대한 전문 용어)에 의해 성적으로 흥분될 수 있다 하더라도, 남성들은 보다 이것에 많은 관심을 보인다(Hamann 등, 2004; Schaller & Træen, 2008).

후각: 코가 가장 잘 안다?

비록 냄새에 대한 감각이 하등 포유동물에 비해 인간에게 성적 흥분의 지배적인 역할을 하지는 않지만, 냄새는 성적인 흥분을 유발하거나 없애는 역할을 한다. 예를 들어, 향수 회사들은 성적으로 흥분을 불러일으킨다고 알려진 향수를 병에 담는다.

대부분의 서양인들은 연인이 깨끗하고 산뜻한 향기가 나는 것을 선호한다(Boston Women's Health Book Collection, 2005). 미국 사회의 사람들은 자신의 냄새를 없애거나 가리기 위해 비누, 탈취제, 향수나 코롱을 사용한다. 고대 이집트인들은 그들의 불쾌한 냄새를 없애기 위해서 향이 나는 목욕을 개발했다(Illes, 2000).

학생들의 실제 질문

질문: 내 남자 친구는 포르노물을 봐야만 흥분이 됩니다. 이것은 정상인가요?

답변: 아니오 그리고 예. '아니오' 라는 답은 남자 친구가 포르노물을 보지 않고도 흥분할 수 있어야 한다. 그것은 당신이 그를 흥분시키지 않으면 성적 활동을 하지 않은 관계가 길어질 수 있다. 또는 그가 당신이 참고 견디는 것을 보는 것을 확인하는지도 모른다. 두 경우 모두, 그 상황은 당신을 위해 좋은 것이 아니며, 당신은 그 상황 속에 남아 있기를 원하는지 어떤지를 평가하는 것을 원하게 될지도 모른다. 그것이 여성을 비하하는 것 아니라면, 우리는 여기서 포르노 그 자체에 대해 가치판단을 내리지는 않는다. 만일 여성을 비하하는 것이라면 우리는 완전히 반대한다. 그러나 만일 당신의 남자친구가 난폭하거나 아니면 여성을 비하하는 것들을 선택한다면, 당신에 대해 그가 하고자 하는 많은 메시지가 있을 것이다. 그것은 그가 흥분하도록 도와주는 어떤 것에 대한 문제만은 아니다. '정상'이라는 답은 많은 남성과 여성들이 흥분을 고조시키는 어떤 종류의 성적 환상을 이용한다는 것이다. 그러나 다시 말하자면, 포르노물을 즐긴다 하더라도, 남성은 흥분하기 위해 포르노물을 이용해야만 할 필요는 없다.

사실인가 아니면 허구인가 1

사실인가 아니면 허구인가 1: 고대 로마인의 상류층도 향수에 대한 열망이 있었다. 그들은 향수로 목욕을 했으며, 심지어 말과 애완동물에게도 향수를 뿌렸다.

겨드랑이나 생식기의 냄새가 불쾌하다는 것을 찾아내는 성향은 생물학적 특성이라기보다는 문화적으로 길들여짐을 나타내는 것이다. 어떤 사회에서는 생식기의 분비물이 최음제라고 알려져 있다. 그렇다면 겨드랑이는? 가능한 답을 찾기 위해 페로몬에 대해 "가까이서 보기(138쪽)"에서 확인하라.

월경의 동시성 한 여성이 다른 여성의 땀에 노출되면 그 여성의 월경주기가 바뀔 수 있다(Morofushi 등, 2000). 어떻게 이런 현상이 일어나는 것일까? 이 주제에 관한 연구들을 조사해보자.

한 연구에서, 페로몬처럼 기능을 나타내는 스테로이드를 가지고 있는 여성의 겨드랑이 분비물에 노출된 여성은 그들의 월경주기에서 수렴이동 현상을 보여주었다(Preti 등, 1986). 월경주기에 대한 유사한 동기화는 같은 기숙사의 방을 사용하는 여성들에서도 관찰되었다. 또 다른 연구에서, 월경을 막 시작한 여성의 땀을 윗입술에 살짝 바른 80%의 여성들이 그 후 세 번의 월경주기가 땀을 제공한 여성의 주기와 비슷했다(Cutler, 1999). 대조군으로, 알코올을 윗입술에 살짝 바른 여성들은 월경주기에 아무런 변화가 없었다. 이 연구팀의 다른 연구 결과에서 월경주기가 비정상적으로 짧거나 긴 여성들이 남성의 겨드랑이 땀에 노출되면 점점 주기가 정상화되는 현상이 관찰되었다(Preti 등, 1986).

사실인가 아니면 허구인가 2

사실인가 아니면 허구인가 2: 그러므로 피임약에 의해 여성의 월경주기가 조절되지 않는 한, 같이 사는 여성들의 월경주기는 동기화되어가는 경향이 있다는 것은 맞는 말이다.

후각은 성적 성향에 대해 무엇을 알게 하는가? 욜란다 마르틴스, 조지 프레티, 찰스 위소키 및 그들의 동료(2005)의 연구는 남성 동성애자들(게이)이 이성애자들과 여성 동성애자들(레즈비언)의 체취보다 다른 게이들의 체취를 더 좋아한다는 것을 보여주었다. 그러나 남성 이성애자들은 남성 이성애자들에 비하여, 또한 여성 및 이성애자와 레즈비언 양쪽 모두에 비하여 게이의 체취를 가장 적게 선호하는 것으로 보인다.

이성애자 남성과 여성 대 게이 남성과 레즈비언들의 체취에 대한 끌림 또는 혐오감 체취가 섹스 파트너를 정하는데 영향을 준다는 믿을 만한 이유가 있다(Preti 등, 2003; T. Wyatt, 2003). 욜란다 마르틴스, 조지 프레티, 찰스 위소키와 그들의 대학 동료들(2005)은 겨드랑이 냄새의 선호도가 이성애자인 여성과 남성, 그리고 게이 남성과 레즈비언 등 사람의 성적 성향과 관련되어 있을 것이라고 가정했다. 그들은 지원자 24명의 겨드랑이 냄새 표본을 수집했다. 그림 10.1에 설명되어 있는 킨제이 이성애–동성애 척도에 따라 분류하였을 때, 6명은 완전한 남성 이성애자, 6명은 완전한 여성 이성애자, 6명은 완전한 게이 남성, 6명은 완전한 레즈비언이다.

연구자들은 많은 흥미로운 사실들을 발견했다. 예를 들어,

- 이성애자 남성과 여성, 그리고 레즈비언은 게이 남성의 겨드랑이 냄새보다는 이성애자 남성의 것을 선호했다.
- 게이 남성은 다른 게이 남성의 겨드랑이 냄새를 선호했다.
- 이성애자 남성과 여성과 25세 이상의 레즈비언은 게이 남성의 겨드랑이 냄새보다는 레즈비언의 것을 선호했다.
- 이성애자 여성의 겨드랑이 냄새를 레즈비언과 비교했을 때, 이성애자 남성을 제외한 모든 집단의 사람들이 이성애자 여성의 것을 선호했다.
- 이성애자 남성은 게이 남성의 겨드랑이 냄새보다는 레즈비언의 것을 선호했다.

연구자들은 이 연구 결과가 게이 남성과 레즈비언은 이성애자와 구분될 수 있는 겨드랑이 냄새를 분비한다고 제시했다. 이것은 또한 게이 남성들이 이성애자 남성과는 다르게 이러한 전형적인 냄새를 인식할 수 있다고 했다. 우리는 이런 연구에서 적어도 체취와 성적 성향 사이의 관계를 조사했다는 것, 게이 남성은 다른 게이 남성의 체취에 끌린다는 것, 그리고 이성애자 남성은 최소한 게이 남성의 체취를 선호하지 않는다는 것에 주목할 수 있다.

비판적인 사고하기

비판적 사고가들은 마르틴스, 프레티, 위소키 그리고 그들의 동료(2005)의 연구를 접했을 때, 그들은 그 연구 결과의 해석에 대해서 열린 마음을 유지하고 있는 것이 얼마나 중요한지를 인식하게 될 것이다. 예를 들어, 그 연구는 체취에 대한 선호도가 성적 매력이나 성적 성향을 일으킨다는 것을 보여주고 있는가? 성적 경험이 어떤 체취에 대한 선호도도 불러일으킬 수 있는가? 또는 성적 성향이 성적 매력의 유형과 체취에 대한 선호도 모두를 불러일으키는 것은 가능한가? 마지막 질문: 그 연구의 결과가 동성애 공포증의 기원에 대한 어떤 함축성을 가지고 있는가?

피부감각: 촉각 경험으로서의 섹스

우리의 피부감각은 통증, 온도 변화, 압력(또는 접촉)을 느끼게 해준다. 성적인 매력이나 흥분에 있어서 시각이나 후각의 역할이 무엇이든지, 촉감은 성적 흥분이나 반응을 이끌어내는 가장 직접적인 효과가 있다. 우리가 피부라고 하는 민감한 층의 어떤 부위는 성적으로 자극될 수 있다. 연인이 당신의 뺨을 만지거나, 연인이 당신의 어깨나 등을 부드럽게 주무르는 것은 성적으로 자극적일 수 있다.

성감대 **성감대(erogenous zone)**는 몸에서 특히 어루만지거나 애무 같은 촉각의 자극에 민감한 부분이다. **1차 성감대(primary erogenous zone)**는 신경말단들이 풍부하게 분포해 있어서 성적으로 민감하다. **2차 성감대(secondary erogenous zone)**는 몸에서 경험을 통하여 성적으로 민감해지는 부분이다.

성감대(erogenous zone) 촉각을 이용한 성적 자극에 대해 특히 민감한 신체의 부분.

1차 성감대(primary erogenous zone) 신경말단들을 풍부하게 가지고 있기 때문에 특히 민감한 성감대.

2차 성감대(secondary erogenous zone) 경험을 통하여 민감해지는 성감대.

가까이서 보기

"마법"의 사랑의 묘약 찾기: 문턱에 있는가?

구애활동 중인 바닷가재끼리 보내는 신호, 경고하는 진딧물, 젖을 빠는 토끼 새끼, 언덕 위에 집 짓는 흰개미, 그리고 뒤를 따라가는 개미 등 페로몬은 동물계 전반에 걸쳐 발견된다.

—와이어트(T. D. Wyatt, 2009)

수세기 동안 사람들은 사랑의 묘약을 찾아다녔다. 묘약이란 다른 사람을 당신과 사랑에 빠지게 하거나 매우 강하게 끌리도록 하는 마법의 약이지만, 일부 과학자들은 이 묘약이 이미 페로몬이라고 불리는 화학 분비물로써 존재한다고 말한다. 페로몬은 사람들의 기분을 좋게 해주고, 생식력에 대한 효과를 가지며, 영향을 줄 수 있고, 의식 수준 이하에서 성적 소통을 위한 기초를 제공한다(T. Wyatt, 2009).

페로몬은 많은 동물들에서 "육감"—보습코기관(vomeronasal organ, VNO)을 통하여 감지되는 무취의 화학물질이다. 사람들은 코 내벽의 점액질에 VNO를 소유하고 있다(Touhara & Vosshall, 2009; T. Wyatt, 2009). 태아기의 발생 동안에, VNO는 성호르몬을 뇌로 운반하여, 배아의 성 분화에서 도움을 준다(Rodriguez 등, 2000). 하지만 태어나기 전 인간의 VNO는 위축된다. 그리고 일부 연구자들은 그것이 작용을 정지시킨다고 말한다(Kouros-Mehr 등, 2001). 그러나 만일 그것이 계속해서 작용한다면, 그것은 아마도 페로몬을 감지하고 그것들에 대한 정보를 시상하부로 보낼 것이다. 시상하부는 성적 반응에 대해 영향을 미친다(T. Wyatt, 2003). 유아들은 분명하게 페로몬을 이용하여 엄마를 인식하고, 성인들은 배우자를 찾는데 그것들에 반응할 것이다(Martins 등, 2005). 쥐와 같은 수컷 설치류들은 몇 가지 페로몬에 극도로 민감하다(Leinders-Zufail 등, 2000). 수컷 설치류들은 후각이 봉쇄되었을 때 성적 흥분이 덜 해 보이지만, 성적 행동에 있어서 페로몬의 역할은 필수적이지 않게 된다.

몇 년 전만 해도, 대부분의 과학자들은 페로몬이 인간의 행동에 어떤 역할을 한다고 믿지 않았다. 하지만 오늘날 이 이슈는 새롭게 흥미를 끌었다. 위니프레드 커틀러와 그녀의 동료들(1998)은 연구에서 이성애자인 남성들에게 남성 페로몬으로 추정하는 물질을 뿌리고, 대조 집단은 위약을 뿌렸다. 페로몬을 사용하고 있는 남성은 여성 파트너와 성교의 빈도가 높아졌지만 자위행위의 빈도는 높아지지 않았다. 연구자들은 그 물질이 직접적으로 성적 행동을 자극 하지는 않았지만, 그들의 파트너에 대한 남성들의 매력을 높여 주었다고 결론지었다.

남성과 여성을 페로몬으로 추정되는 물질[안드로스타디에논(androstadienone)은 남성으로부터 생산되고, 에스트라테트라에놀(estratetraenol)은 여성으로부터 생산된다)]에 노출시킨 실험에서 그것은 여성의 기분을 좋게 하지만 남성은 그렇지 않다는 것을 알게 되었다. 또한 그 물질은 여성의 불안과 긴장상태를 완화시켜 주었지만 남성에 대해서는 아니었다(Jacob 등, 2001; Jacob & McClintock, 2000). 에스트라테트라에놀에 대한 조사 결과들은 당연한 것이었다. 이 물

만지는 경험. 촉각은 성적 경험과 친밀하게 연결되어 있다. 연인의 손으로 볼을 만지거나 부드럽게 주무르는 것은 성적으로 자극될 수 있다. 성감대라고 하는 신체의 특정 부분은 성적 자극에 대한 반응 때문에 특이적인 성적 의미을 갖는다.

얼마나 많은 성적 의사소통이 의식 수준 이하에서 일어날까? 연구 결과는 겨드랑이 분비물이 사람들을 보다 더 성적으로 매력적이게 할 수 있음을 보여준다. 어떤 사람들은 그것을 감지하는 것을 모를 때도 있다. 그들은 서로의 개인 특성에 끌리는 것이가, 아니면 페로몬에 끌리는 것인가?

질은 에스트로겐과 관련이 있다. 여성들은 에스트로겐 수준이 그 달에 가장 높을 때 기능이 최고가 되는 경향이 있다(Ross 등, 2000). 여성이 안드로스타디에논에 반응한다는 사실은 더 흥미롭다. 남성 화학물질들이 직접적으로 성적 효과를 갖는다는 것을 보여주지는 않았지만, 여성들은 일반적으로 남성들 곁에 있을 때 다소 기분 좋게 느껴질 수 있다. 물론, 좋은 기분이라는 것이 간접적으로 섹스에서 여성들에 대한 관심을 보이는 것에 기여할 수도 있다.

남성의 땀은 여성의 감정적인 반응을 불러 일으킨다(Hummer & McClintock, 2009; Preti 등, 2003). 그것은 휴식의 편안감을 주며 스트레스를 줄여준다(Preti 등, 2003). 그것은 심지어 월경주기에도 영향을 끼친다. 연구자들은 냄새 제거제를 한 달 동안 사용하지 않은 남성들의 겨드랑이에서 시료를 추출했다. 그 시료들을 섞은 후 25~45세의 여성들 18명의 윗입술에 발랐다. 여성들에게는 그 화학물질이 어디로부터 왔는지 또 조성이 무엇인지 모르게 했다. 6시간 주기로 여성들은 자신들의 기분을 등급으로 구분하여 기록하였는데, 결과적으로 기분이 더 편안해지고 좋아졌다고 보고하였다. 그들의 혈액 분석은 배란 전에 급등하는 LH의 수준이 높아짐을 보여주었다. 여성들이 성적으로 흥분했다는 것은 나타나지 않았지만, 남성의 땀은 여성들을 만났을 때 "화학적 소통"을 제공해서, 무의식 중에 남성들에게 생식적 노력을 조정하도록 하는 것일 수 있다. 페로몬이 하등동물들에서 그러하듯 이 물질들은 직접적으로 행동을 자극하지는 않는다.

이중맹검실험에서, 36개 대학의 여성들이 무작위로 그들의 겨드랑이의 분비물에서 추출된 페로몬 추정물질을 섞은 향수 또는 위약을 뿌리도록 하였다(McCoy & Pitino, 2002). 여성들은 세 번의 월경주기(12주) 동안 그들의 성적 행동을 기록하였다. 페로몬 추정물질을 사용한 3/4의 여성들(74%)은 위약을 사용한 1/4의 여성들(23%)과 비교했을 때, 성교의 빈도, 애인 곁에서의 수면, 정규적인 데이트, 키스, 애무, 그리고 기타 애정 행위들이 뚜렷하게 증가함을 보였다. 페로몬 추정물질은 남성들에 대한 여성들의 매력을 증가시킨 것 같다.

▶ 비판적인 사고하기

만일 페로몬이 성적 흥분을 증진시킨다면, 데이트할 때 페로몬을 뿌리는 것이 타당한가? 자신의 성적 매력을 높이기 위해 페로몬과 같은 향수나 코롱을 사용하고 있는가?

1차 성감대는 생식기를 포함하여, 허벅지 안쪽, 회음부, 엉덩이, 항문, 가슴(특히 유두), 귀(특히 귓불), 입, 입술, 혀, 목, 배꼽, 그리고 겨드랑이 등이다. 선호도는 사람에 따라서 다양하며, 생물학적 차이와 사고방식과 경험의 차이를 반영하게 된다. 어떤 사람에게 유별나게 민감한 부분이 사실상 다른 사람에게는 아무런 반응이 없거나, 불편하기도 하다. 예를 들어, 많은 여성들은 그들의 가슴을 만지거나 가슴에 키스를 할 때 거의 느낌을 받지 못한다고 말한다. 많은 남자들은 자신의 유두를 연인이 애무할 때 불편함을 느낀다. 반면에 많은 사람들은 그들의 발가락 사이의 자극이 성욕을 일으키며, 성교 중에 파트너 위에 발을 올려 놓기를 즐긴다.

2차 성감대는 성적 자극이 연관되면서 성적으로 자극된다. 예를 들어, 여성은 그녀의 연인이 부드럽게 어깨를 애무할 때, 성적으로 자극이 된다. 왜냐하면 그러한 애무는 커플이 사랑을 나누는데 연결되기 때문이다. 마스터즈와 존슨(1966)은 소수 여성들의 잘록한 허리 부분을 만지게 되면 오르가즘에 도달하는 것을 관찰했다.

가까이서 보기

스트립퍼: 눈의 즐거움인가? 코의 즐거움인가?

많은 술집과 스트립 클럽의 손님들은 그들은 그저 "그곳에서 무엇이 진행되는지 단지 보기 위해(또는 벗는 것을?)" 간다고 한다. 하지만 그것은 또한 그들이 후각적으로 성적인 자극을 받기위해 가는 것일 수도 있다. 특히 무릎 댄스가 그렇다. 진화와 인간행동(Evolution and Human Behavior; Miller 등, 2007)에 발표된 연구는 스트립퍼(누드 댄서)들의 팁은 매달 특정한 기간과 관계가 있다는 것을 찾아 내었다.

사실인가 아니면 허구인가 3

사실인가 아니면 허구인가 3: 그림 5.1을 보면 알 수 있듯이 스트립퍼들이 배란 중일 때, 그들은 월경 중일 때보다 두 배 그리고 배란과 월경 둘 다 하지 않을 때보다는 1.5배 많은 팁을 받는다. 여성이 배란 중일 때, 그들은 일반적으로 더욱 섹스에 대해 관심이 있는데, 아마 자신들의 몸 동작을 통하여 그들의 관심을 섬세하게 소통하기 때문인 것 같다. 그러나 그들은 지갑을 열어서 보여주는 손님들에게 더욱 흥분시키는 후각 신호를 보냈다는 것도 가능하다. 또한 불임기의 신호라고 할 수 있는 잠재적인 월경기의 냄새는 어떤 기본적인 성적 수준에서는 이용 불가능성을 알리는 것일 수도 있다.

스트립퍼와 배란기 스트립퍼들은 배란기 때 많은 팁을 번다. 그것은 남성 고객들이 후각을 통해 매달 돌아오는 스트립퍼들의 배란기를 감지하기 때문에 가능한 것이다. 그러나 비평적 사고에서처럼, 당신은 또 다른 설명을 생각할 수 있는가?

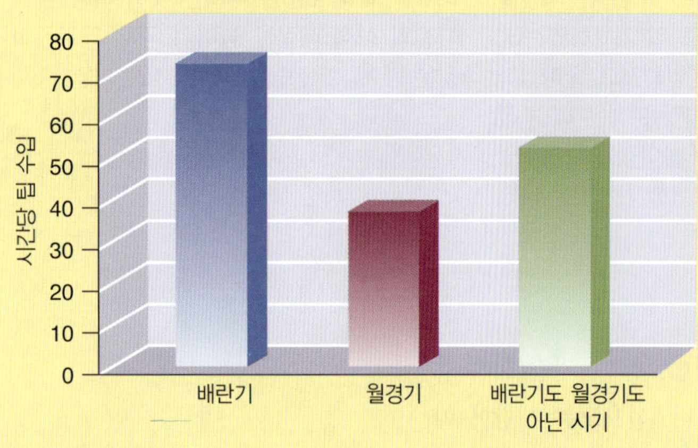

그림 5.1 스트립퍼의 배란기와 팁 수입. 스트립퍼들은 월경기에 비해 배란기에 두 배의 팁을 번다.

출처: Data from G. Miller, J. Tybur, & B. D. Jordan. (2007). *Evolution and Human Behavior*, 28(6), 375–381.

사람들은 또한 영상이나 판타지에도 높은 반응을 보인다. 이것이 바로 뇌가 종종 주요 성기 또는 성감대라고 말해지는 이유이다. 어떤 여성들은 상상을 통해서 혼자 오르가즘에 도달한다고 말한다(Kinsey 등, 1953). 남성은 생식기에 직접적인 자극 없이도 정기적으로 발기와 몽정("wet dreams")을 경험한다.

사실인가 아니면 허구인가 4

사실인가 아니면 허구인가 4: 뇌는 만짐으로써 직접적인 자극을 받지 않기 때문에, 성감대가 아니다. 뇌는 피부에서 오는 촉각 정보를 처리하지만, 뇌는 이 정보 자체를 직접 모으는 감각뉴런을 가지고 있지 않다. 하지만 뇌는 확실히 환상, 성적 기억, 그리고 기타 생각들의 생성을 통하여 성적 감각을 향해 길을 닦을 수 있다.

맛: 맛좋은 섹스에 대하여

맛은 성적인 흥분이나 반응에서 적은 영향을 주는 것으로 보인다. 어떤 사람들에게는 질 분비액이나 정액 같은 생식기 분비물의 맛이 성적 흥분을 일으킨다. 하지만, 우리는 이러한 분비물에 생물학적으로 흥분 효과를 나타내는 화학물질이 가미되어 있는지, 또는 흥분이 이러한 분비물이 개인에 대해 갖는 의미를 반영하는지 알 수 없다. 즉, 우리는 맛이나 냄새가 성적인 즐거움과 관련되어 흥분시키는지 배우거나 알아보아야 한다. 또 어떤 사람들에게는 그것들에 의해 흥분이 억제되기도 한다.

청각: 좀 더 잘 듣기 위해

청각도 성적 흥분이나 반응을 위해 중요한 수단을 제공한다. 시각이나 후각 신호와 같이, 소리는 흥분을 일으키기도 하고 저해하기도 한다. 연인의 속삭임, 즐거움의 표현, 오르가즘에 도달한 생기 넘치는 소리 등은 뜨거운 사랑을 나누는 도중에 자극적일 수 있다. 어떤 사람들에게는 특정 단어나 목소리의 억양이 성감대를 직접적으로 자극할 수도 있다. 많은 사람들은 자기의 연인이 '음란한 말을 할 때' 흥분한다. 상스러운 말은 그들의 성적인 흥분에 박차를 가해준다. 또한 어떤 사람들은 음란한 말에 모욕감을 느낀다.

음악은 성적인 흥분에 도움을 준다. 음악은 긴장을 완화시키고, 우리를 '분위기'에 취하게 하거나 공감대를 형성해준다 ("그들은 우리들의 노래를 연주하고 있어!"). 많은 커플들은 "분위기 있는" 배경음악을 사랑을 나누는 필수품이라고 생각한다.

소리는 성적흥분을 가라앉히기도 한다. 대부분의 사람들은 장송곡이 성적 흥분을 깨는 것으로 알고 있다. 우리는 긁히는 소리, 듣기 싫은 목소리에 의해서도 방해 받는다. 헤비메탈 락 음악은 많은 사람들에게 성적 흥분을 없애기도 하지만, 어떤 사람들에게는 촉진시키는 음색일 수도 있다.

5.2 최음제: 스페니시 플라이와 코뿔소 뿔

유일하게 알려진 최음제는 다양성이다.

—마크 코놀리(Marc Connolly)

최음제(aphrodisiacs)는 사람을 흥분시키거나 성적 쾌락이나 반응에 대한 능력을 높여준다. 당신은 스페인 딱정벌레(무당가뢰)에서 추출되었다고 알려진 최음제인 "스페니시 플라이(Spanish fly)"에 대해서 들어 본 적이 있는가? (*Lytta vesicatoria*라는 이 딱정벌레는 거의 멸종상태이다.) 음료에 단지 몇 방울만 넣으면 저항할 수 없게 된다고 알려져 있다. 스페니시 플라이는 많이 알려진 최음제 중 하나이다. 하지만 이것은 독성이 있고 성적으로 흥분을 일으키지 않는다. 스페니시 플라이는 현재 합성되지만, 최음제는 아니다.

사실인가 아니면 허구인가 5: 스페니시 플라이가 당신의 데이트 상대를 흥분시키지는 않지만 그의 사마귀를 치료할 수는 있다. 스페니시 플라이는 의학적으로 사마귀를 태워 없애기 위해 이용되는 피부자극제인 칸타리딘(cantharidin)을 함유하고 있다. 이것이 사마귀를 태워 없앨 수 있다면, 이것이 몸의 내부에 미칠 손상을 생각해 보라. 그것은 요로를 자극하고, 조직 손상이나 죽음을 초래할 수도 있다(Bengoa Vallejo 등, 2008). 이것은

최음제(aphrodisiacs) 성적으로 흥분을 일으키거나 성적 욕구를 높여주는 약물.

가까이서 보기

YSEX—왜 사람들은 성교에 몰두하는가? 그 대답은 (항상) 분명한가?

당신이 성교에 사로잡혀 있는 것은 취업을 하거나 승진을 위해서인가? "소비되려고" 아니면 타락하고 싶어서? 도박에 졌기 때문에 아니면 신과 보다 가까워지고 싶어서? 이것들은 섹스를 갖은 이유들 중 드문 것들이지만 일부의 사람들은 이것들 때문에 성교에 사로잡혀 있다.

신디 메스턴과 데이비드 버스(2007)는 만일 섹스를 하는 가장 흔한 이유와 가장 드문 이유가 광범위한 성적 역할과 일치한다면 그것들이 사람 성의 이론에 대하여 무엇을 제시하는지를 알기 위해 찾으려고 노력했다. 그러기 위해 그들은 흥미로운 제목인 YSEX("Why Sex?")라는 설문지를 만들었고, 대학생들에게 나누어 주었다.

그들은 학생들과 그 지역의 주민들에게 섹스를 했던 이유 또는 그들이 알고 있는 사람이 섹스를 하는 이유를 나열하도록 그 설문지를 만들었다. 연구자들은 715가지의 이유를 얻었고, 매우 비슷한 것들을 제외하여 237개로 줄였다. 그리고 그들은 1,549명의 학생들에게 학점을 받는 과제로 설문 조사를 하도록 했다. 샘플은 유럽계 미국인 62%, 아시아계 미국인 15%, 라틴계 미국인 15%, 아프리카계 미국인 4%, 그리고 북미 원주민 1%로 구성되어 있었다. 설문 참여자들은 16～42세 사이였지만, 평균 나이는 19세로 대학교 2학년 정도이다.

다음에 나오는 아홉 개의 주제들은 섹스를 하는 남성들과 여성들의 가장 흔한 이유들이다: (1) 매력적인 느낌, (2) 육체적 쾌락을 위한 욕망, (3) 사랑하는 감정의 표현, (4) 다른 사람에 의해 요구되는 느낌, (5) 더 깊은 관계를 원함, (6) 새로운 경험, (7) 특별한 경우의 축하, (8) 기회, 그리고 (9) "그냥 그렇게 됨". 사람들이 섹스를 하는 이유가 아닌 것들은 자신의 파트너에 상처 주기 위해서, 직업을 얻거나 승진을 위해서, 더 많은 인기를 위해서, 직업을 갖기 위해서 또는 승진을 위해서, 더 유명해지기 위해서, 두통이나 경련을 없애거나 업무의 압박감 때문에 등이다. 어떤 이유들은 예상치 못한 것이었는데, 부드럽게 표현하자면 "신과 더 가까워지는 것을 느끼기 원해서" 였다.

성별에 따른 차이점도 있었다: 남성들은 두드러지게 여성들보다 더 육체적인 이유(외모, 매력적인 얼굴)로 섹스를 했고, 순전히 어떤 기회 때문이라고 한 경우도 있었다. 남성들의 이유가 육체적인 것에 강하게 나타나는 것은 남성들이 시각적인 자극에 더 반응한다는 것을 뒷받침해준다. 남성들은 또한 자랑하는 것에 관심이 있었는데, "정복"의 목적이었고, 그들의 다른 남성들보다 사회적 지위를 높이는 것이었다. 여성들은 남성들에 비해 여성임을 느끼고 사랑을 표현하기 위한 이유로 섹스를 한다는 점이 더 많았다. 만일 설문 참여자들이 보다 나이가 많은 사람들이었다면, 아마도 권한과 정복을 자랑하는 것에 관심을 가진 남성들이 더 적었을 것이다. 그러나 대체로 응답자들은 성적 주도자로서의 남성과 "문지기"로서의 여성을 나타내는 전통적인 성적 역할에 대해서 일치했다.

더 나은 통계 방법(인자 분석)을 통해 섹스를 하기 위한 육체적 이유, 목적 성취, 감정적 이유, 그리고 불안감 등 네 가지의 영역으로 그룹을 나누었다. 육체적 이유들로서 매력적인 파트너, 쾌락, 흥분, 그리고 오르가즘을 원하는 것이 포함되어 있다. 감정적인 이유로는 사랑, 열정 그리고 감사가 있었다.

연구자들은 성교의 동기는 복잡하고 다면적인 이유 때문이라고 결론지었다. 다른 문화에서도 같은 이유들을 찾을 수 있을까? 그것들은 수명을 변화시킬 수 있을까? 다른 사람과의 관계를 파괴하려는 욕구와 같은 드문 이유가 낮은 발생률에 비하여 불균형적인 영향력을 갖는가? 이러한 것들이 연구자들이 답을 찾으려는 질문들이다.

요도에 염증을 일으켜서, 음경에서 타는 듯한 느낌을 유발하는데, 이것이 때때로 잘못 해석되어 성적인 느낌으로 받아들이게 된다.

우리는 알려진 최음제의 효능을 평가할 때, 기대감이나 플라세보 효과에 대해서 관심을 가져야 한다(Downs & Nazario, 2003). 이 물질이 성적인 촉진제 역할을 한다는 믿음 자체가 성적 흥분을 촉진시킨다. 만약 어떤 사람이 소위 최음제를 사용하면서 성적으로 흥분되는 느낌을 받는다면, 그 사람은 비록 그 물질이 성적 충동에 대해 직접적인 효과가 없다 하더라도, 그 물질의 효과로 흥분이 잘 일어났다고 여길 것이다.

어떤 면에서 남성의 성기를 닮은 음식은 종종 최음제로 여겨진다. 그것들은 굴, 조개류, 황소의 고환("송아지 고환 요리"), 토마토 그리고 셀러리의 줄기, 바나나, 심지어는 갈은 코뿔소, 순록, 그리고 코끼리 뿔 등과 같은 "남근을 상징하는" 품목들이다. 심지어 고구마와 감자도 최음제로 여겨진다. 하지만 이러한 음식이나 물질들 중 어떠한 것도 성적인 흥분을 일으키지 않는다. 슬프게도, 코뿔소나 코끼리로 대표되는 성적 흥분을 일으키는 물질들의 특성에 대한 미신들 때문에 이러한 동물들의 수가 빠르게 감소되었다(Ascher, 2006).

다른 약이나 정신활성 물질은 성적 흥분이나 반응에 어떤 효과를 가질 수 있다. 아르기닌이라는 약은 아프리카의 요힘베(yohimbe) 나무에서 추출한 아미노산으로, 생식기로 가는 혈류량을 촉진시킨다. 하지만 이것의 효과는 제한되어 있고, 신뢰할 수는 없다(Downs & Nazario, 2003).

아밀질산염("snapper"또는 "popper" 형태로)은 게이 남성(과 일부 이성애자)에게 주로 쓰이는데, 흥분감이나 오르가즘을 느끼는 정도를 높여준다고 믿는다. 포퍼(Popper)는 뇌와 생식기에 있는 혈관을 확장시켜서, 골반에 온기를 주며 발기를 촉진시키고 오르가즘을 지속시켜준다. 아밀질산염은 심장 환자의 심장통증(협심증)을 줄이는데 도움을 주는 합법적인 약물로 사용된다. 이것은 심장 통증이 일어났을 때, 'pop'하고 빠르게 열어서 사용할 수 있는 앰풀 형태로 흡입된다. 하지만 포퍼는 어지러움, 기절, 편두통을 유발할 수 있다. 그것들은 성적 감각을 증가시키기 위해서가 아니라, 반드시 의사의 처방을 받아 합법적으로 사용되어야 한다.

비아그라(Viagra)는 심장으로 공급되는 혈류량을 증가시키기 때문에 원래 협심증(심장통증)의 치료제로 개발되었다. 하지만 이것은 생식기관의 혈관을 확장시켜서, 그 때문에 충혈과 발기가 촉진된다. 어떤 보고에 따르면, 그것은 여성에서도 성적 반응을 일으킨다는 것이다(Slovenko, 2001). 비아그라 및 유사한 레비트라(Levitra)와 시알리스(Cialis)는 **발기부전**(또는 impotence)의 치료를 위해 사용된다. 비아그라도 최음제일까? 분명히 아니다. 비아그라가 발기를 촉진시키기는 하지만, 그것은 여전히 발기가 일어나도록 성적 흥분을 유발시키는 약이다.

그러나 분명히 어떤 약들은 최음제의 효과를 가지고 있는 것 같은데, 그것들은 명백하게 성적 충동을 조절하는 뇌의 메커니즘에 작용하기 때문이다. 예를 들어, 뇌의 신경전달물질인 도파민의 뇌수용체에 영향을 주는 항우울제인 부프로피온(bupropion, 상용명은 Wellbutrin)과 파킨슨병의 치료에 사용되는 L-도파 같은 약들은 성적 충동을 증가시킬 수 있다(Saks, 2008).

가장 강력한 화학물질인 '최음제'는 체내에서 자연적으로 생성되는 남성호르몬인 테스토스테론이다. 이것은 여성과 남성 모두에게 성적 욕망을 일으키는 가장 기본적인 연료이다(Basson 등, 2009).

성충동을 증가시키기 위한 가장 안전하고 가장 효과적인 방법은 약이나 물질이 아니라, 적절한 식단과 운동이다. 규칙적인 운동은 전체적인 건강을 증진시킬 뿐만 아니라, 에너지를 증가시키고 여성과 남성 모두의 성충동을 높여 준다. 아마도 가장 강력한 최음제는 새로움일 것이다. 파트너들은 서로가 성적으로 새로운 방법을 개발할 수 있다. 그들은 새로운 장소에서 사랑을 나누거나, 다른 기술을 실험하고, 자극적인 옷을 입으며, 성적 환상이나 그들의 상상력을 자극하는 일은 무엇이든지 공유할 수 있다.

성욕억제제

최음제는 성적 반응을 촉진시킨다고 생각된다. **성욕억제제(anaphrodisiacs)**는 그 반대의 효과를 낸다. 이런 물질들은 성적 반응의 저해제, 즉 성욕억제제라고 알려져 온 질산

성욕억제제(Anaphrodisiacs) 성적 흥분이나 성적 욕구에 대해 억제 효과를 나타내는 약물.

항남성호르몬(antiandrogen) 혈액 중의 안드로겐 수준을 감소시키는 물질.

칼륨(초석)을 포함한다. 하지만 초석은 단지 성적 흥분을 간접적으로 무디게 할 뿐이다. 배뇨작용의 욕구를 높이기 위한 이뇨제는 성적 욕망을 없앤다고 알려져 있지만, 성적 반응을 직접적으로 억제하지는 않는다.

다른 화학물질들은 성적 흥분이나 반응을 둔화시킨다. 트랭퀼라이저와 바비튜레이트와 같은 중추신경계 억제제는 성적 욕망과 성적 수행에 악영향을 준다. 하지만 이러한 약들은 역설적으로 성적 억제나 성행위의 영향에 대한 공포를 줄여서 일부 사람들에게 성적 흥분을 준다. 고혈압을 치료하는데 쓰이는 항고혈압제는 남성의 발기나 사정을 어렵게 하거나 남성과 여성 모두의 성욕을 감소시킨다. 플록세틴(상품명 Prozac), 아미트립틸린(상품명 Elavil), 그리고 이미프라민(상품명 Tofranil) 같은 항고혈압제는 성적 충동을 둔화시키는 것으로 나타났다(Kennedy & Rizvy, 2009). 항우울제 또한 남성의 발기 현상에 손상을 주며 사정을 지연시키고, 여성에게는 오르가즘의 민감도를 낮추었다(Kennedy & Rizvy, 2009). 사정을 늦추기 때문에 이러한 약들 중 몇몇은 조루증 치료제로 사용된다.

담배 연기 속의 흥분제인 니코틴은 혈관을 수축시킨다. 따라서 이것은 충혈되는 생식기의 기능을 감소시켜 성적 흥분을 억제한다. 만성적인 흡연은 남성의 혈액 내 테스토스테론 수치를 감소시켜 성욕이나 자극이 줄어들 수 있다.

항남성호르몬(antiandrogen)제는 성욕억제제 효과를 낼 수 있다. 이것들은 이미 성폭행이나 아동성애자 같은 성도착자의 행동을 치료하는 데 이용되어 왔다(예, Roesler & Witztum, 2000).

향정신성 약물

알코올이나 코카인 같은 향정신성 약물은 성욕을 일으키는 효과를 가지고 있다고 널리 알려져 있다. 향정신성 약물이 성적 반응을 촉진할까? 아마도 일부는 그럴 수 있지만, 그것들의 효과가 사용자의 기대감을 반영하기도 하며, 또는 직접적인 성적 반응에 대한 자극보다는 오히려 성적 억제효과를 나타내기도 한다.

알코올 적은 양의 알코올은 자극이 될 수 있지만, 많은 양은 성적 반응을 억제한다. 알코올은 중추신경계의 활동을 감소시키는 진정제이기 때문에 이 사실이 놀라운 것은 아니다. 많은 양의 알코올은 여성과 남성 모두의 성적 기능에 심각한 손상을 줄 수 있다.

적당한 양의 알코올을 마신 사람들은 이것의 화학적 성분 때문이 아니라 알코올에 대한 기대 때문에 보다 성적으로 흥분된다고 느낀다(George 등, 2000). 즉, 알코올이 성적 반응을 높인다고 기대하는 사람들은 술을 마시게 된다. 즉 알코올이 최음제의 효과를 갖고 있다는 기대는 발기에 문제가 있는 남자가 알코올을 치료제로 여기게 되는 것이다. 사실 알코올은 진정제이고, 성교 능력을 회복시키기보다는 감소시킬 수 있다.

알코올은 또한 성적 억제 효과를 낮추는데, 이것은 우리 행동이 자신보다는 알코올의 효과 탓으로 돌리기 때문이다. 알코올은 자유로운 사회의 역할과 연관되어 있고, 따라서 모호한 행동에 대한 변명을 제공한다. 사람들은 "내가 아니라 알코올 때문이었어"라고 말한다. 사람들은 술에 취하지 않았다면 하지 않을 성적 욕망이나 행동을 술을 마시고 표출한다. 예를 들어, 성관계에 대해 죄책감을 느끼던 사람도 술을 마시면 성적으로 적극적이 되는데, 후에 알코올에 책임을 전가하기 때문이다.

비판적인 사고하기

다음 진술에 대한 동의 여부와 당신의 답에 대한 이유를 말하시오: 알코올은 성적 욕구와 행동을 자극한다.

성적 행동에 대한 알코올의 효과는 무엇인가? 적은 양의 알코올은 자극적이며, 도취감을 유발하고, 억압감을 낮출 수 있는데, 이 모든 것들은 성적 관심과 연결될 수 있으며, 사회적이고 성적인 행동을 촉진시킬 수 있다. 알코올은 성적 또는 그 밖의 다른 행동을 포함하여 위험한 행동을 하게 될 때 그 결과에 대한 두려움을 감소시킨다. 알코올은 처음 데이트에서(또는 우연한 만남에서) 만난 파트너와 섹스를 갖는 등 받아들일 수 없는 행동에 대해 변명거리를 제공하기도 한다. 즉, 술마시는 사람들은 "그것은 내가 아니라 바로 술 때문이야" 라고 말할 수 있다. 알코올은 성적으로 자유롭다는 기대를 하게 하는데, 종종 사람들은 사회적이고 문화적인 기대감에 따라 생활한다. 그러나 억제제처럼, 많은 양의 알코올은 생화학적으로 성적 반응을 약화시킨다.

남성에게는 다섯 잔 이상, 여성에게는 네 잔 이상을 연속해서 마시는 폭음은 성적인 행동, 난잡한 성행위, 성폭행이 일어날 가능성과 관련이 깊다(Hutton, 2008; Randolph 등, 2008). 그럼에도 불구하고 대학생들의 2/5 이상이 한 달에 적어도 두 번은 폭음을 하고, 이들 중 절반은 2주마다 세 번이나 그 이상의 폭음을 한다(Johnston 등, 2005; National Institute of Alcohol Abuse and Alcoholism, 2005).

알코올은 행복한 감정을 유발할 수 있다. 행복한 감정은 성적 흥분을 높여주고, 성적 욕망을 표출하는 것에 대한 꺼림칙함도 씻어버릴 수 있다. 알코올은 또한 성적 충동을 저지하는 생각을 처리하는("정보 처리과정") 능력에 손상을 주는 것이 분명해 보인다(MacDonald 등, 2000; Steele & Josephs, 1990). 우리가 술을 마시면, 부도덕한 행위에 대한 결과를 예측하고 행동에 대해 생각하는 능력이 떨어진다.

환각제 마리화나나 다른 환각성 마약들이 성적 반응을 직접적으로 촉진한다는 증거는 없다. 하지만 심하게 도취된 마리화나 사용자들은 다른 사람과 더 많은 공감을 가지게 되고, 신체의 감각을 보다 잘 느끼고, 또한 시간의 흐름이 느려지는 것을 경험한다고 주장한다. 이 감각은 비록 그들의 민감도를 저해하지만 성적 반응에 대한 주관적인 느낌을 높여줄 수 있다(McCabe 등, 2005; vande Bree & Pickworth, 2005). 성적 반응에 대한 약의 효과는 이전의 경험 유무, 약에 대한 태도 인식의 변화에 달려 있다.

LSD나 메스칼린 같은 다른 환각제 또한 일부 사용자들에 의해 성적 반응을 높여준다고 보고되었다. 다시 말해서 이 효과들은 기대감, 사용자의 경험, 약에 대한 태도, 인식의 변화 뿐 만 아니라 투여량까지도 반영한다.

흥분제 암페타민("speed", "uppers", "bennies", "dexies") 같은 흥분제는 흥분과 오르가즘의 감각을 높여주는 것으로 유명하다. 많은 양을 복용하면 성급함, 차분하지 못함, 환각, 피해망상적 환상, 불면증, 식욕상실 등을 일으킨다. 이러한 보통 약들은 중추신경계에 작용하지만 특별히 성적인 효과가 있다고 알려져 있지는 않다. 그럼에도 불구하고, 신

> **비판적인 사고하기**
>
> 비판적 사고가들은 그들의 연구 결과에 대한 해석에 신중을 기한다. 날카로운 소리를 이용하는 것이 더 많은 섹스 파트너를 갖는 것과 관련이 있다는 증거가 있다. 이런 관련성은 그 관계가 인과적이라는 것을 의미하는가? 당신은 그 관계를 설명할 수 있는 다른 가능성을 생각할 수 있는가?

경계를 자극하는 것은 성적 흥분을 유도할 수 있다(Palace, 1995). 또한 이 약들은 기분을 상승시켜주고, 전반적으로 좋은 기분으로 인해 성적 쾌락이 높아질 수 있다.

코카인은 코카나무 잎에서 추출된 자연적인 흥분제이다. 비알코올성 음료인 코카콜라의 이름이 이 나무에서 붙여졌다. 사실, 코카콜라는 원래의 성분의 일부로서 코카인이 포함되어 있었다. 코카인은 1906년 비밀 성분에서 제거되어 별도의 카페인으로 대체되었다(www.sciencemuseum.org.uk/2006). 이것은 파우더로 흡입하거나, 단단한 돌 형태("crack" cocaine) 또는 순화 코카인 형태로 피우거나, 액체 형태로 직접 혈관으로 주사하는 등 많은 형태로 섭취할 수 있다. 코카인은 극도의 희열감이 급하게 나타났다가, 빠르게 사라지는 경향이 있다. 신체적으로, 코카인은 혈관을 수축시키고(심장으로 공급되는 산소의 양을 줄인다), 혈압을 높이고, 심장 박동수를 상승시킨다. 또한 코카인은 신경전달물질인 도파민을 증가시켜, 여성과 남성 모두에게 성적 흥분을 높여준다는 증거가 있다(Andersen 등, 2003 Andersen & Tufik, 2005; Festa 등, 2004).

성적 흥분에 대한 어떤 긍정적인 효과에도 불구하고, 많은 양의 흥분제는 성급함, 차분하지 못함, 환각, 피해망상적 환상, 불면증, 식욕상실 등을 일으킨다. 크랙 코카인의 사용은 아주 많은 수의 섹스 파트너와 관련이 있다(Maranda 등, 2004).

5.3 성적 반응과 뇌: 뇌의 섹스?

뇌는 성감대가 아니지만, 성기능에 중요한 역할을 한다(Fisher, 2000). 생식기의 직접적인 자극은 척수반사를 촉진하여 뇌의 직접적인 개입 없이 남성의 발기와 여성의 질 윤활현상이 일어난다. 하지만 같은 반응으로 뇌에서 만들어지는 성욕을 일으키는 기억, 환상, 시각적 이미지나 생각들의 형태가 성적 자극으로 뇌에서 발생하면 같은 반응이 일어난다. 우리가 성행위를 하는 상황에서 죄책감이나 불안감을 느끼거나, 성관계 도중 자동차의 등을 켜놓고 왔다는 생각이 갑자기 들 때, 뇌는 성적 반응성을 억제한다. 성적 기능에 관련된 뇌의 메커니즘에 대해 탐구해보자.

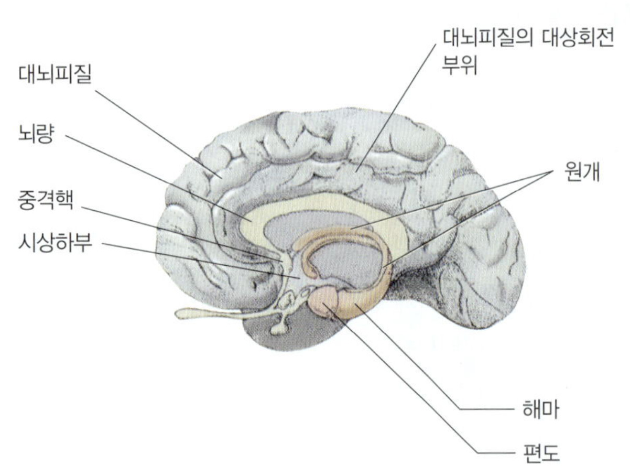

그림 5.2 성적 기능에 관련된 뇌부위. 위에서 아래로 절단한 뇌의 모습. 대뇌피질의 세포들은 우리가 성적인 생각이나 마음의 영상을 경험할 때 신호를 전달한다. 피질의 세포들은 감각정보를 성적 흥분이나 억제로 해석한다. 그 다음에 대뇌피질은 척수를 통하여 성기관으로 혈액을 보내는 신호를 전달해서, 발기와 질 윤활작용을 일으킨다. 변연계는 대뇌의 안쪽 가장자리를 따라 놓여 있다. 수컷 쥐의 시상하부의 일부분이 전기적으로 자극되면, 쥐는 판에 박힌 구애행위와 올라타는 행위를 하게 된다. 클루버와 부시(1939)는 원숭이의 변연계 부위가 파괴되면 지속적인 성적 행동이 시작된다는 것을 발견했다. 원숭이의 해마와 중격핵이 전기적 자극을 받으면 발기를 일으킨다.

뇌의 부분에서, 특히 대뇌피질과 대뇌 변연계는 성적 기능에 중요한 역할을 한다(그림 5.2). 대뇌피질에 있는 세포들은 우리가 성적인 생각, 이미지, 소원, 환상 같은 것들을 경험할 때 점화된다(정보전달). 대뇌피질의 세포들은 성적 흥분을 촉진하거나 저해하는 감각정보를 해독한다. 연인의 옷 벗는 모습, 낭만적인 키스에 대한 기대, 성적인 상상이나 성욕을 자극하는 사진들은 대뇌피질의 세포에 불을 붙인다. 이 세포들은 교대로 척수를 통해서 정보를 주고받아 생식기로 혈액을 공급시켜 발기를 일으키거나 질 윤활현상을 유발한다. 대뇌피질은 자신의 의식적인 감각도 제공한다. 대뇌피질은 성적 행위가 적절한지 부적절한지, 도덕적인지 부도덕한지, 편안한지 불안한지, 또는 죄책감을 불러일으키는지를 판단한다.

대뇌피질의 아래쪽 부분인 특히 대뇌 변연계는 성적 과정에 중요한 역할을 한다(Kimble, 1992). 예를 들어, 수컷 쥐의 시상하부의 뒤쪽 부분을 전기 탐침으로 자극하면, 그 쥐는 기계적으로 빠르게 판에 박힌 교미 자세를 나타낸다. 수컷 쥐는 암컷 쥐의 귀와 목 뒤를 조금씩 물어뜯으며, 암컷 쥐가 반응을 보일 때 올라 탄다. 물론, 사람도 단순한 뇌(또는 척추)의 자극뿐만 아니라 학습, 환상, 가치관들에 의해 영향을 받는다.

동물의 성적 행동에 대한 대뇌 변연계의 중요성은 1939년 시카고 주립대학의 클루버와 부시(Klüver & Bucy)의 실험에 의해 증명되었다. 클루버와 부시의 보고에 따르면, 대뇌 변연계 부근이 파괴되면 자위행위와 수컷-암컷, 수컷-수컷 사이의 올라타기 시도와 같은 지속적인 성적 행동이 유발된다. 원숭이들은 실험자들에게 올라타려는 시도까지 했다. 명백한 도덕적인 이유 때문에, 사람에게 미치는 영향을 관찰하기 위해 사람의 뇌에 손상을 주거나 파괴할 수 없는 것이다.

대뇌 변연계의 해마와 격막에 전기 자극을 주면, 실험용 원숭이들이 발기를 일으켰다(Ferris 등, 2004). 게다가, 시상에 있는 경로에 전기 자극을 주면, 발기 없이 정액 배출을 일으켰다. 시상과 시상하부의 특정 지역에 가하는 자극은 사정을 유발한다. 이러한 결과들이 어떻게 사람에게 유용할지는 의문으로 남아 있다.

비판적인 사고하기

만일 당신이 쥐 뇌의 한 부분을 전기적으로 자극한다면, 그것은 기계적으로 판에 박힌 교미행위를 하게 된다. 사람에게 이런 연구를 적용해보는 것이 유익하거나 현명한 것인가?

올바른 버튼을 누르는 것: 뇌에 쾌락중추가 있을까?

전기적 탐침을 사용한 조사는 '쾌락중추'가 인간뿐만 아니라 다른 동물들의 시상하부 주변에 존재한다는 것을 암시한다. 고전적인 연구를 통하여, 전극을 대뇌 변연계의 특정 부분에 심었을 때, 쥐(Olds, 1956; Old & Milner, 1954)와 같은 실험동물들이 전기의 발사를 수용하는 제어장치를 반복해서 누르는 것을 연구자들이 발견하였다. 물론, 우리는 쥐가 어떤 경험을 하는지 알 수 없지만, 사람들은 성적흥분이나 만족을 느끼게 하는 소위 말해 쾌락중추가 자극받는다고 말한다.

히스(Heath, 1972)는 대뇌 변연계의 격막 부분에 전기적 자극을 주면 두 사람 사이에 오르가즘과 비슷한 느낌을 받는 것을 알아냈다. 델가도(Delgado, 1969)는 두 여성 간질환자가 진단 평가의 일환으로 변연계 자극을 받았을 때, 그 자극에 의해 성적으로 흥분되었다고 보고했다.

> [한 환자]는 그녀의 왼쪽 몸 부분에서 "나의 얼굴 아래부터 다리 밑까지" 기분 좋은 따끔거림을 느꼈다고 보고하였다. 그녀는 깔깔대고 웃으면서 그 느낌을 '아주 많이' 좋아했다. 이러한 자극의 반복이 환자를 보다 '재잘거리며 교태를 부리게' 했고, 그녀는 끝내 치료사와 결혼하고 싶다는 바람을 공개적으로 표현했다. [다른 환자]는 휴식의 상쾌한 느낌을 보고했으며, 말의 표현이 상당히 많아졌는데, 그것은 보다 친숙한 성격으로 되는 것이다. [그녀는] 자기가 치료사를 좋아한다는 표현을 했다. 그녀는 치료사를 만나서 그의 손에 키스를 했으며, 매우 감사하다고 이야기했다. (p. 145)

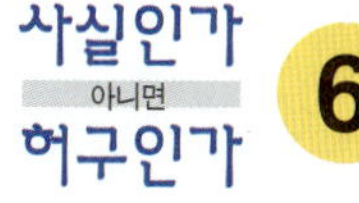

사실인가 아니면 허구인가 6: 인간의 뇌의 특정 부분에 전기적 자극을 가하면 성적인 즐거움이나 만족감과 비슷한 느낌을 유발한다는 것은 명백한 사실이다. 우리는 그러한 중추들이 직접적으로 자극될 때 성적 관계로 발전되는 것이 성가시지 않을까 하는 의문을 가지게 된다. 하지만 당신이 전극을 찾으러 가게로 달려가기 전에, 사람들이 언젠가 연인 대신 전자기기 세트로 대체하게 될 것이라고 제안하는 과학자는 거의 없을 것이다.

사춘기의 청소년들은 "발을 가진 호르몬"인가? 연구자들은 안드로겐의 수준이 사춘기의 남녀 모두의 성적 관심과 관계가 있다는 것을 보여준다. 그러나 호르몬 수준을 보면 사춘기 남자의 성적 행동을 더 많이 예측할 수 있는데, 사회는 여성의 성생활에 대해 보다 구속력이 크기 때문인 것 같다.

5.4 성호르몬과 성적 행동

한 TV의 시트콤에서, 사춘기의 남자를 "발을 가진 호르몬"이라고 묘사했다. 부모들은 10대들이 왜 그렇게 행동을 하는지 묻는다면 당신은 한 단어로 대답할 수 있다: 호르몬!

호르몬(hormone)은 내분비계의 도관없는 샘에 의해 직접 혈류로 분비되는 화합물이다. Hormone이라는 단어는 '촉진하다', '자극하다'의 뜻을 가진 그리이스어의 *horman*이라는 말에서 유래했다. 호르몬은 성적 행동을 하도록 우리를 매우 자극한다. 호르몬은 또한 성적 기능뿐만 아니라 성장과 스트레스에 대한 저항 등을 포함한 많은 신체 기능을 조절한다.

시상하부와 뇌하수체는 생식선의 성호르몬, 특히 남성의 테스토스테론과 여성의 에스트로겐과 프로게스테론의 분비를 조절한다. 성호르몬이 급증하는 사춘기는 남성에서는 고환의 정자 생성 능력과 여성에서는 난자의 성숙과 배란 같은 생식기능의 성숙이 일어난다. 성호르몬이 분비되는 청소년기에는 2차 성징의 전성기를 유도한다. 남성은 성대가 자라고(그 결과로 목소리가 낮아진다), 얼굴과 음부에 털이 자란다. 여성은 가슴과 엉덩이가 지방조직에 의해 둥글게 변하고 음부에 털이 자란다.

성호르몬의 체계화와 활성화 영향

성호르몬은 행동을 체계화시키고 활성화시키는 효과를 나타낸다. 즉, 그것들은 표현되는 행동의 유형(체계화 효과)과 행동에 동기를 부여하는 빈도나 격렬함이나 행동을 수행하는 능력(활성화 효과)에 영향을 준다. 예를 들어, 성호르몬은 하등동물과 사람까지도 판에 박힌 남성이나 여성의 짝짓기행위를 하는 경향을 나타낸다(체계화 효과). 그것들은 또한 성적 반응과 성적 욕망에 영향력을 미친다(활성화 효과).

비록 성호르몬은 분명히 많은 하등동물이 찾고자 하는 성 파트너의 성을 결정하지만, 사람의 성적 행동에 있어 성호르몬의 역할은 상대적으로 보다 섬세하고 이해되지 않은 부분이 있다. 사람의 성호르몬의 체계화와 활성화 효과에 대한 대부분의 지식은 동물들을 대상으로 거세나 주입에 의해 조절되는 호르몬 양의 변화를 관찰하여 얻은 것이다. 사람의 유아를 대상으로 한 연구는 윤리기준에 의해 명백히 금지되었다.

테스토스테론의 활성화 효과는 수컷 쥐에서 명백히 관찰된다. 예를 들어, 성인기에 거세된 수컷 쥐는 테스토스테론의 부족으로 성적 행동이 중단된다. 하지만 이들에게 테스토스테론을 주입하면 암컷 쥐에 올라타는 등의 수컷의 전형적인 성적 행동을 다시 한다.

쥐에서 테스토스테론의 기능은 명백하다. 특히 암컷 쥐를 냄새 맡거나, 암컷 쥐에 올라타는 행동을 포함하는 판에 박힌 수컷의 행동을 하는 등 수컷 성향으로 뇌를 체계화시키거나 분화시킨다. 수컷 쥐의 태아와 신생아는 정상적으로 뇌를 수컷 성향으로 체계화시킬 만큼의 충분한 테스토스테론을 혈액에 가지고 있다. 암컷 태아나 신생아들은 보통 수컷에 비해 적은 양의 테스토스테론을 가진다. 따라서 그런 쥐들의 뇌는 암컷 성향으로 체계화된다. 암컷 쥐가 출생 전에 많은 양의 테스토스테론에 노출되면, 성기는 다소 수컷 성향을 띠게 되고, 성체가 되면 수컷의 짝짓기 행동을 할 경향이 높다(Carlson, 2007).

호르몬(hormone) 도관 없는 샘에 의해 혈류로 직접 분비되는 화학물질로서, 신체의 기능과(또는) 행동에 영향을 준다.

쥐와 다른 설치류들은 태어날 때 성에 따른 뇌의 분화가 완전히 일어나지 않는다. 태어나기 직전이나 직후에(종에 따라 다름), 테스토스테론을 주사한 암컷 설치류와 원숭이는 대체적으로 성체기에 수컷의 성적 양상을 보였는데, 다른 암컷에 올라타며 수컷이 올라타는 것은 거부했다(Phoenix, 2009).

사람의 성적 행동에 미치는 성호르몬의 체계화 효과에 대한 의문이 아직 남아 있다. 출생 전의 성호르몬은 생식기와 시상하부 같은 뇌의 구조의 성적 분화에 영향을 준다고 알려져 있다. 하지만 성인이 된 후의 성적 행동의 양상에 대한 역할은 아직 알지 못한다. 일부 연구자들은 출생 전에 성전환자의 뇌는 그들의 생식기가 다른 것으로 분화되는 동안 한 방향으로 분화되었을 것이라고 추측한다(Money, 1994). 출생 전의 뇌 분화는 또한 성적 성향과 연관되어 있을 것이라고 추측된다.

사람의 성적 충동과 행동에 대한 성호르몬의 활성화 효과는 무엇일까? 비록 최음제를 합성하거나 추출하는 수많은 시도들이 진짜 최음제를 만드는데는 실패했지만, 일반적으로 남자와 여자는 진짜 최음제인 테스토스테론을 생성한다. 테스토스테론은 여자와 남자 모두의 성적 충동을 활성화시킨다(Guzkck & Hoeger, 2000).

성호르몬과 남성의 성적 행동

남성 호르몬은 동물들과 남성의 성적 충동과 성적 반응에 영향을 준다고 알려져 있다(Bialy & Sachs, 2002; Cooke 등, 2003). 성적 충동에 있어서 호르몬의 역할에 대한 증거는 화학적이나 외과적 거세의 결과로 테스토스테론의 양이 감소한 남성들 사이에서 발견된다. 외과적 거세(고환 제거)는 전립선암이나 생식기 결핵 같은 남성 생식관 질환을 치료하기 위해 시행된다. 하지만 일부 유죄선고를 받은 성범죄자들은 가석방을 위해 자발적으로 거세를 하기도 한다.

외과적 수술이나 화학적 거세를 한 남성은 대개 성적 환상과 성적 욕구에 대한 상실감의 발생률에서 점진적인 감소를 보여준다(Barbaree & Blanchard, 2008). 또한 발기와 사정에 도달하는 능력이 점진적으로 줄어드는 경향을 나타내는 것은, 적어도 남성에서는 테스토스테론이 성적 기능뿐만 아니라 성적 충동을 조절하는데 중요다는 것을 나타내는 것이다. 하지만 거세를 한 남성은 성적 흥미와 기능에서 큰 변이를 보인다. 일부는 성적 욕구를 계속해서 경험하고, 성적 기능이 수년에서 심지어는 수십 년까지도 가능하다. 학습은 거세 후 성적 반응을 지속하려고 할 때 큰 역할을 하는 것으로 보인다. 거세 전에 성적 경험이 있는 남성은 성적 활동이 좀 더 천천히 감소한다. 거세 전에 성적 경험이 없는 남성은 상대적으로 성관계에 대한 관심이 매우 적거나 없다. 따라서 남성의 성적 동기와 기능은 호르몬의 영향과 경험의 상호작용이 포함되어 나타난다.

호르몬 수치와 남성의 성 능력의 관계에 대한 증거는 남성의 테스토스테론 생산 수치가 비정상적으로 낮은 질환인 생식기능저하증(hypogonadism) 남성에 대한 연구에서 찾을 수 있다. 생식기능저하증 남성은 보통 성적 욕구의 상실과 성적 활동의 저하로 고통을 받는다(McElduff & Beange, 2003). 다시 말하지만, 호르몬은 전체 이야기를 말해주지 않는다. 생식기능저하증 남성은 그들의 성적 욕구가 적어지기는 했지만, 적어도 잠시 동안 발기할 수 있다. 남성에게 성적 충동의 활성제인 테스토스테론의 역할은 생식기능저하증 남성의 테스토스테론 대체 효과가 그 증거가 된다. 이러한 남성들이 테스토스테론 주사를 맞으면 그들의 성적 충동, 환상과 활동이 종종 예전의 수준으로 회복된다(Seidman, 2003; Tan & Culbrson, 2003).

비록 최소량의 안드로겐이 남성의 성에 중요하지만, 호르몬의 수준과 성인의 성적 충동이나 성행위 사이에 1:1 대응관계는 없다. 충분한 테스토스테론을 공급받는 남성의 성적 흥미와 기능은 호르몬의 수준보다 학습, 환상, 태도, 기억, 기타 사회심리적인 요인들에 보다 많이 달려 있다. 하지만 사춘기에는 호르몬의 변이가 남성의 성적 흥미나 활동을 자극하는데 더 직접적인 역할을 한다. 예를 들어, 우드리(Udry, 2001)는 10대 소년들 사이에서 테스토스테론의 수준으로 성적 흥미, 자위 횟수 그리고 성관계에 관여하는 가능성을 예측할 수 있음을 발견하였다. 또한 성인 남성의 테스토스테론 수준과 성행위의 빈도 사이에 양성 관계도 발견되었다(Dabbs & Morris, 1990). 게다가, 혈액계의 안드로겐 수준을 감소시키는 **항안드로겐(antiandrogen)**은 성적 충동과 성적 환상의 감소를 야기한다(Bradford, 1998).

사실인가 아니면 허구인가 7

사실인가 아니면 허구인가 7: 남성과 여성은 각각 다른 성의 성호르몬을 소량 생산한다. 남성 호르몬인 안드로겐의 주요 형태인 테스토스테론은 양쪽 성 모두의 부신(콩팥 윗부분에 있음)에서 적은 양이 분비되지만, 고환에서 훨씬 많은 양이 분비된다. 난소는 적은 양의 안드로겐을 생산하지만, 여성 호르몬인 에스트로겐과 프로게스테론을 훨씬 더 많이 생산한다. 고환도 유사하게 적은 양의 에스트로겐과 프로게스테론을 생산한다.

학생들의 실제 질문

질문: 저는 빨리 발기하지 않는데, 저에게 어떤 문제가 있나요?

답변: 아무 문제 없다. 생리학적으로 말하자면, 청소년기 말기 이후로 그것은 모두 내리막길로 접어들지만, 아주 긴 경사를 나타낸다. 그리고 매우 점진적인 것이다. 청소년기 중간에는 수초 만에 발기가 일어나겠지만, 몇 초 또는 1, 2분이 더 걸리든지, 그것이 어떻든 무슨 상관인가? 당신이 50대 이후가 되어 발기하려면 수분이 걸리며, 발기가 되도록 손이나 입으로 자극하게 될 때, 중요한 것은 전반적인 경험의 질이지 스톱워치가 아니다. 우리들의 많은 성문제들은 몸이 가지고 있는 문제가 아니라, 실제로 우리들 또는 우리들의 파트너가 "해야 하는" 문제들이다. 섹스는 경기가 아님을 명심하라.

성호르몬과 여성의 성적 행동

여성의 성호르몬인 에스트로겐과 프로게스테론은 사춘기 동안이나 월경주기가 조절되는 동안에 일어나는 변화를 촉진시키는데 두드러진 역할을 한다. 그러나 여성 호르몬은 여성의 성적 동기나 반응에 직접적인 역할을 하는 것으로 보이지 않는다.

대부분의 포유동물에서, 암컷은 **발정기(estrus)** 동안에만 성적으로 수용적이 된다. 발정기는 배란시기와 일치하는 기간인 짧은 생식기간이다. 발정기 동안 암컷들은 '발정했다'라고 말한다. 발정기는 일부 종에서는 일 년에 한 번 일어나며, 어떤 종에서는 일 년

발정기(estrus) 배란과 일치하는 짧은 임신 시기.

중 짝짓기 철에 주기적으로 나타난다. 배란기에 에스트로겐의 양은 가장 높으며, 대부분의 암컷 포유류의 생식과 성적 수용성 사이의 관계는 매우 밀접하다. 하지만 사람의 성 능력은 호르몬의 변동과의 관계가 명확하지 않다. 포유류의 다른 종들의 암컷들과는 다르게, 여성은 모든 생식(월경)주기—심지어 난소 호르몬의 수치가 낮은 월경 중에도—와 폐경 후에도 성적 반응을 보인다.

그러나 여성의 성적 반응성이 남성 호르몬인 안드로겐의 존재에 의해 영향을 받는다는 몇 가지 증거가 있다. 남성과 마찬가지로, 여성의 부신은 적은 양의 안드로겐을 생산한다(Guzick & Hoeger, 2000). 여성이 보통 남자보다 적은 양의 안드로겐을 생산한다는 사실은 반드시 그들이 성적 충동이 약하다는 것을 의미하는 것은 아니다. 반면에 여성은 적은 양의 안드로겐에도 더 민감한 것으로 보인다. 여성에게는 남성 호르몬이 적을수록 더 민감한 것 같다.

때때로 자궁절제술이 시행되면, **난소절제술(ovariectomies)**을 받은 여성은 더 이상 여성 호르몬이 생성되지 않는다. 그럼에도 불구하고 그들은 성적 충동과 흥미를 전처럼 계속해서 경험한다. 난소호르몬인 에스트라디올의 손실은 질 건조증을 일으켜서 성교 시에 고통을 주지만 이것이 반드시 성적 욕구를 줄이지는 않는다. 건조증은 윤활 젤이나 에스트로겐 대체 치료를 통해 완화될 수 있다. 그러나 부신과 난소가 제거된 여성은 더 이상 안드로겐이 생성되지 않으므로, 점점 성적 욕구를 잃게 된다(Nappi 등, 2006; Traish 등, 2006). 그러나 적극적이고 즐거운 성에 대한 기억은 인간의 성적 반응에 대하여 인지적이고 경험적인 요인들의 영향을 연상시키는 이런 상실감을 막아주는 것처럼 보인다.

연구자들은 테스토스테론 수준과 여성의 성적 충동 사이의 연관성에 대해 그 이상의 증거를 제공한다. 이전에 언급했던 우드리와 그의 동료들의 연구에 따르면, 안드로겐 수준으로 10대 소녀들의 성적 흥미를 예측할 수 있음을 알게 되었다. 하지만 10대 소년들과는 반대로, 소녀들의 안드로겐 수준은 성교 경험의 가능성과 관련이 없었다. 명백히 안드로겐은 양쪽 성 모두의 성적 욕구에 영향을 주지만, 성적 흥미는 여성보다는 직접적으로 남성의 성적 활동으로 해석되는게 보다 많아 보인다(Peplau, 2003). 이러한 성의 차이는 여성의 성생활에 대해 보다 큰 규제를 받는 사회적 위치로 설명될 수 있다.

다른 연구자들은 여성의 성적 활동이 혈중 안드로겐의 수준이 가장 높은 월경주기에 증가하는 것으로 보고하였다(Guay, 2001; Morley & Perry, 2003). 또 다른 연구는 질병의 치료의 한 방법으로서 외과적으로 난소가 제거된('외과적 폐경기') 여성들을 대상으로 수행되었다. 난소는 대부분의 에스트로겐 양을 공급한다. 수술 후에, 이 연구에서 여성들은 (1) 에스트로겐 대체요법(ERT), (2) ERT + 안드로겐 또는 (3) 위약(활성이 있는 약과 유사하게 만든 불활성 물질)으로 치료를 받았다. 이것은 이중맹검 실험으로서 여성이나 의사 모두 어떤 여성이 어떠한 약을 받는지 몰랐다. 결과는 ERT 단독 또는 위약보다 ERT와 안드로겐 조합이 성적 욕구와 성적 환상을 높이는 것을 보여주었다. 또한 이 조합은 여성의 정신적인 행복을 유지하는 데에도 도움을 주었다(Guzick & Hoeger, 2000).

따라서 안드로겐은 여성의 성적 충동을 활성화시키고 유지하는데 난소호르몬보다 더 두드러진 역할을 한다. 그러나 남성처럼, 여성의 성생활은 너무나 복잡해서 호르몬의 수

난소절제술(ovariectomy) 난소의 외과적 제거.

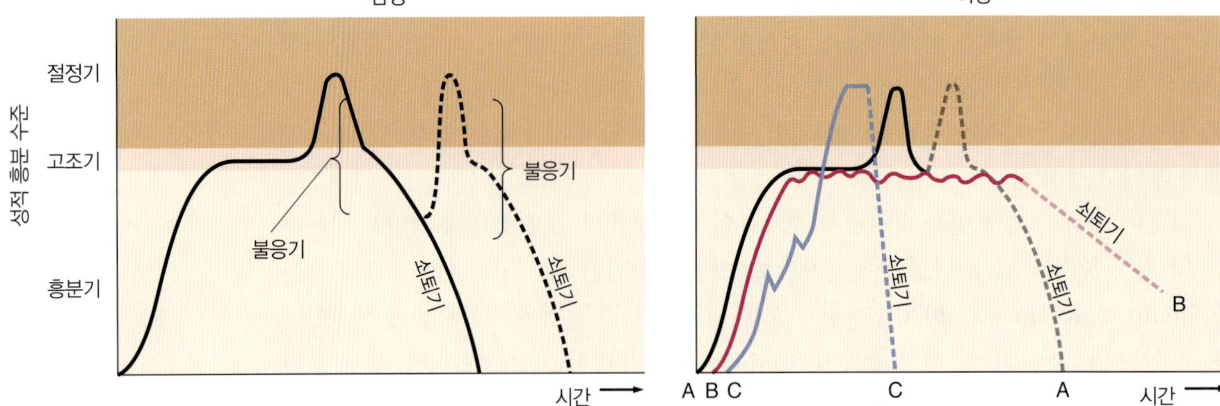

그림 5.3 성반응주기의 단계별 성적 흥분의 수준. 마스터즈와 존슨(1966)은 성반응주기를 흥분기, 고조기, 절정기, 쇠퇴기 등 네 단계로 구분하였다. 쇠퇴기 동안에 성적 흥분의 수준은 흥분기 전기 상태로 돌아간다. 남성들에게는 오르가즘 후에 불응기가 있다. 그러나 점선에 의해 나타낸 것처럼, 남성들은 불응기가 지나가고 성적 반응의 수준이 고조기 전기로 돌아오면 다시 흥분될 수 있다. 여성의 유형 A는 점선이 다중 오르가즘을 보여주는 전형적인 반응주기를 나타낸다. 유형 B는 고조기에 도달하는 여성의 주기를 나타낸다. 그러나 절정기에 도달하지 않고 흥분이 "쇠퇴되어" 버린다. 유형 C는 고도로 흥분된 여성의 오르가즘이 고조기를 통과하여 급격하게 지나버리는 것을 나타낸다.

준으로는 완전히 설명될 수 없다. 예를 들어, 적극적이고 즐거운 성에 대한 기억은 외과적 수술에 의한 부신과 난소의 제거의 결과로 나타나는 성적 흥미의 상실감을 막아준다.

5.5 성적 반응

비록 우리가 성의 유사점보다는 차이점에 초점을 맞추는데 문화적으로 적응되었다 하더라도, 마스터즈와 존슨(1966)은 남성과 여성의 성적 자극에 대한 생리학적인 반응(성교, 자위, 또는 기타 행위 등)은 매우 같다는 것을 발견했다. 남성과 여성이 점진적으로 보다 많이 흥분하게 될 때 일어나는 일련의 몸의 변화를 성반응주기라고 한다.

마스터즈와 존슨의 네 단계 성반응주기

마스터즈와 존슨은 **성반응주기(sexual response cycle)**를 네 단계로 나눴다: 흥분기, 고조기, 절정기, 그리고 쇠퇴기이다. 그림 5.3은 각 단계와 관련된 성적 흥분의 수준을 나타내고 있다. 여성과 남성 모두 반응주기의 초반에 충혈과 근긴장증을 경험한다. **혈관충혈(vasocongestion)**은 생식기 조직이 혈액으로 채워져서 팽창되는 것인데, 그것은 음경의 발기와 질구 주변 부위의 충혈을 일으킨다. 고환, 유두, 그리고 귓불까지도 이런 부위의 혈관이 확장됨에 따라 충혈되는 것이다.

근긴장증(myotonia)은 근육 긴장을 말한다. 근긴장증은 수의근과 불수의근의 수축을 일으키는데, 그것은 얼굴 찡그림, 손과 발의 경련, 결국엔 오르가즘의 경련을 유발한다. 성반응주기를 구성하는 신체적인 변화를 따라가 보자.

성반응주기(sexual response cycle) 성반응의 마스터즈와 존슨의 모델로서, 네 단계로 구성되어 있다.

혈관충혈(vasocongestion) 성기 조직이 혈액으로 채워져 팽창되는 것으로서, 음경의 발기와 질구 주변 부위의 충혈을 일으킨다.

근긴장증(myotonia) 근육 긴장.

흥분기 젊은 사람에서 **흥분기(excitement phase)** 동안의 충혈은 자극이 시작된 후 빠르면 3~8초 후에 음경 발기를 일으킨다. 발기는 나이가 많을수록 천천히 일어나지만, 반응은 기본적으로 동일하다. 자극이 달라지면서 발기는 가라앉고 되돌아온다. 음낭 피부는 두꺼워져서, 헐렁한 외형이 사라진다. 고환의 크기는 커진다. 고환과 음낭은 올라간다.

여성에서 자극 후 질의 윤활작용은 10~30초 후에 시작된다. 충혈은 음핵을 팽창시키고, 대음순은 평평해지며 벌어지게 되고, 소음순의 크기도 증가한다. 질 내부의 2/3가 확장된다. 질벽은 두꺼워지고, 혈액의 유입으로 인해 정상적인 분홍색에서 짙은 색깔이 된다. 자궁은 충혈되고 올라간다. 가슴은 커지고 피부 표면의 혈관들은 보다 두드러진다.

이 시기의 나중에 피부가 장밋빛으로 변하는 **성홍조(sex flush)**가 나타난다. 이것은 흥분의 강도에 따라 다르고, 여성에게 보다 많은 소리를 내게 한다. 유두는 남성, 여성 모두에서 특히 직접적인 자극에 대한 반응으로 발기된다. 남성과 여성 모두 근긴장증, 심박수와 혈압이 높아진다.

학생들의 실제 질문

질문: 나는 가끔 질안이 매끄럽지 못해서 성교가 고통스러운데요, 왜 질안이 매끄럽지 않을까요?

답변: 여러 가지 가능성이 있다. 때때로 여성은 보다 많은 시간과 편안한 환경이 필요하다. 당신이 건강문제가 의심스럽다면, 부인과 전문의와 상의하라. 당신은 K-Y 젤리와 같은 인공 윤활제를 사용할 수도 있다. 그러나 전반적으로 당신에게 단순한 두 가지 질문을 하는데, 당신은 흥분하는 것이 무엇인지 알고 있는가? 당신은 흥분되는 것을 확신하는가? 이것은 어쩌면 새로운 파트너를 사귀는 것을 의미한다.

고조기 고원이란 평평한 지역을 말하는데, 성적 반응의 고조기 동안에 흥분의 수준은 다소 일정하게 유지된다. 그럼에도 불구하고, **고조기(plateau phase)**는 절정기에 앞선 흥분상태이다. 이 단계에서 남성은 음경의 귀두관의 둘레가 조금 증가한다. 음경 귀두는 충혈의 신호인 보랏빛으로 변한다. 고환은 사정하기 위한 위치로 올라가고 흥분 전보다 1~1.5배 정도 커진다. 쿠퍼선에서 분비되는 적은 양의 액체가 음경의 끝부분에서 배출된다(그림 5.4).

여성에서 혈관 충혈은 질 외부의 1/3의 조직을 확장시켜, 질 입구를 수축시키며(음경을 '잡을' 준비를 함), 오르가즘대를 만든다(그림 5.5). 질 내부는 충분히 확장되며, 자궁은 완전히 올라오게 된다. 음핵 덮개 아래로 음핵이 들어가고 짧아진다. 따라서 여성(또는 파트너)은 음핵이 사라진 것처럼 느끼게 된다. 이것은 실제로 여성의 흥분이 증가하고 있음에도 불구하고, 성적 흥분이 사라지고 있다는 잘못된 신호로 오해될 수 있다.

흥분기(excitement phase) 성반응주기의 첫 번째 단계. 남성에서는 발기, 여성에서는 질 윤활작용, 그리고 남녀 모두에서 근육 긴장과 심박수의 증가가 특징적으로 나타난다.

성홍조(sex flush) 성반응주기의 흥분기 말에 가슴이나 유방에 나타나는 붉은색을 띠는 발진.

고조기(plateau phase) 성반응주기의 두 번째 단계로서, 오르가즘의 준비로 혈관충혈, 근육 긴장, 심박수, 그리고 혈압의 증가가 특징적이다.

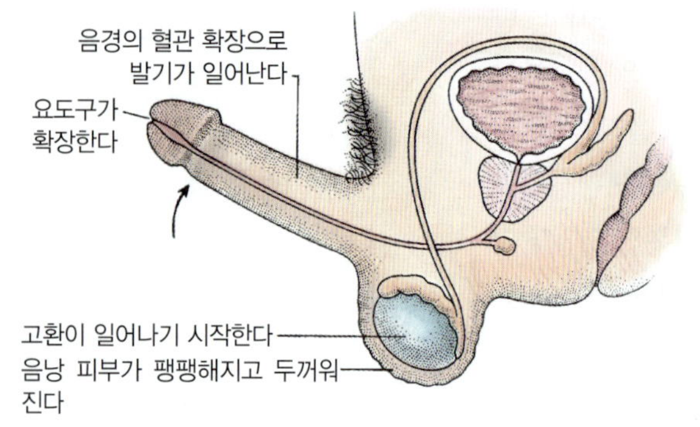

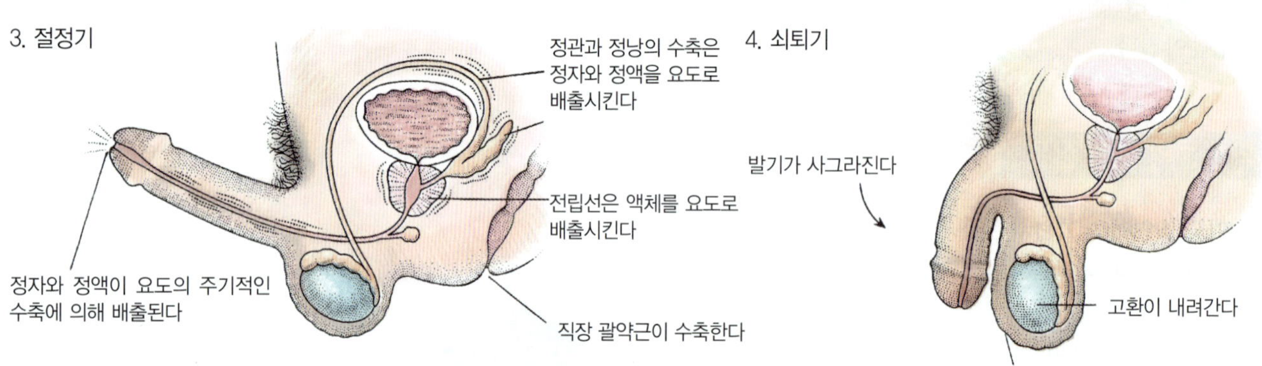

그림 5.4 성반응주기 동안의 남성 성기

소음순의 색이 나타나는데, 이것을 **성피(sex skin)**라고 말한다. 아이를 낳은 여성의 소음순은 짙은 와인색이고, 그렇지 않은 여성의 것은 밝은 빨간색이다. 게다가 가슴은 흥분에 의한 충혈로 발기되었던 유두 부분이 사라지는 것처럼 보인다(그림 5.6). 바르톨린샘에서는 점액과 같은 액체가 분비된다.

고조기 전까지는 나타나지 않는 성피는 1/4의 남성과 3/4의 여성에게서 나타난다. 근긴장증은 손과 발에 경련성의 수축과 얼굴 찌푸림을 유발할 수 있다. 호흡은 헐떡대는 것처럼 빨라지고, 심장박동수는 분당 100에서 160까지 증가한다. 혈압은 계속해서 증가한다. 심장박동수의 증가는 보통 성행위에 비해 자위할 때는 덜 급격한 편이다.

절정기 남성의 **절정기(orgasmic phase)**는 근 수축의 두 단계로 구성된다. 첫 번째 단계는 정관, 정낭, 사정관, 전립선의 수축은 음경의 기부에 위치하는 요도망울에 정액이 모이게 한다(그림 5.4). 망울은 이 액체를 담기 위해서 팽창한다. 방광 내부의 괄약근의 수축은 정액이 방광으로 역류하는 정액역류증을 방지한다. 정상적으로 방광의 흐름을 막는 것은 또한 정액과 소변이 섞이는 것을 방지하는 것이다. 요도망울 안의 정액이 모이면 사정액이 '밀려 나오는' 것을 아무것도 막을 수 없다는 사정의 불가피성의 강한 느낌을 주는데, 이것은 2~3초 정도 지속된다.

두 번째 단계는 방광 외부의 괄약근이 이완되며, 정액이 통과하게 한다. 요도, 요도망울, 음경에 있는 근육의 수축은 사정액이 요도를 통해 몸 밖으로 나가게 한다. 쾌락의 느낌은 수축의 강도와 정액의 양에 관련되는 경향을 보인다. 처음의 3 또는 4회의 수축은

성피(sex skin) 고조기 동안 일어나는 소음순의 붉어짐.

절정기(orgasmic phase) 성반응주기의 단계로서, 특징적으로 남성과 여성 모두의 성기 부위에 빠른 일련의 근수축과 남성의 사정이 일어난다.

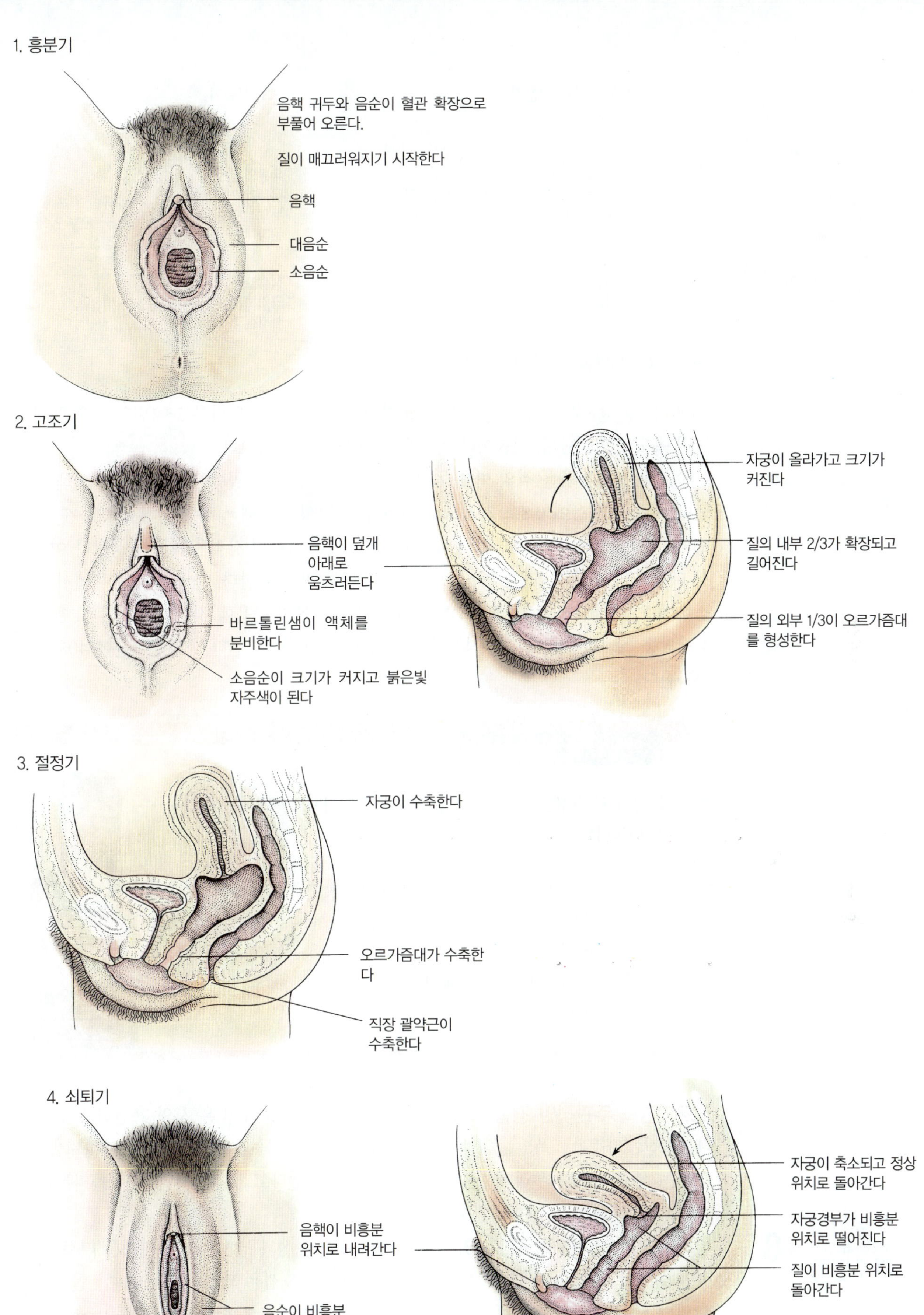

그림 5.5 **성반응주기 동안의 여성 성기**

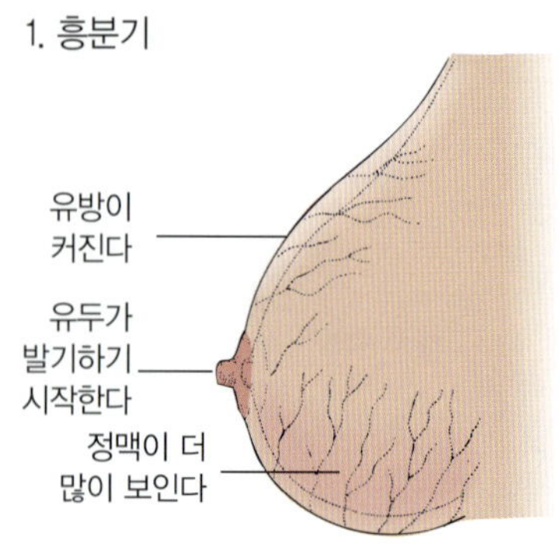

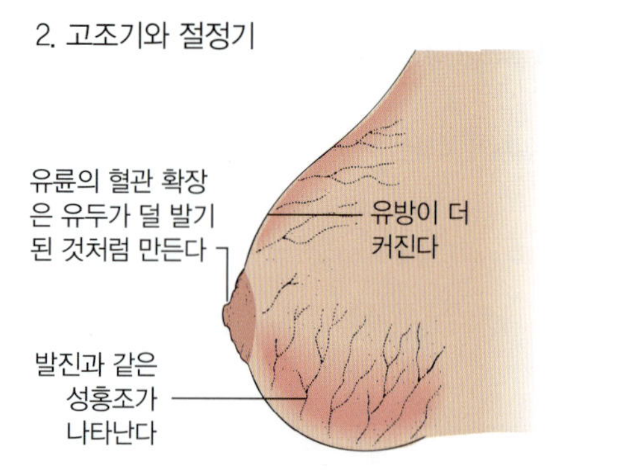

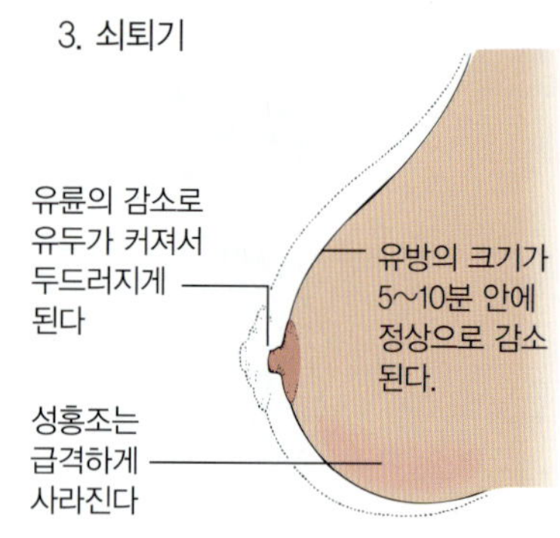

그림 5.6 성반응주기 동안의 유방

대개 강하고 0.8초 사이에 일어난다(4초마다 5회의 수축). 또 다른 2~4번의 수축은 다소 느린 속도로 일어난다. 비율이나 양상은 사람마다 다소 다르다.

여성의 오르가즘은 질의 벽을 둘러싸고 있는 3~15회의 골반근육의 수축에 의해 나타난다. 수축은 처음에 0.8초 간격으로 일어나며, 남성은 이때 성적인 긴장감을 풀게 된다. 또 다른 3~6회의 약하고 느린 수축이 따른다. 이 수축들의 간격은 보통 남성보다 여성에서 다양하다. 자궁과 항문 괄약근 또한 리드미컬하게 수축한다. 자궁 수축은 위에서 자궁경부 쪽으로 파상으로 일어난다. 남녀 모두에서 온몸의 근육에 경련이 일어난다. 혈압과 심장박동수는 절정에 다르고 심장박동은 1분에 180번까지 뛴다. 호흡은 1분에 40회까지 증가한다.

학생들의 실제 질문

질문: 여성이 사정하는 일이 있나요? 어떻게 일어나지요? 액체는 어디서 나오나요?

답변: 이것은 논란이 많다. 어떤 연구자들은 일부 여성에서 사정의 증거를 찾는다. 그것은 오줌이 될 수도 있거나 스킨선(Skene's gland)이라는 곳에서 방출될 수도 있다. 우리가 확신하는 한 가지는 여성은 대개 오르가즘 동안 소량의 액체를 배출하는 것에 대한 어떤 염려도 하지 않는다는 것이다.

오르가즘의 주관적인 경험 오르가즘에 대한 느낌은 보다 많은 시의 표현력을 요구한다. '돌진', '따뜻함', '폭발', '해방' 같은 단어들로는 그것들을 표현하기에 충분하지 않다. 우리는 성 파트너가 우리가 느끼는 만큼 완전히 느낀다고 생각하지만(맞든 틀리든), 우리가 다른 성의 느낌을 이해할 수 있을까?

사실인가 아니면 허구인가 8

사실인가 아니면 허구인가 8: 몇몇의 연구에서 여성과 남성의 오르가즘은 따로 분리하여 설명할 수 없다고 한다. 양쪽 모두 오르가즘의 느낌은 꽤나 비슷하다. 한 연구에서 48명의 남성과 여성이 오르가즘에 대한 설명을 기록하도록 했다. 연구자들(Proctor 등, 1974)은 단어를 바꾸어서(예를 들어, '음경'을 '생식기'로 바꾸게 함) 작성자의 성이 보이지 않게 했다. 그리고 그들은 70명의 '전문가들'(심리학자, 부인과전문의 등)에게 각각의 작성자의 성을 표시하게 했다. 그들이 적어도 정확히 해부학상의 특징이 포함된 단어로 바꾸었을 때, 평가가 예상보다 더 신뢰할 만한 것은 아니었다. (따라서 이 **사실인가 아니면 허구인가**는 단지 조건부로 '맞다' 이다. 들어보라: 삶은 복잡하다. 관대하라.)

쇠퇴기 절정기 다음에 오는 기간으로, 몸이 흥분되기 전의 상태로 돌아가는 기간을 **쇠퇴기(resolution phase)**라고 한다. 사정 이후에 남성의 발기는 두 단계로 사라진다. 처음 단계는 1분 안에 일어난다. 해면체의 혈액이 빠져나가 몸의 다른 부분으로 들어가면서 발기시의 절반으로 크기가 작아진다. 두 번째 단계는 몇 분에 걸쳐서 일어나는데, 해면체가 비워지면서 발기가 가라앉는 현상이 지속된다. 고환과 음낭의 크기가 정상으로 돌아가고, 음낭은 주름진 외형을 되찾는다.

여성에서는 절정기는 또한 충혈된 부위의 혈액이 빠져나가도록 유도한다. 지속적인 자극이 없으면, 부풀었던 유륜이 줄어들고 유방은 보통의 크기로 돌아간다. 성적 홍조는 빠른 속도로 옅어진다. 5~10초 사이에 음핵은 제자리로 내려간다. 음핵, 질 내벽, 자궁과 음순은 점차적으로 줄어들어 흥분하기 전의 크기로 돌아간다. 소음순의 색은 10~15초 사이에 밝아진다("성피"가 사라짐).

대부분의 근육 긴장(근긴장증)은 남성과 여성 모두에게 오르가즘의 5분 정도 후에 사라지는 경향이 있다. 혈압, 심장박동수와 호흡 또한 몇 분 내로 흥분 전의 수준으로 돌아간다. 남성과 여성의 30~40%는 그들의 손바닥, 발바닥, 또는 몸 전체가 땀으로 빛나는 것을 알게 된다. 남성과 여성 모두 편안함과 만족감을 느낀다. 그러나…

비록 절정 전으로 돌아가는 몸의 현상이 남성과 여성이 비슷하지만, 쇠퇴기에는 중요한 성의 차이가 있다. 여성과는 다르게, 남자는 생리학적으로 또 다른 오르가즘이나 사정을 경험할 수 없는 기간인 **불응기(refractory period)**를 겪는다. 남자 청소년의 불응기는 단지 1분 정도 지속되는 반면, 50세 이상의 남성은 몇 분에서 하루 동안 지속되기도 한다. 여성은 불응기를 겪지 않는다. 그래서 만약 그들이 원하거나 계속된 성적 자극을 받으면 이러한 반복된 오르가즘에도 흥분 전의 상태로 빠르게 되돌아간다(그림 5.3).

흥분은 되지만 오르가즘에 도달하지 못하는 사람들은 근긴장증과 충혈이 소멸되는데 한 시간 또는 그 이상이 걸리기도 한다. 지속적인 골반 충혈은 남성에게 욱신거리는 통증(throbbing ache)에 대한 비속어로서 "블루볼(blue ball)"을 일으키는데, 이것은 몹시 흥분하고 있으면서 사정하지 못할 때 일어나는 하복부의 통증을 말한다. 일부 남성들은 그것들을 자극해서 이러한 상황으로 만드는 것이 불공평하기 때문에, 그들의 데이트 상대가 성행위에 동의해야 한다고 주장한다. 이런 상황은 성행위뿐만 아니라 자위를 통해서 완화될 수 있지만 자연적으로 사라지기도 한다. 비록 이것이 불편하겠지만, 위험하지는 않으며 다른 사람에게 성적 활동을 하도록 압박하거나 강요할 이유가 되어서는 안 된다. "찜찜한" 느낌은 남성에게만 국한된 것이 아니다. 여성도 매우 흥분했지만 해소하지 못할 때, 불유쾌한 골반의 욱신거림을 경험하게 될 수 있다. 여성도 이것을 자위로 해결할 수 있다.

사실인가 아니면 허구인가 9: 마스터즈와 존슨(1966)은 자위 도중에 경험하는 오르가즘은 성교를 하는 도중에 경험하는 오르가즘보다 생리학적으로 더 강렬하다는 것을 알아내었다. 아마도 자위는 오로지 자신의 기쁨과 만족에 중점을 두고 절정에 도달하도록 효과적인 자극을 받기 때문일 것이다. 이것은 자위를 하는 동안의 오르가즘이 성교를 하

쇠퇴기(resolution phase) 성반응주기의 네 번째 단계로서, 몸은 점차적으로 전흥분기 상태로 되돌아간다.

불응기(refractory period) 어떤 반응(예, 오르가즘) 뒤에 따르는 특정 기간으로서, 그 동안에는 더 이상 자극에 반응하지 않는다.

사실인가 아니면 허구인가 

는 도중에 경험하는 오르가즘보다 즐겁거나 만족을 주는 것을 의미하는 것은 아니다. 우리가 연인과의 관계에서 느끼는 성적 매력과 감정적인 애착감이 있다 하더라도, 자위행위를 선호하는 관계를 깨뜨리지는 않을 것 같다. '생리적인 강렬함'은 직접적으로 주관적인 쾌락이나 충족감으로 해석되지 않는다.

성적 반응의 카플란의 세 가지 단계: 대안모델

아마도 지속적인 주목을 받고 있는 성반응주기의 유일한 대안적 견해는 헬렌 싱어 카플란(H. S. Kaplan)에 의해 제안된 것이다. 카플란은 저명한 성치료사이면서 성치료에 관한 여러 전문서적(1974, 1987)의 저자이다. 마스터즈와 존슨은 성적 반응에 대한 네 단계의 모델을 제시한 반면, 카플란은 (1) 욕망, (2) 흥분, (3) 오르가즘으로 구성된 세 단계의 모델을 개발했다. 카플란의 모델은 그녀가 성기능 장애를 가진 사람들과의 임상 경험을 통하여 얻어낸 산물이다. 그녀는 이 사람들의 문제가 세 가지 단계로 분류된다고 믿는다. 카플란의 모델은 임상 의사들이 성기능 장애가 있는 사람들을 욕망(적거나 없음), 흥분(남성의 발기나 여성의 윤활현상의 문제 등), 오르가즘(남성의 조루나 여성의 오르가즘 장애 등)으로 분류하기에 편리하다.

마스터즈와 존슨은 성적 반응이 연속적인 단계로 구성되어 있다는 견해를 가지고 있다. 즉, 이 순서는 중요하며 변하지 않는다. 카플란은 각 단계들을 상대적으로 독립적인 성적 반응의 구성 요소들로 다루고 있다. 성적 반응의 순서는 다소 변이가 있다. 예를 들어, 어떤 사람은 비록 성적 욕망이 낮지만 성적 흥분과 심지어 오르가즘까지 경험할 수도 있다.

카플란의 모델은 성적 반응에서 욕망을 하나의 독립적인 부분으로 지정했다는 점에서 주목할 만하다. 성적 흥미나 욕망이 없는 문제는 성치료사들의 주목을 받는 가장 흔한 문제이다.

오르가즘에 대한 논란

인간의 성에 대한 몇몇의 다른 주제들은 오르가즘보다 더 오랫동안 논란이 되었다. 우리는 모든 해답을 가지고 있지 않지만, 일부 흥미를 자아내는 연구 결과들은 끊임없는 논란에 대한 실마리를 제공한다. 여성들은 다중 오르가즘을 경험할 수 있을까? 남성들은?

다중 오르가즘 킨제이와 그의 동료들(1953)은 그의 여성 응답자들의 14%는 규칙적으로 **다중 오르가즘(multiple orgasms)**을 느낀다고 보고했는데, 이것은 전반적인 공동체뿐만 아니라 동료 과학자들도 놀라게 했다. 많은 사람들이 여성이 한 번에 1회 이상의 오르가즘을 느낀다는 것에 깜짝 놀란다. 킨제이의 조사에 참여한 여성들은 한 번의 '정상적'인 오르가즘에 만족하지 못하는 "색광녀(nymphomaniacs)" 임이 틀림없다는 의견들이 있었다(물론, 대부분 남성들에 의해서!). 하지만 불과 13년 후에 마스터즈와 존슨은 (1966) 모든 여성은 아니지만 대부분의 여성이 다중 오르가즘을 느낄 수 있다고 보고했다. 비록 모든 여성은 다중 오르가즘을 경험할 수 있는 생물학적 능력이 있지만 모든 여성에게서 보고되지는 않았다. 720명의 간호사를 조사한 결과 43%가 다중 오르가즘을 경험했다고 밝혔다(Darling 등, 1991). 다중 오르가즘을 경험한 절반 정도가 진동기를 사

다중 오르가즘(multiple orgasms) 첫 번째 오르가즘 후에 나타나는 한번 또는 그 이상의 오르가즘을 말하는데, 짧은 기간 안에 일어나며, 몸은 전고조기 수준의 흥분상태로 돌아간다.

용했을 때라고 답했다. 그들은 보통 진동기는 음핵에 사용하는데, 진동기를 사용하여 경험하는 오르가즘은 다른 종류의 오르가즘보다 더 강렬하다. 그런데 2/3의 여성들은 진동기를 남편과의 성관계를 할 때 함께 사용한다.

마스터즈와 존슨의 정의에 따르면, 남성들은 사정 직후에 불응기를 겪기 때문에 다중 오르가즘을 경험할 수 없다. 한 기간에 한 번 이상의 오르가즘을 경험하고 싶은 남성은 잠시 동안의 휴식을 가져야 한다. 하지만 여성은 불응기를 겪지 않기 때문에 빠르게 이어지는 다중 오르가즘 사이에서 높은 수준의 흥분을 유지할 수 있다. 여성은 효과적인 자극을 계속해서 받는다면, 지속적으로 오르가즘을 경험할 수 있다(물론 지속하는 것을 원한다면). 따라서 일부 남성들은 자신의 파트너가 원하는 횟수의 오르가즘을 충족시키기 전에 오르가즘에 도달하는 것을 자제한다. 다중 오르가즘에 대한 차등적 능력은 성적 반응에서 주요 성적 차이점의 하나이다.

일부 남자들은 사정하면서 느끼는 오르가즘 이전에, 사정 없이 2회 또는 그 이상의 오르가즘을 느낀다("마른 오르가즘"). 이런 남성들은 초기의 마른 오르가즘에 따른 불응기에 들어가지 않고, 절정 수준의 자극 수준을 유지할 수 있다.

마스터즈와 존슨(1966)은 일부 여성들은 자위행위에 의해 20회 또는 그 이상의 오르가즘을 경험하는 것을 알게 되었다. 아직도, 성교를 통해서 다중 오르가즘을 느끼고 있는 여성들은 많지 않으며, 대부분의 여성들은 한 번에 한 번의 오르가즘을 느끼는 것으로 만족한다. 여성의 오르가즘 능력에 대해 책을 읽거나 들은 일부 여성들은 그들이 한 번으로 만족하는 것에 대해 자신에게 무엇이 '잘못'되었는지 궁금해 한다. 물론 그들에게는 아무런 문제가 없다. 즉, 생물학적 능력이 행동의 필요성을 만들어 내지는 않는다.

여성들이 느끼는 오르가즘의 종류는 얼마나 될까? 한 가지, 두 가지, 아니면 세 가지?

마스터즈와 존슨이 그들의 실험 결과를 출간하기 전까지는, 많은 사람들은 여성의 오르가즘이 지그문트 프로이트(Singmund Freud)에 의해 제시된 음핵 오르가즘과 질 오르가즘 등 두 종류가 있다고 믿었다. **음핵 오르가즘**(clitoral orgasm)은 자위행위와 같은 직접적인 음핵 자극에 의해서 이루어진다. 음핵 오르가즘은 정신분석학자(대부분 남성 정신분석학자)에 의해 아동기 집착의 상징으로서 보인다. 아동기 집착은 아동기의 자위행위를 통해 습득된 성욕을 자극하는 양상으로 되돌아가는 것을 말한다.

질 오르가즘(vaginal orgasm)은 성교를 통해 도달되며, 성숙한 성생활의 신호라는 이론이 정립되었다. 프로이트는 여성이 그들이 질 자극을 위해 음핵 자극을 포기할 때 성적 성숙도가 이루어진다고 주장했다. 이 견해는 학술적인 보충설명에 지나지 않으며, 사실은 심지어 성교 중에도 오르가즘에 도달하기 위해 직접적인 음핵 자극을 지속적으로 요구하는 일부 성인 여성들은 전통적인 정신분석학자들(보통 남성들)에 의해 그들이 미숙한 단계에서 성적으로 집착되든지, 성적으로 부적당하다고 믿게 되었다.

프로이트의 이론에도 불구하고, 마스터즈와 존슨(1966)은 자극의 원인(손-음핵, 음경-질)과는 상관없이, 생리학적으로 말해서 한 가지의 오르가즘만이 발견된다고 주장한다. 성적 자극에 대한 생리학적인 반응을 관찰하여, 그들은 여성의 오르가즘이 자위, 애무, 성교나 심지어 가슴의 자극이 동일한 생물학적 사건으로 포함시킬 수 있다는 것을

가까이서 보기

"아침 명상수련"으로 여성의 오르가즘을 일깨워 주는 곳

"나는 여성들이 자신의 성생활을 소유하기 전까지는 정말로 자유를 경험할 것이라고 생각하지 않는다.

—니콜 대돈(Nicole Daedone)
도심속 일미피정센터
(One Taste Urban Retreat Center)의 설립자

매일 아침 7시에 샌프란시스코의 남쪽 시장 구역에 있는 한 공동체의 어두운 방에는 12명의 여성들이 허리 아래는 옷을 벗은 채 눈을 감고 누워 있다. 이것이 "아침 수련(morning practice)"이다. 연구 파트너라고 하는 옷을 입은 남성들은 "오르가즘 명상(orgasmic meditation, OMing)"의 한 회기에서 여성들을 어루만진다. 파트너들끼리 눈 마주침은 없다. 공동체는 남녀평등주의와 여성의 성적 쾌락에 초점을 맞춘 동양 철학(Eastern philosophy)의 개념에 적응하고 있다.

평균 나이가 20대 후반인 38명의 남성과 여성들은 니콜 대돈이 설립한 수련 센터에 산다. 그들은 여성 오르가즘에 대한 초점뿐만 아니라 식사, 요가, 그리고 비성적인 명상을 공유한다. 대돈은 성행위를 난폭하게 하는 남성의 전통에 반대되는, 소위 "천천히 섹스 하기"라는 사회운동의 지도자이다. 이 공동체의 요점은 낭만적 관계가 아니라 여성들의 쾌락이다. 일부 연구 파트너들은 낭만적으로 참여했을 수도 있지만, 낭만은 상관없다. "그것은 하나의 과정이다. 아무런 다른 조건이 없는…" 대돈의 남자친구가 말했다. 그가 덧붙였다, "여자 마사지 치료사에게 치료 받은 후, 당신이 그 마사지사를 저녁식사에 데려가지는 않는다"(Brown & Pogash, 2009).

"여성 오르가즘에 초점을 맞춘 샌프란시스코의 섹스 공동체의 개념은 여성들이 그들의 성생활에 대해 공적이고 지위가 향상된 장구하고 풍요로운 역사의 한 부분이다"라고 세계적으로 유명한 킨제이 연구소의 고향인 인디애나 대학교의 엘리자베스 암스트롱(2009)이 말했다. 5년 가까이 됐지만 이 피정센터는 많은 관심을 끌지 못했다. 그것이 정확하게 샌프란시스코 시민들이 그들의 뒤뜰에서 발견되기를 기대하는 형태이기 때문일까?

센터 거주자들은 다양한 집단이다. 그들 대부분은 젊고, 다수가 보수적인 배경을 가지고 있다. 33세인 베스는 아무도 여성의 해부구조에 대해 말하지 않는 버지니아 오지에서 자랐다. 자위행위는 불가능했다: "나는 한 밤중에도 아무것도 한 적이 없다"(Brown & Pogash, 2009). 그리고 그곳에는 최근에 이혼한 50세의 실리콘벨리의 기술자가 있었는데, 그는 여성의 작은 부위에 집중하는 것(섹스)이 그의 업무에 집중하는 데 도움이 된다고 말한다. 또 다른 여성 거주자인 28세인 라켈리는 알코올 중독증과 거식증으로 투병했었다. 그녀는 이 피정센터가 "현재와 미래의 여성으로 가는 깊은 육체적인 접근법"을 제공했다고 말한다(Brown & Pogash, 2009).

"우리의 문화에서, 여성들은 닫힌 성생활과 개방된 감정을 갖도록 길들여져 왔으며, 남성들은 개방된 성생활과 닫힌 감정을 갖도록 길들여져 왔다. 이러한 총체적인 저항과 수치의 영역이 존재한다"고 대돈은 말한다(Brown & Pogash, 2009).

내면의 행복 도심속 일미피정센터에서, 한 여성 거주자가 오르가즘 명상을 수련하고 있다(파트너는 보이지 않음).

Noah Berger for *The New York Times.*

알아내었다. 또한 남성은 자위, 애무, 구강 성교, 성교나 화학 실험실의 동료 학생에 대한 환상 등 어떠한 방법이든 상관없이 오르가즘을 경험한다. 그럼에도 오르가즘은 동일한 생리학적인 과정을 갖는다. 음경의 기부에 있는 골반 근육의 불수의적 수축으로 정액이 배출되고, 성적 긴장이 해소된다. 여성이나 남성은 다른 어떤 것보다 오르가즘의 한 가지 원천을 선호한다. 즉, 자위행위에 의한 것보다는 보다는 연인과 하는 것을 선호하거나 다른 사람보다는 한 사람하고 하는 것을 좋아한다. 그러나 오르가즘을 정의하는 생물학적

사건은 동일한 것이다.

음핵과 질 오르가즘 사이의 차이라고 알려진 것은 음핵은 성교 중에는 자극되지 않는다는 가정에 기초하고 있다. 마스터즈와 존슨은 이 가정이 거짓임을 보여주었다. 음경 성교는 음핵을 거슬려 음핵 덮개를 앞뒤로 끌어당긴다. 질의 압력도 음핵의 혈류를 높여서, 오르가즘으로 도달하는 단계를 돕는다(Cai 등, 2008).

어떤 연구자는 마스터즈와 존슨의 연구가 여성의 오르가즘에 다른 유형들이 있는지 없는지에 대한 질문에 머물렀다고 생각할 수 있다. 그러나 다른 연구자들은 여성의 오르가즘에는 다른 유형들이 있지만, 아직 정신분석학적인 이론으로 제시되지 않은 것들이라고 제안했다. 예를 들어, 싱어와 싱어(Singer & Singer, 1972)는 여성의 오르가즘에는 음문 오르가즘, 자궁 오르가즘, 그리고 이 둘이 섞인 형태 등 세 가지 유형이 있다고 제시했다. 이들에 따르면 음문 오르가즘은 마스터즈와 존슨(1966)에 의해 설명된 유형을 나타낸다. 이것은 음문의 수축을 포함하며, 질 내벽의 수축을 말한다. 마스터즈와 존슨(1966)의 계속적인 발견과 일치하면서, 그들은 음핵이나 질 자극의 원인과는 상관없이 음문 오르가즘은 동일한 것이라는 사실을 받아들였다.

싱어에 따르면, 자궁 오르가즘은 음문의 수축을 포함하지 않는다. 이것은 음경이 자궁경부로 깊이 찌를 때의 반응으로 일어난다. 이런 찌르기는 자궁의 위치를 약간 바꾸고, 복부기관들을 덮고 있는 조직을 자극한다. 자궁 오르가즘은 특정한 호흡의 양상이 수반되는데, 오르가즘에 가까워지면서 불수의적으로 숨을 참아서 숨이 막히거나 공기를 삼키는 행동이 나타난다. 오르가즘에 도달하면, 폭발적으로 숨을 내쉰다. 자궁 오르가즘은 편안함과 성적 만족감에 대한 깊은 느낌을 수반한다.

세 번째 유형인 혼합된 오르가즘은 음문 오르가즘과 자궁 오르가즘이 혼합된 형태이다. 이것은 불수의적으로 숨을 참는 반응과 골반 근육의 수축을 모두 포함한다. 싱어는 여성이 느끼는 음문, 자궁, 혼합형 오르가즘의 유형은 자극 받는 기간과 자극되는 신체 부위 등과 같은 요인들에 따른다는 사실에 주목한다. 각자는 자신의 만족감에 대한 유형을 만들어 내며, 반드시 다른 사람에게 더 좋거나 적합한 유형은 없다. 여성의 오르가즘에 대한 싱어의 세 가지의 형태의 가설은 논쟁인 채로 남아 있다.

5.6 성적 흥분과 반응

총정리: 재숙고, 재인용, 재검토

이 책은 PQ4R 방법을 사용하고 있다. 여러분은 맨 먼저 장 읽기, 즉 첫 번째 R을 잘 마쳤다. 이제부터 나머지 3R(총정리), 즉 재숙고, 재인용, 재검토는 여러분이 숙달한 정도를 여러분 스스로 테스트해 볼 수 있게 해줄 뿐 아니라, 이 장의 내용들을 이해하고 기억할 수 있게 도와줄 것이다.

재숙고

- 당신은 나체인 사람들이 성적으로 자극적이라는 것을 알고 있는가? 그 이유는 무엇인가?
- 당신은 알코올이나 마약의 영향을 받고 평소에는 하지 않았던 어떤 일을 했는가? 약물은 어떤 역할을 했는가? 확실한가?
- 당신은 치료나 다른 이유로 테스토스테론이나 에스트로겐을 처방받은 사람을 알고 있는가? 호르몬을 사용하는 이유는 무엇인가? 그것들의 효과는 무엇인가?
- 여성들이 다중 오르가즘을 경험한다는 것을 찾아낸 연구자가 여성의 성생활에 대한 어떤 지배적인 견해에 이의를 제기할 수 있는가?

▶ **비판적인 사고하기:** 어느 정도까지 성적 자극에 대한 반응이 기계적이며, 그것은 어느 정도까지 "인간"의 사고와 판단의 질을 내포하는가? 왜 그리고 어떻게 당신이 성적으로 흥분하게 되는지에 대한 당신의 견해가 5장을 읽은 결과 때문에 변했는가? 설명하시오.

재인용

1. 성적 흥분에서 감각의 역할을 무엇인가?

- 시각적 신호, 특히 냄새, 그리고 소리는 성적 흥분을 일으킬 수도 있고 억제할 수도 있다. 촉각은 성적 흥분과 반응에 대해 가장 직접적인 효과를 갖는다. 미각은 약간의 기능만을 나타내는 것 같다. 많은 생물들은 호르몬에 의해서 성적으로 흥분을 일으키지만, 사람의 성적 행동에서 페로몬의 역할은 명확하지 않다. 겨드랑이 분비물은 남성과 여성을 보다 더 성적으로 매력적으로 만들며 남성의 겨드랑이 분비물은 여성의 기분에 대해 양성 효과를 갖는다. 다른 여성의 땀 냄새에 노출되면 같이 사는 여성들의 월경주기를 동기화시키는 것으로 보인다. 게이들은 다른 게이들의 체취에 끌리게 된다. 이성애자 남성은 게이의 체취보다 여성과 이성애자 남성의 체취를 더 선호한다. 1차 성감대는 신경말단이 풍부하게 분포되어 있는 곳이다. 2차 성감대는 경험을 통해서 성적으로 예민해지게 된다.

2. 최음제란 무엇인가?

- 최음제는 성적으로 흥분을 일으키는 물질이다. 스패니시 플라이와 성기를 닮은 식품 등과 같이 최음제로 불리는 물질들은 성적 흥분에 기여하는 것으로 보이지 않는다. 남성 호르몬인 테스토스테론은 남성과 여성 모두에서 성 충동을 고조시킨다. 최음제에는 아밀질산염과 항안드로겐이 있다.
- 알코올과 코카인과 같은 정신활성 약물들의 최음 효과는 성적 반응에 대한 직접적인 자극보다는 우리의 기대감이나 성적 억제에 대한 효과를 반영하게 된다. 어떤 사람들은 코카인 사용으로 초기에 성적 쾌락을 증가시켰다고 말하지만, 잦은 사용이 성적 성기능 부전을 야기할 수 있다. 항우울제(Wellbutrin)와 L-도파는 최음제의 특성을 가지고 있다.

3. 성적 반응에서 뇌의 기능은 무엇인가?

- 대뇌피질은 감각정보를 성적 흥분 또는 억제로 해석한다. 그것은 신호를 척수를 통하여 전달하여 혈관 충혈을 일으킨다. 변연계 부위를 자극하면 오르가즘과 유사한 성적 흥분과 느낌을 일으킨다.

4. 호르몬은 어떻게 성충동과 성적 반응에 영향을 미치는가?

- 성호르몬들은 체계화 효과와 활성화 효과를 갖는다. 남성과 여성들은 정상적으로 진짜 최음제를 생산하는 데 그것은 바로 테스토스테론이다.

5. 성적 자극에 대해 신체는 어떻게 반응하는가?

- 마스터즈와 존슨은 성적 자극에 대한 남성과 여성의 생리학적 반응이 유사하며, 그것들에는 혈관 충혈과 근긴장증이 있다는 것을 발견하였다. 성적 흥분은 남성에서는 발기, 여성에서는 질 윤활 작용으로 나타낸다. 고조기는 오르가즘 앞서 일어나는 보다 진행된 흥분상태이다. 성반응주기의 세 번째 단계는 골반 근육계의 오르가즘 수축에 의해 특징적으로 일어난다. 쇠퇴기

동안에 몸은 전 흥분기 상태로 되돌아온다.

- 카플란은 성적 반응에 3단계 모델을 발전시켰는데, 이것은 욕구, 흥분, 그리고 오르가즘이다. 다중 오르가즘은 첫 번째 오르가즘 이후에 한 번 또는 그 이상의 부가적 오르가즘이 일어나는 것으로써, 짧은 시간 안에 일어나며 몸은 전고조기의 흥분 수준으로 되돌아온다. 프로이트는 여성의 오르가즘에 음핵 오르가즘과 질 오르가즘 등 두 가지 유형을 이론화시켰다. 마스터즈와 존슨은 여성들의 오르가즘은 오로지 한 가지 종류라고 하였다. 싱어와 싱어(Singer & Singer)는 여성의 오르가즘에는 외음부 오르가즘, 자궁 오르가즘, 그리고 혼합형 오르가즘 등 세 가지가 있다고 제시했다.

재검토

1. 스패니시 플라이의 효과는 요로의 _______ 때문이다.
   (a) 얼얼한 느낌
   (b) 수분
   (c) 대뇌 뉴런의 파열
   (d) 에탄올

2. 알코올은 _______을(를) 갖는 것으로 알려져 있다.
   (a) 오직 우울하게 하는 효과
   (b) 오직 자극적인 효과
   (c) 자극적이고 우울하게 하는 효과
   (d) 자극적이지도 우울하지도 않은 것

3. 우리가 성적 생각이나 환상을 경험할 때 _______ 피질의 세포들은 신호를 전달한다.
   (a) 망상
   (b) 부드러운
   (c) 성적
   (d) 대뇌

4. 수컷 쥐의 _______ 뒷부분을 전기로 자극 하면, 쥐는 기계적으로 판에 박힌 성적 행동을 하게 된다.
   (a) 시상
   (b) 시상하부
   (c) 후두엽
   (d) 후두

5. 마스터즈와 존슨에 따르면, 성적흥분은 혈관 충혈과 _______의 특징을 나타낸다.
   (a) 근긴장증
   (b) 흐린 시야
   (c) 경련
   (d) 혈관의 수축

6. 마스터즈와 존슨에 따르면, 발기와 질 윤활작용은 성반응주기의 _______단계에서 일어난다.
   (a) 절정기
   (b) 흥분기
   (c) 고조기
   (d) 쇠퇴기

7. 남성은 성반응주기의 _______ 단계 다음에 불응기로 들어간다.
   (a) 흥분기
   (b) 고조기
   (c) 쇠퇴기
   (d) 절정기

8. _______이라는 호르몬은 남성과 여성 모두에서 성충동을 활성화시킨다.
   (a) 프로락틴
   (b) 옥시토신
   (c) 프로게스테론
   (d) 테스토스테론

9. 굴과 바나나와 같은 식품들은 최음제로 여겨졌다. 왜냐하면 그것들은 _______ 때문이다.
   (a) 화학적으로 남성 성기에서 분비되는 화합물과 유사하기
   (b) 여성들이 즐기기
   (c) 상류층에서 인기가 있기
   (d) 남성 성기와 닮았기

10. 많은 동물에서, 보습코 기관은 _______을 감지한다.
    (a) 페로몬
    (b) 오르가즘대의 수축
    (c) 뇌하수체 분비물
    (d) 대뇌 활성

정답: 1. a; 2. c; 3. d; 4. b; 5. a; 6. b; 7. d; 8. d; 9. d; 10. a

6장

성별정체성, 성별역할, 성차이

목차

사실인가 아니면 허구인가

다음 중 어느 것이 사실이고 어느 것이 허구인가? 답은 본문 안에 있는 「사실인가 아니면 허구인가」 아이콘에서 만날 수 있다.

1. 태아 발생의 중요한 단계에서 남성의 성호르몬이 나타나지 않았다면, 우리 모두는 여성의 외부성기관을 갖게끔 발달되었을 것이다. T F
2. 터너증후군을 가진 여자의 경우 임신은 될 수 없지만, 아기를 배거나 낳을 수는 있다. T F
3. 여성의 외부성기관을 가진 것처럼 보였던 18명 남자아이 중 17명에서 남성의 성호르몬이 그 역할을 수행하게 되자 사춘기에 갑자기 남성의 성기관이 발달하였다. T F
4. 악어 새끼의 성은 알이 발생되는 온도에 의해 결정된다. T F
5. 수천 명의 사람들이 성재부여 수술을 통해 자신의 성을 변경했다. T F
6. 남자가 여자보다 더 적극적으로 행동한다. T F
7. 두 살 반 된 어린아이가 자신이 남자아이임을 인식하고 있다 하더라도, 커서 엄마가 되리라고 생각할 수도 있다. T F

다음은 성전환을 한 여자이자 심리학자가 된 메들린 와인드젠이 부모에게 쓴 편지의 발췌본이다.

그녀의 부모에게 쓴 성전환자의 편지

부모님께 나의 성전환에 대해 이야기를 한 후부터 부모님과 전화통화를 하는 것이 참 어려워졌다. 내가 전화할 때마다 어머니는 "너 행복하니?"라고 물어보곤 했다. 나는 바로 대답을 할 수 없었다. … 나는 자지 않고 밤새도록 부모님께 편지를 썼다. 나는 나의 감정에 집중하고 표현할 수 있는 방법을 찾아야 했다. 성공할지는 알 수 없었지만, 이 편지의 대부분은 그날 밤에 쓴 것이다.

난 행복해?

어머니, 아버지 안녕하세요?

두 분께서는 어떠셨는지 모르겠지만, 저는 전화를 끊은 후 우리가 말한 것들에 대해 생각해 보았습니다. 우리가 좋지 않은 말로 통화를 끝냈을 때 저는 짜증이 났습니다. 그리고 대학원 생활이 바빠 전화를 자주 못 드리긴 하지만, 또 다른 이유는 거의 대부분 부정적인 대화로 끝맺게 된다는 겁니다. 우리의 마지막 대화는 매우 좋았지만 저는 여전히 이전에 있었던 대화들이 자꾸 떠오릅니다. 두 분이 저에게 계속 묻고 있는 질문 하나가 "성전환을 하는 것이 너를 행복하게 할까?"하는 것입니다. 저로서는 이 질문에 대해 답하기가 불가능할 정도로 엄청나게 어렵습니다. …제가 답하기 어려운 이유는 제 답이 무엇이든인지 간에, 그것이 두 분께 상처를 줄 것이기 때문입니다.… 어린 시절에 어떤 나쁜 일들이 있었는지를 밝히게 되면 그럴수록 두 분이 크게 잘못한 것으로 느끼게 될 것 같아서입니다. 저는 통상 어떤 말도 안하거나 그 일들을 모호한 채로 남겨두려고 애썼습니다. 하지만 제가 그렇게 한 것은 다른 이유는 없고, 단지 그렇게 하는 것이 두 분의 기분이 좋을 것으로 생각되었기 때문입니다. 저는 두 분께 이와 같은 일에 대해 어떻게 이야기를 시작해야 할지 모르겠어요.… 아주 솔직해 보려고 애쓸께요.… 어떤 것에 대해 두 분을 비난하고자 하는 마음은 전혀 없기 때문에 죄의식을 느끼시지 않았으면 합니다.…

두 분께서 저의 성전환을 보시고 그렇게 한 것에 대해 저를 행복하게 만드는 구체적인 어떤 것이 하나라도 있어야만 된다고 생각하실 지도 모르겠습니다. 그러나 구체적인 어떤 것이 꼭 있어야 하는 것은 아닙니다.… 이것은 구체적인 것에 대한 것이 아닙니다. 이것은 추상적인 감정에 대한 것입니다.

저는 고통 속에서 어린 시절을 보냈고, 고통을 느끼지 않기 위해 필사적인 노력을 하며 청소년기를 보냈습니다. 저는 지금도 그 고통을 느낄 수 있습니다. 저는 지금도 그때의 슬픔을 느낄 수 있습니다. 그렇지만 저는 또한 행복도 느낄 수 있습니다. 저는 제 인생에서 다른 어떤 시간보다 현재의 저 자신을 더 좋아합니다.

저는 이전과는 달리 긍정적인 방법으로 사람과 관계를 맺을 수 있습니다. 저는 이전과는 다른 사람으로 살아가고 있음을 느끼곤 합니다. 저는 사람들에게 관심도 갖게 되고 지금까지 살아왔던 방식과 크게 다른 삶의 방식에 대해 열정을 가지고 있습니다. 저는 그 어느 때보다도 지금 많은 자신감을 가지고 있습니다.…

제가 저의 감정에 초점을 맞추기가 쉽지는 않습니다. 아마도 성전환을 하는 것 자체가 저를 행복하게 만들어주지는 않기 때문일 것입니다. 그러나 성전환을 하는 것이 행복을 찾을 수 있게는 해줄 것입니다. 저는 아직도 찾고 있고, 여전히 성장하고 있습니다.

저는 두 분께서 매일의 삶을 살아가고 있는 저를 보실 수 있으면 하고 바랍니다. 저는 전보다 훨씬 잘 살아가고 있습니다. 저는 다른 청소년기를 보내고 있는 저 자신을 보고 있기 때문에, 저 자신에 대해 더 많은 것을 느끼게 됩니다. 저는 정말로 제가 자신감 넘친, 균형을 이룬, 유능한 젊은 여자로 성장하고 있음을 느낍니다.

그리고 저는 두 분께 명확히 하려는 모든 것에 대해 생각할 때, 솔직히 저는 제가 성전환을 하려고 한 결정에 행복하다고 말씀드릴 수 있습니다. 제가 말을 하지 않아 두 분께서 이해할 수도 없는 때마저도 두 분께서 저를 지지해 주시는 것에 대해 매우 행복하게 생각하고 있습니다. 저는 두 분을 아주 많이 사랑하고 있습니다!

메들린 올림

아버지가 보낸 편지!

메들린아,

나는 지난 주말 우리가 방문해 너와 함께 어떻게 즐거운 시간을 보냈는지 간단히 써 보내려고 했었다. 너를 보는 것은 언제나 좋지만 네가 유난히 행복하게 보여서 더없이 좋았단다. 나는 네가 전보다 많은 미소를 띠는 것을 볼 수 있어서 기뻤단다. 너는 새로운 너의 정체성에서 매우 편안해 보였고, 지금 네가 하고 있는 일과 미래에 대한 너의 계획을 자랑스러워하는 것처럼 보였고, 그리고 또한 너의 상황을 이해하는 사람과 사랑하는 관계에 있는 것처럼 보였단다.…

또한 나는 네가 마침내 네 자신과 함께 행복해 하는 것이 기쁠 뿐만 아니라, 네가 과거와 현재에 행했던 모든 것과 네가 지금 보여주고 있는 용기에 대해 자랑스러워하고 있음을 이야기해주고 싶었단다. 나는 네가 미래를 위해 계획하고 있는 그런 변화들을 상상하기가 쉽지는 않구나. 하지만 나는 그것들이 너에게는 바른 것이라는 것을 잘 알고 있단다. 나는 단지 전체 과정이 너무 길지 않았으면 하는 바람뿐이란다.

나는 이 편지에서 나의 감정을 어떻게 표현하는 것이 좋은지는 잘 알지 못한단다. 내가 말하고자 하는 본질은 나는 네가 너라는 것이 자랑스럽고, 내가 너의 아버지라는 것이 자랑스럽고, 그리고 네가 언제나 나의 사랑과 이해와 함께하리라는 것이란다.

아빠가

출처: Adapted from the Psychology of Gender Identity and Transgenderism website (visit www.genderpsychology.org/).

이 장에서는 성별의 생물학적, 심리학적, 사회학적 측면에 집중할 것이다. 먼저 우리는 **성별(gender)**을 여성이 되거나 또는 남성이 되는 심리학적 의미와 사회가 성별에 부여하는 역할로 정의한다. 물론 해부학적 성은 해부학에 그 바탕을 둔다. 그러나 성별은 부분적으로는 해부학에, 부분적으로는 개인의 심리에, 부분적으로는 문화와 전통에 기반을 두고 있는 복잡한 개념이다.

다음으로 남성과 여성이 해부적으로 서로 다른 생식적 구조를 발달시켜 나가는 과정인 **성분화(sexual differentiation)**에 초점을 맞출 것이다. 그 다음에 성별의 역할, 즉 특정 문화에서 "남성다운" 또는 "여성다운" 이라고 간주되는 행동들에 대해 알아볼 것이다. 이 장에서는 성차이에 대한 연구 결과를 조사하게 될 것이다. 그런 다음에 성별유형화, 즉 남자아이가 (대부분의 시간을) 남자에게서 기대되는 것에 맞게 행동하게 되는 과정과 여자아이가 (대부분의 시간을) 여자에게서 기대되는 것에 맞게 행동하게 되는 과정에 대해 생각해 볼 것이다. 또한 심리적 양성성의 개념에 대해서도 알아볼 터인데, 이 심리적 양성성은 두 성별역할이 결합된 특성을 나타내는 사람들에게 해당되는 것이다.

6.1 태아의 성분화

오랫동안 많은 아이디어가 제기되어 왔는데, 그것은 바로 성분화를 설명하기 위한 것이었다. 아리스토텔레스는 남성과 여성 사이의 해부학적 차이가 성관계시 정액의 열 때문이라고 믿었다. 뜨거운 정액은 남성을 만들게 되고, 반면 차가운 정액은 여성을 만든다는 것이었다(National Center for Biotechnology Information, NCBI; 미국 국립생명공학정보센터, 2006). 어쩌면 아리스토텔레스가 다음과 같은 고정관념, 즉 "다혈질의 남성" 또 "쌀쌀한 여성"이라는 고정관념을 만들었는지도 모른다. 또 다른 사람들은 오른쪽 고환에서 나온 정자는 여성을 만들고, 왼쪽 고환에서 나온 정자는 남성을 만든다고 믿었다.

하나의 정자세포가 난자를 수정시킬 때, 남성 부모로부터 온 23개의 **염색체(chromosome)**는 보통은 여성 부모로부터 온 23개의 염색체와 합쳐진다. 새로운 인간의 시작이 되는 이 접합자는 그 길이가 0.015 cm 정도밖에 되지 않는다. 그러나 아직 크기가 아주 작은 이 단계에서 벌써 고유한 한 개인이라는 한 장의 우표가 붙여진 것이어서, 그 사람이 검은색의 머리카락 아니면 금발의 머리카락을 가질지, 대머리가 될지 또는 V자형 머리선을 가질지, 여성이 될지 또는 남성이 될지 이미 결정된 상태다.

각 부모로부터 온 염색체가 합쳐져 23쌍을 형성하게 된다. 23번째 쌍이 성염색체이다. 난자는 성염색체 X 하나를 지니고 있지만, 정자세포는 하나의 X 성염색체나 아니면 하나의 Y 성염색체를 지닐 수 있다. X와 Y의 명시적 의미는 염색체의 모양을 말한다. X 성염색체를 가진 한 정자세포가 난자를 수정시킬 경우, 새로 잉태된 개체는 XX 성염색체 구성을 가지게 될 것이며, 정상적으로 여성으로 발생하게 된다. 정자세포가 Y 성염색체를 지니면 아이는 정상적으로 남성(XY)으로 발생하게 될 것이다.

수정 후에는 접합자는 반복적으로 분열한다. 짧은 몇 주 후에 하나의 세포가 수십억 개의 세포가 된다. 3주쯤에 원시심장이 태아의 혈류를 통해 혈액을 운반하기 시작한다. 5주에서 6주에 **배아(embryo)**는 0.64 cm에서 1.27 cm 정도의 길이가 되는데, 원시생식

성별(젠더, gender) 성별에 알맞는 행동에 대해 문화적 개념의 영향을 받아 여성이 되는 또는 남성이 되는 심리적 상태. 성별의 개념을 여성과 남성 간의 신체적 차이에 기반을 둔 해부학적인 성과 비교하고 대조하라.

성분화(sexual differentiation) 남성과 여성이 서로 다른 생식적인 해부구조로 발생되는 과정.

염색체(chromosome) 살아 있는 모든 세포의 핵에서 발견되는 막대 모양의 구조물을 말하는데, 이것은 유전암호를 유전자의 형태로 지니고 있음.

배아(배, embryo) 자궁에서 수정된 난자의 착상으로 시작되어 임신 후 약 두 달에 걸쳐 주요 기관계의 발생으로 귀결되는 태아의 발생단계.

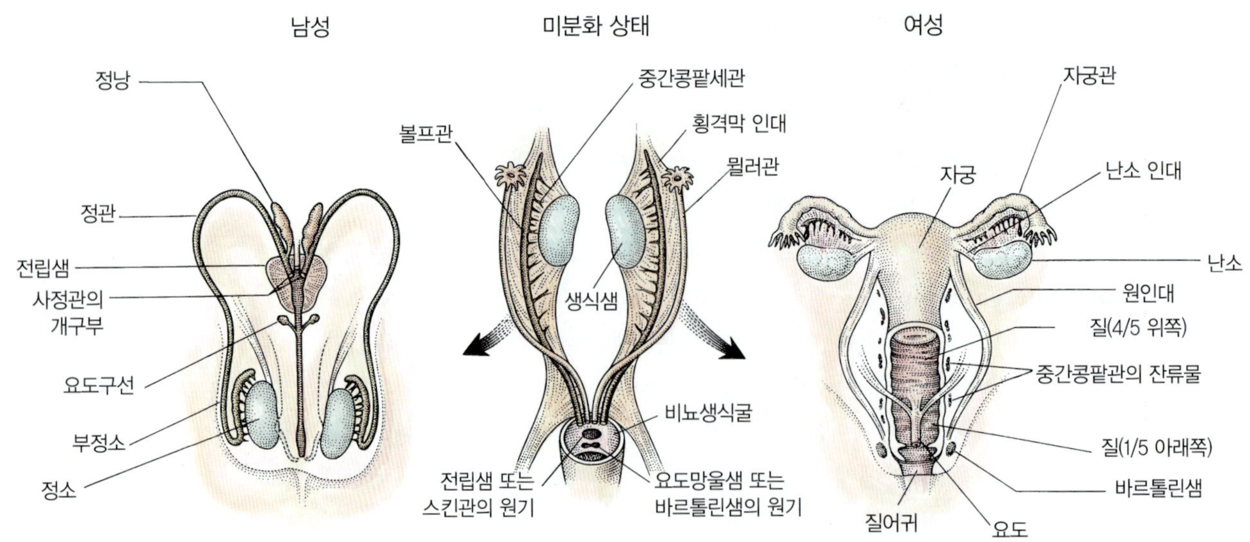

그림 6.1 임신 후 약 5~6주에 미분화 단계로부터 내부 성기관의 발생

선과 도관, 시각적으로 구분되지 않는 외부생식기가 형성되어 있다(그림 6.1과 6.2). 각 배아는 원시 외부생식기, 성적으로 미분화된 한 쌍의 생식선, 그리고 두 세트의 원시도관 구조물인 뮐러관(여성)과 볼프관(남성)을 가지고 있다.

태아 발생의 첫 6주쯤에 두 성의 배아의 구조는 유사한 방법에 따라 발생되며, 그것은 원시적인 여성의 구조를 닮아 있다. 수태 후 약 7주째 유전암호(XX 또는 XY)가 자체적으로 작용하기 시작하여 생식선, 생식관, 외부생식기에 변화를 일으킨다. Y 성염색체에 있는 유전자 활동은 고환이 분화가 시작되게 만든다(NCBI, 2006). 난소는 Y의 염색체가 없을 경우에 분화를 시작한다. 전형적인 XY 또는 XX 배열 대신 보기 드물게 하나의 X 성염색체만 가진 이러한 사람의 생식기관은 외모에 있어 역시 여성이 되는데, 그 이유는 Y 성염색체가 결여되어 있기 때문이다. 따라서 인간의 배아의 기본 청사진은 여성이라고 말할 수 있다(De Vries 등, 2002; Steinemann & Steinemann, 2005). Y 성염색체에 있는 유전정보는 배아가 여성의 발생과정에서 벗어나게 만든다.

태아 발달의 7주쯤 때까지 조직의 섬유가닥은 정세관으로 조직화되기 시작한다. 여성 생식선은 나중에 남성 생식선보다 좀 더 발달되기 시작한다. 난자를 품게 될 여포의 전신은 수태 후 약 10주인 태아 발생단계까지 발견되지 않는다. 난소는 11주나 12주에 형성되기 시작한다.

성분화에서 유전적 요인들

성분화에 있어서 유전자들은 어떤 역할을 하는가? 이러한 질문에 대한 답변 중 일부는 매우 흥미롭다. 동물들의 연구를 통해 인간의 짝짓기와 그 밖의 다른 행동패턴의 결정에 있어 유전자의 역할을 제안한다. 예를 들면 갑각류에서 많은 유전자의 상호작용은 세 형태로 수컷을 발생시키고 매우 복잡한 짝짓기 전략을 갖게 만든다(Shuster & Sassaman, 1997). 변형자(*tra*)라 불리는 성결정 유전자는 암컷 초파리로의 발생에 필요하다. 비활성 *tra* 유전자를 가진 염색체성(XX) 암컷은 다른 암컷과의 짝짓기를 시도하지만, 이들은 여전히 암컷 페로몬을 방출하기 때문에 수컷을 끌어당긴다(Arthur 등, 1998). 연구진은 초

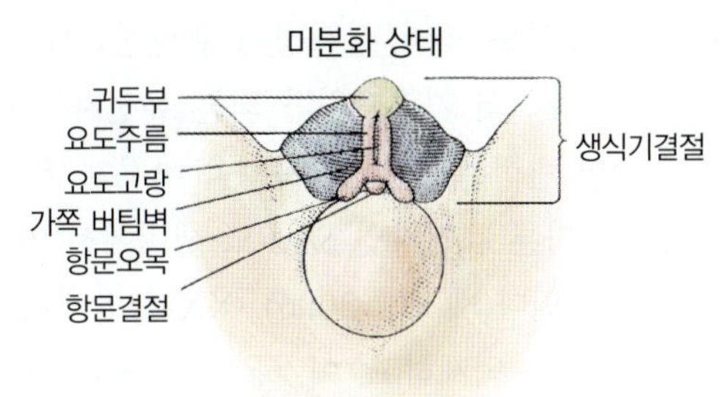

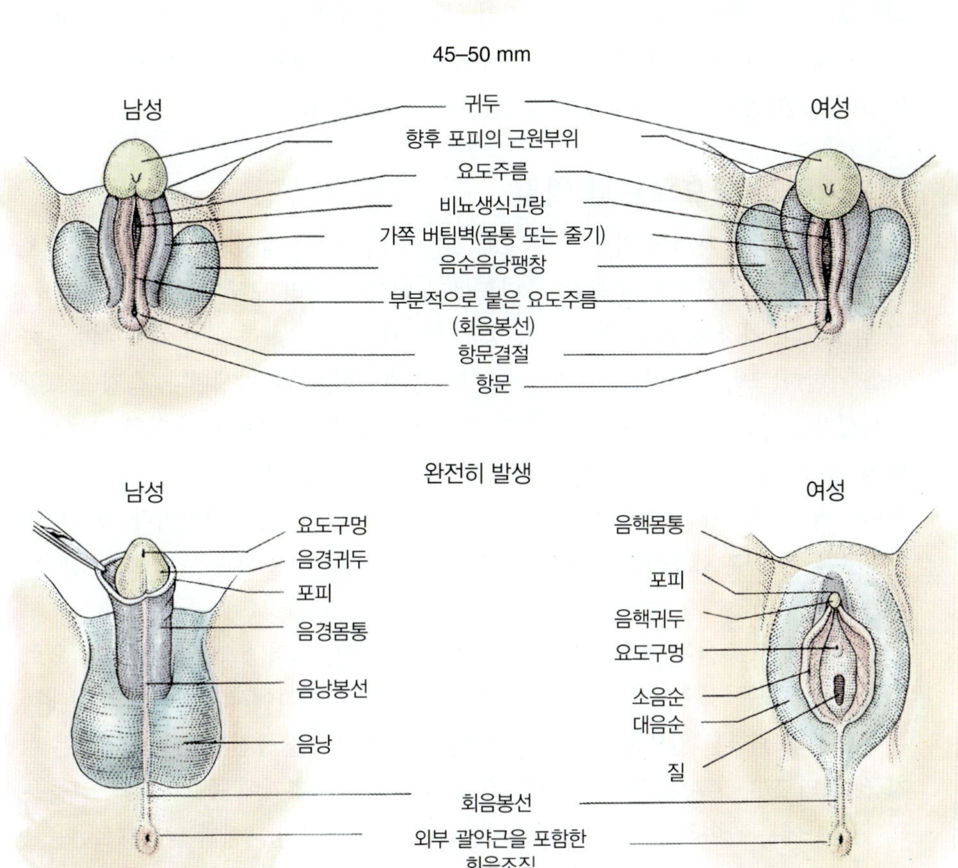

그림 6.2 **임신 후 약 5~6주에 미분화 단계로부터 외부 성기관의 발생**

파리에서 성분화, 성적 성향, 성적 행동은 모두 유전자의 상호작용에 의해 결정된다고 결론을 내리게 된다(O'Dell & Kaiser, 1997).

SRY(sex-determinng region Y [성결정영역 Y]에서 이름을 따옴) 유전자는 또한 성분화와도 연결되어 있다(Neerman-Arbez, 2003). "으르렁거리는 생쥐"라고도 제목을 붙일 수 있는 논문에서 연구자인 스테펜 맥슨(Stephen Maxson, 1998)은 SRY를 포함하여 생쥐에서 웅성을 결정하는데 관련된 많은 유전자가 또한 공격성과도 연결되어 있다고 보고하였다. 인간의 SRY가 생쥐의 SRY와 유사하기 때문에 생쥐를 대상으로 한 연구가 특히 관심을 받게 된다(NCBI, 2006). 그럼에도 불구하고 인간은 또한 문화, 가치관, 경험, 개인적인 신념에 의해 영향을 받는다. 사람에 있어서 유전학과 행동이 직접 연결되어 있는 경우는 매우 드문데, 특히 짝짓기와 공격성과 같은 사회적 행동에서는 더욱 그러하다.

성결정영역 Y는 인간에서도 역시 성결정에 관여한다(Brodkin 등, 2002; Xu 등, 2002). 이 SRY 단백질은 유전의 기본단위가 되는 유전자의 DNA 가닥에 결합하여 그 가닥을 변형시킨다. 이러한 변형은 DNA의 속성을 바꾸게 되어 고환의 형성으로 이어진다. 성결정에 관여하는 또 다른 유전자인 *Sox9*도 생쥐에서 연구되었다. Sox9는 SRY의 발현을 조절하는 것으로 보인다(NCBI, 2006). XX 성염색체 구조를 갖는 암컷은 정상적으로 자신의 Sox9의 작용을 억제하고, 이것은 결국 SRY의 발현을 막는다. 그러나 이러한 XX 생쥐에서 Sox9의 발현이 되지 않는 것을 화학적으로 막게 되면(즉 Sox9가 만들어지게 되면) 이들은 비록 불임일지라도 수컷으로 발생한다. 따라서 정자세포는 Sox9나 SRY가 아닌 다른 유전자에 의해 만들어지는 것 같다.

성분화에서 성호르몬의 역할

일단 유전자들이 자신의 일을 수행하고 고환이 배아에서 발생되면, 그들은 남성호르몬, 즉 안드로겐을 생산하기 시작한다. 안드로겐 없이는 우리 모두 여성의 외부생식기관으로 발생된다. 가장 중요한 안드로겐인 테스토스테론은 남성(볼프)관 체제로의 분화에 박차를 가한다(그림 6.1). 각 볼프관은 부고환, 정관, 정낭으로 발생된다. 음경을 포함한 외부생식기는 다른 종류의 안드로겐인 디히드로테스토스테론(DHT)의 영향 하에서 약 8주째에 그 모양을 이루기 시작한다. **사실인가 아니면 허구인가 1:** 남성호르몬, 즉 안드로겐 없이는 우리 모두가 여성의 외부생식기관으로 발생된다는 것은 사실이다. 그러나 태아기 때 분비되는 고환호르몬인 **뮐러억제물질(MIS)**은 뮐러관이 여성관 체제로 발생되는 것을 막는다.

사실인가 아니면 허구인가 1

소량의 안드로겐이 여성인 태아에서도 생산되지만, 그러나 그 양은 일반적으로 남성으로의 성분화를 일으키기에는 충분하지 않다. 여성인 태아에서 안드로겐의 상대적 부재는 볼프관의 퇴화를 일으키고 여성의 성기관으로의 발생을 증진시킨다. 뮐러관은 나팔관, 자궁, 질의 2/3 상부로 진화된다. 여성의 성호르몬은 사춘기에 중요하지만, 그들은 태아의 성분화에는 관여하지 않는다. XY 성염색체 구조를 가진 태아가 남성호르몬을 생산하는데 실패한다면, 그들은 여성의 외부성기관으로 발생되기는 하겠지만 불임이 될 것이다.

비판적인 사고하기

비판적인 사고를 하는 사람은 지나치게 단순화하거나 일반화하지 않는다. 다음의 말을 생각해 보자: 태아에서 남성호르몬이 없는 상태에서 우리 모두는 여자로 발생한다.
질문: 우리 모두가 임신이 가능한 여자로 발생하게 되는가? 어떤 방식으로 우리 모두가 여성으로 발생하게 되는가?

고환과 난소의 하강

고환과 난소는 복강에서 높은 위치에 있는 가느다란 구조에서 발생된다. 수태 후 약 10주 때까지 그들은 골반의 위쪽 가장자리와 거의 비슷한 위치로 하강한다. 난소는 태아기의 나머지 그곳에 남아 있다. 후에 그들은 회전하고 그리고 골반에 있는 성인기의 위치까지 더 내려온다. 고환은 임신 4개월째에 정상적으로 **서혜관(inguinal canal)**을 통해 음낭주머니로 내려간다. 그런 다음 그 통로는 막히게 된다.

낮은 비율의 남성에서 고환 중 하나가 또는 둘 다 하강하지 않아 출생시 복부에 그대로 남게 된다. 이러한 상태를 **잠복고환증(cryptorchidism)**이라 한다. 대부분의 잠복고환증의 경우 유년기 때 고환이 음낭으로 이동한다. 역시 다른 경우에서는 고환이 사춘기 때 내려간다. 비하강 고환을 가진 남자는 고환암에 대한 위험이 높아지기 때문에 일반적으로 수술이나 호르몬 요법으로 치료한다. 또한 비하강 고환은 최적온도보다 높아지기 쉽기 때문에 정자생산에도 장애가 일어나는데 이로 인해 불임이 된다.

서혜관(샅굴, inguinal canal) 음낭과 고환을 연결하는 태아기의 도관을 말하는데, 이들이 하강할 수 있게 해줌.

잠복고환증(cryptorchidism) 하강이 되지 않는 비하강 고환으로 인한 병.

성염색체 이상

성염색체의 이상은 성적 특성, 신체적 건강, 정신발달에 지대한 영향을 미칠 수 있다. 500명의 남성 중 1명 정도로 나타나는 병인 **클라인펠터 증후군(Klinefelter syndrome)**은 여분의 X 성염색체에 의해 발생되는데, 이러한 남자는 XY 패턴이 아닌 XXY를 갖는다. 이러한 패턴을 갖는 남자는 적절한 2차 성징이 발달되지 못한다. 이들은 커다란 유방을 가지며, 근육발달은 빈약하고, 그리고 정자를 생산하지 못하고 불임이다. 또한 이들은 그 정도가 덜 한 지진아가 될 수도 있다.

터너증후군(Turner syndrome)은 여성 2,500명당 약 1명 정도 나타나는데, 이들은 X 성염색체가 2개가 아닌 하나만 가져서 일어난다. 이러한 이상을 가진 개인은 심장질환, 짧은 팔다리, 신장이상, 갑상샘저하증(갑상샘 호르몬이 아주 적게 생산됨), 당뇨병 등이 발병될 위험이 있다. 터너증후군은 일반적인 인지 손상을 일으키지는 않지만, 이들 여자는 공간적 관계와 수학에서 특별한 문제가 생길 수 있다. 이 증후군을 지닌 여성들은 자연스럽게 사춘기를 받아들이지 않을 수도 있으므로, 일반적으로 사춘기의 변화가 2차 성징의 성장에 박차를 가하기 시작할 때 호르몬 치료를 시작한다. 그럼에도 불구하고 증후군을 지닌 거의 대부분의 여성은 불임이다.

사실인가 아니면 허구인가 2: 하지만 흥미롭게도 다른 여자의 난자(난세포)를 기증받아 그것을 실험실 접시에서 수정시킨다면, 그것은 일반적으로 터너증후군의 여자에게 이식시킬 수 있으며, 배아는 끝까지 정상적으로 발생할 수 있다.

사실인가 아니면 허구인가 2

두뇌도 생식기관처럼 태아기에 성분화를 착수한다. 테스토스테론은 남성 태아의 시상하부에서 세포가 여성의 성호르몬인 에스트로겐에 반응하지 않게 만든다. 여성 태아에서는 시상하부가 에스트로겐에 반응할 수 있게 분화시킨다.

에스트로겐에 대한 감수성은 사춘기 이후에 월경주기의 조절에 중요하다. 시상하부는 각 주기의 끝에 혈중 에스트로겐의 낮은 수준을 감지하여 뇌하수체를 자극해서 여포자극호르몬(FSH)을 분비케 하여 새로운 주기가 시작된다. 그렇게 되면 FSH는 난소에 의한 에스트로겐 생산과 난소의 미성숙 여포의 성숙을 자극한다.

6.2 성별정체성

성별정체성(gender identity)은 우리의 심리적 인식, 달리 말하면 남성이라거나 여성이라거나 하는 의식이며, 우리의 자아상의 가장 명확하고 중요한 측면 중 하나이다. **성부여(sex assignment)**[성별부여(gender assignment)라고도 함]는 어린아이의 해부학적 성을 반영하며 일반적으로 출생 때 주어진다. 아이의 성별은 부모에게 중요해서 그들은 보통 손가락과 발가락의 개수를 먼저 알아보기보다는 "아들인지 딸인지?"를 우선 알고 싶어 한다.

대부분의 아이들은 대략 18개월 때까지 처음으로 자신의 해부학적 성을 인식하게 된다. 대부분의 아이들은 36개월까지 성별정체성에 대한 확고한 의식을 획득하게 된다(Rathus, 2006).

클라인펠터증후군(Klinefelter syndrome) 여분의 X 성염색체에 의한 성염색체 장애.

터너증후군(Turner syndrome) 온전한 단 하나의 X 염색체만 지니며, 일반적으로 불임의 난소, 무월경, 작은 키와 같은 특징을 보이는 유전병.

성별정체성(gender identity) 사람이 자기 자신이 남성 또는 여성이라고 여기는 믿음.

성부여(sex assignment) 신생아에 남성 또는 여성이라 붙이는 것. 또한 성별부여(gender assignment)라고도 함.

성별정체성의 본성과 육성

무엇이 성별정체성을 결정하는가? 우리의 두뇌는 생물학적으로 태아의 성호르몬에 의해 남성 또는 여성이 되는 진행방향에 맞춰 프로그램 되어 있는가? 출생 후에 학습경험의 형태에 따른 환경이 남성 또는 여성으로서의 자아상을 만드는가? 아니면 성별정체성은 생물학적 영향과 환경적 영향이 서로 섞여 반영되는 것인가?

성별정체성은 염색체의 성과 거의 일치하지만, 이러한 일치가 성별정체성이 생물학적으로 결정된다는 것을 증명하는 것은 아니다. 우리를 돌보는 사람 역시 우리를 해부학적 성에 따라 남성으로 또는 여성으로 키운다. 이때 우리는 본성과 육성의 역할, 다시 말해 생물학과 환경의 역할을 어떻게 가려낼 수 있는가?

조사자들은 드물지만 한 성의 생식선과 함께, 모호하거나 또는 전형적인 또 다른 성의 외부생식기를 같이 가지고 있는 사람, 즉 **간성인(intersexual)**의 경험에서 그러한 단서를 발견해 왔다(Zucker, 2005b). 간성인은 간혹 다른 성(그들의 염색체의 성과는 다른 성)의 일원으로 양육된다. 연구자는 이러한 아이들의 성별정체성이 염색체와 생식선의 성이 반영된 것인지, 아니면 그들이 태어날 때 부여되었던 성과 그에 따라 키워진 성이 반영된 것인지를 궁금해 하였다. 더 나아가기에 앞서 먼저 진정한 남녀한몸과 간성을 구별해 보도록 하자.

남녀한몸과 간성 태아의 발생과정에서 호르몬 인자가 선천적이라 할 수 있는 다양한 결과들을 만들어낸다. 몇몇 사람은 난소와 고환 조직 둘 다를 가지고 태어난다. 그리스 신화에서 나오는 헤르메스와 아프로디테의 아들인 헤르마프로디테는 목욕을 하는 동안에 그의 몸이 요정의 몸과 합체되었는데, 이에 그의 이름을 따 이들을 **남녀한몸(hermaphrodite)**이라고 부른다. 진정한 남녀한몸은 각 성의 생식선을 하나씩(하나의 고환과 하나의 난소), 또는 고환과 난소 조직이 결합된 상태의 생식선을 가진다.

남녀한몸은 유전적인 성과 상관없이 종종 출생시에 부여된 성별정체성과 성별역할을 당연하게 여긴다. 그림 6.3은 오른쪽 고환과 왼쪽 난소를 가진 유전적인 여성(XX)을 보여주고 있다. 이 사람은 결혼해서 확고한 남성의 정체성을 갖는 양아버지가 되었다. 그러나 진정한 남녀한몸은 두 성의 생식선 조직을 가지고 있기 때문에 생물학과 환경의 역할이 서로 얽힌 채로 남아 있다.

간성증 진정한 남녀한몸증은 매우 드물다(Kuhnle 등, 2003). 좀 덜 드문 것이 간성증인데 이것은 5,000명의 유아 중 1명 정도 나타난다(Intersex Society of North America, 2006; Sax, 2002). 간성은 난소나 고환을 가지지만 둘 다는 아니다. 남녀한몸과는 달리 그들의 생식선(고환 또는 난소)은 염색체의 성과 일치한다. 그러나 태아 호르몬의 요인으로 인해 그들의 외부생식기와 때로는 자신의 내부 생식구조가 모호하거나 다른 성의 구조와 유사하다. 간성증은 과학자에게 성별정체성을 형성하는데 있어서 본성(생물학)과 육성(환경영향)의 역할을 조사할 수 있는 기회를 제공하고 있다.

여성 간성증 중 가장 흔한 형태가 **선천부신과다형성(congenital adrenal hyperplasia, CAH)**인데, 이 경우에서는 유전적 여성(XX)이 여성의 내부 성구조(난소)를 가지나 또한 남성화된 외부생식기를 갖는다(www.congenitaladrenalhyperplasia.org, 2006; 그림 6.4 참조). 클리토리스가 커져 있어 작은 음경과 닮아 있다. CAH는 높은 수치의 안드로겐으

간성(간성인, intersexual) 한 성의 생식선을 가지고 있기는 하지만 외부생식기는 다른 성의 것을 애매한 또는 전형적 형태로 가지고 있는 사람. 또한 가짜 남녀한몸(pseudohermaphrodite)이라고도 함.

남녀한몸(hermaphrodite) 난소와 고환 조직을 모두 가지고 있는 사람.

선천부신과다형성(congenital adrenal hyperplasia) 유전적으로 여성인 사람이 내부는 여성의 성구조이지만 남성화된 외부생식기를 가지고 있는 간성의 형태.

로 인해 생기는데, 이것은 일반적으로 태아 자신의 부신에 의해 만들어진다. 다른 경우는 어머니가 임신 중에 합성 안드로겐을 투여받았을 수가 있다. 이러한 부작용이 알려지기 전인 1950년대와 1960년대에는 유산 경험이 있는 여성의 유산을 방지하기 위해 때때로 합성 안드로겐이 처방되었다.

스웨덴의 조사자 애나 서빈과 그녀의 동료들은(Anna Servin 등, 2003)는 CAH를 가진 2살에서 10살까지의 여자아이 26명과 CAH가 없는 같은 나이대의 여자아이 26명에서 성별에 따른 정형화된 행동과 관심에 대해 연구하였다. CAH인 여자아이는 자동차 같은 남자아이용 장난감에 대해 많은 흥미를 보였고, 인형과 같은 여자아이용 장난감에 대해서는 별로 흥미를 보이지 않았다. 또한 CAH인 여자아이는 남자아이를 놀이 친구로 삼고 남성형 직업을 희망하는 것 같았다. 이들의 부모들은 CAH를 가진 딸의 행동을 장난감의 선택과 공격성에서 좀 "남자아이 같다"고 평가하였다. 조사자들은 여자아이들의 부모가 그들의 놀이 스타일에 영향을 미쳤다는 어떠한 증거도 찾지 못했다. 서빈과 동료들은 그 결과를 가지고 CAH가 있는 여자아이와 없는 여자아이 사이에 놀이 스타일에 호르몬이 관여하고 있는 것으로 해석하고 있다.

또 다른 유형의 간성증에는 여러 종류의 **안드로겐불감성 증후군(androgen-insensitivity syndrome)**이 있다. 이 중 하나는 변이된 유전자로 인해 태아 때 안드로겐에 대해 정상보다 낮은 수준의 감수성을 갖는 유전적 남성(XY)을 포함한다(U.S. National Library of Medicine, 2006). 그 결과 이들의 생식기는 정상적으로 남성화되지 않는다. 출생 시에 이들의 외부성기는 작은 질을 포함한 상태로 여성화되어 있고, 고환은 하강되어 있지 않다. 때문에 안드로겐에 대한 불감성으로 인해 남성 도관시스템(부고환, 정관, 정낭, 사정관)은 발달이 되지 않는다. 그럼에도 불구하고 태아의 고환은 자궁이나 나팔관의 발달을 방해하는 뮐러억제물질(MIS)을 생산한다. 안드로겐불감성 증후군을 지닌 유전적 남성은 음부와 겨드랑이에 체모가 없거나 적은데, 그 이유는 이러한 위치에서 체모의 발달은 안드로겐에 의존하기 때문이다.

불완전 안드로겐불감성 증후군(PAIS)이나 완전 안드로겐불감성 증후군(CAIS)의 여자아이 역시 간성이다. PAIS와 CAIS는 X 성염색체 하나만을 가진 여자아이 2,000~5,000명 중에서 1명꼴로 그리고 XX 염색체 구조를 가졌으나 X 성염색체의 일부가 결실된 여자아이에서 나타난다. CAIS인 여자아이는 전형적인 외부생식기관은 발달되지만, 그러나 그들의 내부생식기관이 발달하지 않거나 정상적인 기능을 하지 못한다. 이와는 대조적으로 PAIS인 여자아이는 남성화된 외부생식기가 발달되고 때로는 남자아이로 때로는 여자아이로 양육된다. 멜리사 하인즈와 그녀의 동료들(Melissa Hines 등, 2003)이 수행한 연구는 CAIS이고 하나의 X 성염색체 구조를 가진 22명의 여자와 정상적인 XX 성염색체 구조를 가진 22명의 여자를 비교하는 것이었다. 그들은 자존감, 일반적인 심리적 행복감, 성별정체성, 성적 성향, 성별유형화 행동패턴, 결혼여부, 성격적인 특성, 손잡이 유형에 있어서 CAIS와 대조구 사이에 어떠한 차이점도 볼 수 없었다. 이들 연구진은 두 개의 X 성염색체와 난소가 인간에 있어서 여성의 전형적인 행동패턴의 발달에 꼭 필요한 것은 아니라고 결론 내렸다.

도미니칸공화국 증후군(Dominican Republic syndrome)은 도미니칸공화국의 두 마을에 살던 18명의 남자아이들 그룹에서 처음 알려진 간성증의 한 형태이다(Imperato-McGinley 등, 1974). 도미니칸공화국 증후군은 테스토스테론이 외부생식기를 남성화하

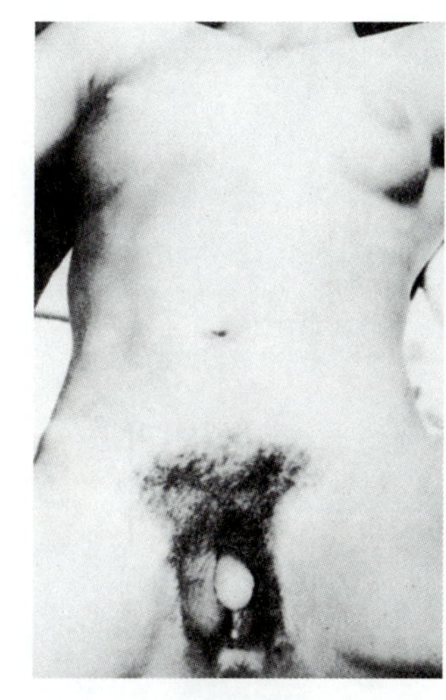

그림 6.3 남녀한몸. 이 유전적 여성(XX)은 고환 하나와 난소 하나를 가지고 있는데, 남성의 성별정체성을 가진다.

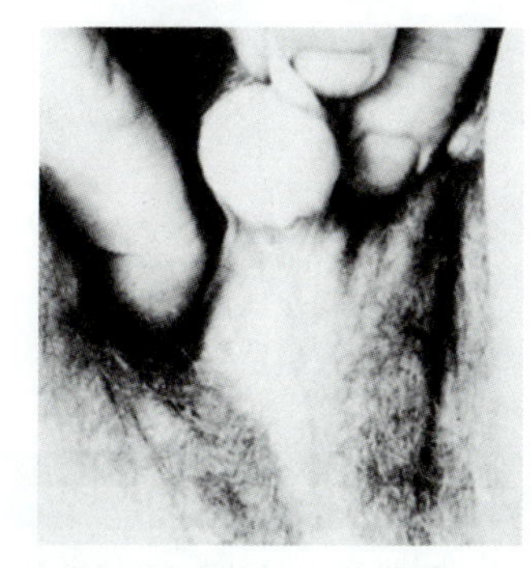

그림 6.4 간성. 선천부신과다형성에서 어떤 유전적 여성(XX)은 내부에는 여성의 성적 구조(난소)를, 그러나 외부에는 남성의 생식기를 갖는다.

안드로겐불감성 증후군(androgen-insensitivity syndrome) 출생 전에 안드로겐에 민감하지 못해 유전적으로 남성인 사람이 성기가 정상적으로 남성화되지 않는 간성의 한 형태.

도미니칸공화국 증후군(Dominican Republic syndrome) 효소의 유전적 장애로 인해 테스토스테론이 외부 성기를 남성화되지 못하게 하는 간성의 한 형태.

는 것을 방해받은 유전적인 효소장애이다. 남자아이들은 정상적인 고환과 내부에 남성의 생식기관을 가지고 태어났지만, 외부생식기는 기형이었다. 음경은 발육이 저해되어 음핵을 닮아 있었다. 음낭은 불완전하게 형성되어 있어 여성의 음순을 닮아 있었다. 이들에게는 또한 질도 부분적으로 형성되어 있었다. 이런 남자아이들은 태어날 때 여자아이를 닮아 있기 때문에, 이들은 여성으로 양육되었다. 그러나 사춘기가 되면 이들의 고환이 정상적인 테스토스테론 생산 상태로 전환되기 때문에, 고환이 하강하고, 목소리가 굵어지며, 근육이 늘고, "음핵"이 커져 음경이 되는 놀라운 변화를 일으켰다.

사실인가 아니면 허구인가 3

사실인가 아니면 허구인가 3: 여자아이로 양육되었던 18명의 도미니칸 공화국 남자아이들 중 17명이 남성의 성별정체성으로 변화되었다. 18명 중 16명은 고정관념에 맞는 남성으로서의 성역할을 당연한 것으로 생각하였다. 나머지 2명 중에서 1명은 자기 자신을 남성으로 인정하였으나 옷 입은 것을 포함하여 여성으로서의 성별역할을 계속 유지하였다. 마지막 18번째 아이는 자신을 계속해서 여성으로 인식하기를 원하였고, 사춘기에 남성화되는 것을 원치않아 후에 성재부여 수술을 추구했다. 여자아이로 양육된 18명 중 16명이 아무런 문제없이 남성의 역할로 바꾼 것인데, 이것은 성별정체성에 있어서 생물학의 중요성을 제시하고 있다(Bailey, 2003b).

많은 과학자들은 성별정체성이 생물학적 요인과 사회심리학적 요인들의 복합적 상호작용에 의해 영향을 받는다고 결론을 내리고 있다. 그러나 "복합적 상호작용"이라는 접근 방식은 본성(생물학적 요인)이, 아니면 육성(사회심리학적 요인)이 더 중요한 것인가와 같은 곤란한 질문을 피하는 방법이 될 수 있을까? 본성이라는 것에 중점을 두게 되면 개인적인 선택의 역할을 감소시키는 것이 되고 따라서 중요한 정치적 문제로 비화될 수 있다. 일부는 상대적으로 사회심리학적 요인을 더 강조하지만(Bradley 등, 1998; Money, 1994), 다른 사람은 생물학적 요인의 역할을 강조한다(Diamond, 1996; Servin 등, 2003). 하지만 "가까이서 보기"에서 "여자아이로 키워진 남자아이"에 대해 언급된 바와 같이 신생아는 성심리적으로 중성이며 성별정체성이 주로 환경요인에 의존한다는 이론은 최근 몇 년 동안 불리한 상황이 되었다.

비판적인 사고하기

성별 정체성의 기원을 탐구하는 연구자에게 간성이 어떻게 특별한 연구기회를 제공할 수 있는가?

만약 여러분이 인간에 있어 성과 성별정체성의 기원을 둘러싼 복잡한 문제에 대해 충분한 논의를 가졌었다면 악어를 생각하라. 악어의 알은 성염색체를 가지지 않는다.

사실인가 아니면 허구인가 4: 악어 새끼의 성은 알을 부화되는 온도에 의해 결정된다(Ackerman, 1991). 일부(수컷)는 따뜻한 것(적어도 35°C 정도)을 좋아하고, 일부(암컷)는 차갑지는 않은, 27°C 이하를 좋아한다.

성전환증/성별전환증

1953년 "성전환 수술"을 하기 위해 덴마크로 여행을 간 전직 군인에 대한 이야기가 대서특필되었다. 그녀는 크리스틴(이전 이름은 조지) 조젠슨인 것으로 알려졌다(Michel & Pedinielli, 2005). 그 이후로 수천 명의 성전환자(또한 **성별전환을 한 사람**이라고도 함)가 성재부여 수술*을 받아왔다.

* 이 수술은 성별재부여 수술로도 또한 언급되어 왔다. 이 책에서 우리는 해부학적 성에 대해서 언급할 때는 성(sex)이란 단어를, (1) 남성이나 여성이라고 느끼는 심리 상태와 (2) 성별역할에서처럼 남성이라는 또는 여성이라는 것이 의미하는 바에 대한 사회의 해석에 대해 언급할 때는 성별(gender)이란 단어를 사용하고 있다. 이에 따른다면 수술을 하는 것은 그 사람의 성별이 아닌 "성을 재부여하는 것"이 된다.

성전환증(transsexualism)을 가진 사람은 다른 성의 해부학적 특징을 갖기를 그리고 다른 성의 한 사람으로 살기를 원한다. **성별전환증(transgenderism,** 다른 의미로는 성별전환운동)이란 용어는 종종 성전환증과 동의어로 사용된다. 한편 성별전환운동은 성전환자뿐만 아니라 간성인, 이성복장자(17장), 관습에 얽매이지 않는 성별의 사람(즉 그 또는 그녀로 부여된 성에 걸맞은 전통적인 성별역할에 반하는 태도를 견지하고 행동하는 사람)을 포함하는 성별전환을 한 다양한 개인에 대한 권리와 자존심을 추구하는 활동가의 운동을 말한다.

많은 성전환자가 호르몬 치료와 다른 성의 전형적인 외부성기의 모양을 만드는 수술을 받고 있다. 이것은 여성에서 남성으로의 성전환보다는 남성에서 여성으로의 성전환의 경우 보다 정확하게 해낼 수 있다. 수술 후에 사람들은 성적 활동에 참여할 수 있고 심지어는 오르가즘도 느낄 수 있다. 한 설문조사에서는 성전환한 여성의 85%가 성행위 도중 오르가즘에 도달한 것으로 나타났다(Lawrence, 2005). 하지만 이들이 임신을 하거나 아이를 배거나 할 수는 없다.

사실인가 아니면 허구인가 5: 성재부여 수술로 다른 성의 내부생식기를 이식할 수는 없다. 따라서 사람들이 성재부여 수술을 통해 자신의 성이 실제로 전환되었다는 말은 정확한 말은 아니다. 대신 수술을 통해 다른 성의 전형적인 외부생식기의 모양을 만드는 것뿐이다.

성전환증(transsexualism) 한 사람이 다른 성이 되기를, 다른 성별의 사람으로 살기를 갈망하는 상태. 미국정신과협회에 의해 성별정체성 장애로 여김.

성별전환증(성별전환 운동, 트란스젠더리즘, transgenderism) (1) 성전환증과 동의어. (2) 성전환자 개인의 권리와 긍지를 추구하는 행동주의자 운동. 성별전환(또는 "전환") 운동에서 대부분 트랜스젠더라는 칭호는 성전환자와 성별전환자인 사람뿐만 아니라 이성의 옷을 입은 사람(또는 이성복장자), 여장남성, 남장여성, 간성인, 그리고 통상적이지 않은 성별의 사람들(즉 출생 후에 그들에게 부여된 성별에 따른 사회규범에 반하는 방식으로 신원을 정하거나 행동하는 사람들)을 포함한다.

사실인가 아니면 허구인가 5

성별위화감(gender dysphoria) 한 사람의 해부학적 성과 자신의 성별정체성 사이에 부조화된 감각.

학생들의 실제 질문

질문: 성재부여 수술을 받은 남자가 임신이 가능한가요 아니면 미래에나 가능한가요?

답변: 그는 임신이 가능하지 않다. 미래에도 임신 가능할 것 같지는 않다. 하지만(이러한 문제가 간혹 있기는 한데) 그녀가 변화되기 전에 정자를 제공하여, 그것으로 기증자의 난자를 수정시키는데 사용할 수 있고, 그리고 기증한 여자나 또는 다른 여자가 분만할 때까지 그 배아를 뱃속에 배고 있을 수 있다.

성전환자로 하여금 다른 성의 사람으로서 살아가게 동기를 부여하는 것은 과연 무엇인가? 존 머니(Money, 1994)에 따르면 성전환자들은 **성별위화감(gender dysphoria)**을 경험한다. 즉 이들은 자신의 생식기 구조와 자신의 성별정체성 또는 성별역할 사이에 부조화를 경험한다. 이들은 해부학적으로 남성 또는 여성의 성구조를 하고 있지만, 이들은 자신이 다른 성의 구성원으로 느낀다. 이러한 불일치는 이들 자신의 근본적인 성적 특성(자신의 외부생식기와 내부성기관)을 제거하여 다른 성의 구성원으로 살고자 하는 동기를 부여한다. 남성에서 여성으로의 성전환자들은 스스로를 자신은 운명의 변덕으로 인해 잘못된 생식기를 갖고 태어난 성으로 인지한다. 여성에서 남성으로의 성전환자는 그녀 스스로를 여성의 몸에 갇힌 남자로서 인지한다.

수컷인가 암컷인가? 우리가 확인해 보지는 않았지만 그러나 대답은 알이 보온되는 온도와 관계가 있다. 단서: 몇몇은 따뜻한 것을 좋아한다.

가까이서 보기

여자아이로 키워진 남자아이

태어날 때 아이들은 "성심리적으로 중성"인가? 여러분은 수술로 한 남자아이를 여성으로 재부여하고, 그를 여자아이로 양육하고 그리고 시간이 흘러 그가 진짜 여자아이다 하는 느낌을 가질 수 있겠는가? 성형수술, 여성호르몬 치료, 그리고 레이스와 리본이 그렇게 만들 수 있겠는가? 아니면 그가 적응하지 못하고 남성이라는 성별정체성을 "돌파"하는 형태로 해결할 것인가? 무작위로 선택된 남자아기에게 그들의 성별을 재부여하여 이러한 질문에 대한 답을 찾고자 하는 사람은 아무도 없다. 이러한 문제에 대한 증거는 사고나 비정상적인 건강상태를 통해 자신의 음경을 잃게 되었거나 또는 발달이 안 된 어린이들의 연구로부터 얻어진다.

본론으로 들어가기

예를 들면 남자 쌍둥이 한 쌍 중의 한 명인 데이비드 라이머는 할례 사고의 결과로 인해 음경의 많은 부분을 잃게 되었다. 이 연구사례는 콜라핀토(Colapinto, 2000)에 의해 알려지게 된 것인데 그 부모들은 어떻게 해야 할지 몰랐다. 존스 홉킨스의 성문제 전문가인 존 머니는 성별정체성은 충분히 적응성이 있어서, 남자아이가 성재부여 수술(정소를 제거하고 인공음부를 만드는 수술)과 여성호르몬 치료를 받으면 여자아이로 성공적으로 커나갈 수 있다고 믿었다.

오랫동안 이 사건은 아이들이 태어나서는 성심리적으로 중성일 것이라는 관점에 대한 증거를 제공하는 것처럼 보였다. 그의 형제와는 달리 성재부여를 받은 이 쌍둥이 아이는 "말괄량이" 같은 많은 특성에도 불구하고 "진짜 여자아이"처럼 발달해 가는 것으로 보였다. 하지만 14살 때 "그녀"의 할례사고와 성재부여의 과정에 대해 알게 되자, 데이비드는 그 즉시 남성으로서의 삶을 추구하기로 결정하였다. 어른이 되어서 그는 자신의 어머니에 의해 결정된 관점이었던 여자아이로서의 삶이 편안하였던 적은 없었음을 회상하였다. 25살에 그는 한 여자와 결혼하고 그녀의 자식들을 입양했다. 그는 여자한테서만 성적인 매력을 느낀다고 말했다. 밀턴 다이아몬드(Milton Diamond, 1996)와 같은 연구자에 따르면 이러한 결과는 성별정체성은 태아의 두뇌가 안드로겐에 노출되기 때문에 자궁에서 상당한 정도까지 결정된다는 관점을 지지하는 것처럼 보인다.

라이머는 2004년 38세의 나이에 총신이 짧은 산탄총으로 자살하였다. 콜라핀토가 데이비드의 아버지로부터 그 소식을 받았을 때, 그는 "나는 충격을 받았다. 그러나 나는 놀랐다고 말할 수는 없다. 한 아기가 할례로 망쳐진 후, 수술로 남자아이에서 여자아이로 바뀐 데이비드의 삶을 잘 아는 사람들은 그 누구도, 어린 시절에 그를 힘들게 만들었고 그의 나머지 삶에서도 그를 괴롭힌 그러한 육체적, 정신적 고통을 가지고 어떻게 38살까지 살아 있을 수 있었는지 그야말로 불가사의한 일이라는 것을 이해하게 될 것이다"라고 썼다.

또 다른 연구사례

수잔 브래들리와 동료들(Susan Bradley 등, 1998)은 유년기에 할례 사고로 인해 고통을

그러나 일부 연구자들은 여자가 되려고 하는 많은 남자들이 또 다른 범주에 속할 수 있다고도 주장하는데, 이들은 극도로 여성다운 남자나 또는 여자가 될 생각에 성적으로 한껏 들뜬 남자이다. 첫 번째 범주는 극도로 여성다운 게이인 남자와, 그리고 다른 남성과의 성행위에 의해 완전히 만족하지 못하는 남자를 말하는 **동성애 성전환자(homosexual transsexual)**를 포함한다(Blanchard, 1988, 1989). 두 번째 범주는 **자기여성애적(autogynephilic)**인 남성, 즉 자신의 몸이 여성의 몸이라는 환상에 의해 성적으로 자극을 받는 남성을 말한다(Bailey, 2003a, 2003b; Lawrence, 2004).

성전환증의 유병률은 알 수 없지만, 비교적 드문 것으로 생각되고 있다. 미국에서 성전환자의 수는 50,000명 이하인 것으로 추정된다. 20,000명이 안 되는 사람이 성재부여 수술을 받은 것으로 알려져 있다(Jones & Hill, 2002).

동성애 성전환자들은 아동기 초기에 놀이와 옷 입기에 있어서 통상적으로 타성별에 대해 선호를 나타낸다. 일부는 자신이 기억할 수 있는 한, 자신이 다른 성에 속하는 것으로 느꼈다고 이야기하고 있다(Zucher, 2005a, 2005b). 남성에서 여성으로의 성전환자

동성애 성전환자(homosexual transsexual) 성재부여를 추구하는 극히 여성적인 게이 남성.

자기여성애적(autogynephilic) 자신의 신체가 여성이라는 환상에 의해 성적으로 자극을 받는 성전환자에 대해 쓰이는 표현.

받았던 다른 남자아이의 발달에 대한 보고를 하고 있다. 다시 존 머니는 성재부여를 권했고, 수술은 21개월이란 나이에 이루어졌다. 이 사례에서 머니는 이 아이가 9살이 되어 추적검사를 하였을 때 이 아이도 역시 행동과 성격은 말괄량이였지만 자신을 여자아이로 생각하고 있었다.

그녀는 그 후에 16살과 26살 때 인터뷰를 했는데, 그녀의 상황은 보다 복잡하였다. 그녀는 자신을 양성애자로 간주하였고 남자와 여자 모두와 성관계를 했다. 하지만 마지막 인터뷰 때 그녀는 한 여자와 살기 시작했는데, 저자들은 이것을 "레즈비언" 관계라고 이름 붙였다. 물론 그 사람이 XY 성염색체 구조를 가지고 있다는 것을 기억한다면 그 여자와의 관계는 같은 성을 가진 사람과의 관계는 전혀 아닌 것이다. 그렇지만 그 개인은 여성이라는 자아상을 유지했다.

대규모 연구

이들과 같이 잘 알려진 경우만 있는 것은 아니다. 2000년 5월 12일 정신과와 비뇨기과 전문의인 윌리엄 라이너를 포함한 존스홉킨스 병원의 연구팀은 보스턴에서 로손 윌킨스 소아내분비 학회에서 이러한 주제에 관한 논문을 발표하였다. 그들은 총배설강외번증이라는 희귀한 병으로 인해 음경 없이 태어난 27명의 아이들의 발달에 대해 자세하게 이야기하였다. 하지만 이 아이들은 정상적인 고환, 남성의 성염색체 구조, 남성의 성호르몬을 가지고 있었다.

그럼에도 불구하고 27명의 아이들 중 25명의 성은 출산 후 곧 재부여되었다. 이들은 외과적으로 거세되었고 이들 부모에 의해 여자아이로 양육되었다. 세월이 지난 지금 나이가 5살에서 16살까지인 25명 모두가 전형적인 남성으로 생각될 정도로 마구잡이였다. 25명 중 14명은 자신을 남성으로 선언했다. 라이너(Reiner, 2000)는 "온갖 정보를 가지고 반대로 아이양육을 했음에도 불구하고, 아이들은 나이가 들면서 자신의 성별이 무엇인지 잘 알게 되는 것 같다"고 제시하고 있다. "그들은 자신들이 누구인지 우리에게 꽤 잘 이야기할 수 있을 것 같다"고 그는 말했다. 라이너는 27명의 아이들 중 성재부여 수술을 받지 않은 2명은 남자친구들과 잘 지내고 재부여된 아이들보다 더 잘 순응하는 것처럼 보였다는 것 또한 언급하였다.

컬럼비아대학 의대교수인 마리안 레가토(Legato, 2000)는 아이들이 태어난 후 몇 년이 지나야 자신의 정체성을 말로 표현할 수 있게 되지만 성별정체성은 임신 중 제1삼분기에 주로 형성된다고 믿고 있다. 레가토는 "뇌가 남성호르몬인 테스토스테론에 노출되어 남성화될 때, 이 사람에게 '당신은 여자아이다'라고 말하는 것은 아무런 소용이 없는 것이 된다. 그것은 남성에게 그들이 남자라는 느낌을 주는 테스토스테론의 영향이다"라고 이야기하고 있다.

데이비드 라이머

성별정체성의 형성에 태아의 남성호르몬의 중요성에 관해 브래들리와 그녀의 동료들(Bradley 등, 1998)을 포함하여 모든 연구자들이 동의하는 것은 아님을 주목해야 한다. 하지만 신생아는 성심리적으로 중성적이며 그리고 성별정체성은 주로 양육에 의존한다는 관점은 최근에 논란이 커지고 있다.

일부는 아이였을 때 인형을 가지고 놀기를 좋아했고, 주름 장식이 달린 옷을 입기를 즐겼고, 거친 놀이를 싫어했음을 회상하고 있다. 그들은 친구에게 종종 "계집애 같은 남자아이"로 인식되었다. 여성에서 남성으로의 성전환자 일부는 아이였을 때 여자아이 옷을 싫어하였고 "말괄량이"처럼 행동하였음을 회상하고 있다. 그들은 "남자아이들의 놀이"를 좋아했고 남자아이처럼 행동하였다. 여성 성전환자는 남성 성전환자들보다 쉬운 조정시간을 갖는 것처럼 보인다. 성인이 되어서도 여성 성전환자는 건장한 남자를 키가 큰 여자로 받아들이기보다는 남자 옷을 입은 좀 건장한 남자로 받아들이는 것이 더 수월하다.

성재부여 수술은 성재부여의 한 요소이다. 수술은 되돌릴 수 없기 때문에 건강전문가들은 재부여를 추구하는 사람들이 그러한 결정을 내릴 능력과 이에 수반되는 결과까지 생각했는지 확실히 하기 위해 신중한 평가를 수행한다(Bockting & Fung, 2006). 그들은 일반적으로 성전환자가 수술 전에 시험적으로 어느 정도의 기간 동안 다른 성의 구성원으로써 공개적으로 살아볼 것을 요구한다.

체즈 보노의 성전환. 가수인 셰어(왼쪽)와 고인이 된 소니 보노 사이에서 태어난 딸인 40세의 체스터티("체즈") 보노는 여성에서 남성으로 성전환 수술의 초기단계에 와 있다고 2009년에 발표했다. 체즈는 대변인을 통해 자신의 성전환이 사람들로 하여금 성전환자에 대해 "진심어린 마음"을 열게 되기를 희망한다고 표명했다.

결정된 후에는 호르몬 치료의 일생이 시작된다. 남성에서 여성으로의 성전환자는 에스트로겐을 투여 받게 되는데, 이것은 여성의 2차 성징의 발달을 촉진시킨다. 그것은 지방축적으로 가슴과 엉덩이가 발달되게 만들고, 피부를 부드럽게 하고, 수염의 성장을 억제한다. 여성에서 남성으로의 성전환자는 안드로겐을 투여 받게 되는데, 이것은 남성의 2차 성징을 촉진시킨다. 목소리가 낮고 굵어지며, 털이 남성의 패턴에 따라 분포되고, 근육이 비대해지고, 가슴과 엉덩이에 있던 지방 축적물이 사라지게 된다. 또한 음핵이 눈에 띄게 커질 수도 있다. 남성에서 여성으로의 성전환자의 경우에서 "목소리 수술"로 목소리를 고음으로 만들 수 있다(Bockting & Fung, 2006).

그 복잡성과 친밀함에도 불구하고 성재부여 수술은 대개는 성형수술 위주로 이루어진다. 의과학이 내부생식기, 즉 생식선을 만들지는 못한다. 남성에서 여성으로의 수술이 일반적으로 더 성공적이다. 음경과 고환이 먼저 제거된다. 민감한 신경말단들이 성적 쾌감을 제공하도록 음경의 조직은 인공 질에 배치한다. 치유기간 동안 플라스틱이나 발사(balsa) 나무로 만든 음경 모양의 구조물을 사용하여 질을 팽창되게 만든다.

여성에서 남성으로의 성전환자에서 내부성기관(난소, 나팔관, 자궁)이 가슴의 지방조직과 함께 제거된다. 여성에서 남성으로의 성전환자 중 일부는 **음경성형술(phalloplasty)**이라 부르는 일련의 수술을 통해 인공적인 음경을 만들긴 하지만, 그 음경은 원활하게 작동하지 않고, 그 비용도 꽤 비싸다. 따라서 대부분의 여성에서 남성으로의 성전환자는 자궁절제, 유방절제, 테스토스테론 치료를 하는 것으로 만족한다(Bailey, 2003b).

일부 성전환자들은 수술을 해야 할지 주저하는데, 그 이유는 과도한 의료 개입이 싫기 때문이다. 또 다른 사람들은 높은 지위의 경력이나 가족관계를 위태롭게 만들지 않기 위해 수술을 하지 않는다. 이러한 사람들은 수술을 하지 않았더라도 자기 자신을 여전히 다른 성의 구성원이라 생각한다.

성재부여 수술의 결과 성전환자의 수술 후 적응에 대한 대부분의 보고서는 긍정적이다(Smith 등, 2005). 수술 후 1년 이상 지난 116명의 성전환자에 대한 캐나다에서의 추적연구는 결과에 대해 대부분 만족하였고 무리 없이 잘 적응하고 있음을 밝히고 있다(Blanchard 등, 1985). 수술에 대한 긍정적인 결과가 141명의 네덜란드 성전환자의 연구에서도 보고되었다(Kuiper & Cohen-Kettenis, 1988).

성재부여 수술을 하려는 326명의 네덜란드 후보자에 대한 연구에서 약 2/3(222명)는 호르몬 치료를 시작하였으나 반면 103명은 하지 않은 것으로 나타났다(Smith 등, 2005). 수술에 앞서 222명 중 약 15%가 떨어져 나왔다. 일반적으로 수술 후 그 집단은 더 이상 성별위화감을 갖지 않았으며, 개인 대부분은 성적으로, 심리적으로, 사회적으로 잘 적응하였다. 남성에서 여성으로의 성전환자 2명만이 그들의 결정을 후회하였다. 남성에서 여성으로의 성전환자가 여성에서 남성으로의 성전환자보다 많았지만, 그러나 수술 후의 적응은 여성에서 남성으로의 성전환자에서 더 유리하였다. 한 가지 이유는 사회가 남성이 되기를 원하는 여자를 더 잘 수용해서 그럴지도 모른다(Smith 등, 2005). 여성에

음경성형(음경성형술, phalloplasty) 수술로 인공음경을 만드는 것.

서 남성으로의 성전환자는 수술 전보다 사회적으로 더 잘 적응하는 경향이 있을 뿐만 아니라, 수술 후 이들의 뛰어난 적응은 선택인자에 불과할 수 있다.

학생들의 실제 질문

질문: 인공음경도 발기가 되나요? 사정도 가능한가요?

답변: 전자는 맞는 말이지만 후자는 그렇지 않다. 여성에서 남성으로 음경성형술(인공음경을 부착)을 행한 성전환자는 펌프가 장착되어 발기시킬 수 있으나 의과학이 정액의 사정을 가능케 하는 분비샘을 만들지는 못한다.

6.3 성별역할과 고정관념

"왜 여자는 남자처럼 될 수 없을까?" 이것은 뮤지컬『마이 페어 레이디』에 나오는 노래의 제목이다. 노래에서 헨리 히긴스 교수는 남자는 논리적이고 신뢰할 수 있는 반면에, 여자는 감정적이고 변덕스러운 것에 대해 한탄한다. "감정적인 여자"는 하나의 고정관념이다. 관대한 표현이긴 하지만 "논리적인 남자"라는 것도 하나의 고정관념이다. 감정마저도 고정관념으로 다룬다. 사람들은 여자가 공포, 슬픔, 동정심의 감정을 경험할 가능성이 더 크고, 반면 남자는 분노와 자존심을 경험할 가능성이 더 높다고 생각한다(Plant 등, 2000). **고정관념(stereotype)**이란 어떤 사람들의 집단에 대한 고정된, 틀에 박힌, 때로는 왜곡된 그런 생각을 말한다. 우리 자신을 여성 또는 남성으로서 식별하는 것, 다시 말해 성부여가 우리의 문화에서 남성다운 또는 여성다운 것으로 여겨지는 역할이나 행동을 결정짓는 것은 아니다. 문화라는 것이 남자와 여자의 성격과 행동에 대해 폭넓은 기대를 가지고 있는데, 이것을 **성별역할(gender role)**이라 부른다. 30개국을 조사한 바 이러한 성별역할에 대한 고정관념이 널리 퍼져 있는 것으로 확인되었다(Williams & Best, 1994; 표 6.1).

고정관념이 주는 영향 가운데 하나가 성차별인데, 다음 절에서 배우게 될 것이다.

비판적인 사고하기

전통적인 성별역할에 대한 고정관념이 세상 곳곳에서 찾아볼 수 있는지 연구자들은 왜 알아보려고 애쓰는가?

성차별

성으로 인해 사람들이 어떤 부정적인 특성을 가지리라는 편견, 즉 **성차별(sexism)**의 영향을 우리는 늘 받아 왔다. 이러한 부정적인 특성은 어떤 사람이 특정 직업에 부적격하다고 여기거나, 일이나 어떤 사회적 상황을 원활하게 수행해 나가는 데 아무런 도움이 되지 않는다는 것을 당연시한다.

성차별은 동일한 행동을 여자가 했느냐 아니면 남자가 했느냐에 따라 우리로 하여금 편견을 갖게 만든다. "민감한" 여자는 단순히 민감할 뿐이지만, 민감한 남자는 "계집애 같은 사내"로 볼지도 모른다. 남자를 "자기주장이 강한" 것으로 볼 수 있지만, 여자가 이와 같은 방식으로 행동하면 종종 "억지 부리는" 것으로 볼 수 있다.

어린아이들은 "남자의 일"과 "여자의 일" 간 차이에 대해 고정관념을 발달시킨다

고정관념(stereotype) 어떤 그룹의 사람들에 대한 틀에 박힌 고정된 생각.

성별역할(gender role) 남성과 여성에 대해 행동에 관한 일단의 복잡한 기대들.

성차별(sexism) 어떤 사람이 그 사람의 성으로 인해 부정적인 특성을 가질 것이라고 여기는 편견.

다양한 세상

제3의 성별/제3의 성

제3의 성별과 제3의 성이라는 용어는 세 개 이상의 성을 인식하고 있는 사회에서 사회적인 구분에 따라 여자도 남자도 아니라고 생각하는 사람들에 대해 이야기하는 것이다. 여성도 남성도 아닌 존재는 성에 대해서뿐만 아니라, 성별역할, 성별정체성과 성적 성향에 대해서도 영향을 받는다. 어떤 문화권이나 어떤 개인에 있어서 제3의 성이나 성별은 남자와 여자 사이의 중간상태로 나타나거나, "여자의 몸에 남자의 영혼"의 경우처럼 둘 다 존재하는 상태로 나타난다. 그것은 또한 어느 것도 아닌 상태(중성)나, 성과 성별 역할이 엇갈리거나 뒤바뀌는 재능이나, 또는 남성이 된다거나 여성이 된다는 것과 무관한 또 다른 범주의 형태로도 나타날 수 있다. 마지막의 정의는 "제3의 성별"이라는 개념을 엄격하게 해석해야 한다고 주장하는 사람들이 선호한다.

제3의 성별이라는 용어는 인도와 파키스탄의 히즈라(hijra), 폴리네시아의 파파피네(fa'afafine), 그리고 발칸 반도의 맹세처녀(sworn virgin)를 설명하는데 사용되어 왔다. 서양 세계에서도 이러한 구분에 반대하는 사람이 많기는 하지만 레즈비언, 게이, 성별전환자, 간성인이 제3의 성이나 성별에 속한다는 것을 설명하는데 사용되었다.

생물학에서의 제3의 성

어떤 집단 내에서 소수의 개체들은 종종 성적으로 전형적인 수컷이나 암컷의 신체로 분화되지 않는다. 이들은 때때로 암수(남녀)한 몸 또는 (특히 사람에서는) 간성이라고 불린다. 생물학자이자 성별이론가인 앤 파우스토-스털링(Anne Fausto-Sterling, 1993)은 사람의 신체를 설명할 때 두 개의 성보다는 5개의 성으로 구분하는 것이 더 적절하다고 제안하였다. 성별전환자인 생물학자 조안 라프가든은 인간이 아닌 일부 동물 종에서 성의 신체적 형태와 더불어 두 종류보다 많은 성별(행동과 정체성의 측면에서 이해할 때)이 있을 수도 있다고 주장한다. 그녀는 주어진 생물학적인 성을 가진 개체에게 유용한 여러 행동패턴이 있을지도 모른다고 주장한다.

여권주의자는 (생물학적인) 성과 (사회적/심리적인) 성별을 구분한다. 현대의 성별이론가들은 일반적으로 둘로 묶은 성별체계는 타고난 것도 아닐 뿐더러 보편적이지도 않다고 주장한다. 다음 두 가지 사회적 규범만을 인식하는 성/성별 체계는 "이성애규범"이라고 부르지만, 여권주의자와 동성애 이론가들은 그것만 가지고 현실 세계에서 일어나는 성적 관심과 행동의 다양성을 설명하기에는 역부족이라고 생각하고 있다.

- 여성생식기, 여성의 성별정체성, 여성다운 행동, 남성 파트너를 원함.
- 남성생식기, 남성의 성별정체성, 남성다운 행동, 여성 파트너를 원함.

이성애규범 범주에서 벗어난 몇몇 패턴을 세계 곳곳에서 알아보자.

남중앙 아시아

인도, 파키스탄, 방글라데시의 히즈라는 오늘날 세계에서 아마도 가장 많고 잘 알려진 제3의 성 유형 중 하나이다. 홈사파르 신탁병원이라 불리는 뭄바이에 기반을 둔 지역사회 보건기구는 인도에는 5~6백만 정도의 히즈라가 있는 것으로 추산하고 있다. 다른 지역에서 이들은 아라바니/아루바니 또는 조가빠로 알려져 있다. 영국의 사진작가 다야니타 싱은 히즈라인 모나 아메드와의 우정과 그들이 속해 있는 서로 다른 두 사회의 성별에 대한 신념에 대해 쓰기를, "한 번은 내가 그녀에게 성전환 수술을 위해 싱가포르에 가고 싶지 않은지를 물었을 때, 그녀는 '당신은 제대로 이해를 못하고 있다. 나는 여자가 되기를 원하는 남자가 아니고 제3의 성을 가진 사람이다. 그것은 오직 두 성만을 인식하려는 당신 사회가 문제다'라고 말했다"(Singh 등, 1999). 히즈라의 사회운동은 제3의 성으로 인식시키기 위한 캠페인을 벌였고, 2005년에는 인도의 여권 신청양식의 성별 사항에는 세 개의 선택항 M, F, E로 업데이트되었다.

태국의 "레이디보이"

마찬가지로 제3의 성이라고 흔히 이야기되는 것에 태국의 카토이(*kathoey*, 또는 레이디보이[*ladyboy*])가 있다. 카토이 자신은 물론 태국인의 상당수가 카토이를 제3의 성에 속하는 것으로 지각하고 있지만, 다른 사람들은 그들을 또 하나의 남자나 또 하나의 여자로 본다. 연구자 샘 윈터(Sam Winter, 2003)는 다음과 같이 쓰고 있다:

> 우리는 190명의 카토이에게 그들 자신을 남자, 여자, 사오프라펫송("또 다른 종류의 여자"), 카토이 중 어느 것으로 생각하는지 물었다. 자신을 남성으로 생각하는 사람은 아무도 없었고, 11%만이 자신을 카토이(즉, "비남성")로 보았다. 이에 비해 45%가 자신을 여자로, 또 다른 36%가 사오프라펫송으로 생각하였다. … 불행히도 우리는 펫티삼(제3의 성/성별)을 그 범주에 포함시키지 않았다. 생각컨대 그렇게 했었더라면 이 용어를 선택한 응답자가 많았을지도 모른다.… 아직 성별전환을 하지 않은 태국인의 50% 정도는 자기 자신을 잘못된 마음을 가진 남성으로, 나머지 절반은 잘못된 육체를 가지고 태어난 여자(약 15%)나 아니면 제3의 성/성별을 가진 사람(35%)으로 본다.

2004년 치앙마이 기술학교는 카토이를 위해 화장실 문에 남성과 여성이 합쳐진 상징

태국 "레이디보이"

으로 표시된 별도의 화장실을 배정해 주었다. 15명의 카토이 학생들은 학교에서 남성복을 착용해야 하지만 여성의 머리 모양을 하는 것은 허락하고 있다. 화장실에 소변기는 없고 4개의 변기만 있는 것이 특징적이다.

서구 세계

일부 작가들은 제3의 성별은 1700년경 영국에서 남성 남색자로서 출현하게 되었다고 제시한다. 이들에 따르면 여자 같은 남성이나 동성애적인 남성을 향한 적개심이 크게 증가하였지만, 다른 한 편으로 여자 같은 남성과 이들의 만남이 이루어지는 장소(몰리 하우스)라는 하위문화의 출현으로 나타나게 된다. 적어도 칼 하인리히 울리히스의 저작집이 나온 1860년대부터 마그누스 히르쉬펠트, 존 에딩턴 시먼즈, 에드워드 카펜터, 에이미 닥크와 그 밖의 다른 사람들에게 이어져온 19세기 후반까지, 유럽 사람들은 그들을 제3의 성을 가진 구성원으로 묘사하였다. 이들 작가들은 그들 자신과 그리고 그들과 같은 사람을 "뒤바뀐" 또는 "중간적" 성을 가진 존재로 그리고 동성애적인 욕망을 경험하는 존재로 서술하였으며, 그들의 작품에서 그러한 성적 중간체에 대해 사회적으로 수용할 것을 주장하였다.

20세기 전반에 걸쳐 제3의 성이란 용어는 동성애자와 성별관행에 따르지 않는 사람에 대해 즐겨 쓰는 서술어였지만, 1970년대의 게이 해방운동과 그리고 성적 성향과 성별정체성의 개념의 분리가 일어난 후에 그 용어는 LGBT(lesbian[레즈비언]–gay[게이]–bisexual[양성애자]–transgender[성별전환자]) 단체와 광범위한 대중들 사이에서 눈 밖에 나게 되었다. 여권주의, 현대의 성별전환자운동, 퀴어 이론이 촉진시켜온 성별에 대한 새로운 탐구를 통해서 현대 서구사회에서 일부 사람들이 자신들을 다시 제3의 성으로 표현하기 시작하였다. 자신을 남자도 여자도 아니라고 여기는 남성의 몸을 가진 사람들이 일으킨 잘 알려진 사회운동 가운데 하나가 과격한 요정(Radical Faeries)이라는 이름의 운동이다. 이와 유사한 입장을 가진 오늘날의 또 다른 형태의 정체성으로는 팬젠더(pangender), 바이젠더(bigender), 젠더퀴어(genderqueer), 남녀추니(androgyne) 등이 있다.

종종 자신의 성별을 바꾸는 사람들을 말할 때 쓰는 성별전환자라는 용어는 남성도 여성도 아닌 또 다른 주관을 가진 성별임을 표명하기위해 점점 더 많이 사용되고 있다. 최근의 한 예로는 하버드 비즈니스 스쿨의 어떤 서류 양식에 있는 것인데, 이 양식에는 남성, 여성, 트랜스젠더라는 3개의 성별항이 있다.

북미의 토착 문화: "두 정령"

아메리카 원주민의 문화 역시 여러 개의 성별과 아주 많이 연결되어 있다. 종종 그들은 총칭하여 "베르다쉬(berdache)" 또는 두 정령(Two-Sprit)으로 알려진 사회적 성별 범주를 포함한다. 개별적 예로는 라코타 문화의 윈크테(winkte), 북피에간(검은 발) 공동체의 니나우포스키지페(ninauposkitzipxpe, "남자의 마음을 가진 여자")와 사포텍 문화의 묵스(Muxe)를 포함한다. 여러 학자들은 제3의 성별이라는 용어의 정의뿐만 아니라 이러한 범주의 성격도 논의했다. 다른 연구자들은 베르다쉬를 엇갈린 성별, 혼합된 성별, 중간적 성별, 또는 기본 범주로서 남성과 여성에 의존하지 않는 또 다른 제3, 제4의 성별로서 특징 지운다. 후자의 해석에 대한 지지자(윌 로스코 같은)들은 또한 혼합된, 중간적인, 엇갈린, 또는 규정되지 않은 성별의 사회적 역할이 진정으로 제3의 성별을 대표하는 것처럼 다루어서는 안된다고 주장한다. 장가이 굴렛(Jean-Guy Goulet, 2006)에 따르면

> "베르다쉬"는 남자 또는 여자의 범주와는 또 다른 인정된 사회적 지위를 차지한 남성의 인간 범주, "반대되는 성의 일원처럼" 행동하고 옷을 입는 남성과 여성의 인간 범주, 또는 충분히 인정된 제3 또는 제4의 성별을 차지한 남성과 여성의 인간 범주 안에 있음을 표명한다. 하지만 셰플러는 "베르다쉬"라는 아메리카 원주민의 사례와, "어떤 남자(드물게는 여자)가 마치 여자(또는 남자)인 것처럼 행동하는 것을 그리고 마치 여자(또는 남자)인 것처럼 또는 비정상적인 '그이인 그녀' 또는 '그녀인 그이'로서 말해지는 것을 허용하는 상황에 있는 "아마존"의 사례들을 알고 있다. 셰플러의 견해에 따르면 "문화인류학적 자료는 … 그러한 사람들은 어떻게든 다른 한 성의 범주에서 다른 성의 범주로 옮겨 가는 것으로 간주하지 않고 단지 은유적으로 '여성'(또는 '남성')이었다는 결정적인 증거를 제공한다." 셰플러에 따라 다른 말로 하면 우리는 여러 성별체계를 상상할 필요가 없다. 반대되는 성의 옷이나 직업을 갖는 개인은 그 성 또는 성별의 구성원이라는 것을 은유적으로 말하고 있었다.

출처: This feature is adapted from the Wikipedia entry on Third Gender and obtains information from Agrawal (1997), Fausto-Sterling (1993), Goulet (2006), Hester (2005), Murray and Roscoe (1997), Roscoe (2000), Roughgarden (2004), Stockett (2005), Totman (2004), and Winter (2003).

표 6.1

30개국에서 조사된 성별역할에 대한 고정관념

남성에 대한 고정관념		여성에 대한 고정관념	
활동적인	독단적인	애정이 넘치는	신경질적인
모험적인	즐거움을 찾는	감상력 있는	참을성 있는
공격적인	명확한	조심성 있는	즐거운
거만한	빠른	변하기 쉬운	새침한
독재적인	이성적인	매력적인	자기 연민의
유능한	현실적인	불평을 호소하는	민감한
거친	무모한	복잡한	감상적인
우쭐대는	수완이 좋은	혼란스러운	섹시한
자신감 있는	엄격한	의존적인	부끄러운
용감한	강력한	꿈 많은	상냥한
잔인한	재치 있는	감정적인	세련된
단호한	과시적인	흥분을 잘하는	순종하는
무질서한	확고한	트집을 잡는	영향 받기 쉬운
진취적인	단호한	두려워하는	미신적인
빈틈없는	인색한	변덕스러운	말이 많은
개인주의적인	둔감한	어리석은	소심한
창의성이 풍부한	거친	용서하는	과민한
음성이 큰	비양심적인	경박한	소극적인
불쾌한		안달복달하는	이해심이 많은
		부드러운	불안정한
		상상력 있는	따뜻한
		친절한	약한
		유순한	걱정이 많은
		겸손한	

참고: 심리학자 윌리암과 베스트(William & Best, 1994)는 30개국 사람들의 남성과 여성의 성별역할에 대한 고정관념이 크게 일치하고 있음을 발견하였다.

출처: Data from Williams and Best (1994, p. 193, Table 1).

(Rathus 2011). 여자는 역사적으로 "남자의 직업"에서 제외되었고, "남자의 일"과 "여자의 일"에 관련된 틀에 박힌 기대는 초등학생까지 내려가서도 나타난다. 예를 들면 전통적인 고정관념에 따르면 여자가 수학에 탁월하리라고 기대하지 않는다. 이러한 부정적인 기대에 노출된다면 여자로 하여금 과학과 기술에 관련된 직업을 단념하게 만들 수도 있다. 그녀들이 과학이나 기술에 관련된 직업을 선택할 때조차도 여자는 고용, 승진, 연구시설의 할당, 연구를 수행하기 위한 기금에서 종종 차별을 받는다(Loder, 2000). 마찬가지로 최근에 남자들이 비서 업무, 간호하는 일, 초등학생을 가르치는 일과 같이 전에는 주로 여자에게 한정되었던 직업군에도 진입하기 시작했다.

성차별은 심리적으로 피해를 준다. 한 실험에서 성차별이 널리 퍼져 있다고 믿게끔 만든 여자가 성차별이 드물다고 생각하게 만든 여자보다 자존감이 낮은 것을 알 수 있었다(Schmitt 등, 2003). 다른 실험에서는 성차별로 인해 아니면 개인적 이유로 인해 어떤 과정의 취득을 거절당하는 것을 믿게끔 하였다(Major 등, 2003). 개인적 공과보다는 편견에 대해 거부하는 것으로 생각하게끔 하는 것이 그들의 자존감을 보호하는 효과를 주었다("그것은 나 때문이 아니고, 사회 때문이다").

다행스럽게도 교육을 통해 성차별 태도를 변화시킬 수 있는 것처럼 보인다. 한 연구에서는 여성학 강좌가 개인들로 하여금 성차별에 대해 얼마나 더 많이 알도록, 그리고 평등주의에 대한 태도가 얼마나 더 많이 개발되도록 도움을 줄 수 있는지 그 정도에 대해 보고하였다(Stake & Hoffman, 2001). 이 연구에서 548명의 여성학 강좌 수강생에게 여성학, 여성과 성별 이슈를 향한 평등주의 태도, 성차별과 여성에 대한 차별 의식에 대한 개방성과 같은 영역에 대한 설문조사를 수강 전후에 실시하였다. 여성학을 수강하지 않은 학생에 비해 수강했던 학생들이 성차별과 여러 다른 종류의 편견에 대한 인식이 커졌고, 여성이나 낙인찍힌 그룹에 대해서도 보다 평등적인 태도를 취했고, 사회적 문제를 해결하려는 사회운동 참여에 보다 큰 관심을 나타냈다.

간호사와 환자. 이 사진에 문제가 있다고 생각한다면, 여러분은 관습적인 성별역할이라는 고정관념의 희생자일 수 있지 않을까? 관습은 많은 여성들로 하여금 건설작업이나 군대 같은 "남성"의 일 영역에서 일자리를 찾지 못하게 막아왔다. 또한 관습은 남성들로 하여금 비서업무, 간호, 초등학생을 가르치는 일과 같은 "여성"의 영역에서 일을 얻지 못하게 막아왔다.

성별역할과 성적 행동

성별역할은 관계와 성적 행동에 영향을 미친다. 어린아이들은 남자가 보통 여자에게 접근하고 성적 상호작용을 시작하는 반면, 여자는 일반적으로 낭만적인 관계에서 "문지기"로서의 역할을 이른 나이에 배우게 된다. 전통적인 문지기로서의 역할에서 여자는 접근하기를 기다리고 구혼자를 가려내기를 기대한다. 남자는 첫(성적) 조치를 취하기를 기대하고, 여자는 어디까지 갈지를 결정하게 된다.

남자는 선도자이고 여자는 문지기라는 문화적 기대는 남자가 성적으로 공격적이고 여자는 수동적이라는 보다 큰 고정관념 안에 뿌리 박혀 있다. 남자는 여자에 비해 더 많은 수의 성적 파트너를 갖기를 희망한다(Mikach & Bailey, 1999). 남자는 성적인 접촉을 먼저 시작할 뿐 아니라, 그 후에도 춤출 때 남자가 이끄는 것을 당연히 여기는 것처럼 모든 "행동"을 좌우하는 것을 당연시한다. 남성다운 성별역할의 고정관념에 집착하는 사람들은 남녀에 상관없이 위험한(무방비의) 성적 행동에 빠져들기 쉽다(Belgrave 등, 2000). 고정관념에 따르면 여자들은 남성 파트너가 선택, 타이밍, 성교체위와 기술의 순서를 결정하게 되어 있다고 생각한다. 불행하게도 고정관념은 남자의 성적 선호에 유리하며 여자들은 자신들이 선호하는 여러 종류의 자극을 주고받을 수 있는 기회를 부정하고 있다.

다른 고정관념에 따르면 남자는 사춘기에 성적으로 자극되어 성인기에 걸쳐 준비된 상태로 남아 있다. 하지만 여자는 성에 대한 남자의 타고난 관심을 공유하지 않아, 남자가 그녀의 성적 불꽃을 불붙일 때만 자신의 성을 발견하게 된다. 그러한 고정관념에도 불구하고 여자가 남자보다 생물학적으로 흥분이 덜 되는 것인지는 분명하지 않지만, 여자들은 성적 행위를 제한하고 헌신적인 관계를 넌지시 알리기를 더 원하는 것 같다(Dahl

등, 2009). 한편 연구자들(Peplau, 2003; Vohs & Baumeister, 2004)은 일반적으로 여자에 비해 남자가 성욕을 더 많이 가지고 있다는 관점을 지지하고 있음을 이야기하고 있다.

성별역할에 대한 고정관념과 관련된 성차이가 본성이나 문화와 전통의 영향을 어느 정도로 반영하는지 의문은 남아 있다. 곧 배우게 되겠지만 성차이는 성적 행동에서도 폭넓게 나타난다.

6.4 인지, 성격, 행동에 있어서 성차이

비판적인 사고하기

인지능력에 있어서 성차이를 최소화하는 것이 "정치적으로 옳다"고 어떤 작가가 제시한다면 여러분은 왜 그렇다고 생각하는가?

만약 여성과 남성이 해부학적인 몸의 구조가 다르지 않았다면 이 책은 결코 쓰지 못했을 것이다. 그렇다면 여성과 남성은 인지능력, 성격, 사회적 행동에 있어서 어떻게 다른가?

인지능력에서의 차이

인지능력에 있어 성차이를 찾아내는 것은 인간의 성적 특성에 있어서 가장 논쟁적인 이슈 중의 하나이다. 표면적으로는 그것은 "정치적 지뢰밭"과 같다(Kersting, 2003). 하지만 더 중요한 것은 인지적인 성차이의 존재 가능성이 두 성에서의 학문의 선택과 직업의 선택에 영향을 미쳐왔다. 그 연구는 무엇을 제시하고 있으며, 우리는 무엇을 믿을 수 있을까?

지능을 측정해보면 인지능력에 있어 어떤 성차이도 나타나지 않는다(Halpern & LaMay, 2000). 그러나 이런 연구에 대한 논평에서 보면 남자아이보다 여자아이가 언어의 유창함, 의미가 유사한 다른 단어를 만들어내는 능력, 철자법, 외국어에 대한 지식, 발음과 같은 언어 능력에서 다소 우수함을 제시하고 있다(Halpern, 1997, 2003). 여자아이들에 비해 훨씬 많은 남자아이들이 독해에 문제를 가지고 있는데, 그것의 정도는 또래 학년에 비해 수준이 떨어지는 정도에서부터 심각한 장애에 이르기까지 다양하다.

인지능력에 있어서 성차이가 존재하는가? 여성과 남성 간의 신체적인 차이는 잘 알려져 있고, 그것을 찬양하기도 한다. 그러나 여성과 남성 간의 어떤 인지적 차이가 존재하는가? 그렇다면 그것은 어떤 것인가? 그 차이는 얼마나 큰가? 그것은 본성(유전)에 의한 결과인가 아니면 육성(교육체험과 문화적 기대와 같은 환경적인 영향)에 의한 결과인가?

시각-공간 능력은 물체나 도형을 시각화하고 지적으로 이들을 조작하고 회전하는 능력을 말한다. 이 능력은 예술, 과학, 공학과 같은 분야에서 중요하다(Ceci 등, 2009). 남자아이들은 여러 유형의 시각적-공간적 작업에 있어 8~9세부터 여자아이를 능가하기 시작하며, 그 차이는 성인까지 지속된다(Johnson & Bouchard, 2007, 2009). 이러한 성차이는 물체를 공간에서 회전시킬 때 물체가 어떻게 보이는지 상상이 필요한 작업에서 특히 두드러지게 나타난다(그림 6.5; Delgado & Prieto, 2004).

일부 연구자들은 시각적-공간적 수행능력을 진화론, 성호르몬, 뇌의 구조형태와 연결시킨다(Koscik 등, 2009). 영토를 만들고 방어하는 남성의 유전적 경향

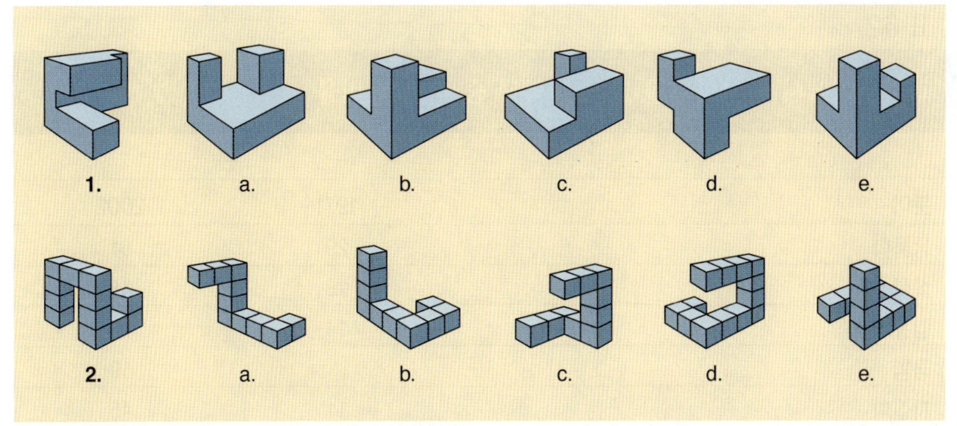

그림 6.5 6.5 공간에서 기하학적 그림을 회전하기. 예를 들면 공간에서 기하학적 그림을 회전시키는 능력과 같은 시공간 능력은 남성의 성별역할에 대한 고정관념의 한 부분으로 간주되고 있다. 그러나 이러한 성차이는 크지 않아 훈련으로 충분히 완화될 수 있다.

(Ecuyer-Dab & Robert, 2004)을 그것과 연관시킬 수 있을까?

반세기 이상 일반적으로 남자아이는 수학에서 여자아이보다 뛰어난 실력을 보이고 있다고 믿어왔으며, 이와 관련한 연구들은 그러한 믿음을 지지하는 경향을 보여주었다(Collaer & Hill, 2006; Halpern 등, 2007). 예를 들면 3백만 명 이상이 관련된 100개의 연구논문을 고찰한 자넷 하이드와 동료들(Hyde 등, 1990)은 초등학교와 중학교 때 컴퓨터 이용기술은 여자아이들이 약간 우월하다는 것을 발견했다. 그런데 남자아이들은 고등학교와 대학교에서 단어 문제가 나아지기 시작하였다. 그녀는 어떠한 나이에서도 수학 개념을 이해하는데 성차이가 없다는 것을 발견했다. 그리고 초등학생부터 고등학생까지의 학생 7백만 명 정도를 대상으로 한 최근 연구에서 하이드와 동료들(Hyde 등, 2008)은 표준화된 시험에서 수학의 수행능력에 있어 성차이가 없음을 발견했다. 시험문제들의 난이도는 어떠한 차이도 없었다. 그럼에도 불구하고 대부분의 미국인들은 남자아이와 여자아이에 대해 다른 기대를 가지고 있어서, 이러한 기대 때문에 여전히 여자아이들이 과학이나 수학과 같은 분야에 진입하는 것을 단념하게 만들지도 모른다(Hyde & Mertz, 2009).

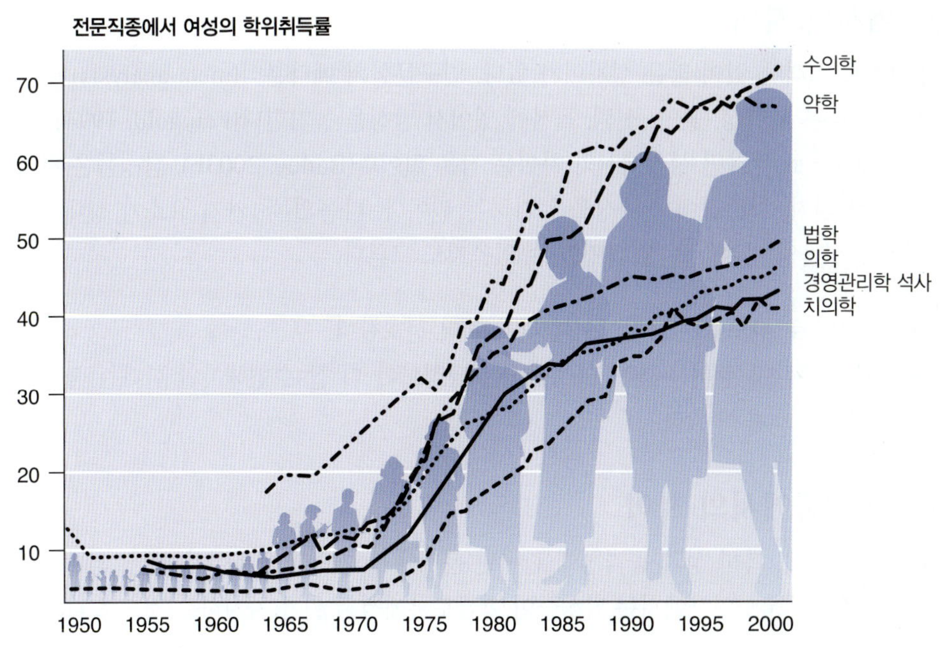

그림 6.6 한때는 남자가 거의 전적으로 점하였던 전문직종에 이제 여성이 넘쳐나고 있다.

출처: As appeared in "Scientists Are Made, Not Born" by W. Michael Cox and Richard Alm, The New York Times, February 28, 2005. Reprinted by permission of Management Design.

표 6.2

과학분야에서 학사학위를 받는 대학생 중 여자의 비율

	년	
분야	**1971**	**2002**
생물학	29	61
화학	18	48
컴퓨터과학	14	28
공학	1	19
지질학	11	45
수학	38	47
물리학	7	23

출처: W. Michael Cox & R. Alm (2005, February 25). Scientists are made, not born. *The New York Times*. (Online).

존재할지도 모를 언어적 기술과 공간능력에서의 성차이에 대해서 이들의 차이가 그룹의 차이라는 것에 주목해 보자. 이들의 기술에 있어서 변이는 두 성 간에서 보다 성 안에서의 변이가 더 크다. 남자아이들과 여자아이들의 큰 그룹 사이에서 가능한 차이에도 불구하고, 수백만의 남자아이들이 작문과 철자 기술에서 "평균"의 여자아이들을 넘어선다. 마찬가지로 수백만의 여자아이들은 시각적-공간적 기술과 과학에서 "평균"의 남자아이들을 능가한다. 그 남성이 셰익스피어를, 그 여성이 마담 퀴리를 만들어 냈다.

학자들이 둘러앉아 지적인 기능에서의 성차이를 토론하는 동안, 여자들은 남자들에 의해 한때 거의 독점적으로 채워진 분야들에 밀려들어옴으로써 그 이슈에 대한 의견을 내놓고 있다(Cox & Alm, 2005). 표 6.2와 그림 6.6은 여자들이 과학뿐 아니라 사업에서부터 법학과 의학에 이르는 전문적인 분야에까지 진입하고 있다는 것을 수적 증가로부터 잘 알 수 있다.

성격에서의 차이

마찬가지로 성격에 있어 많은 성차이가 있다. 연구문헌의 메타분석(meta-analysis)에 따르면, 여성들은 외향성, 불안, 신뢰, 돌봄에 있어서 남성을 능가한다(Feingold, 1994). 하지만 전체적으로 본다면 성격에서의 차이는 적은 편이다(Bailey, 2003b). 남성들은 자기주장, 강한 의지, 자존감에서 여성을 능가하는 편이다. 다음의 두 가지 요소가 상대적으로 낮은 여성들의 자존감을 잘 설명할 수 있을지도 모른다.

- 평균적으로 부모들은 남자아이를 갖기를 더 선호한다.
- 사회는 똑같이 잘하는 데도 여성에게는 남성보다 더 잘 수행해야만 한다는 불공정한 잣대를 적용해 왔다.

사회적 행동에서의 차이

사회적 행동에서, 특히 성과 공격성에 관련된 문제에서 중요한 성차이가 있다. 의사소통 방식을 생각해 보라. 연구에서는 남성들이 학급토론에서 우위를 차지하는 것으로 나타난다(Sadker & Sadker, 1994). 여자아이들이 점점 커지면 성별이 섞여 있는 집단에 있을 때, 남자아이들의 "눈에 띄지 않게" 하고 또 남자아이들이 대화의 대부분을 하게 두라고 배우는 것처럼 보인다. 그러나 여자들은 자신의 감정과 개인적인 경험을 남자에 비해 훨씬 기꺼이 밝힌다(Dindia & Allen, 1992). "강하고 조용한" 남성이라는 고정관념은 대화를 독차지하려는 남자를 낙담하게 만들지는 않겠지만, 그들로 하여금 개인적인 감정 표현을 억제하게 만들 수도 있다.

사용된 조사 방법과 거의 무관하게 남자들은 여자들보다 섹스에 더 많은 관심을 보인다(Peplau, 2003; Vohs & Baumeister, 2004). 여자들은 섹스를 낭만적인 관계와 결합시키기를 더 많이 원한다(Dahl 등, 2009). 또한 남자들은 여자에 비해 어쩌다 만난 사람과의 섹스와 다수의 섹스 파트너에 더 많은 관심을 가지는 것으로 보고되고 있다(Eastwick & Finkel, 2008; Li & Kenrick, 2006).

사실인가 아니면 허구인가 6

공격성에서의 차이 **사실인가 아니면 허구인가 6:** 남성들은 여성에 비해 더 공격적으로 행동하려는 경향이 있다는 것은 사실이다(Felson, 2002; Hines & Saudino, 2003; Zeichner 등, 2003). 거의 모든 문화에서 전쟁으로 몰고 가며, 또한 명성과 영광(그리고 경기장과 시합장에서 면도용 크림광고 계약)을 위해 싸우는 사람은 남성들이다. 배우게 되겠지만 핵심 질문은 왜냐는 것이다.

건강관리를 기꺼이 하려는 마음에서의 차이 남자의 기대수명은 여자들보다 평균적으로 7년이 적다. 여성과 남성의 해부학적 생리학적 차이가 그들로 하여금 건강에 대한 이슈를 서로 다르게 만들게 한다. 의사와 일반인에 대한 조사에 따르면 차이가 나는 부분은 건강관리를 해나가는데 있어 여자들이 보다 적극적인 마음을 갖는다(Courtenay, 2000). 남자들은 막을 수 있고 쉽게 치료될 수 있는 문제를 심각해지거나 생명이 위협받게 될 정도까지 그 증상을 몰고 가는 경우가 종종 있다. 예를 들면 남자들이 전립선암의 증상까지 가서야 알게 되는 것에 비해 여자들은 스스로 유방암 검사를 할 가능성이 훨씬 많다. 많은 남자들이 "빈틈없는 사고방식"을 가진다. 그들은 20대일 때에는 너무 튼튼해서, 30대일 때에는 너무 바빠서, 그리고 나중에는 겁나서 의사를 볼 수 없게 된다.

6.5 남자가 되기 또는 여자가 되기: 성별유형화

우리는 생물학적 과정을 시기별로 나누어서 성분화에 대해 배웠고, 인지능력, 성격, 사회적 행동에서의 성차이에 대해서도 알아보았다. 이제부터 생물학적인 관점을 시작으로 하여 성별유형화의 다양한 설명을 알아보자.

생물학적 관점: 그것은 단지 타고나는 것이다

성별유형화에서 생물학적 관점은 남자와 여자가 자신의 파트너에게 성별과 연결된 행동을 하게 만드는 성향에 대해 호르몬, 유전, 뇌 구조의 역할에 초점을 맞추는 경향을 갖는다. 이 부분에 있어서 유전과 관련된 주요한 메커니즘은 주로 출생 전 성호르몬을 통해

다양한 세상

세상 주위를 두리번거리는 눈?

성차이에 있어서 많은 논란이 되는 것 중 하나가 남성은 선천적으로 일부다처제를 선호하며, 여성은 선천적으로 일부일처제를 선호한다는 생각이다(Schmitt, 2008). 만약 그렇다면 남자들이 자신의 짝에게 계속 충실하기를 기대하는 사회에 커다란 부담을 주게 될 것이다. 만약 남자가 탈선했다면, 그는 결국 "날 원망하지 마시오. 그건 내 유전자 때문이오"라는 태도를 취할 수 있다. 게다가 여자는 자신의 파트너가 충실하게 남아 있기를 기대하는 것이 과연 얼마나 현실적일까 하는 의문이 들 수도 있다.

진화심리학자들은 성적 전략이론이라는 가설을 세웠는데, 이것은 남녀가 장기간 짝짓기 전략과 단기간 짝짓기 전략이 서로 다르며, 남자는 단기간 전략에서 성적 다양성에 더 많은 관심이 있다는 내용을 담고 있다(Cohen & Belsky, 2008; Njus & Bane, 2009). 장기간 전략에서 남성과 여성 모두 관계에 대한 많은 투자, 사랑의 감정, 우정, 자산의 공유 등을 추구할 수도 있다. 그렇다 하더라도 남자는 여자의 젊음과 신체적인 외모에서 엿볼 수 있는 가임과 생식적 가치라는 신호에 더 많은 가치를 부여한다고 가정된다. 그러나 여자는 장기간에 걸쳐 제공할 수 있는 능력을 가늠하는 신호인 남자의 사회적 지위, 성숙, 그리고 재산에 대해 상대적으로 더 많은 가치를 부여한다고 가정된다. 남자와 여자가 추구하는 자질은 인간이 진화

남자는 세상 주위를 두리번거리는 눈을 가지고 있는가? 세계 10개 지역을 대상으로 한 연구는 조사 대상의 모든 문화에서 남자는 여자보다도 여러 섹스 파트너를 원한다는 것을 발견하였다. 성적 전략이론에 따르면 이러한 성차이는 환경의 힘에 대한 인간의 적응을 반영한다. 여기에 비판적인 사고를 위한 질문이 있다: 이 연구가 찾아낸 것은 남자들이 자신의 파트너에게 충실하게 남아 있기를 기대하는 것이 "자연스럽지 않다"는 뜻인가?

서라고 추정하고 있다.

호르몬 남자아이들과 여자아이들은 13개월이 되면 성별유형화 놀이를 보이는 것으로 밝혀졌다(Knickmeyer 등, 2005). 그때까지 부모와 다른 사람들은 아이들의 놀이 선택에 영향을 미칠 기회가 있었다. 따라서 경험을 통해서가 아니고 태아의 혈류에 있는 테스토스테론의 양과 같은 태아 발생에서의 인자들의 영향에 의한 것으로 밝혀질 수도 있다.

테스토스테론은 태아의 피부를 통해, 나중에는 태아의 배뇨를 통해 태아의 양수로 맨 먼저 확산된다. 양수에서 발견된 테스토스테론의 양은 두 성에서 서로 다르지만, 평균적으로 여성태아에 비해 남성태아에서 더 높다. 태아에서의 테스토스테론의 차이와 뒤따르는 성별로 유형화된 놀이와의 상관성을 알아보기 위해 시도된 연구에서 많은 연구결과들은 남자아이와 여자아이 사이에 어떠한 관련성도 없음을 보여주었다(예를 들면 Knickmeyer 등, 2005; van de Beek 등, 2009).

그러나 한 연구에서는 관련성이 발견되었다(Auyeung 등, 2009). 그 연구에서 212명의 임신한 여자들의 양수에서 태아의 테스토스테론이 측정되었고, 이들의 유아들에 대해 그 후에 성에 따른 행동과 관련시켜 보았다. 테스토스테론과 남성다운 유형의 놀이 사이에 상관관계는 우연한 변화 때문이라고는 볼 수 없을 정도로 매우 명백하였다. 표본 크기가 상관관계를 발견하는데 적합했는지는 잘 모르겠다. 하지만 관계성이 작을 때는 큰 표본을 필요로 한다는 것에 주목해야 한다. 그럼에도 불구하고 태아의 성호르몬이 그 후

의 역사를 통해 직면하였던 적응과 관련된 문제를 해결할 수 있게 해준 것이라 여겨진다.

그러나 단기간 전략에서 남자는 하룻밤 풋사랑과 비교적 단순한 정사에 좀 더 관심이 많다. 진화적 입장에서 말하자면 여자는 그러한 조우에서 얻을 것이 별로 없을 것이다. 수태는 육아에 대한 장기적인 전념을 필요로 하고 그리고 진화적 힘은 장기간의 양육환경을 제공받은 여자가 키우는 자식의 생존을 유리하게 해준다. 그러나 남자들은 가능한 많은 여성을 수태케 함으로써 미래세대에 자신의 유전자가 기여할 확률을 더욱 높이게 될 것이다.

행동의 "보편적인" 형태는 사람의 유전자에 들어 있을 가능성이 있기 때문에, 다양한 문화에서 남성과 여성이 단기간 짝짓기 전략에 유사한 성차이를 보여준다면 다른 성적 전략에 대한 진화이론이 지지를 얻게 될 것이다. 이러한 증거들을 찾기 위해 데이비드 슈미트(David Schmitt, 2003)는 북미, 남미, 서유럽, 동유럽, 남부유럽, 중동, 아프리카, 오세아니아, 남/동남 아시아 그리고 극동을 포함한 세계의 열개 주요 지역에 걸쳐 16,288명에 대해 조사를 착수하였다. 실제로 그는 성적 다양성에 대한 욕구에 대한 성차이는 문화적으로 보편적인 것임을 발견하였다.

▶ 비판적으로 사고하기

진화이론에 따르면 남자는 여러 섹스 파트너를 갖는 것에 흥미로워하는 경향을 물려받았다. 이것은 사회가 일부일처 관계를 증진시키기에 "부자연스럽다"는 것을 의미하는가?

표 6.3과 그림 6.7은 단기간, 장기간 관계에서 다양성에 대한 욕구에 관한 슈미트의 연구 결과를 보여준다. 그들이 다음 달에 두 명 이상의 섹스 파트너를 갖고 싶은지를 물었을 때, 10개의 세계 모든 지역의 남자들이 여자들보다 훨씬 더 많았다. 예를 들면 북미 남자의 23.1%는 북미 여자의 2.9%(표 6.3 참조)에 비해 두 명 이상의 파트너를 선호하였다. 그들이 앞으로 30년에 걸쳐 원하는 섹스 파트너의 평균 숫자에 대해 질문했을 때, 모든 지역의 남자들이 여성이 답한 것보다 훨씬 더 많은 섹스 파트너를 갖고 싶다고 말했다(그림 6.7 참조).

우리는 이러한 연구 결과는 매우 흥미로운 것이기는 하지만, "성적 전략"에서 성차이를 이해하는데 진화적인 접근 방법의 타당성을 "증명한다"고 결론지을 수는 없다. 예를 들면 오세아니아 여자들은 장기간으로는 아프리카 남자보다 더 많은 섹스 파트너를 원한다고 조사된 사실과 같이 세부적인 내용은 그림 6.7에서 확인해 볼 수 있다. 우리는 그 발견에 대한 보편성도 역시 받아들일 수 있지만, 그러나 그 자료에 대해 반하는 설명도 고려해 볼 수 있다. 예를 들면 전세계적 소통이 보편적인 세상에서 성별역할에 대한 전세계적인 공통부분이 있다는 것은 놀라운 일이 아닐지도 모른다. 이러한 공통부분은 학부모와 문화기관이 전세계적으로 어린이에 영향을 미치는 방식으로 작용할 수도 있다.

의 성별유형화 행동에 확실하게 기여하는 메커니즘을 찾으려는 시도는 계속되고 있다.

진화적 관점 진화적 관점에서 보면 고대 조상들의 생존이야기는 우리의 유전자에 새겨져 있다. 생존 가능한 자손을 낳기 위해 생물의 살아남을 기회를 증가시키는 속성을 가진 유전자는 미래의 세대까지 전해질 가능성이 가장 크다. 따라서 우리들은 조상들이 생존하고 생식을 도운 형질들의 유전적 유산을 지니고 있다(Buss, 2009). 이 유산은 우리의 해부학적 특징뿐만 아니라 우리의 사회적 행동과 성적 행동에도 영향을 준다.

진화적 관점에 따르면 사냥꾼과 전사로서 남자들의 전통적인 역할과, 그리고 돌보는 사람, 과일 및 식물 채집인으로서 여자들의 역할은 유전자를 통해 우리에게 남겨져 있다. 조상 시대 이래로 전해져온 신체적 특징들 때문에 남자들은 전쟁과 사냥에 더 적합하다. 예를 들면 힘센 상체는 그들이 창을 던지고 적을 제압할 수 있게 해 주었다. 남자들은 또한 공격에 유리한 뛰어난 시각적-운동 솜씨와 같은 직관적-인지적 강점을 지니고 있다. 시각적-운동 솜씨는 남자들이 창이나 활과 화살을 겨냥할 수 있게 해 주었다.

여자들은 유전적으로 공감적이고 자애로운 성향을 지니는 것으로 나타나는데, 왜냐하면 이러한 특성들은 조상 여자들로 하여금 아이들의 요구에 반응할 수 있게 하고, 그 아이들이 잘 자라 마침내 생식할 수 있게 그 가능성을 높일 수 있게 만들었기 때문이다. 그렇게 함으로써 미래의 세대들에게 그들 자신의 유전적 유산을 전한다. 따라서 선사시대의 여자들은 집 가까이에 머무르고, 아이들을 돌보고, 먹을 수 있는 식물들을 모으는데

표 6.3

세계 10개 지역에 걸쳐 "다음 달"에 두 명 이상의 섹스 파트너를 원하는 남자와 여자의 비율에 있어 성차이

세계의 지역	두 명 이상의 섹스 파트너를 원하는 남자의 비율	두 명 이상의 섹스 파트너를 원하는 여자의 비율
북미	23.1	2.9
남미	35.0	6.1
서유럽	22.6	5.5
동유럽	31.7	7.1
남유럽	31.0	6.0
중동	33.1	5.9
아프리카	18.2	4.2
오세아니아	25.3	5.8
남/동남 아시아	32.4	6.4
동아시아	17.9	2.6

참고: 특정 지역 내에서 우연히 성차이가 있을 가능성은 1,000 중 1 미만이다($p < 0.001$).

출처: David P. Schmitt, (2003). Universal sex differences in the desire for sexual variety: Tests from 52 nations, 6 continents, and 13 islands. *Journal of Personality and Social Psychology*, 85(1), 85–104, Table 5. Copyright © 2003 by the American Psychological Association. Reprinted with permission.

이바지하였고, 반면에 남자들은 사냥하고 그들의 이웃의 저장고를 급습하기 위해 집 밖으로 나돌아 다녔다.

진화적 관점은 논쟁 중에 있다. 과학자들은 신체적 특징들을 결정하는 데 있어 진화의 중요성은 반박하지 않지만, 많은 사람들이 공격성과 성별역할과 같은 복잡한 사회적 행동들을 유전의 결과라고 여기는 것에 대해서는 주저한다. 진화적 관점은 고정관념적인 성별역할(예를 들면 생계비를 버는 사람으로서의 남자와 주부로서의 여자)은 사물에 대

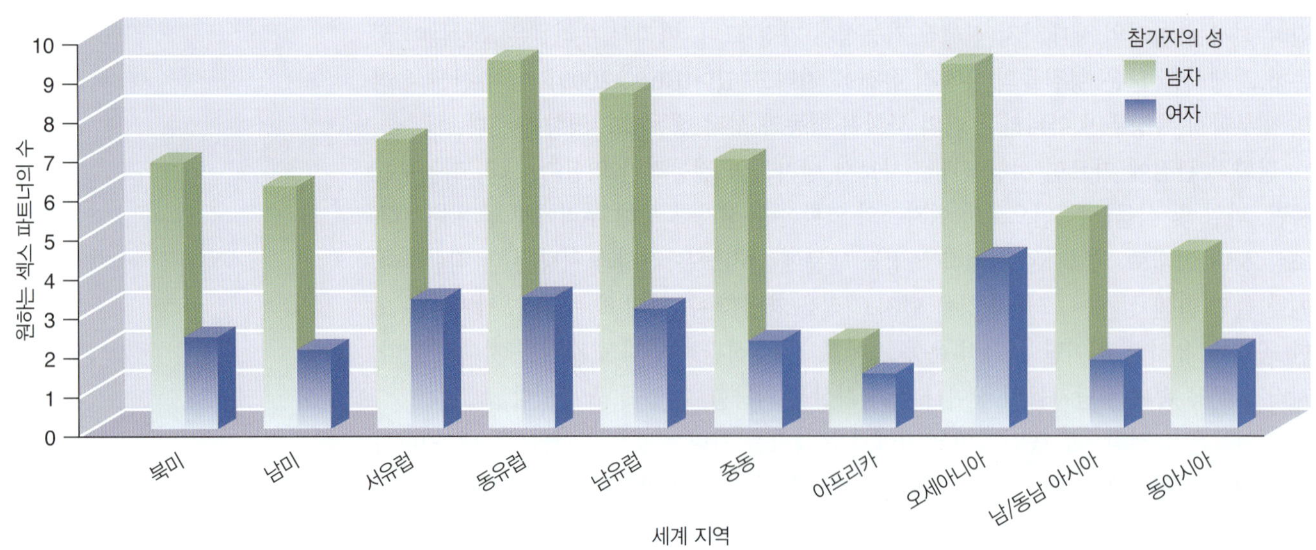

그림 6.7 **세계 10개 지역에서의 앞으로 30년 동안 남자와 여자가 원하는 섹스 파트너의 평균수**

출처: David P. Schmitt (2003). Universal sex differences in the desire for sexual variety: Tests from 52 nations, 6 continents, and 13 islands. *Journal of Personality and Social Psychology*, 85(1), 85–104. Copyright © 2003 by the American Psychological Association. Reprinted with permission.

한 자연의 질서를 반영함을 의미한다. 비평가들은 인간에게 있어 생물학은 운명이 아니며, 행동은 유전자에 의해 좌지우지 되지 않는다고 주장한다.

태아의 뇌 조직 연구자들은 뇌라는 구성조직체에서 성별유형화 행동의 기원을 찾아 왔다. 무턱대고 성별유형화 행동의 초석을 뇌에 두는 것이 가능한가?

뇌의 반구는 특정 기능을 수행하기 위해 특화되어 있다(Shaywitz 등, 1995). 대부분의 사람들에서 우측 반구("우뇌")는 시각적-공간적 임무들을 수행하는 데에 특화되어 있는 것처럼 보인다. "좌뇌"는 연설과 같은 언어기능에 필요한 것처럼 보인다.

우리는 성호르몬이 태아의 생식기의 성분화에서 그리고 발생 중인 태아 뇌의 시상하부에서 성별과 관련된 구조적인 차이를 만든다는 것을 알고 있다. 또한 교통도로지도에 대한 이해력과 공간에서의 물체의 시각화와 같은 공간적 관계의 일에 있어서 남자들의 우월함을 뇌의 성분화를 가지고 부분적으로 설명할 수 있을지도 모르겠다. 남성 태아의 뇌에서 테스토스테론은 우측 반구의 성장을 더 크게 자극하고 좌측 반구의 성장 속도를 늦춘다(CohenBendahan 등, 2005; SiegelHinson & McKeever, 2002). 이러한 차이는 공간적 관계의 일을 완수하는 능력과 아이들의 장난감에 대한 선호와 관련되어 있을 수도 있다.

공격성과 거친 놀이를 좋아하는 남자아이들의 성향은 출생 전에 뇌에 각인되어 있는 것인가? 일부의 이론가들은 태아의 성호르몬이 남성에서 보이는 거친 놀이와 공격적인 행동과 같은 성별역할에 대한 고정관념과 일치하는 성향을 만듦으로써 뇌를 남성화시키거나 여성화시킬 수 있다고 주장한다(CohenBendahan 등, 2005).

아이들의 활동선호에 있어서 성차이는 붉은털 원숭이에서도 마찬가지로 발견된다. 예를 들면 어린 암컷 붉은털 원숭이와 여자아이에 비해 어린 수컷 붉은털 원숭이와 남자아이는 거친 놀이에 참여할 가능성이 크다(Wallen & Hassett, 2009). 또한 연구자들은 바퀴달린 장난감과 봉제 장난감을 135마리로 이루어진 붉은털 원숭이 무리로 넣었을 때, 수컷 원숭이들은 남자아이들처럼 바퀴달린 장난감에 대한 높은 선호를 보여주었으며, 반면에 암컷 원숭이들은 여자아이들처럼 때로는 봉제 장난감을 가지고 놀고 때로는

비판적인 사고하기

여러분은 많은 여권주의자와 동성애 이론가들이 진화이론은 사회에서 권력의 중심에서 안정된 상태를 유지하려는 정교한 변명에 불과하다고 주장하는 이유를 무엇이라고 생각하는가?

학생들의 실제 질문

질문: 여성들이 수렵/채집을 하고 남성이 아이들을 돌보는 문화는 없나요?

답변: 물론 얼마간 있어 왔다. 『세 원시부족 사회의 성과 기질』이라는 1935년 발행된 책에서 인류학자 마가렛 미드는 뉴기니의 챔블리 원시부족에 대해 다음과 같이 설명하고 있다. "20세기 초 미국과는 반대로, 그곳 남자들은 몸단장과 치장을 하는데 시간을 보내는 반면, 여자들은 일을 하였고 실질적이었다." 그러나 솔직히 이 발견을 주목하게 만드는 것은 이것의 희귀성에 있다.

바퀴달린 장난감을 가지고 놀아 선호에서 보다 큰 유연성을 보인다는 것을 발견하였다(Hassett 등, 2008). 이 종에서의 이러한 발견은 인간들에서의 그와 같은 선호가 인간의 성별유형화의 사회화 경험 없이도 발달될 수 있다는 것을 암시하는 것인가?

또 다른 연구는 3~8개월의 이른 나이에 인간 유아들의 성별유형화의 시각적 선호를 조사하였다(Alexander 등, 2009). 연구자들은 성별유형화된 장난감들에 대한 선호는 적어도 부분적으로는 타고날지 모르기 때문에, 이에 따라 아이들이 자신의 성별정체성을 자각하기 전에 아이들에게서 나타날 것이라는 가설을 세웠다. 연구자들은 시각적 주목 방향을 나타내기 위해 시선추적기술을 사용하여 30명의 유아들에서 장난감 트럭과 인형에 대한 관심을 평가해 보았다. 그들은 가설로 내세웠던 시각적 관심에 있어서 성차이를 발견하였다. 여자아이들은 트럭보다도 인형에 대한 시각적 선호를 보여주었고, 남자아이들은 인형보다도 트럭에 시각을 고정하는 횟수가 더 높음을 보여주었다. 주목한 것처럼 이러한 성차이는 한 사람의 성의 자각보다 훨씬 일찍 나타나서 사회적 영향이 효과를 나타내기 위한 시간은 상대적으로 적다.

심리학적 관점

발생학적으로 볼 때 아이들은 어린나이인 2.5~3.5살까지 성별유형화의 고정관념에 대한 인식을 습득한다(Rathus, 2011). 성차이에 대해 물어보면 일반적으로 남자아이는 물건을 만들고, 자동차나 소방차와 같은 운송 장난감을 갖고 놀고, 아버지를 돕는 것을 즐거워하고, 다른 아이들을 때린다. 또한 여자아이들은 인형과 노는 것을 즐겨하고, 어머니가 요리하고 청소하는 것을 돕고, 말하기를 좋아하고, 다른 사람들의 도움에 의존하고, 비폭력적이라는 것에 대해서는 남자아이들과 여자아이들 모두 동의한다. 그들은 "잔인한"이란 꼬리표를 남성다운 특성으로 여기는 반면, "많이 운다"는 것은 여성다운 것으로 여긴다. 3살이 될 때까지 대부분의 아이들은 남자와 여자가 옷을 입는 방식에 대한 고정관념과 각 개인에 적합하다고 생각되는 직업의 종류를 알게 된다(Rathus, 2011).

많은 심리학자들은 정신분석이론, 사회인지이론, 인지발달이론과 관련시켜 아이들이 어떻게 그러한 지식을 얻게 되고 고정관념에 따른 행동양식을 취하는지를 설명하려고 시도해 왔다.

정신분석이론 지그문트 프로이트는 동일시라는 관점에서 성별유형화를 설명하였다. 프로이트의 관점에서 적절한 성별유형화는 남자아이들은 아버지와 그리고 여자아이들은 어머니와 동일시하게 되는 것을 요구한다. 프로이트의 관점에서 **동일시(identification)**는 아이들이 **오이디푸스 콤플렉스(Oedipus complex)**(때때로 여자아이들에 대해서는 일렉트라 콤플렉스[Electra complex]라고 부름)를 해결할 때 완성된다.

프로이트에 따르면 오이디푸스 콤플렉스는 3~5살까지 성심리발달의 남근기 동안에 발생한다. 이 기간 동안 아이는 다른 성의 부모에 대한 근친상간의 소망을 발전시키고 같은 성의 부모를 경쟁자로 여긴다. 이 콤플렉스는 아이의 다른 성의 부모에 대한 근친상간의 소망을 버림으로써 그리고 같은 성의 부모를 동일시함으로써 해결된다. 같은 성의 부모와의 동일시를 통해서 그 아이는 전형적으로 그 성과 관련된 선호도와 행동양식을 발달시키게 된다. 그러나 아이들은 프로이트가 예측했던 것보다 더 일찍 고정관념의

동일시(identification) 정신분석이론에서 다른 사람의 행동, 생각, 감정에 대한 우리의 인식을 자신 안에서 통합시키는 과정.

오이디푸스 콤플렉스(Oedipus complex) 정신분석이론에서 말하는, 남자아이가 성적으로 어머니를 소유하기를 원하고, 아버지를 연적으로 여기는 남근기 때 일어나는 충돌.

성별유형화 행동들을 보여준다. 아기들은 3~8개월에 성유형화된 장난감들에 대한 시각적 선호를 보여준다(Alexander 등, 2009). 첫해에 남자아이들은 여자아이들보다 더 독립적이다. 여자아이들은 보다 조용하고 차분하다. 이에 대한 경험적 지지의 부족으로 인해 많은 연구자들은 프로이트의 관점이 지금은 역사적인 관심만 지닐 뿐이라고 믿는다.

관찰학습을 통해 성별유형화. 사회인지이론에 따르면 사람들은 어린 시기에 그들에게 유용한(그리고 그들에게 기대하는 바대로)성별역할에 대해 배운다. 성별도식화이론은 한 어린이가 기대되는 성별역할(즉, 그들 문화의 성별도식화)을 한 번 배우게 되면, 이러한 역할을 자신의 자아상과 혼합시킨다는 것을 덧붙이고 있다. 그들의 자존감은 기대된 성별역할에 대한 그들의 충실함에 의존하게 된다.

사회인지이론 사회인지이론가들은 관찰학습, 동일시, 사회화와 같은 과정들의 관점에서 성별유형화 행동의 발달을 설명한다(Golombok 등, 2008; Zosuls 등, 2009). 사회인지이론에서 동일시는 같은 성의 어른 모델을 모방하려는 아이들에게 상과 벌이 영향을 미치는 지속적인 학습과정으로 보인다. 동일시에서 아이는 모델의 행동을 모방하는 것뿐만 아니라 폭넓게 그 모델처럼 되려고 노력한다.

사회화(socialization)는 성별유형화에서 어떤 역할을 하는 것으로 생각된다(Golombok 등, 2008; Zosuls 등, 2009). 아기가 세상으로 나오는 그 순간부터 그 아이는 거의 성별 고정관념과 일치하는 방식으로 다루어진다. 부모들은 여자아기들과는 많은 이야기를 하려는 경향을 보이며, 아버지들은 특히 남자아이들과 함께 야단법석을 떨며 논다. 아이들이 말을 할 정도로 커지면, 돌보는 사람들뿐만 아니라 다른 아이들조차도 그들에게 어떻게 행동하라고 말하기 시작한다. 부모들은 그 성별에 알맞다고 생각되는 행동에 대해서는 상을 주고, 그 성별에는 부적절하다고 생각되는 행동에 대해서는 벌을 줄지도 모른다. 여자아이들은 돌보는 행동을 연습하는 것에 대해 격려를 받게 되는데, 이것은 전통적인 여성다운 성인의 역할을 준비시키려는 의도가 있는 것이다. 남자아이들에게는 전통적인 남성다운 성인의 역할을 준비하는 것을 돕기 위해 레고 장난감세트 또는 의사놀이 장난감세트가 건네진다.

아버지들은 일반적으로 아들은 자기주장이 강하고 유익한 행동(즉 일을 해결하거나 어떤 것을 완수하는 행동)을 발전시키도록 그리고 딸은 돌보고 협력하는 행동을 발전시키도록 격려한다. 아버지들은 딸을 부드럽게 껴안곤 한다. 그들은 아들을 축구공처럼 몰고 다니거나 위로 던져 올리곤 한다. 또한 아버지들은 "우리 아들, 좀 어때?" 그리고 "야 인마, 엉덩이 좀 치워" 처럼 아들과 보다 다정하고 보다 거친 언어를 사용하려는 경향이 있다. 비전통주의자인 이 책의 첫 번째 저자는 그의 어린 딸을 위로 던져 올렸는데 친척들은 이에 대해 즉각 무어라 했고, 너무 거칠다고 꾸짖었다. 물론 이것이 그의 행동을 바꾸게 만들었다. 그래서 그는 친척들이 주위에 없을 때 자신의 딸을 위로 던져 올려야 한다는 것을 배웠다.

전통적인 가정에서 남자아이들은 장난감 차와 총과 운동기구를 받기가 더 쉽고, 어릴 때부터 공격적으로 경쟁하도록 격려받기가 더 쉽다. 여자아이들은 더 자주 말하게 시키고, 반면에 남자아이들은 더 자주 더 거칠게 다루어진다.

사회화(socialization) 정보, 보상, 처벌을 수단으로 하여 사회적으로 수용가능한 행동패턴으로 사람들을 끌고 가는 과정.

성별유형화에서 부모의 역할은 확실히 변화되고 있다. 우리 사회에서 집 밖에서 일하는 어머니들이 많아짐에 따라, 이전 세대에 비해 딸들은 직업을 가진 여자가 역할모델이 되는 상황에 더 많이 노출되어 있다. 오늘날 많은 부모들이 딸이 직업을 가지도록, 단체 스포츠와 같은 격렬한 신체적 활동에 참여하도록 격려하고 있다. 오늘날에는 많은 남자아이들이 이전에 비해 아이 돌봄과 가정생활에서 보다 많은 역할을 해나가는 아버지들에 노출되어 있다.

사회인지이론가들은 공격성이 학습에 의해 크게 영향을 받는다고 믿는다. 남자아이들은 여자아이보다 더 공격적인 행동에 참여하도록 허용되고 심지어는 격려를 받기까지 한다.

인지이론가들은 아이들이 그들의 자아상 안에서 성별역할에 대한 기대를 통합시키는 방식에 몰두하고 있다. 성별유형화에 대한 두 가지 인지적 접근 방법, 즉 인지발달이론과 성별도식화이론을 생각해보자.

인지발달이론 심리학자 로렌스 콜버그(Kohlberg, 1966)는 성별유형화에 대해 인지발달의 관점을 제의했다. 아이들은 성별에 대해 개념, 달리 말하면 **도식화(schema)**를 형성하고, 그런 다음에 그들의 성별개념에 대해 그들의 행동을 일치시킨다. 이러한 발달은 여러 단계에서 일어나고 일반적인 인지발달과 얽혀 있다.

콜버그에 따르면 성별유형화는 세 가지 개념, 즉 성별정체성, 성별안정성, 성별항상성의 출현을 수반한다. 성별정체성은 보통 3살에 습득된다. 4살 또는 5살까지 대부분의 아이들은 사람들이 일생동안 그들의 성별을 유지하는 인식을 말하는 **성별안정성(gender stability)**의 개념을 발전시킨다.

사실인가 아니면 허구인가 7: 4살이나 5살 그 정도의 나이 이전까지 아이들은 성별안정성의 개념이 발달되지 않을지도 모른다. 결과로서 남자아이들은 자기가 커서 엄마가 될 것이라고 생각할지도 모르고, 여자아이들은 자기가 커서 아빠가 될 수 있다고 믿을지도 모른다.

더 세련된 **성별항상성(gender constancy)**의 개념은 7살이나 8살까지의 대부분의 아이들에서 발달한다. 그들은 사람들이 그들의 옷 또는 행동을 바꾸더라도 성별은 변하지 않는다는 것을 인식한다. 그래서 외모가 변할 때에도 성별은 변함없이 유지한다. 머리카락을 짧게 한(또는 면도를 한) 여자도 여전히 여자로 남는다. 앞치마를 입고 저녁을 요리하는 남자도 여전히 남자로 남는다.

인지발달이론에 따르면 아이들이 성별안정성과 성별항상성의 개념을 확립할 때 아이들은 성별에 맞는 방식으로 행동하도록 동기부여를 받게 된다. 그들의 성별이 그들의 정체성의 고정된 부분으로 남을 것이라고 인지하기에 이른 남자아이들과 여자아이들은 각각 "남성다운" 그리고 "여성다운" 활동에 대한 선호를 보여줄 것이다. 예를 들면 연구자들은 성별항상성을 성취한 남자아이들은 흥미 없는 성별유형화된 장난감으로도 성별항상성을 아직 성취하지 못한 남자아이들에 비해 보다 긴 시간 동안 가지고 놀았다(Frey & Ruble, 1992). 흥미로운 성별유형화된 장난감으로는 두 그룹 남자아이들 모두 비슷하게 긴 시간 동안 가지고 놀았다.

도식화(schema) 개념. 경험을 해석하거나 정보를 처리하는 방식.

성별안정성(gender stability) 사람들이 일생동안 그들의 성별을 유지한다는 개념.

성별항상성(gender constancy) 그들의 복장이나 행동이 바뀌더라도 사람들의 성별은 변하지 않는다는 개념.

미국, 사모아, 네팔, 벨리즈, 케냐의 비교문화연구는 성별정체성, 성별안정성, 성별항상성의 개념이 콜버그에 의해 예측된 순서에 따라 나타나는 것으로 발견된다. 하지만 성별유형화된 놀이는 종종 인지발달이론에 의해 예측된 것보다 더 이른 나이에 나타난다. 많은 유아들은 3~8개월까지 성별유형화된 장난감에 대한 시각적 선호를 보여준다(Alexander 등, 2009).

성별도식화이론 성별도식화이론은 아이들이 세상에 대한 그들의 인식을 조직화하는 수단으로서 **성별도식화(gender schema)**를 발전시킨다고 제안한다(Bem, 1993). 성별도식화는 남성다운 그리고 여성다운 신체적 특질, 행동, 성격 특성에 대한 한 묶음의 정신적인 표현이다. 성별은 사회가 이것을 강조하기 때문에 경험을 조직하여 도식화로 발전된다.

아이들의 성별도식화는 성별유형화된 특성이 그들에게 얼마나 중요한지를 결정한다. 「강함-약함」의 차원을 생각하자. 아이들은 강함은 남성성과 그리고 약함은 여성성과 관계가 있다고 배울지도 모른다. (「밝은-어두운」과 같은 차원은 성별유형화되지 않고 따라서 아이들의 성별도식화 밖으로 떨어져 나가게 된다.) 또한 아이들은 「강한-약한」과 같은 몇몇 차원은 한 성(이 경우에는 남성)이 다른 성에 비해 더 중요하다고 추측한다.

아이들이 성별도식화를 한번 습득하게 되면 그들의 성에 적합하다고 생각하는 특성에 따라서 그들 스스로를 판단하기 시작한다(Fagot 등, 2000; Grace 등, 2008). 그렇게 함에 있어 그들은 문화의 중요한 성별도식화와 함께 발전한 자신의 자아상을 섞는다. 그들 문화의 중요한 성별도식화와 일치하는 자아상을 가진 아이들은 조화되지 않은 자아상을 가진 아이들보다 더 높은 자존감을 발전시키게 된다. 남자인 잭은 근력은 "남자다움"과 관련된 특징이라고 배운다. 그는 자기를 이 속성을 구현하는 사람으로 여기면 그렇게 여기지 않을 때에 비해 자기 자신을 더 높게 생각하게 된다. 여자인 질은 「친절함-냉혹함」의 차원이 여자들이 사회에서 여겨지는 방식인 「강함-약함」보다 더 결정적임을 발견하게 된다.

성별도식화 이론에 따르면 성별정체성 그 자체는 성별에 잘 맞는 행동을 고무시키기에 충분하다. 아이들이 성별정체성의 개념을 한번 발달시키게 되면, 그들은 성별유형화된 특성에 관한 정보를 찾기 시작하고 그들에 부응하려는 노력을 하게 된다. 잭은 화가 나게 되면 보복할 것인데, 왜냐하면 남자아이들은 그렇게 할 것이라고 기대되기 때문이다. 그러한 것이 조그마한 여자아이들에 기대되는 것이라면 질은 "달콤하고 상냥한" 여자가 될 것이다. 따라서 성별유형화된 행동은 인지발달이론에 의해 제안된 것보다 더 일찍 나타날 것이다. 하지만 성별도식화이론도 왜 남자아이들과 여자아이들이 한 살이 되기도 전에 성별유형화된 장난감에 대한 시각적 선호를 보여 주는 경향이 있는지에 대해서는 설명할 수 없다.

다음 절에서 우리는 몇몇 사람들은 남성과 여성 둘 다의 고정관념의 특성을 가진다는 것과 그들은 복잡한 사회에 심리적 적응을 촉진한다는 것을 이론화한 내용을 산드라 벰과 리처드 리퍼로부터 배우게 된다.

성별도식화(gender schema) 남성과 여성의 신체적 특성, 행동, 성격적 특성에 대한 일단의 심적 표상.

6.6 심리적 양성성과 남성/여성 다움의 재편성: 특성이 많으면 많을수록 좋은가?

대부분의 사람들은 남성다움과 여성다움을 한 연속체의 반대쪽 끝으로 생각한다. 사람들은 어떤 사람이 남성다우면 다울수록 그 사람은 틀림없이 덜 여성답고 그 반대도 그렇다고 추정하는 경향이 있다. 그래서 돌봄, 부드러움, 감성과 같은 여성다운 고정관념의 특성을 보이는 남자는 다른 남자에 비해 덜 남자답다고 종종 생각된다. 사업에서 남자들과 경쟁하는 여자들은 다른 여자들보다 더 남자다울 뿐만 아니라 덜 여성다운 것으로 여겨진다.

산드라 벰(Sandra Bem, 1993)과 같은 몇몇 조사자들은 남성다움과 여성다움이 별개의 성격 차원으로 이루어져 있다고 주장한다. 남성이든 여성이든 관계없이 아주 남성다운 사람도 여성다운 특성을 지니고 있으며, 물론 그 반대도 그렇다. "여성다운" 돌봄과 협동과 더불어, 또한 "남성다운" 자기주장과 수단이 되는 기술(예를 들면 과학과 사업에서 기술)을 보여주는 사람은 남성다운 또 여성다운 성별역할의 고정관념 둘 다에 잘 들어맞는다. 그들은 **심리적 양성성(psychological androgyny)**을 보인다고 말한다. 자기주장과 수단이 되는 기술은 남성다운 고정관념과 일치한다. 돌봄과 협동은 여성다운 고정관념과 일치한다. 성별역할의 고정관념에 따르면 고정관념적인 남성다운 특성과 여성다운 특성이 부족한 사람은 "분화되지 않은" 것이다.

심리적으로 양성성인 사람들은 다양한 상황의 요구를 충족시키고, 그들의 욕망과 재능을 표현하기 위해 폭넓은 범위의 남성다운 특성과 여성다운 특성을 끄집어내는 것이 가능할 수 있다. 예를 들면 연구자들은 순응하라는 집단의 압박 하에서도 "남성다운" 독립성과 아기와의 상호작용에서 "여성다운" 보살핌을 보여주는 심리적으로 양성성인 두 성별의 사람들을 보아 왔다(Bem, 1975; Bem 등, 1976). 심리적으로 양성성인 청소년들은 남성다운 또는 여성다운이라는 고정관념에 덜 물들어 있기 쉽다(Kulik, 2000).

비판적인 사고하기

여성주의자는 심리학적 양성성의 개념을 왜 비판해 왔는지를 설명해 보시오.

전통적인 성별역할의 제약에 반대하는 많은 사람들은 심리적 양성성을 바람직한 목표로 여길지 모른다. 하지만 일부의 여권주의자 작가들은 그 개념이 남성다운 또 여성다운 성별역할의 존재에 대한 믿음의 관점에서 정의되어 있고, 그렇게 함으로써 영구화된다는 근거로 심리적 양성성을 비판해 왔다(Denmark 등, 2008).

다른 비평가들은 소위 심리적 양성성의 이점이 남성다움의 이점들과 혼동될 수 있다고 제시한다. 이에 대한 연구의 증거는 심리적으로 양성적인 사람들이 더 높은 자존감을 가지며 또한 여성다운 또는 분화되지 않는 사람들보다 일반적으로 심리적으로 더 잘 적응하는 경향이 있음을 보여준다(Whitley, 1983; Williams & D'Alessandro, 1994). 즉 자기주장과 독립성과 같은 남성다운 특성은 그들이 따뜻함, 돌봄, 협동과 같은 여성다운 특성과 결합하든 안하든 간에 심리적 행복과 관련되어 있을지도 모른다.

풀러턴의 캘리포니아 주립대학의 심리학자 리차드 리퍼(Lippa, 2001)는 다소 단순화된 심리적 양성성의 모델을 발견한다. 그의 연구는 성격 특성과 직업적 흥미에 관한 조사에 기초한다. 예를 들면 직업적 흥미에 관해서 그는 "남성다움"의 전통적 척도는 "물건들"과 함께 일하는 것에 흥미와 관련된 경향이 확실히 있고, 반면에 "여성다움"은 사람들

심리적 양성성(psychological androgyny) 틀에 박힌 남성의 특성과 틀에 박힌 여성의 특성, 둘을 모두 가진 상태.

과 함께 일하는 것에 더 많이 관련된 경향이 있음을 발견한다. 성격 특성의 면에서, 남성다움은 "수단", 바꾸어 말하면 어떤 일들이 일어나게 만드는 것과 더 관련되어 있다. 여성다움은 표현력, 바꾸어 말하면 정서적 생활을 경험하고 표현하는 측면과 더 관련되어 있다. 여기에서 부차적이지만 흥미로운 발견이 있다. 예를 들면 남성다움은 또한 남자들에 있어서 이성애 성향, 사회적 우월, 편견과 관련되어 있다. 여성다움은 대인관계에서 결속력을 제공하는 경향의 행동과 연관되어 있다. 모든 남성들이 극히 "남성다운" 것은 아니고, 모든 여성들이 압도적으로 "여성다운" 것은 아님을 다시 한 번 명심하자. 많은 다른 연구자들처럼 리퍼는 남성다움과 여성다움의 전통적인 문화적 개념(또는 구성개념이라고도 부름)의 본질과 의미를 정의해 보려는 시도를 해 왔다. 우리의 해부학적 성에도 불구하고 우리 가운데 완전히 남성다운 또는 여성다운 사람은 거의 없다는 것은 아마도 다행이다.

이 장에서 우리는 우리와 같은 그러한 문화적 배경 안에서 여성, 남성, 또는 또 다른 성이 무엇을 의미하는지를 탐구하였다. 다음 장에서 우리는 끌림과 사랑의 감정이 여성, 남성, 그리고 또 다른 성에서 어떻게 발달하는지를 생각해 볼 것이다.

학생들의 실제 질문

질문: 남자와 여자 사이에 유사점이나 차이점은 있나요?

답변: 여기에 좀 충격적인 답이 있다. 그것은 여러분이 어떻게 보느냐에 따라 달라진다는 것이다. 차이점에 초점을 맞추곤 하지만, 종이에 조금만 적어보면 곧 우리는 서로 많은 유사성이 있다고 말하게 될 것이다. 예를 들면 남자와 여자는 유전물질의 99% 이상을 공유한다. 그들은 모두 직립보행을 하고, 언어를 사용하고, 생각하고, 과학과 예술에서 일을 수행하고, 테니스와 골프도 치고, 아이팟과 휴대전화기를 귀에 대고 있는 등등이다. 그리고 슬프게도 그들 모두 세금을 지불하고 융자를 받고 있다.

6.7 성별정체성, 성별역할, 성차이

총정리: 재숙고, 재인용, 재검토

이 책은 PQ4R 방법을 사용하고 있다. 여러분은 맨 먼저 장 읽기, 즉 첫 번째 R을 잘 마쳤다. 이제부터 나머지 3R(총정리), 즉 재숙고, 재인용, 재검토는 여러분이 숙달한 정도를 여러분 스스로 테스트해 볼 수 있게 해줄 뿐 아니라, 이 장의 내용들을 이해하고 기억할 수 있게 도와줄 것이다.

재숙고

- 여러분이 배울 때 놀랐겠지만 여성과 남성의 배아는 어떻게 유사한가? 설명해 보시오.
- 여러분이 여자아이 또는 남자아이이었던 것을 배웠던 것을 기억하는가? 여러분은 고정관념에 따라 장난감과 놀이친구에 대한 선호를 체험한 적이 있는가? 여러분의 선호는 여러분의 정체성과 자존감에 어떤 영향을 미쳤는가?
- 여러분은 성차별을 한 잘못을 범하거나 성차별을 당해 본 적이 있는가? 어떤 영향을 받았는가? 지금 여러분은 그 사건을 어떻게 보는가?
- 과학문헌에 보고된 인지와 성격에 있어서 어떠한 성유사성 또는 성차이가 여러분을 놀라게 하는가? 왜 그런가 또는 왜 아닌가?
- 여러분 자신의 성별유형화된 행동의 발달에 대한 기억은 이 절에서 서술된 이론들에 어떻게 들어맞는가? 예를 들면 여러분과 같은 성의 사람들에 기대되는 방식으로 행동하기 위해 의식적인 노력을 했던 것을 기억하는가?
- 왜 여자는 파트너로서 심리적으로 양성성인 남자를 바라는가?
- ▶ **비판적인 사고하기:** 프랑스 말에는 남성과 여성의 다름을 축하하는 "다름이여 만만세!"라는 속담이 있다. 이 장을 읽은 결과 여러분은 남성과 여성은 유사하다고 보는가 아니면 다르다고 보는가? 설명해 보시오.

재인용

1. 태아의 발생 동안 남성은 여성으로부터 어떻게 분화되는가?

- 태아 발생의 첫 6주 정도에 두 성의 배아의 구조는 여성의 구조와 비슷하다. 대략 7주째에 그 유전정보(XX 또는 XY)는 생식선, 생식기관, 외부생식기에 변화를 일으키기 시작한다. 테스토스테론은 남성(볼프)관 체제의 분화를 자극한다. 테스토스테론이 없으면 볼프관은 퇴화되고, 여성 성기관이 발달한다. 고환과 난소는 복강에서 발달한다. 임신 후 몇 달이 지나면 난소는 골반 지역으로 내려가고, 고환은 음낭 주머니 안으로 내려간다.

2. 성별정체성에서 어떤 변형들이 있는가?

- 성별정체성은 언제나 해부학적인 성과 거의 일치한다. 하지만 간성의 연구는 태아의 안드로겐 노출은 성기관뿐만 아니라 뇌를 남성화시킬지도 모른다고 시사한다. 성전환증/성별전환증은 다른 성의 구성원의 생식기관을 가지려는 그리고 다른 성의 구성원으로 살려는 욕구를 말한다. 제3의 성의 영역은 해부구조와 성적 행동이나 성적 욕구의 패턴이 "이성애규범"에 맞지 않는 사람들과 관련된 문제에 집중한다.

3. 성별역할과 고정관념은 무엇인가?

- 문화는 성별역할이라 일컬어지는 남자들과 여자들에 대한 폭넓은 기대를 가진다. 우리의 문화에서 고정관념에 따른 여성은 돌보고, 온화하고, 의존하고, 친절하고, 기꺼이 돕고, 인내심이 있고, 순종적인 것으로 보여진다. 고정관념에 따른 남성은 자기주장이 강하고, 거칠고, 경쟁하고, 신사적이고, 보호적이다. 성차별은 성별 때문에 어떤 사람이 부정적인 특성을 갖게 되는 편견이다. 성별역할은 성의 문제에서 주도권을 잡도록 많은 남성들을 부추긴다.

4. 여성들과 남성들은 인지능력, 성격, 사회적 행동에서 어떻게 다른가?

- 여성들은 언어기술에서 그리고 남성들은 공간적 관계기술에서 뛰어나다. 최근 연구는 남성들이 수학에서 좀 더 낫다는 관점에 도전한다. 남성들은 여성에 비해 보다 공격적이고 성에 관심이 더 많다.

5. 성별유형화는 어떻게 일어나는가?

- 진화이론은 환경의 힘에 대한 적응의 관점에서 성차이를 설명한다. 남성 태아의 뇌에서 테스토스테론은 우측 반구의 성장

을 더 크게 자극하는데, 이 우측 반구는 공간적 관계업무와 연결되어 있을지 모른다. 프로이트는 같은 성의 부모와의 동일시의 관점에서 성별유형화를 설명하였다. 사회인지이론가들은 관찰학습, 동일시, 사회화와 같은 과정의 관점에서 성별유형화된 행동의 발달을 설명한다. 콜버그에 따르면 성별유형화는 성별정체성, 성별안정성, 성별항상성의 출현을 필요로 한다. 성별도식화 이론은 아이들이 발달 중에 있는 자신의 자아상에다 그들 문화에서 중요하게 여겨지는 성별도식화를 섞는다고 제시한다.

6. 심리적 양성성은 무엇인가?

- 남성다움과 여성다움이 독립적인 두 종류의 성격 차원으로 이루어져 있는지 아니면 하나의 양극성 차원으로 이루어져 있는지에 대한 질문이 있다. 고정관념에 따른 남성다운 그리고 여성다운 행동패턴을 겸비하고 있는 사람은 심리적으로 양성적이라고 일컬어진다.

재검토

1. 뮐러 억제물질은 뮐러관이 ________안으로 발달되는 것을 방해한다.
   (a) 여성관 체계
   (b) 남성관 체계
   (c) 간세포
   (d) 외부생식기관

2. 선천부신과다형성은 과도한 수준의 ________(으)로 인해 야기된다.
   (a) 안드로겐
   (b) 에스트라디올
   (c) 페로몬
   (d) 뮐러 억제물질

3. 성전환자는 ________을(를) 가질 가능성이 크다.
   (a) 여분의 X 염색체
   (b) 안드로겐 불감성 증후군
   (c) 공격적 성향
   (d) 성별위화감

4. 남성다운 성별역할에 대한 고정관념은 ________을(를) 제외한 나머지 모든 것으로 보인다.
   (a) 세심한
   (b) 거친
   (c) 보호하는
   (d) 신사적인

5. 다음 중 증거가 뒷받침되고 있는 성차이는 어떤 것인가?
   (a) 남성들이 글쓰기를 더 잘한다.
   (b) 여성들이 수학과 과학에서 더 잘한다.
   (c) 여성들이 더 공격적이다.
   (d) 남성들이 독해에 더 많은 문제가 있다.

6. 성 전략 이론에 따르면 ________
   (a) 여자들은 멋진 외모의 남자들을 선택한다.
   (b) 오직 인간만이 장기간 짝을 가진다.
   (c) 남자들은 단기간의 성적 다양함에 보다 관심이 많다.
   (d) 여자들은 헌신 없는 섹스를 추구한다.

7. 콜버그에 따르면 성별________은 마지막에 발달한다.
   (a) 안정성
   (b) 정체성
   (c) 배타성
   (d) 항상성

8. 제3의 성별의 개념은 ________에 도전한다.
   (a) 페미니스트 이론
   (b) 퀴어 이론
   (c) 이성애규범
   (d) 성별전환 행동주의

9. 연구는 성재부여 후에 대부분의 남성에서 여성으로의 성전환자 대부분은 ________것을 보여준다.
   (a) 성교 동안에 오르가즘을 느낀다는
   (b) 수술을 한 그 결정을 후회한다는
   (c) 그들이 이전의 증거를 보여주지 않았던 심리적 장애를 발전시킨다는
   (d) 결국 호르몬 치료를 중단한다는

10. 여성 간성증의 가장 흔한 형태는 ________이다.
   (a) 도미니카 공화국 증후군
   (b) 선천부신과다형성
   (c) 성전환증
   (d) 성별불안정

정답: 1. a; 2. a; 3. d; 4. a; 5. d; 6. c; 7. d; 8. c; 9. a; 10. b

끌림과 사랑—결속력

7장

목차

사실인가 아니면 허구인가

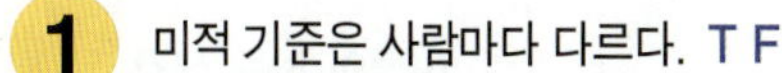

다음 중 어느 것이 사실이고 어느 것이 허구인가? 답은 본문 안에 있는 「사실인가 아니면 허구인가」 아이콘에서 만날 수 있다.

1 미적 기준은 사람마다 다르다. T F

2 여자는 굵고 낮은 목소리를 가진 남자를 더 매력적으로 느낀다. T F

3 사람들은 웃고 있을 때 더 매력적이라고 느낀다. T F

4 무작위로 캐시와 제니퍼 같은 이름을 가진 여자들이 해리엇과 거트루드 같은 이름을 가진 여자들보다 더 매력적으로 느끼게 된다. T F

5 신체적 매력이 장기적인 관계를 위해 파트너에게서 찾는 가장 중요한 특성이다. T F

6 "반대에게 끌린다." 즉, 우리는 관점이나 성향이 같은 사람들보다는 다른 사람에게 더 끌린다. T F

7 친구가 아닌 사람과도 사랑하는 것이 가능하다. T F

8 헌신적인 부부는 열정이 식은 후에도 사랑을 지속시킬 수 있다. T F

캔디와 스트레치. 이 두 단어는 체중 증가를 관리하는 새로운 테크닉을 말하는 건가? 아니다. 이것은 카메라 클럽에서 독신들이 짝을 만날 수 있게 해주는 행사에서 막 만난 한 커플의 이름이다.

캔디와 스트레치는 문자 그대로 군중 위에 서 있다. 캔디는 키가 거의 약 6피트(183cm)인 30대 초반의 매력적인 여자다. 스트레치는 평균 이상의 외모에 "건전한" 사람이다. 그는 30대 후반이고 키가 6피트 5인치(196cm)이다. 스트레치는 꽤 오랫동안 그 모임에 속해 있었다. 캔디는 새로운 멤버이다. 휴식시간 동안 이들이 만날 때 이들을 따라가 보도록 하자. 보다시피 이들이 말하는 것과 생각하는 것 사이에 약간의 차이가 있다(Bach & Deutsch, 1970).

이들이 하는 말	**이들이 하는 생각**
스트레치:	
자, 우리 모임에 들어오신 걸 정말 환영해요.	(좀 더 재치 있게 말할 수는 없나?)
캔디:	
고마워요. 정말로 친절하고 재밌어요.	(이 남자 멋있다.)
스트레치:	
제 친구들은 저를 스트레치라고 불러요. 제가 농구하던 시절 때부터 쓰던 이름이에요. 유치하지만 저는 이 이름을 아직도 사용하고 있어요.	(내 원래 이름 데이비드 스타인이라고 말하는 것보다 이것이 더 안심이 돼.)
캔디:	
제 이름은 캔디예요.	(어쨌든 나의 애칭을 쓰자. 이 사람에게 호텐스 오브라이언이라는 내 원래 이름으로 말하지 않는 것이 좋겠어.)
스트레치:	
그 사진기는 어디 제품인가요?	(캔디라는 이름을 가진 여자가 유대인이면 어때? 그것은 단지 애칭일 뿐인데, 그렇지 않아?)
캔디:	
이 사진기는 제 삼촌 것인데 구형 독일제예요. 이것을 사무실에서 빌려왔어요.	(이 사람은 아일랜드 사람인 것 같아 보여. 그리고 저 사진기는 비싸 보이는데.)
스트레치:	
한번 봐도 될까요? (그는 그녀의 사진기를 잡을 때, 스치면서 그녀의 손과 닿았는데 그때 짜릿함을 느꼈다.) 좋은 렌즈네요. 삼촌과 일하세요?	(이제 해냈어. 화제를 직업으로 옮겨가자.)
캔디:	
대학 졸업 후부터요.	(그래, 일 년밖에 안됐지만 뭐 어때.)
비서 일뿐만 아니라 세일즈도 합니다.	(그 사람이 내가 무엇을 파는지 물으면 그 사람에게 속옷 말고 다른 것으로 이야기해야지.)
스트레치:	
세일즈요? 그거 재밌네요. 저 역시 세일즈 쪽에서 일합니다만 주로 책임자로 일해요. 제가 우리 부서를 이끌어가고 있어요.	(중고차라고 이야기할 좋은 방법이 없을까? 내가 주제를 바꾸는 것이 낫겠다.)
저는 여행하면서 사진기를 사용하기 시작했어요. 지난번 바하마에 갔었는데 사진을 찍었죠.	(멋진 다리! 그리고 여자들의 엉덩이의 움직임.)
캔디:	
우와! 당신도 바하마에 갔었네요? 저도 그 섬을 좋아하죠.	(나는 브래지어 제조업자 회의가 있어서 딱 한 번 갔었지. 어쨌든 이제 직업이라는 주제에서 멀어졌네.)
스트레치:	(그녀도 아마도 근처에 있었던 것 같네. 음, 어쨌든 이제 직업이라는 주제에서 멀어졌네.)
저는 작년 여름 거기서 수중작업을 좀 했어요. 색이 환상적이었죠. 생명체도 정말로 많았죠.	(그리고 지옥보다 더 외로웠지.)
캔디:	
저도 거기에 있을 때 그런 시간을 가졌으면 좋았을 것을.	(저 체격 좀 봐. 저 사람은 틀림없이 물고기처럼 수영을 잘 할 거야. 나도 배워야 하는데.)
저는 물을 좋아해요.	(그래, 나는 좋아하지. 아무튼 해변에서 너무 깊은 데는 가지 않고 물속을 걸어 다닐 수는 있지.)

이리하여 관계가 시작된다. 캔디와 스트레치는 한 잔 마시면서 이야기하고 또 이야기하면서 좋아하는 것과 싫어하는 것에 대해 이야기를 나눈다. 놀랍게도 이들은 옷 입는 것에서부터 자동차와 정치까지 모든 것에 일치하는 것처럼 보인다. 이들이 느끼는 끌림은 아주 강력하고, 이들은 불일치로 인해 상대방이 흥미를 잃게 만들지 않도록 기꺼이 애쓴다.

이들은 사랑에 빠진다. 용의주도하게 피하고 있는 종교라는 한 가지 주제가 남아 있기는 하지만 몇 주 후에도 이들은 여전히 모든 것에 일치를 보인다. 이들이 성을 서로 주고받았을 때 서로 다른 배경을 가지고 있음이 명확해졌다. 그렇다고 이들이 그것에 대해 이야기해야한다고 의미하는 것은 아니다.

이들은 자신의 부모에게 서로를 소개하는 것을 미룬다. 오브라이언과 스타인은 종교에 대해서는 편협하다. 이들은 그 사실이 알려질까봐 캔디나 스트레치라는 이름을 사용한 것이다. 캔디는 스트레치에게 "내가 알고 있는 유대인과는 다르네요"라고 말함으로써 실수를 범한다. 스트레치 또한 가끔 그의 감정을 말로 나타낸다. 캔디가 객관적으로 주의 깊게 그를 대한 후에, 그는 "당신도 알다시피 당신은 꼭 유대인 같아"라고 말한다. 캔디와 스트레치는 관계를 유지하기 위해 필요한 게임을 하고 있다. 이들은 자신들의 발언은 실수였다는 것, 그리고 결국 누구나 실수할 수 있다는 것을 인정한다. 이들은 칭찬으로 한 말이었다, 그렇지 않았나? 아직도 이들 각자는 가족과 친구들로부터 분리된 채 어울리고 있다.

이들이 무시하는 주제 중 하나가 피임이다. 가톨릭 교인으로서 캔디는 구강 피임약을 먹지 않는다. (후에 스트레치는 그녀가 그랬으리라 추측했다고 주장하였다.) 캔디는 임신하게 되고 이들은 결혼한다. 오직 전문적인 도움을 통해서 이들은 각각 서로의 진실한 감정을 배운다. 그리고 몇 번은 그 결합이 거의 깨어질 지경에까지 가기도 한다.

거미줄같이 뒤얽힌 이러한 기만 속에서 일어나는 일들을 우리는 어떻게 설명할 것인가? 캔디와 스트레치는 서로 강하게 끌리는 것을 느꼈다. 누가 매력적인지를 무엇이 결정하는가? 캔디와 스트레치는 왜 모든 것에 서로 일치하는 척 했는가? 왜 이들은 자신의 부모에게 소개하는 것을 미루었는가?

끌림의 가능한 두 결과는 우정과 사랑이다. 캔디와 스트레치는 "사랑에 빠졌다." 무엇이 사랑인가? 첫 번째 저자가 10대였을 때, 답은 "말총머리에 있는 1.5 m 길이의 천국(1959년 '사랑이란 무엇인가'라는 노래제목의 가사내용에 나오는 이 물음에 대한 답)"이었다. 하지만 이러한 답변은 과학적 가치가 부족하다. 우리는 다른 여러 형태의 사랑이 있음을, 그리고 사랑에 대한 우리의 개념이 보편적이지 않음을 알고 있다.

조사자들은 끌림이라는 감정을 사람들을 함께 하도록 끌어당기는 심리적인 힘으로 정의한다. 많은 요소들이 개인적인 끌림에 기여한다. 이것들 중 우리가 고려할 첫 번째는 신체적 외모이다.

7.1 신체적 매력: 잘 생긴 외모 얼마나 중요한가?

우리가 자기 자신에 대해 생각하고 싶어 하기를, 우리는 세련된 사람이라 신체적 매력 때문에 흔들리지는 않는다는 것이다. 우리는 세심함, 따뜻함, 지능이 더 중요하다고 주장하기를 좋아할지도 모른다. 하지만 우리는 신체적인 매력에 대한 최소한의 기준을 충족시키지 못한다면 상대방의 성격에 대해 알게 될 기회는 결코 오지 않을 것이다. 연구는 신체적인 매력이 사람과 사람 사이의 끌림과 성적 끌림의 주요 결정요인이라는 것을 보여준다(Langlois 등, 2000; Sangrador & Yela, 2000; Strassberg & Holty, 2003). 사실 일부 연구자들은 데이트, 섹스, 장기적 관계를 위한 파트너를 고려할 때 신체적 외모가 핵심 요인이라고 주장한다(Wilson 등, 2005).

미적 기준은 사람마다 다른가?

무엇이 매력적인가에 대한 기준은 전적으로 주관적인 것인가 아니면 폭넓은 합의점이 있는 것인가? 문자사용 이전의 사회의 비교문화 연구로부터 사람들은 일반적으로 신체적으로 마음을 끄는 파트너를 원한다는 것을 발견하였다(Ford & Beach, 1951). 하지만 한 문화에서 끌리는 것이 다른 문화에서는 혐오스러운 것이 될 수도 있는가?

어떤 아프리카 부족들에서는 긴 목과 둥글고 원반 모양의 입술이 여성의 아름다움을 나타낸다. 그래서 이곳 여자들은 자신을 더 매력적으로 만들기 위해 목과 입술을 늘린다. 나마 부족의 여자들은 자신을 "아름답게", 즉 대음순이 눈에 잘 띄고 길쭉하게 만들기 위해 끊임없이 대음순을 잡아당긴다(Ford & Beach, 1951). **사실인가 아니면 허구인가 1:** 미적 기준이 사람마다 완전히 다르지 않을지도 모른다. "다양한 세상"에서 보듯이 미에 대한 어떤 측면은 문화가 달라도 공통인 것처럼 보인다.

사실인가 아니면 허구인가 1

미국의 문화에서 여자들은 키가 큰 남자들이 더 매력적이라고 생각한다(Furnham, 2009; Kurzban & Weeden, 2005). 키는 사회적 우월함, 지위, 부, 괜찮은 유전특성을 암시하기 때문에 짝을 선택하는데 있어 핵심 역할을 한다(Salska, 2008). 여자 대학생들은 자신보다 약 15 cm 키가 큰 사람과의 데이트를 선호한다. 남자 대학생들은 평균적으로 약 11 cm 키가 작은 여자들을 선호한다(Gillis & Avis, 1980). 성별역할로 인해 키 큰 여자들을 그렇게 긍정적으로 보지는 않는다. 폴란드에서 행한 2,000명의 개별 설문과 400명의 대학생의 조사에서 남자들의 23%와 여자들의 4%만이 여자가 키가 더 큰 경우에도 데이트를 받아들일 것이라는 결과로 나타났다. 그러나 키가 작은 남자들과 키가 큰 여자들은 좀 더 유연했다. 만약 그렇지 않다면 이들의 경우 데이트 가능한 상대자 수가 훨씬 적어졌을 것이다.

키가 작은 남자들은 키에 대해 묻는 것에 낙담하기 때문에, 캔디의 키(183 cm) 정도가 되는 여자 중 일부는 자신의 키를 작게 보이려고 일부러 구부린 채로 걷는다. 첫 번째와 세 번째 저자의 이웃은 자신의 키를 6피트 1인치(185 cm)라는 표현 대신 5피트 13인치(똑같은 185 cm)라는 표현을 쓴다.

"마른 것이 권력이다"라는 말은 미국의 유럽계 미국인에서 지배적인 문화이다. 일부 젊은 여자들이 문화적 관념에 영향을 받아, 문자 그대로 스스로 먹기를 거부하는 **거식증(anorexia nervosa)**이라 부르는 섭식장애로 고통 받는다. 여성과 남성 모두에서

거식증(신경성 무식욕증, anorexia nervosa) 건강한 체중유지 거부, 과체중에 대한 극심한 두려움, 왜곡된 신체상, 그리고 여성에서는 월경의 결여(무월경)가 특징인 생명까지도 위협할 수 있는 섭식장애.

다양한 세상

미인은 눈 사이가 넓어야…?

한 연구에서는 유럽계 미국인, 아프리카계 미국인, 아시아계 미국인, 라틴계 미국인의 경우 이들이 매력적이라고 여기는 얼굴 모습에 있어서 의견의 일치를 보이는 경향이 있음을 제시하고 있다(Cunningham 등, 1995). 이들은 모두 큰 눈, 눈과 눈 사이가 넓은 눈, 작은 코, 작은 턱의 좁은 얼굴, 짙고 표현력이 있는 눈썹, 보다 큰 아랫입술, 손질이 잘 되고 숱이 많은 머리를 가진 여성의 얼굴을 선호한다.

일본과 영국 사람들의 얼굴 선호도를 비교했던 한 연구의 방법론을 생각해보자. 페레(Brody, 1994에서 인용)는 여자 60명의 컴퓨터합성 얼굴사진을 만들었다. 그림 7.1의 A는 가장 매력적이라고 평가된 15명 여자의 합성 얼굴사진이다. 그런 다음 그는 60명의 합성 얼굴, 즉 평균적인 얼굴과 그리고 15명의 가장 매력적인 여자의 합성 얼굴 사이의 차이를 크게 만들기 위해 컴퓨터를 사용하여 개선하였다. 페레는 일본 남자와 영국 남자는 둘 다 커다란 눈과 툭 튀어나온 광대뼈와 좁은 턱을 가진 여자를 가장 매력적이라고 생각한다는 사실을 발견하였다. 컴퓨터로 개선한 합성 얼굴사진은 그림 7.1의 B에 있는 이미지로 나타났다. 개선된 합성 얼굴사진은 여전히 A보다 툭 튀어나온 광대뼈와 좁은 턱을 가지고 있다. 따라서 B가 가장 매력적인 이미지로 평가되었다. 일본 여성의 이미지에 대해서도 유사한 결과로 나타났다.

커닝햄과 동료들(Cunningham 등, 1995)은 유럽인, 아프리카흑인, 미국원주민, 인도인, 중국인과 같은 다양한 사람들에게서도 얼굴 선호도가 상당히 일치하고 있음을 암시하는 역사적인 일화들을 보고했다. 이들은 다윈의 1871년 논문, 『인간의 유래와 성 선택』을 인용했다.

> 윈우드 리드는 유럽인과 결코 관련을 맺은 적이 없는 아프리카 흑인을 관찰할 충분한 기회를 가졌던 인물인데 미에 대한 이들의 생각이 전체적으로 보면 우리와 같다고 확신하고 있다. 롤프스 박사는 편지에서 나에게 보르네오와 풀로족이 거주하는 여러 나라들에 대해서 같은 결과라고 쓰고 있다… 버턴 선장은 우리가 아름답다고 생각하는 여자는 나머지 다른 모든 세계에서도 감탄할 것이라고 믿는다.

다윈은 우리의 신체적 선호는 주로 타고나는 것이며 우리 종의 생존과 관계있다고 믿었다. 여러분의 생각은 어떤가? 여러분은 "미에 대한 그들의 생각이 전체적으로 우리와 같다"고 믿는가? 그렇지 않으면 존재할지도 모르는 주목할 만한 문화적 또는 민족적 차이를 연구자들이 아직 못 찾고 있다고 생각하는가? 만약 이러한 선호에 대해 민족적 일치가 있다면 여러분은 이를 어떻게 설명하겠는가? 예를 들면 여러분은

- 이들이 우연의 일치라고 믿겠는가?
- 믿었던 것보다 훨씬 많은 생각의 교환이 문화들 간에 있어왔다고 믿겠는가?
- 이들에 대해 본능적인 어떤 것이 있다고 믿겠는가?

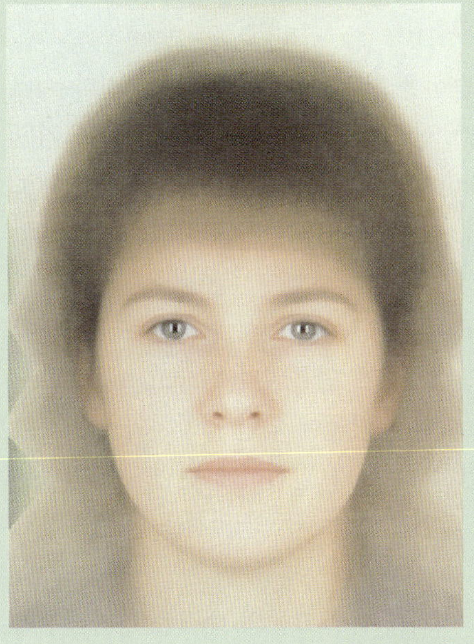

A

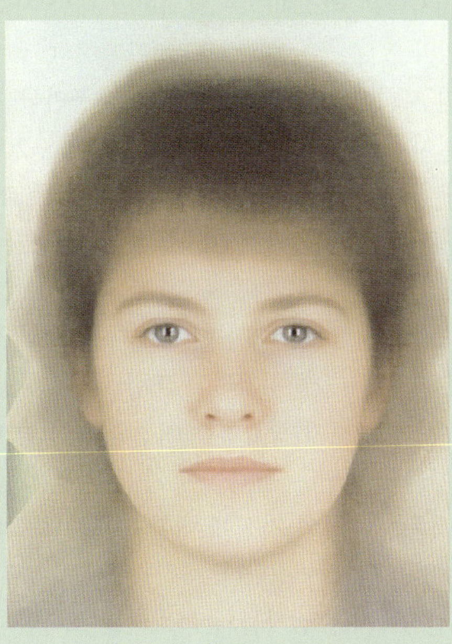

B

그림 7.1 어떤 특징이 얼굴의 매력에 기여하는가? 영국과 일본 두 나라에서 큰 눈과 높은 광대뼈와 좁은 턱과 같은 특징이 여성을 매력적으로 인식케 하는데 기여한다. 보기 A는 60명의 한 그룹에서 가장 매력적이라고 평가된 15명의 여자의 컴퓨터 합성사진이다. 보기 B는 이들 15명의 여자의 특징을 강조한 컴퓨터 합성사진이다. 즉, 이들은 그룹 전체의 평균으로부터 이들을 구분하는 방향으로 더욱 개선된 것이다.

마른 것(거식증 환자처럼 마른 상태가 아닌)이 매력적이라고 여긴다는 것을 밝히고 있는데, 특히 여성의 경우에는 더욱 그렇다(Furnham, 2009; Glasser 등, 2009; Wilson 등, 2005).

야후 개인광고란에 있는 5,810명의 인터넷 데이트 프로필에 대한 조사에 따르면 유럽계 미국인 남성의 파트너에 대한 선호에 있어서 "마른" 이라는 표현의 문구가 더 많이 "들어" 있다(Glasser 등, 2009). 유럽계 미국인 남성들은 아프리카계 미국인과 라틴계 미국인 남성들에 비해 날씬하고 근육질의 여자들과 데이트하고 싶어한다. 아프리카계 미국인과 라틴계 미국인 남자들은 크고 몸이 딱 벌어진 여자에 훨씬 관심이 높다. 이 연구에서 얻게 된 또 다른 결과는 아프리카계 미국인과 라틴계 미국인 여자가 유럽계 미국인 여자보다 자신의 몸에 훨씬 더 만족하는 한다는 것이다.

또한 지배적 문화에서는 가는 허리를 선호한다. 연구들에서 보면 허리엉덩이 비율이 0.7~0.8인 평균 체중의 여자들이 관계를 위해 가장 매력적이고 바람직한 것으로 평가되고 있다(Furnham 등, 2005; Weeden & Sabini, 2005). 아주 말랐거나 비만인 여자들은 허리엉덩이 비율에 상관없이 매력적이지 않은 것으로 나타났다.

허리엉덩이 비율과 관련된 레즈비언의 선호

코헨과 탄넨바움(Cohen & Tannenbaum, 2001)은 다양한 체형의 여자들을 게시하고 레즈비언과 양성애자 여자들에게 어떤 체형의 여자가 성적으로 가장 매력적인지를 묻는 인터넷설문조사 연구를 하였다. 응답자들은 자신이 레즈비언이라고 여기는 209명의 여자들과 자신이 양성애자라고 여기는 141명의 여자들이었다. 이 여자들도 이성애자 남자들과 마찬가지로 허리엉덩이 신체 비율이 0.7인 여자들에게 가장 큰 성적 매력을 느끼는 것으로 밝혀졌다. 하지만 이들의 선호 1순위가 0.7의 허리엉덩이 신체 비율과 커다란 가슴을 가진 건장한 체격의 여자였다는 점에서 남자와는 달랐다. 이들의 선호 2순위는 똑같은 허리엉덩이 신체 비율과 건장한 체격 그러나 조그만 가슴을 가진 여자였다. 이 연구의 저자들은 레즈비언은 날씬함에 대한 사회의 지나친 강조를 거부하고 있음을 암시하고 있다.

우리 사회에서 대부분의 남자들은 풍만한 가슴선을 가진 여자들에게 더 끌린다는 것은 비밀이 아니다(Wack & Tantleff-Dunn, 2008). 한 연구에서 남자들에게 가슴 크기만 다르게 한 여성의 모습을 평가하게 하였다(Thompson & Tantleff, 1992). 예상한대로 남자들은 큰 가슴을 가진 여자들을 선호하였는데, 하지만 거대한 정도의 가슴은 아니었다.

매력적인 사람들은 자신이 그렇다는 것을 알고 있다. 한 연구에서 남자들과 여자들이 서로의 매력에 대해 평가하고 또한 자기 자신도 평가하게 만들었다(Marcus & Miller, 2003). 대체로 자기 평가치는 여성과 남성 둘 다 다른 사람들에 의한 평가치와 일치하였다. 여자들의 판단은 남자들이 자신을 어떻게 인지하는지와 밀접하게 관련되어 있었는데, 이것은 여자들이 자신에 대한 다른 여자들의 의견보다 남자들의 의견을 더 반영하고 있다는 것을 암시하고 있다.

한 실험에서는 남자들의 목소리를 조작한 후 여자들에게 그들의 매력을 평가해주기를 부탁하였다. 월경주기의 가임기(후기 여포기)에 있는 이성애자 여자들은 더 "남자다운", 즉 저음의 목소리를 가진 남자에게 더 끌려했다(Feinberg 등, 2006). 이 연구에서

비판적인 사고하기

여러분은 이성애자인 여자가 월경주기의 후기 여포기 때 굵고 낮은 목소리의 남자를 더 매력적으로 느낀다는 것을 알아차린다고 결론을 내린 연구가 진화론에 부합된다고 생각하는가? 설명해 보시오.

다양한 세상

서로 다른 37곳의 문화에서 짝에 대한 선호도에서의 성차이

나이지리아, 일본, 브라질, 캐나다, 미국에 살고 있는 남자는 어떤 공통점을 가지는가? 이 중 하나가 이들 나라에서 사는 남자는 자기보다 연하의 사람과 결혼하기를 선호한다는 것이다. 버스(Buss, 1994)는 유럽, 아프리카, 아시아, 호주, 뉴질랜드, 북미, 남미의 37곳의 문화(33개 나라에서)에서 자신과 자기 짝 사이에 선호하는 나이 차에 대해 조사하여 얻은 자료를 검토했다. 모든 문화에서 남자는 연하의 배우자(범위는 0.38에서 6.45살)를 선호했다. 하지만 여성은 연상의 배우자(범위는 1.82에서 5.1살)를 선호했다.

선호하는 배우자 나이에서 성차이는 결혼 시점에 있는 남녀 나이에서의 실제적인 차이와 유사하였다. 남자는 결혼 당시의 자기 아내보다 평균적으로 2~5살 많았다. 결혼 시 가장 작은 평균 나이차이인 2.1살은 폴란드에서 나타났다. 가장 큰 평균 나이차이인 4.92살은 그리스에서 나타났다. 미국 본토에서는 남자가 결혼시점에 여자보다 평균 2.71살 많았다. 캐나다에서는 남자가 자기 짝보다 평균 2.51살 많았다.

버스는 37곳의 모든 문화에서 남자는 여자에 비해 미래의 파트너의 좋은 외모에 보다 큰 가치를 두었다. 한편 37곳의 문화 중 36곳의 문화에서 여성은 미래의 짝의 "좋은 돈벌이 능력"에 더 큰 가치를 두었다.

버스가 발견한 이러한 일관성은 미래의 배우자의 나이, 신체적 특징, 재정 상태에 관한 선호도에 있어 성에 따른 차이가 보편적이라는 생각에 신빙성을 부여해 준다. 일반적으로 말하면 남자는 미래의 배우자의 신체적인 매력과 상대적으로 어린 점에 더 큰 가치를 둔다. 여자는 미래의 배우자의 돈 버는 능력에 상대적으로 더 큰 가치를 둔다. 버스는 연상의 배우자에 대한 여성의 선호는 여자가 미래의 짝을 아내와 가족에게 제공할 수 있는 능력을 바탕으로 평가하는 것을 추가적인 증거로 해석하였는데, 왜냐하면 남자들의 경우에 나이와 소득이 연결되는 경향이 있기 때문이다.

짝에 대한 선호도에 있어 이러한 성차이에도 불구하고, 버스는 남자와 여자 둘 다 개인의 자질을 미래의 배우자의 외모나 소득 잠재력보다 더 크게 강조한다는 것을 알아냈다. 37곳의 문화 모두에서 "친절한", "이해심 있는", "총명한"과 같은 특성이 돈 버는 능력이나 신체적인 매력보다 높게 평가되었다.

누가 나와 더 잘 맞는 남자 또는 여자인가? 매력에 대한 여러분의 판단은 그 근거가 보편적인 기준에 따른 것인가 아니면 문화적 경험에 따른 것인가? 진화심리학자 데이비드 버스는 37곳의 문화를 대상으로 한 연구에서 미에 대한 보편적인 어떤 기준을 찾아냈다.

이성애자와 레즈비언 여자들 사이에 있을 수 있는 차이에 대해서는 알아보지 않았다.

사실인가 아니면 허구인가 2: 여자들이 저음의 목소리를 가진 남자를 선호한다는 것은 부분적으로만 사실이다. 무엇보다도 이성애자 여자들에게만 해당되는 것이었다. 두 번째로 이것은 가임기의 시기에 있는 이성애자 여자들에게만 해당되는 것이었다.

비신체적인 자질이 신체적인 미에 대한 인식에 영향을 미친다

우리의 문화에서 아름다움, 즉 미에 대한 신체적인 기준들이 있지만 비신체적인 자질 또한 미에 대한 우리의 인식에 영향을 미친다. 예를 들면 어떤 파트너에 대해 인식되는 아름다움은 친숙함, 좋아함, 존경심, 가치관과 목표의 공유 등과 같은 비신체적 자질에 의해 고양되기 쉽다(Kniffin & Wilson, 2004).

사실인가 아니면 허구인가 3

사실인가 아니면 허구인가 3: 여성과 남성은 웃지 않을 때보다 웃을 때의 얼굴을 더 매력이 있는 것으로 평가한다(O'Doherty 등, 2003). 그래서 우리가 사람을 만날 때 "행복한 얼굴을 하는" 이유가 된다.

행동과 이름이 신체적 매력의 인식에 어떤 영향을 미치나: 「어니스트」라는 이름이 아닌 것이 갖는 중요성에 대해

성별역할에 대한 기대가 매력 인식에 영향을 줄지도 모른다. 예를 들면 남자들이 사회적으로 우월한 여자에게 끌리기보다는 여자들이 사회적으로 우월한 남자에 끌리기가 더 쉽다(Graziano & Bruce, 2008). 장래의 데이트 상대에 대한 비디오를 본 여자들은 수동적인 남자들보다 사교적으로 행동하고 자기 자신을 잘 표현하는 남자들을 찾았다(Riggio & Woll, 1984). 다른 연구에서는 매우 여성스러운 여자는 여성스러움이 덜한 여자들에 비해 "남자다움을 과시하는" 남자들에게 더 끌리기 쉽다는 것을 알아내었다(Maybach & Gold, 1994). 그런데 리지오와 월의 연구(Riggio & Woll, 1984)에서 비디오를 본 남자들은 여자들의 사교적인, 자기 표현적인 행동을 싫어했다. 또 다른 연구에서 여자들은 순종적인 남자들보다 우월한 남자 대학생의 비디오가 더 마음에 드는 것으로 평가했다. 또 남성 시청자들은 이와 유사한 우월한 여자들을 싫어하였다(Sadalla 등, 1987). 남자들은 사회적으로 우월한 남자들을 질투할 가능성이 더 많은 반면, 여자들은 신체적으로 매력적인 여자들을 질투할 가능성이 더 많다(Dijkstra & Buunk, 2002).

사실인가 아니면 허구인가 4

사실인가 아니면 허구인가 4: 이름 또한 매력 인식에 영향을 줄 수 있다. 한 연구에서 무작위로 캐시, 제니퍼, 크리스틴과 같은 이름을 부여받은 여자들이 딱딱한 느낌을 주는 해리엇, 거트루드, 에델과 같은 이름을 부여받은 여자들보다 더 매력적으로 평가되었다(Garwood 등, 1980). 어처구니없어 보이지 않은가? 어쨌든 우리의 부모는 우리에게 이름을 지어주고 그리고 거기에는 우리의 이름과 우리의 신체적 매력 사이에 관계가 있어야 할 필요는 없다. 반면에 우리는 우리의 이름을 그대로 쓰거나 아니면 애칭을 사용해 보는 것을 선택할 수 있다. 만약 여러분이 여러분의 이름에 행복해하지 않는다면 왜 좀 더 인기 있는 애칭을 사용해보지 않는가? 대학이나 새 직장을 시작할 때 그렇게 할 수 있는 이상적인 시기이다. 남자들 역시 자신이 좋다면 실베스터나 어니스트라는 이름을 내던져버릴 수 있다. 하지만 여러분이 특이한 이름을 가지고 있고 그것에 만족한다면 그대로 사용하라.

우리는 장기적이고 의미 있는 관계에서 무엇을 찾는가?

사실인가 아니면 허구인가 5

사실인가 아니면 허구인가 5: 우리가 장기적인 관계를 위해 파트너에게서 찾는 가장 중요한 자질이 신체적 매력이라고 말하는 것은 사실이 아니다. 이 책의 두 번째 저자는 남녀 대학생을 조사하여, 의미 있고 장기적인 관계를 위한 장래의 파트너의 바람직한 자질

여러분은 _ 누군가와 기꺼이 결혼할 것 같습니까	남자	여자
외모가 별로인	3.41	4.42**
6살 이상 많은	4.15	5.29**
6살 이상 어린	4.54	2.80**
정규직을 못 잡을 것 같은	2.73	1.62**
여러분보다 못 벌 것 같은	4.60	3.76**
여러분보다 잘 벌 것 같은	5.19	5.93**
여러분보다 학력이 높은	5.22	5.82**
여러분보다 학력이 낮은	4.67	4.08**
전에 결혼경력이 있는	3.35	3.44
이미 자녀가 있는	2.84	3.11*
다른 종교를 가진	4.24	4.31
다른 인종의	3.08	2.84*

그림 7.2 파트너에 대한 선호에 있어 성차이

*0.01의 신뢰수준에서 통계학적으로 유의한 차이.

**0.001의 신뢰수준에서 통계학적으로 유의한 차이.

출처: Based on information in Susan Sprecher, Quintin Sullivan, and Elaine Hatfield (1994). Mate selection preferences: Gender differences examined in a national sample. *Journal of Personality and Social Psychology*, 66(6), 1074-1080.

로서 신체적인 매력보다 온정, 신의, 정직, 세심함과 같은 심리적인 자질을 더 중요시하고 있음을 알아냈다. 학생들이 성적인 관계에 있어서 파트너의 가장 중요한 자질이 무엇이냐는 질문에 대해서만 신체적 매력이 높게 나왔다. 하지만 전반적으로 보면 남자들은 여자들에 비해 두 유형의 관계에 있어서 파트너의 신체적 특징을 더 중요시하였다. 여자들은 온정, 자기주장, 재치, 야망과 같은 자질에 더 많이 가치를 두었다. 학생들이 장기적인 파트너에게서 가장 크게 바랐던 단 하나의 자질은 정직이었다.

장기적인 관계에서 파트너 선호도를 결정하는데 있어 비록 개인적 자질이 더 중요한 역할을 한다고 추측할 수 있기는 하나, 아마도 신체적 매력은 "여과하는" 역할을 하는 것 같다. 기대된 데이트에서 최소한의 신체적 기준이 충족되지 않는다면 우리는 표면 아래에 있는 "더 의미 있는" 자질들을 찾으려 하지 않을지도 모른다.

네비드의 결과는 매력에 대한 그리고 파트너의 선택에 대한 연구들에서도 똑같이 나타났다. 여자들은 남자들에 비해 지능, 안정성, 직업과 관련된 지위, 소득 잠재력, 표현력, 친절, 배려, 신뢰성, 아이에 대한 애정과 같은 자질을 상대적으로 더 중요시한다 (Furnham, 2009; Kniffin & Wilson, 2004). 남자들은 상대적으로 젊음, 신체적인 매력, 요리 능력(남자들은 전자레인지도 사용할 줄 모르나!), 절약을 더 중요시한다(Furnham, 2009; Kniffin & Wilson, 2004).

수잔 스프레허와 동료들(Susan Sprecher 등, 1994)은 미국의 가정에서 사는 19세 이상이면서 영어나 또는 스페인어로 말하는 13,017명의 무작위 국적의 표본을 조사하였다. 이들은 설문지의 한 부분에서 응답자에게 연상의, 연하의, 다른 종교의, 안정된 직업을 잡을 것 갖지 않은, 좋은 외모가 아닌, 기타 등등의 사람과 얼마나 기꺼이 결혼할 수 있는지를 물었다. 각 문항은 최대 7점이 주어졌는데 1은 "전혀 아님"을 의미했고 7은 "매우 기꺼이 함"을 의미했다. 그림 7.2에서 보는 바와 같이 여자들은 남자들에 비해 보다 좋은 외모가 아닌 사람과도 기꺼이 결혼을 하겠다고 답하였다. 반면에 여자들은 안정된 직업을 잡을 것 같지 않은 사람과의 결혼은 비교적 달가워하지 않았다.

학생들의 실제 질문

질문: 저로서는 좋은 것은 아니지만 저는 같은 남자에게 끌려요. 제가 왜 이럴까요?

답변: 우리는 당신에게 정확한 답을 줄 수 있을 만큼 당신을 충분히 잘 알지 못하지만 당신의 불평은 꽤 친숙하게 들린다. 당신이 남자에게서 원하는 특성들을 적어보도록 하라. 진지하게 그것들을 써 내려가라. 그런 다음 남자를 만나는 것에 대해 어떻게 할지 그리고 그들과 친해질지를 어떻게 결정할지, 또는 당신은 그것이 일어나도록 그냥 내버려둘지를 써 내려가라.

당신은 다른 장소에서 다른 방법으로 남자를 만나야 하는가? 당신은 친해지기 전에 그들에 대해 더 잘 알아야 하는가? 당신은 그들과 당신이 원하는 대로 되지 않으면 일찍 그 일을 끝내야 하는가? 반드시 당신 자신에게 솔직해지고 그리고 그것을 알아내어라. 그것은 당신 자신을 벌하기 위한 깊은 무의식적인 욕구 같은 어떤 것이라기보다는 우둔한 선택, 자신감의 부족, 낮은 자존감(당신 자신을 매우 가치가 없다고 생각한다면 당신은 사람들이 당신 자신을 그렇지 않은 것처럼 대해주기를 바랄지도 모른다), 극복할 수 없는 게으름 때문이기 쉽다.

매력에 대한 선호는 유전되는가?

표면적으로 매력에 대한 인식에 있어 성차이는 극도로 성차별적으로 보이는데 아마도 그런 것 같다. 그러나 일부 진화심리학자들은 진화적 힘은 짝에 대한 선호에 있어 성차이를 지속시키는 쪽을 선호한다고 믿는데, 그 이유는 선호하는 어떤 특성은 생식의 유리함을 제공하기 때문이다(Buss, 2005, 2009). 청결, 좋은 안색, 맑은 눈, 좋은 치아, 좋은 머릿결, 단단한 근육의 탄력, 안정된 걸음걸이와 같은 일부 신체적 특징들은 보편적으로 여성과 남성 모두에게 매력적이다. 아마도 이것들은 생식가능성의 표지가 된다(Buss, 2005). 상대적으로 나이와 건강은 여자들의 매력에 더 중요할 수도 있는데, 이러한 특성들은 그 여자의 생식능력("생체시계"가 그 여자의 생식가능성을 제한한다)과 결부되는 경향이 있기 때문이다. 따라서 부드러운 피부, 단단한 근육의 탄력, 윤기가 흐르는 머리카락처럼 여자의 젊음과 관련된 신체적 특징들은 여자들의 매력과 밀접하게 연결시켜왔다(Buss, 2005). 하지만 남자의 생식적 가치는 그의 나이나 신체적 매력보다는 그의 가족을 어떻게 잘 부양할 수 있느냐에 달려 있을지 모른다. 그러므로 생식자로서 남자의 가치는 경제적 상황과 신뢰성과 같이 아이들을 위한 안정적인 환경에 공헌하는 요소들과 더 얽혀 있다. 진화심리학자들은 짝 선호에 있어 이러한 성차이는 우리의 유전적 유산의 일부로서 세대를 거쳐 전해 내려온 것이라 주장한다(Buss, 2009).

비판적인 사고하기

낭만적인 파트너에 대한 선호가 진화론에 부합되는가 아니면 상반되는가? 설명해 보시오.

학생들의 실제 질문

질문: 우리의 가장 친한 친구의 남자 친구(또는 여자 친구)에게 끌린다면 어떻게 해야 하나요?

답변: 일반적으로 말하면 여러분 친구의 남자 친구 또는 여자 친구와 장난삼아 연애하거나 "건드리는 것"은 해서는 안 되는 일이다. 여러분이 그 남자 친구 또는 그 여자 친구를 얻을 수 있을지 몰라도 아마도 그 친구는 잃게 될 것이고, 여러분 둘을 알고 있는 사람들의 존중도 잃게 될 것이다. 말했듯이 주어진 상황은 여러분이 꼭 해야 할 것은 여러분에게 누가 더 중요한지, 즉 여러분의 친구인지 아니면 친구의 파트너인지를 결정하는 것이라는 사실을 역시 받아들여야만 한다. 여러분은 아마도 둘 다 가질 수는 없다. 이것은 두 사람이 헤어진 경우에서도 역시 마찬가지다. 친구와 그 파트너 사이의 관계가 끝났을 때조차도 그 파트너를 만나는 것은 그 친구에게는 여전히 아픈 것일 수도 있어서 여러분은 여전히 둘 다 가질 수는 없게 된다.

7.2 끌림-닮음 가설: 어떤 사람이 나와 "잘 맞는" 사람인가?

여러분이 외모가 멋있게 생기지 않았다 하더라도 절망하지 마라, 왜냐하면 우리 대부분은 모두 생긴 게 보통인 인간이니까. 여러분은 끌림-닮음 가설의 영향으로 인해 주변배경과 영구히 섞여버리는 것으로부터 구제될지도 모른다.

끌림-닮음 가설(attraction-similarity hypothesis)은 사람들이 신체적 매력과 그 밖의 다른 특성이 자신과 비슷하게 닮은 사람과 낭만적인 관계로 발달시키는 경향이 있다고 여긴다(Montoya 등, 2008; Morry & Gaines, 2005; van Straaten 등, 2009). 여기에는 약간의 성차이가 있는데, 연구에서 보면 남자들이 신체적 매력이 비슷한 여자와 대화할 때 남자는 여자에 비해 긍정적인 감정으로 소통하고, 긍정적인 측면에서 자신을 나타낼 가능성이 더 높음을 보여주고 있다(van Straaten 등, 2009). 하지만 여자들은 이야기할 때 남자들과 같은 선택을 하지 않는 것으로 나타났다. 이러한 발견은 짝을 선택하는데 있어서 신체적 매력은 여자에 비해 남자한테 더 중요한 기준이 된다는 것을 보여준 연구와 일치하고 있다. 다음 장에서 배우게 되겠지만 여자들은 대화를 시작할 때 관심을 표시하는데 있어 남자들만큼이나 직접적일 수 있다.

헌신적인 관계에 있는 사람들은 그들의 태도와 문화적 속성이 파트너와 비슷할 가능성이 가장 높다(Amodio & Showers, 2005).

우리의 파트너는 인종과 민족성, 나이, 교육수준, 종교에 있어서 우리와 비슷하기 쉽다. NHSLS 연구에서 발견된 몇 가지를 생각해 보자(Michael 등, 1994).

- 유럽계 미국인 독신 남자의 94% 정도는 섹스파트너가 유럽계 미국인 여자이다.

끌림-닮음 가설(attraction-similarity hypothesis) 사람들이 자기와 신체적인 매력, 문화적 배경, 성격, 흥미 등이 비슷하게 닮은 사람과 낭만적인 관계를 발달시키려는 경향이 있다는 관점.

여러분과 잘 맞는 사람은 어떤 사람인가? 연구에 따르면 사람들은 신체적 특징과 성격이 자기와 비슷한 사람과 짝이 되는 경향이 있다.

- 유럽계 미국인 독신 남자의 약 2%는 라틴계 미국인 여자와, 2%는 아시아계 미국인 여자와, 그리고 1% 이하는 아프리카계 미국인 여자와 파트너를 한다.
- 아프리카계 미국인 남자들의 82% 정도는 섹스파트너가 아프리카계 미국인 여자이다.
- 아프리카계 미국인 남자들의 8% 정도는 유럽계 미국인 여자와 파트너를 한다. 5% 이하는 라틴계 미국인 여자와 파트너를 한다.
- 이 연구에서 여자와 남자의 약 83%가 자기 나이와 5살 이내인 그리고 종교가 같거나 비슷한 가진 파트너를 선택하였다.
- 이 연구에서 대학을 졸업한 여자가 고등학교도 졸업하지 못한 파트너를 가진 사람은 한 사람도 없었다.
- 대학 학위를 가진 남자들은 자신보다 교육 정도가 훨씬 높은 또는 훨씬 낮은 여자와 성적 관계를 거의 가지지 않았다.

견해: "반대인 사람에게 끌리나?" 아니면 "비슷한 사람에게 끌리나?"

자신의 짝을 선택함에 있어서 많은 종의 암컷은 복잡한 결정에 직면하게 된다고 말할 수 있다. 많은 핀치새와 시클리드(아프리카산 담수어)가 아주 가깝게 관련된 짝을 고르는 것처럼 그들도 그럴까? 그렇게 해야 동종번식으로 이끌어 줄 것이다. 반면에 아주 다른 짝을 선택하는 것은 유전적 적응을 일부 파괴하게 만드는 위험에 빠지게 된다. 그래서 많은 종은 유사함과 다름 사이의 어딘가에서 짝을 선택한다(Gow, 2008). 하지만 어떤 종은 자신과 유전적으로 매우 유사한 짝을 선택한다. 한 예가 점무늬 도롱뇽인데 수컷이 작지만 않다면 이들은 확실히 꼭 빼닮은(또는 같은 냄새를 내는?) 짝을 선호한다(Chandler & Zamudio, 2008).

사실인가 아니면 허구인가 6: 도롱뇽에서처럼 사람에 있어서도 "반대에 끌린다"라는 말은 보통 사실이 아니다. 하지만 우리는 지금까지 신체적 특징뿐만 아니라 특히 태도, 교육수준, 좋아하는 취미 등과 같은 인간의 특성에 대해서도 이야기하고 있다. 다시 말해서 우리는 관점이나 취미가 우리와 같은 사람에게 끌리지 다른 사람에게 끌리기는 실제로 쉽지 않다.

사실인가 아니면 허구인가 6

우리 대다수는 왜 자신이 처한 배경에서 파트너를 얻는가? 한 가지 이유가 **근접성(propinquity)**이다. 즉 관계는 천국이 아닌 이웃에서 만들어진다. 최근 10년간 서구사회에서 이동성이 늘기는 했지만 우리는 여전히 배경이 꽤 비슷한 사람들 가운데서 살려는 경향이 있고 그리하여 그들과 접촉하게 된다. 또 다른 것은 우리는 태도가 비슷한 사람에게 끌린다는 것이다. 배경이 비슷한 사람들은 그들의 태도가 비슷할 가능성이 크다. 태도와 취미가 비슷한 것은 매력, 우정, 사랑하는 관계에 있어서 핵심적인 요인이 된다(Brown 등, 2003; Morry & Gaines, 2005).

학생들의 실제 질문

질문: 의붓형제나 의붓자매에 끌리는 것은 괜찮은 것인가요?

답변: 물론이다. 의붓형제나 의붓자매는 혈연관계가 아니며, 그리고 이들 사이도 훌륭한 동반자 관계로의 발전이 가능하다.

성차이도 한번 주목해 보자. 여자는 남자들에 비해 낯선 다른 성의 사람에 대한 끌림의 결정 요인으로 태도의 유사성에 큰 비중을 두는 반면에, 남자들은 신체적 매력에 더 많은 가치를 부여한다는 증거가 있다(Furnham, 2008). 또한 우리가 매력적이라고 본 사람들은 우리와 같은 태도를 가지고 있다고 추측하는 경향이 있다(Montoya 등, 2009). 캔디와 스트레치 사이에서 신체적 매력은 그들이 선호, 취미, 의견이 일치하는 체하도록 동기를 부여하였다. 그들은 종교적 차이에 대해 어떠한 토론도 하지 않는 무언의 의견일치를 보았다. 성적 끌림이 강할 때 우리는 아마도 관계에서 일어나는 모든 문제를 잘 처리할 수 있다고 생각하고 싶어 한다. 초기에 끌림을 결정하는데 있어서 비슷함이 중요하기는 하지만 친밀한 관계를 유지하는데 화합이 더 강한 전조가 되는 것 같다(Amodio & Showers, 2005).

호혜: 당신이 나를 좋아한다면 판단 제대로 잘한 거야

누군가가 여러분에게 당신은 인물도 좋고, 뛰어나고, 정서적으로 성숙해 있다고 이야기하는 것을 들어본 적이 있는가? 당신의 취미가 우아하다는 것을? 아, 이 얼마나 훌륭한 판단인가!

우리가 존경과 칭찬을 받고 있다고 느낄 때 우리는 이러한 감정과 행동을 되돌려주려는 경향이 있다. 이것을 **호혜(reciprocity)**라 부른다. 호혜는 끌림의 강력한 결정요인이

근접성(propinquity) 가까움.

호혜(reciprocity) 서로 주고받음.

가까이서 보기

새로운 사랑을 지키려면 뇌가 불타야

러트거스 대학의 인류학자 헬렌 피셔. 피셔 박사는 인간의 성적 특성에서 매력과 사랑에 대한 생화학적인 면을 조사해왔다.

새로운 사랑은 사람을 친구와 가족으로부터 단절시키고 그리고 예를 들면 강박적인 전화호출을 한다든지, 세레나데를 부른다든지, 옥상에서 소리를 지르는 등의 거의 정신병으로까지 오해할 수 있는 그 사람답지 않은 행동을 하게끔 자극하여 모든 점에서 정신질환, 열광의 도가니, 치매, 강박증처럼 보일 수 있다.

지금 신경과학자들은 로맨스의 행복기 또는 장기간 헌신이라는 평범한 일상으로 자리잡기 전에 열병에 걸린 이러한 활동상태의 뇌에 대한 단층영상을 촬영해 왔다. 신경생리학회지에 발표된 영상분석에서 뉴욕과 뉴저지에 있는 연구자들은 낭만적 사랑은 성적 흥분과는 다른 생물학적 욕구라고 주장을 한다.

연구자들은 그것이 흥분이나 애정과 같은 정서적 상태라기보다는 배고픔이나 갈증이나 마약을 갈망하는 것과 같이 뇌신경에 의한 본능적 욕구에 가깝다고 강하게 주장한다. 관계가 깊어지면 낭만적 사랑과 관련된 신경활동이 약간 변하고, 어떤 경우들에 있어 장기간 애정에 관련된 원시뇌의 안쪽 영역에서도 일어나고 있음을 뇌 단층영상이 보여주고 있다.

이 연구는 사랑이 왜 행복감으로부터 분노로 불안으로, 이러한 이질적인 감정을 생성하게 되는지, 그리고 사랑이 철회될 때 그 강도가 더욱 커지는 이유를 설명하는 데 도움이 된다. 별도의 후속적인 실험에서 연구자들은 연인에게 퇴짜 맞은 사람의 뇌 이미지를 분석하고 있다.

"여러분을 짓누르는 이러한 낭만적 사랑의 극심한 고통에 빠지게 되면 여러분은 통제 불능 상태에 있게 되고, 비이성적이 되며, 매일 아침 6시에 체육관에 가게 될 것인데, 왜냐하면 그녀가 거기에 있기 때문에"라고 러트거스 대학의 인류학자 헬렌 피셔 박사와 그 분석의 공동 저자는 말했다. "그리고 거부될 때, 어떤 사람들은 스토킹, 살인, 자살까지 생각한다. 낭만적 사랑에 대한 이러한 충동은 생존 의지보다도 더 강할 수가 있다."

된다(Levine, 2000; Sprecher, 1998). 우리를 좋아한다고 믿는 낯선 사람과 함께 있을 때 우리는 더 따뜻하고, 도움이 되고, 솔직해지는 경향이 있다(Sprecher, 1998). 심지어 우리는 그들을 잘 알지 못할 때조차도 다른 사람의 긍정적인 발언을 환영하는 경향이 있다(Levine, 2000).

아마도 호혜의 힘은 많은 커플들을 서로 행복하게 만들어 줄 수 있었고 꽤 잘 조정하였다. 호혜적인 긍정적 단어와 행동으로 인해 어떤 사람의 중립적이거나 미온적인 감정이 확고하고 적극적인 끌림의 감정으로 바뀔 수 있다.

끌림은 사랑의 감정으로 이어질 수 있다. 이제 우리는 가장 매력적인 주제로 돌아가 보자.

7.3 사랑: "조석으로 빛나는 별?"

수천 년 동안 시인들은 단어에 또 문장에 사랑을 담아내려고 애써왔다. 17세기에 어떤 시인은 사랑은 "붉디붉은 장미"와 같다고 썼다. 소설가 싱클레어 루이스는 사랑을 "조석으

뇌 영상기술로는 사람들의 마음이나 전문가들의 경고를 읽어 낼 수도 없고, 그리고 이 연구에 사용된 기능성 MRI(엠알아이, 자기공명영상)라는 기술에 의해 얻어진 단순한 컴퓨터 그래픽을 가지고 사랑이 사회적인 측면에 미치는 현상에 대해 어떤 것도 읽어 낼 수 없다.

매사추세츠 종합병원에서 『동기와 정서에 관한 신경과학 공동연구』의 책임자인 한스 브라이터 박사는 "나는 아직도 MRI 문헌의 95% 정도는 신뢰하지 않지만, 이 연구에 대해서만은 'A'를 줄 것이다; 이것은 실제로 심취를 이해하는 관점의 무대를 옮겨놓고 있다."

그는 덧붙여 말하였다. "그 발견은 뇌에서 일반적인 보상과 혐오 시스템을 서술하는 문헌의 본문 내용과 전체적으로 잘 들어맞으며 그리고 사랑의 지적 구조를 곧바로 음식, 체온 그리고 마약에 대한 갈망과 같은 항상성 보상과 동일선상에 올려놓는다."

이 연구에서 알버트 아인슈타인 의과 대학의 피셔 박사와 브라운 박사, 그리고 뉴욕주립대학교 스토니브룩캠퍼스의 아론 박사는 새로운 사랑을 시작한 지 몇 주 또는 몇 달 된 17명 대학생들로부터 얻은 2,500개 뇌 영상들을 분석하는 팀을 이끌었다. 학생들에게 그들이 사랑하는 사람의 사진을 보게 하였고 그 동안 MRI로 그들의 뇌를 단층촬영하였다. 이때 연구자들은 이 단층사진을 학생들에게 보통의 친구 사진을 보았을 때 촬영한 단층사진과 비교하였다.

기능성 MRI(fMRI) 기술은 뇌에서 혈류의 증가 또는 감소를 탐지하게 되는데, 이것은 신경활동에서의 변화들을 반영한다. 이 연구에서 특히 활성화되는 영역을 나타낸 컴퓨터 작성 지도는 의식 영역 아래에 있는 뇌 깊숙한 곳인,한 회로의 부분으로 서로 소통하는 꼬리핵과 복측피개라 불리는 영역에(그림 7.3 참조) 반응하는 지점이 있음을 보여주었다. 이 영역들은 사람들이 보상을 바라거나 예상할 때 활발하게 순환하는 도파민이라고 하는 뇌 화학물질을 생산하거나 받아들이는 세포들로 빽빽하게 차 있다. 도박꾼, 코카인 사용자, 심지어 작은 돈을 걸고 컴퓨터 게임을 하는 사람들의 연구에서도 사람들이 점수를 따거나 이길 때 이러한 도파민 부위가 크게 활성화된다.

그러나 사랑에 빠지는 것은 단순한 즐거움에 만족하거나 보상을 얻는 문제가 아니라 가장 비이성적인 인간의 행동들 중 하나이다. 그리고 연구자들은 MRI 영상에서 열정적 사랑을 측정하는 설문지에서 높은 점수를 얻은 사람들의 꼬리핵에서 특별한 활성지점이 있음을 발견하였다. 이러한 열정과 관련된 부위는 신체적인 매력에 영향을 주는 뇌 부위의 반대편에 있었고, 여러 매력적인 파트너 중에서 오직 한 사람을 향해 느끼는 갈망의 욕구와 설명할 수 없는 끌림과 관련된 것으로 나타났다.

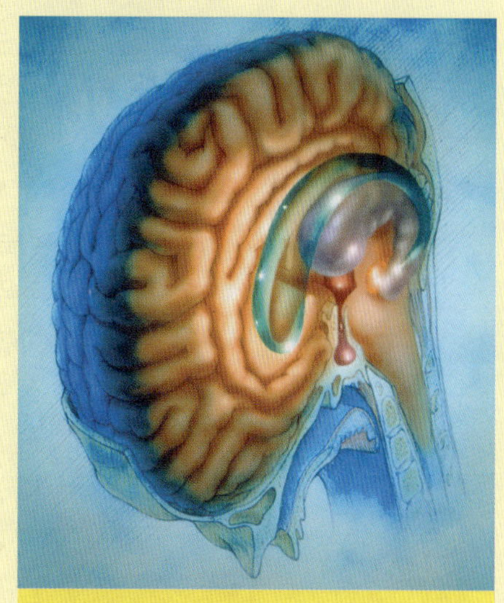

그림 7.3 꼬리핵. 새로운 낭만적 사랑의 진통을 겪을 때 특히 활성화되는 뇌의 한 부분.

출처 : Reprinted by permission from Benedict Carey. (2005, May 31). Watching New Love as It Sears the Brain. *The New York Times*.

로 빛나는 별"이라고 썼다. 사랑은 아름답고 그리고 파악하기 어렵다. 그것은 찬란하고 아름답게 빛난다. 열정과 낭만적 사랑은 또한 세속적이고 성적인 자극이 있어서 성적 욕구가 넘쳐 흐른다.

우리 문화는 낭만적 사랑의 개념을 이상적인 것으로 다룬다(Aron 등, 2008). 따라서 우리는 「로미오와 줄리엣」과 「웨스트사이드 스토리」에서 사랑을 위해 희생한 운명적인 연인의 처지를 기꺼이 동일시한다. 우리는 "사랑이 세상을 돌아가게 만든다" 그리고 "사랑은 모든 것이다"라고 배운다. 사람들 사이에 성적, 사회적 행위의 다른 양상과 마찬가지로 사랑의 개념은 문화적 맥락 안에서도 이해되어야 한다.

우리는 적어도 고대 그리스의 시기로 멀리 거슬러 올라가 사랑의 개념을 추적해 볼 수 있다. 그리스인들은 사랑의 현대적 의미와 관련된 개념을 4가지로 구별하였다.

- 스토르게: 애정이 있는 애착, 깊은 우정, 남녀 구별이 없는 애정.
- 아가페: 사심 없이 주는 것.
- 필리아: 우정.
- 에로스: 열정.

스토르게(storge)는 친구들과 부모와 아이를 서로 묶는 정서를 말한다. 어떤 학자들은 낭만적 사랑조차도 영유아가 자기 엄마에게 갖는 애착의 유형과 유사한 애착의 형태라고 믿는다(Gonzaga 등, 2006; Moore & Leung, 2002).

아가페(agape)는 관대함이나 자비와 비슷하다. 그것은 한 사람의 포상금을 같이 나누려는 소망을 의미하며 그리고 돈을 익명으로 기부하는 것으로 그 전형이 나타나게 된다. 리의 연구(Lee, 2006)에 따르면 아가페는 헌신적 관계에 있는 성인들 사이에서 종종 찾아볼 수 있는 사랑의 종류이다.

필리아(philia)는 성적 욕망보다는 좋아함과 존경에 그 바탕을 둔다. 그것은 한 사람이 외롭거나 지루해할 때 다른 사람과 일을 하려는 그리고 즐기려는, 또 그 사람을 보려는 욕구가 관련을 맺고 있다.

에로스(eros)는 의심 없는 사랑의 화살을 쏘는 그리스 신화에 나오는 등장인물이었는데(로마인들에 의해 큐피드로 바뀜), 이 화살에 맞은 사람은 그 시간에 가장 가까이에 있던 그 누군가와 미친 듯이 사랑에 빠져들었다. 에로틱한 사랑은 "첫눈에 반한 사랑" 이니 "넋 나간 사랑"처럼 갑작스러운 열정적인 욕구를 기꺼이 받아들인다. 어린 대학생들은 더 나이든(그리고 더 현명한?) 대학생들에 비해 첫눈에 반한 사랑이니 "사랑은 모든 것을 정복한다"와 같은 말을 보다 쉽게 믿는다(Knox 등, 1999a). 열정은 아주 매혹적이어서 삶을 끊임없이 변화시켜 왔다는 것을 사람들은 확신한다(Aron 등, 2008). 이러한 갑작스러운 변화된 감정을 이탈리아의 시인 단테 알리기에리(Dante Alighieri, 1265~1321)가 다음과 같은 표현으로 담아냈는데, 그는 자기가 매우 사랑했던 베아트리체를 처음 보았을 때 "나의 삶은 새롭게 다시 시작된다"로 번역될 수 있는 "*Incipit vita nuova*"라고 외쳤다. 고대 그리스인과 달리, 우리들은 사랑이라는 단어를 다른 사람을 향한 애정의 감정에서부터 낭만적인 열정을 거쳐 성교("성관계를 하는")에 이르기까지 모든 것을 서술하기 위해 사용하는 경향이 있다. 앞으로 배우게 되겠지만 사랑의 여러 가지 유형이나 스타일은 여전히 우리의 문화 안에서 인식되고 있다.

7.4 낭만적 사랑

낭만적 사랑의 경험은 본질적으로 사랑의 애착 또는 성적 흥분과는 정반대로, 개념의 이상화가 이루어지는 문화적 맥락 안에서 일어난다(Aron 등, 2008). 서양의 문화는 낭만적 사랑의 개념을 이상화하는 오랜 전통을 가지고 있는데, 예를 들면 여러 세대를 통해 전해져 내려오는 낭만적인 동화에서 나타난다. 사실 낭만적 사랑의 개념에 대해 우리가 노출되는 것은 매력적인 왕자들이 함께 나오는 「잠자는 숲속의 공주」, 「신데렐라」, 「백설공주」와 같은 동화를 듣는 것으로 시작하게 될지도 모른다. 나중에 낭만적 사랑에 대한 개념은 아마도 로맨틱한 소설, 텔레비전, 영화 대본 그리고 친구들과 친척의 자극적인 이야기에 노출되면서 꽃피우게 된다.

청소년기에 욕구의 대상을 이상화한 이미지와 함께 강한 성적 흥분은 우리의 감정을 우리로 하여금 사랑이라 부르게끔 만든다. 우리는 "성욕"이라기보다는 "사랑"이라고 부르도록 배운 건지도 모르는데, 왜냐하면 헌신적인 관계의 부재 속에서 성적 욕구는 원시

스토르게(storge) 애착과 비성적인 애정. 부모로 하여금 자식에게 결속시키는 감정의 유형.

아가페(agape) 이타적인 사랑. 관대함과 자비와 유사한 사랑의 한 종류.

필리아(philia) 친구 간의 사랑. 이것은 성적 욕구보다 좋아함과 존중에 바탕을 두고 있음.

에로스(eros) 현대적 개념에 따른 열정의 의미에 가장 가까운 사랑의 종류.

적 또는 동물적인 것으로 보일 수 있기 때문이다. "사랑에 빠진" 것은 끌림과 성적 흥분을 사회뿐만 아니라 자기 자신에 대해서도 고상한 것으로 만든다. 성욕에 대해서는 힘들지만 사랑에 대해서는 저녁식탁에서도 논의될 수 있다. 만약 다른 사람들이 우리가 "진정한 사랑"(이것은 아마도 상대방의 성격적 특성에 대한 지식과 존경을 포함한다)을 경험하기에는 너무 젊다고 생각되면 사실 우리의 감정은 "풋사랑" 또는 "일시적인 열중"이라고 불리게 될지도 모른다.

서양사회는 성적 특성에 대해 많은 이중 잣대를 고수한다. 따라서 여자들은 자신들이 사랑하는 누군가와 결부시킴으로써 성적 경험을 자주 정당화시키곤 한다. 젊은 남자들은 보통 성적 충동을 꼭 사랑 때문이라고 생각하지는 않는다. 따라서 남자들은 사랑을 "지나치게 감상적인" 개념으로 간주하기가 더 쉽다. 그럼에도 불구하고 미국에서 대다수의 사람들은 낭만적 사랑이 결혼이나, 또 다른 종류의 장기적이거나 영구적 관계를 위한 전제조건이라고 믿고 있다. 젊은 사람들은 낭만적 사랑이 결혼을 위해 가장 중요하며 유일한 이유가 된다고 평가하고 있다(Hatfield 등, 2008; Reis & Aron, 2008). 여러분이 223쪽에 있는 "「삼각형 사랑」의 척도"를 가지고 테스트해 보면 사랑하게 될 때 낭만주의자인지 현실주의자인지 자가진단을 해 볼 수 있다.

호혜적일 때 낭만적 사랑은 보통 강렬한 성취감과 황홀감의 원천이 된다(Hatfield & Rapson, 2002). 서로 사랑을 하게 된다면 이 얼마나 멋진가! 그러나 사랑이 일방적일 때 그것은 공허함이나 불안 또는 절망으로 이끌 수 있다. 따라서 낭만적 사랑은 황홀감과 고통의 상태, 그 사이에서 불안하게 서 있을 수 있다. 아마도 우리의 삶에서 어떤 다른 특성도 낭만적 사랑처럼 우리를 높이 들어 올리거나 우리를 바닥 아래로 떨어뜨릴 수 있게 만드는 것은 없다.

심취와 "진정한 사랑": 시간이 답해 줄까?

어쩌면 처음에 여러분은 눈으로 강의실을 둘러보다가 서로 눈이 마주치게 되었을 수 있다. 또는 덜 낭만적이게도 어쩌면 여러분이 화학 실험실에서 같은 분젠 버너를 배정을 받게 되어 만나게 되었을 수도 있다. 그러나 그런 일이 일어났고, 그 만남이 몸에 짜릿한 느낌을 주었고 여러분은 그 사람을 마음에서 지워버릴 수 없게 되었다. 그렇다면 이제 여러분은 진정으로 사랑을 하게 된 것인가 아니면 그것은 단지 지나가는 환상에 불과한 것인가? 그것은 심취였는가 아니면 "진정한 사랑"("진실하고" 지속적이고 상호간의 사랑)이었는가? 여러분은 이것을 어떻게 분간하겠는가?

적어도 여러분은 처음부터 분간하지는 않을 것이다. **심취(infatuation)**는 다른 사람에 강렬하게 몰두한 상태 또는 집중하고 있는 상태를 말한다(Aloni & Bernieri, 2004). 이것은 통상 성적 욕구, 크게 기뻐함, 일반적인 생리적 각성 또는 흥분을 동반한다. 일부는 열정을 심취로 언급한다. 다른 사람들은 이것을 "일시적인 열중"이라고 부른다. 이 두 별칭 모두는 이것이 그저 지나가는 환상임을 시사한다. 심취하게 되면 다른 사람이 여러분의 환상 가까이 또는 속으로 들어오게 될 때마다 여러분의 심장은 두근거리게 될 것이다.

처음 한두 달 동안에는 심취와 보다 지속된 형태의 낭만적 사랑은 구별하기가 쉽지 않다. 처음에는 두 사람 다 강렬하게 집중하거나 몰두하는 것이 하나의 특징이다. 심취 상태에 있는 사람은 너무 몰두해 있어서 그들은 잠을 잘 수도, 일을 할 수도, 일상적인

심취(infatuation) 다른 사람에게 강렬하게 몰두하거나 초점을 맞춘 상태를 말하는데, 통상 성적 욕구, 의기양양함, 그리고 일반적인 생리적 각성 또는 흥분이 동반됨. 열정.

허드렛일도 할 수 없게 될지 모른다. 논리와 이성은 한쪽으로 편향된다(Aron 등, 2008; Hatfield & Rapson, 2002). 심취 상태에 있는 사람은 사랑의 대상을 이상화한 이미지를 붙잡고 있게 되며 사랑하는 사람의 단점을 간과하게 된다. 주의해야 한다는 것을 깡그리 잊어버리게 될 수도 있다. 어떤 경우 심취의 진통 중에 있는 커플들이 성급하게 결혼을 하게 되는데, 이들은 단지 몇 주 또는 몇 달 안에 자신들이 서로 잘 맞지 않는다는 것을 발견하게 된다.

시간이 흐름에 따라 심취와 지속적인 낭만적 사랑을 구별하게 되는 징후가 나타나기 시작한다. 파트너들은 서로를 보다 현실적으로 보기 시작하게 되고, 관계를 지속해야 할지 아닐지를 결정하게 된다. 연인을 이상화하는 경향은 관계가 맨 처음 시작될 때 가장 강하긴 하지만, 우리는 관계에서 소위 "긍정적인 환상"이 지속되는 경향이 있음을 주목해야 한다(Aron 등, 2008). 즉 사람들은 자신의 파트너가 보통 사람과는 다르다고 또한 그들 관계의 가치도 보통의 관계와는 다르다고 차별화하려는 경향을 유지한다.

심취는 지속적인 상호간의 사랑의 전형이 되는 애착과 배려의 깊은 감정에 바탕을 두지 않고 열정의 감정에 그 바탕을 두고 있다(Hatfield & Rapson, 2002). 심취가 일시적인 환상일지라도, 그것은 지속인 사랑 관계의 특징인 애착과 배려의 깊은 감정으로 대체될 수 있다.

7.5 사랑의 현대적 모델: 감히 과학이 개입할 수 있나?

사랑의 중요성에도 불구하고, 역사적으로 과학자들은 그것에 거의 주목하지 않았다. 어떤 사람은 사랑은 과학적으로 분석될 수 없다고 믿는다. 그들은 사랑은 시인, 철학자, 신학자 등에게 남겨져야 한다고 주장한다. 다른 사람은 사랑이 과학의 범주에서 볼 때 다소 바보 같은 주제라고도 생각할 수 있다.

그렇지만 오늘날 연구자들은 사랑의 연구에 과학적 방법을 적용하고 있다. 그들은 사랑이 생물학적인, 정서적인, 인지적인, 동기부여적인 여러 영역의 경험을 포함하는 복잡한 개념이라고 인정한다(Berscheid, 2003). 먼저 생물학적 이야기로 잠시 시작한 다음 몇몇 심리학적 연구로 화제를 옮겨 가보자.

생물학적 메커니즘

어떤 연구자들은 우리가 낭만적 사랑의 감정을 경험할 때 일어나는 신체적 변화에 초점을 맞춘다. 이에 관한 연구가 많이 되어 있다. 이들 연구 중 일부는 사랑의 감정을 특징짓는 여러 신경경로(뇌에서의 로드맵)를 찾는데 초점을 둔다(Aron 등, 2008; Marazziti, 2005). 또 다른 연구들은 화학과 관련된 것인데 아래와 같은 특별한 화학물질에 초점을 맞추고 있다.

- 모노아민과 신경펩티드(도파민과 우리가 엔도르핀이라고 부르는 것과 매우 흡사한 자연적으로 생산되는 아편을 포함함)는 뇌의 즐거움 체계와 관련되어 있다.
- 호르몬 옥시토신과 바소프레신, 이들은 책에서 반복적으로 접하게 될것이다.

우리 책상 위에는 항상 흥미로운 새 연구들이 놓여 있다. 예를 들면 우리는 신경성장 인자의 수치가 높아지는 경향을 보이는데(Emanuele 등, 2006), 이것은 새로운 연인들이 그들 주위에 일어나는 모든 것을 왜 그렇게 예민하게 인식하는지 그리고 왜 모든 것이 호화로운 빛에 그렇게 휩싸인 것처럼 보이는지를 부분적으로(적어도 생물학적 수준에서) 설명해준다. (교과서에 실린 시를 가지고 슬프게 만드는 시도를 해보는 것은 어떨까?)

우리가 앞의 "가까이서 보기"에서 주목해서 보았던 것처럼 fMRI 연구(기능성 자기공명영상을 사용하는 연구)는 꼬리핵이라 부르는 뇌의 부분에서 고조된 활동을 보여준다. 아마도 여기에서의 관심은 꼬리핵이 감정적 흥분과 밀접하게 연결되어 있는 뇌의 "변연계"의 한부분이라는 것이다.

지금부터는 심리학적 위주의 여러 관점에서 사랑을 생각해보자. 이 관점들은 몸에서 일어나는 일들을 간접적으로 다루게 될 수도 있다.

비판적인 사고하기

심리학이나 사회학 전공의 학생들은 이러한 생물학적 연구가 무엇을 의미하는지 궁금해 할 수 있다. 그것은 예를 들면 인간의 성적 특성에 대해 배우는 학생들은 두뇌의 구석구석 전부와 모든 신경 활동을 기억해야만 한다는 것을 의미하는가? 아니면 그것은 사고와 감정은 신체(특별히 두뇌)에 기초로 하고 있고, 이러한 과학적 사실들은 우리가 인간의 본성을 논의할 때 무시되지 않아야 한다는 오히려 보다 일반적인 이해를 필요로 하는가? 여러분은 이 정보를 어떻게 최대로 잘 이용할 수 있는가?

흥분에 대한 평가로서의 사랑

사회심리학자 엘렌 버샤이드와 일레인 해트필드(Berscheid, 2003; Berscheid& Walster, 1978; Hatfield & Rapson, 2002)는 낭만적 사랑을 강렬한 생리적 흥분의 상태라고, 또 사랑으로서 그 흥분에 대한 인지적 평가라고 정의하였다. 생리적 흥분은 어떤 사람이 연애 중에 있을 때나 이에 관해 생각하게 될 때 심장이 두근거린다든지, 손바닥이 땀에 젖는다든지, 안절부절 못하고 떨린다든지 하는 형태의 경험을 하게 될지 모른다. 흥분에 대한 인지적 평가라 함은 두려움이나 사랑처럼 그것을 어떤 원인의 탓으로 돌리는 것을 의미한다. 따라서 한 사람이 사랑에 빠졌다는 인식은 동시에 일어난 여러 사건들에서 유래한다: (1) 적절한 사랑의 대상(즉, 록 콘서트 같은 어떤 사건이 아닌 어떤 사람)과 관계가 있는 강렬한 생리적 흥분 상태, (2) 낭만적 사랑을 이상화한 문화적 환경, 그리고 (3) 그 사람을 향한 사랑의 감정에 대해 흥분에 의한 것으로 돌리기.

사랑의 스타일 어떤 연구자들은 사랑의 유형에 대해서 말한다. 수잔과 클라이드 헨드릭(Susan & Clyde Hendrick, 2002)과 그들의 동료들(Hendrick 등, 2006)은 사랑을 행복, 심리적 행복감, 미래에 대한 낙관 등에 기여하는 긍정적인 감정으로 말한다. 헨드릭스(Hendricks, 2003)는 사랑의 유형에 여섯 종류가 있다고 제안하게 된 「사랑의 태도에 대한 척도」를 개발했다. 그 유형들에 대한 목록은 다음과 같다. 각각은 원래의 척도에서처럼 유사한 서술로 예를 들고 있다. 보다시피 이 유형들은 그리스말에서 빌려왔다.

- 낭만적 사랑(에로스): "내 애인은 내 이상에 맞다." "내 애인과 나는 바로 한눈에 서로에게 끌렸다."
- 게임하는 사랑(루두스): "나는 내 애인에 대한 나의 헌신에 대해 결정을 못보고 있다." "나는 연애를 꽤 쉽게 극복한다."
- 우정(스토르게, 필리아): "최고의 사랑은 오래된 우정에서부터 자라난다."
- 논리적 사랑(프라그마): "나는 나 자신을 헌신하기에 앞서 인생에서 애인의 잠재력을 생각한다." "나는 내 애인이 좋은 부모가 될 수 있을 것인지를 생각한다."

- **소유욕이 강한 흥분된 사랑(마니아):** "나는 내 애인만 생각해도 너무 흥분되어서 잠을 잘 수가 없다." "내 애인이 나를 무시하면, 나는 곳곳에 병이 든다."
- **이타적인 사랑(아가페):** "나는 내 애인을 돕기 위해 내가 할 수 있는 무엇이든지 한다." "내 애인의 요구와 소원은 나 자신보다 더 중요하다."

"사랑에 빠진" 대다수의 사람들이 이러한 여러 유형을 경험하지만 헨드릭스는 사랑의 유형에 있어 약간의 흥미로운 성차이를 발견했다. 남자 대학생들은 여자 대학생들에 비해 게임을 하는 사랑과 낭만적 사랑의 유형으로 발전시킬 가능성이 더 많다. 여자 대학생들은 남자 대학생들보다 친숙한, 논리적인, 그리고 소유욕이 강한 사랑의 유형으로 발전시키기 쉽다. (이타적인 사랑에서 성차이는 없었다.) 헨드릭스(Hendricks, 2003)는 또한 낭만적으로 엮여 있는 커플은 같은 종류의 사랑 유형을 경험하려는 경향이 있음을 발견했다. 낭만적이고 이타적인 사랑 유형의 커플은 변함없이 함께 있기가 더 쉽다는 증거 또한 발견했다. 그러나 게임하는 사랑의 유형은 불행으로 이어지고 관계가 끝나는 한 원인이 된다.

학생들의 실제 질문

질문: 저는 두 사람과 동시에 사랑에 빠져 있습니다. 이 상황을 지속해도 괜찮은지요 아니면 누구 하나를 선택해야 하는지요?

답변: 당신이 살림을 차리기를 원하거나, 그들 중 하나가 질려하거나, 또는 당신이 이것이 부도덕한 것이라고 결론내리기 전까지는 아마도 당신은 계속할 수 있다. 우리는 여기에 다음 내용을 더하고 싶다. 동시에 두 사람과 사랑에 빠진다는 것은 비정상적인 것은 아니다. 당신에게 완벽한 사람이 오직 한 사람만 있다고 생각할 이유는 없다. 그러나 오늘날 우리의 문화에서 주어진 삶의 현실을 감안할 때, 이러한 상황은 아마도 결국 불안정한 상태가 될 것이다. 그 동안 우리는 당신을 질투하게 될 것이다.

스턴버그의 사랑의 삼각형 이론

로버트 스턴버그(Robert Sternberg, 1988)는 열정적 사랑, 낭만적 사랑, 우애적 사랑을 포함하여 많은 이론가들에 의해 논의된 사랑의 종류들 사이의 관계를 체계화하는 사랑의 "삼각형 이론"을 제시한다(Gouveia 등, 2009; Hendrick & Hendrick, 2003). 사랑을 하는 체험에는 세 가지 구성소재 또는 구성요소를 포함한다.

1. **친밀:** 다른 사람에 대한 가까움과 유대감이라는 느낌에서 생겨나는 다른 사람을 향한 온정의 경험. 또한 친밀은 정서적 지지를 주고받으려는 욕구와 자신의 가장 깊은 생각을 다른 사람과 공유하려는 욕구를 포함한다.
2. **열정:** 생리적 흥분을 동반하는 다른 사람에 대한 강렬한 낭만적 또는 성적 욕구.
3. **헌신:** 좋을 때건 나쁠 때건 관계를 유지하기 위해 헌신을 수반하는 사랑의 요소.

친밀(친밀감, intimacy) 다른 사람에 대한 깊은 인식과 이해를 특징으로 하는 친근함.

열정(passion) 강력하고 강렬한 감정.

헌신(commitment) 어떤 관계를 유지하기 위한 서약이나 약속이나 결의.

스턴버그의 모델은 삼각형의 각 꼭짓점(모서리)을 각 구성요소로 나타내어 다양한 종류의 사랑을 하나의 삼각형으로 개념화시킨 것이다(그림 7.4). 각 구성요소의 강도는 삼각형의 모양으로 표현될 수 있다. 예를 들면 완벽한 사랑처럼 세 가지 구성요소가 모두 똑같이 균형 잡힌 사랑은 그림 7.4에서처럼 정삼각형으로 나타나게 될 것이다.

헨드릭스(Hendricks, 2003)는 낭만적으로 관계하는 커플은 서로 비슷한 사랑 스타일을 공유하는 경향이 있다는 것을 이미 언급했었다. 스턴버그의 모델에 따르면 커플들이 열정, 친밀, 헌신에 상응하는 수준을 갖추고 있다면 그들은 잘 어울린다. 친화성은 사랑의 삼각형들의 합동(일치)의 정도를 가지고 시각적으로 나타날 수 있다(그림 7.5). 그림 7.5(A)는 완벽하게 어울리고 있음을 보여주고 있는데 이때 삼각형들은 일치한다(합동이다). 그림 7.5(B)는 좋은 어울림을 묘사하고 있는데 이 경우에 파트너는 사랑의 세 가지 구성요소에서 서로 비슷하다. 그림 7.5(C)는 불일치를 보여주고 있는데 세 가지 요소 전부에서 주요한 차이점들이 파트너 사이에 존재한다. 파트너가 불일치할 때 그 관계는 좌초하게 된다. 한 쪽 파트너가 다른 쪽에 비해 더 많은 열정을 체험할 때 또는 한 사람은 장기적인 헌신을 원하지만 다른 한 사람은 헌신을 그저 하룻밤 자는 정도로 생각할 때, 그 관계는 불같이 뜨겁기보다는 용두사미로 끝나게 될지 모른다.

사랑의 세 가지 요소의 다양한 조합은 여러 다른 형태의 사랑관계를 특징짓는다(그림 7.4와 그림 7.6). 예를 들면 심취(열정적 사랑)는 친밀과 헌신이 아닌 강한 성적 욕구의 특징으로 나타난다. 파트너들은 상대방에 대해 각자 열정적 사랑을 느낄 수도 있고, 또는 톰의 경우에서처럼 그러한 감정들이 일방적인 것이 될 수도 있다.

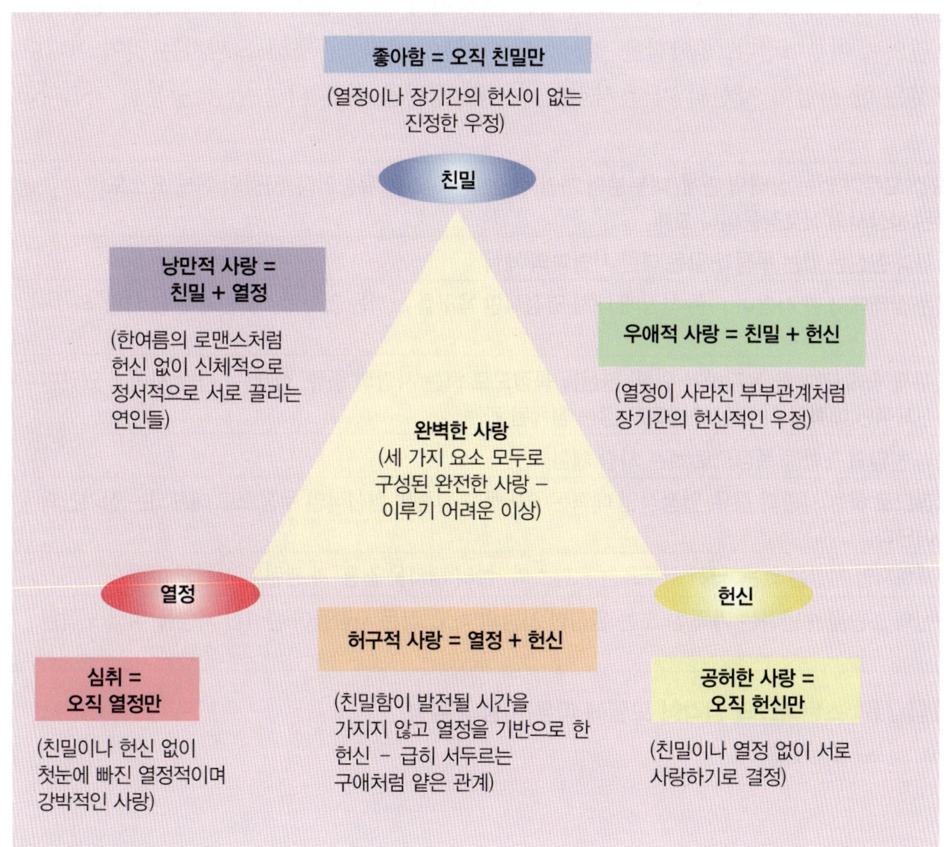

그림 7.4 사랑의 삼각형 모델. 심리학자 로버트 스턴버그에 따르면, 사랑은 이 삼각형의 꼭짓점에 표시된 세 가지 요소로 구성되어 있다. 다양한 종류의 사랑은 이러한 구성요소들의 각양각색의 조합들로 구성되어 있다. 예를 들면 낭만적 사랑은 열정과 친밀로 구성된다. 문화적 이상에 해당하는 완벽한 사랑은 세 가지 구성요소 모두로 이루어져 있다.

그림 7.5 사랑의 삼각형 모델에 따른 친화성과 불친화성. 스턴버그의 사랑의 유형에 관한 친화성은 삼각형으로 나타낼 수 있다. 보기 A는 두 삼각형이 합동이 되는 완벽한 짝임을 보여준다. 보기 B는 괜찮은 짝을 나타낸다; 파트너들은 3차원에서 비슷하다. 보기 C는 어울리지 않는 짝을 보여준다. 이 파트너들 사이에 세 가지 요소 모두에서 주요한 차이가 존재한다.

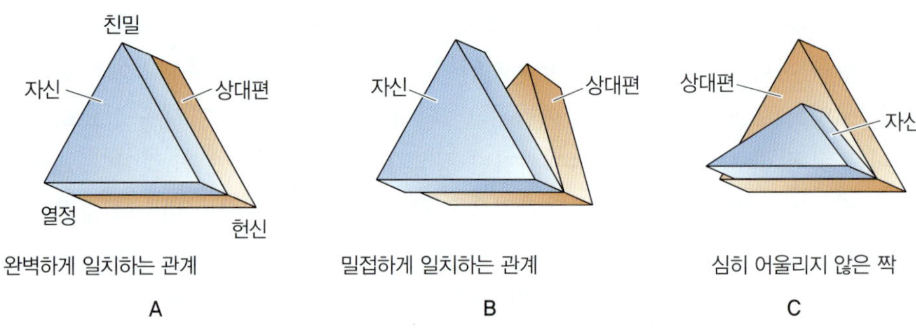

> 톰은 물리학 수업에서 리사 뒤에 앉았다. 톰은 물리학을 몹시 싫어했지만 리사에게 그렇게 말할 수는 없었다. 리사를 한번 본 것만으로도 톰의 삶을 변화시키기에 충분했다. 톰은 미친 듯이 리사를 사랑하게 되었다. 그는 선생님에게 귀를 기울이거나 칠판을 보는 대신 수업 내내 리사만 바라다보았다. 리사는 이런 것을 알고 있었고 이것이 마냥 행복하지는 않았다. 리사는 톰에게 별 관심이 없었고, 자기와 대화를 시작하려고 할때면 가능한 한 재빨리 다른 곳으로 피했다. 톰이 빤히 쳐다보는 것과 어색하게 말을 거는 것, 이 모두는 자기를 불편하게 만들었다. 반면에 톰은 리사 외에 다른 건 생각할 수도 없었고, 모든 시간을 그녀를 생각하는 숙제에만 전념했기 때문에 성적이 떨어지기 시작했다. 그는 무언가에 사로잡힌 남자가 되었다. 꽤 오랫동안 갔을지도 모를 집착으로 인해 톰과 리사는 둘 다 그해 6월 졸업하지 못했고, 결국 다른 대학으로 옮겨갔다. 톰은 리사를 다시는 보지 못했고, 답장 없는 연애편지가 여러 번 있은 후 결국 그녀를 포기하게 되었다 (Sternberg, 1988, 123쪽).

좋아함은 우정의 기초가 된다. 그것은 열정이나 헌신 없이 가까움과 정서적 온정의 느낌으로 이루어진다. 좋아함은 일시적으로 아는 사람들을 향해 느껴지는 것이 아니다. 그것은 한 사람이 자신의 가장 사적인 느낌과 생각을 함께 나눌 만큼 충분히 가깝다고

1. 사랑 없음	사랑의 세 가지 요소 모두가 없는 상태의 관계. 대부분의 개인적 관계는 이러한 유형이다. 사랑의 어느 요소도 포함되어 있지 않은 평상시의 상호작용이나 교제.
2. 호감	친밀은 있으나 열정과 헌신은 없는 우정과 같은 다른 사람과의 체험.
3. 심취	친밀과 헌신이 없는 상태에서 한 사람이 다른 사람에 대해 열정적인 욕구를 느끼는 것으로, "첫눈에 반한 사랑"의 종류.
4. 공허한 사랑	열정이나 친밀의 부재 속에 (관계를 유지하기 위한) 헌신을 특징으로 하는 사랑의 종류. 한때 두 사람 사이에 있었던 정서적 친밀이나 신체적인 매력이 더 이상 수반되지 않는 침체된 관계.
5. 낭만적 사랑	헌신은 없는 열정과 친밀의 조합을 특징으로 하는 사랑 체험.
6. 우애적 사랑	친밀과 헌신을 특징으로 하는 사랑의 종류. 열정적인 매력은 줄어들고 일종의 헌신적인 우정으로 대체되는 장기간의 관계에서 종종 일어난다.
7. 허구적 사랑	열정과 헌신은 존재하지만 친밀은 없는, 급히 서두르는 로맨스와 "빨리 해치운 결혼"과 관련된 사랑의 유형.
8. 완벽한 사랑	열정과 친밀과 헌신의 조합을 수반하는 가득 찬 또는 완전한 사랑의 척도. 많은 사람들이 완벽한 사랑을 위해 노력한다.

그림 7.6 스턴버그의 삼각형 모델에 따른 사랑의 유형

출처 : Sternberg (1988).

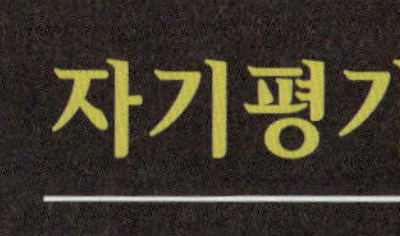

자기평가

스턴버그의『삼각형 사랑』의 척도

여러분의 사랑 관계에서 가장 강력한 구성요소는 어느 것인가? 친밀인가? 열정인가? 헌신인가? 세 가지 구성요소 전부인가? 이들 중 두 개인가?

아래의 척도를 완성하기 위해 빈칸에 여러분이 사랑하거나 깊은 관심을 가지고 있는 한 사람의 이름을 채우시오. 그런 다음 1 = "전혀 아님", 5 = "보통 정도", 그리고 9 = "매우 그러함"으로 하는 9점 척도를 사용하여 각 항목에 대해 여러분의 동의 정도를 평가하시오. 이들 값 사이에 있는 중간 정도 수준의 동의에 대해서는 이들 사이에 있는 점수들을 사용하시오. 그런 다음 부록에서 득점 검색표를 참고하시오.

친밀의 요소

_____ 1. 나는 _____의 행복을 적극적으로 지지한다.
_____ 2. 나는 _____와(과) 따뜻한 관계에 있다.
_____ 3. 나는 필요할 때 _____을(를) 의지할 수 있다.
_____ 4. _____은(는) 필요할 때 나에게 의지할 수 있다.
_____ 5. 나는 _____와(과) 함께 나 자신과 내 소유물을 기꺼이 공유할 수 있다.
_____ 6. 나는 _____(으)로부터 상당한 정서적 지원을 받는다.
_____ 7. 나는 _____에게 상당한 정서적 지원을 제공한다.
_____ 8. 나는 _____와(과) 의사소통이 잘된다.
_____ 9. 나는 내 삶에서 _____을(를) 매우 소중하게 생각한다.
_____ 10. 나는 _____와(과) 친하다고 느낀다.
_____ 11. 나는 _____와(과) 편안한 관계를 가지고 있다.
_____ 12. 나는 정말 _____을(를) 이해한다고 느낀다.
_____ 13. 나는 _____가(이) 나를 정말 이해한다고 느낀다.
_____ 14. 나는 _____을(를) 정말로 신뢰할 수 있다고 느낀다.
_____ 15. 나는 _____와(과) 함께 나 자신에 대한 개인적 정보를 깊게 공유한다.

열정의 요소

_____ 16. 보기만 해도 _____은(는) 나를 흥분시킨다.
_____ 17. 나는 하루 중 _____에 대해 자주 생각하고 있는 나 자신을 발견한다.
_____ 18. _____와(과)의 관계는 아주 낭만적이다.
_____ 19. 나는 매우 개인적으로 매력을 느끼게 되는 _____을(를) 발견한다.
_____ 20. 나는 _____을(를) 이상화한다.
_____ 21. 나는 _____(이)처럼 나를 행복하게 해줄 수 있는 다른 사람을 상상할 수 없다.
_____ 22. 나는 다른 그 누구보다도 _____와(과) 함께 있을 것이다.
_____ 23. 나에게 있어 _____와(과)의 관계보다 더 중요한 것은 없다.
_____ 24. 나는 특히 _____와(과)의 신체 접촉을 좋아한다.
_____ 25. _____와(과)의 관계에 있어서는 거의 '마법적인' 뭔가가 있다.
_____ 26. 나는 _____을(를) 흠모한다.
_____ 27. 나는 _____(이)가 없는 삶은 상상할 수 없다.
_____ 28. _____와(과)의 관계는 열정적이다.
_____ 29. 나는 낭만적인 영화를 보고 낭만적인 책을 읽을 때, _____을(를) 생각하게 된다.
_____ 30. 나는 _____을(를) 공상 속에서 그린다.

헌신의 요소

_____ 31. 나는 내가 _____을(를) 배려하는 것을 안다.
_____ 32. 나는 _____와(과)의 관계를 유지하기 위한 헌신을 한다.
_____ 33. _____에 대한 헌신 때문에 나는 우리 사이에 다른 사람들을 끼워 넣지 않는다.
_____ 34. 나는 _____와(과)의 관계에 있어 안정성에 대한 자신감을 가지고 있다.
_____ 35. 나는 _____에 대한 헌신에 방해가 되는 어떤 것도 내버려 두지 않는다.
_____ 36. 나는 _____에 대한 사랑이 남은 내 삶을 위해 지속되기를 바라고 있다.
_____ 37. 나는 항상 _____에 대해 강한 책임을 느낀다.
_____ 38. 나는 _____에 대한 나의 헌신을 견고한 것으로 생각한다.
_____ 39. 나는 _____와(과)의 관계를 끝내는 것을 상상할 수 없다.
_____ 40. 나는 _____에 대한 사랑을 확신한다.
_____ 41. 나는 _____와(과)의 관계를 영구적이라고 생각한다.
_____ 42. 나는 _____와(과)의 관계를 좋은 결정이라고 생각한다.
_____ 43. 나는 _____을(를) 향한 어떤 책임감을 느낀다.
_____ 44. 나는 _____와(과)의 관계를 계속할 계획을 세운다.
_____ 45. _____가(이) 다루기 힘들 때조차도 나는 우리의 관계를 위해 계속 헌신한다.

느끼는 사람들을 위해 남겨둔 것이다. 하지만 우리는 때때로 이러한 친밀한 관계를 다른 사랑의 유형에서 볼 수 있는 장기적인 관계를 유지하기 위해 헌신 없이 발전시키기도 한다. 좋아함은 열정적 사랑이나 또는 스턴버그(Sternberg, 1988), 클라이드와 수잔 헨드릭(Clyde and Susan Hendrick, 2003), 일레인 해트필드(Hatfield 등, 2008)를 포함한 많은 작가들에 의해 **우애적 사랑**이라고 불린 보다 헌신하는 형태의 사랑으로 발전될 수도 있다.

연인들은 또한 친구가 되어야만 하나 아니면 연인과 친구는 결코 같이 합쳐질 수 없는 두 부분인가? 캔디와 스트레치의 관계는 진정한 우정과 가장 자주 관련되어 나타나는 특질인 신뢰를 기꺼이 공유하는 하는 마음이 부족했다. 신체적 친밀에도 불구하고 그들의 관계는 매우 피상적이어서 그들의 종교적인 배경에 대한 정보도 순탄하게 공유하지 못한 채로 남아 있게 되었다.

사실인가 아니면 허구인가 7

캔디와 스트레치는 이들이 친구는 아니었지만 "사랑에" 빠졌다. **사실인가 아니면 허구인가 7:** 역시 친구가 아닌 누군가와 사랑에 빠지는 것이 정말 가능하다. 사랑에 빠지는 것은 열정이나 심취의 상태로 이야기할 수 있는데, 반면에 우정은 대개 공유하는 관심, 좋아함, 존중에 기초한다. 우정과 열정적 사랑은 꼭 겹쳐지는 것은 아니다. 하지만 사랑에 빠진 사람들이 좋은 친구가 되는 것을 그 누구도, 아마도 가장 가까운 친구들조차 막을 방법은 없다. 스턴버그의 모델은 진정한 우정에서 발견되는 친밀과 그리고 사랑에서 발견되는 열정은 사랑의 두 가지 형태, 즉 낭만적 사랑과 완벽한 사랑에 같이 섞여 있음을 보여주고 있다. 그러나 이러한 사랑 유형은 헌신의 차원에 따라 달라진다.

비판적인 사고하기

여러분은 왜 대부분의 미국 사람이 낭만적 사랑을 체험하는 경우에만 결혼해야 한다고 믿고 있다고 생각하는가?

낭만적 사랑은 열정과 친밀 둘 다를 가지고 있지만 헌신은 부족하다. 낭만적 사랑은 밝게 불탄 다음에 깜박거릴지 모른다. 그렇지 않고 세 가지 요소 모두 꽃을 피워 완전한 사랑(완벽한 사랑)으로 발전될 수도 있다. 욕구는 깊은 친밀과 헌신을 동반한다. 열정의 불꽃은 한때 그랬던 것처럼 꽤 밝게 불타지 않을지라도 여러 해를 걸쳐 피어날 수 있다. 완벽한 사랑은 많은 서양인들이 이를 향해 노력을 해나가는 가장 특별하고 확실한 이상적인 모범이 된다.

이와 대조적으로 공허한 사랑은 헌신 그 외에는 다른 것은 거의 없다. 친밀의 따뜻한 정서적 포옹도 열정의 불꽃도 존재하지 않는다. 공허한 사랑의 경우 연인 중 한 사람은 의무감 때문에 인내하며 떠나지 않고 남아 있는 사람이 된다. 공허한 사랑 관계로 굳이 남게 되는 근저에는 한 사람이 관계를 지속해야 한다는 믿음이나 또는 한 사람이 속한 지역사회나 가족 구성원들이 그 관계를 지속하는 것이 옳다고 여기는 믿음이 기초하는 경우가 종종 있다.

때때로 어떤 사랑의 관계는 열정과 헌신 둘 다 있지만 친밀이 부족하다. 스턴버그는 이것을 허구적(바보 같은) 사랑이라고 부른다. 허구적 사랑은 정신없이 빠르게 진행되는 밝게 불타는 교제와 연관되어 있는데 얼마 지나지 않아 곧 파트너들은 서로 잘 어울리지 않는다는 것을 인식하게 된다. 친밀이 그러한 관계에서 발전될 수도 있지만 결혼을 급히 약속하는 커플에서 자신들의 현실적인 관계가 기대와는 달리 거짓이었음이 밝혀지는 경우를 종종 목격하게 된다.

사실인가 아니면 허구인가 8

사실인가 아니면 허구인가 8: 커플들은 열정이 식은 후에도 "사랑에" 남을 수 있는 것은 사실이다. 예를 들면 그들은 우애적 사랑을 체험할 수 있다. 그러나 우애적 사랑이 낭만이 부족해야 할 이유는 없다. 열정은 서서히 쇠퇴할지 모르지만 성적 즐거움은 유대 강화를 도울 수 있다. 우애적 사랑에서 친밀과 헌신은 강하지만 열정은 부족하다. 이러한 사랑의 형태는 장기적(이른바 플라토닉) 관계와 결혼에서 볼 수 있는 특징인데, 이 경우는 열정은 쇠퇴하지만 깊고 지속적인 우정은 자신의 삶과 얽힌 사람들과 함께 남아 있다 (Hatfield & Rapson, 2002; Hendrick & Hendrick, 2003).

스턴버그의 사랑의 세 가지 측면 중에서 이들 사이의 균형은 관계의 전개과정을 통해 변화될 가능성이 있다(Hatfield 등, 2008). 완벽한 사랑에서 볼 수 있듯이 세 요소 모두가 강한 경우는 우리 대부분에게 이상적인 관계의 전형이 된다. 관계가 시작될 초기에 열정은 강하나 친밀은 약할 수 있다. 커플들은 한 번만에 가장 사적인 서로의 생각과 감정을 알게 될 수도 있다. 하지만 시간만으로 친밀과 헌신이 커지는 것은 아니다. 어떤 커플들은 서로를 깊이 들여다보고 그들의 관계에서 비교적 초기 단계에 의미 있는 헌신을 형성할 수 있다. 그러나 오랜 세월을 함께 한 커플이더라도 헌신과는 거리가 멀거나 흔들리는 상태로 남아 있을 수 있다. 어떤 커플은 관계 초기부터 희미하게 깜박거리는 열정만 경험한다. 그 다음에 그것은 재빨리 사라져버린다. 어떤 커플은 열정의 불꽃이 언제나 밝게 불탄다. 하지만 많은 커플들이 친밀과 헌신이 더 강하게 자라는 동안 열정은 식는 경향이 있다는 것을 알게 된다.

사랑의 구성요소에 대한 지식은 커플들이 위험을 피할 수 있게 도움을 줄 수 있다. 열정은 관계 초기에 강한 끌어당김을 가한다는 것을 인식하고 있는 커플들은 그들을 미성숙한 장기적인 법적 헌신으로 급하게 내몰리지 않게 만들 수 있을 것이다. 열정이 식는 것이 정상적이라고 알고 있는 커플들은 그들의 사랑이 사실은 보다 깊고 풍성한 친밀과 헌신의 사랑 형태로 변화되고 있는 것일 수 있는데도 마치 사랑이 끝나 가는 것처럼 추측하지 않게 만들 수 있다. 이러한 지식은 또한 커플들로 하여금 불꽃이 차가워질지도 모를 첫 번째 징후를 피하려기보다는 타고 남은 낭만의 불꽃을 다시 일으키는 방법을 찾는 데 초점을 맞추도록 격려할 수 있다.

학생들의 실제 질문

질문: 사랑하는 관계에는 어떠한 비밀들이 숨겨져 있나요?

답변: 여기 몇 가지 비밀이 있다. 첫 번째는 정직해진다는 것인데, 즉 여러분의 호불호, 감정, 가치관에 대해 정직해진다. 또 하나는 여러분의 파트너와 함께 관심사항과 가치관을 공유하는 것이다. 만약 여러분이 파트너에게 동의하는 척만 한다면 지속적인 관계를 기대할 수 없다. 세 번째는 존중이다. 만약 여러분이 그 또는 그녀를 한 인간으로 존중하지 않는다면 아마도 진정으로 여러분의 파트너를 사랑할 수 없게 될 것이다.

7.6 끌림과 사랑—결속력

총정리: 재숙고, 재인용, 재검토

이 책은 PQ4R 방법을 사용하고 있다. 여러분은 맨 먼저 장 읽기, 즉 첫 번째 R을 잘 마쳤다. 이제부터 나머지 3R(총정리), 즉 재숙고, 재인용, 재검토는 여러분이 숙달한 정도를 여러분 스스로 테스트해 볼 수 있게 해줄 뿐 아니라, 이 장의 내용들을 이해하고 기억할 수 있게 도와줄 것이다.

재숙고

- 여러분은 낭만적인 파트너한테서 무엇을 찾는가? 왜?
- 여러분은 헨드릭스에 의해 열거된 사랑의 스타일을 실행해 본 적이 있는가? 여러분은 상대방에 의해 희생되어 본 적이 있는가? 그 경험은 무엇과 같았는가? 여러분은 그것으로부터 무엇을 배웠는가?
- 여러분은 사랑에 빠진 적이 있는가? 그렇다면 어떻게 여러분이 사랑에 빠졌다는 것을 알게 되었는가?

▶ **비판적인 사고하기:** 여러분이 다른 사람들에 끌리게 되는 패턴이 남자다운 또는 여성다운 고정관념을 따르는 경향이 있다고 말할 수 있는가? 아니면 여러분은 고정관념을 "뛰어넘어서" 있는가? 설명해 보시오.

재인용

1. 매력에 있어 신체적 외모의 역할은 무엇인가?

- 신체적 외모는 성적 매력의 핵심적인 결정 요인이다. 우리의 문화에서 날씬함은 멋지게 여긴다. 여성들과 남성들 모두 웃는 얼굴을 더 매력적이라고 생각한다. 사회적으로 우월한 여자들의 경우와는 달리 사회적으로 우월한 남자들은 보통 매력적이라고 여겨진다. 여자들이 직업과 관련된 지위와 소득 잠재력과 같은 특성에 상대적으로 더 큰 비중을 두는, 반면에 남자들은 신체적 외모를 상대적으로 더 많이 감안한다. 어떤 진화심리학자들은 좋아하는 특성에 대해 그와 같은 성차이를 진화적인 힘이 선호한다고 믿고 있는데, 그 이유는 이러한 특성들이 생식에 이점을 제공하기 때문이다.

2. 끌림-닮음 가설이란 무엇인가?

- "반대에 더 끌린다"는 속담에도 불구하고 연구는 끌림-닮음 가설을 지지하는 경향이 있는데, 이것은 사람들이 매력, 문화적 배경, 관심들에서 자신과 비슷한 사람과 낭만적인 관계를 발전시키려는 경향이 있다고 간주한다.

3. 끌림에서 호혜의 역할은 무엇인가?

- 우리의 감정은 우리와 닮은 사람들에게 더 따뜻해진다. 긍정적인 말과 행동으로 응대함으로써 불명확하거나 가벼운 감정이 강한 끌림의 감정으로 부추겨질 수도 있다.

4. 사랑의 다양한 의미는 무엇인가?

- 고대 그리스인들은 사랑의 현대적인 의미와 관련된 네 가지 개념을 가지고 있었다: 스토르게(사랑의 애착, 부모와 아이 사이처럼), 아가페(관대함과 자비), 필리아(우정, 좋아함, 존중), 그리고 에로스(열정).

5. 낭만적 사랑은 무엇인가?

- 서양의 문화는 낭만적 사랑의 개념을 이상화하는 전통을 가지고 있다. 미국에서 대부분의 사람들은 낭만적 사랑은 결혼에 대한 전제 조건으로 본다. 처음에는 심취와 지속적인 형태의 낭만적 사랑에 대한 구분이 잘 안 될 수도 있다.

6. 낭만적 사랑에 대한 일부 과학적 관점은 무엇인가?

- 버샤이드와 해트필드는 낭만적 사랑을 강렬한 생리적 흥분과 사랑으로서 그 흥분에 대한 인지적 평가를 가지고 정의한다. 낭만적 사랑에서 문화적 믿음은 흥분을 식별하는데 기여한다. 헨드릭 부부는 대학생들 사이에 여섯 가지 사랑의 방식이 있다고 제안한다: 낭만적 사랑, 게임하는 사랑, 우정, 논리적 사랑, 소유적 사랑, 그리고 이타적 사랑. 스턴버그는 사랑의 세 가지 뚜렷한 구성요소들이 있다고 제안한다: 친밀, 열정, 그리고 헌신. 낭만적 사랑은 열정과 친밀의 조합에 의해 특징지어진다. 문화적 이상이 되는 완벽한 사랑은 세 가지 요소 모두에 의해 나타내진다.

재검토

1. 보편적으로 _______은 여자들에게서 매력적이라고 여긴다.
   (a) 좋은 안색
   (b) 날씬함
   (c) 통통함
   (d) 사회적으로 우월한 행동

2. 수잔 스프레허와 그녀의 동료들은 여자는 남자에 비해 _______ 사람과 더 기꺼이 결혼한다는 사실을 발견하였다.
   (a) 자신보다 6살 또는 그 이상 어린
   (b) 좋은 외모가 아닌
   (c) 자신보다 교육을 덜 받은
   (d) 안정된 직업을 잡을 것 같지 않은

3. 사랑의 애착, 깊은 우정, 또는 비성적인 애정은 고대 그리스인의 개념 중 _______를 서술하는 것이다.
   (a) 아가페
   (b) 스토르게
   (c) 에로스
   (d) 필리아

4. "나는 연인에 대한 헌신을 아직 결정하지 못하고 있다." 또는 "나는 연애를 꽤 쉽게 극복한다"라고 말하는 사람들은 _______ 사랑의 유형에서 나타난다.
   (a) 논리적
   (b) 낭만적
   (c) 게임하는
   (d) 소유적

5. 스턴버그에 따르면, 낭만적 사랑은 _______을 수반한다.
   (a) 열정과 친밀
   (b) 열정과 헌신
   (c) 친밀과 헌신
   (d) 열정만

6. NHSLS에 따르면, 거의 _______퍼센트의 독신 유럽계 미국인 남자들의 섹스 파트너는 유럽계 미국인 여자들이다.
   (a) 34
   (b) 54
   (c) 74
   (d) 94

7. 37곳의 문화에서 이루어진 짝에 대한 선호에 있어 성차이에 관한 버스의 연구에서, 버스는 _______는 것을 발견하였다.
   (a) 남자들은 자신들보다 돈을 더 버는 여자들을 선호한다
   (b) 여자들은 그들보다 연상인 남자들을 선호한다
   (c) 유럽인 남자들만이 결혼에 관심을 표한다
   (d) 진화적인 힘은 어떤 문화에서는 선호에 기여를 하지만 다른 문화에서는 그렇지 않다

8. 헬렌 피셔와 그녀의 동료들은 우리가 새로운 낭만적 사랑을 경험할 때 _______이(가) 매우 활발하다는 것을 발견하였다.
   (a) 망상체활성화계
   (b) 전두엽 피질
   (c) 중족지골 관절
   (d) 꼬리핵

9. 짝에 대한 선호에 있어 성차이에 관한 버스의 연구에서, 버스는 남자와 여자 모두 _______에 최고로 높은 비중을 둔 것을 발견하였다.
   (a) 지능
   (b) 소득 잠재력
   (c) 얼굴 모습
   (d) 안색

10. 헨드릭스는 여자 대학생들에 비해 남자 대학생들이 _______ 사랑의 유형을 발전시킬 가능성이 훨씬 더 높다는 것을 발견하였다.
   (a) 친숙한
   (b) 논리적
   (c) 낭만적
   (d) 소유적

정답: 1. a; 2. b; 3. d; 4. c; 5. a; 6. d; 7. b; 8. d; 9. a; 10. c

8장

관계와 소통

목차

사실인가 아니면 허구인가

다음 중 어느 것이 사실이고 어느 것이 허구인가? 답은 본문 안에 있는 「사실인가 아니면 허구인가」 아이콘에서 만날 수 있다.

1. 사교적 담소는 관계를 여는 데 있어서 본심을 드러내지 않은 대화의 한 방법이다. T F
2. 첫 발언 연습은 진실하지 못한 사람에게나 필요하다. T F
3. 신속한 자아 개방을 통해 극히 개인적인 사실들을 고백하는 것이 새로 형성된 관계를 깊이 있게 발전시키는 최선의 방법이다. T F
4. 성적 친밀감 형성 없이도 친밀한 관계를 형성할 수 있다. T F
5. 타인에게 거부당하는 것에 대한 두려움으로 많은 사람들이 외로움에 빠진다. T F
6. 갈등은 관계를 파괴하는 방향으로 작용한다. T F
7. "당신께 필요한 건 사랑이 전부에요." 즉 커플이 서로를 진정으로 사랑하게 되면 그들은 서로에게 성적 만족감을 줄 수 있는 방법을 본능적으로 알게 된다. T F
8. 당신이 누군가로부터 비판받았다면 가장 좋은 대처 방법은 앙갚음을 하는 것이다. T F
9. 커플들이 서로의 다름에 대해 이해하지 못했을 때, 그들의 관계는 결국 파국으로 치닫는다. T F

춤추실래요? 춤추시지 않으실래요? 춤추실래요? 춤추시지 않으실래요?

— 이상한 나라의 엘리스, 루이스 캐롤

그 누구도 혼자서는 살 수 없다.*

— 인간은 섬이 아니다, 존 던

"하나, 둘. 하나, 둘." 마이크 테스트냐고? 아니다. 카사블랑카여, 다시 한 번(원제: *Play It Again, Sam*)이라는 영화에서 우디 앨런은 방금 이혼한 멍청하고 따분한 앨런 펠릭스를 연기한다. 다이앤 키튼은 앨런의 정신적인 사랑, 친구 린다를 연기한다. 앨런 펠릭스는 어느 날 저녁 한 술집에서 린다 및 린다의 남편과 자리를 함께한다. 그곳에서 앨런 펠릭스는 댄스 플로어에서 춤을 추는 너무도 매력적인 한 젊은 여성에 넋을 잃고 그녀와 사귀었으면 하는 소망을 품는다.

지금 해야 할 일은, 춤을 추며 그녀 옆으로 다가가, "말을 거는 것"이라고 린다는 앨런을 재촉한다. 잠깐의 실랑이 끝에, 린다는 앨런이 춤추도록 설득하는 데 성공한다. 린다는 앨런에게 춤추는 것은 매우 쉽다고 말한다. 단지 박자만 맞추면 된다고. – "하나, 둘, 하나, 둘."

"하나, 둘, 하나, 둘"을 반복하며 앨런은 엉거주춤 춤을 춘다. 그리고 린다는 앨런을 그녀에게로 슬쩍 밀어 붙인다.

앨런은 우물거리며 그녀 앞에서 춤을 춘다. 그리고 용기를 내어 앨런이 그녀에게 한 말은 "하나, 둘, 하나, 둘". 그는 무시당했고 다시 린다에게로 돌아갔다.

"앨런, 좀 더 의미 있는 말을 해요." 린다는 앨런에게 간절히 충고한다.

다시 한번, 앨런은 춤을 추며 소심하게 그녀에게로 다가갔다. 그리고는 말을 더듬으며 한 말이 "셋, 넷, 셋, 넷."

* 영국 시인 존 던(John Donne)의 기도서 일부분으로 원문은 다음과 같다. No man is an island, entire of itself; everyman is a piece of the continent, a part of the main. 모든 사람은 대륙의 한 조각, 본토의 일부이므로 혼자 떨어져서는 살아갈 수 없는 존재라는 의미이다.

"앨런, 그녀에게 말을 거세요." 린다는 재촉한다.

그는 다시 그녀에게로 춤을 추며 다가가 "춤추는데 관심 있으세요?"라고 말을 건넨다.

"꺼져, 멍청아." 그녀는 일축한다.

앨런은 춤을 추며 린다에게로 빠르게 돌아온다. "그녀가 뭐래요?" 린다가 묻는다.

앨런은 어깨를 으쓱하며, "그녀는 춤추고 싶지 안테요."라고 말한다.

"하나, 둘, 하나, 둘"은 집어치웠어야 한다. "셋, 넷, 셋, 넷"도 마찬가지다. 관계를 시작하기 위해서는 사회적 기술이 필요하다. 특히 처음 몇 마디의 대화는 매우 중요한 의미를 가진다.

이 장에서 우리는 친밀한 관계(intimate relationship; 감정적, 육체적으로, 특히 성적 관계를 포함한 친밀한 관계) 형성을 위한 단계를 정의하고자 한다. 친밀감이란 무엇인지 정의할 것이며, 모든 관계가 친밀감으로 표현되는 단계에 도달하는 것은 아니라는 사실을 살펴볼 것이다(오래된 그리고 헌신적인 관계조차도 친밀한 관계에 도달하지 못할 수 있다). 그리고 우리 중 어떤 사람들은 아마도 외로이 홀로 남는다. 이전 장에서 제시하였듯이, 사람들이 고독을 극복하는 데에는 단계가 있으며, 몇 가지 방안을 제시할 것이다. 끝으로 관계 속에서의 만족감에 대해 논의할 것이며, 또한 소통 기술을 강화함으로써 만족감을 증진시킬 수 있는 방법에 대해 논의할 것이다.

사회교환 이론(social-exchange theory) 관계의 발달이 사회 교환의 전개, 즉 관계를 와해하지 않고 유지하기 위해 소요되는 보상과 비용의 전개를 반영한다는 이론.

8.1 애정 관계의 ABC(DE)

애정관계 형성은 사람의 성장과정과 마찬가지로 발달 단계가 있다. **사회교환 이론**

(social-exchange theory)에 따르면, 관계 발달은 관계를 와해하지 않고 유지하기 위해 소요되는 비용과 그에 따른 보상이 주어지는 사회교환 원칙을 따른다고 설명한다. 각 단계에서 긍정적인 요소들은 배우자로 하여금 그들의 관계를 유지하고 강화하는 방향으로 이끈다. 그러나 부정적인 요소들은 배우자로 하여금 그 관계를 악화시키거나 끝내는 방향으로 기울도록 유도한다.

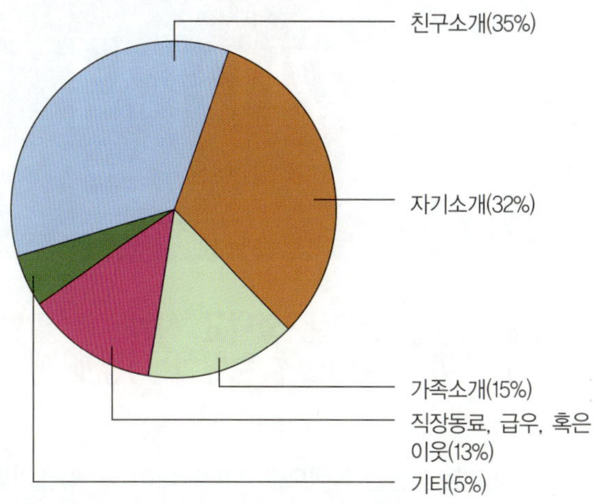

그림 8.1 사람들은 어떻게 배우자를 만나는가? 미국 건강사회생활조사의 보고에 따르면(Michael 등, 1994), 기혼 성인의 3분의 2가 친구의 소개나 자기소개로 배우자를 만났다. 현재 관계를 형성하고 있는 미혼 커플들이 배우자를 만나는 주요 방법 또한 친구소개 및 자기소개이다.

많은 연구자들은 애정관계의 발달 과정을 여러 단계 혹은 시기로 구분하였다(Dindia & Timmerman, 2003; Hendrick & Hendrick, 2000; Honeycutt & Cantrill, 2001). 그들의 연구를 토대로 우리는 애정관계 형성을 위한 다섯 단계의 **ABCDE 모델**을 제시할 수 있다. (1) 끌림(A; attraction), (2) 건설(B; building), (3) 유지(C; continuation), (4) 악화(D; deterioration), (5) 종결(E; ending, termination).

끌림은 두 사람이 서로를 인지하고 서로가 매력적이거나 유혹적이라고 느낄 때 일어난다. 우리는 근처의 사무실에서 혹은 새로운 강의실에서 "사람들로 북적이는 공간에서도 홀연히 빛을 발산하며 매혹적으로 다가오는 사람"에게 이끌리는 자신을 발견할 수 있다. 우리는 미팅을 통해, 소개팅을 통해, 혹은 컴퓨터 채팅을 통해 혹은 "우연히" 누군가를 만날 수도 있다. 미국건강사회생활조사의 보고에 따르면(Michael 등, 1994), 기혼 성인의 약 35%는 쌍방의 친구 소개로 배우자를 만났으며, 약 32%는 자기 스스로 배우자에게 다가갔다(그림 8.1). 그리고 가족의 소개로 약 15%가, 혹은 동료나 급우 또는 이웃의 소개로 약 13%가 배우자를 만났다. 기혼 커플들과 마찬가지로 미혼 커플들 또한 쌍방의 친구소개를 통해 혹은 스스로 자기 자신을 상대방에게 소개함으로써 배우자를 만났다고 답하였다(Michael 등, 1994).

상대방이 나에게 끌리도록 하기 위해서는 기분 좋은 분위기를 조성하는 것이 중요한 것 같다. 조지 레빙거와 그의 동료들은 128명의 남성과 여성에게 행복한 영화나 슬픈 영화를 관람하게 하였다(Forgas 등, 1994). 그 결과 행복한 영화를 관람한 사람들이 상대방에 대해 그리고 그들의 관계에 대해 더욱 큰 호감을 나타냈다(데이트에서 무엇을 볼 것인지 한 번 더 숙고하시길 바란다).

관계형성에 동기부여를 할 수 있는 요소로는 신체적 매력, 태도에서의 상호 유사성, 서로에게 느끼는 호감도 등을 들 수 있다. 관계형성을 단절시키는 요소로는 신체의 매력 부재, 상반된 태도, 호감의 부재 등을 들 수 있다.

다수의 연구 결과에 따르면, 남성들은 관계형성을 선택함에 있어 여성에 비해 욕정에 의해 좌우되는 경향이 크다. 예를 들어 남성은 여성에 비해 성교와 유희에 집중하는 경향이 큰 반면, 여성은 남성에 비해 소통 능력이나 상호관계와 같은 문제들에 집중하는 경향이 크다(Hassebrauck, 2003; Holmberg 등, 2009). 그러므로 남성-남성 관계에서 양 배우자는 비교적 교제 초기에 성적 관계에 돌입하는 경향이 크다. 여성-여성 관계에서는, 그들이 전형적인 여성성에 대한 극도의 혐오감을 가지지 않는 한, 성적 관계에 몰입하는데 있어 상대적으로 조심스러운 태도를 취한다. 이러한 연구결과들은 진화론적 관점과 일맥상통한다. 즉 남성은 대체로 성적 활동의 개시자로서 역할을 수행하고, 여성은 남성이 믿음직한 부양자로서 적당한지의 가치를 심사숙고한다.

ABCDE 모델(ABCDE model) 로맨틱한 관계가 끌림(A; attraction), (2) 건설(B; building), (3) 유지(C; continuation), (4) 악화(D; deterioration), (5) 종결(E; ending, termination)의 다섯 단계로 구성된다는 이론.

가까이서 보기

사랑을 서두를 필요는 없다고 사람들은 말한다. 그러나 스피드 데이트에 대해선 어떻게 생각하는가?

이 이야기는 방송을 목적으로 스피드 데이트에 참여한 두 명의 케이블 방송 리포터의 이야기다. 물론 그들은 이 과정에서 좋은 사람을 만날 수 있다면, 그 또한 나쁘지 않다고 생각하였다.

엘리는 25세로 중서부 출신의 신입 현장 리포터다. 그녀는 전문직 종사자로 나이는 자신보다 조금 연상인, 그러나 너무 많지는 않은 남성을 찾고 있다. 동물을 사랑하고, 여행을 좋아하며, 외모가 단정하고, 언변이 좋으며, 자신의 표준 체격과 어울리는 남성을 찾고 있다. 다니엘 크레이그**만큼 명성 있는 사람을 원하지는 않았지만, 자기 자신을 돌볼 줄 아는 사람이어야 한다고 엘리는 말하였다.

마이클은 24세로 델라웨어 출신의 뉴스 편집인이다. 그는 와인에 대한 식견을 가지고 있으며, 영화감상과 독서를 즐기는, 그리고 외모는 아름다운 여성을 찾고 있다.

** 다니엘 크레이그(Daniel Craig): 영국 출신의 영화 배우. 〈007 카지노 로얄〉에서 제6대 제임스 본드를 연기해 세계적으로 이름을 알렸다.

엘리와 마이클은 스피드 데이트에 대한 방송 취재를 위해 스피드 데이트를 신청하였다. 스피드 데이트가 추구하는 숨은 목적은 여가 시간이 많지 않은 독신들이 짧은 시간 내에 여러 부류의 사람들을 만날 수 있게 하는 것이다(Eastwick & Finkel, 2008). 맨해튼에 소재한 허리데이트(HurryDate)라는 소개회사를 통해 엘리와 마이클은 여러 부류의 이성들과 각자 단지 4분 동안 이야기를 나누었다.

그들은 허리데이트에 수수료를 지불하고 동의서에 사인을 한 후 허리데이트 웹사이트에 자신의 이력을 기재하였다. 그리고 엘리스와 마이클은 참가를 신청한 독신 남녀들이 모이기에 적절한 한 카페에서 열린 데이트 행사에 참석하였다. 참가자에게는 이름이 아닌 숫자가 부여되었다.

남성들은 매 4분마다 되풀이되는 뮤지컬 의자 놀이를 하게 된다. 이때 전체 의자 중 제거되는 의자는 없다. 의자 앞쪽에는 저지선이 그어져 있고 남성들은 여성들을 마주보고 앉는다. 그리고 단지 4분 동안 상대방과 잡담을 주고받는다. 그리고 말 그대로 호각이 울리면 남성은 다음 자리로 옮겨 앉고 새로 마주 앉은 남녀 사이에 동일한 과정이 반복된다. 매번의 대화 후, 남녀는 현재 대화를 나눈 번호의 사람에 대한 느낌을 허리데이트에서 제공한 설문지에 갈겨쓴다. 시간이 흐른 후에 그 사람에 대한 자신의 감정이 어떠했는지 기억해내기 위함이다.

행사가 끝난 후 참가자들은 각자 집으로 돌아간다. 그리고 허리데이트 웹사이트에 접속하고 그들이 행사에서 만났던 사람들의 번호를 검색한다. "예" 혹은 "아니요"로 자기가 대화하고 싶은 사람의 번호를 지정한다. 이때 쌍방이 모두 "예"를 선택하였을 경우, 그들은 허리데이트를 통해 상대방에게 메시지를 전달할 수 있다.

엘리와 마이클에게는 어떤 일이 일어났을까? 계속 읽어 보자.

엘리

나는 취재를 위해 스피드 데이트에 참여했으며, 많은 것을 기대하지는 않았다. 그리고 솔직히 말해서, 나는 내가 기대하던 어떤 것도 얻지 못했다. 내가 생각하기에 스피드 데이트는 재미있는 것이기도 하였으나, 또한 정신없는 것이기도 하였다. 그리고 만약 약간의 거리를 두고 나 자신을 바라보지 않았다면, 그것은 감정적으로 역겨운 그런 종류의 경험이

사실인가 아니면 허구인가 **1**

적절한 사교적 담소: 관계형성의 오디션

사실인가 아니면 허구인가 1: 사교적 담소를 관계를 시작하기 위한 가식적인 방법으로 여기는 것은 잘못된 것이다. 사교적 담소는 서로의 공통점을 찾기 위한 효과적인 방법이다(Cunningham & Barbee, 2008). 성공적인 사교적 담소는 대화 당사자들이 피상적인 관계에서 좀 더 깊이 있는 관계로 여행을 떠날 수 있게 용기를 북돋운다. 모임이나 클럽에서 사람들은 이 사람에게서 저 사람에게로 대화상대를 옮겨 다니며, 사교적 담소를 나눈다. 그리고 결국 공통점을 발견한 커플들은 친구가 된다.

사교적 담소(small talk) 깊이 있는 대화를 나누기보다는 폭넓은 사회 관심사에 대해 정보를 교환하는 표면적인 대화.

사교적 담소(small talk)는 관계를 형성하는 초기에 사람들이 서로를 판단할 수 있도록 도와준다. 즉, 서로의 태도나 관심사에 공통분모가 있는지, 혹은 상대방에게 느꼈던 매력의 감정이 확실한 것인지 등을 확인하는데 도움을 준다(Knapp & Vangelista, 2000). 사교적 담소는 한 주제를 깊이 있게 다루기보다는 여러 주제를 다양하게 다루는 것이 중요한다. 사교적 담소를 나누는 것은 "모조" 반지를 끼는 것과 같다. 그러나 그것

었다고 생각한다. 여러분도 이해할 수 있으리라. 나는 스피드 데이트를 통해 적절한 남편감을 만날 수 있으리라고는 추호도 생각지 않았으며, 내가 옳았다. 만약 이런 종류의 일이 매우 중요한 것이었다면, 1시간 30분 동안 20명의 얼굴을 보는 것은 매우 힘든 일이었으리라고 나는 생각한다.

대부분의 남성들은 내가 묻지도 않았는데 자신이 어떤 일에 종사하는지 지껄였다. 내가 그들의 직업에 관심이 없다는 것에 대해 남성들은 의아해할지 모르겠지만, 그들과 대면했을 때, 나는 진실로 그들이 무엇을 하고 있는지 알고 싶지 않았다. 어떤 남성들은 자신이 마치 백만장자라도 될 것처럼 금융권에 종사한다는 사실을 강조하였다. 두 명의 교사가 있었으며, 대학 교수나 의사는 없었다. 그렇다. 대부분이 판매직 종사자였다. 그리고 어떤 사람들은 경제력을 과시하려는 듯 자신이 맨해튼에 거주한다는 사실을 반복 강조하였다.

남성들은 또한 나의 직업에 대해 물었다. 마치 자신이 전세를 얻거나 주택담보대출을 얻는데 도움이 될 수 있는지 알아보려는 것 같았다. 또한 내가 어디에 거주하는지, 그리고 내가 여가시간에 무엇을 즐겨 하는지 알고 싶어 했다.

나는 그들에게 여행을 좋아하는지 혹은 외화를 즐겨 보는지 묻지 않았다.

15명의 남성이 나에 대해 "예"라고 답하였다. 그러나 남편감은 다른 방법을 통해 찾아야겠다는 것이 나의 결심이다.

마이클

엘리는 자신의 이력에 대해 말해 주었으며, 솔직히 나는 내가 그녀보다 조금 낫다고 생각한다. 그녀는 활달한 성격이다. 말하자면 남자들이 꼬이는 그런 스타일이었다. 나는 서로 아는 사이일 경우 외향적이다. 그러나 엘리에게 남자들이 꼬이는 것처럼 나에게는 여자가 꼬이지 않는다. 그러므로 1시간 30분 동안 20명의 사람들을 만난다는 것이 나로서는 부정적이지 않았다. 사실, 그들 중 6명이 나에게 "예"라는 답을 하였으며, 이는 그들이 나와 좀 더 관계를 이어갔으면 한다는 것을 의미한다. 그리고 그들 중 2명은 나로서도 다소간 마음이 끌리는 사람이었다. 확률이 너무 낮다고 생각하는 사람이 있을지 모르겠다. 그렇지 않은가? 10명 중 1명이라. 그러나 내가 의미하는 것은 20명의 여성을 만났으며 그들 중 2명의 여성과는 교제가 가능하다는 것이다. 전혀 나쁘지 않다고 생각한다. 만약 내가 친구와 함께 주말 저녁에 카페에 있다고 가정하자. 나는 한 여성에게 대화를 시도할 것이며, 그녀가 나에 대해 또한 관심을 가질 수 있는 확률은 다섯 명 중 한 명이나 될까?

여기서 나는 약 4분간 대화를 나누게 된다. 너무 짧은 시간이라고 생각할지 모르겠다. 그러나 당신이 생각하는 것보다는 긴 시간이다. 즉, "직업은 뭐예요?"나 "취미는요?", 그리고 중요하지 않은 일들을 당신은 묻게 되고, 그녀 또한 당신에게 "직업은 뭐예요?"나 "취미는요?" 그리고 몇 가지 다른 질문을 던지게 된다. 그리고 짧은 답변이 오간다면 당신은 이 대화가 2분이면 충분하다는 것을 알게 될 것이다. 자! 이런 예를 들어 보자. 두 사람 모두 내성적이며 장황하게 말을 늘어놓지 못한다고 가정해 보자. 그들은 매우 짧게 이야기함으로써 어려운 상황을 맞지 않을 수 있다. 그렇다. 사람을 바라보며 무슨 이야기를 해야 할지 곤란해 하는 나와 같은 사람이 안고 있는 문제다.

나의 관심사에 대해, '길버트와 설리번'에 대해, 그리고 서로가 관심 있어 하는 문화의 종류에 대해 "예"라고 답한 여성 중 누구와 이야기를 나눌 것인지에 대해서는 나에게 묻지 마시라. 그녀는 관심 있어 할 것이라 나는 생각한다. 나는 그녀와 재회할 수 있기를 학수고대한다!

공원에서 자리를 찾고 있는 엘리와 마이클

은 관계를 확대하는데 있어 매우 적절한 방법이다. 더욱이 사교적 담소를 잘 하는 능력은 사회생활을 영위하는데 있어서도 가치 있는 기술이다.

"첫 발언": 어떻게 시작할 것인가?

사교적 담소의 한 종류로 인사 혹은 첫 발언이 있다(Cunningham & Barbee, 2008). 우리는 보통 인사를 나누기 전에 먼저 눈빛을 교환하고, 만약 서로의 눈이 마주쳤다면 어떤 말을 건넬 것인지 결정한다. 시선 교환을 피하는 행동은 상대방이 매우 소심하다는 것을 의미할 수도, 또는 자신에게 관심이 없다는 것을 의미할 수도 있다. 만약 당신이 누군가에게 관심이 있다면 미소를 머금고 눈을 마주치도록 하라. 그리고 만약 서로 눈길을 교환했다면, 첫 발언이나 인사를 아래처럼 건네도록 하라.

- "안녕하세요!"와 같은 언어적 인사.

새로운 사람을 만났을 때 당신은 어떤 말을 하는가? 사교적 담소는 나누는가? 무엇에 대해 대화하는가? 첫 발언은 사용하는가? 어떤 내용인가? 당신은 진실한가? 가식적인가? 긴장하는 편인가? 편안해 하는가? 사교적 담소는 실질적으로는 가벼운 이야기가 아니다. 사람들은 공통점을 찾거나 애정의 감정을 갖는 것이 가능한지 살피기 위해 사교적 담소를 나눈다.

- "어떻게 지내세요?"와 같은 개인적 안부.
- "옷이 잘 어울리네요!"와 같은 칭찬.
- "저 그림에 대해 어떻게 생각하세요?"라든가 혹은 "정말 멋진 아파트에요"처럼 상대방과 공유할 수 있는 주변 환경에 대한 언급.
- "우리 육상 팀에 대한 기사를 보셨나요?"처럼 상대방과 함께 하는 장소 이외의 사람이나 사건에 대한 언급.
- "당신이 혼자 앉아 있는 것을 주목하고 있었어요!"라던가 혹은 "당신이 매주 토요일 아침 이 길에 나와 있는 것을 보았답니다!" 처럼 상대방의 행동에 대한 언급.
- "안녕, 내 이름은 앨런 펠릭스야!"처럼 자기 자신이나 자신의 행동에 대한 언급(선호하는 별명이 있다면, 별명을 사용하는 것도 좋다).

"안녕" 또는 "안녕하세요"와 같은 간단한 인사는 매우 유용하다. 정겨운 인사에 이어지는 친근한 눈길 교환은 서로에게 관심이 있는지 여부를 판단할 수 있는 몇 가지 느낌을 줄 것이다. 상대방이 눈길을 서로 마주치며 친근한 미소로 인사에 화답한다면, 당신은 당신 주변에 대한 언급이나 다른 사람의 행동, 당신의 이름 등을 말함으로써 관계를 이어나갈 수 있다.

사실인가 아니면 허구인가 2

사실인가 아니면 허구인가 2: 진실되지 못한 사람들에게나 첫 발언 연습이 필요하다는 생각은 진실이 아니다. 첫 발언의 연습은 모든 사람에게 도움이 된다.

이름, 직위, 주소지 교환 이름이나 직업, 혼인여부, 주거하는 도시 등을 우리는 처음 교환한다. 이와 같은 행동은 직무상 타인을 만났을 때 "이름, 직위, 주소지"를 교환하는 것과 같다. 대부분의 사람들은 타인과의 공통점을 찾기 위해 사회적 지위를 알고 싶어 하며, 이는 타인과 대화를 이어가기 위한 기본 조건이 된다(Cunningham & Barbee, 2008). 여기에는 불문율이 존재하는 것으로 보인다. 즉 "나에 대해 이 정도의 정보를 당신에게 주었으니 당신도 그에 상응하는 정도의 정보를 나에게 주어야 한다. 또는… 당신이 주소지를 알려준다면 나 또한 내 주소지를 말하겠다"(Knapp & Vangelista, 2000). 만약 상대방의 반응이 신통치 않다면, 그녀 또는 그는 당신에게 관심이 없는 것일 것이다. 또는 당신의 접근 방식이 서툴렀을 수도 있다. 혹은 시작 단계부터 자기 자신에 대해 너무 많은 말을 함으로써 상대방이 흥미를 잃토록 하였을 수도 있다.

한두 세대 전만 해도 여성이 먼저 관심을 보이거나 친근한 관계 형성을 위해 남성에게 접근하는 일은 거의 없었다. 그러나 오늘날 선진국의 많은 여성들은 자발적으로 먼저 접근한다(Wade 등, 2009). 더욱이 관계를 시작하는데 있어 가장 효과적인 방법인 첫 발언, 특히 관심 신호를 보내는 첫 발언을 할 자격은 남녀 모두에게 있다(Wade 등, 2009).

자아개방: 당신이 나에게 이야기해 준다면 나 또한 당신에게 말하리라… 조심스럽게

자아개방(self-disclosure) 개인적 정보, 보통 친근한 정보를 공개하는 것.

자아개방(self-disclosure) 또는 자기가 누구인지 밝히는 것은 친근한 관계를 형성하기 위한 가장 중추적인 일이다(Derlega 등, 2008; Morry, 2005). 그렇다면 누군가를 만났을 때 어떤 종류의 정보를 제공하는 것이 안전한 것일까? 만약 여러분이 자신의 이름, 직위, 주소지 등을 밝히려 하지 않는다면, 상대방은 당신이 관심 없어 한다고 느끼거나 혹은 무언가 숨기려 한다고 생각할 것이다. 한편 만약 여러분이 자신의 넓적다리에 발진이 있다는 사실을 상대방에게 말한다면, 여러분은 너무 빨리, 너무 많은 것을 밝히려 한 것이 된다.

표면관계(surface contact) 서로에게 공통점이나 애정의 감정이 있는지 탐구하는 관계 형성의 탐침 시기.

사실인가 아니면 허구인가 3

사실인가 아니면 허구인가 3: 연구자들은 너무 이른 시간에 사적인 정보를 공개하는 것은 자제해야 한다고 충고한다(Derlega 등, 2008; Punyanunt-Carter, 2006). 한 고전적인 실험에서, 연구의 공모자들은 실험에 참여한 참가자와 10분간의 대화를 가졌다(Wortman 등, 1976). 공모자의 한 그룹은 "조기 폭로자"로 자신의 사적인 정보를 대화 초기에 밝힌다. 다른 공모자 그룹은 "후기 폭로자"로 자신의 사적인 정보를 대화 막바지에 이르러서야 비로소 밝힌다. 이 두 그룹이 밝히는 내용은 동일하다. 그리고 실험 참가자들은 공모자들의 순위를 매겼다. 그 결과 조기 폭로자는 후기 폭로자에 비해 미성숙하고, 안정감이 없으며, 적응도가 떨어지고, 진솔하지 못한 것으로 나타났다.

사이버공간에서의 자아개방 한편, 사이버공간에서 사람들이 만날 때에는 빠른 자아 개방이 새로운 주요 규범으로 자리 잡은 것 같다(Brunet & Schmidt, 2008; Punyanunt-Carter, 2006). 사이버공간은 비교적 익명성이 보장된다. 또한 사이버공간에서는 정서적 친밀감이나 개방성을 증대시키면서도 자신의 사생활은 보호받을 수 있도록 자아개방의 수위를 조절할 수 있다. 사이버공간에서 사생활이란 의미의 본질은 변화하였다. 왜냐하면 보통 개인적인 것으로 감춰두었을 문제들이 사이버공간에서는 논의되기 때문이다.

만약 사교적 담소와 초기 자아개방을 통한 **표면관계(surface contact)**가 서로간에 만족스러운 것이 되었다면, 그들은 서로에 대해 좋은 감정을 발전시키려 하게 된다(Abell 등, 2006; Colllins & Miller, 1994). 자아개방은 개인적인 감정을 상대방과 공유할 수 있을 만큼 충분히 서로에게 진실하다는 기반이 마련되었을 때 이루어질 수 있다.

비판적인 사고하기

자아개방을 하지 않고서도 어느 정도 관계를 발전시킬 수는 있다. 그러나 너무 빨리, 너무 많은 정도로 자아개방을 하는 것 또한 이상하고 올바르지 못한 것일 수 있다. 그리고 그와 같은 행동은 당신이 통제 불능이라는 인식을 줄 수 있다. 개인적 정보의 공개를 통제할 수 있는, 경험에서 우러나는, 어떤 법칙을 당신은 가지고 있는가?

자아개방의 남녀 차이 "그는 나에게 마음을 연 적이 없어. 마치 벽과 함께 생활하는 것 같다니깐."이라고 여성들은 친구들에게 불평을 털어놓는다. 여성들은 보통 남성들이 자신의 감정을 표현해야 한다고 주장한다. 그러나 연구에 따르면, 남성이든 여성이든 상관없이, 남성성이 강한 유형의 사람들은 자신의 감정을 좀처럼 밖으로 표출하지 않는다. 마치 남성성을 강조하는 전통적인 문구인 "강하라 그리고 침묵하라"를 실천이라도 하듯이 말이다(Derlega 등, 2008). 수잔 바소와 킴벌리 루벤필드는 그들의 해부학적 성에 상관없이 여성성이 강한 유형의 사람들이 남성성이 강한 유형의 사람들에 비해 동정적이며 타인의 문제에 더 잘 귀를 기울인다는 사실을 발견하였다(Susan Basow & Kimberly Rubenfel, 2003).

관계에 공들이기. 배우자 중 한 사람이 관계에 공을 들이면 다른 사람은 화답하고자 하는 마음이 들게 된다. 배우자가 왜 이 선물을 주었을까? "그냥?"

관계 유지를 돈독히 하는 조건으로 다음과 같은 것들이 있다: 관계에 변화를 주고 서로의 이익을 유지할 수 있는 새

상호관계(mutuality) 같은 공간, 같은 시간 내에 두 명의 "내"가 우연히 함께 존재하는 것이 아니라 당사자가 서로를 "우리"로 여기게 되는 관계 형성 시기.

친밀감(intimacy) 가장 내적인 생각이나 감정을 공유함으로써 특징지어지는 정서적 친밀감과 유대감.

비판적인 사고하기

타인과의 상호관계를 위해 노력하면서 동시에 완벽하게 개성을 유지하는 것이 가능하다고 생각하는가? 설명해 보시오.

로운 방법을 추구하기(새로운 성적 활동이나 사회 활동을 찾으려고 하는 노력), 상대방을 긍정적으로 평가하며 서로에게 애정이 있다는 증거를 제공하기(생일이나 발렌타인데이에 카드 쓰기), 배우자를 신뢰하기, 상호관계에서 공정하다고 느끼게 하기, 그리고 전반적으로 만족한다는 느낌을 경험하게 하기 등이다. 그리고 관계를 발전시키는 한 가지 방법은 **상호관계(mutuality)**를 발전시키는 것이다. 즉, 같은 공간, 같은 시간 내에 두 명의 "내"가 우연히 함께 존재하는 것이 아니라, 당사자가 서로를 "우리"로 여길 수 있도록 관계를 발전시키는 것이다(Avivi 등, 2009; Deci 등, 2006). 상호관계는 관계가 지속적으로 유지되면서 더욱 깊어지는 것을 추구한다. 또한 상호관계는 서로가 상호의존적이라는 것을 함께 인지하는 것을 의미한다. 이번 주말에 무엇을 할 것인지와 같은 사소한 일에서부터 자신의 경력이나 교육을 위해 무엇을 할 것인지와 같은 중대한 일에 이르기까지 미래를 계획하는 모든 일에 상대방의 의견과 소망이 함께 고려되어야 한다. 다음 장에서 살펴보겠지만, 인지적 상호의존은 친밀감을 형성하는데 중요한 역할을 담당한다.

친밀감: 가장 내적인 사고와 감정을 공유하기

친밀감(intimacy)은 상대방에게 정서적으로 유대감을 느끼는 감정과 가장 내적인 생각이나 감정을 공유하고자 하는 바람이 있어야만 형성된다(Yela, 2006). 격정적인 사랑에 빠진 사람들은 보통 상대방에게 모든 것을 털어놓고 싶어 하며, 또한 상대방의 모든 것을 알고 싶어 한다(Kito, 2005; Vaculik & Hudecek, 2005). 열정적인 관계를 형성하는데 있어, 친밀감은 성과 함께 중요한 구성요소 중 하나이다(Firestone 등, 2006a; Korobov & Thorne, 2006). 성적 관계가 발전하면서 친밀감과 애착의 감정 또한 동시에 성장하는 경향이 있다(Aron 등, 2008; Derlega 등, 2008). 관계는 보통 좀 더 가볍고 피상적인 관계로부터 헌신적인 관계로 발전한다. 보통 나이를 먹어감에 따라 사람들은 친밀감이 관계를 형성하는데 있어 (최상의 가치는 아닐 수도 있겠으나) 가장 중요한 가치 중 하나임을 깨닫게 된다(Villar 등, 2005). 친밀한 관계는 또한 믿음, 관심, 관용 등의 단어로 특징지어진다.

스턴버그는 친밀감을 로맨틱한 사랑의 기본 요소로 간주하는 사랑에 관한 삼각이론을 제시한 바 있다(Sternberg, 2007). 그러나 사랑하지 않는 상태에서도, 적어도 로맨틱한 사랑을 하지 않는 상태에서도 사람들 사이에 친밀한 관계가 형성될 수 있다. 서로를 애정으로 보살피면서 감정과 경험을 공유하는 친한 친구나 가족 사이에는 감정적으로 친밀한 관계가 형성된다.

사실인가 아니면 허구인가 4

사실인가 아니면 허구인가 4: 감정적으로 가까워지기 위해서 반드시 성적으로 가까워질 필요는 없다. 반대로 성적으로 가까워졌다고 해서 자연스레 감정적으로 가까워지는 것도 아니다. 성적인 유대관계를 형성한 사람들이 감정적으로는 서로에게 닫혀 있는 경우가 종종 있다. 이들은 성관계를 맺는 사람에게 보다 친구들에게서 더 큰 감정적 유대감을 느낄 수 있다.

친밀감은 가장 내적인 생각이나 감정을 공유할 것을 전제로 하기 때문에 서로에게 정직한 것은 친밀감의 주된 특징이다. 그러나 친밀감을 유지하고 발전시키기 위해서 반드시 "책을 펴고 공부할" 필요는 없다. 그러나 어떤 경험들, 특히 그 경험이 당혹스럽고 위협적인 것이라면, 가장 가까운 배우자라 할지라도 언급을 피하는 것이 좋다(Finkenauer

& Hazam, 2000; Korobov & Thorne, 2006). 머릿속에 떠오르는 성적 환상에 대해 매번 귀기울여 줄 사람은 없을 것이다. 그리고 과거의 성적 경험을 시시콜콜 이야기하는 것 또한 우리는 바라지 않을 것이다. 정직함이란 진실을 말하는 것이지 상처가 될 수 있는 세부 사항을 말하는 것은 아니다.

친밀감은 인간관계뿐만 아니라 자신의 건강을 위해서도 중요하다. 연구 결과에 의하면, 친밀감이 곁들인 삶은 행복을 증진시키지만 친밀감이 없는 삶은 정신적 · 육체적으로 유해할 수 있다(Driver 등, 2003).

학생들의 실제 질문

질문: 관계 속에서 그녀 또는 그에게 사랑한다고 말해야 할 가장 좋은 시기는 언제일까요? 너무 빠른 시기는? 너무 늦은 시기는?

답변: 당신이 상대방에 대해 제대로 알 때까지는, 최소한 몇 주는, 기다리도록 하라. 당신에게 갑자기 찾아오는, 첫눈에 반하는 그런 단순한 사랑의 열병이 아닌, "진정한 사랑"이 되도록 하라. 상대방에게 관심을 표현하는 것은 좋다. 그러한 표현은 즉각적으로 하라. 그러나 당신의 머리가 이성적으로 판단할 때까지는 사랑이라는 단어를 아껴두도록 하라. 너무 늦은 때는 언제인가? 자주 접할 수 있는 질문은 아니다. 그러나 만약 당신의 감정이 너무 피상적이라고 상대방이 판단하거나, 혹은 당신과는 애정관계를 형성할 수 없겠다고 상대방이 결론짓게 된다면 그것은 너무 늦은 시기일 수 있다. 그러나 난데없이 그러한 일이 일어나지는 않는다. "우리의 관계는 어디쯤 와 있는 걸까?"와 같은 자문을 통해 당신은 사랑고백 시점에 대한 많은 것을 스스로 알 수 있다.

친밀감과 자부심 자기 자신을 알고 자신을 사랑하는 것이 타인과의 친밀감을 형성하는 첫 단계라고 사회과학자들은 말한다. 자기 자신을 알고 자신에게 가치를 부여함으로써 우리는 우리 자신의 감정과 욕구를 파악할 수 있고 타인과 공유할 만한 비밀을 발전시키게 된다. 연구에 의하면 자부심이 약한 배우자는 자기 회의에 빠져드는 경향이 크고 이는 타인과의 로맨틱한 관계를 발전시키고 유지하는데 걸림돌로 작용한다(Murray & Holmes, 2000). 예를 들어 배우자가 "기분이 안 좋은" 상태에 있을 때, 자부심이 약한 사람들은 상대방의 기분이 나빠진 것을 자신의 책임이라고, 그리고 상대방으로부터 거부당했다고 느끼며 결국 상대방에게 더욱 적대적인 태도로 행동하는 경향이 크다(Bellavia & Murray, 2003). 그러나 자부심이 강한 사람들은 자기 회의적인 감정이 일었을 때 자부심을 유지하기 위한 한 방법으로 배우자로부터의 합의 및 승인을 이용하는 경향이 크다(Murrary 등, 2001). 즉, 우리는 우리 자신에 대해 좀 더 긍정적인 감정을 느끼고자 할 때조차, 우리에 대한 배우자의 느낌에 의존한다.

자부심이 너무 강하여 나르시시즘에 빠지거나 자기 내부에 갇혀 있을 경우, 이 또한 관계를 망치는 한 원인이 된다. 연구에 의하면 나르시시스트는 배우자와 사랑 게임을 하는 경향이 있다. 즉, 그들은 배우자에게 전념하지 않다가 관계가 소원해지려고 할 때 대안적인 손길을 내미는 경향이 있다는 것이다(Campbell 등, 2002). 캠벨은, 나르시시즘과는 달리, 자부심은 로맨틱한 사랑을 이어주는 긍정적인 가교라고 말한다.

친밀한 관계를 형성하는 다른 두 가지 구성요소로는 신뢰와 보살핌이다. **신뢰**는 친근한 감정을 드러냈을 때 그것이 놀림감이 되거나 거부당하지 않을 것이라는 확신의 확신을 상대방에게 심어줄 수 있다. 신뢰는 보통 서로가 진실한 감정을 공유해도 안전할지 배워가는 과정에서 점차적으로 쌓여간다.

14세부터 20세까지의 72명의 청소년을 대상으로 추적 조사한 독일 그룹의 연구에 의하면, 청소년 시기에 부모와 가졌던 유대관계의 질이 배우자와의 신뢰감 형성 능력에 영향을 미치는 것으로 나타났다(Seiffge-Krenke & Kuehnemund, 2001). 또한 배우자가 그들의 관계를 위해 헌신한다는 사실을 확인하였을 때 진정어린 신뢰감을 느끼게 된다고 한다. 예를 들어, 가족들의 강력한 반대를 불러일으키는 일임에도 불구하고, 관계를 위해 자신을 희생하는 배우자에게 사람들은 강한 신뢰감을 느낀다(Rusbult & Van Lange, 2003; Wieselquist 등, 1999). 관계에서 신뢰와 자기희생은 **상호순환성장(mutual cyclical growth)** 모델에 따라 발달하는 것을 볼 수 있다.

- 본인의 배우자가 그들의 관계에 더 의존하고 헌신하기를 원한다고 느낌.
- 본인이 그들 관계를 위해 헌신함으로써 배우자 또한 관계의 향상을 위해 노력하도록 강화(즉, "관계 향상 행동"을 행하는 것).
- 배우자가 본인의 관계 향상 행동을 인지.
- 배우자의 관계 향상 행동의 인지로 인해 그들 관계에 대한 그리고 본인에 대한 배우자의 신뢰도 향상.
- 신뢰의 느낌이 배우자로 하여금 관계에 의존하도록 촉진.

보살핌은 친밀감이 발전하도록 하는 감정적 아교다. 보살핌은 서로가 상대방의 요구를 만족시켜주려 노력하고, 서로의 이익을 충족시켜주며, 필요하다면 희생도 마다하지 않는 것을 의미한다. 연구에 의하면, 관계를 위해 행했던 헌신의 정도가 클수록, 관계를 통해 얻을 수 있는 만족도의 수준이 높을수록, 그리고 재미있게도 그 관계를 대체할 만한 다른 대안이 없을수록 사람들은 희생을 기꺼이 받아들인다(Van Lange 등, 1997). 환언하면, 관계를 위해 희생하지 않는 사람은 배우자를 찾는 것이 용이하지 않다는 의미이다(Katz & Tirone, 2009). 그렇다면 자기희생은 곧 자기 잇속을 챙기는 것일까?

친밀감은 가장 내적인 생각이나 감정을 공유할 것을 전제로 하기 때문에 서로에게 정직한 것은 친밀감의 주요 특징이다. 그러나 친밀감을 발전시키고 유지하기 위해서 "책을 펴들고" 공부해야만 하는 것일까? 가장 친근한 배우자에게조차도, 당혹스럽거나 위협적인 경험에 대한 언급은 될 수 있는대로 멀리해야 하는가? 아마도 그렇다. 우리는 배우자가 매 순간 떠오르는 성적 환상을 밝히는 것을 원치 않는다. 그리고 과거의 성적 경험을 시시콜콜 이야기하는 것 또한 바라지 않는 것이 정상적이다. 정직함이란 진실을 말하는

상호순환성장(mutual cyclical growth) 배우자의 요구가 헌신을 낳고, 헌신은 다시 관계를 강화하는 행동을 촉진한다. 그리고 이러한 행동들이 신뢰를 형성케 하며, 관계유지 및 발전을 위한 배우자의 헌신을 더욱 증가시킨다는 이론.

것이지 상처가 될 수 있는 세부 사항을 말하는 것은 아니다. 그리고 아무리 정직한 것이라 할지라도, 솔직하지만 적나라한 비판으로는 친밀감을 형성하지 못한다.

관계를 위한 노력 기차나 비행기에서 처음 보는 사람에게, 또는 의료인에게 우리는 쉽게 속에 있는 이야기를 풀어 놓는다. 그러나 정작 우리와 가까운 사람들에게는 마음을 열고 대화를 나누는 것이 쉽지만은 않다. 기차나 비행기에서 처음 만난 사람을 다시는 만나지 못할 것이라는 사실을 알고 있음에도, 의료인은 직업윤리상 우리의 사적 정보를 비밀에 부칠 뿐이라는 사실을 알고 있음에도, 우리는 종종 쉽게 마음을 연다. 진실로 친근한 관계는 좋을 때건 나쁜 때건 그 관계를 유지하기 위해 노력하는 것으로 특징지어질 수 있다(Sternberg, 2004).

많은 연구들은 여성들에 비해 남성들이 관계 유지를 위해 노력하는 것을 꺼리는 경향이 크다는 사실을 보여준다. 뉴저지 럿거스 대학의 국가결혼프로젝트 공동책임자인 데이비드 포페노는 60명의 미혼 이성애 남성을 대상으로 연구를 실시한 결과, 남성들이 동거를 선택하는 공통적인 이유 중 하나는 관계 유지를 위해 노력하는 것을 꺼리기 때문이다. 전통적으로 남성이 결혼을 선택하는 주요 요인인 성 생활은 동거를 통해 이미 만족되었다는 것이다. "어떤 면에서 볼 때, 동거는 남성에게 있어 관계 지속을 위해 노력해야 할 필요가 없는 우렁각시를 얻는 것이다"라고 포페노는 주장했다(Hussain, 2002).

노력하는 관계 속에는, 개인성과 상호성 사이에 미묘한 균형이 존재한다. 건강한 결합 내에서는, 함께한다는 강한 관념에 의해 개인성이 배척되지는 않는다. 이러한 관계 속에서 각 배우자들은 서로 독립적으로 존재한다. 두 사람 모두 상대방을 지배하거나 상대방의 개인성을 잠식시키지 않는다. 두 사람은 각자의 개인적 기호, 호불호, 욕구, 목표를 유지한다.

판에 박힌 레저 활동이나 성 생활에서 그러하듯, 지속된 관계가 하향곡선을 그리게 되는 주요 원인 중 하나는 권태다. 그러나 권태가 항상 관계의 종말을 의미하지는 않는다. 이성과의 오랜 관계에서 비롯된 성적 권태를 경험한 12명의 남성을 대상으로 한 연구 결과를 살펴보자(Tunariu & Reavey, 2003). 남성이 성적으로 높은 활력성을 가진다고 생각하는 문화권이나 열정의 지속이 로맨틱한 사랑이라고 여기는 문화권에서는 성적 권태에 빠진 남성에게서 행복감은 찾는 것은 쉽지 않다. 그러나 다른 문화권에서는 남성에게 찾아 온 성적 권태를 소위 말하는 진정한 사랑으로 가기 위한 과정, 혹은 오랜 동반자 관계로 가기 위한 과정으로 이해한다.

관계가 중단되는 다른 주요 요소로는 다음과 같은 것들이 있다: 서로에게 부정적인 평가를 내리는 것(사소한 일로 다투거나 기념일 혹은 다른 중요한 날을 잊는 행위, 그리고 마치 그러한 날이 존재하지 않았던 것처럼 행동하는 것), 관계에서 공정성이 결핍되는 것(자유 시간을 어떻게 보낼지에 대해 항상 배우자 중 한 명만이 일방적으로 결정하는 것), 질투, 그리고 전반적인 불만족. 여기서 질문을 던져 보자. 질투심은 관계에 어떤 영향을 미칠까?

가까이서 보기

우리의 코는 관계를 어떻게 지속해야 할지 알고 있는가?

관계를 유지하는 주요 요소 중 하나는 매력적인 타인에 대해 무관심하거나 또는 최소한 반응하지 않는 것이다(Maner 등, 2008). 육체적으로 끌리는 다른 이성에 대해 취하는 "선택적 무관심"은 관계를 보호하고 자녀를 양육하기 위한 매우 가치 있는 한 방법으로 진화하였다고 많은 연구자들은 주장한다.

로맨틱한 사랑의 생물학적 기전을 탐구한 한 연구에서 우리의 코가, 그리고 관계를 결속시키는데 역할을 하지 못할 것으로 여겨지는 한 요소인 체취가 주목을 받았다. 최소한 많은 선진국에서는 말이다. 룬트스트롬과 고트만은 로맨틱한 사랑이 매우 강력한 감정적 경험 중 하나임에도 불구하고 우리는 그것의 호르몬적, 정신학적 영향에 대해서는 거의 아는 바가 없다고 주장하였다(Lundström & Jones-Gotman, 2009). 로맨틱한 사랑은 친근한 배우자로 하여금 자신의 관계에 헌신하도록 하는 주요한 감성적 요소임에 분명하다. 그리고 룬트스트롬과 고트만은 어떤 생물학적 기전이 다른 잠재적 배우자에게로의 관심을 차단케 하는지에 대해 흥미를 느끼고 연구하였다(Lundström & Jones-Gotman, 2009). 그 결과 남자친구의 체취에 대한 여성의 선호도가 그러한 기전 중 하나라고 손꼽았다. 여성들은 애인에게서 나는 체취와 여자친구 및 남자친구에게서 나는 체취를 구별할 수 있다고 한다. 이에 연구자들은 여성들이 자신의 애인에게 표현하는 로맨틱한 사랑의 정도와 애인의 체취를 구별할 수 있는 능력 사이에 연관성이 존재하는지 분석하였다.

그 결과 애인에게서 나는 체취의 식별 정도와 로맨틱한 사랑을 애인에게 표현하는 정도가 정적상관관계에 있으며, 이는 배우자에 대한 관심증가와 연관되어 있다고 연구자들은 가정하였다. 또한 애인에게서 나는 체취와 다른 남자친구에게서 나는 체취를 인식하는 것은 서로 부적상관관계를 형성되며, 이는 여성들로 하여금 다른 남자친구에게로 관심을 돌리는 것을 차단한다고 가정하였다. 이 결과는 애인에게 표현하는 여성들의 사랑 정도와 애인의 체취를 인지하는 능력이 다른 여자친구나 남자친구에게서 풍기는 체취를 인식하는 능력과 부적상관관계에 있다는 것을 밝혔다는 점에서 "편향이론"을 뒷받침한다. 그러므로 로맨틱한 사랑은 새로운 잠재적 배우자에게 끌리는 것을 방지하는 것으로 보인다. 연구자들은 이와 같은 관심의 전개 방식이 여성 내에 순환하는 화학물질과 연관되어 있으며, 이 분야에 대한 좀 더 많은 연구가 이루어져야 한다고 주장한다.

편향이론. 남자친구의 체취를 선호하는 것은 그녀가 다른 남성들에 대해 관심을 갖지 않게 하는데 도움이 될까?

질투심: 실제 세계는 "욕망의 섬"인가?

오! 주인님. 질투를 조심하십시오.
질투는 사람의 마음을 농락하며 먹이로 삼는 녹색 눈을 한 괴물이니까요.

—윌리엄 셰익스피어, 오셀로

베니스의 무어인 오셀로는 세익스피어 비극에서 질투심에 대해 경계함으로써 자신의 이름을 남겼다. 오셀로는 자신의 감정을 조절하지 못했고, 사랑하는 그의 아내 데스데모나를 살해했다. 영국의 시인 존 드라이든은 질투를 "마음의 폭군"이라 묘사했다. 질투심은 모든 문화권 내에 존재한다는 사실을 인류학자들은 확인하였다. 물론 문화에 따라 그리고 같은 문화권 내에서도 질투심의 양과 정도는 차이가 있다. 강인한 남성성을 강조하는 전통을 가진 문화권에서, 즉 남성의 정력이 과시되는 문화권에서 질투심은 더욱 일반적이며, 강하게 나타나는 것으로 보인다. 또한 여성의 부정을 남성 권위에 대한 도전으로 인식하는 문화권에서 질투심은 더욱 강하게 나타난다. 한편 이성애자 사이에서뿐만 아니라 남성 혹은 여성 동성애자 사이에서도 질투심은 발견된다(Peluso, 2008).

질투의 감정은 미국의 리얼리티 텔레비전 쇼인 '유혹의 섬(*Temptation Island*)'의 인기를 형성하는 한 부분이다. 이 쇼에서는 이미 관계를 형성하고 있는 사람들이 타인의 유혹에 직면한다. 그리고 시청자들은 사람들이 견뎌낼 수 있는 유혹의 정도가 어디까지인지에 대한 궁금증으로 쇼에 빠져든다. 그리고 의심의 여지없이 시청자들 중 상당수는 자신을 쇼의 주인공과 동일시하며, 자신이 견뎌낼 수 있는 유혹의 정도를 추측하게 된다.

자신의 친근한 관계가 경쟁자로부터 위협당한다고 느낄 때, 성적 질투심이 촉발된다(Buss, 2009). 다른 사람들이 자신의 배우자에게 성적 관심을 보일 경우, 또는 자신의 배우자가 타인에게 관심을 보일 경우(비록 일회성이거나 또는 성적 관심이 아닐지라도), 애인관계에 있는 사람들은 질투심을 느낀다. 질투심은 사랑의 감정을 파괴하고, 불안감과 거부감을 느끼게 하며, 자부심을 상실하게 하고 안절부절 못하게 한다. 또한 잠재적 경쟁자와 배우자에 대한 불신을 불러일으킨다. 그리고 배우자와의 관계가 종말에 이르는 가장 일반적인 원인 중 하나가 된다. 질투심과 연관된 소유의 감정 또한 관계 유지에 스트레스로 작용한다. 최악의 경우 질투심은 우울증의 원인이 되며, 배우자 학대, 자살 혹은 오셀로의 경우처럼 살인을 불러일으킬 수 있다(Harmon-Jones 등, 2009). 그러나 가벼운 질투심은 관계를 파멸로 이끌지 않는다. 오히려 배우자를 얼마만큼이나 아끼고 있는가를 증명하는 긍정적인 역할을 할 수도 있다. 이러한 이유로 우리는 정상적 질투와 강박적 질투를 구별할 수 있다. **정상적 질투**는 일시적인 자기 회의와 배우자에게 끌리고 있다는 믿음을 반영한다. 반면, **강박적 질투**는 오셀로처럼 배우자와의 관계가 방해받는다는 공포감에 의해 개인이 소진되는 상태를 말한다.

무엇이 질투심을 촉발하는가? 개인의 경험과 인성이 변수로 작용한다. 이전에 관계를 맺었던 배우자가 거짓을 일삼았었다면 현재의 배우자를 의심의 눈초리로 바라볼 수 있다. 자존감이 약한 사람들은 성적 질투심을 경험할 수 있다. 왜냐하면 자존감이 약한 사람들은 필요 이상으로 배우자에게 의존적이기 때문이다. 즉, 현재의 배우자가 떠난다면 과연 나는 다른 배우자를 만날 수 있을까 하는 공포감에 사로잡혀 있을 수 있다.

질투심. 질투의 감정에 대해 우리는 어떻게 설명할 수 있을까? 친근한 관계를 형성하는데 질투심은 어떤 역할을 할까?

질투심 그리고 진화론적 이론 연구자들은 질투심에 대한 남녀 차이가 진화론적 이론을 뒷받침한다고 주장한다(Buss, 2009; Murphy 등, 2006; Shackelford 등, 2005). 남성들은 배우자의 육체적 부정에 대해, 그리고 여성들은 배우자의 감정적 부정에 대해 더 힘들어하는 경향이 있다(Buss, 2009; Miller & Maner, 2009). 즉, 남성은 자신의 배우자가 다른 남성과 성적 관계를 맺는 것에 대해 더 화를 내며 안절부절 못한다. 여성은 자신의 배우자가 다른 여성과 감정적 애착관계를 형성하는 것에 대해 더 화

학생들의 실제 질문

질문: 제 남자친구는 저와의 동거를 원하지만, 저는 마음의 준비가 되어 있는지 확신할 수 없어요. 어떻게 해야 할까요? 그리고 누군가와 결혼할 준비가 되어 있는지 여부는 어떻게 알 수 있을까요?

답변: 당신 자신이 준비 되어있지 않다면, 그렇게 해서는 안 된다. 만약 그가 당신을 아낀다면 그는 당신이 준비될 때까지 기다릴 것이다. 만약 그가 기다리지 않는다면 당신은 잃을 것이 아무것도 없으니 우려치 말라. (필요하다면 강력하게 주장할 줄 알아야 한다.) 누군가와 결혼할 준비가 되었는지 어떻게 알 수 있을까? 우리가 확신할 수 있는 한 가지는 본인이 그 시기를 잘 안다는 것이다. 당신 자신이 누구인지, 당신은 어디를 향해 가고 있는지, 그는 누구인지, 그는 어디로 향해 가고 있는지, 그리고 당신이 그와 함께 하고 싶은지는 당신이 알고 있을 것이다.

를 내며 안절부절 못한다. 왜 그럴까? 진화론은 다음과 같은 가설로 설명한다. 즉, 남성은 배우자의 자식들이 진정 자신의 자손인지에 대해 확신하기 위한 방법으로, 그리고 여성은 자녀양육을 위한 자원을 배우자가 지속적으로 공급할 수 있는지 여부를 확신하기 위한 방법으로, 성적 질투심이 자연선택되었다는 설명이다(Buss 2009).

진화론의 이론으로는 설명되지 않는 남성 및 여성 동성애자의 경우 재미있게도, 배우자의 부정에 대한 남녀 차이를 설명하는 진화론적 이론은 누군가가 동성인 배우자와 관계를 형성할 경우 설득력을 잃고 만다(Sagarin 등, 2003). (진화론적 관점에서 보았을 때) 동성애자 관계에서는 수태를 할 수 있는 위험성이 없기 때문일까? 혹은 부정을 저지른 동성애자를 애인으로 둔 사람은 그들 관계에 침입한 사람이 자신과 같은 영역에서 경쟁하는 존재가 아니라고 스스로를 위로하기 때문일까? 이 두 설명 모두 가능한가, 아니면 또 다른 설명이 필요한가?

인지이론의 관점 최근에는 인지이론이 행동과학의 많은 영역에서 중요성을 인정받고 있으며, 성적 질투심 또한 예외가 아니다. 두 번의 연속된 연구에서 스테시 보이엘레와 그녀의 동료들은 156명의 대학생과 128명의 일반인에게 자신의 배우자가 믿음직하지 못하다고 판단할 수 있는 여러 상황을 제시하였다(Stacie Bauerle 등, 2002). 그 결과 대체로 사람들은 자기 배우자의 부정이 개인의 명확한 선택과 같은 내적 요인에 의해 발생하였을 경우 질투심이 증폭되었다. 그러나 그 부정이 사회적 압력이나 술과 같은 외적 요인에 의해 발생하였을 경우에는 상당히 낮은 질투심을 보였다. ("내 잘못이 아니야! 술이 원수지.")

대학생을 포함하여 많은 애인들은 질투심 게임을 한다. 그들은 다른 사람들이 자신에게 관심 있어 한다는 사실을 배우자에게 알리려 한다. 배우자가 자신에게 좀 더 관심을 보이게 하려는 의도로, 또는 그들 관계를 확인하기 위하여, 혹은 배우자에게 고통을 가하기 위하여, 또는 불성실한 배우자에게 보복하기 위하여 사람들은 타인에게 공개적으로 추파를 던지거나 배우자에게 질투심을 일으킬 수 있는 이야기를 만들어낸다.

그녀는 그로부터 어떻게 벗어날 수 있을까? 아마 그녀는 가짜 전자메일 주소를 그에게 알려줄 수 있다. 데이트를 원치 않는 사람과의 만남을 피할 수 있는 한 방법으로 여성들은 전자메일을 이용한다. 그들은 자신의 실제 전자메일 주소를 알려 주지만 답장은 하지 않는다. 혹은 거의 사용하지 않는 전자메일 주소를 알려주거나 잘못된 주소를 알려준다. 이는 마치 잘못된 전화번호를 알려주는 것과 같다. (안녕.)

관계 악화에 대한 반응

관계 속에서 예전과 같은 보상을 얻을 수 없을 경우, 관계는 악화되기 시작된다. 당사자들은 이에 대해 적극적인 방법으로 대응할 수도, 혹은 소극적인 방법으로 대응할 수도 있다. 적극적 방법이라 함은 소통을 개선하기 위해 새로운 방법을 동원하거나 서로의 다름을 인정하고 협상하려는 활동, 또는 전문가의 도움을 찾아 관계를 증진시키려 노력하는 모든 활동을 일컫는다. 혹은 관계의 종료를 결단하는 방법도 적극적인 방법의 하나이다. 소극적 방법이라 함은 어떤 일이 일어나기를 단순히 기다리거나 혹은 거의 또는 전혀 행동하지 않는 것을 의미한다. 사람들은 가만히 앉아서 관계가 스스로 개선되기를 기다리거나(이런 경우가 종종 있다), 혹은 관계가 악화되어 스스로 파멸에 이르기를 기다린다(이런 경우가 다반사다).

시간과 노력 없이 좋은 관계가 가능하다고 가정하는 것은 비이성적 사고이며, 관계를 악화시키는 발상이다. 모든 면에서 완벽하게 일치하는 두 사람은 존재하지 않는다. 문제가 발생하였을 경우, 문제가 없는 것처럼 행동하거나 스스로 곧 사라질 것이라고 희망하는 것보다는 그 문제를 적극적으로 해결하고자 노력하는 것이 좋다.

관계 종료: "무너진 사랑"***

사회교환이론에 따르면, 관계 속에서 만족감을 거의 찾지 못할 때, 관계를 떠나는 것에 대한 장벽이 낮을 때(즉, 사회적, 종교적, 경제적 제약이 견딜 만할 때), 그리고 특히 현 배우자를 대체할 만한 다른 사람이 생겼을 때 관계는 거의 종점에 다다른 것이다. 질투심으로 비롯된 문제나 소통의 문제는 관계를 깨뜨리는 주요 요인이 된다. 그리고 대체할 수 있는 관계가 존재할 경우, 현재의 관계를 위해 봉사하는 사람들의 헌신은 감소한다(Knox 등, 1997a; Rusbult 등, 1998). 이러한 사실은 여러 세대를 거쳐 폭넓게 확인되어 왔다. 그리고 이와 같은 사실은 가부장적 문화권에서 여성을 집안에 구속하려 했던 이유가 된다. 중동 문화권에서 말 그대로 여성을 "꽁꽁 묶어" 두려하는 현상 또한 이와 관련된다.

관계를 끝내는 것은, 노랫말에서 알 수 있듯이, 끝내려고 하는 사람에게나 끝냄을 당하는 사람에게나 매우 힘든 경험이다. 오천 명이 넘는 사람들을 대상으로 인터넷 설문조사한 연구에 의하면, 관계를 갈망하는 사람일수록 이전 배우자에 대한 생각에 더욱더 사로잡혀 있기 쉽고, 육체적 · 감정적 고통으로 더욱 아파하며, 관계를 회복하려고 시도하

*** 닐 세테카(Neil sedaka)가 부른 노래 제목. 원제는 Breaking up is Hard to Do.

거절당한 경험이 있는 사람들은 종종 이전 배우자를 스토킹한다. 스토킹은 전자메일을 침입하는 행위를 포함한다. (힌트: 수시로 당신의 전자메일 비밀번호를 바꾸도록 하라.)

다가 결국 노여워하고 복수심으로 불타오른다(Davis 등, 2003). 감정적으로 안정적인 사람들은 자신의 친구들이나 가족들로부터 위안을 찾으려고 노력한다. 감정적으로 불안정한 사람들은 술이나 약물에 의존할 수 있다. 92명의 대학생들을 대상으로 조사한 연구에 의하면, 자신들은 애인과의 헤어짐을 경험함으로써 더욱 성장하였다고 믿고 있었다(Tashiro & Franzier, 2003). 그리고 관계 결별의 이유를 어디에서 찾느냐에 따라 반응하는 특징이 달라진다. 즉 헤어짐의 원인이 스스로에게 있다고 자신을 비난하는 사람들은 그 원인을 당시 상황과 같은 외적 요인에서 찾으려는 사람들보다 더 많은 스트레스를 경험한다.

헤어짐은 종종 **스토킹(stalking)** 또는 "원치 않는 목적을 추구하는 행동(unwanted pursuit behaviors; UPBs)"으로 이어질 수 있다. 달갑지 않은 전화나 전자메일 또는 문자를 보낸다든지 혹은 제3자에게 헤어진 사람에 대해 묻는다든지, 그리고 헤어진 사람이나 그 사람의 새로운 배우자를 따라다니거나 협박하며 공격하는 행동을 보인다(Davis 등, 2002; Langhinrichsen-Rohling 등, 2002). 관계 속에서 엿보이는 질투심이나 언어폭력, 육체적 폭력은 스토킹을 예견할 수 있는 주요 예측 변수이다(Puente & Cohen, 2003). 또한 스토커나 폭력적인 사람은 타인을 통제하고자 하는 강력한 욕구를 보이는 경향이 크다(Dye & Davis, 2003). 우리는 성적 강압처럼 타인을 통제하려는 욕구가 강간과 같은 폭력범죄와 연관되어 있다는 사실을 향후 살펴볼 것이다.

스토킹(stalking) 강박관념을 가진 사람이 다른 사람을 고집스럽게 따라다니거나 훔쳐보는 행위. 스토킹은 직접적인 행동으로도 일어날 수 있으며, 전자메일을 침입하는 방식으로 온라인을 통해 일어날 수 있다.

파국으로 치닫는 관계를 다시 회복할 수 있는 여러 요인들이 또한 존재한다. 예를 들어, 관계 속에서 만족감의 원천을 찾으려고 계속 노력하는 사람들이나 관계를 지속하기 위해 헌신적인 사람들, 또는 그들이 당면한 문제는 결국 극복될 것이라고 믿는 사람들은 관계의 파국을 방지하기 위해 반드시 해야 할 일들을 최선을 다해 하는 경향이 크다.

반대로, (백조가 죽기 전에 우는 마지막 울음처럼) 관계의 종료를 실패의 신호로 받아들이지 않고, 건전한 결정권 행사의 신호로 받아들일 수 있다. 두 사람이 너무 달라서 서로 공존할 수 없을 때, 그리고 관계를 지키기 위한 진심어린 노력이 실패로 끝났을 때, 헤어짐은 서로가 다른 누군가와 행복해질 수 있는 기회를 제공하는 것이다.

학생들의 실제 질문

질문: 관계를 끝내자고 어떻게 말하면 되나요?

답변: 결코 쉽지 않은 일이다. 그래서도 안 된다. 상대방은 당신에게 헌신했던 사람이다. 그리고 보살피던 누군가를 잃는 것은 상처받는 일이다. 엄청나게 마음 아픈 경험이다. 그러나 한 번 마음이 섰다면, 될 수 있는 대로 빨리 관계종료를 선언하라. 그럼으로써 그녀 또는 그가 새로운 삶을 재설계할 수 있도록 많은 시간을 배려하라. 예전에는, "버림"을 받는 사람이 소란을 피우지 못하게 하려는 의도로 공개된 장소를 선택하였다. 그리고 요즘에는 종종 전자우편을 이용한다. 그러나 가장 좋은 방법은 상대방의 얼굴을 마주보고 개인적으로 이야기하는 것이다. 단지 상대방과 더 이상 함께하고 싶지 않다고만 이야기 하라. 상대방이 얼마나 나빴는지 또는 상대가 얼마나 패배자였는지에 대해서는 언급하지 말라. 그리고 만약 상대방이 무언가 잘못되어 가고 있다고 의심할지라도 놀라지 말라. 결국 얼마만큼 연기를 잘 하느냐의 문제이다.

8.2 외로움: "외로운 모든 사람들. 그들이 외로워하는 원인은 무엇인가?"

외롭기 때문에 많은 사람들은 관계를 시작한다. 질문: 외로움이란 무엇인가? 외로움과 고독은 동의어가 아니다. **외로움(loneliness)**은 타인들로부터 떨어져 나온 느낌, 즉 고통스러운 격리 상태를 의미한다(Long 등, 2003). 그러나 **고독(solitude)**은 매우 긍정적일 수 있다. 내적인 고독은 자기 발견이나 내적 평화와 같은 특징을 함유한 상태다(Long 등, 2003). 그리고 외적인 고독은 영성을 일컬으며, 우리를 둘러싸고 있는 세상에 우리 자신을 투영케 한다. 고독에서 고통은 보통 선택의 문제다. 그러나 외로움은 그렇지 않다.

외로운 사람들은 대부분의 시간을 홀로 보낸다. 혼자 저녁을 먹고, 주말을 홀로 보낸다. 사회적 활동에는 거의 참여하지 않는다. 데이트 또한 즐겨하지 않는다. 외로운 사람들 중 일부는 자신에게는 많은 친구가 있다고 주장한다. 그러나 자세히 들여다보면 그들의 "우정"은 매우 얄팍하다. 그리고 외로운 사람들은 좀처럼 타인을 신뢰하지 않는다. 외로움은 또래관계가 가족관계를 대신하기 시작하는 청소년 시기에 극대화돼는 경향이 있다. 16세에서 18세까지의 청소년 90명을 대상으로 한 연구에서 청소년 시기에 외로움을 느끼게 되는 것은 낮은 자신감, 내향성, 불행, 정서적 불안 등과 연관된 것으로 나타났다(Cheng & Furnham, 2002). 또한 외로움은 종종 우울한 감정과 연관되어 나타난다. 평균 나이 21세인 101쌍의 커플들을 대상으로 한 연구 결과, 데이트할 배우자가 있는지의 여부와 상관없이 그 관계가 원만하지 못하다면 사람들은 외로움과 우울한 감정을 느끼게 된다(Segrin 등, 2003).

외로움은 우울증과 같은 심리적 문제를 일으킬 뿐더러 육체적 건강에도 악영향을 미칠 수 있다. 예를 들어, 외로운 사람들은 외롭지 않은 사람들에 비해 고혈압에 시달린다

외로움(loneliness) 고통스러운 격리 상태.

고독(solitude) 고독은 자기 발견이나 내적 평화, 투영 및 영성으로 특징지어지는 상태임.

외로움인가 혹은 고독인가? 고독은 자신을 돌아보게 하거나, 책을 읽고 글을 쓰게 하는 긍정적인 경험일 수 있다. 그러나 외로움은 고통스러운 사회적 격리상태로 정신적인 폐해를 가할 수 있을 뿐만 아니라 신체적인 폐해를 가져올 수도 있다.

는 연구결과가 있다(Hawkley 등, 2003). 또한 외로운 사람들은 스트레스에 취약한 것으로 나타났다. 이러한 관찰은 우리가 스트레스 상황에 놓였을 때, 사회적 지원의 중요성을 가늠케 한다(Hawkley 등, 2003). 사회적 격리는 암 및 심혈관계 질환, 그리고 그 외의 다양한 질병을 일으킬 가능성이 높으며, 또한 높은 사망률의 원인이 된다(Hawkley & Cacioppo, 2003). 외로움과 질병 사이에는 스트레스와 연관된 하나의 보편적인 경로가 존재하는 것으로 보인다. 스트레스는 면역체계의 기능을 약화시키고, 외로운 사람들은 스트레스로부터 벗어나기를 더욱 갈망한다(Cacioppo 등, 2003).

외로움을 유발하는 원인은 다양하고 복잡하다. 외로운 사람들은 다음에 제시하는 여러 특징들을 보이는 경향이 있다:

- 사회성 기술 부재. 외로운 사람들은 대체로 친구 사귀는 기술이 부족하거나, 대립되는 의견에 대응하여 인간관계를 풀어가는 기술이 부족하다.
- 타인에 대한 관심 부재.
- 공감 부재. 공감은 로맨틱한 관계에서 만족감을 얻게 하는 주된 요소이다(Cramer, 2003).

- **사실인가 아니면 허구인가 5:** 많은 사람들이 거절당할 것을 두려워하여 외로운 상태에 놓여 있는 것이 사실이다. 이 공포감은 종종 사회성 기술이 부족하다는 자기인식과 연관되며, 또한 타인과의 관계 형성이 실패로 귀결될 것이라는 속단에서 비롯된다(Vorauer 등, 2003).
- 사귀고 싶은 사람에게 자신의 개인적인 이야기를 언급하지 못함.
- 인간 본성에 대한 냉소(예를 들어, 사람들은 단지 자기 자신을 위해 존재하는 것으로 인지).
- 너무 많은 것을 너무 이른 시기에 속단. 외로운 사람들은 관계가 형성되는 초기에 이미 다른 사람들이 차가운 마음을 가졌으며 비우호적이라고 인지한다.
- 일반적으로 비관적임. 우리가 가장 최악의 상태를 가정할 때… 보통 그렇듯이, 그렇게 된다.
- 외적 통제위. 즉, 외로운 사람들은 삶을 스스로 개척하거나, 삶의 목적을 달성하는 것은 불가능하다고 생각한다.

외로움의 극복

사회사업가들은 외로운 사람들이 발전적인 방향으로 생각하고 행동할 수 있도록 독려함으로써 사회에 적응할 수 있도록 돕는다. 외로운 사람들은 종종 왜곡된 시각으로 타인을 바라본다. 그들은 한두 번의 불행한 경험을 가지고 있으며, 사람들은 일반적으로 이기적이고 따라서 사람들과 함께하기 위해 노력할 가치가 없다는 성급한 결론에 도달한다. 옳다. 기본적으로 자기 자신만을 생각하는 일부 사람들이 있기는 하다. 그러나 모든 사람들이 이기적이라고 생각하는 것은 타인을 피하도록 동기화함으로써 외로움을 영구화한다.

인생에서 외로움을 극복하기 위해 우리는 무엇을 할 수 있을까? 몇 가지 방안을 제안한다.

1. 비관적인 생각에 도전하라. 나쁜 일은 우리가 그 일이 발생하도록 방치했을 때만 일어날 것이라는 관념을 받아들여라.
2. 인간본성에 대한 당신의 냉소주의에 도전하라. 그렇다. 많은 사람들이 이기적이다. 그리고 그러한 사람들은 알 필요도 없다. 그러나 당신 스스로 모든 사람이 이기적이라고 가정해버린다면 당신은 평생 외로움에 괴로워하는 운명을 맞이한다. 당신이 해야 할 일은 당신이 존중할 수 있는 인격과 가치를 가진 사람을 찾는 것이다.
3. 사회적 관계를 맺는 것에 실패하는 것은 참을 수 없는 고통이며, 따라서 관계를 맺지 않는 편이 편하다고 생각하는 당신의 논리에 도전하라. 물론 사회적으로 거부당하는 것은 마음 아픈 일이다. 그러나 당신이 조지 클루니나 안젤리나 졸리가 아닌 이상 당신은 모든 사람들에게 매력적일 수는 없다. 우리는 모두 거절당하는 것을 경험하며 살아가는 방법을 배우게 된다. 당신의 관점에서 소중하다고 생각하는 가치를 지닌 사람을 지속적으로 찾도록 하라. 또한 당신에게서 동일한 가치를 발견할 수 있는 사람을 멈추지 말고 찾도록 하라.
4. 사람들 앞에 나서라. 카페테리아에서 사람들과 한 테이블에 앉아라. 구석에 혼자 처박히지 말라. 미소를 머금고 당신에게 관심을 보이는 사람들에게 '안녕'이라고 인사하라. 여러 다른 상황에서 첫 발언을 어떻게 해야 할지, 그리고 짧은 후속 말은 어떻게 해야 할지 연습하라. 그리고 거울 앞에서 나와 사람들 앞에서 연습한 것을 시도해 보라.
5. 다양한 사회적 접촉을 시도하라. 학생활동을 위한 위원회에 참석하라. 교내 스포츠를 함께 하라. 환경단체나 공동체 증진 단체와 같은 사회단체에 가입하라. 사진동아리나 스키동아리에 가입하라. 학교 연보나 신문 제작 스텝으로 활동해 보라.
6. 적극적으로 행동하라. 당신의 진심어린 의견을 표현하라.
7. 잘 듣는 사람이 되라. 사람들에게 어떻게 지내는지 물어보라. 사람들에게 학업은 어떤지, 정치적 견해는 어떤지, 최근의 캠퍼스 화젯거리에 대한 그들의 의견을 물어보라. 그리곤 실질적으로 그들이 하는 말을 경청하라. 다양한 의견을 용인하라; 세계관이나 인생관이 똑같은 두 사람은 절대 존재하지 않는다는 사실을 명심하라(완벽하게 찰떡궁합일 것 같은 이 책의 첫째 저자와 셋째 저자도 서로 다르다). 눈길을 지속적으로 마주하라. 얼굴은 상냥함을 유지하라. (그러나 누군가가 당신의 종교적 혹은 인종적 신념을 모욕한다면, 그에게까지 중립성을 유지하며 상냥하게 대할 필요는 없다.)
8. 사람들이 당신에 대해 알 수 있는 기회를 주라. 서로 의견을 교환하고 당신의 관심사에 대해 이야기하라. 그렇다. 어떤 사람들은 당신에 대해 무관심할 것이다. 당신도 그렇지 않은가? 그러나 이와 같은 과정이 없다면, 당신은 당신이 타인과 어떤 공통점을 공유하고 있는지에 대해 어떻게 알 수 있겠는가?
9. 논쟁에서는 공정하라. 친구라 할지라도 필연적으로 당신에게 실망할 수 있다. 당신

또한 친구에게 실망할 수 있다. 실망한 바를 말하라. 그러나 공정하게 하라. 어떤 사항에 대해 말하려고 하는지 밝히고 동의를 구함으로써 대화를 시작할 수 있다. 그리고 말하라. "나는 네가 이러이러해서 당혹스러웠다." 친구의 어떤 행동이 당신을 당혹스럽게 했는지, 그리고 친구들이 그 사실을 파악하였는지 여부를 물어볼 수 있다. 그리고 이러한 일이 되풀이되지 않을 수 있는 방법을 찾기 위해 함께 노력하라. 그리고 문제를 해결하기 위해 노력한 친구에게 감사의 말을 전하며 마무리하라.

10. 당신은 친구로서 가치가 있다는 사실을 명심하라. 당신의 결점까지도 가치가 있다. 우리 중 누구도 완벽한 사람은 없다. 그러나 우리는 모두 특별하며, 상상 이상으로 많은 사람들과 서로 연결되어 있다. 사람들에게 기회를 주라.
11. 대학에 있는 상담소를 활용하라. 수천 명의 학생들은 외톨이다. 그러나 그들은 어떻게 해야 할지 모른다. 몇몇은 단지 다른 학생에게 다가갈 용기가 없어 외톨이로 남아 있을 뿐이다. 대학 내 상담소는 외로움과 관련된 문제에 매우 익숙하다. 당신은 상담소를 매우 가치 있는 자원으로 여겨야만 한다. 데이트 기술을 향상시키고 싶어 하는 학생모임이 있는지 여부, 혹은 사회성 기술을 향상시키고 싶어 하는 학생모임이 있는지 여부 등을 상담소를 통해 확인할 수도 있다.

8.3 관계에서의 만족: 소통이 주요 열쇠다

관계가 성공적일 수도, 그렇지 못할 수도 있다. 서양문화권에서는 보통 한 명 이상의 배우자와 관계를 형성하게 되며, 그 중 가장 주요한 사람과 결혼에 이른다. 그리고 관계를 종결하는 것이 언제나 나쁜 것만은 아니다. 사람들은 함께 시간을 보내면서 서로에게 잘 맞는 것은 무엇인지, 그리고 어떤 점이 서로에게 잘 맞지 않은지 등을 배워가게 된다. 그리고 관계를 형성하는데 도움이 될 수 있는 타협점을 어떻게 찾아야 하는지에 대해, 어떻게 하면 건설적인 방법으로 갈등을 해결해 나갈 수 있는지에 대해 배워나간다 (Rosenblatt & Rieks, 2009).

이성애자, 동성애자, 양성애자 간, 그리고 성전환자 간 관계

관계에서 만족감을 느끼게 하는 요소에 대해, 그리고 관계를 악화시키거나 종말에 이르게 할 수 있는 요소에 대해 많은 연구들이 있어왔다(Holmberg 등, 2009). 이러한 연구들 중 많은 주제들은 이성애자 커플을 만족시키는 요소와 동성애자 커플을 만족시키는 요소 간에 어떤 차이점이 있는지를 밝히는 것에 할애되었다. 그러나 재미있는 사실은 이 둘 사이에 어떤 차이점도 발견할 수 없었다는 것이다(Holmstrom, 2009). 동성애자 커플들이 선호하는 요소로 대표될 수 있는 단 한 가지 차이점은, 그들은 전형적인 성역할에 구애받지 않고 집안일을 공평하게 분배하여 수행하는 경향이 크다는 점이다(Kurdek, 2005, 2006). 그리고 관계에서의 만족감과 관련하여 이성애자 · 동성애자 커플 모두에게서 관찰되는 공통점은 다음과 같다. 대체로 성적 만족감이 관계에서의 만족감과 일치한다는 것이다(Matthews 등, 2006; Schwartz & Young, 2009). 그리고 배우자로부터 사회적인 지원을 받을 수 있을 때, 관계 속에서 권력을 공유할 때, 공정하게 문제를 수습할 때, 그리고 배우자가 관계를 위해 헌신한다는 인상을 받을 때 이성애자 커플이나 동성애자 커플 모두 만족감을 느낀다. 그리고 이성애자 커플 관계에서만 발견되는 다소간의 특징으로는, 관계에서의 안정감을 선호하는 경향이 상대적으로 크다는 점이다. 즉, 이성애자 커플들은 가족을 부양해야만 하는 경우가 대부분이며, 대체로 사회적인 비판으로부터는 자유롭다.

동성애자나 양성애자, 성전환자 커플들을 상담하고 치료하는 전문가들은 이들 역시 이성애자 커플들이 겪는 문제들과 유사한 문제, 즉 배우자의 외도와 같은 문제로 고민한다고 말한다. 그리고 사회적으로 비난받는 이 소수 그룹에 대해서는 좀 더 세심한 배려가 필요하다고 주장한다(Schwartz & Young, 2009).

동성애자 및 양성애자 연구. 동성애자나 양성애자 커플들을 전문으로 상담하는 사람들은 그들 또한 이성애자 커플들이 겪는 것과 거의 동일한 성격의 문제들을 경험하게 된다고 이야기한다. 그러나 동성애자나 양성애자가 그들의 성적 성향 때문에 경험하게 되는 고유한 문제들 또한 존재한다. 그 예로 청소년기에 겪는 성적 정체성 혼란이나 부모들과의 관계에서 겪게 되는 고통 등을 들 수 있다.

- 동성애자와 양성애자의 정체성 발달 및 그것이 커플의 기능에 미치는 영향.
- 양육이 커플에게 미치는 영향.
- 가족 구성원으로서 동성애자와 양성애자를 어떻게 받아들이는지에 따른 영향.
- 노인 동성애자나 양성애자, 소수 인종의 동성애자나 양성애자, 그리고 특정 종교단체에 소속되어 있는 동성애자나 양성애자처럼 그들을 대변할 수 있는 대표자가 부족한 개인들에게 가해지는 스트레스의 종류.
- 법률적 쟁점 및 그것이 커플에게 미치는 영향.
- 업무현장에서의 쟁점 및 그것이 커플에게 미치는 영향.

분쟁해결

고트만과 같은 몇몇 연구자들은 커플들의 분쟁 해결 방법에 대해 집중 연구하였다(Gottman & Gottman, 2008; Yoshimoto 등, 2006). 고트만은 커플들이 분쟁을 해결해 나가는 과정을 촬영하였으며, 또한 그 과정에서 개개인의 생리학적 반응, 즉 심박동수, 땀 분비 정도, 눈에 띄는 동작 등을 관찰하였다. 그 결과, 커플들의 만족감 저하 정도를 개인의 신체반응지수 분석을 통해 예견할 수 있었다. 특히 남성의 경우에는 더욱 극명하였다. 신체반응이 차분한 커플일수록 시간이 지남에 따라 그들 관계는 향상된다. 그러나 심박동이 증가하고, 많은 땀을 흘리며, 흥분한 몸동작을 보이는 커플들은 3년 이내에 관계가 종료되었다.

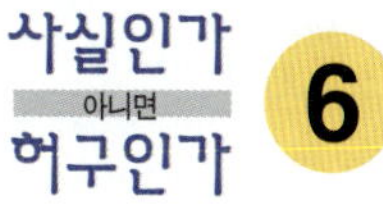

사실인가 아니면 허구인가 6: 또한 고트만은 커플간의 분쟁 그 자체가 관계 종결의 직접적인 원인은 아니라고 주장하였다(Gottman & Gottman, 2008). 중요한 것은 커플이 그 분쟁을 해결하려고 시도하는 방식에 있다. 분쟁기간 동안 열린 마음으로 침착성을 잃지 않는 커플들은 만족감이 개선되는 경향을 보인다. 그러나 방어적인 태도를 보이는 커플들은 관계의 파멸을 경험하게 된다. 관계를 파괴하는 대표적인 특징으로 남성들의 스톤월링이 있다. **스톤월링(stonewalling)**은 대화에 참여하고 있는 청취자가 대화에 집중하고 있다는 것을 표시하는 일련의 행동, 즉 머리를 움직이거나 끄덕이는 동작 혹은 동의를 표시하는 언어적 표현 등을 거의 하지 않는 것을 의미한다. 관계의 파멸은 또한 여성들이 주로 취하는 극도의 애교나 너무 순종적인 태도, 또는 무시하거나 경멸하는 감정을 말로 표현하는 것으로부터도 올 수 있다. 관계의 파괴는 얼굴의 표정에서도 예견할 수 있다. 특히 역겨움을 들어내는 여성들의 표정, 남성들의 얼굴에 쓰여 있는 공포감, 그리고 남녀 모두에게서 볼 수 있는 가식적 미소 등은 관계의 종말을 예고한다. 이와 같은 비언어적 행동들은 책임부정, 회피, 더욱 강한 방어적인 태도를 동반한다.

스톤월링이 부정적인 영향을 미치는 것은 관계에서뿐만이 아니다. 스톤월링적 태도는 관계 종결 후 외로움으로 이어질 공산이 크며, 외로움은 다시 건강을 해치는 결과를 낳는다.

분쟁 중 행해지는 긍정적인 태도, 즉 유모나 공감, 애정을 보여주는 행동은 관계를 위해 좋은 결과를 도출할 수 있다. 문제를 해결하고자 하는 서로간의 노력, 그리고 배우자의 언행을 개방적인 태도로 받아들이려는 결심 또한 좋은 결과를 이끌어낸다. 이러한 긍정적 요소들은 생리학적 반응에서도 확인할 수 있다.

커플간의 분쟁에 관한 고트만의 연구결과를 지지하는 많은 후속 연구들이 이어졌다. 예를 들어 홀먼과 자르비스는 커플이 분쟁을 해결하기 위해 어떻게 소통하느냐가 관계가 지속될 것인지 아니면 종결될 것인지를 결정하는 주요 요소라고 주장했다(Holman & Jarvis, 2003). 상대방을 존중하는 태도로, 그리고 상대에게 도움이 될 수 있기를 기대하는 방식으로 서로를 높이 평가하는 커플들은 관계에서 최상의 만족감을 얻게 된다. 반면 적대적이고 격정적인 태도로 분쟁을 피하려고만 하는 커플들은 관계에서 거의 만족감을 얻지 못한다.

8.4 성관계를 포함하여 관계를 강화할 수 있는 소통 기술: 어떻게 할 것인가

사실인가 아니면 허구인가 7

사실인가 아니면 허구인가 7: 비틀즈가 노래하는 서정적인 노랫말과는 달리, 사랑은 당신이 필요로 하는 모든 것이 될 수는 없다. 당신은 소통을 필요로 한다. 커플들은 서로가 희망하는 것, 서로가 원하는 것을 대화를 통해 배워나간다. 그렇지 못할 경우, 서로의 요구는 미지의 것으로 남게 된다.

자신의 성적 감정을 좀 더 많은 커플들이 효과적으로 소통할 수 있게 된다면, 커플문제 전문가나 성 전문들은 별로 할 일이 없어질 것이다. 그러나 불행히도 성적 문제에 대한 대화는 그 대부분이 음담패설에 머물러 있다.

배우자 중 한 사람 혹은 두 배우자 모두가 성 문제와 관련된 의사표현을 꺼려함으로 인해 많은 커플들은 오랜 기간 힘들어한다. 혹은 배우자의 의도를 오해하여 문제가 발생하기도 한다. 명확한 의사소통은 관계 속에서 추측해야 할 필요성을 없애며, 오해의 소지를 사전에 방지한다. 또한 관계 속에서 발생할 수 있는 불만이나 좌절감을 제거하며, 성적 만족감을 포함하여 전반적으로 만족감을 증진시킨다(Gottman & Gottman, 2008).

성적 소통의 장애물

왜 커플들은 성에 관해 소통하는 것을 어려워할까? 여러 가지 이유가 있다.

어떤 커플들은 성에 대해 이야기하는 것이 저속한 짓이라고 생각한다. 그러나 아름다움에 대한 관념이 서로 다를 수 있듯이 저속하다는 개념 또한 어느 정도는 개인의 가치관에 따라 달라질 수 있다. 어떤 커플에게는 저속한 내용이 다른 커플에게는 사랑의 대화일 수 있다. 아무리 친근한 사이일지라도, 성에 대해 이야기하는 것은 적합하지 않다는, 빅토리아 시대의 사고방식을 고수하는 사람들이 있다. 자신이 실제로 행하는 행위임에도 불구하고 성에 대해 언급해서는 안 된다고 생각하는 것이다. 한편 어떤 커플들은, 원론적으로는, 성에 대한 언급을 반대하지 않는다. 그러나 실질적으로 성을 대화의 주제로 삼는 것에 대해서는 어려움을 느낀다. 왜냐하면 그들이 선택할 수 있는 일반적이며 적절한 언어가 부족하기 때문이다.

예를 들어 우리는 성기에 대해 혹은 성행위에 대해 어떻게 표현하는가? 어떤 커플들은 음담패설의 비속어 사용을 선호한다. 그리고 어떤 커플들은 의학용어 사용을 선호한다. 배우자가 생식기관을 비속어로 표현할 경우 다른 배우자는 상대방을 저속하다고 혹은 모욕적이라고 간주할 수 있다. 한편 **펠라티오나 성교**와 같은 임상용어를 사용하는 사람은 학술적이며 적절한 표현을 사용한다고 간주될 수 있다. 그리고 어떤 커플들은 저속하지 않으면서도 너무 학술적이지 않은 적절한 공통 언어를 찾기 위해 노력한다. 예를 들어 그들은 "성교를 합시다"와 같이 말하는 대신 "하자", 또는 "섹스 어때"와 같이 말할 것이다. (1930년대의 에디 캔토 뮤지컬의 제목을 보면, 사람들은 한때 "making whoopie"라는 표현을 사용했다.) 혹은 펠라티오나 쿤닐링구스라는 표현 대신 "아래에 키스해 주세요"라고 말할 수도 있다.

또한 많은 커플들은 관계와 성에 대한 비이성적인 믿음에 사로잡혀 있다. 즉 굳이 물어보지 않더라도 배우자가 무엇을 원하는지 어느 정도는 알고 있다고 생각하는 것이다. 그러나 배우자를 배려해 주는 것이라고 믿고 있는 일반적인 상식들이 오해일 수 있으며, 이로 인해 소통이 어려워질 수 있다. 특히 성관계에서 주도적 역할은 남성이 담당해야 자연스럽다는 정형화된 인식으로 인해 남성들은 부담스러워 하는 것 같다. 반면 여성은 자신의 성적 요구나 감정을 공개적으로 표현하는 것이 "여성스럽지 못하다"고 생각하는 것 같다. 그리고 남녀 모두 "당신께 필요한 건 사랑이 전부에요."****라는 이상적이며 로맨틱한 관념을 고수하는 것이 행복한 성을 위해 필요하다고 여길 수도 있다.

연관되어 나타나는 또 다른 비이성적인 믿음으로, 만약 배우자가 나를 진정으로 사랑한다면 배우자는 "내 마음을 읽을 줄 알아"야 하며, 내가 원하는 성적 자극의 유형이 무엇인지 또한 알아야 한다고 생각하는 것이다. 그러나 불행하게도, 아니 어쩌면 다행히도, 사람들은 타인의 마음을 읽지 못한다. 우리는 우리가 선호하는 것에 대해 소통해야 하는 의무가 있다.

어떤 사람들은 타인보다 좀 더 효과적인 방법으로 소통하는 능력을 가진다. 아마도 그들은 타인의 요구에 대해 좀 더 세심한 배려를 하는 능력이 있거나, 혹은 부모들로부터 소통에 대한 좋은 모범을 배웠을 수 있다. 소통 기술은 언제든지 배울 수 있는 것이다. 그리고 학습에는 시간과 노력이 필요하다. 만약 소통 기술을 향상시키고 싶다면, 다음에 이어지는 가이드라인이 도움이 될 것이다. 성적 소통을 포함하여 다른 일상 영역에서의 친밀감 형성을 위해 이와 같은 기술들은 소통을 증진시킬 것이다.

**** 비틀즈의 노래 All You Need Is Love의 노랫말.

시작하기 무거운 주제에 대해 어떻게 이야기를 시작할 것인가? 몇 가지 방안을 소개한다. 당신은 하고자 하는 말을 주제로 이야기를 시작할 수 있다. 서로에게 드리운 문제점이나 갈등 상황에 대해 이야기를 꺼내는 것이 당신으로서도 쉽지 않았다는 사실을 배우자에게 알리는 것이다: "당신도 알다시피 나는 어떤 화제에 대해 말을 꺼내는 것이 언제나 어색하고 불편해." 또는 "남들은 참 쉽게들 이런 문제에 대해 이야기를 꺼내는데, 당신도 알다시피, 나로서는 참 시간이 많이 걸리는 일이야." 갈등을 해결하려고 시도할 때, 당신은 먼저 과거에 발생했던 고질적인 문제들에 대해 넌지시 암시를 던질 수 있다. 이와 같은 접근법은 배우자로 하여금 당신이 이야기를 계속 끌어가도록 독려하게 한다.

성에 관한 화제를 꺼내는 것은 어려울 수 있다. 집안경제나 자식들에 대해, 그리고 일에 대해 끊임없이 설왕설래하는 커플들도 흔히 성에 대해서는 입을 꾹 다무는 경우가 있다. 그러므로 성에 대해 대화하자는 의견을 먼저 제시하고 동의를 구하는 것이 도움이 될 수 있다. 또한 성에 대해 이야기를 나누는 것이 자신에게도 어려운 것임을 먼저 인정하라. 그리고 당신은 성적 관계를 맺는 것이 자신에게는 중요한 일이며, 따라서 성적 관계를 강화할 수 있는 일이라면 무엇이든지 할 용의가 있다고 말할 수 있다. 배우자의 기분을 조심스럽게 살피며 성에 관해 이야기 할 시간을 따로 떼어 놓도록 노력하라. 그리고 좋은 때가 왔을 때 불빛을 어둑하게 하고 여타 장애물이 없도록 하라.

이와 같은 이야기를 나눌 "적절한 시간"은 커플 모두가 피로가 풀린 평안한 상태로 시간에 쫓기지 않는 시점이 좋다. "적절한 장소"는 서로의 사생활이 보장될 수 있는, 그리고 이야기를 나누는데 방해물이 없는 그런 장소이면 어디든 좋다. 성에 관한 대화가 꼭 침대에서 이루어질 필요는 없다. 성에 관한 대화를 꺼내겠다는 저녁식사 이후 소파에 앉아 어깨동무를 하고 있을 때, 혹은 단지 둘이서 편안히 쉬고 있을 때, 성에 대해 이야기하는 것을 대부분의 커플들은 편안하게 느낀다.

다른 방법으로는 의도를 알리고 동의를 구하는 것이다. 당신은 다음과 같은 방법으로 말할 수 있다: "이야기를 나누고 싶은 것이 있어. 시간 좀 낼 수 있어? 지금이 당신에게 말할 수 있는 좋은 기회인 것 같아"라고 하든지 혹은 "우리에게는 대화할 시간이 필요한 것 같아. 그런데 어떻게 말을 꺼내야 할지 모르겠네. 당신이 좀 도와줄 수 있겠어?"

또한 배우자에게 좀 더 좋은 애인이 되고 싶으며, 그 방법을 배우자가 제시해 주었으면 좋겠다고 말하는 방법이 있다. "내 마음을 다치게 하고 싶지 않다는 당신의 마음은 나도 알아. 그러나 당신이 원치 않는 일을 내가 행하게 될까 걱정되기도 해."

귀 기울임 효과적인 듣기 기술로는 적극적 경청, 다른 말로 바꾸어 표현하기, 감정이나 생각을 강화하기, 그리고 두 사람의 의견이 일치하지 않는다 할지라도 대화 상대를 존중하기 등이 있다. 수동적이 아닌 능동적인 듣기를 위해서는 먼저 대화를 통해 당신이 실질적으로 무언가 배우고 있다는 태도를 가지도록 하라. 그리고 듣기를 통해 또 다른 관점으로 논점을 이해하려고 노력하라.

대화 상대가 이야기하는 것에 대해 당신이 다른 의견을 가지고 있다 하더라도 당신은 다음과 같이 이야기함으로써 열린 소통의 장을 이어가면서 좋은 관계를 유지할 수 있다. "나와 함께 이 사안의 해결책을 찾기 위해 노력해 준 것에 대해 나는 정말로 고마워하고 있어." 또는 "내가 당신과는 전혀 다른 관점으로 사물을 바라볼 수 있다는 것을 당신이 이해해 주었으면 해. 그러나 나는 그것에 대해 서로 토론할 수 있다고 생각해."

배우자와 의견이 다를 경우, 당신은 여전히 배우자를 한 인격체로서 존중하고 있다는 사실을 보여줄 수 있도록 행동하라. 달리 표현하면 다음과 같이 말하도록 하라. "당신의 그런 언행은 진절머리가 나"라고 말하기보다는 "나는 당신을 무척이나 사랑하고 있어. 그러나 당신이 그런 식으로 행동할 때에는 약간 짜증이 나기도 해"라고 말이다. 이와 같은 방법을 통해 당신은, 서로에게 상처를 주거나 사랑과 지지하는 마음을 잃지 않으면서, 배우자가 좀 더 민감한 부분에 대해 마음을 열 수 있도록 독려할 수 있다.

배우자가 원하는 것을 알아가기 상대방의 말에 귀 기울이는 것은 당사자의 요구 사항을 알 수 있는 가장 기본적인 방법이다. 그러나 어떤 경우에는 몇 걸음 더 전진하는 것이 효과적일 수 있다. 즉, 쟁점 사항에 대한 폭넓은 탐구를 위해 당신은 다음과 같은 폐쇄형 질문을 던질 수 있다.

"우리가 사랑을 엮어갈 수 있는 가장 좋은 방법은 무엇이라고 생각해?"
"내가 한 행동 중에 당신을 힘들게 했던 것은 뭐야?"
"내가 당신보다 잠자리에 늦게 드는 것이 당신을 성가시게 했어?"
"우리 관계에서 당신이 실망한 부분은 뭐야?"
"당신이 시험공부를 하고 있을 때, 내가 사려 깊게 행동하지 못한 것이 있다면 뭐야?"

예 혹은 아니오와 같은 단순한 형태의 반응을 원한다면, 단답형 형식의 대답을 유도할 수 있는 폐쇄형 질문을 던지는 것이 좋다. 예를 들어 "오디오를 끄고 사랑을 나누는 게 어때?"라고 말이다.

자아개방은 친밀감을 발전시키는 기본요소이다(Derlega 등, 2008). 그리고 자아개방은 배우자가 원하는 바를 구체적으로 알 수 있는 좋은 방법이다. 왜냐하면 당신의 감정이나 생각을 밝힘으로써 배우자의 화답을 기대할 수 있기 때문이다. 예를 들어, "우리가 사랑을 나눌 때, 나는 가끔 당신이 불만족스러워 한다는 느낌을 받을 때가 있었어. 내가 고쳤으면 하는 게 있어?"라고 질문을 던질 수 있다.

상대방의 언행에 불만족스러운 부분이 있다면 배우자에게 털어놓고 이해를 구하도록 하자. 당신으로서도 그와 같은 문제를 언급하는 것이 매우 힘든 일이며, 그러나 최선을 다해 성심성의껏 대화에 임할 것이고 크게 동요하지 않도록 노력할 것이라고 설명할 수 있다. 또한 한 번의 대화에서 무거운 주제는 한 가지로 제한하는 것이 좋다. 만약 전체적인 감정이 무너질 것 같다면 대화를 끝내는 것이 더 좋다.

정보 제공하기 정보를 효과적으로 교환하는 기술로는 "긍정적인 부분을 강조하기"와 언어적 또는 비언어적 신호 보내기 등이 있다. 상대방이 우리의 마음을 읽을 수 있으리라 기대하는 것은 비이성적인 것이다. 우리가 우수에 깃든 표정을 짓고 있을 때 배우자는 어떤 문제가 있는지 물을 수 있다. 그러나 당신의 표정만으로는 구체적으로 어떤 감정상태에 있는지 상대방은 알 수 없다. 상대방이 "당신이 지금 원하는 게 뭔데?"라고 물을 때, "글쎄, 내가 원하는 것을 당신도 알고 있을 텐데." 또는 "당신이 생각하기에 최선이라고 생각되는 것을 해"와 같은 방식의 대답은 하지 말라. 당신이 원하는 것은 당신만이 알고 있다.

당신이 원하는 행동을 배우자가 행했을 때, 배우자가 그것을 알 수 있도록 하라! 당신의 뜻을 정확히 밝히고 그에 대한 감사의 표현을 하도록 하라. 긍정적인 부분을 강조하는 것은 보상을 주는 행위이며, 또한 배우자에게 당신이 선호하는 것에 대해 알려주는 방법이기도 하다. 즉, 당신이 원치 않은 일을 배우자가 행할 때까지 기다렸다가, '기회다' 하고 배우자에게 불평을 늘어놓는 행위는 하지 말라.

성행위는 직접적인 소통을 시도할 수 있는 좋은 기회다. 당신은 "오! 좋은데." 또는 "계속 해줘"와 같은 말로 당신의 감정을 전달할 수 있다. 또는 "이렇게 하는 건 어때?"라고 물어봄으로써 상대방의 기분을 파악할 수 있다.

상대방의 기분을 파악하는 물음은 배우자에게 즐거움을 주는 것이 무엇인지 파악할 수 있는 직접적인 가이드라인이 된다. 배우자 또한 자신의 특별한 요구나 제안을 표현할 수 있다.

비언어적 방법으로서의 성적 소통 역시 가능하다. 즉, 얼굴의 표정이나 몸짓 언어로 호불호를 표현하는 것이다. 예를 들어, 당신이 배우자에게 신체접촉을 시도했을 때, 배우자가 당신에게로 기대어오거나 혹은 손길을 거부함으로써 자신이 편안한 상태인지 또는 긴장된 상태인지를 이야기할 수 있다. 다시 말해, 언어적 표현을 하지 않고도(침묵 속에서) 자신의 생각을 확실히 드러내는 것이 가능하다는 것이다. 다음에 제기된 방법들은 커플들이 자신의 성적 호불호를 표현하기 위해 사용할 수 있는 비언어적 신호들이다.

- 교대로 애무하기. 교대로 애무하는 것은 상대방을 흥분시키는 행위가 무엇인지 서로가 알 수 있게 하는데 도움이 된다. 커플은 교대로 서로를 애무하다가 충분한 피드백을 받기 위해 가끔 멈추면서 "이건 느낌이 어때?"와 같은 질문을 던질 수 있다. 애무를 받는 배우자는 "음 좋아, 그래 그렇게 계속 해줘." 또는 "아니, 좀 더 부드럽게 해줘"와 같은 언어적 의사표현을 함으로써, 아니면 긍정이나 부정의 소리를 내는 비언어적 의사표현을 함으로써 피드백을 제공할 수 있다. 이와 같은 방법으로 얻어진 정보들은 커플이 사랑을 나눌 때 행하는 규칙적인 행동양식으로 통합될 수 있다.
- 배우자의 손을 직접 인도하기. 배우자가 애무해 주었으면 하는 신체 부위로 배우자의 손을 부드럽게 인도하는 것은 당신이 좋아하는 성적 자극방법을 가장 직접적으로 전달할 수 있는 방법이다. 여성은 이와 같은 방법을 통해 배우자가 자신의 가슴이나 음핵 몸체를 어떻게 애무해야 하는지 가르쳐 줄 수 있다. 남성들 또한 이런 행동을 통해 배우자가 자신의 음낭(정소)이나 음경 몸체를 어떻게 애무해야 하는지 가르쳐 줄 수 있다.
- 배우자에게 신호하기. 커플들은 성적 만족감을 보여주기 위한 합의된 비언어적 신호를 사용할 수 있다. 예를 들어, 배우자의 신체 부위를 가볍게 두드리거나 문지름으로써 배우자의 행동이 만족스럽다는 신호를 표시할 수 있다. 상대방의 신호를 받아들인 배우자는 이를 기억해 두었다가 그들이 사랑을 나눌 때 배우자를 즐겁게 해 줄 수 있는 자극으로 사용할 수 있다. 이런 종류의 방법을 "히트 오어 미스(hit or miss)" 기술이라 하며, 오류가 동반될 가능성이 있더라도 활용할 만한 가치는 있다.

요구하기 배우자의 행동 변화를 요구하는 것, 즉 조금은 다른 방식으로 행동할 것을 요구하는 것, 혹은 자신을 불쾌하게 하거나 만족감을 주지 못하는 행동을 멈춰달라고 요구하는 것은 일반 관계에서뿐만 아니라 성관계에서도 관계 증진을 위해 필요한 기본 요소이다. 요구하는 기술이 차츰 소통을 위한 중요한 요소로 부각되고 있다.

상대방의 변화를 요구할 때는 구체적이어야 한다. 배우자에게 "당신은 나에게 좀 더 친절하게 대해줬으면 좋겠어."라는 방식의 말로 요구하는 것은 거의 효과를 보지 못한다. 배우자는 어떤 행동이 친절한 것인지 잘 알지 못할 것이며, 어떻게 하면 더 친절한 것인지 역시 이해하지 못할 것이다. 이렇게 말하는 것이 더 효과적이다. "커피는 스스로 타 먹었으면 좋겠어. 아니면 최소한 좀 더 예의바른 태도로 나에게 커피를 부탁했으면 좋겠어." 또는 "당신 친구들 앞에서 당신이 나에게 말하는 태도는 나를 정말 당혹케 했어. 마치 당신은 나를 정복하고 있다는 것을 또는 그와 유사한 상황에 있다는 것을 친구들에게 보여주기 위해 노력하는 것 같았어."라고 말이다. 비슷한 맥락으로 "당신과 좀 더 사랑했으면 좋겠어."라고 말하는 것보다는 "우리가 사랑을 나눌 때, 나에게 좀 더 키스를 해 줘. 그리고 얼마만큼 나를 사랑하는지 말해줘."라고 말하는 것이 효과적이다.

소통. 그녀의 말에 좀 더 귀를 기울였다면, 남성은 관계 개선을 좀 더 쉽게 할 수 있었을까? 듣는 것은 어느 정도 기술이 필요하다. 특히 커플이 갈등상황에 있을 때에는 더욱 그러하다.

물론 당신의 요구 사항을 꺼내기 전에 다음과 같은 말로 대화를 시작하는 것도 좋다. "당신에게 할 이야기가 있는데, 언제쯤 시간이 좋을 것 같아?"라고 말이다.

배우자에 대한 불만을 간접적으로 돌려 말하는 것보다는 직접 화법으로 표현하는 것이 당신이 원하는 결과를 얻어낼 수 있는 좋은 방법이다. 예를 들어, "우리가 사랑을 나눈 후에 좀 더 포옹하고 싶다는 나의 요구에 대해 당신은 충분히 귀 기울이는 것 같지 않아." 보다는 "섹스 후에 우리 좀 더 오래 껴안고 있자."라고 말하는 것이 낫다. 그리고 "사람들은 여자친구나 남자 친구가 다른 친구들이나 가족들 앞에서 자신에 대해 함부로 말하는 것에 상처를 받아."라고 말하기보다는 "당신이 나에게 함부로 말하는 것이 나로서는 너무 고통스러워."라고 말하는 것이 더 효과적이다.

배우자에게 자신의 요구 사항을 이야기하기 전에 거울 앞에서 혹은 친한 친구 앞에서 연습하도록 하라. 이런 방법을 통해 당신은 당신의 얼굴 표정이나 음색이 말하는 동안 일정하게 유지되는지 등을 확인할 수 있다. 그리고 친구들은 여러분에게 건설적인 피드백을 해 줄 수 있다.

비난하기 효과적으로 비난하는 것은 기술이다. 효과적인 비난은 배우자가 논점에 집중할 수 있도록 해야 한다. 배우자가 분개하거나 죄의식 혹은 공포감에 사로잡혀 논점에서 멀어지면 안 된다.

먼저 당신의 목적이 무엇인지 정확히 저울질하라. 당신은 배우자를 처벌하고자 하는 의도인가, 아니면 배우자의 협조를 끌어내려는 목적인가? 만약 당신의 목적이 처벌이라면 당신은 거친 태도로 험담하게 될 것이다. 그러나 이는 배우자의 보복을 불러일으킬 가능성이 높음을 명심하라. 반면, 당신의 목적이 관계 개선이라면, 눈치 있게 접근하는 것이 적절하다.

비난은 단 둘이 있을 때 하라. 친구들이나 가족이 있을 때에는 하지 말라. 당신이 공개적으로 배우자를 비난하면, 배우자는 난처한 상황에 빠질 수밖에 없다. 개인적인 문제를 공론화하는 것은 상대를 분개하게 만들며 대화를 단절케 한다.

배우자에 대한 인격모독이나 근원적 비판을 피하기 위해서는 배우자가 당신을 힘들게 했던 행동에만 집중하라. 예를 들어 "당신은 정말 무책임해."나 "당신은 정말 괴짜야."라고 말하기보다는 "당신이 이 메시지를 전달해주지 않아서 나는 직장에서 사퇴할 수밖에 없는 상황에 놓였어."라고 말하는 것이 좋다. 일맥상통하게 "당신은 추잡한 돼지야."라고 말하기보다는 "당신이 욕실 바닥에 속옷을 아무렇게나 던져 놓으면 욕실에서 냄새도 나고 너무 지저분해 보이잖아."라고 말하는 것이 좀 더 좋은 결과를 낳을 수 있다. 개인의 전반적인 인격에 대해 언급하기보다는 변화 가능한 특정 행동에 대한 불만을 이야기하라.

배우자의 인격을 직접적으로 공격하는 것보다는 불쾌한 당신의 감정을 표현하는 것이 덜 위협적이다. 공격은 종종 방어적인 태도를 불러일으키며, 경우에 따라서는 보복성 행동을 야기한다. 사랑을 나누는 상황에서 당신의 성적 요구에 대해 배우자가 감수성 없는 태도로 당신을 힘든 상황에 놓이게 할 때, "당신은 정말 자기밖에는 모르는 사람이야. 타인에 대한 배려라고는 전혀 없어."라고 말하기보다는 "우리가 사랑을 나눌 때, 당신이 나의 감정을 고려해 주지 않아 정말 화가 나."라고 말하는 것이 더욱 효과적일 수 있다.

비판이나 불평은 현재의 상황에 대해서만 제기하라. "당신은 나에게 사과한 적이 없어!" 혹은 "작년 여름에도 당신은 똑같았어!"와 같은 말을 언쟁 중 얼마만큼이나 많이 들었었나 생각해 보라. 과거를 들추는 것은 현재의 쟁점을 뒤죽박죽으로 만들며 분개심만 증폭시킨다. 상대방이 전화 메시지 적어 놓는 것을 잊었을 때, "3주 전에도 당신은 크리스로부터 걸려온 전화에 대해 말해주지 않았지. 그래서 나는 터미네이터 제17탄을 보지 못했다고!"라고 말하기보다는 "그 전화는 매우 중요한 것이었어."라고 말하는 것이 더 효과적이다. 작년(혹은 일주일 전)에 누가 누구에게 무엇을 어떻게 하였는지는 배제하는 것이 낫다.

직설적인 비판이나 인격 모독적 비난은 피하고 건설적인 대안을 제안하도록 하라. "당신은 정말 형편없는 애인이야."라고 말하기보다는 "내가 원하는 것이 무엇인지 당신이 관심 가져주었으면 좋겠어."라고 이야기하라.

가능하다면 언제나 구체적인 요구상항을 담아 당신의 비판을 긍정적으로 표현하라. 배우자의 애정 표현에 당신이 만족하지 못할 경우 그 사실을 전달하고 싶다면, "당신은 침대에서 나에게 키스해 준 적이 없어. 내가 그렇게 원하는데도."라고 말하기보다는 "당신이 나에게 키스해 주는 것이 너무 좋아. 좀 더 자주 키스해줘."라고 말하라.

비난을 받아들이기

> 진솔한 비판을 받아들이는 것은 쉽지 않다. 친척으로부터건 친구로부터건 혹은 지인이나 생면부지의 사람으로부터건.
>
> —프랭클린 존스

사실인가 아니면 허구인가 8

사실인가 아니면 허구인가 8: 당신이 비판받았을 때, 앙갚음은 최선의 행동 방식이 될 수 없다. "욕실에 대해 불만을 터뜨려야 할 사람이 누군데? 옷장이 이렇게 지저분하게 된 것이 누구 때문인데?"라고 말함으로서 되받아 칠 기회를 노리지는 말라고 우리는 제안한다. 앙갚음은 억누르기 힘든 유혹이며, 순간적으로 당신의 기분을 좋게 만들 수 있다. 그러나 장기적인 관점에서 보았을 때, 앙갚음은 관계를 위해 좋은 점보다는 나쁜 점이 더 많다.

비판은, 특히 당신이 협조를 구하려 할 때, 매우 까다로울 수 있다. 그리고 비판을 받아들이는 것은 더욱 까다로울 수 있다. 그럼에도 불구하고 우리가 제시하는 다음의 제안들은 도움이 될 수 있을 것이다.

비판은 받아들이기 어려운 것일 수 있다. 관계를 강화하는 방향으로 배우자에게 비판을 가할 수 있는 방법은 무엇인가? 그리고 관계에 도움이 될 수 있는 방향으로 당신이 비판을 받아들이는 방법은 무엇인가?

"이제 당신이 뭔가 행동할 때가 된 것 같은데?"라는 말을 들었을 때, 당신 팔등의 모근들이 일어서지 않는다면 그 상황은 정상적이다. 결국 받아들일 만한 비판인 것이다. 그러나 우리들이 매우 불쾌한 상황에 직면했을 때, 우리는 방어적인 태도를 취하게 되고 앙갚음을 생각한다. 그러나 당신의 목적이 관계를 강화하는 것이라면 잠시 몇 분 동안 생각과 행동을 멈추라. 갈등을 해결하기 위해 우리는 상대방의 관심사를 배울 필요가 있으며, 대화를 개방적으로 유지할 필요가 있고, 또한 문제가 되는 행동을 개선시킬 방법을 찾아야 한다.

그러므로 당신의 배우자가 "이제 욕실을 위해 당신이 뭔가 해야 될 때인 것 같은데." 라는 말을 들었을 때, 가장 위협적인 목소리로 "당신이 의도하는 것이 도대체 뭔데?"라고 말하기 전에 행동을 멈추고 생각하도록 하라. 진정 묻고 싶은 것이 무엇인지 자문하도록 하라.

비판을 가할 때 논점에 집중하는 것이 중요하듯이, 당신이 비판받을 때에도 상대방이 비판의 논점에 집중할 수 있도록 말미에 독려하는 것은 도움이 된다. 욕실에 대한 불평의 예에서, "당신이 의미하는 것을 명확히 말해 줄 수 있겠어?" 또는 "욕실 청소를 의미하는 거야?"와 같은 방식으로 논점을 명확히 하는 질문을 던지라. 그럼으로써 논점에 집중케 할 수 있고 최악의 상황으로 치닫는 것을 막을 수 있다.

"당신은 내가 아는 가장 비이성적인 사람 중 하나야"라고 배우자가 언급한 상황에 대해 생각해 보자. 앙갚음을 하고 관계를 더욱 나쁜 상황으로 만들기보다는 "인신공격성 발언은 삼가해 줬으면 해, 그리고 내가 당신을 귀찮게 한 적이 있다면 말해 줘."라고 말하는 것이 어떤가. 그럼으로써 배우자의 모욕적 태도를 종식시키고 논점에 집중할 수 있도록 유도할 수 있다.

배우자의 비판에 대해 동의하지 않거나 혹은 받아들이기 힘든 경우라도, 우선 그 비판에 대해 인지하였다는 사실을 알려라. 그럼으로써 당신은 배우자의 감정을 존중하고 있다는 사실을 보여줌과 동시에 대화 창구를 지속적으로 열어둘 수 있다.

반면, 당신에게 잘못이 있다면 그것을 인정하라. 예를 들어, "당신 말이 맞아. 그날은 내가 욕실청소를 하는 날이었는데, 그만 깜박했어." 또는 "내가 너무 바빴어. 그날은 어쩔 수가 없었어."라고 말하라. 그리고 이제 두 사람은 문제 해결을 위한 방안을 찾아보도록 해야 한다. 당신이 배우자의 비판을 인지하였다면, 당신은 배우자의 비판을 멈추게 할 수 있는 신호를 보내고 이 상황을 개선할 수 있는 길을 모색하라. 당신이 잘못을 인정한 후에도 배우자가 계속적으로 당신을 모욕하며, "그래! 빌어먹을 짓을 했다는 걸 인정해?"라는 식으로 반응한다면, 당신은 분쟁 해결을 위해 다소간 훈육적인 태도의 언행을 할 수도 있다. 즉, "내가 잘못했다는 것은 인정해. 그리고 당신이 이 문제의 해결점을 찾기 위해 나와 노력해 준다면 환영이야. 그러나 당신이 나의 인격을 바닥에 내동댕이치는 것에 대해서는 묵과할 수 없어."라고 말이다.

그리고 당신에게 잘못이 없다고 판단될 때는 당신의 감정을 이야기하도록 하라. 당신의 생각만을 말할 것이며, 논점에 집중하도록 하라. 배우자의 결점을 성난 어조로 지적할 수 있는 기회를 잡았다고 여기지는 말라. 이는 대화를 단절시키는 결과를 낳을 것이다.

다른 관점 타협하기 제기된 논점이 서로에게 필요한 것이라고 판단된다면, 서로의 다른 관점에 대해 타협하도록 하라. "일주일에 한 번은 내가 욕실 청소를 할께! 어때?"와 같은 절충안을 제시하는 것이다. 그리고 욕실을 치우는 의무가 당신에게 부과되는 것이 전반적으로 부당하다고 생각한다면, 당신과 배우자는 서로의 역할을 바꿔보는 것이 좋다. 즉, 욕실 청소를 안 하는 대신 배우자가 욕실 청소만큼이나 끔찍하게 생각하는 다른 집안일을 대신하는 것이다.

이와 같은 어떤 접근법도 갈등을 해결하는데 도움이 되지 않는다면, 상대방은 아마도 또 다른 문제에 대한 불만을 욕실에 대한 불만을 통해 토로하는 것이라고 볼 수 있다. "나는 문제를 해결할 수 있는 방법을 찾기 위해 노력했어. 그러나 내가 제안한 어떤 것도 소용이 없군. 욕실 문제가 당신이 이야기하고 싶어 하는 본질이야, 아니면 또 다른 어떤 문제가 있는 거야?"라고 질문을 던짐으로써 당신은 문제의 본질이 무엇인지 파악할 수 있다.

대화가 충분하지 못할 때: 교착상태 해결하기 소통은 관계를 형성하고 유지하는데 도움이 된다. 그러나 배우자가 완고하게 대화를 거부하는 상황이 종종 있다. 대화를 거부하는 상황이 가끔 있는 것은 정상적이다. 대화를 통한 상호 소통이 매우 원활한 관계에서도 대화 단절이 가끔씩은 발생한다. 다음의 제언이 도움이 될 것이다.

연구에 의하면 논쟁 상태에서 배우자의 관점을 받아들이는 태도, 즉 배우자의 입장에서 상황을 바라보려는 태도는 서로에게 좀 더 긍정적인 감정이 쌓이게 한다. 그리고 건설적인 방법으로 대응하려는 노력을 증가시킨다(Arriaga & Rusbult, 1998; Driver 등, 2003). 그러므로 교착상황에 있다면 "당신의 의견에 동의하는 것은 아니야. 그러나 당신의 관점은 이해할 수 있을 것 같아."와 같은 (진심어린) 말로 배우자의 반감을 누그러트릴 수 있다. 그러나 배우자의 논리를 도저히 받아들일 수 없는 상황이라면, "제발 나를 믿어줘: 나는 지금 당신의 관점에서 이 사안을 바라보기 위해 무진 애를 쓰고 있어. 그러나 당신이 이야기하는 논리가 무엇인지 이해하기 힘들군. 당신의 주장이 무엇인지 내가 제대로 이해할 수 있도록 설명 좀 해줘."와 같은 방식의 말을 건넬 수 있다.

교착상태에 빠졌을 때, 잠시 동안 그 문제를 "방치"해 두는 것도 도움이 된다. 당사자 모두 문제가 되는 사안에서 잠시 동안 한 발 떨어져 있으라. 그러면 이후, 아마도 당신 중

한 명에게서 해결의 실마리가 나타날 수 있다. 우리는 자신과 동일한 성향의 태도를 공유하는 사람들과 관계를 형성하려는 경향이 있다. 그럼에도 불구하고 완벽하게 일치하는 두 사람은 있을 수 없다. 만약 당신의 복제품인양 행동하는 사람이 있다면 그는 가장 고리타분한 사람이 될 것이다. 당신이 맺고 있는 관계가 보편적으로 즐거움을 주는 것이며 보상을 주는 것이라면, 당신이 마주한 일부 차이는 인내할 수 있어야 한다. 타인을 존중한다는 명제의 가장 중요한 덕목은 상대방은 상대방임을 인정하는 것이다. 우리는 우리 자신이 누구인지 그리고 우리가 허용할 수 있는 것은 무엇인지에 대한 명확한 관념을 가지고 있을 때, 배우자에게서 보이는 다름에 대해 좀 더 인내할 수 있게 된다.

사실인가 아니면 허구인가 9

사실인가 아니면 허구인가 9: 서로의 이견이 합의점에 도달하지 못하였을 때, 관계는 종말로 치닫게 된다는 사고는 결코 진실이 아니다. 당신과 당신의 배우자 모두, 다양한 사안에서 서로의 관점이 불일치한다는 사실을 인정할 수 있다(Rosenblatt & Rieks, 2009). 의견 불일치 그 자체로는 관계가 파멸에 이르지 않는다. 당신이 '의견 불일치는, 곧 관계 종말이다'라는 확신을 가지고 있지 않는다는 전제에서 말이다. 두 사람이 세상의 모든 것을 동일한 관점으로 바라볼 수는 없다. 의견 불일치는, 현재건 혹은 이후건, 최소한 한 사람에게 분노의 감정을 남길 것이다. 그에 따른 마찰은 거의 불가피하다. 관계에서의 만족감을 결정짓는 가장 중요한 열쇠는 커플들이 마찰을 어떻게든 해결하려고 노력하는 과정에 있다.

학생들의 실제 질문

질문: 오래도록 관계를 지속할 수 있는 방법에는 무엇이 있을까요?

답변: 관계를 맺는 두 사람이 어떻게 하느냐에 달려 있으며, 그 해답은 당신에게 놀라운 것일 수 있다: 해답은 '노력하라'이다. 사람들은 종종 상대방의 약점에 대해 몸서리를 친다. 그러나 또한 강점에 대해서도 생각한다. 관계 건설을 넘어 재건설을 하도록 하라. 무엇이 잘못되었는지에 대해 서로 공개적으로 토론하고, 좀 더 옳은 길로 갈 수 있는 방향이 무엇인지에 대해 이야기를 나누어라. 열정이 사라져간다면 새로운 어떤 것을 시도하라(그녀 또는 그를 미치게 만들 수 있는 647가지 일을 찾아 잡지를 읽어보라). 새로운 영화가 나왔는지, 새로운 레스토랑은 어디 없는지 확인하라. 주말에는 어디론가 떠나라. 친구들에게 비밀을 털어놓아라. 상담자를 방문하라. 그리고 종종 당신이 관계의 지속을 원치 않는 것이 실체일 수 있다. 그렇다면 관계를 지속함으로써 얻어지는 장점과 단점을 합산하라. 당신의 인생에서 당신의 위치를 파악하라. 그리고 당신에게 이익이 되는 방향으로 결단을 내려라.

8.5 관계와 소통

총정리: 재숙고, 재인용, 재검토

이 책은 PQ4R 방법을 사용하고 있다. 여러분은 맨 먼저 장 읽기, 즉 첫 번째 R을 잘 마쳤다. 이제부터 나머지 3R(총정리), 즉 재숙고, 재인용, 재검토는 여러분이 숙달한 정도를 여러분 스스로 테스트해 볼 수 있게 해줄 뿐 아니라, 이 장의 내용들을 이해하고 기억할 수 있게 도와줄 것이다.

재숙고

- 여러분은 사교적 담소를 나누는데 어려움을 느끼는가? 설명해 보라. 그리고 데이트 중인 상대방에게 자신의 개인정보에 대해 얼마만큼이나 상세하게 말해야 할지 고민해 본 적이 있는가? 상대방에게 너무 이른 시기에 너무 많은 내용을 이야기함으로써 야기될 수 있는 부정적인 측면은 무엇이라 생각하는가? 상대방에게 절대 밝히지 말아야 할 것이라고 생각하는 것들에는 무엇이 있는가?
- 여러분은 배우자가 질투심을 느끼기를 원하는가? 설명해 보라.
- 여러분은 외로움을 경험한 적이 있는가? 외로움을 느낄 때 무엇을 하는가?

▶ **비판적인 사고하기:** 의사 전달자로서의 자신을 평가해 보라. 이 책의 '제 4절 소통'에서 우리가 제시한 행동 유형 중 당신이 행했던 유형이 있는가? 소통을 어렵게 만드는 방해물은 무엇인가? 배우자와의 소통을 향상시키기 위해 당신이 취하는 행동유형은 무엇인가?

재인용

1. 관계는 어떻게 발달하는가?

- "ABCDE"모델에 따르면 관계는 끌림, 건설, 유지, 악화, 그리고 종결의 다섯 단계를 거쳐 발달한다. 사교적 담소는 사람들이 서로의 관심사나 태도, 애정의 감정을 공유하는지 여부를 확인하는데 사용된다. 첫 발언 또는 인사는 표면적인 접촉을 시작하는데 이용된다. 자아개방은 표면적 접촉을 넘어 공통된 관심사의 존재 여부를 판단하는데 이용된다. 자아개방의 깊이가 너무 낮을 경우 친밀감을 형성하는데 방해물이 되는 반면, 자아개방의 정도가 너무 깊은 것은 사회적으로 적절해 보이지 않는다. 친밀감은 상대방과 정서적으로 얼마만큼 가깝다고 느끼는가를 일컬으며, 가장 사적인 생각이나 감정을 공유하고 싶어 하는 욕망을 말한다. 친밀감은 신뢰, 배려, 애정, 정직 및 헌신의 감정을 포함한다. 진화론적 이론에 따르면, 남성은 배우자가 타인과 성적 관계를 맺었을 때 더욱 질투심을 느끼는 반면, 여성은 배우자가 타인과 감성적인 애착관계를 형성하였을 때 더욱 질투심을 느낀다고 한다.

2. 외로움은 무엇인가? 사람들은 외로울 때 무엇을 하는가?

- 외로움은 타인으로부터 감정적으로 고립된, 고통스러운 격리 상태를 일컫는다. 반면 고독은 긍정적인 체험일 수 있다. 외로움의 원인으로는 사회적 기술의 부재, 타인에 대한 관심 부족, 공감 부족, 거부당하는 것에 대한 두려움, 자아 개방 부족, 인간을 바라보는 냉소적 태도, 너무 이른 시기에 너무 많은 것을 요구하는 태도, 비관적 시각, 외적 통제위 등이 있다. 본인의 자멸적 태도에 저항함으로써, 사회적 기술을 발달시킴으로써, 그리고 타인과 함께하려고 노력함으로써 외로움은 극복될 수 있다.

3. 관계에서 만족감을 주는 요인은 무엇인가?

- 배려, 과도한 질투심의 배제, 공정함, 상호 존중, 그리고 소통 능력 등이 관계에서 만족감을 느끼게 하는 요인들이다. 동성애자나 양성애자, 성전환자 모두, 관계 속에서 발생하는 문제들은 이성애자의 그것과 대동소이하다. 다만 이들은 성적 정체성 발달 및 육아, 그리고 직장 및 법과 관련해서 성소수자가 직면하는 문제들을 경험한다.

4. 관계를 향상시키고 유지하기 위해 커플들은 어떤 방법으로 소통 기술을 강화할 수 있겠는가?

- 커플들은 성에 관해 언급하는데 어려움을 느낄 수 있다. 왜냐하면 통상적으로 받아들여질 만한 적절한 언어를 찾기 힘들고, 성과 관계에 대한 비이성적 믿음에 사로잡혀 있기 때문이다. 전문가들은 대화를 시작하는 법, 배우자의 말을 경청하는 법, 배우자의 요구사항을 알아내는 법, 정보를 제공하는 법, 요구사항을 피력하는 법, 비판을 제공하거나 받아들이는 법, 그리고 교착상태에 대처하는 법과 같이 소통 기술을 발달시킬 수 있는 방법을 소개한다. 한편 적극적 경청이 커플의 소통에 도움이 되는가에 대해서는 이론이 분분하다.

재검토

1. 여성 동성애자의 경우 성적 만족은 다음 중 어떤 사항과 가장 연관되어 있는가?
   (a) 성적 기호
   (b) 관계
   (c) 사회적 낙인
   (d) 직장에서의 문제

2. 진화론적 이론에 의하면 다음 중 어떤 사람들이 배우자의 성적 외도에 대해 가장 질투심을 느낄 것으로 생각되는가?
   (a) 이성애자 남성
   (b) 이성애자 여성
   (c) 동성애자 남성
   (d) 동성애자 여성

3. 결혼한 사람들은 그들의 배우자를 어떤 경로를 통해 가장 많이 만났는가?
   (a) 교회(종교단체)에서
   (b) 학교에서
   (c) 친구의 소개로
   (d) 가족의 소개로

4. 친밀감의 요소로 가장 거리가 먼 것은 무엇인가?
   (a) 나르시시즘
   (b) 믿음
   (c) 배려
   (d) 정직

5. "사교적 담소"란 무엇인가?
   (a) 관계를 시작하기 위한 가식적 방법
   (b) 어떤 주제에 대한 심도 있는 토론
   (c) 미성숙한 자아개방을 촉진하는 것
   (d) 논점이 되는 주제에 대한 이해 폭을 강조하는 것

6. 다음 중 사실과 거리가 가장 먼 것은 무엇인가?
   (a) 좋은 관계는 노력이 필요치 않다.
   (b) 질투심은 관계에 안 좋은 영향을 미친다.
   (c) 배우자들은 관계를 돈독히 유지하기 위해 함께 노력해야 한다.
   (d) 소통 기술은 관계 형성 및 유지에 중요하다.

7. 다음 중 옳은 것은?
   (a) 감성적으로 친밀한 관계를 형성하기 위해서는 성적 친밀감이 필요하다.
   (b) 감성적으로 친밀한 관계를 형성하기 위해서 성적 친밀감이 반드시 필요한 것은 아니다.
   (c) 사랑은 친밀감을 위해 필요하다.
   (d) 친밀감은 완벽한 정직을 요구한다.

8. 본문에서 관계를 위해 헌신하는 것을 가장 꺼려하는 사람은 누구인가?
   (a) 남성
   (b) 이성애자 여성
   (c) 동성애자 여성
   (d) 성전환자

9. 컬데크(Kurdek)의 연구에 의하면 동성애자 커플 및 양성애자 커플들은 어떤 면에서 이성애자 커플과 다른 경향을 보이는가?
   (a) 집안일을 좀 더 공평하게 분배한다.
   (b) 어떤 대가를 치르더라도 갈등을 피하려 한다.
   (c) 성적 활동 그 자체가 관계형성 및 유지를 위해 그리 중요한 것은 아니라고 여긴다.
   (d) 사랑이 전부이며 사랑만 있다면 관계를 위해 별다른 노력은 필요치 않다고 생각한다.

10. 고트만(Gottman)은 소통 기술에 있어 무엇이 가장 가치 있는 요소라고 생각하는가?
   (a) 비판을 받아들이는 방법을 아는 것
   (b) 적극적으로 경청하는 것
   (c) 불만 사항에 집중하는 것
   (d) 언제 동의하고 언제 동의하지 말아야 할지 아는 것

정답: 1. b; 2. a; 3. c; 4. a; 5. d; 6. a; 7. b; 8. a; 9. a; 10. b

성행위 및 성적 환상

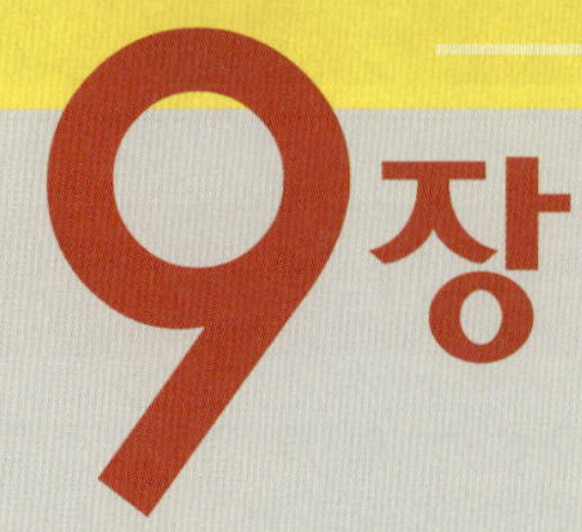

목차

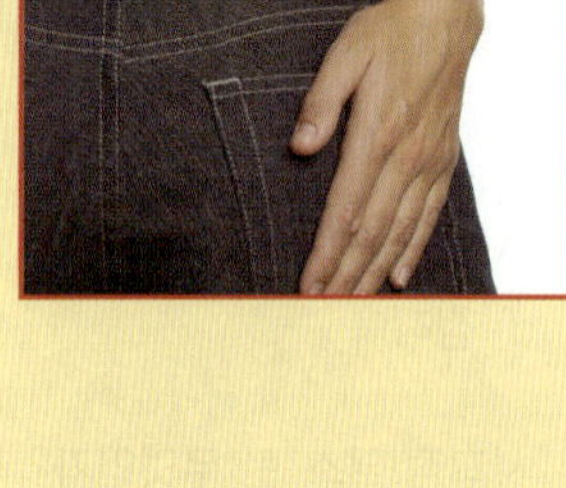

사실인가 아니면 허구인가

다음 중 어느 것이 사실이고 어느 것이 허구인가? 답은 본문 안에 있는 「사실인가 아니면 허구인가」 아이콘에서 만날 수 있다.

1. 결혼한 사람들은 자위행위를 하더라도 빈도가 낮다. T F
2. 유럽계 미국인 남성은 아프리카계 미국인 남성에 비해 자위행위를 자주 한다. T F
3. 청소년 시기 자위행위를 경험했던 여성들은 그렇지 못한 여성들에 비해 결혼 후 성교에서 쾌락을 얻지 못한다. T F
4. 여성들은 자위행위보다는 성교를 통해 오르가즘에 쉽게 이른다. T F
5. 대부분의 여성들은 질 내로 손가락이나 다른 물건을 삽입하는 형태의 자위행위를 선호한다. T F
6. 여성동성애자 커플들은 보편적으로 인공남근을 착용하고 성교를 즐긴다. T F
7. 엄격히 말하자면, 구강성교는 오늘날 젊은 커플들에게 일상적인 성교형태가 되었다. T F
8. 항문성교는 교육 정도가 낮은 사람들 사이에 좀 더 일반적으로 행해진다. T F
9. 성적 환상은 비정상적인 것이다. T F
10. 애인이 타인에 대한 성적 환상을 꿈꿀 때, 둘의 관계는 문제에 봉착한다. T F

레이첼 메인의 의도는 순수한 것이었다. 그녀는 19세기 말과 20세기 초의 자수에 관한 책을 집필할 계획이었다. 그러나 자료를 수집하던 중 그녀는 진동기 광고를 발견한다. 100년 전에 말이다! 그녀는 편견에 얽매이지 않는 학자적 관점에서 미국 역사에서의 진동기 사용과 의미에 대해 관심을 갖게 되었고, "오르가즘의 기술: '히스테리,' 진동기와 여성의 성적 만족"이라는 제목의 책을 저술하였다.

여성의 신경증적 히스테리를 치료하기 위한 한 수단으로 (진동기를 이용하여) 생식기를 마사지함으로써 오르가즘을 느끼게 하는 처방이 한때 유행하였다. (과연 남성들은 전혀 히스테리를 부리지 않을까? 정말?) 주로 의사나 조산사가 처방전을 작성하였다. 생식기 마사지는 여성에게 "히스테리성 발작(현대적 관점에서 여성의 오르가즘)"을 일으키는 것으로 여겨졌다. 그리고 1880년대의 진동기 도입은 생식기 마사지 처방을 더욱 효과적으로 만들었다.

히스테리? 그것은 무엇인가? 금세기 초 히스테리는 불안감, 과민성, 신경증적 반응, 골반종창, 복부팽만, 졸도 등의 임상증상을 기초로 진단이 이루어졌다. 또한 성적 환상, 질윤활 등의 증상들도 이 진단에 포함되었다. 히스테리는 "자궁"을 의미하는 그리스어에서 유래하였다. 의료계는 성적박탈에 따른 환자의 자궁 폐쇄가 히스테리 임상증상을 일으키는 것으로 믿고 있었다. 따라서 임신과 성교가 치료에 도움이 되는 것으로 여겨졌으며, 독신녀에게는 결혼을, 결혼한 여성에게는 아이를 가질 것을 권장하였다. 남성이 없는 여성에게는 흔들의자를 말에 달고 승마할 것을 그리고 생식기 마사지를 권장하였다. 그러나 레이첼 메인은 의사들이 히스테리 환자들을 치료하기 위해 열중한다는 어떤 증거도 찾을 수 없었다. 오히려 그들은 할 수만 있다면 환자들을 조산사에게 떠맡기려는 경향을 보였다. 한편, "히스테리 발작"에 이르는 방법으로 여성들에게 자위행위가 권장되지는 않았다. 자위행위는 일탈적인 것으로 그리고 건강에 해로운 것으로 여겨졌다. 진동기를 손에 들고 치료를 하는 의사 혹은 조산사의 모습만이 있었다(Heiman, 2000). 오르가즘의 진정한 의미는 왜곡되어 "히스테리 발작이 절정에 이른 상태"로 간주되었다.

"히스테리 증상"으로 여겨졌던 것들이 월경과 연관되어 있는 것은 분명해 보인다. 오늘날 우리는 월경 및 월경 전 증상들이 성호르몬의 분비와 연관되어 있다는 사실을 알고 있다. 그러나 20세기 중 · 후반까지만 하더라도 의료종사자들은 월경에 따른 증상들을 정신적 문제로부터 기원하여 히스테리에 이르는 다양한 변이로 간주하였다. 그러므로 스트레스에 직면하여 나타나는 비정상적 행동들이 여성에게만 일어난다고 생각했으며, (놀랍게도) 남성은 예외라고 여겼다.

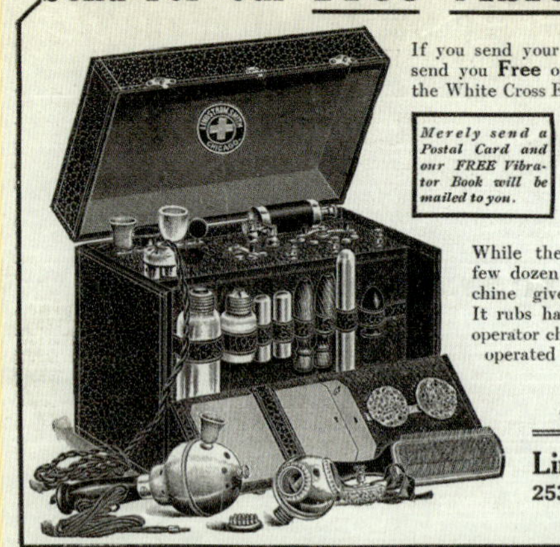

19세기 후반 그리고 20세기 초반, 당시 의료현장에서 개념화되어 있었던 "히스테리"성 정신질환 여성들을 치료하기 위한 한 방편으로 진동기(vibrator)가 사용되었다. 여성의 성적 권리는 언제 어디서나 항상 남성의 성적 권리보다 뒷전이었다.

▶ **비판적인 사고하기**

고대 로마시대를 배경으로 한 뮤지컬 코미디, '법정으로 가는 길에 생긴 재미있는 일들'에서, 쉽게 화를 내는 남성 등장인물로 "히스테리움(Hysterium)"이라는 이름을 가진 배역이 나온다. 뭐가 그리 재미있을까?

이번 장에서는 성교 기술에 대해 논하고 "누가 누구와 무엇을 하는가"에 대한 통계학적 분석을 시도하겠다. 오늘날 사람들의 성 표현은 매우 다양하게 나타나고 있다. 진동기는 아직도 사용되고 있으며, 우리는 더 이상 진동기의 사용이 히스테리 발작을 일으킨다고 믿지 않는다.

이 책을 읽는 독자들이 다양한 사회에 몸담고 있듯이, 독자들의 성에 대한 가치, 호감도, 태도 등도 다양할 것이다. 그리고 독자에 따라 앞으로 논의될 성교 기술 중 일부는 너무 외설적이라고 느낄 수 있을 것이다. 우리의 목적은 성적 표현이 다양하다는 정보를 제공하는 것이다. 무엇을 받아들일지 말지에 대한 의견 일치를 추구하는 것이 아니다. 가치 판단을 내리고자 하는 것도 아니며, 독자들에게 성교 기술들을 다양하게 확대하라고 권고하는 것 또한 아니다.

사람의 몸은 많은 형식의 성적 자극에 민감하다. 그러나 생물학적 사실이 전부는 아니다. 즉, 생물학적으로 가능하다는 것과 해당 행위가 수용 가능한 것인지는 서로 다른 문제이다. 생물학적 가능성뿐 아니라 개인을 둘러싼 사회적 기대, 개인적 성향, 경험 등이 종합적으로 그 사람의 성행위 방식을 결정한다. 당신에게 적합한 방법이 반드시 타인에게도 적합한 것은 아니다.

우리는 먼저 사람들이 성적 쾌락을 얻기 위해 홀로 행하는 기술들을 검토할 것이다. 그리고 배우자와의 관계에서 이용되는 기술들에 대해 논의하겠다.

9.1 나홀로 섹스

> 홀로 되었을 때 그는 자신을 더럽혔다. 자신의 손으로 이 생애에서 그리고 다음 생애에서 기대되는 모든 잠재적 가치를 망쳐버렸다. 엄중한 경고가 있은 후라도 그는 찰나의 정신 나간 관능욕을 채우기 위해 자신의 건강과 행복을 향한 권리를 버리며, 금수만도 못한 이 몹쓸 짓을 지속할 것이다.
>
> —캘로그, 노인과 젊은이를 위한 분명한 사실, 1888

성행위의 다양한 방식 중 일부는 배우자를 필요로 하지 않거나 또는 배우자가 있을 경우 보통 사용되지 않는다. 자위는 한 개인이 스스로 행하는 성적 표현의 가장 주요한 형태 중 하나로, 성기의 직접적인 자극을 포함한다. 한편 성적 환상과 같은 또 다른 형태의 개인적 성적 표현은 성기 자극이 동반될 수도 그렇지 않을 수도 있다.

자위라는 단어는 단순한 서술적 용어가 아니다. 자위는 "손"과 "더럽히다"라는 어원을 가지고 있는 라틴어 *masturbari*로부터 유래하였다. 이 유래로부터 우리는 자위행위에 대한 역사적 · 문화적 사고방식을 엿볼 수 있다(Polansky, 2006). **자위(masturbation)**는 손을 이용한 성기의 자극을 통해 이루어질 수도, 진동기와 같은 인공 제품의 도움을 받아 이루어질 수도 있다. 혹은 성기를 자극할 수 있는 **인공남근(dildo)**이나 베개와 같은 물건을 이용하여 자위를 할 수도 있다. 보통 타인과의 성관계를 경험하기 전인 아주 어린 시절에 우리는 우리의 성기를 만짐으로써 쾌락을 얻을 수 있다는 사실을 알게 되는 것 같다.

그러나 자위행위를 하는 것이 쾌락을 얻기 위함만은 아니다. 국민건강과 사회생활 조사(NHSLS) 연구에서 보고한, 자위행위를 하는 이유들을 표 9.1에 열거하였다.

유대-기독교 전통 내에서 자위행위는 죄악으로 규탄 받아왔다(Soble, 2009; Thomas & Murray, 2009). 초기 유대-기독교의 자위행위에 대한 태도는 생식을 목적으로 하지 않은 성교를 비판적으로 바라보는 시각을 반영한다. 자위행위는 "오나니즘" 혹은 "오나니아"라고 불려왔는데, 이는 성서에 나오는 "오난" 이야기로부터 유래한다(Gutmann, 2006). 창세기 38장 9~11절에 의하면, 오난은 유다의 둘째 아들이다. 유다의 첫째 아들 엘은 상속자를 남기지 못하고 사망한다. 성서의 법은 만약 장자가 아들을 낳지 못하고 사망하면, 차남이 그 미망인(형수)을 아내로 맞이하여 그들 사이에 잉태된 첫 아들을 (죽은) 장자의 상속자로 삼도록 하고 있다. 유다는 오난에게 "네 형수에게 들어가서 남편의 아우된 본분을 행하여, 네 형을 위하여 씨가 있게 하라"고 하였다. 그러나 오난은 죽은 형의 아내인 형수와 관계를 가질 때마다 "바닥에 (씨를) 쏟아버렸고", 이 일로 인해 신

자위(masturbation) 성적 자기자극.

인공남근(dildo) 성행위시 사용되는 음경 모양의 물질.

표 9.1

자위행위를 하는 이유(그 이유를 밝힌 사람들을 모수로 한 백분율임), NHSLS 연구 결과

자위행위를 하는 이유	남성	여성
휴식을 취하기 위해	26	32
성적 긴장을 해소하기 위해	73	63
배우자가 없어서	32	32
배우자가 성교를 원치 않아서	16	6
지루해서	11	5
육체적 쾌감을 얻기 위해	40	42
수면에 들기 위해	16	12
후천성면역결핍증 및 기타 성병에 대한 공포 때문에	7	5
기타	5	5

출처: Adapted by permission from E. O. Laumann, J. H. Gagnon, R. T. Michael, & S. Michaels. (1994). *The social organization of sexuality: Sexual practices in the United States*. Chicago: University of Chicago Press, Table 3.3, p. 86.

으로부터 죽임을 당한다.

"오나니즘"이 자위를 의미하는 것이지만, 일부 학자들은 오난의 행위를 자위가 아니라 **중절성교(coitus interruptus)**로 보기도 한다. 어쨌든, 두 행위 모두 "설정"이라는 의미에서 생식을 목적으로 하지 않은 성행위다. 성서의 기원이 무엇이든 간에 자위는 유대법에서 금지되었다. 성 아우구스티노는 고대 페르시아의 신앙에 영향을 받아 모든 형태의 생식을 목적으로 하지 않은 성행위를 죄악시하였다(Bullough, 2002; Gutmann, 2006). 고대 사람들이 임신을 목적으로 하지 않는 성행위를 죄악시한 이유를 당시에는 구성원의 수를 늘리는 것이 중요했기 때문일 것이라고 추측한다. 임신의 필요성은 도덕적으로 허용될 수 있는 성교의 범위를 결혼한 부부 사이로 한정하는 보편적인 관점과도 연관되어 있다.

자위에 대한 역사적 · 의학적 관점 자위에 대한 성 아우구스티노의 견해는 18세기에 의학 분야로 전파되어 의학자들은 자위를 죄악에서 병으로 해석하였다(Polansky, 2006). 최근에 이르기까지 자위는 수치스러운 행위일 뿐만 아니라, 육체적 · 정신적으로 유해한 것으로 여겨졌다. 미국 독립선언문 서명자 중 한 명인 벤자민 러시는 자위가 결핵, 신경계 질환, 시력 감소, 기억 감퇴, 간질증을 일으킨다고 믿었다.

19세기의 많은 성직자들이나 의료계 종사자들은 특정 식품들이 성기에 자극을 줄 수 있다고 확신하였다. 따라서 그들은 자식들에게 제공하는 식단을 짤 때, 성적 흥분을 일으킬 수 있을 것으로 믿어지는 음식, 특히 육류, 커피, 차, 초콜릿 등의 음식을 제외할 것을 부모들에게 권고하였다. 성적 흥분을 일으키지 않는 음식, 주로 곡류로의 대체가 부모들에게 강요되었다. 1830년대, 레버런드 실베스타 그레이엄은 사람들이 성적 충동을 조절하는데 도움을 줄 목적으로, 이후 그레이엄 크래커라 불리게 될, 과자를 개발한다.

성적 충동 조절에 도움을 주고자, 특히 젊은이들의 충동 조절에 도움을 주고자 무자극식을 소개함으로써 자신의 고유 상품을 만들어낸 또 다른 유명한 한 사람이 있다. 19세

중절성교(coitus interruptus) 성교 중 사정하기 직전에 음경을 질로부터 빼는 행위. 미국에서는 *withdrawal method* 라는 표현을 쓰기도 함.

가까이서 보기

성 아우구스티노와 성에 관한 기독교의 역사적 관점

순결을 지키게 하옵시고 성욕을 억제케 하옵소서. 그러나 아직 멀었사옵니다(da mihi castitatem et continentiam, sed noli modo).

—성 아우구스티노, 기독교로 개종하기 전에

아우구스티노(서기 354~430)는 철학가이며 신학자였다. 그는 베르베르족의 후손으로 대부분의 인생을 현재 북아프리카 알제리에서 보냈다. 그의 어머니는 독실한 로마 가톨릭 신자였지만 그의 아버지는 토속신앙을 숭배하였다. 학창시절 그는 토속신앙의 영향을 받았지만, 또한 라틴문학에 빠져들기도 했다. 독지가의 도움으로 17세에 아우구스티노는 카르타고에서 학업을 하게 된다. 이 시기 그는 페르시아에서 기원하여 서쪽으로는 로마까지, 그리고 동쪽으로는 중국까지 퍼져나갔던 다신교인 마니교에 빠져들게 된다. 아우구스티노는 카르타고의 쾌락주의 생활방식을 따랐으며, 13년 이상 소실을 두고 생활하였다. 그리고 이 시기 한 명의 아들을 얻게 된다. 이후 로마와 밀라노로 거처를 옮기고, 그곳에서 기독교인으로 개종한다. 387년의 일이다. 그는 『고백록』을 통해 자신의 정신적 여행을 연대기적으로 그린다. 그러나 선과 악의 본성 및 지옥과 숙명에 대한 그의 관점, 그리고 인간의 육신과 성에 대한 그의 적대감은 마니교리에 의해 영향 받은 것으로 생각된다.

육신에 대한 혐오, 그리고 개종에 따라, 아우구스티노는 성직자가 되었고, 이후 북아프리카의 히포에서 주교로 활동하였으며, 결국 라틴교부가 되었다. 그는 원죄론 및 정전론의 개념을 주창하였다. 또한 아우구스티노는 다작하는 작가였다. 그의 작품으로는 『고백론』, 『신의 도시』, 『삼위일체론에 대해』 등이 있다. 그는 예수의 손길 없이도 인간은 구원을 받기에 도덕적으로 충분히 고결해질 수 있다는 "이단"적인 생각에 강력히 대응하였다.

아우구스티노는 아담이 금단의 열매를 먹음으로써 부과된 원죄가 모든 인간에게 유전되었다고 기술하였다. 인간은 도덕적으로 타락하였으며 신의 은총 없이는 선행을 할 수 없다고 보았다. 그리고 그는 성적 욕구를 원죄와 연관시켰다. 성행위 그 자체를 죄악으로 보지는 않았지만, 정욕은 죄악이라고 주장하였다. 그러나 강간당한 여성들을 비난하는 당시의 일반적인 경향에도 불구하고, 아우구스티노는 "타인의 정욕이 당신의 순결을 더럽힐 수는 없다"고 말함으로써 로마 약탈 시기 강간당한 처녀들에게 안정감을 주었다. 한편, 행동을 취하였는지의 여부와는 관계 없이 사악한 마음을 품은 것만으로도 선은 사라진다고 가르쳤다.

초기 문예부흥시기에 성 아우구스티노를 그린 프레스코화. 이탈리아 플로렌스.

아우구스티노는 다른 주교들과 마찬가지로 낙태의 관행을 규탄하였다. 그러나 낙태 문제는 태아에게 영혼이 부여되었는지 여부에 따라 결정된다고 믿었다. 즉, 낙태시점에 태아에게 영혼이 부여되었는지 여부가 중요한 것이었다. 그는 남아 태아는 임신 40일에, 여아 태아는 임신 90일에 영혼이 부여된다고 믿었다.

기 영향력 있는 의료분야 작가 중 한 명으로, 미시간 주의 배틀 크리크 요양원의 관리자로, 그리고 현재는 근대 아침용 시리얼의 창안자로 더욱 잘 알려진 켈로그 박사(Kellogg, 1852~1943)이다. 켈로그는 여드름, 창백함, 가슴의 두근거림, 굽은 어깨, 구부정한 등, 경련발작 등의 39가지 증상을 "자위행위의 징표"로 확신하였다. 그레이엄처럼 캘로그도 곡류를 주재료로 한 소박한 콘플레이크 식이를 통해 성욕을 조절할 수 있다고 믿었다.

19세기에는 많은 의사들 또한 자식들이 자위행위를 하지 못하도록 조치할 것을 권고하였다. 켈로그는 아이들의 성기를 붕대로 감거나 케이지를 씌울 것을, 또는 손을 묶어둘 것을 제안하였다. 자위행위를 막기 위해 고안된 몇몇 장치들은 야만적이었다(그림 9.1).

19세기의 몇몇 성 전문 학자들 또한 자위행위에 반대하는 운동에 동참하였다. 리하르트 폰 크라프트에빙은 1886년 그의 저서 『성 정신병리』에서, 그리고 헨리 엘리스는 1900

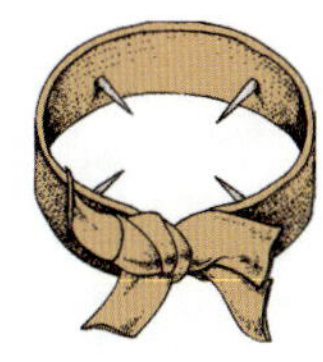

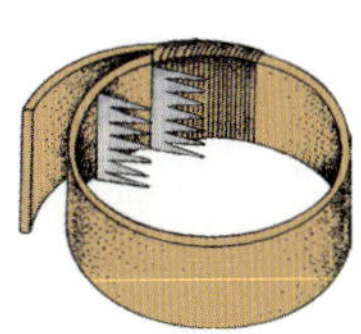

그림 9.1 자위행위를 억제하기 위해 고안된 장치. 자위행위가 유해하다는 믿음이 널리 퍼져 있었기 때문에 19세기 동안에는 어린이들의 자위행위를 억제하기 위한 다양한 장치들이 개발되었다. 이러한 장치 중 일부는 잔혹하기까지 하였다.

다양한 세상

자위행위와 인구통계학적 요소

자위행위만큼 광범위하게 "금지된" 행위도 없었다. 킨제이 보고에 의하면, 대부분의 성인 남성, 그리고 성인 여성의 약 3분의 2는 자위행위를 경험하였다고 한다(Kinsey 등, 1948, 1953). 국민건강과 사회생활 조사(NHSLS) 연구 결과에서도 자위행위 빈도는 성별격차가 있는 것으로 나타났다(Laumann 등, 1994). 표 9.2는 조사에 참가한 사람들을 대상으로 성, 연령, 결혼유무, 학력, 종교, 인종 및 민족에 따라 "지난 12개월 동안" 자위행위를 행한 빈도를 나타낸다.

전체적으로 보았을 때, 조사에 참여한 남성의 37%, 그리고 여성의 58%가 지난 1년 동안 자위행위를 하지 않았다고 답하였다. 조사된 모든 항목에서 남성이 여성에 비해 빈번히 자위행위를 하는 것으로 나타났다. 성혁명에도 불구하고 여성들은 남성에 비해 자위행위를 행할 동기를 적게 느끼는 것 같다(Chivers 등, 2007; Yost & Zurbriggen, 2006). 쾌락을 위해 성행위를 즐기는 것이 남성보다는 여성들에게 더욱 금기시되어야 한다는 사회적 압력이 보수적인 여성들을 여전히 지배하는 것으로 보인다(Dantzker & Eisenman, 2003). 또한 여성들은 관계라는 맥락 내에서 성행위를 추구하는 경향이 크다.

사실인가 아니면 허구인가 1: 지난 1년 동안, 기혼 성인은 미혼 또는 돌싱에 비해 자위행위를 덜 하는 것으로 조사되었다. 그럼에도 불구하고 조사에 참여한 기혼 남성의 43%, 그리고 기혼 여성의 63%만이 지난 1년간 자위행위를 하지 않았다고 답하였다. 그러므로 많은 기혼 성인들은 자위행위를 하고 있다.

사실인가 아니면 허구인가 1

남녀 모두 교육수준이 높을수록 자위행위를 자주하는 것으로 조사되었다. 아마도 교육과정을 통해 자위행위 그 자체가 유해하지 않다는 사실을 배울 기회가 많았거나, 혹은 전통적 사회규제를 거부하기 때문인 것 같다. 그리고 보수적인 종교적 믿음은 자위행위를 제약하는 것으로 보인다. 보수주의 개신교도들은 자유주의 개신교도나 중도적 신자들에 비해 자위행위를 덜 하는 것으로 나타났다.

사실인가 아니면 허구인가 2: 아프리카계 미국인은 다른 인종 집단과 비교하여 지난 1년 동안 자위행위를 덜 하였거나 혹은 하지 않았다고 답하였다. 아마도 아프리카계 미국 남성이 자위행위에 대해 더욱 보수적인 입장을 취하는 것으로 보인다.

사실인가 아니면 허구인가 2

년에 출간된『성 심리 연구』에서 자위행위가 정신적으로 위험하다고 규탄하였다. 크라프트에빙은 자위행위를 성적 성향과 연계하였다. 그는 남성의 자위행위가 성적 본능의 정상적인 발달을 고착시키고, 여성과의 관계에서 발기부전을 초래한다고 주장하였다. 그러므로 그는 남성끼리의 성행위를 장려하였다.

이러한 역사에도 불구하고 자위가 해롭다는 어떤 역사적 증거도 없다. 자위는 정신이상을 일으키지도 않고, 손에 털이 나게 하거나, 사마귀가 돋게 하지도 않으며, 자위에 의해 발생할 수 있다고 거론되었던 어떤 질병도 일으키지 않는다. 다만, 드물지만 거친 자위행위로 인해 생식기에 상처가 날 수 있을 뿐이다. 타인과 성관계를 가질 수 있는 적합한 상황임에도 불구하고 성적 욕구를 분출하기 위한 수단으로 자위행위를 배타적으로 행할 경우 그 조절문제가 제기될 수는 있을지언정, 자위 그 자체는 정신적으로 전혀 유해하지 않다. 성 치료 전문가들은 성 욕구가 낮은 사람들을 치료하기 위한 치료법으로, 그리고 오르가즘에 이르는데 어려움을 느끼는 여성들을 위한 방편으로 자위행위를 이용하여 왔다(Perelman & Rowland, 2008; van Lankveld, 2009; 15장).

물론 자위를 위험하고 잘못된 것으로 여겨 죄악시하는 사람들은 자위에 대한 죄책감이나 불안감을 경험할 수 있다(Ortega 등, 2005). 그러나 이런 부정적인 반응은 자위에 대한 그들의 신념과 연관된 것이지 자위 그 자체와는 무관한 것이다. 그렇기는 하지만, 자위를 죄악시하는 관념은 자위행위의 빈도나 주기를 낮추게 한다(Ortega 등, 2005).

표 9.2

지난 12개월 동안의 자위행위에 대한 인구통계학적 요소 및 빈도(NHSLS 연구 결과)

	자위행위 빈도, %			
	전혀 하지 않음		1주일에 최소 1회 이상	
인구통계학적 요소	남성 (N = 36.7)	여성 (N = 58.3)	남성 (N = 26.7)	여성 (N = 7.6)
연령				
18~24	41.2	64.4	29.2	9.4
25~29	28.9	58.3	32.7	9.9
30~34	27.6	51.1	34.6	8.6
35~39	38.5	52.3	20.8	6.6
40~44	34.5	49.8	28.7	8.7
45~49	35.2	55.6	27.2	8.6
50~54	52.5	71.8	13.9	2.3
55~59	51.7	77.6	10.3	2.4
결혼 여부				
결혼한 적 없음(현재 동거하지 않음)	31.8	51.8	41.3	12.3
결혼 상태임	42.6	62.9	16.5	4.7
결혼한 적 있음(현재 동거하지 않음)	30.2	52.7	34.9	9.6
교육 정도				
고등학교 학력 이하	54.8	75.1	19.2	7.6
고등학교 졸업	45.1	68.4	20.0	5.6
전문대 졸업	33.2	51.3	30.8	6.9
일반 4년제 대학 졸업	24.2	47.7	33.2	10.2
그 이상의 학력	18.6	41.2	33.6	13.7
종교				
무교	32.6	41.4	37.6	13.8
자유주의 개신교	28.9	55.1	28.2	7.4
보수주의 개신교	48.4	67.3	19.5	5.8
천주교	34.0	57.3	24.9	6.6
인종/민족				
유럽계 미국인	33.4	55.7	28.3	7.3
아프리카계 미국인	60.3	67.8	16.9	10.7
라틴계 미국인	33.1	65.5	24.4	4.7
아시아계 미국인	38.7	–*	31.3	–*
북미 원주민	–*	–*	–*	–*

*표본의 크기가 너무 작아 결과를 산출할 수 없음.

출처: Adapted by permission from E. O. Laumann, J. H. Gagnon, R. T. Michael, & S. Michaels (1994). *The social organization of sexuality: Sexual practices in the United States*. Chicago: University of Chicago Press, Table 3.1, p. 82.

설문 조사에 따르며 사람들 대부분은 종종 자위행위를 한다. 그리고 현재 우리는 킨제이 보고서에서 제시되었던 나이보다 더 이른 시기부터 자위행위를 경험한다(Dekker

그림 9.2 청소년 시기의 자위행위 경험과 결혼생활에서 느끼는 성적 만족감 사이에는 상관관계가 있는가? 청소년 시기의 자위행위 경험과 결혼생활에서 느끼는 성적 만족감 사이에는 정적상관관계가 형성된다. 이 인과관계를 설명할 수 있는 가설에는 무엇이 있을까? 자위행위의 경험이 사람들로 하여금 자신이 원하는 성적 요구가 무엇인지를 잘 알게 하고, 이것이 결혼생활에서 성적 만족감을 얻기 위한 적절한 자극이 무엇인지를 알 수 있도록 하는 것일까? 자위행위를 일찍 시작한 사람들은 보편적으로 자신의 성적 요구를 밝히는데 개방적인가? 그리고 자신을 흥분하게 하는 자극의 형태를 탐구하는데 개방적인가? 이러한 태도는 결혼생활에서 성적 만족감을 얻기 위한 성기 자극을 탐구하는데 열중할 가능성을 높이는 것으로 보인다.

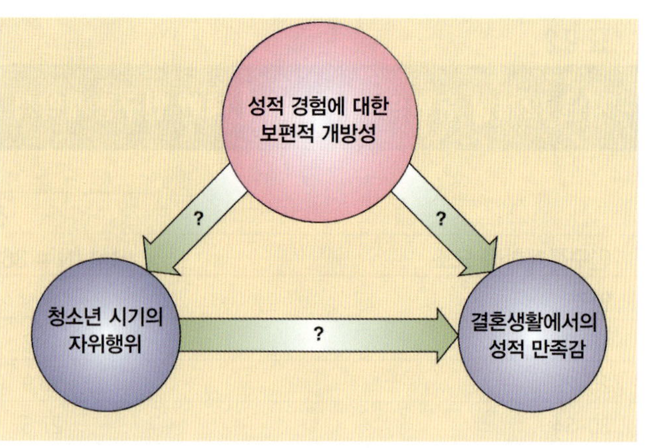

& Schmidt, 2002). 자위행위의 빈도는 여성보다는 남성에게서 보통 월등하게 높다. "다양한 세계'에서 서로 다른 인구통계학적 집단 사이의 자위에 대한 특징을 자세히 다루었다.

사실인가 아니면 허구인가 3

타인과의 성관계에서, 자위와 오르가즘 사이에는 분명한 연관관계가 있는 것으로 보인다. **사실인가 아니면 허구인가 3:** 청소년시기에 자위를 경험했던 여성들이 그렇지 못한 여성에 비해 성인이 된 후 타인과의 성생활에서 좀 더 높은 만족감을 경험하는 것으로 밝혀졌다(Hogarth & Ingham, 2009).

사실인가 아니면 허구인가 4

그러나 위 연구 결과가 성인이 되었을 때 성적 만족감을 얻기 위해 청소년 시기부터 자위행위를 행하라는 의미는 아니다. 다만, 해석 가능한 연관관계가 존재함을 보여주는 것이다(그림 9.2). 즉, 어려서부터 자위를 한 사람들은 자신의 성적 만족감을 추구하는 경향이 강하다. 이러한 태도는 성인이 되어서까지 이어져 여성이 성적 만족을 얻기 위해 필요로 하는 자극을 탐색하는 경향을 증대시킨다. 청소년 시기 자위는 성적 만족을 끌어내기 위한 자극의 유형이 무엇인지 알게 함으로써 성인이 되었을 때 성적 만족을 성취할 수 있게 한다. **사실인가 아니면 허구인가 4:** 연구자들은 또한 성관계를 통해서 보다 자위를 통해서 오르가즘에 더 쉽게 이른다는 것을 밝혔다(Hogarth & Ingham, 2009; Masters & Johnson, 1966).

자위에 대한 잘못된 정보를 바로잡기 위한 노력으로 우리는 자위를 하지 않겠다는 선택이 절대 잘못된 것이 아니라고 제안하고 싶다. 독자들은 자신들의 가치판단 기준에 근거하여 선택하기 바란다.

남성에게 사용되는 자위 기술

섹스는 카드경기와 같다. 만약 좋은 상대자가 없다면 좋은 손을 갖는 편이 더 낫다.

—화장실 낙서

자위행위의 기술은 매우 다양하지만 대부분의 남성들은 음경을 손으로 만지작거림으로써 자위를 한다(그림 9.3). 킨제이의 연구 결과에 따르면 남성들이 자위를 통해 오르가즘에 이르는 데에는 1~2분이 걸린다(Kinsey 등, 1948). 남성은 음경몸체를 한 손으로 잡고 젖을 짜듯 아래위로 빠르게 움직임으로써 자위를 한다. 어떤 남성들은 손 전체를 이

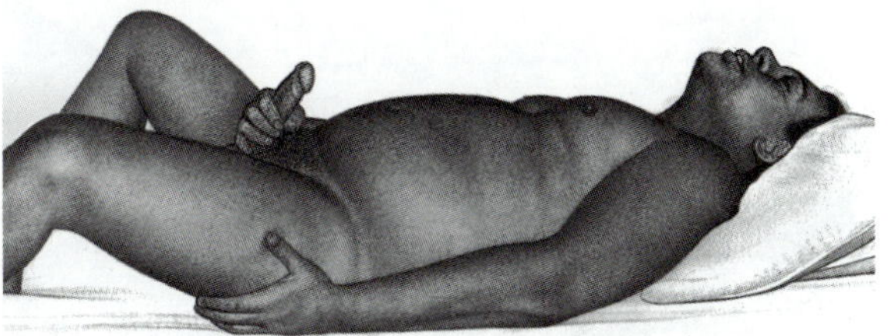

그림 9.3 남성의 자위행위. 자위행위의 기술은 매우 다양하다. 그러나 대부분의 남성들은 손으로 자신의 음경을 어루만지는 방식의 자위행위를 한다고 언급한다. 남성들은 자신의 음경몸통을 한 손으로 쥐고 마치 젖을 짜듯 음경몸통을 위아래로 빠르게 움직인다.

용하여, 그리고 어떤 사람은 단지 두 개의 손가락, 보통 엄지와 집게를 사용하여 음경을 아래위로 움직인다. 남성들은 보통 발기가 되지 않았거나 덜 된 상태에서는 음경을 부드럽게 문지르다, 음경이 완전히 발기하면 더욱 격렬하게 문지른다. 또한 자위 초기에는 귀두나 포피소대를 가볍게 어루만지는 경향이 있으며 오르가즘에 근접함에 따라 음경을 더욱 단단하게 쥐고 아래위로 빠르게 움직인다. 오르가즘에 도달하면 남성은 음경몸체를 단단하게 잡는 한편, 귀두는 매우 민감해져서 귀두가 다른 부분에 접촉되는 것을 피한다. (여성도 마찬가지로 오르가즘에 도달하면 음핵의 민감도가 증가하여 음핵이 직접 자극받는 것을 피한다.)

목욕이나 샤워를 하는 동안 남성들은 자위를 위한 윤활제로 비누거품을 사용한다. 그러나 비누거품은 자극적일 수 있다. 그리고 일부 남성들은 윤활제로 바셀린이나 수용성 젤리를 사용하는데, 이것은 덜 자극적이고 마찰을 줄이며 성교 시의 촉촉한 상황을 재현하는데 더 효과적이다.

소수의 남성들은 자신의 음경과 음낭을 옷이나 침구류에 문지르는 형태의 자위행위를 선호한다. 또한 소수의 남성들은 성인용품점에서 판매하는 성인용 인형에 자신의 성기를 삽입함으로써 자위를 한다. 성인용 인형에는 성교의 느낌을 모방하기 위한 액체로 채워진 인공 입이나 질이 만들어져 있다. 인공 질 또한 판매되고 있다.

어떤 남성들은 진동기를 자신의 손등에 묶어 사용한다. 전기 진동기가 노동을 줄여주기는 하나, 남성들이 선호하는 음경을 잡고 아래위로 움직이는 행위를 재현하지는 못한다. 그러므로 전기 진동기를 자주 사용하지는 않게 된다. 그리고 대부분의 남성은 성인용품과 더불어 성적 환상이나 사진, 비디오 또는 인터넷을 자유에 이용한다. 인터넷에서는 수백만 명을 위한 일괄 섹스 구매가 이루어지고 있다. 실제 배우자만을 제외하고.

여성에게 사용되는 자위 기술 여성의 자위 기술 또한 매우 다양하다. 정확하게 같은 방법으로 자위를 하는 여성은 발견할 수 없었다고 마스터즈와 존슨은 보고한 바 있다 (Masters & Johnson, 1966). 자위의 전반적인 형식은 비슷할지라도 자위를 하는 방법이나 속도는 천차만별이다.

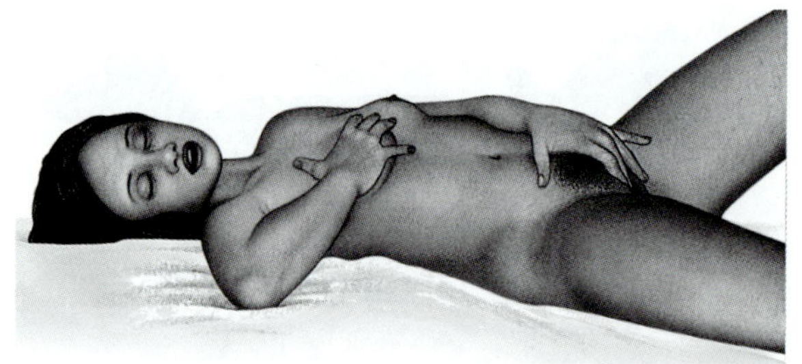

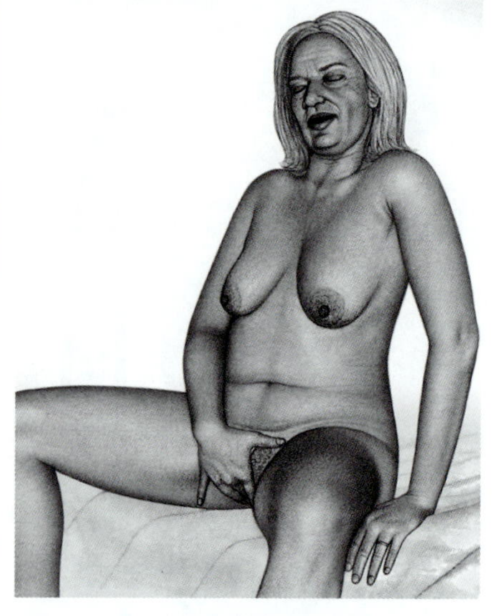

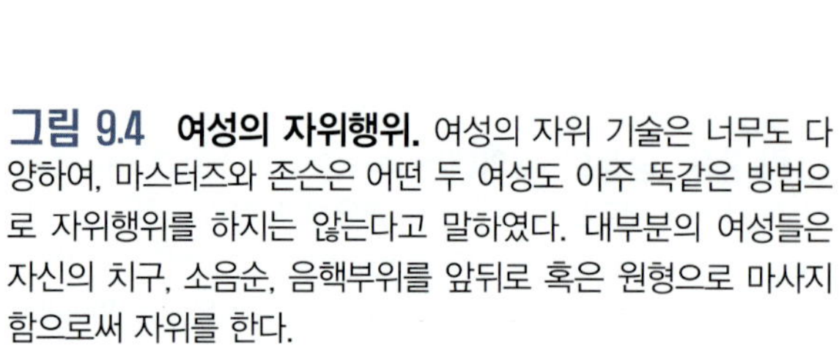

그림 9.4 여성의 자위행위. 여성의 자위 기술은 너무도 다양하여, 마스터즈와 존슨은 어떤 두 여성도 아주 똑같은 방법으로 자위행위를 하지는 않는다고 말하였다. 대부분의 여성들은 자신의 치구, 소음순, 음핵부위를 앞뒤로 혹은 원형으로 마사지함으로써 자위를 한다.

그러나 여성들이 선택하는 몇 가지 일반적인 자위 형태는 관찰된다. 대부분의 여성은 치구나 소음순, 음핵 부위를 앞뒤로 혹은 원형으로 마사지하는 방식의 자위를 한다(Kinsey 등, 1953). 또한 손가락을 이용하여 음핵을 양쪽으로 벌리고 음핵 귀두보다는 몸체는 어루만지는 방식의 자위를 한다(그림 9.4). 발기가 시작될 초기, 음핵 귀두를 가볍게 만져주는 경향이 있을 수는 있으나, 음핵 귀두는 이후 매우 자극적이기 때문에 직접 접촉되는 것을 피하게 된다. 여성들은 음핵 몸체를 문지르거나 어루만지는 방식으로 또는 음순을 잡아당기거나 끌어당기는 방식으로 음핵을 자극하는 전형적인 자위법을 사용한다. 여성들은 또한 다른 한 손으로 자신의 가슴이나 젖꼭지와 같은 민감한 부위를 마사지하기도 한다. 남성들과 마찬가지로 많은 여성들은 자위 도중 성적 환상을 상상한다.

사실인가 아니면 허구인가 5

사실인가 아니면 허구인가 5: 여성들이 자신의 질 내로 손가락이나 남근 모양의 이물질을 삽입함으로써 남근이 삽입되는 상황을 재현할 것이라는 남성들의 근거 없는 믿음과는 달리 실제로 그렇게 하는 여성들은 많지 않다. 킨제이와 그의 동료들의 연구에 의하면 다섯 명 중 한 명만이 자위 도중 질 내로 이물질을 삽입한다고 한다(Kinsey 등, 1953). 보통, 여성들이 질 내로 이물질을 삽입하는 시도를 경험하기는 한다. 그러나 자신

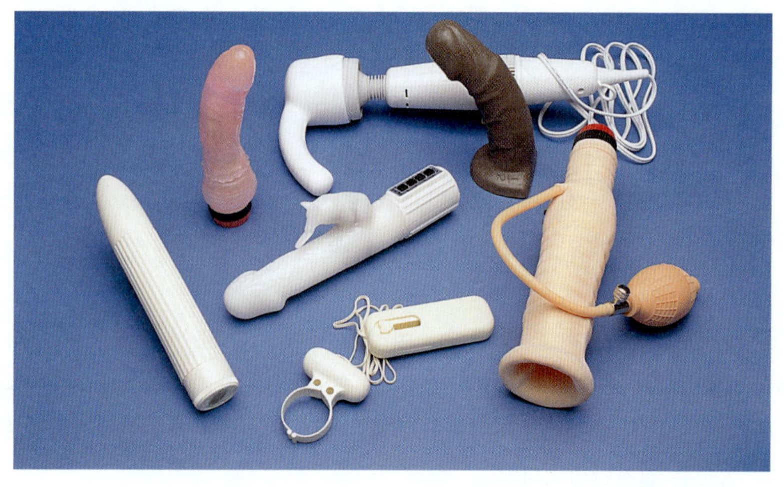

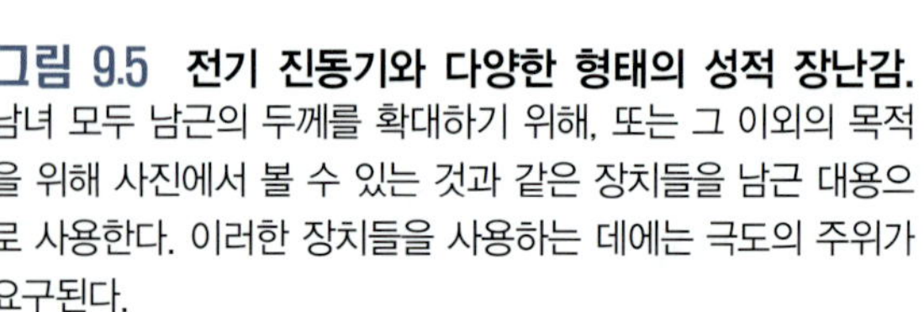

그림 9.5 전기 진동기와 다양한 형태의 성적 장난감. 남녀 모두 남근의 두께를 확대하기 위해, 또는 그 이외의 목적을 위해 사진에서 볼 수 있는 것과 같은 장치들을 남근 대용으로 사용한다. 이러한 장치들을 사용하는 데에는 극도의 주위가 요구된다.

의 몸과 성적 능력을 알아감에 따라 여성들은 삽입행위를 그만둔다. 한편, 어떤 여성들은 남성 배우자의 성적 자극을 유도하기 위해 질 내로 이물질을 삽입하는 기술을 사용한다. 한편, 어떤 여성들은 질 깊숙이 이물질을 삽입함으로써 성적 쾌감을 느낀다고 말하기도 한다.

여성들이 삽입법을 사용할 때라도, 음핵 자극을 전조행위로 행하거나 병행하게 된다. 성인용품점에서는 여성의 외음부를 자극하거나 질 내로 삽입할 수 있는 인공남근을 판매한다. 남근 모양의 진동기 또한 비슷한 방법으로 이용된다. 많은 여성들은 목욕할 때 자위를 하며, 몇몇은 음부에 물줄기를 분무하기도 한다.

손바닥 크기의 전기 진동기(그림 9.5)로 성기를 마사지하는 행위는 어떤 면에서는 성욕을 자극한다. 그러나 많은 여성들에게 이러한 유형의 자극은 너무 거칠다. 따라서 그들은 손가락을 이용한 성기 자극에 도움이 될 수 있는 전기 진동기, 즉 진동기를 손 등에 묶어 사용하는 제품을 선호한다. 그러나 이러한 유형의 자극은 진동기와 부착된 손의 감각을 무디게 한다. 자신에게 적합한 모양과 강도의 진동기를 발견하기 위해 여성들은 다양한 유형의 진동기를 경험하게 된다.

학생들의 실제 질문

질문: 진동기는 건강에 유해한가요?

답변: 그럴 수 있다. 특히, 진동기를 체내에 삽입하여 사용하는 것은 단순히 손등(발 혹은 어디든)에 고정하여 사용하는 것보다 훨씬 위험할 수 있다. 그리고 사람들은 진동기를 '간질이기'라고도 부르지만, 그 모서리가 날카롭고 뾰족한 것은 부드러운 것에 비해 보다 높은 잠재적 위험성을 안고 있다. 직접적으로 몸에 접촉하는 행위는 절대 피하도록 하라.

9.2 타인과의 섹스

배우자 상호간의 느낌, 그리고 관계의 질이 성관계시 사용되는 기술에 비해 성적 각성 및 반응에 결정적인 영향을 미친다(Colson 등, 2006). 커플 모두가 서로를 원할 때, 그리고 서로에게 편안한 성교 기술을 사용하였을 때, 만족할 만한 성교를 경험하게 된다. 일상적인 관계에서와 마찬가지로 교감은 성적 기술 중 가장 중요한 요소이다. 전희에 대한 논의를 시작으로 타인과의 섹스에서 거론될 수 있는 많은 요소들에 대해 살펴보기로 하자.

전희

포옹, 키스, 애무, 구강-성기 접촉 등과 같은 다양한 형태의 행위가 성기결합 섹스 이전의 **전희(foreplay)**로 사용된다. 전희의 유형과 시간은 문화에 따라 그리고 동일 문화권 내

전희(foreplay) 성교의 단계로 들어가기 위해 행하는 성적 자극 및 육체적 상호작용.

에서도 매우 다양하게 나타난다.

미국이나 캐나다에서는 이성과 성관계를 가질 때 남성보다는 여성이 전희를 더 원한다는 통념이 존재하나 꼭 그런 것은 아닌 것 같다. 반면 이러한 고정관념의 부작용으로 남성들은 종종 그들이 원하는 만큼의 전희를 누리지 못하는 상황이 벌어진다(Miller & Byers, 2004). 그러나 남성에 비해 여성은 오랜 시간의 자극 후에야 오르가즘에 이르는 것이 사실이며, 따라서 전희를 길게 가져가는 것이 여성의 성적 만족감을 증대시킨다. 킨제이 보고서 이후, 남성들은 이 부분에 대해 좀 더 인지하게 되었으며, 여성들은 남성들이 "그래 주기"를 원하게 되었다(Miller & Byers, 2004).

이성교제 중인 천 명 이상의 프랑스인을 대상으로 한 전화설문조사에서, 설문에 응답한 약 36%의 사람들은 친밀감과 자연스러운 오르가즘이 가장 중요하다고 답하였다(Colson 등, 2006). 반면, 응답자의 단지 약 13%만이 전희가 중요하다고 답하였다. 물론 이러한 사실은 전희 없이도 두 남녀가 친밀감과 자연스러운 오르가즘에 이를 수 있는지에 관한 질문을 던지게 한다.

키스, 성기 만지기, 구강-성기 접촉 등의 행위는 성교 전의 전주로도, 그리고 그 자체가 목적일 수도 있다. 그러나 몇몇 사람들은 애무를 "결과물" 없는 성행위의 한 형태로 자위와 동일시하며 그것에 반대한다. 그리고 모든 성적 접촉은 반드시 성교로 귀결해야 한다고 주장한다. 이와 같은 주장은 성교에 집착하는 관념에 기인한 것으로 여겨진다.

학생들의 실제 질문

질문: 탄트라 성이란 무엇인가요?

답변: 탄트라 성은 일부 사람들이 받아들인 전희의 일종이다. 누군가에게는 짜증이 날 수 있는 것이다. 탄트라 성 실천가들은 동양 철학에서 영감을 얻었다고 주장한다. 그들은 신체 에너지의 분출에 대해, 아우라에 대해, 약초에 대해, 의식을 위한 욕실에 대해, 마사지에 대해, 아로마틱에 대해, 그리고 치유에 대해 이야기한다. 우리가 약초에 대해 언급하였던가? 탄트라 성은 요가이다. 탄트라 성은 가마슈트라다. 우리는 탄트라 성을 다음과 같이 요약하고자 한다. 탄트라 성 실천가를 양성하거나 지도하는 공식 기관을 허가했다는 정부기관이나 이를 뒷받침할 어떤 과학적 근거에 대해서 우리는 들어본 적이 없다. 그렇긴 해도 거품 목욕에서 성적인 마사지를 받는 것은 매우 재미있을 것 같다. 물론 누가 누구에게 무엇을 해 주느냐에 따라 달라지긴 하겠지만. 자! 촛불을 밝히자.

키스

서구 문화권에서는 키스가 보편적으로 행해지고 있으나 아프리카의 통가나 볼리비아의 시리오노인들 사이에서는 생소한 것이다. 그리고 키스 방법 또한 각 문화에 따라 다양하다(Ford & Beach, 1951). 현재 서구 문화의 영향으로 키스가 행해지고 있는 일본도 이전

키스 키스는 성관계에서 가장 일반적으로 시행되는 행위 중 하나이다. 친구나 친척 사이에도 성과 연관되지 않은 키스가 행해질 수 있다.

에는 키스에 대해 알지 못했었다. 인도네시아의 발리족 사람들은 키스 대신 서로의 체취와 체온을 느낄 수 있을 정도로 얼굴을 가까이 마주하는 행위를 한다. 이러한 관습을 보고 유럽인들은 "코비비기"라는 별명을 붙였다. 문자가 없는 일부 사회에서는 키스가 상대방의 입술이나 혀를 빨거나 타액을 상대방의 입 안으로 넘겨주는 행위를 포함하기도 한다.

남녀는 서로의 즐거움을 위해 또는 성교를 위한 전주로서 (이 경우에는 전희의 일부로) 키스를 한다. **단순키스**에서 배우자는 입을 다문 채 키스를 한다. 그리고 단순키스는 혀로 입술을 애무하거나 아랫입술을 부드럽게 빠는 단계로 발전한다. 킨제이가 명명하였던 **깊은키스**(**프렌치 키스** 또는 **영혼 키스**)에서는 상대방의 입술이 열리게 되고 서로의 입 안으로 혀를 밀어 넣게 된다. 어떤 사람들은 입술을 약간 벌리는 것을 좋아하고 어떤 사람들은 입을 크게 벌리는 것을 좋아한다.

잠자리 인사로서의 키스처럼, 성적인 의미보다는 애정의 표시로 키스를 한다. 어떤 사람들은 친척이나 가까운 친구의 입술에 애정이 담긴 키스를 하기도 한다. 다른 사람들은 키스를 볼에 한정한다. 깊은키스나 입술에 오랜 시간 키스하는 것은 거의 대부분 성적 표시로 사용된다.

키스는 배우자의 입에만 한정되지 않는다. 열 명 중 아홉 명 이상의 남성은 부인의 가슴에 키스하는 것으로 킨제이는 보고하였다. 수분 이상의 신체 접촉과 부드러운 애무가 있은 후에야 여성들은 보통 배우자가 가슴에 키스를 하거나 혹은 젖꼭지를 핥고 빠는 행위를 원하게 된다. 충분히 흥분되기 전까지는 자신의 젖꼭지가 접촉되는 것을 원치 않는다. 그럼에도 불구하고 많은 여성들은 배우자가 젖꼭지를 빨 때, 싫다고 말하는 것을 꺼린다. 왜냐하면 배우자의 즐거움을 방해하고 싶지 않기 때문이다.

손이나 발, 목, 귓불, 넓적다리 안쪽 그리고 성기 등 신체 여러 부위가 키스의 대상이 되기도 한다. 키스를 할 때, 우리는 입술을 통해 서로를 어루만지는 것이다.

어루만짐

어루만짐 또는 손이나 신체의 다른 부위로 성감대를 애무하는 것은 성적으로 매우 자극적인 것이다. 성적으로 강하게 끌리는 커플에게는 손을 맞잡는 단순한 행위조차 매우 자극적일 수 있다. 손에는 풍부한 신경종말이 발달되어 있다.

어루만짐은 애무의 일반적인 방식이다. 남녀 모두 성교를 위한 전조로서 손이나 구강을 이용한 성기자극을 선호한다. 성기를 직접 애무하는데 있어, 여성들은 보통 자극적인 음핵 귀두보다는 음핵 주위의 애무를 더 선호한다. 남성들은 종종 애무의 한 방법으로 손가락이나 손가락들을 질 속으로 삽입하는 것을 배우자가 원한다고 추측하거나 착각한다. 그러나 모든 여성이 이러한 형태의 자극을 즐기는 것은 아니다. 많은 여성들은 배우자가 원하리라는 또는 배우자가 원하는 중요한 것이라는 생각 하에 용인할 뿐이다. 모순적으로, 남성들은 배우자가 원할 것이라는 추측 하에 이러한 행위를 한다. 의심이 들 땐, 서로에게 물어보는 것이 상처를 주지 않는 현명한 선택이다. 만약 무엇을 물어야 할지 확신이 서지 않는다면 당신은 언제든지 우리를 이용하라: "자기야! 내가 읽은 『인간의 성』이라는 책에서는 이 부분에 대해 이렇게 쓰여 있었는데, 정말 그래?" 라고.

마스터즈와 존슨은 애무의 선호도에 있어 남녀 간에 차이가 존재한다는 사실을 발견하였다(Masters & Johnson, 1979). 남성들은 성관계 초기부터 배우자가 자신의 성기를

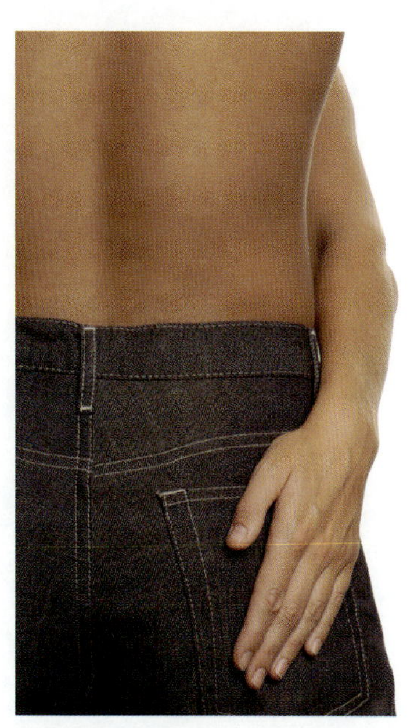

신체접촉은 어떻게? 신체접촉은 전희의 가장 일반적인 한 형태이다. 대부분의 사람들은 성교의 서곡으로 손이나 구강을 이용한 성기자극을 즐겨한다.

직접 만져주기를 원한다. 그러나 여성들은 배우자가 성기를 직접 애무하기 전에, 일정 시간 안아주거나 포옹하기, 성기 이외의 신체부위를 마사지하기 등의 부드러운 신체접촉을 선호한다. 물론 예외 없는 절대 규칙은 없다. 그러나 여성에 비해 남성이 성기에 집착하는 경향이 크다는 사실은 여러 다른 연구결과와도 일치한다. 여성들은 섹스를 애정과 사랑이라는 좀 더 넓은 틀에서 바라보는 것을 좋아하는 것 같다.

성기를 손으로 자극하는 기술 다시 한 번 성적 기술은 매우 다양하다는 원칙을 상기하자. 그러므로 우리는 배우자가 무엇을 선호하는지에 대해 소통할 필요가 있음을 인지하자. 여성은 두 손을 이용하여 남성의 성기를 자극할 수 있다. 한 손으로는 손가락을 이용하여 음낭 피부를 부드럽게 쥐어짜는 방식으로 애무할 수 있다(이때 고환에 압력을 가하지 않도록 조심해야 한다). 다른 한 손으로는 음경을 부드럽게 쓰다듬거나 음경릉을 원형으로 어루만질 수 있다. 이후 남성이 좀 더 흥분하게 되면 아래위로 좀 더 강렬하게 움직여준다.

또는 점토덩어리로 소시지를 만들듯이 손바닥 사이에 음경을 두고 앞뒤로 부드럽게 돌리며, 발기가 진행됨에 따라 그 압력을 높인다. 남성이 충분히 흥분하였거나 오르가즘에 도달한 후에는, 직접적으로 음경귀두를 자극하는 것이 불쾌감을 줄 수 있음을 기억하라.

여성들은 배우자가 신체의 다른 부위를 충분히 자극한 연후에 성기 자극에 접근하는 점진적인 방법을 선호한다. 성기자극은 넓적다리 안쪽을 가볍게 어루만지는 방식으로 시작하여 소음순과 음핵 주위로 옮겨간다. 여성은 손바닥으로 치구에 압력을 가하거나 어루만지는 방식을 통해 민감한 음핵을 간접적으로 자극하는 촉각자극을 좋아한다. 음핵귀두는 접촉 자극에 너무 민감하기 때문에, 음핵 자극은 음핵 몸체나 음핵 몸체 주변에 집중한다.

만약 음핵이 건조한 상태라면 음핵을 직접 자극하는 행위는 더욱 피해야 한다. 음핵 자체는 윤활액을 생산해 낼 수 없기 때문에, 질 개구부 주위를 손가락으로 자극하여 질 윤활액을 음핵 부위에 공급할 수도 있다.

모든 여성이 다 그런 것은 아니지만, 일부 여성들은 질 내로 손가락을 삽입하여 질 내벽을 쓰다듬거나 남근이 삽입된 상황을 재현하는 것을 선호한다. 그러나 이 경우에도 충분한 흥분상태에 이르기 전까지는 질 내 삽입을 기꺼워하지 않는다. 많은 여성들은 오르가즘에 이르렀을 때 배우자가 애무를 멈춰주기를 바란다. 한편 어떤 여성들은 자극이 계속되기를 원한다. 남녀 모두 자신들이 발견한 가장 만족스러운 유형의 애무 형태를 서로에게 표현함으로써 혹은 배우자의 손길을 유도함으로써 알려 줄 수 있다.

만약 손가락을 질 내로 삽입하고자 한다면 손은 반드시 청결해야 한다. 손톱은 반드시 정리된 상태여야 한다. 항문 내로 삽입하였던 손가락을 다시 질 내로 삽입하는 것은 위험하다. 소화관 내에서야 무해한 미생물이 손가락을 통해 여성의 생식기관 내로 전파될 수 있으며, 그곳에서는 매우 심각한 감염을 일으킬 수 있다.

피스팅 일부 사람들은 주먹이나 손을 직장 내로 삽입하는 "피스팅"을 한다. 보통 관장을 통해 대변을 배출시킨 후 시행한다. 피스팅은 남성-여성 커플 사이에서 보다 남성-

남성 커플 사이에서 좀 더 보편적으로 이루어지며 항문이나 직장에 상처나 감염을 일으킬 위험성이 있다. 호주에서 75명의 남성동성애자를 대상으로 조사한 결과, 손가락을 사용할 때에는 그렇지 않지만, 피스팅을 할 때에는 보통 장갑을 착용한다고 한다(Richters 등, 2003).

가슴 자극

남녀 모두 가슴, 특히 젖꼭지는 성적으로 매우 민감하다. 그럼에도 불구하고 남성들은 자신의 가슴이 애무되는 것보다는 여성의 가슴을 자극하는 것을 더 즐기는 것으로 보인다. 모두 그런 것은 아니지만, 여성들은 가슴에 주어지는 자극을 즐긴다(그림 9.6). 마스터즈와 존슨의 보고에 의하면 일부 여성들은 가슴 자극만으로도 오르가즘에 이를 수 있다고 한다(Masters & Johnson, 1966).

가슴이나 젖꼭지의 자극은 손과 입 모두 사용된다. 가슴 자극은 사람마다 자신이 좋아하는 자극의 형태와 정도가 다르기 때문에 자신이 선호하는 방식을 배우자에게 알릴 필요가 있다.

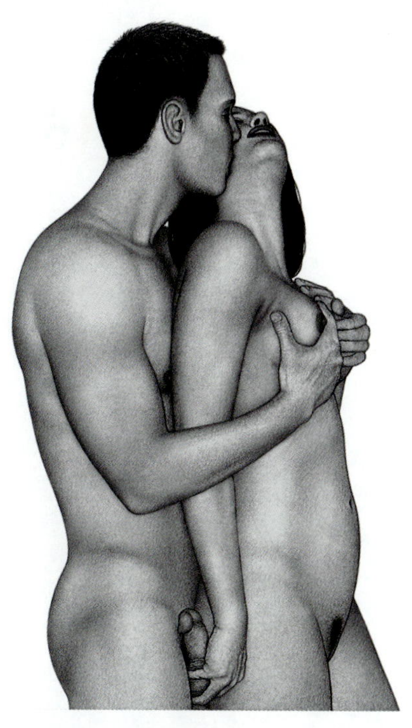

그림 9.6 성애의 손길. 성애의 손길은 그 자체로 친밀감을 느끼게 하는 기분 좋은 행위이다. 따라서 여타 성적 활동으로 반드시 연계될 필요는 없다.

남성동성애자와 가슴 자극 남성동성애자들은 여성 이성애자에 비해 배우자의 젖꼭지를 좀 더 빈번하게 자극하는 것 같다. 남성동성애자 커플은 키스, 포옹, 애무, 상호간 자위, 펠라티오, 항문성교와 같은 성 활동을 즐긴다. 마스터즈와 존슨의 연구에 의하면 남성동성애자들은 성관계시 서로의 성기를 자극하기에 앞서 먼저 서로의 몸을 애무하는데 좀 더 많은 시간을 할애하는 것으로 나타났다(Masters & Johnson, 1979). 남성동성애자 42 커플 중 31 커플이 키스나 포옹 후, 손이나 입으로 서로의 젖꼭지를 자극하는 것으로 파악되었다.

일부 남성이성애자들은 자신의 가슴이나 젖꼭지를 배우자가 애무해 주길 원한다. 그러나 대부분의 남성이성애자들은 그렇지 않다. 남성들은 자신의 가슴이 성적으로 민감하다는 사실을 인식하지 못하고 있는 것이다. 가슴자극이 여성에게 행해지는 전형적인 성역할이라고 학습된 일부 남성들은 가슴자극을 받는데 불편함을 느낀다.

여성동성애자들의 성적 기술은 매우 다양하다. 여성동성애자 커플은 키스를 하고, 손이나 입으로 가슴을 자극하며, 또한 손이나 입으로 성기를 자극한다(Kinsey 등, 1953). 손으로 성기를 자극하는 행위는 여성동성애자 사이에 가장 자주, 그리고 가장 일반적으로 행해지는 성적 활동 중 하나다(Bell & Weinberg, 1978). 또한 대부분의 여성동성애자들은 서로의 성기를 부착시킨다. 즉, 그들은 서로의 성기를 부착시키고 리드미컬하게 마찰하는 체위를 즐긴다(Kinsey 등, 1953). 남성동성애자들처럼 여성동성애자들도 서로의 가슴이나 성기를 자극하기 전에 포옹하고, 키스하고, 애무하는데 많은 시간을 할애한다. 반면, 남성이성애자들은 조급하게 배우자의 가슴으로 자극의 초점을 옮겨가거나 혹은 곧장 성기 자극을 시작하는 경향이 높다(Masters & Johnson, 1979).

여성이성애자들처럼 여성동성애자들도 남성에 비해 성기나 오르가즘에 덜 집착한다. 일반적으로 여성동성애자들은 배우자의 음핵을 직접 자극하기보다는 성기 전반을 자극하는 것으로 관계를 시작한다. 그러나 남성이성애자들은 종종 곧장 음핵을 자극하는 것으로 관계를 시작한다(Masters & Johnson, 1979). 또한 여성동성애자들은 질 내로 깊숙하게 손가락을 삽입하는 행위를 하지 않는다. 보통 질 내 삽입은 질의 얕은 부분에 머무르며, 질 입구와 음순을 자극하는데 더 집중한다.

사실인가 아니면 허구인가 6

사실인가 아니면 허구인가 6: 여성동성애자들이 인공남근을 가죽 끈으로 묶어 질 내로 삽입하는 모습은 사실이라기보다는 몰상식한 이성애자들의 상상에서 비롯된 허상이다(Masters & Johnson, 1979). 여성동성애자들이 성관계에서 서로 공유하고자 하는 가장 중요한 요소는 부드러운 어루만짐이나 포옹, 껴안기 등의 정서적인 측면이다.

구강-성기 자극

남성 성기를 구강으로 자극하는 행위를 **펠라티오(fellatio)**라 한다. 펠라티오는 구음, 흡경, 사카시 등의 비어로도 불린다. 여성의 성기를 구강으로 자극하는 행위는 **쿤닐링구스(cunnilingus)**라 하며, 영미문화권에서는 “eating” (a woman) 또는 “going down” on her 등의 비어로 불린다.

구강-성기 자극의 대중성은 킨제이 보고 이후 극적으로 증가하였다. 특히 젊은 신혼부부 사이에서 그러하였다. 킨제이 등의 보고에 의하면, 대졸 이상의 고등교육을 받은 기혼 집단에서는 적어도 60% 이상의 커플이 구강-성기 접촉을 경험하였다고 조사되었다(Kinsey 등, 1948, 1953). 한편, 고졸학력 혹은 초졸학력 집단의 경우에는 각각 약 20%, 그리고 약 10%만이 구강-성기 접촉을 경험하였다고 조사되었다. NHSLS 보고에 따르면 최근 들어 구강성교가 증가한 것으로 나타났다(Laumann 등, 1994).

전체 남성 네 명 중 세 명(77%)이, 그리고 세 명 중 두 명(68%)의 여성이 구강성교를 제공한 경험이 있다고 답하였다. 또한 남성 다섯 명 중 거의 네 명(79%)이, 그리고 여성 네 명 중 세 명(73%)이 구강성교를 제공받았다고 답하였다. 기혼 남녀의 경우에는, 남성의 80%가 그리고 여성의 71%가 구강성교를 제공한 경험이 있다고 답하였으며, 남녀 모두 비슷한 비율(남성 80%, 여성 74%)로 구강성교를 제공받은 경험이 있다고 답하였다(Laumann 등, 1994). **사실인가 아니면 허구인가 7:** 통계적으로 보았을 때, 구강성교는 오늘날 젊은 남녀 사이에 일상화되었다. 젊은 남녀 대부분이 이런 유형의 성적 표현을 주고받는다고 답하였다. 이는 킨제이 보고서가 작성될 당시보다 극적으로 증가한 것이다. 킨제이 보고서가 작성될 당시에는 18세에서 36세 사이의 유럽출신 젊은 미국여성 중 단지 절반 정도만이 구강성교를 경험하였다고 답하였었다.

사실인가 아니면 허구인가 7

애무와 마찬가지로 구강-성기 자극은 성교를 위한 전희로 이용되기도 하고, 상황에 따라서는 그 자체가 목적이 된다. 만약 구강-성기 자극으로 오르가즘에 이르게 되면, 정액을 삼키거나 맛봐야 한다는 걱정을 배우자는 할 수 있다. 그러나 배우자가 정액을 통해 전이될 수 있는 질병을 가지고 있지 않다면, 정액을 삼키는 것은 건강에 무해하다. 한편, 배우자가 감염된 상태라면, 정액을 삼키는 행위는 물론이고 단순히 성기를 구강에 접촉하는 것만으로도 유해한 미생물이 전이될 수 있다. 그러므로 감염원을 보유하고 있는지 여부가 상호 의심스러운 상태라며, 좀 더 안전한 성교 기술을 권장한다(16장).

펠라티오(fellatio) 남성 성기를 구강으로 자극하는 행위.

쿤닐링구스(cunnilingus) 여성 성기를 구강으로 자극하는 행위.

펠라티오 기술 펠라티오라는 어휘는 “빨다”라는 의미의 라틴어 어근에서 기원하였으나, 일반적으로 빠는 행위 그 자체로는 좀처럼 성적 자극을 일으키지 못한다. 배우자의 구강 내에서 음경을 위-아래로 움직이는 행위 또는 음경을 핥는 행위가 보통 가장 자극

다양한 세상

구강성교와 인구통계학적 요소

구강성교가 교육 정도 및 인종(민족)과 연관관계를 가질까? 표 9.3의 NHSLS 연구에서 제시된 자료를 통해 몇 가지 사실을 유추할 수 있다. 자위행위와 마찬가지로 구성성교 또한 교육 정도와 상관관계가 있다. 즉, 교육정도가 높을수록 구강성교를 즐기는 것으로 나타났다. 왜 그럴까? 아마도 교육이 실험정신을 강화하는 것으로 보인다. 비전통적인 행동 양식은 항상 유해하다는 근거 없는 믿음을 교육이 배척케 하는 것 같다. 또한 다른 인종적 · 민족적 배경을 가진 집단에 비해 아프리카계 미국인 남녀가 구강성교를 적게 한다는 점은 주목할 필요가 있다. 또한 아프리카계 미국인 남녀는 다른 인종집단에 비해 지난 1년 동안 자위행위를 덜 하였다. 아프리카계 미국인은 성행위는 어떠해야 한다거나 혹은 어떤 행위는 비정상적이라는 보수적 사고방식에 좀 더 고착되어 있는 것으로 보인다.

시애틀에 소재한 바텔사람연구센터에서 성적으로 왕성한 20세에서 39세 사이의 성인 남성 3,000명 이상을 대상으로 연구한 전국조사 결과 역시 NHSLS 연구와 일치하는 것으로 나타났다. 설문조사에 참여한 남성의 75%가 구성성교를 제공하였으며, 79%가 구강성교를 받는다고 답하였다(Billy 등, 1993). 그리고 아프리카계 미국인들은 유럽계 미국인들에 비해 구강성교를 덜 제공하거나 받는다는 연구조사 결과(Ompad 등, 2006)는 라우만 등(Laumann 등, 1944)의 연구에서 제시된 인종적 차이를 잘 뒷받침한다.

적이다(그림 9.7). 음낭을 핥는 행위 또한 매우 자극적일 수 있다.

질과 마찬가지로 온난하고 습윤한 점막으로 구성되어 있기 때문에 구강은 음경에 강한 성적 자극을 일으킨다. 또한 구강을 구성하는 근육이나 턱은 다양한 움직임과 압력을 가할 수 있다. 구강으로 음경을 부드럽게 빨아올리는 행위는 쉽게 발기를 유도하며(이때 음경이 치아에 닿지 않도록 조심해야 한다), 동시에 손으로도 음경을 자극한다.

음경을 구강 내로 격렬하게 넣고 빼는 행위는 매우 높은 수준의 성적 자극을 유도한다. 심지어는 오르가즘에까지 도달할 수 있다. 음경을 넣고 빼는 움직임의 속도는 다양할 수 있으며, 동시에 원통을 쥐듯 손으로 음경의 기저부를 꽉 잡거나 음낭의 뒷부분에 압력을 가하는 행위 또한 자극적일 수 있다.

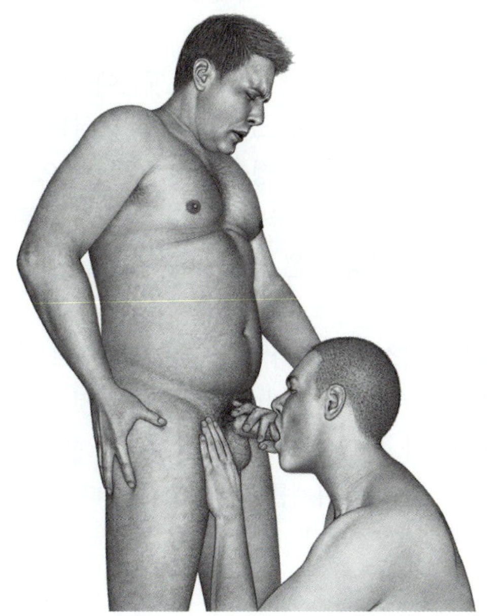

그림 9.7 펠라티오. 펠라티오는 구강, 입술, 혀를 이용하여 남성의 성기 및 그 주변을 자극하는 일체 행위를 일컫는다.

표 9.3

NHSLS 연구에서 구강성교를 행한다고 답한 퍼센트

인구통계학적 요소	구강성교를 제공		구강성교를 받음	
	남성	여성	남성	여성
교육 정도				
고등학교 학력 이하	59.2	42.1	60.7	49.6
고등학교 졸업	75.3	59.6	76.6	67.1
전문대 졸업	80.0	78.2	84.0	81.6
일반 4년제 대학 졸업	83.7	78.9	84.6	83.1
그 이상의 학력	80.5	79.0	81.4	81.9
인종/민족				
유럽계 미국인	81.4	75.3	81.4	78.9
아프리카계 미국인	50.5	34.4	66.3	48.9
라틴계 미국인	70.7	59.7	73.2	63.7
아시아계 미국인	63.6	–*	72.7	–*

*아시아계 미국인 여성의 경우, 의미 있는 결과를 도출하기에는 표본 수가 충분하지 못하였음.

출처: Adapted by permission from E. O. Laumann, J. H. Gagnon, R. T. Michael, & S. Michaels (1994). The social organization of sexuality: *Sexual practices in the United States*. Chicago: University of Chicago Press, Table 3.6, p. 98.

펠라티오를 하는 도중 구토가 유발될 수 있다. 이는 펠라티오 중 음경이 혀의 기저부나 목구멍에 압력을 가하여 촉발되는 반사이다. 따라서 음경의 몸체 부위를 한 손으로 잡고 구강 내로 삽입되는 음경의 깊이를 조절함으로써 구토를 피할 수 있다. 펠라티오를 제공하는 사람은 배우자의 아래에 위치하는 것보다는 상위에 위치함으로써, 또는 구강 내로 삽입되는 음경의 깊이가 어느 정도일 때 편안함을 느끼는지 서로의 의사를 소통함으로써 구토가 발생하는 것을 방지할 수 있다. 또한 인후의 근육들이 이완된 상태를 유지하며, 삽입되는 음경의 깊이를 점진 · 반복적으로 깊게 가져감으로써 구토가 일어나는 것을 방지할 수 있다.

쿤닐링구스 기술 혀는 매우 부드럽고 온난하며 윤활력이 강한 조직이기 때문에 여성들은 쿤닐링구스를 통해 매우 높은 수준의 성적자극을 경험할 수 있다(그림 9.8). 혀는 손가락처럼 매우 거칠게 다루어지는 일이 거의 없다. 그러므로 여성들은 혀가 직접적으로 음핵에 접촉하는 것을 좀 더 잘 받아들인다. 이처럼 강력한 자극을 제공할 수 있기 때문에, 많은 여성들은 쿤닐링구스가 오르가즘에 이르는 가장 좋은 방법이라는 사실을 발견한다.

쿤닐링구스는 배우자의 복부나 안쪽 대퇴부에 키스를 하거나 핥는 것을 시작으로 하여, 점진적으로 여성의 성기로 접근한다. 소음순을 부드럽게 빨거나 빨아 당기는 것 또한 자극적일 수 있으나, 깨물지는 않도록 조심해야 한다. 어떤 여성들은 음핵 주위를 핥아주는 것에 만족감을 느끼는가 하면, 어떤 여성들은 음핵 그 자체를 빨아주기 원한다. 또한 질 내로 혀를 삽입하여 음경과 같은 역할을 흉내 낼 수도 있다.

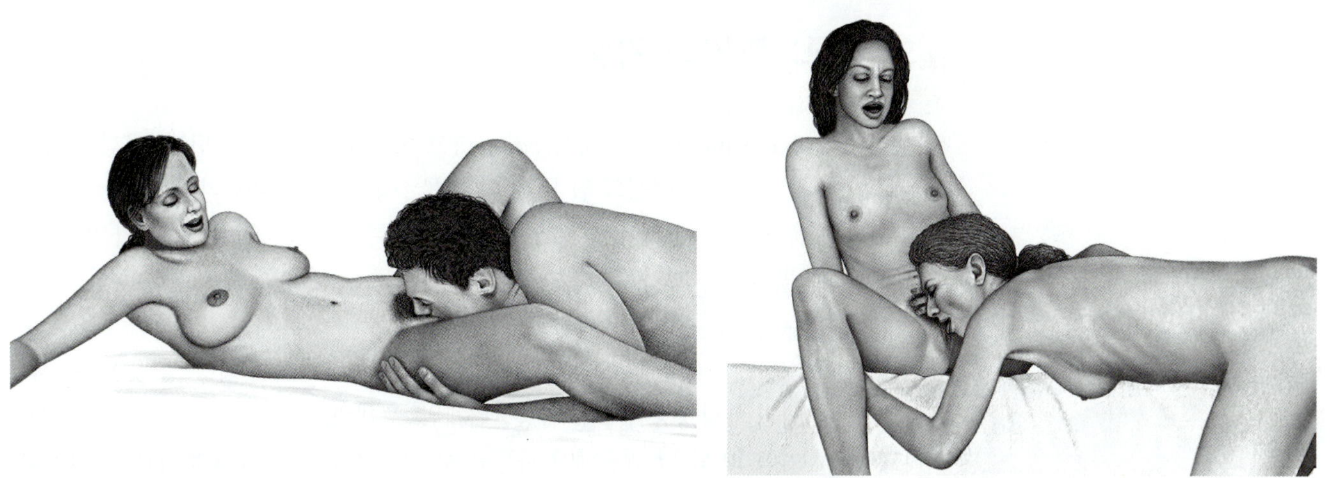

그림 9.8 쿤닐링구스. 쿤닐링구스는 구강, 입술, 혀를 이용하여 여성의 외음문을 자극하는 일체 행위를 일컫는다.

"69" "육-구"라는 용어는 두 배우자 상호간에 구강-성기 자극이 동시에 이루어지는 것을 일컫는다. 육과 구라는 숫자가 사용된 이유는 "69"라는 숫자의 모양이 두 배우자가 서로의 얼굴을 각각 상대방의 음부에 마주하는 형태를 닮았기 때문이다.

"69"체위는 두 배우자가 동시에 자극을 경험한다는 의미에서 정신적으로 긍정적일 수 있다. 그러나 만약 두 배우자의 신장이 서로 비슷하지 않다면 어색할 수 있다. 또한 "69"체위가 배우자에게 온전한 성적 즐거움을 제공하거나 혹은 배우자로부터 온전한 성적 즐거움을 제공받는데 집중하기 힘들다는 이유로 "69"체위를 꺼리는 사람들도 있다.

"69"기술은 한 사람은 위에서 엎드리고, 다른 한 사람은 아래에서 바로 누운 자세로, 혹은 서로가 모로 누운 자세로 시행할 수 있다. 그러나 정해진 규칙이 있는 것은 아니고, 체위 또한 변형될 수 있다.

구강성교 금기 오늘날 커플들 사이에서는 구강성교가 매우 일반화되었음에도 불구하고 이를 금기시하는 많은 사람들이 있다. 어떤 사람들은 청결 때문에 구강성교를 반대한다. 그들은 성기가 배뇨기관 및 항문과 가깝게 위치하기 때문에 "더러운 것"이라는 인식을 가지고 있다. 사전에 성기를 깨끗이 함으로써 악취나 청결에 대한 걱정은 어느 정도 없앨 수 있다. 그러나 자신이 타인에게 보이고 싶지 않았던 치부를 배우자에게 드러내야 한다는 걱정 혹은 쑥스러움 때문에 구강성교를 금기하는 사람들도 있다.

어떤 사람들은 정액을 삼키거나 맛보는 행위가 더럽고 비도덕적이며, 혐오스럽다고 느낀다. 또 어떤 사람들은 정액의 맛이나 입안에서 느껴지는 질감 때문에 싫어한다. 정액은 약간 짠맛이 나며 질감은 달걀의 흰자위와 비슷하다. 만약 배우자 상호간에 콘돔과 같은 장치를 하지 않은 상태에서 구강성교를 한다면, 남성은 사정에 가까이 이르렀을 때 자신의 성기를 배우자의 입에서 빼내거나, 배우자에게 사정 시점이 가까워졌음을 알림으로써 위와 같은 걱정을 감소시키고 쾌감을 증대시킬 수 있다.

정액에 대한 잘못된 믿음을 떨쳐버리도록 하자! 첫째, 정액을 삼킴으로 해서 임신이 되지는 않는다. 둘째, 정액이 살찌게 하지는 않는다. 사정된 정액에는 평균 약 5칼로리의 열량만이 포함되어 있을 뿐이다. 그러나 독자들에게 정액을 삼키도록 종용하는 것이 이 책의 의도가 아님을 강조한다. 정액을 삼키는 행위가 임신이나 체중 증가와는 무관하다는 것을 밝힐 뿐이다. 이는 개인적 기호에 속하는 문제로 남겨둔다.

9.3 성교: 체위와 기술

성교(영어로 sexual intercourse 혹은 *coitus*라고 하는데, *coire*는 라틴어로 "함께 간다"라는 의미이다)는 음경을 여성의 질 내로 삽입하는 성행위를 의미한다. 성교시 사용되는 모든 체위는 음경이 질 내에 삽입된 상태가 유지될 수 있도록 서로의 성기가 위치해야 한다. 체위의 변화에 따라 커플은 음경을 넣고 빼는 속도 및 깊이를 조절하며 성적 자극에 변화를 줄 수 있다.

가능한 체위의 가지 수는 끝도 없이 다양할 수 있지만, 우리는 가장 일반적으로 사용되는 네 가지 체위인 남성상위체위, 여성상위체위, 측체위, 후체위에 집중하도록 하겠다. 그리고 남-녀 커플 및 남-남 커플에서 사용될 수 있는 성교 기술인 항문성교에 대해서도 살펴본다.

남성상위체위

남성상위체위(종종 '남성 우월적'이라는 의미로 잘못 해석되기도 하는데, 여기서 남성상위는 순수하게 신체의 위치를 의미하는 것이다)는 또한 **정상체위(missionary position)**라고도 불린다. 남성상위체위에서 배우자는 서로의 얼굴을 마주한다. 남성은 여성 위에 엎드린 자세를 취하는데, 이때 남성은 자신의 무릎이나 손으로 신체를 지지함으로써 배우자에게 체중이 전가되지 않도록 한다(그림 9.9). 한편, 이 체위는 남성이 여성에 비해 자유롭게 움직일 수 있기 때문에, 남성이 성교를 주도해야 하는 책임이 있는 것으로 여겨질 수 있다.

이 책을 읽는 많은 독자들은 여성이 배우자의 음경을 자신의 질 내로 유도하는 것이 남성이 여성의 질 내로 자신의 음경을 삽입하는 것보다 더 용이할 것이라고 제안할 것이다. 이와 같은 생각은 여성이 질 입구의 위치를 잘 알고 있으며, 또한 삽입되는 음경의 각도를 잘 조절할 수 있으리라는 판단에서 기인하는데, 이는 여성이 배우자와의 성관계를 편안한 마음으로 "받아들일" 때 가능하다. 여성은 성관계에서 수동적이어야 한다는 전통적인 편견을 버림으로써 자신의 역할을 더 편안한 마음으로 받아들일 수 있다. 그러나 남성이 자신의 음경을 배우자의 질 내로 삽입하는 쪽을 더 선호하는 커플이라면, 그리고 배우자가 상처입지 않도록 행동할 만큼 남성이 충분히 사려 깊다면, 질 내로 음경을 삽입하는데 발생하는 약간의 능률저하는 크게 문제될 것 없다.

정상체위(missionary position) 남성이 여성 위에 올라가는 성교 체위. 남성상위체위(*male-superior position*)라고도 한다.

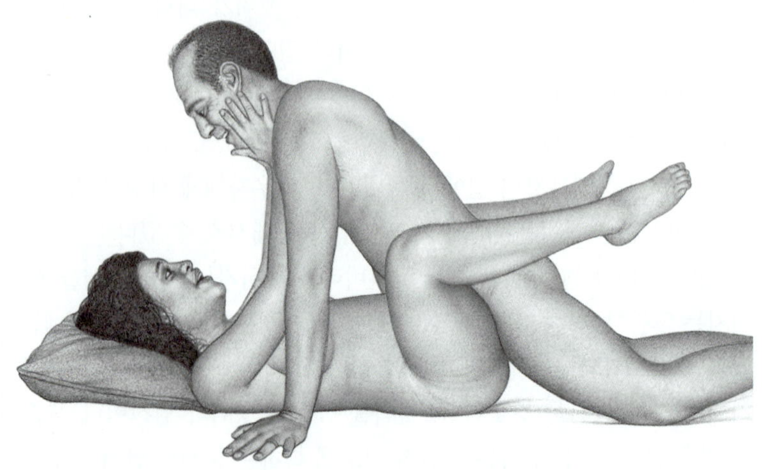

그림 9.9 남성상위체위. 남성상위체위는 어느 정도는 남성에게 육체적 노력이 요구되는 체위이다. 서양문화권에서는 가장 보편적으로 사용되는 체위이다.

남성상위체위는 두 배우자가 서로 얼굴을 마주보고 있어 쉽게 키스를 할 수 있다는 장점이 있다. 그리고 여성은 남성 배우자의 신체를 손으로 쓰다듬거나 궁둥이를 어루만질 수 있다. 또한 여성은 손을 컵 모양으로 하고 남성의 음낭을 밑에서 받쳐줌으로써 오르가즘에 이를 때 그 자극을 항진시킬 수 있다.

그러나 남성상위체위는 체중을 지탱하는데 손을 할애해야 하기 때문에 남성이 손으로 배우자를 애무하는 것이 쉽지 않다. 따라서 성교와 (남성이 손가락을 이용한) 음핵자극을 동시에 원하는 여성들은 남성상위체위를 선호하지 않는다. 남성상위체위는 남성에게는 매우 자극적인 자세이기 때문에 사정을 지연하는데 어려움이 있다. 또한 이 체위에서는 여성이 삽입되는 음경의 각도 및 속도, 깊이 등을 조절하는데 어려움이 있다. 그러므로 남성상위체위를 통해서는 여성이 오르가즘에 도달할 수 있는 유형의 자극을 얻어내기 힘들다. 특히 여성이 음경삽입 뿐 아니라 손을 통한 음핵 자극을 선호한다면 더욱 그러하다. 마지막으로, 임신 말기에는 이 체위가 적합하지 않다고 조언하고 싶다. 임신 말기 여성의 복부에 지나친 압력을 가하지 않기 위해서는 남성이, 팽창되어 있는 여성의 복부 위로 활처럼 휘는 자세를 취해야만 한다.

여성상위체위

여성상위체위에서는 여성이 위에 있는 상태에서 서로의 얼굴을 마주보게 된다. 여성은 다리를 양 옆으로 벌리고 남성 위에 앉은 자세에서 음경의 각도와 삽입 깊이를 조절하게 된다(그림 9.10). 어떤 여성은 앉은 자세를 유지하는가 하면, 어떤 여성은 배우자의 몸 위에 엎드리는 자세를 취한다. 많은 여성들은 체위를 변화시키며 성교를 한다.

여성상위체위에서 여성은 정신적으로, 그리고 어느 정도는 육체적으로 성교를 주도한다. 여성은 비교적 크게 힘들이지 않고 삽입된 음경의 각도 및 깊이를 조절하면서 그녀가 원하는 만큼 성교의 속도를 빠르게 혹은 느리게 조절할 수 있다. 여성은 손을 뒤로 하여 배우자의 음낭을 어루만지거나 혹은 엎드려 배우자에게 키스를 할 수 있다.

남성상위체위에서처럼 여성상위체위에서도 키스가 비교적 용이하다. 이 체위는 또한 남성의 손이 여성의 궁둥이나 음핵에 손쉽게 미칠 수 있어 애무할 수 있다는 장점이 있다. 만약 여성이 남성에 비해 신장이 작다면 남성은 쉽게 여성의 가슴을 입으로 자극할 수 있다(이때 베개를 목 뒤에 받쳐두면 도움이 된다). 실질적으로 여성은 자신의 손이나 배우자의 손을 통해 또는 음경을 이용하여 자신의 음핵이 자극받도록 조절할 수 있다. 그러므로 여성은 이 체위를 통해 오르가즘에 이르는 것이 용이하다. 또한 남성에게는 이 체위가 덜 자극적이기 때문에, 사정의 시기를 조절하기에도 용이하다. 이러한 이유로 여성상위체위는 성교시 도출된 문제점을 풀어나가는 커플들에게 일반적으로 사용된다.

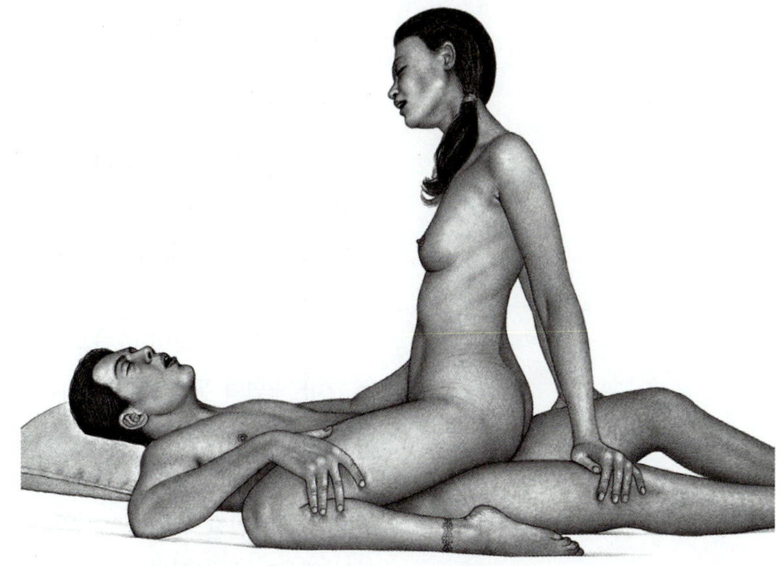

그림 9.10 여성상위체위. 여성상위체위는 여성이 삽입되는 음경의 각도 및 깊이를 주도적으로 조절할 수 있는 체위로, 오르가즘을 통제하는데 가장 좋은 체위이다.

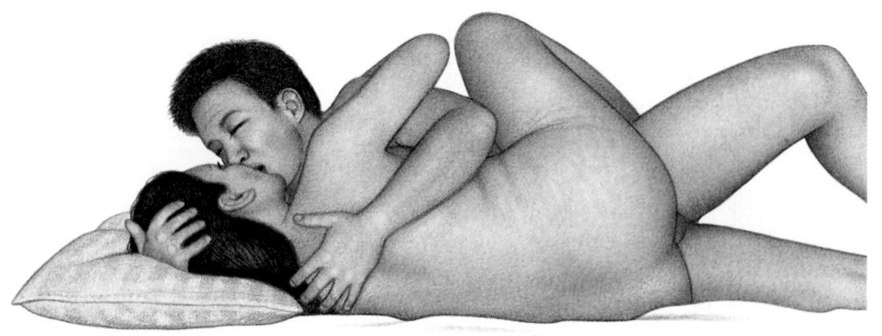

그림 9.11 측체위. 측체위는 두 배우자 모두에게 육체적으로 힘이 적게 요구되는 체위로, 성교 중 상호 애무행위를 자유롭게 할 수 있다는 특징이 있다.

측체위

측체위에서 남녀는 옆으로 모로 누운 상태에서 서로의 얼굴을 마주 대한다(그림 9.11 참조). 이 체위는 서로에게 쉽게 접근할 수 있다는 장점과 남녀 모두가 비교적 자유롭게 움직일 수 있다는 장점이 있다. 남녀는 자유롭게 키스할 수도, 서로의 몸을 어루만지며 애무할 수도 있다. 이 체위는 남녀 모두 침대에 편안히 누운 상태이므로 육체적으로 크게 부담되지 않는다. 그러므로 이 체위는 장시간의 성교를 원할 때 혹은 남녀가 어느 정도 피곤함을 느낄 때 선택할 수 있는 체위로 탁월하다.

측체위의 단점에 주목하자! 첫째, 옆으로 모로 누운 상태에서 음경을 질 내로 삽입하는 것은 매우 불편할 수 있다. 그러므로 많은 커플들은 다른 체위로 성교를 시작하고, 이후 측체위로 변화시키는 방법을 선택한다. 특히 장시간 성교를 원할 때 그러하다. 둘째, 이 체위에서 남성과 여성의 팔은 혹은 적어도 한 명의 팔은 상대 배우자의 몸 아래에 놓인다. 이는 배우자가 "잠에 빠져들게" 할 수도, 또는 피가 통하지 않아 팔에 감각이 무뎌지게 할 수도 있다. 셋째, 이 자세에서 여성은 음경에 의한 음핵 자극을 받을 수 없다. 물론 손으로 음핵을 자극함으로써 또는 잠시 후 다른 체위로 변화함으로써 음핵 자극을 받을 수는 있다. 넷째, 음경을 깊게 삽입하는 것이 이 체위에서는 매우 어렵다. 측체위는 여성이 임신 상태에 있을 때 유용하다(여성의 복부가 팽창되어 측체위를 통한 음경삽입이 어려워지기 전인 임신 말기까지는 유용하다).

후체위

후체위에서 남성은 여성의 등을 바라보게 된다. 여성은 자신의 손과 무릎으로 체중을 지탱하며 엎드리고, 남성은 자신의 무릎으로 체중을 지탱하며 무릎 꿇은 자세에서 여성의 뒤로 들어간다(그림 9.12). 다른 변이로 남녀는 서로 모로 누운 상태에서 여성이 자신의 다리를 들어 올려 뒤에 있는 남성의 대퇴 위에 걸친다. 이 체위는 임신 말기에 특히 유용하다.

후체위는 남녀 모두에게 매우 자극적일 수 있다. 남성은 자신의 복부가 배우자의 궁둥이에 맞닿는 느낌이나 그 상황을 보는데서 만족감을 느낀다. 남성은 여성의 몸 아래로 손을 뻗쳐 배우자의 가슴이나 음핵을 자극할 수 있고, 여성 또한 엎드린 자세에서 뒤로 손을 뻗어 남성의 음낭을 어루만지거나 움켜잡을 수 있다.

후체위의 잠재적인 단점은 다음과 같다. 첫째, 이 체위는 대부분의 포유동물들이 취하는 교미 체위와 동일하다. 그래서 종종 "개 체위"라 불리기도 한다. 따라서 어떤 커플들은 후체위가 동물의 교미형태를 연상시킨다는 이유로 불편해한다. 또한 후체위는 얼굴을 마주하지 않는다는 의미에서, 그래서 감정적으로 동떨어져 있다는 느낌을 받을 수 있다는 의미에서 비인간적이라고 여긴다. 또한 후체위는 남성이 여성의 등 뒤에 있기 때문에 남성이 매우 주도적이라는 느낌을 준다. 즉 남성은 여성을 볼 수 있으나 여성은 남성을 보는 것이 쉽지 않다. 그리고 후체위로는 음경을 통한 음핵 자극이 구조적으로 불가능하며,

종종 음경이 질로부터 빠져나오는 경향이 있다. 끝으로, 후체위를 하는 동안 질 내로 공기가 들어갈 수 있다. 질 내 공기가 배출될 때, 마치 방귀 소리가 날 수 있으며, 위험하지는 않지만 여성에게는 수치스러울 수 있다.

항문성교

항문성교는 음경을 직장 내로 삽입하는 행위를 일컫는다. 항문성교는 남-녀 커플사이에서도, 그리고 남-남 커플 사이에서도 행해진다. 직장은 많은 신경종말이 분포하고 있고 성적 자극에 매우 민감하다. 두 배우자 모두 항문성교를 통해 오르가즘에 이를 수 있다. 항문성교는 고대 그리스의 양성애자들이 행한 성교방법으로 알려져 있어, "그리스 문화" 혹은 "그리스 방식"의 성교라 불리기도 한다. 또한 법적 용어로 수간이라 불리는 행위에 주로 사용된다.

그림 9.12 후체위. 어떤 사람들은 후체위를 통해 얻어지는 쾌감을 즐긴다. 또한 이 체위는 여성이 임신 중일 때 편안하게 이용될 수 있다.

항문성교에서 음경을 삽입하는 사람은 배우자의 뒤에 위치하거나 혹은 얼굴을 마주하고 배우자의 위에 또는 아래에 누울 수 있다. 음경을 받아들이는 배우자는 항문 자극과 더불어 자신의 음핵이나 음경을 손으로 자극함으로써 오르가즘에 이를 수 있다. 직장은 윤활액을 분비하지 못하는 기관이다. 따라서 K-Y 젤리와 같은 인공 윤활제를 사용하는 것이 좋다.

오르가즘의 순간에 혹은 자극이 절정에 달했을 때, 어떤 사람들은 배우자가 손가락을 자신의 항문에 넣어 줄 것을 원한다. 오르가즘의 순간 항문 괄약근이 수축하기 때문에 항문에 삽입된 손가락은 성적 자극을 높일 수 있다.

많은 사람들은 항문성교에 대해 혐오감을 갖는다. 왜냐하면 비도덕적이고 자연스럽지 못하며, 위험할 수 있다고 판단하기 때문이다. 그러나 어떤 사람들은 항문성교가 비록 그들이 사용하는 주요 성행위 방법은 아니더라도 즐겨볼만한 성행위 방법 중 하나라고 생각한다.

NHSLS 보고에 의하면 남성 네 명 중 한 명(26%)이 그리고 여성 다섯 명 중 한 명(20%)이 항문성교를 경험한 것으로 조사되었다(Laumann 등, 1994). 그러나 최근 1년 동안 항문성교를 행한 사람은 단지 열 명 중 한 명(남성의 경우 10%, 여성의 경우 9%)에 불과한 것으로 나타났다. 다른 여러 조사의 결과도 대략 비슷하게 나타났다(Ompad 등, 2006). 구강성교와 마찬가지로 항문성교 또한 학력이 높은 집단에서 더 많이 행해진다. 교육이 성적 실험에 대해서는 고정관념으로부터 자유로운 사고 및 행동을 강화하는 것으로 보인다. 남성 다섯 명 중 한 명이 항문성교를 행하는 것으로 보고된 집단도 존재한다(Billy 등, 1993). 사실인가 아니면 허구인가 8: NHSLS 보고에 의하면, 항문성교는 좀 더 고등교육을 받은 집단에서 더욱 일반적으로 행해진다.

비판적인 사고하기

구강성교나 항문성교와 같은 성적 활동과 교육 정도 사이에는 어떤 연관성이 있는가? 그리고 이 연관성에 대해 당신은 어떤 해석을 내릴 수 있는가?

사실인가 아니면 허구인가

종교는 항문성교를 제재하는 입장에 있는 것으로 보인다. NHSLS 보고에서, 항문성교를 경험했다고 언급한 남성의 약 34%, 그리고 여성의 약 36%가 종교를 믿지 않는다고 답하였다. 20대 초반에서 20대 후반까지의 남성 기독교인 및 10대 중반에서 20대 초반까지의 여성 기독교인에 해당하는 수치이다(Laumann 등, 1994, 99쪽).

애닐링구스(anilingus) 항문을 구강으로 자극하는 행위. 미국에서는 이 행위를 비속어로 *rimming, rim job*이라고도 한다.

많은 커플들은 애무의 한 형태로 항문에 키스를 하거나 항문을 핥는다. 이러한 행위를 **애닐링구스(anilingus)**라 한다. 구강-항문 성교는 건강을 해칠 수 있다. 왜냐하면 장내 감염을 일으킬 수 있는 세균이나 많은 성병 원인균이 구강-항문 접촉을 통해 전파될 수 있기 때문이다.

오늘날 많은 커플들은 에이즈나 기타 성병에 대한 두려움으로 항문성교를 꺼린다. 에이즈바이러스나 임질, 매독, 간염 등을 일으키는 기타 성병 원인균들은 항문성교를 통해 전파될 수 있다(Koblin 등, 2006; Lane 등, 2006). 직장을 구성하는 세포들은 병원균의 침투에 쉽게 노출될 수 있다. 더욱이 직장조직 내 미미한 열상이라도 있다면, 여러 미생물들이 순환계통 내로 쉽게 침투한다(16장). 그러나 양 배우자 모두 건강하다면 성병에 걸릴 위험은 없다.

모든 남성동성연애자들이 항문성교를 하거나 즐기는 것은 아니다. 한편, 항문성교를 행하는 남성동성연애자들은 음경을 삽입하는 역할과 음경을 받아들이는 역할을 번갈아 담당한다. 51명의 남성동성연애자들을 대상으로 한 조사에 따르면, 항문 성교시 음경을 삽입하는 사람은 주도적 성 역할을, 그리고 음경을 받아들이는 사람은 복종적 성 역할을 담당한다고 생각한다(Kippax & Smith, 2001). 그러나 항문성교를 하는 여타 남성동성애자들은 성교를 권위와 결부하는 관점에 반대한다. 그들에서 성교는 함께 마음을 공유하는 그 무엇인 것이다.

에이즈바이러스의 감염이 항문성교와 연관되어 있다는 인식이 높아짐에 따라 남성동성애자들 사이에서 항문성교가, 특히 콘돔을 착용하지 않은 항문성교가 크게 감소하였다. 그러나 오늘날 매우 강력한 레트로바이러스 약물이 에이즈 환자의 생명을 크게 연장시킴에 따라, 많은 남성동성애자들이 다시 콘돔을 착용하지 않고 항문성교를 한다(Dilley 등, 2003). 콘돔을 착용하는 것이 성적 쾌락을 감소시키고, 배우자와의 정서적인 유대감을 감소시킨다는 이유로 그들은 콘돔을 사용을 거부한다(Bancroft 등, 2005a; Crosby 등, 2005). 더욱이 마약이나 술에 취한 상태에서는, 이성애자들처럼, 남성동성애자들도 처음 만난 사람과의 관계에서 콘돔을 착용하지 않는 경향이 높다(Irwin 등, 2006; Semple 등, 2003).

학생들의 실제 질문

질문: 항문성교를 통해서도 임신이 가능한가요?

답변: 그럴 수도, 아닐 수도 있다. 항문으로부터 음경을 뺄 때 음경 끝에 정자가 남아 있을 수 있다. 또는 사정 이후에 넣고 빼는 행위를 지속했다면 음경 몸통에 묻은 정자들이 따라 나올 수 있다. 그리고 항문 부위에 묻은 정자는 질 입구에 도달할 수 있으며, 질 내부로 들어갈 수 있다. 항문성교시 수정이 될 수 없다는 주장은 직장과 질 사이에 직접적 연결 통로가 없다는 해부학적 사실에 근거한다. 그리고 임신 가능성이 있다는 주장은 다른 많은 간접경로를 통해 수정이 일어날 수 있을 가능성에 근거한다. 따라서 항문성교를 통한 임신 가능성은 매우 희박하지만 불가능한 것은 아니다.

9.4 성적 환상

사람들은 성적 환상을 꿈꾼다. 배우자와의 성적 흥분을 높이기 위해, 혹은 그냥 혼자 있을 때, 사람들은 성적 환상을 꿈꾼다. 어떤 커플들은 성적 환상을 공유함으로써 또는 연기함으로써 성적 흥분을 높인다. 또한 사람들은 실질적인 성행위 없이 몽상이나 상상만으로 성적 환상을 즐긴다. 자위행위를 하는 사람들은 오르가즘에 이르기 위해 성적 환상을 꿈꾸거나 포르노를 본다.

성적 환상을 설명하기 위한 많은 가설들이 있다. 그 중 하나는 (이 가설을 뒷받침해 줄 만한 증거는 거의 없지만) 실제 성생활에서 만족을 느끼지 못하기 때문이라는 주장이다. 즉, 성적 환상이 실생활을 대신하는 것이다. 그러나 성적 환상은 성적흥분을 강화하여 쾌락을 증가시키는 역할을 한다.

사실인가 아니면 허구인가 9

사실인가 아니면 허구인가 9: 성적 환상을 꿈꾸는 것은 정상적인 행위이다. 대부분의 사람들은 배우자와의 성관계 도중에도 성적 환상을 꿈꾼다. 성적 환상이 배우자와의 성관계에서 성적흥분을 증대하기 때문이다(Leitenberg & Henning, 1995). 남성이 여성에 비해 좀 더 자주 성적 환상을 꿈꾸는 것으로 보이기는 하나 대부분의 여성 또한 성적 환상을 꿈꾼다. 최소한 미국 문화권에서는 말이다. 18세에서 70세 사이의 349명의 이성애자 대학생 및 교직원을 대상으로 한 설문조사에서 남성의 98%, 그리고 여성의 80%에 이르는 대부분의 사람들이 타인과의 성적 환상을 꿈꾸는 것으로 나타났다(Hicks & Leitenberg, 2001). 이러한 성적 환상은 연애기간이 오래된 연인들 사이에서 더욱 일반적으로 나타나는데, 이는 아마 성적 환상이 성관계의 신선함을 제공해주기 때문인 것으로 생각된다. 남성과 달리 여성들은 과거 배우자와의 성적 환상을 꿈꾸는 것 같다. 이는 아마도 여성들이 가족관계의 정신적 유대감으로부터 벗어나는 것을 꺼리기 때문인 것으로 생각된다. 뉴욕타임스의 통계조사에 따르면, 남성(52%)이 여성(40%)에 비해 배우자 이외의 타인에 대한 성적 환상을 꿈꾸는 행위에 좀 더 관대한 것으로 나타났다(Eggers, 2000).

여성이 남성에 비해 좀 더 친숙한 애인과의 성적 환상을 꿈꾸는 것은, 여성은 원시사회로부터 생식 성공률을 높이기 위해 믿을만한 배우자의 보호를 필요로 했기 때문이라고 진화론자들은 추론한다(Buss, 2009; Wymons, 1995). 여성은 임신을 하고 비교적 적은 수의 자손을 남긴다. 그러므로 여성은 주어진 생식기회에서 좀 더 많은 유전적 투자를 해야만 한다.

전형적인 성역할 관념과 동일하게, 남성은 여성을 성적으로 흥분시키고자 열망하는 성적 환상을 꿈꾸는 경향이 크다. 그리고 여성은 성적으로 정복당하는 성적 환상을 꿈꾸는 경향이 큰 것으로 나타났다(Critelli & Bivona, 2008; Yost & Zurbriggen, 2006).

한편, 연구자들은 성충동을 측정하는 한 방법으로 성적 환상의 다양성과 빈도를 이용한다(Baumeister 등, 2001; Peplau, 2003). 성충동과 성적 환상의 빈도는 남녀 모두 체내 테스토스테론 양과 정적 상관관계를 갖는다. 난소와 자궁을 적출한 여성들을 대상으로 성충동과 성적 환상의 빈도를 조사한 연구에서(Shifren 등, 2000), 다양한 용량의 테스토스테론 및 위약이 도포된 피부 패치가 여성들에게 제공되었다. 그 결과, 높은 용량의 테스토스테론이 투약된 여성들은 대조군에 비해 두 배 혹은 세 배 이상 성적 환상을, 자

성적 환상 성적 환상은 흔히 본인의 평상시 배우자와 연관된다. 그러나 또한 대부분의 사람들은 다른 누군가와의 성적 환상을 꿈꾼다고 이야기한다. 성적 환상은 성적인 흥분을 일깨우며 또한 성적 신선함을 제공해 줄 수 있다.

위를, 그리고 성교를 하는 것으로 나타났다.

우리 대부분은 성적 환상을 정상적인 행위로 간주한다. 178명의 대학생과 교직원을 대상으로 한 연구에서, 조사 대상 중 84%가 성교 중 적어도 가끔은 성적 환상을 꿈꾸는 것으로 나타났다(Cado & Leitenberg, 1990). 그리고 이들 중 상당수는 이런 성적 환상이 보편적이고 정상적이며 도덕적으로 문제없고 사회적으로도 받아들여지는, 그리고 해롭다기보다는 이로운 것이라고 믿고 있었다. 그러나 약 25%의 응답자들은 성적 환상을 꿈꾸는 것에 대해 죄책감을 느낀다고 답하였다. 죄책감을 극도로 느끼는 사람들은 성적 만족을 경험하지 못하는 경향이 있었으며, 실생활에서도 문제점을 안고 있었다.

강간과 같은 가학적 환상을 꿈꾸는 "일탈적" 성적 환상이 있다. 가장 일반적으로 활용되는 성격 검사법인 미네소타 다면 인격 목록(MMPI; 미네소타대학이 개발한 성격 검사법)을 이용한 연구 결과, 이처럼 일탈적 성적 환상을 자주 꿈꾸는 사람들은 사회적으로 소외되었거나 감정적으로 불안한 상태에 놓여 있는 경향이 높았다(Curnoe & Langevin, 2002). 그러나 일탈적 성적 환상과 성범죄 및 공격성향과의 상관관계는 명확하지 않다. 그럼에도 불구하고 많은 관련분야 전문가들은 일탈적 성적 환상을 꿈꾸는 사람들의 성적 환상을 변화시킴으로써, 그 사람들이 범죄를 저지르거나 폭력을 행사할 가능성을 감소시킬 수 있다고 생각한다(Leitenberg & Henning, 1995). 다음은 낸시 프라이데이가 성적 희생자가 되는 환상을 가진 한 여성과 면담한 사례이다(Friday, 2008).

> 나의 환상은 매우 개인적인 것이다. 내가 꿈꾸는 성적 환상은 매우 은밀하다. 내 상상 내에서만 존재한다는 사실로 인해 유발되는 쾌락이 매우 크다. 그것이 현실화 되는 것은 전혀 상상하고 싶지 않다… 그러나 내 환상을 실행하라면? 그것들이 현실화 된다면? 아니, 절대 아니다. 내 현실 생활은 그 환상과는 정반대다. 나는 그 환상이 나에게 진짜 일어나는 것을 원치 않는다. 나는 단순히 그 환상이 어떤 것일지 상상하는 것을 원할 뿐이다. 그러므로 그것은 환상 내에만 머물러 있어야 한다.

자위행위에서와 마찬가지로, 성교 도중 성적 환상을 꿈꾸는 정신적 외도는 성적흥분을 강화하고, 성적반응을 높이는데 유용하다(Bader, 2003; Zubeidat 등, 2004). 성적 환상은 커플이 바람을 피우는 행위를 하지 않고도 그들의 성생활에 성적변화를 가미하는 효과가 있다(Bader, 2003; Boss & Maltz, 2001). 미국 버몬트 주에 소재한 한 대학의 178명 학생, 교수 및 교직원을 대상으로 한 연구에서, 응답자의 84%가 성교 도중 적어도 가끔은 성적 환상을 꿈꾼다고 답하였다(Cado & Leitenberg, 1990). **사실인가 아니면 허구인가 10:** 성교환상을 꿈꾸는 것과 성적 불만족 사이에는 어떤 연관성도 존재하지 않는다(Davidson & Hoffman, 1986). 그러므로 성교환상이 배우자와의 불만족스러운 성관계를 보완하는 도구가 될 수는 없다.

사실인가 아니면 허구인가 10

자위환상과 마찬가지로 성교환상도 다양한 주제로 표현된다. 성교환상은 다른 상대와의 성교, 집단 성교, 난교, 옛 애인과의 추억 또는 특별한 성적 경험, 그리고 환상적이고 경이로운 장소에서의 성교 등을 포함한다. 이성애 남성은 여성에 대한 성적 환상을 꿈꾸는 경향이 높으며, 동성애 남성은 남성에 대한 성적 환상을 꿈꾸는 경향이 높다(Chivers

등, 2004). 이성애 여성이든 동성애 여성이든 여성들은 모두 남성에 비해 성적 환상을 위한 상대를 선택하는데 있어 좀 더 유연한 태도를 보인다(Chivers 등, 2004).

자신들의 성적 환상을 배우자와 공유하는 것은, 비록 합의하였다 할지라도, 바람직하지 못한 행동이다. 특히 그 성적 환상이 상호 배우자에게 향하지 않고 타인을 포함할 경우 더욱 그러하다. 환상을 꿈꾸는 사람은 배신했다고 공격받거나 또는 배우자가 성적 환상을 거절의 의미로 받아들일 가능성에 두려워한다. "무엇이 문제에요? 내가 더 이상 당신의 관심을 끌지 못하나요?"

남성동성애자, 여성동생애자, 그리고 양성애자의 성적 환상

성적 환상을 꿈꾸는 상대의 성별을 바꾸는 것만으로도, 우리는 남성동성애자나 여성동성애자, 그리고 양성애자의 성적 환상을 충분히 이해할 수 있다. 예를 들어, 동성과의 성관계를 5년에서 10년 동안 유지해 온 129명의 여성(85명의 여성동성애자, 44명의 양성애자)을 대상으로 조사한 결과에 의하면, 성적 관계의 만족도와 성적 환상의 유형이 서로 연관되어 있음을 알 수 있다(Robinson & Parks, 2003). 대체로, 관계가 행복하다고 느끼는 여성일수록 배우자와의 성적 환상을 꿈꾸는 경향이 크다. 관계가 썩 순조롭지 못하다면, 여성들은 배우자와 함께했던 옛 시절에 대한 환상을, 혹은 자신의 과거 배우자와의 경험에 대한 환상을 꿈꾸는 경향이 크다. 이러한 관점에서 보았을 때, 여성동성애자나 여성양성애자의 성적 환상 유형은 이성애자 여성의 성적 환상과 크게 다르지 않다.

인도에서 30명의 남성 이성애자 및 30명의 남성동성애자를 대상으로 두 집단의 성적 환상을 비교한 연구가 있었다(Bhugra 등, 2006). 남성 이성애자는 성적 환상의 범위를 여성과의 전형적인 성행위로 제한하는 경향이 크게 나타났다. 반면, 남성동성애자의 경우에는 좀 더 과감한 기술을 이용한 성행위를 남성뿐만 아니라 여성 배우자와도 경험하는 성적 환상을 꿈꾸는 경향이 컸다. 성적 환상은 분명히 행동에 반영된다. 위 연구에 참여한 저자들은 남성이성애자가 남성동성애자에 비해 성 생활이나 성적 환상 모두에서 좀 더 "제한적"이며 "억압"받는다고 주장하였다. 그러나 저자들이 발견한 좀 더 단순한 해석은 남성동성애자나 이성애자 모두 그들을 유혹하는 사람이나 성행위에 대해 성적 환상을 갖는다는 것이다.

이 장에서 우리는 인간의 성 표현이 매우 다양한 형태로 나타날 수 있다는 사실을 확인하였다. 사람들은 성행위에서뿐만 아니라 성적 성향에 있어서도 매우 다양한 양상을 보이는데, 성적 성향의 다양성에 대해서는 다음 장에서 다루겠다.

9.5 성행위 및 성적 환상

총정리: 재숙고, 재인용, 재검토

이 책은 PQ4R 방법을 사용하고 있다. 여러분은 맨 먼저 장 읽기, 즉 첫 번째 R을 잘 마쳤다. 이제부터 나머지 3R(총정리), 즉 재숙고, 재인용, 재검토는 여러분이 숙달한 정도를 여러분 스스로 테스트해 볼 수 있게 해줄 뿐 아니라, 이 장의 내용들을 이해하고 기억할 수 있게 도와줄 것이다.

재숙고

- 여러분은 성장하는 과정에서 자위행위에 대해 어떤 잘못된 정보를 접해왔는가? 그리고 잘못된 정보의 출처는 무엇이었는가?
- 여러분의 사고방식이나 가치관은 어떤 유형의 성행위를 편안하다고 느끼는가? 혹은 편안하다고 느끼게 할 것으로 기대되는가?
- 여러분이 가지고 있는 성적 환상은 무엇인가? 여러분은 여러분이 꿈꾸는 환상이 정상적인지에 대해 의심해 본적이 있는가?

▶ **비판적인 사고하기:** 이 장을 접함으로써 구강성교, 항문성교, 자위행위, 그리고 성적 환상에 대한 여러분의 관점이 바뀌었는가? 바뀌었다면, 어떻게 바뀌었는지 토론해 보자. 만약 바뀌지 않았다면, 여러분의 관점이 무엇인지 토론해 보자.

재인용

1. 사람들은 어떤 유형의 나홀로 섹스를 하는가?

- 자위행위는 성적 즐거움을 얻거나 성적 긴장감을 풀기 위한 목적으로 자신의 성기를 스스로 자극하는 행위이다. 유대-기독교 전통에서는 출산을 목적으로 하지 않는 여타 많은 성행위와 마찬가지로 자위행위를 종교적인 죄악으로 규탄하였다. 자위행위를 반대하는 가치관을 가진 사람들에게는 자위행위가 도덕적 죄책감이나 불안감을 불러일으키는 원인이 될 수 있다. 그러나 자위행위 그 자체는 육체적 건강에 유해하지 않다. 설문조사에 의하면 모든 사람은 자위행위를 경험한다. 남성이 여성에 비해 자위행위 빈도가 높은 것으로 보인다. 남성은 음경을 젖을 짜는 손동작으로 자극함으로써 자위행위를 한다. 여성은 치구나 음핵 몸체 주변을 부드럽게 어루만짐으로써 자위행위를 한다.

2. 사람들은 타인과 어떤 유형의 성행위를 하는가?

- 애무는 성교 전 성적 자극을 높이기 위하여 행하는 키스, 어루만짐, 그리고 그 이외의 여타 행동들을 포함한다. 여성은 남성에 비해 좀 더 긴 시간 애무받기를 원한다. 키스는 친밀감의 표현이며 그 자체로도 매우 자극적이다. 성감대를 어루만지거나 자극하는 행위 또한 성적으로 매우 자극적이다. 남성은 여성과 비교하여 성행위 초기부터 배우자가 자신의 성기를 손으로 만져주거나 자극하는 것을 좋아한다. 모두 그런 것은 아니지만 대부분의 여성은 손이나 구강을 이용한 가슴 자극을 즐긴다. 남성동성애자나 여성동성애자는 이성애자에 비해 배우자의 가슴이나 젖꼭지를 자극하는데 좀 더 많은 시간을 할애한다. 오늘날 많은 젊은 커플들은 구강-성기 자극을 즐긴다.

3. 체위의 종류로는 무엇이 있는가?

- 가장 보편적으로 사용되는 네 가지 성교 체위로는 남성상위체위, 여성상위체위, 측체위, 후체위가 있다. 여성상위체위는 여성이 오르가즘에 오르기 위해 필요한 충분한 자극을 얻는데 효과적이다. 항문성교는 남성-여성 혹은 남성-남성 성행위시 사용되곤 한다. 항문성교를 위해서 인공 윤활물질이 사용된다.

4. 사람들은 성적 환상을 어떻게 이용하는가?

- 성적 환상은 자위행위시 혹은 타인과의 성교시 성적 반응을 높이기 위해 종종 사용된다. 성적 환상은 매우 현실적인 것으로부터 공상으로의 비행에 이르기까지 그 범위가 다양하다. 많은 사람들은 그들이 실질적으로 행할 수 없는 성적 활동에 대해 환상을 꿈꾼다. 성적 환상은 또한 성교시 성적 흥분을 높이는데 이용될 수 있다. 대부분의 사람들이 성적 환상을 꿈꾼다는 점에서 그리고 정신적인 장애나 혹은 배우자와의 관계 결손을 나타내는 징후가 아니라는 점에서 성적 환상은 정상적이다.

재검토

1. 교육정도와 자위행위 간에는 어떤 관계가 있는가?
   (a) 전혀 관련성이 없다.
   (b) 고학력의 사람들이 자위행위를 좀 더 자주 한다.
   (c) 교육이 자위행위를 촉발한다.
   (d) 교육은 자위행위에 대한 진실을 왜곡하는 새빨간 거짓이다.

2. 브로디의 연구 결과에 따르면 사람들은 남근-질 성교시, 자극에 대한 반응으로 _______의 수준이 낮아지는 것으로 나타났다. _______ 안에 들어갈 적당한 말은 무엇인가?
   (a) 수축기 혈압
   (b) 프로락틴
   (c) 전기피부반응
   (d) 적대감

3. 자위행위를 가장 적게 하는 미국인은 어떤 계열인가?
   (a) 아프리카
   (b) 아시아
   (c) 유럽
   (d) 라틴

4. NHSLS 보고에서 자위행위를 하는 가장 주요한 이유는 무엇인가?
   (a) 긴장완화를 위해
   (b) 취침을 위해
   (c) 성적 긴장 해소를 위해
   (d) 신체적 쾌감을 얻기 위해

5. 연구조사에 의하면 성적 환상을 어떤 의미로 평가해야 할까?
   (a) 악마의 정신세계로부터 보내진 어떤 것
   (b) 자위행위 징후로서의 어떤 것
   (c) 건강에 유해한 어떤 것
   (d) 정상적인 어떤 것

6. 다음에 열거한 사람들 중 어떤 사람들이 구강성교를 가장 즐겨하는 것으로 연구 · 조사되었는가?
   (a) 아프리카계 미국인 남성
   (b) 아프리카계 미국인 여성
   (c) 유럽계 미국인 남성
   (d) 유럽계 미국인 여성

7. 여성들이 오르가즘에 이르는데 가장 적합한 체위는 무엇인가?
   (a) 남성상위체위
   (b) 여성상위체위
   (c) 측체위
   (d) 후체위

8. 다음에 열거한 성행위 중 실행되는 빈도가 가장 낮은 것은 무엇인가?
   (a) 펠라티오
   (b) 쿤닐링구스
   (c) 남근-질 성교
   (d) 항문성교

9. 킨제이의 보고에 의하면, 청소년기 자위를 경험한 여성은 성인이 되었을 때 어떤 경향을 보이는가?
   (a) 손바닥에 털이 자라난다.
   (b) 사회관계를 형성하는데 어려움을 느낀다.
   (c) 타인과의 관계에서 성적 만족감을 좀 더 쉽게 찾는다.
   (d) 타인과의 관계에서 성적 만족감을 거의 찾지 못한다.

10. 벨과 와인버그의 조사에서 여성동성애자들이 가장 보편적으로 그리고 가장 자주 사용되는 성행위 유형은 무엇인가?
   (a) 인공 남근을 이용한 성교 자극
   (b) 손을 이용한 성기 자극
   (c) 구강-성기 자극
   (d) 항문 자극

정답: 1.b; 2. a; 3. a; 4. c; 5. d; 6. c; 7. b; 8. d; 9. c; 10. b

10장

성적 성향

목차

사실인가 아니면 허구인가

다음 중 어느 것이 사실이고 어느 것이 허구인가? 답은 본문 안에 있는 「사실인가 아니면 허구인가」 아이콘에서 만날 수 있다.

1. 동성애자들은 이성애자로 살아갈 수 있기를 원한다. T F
2. 미국 내 소수민족 구성원들은 유럽계 미국인들에 비해 동성애에 대해 더 관용적인 태도를 보인다. T F
3. 여성의 성기는 거세와 연관되므로 남성동성애자들은 여성의 성기에 대해 무의식적인 공포감을 느낀다. T F
4. 대부분의 미국인들은 동성애자 결혼에 찬성하는 입장이다. T F
5. 대부분의 미국인들은 선천적 요인에 의해 동성애자로 태어난다고 생각한다. T F

에니스 딜 마르를 연기한 히스 레저와 잭 트위스트를 연기한 잭 질렌할의 영화 브로크백 마운틴(*Brokeback Mountain*)은 드라마부분 작품상을 포함한 4개의 골든 글러브를 수상하였다. 이 영화가 이처럼 주목받게 된 이유는 무엇일까? 이 영화가 남성동성애자의 사랑을 다루었기 때문은 아니다. 엔터테인먼트 위클리의 조사에 의하면, 같은 해 남성동성애자가 주연인 영화만 9편이나 선보였었다. 영화에서 연출된 몇몇 성애장면 또한 이 영화가 주목받은 이유가 될 수는 없다. 포르노 제작사에서 제작된 영상물을 포함하여 남성동성애자들 사이의 성행위를 더욱 노골적으로 표현한 영상물은 넘쳐난다.

주인공들이 여성과 결혼을 하고 아이를 가졌다는 사실 또한 그 이유가 될 수는 없다. 실질적으로 많은 남성동성애자들이 그렇게 하고 있다.

영화가 과거를 배경으로 제작되었다는 점 또한 주목할 만한 점은 아니다. 왜냐하면 남성동성애자를 소재로 한 고대 그리스나 로마 배경의 영화가 이미 많이 나와 있기 때문이다.

아마도 1963년 와이오밍 산골마을을 배경으로 양치기 남성동성애자를 주제로 삼았던 영화는 없었다. 브로크백 마운틴은 남성동성애자들이 자신의 감정이나 정체성을 거의 주장하지 못했던, 아니 전혀 주장하지 못했던 시대와 세대를 대변했다. 칼럼리스트인 프랭크 리치가 지적하였듯이, 브로크백 마운틴의 영웅은 한밤중의 목동도, 무늬만 카우보이인 목동도, 빌리지 피플의 카우보이도 아니다. 영웅은 바로 청교도적 사고방식을 교육받은, 그러나 기존체제에 저항하는 젊은이들이다.

브로크백 마운틴(Brokeback Mountain). 영화 브로크백 마운틴에서 잭 질렌할과 히스 레저는 1963년 와이오밍 주를 배경으로 사랑하는 사이가 된 두 카우보이를 연기한다. 이야기의 시대적 배경 및 지리적 배경으로 인해, 남성동성애자의 성적 성향이 무엇을 의미하는지에 대한 이해는 이 영화에서 다루어지지 못하였다.

이 장에서는 성적 성향에 대해 알아보고자 한다. 성적 성향이란 애정 상대가 누구인지에 관한, 즉 성적 이끌림의 방향성에 관한 문제이다. 즉 동성에게 이끌리는지 아니면 이성에게 이끌리는지 혹은 양성에게 모두 이끌리는지에 대한 방향성이다. 앞으로 우리는 이성애자와 마찬가지로 동성애자들 역시 성정체성을 통합하기 위해, 사랑하는 사람을 찾기 위해, 그리고 만족스러운 생활방식을 확립하기 위해 노력한다는 사실을 발견할 것이다. 실제로 동성결혼은 현재 미국의 여러 주에서 합법화되었다. 그럼에도 불구하고 미국 문화권에서 동성애자들은 이성애자들과는 달리 많은 사회적 편견과 마주한다. 동성애자들이 상호 관계를 오랜 기간 충실히 유지하고 있음에도 불구하고 말이다.

10.1 성적 성향의 지향점

성적 성향(sexual orientation) 동성을 향한, 이성을 향한 혹은 양성을 향한 개인적인 성적 관심의 지향성.

이성애적 성향(heterosexual orientation) 성적 이끌림과 성적 관계를 발전시키는 관심의 방향성이 이성을 향함.

성적 성향(sexual orientation)이란 한 개인의 성적 이끌림을 일컫는다. 즉, 성적 관계를 발전시키는 관심의 방향성이 동성을 향하는지 혹은 이성을 향하는지에 대한 문제이다. **이성애적 성향(heterosexual orientation)**은 성적 이끌림과 성적 관계를 발전시키는 관심의 방향성이 이성에게 향함을 의미한다(미국에서 많은 동성애자들은 이성애자들을 일컬어 *straight* 또는 *straights*라고 한다).

동성애적 성향(homosexual orientation)은 성적 이끌림과 성적 관계를 발전시키는 관심의 방향성이 동성에게 향함을 의미한다. **동성애**라는 단어는 자신과 동일한 해부학적 성을 가진 사람에게 성적 관심을 보이는 현상을 의미하며, 남녀 모두에게 적용된다. 남성동성애자는 종종 **게이(gay male)**라고, 그리고 여성동성애자는 **레즈비언(lesbian)**이라고 불린다. 혹은 남성동성애자와 여성동성애자 모두 통틀어 "게이" 혹은 "게이들"이라 부르기도 한다. **양성애(bisexuality)**는 성적 이끌림과 성적 관계를 형성하는 관심의 방향성이 남녀 모두를 향할 때를 일컫는다.

동성애적 성향(homosexual orientation) 성적 이끌림과 성적 관계를 발전시키는 관심의 방향성이 동성을 향함. (homo는 "동일함"을 의미하는 그리스어 *homos*에서 유래함. "남성"을 의미하는 라틴어 *homo*에서 유래한 것이 아님.)

게이(gay male) 다른 남성에게 성적으로 이끌리고 성적 관계 형성을 원하는 남성.

레즈비언(lesbian) 다른 여성에게 성적으로 이끌리고 성적 관계 형성을 원하는 여성. (레즈비언은 여성 간의 성적 활동이 이상화되어 전설로 내려오는 *Lesbos*라는 그리스의 섬에서 유래.)

양성애(bisexuality) 성적 이끌림과 성적 관계를 발전시키는 관심의 방향성이 남녀 모두를 향함.

용어의 합의

먼저 동성애에 대한 정의가 필요하다. 왜냐하면 게이라는 단어는 논란의 여지가 있기 때문이다. 동성애자들은 게이라는 단어가 성행위에만 주목하는 느낌을 준다는 점에서 게이라는 표현을 거부한다. 더불어 게이라는 용어는 사회적 오명을 내포한다. 역사적으로도 게이는 사회적 일탈 혹은 정신병이라는 개념과 연관되어 있다. 또한 게이는 남성동성애자만을 지칭하는 의미로 사용된다. 그러므로 게이라는 단어에서 레즈비언은 "무형"의 존재가 된다. 따라서 많은 사람들은 게이남성(gay male) 또는 레즈비언 성적 성향(lesbian sexual orientation)이라는 단어를 선호한다. 동성애라는 용어 또한 그 의미가 애매모호하다(Savin-Williams, 2006). 과연 동성애는 성행위를 의미하는 것인가 아니면 성적 성향을 의미하는 것인가? 이 책에서는 성행위를 성적 성향과 구별하기 위해 이성간 성행위라는 단어 대신 남성–여성 성행위라는 단어를, 그리고 남성–남성 성행위 또는 여성–여성 성행위라는 단어를 사용할 것이다.

비판적인 사고하기

비판적 사고가들은 용어가 가진 함축과 의미에 대해 세심한 주의를 기울인다. 왜 어떤 사람들은 동성애적 행위라는 용어 대신 남성 간 성행위 또는 여성 간 성행위라는 용어를 즐겨 쓰는 것일까?

학생들의 실제 질문

질문: 이성과의 성관계를 실패한 사람들이 동성애자가 되나요?

답변: 아니다. 성적 성향은 타인과의 성행위가 성공적이었는지 혹은 실패하였는지와는 무관하다.

성적 성향과 성별정체성

동성애자들은 동성에게 성적 매력을 느끼기 때문에, 일부 사람들은 그들이 성전환을 원한다고 생각한다. **사실인가 아니면 허구인가 1:** 이성애자와 마찬가지로 대부분의 동성애자들도 자신의 해부학적 성과 일치하는 성별정체성을 가지고 있다. 마이클 베일리는 소수 "극단적인 동성애자"들만이 성전환자가 되기를, 즉 우리 사회에서 반대 성역할에 해당하는 생활방식을 채택한다고 서술하였다(Michael Bailey, 2003b). 그러나 이성의 신체에 "내재된" 감정은 동성애를 정의하는 구성요소가 될 수 없다.

이성애자들이 동성애에 대해 생각할 때, 그들은 남성-남성 관계 혹은 여성-여성 관계 중 성적인 요소에만 배타적으로 집중하는 경향이 있다. 그러나 이성 간의 관계에서와 마찬가지로 동성 간의 관계에서도 성 이외의 다른 요소가 더 중요하다. 이성애자들과 마찬가지로, 동성애자들 역시 성행위를 위해 소비하는 시간은 극히 일부분에 불과하다. 남녀

동성애자들에게 더욱 중요한 것은 동성과 애정관계를 형성하는 것이다. 이성 간의 애정 관계처럼, 동성 간의 애정 관계도 사랑과 친밀감을 구축한다. 성적 성향은 성행위 그 자체로 정의되는 것이 아니다. 성적 성향은 성적 관심 및 성적 매력이 어느 방향으로 향하느냐의 문제이다(Mosher 등, 2005).

성적 성향의 분류: 긍정 혹은 부정으로 충분할까?

개인의 성적 성향을 판단하는 것은 의심의 여지가 전혀 없을 만큼 아주 뚜렷한 것이라고 생각하기 쉽다. 어떤 사람은 완전한 동성애자로 성행위의 대상을 동성 배우자로만 한정한다. 또 어떤 사람들은 완전한 이성애자로 성행위의 대상을 이성 배우자로만 한정한다. 그러나 어떤 사람들은 그 사이에 존재한다.

이성애자 중 많은 사람들도 동성과의 성경험을 가지고 있다(Mosher 등, 2005; Savin-Williams, 2006). 이성연애를 할 수 없는 상황, 즉 청소년들이나 교도소 수감자들처럼 격리된 집단에서는 자신의 성정체성은 유지한 상태에서 동성과의 성관계가 이루어진다.

남녀동성애자들 또한 동성애의 성적 성향을 유지한 상태에서 이성과의 성행위를 할 수 있다. 어떤 남녀동성애자들은 동성에 대한 성적 갈망을 간직한 채 이성과 결혼한다. 한편 어떤 사람들은 양성애자임에도 불구하고, 동성에게 끌리는 자신의 마음을 감춘 채 살아간다(Edser & Shea, 2002).

성적 성향이 반드시 성적 행동으로 표현되는 것은 아니다. 많은 사람들은 동성과 성행위를 하기 훨씬 이전에 이미 자신이 동성애자인지 혹은 이성애자인지 알고 있다(Thompson & Morgan, 2008; Savin-Williams & Diamond, 2000). 동성애자이건 혹은 이성애자이건 관계없이, 어떤 사람들은 종교적인 이유로 혹은 금욕적인 이유로 성관계를 거부하는 생활양식을 받아들인다.

사람들의 성적 관심이나 성적 환상은 시기에 따라 변화하는 것처럼 보인다. 남녀동성애자들은 이따금 **이성애적(heteroerotic)** 관심을 경험한다. 이성애자들 또한 종종 **동성애적(homoerotic)** 관심을 경험한다. 어느 정도까지는 남성에 비해 여성의 성적 성향이 좀 더 유연하며 가변적이고, 사회경험에 좀 더 의존적인 것 같다(Diamond, 2003a; Thompson & Morgan, 2008). 고전적인 동성애자 설문조사에서, 조사된 여성동성애자 중 약 절반이 이따금 남성에게 성적으로 끌린다고 답하였다(Bell & Weinberg, 1978). 리사는 여성동성애자와 여성양성애자를 대상으로 5년에 걸쳐 3번의 설문조사를 실시하였다(Lisa M. Diamond, 2003b). 그 결과 25%가 넘는 여성들이 시간이 지남에 따라 자신의 동성애적 성향 및 양성애적 성향을 포기하였으며, 이 중 절반은 자신을 이성애자로 재포장하였다. 나머지 절반은 자신의 성정체성이 무엇인지 찾으려는 노력을 포기하였다. 어떤 이성애자들은 자신이 동성과 성행위를 영위하는 환상을 꿈꾼다고 고백한다.

그러므로 이성 혹은 동성에게 끌리는 성적 관심이 언제나 상호 배타적이지는 않는 것으로 판단된다. 사람들은 이성 혹은 동성에 대해 다양한 정도의 성적 관심을 보이며, 성적 경험을 하는 것으로 생각된다(Hammack & Cohler, 2009; Thompson & Morgan, 2008). 따라서 남녀동성애자 간의 경계라는 것, 그리고 동성애자와 이성애자와의 경계라는 것이 종종 모호하다. 킨제이와 그의 동료들은 다음의 글을 통해 이 사실에 주목하였다.

이성애적(heteroerotic) 이성에 대해 성욕적인.

동성애적(homoerotic) 동성에 대해 성욕적인.

> 이 세상은 양과 염소로 이분되어 있지는 않다… 단지 인간의 관념만이 범주를 개념화하고, 분류된 각 영역의 범주에 개개 현상을 맞춰 넣으려고 노력할 뿐이다. 실제 세상은 각 영역이 그리고 모든 것이 어떤 면에서건 서로 연결되어 있다(1948, p. 639).

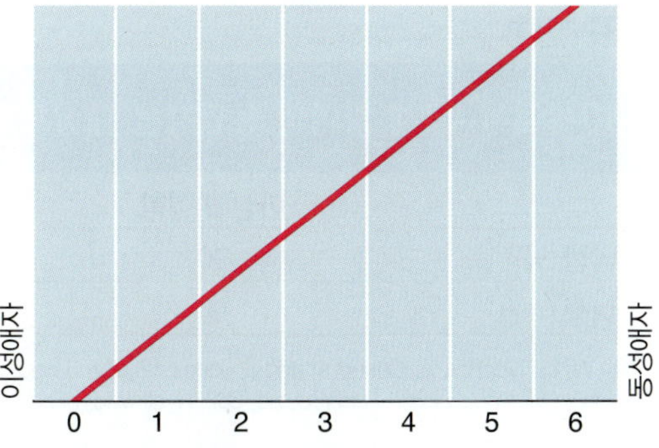

그림 10.1 킨제이 연속체. 킨제이와 동료들은 사람들을 동성애적 행동과 동성에 대해 끌리는 정도에 따라 이성애자에서 동성애자로 이어지는 연속체 중 7개의 단계를 설정하였다. 킨제이의 연구에 참여했던 대부분의 사람들이 속한 범주 0에 해당하는 사람들은 배타적인 이성애자로 간주되었으며, 범주 6에 속하는 사람들은 배타적인 동성애자로 간주되었다.

킨제이와 동료들은 사람들의 성적 성향에 대한 연구를 통해, 배타적인 동성애자와 배타적인 이성애자 중간 지점에 양성애자가 놓이는 성적 성향의 연속선을 발견하였다(Kinsey 등, 1948; 1953, 그림 10.1 참조). 사람들은 그들의 성적 이끌림과 행동 양식에 따라 이 연속선의 어딘가에 존재한다. 범주 0에 속하는 사람들은 배타적인 이성애자로 간주된다. 범주 6에 속하는 사람들은 배타적인 동성애자로 간주된다.

킨제이와 동료들은 그들이 조사한 남성의 약 4%가, 그리고 여성의 약 1%에서 3%가 배타적인 동성애자에 속한다고 보고하였다(범주 6에 속함). 그리고 비교적 많은 사람들은 이성애적 성향이 우세하거나(범주 1 또는 2에 속함), 혹은 동성애적 성향이 우세한 사람(범주 4 또는 5에 속함)으로 분류되었다. 킨제이 보고서에 의하면, 미국 국민의 약 10%가 동성애자이거나 혹은 동성애적 성향이 우세한 사람이며, 그 수는 현재의 예상치를 크게 웃도는 것이다. 몇몇 사람들은 동성애적 성향과 이성애적 성향을 반반 가지고 있으며, 이들은 양성애자로 간주될 수 있다(범주 3에 속함). 그리고 대부분의 사람들은 배타적인 이성애자로 분류될 수 있다(범주 0에 속함).

동성과의 과거 성행위에 관한 통계는 오류의 소지가 높다. 왜냐하면 단 한번의 경험이나 혹은 아주 짧은 기간의 청소년기 경험을 포함하기 때문이다. 킨제이가 조사한 집단 중 남성간의 성행위를 경험했다고 보고한 남성 중 절반은 12세에서 14세 사이의 경험에 국한된다. 그리고 나머지 1/3은 18세 이전의 성경험에 국한되었으며, 이후 동성간 성행위가 없었던 사람들이다.

또한 킨제이 보고서는 성행위의 양상이 변화하며, 그 변화가 종종 매우 극적일 수 있음을 보여준다. 동성에게 끌리는 성적 감정이나 경험은 특히 청소년 시기에 일반적으로 나타난다. 그러나 이러한 사실이 성인이 되어서도 동성과 배타적인 성생활을 유지한다는 의미는 아니다(Diamond, 2003a, 2003b).

얼마나 많은 사람들이 동성애자로 존속하는지에 대해서는 이론의 여지가 있다. 미국, 영국, 프랑스, 덴마크의 연구를 근거로 볼 때, 조사된 남성의 약 3%가 자신을 게이라고 답하였다(Mosher 등, 2005; Savin-Williams, 2006). 그리고 조사된 미국 여성의 약 1%에서 2%가 자신을 레즈비언이라고 답하였다(Mosher 등, 2005; Savin-Williams, 2006).

1장에서도 언급하였듯이, 가족성장에 관한 국가 조사(National Survey of Family Growth; NSFG)에서 미국 남성의 약 6%, 그리고 여성의 약 11%가 자신은 동성과 성행위를 한 경험이 있다고 답하였다(Mosher 등, 2005). 그러나 표 10.1에서 볼 수 있듯이, 남성 중 단지 2.3%만이, 그리고 여성 중 약 1.3%만이 자신을 동성애자로 간주한다. 같은 표에서 대부분의 응답자는 자신을 이성애자로 여기고 있었다. 몇몇 응답자는 자신을 양성애자로, 그리고 극소수의 사람들은 자신을 또 다른 범주의 사람으로 여기고 있었다. 또

표 10.1

18세에서 44세 사이의 응답자를 대상으로 한 미국 NSFG에 따른 성적 성향의 자가 진단

	이성애 성향	동성애 성향	양성애 성향	기타	무응답
남성 (%)	90	2.3	1.8	3.9	1.8
여성 (%)	90	1.3	2.8	3.8	1.8

출처: W. D., Mosher, A. Chandra, and J. Jones. (2005). Sexual behavior and selected health measures: Men and women 15-4 years of age, United States, 2002. Advance data from *Vital and Health Statistics*, no. 362. Hyattsville, MD: National Center for Health Statistics.

한 일부 사람들은 응답에 응하지 않아 그 해석이 쉽지 않다. 어쨌든 약 90%의 남녀가 자신을 이성애자로 인식하고 있다. 결국, 전체 인구의 2%에서 10% 이내의 사람들이 게이 혹은 레즈비언일 것으로 추산된다(Martins 등, 2005).

조사결과에 영향을 미칠 수 있는 요소들에 주목하자.

- 설문 문구의 표현 방식(예를 들어, 성적 정체성, 성행위 혹은 성적 이끌림을 어떻게 바라보는가? 그리고 그렇게 생각한 기간은 어떠한가?).
- 공개적인 행동에 대해 그 사회가 바라보는 관점.
- 조사자의 성별.
- 질문의 형식, 즉 대면 조사인가, 전화 조사인가, 아니면 서면 조사인가.
- 응답자, 즉 연구 지원자에게서 발생할 수 있는 편견.

킨제이 연속선에 대한 이의 제기 킨제이는 성적 성향에 대해 하나의 연속선을 산정하고, 배타적인 이성애적 성적 성향 및 동성애적 성적 성향은 각각 그 연속선상의 양 말단에 존재한다고 가정하였다. 그러므로 이성애적 성적 성향이 강하면 강할수록 동성애적 성적 성향은 약하며, 그 반대도 마찬가지다. 이성애자의 성적 성향과 동성애자의 성적 성향을 한 연속선의 양 말단에 두고 평가한 킨제이는 여성성이 강할수록 남성성이 약하며, 그 반대도 마찬가지라고 보았다. 이는 여성성과 남성성을 한 연속선의 양 말단에 두고 한 개인의 여성성과 남성성을 평가한 고전적인 성역할 구분과 유사하다.

우리는 또한 여성성과 남성성을 개성의 영역과는 무관한 것으로 간주하는 경향이 있다. 그러나 사실, 성적 성향은 연속선의 양 말단에 존재하기보다는 독립영역에 존재할지 모른다. 최소한 여성에게는 말이다(Bogaert, 2006; Storms, 1980). 그림 10.2에서 제시하였듯이, 이성간의 성적 자극에 민감성을 보이는 독립영역과 동성 간의 성적 자극에 민감성을 보이는 독립영역이 분명히 존재한다. 이 모델에 의하면, 양성애는 두 영역에 모두 높은 민감도를 보이며, 반면 두 영역에서 모두 낮은 민감도를 나타내는 사람들은 기본적으로 성행위에 관심이 없는 사람으로 분류된다(Bogaert, 2006). 킨제이의 이론에서는, 양성애자를 이성애자에 비해 이성으로부터의 자극에는 민감도가 떨어지는 한편, 동성으로부터의 자극에는 더욱 민감하게 반응하는 사람으로 분류한다. 그러나 독립영역 모델에서는 이성애자만큼 이성으로부터의 자극에 민감하게 반응하면서도 또한 동성애자만큼 동성으로부터의 자극에도 민감하게 반응하는 양성애자를 설명할 수 있다.

연구자들은 독립영역 모델이 유효하게 적용될 수 있다면 그것은 여성에게만 국한된다는 사실을 발견하였다. 예를 들어, 립파와 아라드는 평균 연령 18세인 148명의 남성과 246명의 여성 학부생을 대상으로 개성 검사를 실시하였다(Lippa & Arad, 1997). 이 검사는 "남성다운" 태도, "여성스러운" 감정 표현, 그리고 그 이외에 외향성, 친절함, 성실성, 감정적 안정성, 새로운 것에 대한 개방성 등과 같은 특징을 측정하는 도구였다. 또한 남성 혹은 여성에 대한 성적 끌림, 성관계에 대한 감정적 헌신 정도, 성적 충동, 성적 환상 및 성적 자극에 대한 관심도와 같은 물음을 통해, 조사 대상자들의 성 행동과 태도를 조사하였다. 그리고 **요인분석**이라는 통계법을 이용하여 남성적 성 행동 및 태도로 특징지을 수 있는 4가지 요인과 여성적 성 행동 및 태도로 특징지을 수 있는 4가지 요인을 발견하였다(표 10.2). 그리고 이 연구는 기존 분석법에 중요한 한계가 존재함을 제시하였다. 남성의 성적 성향이 "양극성"을 보인다는 점에서는 킨제이 모델이 적합한 것으로 판명되었다. 즉 여성에게 성적 자극을 크게 받는 남성일수록 다른 남성에 대해서는 성적 자극을 받지 않으며, 그 반대도 마찬가지라는 점이다. 그러나 여성은 동성애적 요소와 이성애적 요소를 모두 가지고 있다. 즉, 여성은 남성에 의해 성적 자극을 받는지 여부가 다른 여성에 의해 성적 자극을 받는지 여부와 서로 연관되어 있지 않고 독립적일 수 있으며, 그 반대도 마찬가지다. 그러나 여타 개성을 판별하는 측정치와 성적 행동 및 태도와는 연관성이 거의 없었다.

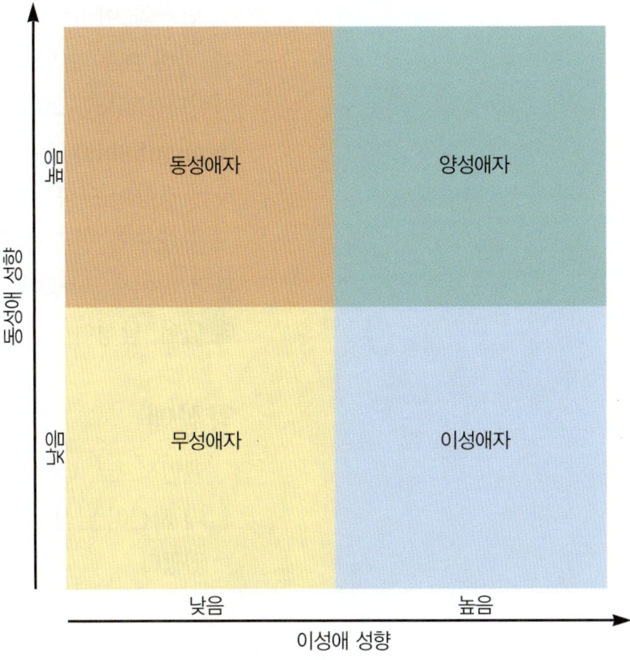

그림 10.2 독립영역에 따른 이성애와 동성애. 이 모델에 의하면, 이성애와 동성애는 각각 독립적인 영역에 있다. 그러므로 사람들은 이 두 개의 영역에서 동시에 높거나 혹은 동시에 낮은 경향성을 보일 수 있다. 대부분의 사람들은 한 개 영역에서 높은 경향성을 나타낸다. 양성애자는 두 개의 영역 모두에서 높은 성향을 나타낸다. 두 영역 모두에서 낮은 성향을 보이는 사람들은 *무성애자*로 간주된다.

치버스와 베일리는 다른 접근법을 이용하여 동일 주제를 연구하였으며, 그 결과는 립파와 아라드의 연구를 뒷받침하는 것 이었다(Chivers & Bailey, 2005). 치버스와 베일리는 시각적 남성 자극 및 여성 자극을 남성과 여성에게 각각 제공하였다. 그리고 피험자의 성적 흥분도를 스스로 보고하도록 하였을 뿐 아니라, 대상자의 성기 반응을 측정하였다. 남성 이성애자는 여성 자극에 대해서만 성기 반응을 보였으며, 남성동성애자는 남성 자극에 대해서만 성기 반응을 보였다. 남성들의 성기 반응은 그들의 응답 자료를 검토하지 않아도 될 정도로 분명한 것이었다. 그러나 여성의 경우, 이성애자든 동성애자든 남성 자극 및 여성 자극에 대해 모두 성적 흥분을 보였다.

표 10.2

남성적 혹은 여성적 성 행동 및 태도로 특징지을 수 있는 요인들

남성	여성
양극성 성적 성향	동성애적 성향
감정적 헌신	이성애적 성향
성욕	감정적 헌신
성적 환상	성욕

출처: "The structure of sexual orientation and its relation to masculinity, femininity, and gender diagnosticity: Different for men and women" by Richard Lippa and Sara Arad, *Sex Roles*, 1997, 37(3-), 187-08, with kind permission from Springer Science and Business Media.

립파와 아라드, 그리고 치버스와 베일리의 연구 결과는 여성의 성적 성향이 남성에 비해 매우 유연하며, 사회적 경험에 더욱 연관되어 있다는 다른 연구 결과들과 일치한다(Bailey, 2003a; Diamond, 2000, 2002, 2003a). 우리가 향후 **동성애 혐오증(homophobia)** 또는 동성애 증오에 대해 언급할 때, 남성이 여성에 비해 동성애를 혐오하는 경향이 크다는 사실을 알게 될 것이다. 동성애 혐오증은 "거친" 남성성에 대한 전통적인 태도와 연관되어 있다(Davies, 2004). 그러나 동성애 혐오에 대한 남성과 여성의 관념 차이는, 남성이 어떻게 다른 남성에 대해 성적 매력을 느낄 수 있는지를 이해하는 데 있어, 남성이성애자가 여성이성애자보다 힘들어 하는 일부 원인이 될 수 있다.

양성애

개인적으로, 나는 남성이나 여성 어느 한 쪽에게 더 강한 매력을 느껴 본 적이 없다. 나는 나 자신이 남성동성애자임을 확신했었다. 그러나 그것이 전부가 아니라는 사실 또한 알고 있었다.

(—한 여성과 사랑에 빠졌으며, 이후 자신의 남성 동거자와 성관계를 가진 노스캐롤라이나 주 출신의 29세 사회복지사)*

남성 혹은 여성으로 내 자신을 한정하여 생각해보진 않았어요. 누군가 나에 대해 관심이 있고 저 또한 우리 둘이 서로 잘 맞는다고 느낀다면, 그것으로 좋은 것이지요. 내가 알기론 다른 많은 사람들도 저처럼 느끼는 것 같아요. 누군가 "어제 밤에 둘이서 무슨 일이 있었던 거야?"라고 묻는다면, 충분히 있을 수 있는 일이 있었다고 말하겠어요.

(—22세 정치학 전공 학생)*

딸아이는 마침내 감추고 있던 진실을 밝혔다. "엄마, 한 소녀가 저기 있어. 그리고 그 소녀는 엄마가 보았던 최고로 멋진 여자아이야." 내가 말했다. "너는 그 소녀만을 위해 존재하니?" 딸아이는 말하였다. "아니, 소녀만은 아니야. 나는 또한 정말 잘 생긴 사내아이가 있음을 또한 알 수 있어."

(—다른 양성애자를 만나기 위해 사이버 채팅 게시판을 이용하는 한 19세 여성의 어머니)*

양성애자는 남성과 여성 모두에게 성적으로 끌리는 사람들이다. 양성애자는 종종 "swing both ways"라고 불리거나 또는 (교류와 직류처럼) "A/C–D/C"라고 불린다. 그러나 많은 양성애자들은 두 성 중 한쪽 성에 어느 정도는 더 강하게 끌린다. 실제로 바인리히와 클라인은 양성애자를 "반동성애자(bi-gay)", "반이성애자(bi-straight)", 그리고 "온양성애자(bi-bi)"로 세분하였다(Weinrich and Klein, 2002). 즉 반동성애자는 동성에게 좀 더 강하게 끌리는 사람들을 말하고, 반이성애자는 이성에게 좀 더 강하게 끌리는 사람을 말하며, 온양성애자는 이성과 동성에게 동일한 정도로 끌리는 사람을 말한다. 양성애를 정의하는 기준에 따라 차이가 있겠지만 전체 인구의 약 1~4%는 양성애자다. NHSLS 보고에서 전체 인구의 약 1%(남성 0.8%, 여성 0.9%)가 양성애적 **성정체성**을 가지고 있는 것으로 나타났다(Laumann 등, 1994). 그러나 약 4%는 남녀 모두에게 성적으

동성애 혐오증(homophobia) 동성애자를 향한 부정적인 태도 및 감정의 총체. 동성애자를 편협한 시각으로 바라보거나, 증오하고, 공포감을 느끼는 등의 모든 것을 포함.

* 세 개의 별표 인용은 가브리엘 자료에서 인용하였음 (Gabriel, 1995).

로 끌린다고 답하였다.

양성애자라는 주장은 자신이 동성애자임을 부정하기 위해 사용하는 "책임회피"에 불과한 것이라고 일부 동성애자 및 이성애자들은 믿고 있다. 배우자를 떠나야 하는 것에 혹은 "커밍아웃"(coming out; 자신의 동성애적 성향을 공식적으로 밝히는 것)해야 하는 것에 두려움을 느껴 양성애자라 주장한다고 생각한다. 또한 일부 사람들은 양성애란 이성애자가 자신의 동성과 성적 실험을 하는 것에 불과하다고 주장한다. 600명이 넘는 대학생을 대상으로 한 설문조사에 따르면, 이성애자나 동성애자 모두 **양성애 혐오증(biphobia)** 혹은 양성애에 대해 증오심을 가지고 있는 것으로 밝혀졌다(Mulick & Wright, 2002).

그러나 양성애자는 실질적으로 양성 모두에게 성적 관심을 유지하며 성관계를 형성할 수 있다고 많은 양성애자와 연구자들은 공언한다. 즉, 양성애가 단순히 동성애적 성향을 감추기 위한 수단이 아닌, 그 자체로 독립적인 고유의 성적 성향이라고 주장한다(Brown, 2002; Weinrich & Klein, 2002).

일부 양성애자들은 자신의 양성애적 성향을 만족시킬 수 있는 생활양식을 채택하여 살아간다. 이성애자들이나 동성애자들의 시선을 의식하는 양성애자들은 이성애자로서의 삶, 혹은 동성애자로서의 삶을 채택한다(Edser & Shea, 2002). 어떤 양성애자들은 이성애적 생활방식을 채택함으로써 자신의 동성애적 성적 성향을 감춘다. 즉, 그들은 이성과 결혼하고 동성과는 은밀한 정사를 나눈다.

많은 양성애자 남성들은 결혼과 같은 유형의 보편적인 이성애적 삶을 영위함으로써 비교적 편안한 심적 안정을 느끼는 것으로 보인다. 킨제이 지표에서 양성애자로 판명된 20명의 기혼 동성애자 남성들을 대상으로 한 심층연구에서, 그들은 불안감, 약간의 죄책감, 그리고 상실감 등을 느끼기도 하지만, 궁극적으로는 그리 높은 수준의 스트레스를 받지는 않는 것으로 나타났다(Edser & Shea, 2002). 대체로 남성양성애자는 정신적으로 안정되어 있으며, 결혼생활도 "대체적으로 좋다"고 말한다. 이에 연구자들은 남성양성애자가 여성과 오랜 관계를 형성하는 것이 "실행 가능한 선택사항"이라고 결론 내렸다. 이 연구에서 연구자들은 성인군자와 같은 입장을 취하지는 않았다. 즉, 남성양성애자들이 여성과 적절한 성관계를 추구해야만 한다고 제안하지는 않은 것이다. 단지 그런 관계가 있을 수 있다는 점만을 지적하였다.

10.2 남성동성애자와 여성동성애자의 성적 성향을 보는 시각

남성동성애자 및 여성동성애자의 성적 성향은 역사를 통해 존재해 왔으며, 그들을 바라보는 사회적 시선은 매우 다양하였다. 어떤 사회에서는 매우 관대했으며, 심지어는 공식적으로 인정하였다. 그러나 대부분의 사회에서는 비판받았다. 이번 절에서는 남녀동성애자에 대한 역사적 관점을 고찰하고, 그들의 성적 성향을 바라보는 여러 시각에 대해 살펴보겠다.

양성애 혐오증(biphobia) 양성애자를 향한 부정적인 태도 및 감정의 총체. 양성애자를 편협한 시각으로 바라보거나, 증오하고, 공포감을 느끼는 등의 모든 것을 포함.

민족성과 성적 성향: 소속감의 문제

동성애자들은 악의적인 사회적 차별과 무분별하게 던져지는 언행에 종종 고통받는다. 남녀 동성애자의 성적 성향은 최근에 와서야 공론화되었으며, 많은 젊은이들은 사회적 편견으로 인해 동성애를 올바로 이해하는데 어려움을 느낀다. 미국 내에서 소수 민족 구성원으로서 사회적 편견과 차별을 경험한 사람들은 동성애자의 성적 성향에 대해 좀 더 관대한 입장에 서 있을 것이라고 생각할런지 모르겠다.

사실인가 아니면 허구인가 2: 그러나 미국 내 소수 민족 그룹들은 유럽계 미국인들에 비해 동성애에 대해 좀 더 적대적인 경향을 보인다(Chisholm & Greene, 2008; Herek & Gonzalez-Rivera, 2006).

그린은 소수 민족의 구성원으로 동성애자가 된 사람들의 경험을 조사하였다(Green, 2005). 그녀는 미국 내에서 민족 그룹을 일반화하는 것이 여의치 않다고 강조한다. 예를 들어, 아프리카계 미국인들은 자신의 문화적 기원을 서아프리카의 종족에서 찾고 있지만, 그들은 또한 기독교에 영향을 받았으며, 거주하고 있는 북아메리카 지역 및 도시의 국소적 하위문화에도 영향을 받았다. 그리고 북미 원주민들은 수백 개의 종족으로 구성되어 있으며, 그만큼의 언어와 문화를 가진다. 어쨌든 전반적으로 미국 내 소수 민족 집단에서 동성애적 성향은 거부되고 있다. 동성애자들은 자신의 성적 성향을 비밀에 부치도록 압력을 받거나, 혹은 특별한 제제 없이 공개적으로 자신의 삶을 영유할 수 있는 곳을 찾아 공동체를 떠나도록 강요받는다.

전통적인 라틴계 미국인 문화권에서 가족은 사회의 기본 단위이다. 남성은 가정을 보호하고 부양해야 하며 여성은 남성에게 순종하고 존경하며, 공손해야 한다고 생각한다. 여성들은 결혼하기 전까지 처녀성을 지켜야 하므로 남성들은 종종 남성 간 성행위를 행한다. 그러나 자신이 동성애자라고 간주하지는 않는다(Barrett 등, 2005). 그리고 라틴계 미국인 문화권은 종종 여성의 성욕을 부정한다. 그러므로 자신을 동성애자로 밝힌 여성은 동성애자라는 이유만으로, 그리고 자신의 성적 성향을 타인에게 공개했다는 이유로, 이중 비난 받는다. 또한 여성동성애자는 (남성으로부터) 독립적인 성향이 강하며, 그 결과 남성 우월주의적 전통에 위협이 될 수 있다고 대부분의 라틴계 미국인 이성애자들은 생각한다(Barrett 등, 2005).

아시아계 미국인 문화권은 어른에 대한 존경, 부모에 대한 복종, 그리고 남녀 성역할의 정확한 구분을 강조한다(Kumashiro, 2004). 가족 내에서 성에 대한 주제를 언급하는 것은 일반적으로 금기시 된다. 아시아계 미국인들도 라틴계 미국인들과 마찬가지로 여성의 성은 그다지 중요하지 않다고 예단하는 경향이 있다. 또한 여성은 남성보다 중요하지 않다고 생각한다. 공개적으로 동성애적 성향을 받아들이는 것은 전통적인 문화 역할을 거부하는 것으로, 그리고 가계의 정통에 위협이 되는 것으로 간주된다(Collins, 2004).

역사적 관점

동성애만큼 서구문화권에서 널리 비판받아 온 성적 관습도 없을 것이다. 그러나 언제나 그랬던 것은 아니다. 예를 들어, 고대 그리스의 상류계급 남성들은 종종 턱수염이 막 나기 시작한 연령의 소년들과 성관계를 가졌다. 연상의 남성이 자신의 성기를 소년의 양 허벅지 사이에 삽입하고(항문이 아님), 사정할 때까지 마찰하는 방식의 성행위 모습을 그리스 꽃병에서 쉽게 확인할 수 있다.

몇 세기 후, 로마서에는 현란한 머리단장과 몸치장을 하고 대담하게 차려입은 매우 여성스러운 남성동성애자들이 배우자를 찾아 이웃을 배회하는 장면이 묘사되어 있다. 사도바울은 이러한 현상을 로마 타락의 주요 징후라고 설교하였고, 기독교회는 동성애에 대한 매우 부정적인 태도를 취했을 것으로 추정된다.

15세기 기독교 도시였던 플로렌스에는 "소더마이트(sodomites)"들이 많기로 평판이 자자했다. (유대교와 기독교에서는 전통적으로 남성 간 성교를 소돔의 죄악으로 여겨왔다. 따라서 소더미(*sodomy*)라는 단어의 어원은 보통 항문성교를 암시하며, 또한 종종 구강-성기 접촉을 의미한다. 창세기에 따르면, 소돔(Sodom)이라는 도시는 신에 의해 파괴

민족성과 성적 성향. 민족성에 따라 남성동성애자나 여성동성애자가 겪는 경험은 다를 수 있다. 예를 들어, 전통적인 라틴계 미국인 문화권에서는 성 역할의 차이를 강조한다. 즉, 남성은 가족을 지키고 부양해야만 하며, 여성은 남성에게 복종해야 하고, 존경해야 하며, 공손해야 한다. 또한 라틴계 미국인 문화권에서는 여성의 성을 부정한다. 그러므로 라틴계 미국인 여성동성애자는 다양한 관점-동성애자라는 이유로, 타인에게 자신의 성적 성향을 표출했다는 이유로, 그리고 남성에게 독립적이라는 이유로-에서 비판받는다. 여성동성애자는 전통적인 남성우월주의에 위협을 가한다고 여겨진다.

이와 같은 이유로 인해 아시아계 미국인 대학생들이 유럽계 미국인 대학생들에 비해 좀 더 동성애에 대해 혐오감을 나타내는 것은 그리 놀랄만한 일이 아니다.

많은 아프리카계 미국인 남성들은 자신의 직업을 찾는데 어려움을 겪고 있기 때문에, 아프리카계 미국인들의 성 역할은 유럽계 미국인이나 여타 소수민족 그룹에서 생각하는 것 보다 좀 더 유연하다(Chisholm & Greene, 2008). 그럼에도 불구하고 아프리카계 미국인 사회는 동성애자들을 강하게 거부하며, 그들의 성적 성향을 비밀에 부치도록 강요한다. 그린은 아프리카계 미국인들이 동성애자들에게 보이는 적대감에 영향을 미치는 몇 가지 요소들을 가정하였다(Green, 2000). 하나는 기독교와 성서에 대한 충성이다. 그리고 다른 하나는 '아프리카계 미국인은 성적으로 매우 항진되어 있다'는 미국 내 주도 문화권이 심어놓은 전형화를 내면화한 결과이다. 즉, 많은 아프리카계 미국인들은 자신이 성적으로 "정상적"이라는 사실을 주장하고 싶어 한다.

유럽 식민 하에 놓이기 전까지 북미 원주민들에게 있어 성은 공개적으로 논의되어야 할 사항이 아니었다. 그러나 성은 인생의 자연스러운 한 부분으로 여겨졌다. 전통적인 남성성과 여성성을 통합할 줄 아는 사람을 자연스럽게 받아들였을 뿐 아니라 심지어 존경하였다. 그러나 식민지배하에 강요된 종교(기독교)적 영향으로 인해 북미 원주민들은 동성애를 거부하게 되었고, 그 결과 동성애자는 공동체(인디언보호구역)를 떠나 대도시로 이주할 것을 강요받게 되었다(Adams & Phillips, 2006; Balsam 등, 2004). 그러므로 북미 원주민 동성애자들은 아시아계 미국인 동성애자들과 마찬가지로 가족으로부터도 버림받는 이중의 고통을 받게 되었다.

만약 일반화가 가능하다면, 동성애자들은 자신의 민족 공동체 보다는 동성애자 공동체에 더 높은 소속감을 느낄 것이다.

되었다. 그러나 어떤 행동이 신의 분노를 야기했는지에 대해서는 불분명하다. 그럼에도 불구하고 교황 그레고리 3세는 8세기 그의 성서 해석에서 소돔의 멸망이 동성 간 성교를 즐기는 사람들의 성행위에 대한 신의 벌이라고 확신하였다.) 플로렌스에서 소더미는 매우 일반적이었고, 또한 (이론상으로는) 정치세력에게는 매우 불안감을 안겨주는 존재였기 때문에, 플로렌스는 1432년 "밤의 사무소(Office of the Night)"를 개설하고 대중들에게 익명으로 소더미들을 고발할 수 있도록 하였다. 70년 동안 사무소가 운영되었고, 약 1만 7천명의 남성들이 소더마이트 혐의로 조사를 받았으며, 이 수는 플로렌스 남성 인구의 약 절반에 해당한다! 그러나 실질적으로 유죄 판결을 받은 남성은 3천 명 미만이었으며, 이들은 투옥되기보다는 벌금형을 무는 수준에서 마무리되었다(Bailey, 2003b).

레위기(역주: 이스라엘인의 종교의식, 예절, 일상생활 속에 지켜야 할 율법을 기록한 책)에는 소더마이트에 대한 비난이 분명히 기술되어 있다.

> 누구든지 연인과 동침하듯 남자와 동침하면, 그 둘 다 가증할 일을 행함인 즉 반드시 죽일지니 그들의 피가 자기에게로 돌아가리라. (레위기 20:13)

초기 기독교에서 죄악으로 간주했던 성행위는 동성애만이 아니었다. 생식을 목적으로 하지 않는 어떤 성행위도 죄악으로 간주되었으며, 이는 결혼한 커플들도 예외가 아니었다. 로마제국의 패망과 함께 기독교의 영향력은 서유럽 전체로 뻗어나갔으며, 기독교인들의 믿음은 결국 세속적인 법으로 제정되기에 이르렀다. 중세 후반기까지 서유럽의 대부분 도시법령은 생식을 목적으로 하지 않는 모든 성행위, 즉 정액을 버리는 모든 행위, 예를 들어 구강성교, 항문성교, 자위행위, 남성 간 성교, 그리고 수간에 대한 처벌규정을 담고 있었다. 대부분의 유대교 및 기독교 종파에서, 그리고 이슬람교에서 남성 간 혹은 여성 간 성행위는 지속적으로 비난받아왔다.

이러한 종교적 전통에 근거하여 미국의 법 체제는 남성 간 혹은 여성 간 성교에서 흔히 이루어지는 성행위인 항문성교나 구강성교에 대해 형사 처벌을 하도록 규정하고 있다. 그러나 동성 간 성교를 규제하는 대부분의 법률 조항은 남성에게 방향이 맞춰져 있다.

문화적 관점

유사 이전, 남성 간 성행위는 많은 문화권에서 일반적으로 행해졌다. 포드와 비치는 76개 유사 이전 사회의 문헌을 조사한 결과, 약 64%에 해당하는 49개의 사회에서 남성 간 성관계가 정상적인 것으로, 그리고 일부 공동체에서는 사회적으로 받아들여질 수 있는 행위로 간주되었다. 약 36%에 해당하는 27개 사회에서는 남성 간 성행위에 대해 제제를 가하였다. 그럼에도 불구하고, 남성 간 성행위는 지속되었다(Ford and Beach, 1951). 한편, 70개의 비유럽권 사회를 조사한 다른 문화비교 고찰에서 브로드와 그린은 조사한 41%의 사회에서 남성 간 성행위가 행해지기는 하였으나, 일반적인 현상은 아니었으며, 나머지 59% 사회에서는 남성 간 성행위가 전혀 존재하지 않았거나 거의 행해지지 않았다고 파악하였다(Broude & Greene, 1976). 그들은 또한 자료가 현존하는 42개 사회 중 41%에서 남성 간 성행위를 사회적으로 용인하지 않았으며, 처벌을 가하였다는 증거를 발견하였다.

일부 문화권에서는 성인식을 치르기 위한 종교의식의 일부로 남성 간 성행위가 제한적으로 행해졌다. 일부 유사 이전 사회에서 정액은 정력과 활력을 증강시키는 것으로 믿어졌다. 그래서 연상의 남성은 구강성교나 항문성교를 통해 연하의 남성에게 정액을 전하였다. 예를 들어, 삼비아 종족은 식인풍습이 행해지던 뉴기니의 호전적인 종족이었다. 7~10세 사이의 삼비아족 소년들은 부모의 품을 떠나 또래 소년들이나 선배들과 함께 모여 생활하였는데, 그곳에서 아이들은 성적 통과 의례를 치르게 된다. (사람)사냥꾼으로서의 용맹한 남성성을 획득하기 위해 소년들은 연상의 남성에게 펠라티오를 해야 하며, 정액을 먹어야 한다(Bailey, 2003b). 그들은 마치 엄마의 젖을 빨듯이 될 수 있는 대로 많은 양의 정액을 먹도록 부추겨졌다. 정액을 먹는 행위가 사춘기로의 성장으로 여겨졌던 것이다. 사춘기를 거치면, 청소년들은 다른 소년들에게 펠라티오를 받는다. 그러나 10대 후반이나 20대 초반에 신부를 맞이하게 되면, 이후 그들은 배타적인 남성-여성 성적 관계로 돌입니다.

삼비아 문화의 이와 같은 관습은 남성의 성적 성향이 유동적이며 가변적이라는 것을 짐작케 한다. 그러나 관습은 행위일 뿐, 성적 성향을 의미하지는 않는다. 삼비아 종족 내에서 행해진 남성 간 성행위는 서양 사회에서 일반적으로 행해지는 남성 간 성행위와 거의 닮은 점이 없다. 다만, 문화적 맥락에서의 행위일 뿐이다. 삼비아 소년들은 정사를 위해 남성 배우자를 찾아 나선 것이 아니다. 단지 자신의 보금자리에서 쫓겨나 연상의 남성과 성행위를 하도록 강요받았을 뿐이다.

비서양권 문화에서 여성 간 성행위에 대해 알려진 사실은 거의 없다. 포드와 비치는 76개 사회를 조사하였으며, 단지 17개 사회에서 여성간 성행위 증거를 일부 발견하였을 뿐이다. 이는 대부분의 문화권에서 여성의 성행위 자체가 보편적으로 억압된 결과라고 포드와 비치는 추론하였다. 결론적으로 여성은 동성 간 성관계를 갖거나 성적 유희를 발전시키지 않는 경향이 크다. 그 이유가 어쨌든 간에 여러 문화권에서 발견된 증거들은 현재 서양 사회의 문화와 일치한다. 즉 남성은 여성에 비해, 동성과 성적 관계를 형성하고 성적 유희를 즐기는 경향이 크다는 사실이다.

종의 관점

최소한 450개의 동물 종에서 동성끼리의 성행위가 이루어진다는 증거를 생물학자들은 세계 여러 곳에서 발견하여왔다(Hird, 2006). 결코 보기 드문 현상이 아니다.

한편, 동물에게서 관찰되는 행동이 항상 우리가 기대하는 의미와 일치하지는 것은 아니다. 수컷 개코원숭이는 자신의 엉덩이를 상대 수컷에게 보여주며, 상대 수컷 원숭이가 올라타는 것을 허락한다. 이 행동은 남성동성애자 사이의 항문성교와 닮아있다. 그러나 이 행동이 과연 성적 동기에서 유발되었을까? 수컷 개코원숭이들 사이에서 관찰되는 올라타는 행동은 서열이 낮은 수컷이 복종적인(암컷다운) 자세를 취함으로써 상대적으로 서열이 높은 다른 수컷으로부터의 공격을 피하기 위한 의례적인 서열표시다(우월한 위치에 있는 남성 수감자가 그렇지 못한 남성 수감자에게 항문성교를 강요하는 예에서 볼 수 있듯이, 일부 남성들의 성적 행동에서 서열경쟁의 유형을 인간에게서도 찾아볼 수 있다). 서열이 높은 수컷 개코원숭이로부터 자신을 보호하거나, 호혜를 구하는 행위의 한 형태인 것이다. 어린 개코원숭이 사이에서 관찰되는 수컷들의 행동 또한 놀이의 한 형태이다. 암컷 개코원숭이 역시 다른 암컷을 올라타는 행동을 한다. 그러나 이 또한 인간에게서 행해지는 동기와는 거리가 멀다.

모두 그런 것은 아니겠지만, 수컷끼리의 혹은 암컷끼리의 유사 성행위가 성적 동기에서 유발된 것으로 보이는 경우도 있다. 어린 수컷 오랑우탄 사이에서 관찰되는 펠라티오나 사정에 이르는 항문성교가 이에 해당한다. 암컷 성체 고릴라는 다른 암컷과 유사 성행위를 행하기도 한다.

생물학적 관점

생물학적 관점은 성적 성향을 형성하는데 기여하는 진화론적, 유전적, 그리고 호르몬의 영향에 초점을 맞추고자 한다.

진화론적 관점 진화론자들이 남성동성애자나 여성동성애자의 성적 성향을 설명하기 위해 노력하는 것이 이상해 보일지 모르겠다. 결론적으로 남성동성애자와 여성동성애자는 이성과 성관계를 맺는데 동기부여가 되지 않는 사람들이다. 그러면 과연 그들의 성적 성향은 진화론적으로 어떤 장점을 가지고 있는가?

이 질문에 답하기 위해 우리는 동성애자를 개인적으로 고찰하는 접근법보다 집단이나 종(species)의 관점에서 접근하는 관점을 가져야 한다. 커그페트릭은 남성 간 혹은 여성 간 성행위가 상호 이타심에서 기인한 개체의 선택이라고 제안하였다(Kirkpatrick, 2000). 즉, 강력한 남성-남성 연대 및 여성-여성 연대가 그들이 몸담고 있는 구성원들을 감성적으로 더욱 결속시킴으로써 집단 생존에 이익이 된다는 주장이다. 그러나 이 가설은 지극히 추측성 주장에 머물러 있다.

한편, 동성애자의 가계도와 이성애자의 가계도를 비교 · 조사한 연구에서, 모계측이 동성애와 연관되어 있는 여성의 경우에는 통계적으로 유의하게 높은 생식력을 보인다는 사실이 밝혀졌다(Iemmola & Ciani, 2009). 한편, 부계의 경우 동성애와 생식력 사이에는 상관관계가 없는 것으로 밝혀졌다. 이러한 연구 결과는 동성애와 관련된 유전적 요소가 X 성염색체에 연관되어 있으며, 남성의 동성애적 성향에 영향을 미칠 가능성을 제시한다. 그리고 이 유전적 요인은 자연선택에 의해 제거되지 않는다. 왜냐하면 해당 유전 요인을 함유한 여성들이 높은 생식력을 가지기 때문이다. 즉, 남성동성애자를 출산한 여성들은 분명 더 많은 자식들을 낳을 것이고, 그럼으로써 남성동성애자들의 저조한 생식력을 보완하기 때문이다.

유전, 뇌 그리고 성적 성향 남성동성애자와 여성동성애자의 성적 성향이 유전된다는 많은 증거들이 있다(Dawood 등, 2009). 쌍둥이 연구는 동성애의 유전 가능성을 밝혀주었다(Bailey, 2003b). **일란성 쌍둥이(monozygotic [MZ] twin)**는 단일 수정란으로부터 발생하며 그들의 유전적 특성은 100% 동일하다. **이란성 쌍둥이(dizygotic [DZ] twin)**는 두 개의 수정란으로부터 발생한다. 다른 형제 · 자매처럼 이란성 쌍둥이는 단지 50%의 유전적 특성만을 공유한다. 그러므로 만약 남성동성애자나 여성동성애자의 성적 성향이 유전된다면, 일란성 쌍둥이가 동성애자가 될 확률은 이란성 쌍둥이와 비교하여 약 2배 정도 높게 나타나야 한다. 일란성 쌍둥이나 이란성 쌍둥이는 함께 보육되며, 동일한 환경적 영향을 받기 때문에, 쌍둥이 개개인에게 나타나는 특정 기질의 **유사도(concordance)**는 유전에 기인한 것이라고 예견할 수 있다. 따라서 일란성 쌍둥이 형제나 이란성 쌍둥이 형제를 둔 남성동성애자를 대상으로 쌍둥이 아들들이 얼마만큼 동성애적 성향을 보이는지 알아보기 위한 연구가 진행되어 왔다. 가장 신중하게 수행된 쌍둥이 연구에 따르면, 이란성 쌍둥이는 약 22%, 그리고 입양된 이란성 쌍둥이 형제의 경우에는 겨우 11%가 동성애적 성향에 대한 "유사성"을 보였다. 반면, 일란성 쌍둥이는 약 52%가 유사성을 나타냈다(Bailey, 2003a; Bailey & Pillard, 1991). 일란성 쌍둥이는 이란성 쌍둥이에 비해 같은 옷을 입히며, 동일하게 대우받는다는 사실을 염두에 두어야 한다. 즉, 일란성 쌍둥이가 동성애적 성향에 높은 유사성을 나타내는 것은 어느 정도 환경적 요인에 영향을 받았을 가능성도 배제할 수 없는 것이다(Kendler 등, 2000).

연구자들은 X 성염색체가 남성의 동성애적 성향과 연관되어 있다는 사실을 발견하였다(Bailey 등, 1999). 114명의 남성동성애자를 대상으로 한 연구에 따르면, 일반인구집단에서 동성애적 성향을 보이는 남성이 있을 확률과 비교하여, 남성동성애자의 가계 중 모계 친족 중에 동성애자가 있을 확률이 더 높았다(Hamer 등, 1993). 그러나 동성애자의 부계 친족들이 남성동성애자일 확률은 일반 인구집단에서의 확률과 비교하여 별반

일란성 쌍둥이[monozygotic (MZ) twin] 동일한 수정란에서 발생한 쌍둥이. 일란성 쌍생아.

이란성 쌍둥이[dizygotic (DZ) twin] 서로 다른 두 개의 수정란에서 발생한 쌍둥이. 이란성 쌍생아.

유사도(concordance) 일치도.

차이가 없다. 이와 같은 유전 양식은 어머니로부터 유전적 형질을 물려받는 혈우병처럼 X 성염색체와 연관되어 유전되는 유전 특징과 일치한다.

연구자들은 다음으로 쌍둥이를 제외한 40쌍의 남성동성애자 X 성염색체를 조사하였다. 그 결과 33쌍의 동성애자 X 성염색체 말단에서 동일한 DNA 서열을 발견하였다. 일반인구 집단에서 약 절반에 해당하는 남성들이 이 서열을 가질 것으로 예측된다. 따라서 X 염색체의 특정 영역에 남성의 동성애적 성향을 발현시키는 유전자가 포함되어 있을 것으로 기대하고 있다.

연구자들은 그들의 연구가 동성애적 기질과 연관된 유전자가 있을 것으로 기대되는 염색체의 한 구역을 확인했을 뿐이며, 성적 성향과 연관된 특정 유전자를 찾은 것은 아니라고 강조한다. 또한 해당 유전자들이 단독으로 작동하는지 혹은 다른 유전자와의 조합으로 성적 성향을 발현하게끔 하는지에 대해서도 알지 못한다고 강조한다. 아마도 남성동성애자의 성적 성향을 발달하게끔 하는 특정 유전자 혹은 유전자 조합이 존재하며, 이 유전자들이 뇌의 특정 부위를 활성화하는 특정 단백질의 발현을 지배하는 것으로 추측하고 있다. 한편 40쌍의 남성동성애자 중 7쌍은 해당 DNA 서열을 가지고 있지 않았다.

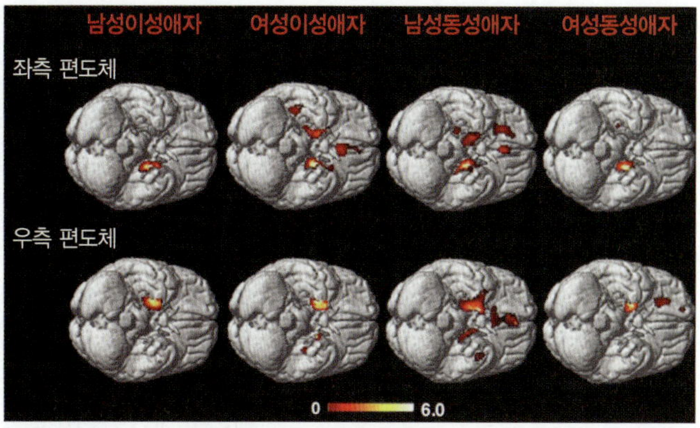

남성이성애자 여성이성애자 남성동성애자 여성동성애자

좌측 편도체

우측 편도체

0 6.0

그림 10.3 이성애자와 동성애자 편도체의 양성자 단층촬영 영상. 양성자 단층촬영 영상에서 남성동성애자와 여성이성애자의 편도체 혈류 흐름은 서로 유사하였다. 또한 여성동성애자와 남성이성애자의 편도체 혈류 흐름 역시 서로 비슷한 양상을 보였다.

출처: I. Savic, and P. Lindström. (2008). PET and MRI show differences in cerebral asymmetry and functional connectivity between homo-and heterosexual subjects. Published online on June 16, 2008. *Proceedings of the National Academy of Sciences*. USA. 10.1073/pnas.0801566105.

스위스의 연구자들은 이성애자와 구별되는 남녀동성애자들의 뇌 구역을 확인하기 위하여, 25명의 남성이성애자와 25명의 여성이성애자 그리고 각각 20명의 남녀동성애자, 총 90명의 뇌 MRI 촬영을 시행하였다(Savic & Lindstrom, 2008). 그 결과 남성이성애자와 여성동성애자의 양 대뇌반구가 약간 비대칭이라는 사실을 발견하였다. 즉, 우측 대뇌반구가 좌측에 비해 약간 컸다. 남성동성애자와 여성이성애자에게는 이러한 차이가 발견되지 않았다. 또한 연구자들은 외부 위험에 반응하여 감정을 조절하는 뇌 구역인 편도에서의 혈류량을 조사하였다. 그 결과 남성동성애자와 여성이성애자가 유사한 양상을 나타냈으며, 여성동성애자와 남성이성애자가 유사한 양상을 나타냈다(그림 10.3). 그러나 이와 같은 뇌의 형태학적 차이가 유전과 연관되어 있는지 혹은 자궁 내에서 노출된 테스토스테론과 같은 환경적 요인과 연관되어 있는지에 대해서는 아직 알 수 없다고 연구자들은 입을 모은다. 연구자들은 또한 그들이 발견한 뇌의 차이점이 성적 성향을 결정짓는다고는 속단할 수 없다는 의견에도 동의한다. 그러나 현 연구 단계에서 우리는, 동성애자의 뇌와 이성애자의 뇌가 어떠한 형태로건 차이점을 보이며, 이와 같은 현상이 그들의 성적 성향과 어느 정도는 연관되어 있을 가능성을 제시할 수 있다.

호르몬의 영향과 성적 성향 성 호르몬은 동물의 구애행동에 강력한 영향을 미친다(Crews, 1994). 이에 연구자들은 사람의 성적 성향을 결정짓는데 성 호르몬이 영향을 미칠 가능성을 밝히는데 노력해왔다.

테스토스테론은 남성의 성적 특징을 부여하는 주요 요소이다. 그러므로 혈액이나 소변 내 테스토스테론이나 그 부산물의 수치가 성적 성향에 영향을 미칠 가능성이 연구되어 왔다. 그러나 성인의 남성호르몬이나 여성호르몬의 수치가 성적 성향과 연관되어 있을 것이라는 가정을 증명하려는 모든 연구는 실패하였다(Friedman & Downey, 2001, 2008). 성인기 테스토스테론은 **활성효과(activating effect)**만을 갖는 것으로 보인다. 즉, 테스토스테론은 성욕을 강화하는데 영향을 미치기는 하나, 배우자로 동성을 선호하는가 혹은 이성을 선호하는가와는 관계가 없는 것으로 보인다(Aarts & van Honk, 2009; Yeh 등, 2009).

그렇다면 성호르몬이 출생 전에는 효과를 나타낼 수 있을까? 임신한 암컷 쥐에게 테스토스테론의 효과를 억제하기 위해 항안드로겐 약물을 투여하였다. 이 약물이 결정적 시기, 즉 태아의 뇌가 성적으로 분화하는 시기에 투여될 경우에는 수컷 자식들이 성체가 되었을 때 여성화된 성교 양태를 나타냈다(Ellis & Ames, 1987). 성체 수컷은 다른 수컷이 자신의 등에 올라타는 행위를 관용적으로 받아들인 반면, 자신은 다른 암컷의 등에 올라타지 못했다.

성호르몬의 출생 전 역할이 인간의 성적 성향을 결정하는데도 비슷하게 작용할까? 그럴 수 있다는 증거가 있다. 메이어-발버그와 연구진은 출생 전 합성 에스트로겐인 DES에 노출된 경력이 있는 여성들을 대상으로 설문조사를 하였다(Meyer-Bahlburg 등, 1995). 그 결과 DES에 노출되지 않은 여성들에 비해 DES에 노출된 경험이 있는 여성들이 동성애적 혹은 양성애적 성향을 높게 나타냈다. 동성애자의 성기는 그들의 성 염색체와 일치하도록 출생 전에 분화한다. 그러므로 출생 전 성호르몬의 불균형이 성기의 분화 방향과는 다른 방향으로 뇌를 분화시킬 수 있을 것이다(Collaer & Hines, 1995). 더욱이 다음 장에서 살펴보겠지만, 여성 편향 여성동성애자와 비교하여 남성 편향 여성동성애자는 생물학적으로도 어느 정도 차이점을 보인다.

비판적인 사고하기

어떤 사람들은 성적 성향이 선천적인 것이라고 믿는다. 그리고 어떤 사람들은 성적 성향은 개인의 선택을 반영한다고 믿는다. 성적 성향이 선천적이라고 믿는 사람들은 동성애에 대해 좀 더 관용적인 태도를 보이는데, 그 이유는 무엇일까?

뇌의 구조 남성이성애자의 뇌와 동성애자의 뇌는 구조적으로 다르다는 증거들이 제시되어 왔다. 캘리포니아 주의 라졸라에 위치한 솔크 연구소의 신경생물학자인 사이먼 리베이는 1991년 35명(19명은 남성동성애자였으며, 16명은 남성이성애자였다)의 에이즈 환자 사후 뇌를 부검하였다(Simon LeVay, 1991). 그 결과, 남성동성애자 시상하부 특정 부위(특히, 시상하부 전부의 세 번째 간질핵)의 크기가 남성이성애자와 비교하여 절반도 되지 않는다는 사실을 발견하였다. 이 부위를 다른 6명의 여성이성애자 뇌 조직과 비교하였을 때에는 남성이성애자가 여성이성애자보다 큰 것으로 나타났다. 하지만 여성이성애자와 남성동성애자의 뇌 조직을 비교하였을 때에는 크기 차이가 통계적으로 유의하지 않았다.

리베이의 발견은 매우 흥미로운 것이었으나, 예비적인 결과에 불과하다. 예를 들어, 우리는 리베이가 발견한 뇌의 구조적 차이가 선천적인지 여부를 알지 못한다. 그리고 생물학적 차이가 숙명적인 것인지에 대해서도 또한 확언할 수 없다.

성적 성향이 타고나는 것이며 선천적일 것이라는 믿음은 과학계나 일반 사회에서 많은 지지를 받고 있다. 그러나 뇌를 여성적인 방향 혹은 남성적인 방향으로 구조화하는데 출생 전 호르몬이 큰 역할을 할 수 있다는 가능성을 밝힌 많은 증거들은 거의 대부분 동물 연구에 기반한다. 사람을 대상으로 한 직접적인 증거는 없다. 우리는 다른 동물 종을 대상으로 획득한 결과를 우리 인간에게 일반화시키는데 반드시 신중해야 한다.

활성효과(activating effect) 성적 성향이 아닌 성적 충동의 수위에 영향을 미치는 성 호르몬의 효과.

정신학적 관점

정신분석학 이론과 학습이론은 성적 성향의 기원을 이해하는데 중요한 2가지 주요 정신학적 접근법을 제공한다.

정신분석학적 관점 정신분석학의 창시자인 지그문트 프로이트는 어린이의 경우 자연스럽게 모든 종류의 성적 자극을 받아들인다고 믿었다. 그러나 오이디푸스 콤플렉스의 적절한 극복을 통해 소년은 어머니와의 근친상간적 갈망을 포기함으로써 자신의 정체성을 아버지와 동일시한다고 주장하였다. 그 결과 어머니에 대한 소년의 성적 끌림은 좀 더 적절한 여성 배우자에게로 전환된다. 소녀는 엘렉트라 콤플렉스의 적절한 극복을 통해 자신의 정체성을 어머니와 동일시하게 되며, 성적으로 성숙하였을 때 남성으로부터의 성적 자극을 추구하게 된다.

프로이트의 관점에서 보았을 때, 남성동성애자와 여성동성애자의 성적 성향은 자신의 정체성을 아버지 혹은 어머니와 동일시하는 오이디푸스 콤플렉스를 성공적으로 극복하는데 실패한 결과이다. 남성에게 있어 오이디푸스 콤플렉스의 불완전한 극복은 소위 어머니와의 감정적 "친밀한 유대감", 그리고 아버지와의 "소원한 적대감"과 같은 고전적인 양식으로부터 비롯된 결과인 것 같다. 이와 같은 가정에서 성장한 소년은 자신의 정체성을 어머니와 동일시하게 되며, 결국 "자신의 성별정체성을 어머니와 일치시킨다"(Freud, 1922/1959, p. 40). 그 결과 소년은 여성화되며, 남성에게로의 성적 관심을 발전시킨다.

프로이트는 극복되지 못한 **거세불안(castration anxiety)**이 남성동성애자의 성적 성향 발달에 중요한 역할을 한다고 믿었다. 오이디푸스 콤플렉스가 효력을 발휘하는 시기까지 소년은 자신의 성기를 가지고 장난침으로써 성적 쾌락을 느낄 수 있다는 사실을 알게 된다. 소년은 환상 속에서, 이 성적 쾌락을 어머니에 대한 심적 이미지와 연계시킨다. 비슷한 시기에 소년은 여성에게는 남근이 없다는 사실을 배우게 된다. 정신분석학자들은 소년들이 성기를 가지고 놀면 남근이 제거될 수 있다는 경고를 성장 과정에서 듣게 된다는 이론을 제시하였다. 이 모든 과정을 통해 소년은 자신의 어머니를 포함한 모든 여성들이 한때는 남근을 가지고 있었으나 제거된 것이라고 추정하게 된다.

오이디푸스 콤플렉스의 진통 속에서 소년은 무의식적으로 자신의 아버지(어머니에 대한 사랑의 경쟁자)가 성적 쾌락을 가져다주는 자신의 성기를 제거함으로써 보복하려 한다는 공포감을 느끼게 된다. 이 공포심은 소년으로 하여금 어머니에 대한 자신의 성적 갈망을 포기하도록 하며, 잠재적인 경쟁자인 아버지에게 자신의 정체성을 동일시하게 한다. 그럼으로써 소년은 거세불안을 극복하고, 이성애자 성인으로서의 길을 걷게 된다.

만약 오이디푸스 콤플렉스를 성공적으로 극복하지 못하면 거세불안이 존속한다. 그 결과 성적으로 성숙하였을 때, 남성은 여성과의 성관계를 참아내지 못한다. 여성에게 성기가 없다는 사실이 남성의 내부에서 무의식적으로 거세불안을 일깨운다는 설명이다.

어린 소녀의 엘렉트라 콤플렉스는 약간 다른 길을 따르게 된다. 프로이트는 어린 소녀들이 자신에게는 없는 소년들의 성기에 질투심을 느낀다고 믿었다. 이 질투심은 자신의 해부학적 "결핍"을 가져다준 어머니에 대한 분개심을 일깨우며, 그 결과 성적 대상을 어머니로부터 아버지에게로 옮겨가게 한다는 주장이다. 그리고 자신이 가지지 못한 성기를 제공해줄 수 있는 아버지를 소유하고 싶어 한다. 이러한 근친상간적 갈망으로 인해

거세불안(castration anxiety) 남성은 자신의 성기가 제거될 수 있다는 공포감을 가지고 있다는 정신분석학적 이론. 거세불안은 오이디푸스 콤플렉스의 한 구성 요소이며, 성적 관심의 방향성을 결정하는 요인이 됨.

가까이서 보기

페르몬과 성적 성향

영화 '여인의 향기'에서 알파치노는 여인들을 그들의 향기로 인식하는 맹인을 연기한다. 이성을 특징지어주는 향기가 있을까? 만약 그렇다면 이와 같은 향기에 대한 반응성이 한 사람의 성적 성향을 나타내는데 어떤 역할을 하는 것일까?

이에 대한 일부 해답이 스웨덴 연구자들의 연구에 의해 제시되었다(Savic 등, 2005). 이들은 성적 흥분을 야기할 수 있는 화학물질에 노출되었을 때, 남성이성애자와 남성동성애자 사이에 서로 다른 반응이 일어난다는 사실을 양전자 단층촬영을 통해 확인하였다. 그리고 남성동성애자의 반응은 여성이성애자의 반응과 유사하였다(그림 10. 4 참조). 이 연구에서는 두 가지 화학물질에 대한 효과를 연구하였다. 하나는 남성의 땀에서 기원한 테스토스테론 유도체이고, 다른 하나는 여성의 소변에서 발견되는 에스트로겐 유사 화합물이다. 대부분의 화학물질들은 뇌의 특정 지역에 존재하는 신경세포를 활성화시켰다. 즉, 양성자 단층촬영을 통해 해당 지역으로의 혈류량 증가를 확인할 수 있으며, 그 지역이 "발화"되는 영상을 얻을 수 있었다. 에스트로겐 유사 화합물은 여성에게는 일상적인 후각자극에 반응하는 영역을 활성화시킨다. 그러나 남성 이성애자에게는 성적 행동과 연관된 뇌하수체 부위를 발화시킨다. 한편, 남성의 땀에서 추출한 화학물질은 정반대의 결과를 보였다. 즉 여성에게는 뇌하수체를 활성화시킨 반면, 남성에게는 일상적인 후각영역을 활성화시켰다. 동성에게 이 두 화학물질은 또 다른 냄새에 불과하였으나, 이성에게는 페르몬으로 작용한 것으로 해석할 수 있다. 그러나 이 화학물질에 대해 남성동성애자는 여성과 동일한 반응을 나타냈다. 즉, 그들의 시상하부는 남성의 땀에서 기원한 화학물질에 반응하여 발화하였다.

스웨덴 연구자들의 연구가 그 원인 및 효과를 밝힌 것이 아님은 염두에 두어야 한다. 이들이 제시한 결과물은 활동하고 있는 두뇌의 어느 한 시점을 포착한 스냅 사진이다. 뇌의 반응이 어떻게 전개될지에 대해서는 이 스냅 사진이 어떤 정보도 제공하지 못한다. 이성애자 및 동성애자 뇌의 활성 변이가 과연 그들의 성적 성향 차이의 원인이 될 수 있을까? 아니면 영향을 미칠 수는 있는 것일까? 만약 성적 성향이 유전적으로 영향을 받는 것이라면, 또는 태아기 및 사춘기에 노출된 호르몬에 의해 영향을 받는 것이라면, 뇌하수체의 해당 신경세포들이 성적 성향을 형성하는 고정 회로로 기능한다고 볼 수 있다. 역으로, 남성동성애자 및 남성이성애자의 이전 경험이 서로 다른 반응을 유도한다고 볼 수도 있다. 아무튼 위 연구 결과는 사람의 성적 반응에 대한 페르몬 역할의 중요성을 제시하였으며, 향후 연구를 위한 토대를 마련하였다.

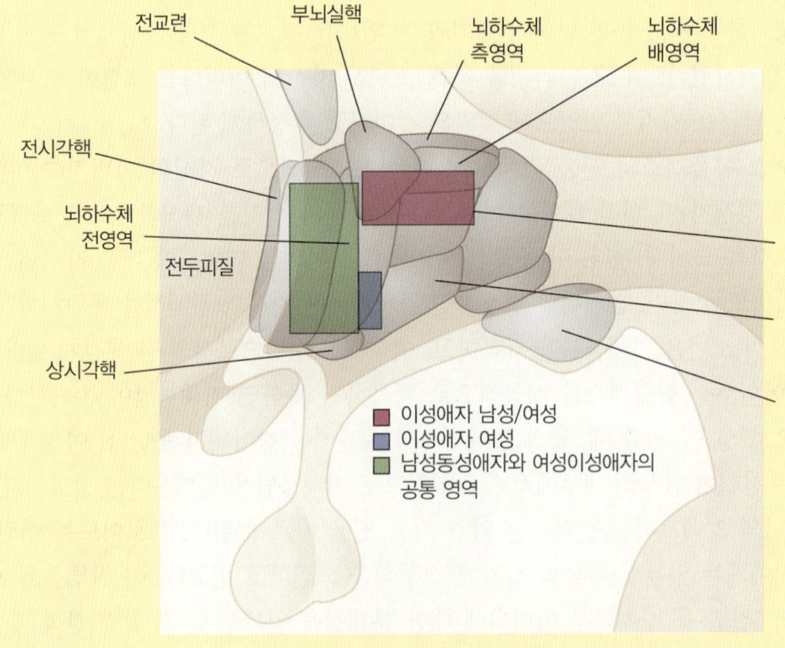

그림 10.4 무엇이 뇌하수체를 발화시키는가? 뇌하수체의 특정 영역은 남성이성애자가 여성의 소변에서 검출되는 에스트로겐 유사 화합물("에스트라테트라에놀")에 노출되었을 때, 여성이성애자가 안드로젠 유사 화합물("안드로스타디에논")에 노출되었을 때, 그리고 남성동성애자가 안드로스타디에논에 노출되었을 때 "발화"된다. 즉 남성동성애자의 뇌하수체는 여성이성애자와 유사하게 안드로스타디에논에 노출되었을 경우 반응한다.

출처: Adapted with permission from I. Savic, H. Berglund, and P. Lindström (2005). Brain response to putative pheromones in homosexual men. *Proceedings of the National Academy of Sciences*, Vol. 102, pp. 7356–361, p. 7539. Copyright © 2005 National Academy of Sciences, U.S.A.

소녀는 자신의 어머니와 경쟁 상태에 놓이게 된다. 그러나 이 갈망이 지속될 경우 어머니로부터 사랑을 받지 못한다는 공포심이 동기화되어 소녀들은 자연스럽게 그 갈망을 억제하고, 어머니와 동일한 정체성을 확립한다. 한편, 남근에 대한 여성의 유아적 갈망은 남성과 결혼하여 아이를 임신하고자 하는 갈망으로 대체된다. 자신의 다리 사이에서 출산되는 아이는 궁극적으로 남성의 성기를 대체하는 것이다.

프로이트의 이론이 지속적으로 공격받는 문제점은 거세불안이나 남근선망과 같은 많은 개념들이 무의식적 수준에서 작동한다고 믿는 것이다. 따라서 이 이론들은 과학적으로 관찰할 수 없으며, 측정이 불가능한 영역에 있다. 더욱이 성인의 관점에서 유아의 성을 바라본다는 유아 시기의 것은 성의 본질을 왜곡할 수 있다. 특히 자신의 이론을 뒷받침할 만한 무언가를 찾고자 분석가들이 동기화되었다면 더욱 그러하다(Friedman & Downey, 2001).

사실인가 아니면 허구인가 3

사실인가 아니면 허구인가 3: 그러므로 남성동성애자의 "거세불안"이 남녀 간 성교에 대한 지식으로부터 기원했다는 이론은 과학적으로 증명되지 못하였다. 더욱이 동성애자들의 성적 일탈이나 성적 성향은 모두 프로이트 이론이 제시되기 훨씬 이전부터 존재해 왔다.

학습이론 학습이론은 어린 시절의 경험이 성적 성향 형성에 중요한 역할을 한다는 프로이트의 관점에 동의한다. 그러나 학습이론은 무의식 영역에서의 갈등 극복에 주목하기보다는 초기 성적 행동 양식이 어떻게 강화되느냐에 더욱 주목한다. 그러므로 유아시절 동성과의 성적 경험이 성적 쾌락으로 연결되었다며, 동성과의 성적 활동을 지향하게 된다는 주장이다.

보통 청소년시기에 그러하듯, 만약 성적 동기가 매우 높은 상태이며 그 분출구가 동성과의 관계뿐이라면 청소년은 동성과 성적 경험을 하게 된다. 만약 이때 쾌락을 경험하고 이성과의 경험이 불쾌한 것으로 여겨진다면 전형적인 남녀동성애자 성적 성향이 발달하게 된다(Gagnon & Simon, 1973). 반대로, 동성과의 성적 접촉에서 고통이나 불안감 혹은 사회적 비난을 어린 시절에 마주할 수 있다. 이 경우 아이들은 동성에게서 느낄 수 있는 끌림을 억누르게 되며, 전형적인 이성애적 성적 성향을 발전시키게 된다.

학습이 남녀동성애자의 성적 성향을 발달시키는데 중요한 역할을 함에도 불구하고, 학습 이론자들은 아직까지 어떤 특정 학습경험이 이러한 성적 성향을 형성케 하는지는 파악하지 못하였다. 더욱이 동성과의 성적 경험이 있는, 심지어 쾌락을 경험했던 청소년이라 할지라도 성인이 되었을 때 동성애적 성적 성향을 갖지 않는 것이 대부분이다. 많은 이성애자 성인들이 청소년시기에 동성애적 경험을 하지만, 성인기 그들의 성적 성향에는 흔들림이 없다. 이는 어린 시절 이성과의 성적 관계를 부끄러워하며 머뭇거렸던 사람들에게도 마찬가지다. 더욱이 대부분의 남녀동성애자들은 동성과의 성행위가 즐거운 것인지 혹은 그렇지 못한 것인지 경험하기 이전부터 자신이 동성에게 성적으로 끌린다는 것을 알아차리게 된다(Savin-Williams & Diamond, 2000).

성별비순응

성별비순응이란 자신이 속한 문화권에서 해당 해부학적 성에 대해 기대하는 전형적인 성별역할과 부합하지 않는 방식으로 행동하는 것을 의미한다. 평균적으로 남성동성애자는 어느 정도 여성성을 띠는 경향이 있으며, 여성동성애자는 어느 정도 남성성을 띠는 경향이 있다. 그러나 사람들의 성향은 자신이 속한 그룹에 따라 상당한 변이를 나타낸다(Dawood 등, 2009; Rieger 등, 2008). 성별비순응은 어린 시절부터 시작된다. 이성애자와 비교하여 남녀동성애자는 어린 시절 이성의 전형적인 행동양식을 나타낸다(Green 2008; Lippa, 2008). 많은 남녀동성애자들은 자신이 또래 친구들과는 "다른" 감성을 갖았으며, 행동했었다고 회상한다. 대학생이나 죄수들 혹은 정신병자나 사회운동가와 같은 다양한 그룹에서 추출한 남성동성애자들의 이야기를 종합해 볼 때, 그들은 대체로 어렸을 때 경쟁적인 운동경기에 참여하는 것을 피했으며, 상처 입는 것을 매우 두려워했고, 싸움에 휘말리는 것을 피하려는 경향이 컸다(Dawood 등, 2009; Green 2008). 일부 남성동성애자들은 3세 혹은 4세 때부터 이미 자신이 또래 동성 친구들과는 다른 감성을 가졌음을, 즉 이성의 전형적인 행동과 연관된 감성을 가졌었다고 회상한다.

남성동성애자들은 또한 유년시절 또래 친구들에 비해 감성적으로 매우 민감하였다고 회상한다(Green, 2008; Lippa, 2008). 그들은 쉽게 우는 경향이 있었으며, 쉽게 감정을 다치곤 했다. 그리고 예술적인 분야에 좀 더 높은 관심을 나타냈다. 그들에게는 남자 친구가 적었으며 여자 친구가 많았다(Bos 등, 2008). 남성동성애자들은 또래 친구들에 비해 "여자애들의 장난감"을 좋아하였다. 그들은 트럭이나 총과 같은 장난감을 가지고 놀거나, 엉겨 붙어 씨름을 할 때도 여자 친구들과 함께 하는 것을 선호했다(Dawood 등, 2009). 이와 같은 경향으로 인해 그들은 "계집애 같은 사내애(sisies)"라는 놀림을 받기도 한다. 남성동성애자들은 또한 유년시절 여아 옷을 선호했었다고 회상한다. 그들은 할아버지보다는 할머니와 함께 있는 것을 좋아했으며, 유년시절의 애무행위는 여자아이들보다는 남자아이들과 함께 하는 것을 선호하였다.

성별비순응과 남성 편향-여성 편향 여성동성애자의 범위 여성동성애자들 또한 유년시절 남아-유형의 행동양식을 보인다는 증거들이 있다(Lippa, 2008). 여성동성애자들은 여성이성애자들에 비해 유년시절 또래 그룹에서 "말괄량이"였었다고 회상한다. 그들은 인형놀이보다는 엉겨 붙어 씨름하는 것을 선호하였으며, "깜찍한" 옷보다는 남자아이들의 옷을 더 좋아하였다.

디벤트라 싱과 동료들은 여성동성애자의 성별비순응을 **남성 편향(butch)** 혹은 **여성 편향(femme)**의 범위 및 생물학적 요소와 서로 연계하여 연구하였다(Devendra Singh 등, 1999). 연구자들은 여성동성애자 중 스스로를 남성 편향이라고 느끼는 사람들과 여성 편향이라고 느끼는 사람들로 분류하여, 그들의 다양한 인성 및 행동 양식을 상호 비교하였고, 또한 여러 생물학적 측정을 시도하였다. 그 결과 남성 편향 여성동성애자들이 여성 편향 여성동성애자들에 비해 유년시절 비전형적인 성역할을 수행하는 경향이 통계적으로 높게 나타났다. 남성 편향 여성동성애자들은 또한 높은 복부 비만도를 보였으며, 그들의 타액 내 테스토스테론 수치 또한 높게 나타났다. 이 두 가지 특징은 전형적인 남성의 특성에 가까운 것이다. 연구진은 그들의 연구 결과가 남성 편향적인 사람과 여성 편향적인 사람 간의 차이를 분명하게 보여주는 것이며, 이러한 차이는 출생 전 남성 호르몬인 안드로겐에 얼마만큼 노출되었는가의 차이에 기인한다고 생각하였다.

남성 편향(butch) 정통적인 남성의 성 역할을 지향하는 레즈비언.

여성 편향(femme) 정통적인 여성의 성 역할을 지향하는 레즈비언.

유년시절의 유약함과 남성동성애자의 성적 성향 유년시절에 극도로 유약했다는 사실이 남성동성애자의 성적 성향을 갖게 하는 것일까? 환경요소를 중요시하는 학자들은 유년시절 또래 남자친구들로부터 소외된 상황에 처했거나, 혹은 아버지를 역할 모델로 하는 행동이 충족되지 못한 경우, 남성에 대한 충족되지 못한 열망이 발생한다고 가정하였다. 그리고 이 충족되지 못한 열망은, 청소년이나 성인이 되었을 때, 사랑하거나 성 관계를 맺고 싶은 대상으로 다른 남성을 찾게 한다는 주장이다(Green, 2008).

물론 다른 가능성도 열려 있다(Green, 2008; Dawood 등, 2009). 성별비순응 또한 어느 정도는 유전에 기인한 것으로 보인다. 더욱이 동성애적 성향이 유전되는 것이라면 성별비순응 또한 동성애적 성향의 발현이라 볼 수 있다.

결론적으로, 남녀동성애자의 성적 성향이 발현되는 원인은 아직까지도 해결하지 못한 복잡한 현상이다. 여러 이론과 연구들을 공부하면서 우리는 성적 성향이 여러 가지 원인들, 즉 생물학적 요소 혹은 심리사회적 요소들에 의해 발현된다는 인상을 깊게 받는다. 유전적 요소와 생화학적 요소(성 호르몬과 같은) 또한 출생 전 뇌의 구조화에 영향을 미치는 것 같다. 이러한 요소들이 한 사람의 성적 성향을 형성케 하는 것이다. 초기 사회화 경험 또한 영향을 미칠 것으로 여겨진다. 이러한 여러 요소들의 정확한 영향 및 상호관계는 앞으로 풀어야 할 연구과제이다.

학생들의 실제 질문

질문: 자식들이 동성애자가 될지 여부를 판단할 수 있는 특정 연령대가 있나요? 그리고 부모들이 눈여겨 관찰해야 할 자식들의 특별한 태도가 있나요?

답변: 항상 그런 것은 아니지만 동성애자들은 어린 시절 일반적으로 받아들여지는 성적 정체성을 보이지 않는다. 즉, 남아이지만 스포츠에 거의 관심이 없다거나 여아이지만 인형을 가지고 노는 것에 관심이 없다. 현명한 부모들에게 조언한다. 이러한 아이들에게 스포츠를 강요하거나 인형놀이를 강요하는 것은 그들의 성적 성향에 어떤 영향도 주지 못한다. 아이들이 다른 무언가를 원하고 있다면, 그러한 강요는 아이들에게 오히려 참을 수 없는 고통이 된다.

10.3 현 사회의 성적 성향

동성 간 성교는 "어떠한 이유로건 잘못되었다"고 응답한 미국 국민의 비율이 지난 10년 동안 77%에서 56%로 21% 감소하였다고 미국종합사회조사(미국과학재단, 2007)는 보고하였다. 물론 논란의 여지는 많지만, 이 연구를 주도한 책임자는 이러한 감소 추이가 "그동안 경험했던 어떤 사회변화보다도 큰 것"이라고 평가했다. 동성애에 대한 이와 같은 급진적인 관용적 태도 변화는 우리 사회가 동성애의 본질을 정확하게 인지하였기 때

신부를 위한 잡지의 새로운 유행스타일? 많은 신문이나 잡지들은 동성애자 커플들의 결혼이나 약혼을 기사화하여 사진과 함께 규칙적으로 보도한다.

문이라고 많은 분석연구들은 지적한다.

"인종 평등의 개념과 비슷한 것이라고 생각합니다. 중요한 점은 사람들이 동성애자들을 자신의 동료로, 이웃으로 그리고 지역사회를 떠받치는 한 개인으로 인식하기 시작하였다는 것입니다. 즉 우리와는 약간 다른 점을 가지고 있지만, 궁극적으로 그들도 우리와 같은 사람이라는 인식을 갖기 시작한 것입니다."(National Science Foundation, 2007).

동성애자의 "시민 결연(civil union)"은 수 년 동안 꾸준히 이루어져 왔으며, 이 책이 출간되고 있는 이 순간 미국의 많은 주에서는 동성 커플의 결혼이 승인되고 있다(그림 10. 5). 표 10.3은 2009년 뉴욕타임스와 CBS 뉴스가 전 국민을 대상으로 공동 조사한 여론조사 결과를 보여주고 있으며, 2004년도부터 실시하였던 조사 결과들과 비교하고 있다. 2004년에는 응답자 5명 중 1명에 해당하는 사람(22%)만이 동성 커플의 결혼에 찬성하였으며, 33%가 그들의 시민 결연에 찬성하였다. 그러나 5명 중 2명에 해당하는 40%의 사람들은 동성애자들의 결합을 법적으로 인정하는데 동의하지 않았다. 5년 후인 2009년, 동성 커플의 결혼에 동의한 사람들은 약 두 배(42%)로 증가하였으며, 그들의 사회적 결합에 찬성하는 사람은 25%로 약간 감소하였다. 이는 동성 커플의 결혼에 찬성하는 사람들이 증가하였기 때문이다. 그리고 동성 커플의 결혼을 법적으로 인정하는데 동의하지 않았던 사람들은 2004년 40%에서 2009년 28%로 감소하였다.

사실인가 아니면 허구인가 4

사실인가 아니면 허구인가 4: 여론조사 결과에 따르면, 많은 미국인은 동성 커플의 결혼에 분명한 반대 의사를 나타낸다. 그러나 동성 커플의 결혼과 사회적 결연에 찬성하는 사람들의 비율을 합산하면, 3명 중 2명에 해당하는 확고한 다수가 동성 커플의 결혼을 법적으로 인정하는데 동의하고 있다.

학생들의 실제 질문

질문: 일반적으로 많은 사람들이 동성애자의 성적 성향에 대해서는 관용적 태도를 보이는데, 동성간 결혼에 대해서는 그렇지 못한 것 같아요. 특별한 이유가 있나요?

답변: 결혼은 일종의 긴 삶의 여정이다. 다른 많은 것에 대해서는 관용적인 사람들이 결혼에 대해서는 성서에 기술되었듯이 남성과 여성에게만 적용되는 어떤 것이라고 생각한다. 다음의 질문을 당신에게 던져본다. 어떤 사람이 결혼은 남녀 간에 이루어지는 것이라고 한정한다면, 과연 그는 진심으로 동성애자들에게 관용적일 수 있을까? 아마도 그 답은 상황에 따라 달라질 것이다. 관용적인 사람들은 동성애자들에게도 결혼에 따른 사회적 이익을 동등하게 인정해야 한다고 주장한다. 그리고 어떤 사람들은 결혼은 남성과 여성 간의 결합이라는 종교적 입장을 고수해야 한다고 주장한다. 동성결혼에 찬성 입장을 표명한 한 코미디언은 "왜 동성애자들은 우리와 같은 끔직한 생활을 할 권리가 없다는 것이지요?"라고 해학 어린 반문을 던졌다.

미국에서의 동성결혼

- 캘리포니아: 2008년 5월, 캘리포니아 주 대법원은 동성결혼 금지 조항이 차별이라고 결정하였다. 그러나 2009년 11월, 유권자들은 주민 발의안 8호(동성결혼 금지법)를 통과시킴으로써 대법원의 판결을 효과적으로 저지하였다. 그러므로 현재, 캘리포니아에서 결혼은 남녀간 결합으로만 정의된다. 2009년 5월 26일, 캘리포니아 대법원은 주민 발의안 8호를 존중하였으나, 그럼에도 불구하고 발의안이 통과되기 이전에 결혼한 약 18,000쌍의 동성결혼은 인정하라는 명령을 내렸다.
- 코네티컷: 2008년 10월 10일, 코네티컷 주 대법원은 4 대 3으로 동성결혼 금지법이 위헌이라고 결정하였다. 이로써 동성결혼을 법적으로 허용한 두 번째 주가 되었다.
- 아이오와: 2009년 4월 3일, 아이오와 주 대법원은 만장일치로 동성결혼을 허용하는 법안을 통과시킴으로써 동성결혼을 법적으로 허용한 세 번째 주가 되었다.
- 뉴햄프셔: 2009년 6월 3일, 뉴햄프셔 주는 미국에서 동성결혼을 법적으로 허용한 여섯 번째 주가 되었다. 이 법안은 교회나 고용인 그리고 종교집단이 동성결혼을 거부할 수 있다는 조항을 포함하였다.
- 뉴욕: 2009년 5월 13일, 뉴욕 주 의회는 동성결혼 허용 법안을 82 대 52로 통과시켰다. 이 책이 집필되는 현재, 법안에 대한 투표가 지연되고는 있으나, 상원에서도 통과될 것으로 보인다.
- 매사추세츠: 2004년 5월 17일, 매사추세츠는 동성결혼을 허용한 첫 번째 주가 되었다.
- 메인: 2009년 5월 5일, 메인 주 하원과 상원은 동성결혼 허용을 법적으로 승인하였다. 그러나 2009년 9월 시행된 주민투표에서 해당 법안이 부결되었다.
- 버몬트: 2009년 7월 4일, 버몬트 주 의회는 동성결혼을 허용하는 법안에 대해 거버너 짐 더글라스가 행사한 거부권을 기각함으로써, 입법 조치를 통해 동성결혼을 허용한 첫 번째 주가 되었다. 그리고 하원 100 대 49, 상원 25 대 5로 버몬트 주는 동성결혼을 허용한 네 번째 주가 되었다.

전 세계의 동성결혼

- 벨기에: 2003년 1월 30일, 벨기에는 동성결혼을 법적으로 허용한 전 세계 두 번째 나라가 되었다.
- 캐나다: 2005년 7월 20일, 캐나다는 동성결혼을 법적으로 허용한 네 번째 나라가 되었다.
- 네덜란드: 2001년 4월 1일, 네덜란드는 동성결혼을 법적으로 허용한 첫 번째 나라가 되었다.
- 노르웨이: 2009년 1월 1일, 동성결혼이 노르웨이에서 법적으로 허용되었다.
- 남아프리카공화국: 2006년 11월 30일, 남아프리카공화국은 전 세계에서는 다섯 번째로, 그리고 아프리카에서는 첫 번째로 동성결혼을 법적으로 허용한 나라가 되었다.
- 스페인: 2005년 7월 3일, 스페인은 동성결혼을 법적으로 허용함으로써 이와 같은 조치를 취한 세 번째 나라가 되었다.
- 스웨덴: 2009년 4월 1일, 스웨덴은 261대 22의 의회 투표를 통해 혼인법을 성 중립적인 것으로 개정함으로써, 이성애자 커플과 동성애자 커플 사이의 법적 차별을 없앴다. 그럼으로써 스웨덴은 동성결혼을 법적으로 허용한 일곱 번째 나라가 되었다.

그림 10.5 동성애자의 결혼이 법적으로 허용된 주(미국)와 국가. 이 책이 출간되는 지금, 미국의 많은 주에서 그리고 전 세계의 여러 나라에서 사회적 결연이 존재하고 있다. 그리고 비록 "결혼"이라는 용어는 사용하지 않았지만, 동성 간의 결합에 대해 결혼과 거의 동등한 또는 완전히 동등한 사회적 혜택을 제공하고 있다. 이러한 주들과 국가들은 동성결혼을 허용한다(이 책이 출간되던 2009년 당시 뉴욕 주는 동성결혼을 막 합법화하려고 하고 있었다). 동성결혼의 합법화가 21세기를 여는 주요 사회 현상임을 주목하자.

동성 커플의 결혼을 용인하는 방향으로 의식 전환이 이루어지고 있다는 또 다른 증거가 있다. 40세 이상의 응답자 중 31%만이 동성 커플의 결혼을 지지한다고 응답하였으나, 40세 이하의 응답자들은 57%가 동의한다고 응답하였다. 26%나 차이가 나는 결과이다(Nagourney, 2009). 또한 40세 이상의 응답자 중 35%는, 결혼이건 사회적 결연이건, 동성 간의 관계를 법적으로 인정하는 어떠한 형태의 조치도 반대한다고 답하였다. 그러나 40세 이하의 응답자들은 5명 중 1명에 해당하는 단지 19%의 사람들만이 동성 커플의 법적 인정을 반대하였다. 일반적으로 아프리카계 미국인들이 동성결혼과 같은 사회 문제에 대해 좀 더 보수적인 입장을 취하는 것으로 나타났다. 그러나 2009년 여론조사는 이 문제와 관련하여 인종 간 차이가 거의 무시할 만한 수준이라는 것을 나타낸다. 유럽계 미국인의 66%가 동성결혼 및 사회적 결연에 동의한 것과 비교하여 아프리카계 미국인의 68%가 동의하였다.

사실인가 아니면 허구인가 5

사실인가 아니면 허구인가 5: 성적 성향의 발달이 선천적인 생물학적 요인에 의해 크게 좌우된다는 증거들이 확보되고 있음에도 불구하고, 동성애자들은 자신이 동성애자가 되기를 선택하였다고 대부분의 미국인들은 생각한다. 예를 들어, 1977년 전 국민을 대상으로 한 여론 조사에서는 동성애자들의 성적 성향이 환경적 요인에 기인한다고 56%에 사람들이 생각하였으며, 단지 13%만이 "선천적"인 요인에 기인한다고 생각하였다. 한편 2000년 AP 통신사에서 실시한 여론조사에 따르면 30%의 미국인들이 동성애자는 선천적으로 그렇게 태어났다고 믿는 반면, 46%의 사람들은 그들이 스스로 동성애자의 길을 선택하였다고 응답하였다. 점점 더 많은 사람들이 성적 성향은 선천적인 어떤 것이라는 관념을 갖게 되었다. 한 젊은이가 "꼬임"에 빠져 특정 성적 성향을 선택한다고 믿는 사람

표 10.3

뉴욕 타임스와 CBS 뉴스의 공동여론조사(2009년) – 동성애자 결혼의 법적 인정에 대한 태도

질문: "다음 중 당신의 견해와 가장 유사한 것은 무엇인가? 동성결혼을 허용하지 않더라도 동성애자 커플의 사회적 결연은 법적으로 인정해야 하는가? 또는 동성애자의 결혼은 법적으로 허용되어서는 안 된다고 생각하는가?"

시기	결혼 (%)	사회적 결연 (%)	법적 인정 부정 (%)	모름 혹은 무응답 (%)*
3/10~14/04	22	33	40	6
5/20~23/04	28	29	40	3
7/11~15/04	28	31	38	3
10/28~30/04	23	34	36	7
11/18~21/04	21	32	44	3
2/24~28/05	23	34	41	2
7/29~8/2/05	27	27	43	4
10/27~31/06	28	29	38	5
3/7~11/07	28	32	35	5
5/30~6/3/08	30	28	36	6
3/7~11/07	33	27	35	5
5/30~6/3/08	42	25	28	5
3/12~16/09	40	26	30	4
4/22~26/09	38	30	26	6
유럽계 미국인	40	26	30	4
아프리카계 미국인	38	30	26	6

*모름 혹은 무응답

표본 = 973.

출처: The New York Times/CBS News Poll April 22–26, 2009, (2007, April 27). http://graphics8.nytimes.com/packages/images/nytint/docs/new-york-times-cbs-news-poll-obama-s-100th-day-inoffice/original.pdf.

들의 수는 점점 더 감소하고 있다.

남녀동성애자에 대한 멕시코계 미국인의 태도

헤렉과 곤잘레스-리베라는 캘리포니아에 거주하는 멕시코계 혈통의 사람들을 대상으로 남녀동성애자에 대한 그들의 태도를 조사하였다(Herek & Gonzalez-Rivera, 2006). 그 결과 남성이 여성에 비해 남성동성애자에 대해 좀 더 부정적인 인식을 나타냈다. 여성들은 상대적으로 여성동성애자에 대해 좀 더 부정적인 입장을 표현하였다. 긍정적인 입장을 취했던 사람들과 비교하였을 때, 부정정인 견해를 들어 낸 사람들을 분석하면 다음과 같다.

- 전통적인 성 관념을 더욱 지지하며,
- 교육 수준이 낮고 나이가 많은 경향이 있으며,
- 많은 자식을 낳았고,
- 원리주의적 교파에 몸담고 있으며 예배에 꼬박꼬박 참석하는 경향이 컸으며,
- 정치적으로는 좀 더 보수적인 입장을 취하였고,
- 동성애자와 개인적인 접촉을 가져본 적이 없었다.

성적 성향과 법

과거 세대의 동성애자들은 효과적인 정치 집단을 규합하여 차별에 항거하였으며, 그들을 목표로 한 소도미 법의 철패를 위해 노력하였다. 동성애자들의 성공적 활동에도 불구하고 아직까지 미국의 여러 주에서 소도미 법은 효력을 발휘하고 있다. 소도미 법은 비록 동의성인(consenting adults; 법적으로 성관계 여부를 결정할 수 있다고 보는 연령) 사이의 관계라 할지라도 "자연스럽지 못한" 성적 활동을 금지한다. 많은 주에서 항문 성교나 구강-성기 접촉과 같이 많은 동성애자들이(이성애자들도) 행하는 성적 활동을 소도미 법에 적용 받도록 하고 있다. 소도미 법문은 모든 성인이 평등하게 적용받도록 제정되었다. 그러나 대부분의 기소는 동성애자들을 대상으로 이루어진다.

1986년 하드윅 대 바우어스(*Hardwick v. Bowers*) 소송에 대한 대법원의 결정은 동의성인 간에 이루어진 성교라 할지라도 구강-성기접촉이나 항문-성기접촉과 같은 행동을 죄로 보고 최대 20년형에 처할 수 있는 조지아 주의 소도미 법에 손을 들어줬다. 이 결정은 조지아 주의 소도미 법을 철폐시킬 목적으로 대법원에 항소하였던 동성애자평등권단체에 큰 타격을 주었다.

그러나 2003년 대법원은 "동성과의 일탈적인 성교"를 규제하는 텍사스 법을 6대 3의 표결로 철폐함으로써 기존 결정을 번복하였다. 안소니 케네디 판사는 다수 의견을 설명하면서 텍사스 법은 "동성애자들의 삶을 경시하였다"고 평결하였다. 수년 동안, 동성과의 성적 행동을 규제하는 법은 헌법에서 정한 개인의 권리와 상충되어 왔다. "그들(동성애자들)의 사생활은 존중받아야만 한다"고 케네디는 평결하였다. 인터뷰에서 케네디는 "국가는 동성애자들의 사적 성행위를 범죄로 규정함으로써 그들의 존재를 격하시키거나 혹은 그들의 운명을 바꾸려 해서는 안 된다"고 덧붙였다.

동성애자 운동

1960년대 많은 젊은이들이 그랬듯이 프랭크 리치도 시민 평등권 운동에 참여했다. 그는 1965년 앨라배마 셀마에서 일어났던, 그리고 1968년 시카고에서 일어났던 시위대와 경찰 사이의 폭력적인 대치 상황에 경악했다. 그럼에도 불구하고, 리치는 경찰들이 꼭두새벽에 스톤월 인에 위치한 게이 바를 급습함으로써 촉발했으며, 며칠간 그리니치빌리지를 뒤흔들었던, 당시의 폭동에 대해서는 들어보지 못했다. 2009년 현재 리치는 과거를 회상하며, 1960년대 자신은 고등학교 및 대학생활을 거치면서 단 한 사람의 동성애자 친구도, 학생도 또는 선생도 알지 못했었다는 것을 깨닫는다. 그가 현재 기고하고 있는 신문인 뉴욕 타임스도 1987년까지는 저널리스트들이 동성애라는 단어를 사용하지 못하도록 하였다. 그리고 리치는 자신이 동성애자라고 커밍아웃한 어떤 사람도 알지 못했었다. 그가 지적하였듯이, "동성애자 시민 평등권과 관련된 이슈는 우리의 레이더 화면에 잡히지 않았다."

스톤월 사건 이후 모든 것이 바뀌었다. 동성애 운동은 이제 수면 위로 부상하였으며, 국가 시민 평등권 운동의 중심에 서 있다. 미국 내에서 샌프란시스코는 동성애자의 정치적 영향력이 가장 큰 곳이다. 시 경찰을 비롯하여 여러 공공기관에서 동성애자들이 대표를 맡고 있다. 동성애자들의 커밍아웃 증가와 동성애에 관대한 도심으로의 운집은 미국 곳곳에서 그리고 여러 현장에서 동성애자들에게 가공할 만한 정치적 힘을 제공하였다.

1980년대와 1990년대에는 에이즈바이러스/후천성면역결핍증이 동성애자와 연관되어 세간의 이목을 집중시켰다. 동성애자평등권단체들은 여러 방면에서 에이즈바이러스/후천성면역결핍증의 유행을 막기 위해 다음과 같은 일을 전개하였다.

- 에이즈바이러스/후천성면역결핍증 연구와 치료를 위한 재원을 증액시켰으며,
- 동성애자들과 지역사회에 위험성이 큰 성행위에 대해 교육하였고,
- 동성애자 및 시민들이 좀 더 안전한 성 생활을 할 수 있도록 콘돔 사용 등을 독려하였고,
- 고용, 주거, 의료 및 치과 진료와 관련하여 에이즈 환자의 공민권을 보호하였으며,

이 군인들의 성적 성향은 무엇일까? 빌 클린턴 행정부 시절, 군대 내 동성애자에 대한 정책은 "묻지 않으며, 공개하지도 않는다." 였다. 만약 자신의 성적 성향을 밝히면 불명예제대를 해야 했으며, 상급자 또한 성적 성향에 대해 물어보는 것이 금지되었다.

- 에이즈 환자를 상담하고 지원하는 서비스를 제공하였다.

동성애자 운동은 또한 사회 모든 분야에서의 동성애자 차별을 종식시키는데 집중하여왔다. 이 중 가장 주목할 만한 논점은 동성애자도 배우자의 직업에 따른 혜택(의료보험이나 퇴직금 등과 같은)을 받을 수 있어야 한다는 주장, 공개적으로 군복무를 할 수 있어야 한다는 주장, 그리고 정부가 동성애자의 결혼을 허용해야 한다는 주장이다. 오늘날 동성애자들이 직면한 세 가지 주요 이슈는 다음과 같다.

- 동성애자 결혼.
- 1993년 빌 클린턴 행정부에 의해 도입되었고, 동성애자들로부터는 책임회피성 정책이라고 비난 받은, 군대에서는 '묻지 않으며, 공개하지도 않는다(Don't Ask-Don't Tell)' 정책을 철회하고, 동성애자도 공개적으로 군복무를 할 수 있게 하는 정책으로 전환.
- 역시 클린턴 정부 시절 통과되었으며, 결혼을 남녀 사이에 이루어지는 것이라고 정의한 결혼보호법(Defense of Marriage Act [DOMA])의 철폐.

이 책이 출간될 즈음, '묻지 않으며, 공개하지도 않는다' 정책과 결혼보호법은 오바마 행정부의 선택에 맡겨져 있다.

성적 행동과 고정관념

이성애자 사이에서 성적 능동성은 남성의 성별역할과 연관되어 있으며, 성적 수동성은 여성적인 역할과 연관되어 있다. 그리고 많은 이성애자들은 남녀동성애자들이 성 관계를 가질 때 배우자 중 한 명은 항상 남성적인 역할을, 그리고 다른 한 명은 여성적인 역할을 할 것이라고 생각한다(잘못된 착각이다).

많은 동성애자 커플들은 능동적 역할과 수동적 역할에 변화를 준다. 예를 들어 남성 동성애자 커플은 펠라티오 및 항문성교(**삽입자 대 피삽입자**) 시 서로의 역할을 종종 바꾸어 행동한다. 그리고 일반적인 통념과는 달리, 여성동성애자들은 성 행위 시 정통적인 남-녀 성별역할을 좀처럼 수행하지 않는다. 많은 여성동성애자들은 구강-성기 자극을 서로 주거나 받으며, 그 역할을 교대로 혹은 동시에 한다. '**남성성**' 혹은 '**여성성**'과 같은 꼬리표는 "이성애자"들의 관념 내에만 존재하는 용어로, "이성애자 사회"에서 동성애자들을 분류하기 위해 창출한 표현에 불과하다고 동성애자들은 주장한다.

10.4 남녀동성애자의 적응

이성애자와 비교하여 동성애자들은 정신질환에 시달릴 가능성이 좀 더 높은가? 마이클 킹과 그의 동료들은 남녀동성애자와 양성애자의 정신 건강을 연구한 13,706개의 논문을 검색하였으며, 이 중 476개의 논문을 분석하였다(Michael King 등, 2008). 궁극적으로 연구자들은 214,344명의 이성애자와 11,971명의 동성애자 혹은 양성애자의 정신 건강을 비교하였다. 그리고 정교한 통계학적 분석기법을 통해 자살을 기도하는 비율이 이성애자들에 비해 동성애자 및 양성애자들이 약 두 배 정도 더 높다는 사실을 발견하였다.

또한 동성애자 및 양성애자들이 우울증이나 불안증, 알코올 및 기타 약물중독으로 진단받는 비율이 이성애자들에 비해 약 1.5배 높다는 사실을 발견하였다.

많은 연구자들은 동성애자와 양성애자들 사이에서 발견되는 높은 비율의 정신 장애가 사회적 억압에 기인하였다고 믿고 있다. "물론입니다. 동성애자들이 멸시받고, 무시당하며, 불쌍하거나 두려운 대상으로 인식되는 이 세상에서 젊은이들이 자신의 동성애 기질을 쉽게 받아들이기는 힘들기 마련이죠"라고 정신과 전문의 마이클 베일리는 언급하였다(Michal Bailey, 1999).

동성애자나 이성애자 모두, 생활양식과 건강, 특히 심리적 · 정신적 건강 사이에는 밀접한 연관관계가 있다. 동성애자들은 사회 모든 영역에서 직장생활을 하고 있으며, 사회경제적 활동을 하고 있다. 그리고 그에 따른 여러 유형의 생활양식을 영위하고 있다. 벨과 와인버그는 그들의 고전적 연구에서, 동성애자 사회에서 발견되는 적응도의 변화는 이성애자 사회에서 발견되는 적응도의 변화와 동일하다고 평가하였다(Bell & Weinberg, 1978). 배우자와 안정적이고 긴밀한 관계를 형성하며 살아가는 동성애자들은 결혼한 이성애자 커플만큼이나 잘 적응하며 살아간다. 한편, 독신으로 살아가며 거의 성관계를 갖지 않는 나이 든 동성애자들은 사회에 대한 적응도가 떨어진다. 비슷한 생활양식의 이성애자 역시 마찬가지다. 결론적으로 벨과 와인버그는, 사회에 적응을 잘 하느냐 못하느냐의 정도 차이는 개인의 성적 성향을 반영하기보다는 그들의 생활양식과 연관된다고 보았다.

배우자와 친밀한 관계를 공유하는 대부분의 동성애자들은 전반적인 삶의 질에 만족감을 느낀다. 즉, 친밀한 관계에 있는 동성애자 커플이나 이성애자 커플 모두 그들 관계에서 비슷한 정도의 만족감을 나타낸다(Henderson 등, 2009; Kurdek, 2005). 더욱이 오랜 기간 관계를 형성해 온 동성애자들은 보통 높은 수준의 사랑, 애착, 동질감, 배려, 친밀감 등을 나타낸다.

이성애자들과 마찬가지로 동성애자들의 관계 역시 항상 만족스러운 것은 아니다. 두 그룹 모두에서 사람들은 자신이 쏟은 노력에 비해 그 관계를 통해 얻을 수 있는 이익이 많을수록 배우자와의 관계에서 높은 만족감을 느낀다(Henderson 등, 2009). 이성애자와 마찬가지로 동성애자 역시 양 배우자가 의사결정을 함께하고 권리를 공유하는 관계일 때 더욱 행복감을 느낀다.

동성애 혐오증

18세 야곱 로비다가 매사추세츠 뉴베드퍼드에 있는 퍼즐 라운지라는 게이 바에 나타났다. 그는 옷 안에 권총과 손도끼를 감춘 상태였다. 그리고 로비다는 살인 및 불법무기소지, 증오범죄의 세 가지 조항에 대한 혐의로 기소되었다.

로비다는 한 잔의 위스키를 주문했다. 그리고 바텐더에게 이 라운지가 이성애자 고객들을 위한 것인지 아니면 동성애자 고객들을 위한 것인지를 물었다. 바텐더는 로비다에게 보통 동성애자 고객들이 이용한다고 말하였다. 로비다는 또 한 잔의 위스키를 들이키고 손도끼를 꺼내 한 손님의 머리를 정통으로 가격하였다. 그리고 피해자를 도와주려는 다른 사람 또한 가격하였다. 그리고 권총을 꺼내들었으며, 첫 피해자를 도와주려 했던 사람을 향해 방아쇠를 당겼다. 도주하기 전 그는 또 다른 한 손님에게도 총격을 가하였다.

동성애 혐오증. 퍼즐 라운지의 바텐더(오른쪽)가 야곱 로비다의 동성애 혐오증적 공격을 받은 후 친구로부터 위로를 받고 있다.

로비다는 바텐더에게도 총격을 가하려 하였으나, 발사하는 데는 실패하였다. "찰칵하는 소리가 났고, 그 놈의 눈이 가늘어지더군요." 바텐더의 인터뷰 내용이다(Zezima, 2006).

이것이 전부가 아니었다. 로비다는 자신의 차를 저지하는 경찰관을 향해 총을 쏘아 사살하였다. 그리고 웨스트버지니아에서 한 여성을 살해한 것으로 여겨진다. 그는 결국 아칸소 주 경찰들과의 총격전 중 사망하였다(Belluck, 2006).

동성애자에 대한 로비다의 증오는 동성애 혐오증의 극단적인 예다. 그러나 이것이 전부는 아니다. 이 사회에 적응하며 살아가기 위해, 동성애자들은 여러 형태의 도전들과 직면한다.

예를 들어:

- 동성애자에 대한 경멸적인 표현[퀴어(queer), 패거트(faggot), 다이크(dyke)와 같은].
- 동성애자를 비난하는 농담.
- 주거, 취업 등의 사회적 기회로부터 배제.
- 조롱(폭언).
- **동성애자 학대(gay bashing)** (때론 치명적일 수 있는 육체적 학대).

동성애 혐오증(*homophobia*)은 "동성애에 대한 공포"라는 의미의 어원을 갖는다. 일부 심리학자들은 동성애 혐오증이 자신의 내부에 존재하는 동성애적 성향에 대한 공포와 연계되어 있다고 해석한다. 그러나 동성애를 혐오하는 태도는, 가족이라는 개념과 연계되어 내재되어 있는, 정형화된 성-역할에 대한 인식의 집합체인 것으로 보인다(Rosky, 2009; Lewis & White, 2009). 남성이 여성보다 우월하며, 여성은 남편과 아이들을 위해 희생하는 것이 당연하고 적절하다는 믿음이 이러한 태도의 내면에 깔려 있는 것이다. 정형적인 성-역할을 고수하는데 강력한 의지를 가진 사람들은 더 쉽게 동성애를 위험한 것으로 간주한다. 왜냐하면 동성애자들은 성-역할에 혼돈을 보이거나 혹은 성-역할을 반대로 수행한다고 여기기 때문이다. 그리고 남성우월주의 전통을 고수하는 경향은 남성이 여성에 비해 더 크므로, 여대생에 비해 남대생들이 동성애를 더욱 못마땅한 것으로 받아들이는 것은 놀라운 일이 아니다(Rosky, 2009; Lewis & White, 2009).

동성애자 학대(gay bashing) 동성애자에 대한 폭력.

동성애 혐오증적 태도는 전통적인 남성의 성-역할에 자신의 정체성을 보이는 남성에게서, 그리고 정치적으로는 보수적인 성향을 갖는 남성에게서 좀 더 일반적으로 나타난다(Rosky, 2009; Lewis & White, 2009). 또한 종교적으로는 좀 더 원리주의에 가까운 남성들이(Davies, 2004), 그리고 나치의 휘장을 차고 나치의 믿음을 자신과 동일시하는 남성들에게서 자주 나타난다(Zezima, 2006). 그러나 동성애자들에게 직접적인 폭력을 행사하고, 특히 살인까지 저지르는 사람들은 범죄적 사이코패스일 가능성이 크다(Parrot 등, 2006). 즉, 그들은 법을 쉽게 어기며, 범죄에 대한 죄의식이나 자신이 고통을 가했다는 것에 대해 부끄러움을 느끼지 않는다(Parrott 등, 2006).

동성애 혐오자 중 일부는 동성애적 충동을 무의식중에 가지고 있을 수 있다. 그들이 동성애적 충동을 부정하는 것은 동성애자에 대한 공포 및 반감과 연관되어 있을 수 있는 것이다. 핸리 애덤스와 동료들은 남성들에게 남성-여성, 여성-여성, 그리고 남성-남성 간의 성관계를 담은 비디오테이프를 보여주고 음경체적변동기록계를 이용하여 성적 반응을 측정하였다(Henry Adams 등, 1996). 음경체적변동기록계는 발기 시 음경의 체적을 측정한다. 또한 연구자들은 실험참가자들이 비디오를 시청하였을 때, 성적으로 얼마만큼 흥분하였는지를 물었다. 그리고 남성동성애자에 대한 그들의 태도는 어떠한지 평가하였다. 음경의 체적으로 평가하였을 때, 동성애 혐오증이 없는 남성들은 남성-여성 및 여성-여성 간의 성관계를 담은 비디오를 보았을 때에만 성적으로 흥분하였다. 한편, 동성애 혐오증을 보이는 남성들은 남성-남성 간의 성관계를 담은 비디오를 보았을 때에도 성적으로 흥분하였다. 그럼에도 불구하고, 그들은 남성-남성 간의 성관계를 담은 비디오를 보았을 때 성적 흥분을 느끼지 않았다고 주장하였다. 과연 그들은 생물학적 반응과는 무관한 것일까? 아니면, 그들의 생물학적 반응이 잘못 측정된 것일까?

킨제이의 연구 이후, 동성애에 대한 사회적 관용이 큰 진전을 보였음에도 불구하고 에이즈바이러스/후천성면역결핍증의 출현은 동성애 혐오증이라는 불에 기름을 부었다(Herek 등, 2005). 에이즈바이러스/후천성면역결핍증은 출현 당시 동성애자 사회에 가장 큰 타격을 입혔다. 더욱 큰 사회집단을 형성하고 있던 동성애 혐오자 중 일부는 후천성면역결핍증의 유행이 동성애자들의 죄를 심판할 목적으로 신이 내린 전염병이라고 믿었다. 후천성면역결핍증의 유행은 (동성애자들이 후천성면역결핍증을 퍼뜨린다는 이유로) 일부 동성애 혐오자들에게 동성애를 공격하는 좋은 명분으로 이용되었다.

동성애 성적 성향의 "치료"

일부 동성애자들은 정형적인 가족생활을 영위하기 위한 열망으로, 또는 종교적인 신념을 이유로 자신의 성적 성향을 바꾸는데 관심이 있다고 말한다(Haldeman, 2002; Rosik, 2003). 그러나 동성애자들에게 온정적인 많은 전문가들은 만약 사회적 압력이나 편견이 없다면 동성애자들이 자신의 성적 성향을 바꾸려 희망하지는 않을 것이라고 주장한다. 그리고 그린은 자신의 성적 성향을 바꾸고 싶어 하는 대부분의 동성애자들의 마음에는 그 반대의 감정이 병존한다고 덧붙였다(Green, 2003). 홀드먼은 "전환 치료"라는 시술의 존재가 동성애와 양성애에 대한 사회적 평가절하를 반영한다고 강조한다(Haldeman, 2002). 그러나 이에 대한 논쟁은 여전히 진행형이다.

한편, 극소수의 치료자들은 자신이 특정 개인의 성적 성향을 변화시켰다고 주장한다.

이 중 가장 잘 알려진 사례는 남녀동성애자들의 성적 성향을 "전환"시키기 위해 마스터와 존슨이 도입한 성적 불감증 치료법이다(Masters & Johnson, 1979; 15장). 예를 들어, 치료자는 마사지나 성기 자극 등의 방법을 통해 남성동성애자가 여성과 함께 쾌락적인 행위의 단계를 높여갈 수 있도록 유도한다. 이 치료 프로그램을 경험한 사람 중 치료에 실패한 사람의 비율은 남성동성애자 20%, 그리고 여성동성애자 23%라고 마스터와 존슨은 주장한다. 그러나 다음에 제시한 이유로 그들 연구가 일반 동성애자 그룹을 대표하지는 못한 것으로 여겨진다.

- 환자들 대부분은 양성애자였다. 5명 중 단지 1명만이 남성-남성 혹은 여성-여성 간의 배타적 성관계를 유지하였다.
- 환자 중 절반 이상이 기혼이었다.
- 모든 사람들이 자신의 성적 성향을 매우 바꾸고 싶어 했다.

또한 성적 행동이 성적 성향과 동일한 것이 아니라는 사실을 명심해야 한다(Bhugra, 2004). 마스터와 존슨이 고객들의 성적 성향을 전환시켰다는 증거는 아무 데도 없다.

비판적인 사고하기

동성애에 대한 보편적 편견을 공유하는 사회에서 우리는 살고 있다. 그러므로 자신의 성적 성향을 바꾸고자 도움을 요청하는 동성애자들이 과연 자신의 자유의지에 따라 그와 같은 행동을 하는 것인지에 대해 우리는 알 수 있을까?

10.5 커밍아웃: 동성애자라는 사실을 받아들이는 것

우리 문화권에서 사회적 비난 및 차별 등으로 인해 동성애자들은 종종 자신의 성적 성향을 스스로 받아들이는 데 어려움을 느낀다(Hammack & Cohler, 2009). 동성애자들은 보통 자신의 성적 성향을 받아들이는 과정을 "커밍아웃" 혹은 "벽장에서 나오다(coming out of the closet)"라고 표현한다. 커밍아웃은 두 갈래의 과정으로 이루어진다. 내적 커밍아웃(자신의 성적 성향을 자각하는 것)과 외적 커밍아웃(자신의 성적 성향을 세상에 알리는 것)이 그것이다. 커밍아웃은 자신의 성적 성향에 대한 자존감을 확립할 수 있게 하며, 다른 동성애 배우자와 성적으로, 그리고 감정적으로 만족스러운 관계를 형성하는 능력을 발전시킬 수 있게 한다(Grov 등, 2006).

내적 커밍아웃

많은 동성애자들은 자신의 성적 성향을 인식하고, 그것을 스스로 받아들이는데 심적으로 어려운 시간을 보낸다.

> 동성애나 양성애를 적대시하는 환경에서 생활하며, 자신이 동성애적 혹은 양성애적 성적 정체성을 가지고 있다는 사실을 깨닫기 시작한 젊은이는 큰 딜레마에 빠지게 된다. 그들은 많은 중등학교에서 학생들이 "패그(fag)" 혹은 "다이크(dyke)"와 같은 경멸적인 단어로 동성애자들을 지칭한다는 사실을 잘 알고 있으며, 또한 동성애자 혹은 양성애자들이 사회적으로 따돌림을 당하거나 정신적 · 육체적 괴롭힘을 당한다는 사실을 잘 알고 있다. 가족들 또한 동성애자나 양성애자에 대해 부정적인 감정을 표현할 수 있으며, 그와 같은 가족들과 생활하는 젊은이는 자신이 이성애자가 아니라는 사실을 밝혔을 때 괴롭힘을 당할 수도 있다(Bagley & D'Augelli, 2000).

리트 사빈-윌리엄스와 리사 다이아몬드는 남녀동성애자가 자신의 성적 정체성을 발전시키는데, 4단계의 발달 단계 또는 특징을 보인다고 분석하였다(Ritch Savin-Williams & Lisa Diamond, 2000).

- 동성에게 매력을 느낌.
- 자신을 동성애자로 여김.
- 동성과의 성적 접촉.
- 자신의 성적 성향을 다른 사람들에게 밝힘.

보통 동성에게 매력을 느끼기 시작하는 시기(대략 8세에서 9세 사이)로부터 자신의 동성애적 성향을 타인에게 밝히는 시기(대략 18세)까지는 약 10여 년의 세월이 걸린다. 4장에서 다루었듯이 성별에 따른 차이를 고려할 때, 여성은 그들의 감정을 싹 틔우는데 좀 더 감성적이거나 로맨틱한 감정에 집중하는 반면, 남성들은 좀 더 육체적 성에 집중하는 경향이 크다. 남성들은 여성과 비교하여 좀 더 성적 경험에 개방적이며, 자신이 동성애자라는 사실을 밝히거나 받아들이기 전이라도 다른 남성과의 성적 활동에 참여하는 경향이 크다. 그러나 여성들은 다른 여성과의 성관계를 추구하기 전에 자신이 동성애자라는 사실을 받아들이고 밝히는 경향이 크다. 남성동성애자는 여성동성애자보다 일찍 자신의 성적 정체성을 형성하며, 커밍아웃 역시 여성동성애자들과 비교하여 약 2년 정도 빠르다(Grov 등, 2006).

비판적인 사고하기

남성과 여성이 커밍아웃을 하는 과정에서 남녀 차이를 보이는 것에 대해 어떻게 설명할 수 있을까?

뉴욕이나 로스엔젤레스에 거주하는 18세에서 24세 사이의 젊은 인구집단은 그들보다 연상인 인구집단에 비해 일찍 커밍아웃하는 것으로 조사되었다(Grov 등, 2006). 최근 확대되고 있는 동성애자들에 대한 사회적 관용, 그리고 동성애자들에 대한 언론 매체에서의 빈번한 묘사 등이 커밍아웃 시기를 앞당기는데 기여하고 있다.

어떤 사람에게는 자신의 동성애적 성향을 확인하고 받아들이는 것이 껍질을 한 꺼풀씩 벗겨나가는 점진적인 과정이다. 그리고 어떤 사람에게는 일순간의 깨달음으로 다가온다. 데이비드라는 한 대학원생이 경험했던 것처럼, 동성에 대한 다년간의 관심이 한 특정인을 통해 급작스럽게 표출되는 경우도 있다.

> 대학에서 데이비드의 가장 친한 친구는 동성애자였다. 그 친구는 데이비드와의 성관계를 원했다. 그러나 서로에게 애착이 있었음에도 불구하고, 데이비드는 친구의 제안을 거절하였다. 동성과의 성관계는 데이비드가 받아들일 수 없는 것이었다. 그러나 시간이 흘러 대학원 1년차인 그의 나이 23세 때, 데이비드는 그 친구와 사랑에 빠졌고, 곧 한시름 놓은 기분으로 자신이 동성애자임을 인식하고 받아들였다. 데이비드는 처음으로 성관계를 가졌고, 그리고 지속했다… 자신의 성적 성향을 드러낸 것이다(Isay, 1990, p. 295).

외적 커밍아웃

타인에게 커밍아웃을 하는 방법에는 여러 방식이 있다. 의도적인 커밍아웃은 세상을 향해 공표하는 형식을 취한다. 그러나 좀 더 자주 선택되는 형태는 선택된 한 명 혹은 소수의 지인에게만 알리는 방법이다. 예를 들어, 친구들에게는 밝히지만 가족에게는 숨기는 경우이다.

많은 동성애자들은 자신의 성적 성향을 가족이나 친구들에게 조차 밝히기 꺼려한다. 커밍아웃은 직장을 잃거나 친구를 잃거나 혹은 사회적 지위를 잃을 위험이 뒤따르기 때문이다(Bagley & D'Augelli, 2000; Rosario 등, 2009). 한편, 자신이 몸담고 있는 조직이 동성애에 관용적인 입장이라면, 커밍아웃은 직업 만족도를 높이고 불안감을 줄여줄 수 있다(Griffith & Hebl, 2002). 또한 "남성 편향" 여성동성애자들이 "여성 편향" 여성동성애자들에 비해 외적 커밍아웃을 하는데 좀 더 편안함을 느낀다(Rosario 등, 2009).

남녀동성애자들은 가족들에게 커밍아웃하였을 경우, 부정, 노여움, 거절 등과 같은 부정적인 반응이 올 것을 종종 예측한다(Bagley & D'Augelli, 2000). 가족이나 지인들은 듣는 것 자체를 거부하거나 혹은 현실을 받아들이려 하지 않는다. 미국의 한 여성동성애자의 삶을 연대기 순으로 기록한 무형의 인생(*Invisible Lives*)에서 지적한 것처럼 말이다.

커밍아웃. 부모에게 커밍아웃 하는 것은 두려운 일일 수 있다. 많은 동성애자들은 수년 간 커밍아웃하는 것을 피하며 심지어는 평생 숨기고 살 수도 있다. 반대로 부모들은 자식들의 성적 성향을 꽤 오래 전부터 의심하거나 알고 있을 수 있다. 처음에는 깊은 근심에 빠져들지 모르나, 부모들은 "아이"(이미 나이가 서른 혹은 마흔을 넘었을지 모름)가 걱정하는 것보다는 더욱 잘 받아들일 수도 있다.

> 여성동성애자의 부모님, 자식들, 이웃들, 그리고 친구들은 그녀가 했던 동일한 방식으로 사실을 부정하고 구분하려 했으며 힘겨워했다. "나의 부모님은 내가 동성 친구와 6년간이나 동거한 사실을 알고 있었다. 엄마는 나와 함께 집으로 갔다. 우리는 한 침대에서 같이 잠을 잤다. 동성애라는 단어는 절대 입 밖에 꺼내지 않았다." "나는 엄마에게 말하였고 엄마는 답하였다. '그래, 이제 모든 것은 지나간 거야. 우리는 그 사실을 다시 언급할 필요가 없어.' 엄마는 그 이후론 나의 동거 사실을 절대 입 밖에 내지 않았고, 10년이라는 세월이 지났다. 나는 엄마가 아빠에게 나의 동거 사실을 이야기했는지 아직도 알지 못한다." (Barrett, 1990, p. 52).

어떤 가족들은 좀 더 관용적이다. 그들은 가족 중 누군가가 동성애자 일 것이라는 느낌을 가지고 있으며, 그와 같은 사실을 받아들일 준비가 되어 있다(Aveline, 2006). 한편 어떤 가족들은 처음에는 부정한다. 그러다 결국 가족 중 일원이 동성애자라는 사실을 마지못해 받아들인다.

크리스티앙 글로브와 동료들은 내적 커밍아웃이나 외적 커밍아웃을 하는데 있어 유럽계 미국인과 아프리카계 미국인 사이에 연령에 따른 인종적 차이가 없다는 사실을 확인하였다(Christian Gorv 등, 2006). 그러나 아프리카계 미국인이 유럽계 미국인에 비해 부모들에게 커밍아웃을 좀처럼 하지 않으며, 이는 아프리카계 미국인이 유럽계 미국인에 비해 좀 더 보수적인 경향이 강하다는 시실과 잘 일치한다.

10.6 동성애자의 생활양식

동성애자들은 모두 동일한 방식으로 생활할 것이라고 믿는 경향이 있다. 벨과 와인버그의 연구에 의하면, 동성애자들은 정형화된 단일 생활양식을 취하지 않는다(Bell & Weinberg, 1978). 성적 성향으로부터 성적 표현에 이르기까지 다양한 변이가 존재한다.

미국의 대도심지에 거주하는 동성애자들은 보통 동성애자들을 옹호하고 도움을 줄 수 있는 동성애자 공동체가 구성되어 있는지 여부를 고려한다. 공동체에는 동성애자 권리기구, 동성애자 신문, 잡지, 책방, 주택조합, 의료공제, 그리고 그 이외의 여타 지원 기

여성동성애자 커플과 그들의 자식. 사진에서 제시된 것처럼 많은 동성애자 커플들은 자식들을 키운다. 어떤 경우에는 이전 결혼에서 얻은 자식이며, 어떤 경우에는 입양한 자식이다. 어떤 여성동성애자는 인공수정을 하며, 또 어떤 경우에는 임신을 목적으로 성교를 한다. 그리고 2004년 네이처(428권, 860~864쪽)지의 보고에 의하면, 일본인 연구자 토모히로 코노와 그의 동료들은 두 마리의 모체 생쥐로부터 유전자를 물려받은 생쥐를 탄생시켰다. 이 논문의 제목 "성체로 발생할 수 있는 단위생식 생쥐의 탄생"은 그 연구 주제를 고려했을 때, 약간 무미건조하였다. 이 논문은 두 명의 아빠 혹은 두 명의 엄마가 자신들의 유전자를 공여 받은 자식을 실질적으로 가질 수 있는 그 날이 올지에 대한 기대감을 불러일으켰다.

구들이 포함된다. 다른 거대 사회집단에서는 찾기 힘든 소속감이나 긍정의 감정을 동성애자 공동체는 제공한다.

동성애자 권리기구는 동성애자들이 사회 구성원으로 온전히 사회에 참여할 수 있을 권리, 즉 공교육 기관에서 교사로 일할 권리, 아이를 입양할 권리, 사회의 공인을 받고 함께 살아갈 권리, 그리고 동성애자임을 밝히고 군복무를 자랑스럽게 할 수 있는 권리 등을 위해 싸운다. 카페나 사교클럽은 동성애자들이 교제하는 장소로, 그리고 그들의 성적 성향을 개방하는 장소로 기능한다.

그러나 모든 동성애자들이 동성애자 권리기구의 활동에 동참하거나, 자신을 동성애자 공동체의 일원이라고 생각하는 것은 아니다. 많은 동성애자들은 동성애적 성향이 성적 정체성의 일부일 뿐, 자신의 사회적 · 정치적 활동과는 무관하다고 생각한다.

남녀동성애자 간 생활양식의 차이

남성동성애자들은 여성동성애자들에 비해 많은 배우자들과 일시적인 성관계를 맺는 경향이 높다는 많은 연구 결과들이 있다. 한편, 여성동성애자들은 애정관계가 깊게 형성된, 제한된 배우자하고만 성관계를 유지하는 경향이 높다(LaSala, 2004; Walther & Poston, 2004). 벨과 와인버그는 84%의 남성동성애자가 일생 동안 50명이 넘는 배우자와 교제한 반면, 여성동성애자들은 그 비율이 약 7%에 불과하였다고 보고하였다(Bell & Weinberg, 1978). 또한 교제한 절반 이상의 배우자가 처음 만난 사람인 경우가 남성동성애자는 79%였던 반면, 여성동성애자는 6%에 지나지 않았다.

전통적으로 게이 바는 섹스 대상을 물색하는 장소이다. 낚기(cruising)라는 단어는 성적 배우자 특히 일회성 섹스를 위한 배우자를 찾는 것을 의미한다. 한 명은 "낚으려"는 것이고, 다른 한 명은 "낚이"는 것이다. 남성동성애자들은 여성동성애자들에 비해 게이 바와 같은 공적인 장소에서 상대를 찾는 경향이 크다. 여성동성애자들은 친구들이나 직장에서 혹은 개인적인 사교 모임에서 배우자를 찾는 경향이 더 크다.

오늘날, 일회성 성적 접촉을 통해 에이즈바이러스에 감염될 수 있다는 공포가 뇌리를 떠나지 않게 됨에 따라 일회성 성교를 기대하며 많은 남성동성애자들을 불러 모았던 대중목욕탕들이 문을 닫았다. 에이즈바이러스/후천성면역결핍증이 유행하던 초기, 즉 에이즈바이러스에 감염될 경우 죽음을 언도받은 것이라 여겼던 시기에 많은 남성동성애자들은 보호되지 못한 상황에서의 구강성교나 항문성교를, 특히 새로 만난 배우자와의 성교를 피했었다. 그러나 강력한 항리트로바이러스 치료제(HAART, 16장 참조)가 개발되면서 남성동성애자나 이성애자들은 점점 더 위험성을 무시한 채 여러 배우자들과 보호받지 못한 상황에서의 성교를 즐기고 있다(Poppen 등, 2005; Zabloska 등, 2009).

또한 남성동성애자 커플 간에는 비도덕적인 성교가 일반적으로 성행한다는 연구 결과가 있다(Blow & Hartnett, 2005; Burch, 2008). "바람을 피우는" 많은 남성동성애자들은 내면적 친밀감과 섹스를 서로 다른 것으로 분리하여 생각한다(LaSala, 2004).

비판적인 사고하기

남성동성애자와 여성동성애자가 선호하는 생활유형에서 남녀 차이를 보이는 것에 대해 어떻게 설명할 수 있을까?

학생들의 실제 질문

질문: **동성애자 부모의 자식들에 대한 연구가 있나요?**

답변: 많다. 그리고 결론은 부모가 모두 동성애자이든 어느 한 쪽이 동성애자이든, 부모는 자식들의 성적 성향에 영향을 미치지 않는다는 것이다. 또한 동성애자 부모의 자식들은 좀 더 평등주의적인 가치관을 발달시킨다. 즉 성 역할을 바라보는 전통적인 협소한 시각에 고착되지 않는 경향이 크다.

가까이서 보기

많은 커플들은 반드시 "브로크백" 결혼이라는 용어에 대해 협의해야 한다

영화 브로크백 마운틴이 한 시간 정도 전개될 무렵, 에이미 조 렘멜은 흐느끼기 시작했다. 와이오밍 주 리버튼 입구에 서서 자신의 남편이 한 남자와 포옹하는 것을 목격한 영화의 여주인공 때문이 아니었다. "내가 그녀의 눈을 바라보았을 때 '음, 그래'라고 나는 생각했다. 비록 나의 남편이 다른 남자와 함께 있는 것을 보지는 못했지만, 나는 그 여인의 느낌이 무엇인지 정확히 알 수 있었다"라고 미네소타 주 지방 호흡치료사로 일하는 렘멜 부인은 말하였다.

렘멜 부인은 게이닷컴(gay.com)이라는 웹사이트에서 남편의 이력을 발견할 수 있었다. 두 사람은 대화를 나누었고, 흐느끼며 그날 밤을 지새웠다. 이후 얼마 지나지 않아 렘멜 부인이 둘째를 출산하기 열흘 전, 남편은 새로운 남자친구와 이틀 밤을 보냈다. "나는 남편에게 동성애에서 벗어나 달라고 애원하였으나, 그는 떠나버렸다." "나는 충격에 휩싸이고 말았다"고 렘멜 부인은 말하였다. 3개월 후 그들은 이혼했다.

렘멜 부인은 현재 목축을 하며 옥수수와 콩을 경작하는 농부와 재혼한 상태다. 그녀는 동성 교제를 경험했거나, 현재 동성과 교제 중인 남편을 둔 미국 여성들 중 한 명이다. 그리고 그 수는 170만에서 340만으로 추산된다. 이 추산치는 "성의 사회기구" 연구에 근간한다. 이 연구는 1990년에 수행되었으며, 연구 결과는 결혼한 경력이 있는 미국 남성의 3.9%가 지난 5년 동안 다른 남성과 성관계를 가졌음을 보여준다. 시카고대학의 사회학자이며 이 연구의 주 저자인 에드워드 라우만은 오늘날 혼합-성향 결혼(mixed-orientation marriage)이라고 일컫는 형태의 결혼을 경험한 미국 여성이 약 2%에서 4%에 이른다고 추산하였다.

이와 같은 결혼은 1950년대 은밀히 행해진 동성연애의 모방만은 아니다. 16세기 덴마크의 여왕 앤은 영국의 왕 제임스 1세와 결혼하여 8명의 자식을 두었다. 제임스 1세는 '킹 제임스 바이블' 편찬으로도 유명하지만, 또한 "나의 사랑스런 아이들과 아내"라고 부르던 자식들 중 한 명과의 헌신적인 동성애로도 유명하다.

비슷한 예로 콘스탄스 와일드, 필리스 게이트, 린다 포터, 레나타 브라우엘, 그리고 다나 마토스 맥그리브와 같은 여성들이 각각 오스카 와일드, 록 허드슨, 콜 포터, 엘튼 존, 제임스 맥그리브(뉴저지 주의 전 주지사)와 혼인하였다. 정확한 산술적 수치를 계산하는 것은 불가능하나, 약 1만 명에서 2만 명의 부인들이 위와 같은 문제로 온라인 지원그룹을 찾고 있으며, 이 현상은 20대 및 30대 여성에게서 증가하고 있는 추세이다.

전반적으로 이는 정략결혼도 아니며, 잠자리를 위한 가식적인 노력도 아니다. 동성애자나 양성애자 남성들은 여러 가지 복잡한 이유로 결혼을 계속 한다. 그들은 진정한 애정 및 성적 사랑의 애매모호한 경계 선상에서 자신의 의지에 근거할 뿐만 아니라 차별로부터 벗어나기 위해 결혼을 강요받는다. "그들은 진정으로 자신의 부인을 사랑해요"라고 미시간 주 로열 오크에서 임상 사회복지사로 일하는 조 코트는 말한다. 조 코트는 여전히 결혼 상태를 유지하고 있는 소수의 동성애자를 포함하여 수백 명의 기혼 남성동성애자와 상담한 경험을 가지고 있다. 많은 사람들은 자신이 이성애자라고 생각하며, 단지 개인적인 환상에 그쳤으면 하는 동성애적 기질이 가끔 폭발할 뿐이라고 여긴다고 그는 이야기한다. "그들은 부인과 사랑에 빠져요. 아이들도 갖죠. 성적으로 활성화된 시기를 보내요. 그리고 약 7년이 지나면 성적 활성이 떨어지죠. 그리곤 그들의 동성애적 성향이 나타나기 시작해요. 그들이 해롭다고 말하는 것은 아니에요"라고 코트는 언급한다.

럿거스 대학의 인류학 연구자인 헬렌 피셔는 한 인터뷰에서 인간의 동반관계는 세 가지 독립적인 신경화학적 뇌 조직체계에 의해 형성되는데, 그것은 각각 성적 끌림, 사랑에 대한 동경, 그리고 장기간의 밀착관계라고 언급하며 다음과 같이 말하였다. "이 세 가지 시스템은 매우 변덕스럽습니다. 이들은 동시에 협동적으로 작동할 수도 있고 또는 서로 독립적으로 작동할 수도 있습니다." 이런 관점을 통해 그녀는, 어떤 이유로 인해 우리는 사랑하는 감정이 없는 타인에게 성적으로는 끌릴 수 있는지, 혹은 성적 관심이 없음에도 불구하고 사랑의 마음으로 다가가거나 심지어는 평생을 함께 할 수 있는지를 설명할 수 있다고 주장한다. "이 시스템이 한 번 발화되면 그 힘은 화학적으로 너무 강력해서 당신에게 이익이 되지 않는 상대방의 모든 것을 당신은 쉽게 간과합니다." 그리고 피셔 박사는 말한다. "이성애자 역시 한 번도 함께 생활해 본 적이 없는 사람들과 사랑에 빠지잖아요."

그러나 이와 같은 해석은 사랑하는 남자를 잃었을 뿐 아니라 현실을 어떻게 이해해야 할지에 대한 믿음조차 잃은 여성들에게는 전혀 위안이 되지 못한다. "많은 여성들은 자신이 성노리개로 이용되었다고 느끼겠지만, 나는 충심으로 그가 나를 사랑했다고 믿고 있어요"라고 렘멜 부인은 말한다. "그가 나를 바라보던 눈빛은 그 누구도 흉내낼 수 없어요. 그가 나를 사랑했다는 것에 대해서는 한 점의 의심도 없다고요. 그는 매우 남성적인 사람이에요. 그가 바브라 스트라이샌드와 동침을 하고, 그녀의 음악을 듣는 것과는 다른 이야기잖아요."

렘멜이 남편을 웹사이트에서 발견한 후 몇 달 동안, 그녀의 남편은 이전에는 감히 드러낼 수 없었던 자신의 욕망을 표출하면서 그녀와 아이를 남겨둔 채 많은 밤을 바깥에서 보냈다. "그렇게 오랫동안 배우자에게 자기 자신을 숨기고 살아갈 수 있는 것일까요. 그들은 마치 청소년 시기를 지나는 것 같아요"라고 렘멜 부인은 말한다. "자신의 배우자들에게 얼마마한 상처를 안겼는지 그들은 진정으로 깨닫고나 있는지 모르겠어요."

처음에 렘멜 부인은 이 사실을 아무에게도 알리지 않았다. "우리가 살고 있는 동네는 조그마한 시골마을이에요. 이곳에서 사람들은 공개적으로 동성애를 이야기하지 않아요." "남편이 사람들의 입방아에 오르내리는 것이 싫었지요"라고 렘멜 부인은 말했다.

캘리포니아 엘 세리토에 소재한 국제이성배우자연합(International Straight Spouse Network)의 설립자이며, 학교 행정직을 은퇴한 77세의 아미티 피어스 벅스턴은 자신의 기구에 문의해 온 여성의 약 3분의 2가 결국 이혼을 선택한다고 이야기한다. 그러나 그들이 받은 충격과 분노에도 불구하고 많은 여성들은, 특히 동성애자 남편으로부터 자신이 성적으로 너무 많은 것을 요구한다고 비판받은 많은 여성들은, 무엇이 잘못되었는지를 이해하고 안도한다. 나머지 3분의 1은 자신들의 결혼을 유지하기 위해 노력하며, 그 중 약 절반은 3년 혹은 그 이상 결혼생활을 유지한다고 벅스턴 박사는 말한다. 그리고 600쌍이 넘는 커플들이 자신의 기구에서 온라인으로 도움을 받고 있다고 한다.

양성애라는 잡지(*The Journal of Bisexuality*)에 발표한 2001년 연구에서 벅스턴 박사는 동성애 및 양성애 남성과 결혼생활을 유지하고 있는 137명의 부인들을 설문조사하였으며, 그 결과 이들은 대부분 중소도시나 도심에서 약간 떨어진 교외에서 생활하였으며, 11년에서 30년까지 결혼생활을 유지하였다고 보고하였다. 가족의 사생활이 유지되기 힘든 시골에서 생활하는 경우는 매우 드물었다. 그러나 시골에서 결혼생활을 유지하는 극소수의 사람들은 인간의 동반관계, 애정, 끌림, 헌신, 성애가 뒤섞인 이 자그마한 개념적 상자가 무엇인지에 대한 화두를 던진다. 이 순열과 조합을 풀어가는 것은 단순히 상자에 각인된 "이성애자", "동성애자", "양성애자"라는 라벨을 확인하는 것과는 비교가 되지 않는 복잡한 그 무엇임을 의미한다.

트릴리안(Trillian)이라는 ID를 사용하며, 남편의 사생활을 염려하는 한 50대 여성은 자신이 남편의 비밀스러운 성적 생활을 알게 된 7년 전에 공식적으로는 이혼을 하였으나, 곧 다시 함께 살 것을 결심하였었다고 말하였다. 남편이 다른 남자와 성관계를 갖고 있기는 하지만, 그녀는 남편과의 일부일처제식 성관계에 만족한다. "남편은 동성애자로 살아가기를 원해요. 그리고 이 부분에 대해 생각하면 생각할수록 나는 그것이 남편의 내재적인 무엇이라는 것을 깨닫게 되죠." 그녀는 말한다. "전등을 끄듯 그렇게 할 수는 없는 문제에요. 남편은 제 이상형이에요. 그리고 동성애자라는 것에 죄책감을 느끼며 괴로워하는 남편과 나의 나머지 인생을 함께 한다는 것은 생각할 수도 없는 일이지요."

뉴저지 주의 이전 주지사였던 제임스 맥 그리비, 그리고 그의 이전 부인과 딸. 맥 그리비가 자신의 직책을 사임했을 때, 그는 자신이 "동성애자 미국인"이라고 발표하였다. 그러나 자신의 성적 성향이 사임을 종용받게 되는 원인이 되었다는 그의 시사는 다른 동성애자들에게 곤란한 상황을 안겨주었다. 사임을 압박받게 된 문제의 진실은 그가 자신의 동성애자 애인을 전적으로 부적합한 높은 위치에 임명했기 때문이다.

캘리포니아주 내퍼에 거주하는 파울레타 코맥은 학교 교사로서, 은퇴한 도시설계가인 제리와 결혼하여 36년을 함께 살았다. 한 인터뷰에서 코맥은 자신과 남편이 활발한 성생활을 하여왔으나, 남편의 성적 욕망이 거의 전적으로 남성에게로 쏠려 있다는 것은 34년 전에 이미 알고 있었다고 말하였다. "쉽지는 않았지요. 그러나 나는 진심으로 그를 사랑했거든요"라고 코맥은 말하였다. 남편은 현재 다른 기혼 동성애자 남성과 함께하고 있으며, 코맥 또한 혼외정사 관계를 맺고 있다. 그리고 누구도 이 부분에 대해서는 그들의 25세 아들과 명쾌하게 논의한 바 없다.

그러나 이 부부는 서로에게 매우 헌신적이다. 지난해 남편은 나팔관에 발생한 부인의 암을 치료하기 위해 넉 달 넘게 아내의 간호에 전념했다. 아내는 결국 완쾌되었다. 비슷한 처지에 있는 사람들과 브로트백 마운틴을 관람하고 나서 캘리포니아 버클리에 있는 한 커피전문점에 앉아 코맥의 남편은 곰곰이 숙고한다. "친밀감이란 무엇일까?" 그리고 그는 덧붙였다. "나는 내 아내를 위해 온전히 헌신할 수 있어요. 항암치료를 받는 동안 그녀를 돌보면서 나는 아내에게 크나큰 친밀감을 느낄 수 있었지요. 아내에게 느꼈던 감정은 이름 모를 남성들과 섹스를 하면서는 얻을 수 없는 강력한 사랑의 표현이었어요."

출처: Reprinted from Katy Butler. (March 7, 2006). "Many Couples Must Negotiate Terms of 'Brokeback' Marriages." *The New York Times*.

10.7 성적 성향

총정리: 재숙고, 재인용, 재검토

이 책은 PQ4R 방법을 사용하고 있다. 여러분은 맨 먼저 장 읽기, 즉 첫 번째 R을 잘 마쳤다. 이제부터 나머지 3R(총정리), 즉 재숙고, 재인용, 재검토는 여러분이 숙달한 정도를 여러분 스스로 테스트해 볼 수 있게 해줄 뿐 아니라, 이 장의 내용들을 이해하고 기억할 수 있게 도와줄 것이다.

재숙고

- 여러분은 주변에서 동성애자가 누구인지 알아보려고 노력하였는가? 그랬다면 왜 그랬으며, 아니라면 그 이유는 무엇인가?
- 여러분 주변에 얼마나 많은 동성애자들이 있는가? 그들과 함께할 때 편안함을 느끼는가? 설명해 보라.
- 여러분의 성적 성향에 대해 고민해 본 적이 있는가? 이 장의 내용이 여러분이 고민하는 쟁점에 대해 어떤 명확한 결론을 내려 주었는가?

▶ **비판적인 사고하기:** 동성애에 대한 여러분 주변 사람들의 태도는 어떠한가? 그들의 태도를 공유할 것인가? 설명해 보라.

- 여러분은 "커밍아웃" 한 사람을 알고 있는가? 그것은 놀라운 일이었는가? 사람들의 반응은 어떠했는가? 그리고 그 과정을 관찰하면서 배운 것이 있다면 무엇인가?

▶ **비판적인 사고하기:** 이 장을 통해 여러분은 남녀동성애자에 대해 무엇을 배웠는가? 오해했던 사실이 바로 잡혀진 것은 있는가? 그리고 새로 알게 된 사실은 무엇인가? 성적 성향의 기원에 대한 생각은 바뀌었는가? 바뀌었다면 어떻게 바뀌었는가?

재인용

1. 성적 성향의 유형에는 어떤 것들이 있는가?

- 이성애는 자기와는 다른 성을 가진 사람에게 끌리는 것이다. 동성애는 자신과 동일한 성을 가진 사람에게 끌리는 것이다. 양성애는 남성과 여성 모두에게 끌리는 것이다. 대부분의 동성애는 해부학적 동성 내에서 이루어진다. 연구자들은 남성의 경우, 여성과는 달리, 성적 관심이 양성에게 향하는 경향이 있음을 밝혔다. 그리고 이성애와 동성애는 서로 독립적 장에 존재하는 것으로 보인다. 우리가 제시할 수 있는 가장 믿을만한 근거로 추산할 때, 미국 남성 중 배타적인 동성애자는 약 3%, 여성 중 배타적인 동성애자는 약 2%에 지나지 않는다.

2. 역사적으로 그리고 사회학적으로 사람들은 동성애에 대해 어떤 시각을 가져왔는가?

- 유대교 및 기독교, 그리고 이슬람교 전통에서는 동성애뿐 아니라 생식을 목적으로 하지 않는 모든 형태의 성행위를 못마땅해 했다. 고대 그리스 남성들은 종종 청소년들과 성적 관계를 가졌다.

  일란성 쌍둥이와 이란성 쌍둥이 연구 결과는 성적 성향 발달에 유전적 요인이 주요한 역할을 한다는 주장을 뒷받침한다. 출생 전에 노출되는 성 호르몬 또한 영향을 미치는 것으로 여겨진다. 안드로겐에 노출된 암컷 배아는 성장 후 좀 더 남성적인 행동 양상을 보인다. 부모와의 경험이나 초기 성적 경험 등이 성적 성향을 결정하는데 영향을 미치지는 않는다. 많은 동성애자들은 어린 시절부터 성별비순응을 보인다.

3. 오늘날 동성애에 대한 미국인들의 태도는 어떠한가?

- 대부분의 미국인들이 점점 더 동성애에 대한 관용적인 태도를 가지고 있다. 현재 다수의 미국인들이 동성애자 결혼이나 사회적 결연에 찬성하고 있다. 그리고 직업이나 주거문제에서도 동성애자에게 동등한 권리가 주어져야 한다고 여긴다. 남성이 여성에 비해 좀 더 동성애 혐오증을 나타낸다. 소더미 법은 남성-여성 커플보다는 남성동성애자들에게 강제성을 띠고 있다.

4. 동성애자들의 사회적응에 대해 우리가 알고 있는 것은 무엇인가?

- 아마도 사회적 편견으로 인해 동성애자들은 이성애자들에 비해 불안감이나 우울증, 자살하고픈 생각에 빠지는 경향이 크다. 동성애자들이 자신의 성적 성향을 바꾸고자 하는 것은 사회적 편견에서 기인한다고 대부분의 전문가들은 생각한다.

5. "커밍아웃"이란 무엇인가?

- 내적 커밍아웃은 개인이 자신의 동성애적 성향을 결국 받아들이게 되는 점진적인 과정을 말한다. 외적 커밍아웃은 많은 동성애자들에게 있어 사회적 비판에 대한 공포나 직업을 잃을

수 있다는 걱정 등과 같은 불안감을 불러일으키는 일련의 과정이다.

6. 동성애자들은 어떤 종류의 생활양식을 채택하는가?

- 동성애자들은 다양한 형태의 생활양식을 채택한다. 여성동성애자들은 깊은 애착 관계를 형성하고 제한된 관계를 맺는 경향이 크다. 남성동성애자들은 다양한 배우자를 찾는 경향이 상대적으로 더 크다. 남성이든 여성이든 "친밀한 커플"과는 제한적이고 배타적인 관계를 형성한다.

재검토

1 고대 ________ 시대에는, 성인 남성이 종종 청소년과 성적 관계를 가졌다.
(a) 이집트
(b) 그리스
(c) 로마
(d) 마케도니아

2. ________는(은) 동성애적 성적 성향을 공유할 가능성이 가장 높다.
(a) 일란성 쌍둥이
(b) 이란성 쌍둥이
(c) 부모와 그들의 생물학적 자손
(d) 양부모와 그들의 입양아들

3. 정신분석학 이론은 ________ 콤플렉스의 불완전한 극복을 남성동성애와 연계한다.
(a) 열등
(b) 엘렉트라
(c) 성모 마리아
(d) 오이디푸스

4. 테스토스테론 유도체의 향기를 제공받을 경우, 남성동성애자의 시상하부는 ________의 시상하부와 유사한 반응을 나타낸다.
(a) 남성이성애자
(b) 여성이성애자
(c) 여성동성애자
(d) 양성애자

5. 동성애자는 성전환자와 어떤 의미에서 다른가?
(a) 동성애자는 자신의 해부학적 성에 만족한다.
(b) 동성애자는 자신의 해부학적 성에 만족하지 못한다.
(c) 동성애자는 자신의 성별정체성에 혼란을 느낀다.
(d) 동성애자는 자신의 성적 성향을 바꿀 수 있는 치료책을 강구한다.

6. 남성동성애자나 여성동성애자의 생활양식에 대한 설명으로 옳은 것은 무엇인가?
(a) 남성동성애자들이 더 아이들을 원한다.
(b) 남성동성애자들이 더 깊은 유대관계 형성을 원한다.
(c) 여성동성애자들만이 유년시절 성별비순응을 경험한다.
(d) 남성동성애자들이 좀 더 다양한 배우자를 찾는 경향이 크다.

7. 사빈 윌리엄스와 다이아몬드의 분류에서, 동성애자들이 자신의 성적 정체성을 발달시키는 제 1단계는 무엇인가?
(a) 동성과의 성교
(b) 동성에 대한 애착
(c) 자신의 성적 성향을 받아들임
(d) 자신을 남성 혹은 여성동성애자로 인식

8. 동성애자의 성적 성향 "전환" 방법을 개발하기 위해 노력한 사람은 누구인가?
(a) 마스터즈와 존슨
(b) 라우만
(c) 프로이트
(d) 킨제이

9. 벨과 와인버그는 동성애자들의 사회적응이 다음 중 어떤 요소와 가장 연관되어 있다고 생각하였는가?
(a) 의료보험
(b) 생활양식
(c) 수입
(d) 부모와의 관계

10. 삼비안족 청소년의 행동을 통해 알 수 있는 사실은 무엇인가?
(a) 특정 문화는 다른 문화에 비해 우월하다는 사실
(b) 성적 성향은 유전된다는 사실
(c) 동성애가 정상적이라는 사실
(d) 문화가 성적 행동에 영향을 미칠 수 있다는 사실

정답: 1. b; 2. a; 3. d; 4. b; 5. a; 6. d; 7. b; 8. a; 9. b; 10. d

수정, 임신 그리고 출산

11장

목차

사실인가 아니면 허구인가

다음 중 어느 것이 사실이고 어느 것이 허구인가? 답은 본문 안에 있는 「사실인가 아니면 허구인가」 아이콘에서 만날 수 있다.

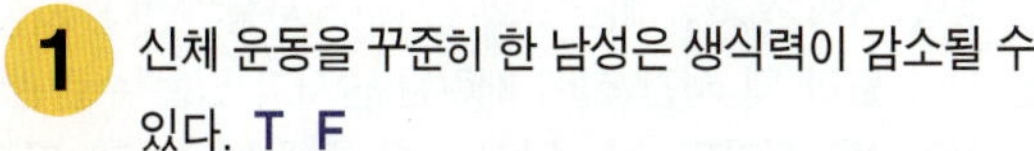

1. 신체 운동을 꾸준히 한 남성은 생식력이 감소될 수 있다. T F

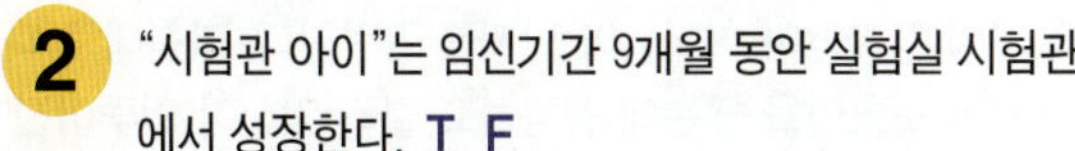

2. "시험관 아이"는 임신기간 9개월 동안 실험실 시험관에서 성장한다. T F
3. 입덧은 임신이 정상적으로 진행되고 있다는 신호이다. T F
4. 수정 첫 주 동안에는 수정란이 아직 산모의 신체에 착상하지 않았다. T F
5. 임산부가 하루에 한두 잔 정도의 알코올이 첨가된 음료를 마신다 해도 아이에게는 해롭지 않다. T F
6. 탯줄을 어떻게 절단하느냐에 따라 아이의 배꼽이 안으로 들어갈 수도 혹은 바깥으로 돌출될 수도 있다. T F
7. 미국에서는 거의 10명당 3명꼴로 제왕절개 시술을 통해 출산한다. T F
8. 출산 후 최소 6주 동안은 성교를 자제해야 한다. T F

10월 어느 훈훈한 날, 마르타와 남편 조지는 도시에 위치한 직장으로 향하는 통근기차를 타기 위해 서둘렀다. 표면적으로 마르타의 일상은 다른 여느 날과 다름없었다. 그러나 그녀의 몸 내부에서는 한편의 드라마가 펼쳐지고 있었다. 어제, 호르몬이 난포를 파괴하여 난자가 배란되도록 하였다. 어떻게 이 난포가 선택되어 성숙되었는지, 그리고 왜 하필 이번 달에 배란되었는지는 수수께끼다. 그 다음날 혹은 그즈음 마르타는 임신할 수 있게 될 것이다.

그 전날 아침 마르타는 여성이 배란을 할 시기가 되었는지 확인할 수 있는 배란일테스트기를 사용하였었다. 그리고 그 날 저녁 마르타와 조지는 사랑을 나누었고 마르타는 임신이 되기를 기대했다. 조지는 수억 개의 정자를 마르타의 질 내로 사정하였다. 자궁경부와 자궁을 지나 불과 몇 시간 전에 배란된 난자가 있는 수란관에 이르기까지 살아남은 정자의 수는 단지 수천 개에 불과하다. 이 중 다시 수백 개의 정자만이 살아남아 난자를 공략한다. 마침내 하나의 정자가 난자의 보호막을 뚫는데 성공하고 결국 임신이 이루어진다. 정자와 난자의 수정에 의해 형성된 단 하나의 세포로부터 새로운 생명체의 삶이 시작된다. 직경 0.145 mm에 지나지 않는 **접합자(zygote)**의 작은 드라마가 이제 막 시작한 것이다.

마르타는 37세다. 임신한 지 4개월이 되었을 때, 마르타는 **다운증후군(Down syndrome)**과 같은 염색체 이상 유무를 확인하기 위해 **양수천자(amniocentesis)**를 시행한다. 다운증후군은 30대 후반이나 그 이상 연령의 여성들이 아이를 가졌을 때 나타날 가능성이 일반적으로 높다. 양수천자를 통해 태아의 성별 또한 확인할 수 있다. 많은 부모들이 태어날 아이의 성별을 알고 싶어 하지만, 마르타와 조지는 주치의에게 자신들에게는 그 사실을 알려주지 말라고 부탁했다. "환희의 순간을 망쳐버릴 이유는 없지?" 조지는 친구들에게 말하였다. 마르타와 조지는 남은 몇 달 동안 아들의 이름과 딸의 이름을 놓고 고민하게 될 것이다.

11.1 임신: 모든 역경을 극복하고

임신은 한 개의 정자와 한 개 난자의 융합이다. 한편, 임신은 새 생명의 시작이기도 하다. 그리고 임신은 살아 있는 한 개 난자의 환상적인 여행의 최종 목적지이기도 하다. 즉, 여성이 일생동안 성숙 · 배란할 수 있는 수백 개의 난자 중 선택된 단 한 개의 난자가 남성이 한 번 사정할 때 배출될 수 있는 평균 수억 개의 정자 중 단 한 개의 정자와 융합한 결과이다.

난자는 X 염색체를 함유한다. 정자는 X 염색체 혹은 Y 염색체를 함유한다. 딸은 X 염색체를 함유한 정자와 난자가 만나 수정될 때, 그리고 아들은 Y 염색체를 함유한 정자가 난자와 만나 수정될 때 발생한다. Y 염색체를 함유한 정자들은 X 염색체를 함유한 정자들에 비해 더 빨리 헤엄칠 수 있는 것으로 보인다. 이러한 이유로 평균 100명의 딸이 임신될 때, 약 120에서 150명의 아들이 임신된다. 그러나 어떤 자연적인 조절 기전이 있어, 여성 태아의 생존율이 더 높은 것으로 여겨진다. 남성 태아는 **자연유산(spontaneous**

접합자(zygote) 수정된 난자.

양수천자(amniocentesis) 태아에게 존재할 수 있는 여러 질병 유무를 판단하기 위해 양수 내에 존재하는 태아 세포를 추출하여 검사하는 방법.

다운증후군(Down syndrome) 21번 염색체가 한 개 더 존재하여 발생하는 염색체 이상으로 정신지체를 일으킨다.

자연유산(spontaneous abortion) 독립적인 삶을 영위할 수 없는 시기에 배아 및 태아가 갑작스럽게, 불수의적으로 자궁으로부터 추출되는 현상.

abortion)에 의해 사멸하는 경우가 여성 태아보다 더 높으며, 자연유산은 보통 임신 4주 이내에 일어난다. 초기 자연유산에서는 여성들이 임신했었다는 사실조차 전혀 깨닫지 못한다. 이러한 자연유산에도 불구하고 남아 출산율이 여아보다 높다. 그러나 남아는 여아와 비교하여 더욱 높은 유아 사망률을 보인다. 그러므로 그들이 성장하여 짝을 맺을 시점에서의 남자와 여자의 수는 전체 인구에서 평형을 이룬다.

한 번의 사정에 평균 2억에서 4억 개의 정자가 배출되는 것은 낭비적이다. 왜냐하면 단지 한 개의 정자만이 난자와의 수정에 성공하기 때문이다. 그러나 사정된 정자 중 난자 근처에까지 도달할 수 있는 정자의 비율은 1천 개 중 단지 1개에 불과하다. 만약 여성이 일정 시간 누운 자세를 유지하지 않는다면, 수백만 개의 정자들은 중력에 의해 여성의 질 밖으로 배출되어 버린다. 정상적인 질 내 산성도는 많은 정자들을 죽인다. 살아남은 정자들은 자궁경부로부터 흘러내리는 체액의 흐름을 거슬러 자궁 입구를 통해 자궁 내로 헤엄쳐 들어간다. 살아남은 정자들은 사정 후 60분에서 90분이 지나면 수란관에 도착한다. 그 중 약 절반은 반대편 수란관으로 향한다. 즉, 난자가 존재하지 않는 수란관에 도착한다. 대략 2천 개의 정자만이 난자가 존재하는 올바른 수란관을 찾아낸다. 그리고 그 중 소수만이 수란관 내부를 덮고 있는 섬모에 의해 형성되는 체액의 흐름을 거슬러 약 5 cm를 더 헤엄쳐 오른다.

그림 11.1 수란관 내에서 난자 주위를 헤엄치고 있는 인간의 정자. 정상적인 경우, 수정은 자궁이 아닌 수란관에서 일어난다. 정자는 난자를 둘러싸고 있는 막을 얇게 분해할 수 있는 효소인 히알루로니다아제를 분비하여, 난자 내 침투를 용이하게 한다.

정자의 여행은 맹목적인 것으로 보이지만 결코 무작위적인 것은 아니다. 난자가 화학물질을 분비하여 정자를 유인하기 때문이다. 그리고 정자에는 화학물질에 대한 수용체가 존재한다(Baum & Kelliher, 2009; Spehr 등, 2006). 그러므로 재미있게 표현하자면 이렇게 생각할 수 있다. 난자는 변형된 후각 자극을 이용하여 정자를 유혹한다고.

수정은 보통 수란관에서 일어난다. (그림 11.1은 수란관 내에서 난자를 둘러싸고 있는 정자들을 보여준다.) 난자는 염색체와 단백질, 지방, 영양물질을 함유하고 있으며, **투명막(zona pellucida)**이라 불리는 젤라틴 성분의 막에 둘러싸여 있다. 수정이 이루어지기 위해서는 정자는 반드시 투명막을 통과해야 한다. 정자는 **히알루로니다아제(hyaluronidase)**를 분비함으로써 자신의 여행을 완성한다. 히알루로니다아제는 일시적으로 투명막을 얇게 만들어 정자가 침투할 수 있도록 돕는다. 한 개의 정자가 일단 난자 내로 들어가면 다른 정자들이 침투할 수 없도록 투명막은 두터워진다. 정자와 난자의 상동 염색체들은 서로 마주보고 정렬한다. 임신은 각각 특유의 유전자를 함유하는 난자와 정자의 염색체들이 새로운 23쌍의 염색체를 재구성함으로써 완성된다.

임신 가능성의 최적화

특정 시기에 출산이 가능하도록, 특정 달에 임신 가능성을 최적화할 수 있기를 바라는 커플들이 있다. 어떤 사람들은 임신에 문제가 있어 산부인과를 찾기 전, 몇 달 동안 임신 가능성을 최적화할 수 있기를 원한다. 만약 수정에 심각한 문제가 없는 커플이라면 매우 단순한 조치만으로도 임신 가능성을 높일 수 있다.

난자는 배란 후 4시간에서 20시간 동안 수정이 가능하다(Wilcox 등, 2000). 정자는 사정 후 48시간 동안 최고의 활성을 띤다. 그러므로 임신 가능성을 최적화할 수 있는 한 방법은 배란 전 · 후 수 시간 내에 성교를 하는 것이다. 배란을 예측할 수 있는 다양한 방법이 있다.

투명막(zona pellucida) 난자를 싸고 있는 젤라틴 성분의 막.

히알루로니다아제(hyaluronidase) 일시적으로 투명막을 얇게 만들어서 정자가 침투할 수 있도록 하는 효소.

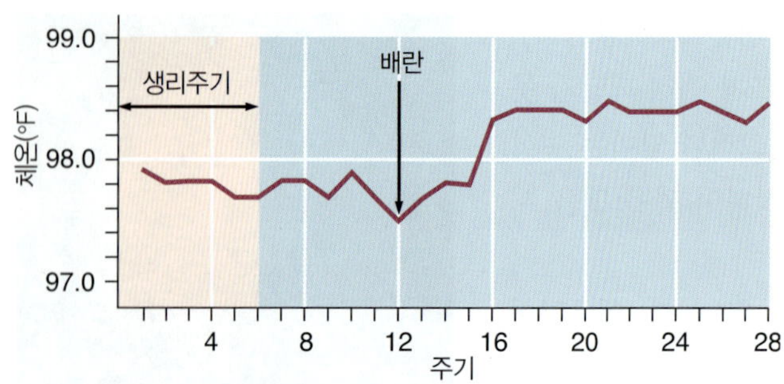

그림 11.2 기초체온도표. 대부분의 여성들은 어느 정도 생리주기가 불규칙하기 때문에 배란 시기를 정확하게 예측하는 것은 불가능하다. 한편, 기초체온도표는 여성들이 배란 시기를 예측하는 데 도움이 된다. 배란 전까지 체온은 매우 일정하게 유지되나, 배란 직전 약간 떨어진다. 그리고 배란일에 여성의 체온은 배란 전의 평균 체온보다 약 0.2~0.4°C 증가한다.

기초체온도표의 사용 생리주기가 완벽하게 규칙적인 여성은 거의 없다. 그러므로 여성들은 배란 여부를 단지 추측할 수 있을 뿐이다(Wilcox 등, 2000). 그러므로 기초체온도표(그림 11.2)는 좀 더 신뢰도 높은 예측도구가 될 수 있다.

배란 전 기초체온은 꽤 일정하다. 이른 아침 체온은 대체로 37°C 이하다. 그러나 배란 직전 기초체온은 다소 저하된다. 그리고 배란일, 체온은 0.2~0.4°C 정도 상승하는 경향이 있으며, 월경 때까지 지속적으로 높은 체온을 유지한다. 여성은 아침에 기상하여 침대에서 일어나기 전에 매일 자신의 체온변화를 추적함으로써 이 변화를 감지할 수 있다. 전자디지털체온계와 같이 미세한 체온변화도 측정할 수 있는 체온계를 사용하는 것이 이 작은 변화를 감지하기에 적합하다. 커플은 여성의 체온과 배란주기 및 배란일을 함께 기록하고, 성교여부를 결정할 수 있다. 6개월 정도 규칙적으로 도표를 작성하면, 여성은 자신의 배란주기가 비교적 규칙적이라는 가정 하에 배란일을 예측할 수 있다.

또 다른 선택사항으로는 배란이 예측되는 수 일 동안 매 24시간 간격으로, 혹은 매 36시간 또는 48시간 간격으로 성교를 하는 방법이다. 배란이 예측되는 시기에 좀 더 자주 성교를 하는 것은 임신의 가능성을 높일 수 있다. 비교적 적은 횟수의 성교, 즉 36시간이나 48시간 간격의 성교가 사정 시 많은 수의 정자를 배출케 한다. 대부분의 전문가들은, 커플이 아이를 원할 경우, 배란이 예측되는 주간에는 하루에 한 번 혹은 이틀에 한 번 주기로 성교를 하라고 조언한다. 남성의 정자 수가 정상에 미치지 못할 경우에는, 한 번 사정 후 48시간을 기다렸다가 사정할 것을 권장한다.

소변 및 타액에서의 황체형성호르몬 분석 배란진단시약은 기초체온을 측정하는 방법보다 더 정확하다. 배란 12시간에서 24시간 전에 급증하는 황체형성호르몬(luteinizing hormone, LH)의 양을 여성의 소변이나 타액에서 분석함으로써 배란을 예측할 수 있다(Peris, 2006).

질 점막의 변화 감지 여성들은 손가락 사이에 자신의 질 점막을 놓고 굴려봄으로써 생리주기 동안의 점막 두께 변화를 감지할 수 있다. 점막의 촉감 변화는 없다. 질 점막은 대부분의 생리주기 동안 두껍고 백색을 띠며 탁하다. 그러나 배란 전, 수 일 동안은 질 점막이 얇아지고 미끈거리며 투명해진다. 배란일 혹은 그 직후부터 질 점막은 다시 두꺼워지고 불투명해진다.

추가적으로 고려할 사항 남성상위체위는 정자가 여성의 질 깊숙이 축적되게 하고, 중력에 의해 질 밖으로 유출될 가능성을 최소화한다. 그리고 여성은 사정 후 등을 바닥에 눕힌 자세에서 자신의 무릎을 가슴 방향으로 끌어당김으로서 임신 가능성을 높일 수 있다. 이 자세는 베개를 엉덩이 밑에 받침으로써 편하게 유지할 수 있는데, 정자가 흘러나가는 것을 방지하고 자궁 경부보다 정액이 더 높은 곳에 위치하도록 한다. 그러므로 이 자세는 중력이 임신을 돕는 자세다. 여성은 사정 후 30분에서 1시간 정도 더 누워 있는 것이 좋다.

후굴 정도가 심한 자궁을 가진 여성은 팔꿈치와 무릎으로 엎드린 자세를 취하고, 남성은 후체위 상태에서 사정함으로써 효과를 볼 수 있다. 이 자세 또한 정액이 흘러내리는 것을 방지한다.

남성은 될 수 있는 대로 사정 직전 음경을 깊이 삽입해야 하며, 사정 동안에는 정지해 있어야 한다. 그리고 정액이 흐트러지는 것을 방지하기 위해서는 삽입된 음경을 직선 방향으로 천천히 빼야 한다.

아이의 성별 선택

수천 년 동안 부모들은 자식들의 성별을 선택할 수 있기를 희망하여 왔다. 많은 문화권에서 한 쪽 성별(보통 아들)이 다른 성별보다 선호되어왔다. 그리고 딸 혹은 아들을 이미 가진 부모들이 아들 혹은 딸을 가짐으로써 가족의 "평형"을 맞추고 싶어 하는 경우도 있다. 그리고 또한 아들에게서만 나타나는 성별과 연관된 질병이 있다. 이런 경우, 딸을 가질 수 있는 선택권이 있다면 부모들은 안정감을 가질 수 있을 것이다.

민간요법은 넘쳐난다. 어떤 문화권에서는 아들을 임신하기 위해 보름에 성교하라고 충고한다. 그리스 철학자인 아리스토텔레스는 북풍이 부는 동안에 사랑을 나누면 아들을 가질 수 있다고 하였다. 남풍은 딸을 만든다고 하였다. 한때 아들을 원하는 부모에게는 신 음식이 추천되기도 하였다. 딸을 원하는 부모에게는 단 음식이 추천되었다. 그리고 아들을 갈망하는 남편에게는 신발을 꼭 침대에서 벗으라고 충고하였다. 이러한 방법들이 효과가 없는 것은 두말할 필요도 없다(그러나 우리는 이러한 민간요법들을 아무렇게나 말하고 있다).

민간요법들은 아이의 성별로 선택할 수 있으리라는 추측에서 비롯되었다. 그리고 성별을 이유로 태아를 유산하는 방법 또한 이용되어 왔다. 그리고 많은 문화권에서 영아살해풍습이 자행되었다. 보통 딸에 비해 아들을 갖는 것이 더 바람직한 것으로 여겨졌기 때문에, 딸에 대한 영아살해가 아들 영아살해보다 보편적으로 일어났다.

오늘날에는, 착상 전 태아의 성별을 선택할 수 있는 좀 더 신뢰도 높은 방법으로 **착상전유전자진단(preimplantation genetic diagnosis, PGD)**이라는 방법이 있다. 착상전유전자진단은 유전자 이상을 발견하기 위해 개발되었다. 그러나 이 방법은 또한 의료종사자가 배아의 성별을 알 수 있게끔 해 주었다(Puri & Nachtigall, 2009). 착상전유전자진단에서 난자는 실험관내에서 수정되고, 대략 6개에서 8개의 배아가 만들어진다. 수일 동안의 세포분열이 유도된 후, 각 배아에서 단일 세포를 축출한다. 그리고 세포의 성염색체 구조를 현미경으로 관찰함으로써 배아가 남아일지 혹은 여아일지 확인할 수 있다. 원하는 성별의 배아를 한 개 혹은 두 개 이상 여성의 자궁 내로 착상시키고 출산일까지 기다린다. 착상전유전자진단은 성별을 선택할 수 있는 매우 신뢰도 높은 방법이다. 그러나 의학적으로 침습적이고, 비용이 많이 들며, 착상이 되리라는 보장 또한 없다. 반면, 착상이 이루어지면 배아의 성별은 확실하다.

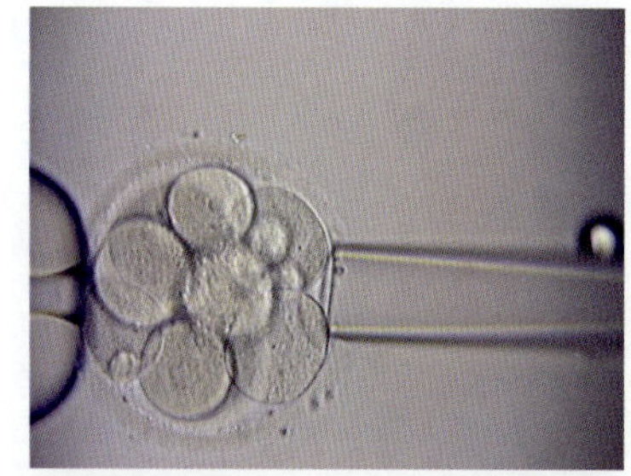

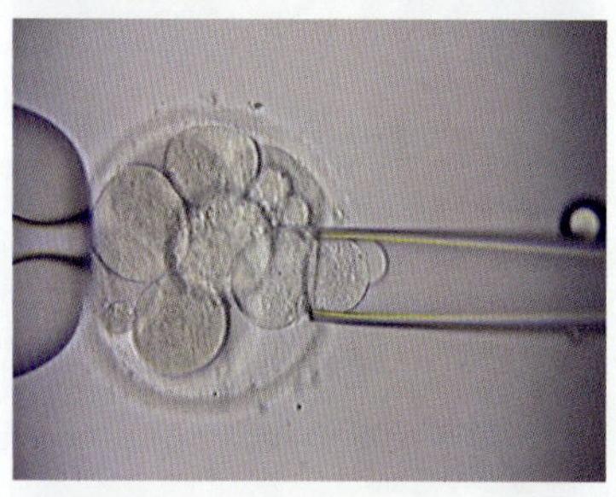

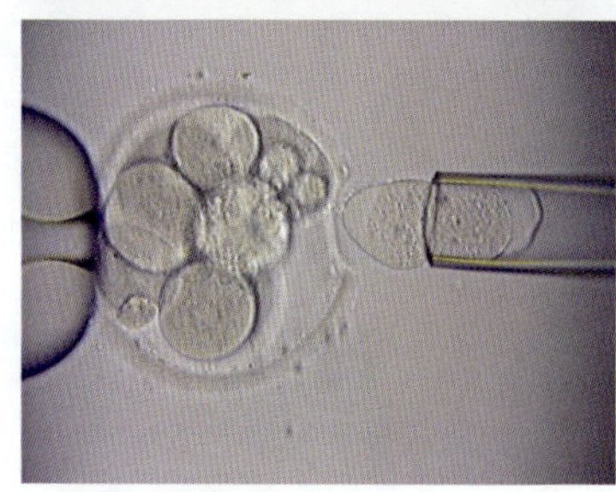

착상전유전자진단. 착상전유전자진단은 착상이 이루어지기 전, 아이의 성별을 선택할 수 있는 가장 신뢰할 만한 유일한 방법이다.

비판적인 사고하기

성별 선택은 다양한 윤리적 · 도덕적 문제를 불러일으킨다. 많은 사람들은 도대체 누구에게 아이들의 성별을 선택할 수 있는 "권리"가 주어졌는가에 대해 의문을 제기한다. 이에 대한 당신의 입장은 어떠한가? 그 이유에 대해 설명하시오.

11.2 불임과 보조생식기술

아이를 원하는 커플들에게 있어, 몇 가지 문제점들은 불임보다도 더 큰 좌절감을 준다(Clay, 2006). 의사들은 이성애자 커플들에게 의학적 도움을 구하기 전 약 6개월 정도는 임신을 위해 좀 더 노력해보라고 조언한다. **불임(infertility)**이라는 용어는 1년 이상 임신을 위해 노력했음에도 불구하고 아이가 생기지 않을 경우 사용되며, 35세 이상 여성은 임신을 시도한 지 6개월 이내에 아이가 생기지 않을 경우 병원을 찾는 것이 좋다(American Fertility Association, 2006).

연령 증가에 따라 불임 가능성이 높아지기 때문에, 불임은 30대에서 40대가 되도록 출산을 연기한 커플들에게서 특히 높게 나타난다(Shevell 등, 2005). 결국, 미국인 커플 중 약 15%는 임신 관련 문제를 안고 있다(American Fertility Association, 2006). 그러나 그 중 절반 정도는 결국 임신에 성공한다. 우리가 앞으로 살필 많은 대체 치료법들이 활용가능하다.

남성의 임신문제

불임의 약 30%는 남성에게 문제가 있는 경우이다. 그리고 약 20%는 배우자 모두에게 문제가 있는 경우이다(Hatcher 등, 2008; Shevell 등, 2005).

남성의 임신문제는 다음에 제시한 문제들이 그 원인일 수 있다.

- 정자 수의 부족.
- 정자의 형태 이상. 예를 들어 정자 머리나 꼬리의 형태 이상.
- 정자의 **운동성(motility)** 부족.
- 당뇨와 같은 만성질환 및 성병과 같은 전염성 감염.
- 정소의 상해.
- **자가면역반응(autoimmune response)**으로 남성에게서 생성된 항체가 자신의 정자를 불활성화시킬 경우.
- 뇌하수체 불균형 및 갑상선 질환.

남성이 충분한 양의 정자를 정상적으로 생산하지 못하는 원인으로는 유전적 요인, 노령, 호르몬 문제, 당뇨, 정소의 상해, 음낭의 정맥류, 약물(알코올, 마약, 마리화나, 담배) 중독, 혈압문제, 환경적 독소 노출, 고온, 스트레스 등이 있다. 정자 생성능력은 연령 증가에 따라 차츰 감소한다. 그러나 정상적인 노화가 불임의 절대조건은 아니다. 고령 남성도 한 아이의 아버지가 될 수 있다.

정자 수의 부족 혹은 무정자증이 불임의 가장 일반적 문제이다. 정액 1밀리리터당 약 4000만에서 1억 5000개 정도의 정자가 존재할 경우 정상으로 간주된다. 2000만 개 이하일 경우, 정자 수의 부족으로 여겨진다. 잠복고환인 남아가 사춘기 이전에 적절한 외과적 치료를 받지 못한 경우에도 정자생성 감소현상이 일어날 수 있다. 빈번한 사정 또한 정자 수 감소의 원인이다. 일반적인 음낭 온도, 즉 34.4°C에서 35°C보다 0.5°C에서 1°C 이상 정소의 온도가 높게 유지되면 정자생성에 악영향을 줄 수 있다. 또한 온욕을 자주 즐긴다던지, 꽉 끼는 내의를 착용하는 것 또한 일시적으로 정자생성을 감소시킬 수 있다.

불임(infertility) 아이를 임신할 수 없는 상태.

운동성(motility) 정자의 운동성. 정자의 생존력을 측정하는 도구.

자가면역반응(autoimmune response) 신체에 자연적으로 존재하는 물질을 비자기 물질로 (잘못) 인식하여 해당 물질을 공격할 수 있는 항체를 생산하는 것.

사실인가 아니면 허구인가 1

사실인가 아니면 허구인가 1: 일부 남성들은 장기적인 육상운동, 장기간의 전기담요 사용, 혹은 장시간의 온욕 습관으로 임신문제를 겪을 수 있다. 이러한 경우, 문제는 쉽게 해결될 수 있다. 임신문제를 안고 있는 육상선수에게는 정자 수를 증가시키기 위한 잠깐의 휴식이 필요하다.

정자의 수는 적당하나, 전립선이나 호르몬의 문제 혹은 다른 어떤 요인으로 인해 정자의 활동성이 감소하든지 혹은 정자의 형태 변이가 발생할 수 있다. 정자의 활동성 이상은 또한 감염에 따른 조직 내 흉터 발생으로 인해 야기될 수 있다. 정관과 같은 조직에 발생하는 흉터는 정자의 이동통로를 막을 수 있다. 정상적인 경우, 정자는 성교 후 최소 2시간 이상 헤엄칠 수 있어야 하고, 대부분(60% 이상)은 정상적인 형태를 하고 있어야 한다.

정자 수는 음낭의 정맥류를 외과적으로 복원함으로써 증가시킬 수 있다. 또한 미세수술을 통해 봉쇄된 정자의 이동통로를 복원함으로써 임신 문제를 극복할 수 있다. 연구자들은 또한 특수한 냉각 속옷이 정자 생성에 미치는 효과를 연구 중에 있다. 정상적인 음낭온도에 비해 높은 체온으로 불임이 야기되는 대부분의 남성에게 이와 같은 속옷 착용은 정자의 수나 질을 향상시키는 효과를 보였다.

인공 수정 정자 수가 부족한 남성은 정자를 얼려둠으로써, 그리고 수차례의 사정으로 얻어진 정자들을 배란 시기의 여성 자궁에 주입함으로써 임신 가능성을 높일 수 있다. 이것이 **인공 수정(artificial insemination)**의 한 방법이다. 또한 남성의 정자가 운동성이 빈약하다면 자궁 내로 정자를 직접 주입함으로써 수란관에 이르는 정자의 여행을 좀 더 가까운 곳에서 시작하게끔 한다. 남성 배우자가 불임일 경우에는 기증자의 정자를 여성에게 인공 수정하는 방법 또한 이용될 수 있다. 이 경우 아이는 부모 중 엄마의 유전자만 상속받는다. 기증자는 신체적인 특징이나 인종적 배경을 고려하여 부모와 닮은 사람으로 선택할 수 있다.

정액 내 정자 수가 너무 적거나 혹은 거의 없는 경우, 또는 미성숙 정자나 운동성이 전혀 없는 정자를 가진 남성의 경우에는 변형된 다른 방식의 인공 수정이 이용될 수 있다. 매우 작은 주사바늘을 이용하여 미성숙 정자를 정소로부터 분리하고, 이후 실험실에서 난자와 수정시킨다. 이 방법은 꼬리가 없는 정세포만을 가진 소수의 남성에게서 성공하였다.

여성의 임신문제

여성의 주요 임신문제는 다음과 같다.

- 불규칙한 배란 및 무배란.
- 생식관의 형태이상 혹은 막힘. 이와 같은 현상은 생식관의 감염 및 질병 노출에 의해 발생할 수 있다.
- 자궁내막증.
- 연령 증가에 따른 에스트로겐과 프로게스테론의 수치 감소. 호르몬의 감소는 난자의 수정 가능성 및 자궁에서의 착상 유지 가능성을 감소시킨다.

인공 수정(artificial insemination) 성교가 아닌 다른 방법을 이용하여 정자를 여성의 생식관에 주입하는 것.

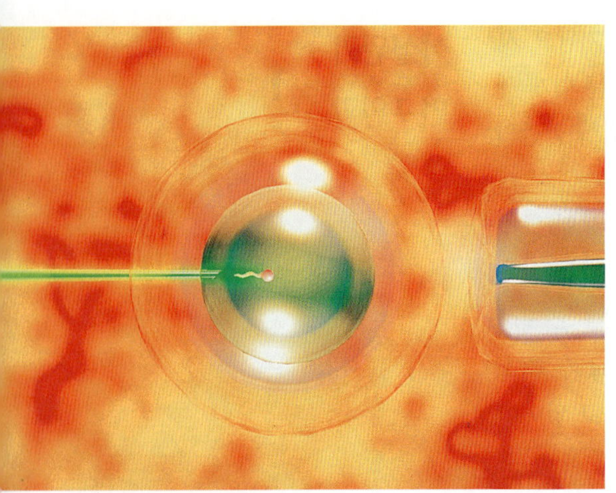

세포질 내 정자주입술. 체외수정을 시도하기에는 남성이 생성하는 정자의 수가 너무 적어 체외수정을 실패했을 때, 세포질 내 정자주입술이 이용된다. 사진에서 볼 수 있듯이 매우 가는 주사바늘을 이용하여 난자 내로 단 한 개의 정자를 주입한다.

여성 불임 문제의 10~15%는 배란 실패에 문제의 근간이 있다. 호르몬 불균형, 영양실조, 유전적 요인, 스트레스, 혹은 만성 질환 등의 많은 요인들이 배란 실패의 원인으로 주목된다. 배란 실패는 여성 육상선수나 혹은 식이장애가 있는 경우처럼 체지방 수준이 너무 낮은 여성에게서도 발생할 수 있다(Frisch, 2002).

배란은 종종 클로미펜(*clomiphene;* Clomid)과 같은 배란촉진제를 이용하여 유도될 수 있다. 클로미펜은 시상하부를 자극하여 난포자극호르몬(FSH)과 황체형성호르몬(LH)을 분비케 하며, 이들은 다시 난자의 성숙을 촉진시킨다. 클로미펜이 난소의 수정을 유도할 수 있는 경우는 불임의 주 요인이 불규칙한 배란 혹은 무배란일 경우만으로 한정된다. 그러나 불임은 여러 가지 원인에 의해 발생할 수 있으므로 클로미펜을 이용한 임신 성공률은 전체 불임치료의 약 50% 정도에 불과하다. 다른 불임치료제로 페르고날(Pergonal)이 있다. 페르고날은 높은 농도의 난포자극호르몬을 함유하고 있어 난포의 성장을 직접 촉진한다. 클로미펜처럼 페르고날 역시 무배란이 불임의 원인인 여성들에게 높은 임신 성공률을 보인다. 클로미펜과 페르고날의 사용은 두 명 이상의 쌍둥이 출산 가능성을 높인다(Shevell 등, 2005). 네 쌍둥이나 다섯 쌍둥이를 가질 수도 있다.

수란관이나 생식기관에 흉터를 남기는 국소감염은 정자나 난자의 이동을 방해한다. 골반염은 여성의 내부 생식관에 염증반응을 유발할 수 있으며, 임질이나 클라미디아 원인균과 같은 감염성 세균이 골반염의 원인이 된다(16장).

자궁내막증(endometriosis)은 자궁내막을 둘러싸는 내막세포들이 떨어져 나와 아무데나 착상하여 자라는 것을 일컫는다. 내막세포들이 난소나 수란관의 표면에서 발생할 경우 그들은 난소의 이동을 막을 수 있으며 수정을 어렵게 한다. 불임 여성 6명 중 1명이 자궁내막증으로 불임을 경험한다. 호르몬 치료나 외과적 수술을 통해 막혀 있는 곳을 열어줌으로써 종종 임신에 성공할 수 있다. 의사들은 골반검사를 통해 자궁내막증을 예견하기도 한다. 그러나 확진은 **복강경(laparoscopy)**을 통해 이루어진다. 가늘고 긴 튜브를 배꼽의 절개부로 삽입하고, 의사는 골반 내 장기들을 살펴보고 검사한다. (절개 부위는 거의 표시가 나지 않는다.)

수란관의 막힘 여부는 **루빈테스트(Rubin test)**나 **자궁수란관조영술**[**hysterosalpingogram, "자궁조영술(hysterogram)"**]을 통해 확인할 수 있다. 루빈테스트는 이산화탄소를 자궁경부를 자궁 내로 주입함으로써 이산화탄소가 수란관을 통해 복강 내로 자유롭게 이동하는지 혹은 자궁 내에 갇혀 있는지를 판독한다. 자궁수란관조영술은 자궁 내로 주입된 염료의 움직임을 X-선을 통해 추적 관찰한다. 환자에게는 다소간 힘든 경험일 수 있다. 수란관 폐쇄와 같은 문제를 안고 있는 많은 커플들이 아이를 가질 수 있도록 돕는 많은 방법들이 있다.

자궁내막증(endometriosis) 월경 시 자궁 내막 조직이 떨어져 나와 몸 밖으로 배출되지 못하고 복강 내부로 유입되는 비정상적 상태. 자궁내막증은 복통을 유발할 수 있고, 불임의 원인이 될 수 있다.

복강경(laparoscopy) 길고 가는 튜브 형태의 의료 기구. 배꼽 내 절개부를 통해 관을 복강 내로 삽입하여 골반강 내 장기들을 육안으로 확인하는 장비.

루빈테스트(Rubin test) 자궁경부를 통해 이산화탄소 가스를 주입하고, 이 가스가 생식관을 통해 이동하는 경로를 추적함으로써 수란관이 막혔는지 여부를 확인하는 검사방법.

자궁수란관조영술(hysterosalpingogram) 생식관 내로 염료를 주입하고, 이 염료가 생식관을 통해 이동하는 경로를 X-ray를 통해 추적함으로써 수란관이 막혔는지 여부를 확인하는 검사 방법.

체외수정(in vitro fertilization, IVF) 수술적 기법을 이용하여 난소로부터 성숙한 난자를 채취하고, 이를 실험실 접시에서 정자와 함께 배양함으로써 수정을 유도하는 방법.

체외수정

체외수정(in vitro fertilization, IVF) 기법으로 임신에 성공한 루이스 브라운이 영국에서 출생하였을 때, 이 출산은 전 세계적인 일면 톱기사가 되었다. 루이스는 세계 최초의 "시험관 아이"라는 별명을 갖게 되었다. 사실인가 아니면 허구인가 2: 소위

사실인가 아니면 허구인가 2

시험관 아이라는 말과는 상반되게 수정은 실질적으로 시험관에서 이루어지지 않고 실험실 접시에서 이루어진다. 그리고 배아는 어머니의 자궁내로 착상되며, 그곳에서 출생시까지 발달한다. 체외 수정 전, 난자의 성숙을 촉진하기 위한 임신촉진제가 처방된다. 성숙한 난자는 외과적 수술을 통해 난소로부터 분리되어 아버지의 정자와 함께 실험실 접시에 놓인다. 이후, 수정된 난자는 어머니의 자궁으로 주입되고 자궁벽에 착상한다.

로라와 동료들은 체외수정으로 태어난 약 10,000명의 아이들을 대상으로 연구를 수행하여, 의사가 2개의 배아를 착상시켰을 때 가장 높은 임신 성공률을 보인다는 사실을 밝혀냈다(Laura Schieve 등, 1999): 20세에서 29세 사이의 여성은 약 43%, 그리고 30세에서 34세 사이의 여성은 약 36%의 성공률을 보였다. 두 그룹 모두에서 전체 약 절반에 해당하는 경우는 이란성 쌍둥이가 태어났다. 체외수정은 산모와 아이 모두에게 위험성이 높다. 산모에게는 고혈압이 발생할 수 있으며, 자연유산 또한 발생할 수 있다(Shevell 등, 2005). 체외수정의 장점과 위험성에 대해서는 산부인과 의사와 상담해야 한다.

수란관 내 생식세포이식 **수란관 내 생식세포이식(gamete intrafallopian transfer, GIFT)**은 정자와 난자를 함께 수란관 내로 주입하여 수정시키는 방법이다. 이 방법은 실험실 접시에서 수정시키는 체외수정과 비교하여 수란관에서 수정이 일어난다는 점이 다르다.

수란관 내 접합자이식 **수란관 내 접합자이식(zygote intrafallopian transfer, ZIFT)**은 체외수정과 수란관 내 생식세포이식법을 혼합한 방법이다. 정자와 난자를 실험실 접시에서 수정시킨다. 수정된 접합자를 모체 수란관에 이식하며, 접합자는 착상을 위해 수란관으로부터 자궁까지의 여행을 개시한다. 수란관 내 생식세포이식과 비교하여 수란관 내 접합자이식은 시술 이전에 인공수정 전문가가 생식세포의 수정 여부를 확신할 수 있다는 장점이 있다.

공여자 체외수정 **공여자 체외수정(donor IVF)**은 체외수정의 변형된 한 형태이다. 난자를 제공할 여성으로부터 난자를 채취하여 수정시킨 후, 임신을 원하는 여성의 자궁이나 수란관에 이식하는 방법이다. 임신을 원하는 여성이 난자를 생성하지 못할 경우 이 방법이 이용된다.

배아이식 **배아이식(embryonic transfer)**은 난자를 생성치 못하는 여성에게 적용될 수 있다. 불임 여성의 남편으로부터 추출한 정자 혹은 공여된 정자를 이용하여 지원자 여성의 난자와 인공수정을 한다. 수정 5일 후, 지원 여성으로부터 배아를 추출한다. 그리고 착상이 잘 되기를 기원하며, 불임 여성의 자궁에 추출된 배아를 이식한다.

세포질 내 정자주입술 **세포질 내 정자주입술(intracytoplasmic sperm injection, ICSI)**은 체외수정을 시도하기에는 남성의 정자 수가 너무 적을 경우 혹은 그 이외의 이유로 체외수정에 실패하였을 경우 시도할 수 있다. 세포질 내 정자주입술은 정세포를 난

수란관 내 생식세포이식(gamete intrafallopian transfer, GIFT) 수정이 잘 일어날 수 있도록 돕기 위해 난자와 정자를 수란관 내로 삽입하는 수정방법.

수란관 내 접합자이식(zygote intrafallopian transfer, ZIFT) 실험실 접시에서 수정된 수정란을 수란관 내로 삽입하는 수정방법.

공여자 체외수정(donor IVF) 체외수정의 변형된 한 방법으로, 한 여성의 난자를 채취하여 수정시킨 후, 다른 여성의 자궁이나 수란관으로 수정란을 이식하는 방법.

배아이식(embryonic transfer) 여성 지원자는 임신을 원하는 여성의 남편과 인공수정을 하고, 임신이 된 후 여성 지원자로부터 배아를 축출하여 임신을 원하는 여성의 자궁내로 착상시키는 임신방법.

세포질 내 정자주입술(intracytoplasmic sperm injection, ICSI) 한 개의 난자에 단일 정자를 직접 주입하는 임신방법.

비판적인 사고하기

불임을 극복하기 위한 방법들 중, "비자연적"이라고 느낀 방법들이 있는가? 왜 그렇게 느꼈는지 설명해 보자. 여러분이 판단하기에 자연스러운 방법이 있다면, 여러분은 그러한 방법들을 시도해 볼 용의가 있는가? 설명해 보자.

자의 세포질에 직접 주입하는 방법이다. 그러나 이 방법은 심장이나 위, 콩팥, 방광 등의 장기 이상 및 구개열, 탈장, 그리고 남아의 경우에는 성기의 형태이상과 같은 선천성 기형이 동반될 확률이 높다(Shevell 등, 2005).

안젤리나 졸리와 브래드 피트, 친자식 및 입양한 자식들과 함께. 영화배우인 안젤리나 졸리와 브래드 피트는 임신이 가능함에도 불구하고 아이들을 입양하여 키움으로써 만족감을 얻고 있다.

대리모 **대리모(surrogate mother)**는 불임인 여성의 남편으로부터 추출한 정자 또는 공여된 정자와 인공수정을 하고, 아이가 태어날 때까지 임신하여 아이를 키우는 여성을 의미한다. 대리모는 불임 여성 혹은 커플에게 아이를 돌려줄 것을 서약한다. 그러나 미국의 몇몇 주에서는 이와 같은 계약을 무효로 보고 있으며, 따라서 해당 주에서는 대리모에게 아이를 돌려달라고 강요할 수 없다.

입양 입양은 아이를 가질 수 있는 또 다른 방법이다. 이따금 입양을 보낸 부모의 마음이 바뀔 경우 입양한 부모와 마찰을 빚기도 하지만, 대부분의 입양은 사랑스런 가정의 형성으로 이어진다.

미국의 경우, 국외로부터 유아를 입양하거나 특별한 보호가 필요한 유아 또는 어린이를 입양하는 것이 어렵지 않다. 한 세대 전만해도 입양아의 대부분은 태어난 지 며칠 안 되는 유럽계 미국인 유아들이었다. 그러나 피임법이 널리 보급되고 독신녀들이 자신의 아기를 원하면서부터 입양을 위한 유럽계 미국인 유아들의 수가 부족하게 되었다. 오늘날에는 좀 더 높은 연령대의 아이들이, 입양시설에서 일정 기간 생활한 아이들이, 인종이 다른 아이들이, 특별한 보호가 필요한 아이들이, 그리고 다른 나라에서 태어난 아이들이 입양되는 사례가 점점 늘고 있다(Cheyne, 2005; Schwam-Harris, 2008). 한 세대 전에는 입양하는 부모 역시 사회 · 경제적 위치가 안정되어 있고, 결혼하였으나 불임인 유럽계 미국인들이 주를 이루었다. 그러나 오늘날 많은 입양알선기관들은 독신자, 노인, 남성 혹은 여성동성애자에게로까지 입양 부모의 영역을 좀 더 다양하게 확대하고 있다(Brodzinsky & Palacios, 2005).

대부분의 입양아들과 입양 부모들은 순조로운 삶을 영위한다. 그러나 모든 것은 상대적이다. 아무래도 친자식보다는 입양된 아이들이 양부모에게서 안정감을 느끼지 못하는 경향이 분명이 존재한다(Gilmore, 2008). 모든 조건이 동일하다면 입양 당시 아이가 어리면 어릴수록 입양 후 삶이 순조롭다(Brodzinsky & Palacios, 2005). 다른 인종, 혹은 다른 민족적 배경을 가진 아이를 입양한 부모들은 아이들이 자신의 문화에 익숙해질 수 있도록 더 많은 노력을 하겠지만, 아무래도 낮은 연령에 입양된 아이가 좀 더 쉽게 양부모의 문화나 언어를 습득한다(Rojewski, 2005). 입양의 의미를 차츰 깨달아가는 유년기 중반쯤에 입양아들은 불안감과 근심으로 내적 갈등을 겪을 가능성이 높다. 입양아들은 자신이 생모로부터 이해할 수 없는 버림을 받았다고 여기며, 이는 아이의 자존감 발달에 나쁜 영향을 미친다(Gilmore, 2008; MacCallum & Keeley, 2008). 입양 전에 보

대리모(surrogate mother) 잠재적인 아버지와의 인공수정을 통해 임신을 하고 배아 및 태아를 거쳐 출산할 때까지 아이를 양육한 후, 신생아를 잠재적 부모에게 양도하는 여성.

호시설로 보내지는 것은 그 자체가 사회적 격리의 한 형태가 될 수 있으므로 입양아의 내적 갈등을 심화시킬 수 있다. 보호시설에서 생활한 후 입양된 아이들은 양부모에게서 안정감을 찾는데 더 어려움을 느낄 수 있으며, 또한 좀 더 이른 시기부터 불안감을 느낄 수 있다(Chatham, 2008). 한 연구에 의하면, 보호시설에서 생활한 아이들은 그렇지 않은 아이들(입양 시점까지 엄마와 함께 생활한 아이들)에 비해 높은 콜티솔(스트레스 호르몬) 농도를 나타냈다(Wismer Fries 등, 2008).

입양에 대한 논의 시 반드시 고려되어야 할 또 다른 관점은, 어쩔 수 없이 아이를 포기해야 했던 생모에게 미치는 입양의 영향이다(Aloi, 2009). 입양을 보낸 어머니들은 자신의 아이가 얼마만큼 자랐을까 혹은 생활은 잘 하고 있을까 등의 걱정과 함께 상실감 및 죄책감에 자주 시달린다.

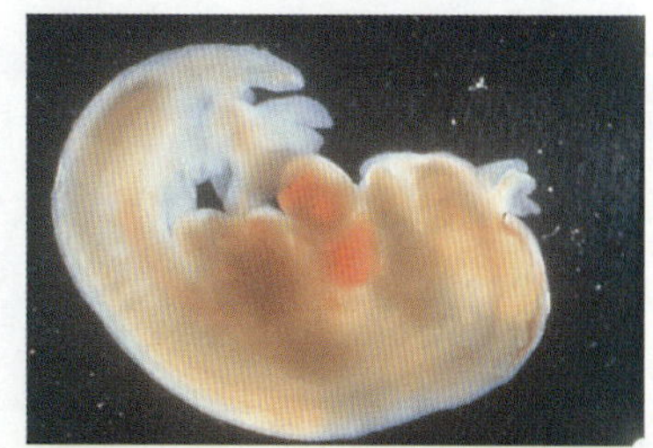
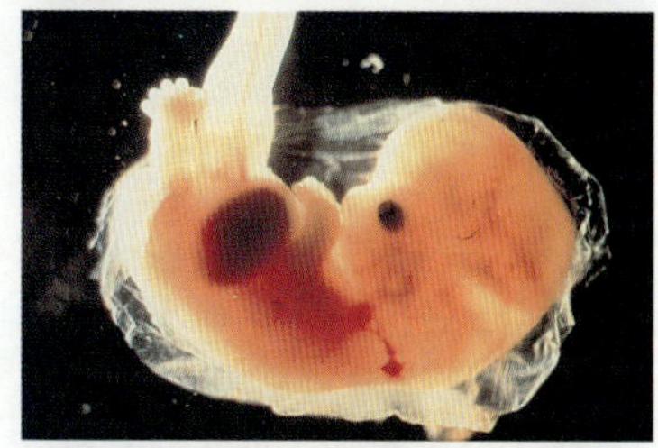
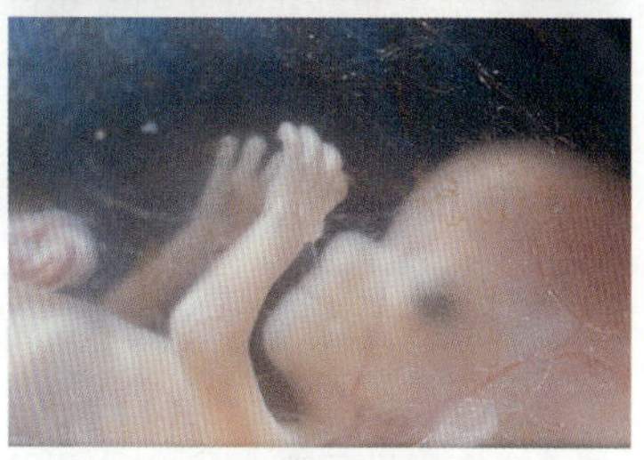

출생 전 발달. 출생 전 발달기간 동안 일어나는 발생학적 변화는 매우 빠르고 극적이다. 몇 개월 내에 인간 배아 및 태아는 단 몇 그램에서 수 킬로그램까지 체중을 불리며, 단 한 개의 세포에서 수조 개의 세포로 그 수를 증가시킨다. 발달은 두부미부 방향으로 그리고 근위원위 방향으로 일어난다. 머리의 성장은 다른 신체 부위의 성장보다 우선하여 일어난다.

11.3 임신

여성들은 임신을 했을 때 서로 다른 반응을 보인다. 심리적으로, 그리고 감정적으로 준비되어 있는 여성에게 임신은 행복한 축복으로 받아들여질 것이다. 그러나 원치 않은 임신을 한 여성에게는 공포와 절망감을 불러일으킬 것이다.

이 장에서는 임신의 생물학적, 심리학적 측면을 고찰하고자 한다. 임신의 징후, 태아 발달, 합병증, 약물 효과 및 성교의 영향, 그리고 임산부와 배우자의 심리적 경험 등에 대해 살펴본다.

초기 임신 징후

임심의 최초 징후는 생리주기가 사라지는 것이다. 그러나 스트레스 등의 이유로 생리가 불규칙해지거나 소실될 수도 있다. 따라서 생리주기 소실은 온전히 믿을 만한 임신의 지표는 아니다. 어떤 여성들은 임신기간 동안 주기적인 출혈 또는 소량의 혈액 누출을 경험한다. 출혈량은 정상 월경량에 비해 소량이다. 만약 배란 후, 3주 이상 기초체온이 높게 유지되었다면, 배란 후 2주째 소량의 출혈이 있더라도 임신을 의심할 만한 징후가 된다.

임신 검사

여러분은 여러분의 어머니가 "토끼 시험"을 통해 임신 사실을 알게 되었다고 말하는 것을 들었을 수 있다. 토끼 시험은 여성의 소변 일부를 실험용 토끼에 주사하는 것으로, 한때 임신을 확증하기 위한 방법으로 널리 이용되었다. 이 방법은 임신 후 **인간 융모성 생식선자극호르몬(human chorionic gonadotropin, HCG)**이 일시적으로 여성의 신체에서 생성된다는 사실을 근거로 한다. HCG는 토끼나 렛트, 혹은 마우스의 배란을 유도한다.

오늘날에는 소변 내에 존재하는 HCG를 직접 검출하는 방법을 통해 임신 여부를 수 분 내에 확인할 수 있으며, 임신 3주부터 가능하다. 또한 **베타 서브유닛 HCG 방사면역측정법**(beta subunit HCG radioimmunoassay, RIA)이라는 혈액검사를 통해 임신 8일째부터 여성의 혈액 내 HCG를 검출할 수 있다. 이 시점은 예상 월경일보다 5일 빠른 것이다.

인간 융모성 생식선자극호르몬(human chorionic gonadotropin, HCG) 임신 초기에 잠시 동안 생성되는 호르몬으로, 황체를 자극하여 지속적으로 프로게스테론을 생성하도록 한다. 여성의 소변에 HCG가 존재하는지 유무로 임신여부를 판단한다.

가까이서 보기

예비아빠를 위한 조언

우리 부부는 진통이 더 자주 반복되기를 기다리고 있었고, 나는 배가 고파왔다. 나는 분만실로 참치 샌드위치를 가지고 들어가는 실수를 범하고 말았으며, 아내는 나를 경멸하는 눈으로 쳐다보며 샌드위치를 나에게 던질 듯 위협했다. 더 나빴던 건 내가 곧바로 샌드위치를 들고 나가지 않았다는 것이다.

—한 예비아빠의 경험담

먼저 조언해 주고 싶은 것은 만약 당신의 의도가 그런 것이 아니었고, 이 세상에서의 삶이 그리 힘든 것이 아니었다면 분만실로 참치샌드위치를 가지고 들어가지는 말라.

임신을 한 것은 여성이다. 그러나 최근에는 다음과 같은 상징적 표현이 더 옳을 수 있다. "우리가 임신을 했어"라고. 특히 아빠가 될 사람이 임신 · 분만 과정에서 소외되고 싶지 않다면 말이다. 그러나 예비아빠들은 임신을 "우리"가 감당해야 할 일은 아닌 것으로 느낄 수 있다. 사실 예비아빠들은 임신 · 분만 과정에서 소외되어 있다고 느낀다. 예비아빠들은 임신에 대해 많은 걱정을, 그리고 어느 정도는 두려움을 느낄 수 있다(Eriksson 등, 2007). 다음은 예비아빠들이 토로하는 임신에 대한 걱정과 그에 대한 답변이다.

1. 좋은 아빠가 될 수 있을까? 내가 무엇을 해야 할지 어떻게 알지? "모성은 본능적인 것으로 여겨진다. 그러나 남성의 부성은 본능적인 것일까?" 이에 대한 다음과 같은 반박이 가능하다. 정말로 모성은 본능적인 것일까? 또는 전형적인 여성들은 어려서부터 다른 사람들의 아이들이나 인형을 돌보려는 갈망이 있기 때문에 모성의 역할을 배운다고 생각하는 것인가(Golombok 등, 2008)? 모성애와 부성애는 교육받을 수 있는 기술이라고 생각하라. 만약 남성이 의지만 있다면, 그러한 기술들은 올바르게 그리고 단시간 내에 습득할 수 있는 것들이다.
2. 가족들이 나를 필요로 할 때, 내가 사망하면 어떻게 하지? "나는 더 이상 어린아이가 아님을 느꼈어요"라고 한 예비아빠는 말한다. "나는 곧 아이를 갖게 되었지요. 그리고 불현듯 나의 삶이 영원하지 않다는 것을 깨달았어요." 타인에 대한 자신의 의무를 생각하는 것은 언제나 좋은 일이다. 예비아빠들은 삶의 위협을 과장되게 느낄 수 있으며, 이런 경우 적절한 보험을 선택하는 것은 좋은 생각이다. 젊은 아빠들은 보험설계라는 용어가 자신의 재무구조에 매우 적합한 것이라는 것을 발견하게 될 것이다.
3. 아내가 나보다 아이를 더 사랑하게 될까? 아마도 그럴 것이다. 그러나 그녀가 남편을 덜 사랑하는 것은 아니다. 아이를 갖는 것은 전체적으로 새로운 애정 및 애착 구조를 한 가족 내에 형성하는 것이다. 최소한으로 보더라도, 아이는 사랑이라는 감정의 잠재성을 확장시킨다. 많은 초보아빠들은 다음과 같이 말한다. "내 안에 그토록 깊은 사랑의 원천이 있었는지 이전에는 미처 몰랐어요"라고. 당신의 아이는 엄마에게뿐만 아니라 당신에게도 애착관계를 형성할 것이며, 당신이 경험하게 될 긍정적인 감정의 총합은 대체로 증가할 것이다.

이외에도 처방전 없이 구입하여 가정에서 간단하게 임신 여부를 확인할 수 있는 많은 검사법들이 있다. 이러한 방법들 또한 여성의 소변 내에 존재하는 HCG를 검출하는 것들이며, 월경이 사라진 그 다음날부터 검출이 가능하도록 만들어졌다. 병원에서의 검사는 98~99%의 정확도를 보인다. 한편, 가정에서 간단하게 검사하는 방법들은 어느 정도 정확도가 떨어진다. 그러므로 자신이 임신했다고 느껴지거나 임신진단검사 결과를 확인하고자 하는 여성들은 의사에게 조언을 구할 것을 권장한다.

임신의 초기 증상

임신 후 수일 내에 여성은 가슴에 압통을 느낄 수 있다. 유선을 자극하는 호르몬이 가슴을 더욱 민감하게 만들고 풍만한 느낌과 따끔거리는 느낌을 갖도록 한다.

입덧(morning sickness) 임신의 징후로 메스꺼움, 특정 음식에 대한 혐오, 구토 등을 특징으로 하는 현상.

입덧(morning sickness)은 임신기간 동안 많은 여성들이 경험하는 음식에 대한 혐오

더욱이 딸을 얻게 된다면, 당신의 아내 또한 남편이 자신보다 딸을 더 좋아하게 되지 않을까 걱정한다.

4. 여성에 대한 특별한 의학적 지식이 없다면, 임신기간 중 내가 도울 수 있는 것은 무엇일까요? 예비엄마가 임신 및 출산, 그리고 육아에 대해 많은 것을 배워감에 따라 부부 사이에는 해당 지식에 대한 큰 격차가 생길 수 있고, 예비아빠는 고립되었다고 느낄 수 있다. 그러나 함께 하려고 노력하는 것으로 예비아빠는 아내를 도울 수 있다(Locock & Alexander, 2005). 예를 들어, 예비아빠는 자신의 일정에 맞춰, 아내의 병원방문을 함께할 수 있다. 그러나 그러지 못할 상황이라면, 과장되게 호들갑을 떨 필요는 없다. 그리고 예비아빠는 아내의 걱정거리를 주의 깊게 들어줌으로써, 그리고 걱정거리를 이해하고 도움을 주려고 노력함으로써 아내에게 도움이 될 수 있다.

5. 분만실에 함께 있어야만 할 경우 나는 무엇을 해야 하나요? 아내는 내가 분만실에 함께 있는 것을 정말 원하는 걸까요? 아니면 다들 "그렇게 하는" 것이라서 그러는 걸까요? 참치샌드위치로 다시 돌아가보자. 병원에 가면 부인과 함께 출산에 대해 배우게 된다. 그리고 병원에서 출산을 돕는 사람은 당신 혼자만이 아니라는 사실을 명심하라(Premberg & Lundgren, 2006).

6. 특별히 아이들을 좋아해본 적이 없어요. 내 아이에 대해 어떤 감정을 가지게 될까요? 내 아이라는 표현이 말해주듯이 아이는 "당신의 살과 피"다. 당신은 분명히 매우 긍정적인 감정을 느끼게 될 것이다(Goodman, 2006). 그러나 이 말이 한 밤중에 아이가 울어대더라도, 혹은 아내가 아이에게만 맹목적으로 헌신하더라도, 당신은 절대 화를 내지 않을 것임을 의미하는 걸까? 절대 그렇지 않다. 그러나 이런 걱정들은 잠시 미뤄두는 것도 좋다.

7. 딸 혹은 아들이면 어떻게 하죠? 많은 예비아빠들은 자신의 아들에게 남성적인 역할모델이 되기에는 부적합하다고 걱정한다. 또는 딸에게는 무엇을 어떻게 해줘야 할지 모른다고 걱정한다. "나는 딸아이와 무엇을 어떻게 해야 할지 모른다는 그 이유 하나로 아들이기를 원했었어요. 그러나 내가 정말 아들과 축구를 하고 야구공 주고 받기를 원하는지는 확신할 수 없었죠. 솔직히 나는 공놀이를 잘 못하거든요. 그리고 우리는 딸을 낳았지요. 나는 너무도 귀여운 딸과 곧 애착관계를 형성하였고, 내 자신이 딸을 안아줄 준비가 되어 있다는 것을 깨달았지요. 그리고 부성애의 많은 부분이 기저귀를 갈아주는 것임을 곧 배우게 되었어요. 냄새는 전혀 문제될 게 없었죠."

예비아빠들은 과연 아내가 곧 태어날 아기에게 애정의 감정을 느끼게 될지, 또는 산모나 아기가 사망하지는 않을지, 산모나 아기에게 해 줄 수 있는 건 없을지, 그리고 그들 부부가 아기에 대해 어떤 감정을 느끼게 될지 등등에 대해 노심초사한다. 사진의 아빠는 최소한 부인이 건강한 아이를 출산하였다는 것을 이미 알고 있는 것으로 보인다.

감, 메스꺼움, 구토증으로, 밤-낮으로 유발될 수 있다. 한 명 이상의 아이를 키우고 있는 여성들은 보통 메스꺼움을 더 심하게 경험한다. 영어로는 morning sickness이지만 임신기간 중 구토증이나 메스꺼움은 밤-낮 어느 때나 찾아올 수 있으며, 질병이라기보다는 정상적인 임신의 한 현상이다(Flaxman & Sherman, 2000). 임신한 여성에게서 나타나는 매스꺼움이나 구토증은 태반 발달이 촉진되면서 나타나는 신체 변화를 반영하는 것이라는 증거들이 제기되고 있다(Huxley, 2000). **사실인가 아니면 허구인가 3:** 생물학자인 사무엘 플렉스만과 폴 셔먼은 약 20,000명의 임산부를 대상으로 연구하였으며, 그 결과 입덧은 태아가 건강하다는 사실과 연관되어 있으며, 유산 및 사산의 확률을 낮춘다고 보고하였다(Samuel Flaxman & Paul Sherman, 2000). 연구자들은 음식 혐오증이 보통 상한 육류에서 가장 많이 유출되는 병원체나 독소로부터 산모와 태아를 보호해 주는 기전이라고 설명한다. 물론 입덧에 진화론적 장점이 있겠지만, 특히 음식을 안전하게 저장

사실인가 아니면 허구인가 3

할 수 있는 냉장기술이 발명된 이후에는, 그 효용성이 오랜 기간에 걸쳐 약화되어 왔다.

이상의 내용이 임산부들에게 조금의 위로가 되었을 것이다. 그러나 어떤 경우에는 입덧이 너무 심하여 여성이 제대로 먹지 못하고, 그로 인해 산모와 태아의 영양 보충을 위해 병원에 입원해야 하는 경우도 있다. 그리 심하지 않은 경우에는, 소량의 음식을 자주 섭취하는 것이 도움이 된다. 잠자리에 들기 전에 그리고 일어나서 소량의 과자를 먹는 것이 도움이 된다는 사실을 많은 여성들은 경험한다. 어떤 여성들은 약물의 도움을 받는다. 이와 같은 상황의 어려움을 참고 견디기보다는 산부인과 의사와 논의하는 것이 바람직하다. 꼭 그런 것은 아니지만, 입덧은 보통 임신 12주쯤부터 잦아든다.

임신한 여성들은 초기 몇 주 동안 정상적 피로감 이상의 피로감을 경험할 수 있다. 그래서 평소보다 쉽게 잠에 빠져들고, 긴 숙면을 취하게 된다. 또한 잦은 배뇨욕구를 느끼게 되는데, 이는 자궁이 확장되며 방광을 누르기 때문이다.

유산

유산(miscarriage)은 태아의 염색체이상, 자궁이나 태반의 비정상 등 다양한 원인에 의해 일어날 수 있다. 유산 확률은 산모의 나이가 많을수록 높아진다(Stein & Susser, 2000). 전체 유산의 약 3/4은 임신 16주 이내에 일어나며, 그 중 대부분은 첫 7주 이내에 일어난다. 어떤 경우에는 너무 이른 시기에 유산되어 여성이 임신한 사실을 모를 수도 있다.

유산 후, 산모나 배우자는 깊은 상실감을 느끼게 되며 애도의 기간을 가지게 된다. 산모나 배우자가 상실감을 극복하는데 가족이나 친구들의 감정적인 위로가 도움이 된다. 대부분의 경우 유산을 경험한 여성은 이후 임신에서 출산을 하게 된다.

임신 중 성교

유산 경험이 없고 임신 과정이 정상적으로 진행될 경우, 진통이 시작되지 전까지는 임신 중 성교가 안전하다고 대부분의 의료종사자들은 입을 모은다. 그러나 임신기간 중 출혈이 있거나 경련이 있는 여성들은 성교를 삼가하라고 산부인과 의사들은 조언한다.

임신 첫 3개월 동안은 호르몬 변화 및 피로감, 메스꺼움 등의 여러 이유로 성교에 대한 여성의 관심이 감소할 수 있다. 또한 임신 첫 3개월 동안은 바소프레신이 가슴에 동통을 야기하므로, 임산부는 가슴 접촉을 꺼리게 된다. 임신 두 번째 3개월 동안에는 성교에 대한 관심이 다시 증가하며, 그 후 세 번째 3개월 동안에는 그 관심이 다시 감소한다(Fox 등, 2008). 한 연구에 의하면 다섯 명 중 세 명에 해당하는 61%의 여성이 세 번째 3개월 동안에도 한 달에 한 번 이상은 성교를 하는 것으로 조사되었다(Fox 등, 2008); 이 중 24%는 일주일에 한 번 이상 성교를 했다. 40%의 여성은 출산 2주 전까지 성교를 하였으며, 다섯 명 중 한 명에 해당하는 약 17%의 여성은 출산 2일 전에도 성교를 한 것으로 조사되었다.

여성의 배가 불러옴에 따라 남성상위체위는 행하기 어렵게 된다. 대신 이성애자 커플들은 여성상위체위나 측체위, 후체위 등을 이용한다. 손을 이용한 애무나 구강성교는 평상시와 다름없이 가능하다. 어떤 여성들은 오르가즘에 의한 자궁수축으로 인해 배아가

유산(miscarriage) 자연유산.

이탈될 것을 걱정하기도 하는데, 이는 대체로 기우에 불과하다. 그러나 임신 중 성교를 원하는 여성 및 배우자는 산부인과 의사에게 조언을 구할 것을 권장한다.

임신 중 심리 변화

임신에 대한 여성의 심리적 반응은 여성이 임신을 원하였는가에 따라, 신체적 변화 정도에 따라, 그리고 이러한 변화를 받아들이는 여성의 태도에 따라 다르게 나타난다. 임신하고 자녀를 양육하는 것에 대한 경제적, 사회적 그리고 정신적 기반이 갖추어진 여성에게 임신은 반길만한 일일 것이다. 어떤 이들은 임신이 생애에서 가장 경이로운 경험이었다고 말한다. 어떤 여성들은 자신이 임신과 출산을 잘 해낼 수 있을지에 대해 걱정한다. 또는 임신이 자신의 경력에 해를 끼치지는 않을지, 혹은 배우자와의 관계에 악영향을 미치지는 않을지에 대해 걱정한다. 보통 자신의 선택에 의해 임신한 여성들은 임신기간 동안 잘 적응한다.

걱정과 기대감이 교차하는 심리상태 하의 여성에게 임신 첫 3개월은 힘든 시기가 될 수 있다. 이 기간 동안 입덧과 같은 증상이 최고조에 달하며 여성은 자신이 임신하였다는 사실을 받아들여야만 한다. 두 번째 3개월은 비교적 무난하다. 입덧이나 그 외의 많은 증상들이 대부분 사라진다. 아직까지는 움직이는데 어려움이 없고 아이는 고요한 상태에 있다. 임신 두 번째 3개월 중에 산모는 처음 태동을 느끼게 되는데, 많은 사람들에게 이는 감동스러운 경험이다.

> 배 위에 손을 올려놓았을 때, 마치 누군가가 내 속 깊은 곳을 가볍게 만지는 것 같은 무언가를 느꼈다. 매우 고요히 앉아 있었으며… 내 안에 무엇인가 성장하고 있다는 충만함을 느낄 수 있었다. 나는 되뇌었다. '이건 아니야. 불가능해, 너무 빨라.' 그리고 나는 울기 시작했다…내 몸 안에 또 다른 생명체가 생존하고 있다는 사실을 몸으로 깨달은 첫 순간이었다. (Boston Women's Health Book Collective, 2005).

임신 세 번째 3개월 동안에는 출산에 대해, 그리고 아이가 정상적일지에 대해 염려하게 되는데 이는 정상적인 것이다. 특히 첫 아이를 임신한 여성은 더욱 그러하다. 점점 배는 무거워지고 말 그대로 '뒤뚱거리게' 된다. 침대에서 일어나거나 의자에서 일어나는 것이 어렵고 운전할 때는 운전대로부터 더 멀리 앉아야 한다. 복부에 가중된 체중을 지탱하기 위해 근육들은 긴장하며, 그로 인해 요통이 발생할 수 있다. 출산 전 며칠 혹은 몇 주간은 안절부절 못할 수 있다.

남성 또한 아이를 얼마만큼 원하였는가의 정도에 따라 임신에 대한 반응이 달라진다. 많은 남성들은 아이를 가졌다는 사실을 자랑스러워하며, 기대와 함께 아이의 출산을 학수고대한다. 이러한 경우 임신은 두 배우자의 관계를 더욱 가깝게 만든다. 그러나 경제적으로 또는 감성적으로 준비되지 않은 남성은 임신을 하나의 "족쇄"로 여길 수 있다.

학생들의 실제 질문

질문: 임신기간 중 모든 것이 정상적이라면, 얼마나 자주 병원을 방문해야 하나요? 그리고 병원에서는 어떤 검사들을 하나요?

답변: 임신이 되었다고 생각된다면, 될 수 있는 한 빨리 산전 건강에 대한 계획을 세우도록 하라. 무엇을 어떻게 해야 할지에 대한 확신이 서지 않는다면, 학교 내 건강센터나 예비아빠와 상의하라. 만약 당신이 젊다면(18세에서 35세 사이), 대체로 임신에 따른 위험도는 낮으며, 임신 7개월까지는 한 달에 한 번꼴로 병원을 찾으면 될 것이다. 그리고 임신 28주에서 36주까지는 2~3주에 한 번꼴로 병원을 찾고, 임신 35주 이후부터 출산까지는 매주 병원을 찾도록 하라. 만약 당신의 나이가 많거나 임신에 따른 위험성이 예견된다면, 의사는 좀 더 자주 내원하도록 일정을 조정할 것이다. 첫 방문에 가장 많은 시간이 할애된다. 당신은 당신의 모든 병력에 대해 이야기해야 하며, 여러 신체검사, 즉, 신장, 몸무게, 호흡 수, 혈압, 맥박 수 등에 대한 검사를 받게 된다. 그리고 가슴 검사 및 자궁경부암 검사, 클라미디아나 임질 검사 등을 받게 된다. 그리고 상황에 따라 후천성면역결핍증 감염 여부를 검사받는다. 그리고 빈혈, 혈액형, 낭포성섬유증, 고셔병, 간염, 풍진, 겸형적혈구빈혈증, 테이삭스병, 탈라세미아, 결핵, 비만 등의 질병을 확인하기 위한 혈액 및 피부, 소변검사를 받게 된다.

이후 이어지는 검진에서 의사는 당신의 소변과 혈압, 부종(얼굴, 손, 발) 여부 등을 확인하고, 자궁의 발달 상태를 검사할 것이다. 태아의 체위를 보기 위해 복부 검사를 실시하고, 태아의 심박동을 듣게 된다. 적정 시기가 되면 초음파 검사를 하게된다. 이를 통해 태아의 크기 및 자세를 볼 수 있으며, 태반의 상태 및 출산 예정일 확정, 중복임신 여부, 기타 기형 여부, 그리고 심지어는 태아의 성별까지 확인할 수 있다. 그리고 임신 10주에서 18주 사이에 "삼중 표지자 검사"인 융모막융모생검을 하게 되며, 여러 가지 기형 여부를 검진하기 위해 양수천자를 실시한다.

임신 셋째 3개월 동안 의사는 초음파 검진을 통해 태아의 심박동 및 움직임을 좀 더 자세히 확인하며, 일반적인 생물학적 검사를 보통 실시한다.

11.4 태아 발달

출산 예정일은 계산 가능하다. 임신 전 마지막으로 월경이 시작된 날을 임신일로 삼고, 그로부터 280일을 정상 임신기간으로 계산한다. 또는 마지막으로 월경이 시작된 날로부터 2주 후, 즉 수정이 이루어졌을 것으로 생각되는 날짜를 기준으로 임신기간을 따질 수도 있다. 이 경우 정상 임신기간은 266일이다.

임신 사실이 확인되면 출산일은 네겔법칙(Nagele's rule)에 의해 계산될 수 있다.

- 마지막으로 월경이 시작된 날짜를 쓰라.
- 7일을 더하라.
- 3개월을 빼라.
- 그리고 1년을 더하라.

예를 들어, 마지막 월경이 시작된 날이 2009년 11월 12일이라고 하자. 7일을 더하면 2009년 11월 19일이 되고, 다시 3개월을 빼면 2009년 8월 19일이 된다. 그리고 1년을 더하면 "예정일"이 2010년 8월 19이 된다. 정확히 예정일에 태어나는 아이는 많지 않다.* 그러나 대부분의 경우에는 예정일로부터 10일 안팎에 출산이 이루어진다.

태아 발달의 단계

임신 직후, 난자와 정자의 결합에 의해 형성된 수정란은 분열을 시작하며, 2세포기, 4세포기, 8세포기 등을 차례로 거친다. 이후 몇 주, 그리고 몇 개월의 기간을 거치면서 조직과 기관들이 형성된다. 그리고 태아는 점점 사람의 모습을 갖춰간다. 출생할 때쯤, 태아는 수천억 개의 세포로 구성되며 이는 은하수에 존재하는 별의 숫자보다 많은 세포수이다. 태아 발달은 세 단계로 구분할 수 있다. 발생 첫 2주는 **종자기**에 해당하며, 발생 첫 두 달은 **배아기**에 해당한다. 그리고 그 이후는 **태아기**다. 또한 일상적으로 태아 발달을 3개월씩 3개의 분기로 나누기도 한다.

종자기 임신 후 36시간 이내에 접합자는 2개의 세포로 분열한다. 그리고 분열을 반복하여 이 후 36시간 동안 자궁으로의 여행을 진행하면서 36개의 세포가 된다. **사실인가 아니면 허구인가 4:** 임신 후 1주일 이내에는, 수정란이 모체의 자궁에 착상하지 않는다. 접합자가 자궁에 도달하기 위한 시간이 약 3일에서 4일 정도 걸리고, 분열 중인 세포덩어리가 자궁을 이리저리 옮겨 다니다가 자궁벽에 착상하기 시작하는데, 이 과정이 또 3일에서 4일 정도 소요된다. 그리고 착상이 이루어지는데, 또 1주일이 소요된다. 수정 후 착상이 일어나는 이 시기까지를 **종자기(germinal stage, period of the ovum)**라 부른다(그림 11.3).

종자기가 시작되고 며칠이 지나면, 세포덩어리는 내부에 액체를 함유한 공 모양의 형태를 취하는데, 이를 **포배(blastocyst)**라 한다. 이때부터 이미 몇몇 세포들은 분화를 시작한다. 세포들은 집단을 이루어 서로 분리되기 시작하며, 결국 서로 다른 구조를 형성한다. 세포덩어리의 비후된 부위 내부에 두 개의 확연한 내세포층이 형성되는데, 이를 **배반(embryonic disk)**이라 한다. 배반은 배아로 발달하며 결국 태아가 된다. 한편, 포배의 바깥쪽을 구성하는 세포들은 **영양막(trophoblast)**이 되며, 여러 막성 구조를 형성하여 결국 양막, 태반, 그리고 탯줄로 발달한다.

착상이 일어날 때, 자궁에 영양공급을 담당하는 작은 혈관들이 파열될 수 있으며, 그로 인해 어느 정도의 출혈이 동반되기도 한다. 착상에 따른 출혈을 경험한 대부분의 여성들은 정상적인 임신기간을 거쳐 건강한 아이를 출산한다. 그러나 어떤 경우에는 출혈이 유산의 징표일 수 있다.

배아기 착상으로부터 약 8주에 걸친 발달과정을 **배아기(embryonic stage)**라 한다. 이 시기에 신체를 구성하는 주요 장기들이 분화한다.

종자기(germinal stage) 자궁에서 착상이 일어나기 전 태아발달시기.

종자기(period of the ovum) Germinal stage와 동의어.

포배(blastocyst) 태아발달시기 중 종자기 내 한 시기. 이 시기에 배아를 형성하는 세포들은 중앙에 액체로 채워진 공동을 둘러싸는 구 형태를 한다.

배반(embryonic disk) 포배의 내부에 형성되는 판상구조로 이곳에서 배아의 내배엽, 중배엽, 외배엽이 분화한다.

영양막(trophoblast) 포배의 외부를 구성하는 부분으로 이곳에서 양막, 태반, 탯줄이 발달한다.

배아기(embryonic stage) 착상으로부터 8주에 이르는 태아발달시기로, 이 시기에 특징적으로 주요 장기가 분화한다.

* 그러나 루터스는 자신의 딸인 알린과 조던이 정확하게 예정일에 출생하였다고 자랑하고 싶었다. 그 이후로 줄곧 그들 중 한 명 이상은 강박관념에 빠져 있었던 것이다. 네비드 또한 자신과 아내 주디가 아들 마이클을 예정일과 하루 차이로 출산하였다고 덧붙였다. (거의 맞을 뻔 했다.)

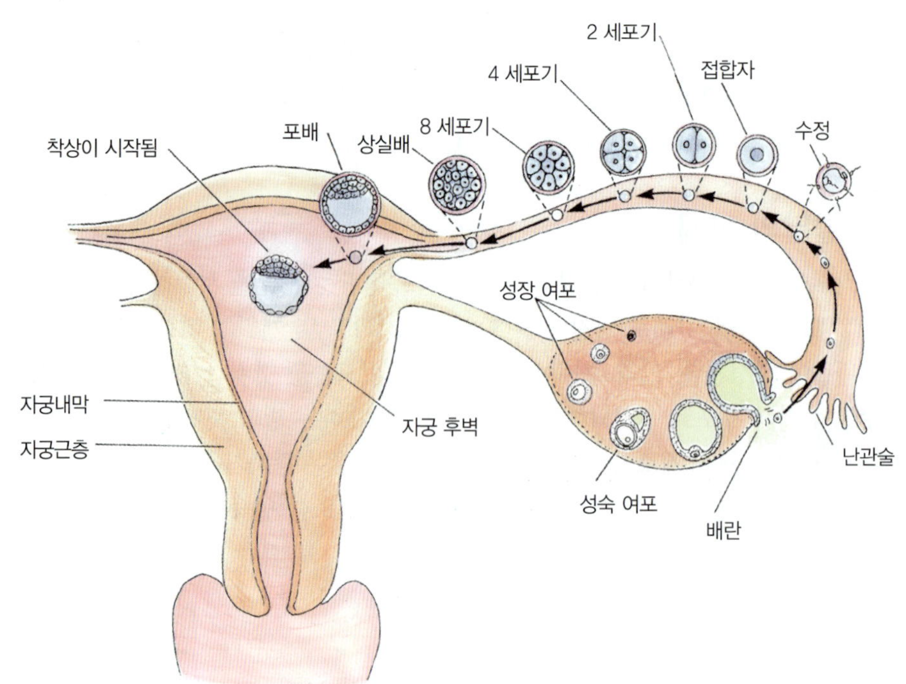

그림 11.3 배란주기, 수정, 그리고 종자기 초기. 수정 후 약 36시간이 지나면 접합자는 첫 세포분열을 한다. 이후 연속된 세포분열을 통해 포배라고 불리는 내부가 비어 있는 공 형태의 세포덩어리가 된다. 정상적인 경우, 포배는 자궁벽에 착상한다.

배아의 발달은 **두부미부(cephalocaudal)** 및 **근위원위(proximodistal)**의 두 방향으로 이루어진다(그림 11.4). 머리(두부)의 성장이 신체의 다른 신체(미부)부위의 성장보다 먼저 일어난다. 그리고 척수가 존재하는 신체의 중심축을 기준으로, 이 중심축에 가깝게 위치하는(즉, 중심축의 **근위부**) 기관의 발달이 중심축으로부터 멀리 위치하는 말단(즉, 중심축의 **원위부**) 기관의 발달보다 빨리 일어난다. 중심축에 가깝게 위치하는 뇌나 다른 장기의 상대적인 초기 발달은 배아나 태아의 향후 발달을 촉진한다.

배아기가 진행됨에 따라 배반의 바깥쪽을 형성하던 세포층, 즉 **외배엽(ectoderm)**으로부터 신경계통, 감각기관, 털, 손톱, 치아, 피부의 외층 등이 발생하기 시작한다. 임신 약 3주째에 이르면 배아에 두 개의 결절이 형성된다. 이 결절들은 서로 포개지면서 **신경관(neural tube)**을 형성하고, 이 신경관으로부터 신경계통이 발달한다. 배반의 안쪽 세포층은 **내배엽(endoderm)**이라 일컫는다. 내배엽으로부터는 호흡계통, 소화계통, 그리고 간과 이자와 같은 장기들이 발달한다. 배아기 후반부에 중간 세포층인 **중배엽(mesoderm)**이 분화하며, 골격, 근육, 피부의 내층뿐만 아니라 생식계통, 외분비계통, 순환계통 등이 중배엽에서 분화한다.

발생 3주 동안 머리와 혈관이 형성되기 시작한다. 4주째에 이르면 약 0.5 cm에 불과한 원시 심장이 심박동을 시작하고 배아에게 혈액을 분출한다. 이때부터 심장은 약 100년의 시간 동안 매일 · 매분 쉼 없이 박동한다. 그리고 발생을 시작한 지 첫 달 끝 무렵, 팔과 다리가 발생하는 것("팔다리싹")을 관찰할 수 있다. 입과 눈, 코와 귀 또한 형태를 갖추기 시작한다. 뇌를 비롯한 여타 신경계통 역시 발달을 시작한다.

팔과 다리는 근위-원위 원칙에 따라 발생한다. 먼저 팔과 허벅지가 발달하고, 이후 아래팔과 종아리가 형성된다. 그리고 발생 약 6주에서 8주에 걸쳐 물갈퀴손가락과 발가락이 먼저 형성되고, 이후 손과 발이 형태를 갖춘다. 발생 둘째 달 말엽 물갈퀴는 사라진다.

두부미부(cephalocaudal) 머리로부터 아래로 향하는.

근위원위(proximodistal) 중심축으로부터 몸의 바깥쪽으로 향하는.

외배엽(ectoderm) 배아로부터 새롭게 형성되는 가장 바깥층으로 이곳에서 피부와 신경계통이 발생한다.

신경관(neural tube) 배아의 움푹 들어간 부분으로 이곳에서 신경계통이 발생한다.

내배엽(endoderm) 배아로부터 새롭게 형성되는 가장 안쪽 층으로 이곳에서 허파와 소화계통이 발생한다.

중배엽(mesoderm) 배아의 중앙부위로 이곳에서 뼈와 근육이 발생한다.

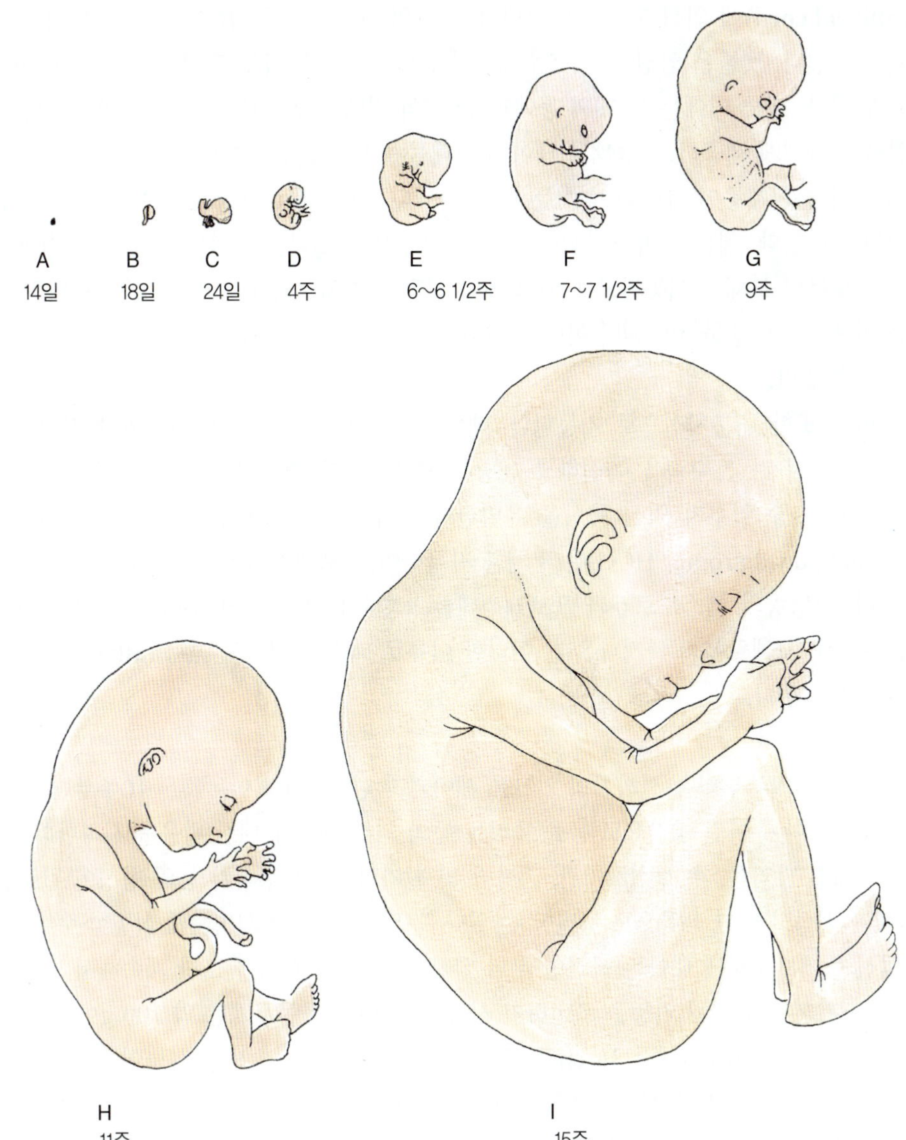

그림 11.4 인간 배아 및 태아. 발달은 두부미부 방향 및 원위근위 방향으로 일어난다. 머리의 성장은 다른 신체부위의 성장에 우선하여 일어난다.

이 시기에 머리는 동그란 형태를 띠며, 팔과 다리는 길이생장을 하여 몸통으로부터 분리된다. 얼굴의 형태 또한 갖춰지기 시작한다. 이 모든 일들이 약 2.4 cm에 불과한, 그리고 약 1 g에 불과한 배아에서 이루어진다. 발생 둘째 달 동안에 발생 중인 신경계통은 전기자극을 전달하기 시작한다.

배아와 태아는 **양막(amniotic sac)**이라고 불리는 투명한 막성 구조에 의해 둘러싸여 발달하는데, 이는 모체 자궁 내에 존재하는 배아를 보호한다. 배아와 태아는 양막 내 **양수(amniotic fluid)**에 떠 있게 되는데, 양수는 충격흡수장치와 같은 역할을 한다. 즉, 양수는 모체의 움직임으로 인해 발생할 수 있는 충격으로부터 배아를 보호한다. 양수는 또한 체온을 일정하게 유지하는 역할을 담당한다.

태반(placenta)이라고 불리는 조직 덩어리를 통해 모체와 배아(태아) 사이에 영양분 및 노폐물이 교환된다. 태반의 기원은 독특하다. 태반은 배아와 모체 양쪽에서 제공되는 물질로부터 발생한다. 임신 첫 3개월 말엽, 태반은 길이 약 18 cm, 두께 약 2.5 cm에 이르는 원형의 평평한 조직이 되는데, 그 크기가 태아보다 더 크다. 태아는 태반과 **탯줄**

양막(amniotic sac) 태아를 감싸는 막.

양수(amniotic fluid) 양막 내에 존재하는 액체로 태아를 떠 있게 하며 보호한다.

태반(placenta) 탯줄을 통해 태아와 연결되어 있는 구조. 태반은 모체와 태아 사이의 중계국으로 역할을 하여, 이를 통해 영양분이나 노폐물의 교환이 일어난다.

탯줄(umbilical cord) 태아를 태반과 연결하는 관.

(**umbilical cord**)에 의해 모체와 연결되며, 모체의 자궁벽을 구성하는 혈관계통 역시 태반과 연결된다. 탯줄은 임신 후 약 5주째부터 발달하기 시작하여 그 길이가 약 50 cm에 이르게 된다. 탯줄 내에는 두 개의 동맥과 한 개의 정맥이 있는데, 정맥은 모체로부터 영양분을 배아에게 제공하고, 동맥은 태아의 노폐물을 모체로 돌려보낸다.

모체의 순환계통이 배아와 섞이는 것은 아니다. 태반에 존재하는 막이 특정 물질만 투과되도록 한다. 예를 들어 산소(모체로부터 태아에게로)나 이산화탄소 및 노폐물(배아나 태아로부터 모체로 이동하고 모체의 폐와 신장을 통해 배출), 그리고 영양분, 몇몇 질병을 일으키는 미생물, 아스피린이나 마취제, 알코올, 신경안정제와 같은 특정 약물 등이 투과할 수 있다.

태반은 또한 내분비선으로 기능한다. 태반은 호르몬을 분비하여 임신이 유지되도록 하며, 출산 시 자궁 수축을 촉진하고 유방이 모유수유를 준비할 수 있도록 돕는다. 이러한 호르몬 중 일부가 임신 증상을 유발한다. 인간 융모성 생식선자극호르몬(human chorionic gonadotropin, HCG)은 황체를 자극하여 프로게스테론을 지속적으로 분비토록 한다. 상당량의 에스트로겐과 프로게스테론 또한 태반으로부터 분비된다. 출산 이후 태반은 결국 모체로부터 빠져나온다. 이러한 이유로 태반의 이탈을 "후산(after birth)"이라 부르기도 한다.

태아기 임신 9주부터 출산까지의 기간을 태아기라 한다. 대략 9주 혹은 10주부터 태아는 외부자극이 주어진 방향으로 몸을 돌리는 등의 외부 세계에 대한 반응을 시작한다. 임신 첫 3개월 말엽쯤, 주요 신체기관, 손가락 및 발가락, 외부 생식기 등의 형성이 완료된다. 태아의 성별 또한 육안으로 구별할 수 있다. 눈의 형태 또한 선명하게 식별할 수 있다.

임신 둘째 3개월에 태아는 극적인 부피 성장을 하며 신체 기관 또한 계속해서 발달한다. 뇌는 기본적인 신체 기능을 조절하기 시작한다. 태아의 몸무게는 약 100 g에서 1 kg으로, 길이는 약 10 cm에서 36 cm로 성장한다. 부드럽고 보송보송한 털이 두피 및 눈위에 자라난다. 피부색은 불그스레하게 변화하는데, 이는 피부 표면을 통해 혈관이 보이기 때문이다. (임신 셋째 3개월 동안에는, 피부 밑 지방층이 발달하며 피부는 붉은색에서 분홍빛 색조를 띠게 된다.)

대체로 임신 4개월 중순쯤 산모는 처음으로 태동을 느낄 수 있다. 임신 둘째 3개월 말엽쯤, 주로 새벽 4시에, 태아의 팔과 다리의 움직임이 활발해지면서 산모는 아이가 발길질을 한다고 느낀다. 이시기 태아는 눈을 깜박이기도 하고, 엄지손가락을 빨기도 하며, 자다깨다를 반복하고 빛과 소리를 인지한다. 또한 태아는 공중재비를 하며 산모는 이를 분명하게 느낄 수 있다. 다행히도 탯줄이 끊어지거나 목을 조르지는 않기 때문에 공중제비를 하는 태아에게 문제가 발생할 염려는 없다.

임신 둘째 3개월 말엽, 태아는 **생존가능연령(age of viability)**에 이른다. 그러나 임신 둘째 3개월 말엽에 태아를 출산한다면, 아무리 집중적인 의료관리가 취해진다 하더라도, 1 kg에도 미치지 못하는 태아가 생존할 확률은 극히 적다.

임신 셋째 3개월 동안에 신체 기관은 성장과 확장을 계속한다. 심장과 허파는 독립된 삶을 유지할 수 있을 만큼 자라게 된다. 일반적으로 임신 7개월 동안에 태아는 몸을 돌려 머리가 자궁 입구를 향한다. 이로써 태아는 출산 시 머리가 먼저 빠져나올 수 있는

생존가능연령(age of viability) 태아가 독립적으로 생명을 유지할 수 있는 연령.

두부태위(cephalic presentation)를 취한다. 그러나 어떤 태아들은 이 기간 동안에 자세 변환을 하지 않는다. 만약 태아가 자세 변환 없이 미숙아로 출산되면 **둔위태위(breech presentation)**가 되거나 어깨가 먼저 빠져나오는 결과를 가져와 복잡한 출산문제를 유발한다. 만삭에 근접하여 태어날수록 태아가 두부태위를 취할 확률은 높아진다. 만약 임신 8개월 끝 무렵에 출생이 이루어진다면, 태아가 생존할 확률은 압도적으로 높아진다.

임신 막달 동안에 산모는 태아가 예전처럼 움직이지 않는다고 걱정할 수 있다. 그러나 태아의 활동 저하는 정상적인 것이다. 산모의 자궁 내에서 움직이기에는 태아의 신체가 너무 커져 움직임이 제한을 받는 것이다.

두부태위(cephalic presentation) 자궁으로부터 태아의 머리가 먼저 출현하는 것.

둔위태위(breech presentation) 자궁으로부터 태아의 엉덩이부위나 발이 먼저 출현하는 것.

기형유발물질(teratogen) 배아나 태아에 위험한 영향을 미칠 수 있는 환경 요인이나 특정 물질.

태아 발달에 미치는 환경적 영향

과학지식의 발달에 힘입어 우리는 태아 발달 단계에서 이루어지는 수많은 변화들에 대해 알게 되었다. 또한 해당 기간에 발생할 수 있는 많은 문제점들에 대해서도, 그리고 그러한 문제들을 예방하기 위해서 행해야 할 사항에 대해서도 많은 것을 알게 되었다. 산모의 식이, 산모가 가지고 있는 질병 및 질환, 그리고 산모가 복용한 약물들이 이에 포함된다.

산모의 식이 태아는 자신이 필요로 하는 모든 것을 산모로부터 공급받을 것이라고 믿는 일반적인 오해가 있다. 실질적으로, 산모의 영양실조는 태아의 발달에 악영향을 미칠 수 있다. 너무 마른 여성은 조산의 위험이 크며, 저체중아를 출산할 가능성이 높다(Cnattingus 등, 1998). 한편, 적절한 영양 상태를 유지한 산모는 평균, 혹은 평균 이상 크기의 아이를 출산할 가능성이 높다. 이러한 신생아는 감기나 심각한 호흡기 질환에 노출될 가능성 또한 크게 감소한다. 그러나 산모의 비만은 사산의 위험성을 높인다(Cnattingius 등, 1998).

임신 전에 날씬했던 여성은 임신기간 중 체중을 좀 더 불리라는 조언을 받는다. 예를 들어, 신체용적지수(body mass index, BMI*)가 18.5에 미치지 못하는 여성에게는 12~18 kg 정도의 체중 증가를 조언한다(Rasmussen 등, 2009; 표 11.1). 신체용적지수가 24.9이거나 그 이하인 정상 체중의 여성에게는 11~16 kg 정도 체중을 불리라고 조언한다. 그러나 미국 산모의 55%는 과체중이거나 비만이다(Parker-Pope, 2009). 신체용적지수가 25~29.9인 과체중 여성에게는 7~11 kg의 체중 증가를, 그리고 신체용적지수가 30이 넘는 비만 여성들에게는 5~9 kg 이내의 체중증가를 조언한다. 규칙적인 체중증가가 가장 바람직하다.

표 11.1

체질량지수(BMI)와 몸무게 등급

체질량지수	몸무게 등급
18.5 미만	저체중
18.5~24.9	정상
25.0~29.9	과체중
30.0 이상	비만

산모의 질병 및 장애 배아나 태아에게 악영향을 미칠 수 있는 요소 및 환경적 요인을 **기형유발물질(teratogen)**이라 한다. 기형유발물질로는 Rh 양성 항체처럼 모체로부터 직접 만들어진 물질 뿐만아니라 알코올이나 심지어는 아스피린과 같이 산모가 섭취한 약

* 신체용적지수를 계산하는 식은 다음과 같다. {체중(lb) / [신장(in)]^2} X 703. 즉 당신의 체중(pounds, lbs)을 신장(inches, in)의 제곱으로 나눈 후, 그 값에 전환계수 703을 곱하면 된다. 예를 들면
체중 = 150 lbs, 신장 = 5′5″(65″)
계산식: [150 ÷ (65)^2] X 703 = 24.96

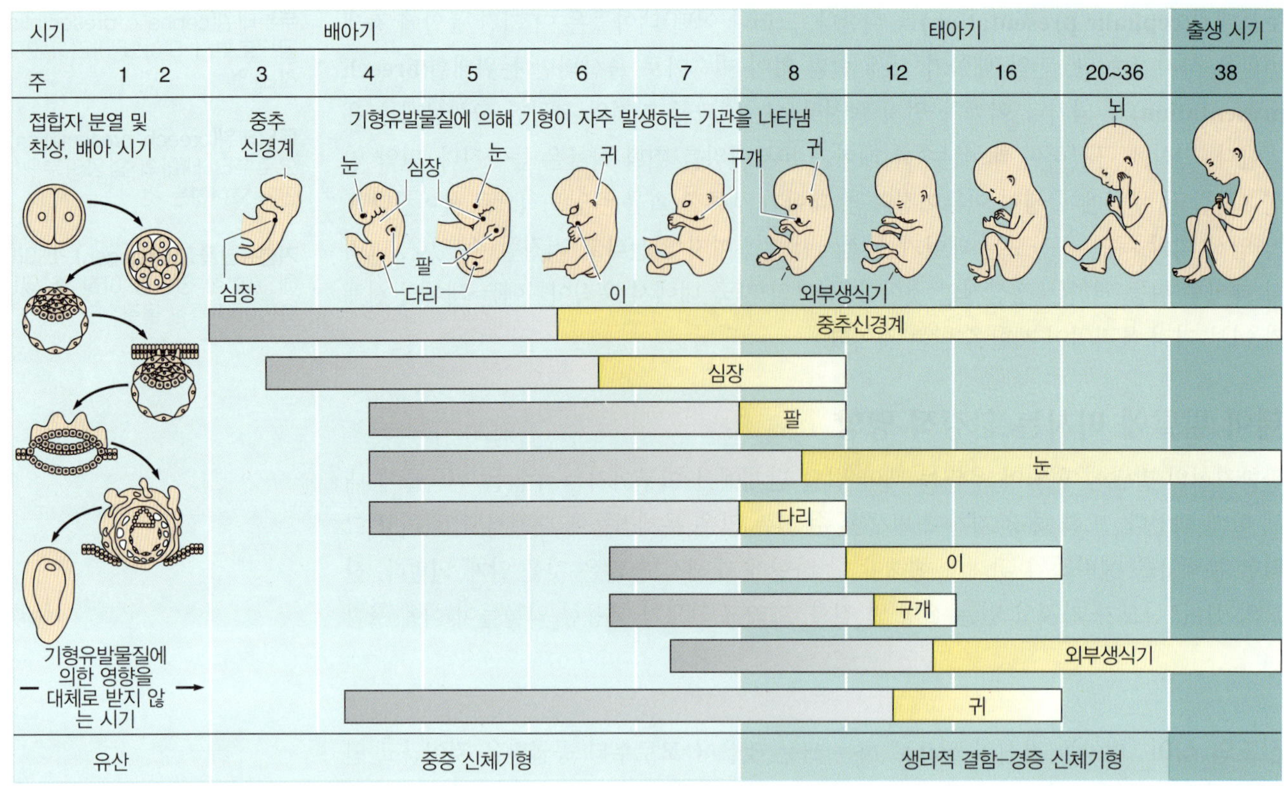

그림 11.5 출생 전 발달의 결정적 시기. 발생중인 배아에서, 신체 조직이 모양을 갖춰가는 시기는 기형유발물질에 가장 취약한 시기이다. 각 신체 조직 별 가장 취약한 시기를 회색으로 나타냈다. 비교적 덜 취약한 시기는 노란색으로 나타냈다.

물 등이 포함된다. 또 다른 기형유발물질로는 바이러스나 박테리아와 같은 미생물에 의한 질병, 납이나 수은 같은 중금속, 방사선 등이 포함된다. 대부분의 병원균들은 태반을 통과하지 못하며, 따라서 배아나 태아에게 감염되지 않지만, 매독이나 홍역, 이하선염이나 홍역 등을 일으키는 병원균은 전염될 수 있다. 임신중독증과 같은 몇몇 질병은 배아나 태아에게 직접적으로 전파되는 것은 아니지만 태아의 성장 환경에 악영향을 미칠 수 있다.

결정적 취약시기 특정 기형유발물질에 노출되어 심각한 손상이 야기될 수 있는 시기를 **결정적 취약시기(critical periods of vulnerability)**라 한다. 결정적 시기는 기형유발물질에 의해 영향을 가장 크게 받을 수 있는 신체 기관의 발달 시기와 일치한다(그림 11.5). 예를 들어, 심장은 임신 3~5주 사이에 급속히 발달한다. 이 시기가 특정 기형유발물질에 영향을 받을 수 있는 가장 취약한 시기이다. 이후에 발달하는 팔과 다리는 임신 4~8주 사이에 가장 취약하다. 대부분의 신체 장기들이 배아기 동안 분화하기 때문에 배아는 기형유발물질의 효과에 가장 취약하다. 이제부터 우리는 태아에게 큰 악영향을 미칠 수 있는 산모의 특정 질병 및 장애에 대해 알아보고자 한다.

결정적 취약시기(critical period of vulnerability) 배아 및 태아가 기형유발물질에 쉽게 영향을 받을 수 있는 취약한 시기.

풍진(rubella) 배아에게 심장 질환이나 정신 지체를 유발할 수 있는 바이러스성 감염. 독일 홍역이라고도 알려져 있다.

풍진(독일 홍역) **풍진(rubella)**은 바이러스 감염으로 유발된다. 신체 주요 기관이 빠르게 분화하는 임신 첫 달 혹은 둘째 달에 산모가 풍진에 걸리면 태아는 청력장애나 지적 장애, 심장질환 혹은 백내장 등의 질환을 가지고 태어날 수 있다. 풍진에 의한 기형 발생 위험은 임신 후기로 갈수록 감소한다.

미국인 여성 약 85%는 어린 시절 풍진을 경험하고, 그에 따라 면역성을 획득한다. 자신이 풍진에 걸렸었는지 알지 못하는 여성들은 검사를 통해 확인할 수 있다. 만약 면역성이 없다면 임신 전에 면역주사를 맞으면 된다. 임신기간 중에 면역주사를 맞는 것은 위험하다. 왜냐하면 백신이 산모에게 중증 정도의 발병을 유발할 수 있으며, 이것이 배아나 태아에게 악영향을 줄 수 있기 때문이다. 임신에 따른 풍진 감염의 위험성 인식 확산 및 이를 방지하기 위한 백신 기술의 발달에 힘입어 미국에서는 1964년~1965년 사이에 약 20,000건에 이르던 풍진 관련 기형아 출생 빈도가 2000년도에는 28건으로 극적인 감소를 보였다(Centers for Disease Control and Prevention, 2001).

매독 산모 **매독(syphilis)**은 유산이나 **사산(stillbirth)**의 결과를 가져오거나, 혹은 선천성 매독의 형태로 아이에게 전파될 수 있다. 선천성 매독은 시각이나 청각 장애, 간 손상, 골격과 치아의 형태 이상 등을 일으킬 수 있다.

임신 초기의 통상적인 혈액 검사를 통해 매독, 혹은 그 이외의 문제들에 대한 진단이 가능하다. 임신 첫 3개월 동안에는 매독을 일으키는 박테리아가 태반을 통해 태아에게 전파될 수 없다. 따라서 매독에 감염된 산모에게 임신 넷째 달 이전에 적절한 항생제 처방이 이루어진다면 태아가 매독에 감염될 확률은 거의 없다.

인간면역결핍바이러스/후천성면역결핍증 인간면역결핍바이러스(에이즈바이러스, human immunodeficiency virus, HIV)에 의해 **후천성면역결핍증(acquired immunodeficiency syndrome, ADIS)**이 발병한다. 에이즈바이러스는 혈액을 통해 감염되는 병원체로 종종 태반을 통해 태아에게 전파될 수 있다. 또한 출산 시 모체 및 신생아의 혈관 파열로 인해 또한 에이즈바이러스가 전파될 수도 있다. 그러나 에이즈바이러스에 감염된 산모로부터 태어나는 대부분의 아이들은 감염되지 않은 상태로 출생한다. 항바이러스제 처방이 또한 태아의 감염 가능성을 최소화할 수 있다(356쪽의 가까이서 보기 참조). 그리고 에이즈바이러스는 모유수유를 통해 아이에게 전파될 수 있다. 연구 결과에 의하면, 감염된 신생아의 약 절반은 자궁 내에서 감염되고, 나머지 절반은 출생 도중에 감염된다(Mofenson, 2000; Wood 등, 2000).

후천성면역결핍증 소아환자의 절반 이상은 아프리카계 미국인 아동이며, 약 4분의 1은 라틴계 미국인 아동이다. 정맥 내 주사를 이용한 마약 복용이 유행하는 도심지 시민들이 가장 큰 타격을 입고 있다(Centers for Disease Control and Prevention, 2003).

임신중독증 **임신중독증(toxemia)**은 고혈압을 동반하는 특징을 보이며, 생명을 위협할 수 있다. 임신중독증은 임신 둘째 3개월 후기 및 임신 셋째 3개월 초기에 여성들을 괴롭힌다. 초기 임신중독증을 **자간전증**(preeclampsia)이라고도 하는데, 고혈압, 체액정체에 따른 부종, 단백뇨와 같은 현상으로 진단될 수 있다. 환자의 초기 증상은 가벼운 편이다. 그러나 자간전증이 악화되면 산모는 고혈압에 따른 두통 및 시각 이상을 경험할 수 있으며, 복통 또한 동반된다. 만약 적절한 치료 없이 방치되면 질병은 더욱 진행되어 최종 단계인 **자간**(eclampsia)에 이르며, 산모나 태아는 죽음에 이를 수 있다. 임신중독증을 앓고

매독(syphilis) 성행위로 전염되는 세균성 감염.

사산(stillbirth) 사망한 태아를 출산하는 것.

후천성면역결핍증(acquired immunodeficiency syndrome, AIDS) 인간면역바이러스(HIV)의 감염에 의해 유발되는 질병. HIV는 면역을 담당하는 백혈구를 파괴하여 인체가 여러 "기회적인" 질병에 취약하도록 한다.

임신중독증(toxemia) 고혈압이 특징적으로 동반되는 생명이 매우 위급한 상태.

가까이서 보기

우리의 아이를 후천성면역결핍증으로부터 예방하기

후천성면역결핍증이나 기타 성병에 감염된 산모는 반드시 자신의 상태에 대해 의사와 의논해야 한다. 의사들은 아이를 감염으로부터 보호하는데 도움이 되는 방법들을 알고 있다. 예를 들어, 지도부딘을 투약하면 산모 혈액 내 에이즈바이러스 양을 줄일 수 있다. 그리고 산모가 지도부딘을 임신기간 중 투약 받으면, 신생아의 에이즈바이러스 감염 확률이 2배에서 3배 감소한다(Mofenson, 2000). 한 연구에 의하면, 에이즈바이러스에 감염된 산모가 지도부딘을 투약 받을 경우, 신생아의 약 8%가 해당 바이러스에 감염되는 반면, 투약 받지 않은 산모의 아이들은 약 25%가 감염되는 것으로 나타났다(Connor 등, 1994).

유럽출산협회는 에이즈바이러스에 감염된 400명의 산모를 대상으로 제왕절개가, 자연분만과 비교하여, 신생아의 바이러스감염을 줄여줄 수 있는지에 대한 연구하였다(Ricci 등, 2000). 모든 산모들은 임신기간 중 지도부딘을 투약 받았다. 참가자 중 절반은 무작위적으로 자연분만을 하였으며, 나머지 절반은 제왕절개를 시술받았다. 자연분만을 통해 출생한 신생아의 10.6%가 바이러스에 감염된 것과 비교하여 제왕절개로 출생한 신생아는 1.7%가 감염되었다. 그러므로 에이즈바이러스에 감염된 산모에게 지도부딘을 투약하고 제왕절개를 시행하면, 신생아 50명 중 1명만이 바이러스에 감염되는 것이다.

에이즈바이러스에 대한 최신 정보를 원한다면, 미국에서는 국립 에이즈 핫라인(1-800-342-AIDS)에 도움을 요청하면 된다. 그리고 스페인어로 도움을 원하면, 1-800-344-SIDA에 도움을 요청하면 된다.

있는 산모는 체중 미달인 미성숙한 태아를 출산한다.

임신중독증은 영양실조와 연관된 것으로 보인다. 역설적이게도, 영양실조에 걸린 여성은 체액정체 현상으로 인해 일시적인 체중급증을 경험할 수 있으면, 그 결과 여성은 먹는 것을 더욱 꺼리게 된다. 음식 섭취량을 늘리지도 않았는데 갑자기 체중이 증가하였다며, 산모는 반드시 산부인과를 찾아야 한다.

자궁외 임신 **자궁외 임신(ectopic pregnancy)**은 수정란이 자궁이 아닌 다른 장기에 착상하는 현상이다. 대부분의 자궁외 임신은 수란관에서 일어난다("난관임신, tuberal pregnancy"). 감염과 같은 원인에 의해 수란관이 막혀 수정란이 수란관에서 자궁으로 이동하지 못할 경우 발생한다. 자궁외 임신은 나이 많은 여성에게서 좀 더 자주 발생한다. 만약 자궁외 임신이 자연유산되지 않는다면, 반드시 외과적 수술을 통해 제거하거나, 혹은 메토트렉세이트(methotrexate)와 같은 약물을 이용하여 유산시켜야 한다. 왜냐하면 태아가 정상적으로 성장할 수는 없기 때문이다. 또한 유산을 미룰 경우 산모에게 출혈을 일으켜, 산모는 죽음에 이를 수도 있다. 난관임신을 한 여성은 월경을 하지 않는다. 그러나 복부 통증을 동반하는 소량의 출혈을 근거로 자궁외 임신을 의심할 수 있다.

자궁외 임신(ectopic pregnancy) 수정란이 자궁 이외의 다른 어떤 부위에 착상한 상태.

Rh 혈액형부적합(Rh incompatibility) 임신한 모체에서 생성된 항체가 태아에게로 전파되어 태아의 뇌에 상해를 입히거나 죽음에 이르게 할 수 있는 상태.

Rh 혈액형부적합 **Rh 혈액형부적합(Rh incompatibility)**은 모체에서 형성된 항체가 태아 및 신생아에게 전파되어 발생한다. Rh는 사람들의 적혈구에서 발견되는 혈액 단백질이다. Rh 혈액형부적합은 이 Rh 혈액형 인자를 가지지 못한 여성이, 즉 Rh-음성인 여성이 Rh-양성인 아이를 가졌을 때 발생한다. 아이는 아빠가 Rh-양성일 경우 Rh-양성이 될 수 있다. 기혼 미국인 커플 중 약 10%에서 Rh-음성, Rh-양성 조합이 형성되는데, 임신문제를 일으키는 경우는 극소수에 불과하다. 문제는 모체에서 생성된 항체가 태아의 적혈구를 공격할 경우 발생하는데, 이 경우 태아에 뇌손상을, 더 나아가 죽음을 유발할 수 있다. Rh 혈액형부적합은 보통 첫 아이에게는 부정적인 영향을 미치지 않는다. 왜냐하면 Rh 인자에 대한 항체가 아직 모체에서 생성되지 않았기 때문이다.

모체와 태아의 순환계통은 서로 분리되어 있기 때문에 태아 적혈구의 Rh-양성 인자가 직접 Rh-음성 모체로 유입되는 현상은 일어나지 않는다. 혈액 교환의 가능성이 있는 시기는 출산 시기, 특히 태반이 모체로부터 떨어져 나올 때다. 일단 혈액 교환이 이루어지면 모체는 태아의 Rh-양성 인자에 대한 항체를 생산한다. 이렇게 생성된 모체의 항체는 태아의 순환계통으로 유입될 수 있으며, **태아적아구증**(fetal erythroblastosis)이라 불리는 현상을 일으킨다. 태아적아구증은 빈혈, 정신박약, 심지어는 태아나 신생아의 죽음을 유발한다.

다행스럽게도 임신한 여성의 혈액형 검사를 통해 태아적아구증의 위험성은 상당부분 감소시킬 수 있다. Rh-양성 태아를 출산한 Rh-음성 산모가 출산 후 72시간 내에 로감(Rhogam)이라는 백신을 맞게 되면 산모는 항체를 생성치 않게 되며, 그 결과 다음 임신에서 항체가 태아를 공격할 위험성은 없다. 태아적아구증의 위험성이 있는 태아나 신생아에게는 또한 혈액 내에 존재하는 모체의 Rh-양성 항체를 제거하기 위한 예방차원의 수혈이 이루어질 수 있다.

엄마나 아빠가 복용한 약물 처방전이 불필요한 약물을 비롯하여 여러 약물들이 선천성 기형과 연관되었었다. 1960년대 탈리도마이드(thalidomide)가 임산부들의 메스꺼움이나 불면증 해소에 효과가 있는 안전한 약물로 판매되었었다. 그러나 탈리도마이드는 팔, 다리가 없거나 제대로 발달하지 못하는 선천성 기형을 일으켰다. 대마초나 코카인과 같은 불법적인 약물에 산모가 노출된 경우에도 태아의 발달 및 생명에 위험한 영향을 미칠 수 있다.

아빠가 특정 약물을 복용하는 것 역시 태아에게 위험을 초래할 수 있다. 한 가지 의문점은 복용하는 약물이 과연 정자의 유전자 변화를 초래하는지의 여부이다. 임산부와 접촉하는 사람들이 사용하는 특정 약물 또한 분명 태아에게 해로울 수 있다. 예를 들어, 산모가 담배나 대마초를 간접흡연함으로써 태아에게 피해가 갈 수 있다.

여러 종류의 항생제들은, 특히 태아 발달의 중요한 시기에 복용될 경우, 태아에게 악영향을 미칠 수 있다. 테트라사이클린(tetracycline)은 치아를 누렇게 만들 수 있으며, 골격 변형을 일으킬 수 있다(Koren 등, 1998). 어떤 항생제는 청각 이상이나 황달과 관련되어 있다. 임신기간 중 엄마가 어큐테인(accutane)과 같은 여드름 치료제를 사용하였을 경우에는 아이가 정신적 혹은 육체적으로 발달장애를 보일 수 있다. 알러지에 일반적으로 사용되는 항히스타민제 역시 태아에게 기형을 유발할 수 있다.

호르몬 프로게스틴과 DES와 같은 호르몬은 한때 유산을 방지하고 임신을 유지하기 위한 약물로 이용되었었다. 생식기관이 형성될 시기에 프로게스틴을 복용하게 되면 프로게스틴(남성 성호르몬과 구조적으로 유사함)은 여성 성염색체(XX)를 가지고 있는 배아의 외부 생식기를 남성화한다. 또한 임신 첫 3개월 동안에 산모가 프로게스틴을 복용하게 되면, 산모의 태아는 성장 후 유아기 때 공격적인 성향을 보이게 된다.

1940년대에서 1960년대에 이르기까지, 강력한 에스트로겐인 **디이에스(diethylstilbestrol, DES)**가 임신을 유지하는데 도움을 줄 목적으로 유산 위험성이 있는 많은 여성들에게 처방되었다. 그러나 임신기간 중 산모가 DES를 복용할 경우 출산한 아이들의 목이나 정소에 암을 유발할 수 있다는 보고가 있다(Centers for Disease Control and Prevention, 2005b). 다른 문제들 또한 보고되었다. 임신기간 중 DES를 복용한 여성들에게서 태어난 딸들은 성인이 된 후 유산을 경험하거나 미숙아를 출산할 가능성이 높다. 또한 태아기에 DES에 노출된 남성은 성인이 된 후 불임일 확률이 높을 것으로 한때 의심되었다. 그러나 이후 남성 불임과 태아기 DES 노출 사이에는 연관관계가 없는 것으로 연구 · 보고되었다. 그리고 DES를 복용한 여성들에게는 유방암과 같은 매우 치명적인 의학적 문제가 발생할 위험성이 큰 것으로 여겨진다(Centers for Disease Control and Prevention, 2005b).

비타민 건강을 유지하기 위해, 그리고 건강한 임신 및 태아 발달을 촉진하기 위해, 여러 종류의 비타민을 매일 복용하라고 임산부들에게 처방전이 내려지곤 한다. 그러나 "과유불급"이다. 높은 농도의 비타민 A, B_6, D, K 등의 복용은 출산 문제를 일으킬 수 있다. 즉, 비타민 A를 과도하게 복용하면 구개열 및 안구 손상이 유발될 수 있으며, 비타민 D는 정신박약과 연관되어 있다.

마약 헤로인이나 메타돈과 같은 마약은 태반막을 통해 모체로부터 태아에게로 전파될 수 있다. 마약은 중독성이 있다. 임신기간 중 마약을 주기적으로 복용한 여성의 태아 또한 자궁 내에서 중독될 수 있다. 그러한 아이들은 출생시 금단현상을 겪을 수 있으며 근육 경련 및 불안감 등의 증상을 보일 수 있다. 마약을 복용하는 여성들은 반드시 그 사실을 산부인과 의사에게 알려, 출산 전후 영아에게 도움이 될 수 있는 조치들이 취해지도록 해야 한다.

정신안정제와 진정제 리브리엄(Librium)이나 바리움(Valium)과 같은 정신안정제는 태반막을 통과할 수 있으며, 구순열과 같은 선천성 기형을 유발할 수 있다. 바비튜레이트 계열의 펜토바비탈과 같은 진정제는 테스토스테론의 생성을 감소시킬 수 있는 것으로 의심되며, 따라서 임신기간 중 해당 약물을 복용한 여성의 아들은 생식기능에 문제가 발생할 수 있다.

대마초 대마초의 주요 구성 성분인 THC는 태반을 쉽게 통과한다. 그리고 산모의 대마초 흡입이 태아의 인지기능 발달에 미치는 영향에 대한 연구에서, 대마초 그 자체는 태아의 전반적인 인지기능 발달에 영향을 악영향이 없는 것으로 제안되었다(Fried & Smith, 2001). 그러나 의사 결정이나 문제 해결 능력에는 영향이 있는 것으로 보인다. 임신기간 중 대마초를 흡입한 산모들의 10세 아동 635명을 대상으로 그들의 행동 양상을 조사한 연구가 있었다(Goldschmidt 등, 2000). 연구 결과에 따르면, 산모의 대마초 흡입이 아동의 과잉행동장애 및 충동성, 그리고 주의집중결핍과 유의한 관련성이 있는 것으로 나타났다.

디이에스(diethylstilbestrol, DES) 임신을 유지시키기 위해 유산의 위험에도 불구하고 한때 여성에게 투여되었던 에스트로겐.

알코올 임신기간 중 과도한 음주를 지속한 산모의 태아들은 선천성 기형, 유아 사망, 감각 및 운동 장애, 그리고 정신지체 등의 현상을 보일 가능성이 높다(Connor 등, 2006; Floyd 등, 2005). 그리고 임신기간 중 과음한 산모에게서 출생한 거의 40% 아동들에게서는 **태아알코올증후군(fetal alcohol syndrome, FAS)**이 발생한다. 태아알코올증후군은 여러 가지 전형적인 특징을 보인다. 즉, 전체적인 발달지체, 하악골의 발육 부전, 낮고 짧은 코, 넓은 미간 등의 독특한 안면 특징이 나타난다. 태아알코올증후군 영아들은 종종 평균에 비해 신체가 작고, 뇌 크기 또한 평균에 미치지 못한다. 이와 같은 아이들은 정신지체, 운동협조 결핍, 팔과 다리의 형태 이상, 심장 이상 등의 증상을 보일 수 있다. 또한 유년기 중반쯤, 행동장애가 동반될 가능성이 매우 높다(Disney 등, 2008).

태아알코올증후군 어린이

사실인가 아니면 허구인가 5

사실인가 아니면 허구인가 5: 임산부가 매일 한두 잔의 가벼운 알코올성 음료를 마시는 것은 아이에게 큰 영향을 미치지 않는다는 속설은 입증된 바 없다. 대체로 가벼운 음주는 태아에게 나쁜 영향을 미치지 않는다는 연구 보고가 있기는 하다. 그럼에도 불구하고 임신 첫 3개월 동안, 매일 단지 약 100 ml의 술을 마신 여성에게서 태아알코올증후군 아이가 태어난 경우도 있다(Astley & Clarren, 2001). 더욱이 알코올에 대한 민감도는 개인마다 천차만별이다. 태아알코올증후군에서 관찰되는 안면 특징 형성의 결정적 시기는 임신 첫 두 달 동안인 것으로 여겨진다. 왜냐하면 해당 기간에 얼굴의 형태가 결정되기 때문이다.

흡연 담배 연기에 포함되어 있는 일산화탄소나 자극적인 니코틴 등의 많은 화학물질은 태아에게 전파될 수 있다. 담배 연기는 또한 태아에게 공급되어야 할 산소의 양을 감소시킨다. 산모의 흡연은 자연유산의 가능성을 높이며, 미성숙한 양막의 파열, 사산, 조산, 저체중아 출산, 초기 유아사망 등과 같은 여러 종류의 임신 관련 문제들을 일으킬 수 있다(Cnattingius, 2004; Secker-Walker & Vacek, 2003). 이러한 위험성은 흡연량과 비례하여 증가한다(Bernstein 등, 2005). 산모의 흡연은 또한 지능 발달을 방해한다. 한 연구에 의하면, 임신기간 중 흡연을 한 여성은 그렇지 않은 여성에 비해, 10살 때 행해지는 지능검사에서, 정신박약아(즉, IQ 값이 70 이하) 수준에 해당하는 지능의 아이를 낳을 가능성이 50% 이상 증가하는 것으로 나타났다(Drews 등, 1996).

태아알코올증후군(fetal alcohol syndrome, FAS) 산모의 음주로 인해 발생할 수 있는 증상들의 총체. 아이는 발달이 더디며, 아래턱이 덜 발달되고, 납작한 코를 가지며, 양 미간이 넓은 전형적인 안면 특징을 보인다.

저체중은 영아질병 및 영아사망을 일으키는 주요 위험 요소이며, 학교에서 학습을 수행하는 데에도 문제점을 야기할 수 있다(O'Keeffe 등, 2003). 흡연과 음주를 함께 하는 것은 둘 중 하나만 하는 경우에 비해 저체중아를 출산할 위험성을 크게 높인다(Spencer, 2006). 그리고 산모의 흡연은 태아의 심박동에 영향을 줄 수 있으며, 영아돌연사증후군(sudden infant death syndrome, SIDS)을 유발할 가능성을 높인다(Gordon 등, 2002; Pollack, 2001). 또한 산모의 흡연은 신생아의 폐기능을 약화시키며(Sasaki 등, 2008), 어린이에게는 천식을 유발한다(Goodwin 등, 2009). 더불어 산모의 출산 전 · 후 흡연은 아이의 주의력 결핍, 과잉행동장애, 지능 저하, 성취도 저하 등의 문제를 촉발한다는 많은 증거들이 있다.

아빠의 흡연(혹은 다른 가족 구성원의 흡연) 역시 태아에게 위험할 수 있다. 왜냐하면 간접흡연(흡연자가 내뿜은 연기나 담배 끝에서 분출되는 연기를 흡입하는 것)으로 산모

절대 금지! 임신기간 동안 흡연을 해서는 안 된다. 산모의 흡연은 자연유산의 위험성을 높이고 임신기간 동안 합병증의 발병률을 증가시킨다. 산모의 흡연은 양막의 조기 파열, 사산, 조산, 저체중아 출산, 영아 사망, 지체장애 등의 원인이 될 수 있다.

가 들이마신 연기 또한 태아에게 전파될 수 있기 때문이다. 또한 영아의 간접흡연 노출은 영아돌연사증후군의 발생 가능성을 높인다(Gordon 등, 2002).

대부분의 미국 가임기 여성들은, 적어도 가끔씩은, 음주를 즐긴다. 다섯 명 중 한 명은 흡연을 한다(D'Angelo 등, 2007). 그리고 많은 여성들은 자신이 임신했다는 사실을 알기 전까지 마약을 지속한다. 임신했다는 사실을 아는 시점은 이미 임신이 이루어지고 몇 주가 지난 시점이다. 일부 여성들은 자신이 임신한 사실을 인지한 이후에도 마약을 하는 자신의 습관을 바꿀 의지가 없거나, 혹은 의지는 있으나 그렇게 하지 못한다(Cnattingius, 2004).

우리의 임상 경험에 의하면, 여성들이 자신의 습관을 영원히 그만두어야 한다고 생각하기보다는, 아이가 태어날 때까지만 일시적으로 참는다고 생각하는 것이 습관을 버리는데 훨씬 도움이 되는 것 같다. 물론 출산 후에도 금욕적인 자세를 유지한다면 그것이야말로 좋은 일이다.

기타 물질 X-선은 태아의 기관 형성 단계에서 기형을 유발할 가능성을 높인다. 특히 임신 후 한 달 반 이내에는 더욱 그러하다(초음파는 배아나 태아에게 위험한 것으로 보이지는 않는다).

염색체 이상 및 유전자 이상

우리 모두가 정상적으로 완벽한 염색체를 가지고 있는 것은 아니다. 우리 중 일부는 우리의 건강과 생명을 위협할 수 있는 유전자를 가지고 있다(표 11.2).

표 11.2

염색체 이상과 유전자 이상

병 명	내 용
낭포성섬유증	유전질환으로 췌장과 허파가 점액물질로 인해 폐쇄되어 호흡 및 소화기능에 장애가 발생한다.
다운증후군	21번 염색체가 세 개 존재하는 염색체 돌연변이로 다운증후군 아이들은 정신지체를 보이며, 양 눈의 피부가 처지면서 겹쳐지는 특징을 보인다. 부모의 나이가 많을수록 다운증후군 아이를 가질 확률이 높아진다.
혈우병	성염색체 연관 질환으로, 정상적인 혈액응고가 일어나지 않는다.
헌팅턴병	치명적인 뇌신경질환으로 중년의 나이에 주로 발병한다.
신경관결손	뇌의 일부가 발달하지 않아 존재하지 않는 무뇌아(*anencephaly*)나 척추의 일부가 노출 혹은 결손되는 척수이분증(*spina bifida*)처럼 뇌 및 척수와 연관된 질병. 무뇌아는 출산 후 곧 사망한다. 그러나 척수이분증 환자는, 물론 많은 장애를 동반하지만, 수년간 생존할 수도 있다.
페닐케톤뇨증	페닐알라닌 대사가 이루어지지 않아 페닐피부릭산이 체내에 축적되면서 어린이의 정신지체가 유발되는 질병. 출생시, 이 질환의 진단이 가능하며 식이조절을 통해 발병을 통제할 수 있다.
망막아세포종	우성유전자에 의해 야기되는 실명의 한 형태.
겸형적혈구빈혈증	아프리카계 미국인에게 호발하는 혈액질환. 혈구의 형태가 변형되어, 작은 혈관을 폐쇄시키고 혈구의 산소운반능력을 떨어뜨린다. 그리고 태아 감염의 위험성을 증가시킨다.
테이삭스병	치명적인 뇌신경질환으로, 주로 유럽계 혈통인 유대인에게서 호발한다.

다양한 세상

아빠의 나이가 아이에게 미치는 영향—정말로 남성은 언제든지 생식이 가능한가?

파블로 피카소와 그의 아들 클라우드. 노령의 피카소가 자신의 아들과 놀고 있는 1955년도에 촬영된 사진. 남성은 나이가 들어서도 아이의 아버지가 되는 데에 아무런 문제가 없는 것일까?

> 30대 여성들이 50대 남성들을 하자품(노쇠한 정자)으로 바라보기 시작한다면 어찌되겠는가? 즉 50대 남성들이 동년배 여성하고만 데이트를 해야 한다면 어찌되겠는가? 나이가 들어가면서 남성들이 올모스트 라이트 씨에 대해 새로운 눈으로 보기 시작한다면 어찌되겠는가?
>
> —리사 벨킨

파블로 피카소는 70세 나이에 아빠가 되었다. 전 상원의원 스트롬 서몬드는 90세 나이에 아버지가 되었다. 여성은 나이가 들수록 임신할 가능성이 낮아진다는 것은 잘 알려진 사실이다. 벨킨이 지적하였듯이, 우리들은 전통적으로 "여성은 빨리 서두르는 것이 좋고, 남성은 언제든지 가능하다"고 생각한다.

그러나 분명 그렇지 않다. 진실은 이렇다. 생물학적 관점에서 보았을 때, 여성이 아이를 갖기에 가장 이상적인 나이는 20대이다. 10대 산모들의 경우 영아 사망을 경험하거나, 저체중아를 출산할 확률이 매우 높다(Martin 등, 2008; Save the Children, 2008). 10대 초반의 여아는 임신과 출산을 감당하기에 충분히 성숙하지 못하였으며, 따라서 임신은 몸에 큰 무리를 가져올 수 있다. 또한 10대 산모들은 교육을 충분히 받지 못하였고, 산전 돌봄 또한 제대로 받지 못하는 경향이 있다.

30세 이상의 여성은 어떠한가? 여성의 임신능력은 30대 중반까지 서서히 감소하다가 그 이후 더욱 급격히 떨어진다. 30대 중반 이상의 여성들은 자신의 생식기관이 가장 효율적으로 기능할 수 있는 시점을 이미 지난 것이다. 여성은 출생시 이미 미성숙한 형태의 난자를 보유한다. 30년이 넘는 세월 동안 이 난자들은 위험성이 높은 여러 가지 독성 노폐물이나 화학오염물질, 방사선에 노출되며, 이는 다운증후군과 같은 염색체 돌연변이의 위험성을 높인다(Sartorius & Nieschlag, 2009). 30대나 40대가 될 때까지 출산을 미뤄온 여성들은 또한 사산아나 조산아를 낳을 확률이 높아진다(Martin 등, 2008). 그러나 노령이며 초산인 여성이라 할지라도 적절한 산전관리를 받는다면, 조산아나 건강하지 못한 아이를 출산할 위험성은 상대적으로 낮아진다(Martin 등, 2008). 이러한 사실은 30대나 40대가 될 때까지 출산을 미루었거나 미룰 계획이 있는 여성들에게는 힘을 북돋아 주는 것이리라.

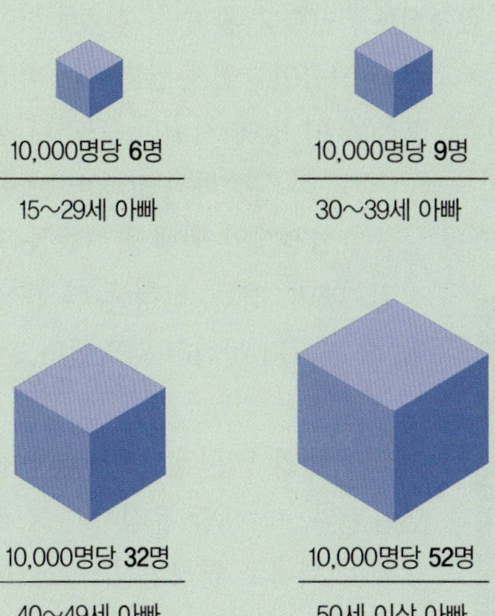

그림 11.6 위험한가? 132,271명을 대상으로 한 아버지 연령 대비 자폐스펙트럼장애가 발생할 수 있는 확률.

출처: Archives of General Psychiatry, September 2006.

나이가 많은 아빠들은 비정상적인 정자를 생산할 가능성이 높으며, 그에 따라 임신에 문제가 발생할 수 있다(Belkin, 2009). 그러나 이는 빙산의 일각이다. 퀸스랜드 대학의 연구진들은 33,000명의 미국 어린이들을 대상으로 한 연구를 분석하였으며, 그 결과 임신 당시 아버지의 나이가 많으면 많을수록 어린이는 읽기능력이나 추리력, 기억력, 집중력 등의 검사에서 낮은 점수를 받았다. 남성의 경우 29세에서 30세가 어떤 전환점인 것 같다. 왜냐하면 이 시기를 넘겨 아이를 임신할 경우, 아이에게서 정신분열증이나 조울증 같은 정신학적 질병 발생 위험도가 증가하기 때문이다(Perrin 등, 2007). 또한 40세 이상 남성이 아이를 가질 경우에는 자폐아가 태어날 위험성이 증가한다(Reichenberg 등, 2006). (그림 11.6 참조).

남성들이 자신의 "최적" 생식 시기를 넘겨 아이를 가질 경우, 대부분의 자식에게서 위와 같은 문제가 발생한다는 것은 않는다. 다만 여성과 마찬가지로 남성의 연령 또한 아이에게 발생할 수 있는 위험성과 연관된다는 것이다. 한 정신분열증 연구가가 지적하였듯이, "엄마가 되기에 최적기인 연령은 아빠가 되기에 최적기인 연령과 동일하다"는 사실이 밝혀진 것이다(Malaspina, 2009).

표 11.3

다운증후군 영아를 출산할 수 있는 위험도. 산모의 연령에 따른 비교

산모의 연령	다운증후군 아이를 출산할 수 있는 가능성
20	1,667명 중 한 명
30	953명 중 한 명
40	106명 중 한 명
49	11명 중 한 명

출처: American Fertility Association, 2006. [Online]. www.theafa.org.

다운증후군 다운증후군 아이들은 둥근 얼굴, 넓고 평평한 코, 돌출된 혀, 그리고 안쪽 눈구석의 피부가 아래쪽으로 처지며 접혀 있는 특징을 보인다. 다운증후군에는 또한 호흡기 장애 및 심장기능 장애가 동반될 수 있다. 대부분의 사람들에게는 "인생의 황금기"에 해당하는 중년의 나이에 다운증후군 환자들은 위와 같은 문제로 생명에 위협을 받는다. 다운증후군은 보통 중증도의 정신박약을 보인다. 그러나 배우고, 쓰고, 읽을 수는 있다. 가족이나 사회 기관의 작은 도움만 있다면, 그들은 직장을 구하며, 전반적으로 독립적인 삶을 영위할 수 있다.

다운증후군 아이를 낳을 위험성은 산모의 연령에 비례하여 증가한다(Brody, 2002a; Centers for Disease Control and Prevention, 2002a; 표 11.3). 다운증후군은 보통 21번 염색체가 부가적으로 한 개 더 존재하여 발생한다(3염색체성 21). 대부분의 경우 다운증후군은 모계를 통해 유전된다.

겸형적혈구빈혈증 및 테이삭스병 겸형적혈구빈혈증(sickle-cell anemia)과 테이삭스병(Tay-Sachs disease)은 모두 유전병으로 특정 인종이나 민족에게 주로 영향을 미친다. 미국에서 겸형적혈구빈혈증은 아프리카계 미국인들에게서 대부분 발병한다. 357명의 아프리카계 미국인 중 한 명꼴로 겸형적혈구빈혈증이 나타나며, 8% 정도는 보인자다(Ashley-Koch 등, 2000). 겸형적혈구빈혈증 환자의 적혈구는 말 그대로 낫 모양을 하고 있다. 낫 모양의 적혈구는 서로 엉겨 붙어 작은 혈관을 막고, 산소 공급을 감소시킨다. 결과적으로 환자들은 몸이 부어오르는 부종, 통증을 야기하는 관절염 등의 고통으로부터, 죽음에까지 이르게 하는 폐렴이나 심장병 또는 신부전과 같이 다양한 질병을 앓게 된다. 감염은 겸형적혈구빈혈증 환자를 사망케 하는 가장 주요한 원인이 된다.

테이삭스병은 어린이들에게 발병하는 치명적인 신경학적 질환이다. 미국인은 10만 명당 단지 한 명꼴로 이 병에 걸린다. 그러나 동유럽에 뿌리를 두고 있는 유대인의 경우에는 그 발병률이 급속히 상승하여 3600명당 한 명꼴로 이 병에 걸린다(Khoury 등, 2000). 테이삭스병은 중추신경계의 퇴행성 변형을 그 특징으로 한다. 그 결과 정신지체, 근조절 상실, 마비, 맹목, 난청 등의 증상들이 발생한다. 이 병에 걸린 아이들은 5살을 채 넘기지 못하고 사망한다.

열성형질(recessive trait) 우성 유전자와 한 쌍을 이루었을 때 발현되지 않는 유전형질. 그러나 열성형질은 이후 세대에게 전파될 수 있으며, 다른 열성형질과 한 쌍을 이루게 되면 발현된다.

성염색체와 연관된 유전질환 혈우병과 같은 몇몇 유전질환은 성염색체와 연관된다. 즉 해당 유전자가 X 성염색체에 의해서만 유전된다. 유전자는 세대에서 세대로 **열성형질(recessive trait)** 형태로 유전된다. X 성염색체를 2개 가지고 있는 여성에 비해 남성들이 성염색체와 연관된 유전질환에 걸릴 가능성이 높다. 왜냐하면 여성의 경우 질환을 일으키는 유전자가 양쪽 X 성염색체에 모두 존재해야만 발병하기 때문이다. 또한 성염색체와 연관된 유전질환은 여성이 보인자일 경우 그 아들에게서 나타날 확률이 높다. 왜냐하면 아들이 유전 받게 되는 한 개의 X 성염색체는 엄마로부터 오기 때문이다. 영국의 빅토리아 여왕은 혈우병 보인자였다. 그녀는 많은 자식들에게 혈우병 유전자를 남겼고, 자식들은 다시 유럽 사회의 여러 상류계층에 이 유전자를 전파시켰다. 이러한 이유로 혈우병에는 "왕실 질환(royal disease)"이라는

초음파 영상. 임신 12주 된 네비드의 아들, 마이클의 초음파 영상. 사진의 중앙 윗부분을 자세히 관찰하며(위쪽을 향하고 있는), 태아의 머리와 몸통을 확인할 수 있다. 마이클은 이 시기부터 잘 생겼었다고 마이클의 아버지는 말한다. 이 책의 첫 번째와 세 번째 저자들은 재미없는 자신들의 초음파사진을 이 책에 실린 것에 반대했었다고 강조한다.

별명이 붙어 있다.

염색체 이상 및 유전 이상 예방 유전질환과 연관된 가족력 및 커플 개개인의 질병 기록 정보를 근거로, 유전질환 전문가는 커플의 자식에게 유전될 가능성이 있는 질환들의 위험성을 평가할 수 있다. 자식들에게 질환이 유전될 위험성이 높다고 판단되는 커플 중 일부는 입양을 결정한다. 그리고 어떤 커플들은 우선 아이를 갖고, 태아에게 만약 문제가 발생한다면, 그때 유산하겠다고 결정한다.

태아에게서 유전질환을 발견하기 위해 다양한 의학적 방법들이 이용되고 있다. 임신 4개월쯤에 보통 **양수검사**(ammiocentesis)를 시행하며, 때에 따라서는 더 일찍 할 수도 있다. 주사기를 이용하여 양막 내 양수를 추출하고, 양수 내에 존재하는 태아 세포를 배양한다. 현미경을 이용하여 배양된 세포에 염색체 이상 및 생화학적 이상이 있는지 여부를 확인한다. **융모막융모생검법**(chorionic villus sampling, CVS)은 임신 10주쯤에 시행한다. 얇은 튜브를 이용하여 융모막으로부터 일부 조직을 절취하여 검사한다. 융모막은 양막과 태아를 감싸는 막성 조직이다. 양수검사에 따른 위험성이나 융모막융모생검법에 따른 위험성은 서로 비슷하다(Simpson, 2000). 이들 검사를 통해 다운증후군, 겸형적혈구빈혈증, 테이삭스병, 이분척추증, 근이영양증, Rh 부적합성, 그리고 그 외 몇몇 질환들에 대한 진단이 가능하다. 더불어 태아의 성별 또한 확인이 가능하다.

초음파검사는 태아를 맞고 반사되는 고주파 파장을 이용하여 TV 모니터를 통해 태아의 모습을 관찰하는 것이다. 레이더와 같은 원리다. 산부인과 의사는 이를 통해 태아의 특정 이상을 발견할 수 있다. 산부인과 의사는 또한 양수검사에서 바늘이 태아를 찔러 상해를 입힐 가능성을 낮추기 위하여 초음파를 이용한다.

아빠의 혈액검사를 통해서도 겸형적혈구빈혈증, 테이삭스병 및 신경관 이상 등과 같은 문제들의 존재 가능성을 추측할 수 있다. 또한 태아의 DNA를 검사할 수 있는 방법들이 있으며, 이를 통해 헌팅턴무도병, 낭포성섬유증 등의 발병 가능성을 확인할 수 있다. 또한 최근에는 임신 첫 3개월 동안의 혈액검사를 통해 다운증후군을 발견할 수 있게 되었다.

> **비판적인 사고하기**
>
> 35세 및 그 이상 연령대 여성 중, 일부 여성들은 양수천자를 결심하는 한편, 다른 여성들은 양수천자를 하지 않는다. 왜 그럴까? 이 논점에 대한 당신의 입장은 어떠한가? 설명해 보시오.

11.5 출생

임신 9개월 초, 태아의 머리는 골반에 자리잡는다. 이 변환을 영어로는 **드롭핑**(dropping) 혹은 **라이트닝**(lightening)이라 한다. 여성은 실제로 몸이 가벼워졌다고 느끼는데, 그 이유는 횡격막을 누르는 압력이 완화됐기 때문이다. 출산 하루 혹은 며칠 전부터 여성은 질 분비물에 혈액이 섞여 나오는 것을 확인하게 된다. 골반 내 태아의 압력이 산도의 표면혈관 일부를 파열시켰기 때문이다. 평상시 감염원이 질을 통해 침입하는 것을 방지할 수 있도록 막혀 있던 자궁경부의 폐쇄부 또한 열린다. 그 결과 혈액성 점액이 방출된다. 이때, 여성 10명 중 한 명은 질로부터 따뜻한 "액체(물)"가 쏟아져 내린다고 느낀다. 이 "액체"는 양수로, 양막이 터졌음을 의미한다. 출산은 양막이 터진지 하루 이내에 이루어진다. 대부분의 여성은 출산의 첫 단계 말기에 이르러서야 양수가 터진다. 출산이 임박했다는 다른 징후로는 소화불량, 설사, 복부경련, 또는 등의 국소통증 등이 있다. 출산은 자궁의 규칙적인 수축을 시작으로 개시된다.

첫 번째 자궁 수축은 비교적 고통이 없으며, **브랙스톤-힉스 수축(Braxton-Hicks contraction)** 또는 **가진통 수축**(false labor contractions)이라 한다. 이 수축은 가수축으로 이 시기 자궁경부는 확장되지 않았으며, 아기 역시 산도로 진입하지 않았다. 브랙스톤-힉스 수축은 점차 주기가 빨라지기는 하나, 출산 진통과 비교하여 규칙적이지 못하다. 반면 출산 진통은 임산부가 움직이거나 걸을 때 강도가 더욱 증가한다.

출산은 태아의 부신과 뇌하수체에서 분비되어 태반을 자극하고 모체 자궁으로부터 **프로스타글란딘(prostaglandin)**을 분비하도록 유도하는 호르몬의 분비와 함께 시작한다. 프로스타글란딘은 자궁이 수축하도록 자극한다. 이는 자신 스스로 독립적인 생활을 유지할 수 있을 만큼 충분히 성숙했다는 신호를 태아가 산모에게 보내는 기전으로 볼 수 있다. 그러나 이 과정을 개시하고 유지하는 기전에 대해서는 아직 이해하지 못하고 있다. 이후 출산과정에서, 모체 뇌하수체는 **옥시토신(oxytocin)**을 분비한다. 이 호르몬은 자궁으로부터 아이를 밀어낼 수 있을 만큼의 강력한 자궁 수축을 유도한다.

학생들의 실제 질문

질문: 무엇이 출산을 촉발하나요? 미숙아의 출산은 왜 촉발되나요?

답변: 태아에게서 분비되는 호르몬이 산모의 태반 및 자궁에서의 프로스타글란딘 분비를 촉진시키고, 프로스타글란딘은 다시 자궁 근육의 수축을 유도하는 것으로 여겨진다. 자궁의 수축은 월경 전 증후군과 비슷하다고 산모는 느낀다. 이와 같은 기전은 태아가 산모에게 자신은 독립적인 삶을 꾸려나갈 준비가 되었다고 신호를 보내는 것과 같은 것이다. 또 다른 요소로는 태반의 나이가 어느 정도 되어서, 혹은 자궁의 크기가 일정 한도를 넘어서서, 자궁 스스로 자신의 내부를 비우기 위해 "재촉"한다는 것이다. 마지막으로, 분만 동안 산모의 뇌하수체가 옥시토신을 분비하여 태아를 밀어내기에 충분한 강도의 자궁 수축을 자극하는 것이다. 일반적인 조산의 원인으로는 감염, 염증반응, 산모의 흡연 등이 있다.

출생 단계

출산은 산고를 처음 느끼는 것으로 시작하여 세 단계를 거친다. 첫 번째 단계에서, 자궁의 수축은 자궁경부를 **소실(efface)**시키고, 아이가 지나갈 수 있을 정도로 자궁경부의 직경을 약 10 cm 정도 **확장(dilate)**시킨다. 자궁경부가 확장되는 단계에서 출산의 가장 큰 고통이 유발된다. 자궁경부가 쉽게 그리고 빠르게 확장하는 여성은 고통을 거의 느끼지 않거나 전혀 느끼지 않을 수도 있다. 이 첫 번째 단계는 수 시간에서 길게는 하루 이상 걸릴 수 있다. 첫 임신의 경우, 출산은 평균적으로 12시간에서 24시간 정도 걸린다. 이후 임신에서는 그 시간이 약 절반 정도로 줄어든다.

처음 수축이 시작될 때, 수축은 보통 가볍게 시작되며 수축 주기는 10분에서 20분으로 그 간격이 크다. 수축은 20초에서 40초 정도 지속된다. 그리고 시간이 지남에 따라 점점 자주, 길고 강하게, 그리고 규칙적으로 수축이 일어난다.

브랙스톤-힉스 수축(Braxton-Hicks contraction) 가진통 수축이라고도 불리며 비교적 고통은 없다.

프로스타글란딘(prostaglandin) 자궁에서 생성되어 자궁의 수축을 촉진하는 호르몬.

옥시토신(oxytocin) 자궁의 수축을 촉진하는 뇌하수체 호르몬.

소실(efface) 얇게 됨.

확장(dilate) 열리거나 넓어짐.

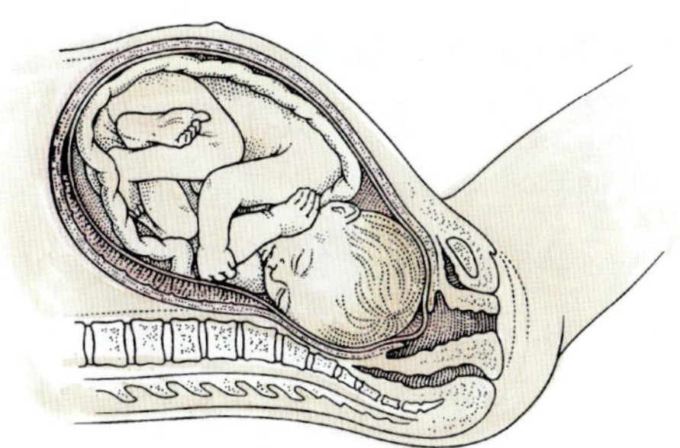

1. 출산이 시작되는 두 번째 단계

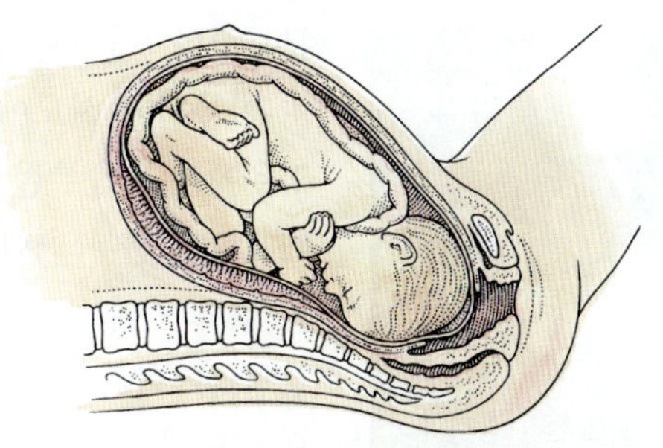

2. 아기가 좀 더 하강하며 회전

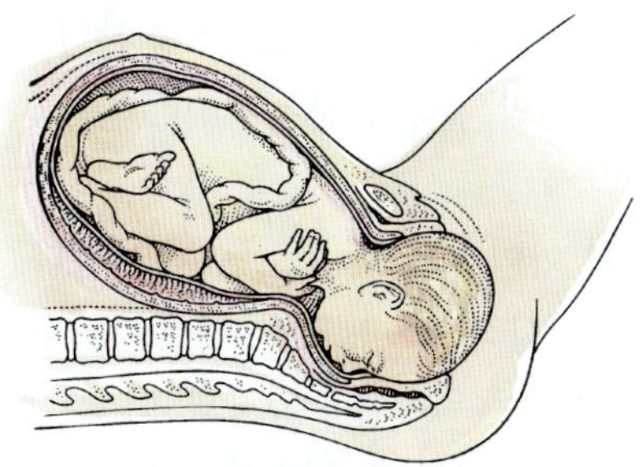

3. 아기의 머리가 산도를 통해 보임

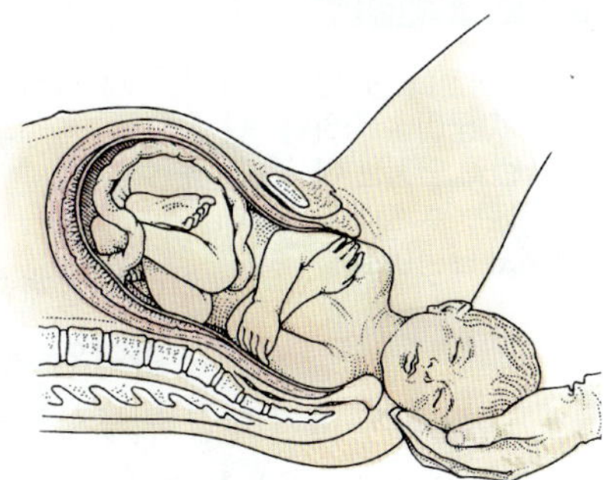

4. 앞 어깨가 빠져나옴

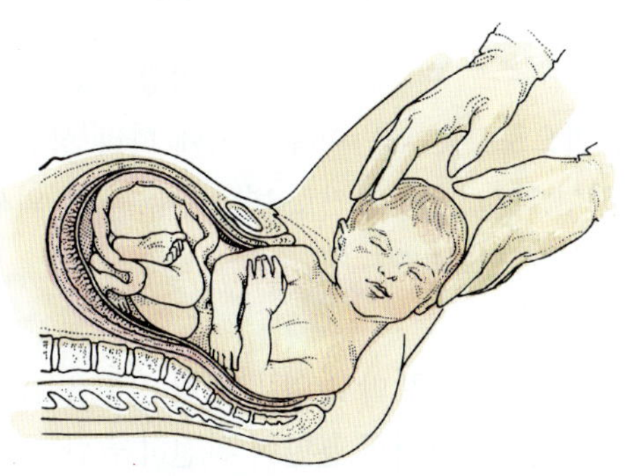

5. 뒤 어깨가 빠져나옴

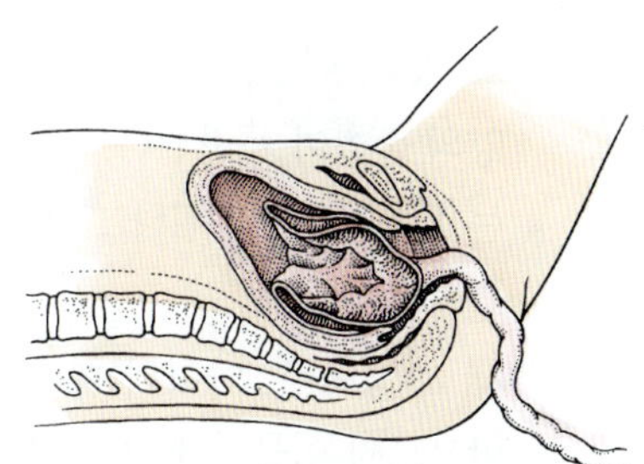

6. 출산의 세 번째 단계는 자궁벽으로부터 태반이 분리되는 것으로 시작된다.

그림 11.7 출산의 단계. 첫 번째 단계에서는 자궁이 수축하며 아기가 빠져나올 수 있도록 자궁 경부가 얇아지고, 약 10 cm 정도 확장된다. 두 번째 단계는 아기가 산도 내로 이동하는 것을 시작으로 하여, 출산되는 것으로 마무리된다. 세 번째 단계에서는 태반이 자궁벽으로부터 분리되어 산도를 통해 추출된다.

이행(transition)은 자궁경부가 충분히 확장되어 아이의 머리가 질 혹은 산도로 진입하기 시작하는 단계를 말한다. 이행기에 수축은 보통 매우 빠르게 일어난다. 이행은 약 30분 혹은 그 이내로 지속되며, 보통 메스꺼움, 한기, 극심한 통증을 동반한다.

이행 단계 이후, 출생의 두 번째 단계가 시작된다. 자궁경부가 충분히 확장되어 아이가 질로 이동하기 시작하고 처음으로 산도 입구에 모습을 드러낸다(그림 11.7). 출생의 두 번째 단계에 산모는 분만실로 옮겨진다. 두 번째 단계는 첫 번째 단계보다 짧다. 수분에서 수 시간 정도 소요되며, 두 번째 단계는 아이의 탄생으로 마무리된다.

두 번째 단계에서 일어나는 수축은 산도(질)를 따라 아이가 더 멀리 밀려나가도록 한다. 질 입구에서 아이의 머리가 보이기 시작하였을 때, 이 상태를 영어로는 **크라운드**(crowned; 왕관을 쓴)라고 표현한다. 아이의 머리가 보이기 시작한 지 수 분 내에, 아이의 신체 전체가 드러난다.

아이의 머리가 보이기 시작했을 때, 산모에게 **외음부절개(episiotomy)**술이 시행되기도 한다. 외음부절개의 목적은 극도로 얇아진 상태에서 **회음부(perineum)**가 무작위적으로 찢어지는 것을 방지하기 위함이다. 그러나 외음부절개의 효용성에 대해서는 이견이

이행(transition) 자궁경부가 거의 완전히 확장되어 태아의 머리가 산도 내로 이동을 시작하는 시기.

외음부절개(episiotomy) 출산시 산도를 넓히기 위해, 그리고 회음부가 무작위적으로 찢어지는 것을 방지하기 위해 외과적 수술을 통해 회음부를 절개하는 것.

회음부(perineum) 외부생식기와 항문 사이의 영역.

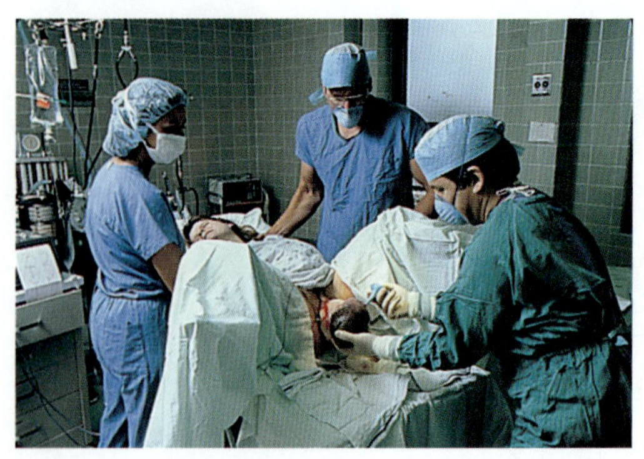

세상으로 나오다. 출산은 세 단계로 이루어진다. 첫 번째 단계에서는 아기가 통과할 수 있도록 자궁이 수축하며, 자궁경부가 얇아지고 확장된다. 두 번째 단계는 아이의 실질적인 출산이 이루어지는 단계로, 수 분에서 수 시간 지속될 수 있다. 세 번째 단계에서 태반이 배출된다.

분분하다. 절개된 부위는 감염 및 통증의 원인이 될 수 있으며, 또한 상처가 아물면서 산모에게 간지러움과 같은 불편을 줄 수 있기 때문이다. 어떤 경우에는 외음부절개에 따른 불편함 때문에 수 개월간 성교를 하지 못한다. 때때로 임산부의 회음부를 마사지해 줌으로써 외음부절개의 필요성이 사라질 수도 있다(Eason 등, 2000; Johanson, 2000). 이런저런 이유로 미국 산부인과학회지에 실린 한 논문은 "더 이상 외음부절개술을 일상적으로 할 필요는 없다"라고 조언한다(Eason & Feldman, 2000). 분명히 그런 것 같다. 미국 산부인과학회 조사에 따르면, 지난 40년간 외음부절개술 시행 건수는 거의 70%에서 약 19%로 감소하였다(Goldberg 등, 2002). 여러분의 담당 산과 전문의에게 외음부절개에 대한 자신의 견해를 묻는 것이 좋을 것 같다.

외음부절개술 시행 여부에 상관없이 아이의 출생 통로는 매우 좁다. 그 결과 아이의 머리 형태나 얼굴 모습은 일시적으로 팽창될 수 있다. 아이의 얼굴은 마치 방금 권투시합을 마친 모습일 것이다. 머리는 위아래로 확장되고 코는 납작하며 귀는 휘어 있다. 아이의 얼굴이 정상적인 모습으로 돌아올지 걱정하는 부모들도 있겠지만, 거의 대부분 정상적인 모습을 찾게 된다.

출산의 세 번째 단계, 즉 후산기는 몇 분이 걸릴 수도 한 시간 혹은 그 이상이 걸릴 수도 있다. 이 시기 동안, 태반이 만출된다. 자궁벽으로부터 태반이 분리됨에 따라 상당한 양의 출혈이 동반된다. 자궁은 수축하기 시작하여 다시 본래 크기로 변화한다. 담당 의사는 외음부절개부위나 그 외 회음부 내 열상부위를 봉합한다.

새 세상으로 아이의 머리가 나오기 시작하면, 아이의 입을 막고 있는 점액 물질을 흡인함으로써 이물질에 의해 기도가 막히는 것을 방지한다. 아이의 분만이 완전히 끝난 후에도 한 차례 흡인을 반복할 수 있다. (구강 내 점액성분의 배출을 위해 막 태어난 아이를 거꾸로 드는 통상적인 행동은 더 이상 필요치 않다. 또한 옛 영화에서 보듯 호흡을 자극하기 위해 아이의 엉덩이를 때리는 행위 또한 필요치 않다.)

아이가 적절한 호흡을 시작하면 탯줄을 결찰하고 아이의 신체로부터 약 7 cm 정도 되는 지점을 절단한다. (이 책의 첫 번째 저자[남편]와 세 번째 저자[부인]의 셋째 아이가 태어났을 때, 산부인과 의사는 첫 번째 저자가 탯줄을 자를 수 있도록 배려하였다. 그러나 세 번째 저자는 가위를 움켜쥐고 자신이 직접 탯줄을 잘랐으며, 그 과정에서 산부인과 의사의 안경에 혈액이 튀었다. "도대체 누가 산부인과 의사에게 탯줄을 자를 권리를 주었단 말인가!" 그녀는 항변했다.) 잘린 탯줄 말단은 건조되어 보통 7일에서 10일 정도 시간이 지나면 스스로 이탈된다.

사실인가 아니면 허구인가 6

사실인가 아니면 허구인가 6: 탯줄을 어떻게 자르느냐에 따라 아이의 배꼽이 불거질 수도 오목하게 들어갈 수도 있다는 믿음은 진실이 아니다. 탯줄은 스스로 건조되어 떨어져 나간다.

산모가 출생의 세 번째 단계에 있는 동안 간호사는 아이의 눈에 질산은이나 항생제 연고를 떨어뜨려 주는 등의 일련의 조취를 취한다. 이러한 조치들은 박테리아로부터 신생아의 눈을 보호하려는 목적으로 대부분의 주에서 시행된다. 또한 아이의 발 도장을 찍는다든지 혹은 (아이가 병원에서 태어났다면) 인식 팔찌를 부착한다. 신생아는 비타민 K를 스스로 생성치 못하므로, 출혈이 있을 경우에는 혈액 응고가 정상적으로 일어날 수 있도록 비타민 K를 투여하기도 한다.

출산 방법

20세기까지 출산은 보통 가정에서 이루어졌으며, 산모의 어머니나 조산사, 가족, 친구들이 함께 했다. 오늘날 미국과 캐나다의 여성들은 대체로 산모와 아이의 감염이나 출산에 따른 문제점, 극심한 고통 등을 막아줄 수 있는 마취제나 외과적 수술 장비가 구비된, 산부인과 의사가 상주하는, 병원에서 아이를 출산한다. 의학적 조치들은 생명을 구할 수도 있지만, 또한 출산을 점차 인간미 없는 과정으로 만들었다. 사회 비평가들은 이러한 일련의 조치들이 자연적인 출산 과정을 의료(치료) 과정으로 변질시켰다고 비판한다. 여성의 신체를 제어하려는 시도는 사라져야 하며, 약물 사용 등을 통해 여성에게서 출산의 경험을 박탈하려는 행위는 금지돼야 한다고 사회 비평가들은 주장한다.

마취 분만 지난 2세기 동안, 과학과 의학은 여성이 출산과정에서 느끼는 고통을 최소화할 수 있을 것이라는 기대감을 충족시켜왔다. 오늘날 미국 여성의 단지 약 10% 정도만이 마취를 하지 않고 출산한다(Jameson, 2000).

일반마취(general anesthesia)는 1853년 영국의 빅토리아 여왕이 자신의 여덟 번째 자식을 출산할 때 클로로포름을 이용함으로써 처음 인기를 얻게 되었다. 이전에 사용된 클로로포름을 이용한 일반마취는 의식불명 상태를 유도한다. 바비튜레이트 계열 마취제인 펜토탈소디움은 정맥 주사를 통해 일반마취를 유도할 수 있다. 바비튜레이트는 여성이 각성 상태에 있을 때 공포감을 줄여주기 위해 경구로도 투여된다. 또한 바륨과 같은 진정제나 데메롤과 같은 마취제는 산모의 각성 상태를 유지하면서 고통을 차단시키거나 몸의 긴장을 이완시키는데 도움을 준다.

안정제나 마취제와 같은 약물은 분반 도중 자궁 수축의 강도를 감소시킨다. 그러므로 이러한 약물의 사용은 자궁경부 확장을 지연시키며, 출산 시간을 연장한다. 또한 약물은 산모가 아이를 밀어낼 수 있는 힘을 약화시킨다. 그리고 사용되는 약물은 태반막을 통과할 수 있기 때문에 신생아의 전반적인 반응성을 감소시킨다.

부분마취 혹은 **국소마취(local anesthetics)**는 산모의 전반적인 각성 상태를 약화시키거나, 수면 상태에 들지 않도록 하면서 신체 일부분에서의 통각을 차단하는 방법이다. **외음부마취**(pudendal block)는 국소부위에 마취제를 주입함으로써 외부 생식기의 감각을 둔감하게 한다. **경막외마취**(epidural block)와 **척수마취**(spinal block)는 척추관 내로 마취제를 주사하여 일시적으로 산모의 허리 아래쪽 감각을 둔감하게 한다. 척수상해를 방지하기 위해, 삽입되는 바늘이 척수 실질을 관통하지 않도록 조심해야 한다. 국소마취가 신생아의 반응성을 떨어뜨리기는 하나, 이와 같은 의학적 조치들이 신생아에게 심각한 문제를 야기한다는 증거는 거의 없다.

일반마취(general anesthesia) 약물을 이용하여 출산시 고통을 없애주거나 수면상태에 들게 하는 것.

국소마취(local anesthesia) 마취의 한 형태로, 출산시 신체의 특정지역에서만 통증을 없애주는 방법.

준비된 출산: 라마즈 분만법 프랑스 산부인과 의사인 페르낭 라마즈는 1951년 구 소련 연방을 방문하고, 러시아 여성들이 출산하는데 있어 마취제를 사용하지 않으면서도 극도

라마즈 분만법(Lamaze method) 출산의 한 방법으로 산모는 출산에 대해, 신체를 이완하는 방법에 대해, 그리고 에너지를 절약하고 고통을 완화할 수 있는 호흡법에 대해 배운다. 그리고 출산에 코치(보통 아빠)가 동석하도록 한다. 준비된 출산(*prepared childbirth*)이라고 불리기도 한다.

제왕절개(Cesarean section) 출산의 한 방법으로 산모의 복부를 외과적으로 절개하여 태아를 분만한다.

횡위(transverse position) 태아가 출산시 자궁에서 모로 누운 체위.

의 고통을 호소하지 않는다는 사실을 발견한다. 라마즈는 러시아 여성들이 사용하는 몇 가지 기술을 배워 서유럽으로 돌아오는데, 이 기술들을 오늘날 **라마즈 분만법(Lamaze method)** 혹은 **준비된 출산**(prepared childbirth)이라 한다. 라마즈는 여성들이 자궁 수축을 신체 다른 반응들과 연계함으로써, (예를 들어 해변 풍경과 같이 마음을 편안하게 하는 정신적 이미지를 생각하거나 혹은 적절한 호흡을 유지함으로써, 또는 신체 이완운동을 함으로써) 출산 중 에너지를 보존하고 자궁 수축에 따른 고통을 줄일 수 있다고 주장하였다(Lamaze, 1981).

임산부들은 보통 "조력자"와 함께 라마즈 강좌를 청강한다. "조력자"는 보통 남편이나 배우자가 된다. 조력자는 자궁 수축이 시작될 때 산모와 분만실에 같이 들어가 산모를 감정적으로 안정시키고 그녀가 라마즈 호흡이나 이완운동을 잘 할 수 있도록 도와준다. 산모와 조력자는 출산에 관한 일반적인 정보를 또한 제공받는다. 이 과정을 배우자와 함께 한 많은 커플들은 이를 통해 둘의 관계가 더욱 돈독해졌다고 이야기한다.

라마즈 분만법에서도 마취제의 사용이 동반될 수 있다. 라마즈 분만법을 채택한 많은 여성들도 분만 도중 중증의 고통을 느꼈으며, 마취제를 사용하였다고 이야기한다. 그러나 라마즈 분만법이 여성들로 하여금 분만과정을 스스로 극복하겠다는 강한 의지력을 제공하는 것은 사실인 것 같다.

제왕절개 **제왕절개(cesarean section)**는 질을 통한 분만이 아닌 외과적 수술을 통한 분만이다. **절개**(section)라는 용어는 라틴어에서 유래하였으며, "자르다"라는 의미이다. 줄리우스 시저가 이 방법을 통해 출산하였다고 전해지고는 있으나, 의료전문가들은 사실이 아닐 것이라고 생각한다. 제왕절개에서 의사는 여성을 마취시키고 복부와 자궁을 절개하여 아이를 꺼낸다. 절개부위를 봉합하고 나면, 물론 일반적으로 얼마 동안은 불편함을 느끼겠지만, 산모는 보통 수술 당일 걸을 수 있다. 대부분의 경우 제왕절개는 큰 문제점 없이 시행된다. 그러나 간혹 비뇨계통에 감염을 일으키거나 자궁벽에 염증반응을 일으킬 수 있으며, 또한 출혈이나 혈액응고 등의 문제가 발생할 수 있다(ACOG, 2003). 결과적으로, 제왕절개를 통해 분만한 여성의 임신관련 사망률은 자연분만을 통해 분만한 여성보다 4배 더 높다. 제왕절개로 분만한 여성은 10만 명당 35.9명이 사망하는 반면, 자연분만을 통해 분만한 여성은 10만 명당 9.2명이 사망한다(ACOG, 2003).

제왕절개는 정상 분만이 어렵거나 혹은 산모나 아이의 건강을 위협할 수 있을 때 가장 많이 권해진다. 아이가 너무 클 경우, 혹은 산모의 골반이 작거나 기형일 경우, 그리고 산모가 지쳐 있거나 나약할 때, 또는 노산일 경우 자연분만이 어려울 수 있다. 또한 산도를 통해 허페스바이러스나 에이즈바이러스의 감염이 우려될 경우 제왕절개를 통해 감염을 피할 수 있다. 그리고 아이의 다리가 아래를 향하는 둔위이거나 옆으로 누운 **횡위(transverse position)**일 경우, 또는 아이가 위험에 처해 있을 경우 제왕절개를 시행한다.

사실인가 아니면 허구인가 7

제왕절개 시술은 급속히 증가하고 있다. **사실인가 아니면 허구인가 7:** 현재 미국에서는 10번의 출산 중 거의 3번(29%) 정도가 제왕절개를 통해 이루어진다(Bakalar, 2005). 1965년에는 20번의 출산 중 약 1번 정도가 제왕절개를 통해 이루어졌다. 제왕절개의 시술 빈도가 증가한 이유 중 많은 부분은 의사가 태아의 위험한 상태를 파악할 수 있는 태아 모니터링 시스템과 같은 의학 기술의 발전, 또는 의료사고 소송에 대한 우려, 아니면 단순히 현재 의료계의 유행을 반영한 것이라 볼 수 있다. 더 나쁜 점은 일부 여성들이 자연분만의 고통을 피하기 위해, 혹은 출산 시기를 조절하기 위해 제왕절개를 선택한다는 것이다. 또한 여성들이 점점 더 늦은 나이에 아이를 가짐에 따라, 자연분만은 비뇨생식계통에 더욱 큰 위험을 줄 수 있다(Bakalar, 2005).

여성이 한 번 제왕절개로 아이를 낳게 되면, 이후 이어지는 출산 역시 제왕절개로 해야 한다는 것이 한때 의료계의 정설이었다. 그렇지 않으면 출산시 자궁의 기존 절개부가 파열될 수 있다는 우려 때문이다. 제왕절개 후, 자연분만이 자궁파열로 이어질 확률은 약 5%로, 이는 제왕절개를 경험하지 않은 여성이 자연분만할 때 자궁파열이 일어날 수 있는 확률의 약 2배이다(Peaceman 등, 2009). 그러나 출산시 자궁파열로 인해 산모가 죽음에 이르는 경우는 매우 드물다. 아무튼, 제왕절개로 아이를 낳았던 여성 중 매우 소수의 사람들만이 이후 자연분만을 통해 아이를 낳는다(Bakalar, 2005).

소비자보호단체에서는 임산부 자신이 자연분만을 원한다면, 병원이나 의사를 선택할 때, 해당 병원에서의 제왕절개 시술 빈도가 어떠한지 꼭 확인하라고 조언한다. 여성들은 제왕절개 시술 빈도가 낮은 병원을, 또는 선택적 외과수술에 대한 다른 사람들의 견해를 열린 마음으로 받아들이는 산부인과 의사를 선택할 수 있다. 그러나 제왕절개를 꼭 해야만 하는 절대적인 이유들을 간과해서는 안 된다. 만약 자연분만이 산모나 아이를 위험에 빠트릴 가능성이 크다면, 제왕절개를 피해야 할 이유는 없다.

출산 문제

출산은 거의 모든 부모들의 인생에 있어 가장 기억에 남는 경험일 것이다. 한편, 의학적 관점에서 출산은 단순하며 "그리 특별할 것 없는" 과정이다. 그러나 문제점이 발생할 수도 있다. 가장 일반적인 출산 문제로는 산소결핍, 조산아 및 저체중아 출산 등이 있다.

산소결핍 태아기 **산소결핍(anoxia)**은 신생아에게 여러 가지 문제점을 유발하는 원인이 될 수 있으며, 이후 성장에도 영향을 미칠 수 있다. 산소결핍은 뇌손상이나 정신지체와 같은 문제점을 유발한다. 출산 과정에서의 장기적인 산소결핍은 뇌성마비를 일으킬 수 있으며, 심지어는 사망에 이르게 한다.

아이는 탯줄을 통해 산소공급을 받는다. 그리고 산도를 통해 출산하는 동안 탯줄은 좁은 산도 때문에 눌릴 수 있다. 산소공급이 일시적으로 차단되는 일시적 산소부족은 대체로 문제를 일으키지 않는다. (실질적으로 일시적 산소부족은 출생시 일어나는 일반적인 현상이다. 왜냐하면 탯줄을 통해 산소를 공급받는 과정에서 아이 스스로 호흡하는 과정으로의 전환이 아이가 태어나자마자 즉시 이루어지는 것은 아니기 때문이다.) 그러나 탯줄이 눌리는 현상이 오래 지속될 경우, 장기적 산소결핍이 발생할 수 있다. 아이가 둔위일 경우에는 탯줄의 눌림이 더 오래 지속될 수 있다. 왜냐하면 출산시 아이의 머리와 산도가 맞닿으면서 탯줄을 압박하기 때문이다. 그러나 태아를 모니터링함으로써 초기에 산소결핍을 발견할 수 있다. 만약 태아가 위험한 상태에 처한 것으로 판단된다면 제왕절개를 실시할 수 있다.

비판적인 사고하기

비판적인 사상가들은 논쟁의 여지가 있는 쟁점에 대해 이론을 제기한다. 출산에 있어 다음에 제시하는 방법들의 장점은 무엇이고 단점은 무엇인가? 외음부절개, 마취분만, 제왕절개

조산아 및 저체중아 만약 임신 37주 전에 아이가 태어나면, 미성숙아 혹은 **조산아(preterm)**로 간주된다. 정산적인 임신기간은 40주다. 일반적으로 임신 마지막 주에 태아의 체중이 극적으로 증가하기 때문에 조산은 보통 저체중과 연관된다.

산소결핍(anoxia) 산소공급이 부족한 상태.

조산아(preterm) 임신 37주 이내에 출생한 아이.

다양한 세상

전 세계의 산모 사망률 및 영아 사망률

현대 의학은 커다란 발전을 이루었다. 그러나 그 발전이 전 세계적으로 평등하게 이루어진 것은 아니다. 40개가 넘는 국가에서 어린이들을 돕고 있는 비영리 구호 및 개발기구인 세이브 더 월드는 산모가 출산 시 사망할 수 있는 확률 및 어린이가 태어난 지 5년 이내에 사망할 확률을 추적 조사하였다.

표 11.4에서 제시하였듯이, 산모 사망률 및 영아 사망률은 소속된 사회에서 여성들이 차지하는 영향력과 연관되어 있다. 즉, 현대적인 방법을 이용하여 피임할 수 있을 가능성, 여아들이 받을 수 있는 공교육의 기간, 그리고 중앙정부에 여성들이 얼마만큼 진출했는가 등의 지표들과 연관되어 있다. 여성들이 출산하는데 가장 안전하고 아이들의 생존율이 가장 높은 국가는 아일랜드로, 47,000명당 한 명 비율로 산모가 사망한다. 아일랜드 여아들이 평균 18년의 공교육을 받는다는 사실과 산모 사망률이 가장 낮다는 것은 결코 우연의 일치가 아닐 것이다. 아프가니스탄은 세계에서 가장 무서운 통계를 보이는 곳이다. 임신한 여성 8명 중 1명이 죽음을 맞이한다(어린이 중 4분의 1은 5살을 넘기지 못한다). 아프가니스탄에서 여아는 평균 4년의 공교육을 받는다.

표 11.4를 바라보는 미국인들은 왜 미국이 최상위 그룹에 속하지 못하는지 의아해할 것이다. 한 가지 해답은 미국이 국가 내 소국가로 이루어진 나라라는 것이다. 예를 들어, 아프리카계 미국인의 영아 사망률은 유럽계 미국인에 비해 최소한 2배 이상 더 높다. 위스콘신이나 델라웨어, 그리고 미시간 주에서는 아프리카계 미국인 영아 사망률이 유럽계 미국인에 비해 3배 이상 더 높다(Save the World, 2008). 평균적으로 빈곤층 비율이 높고, 농촌 인구가 많으며, 평균 교육정도가 낮은 주에서 산모 사망률이나 영아 사망률이 높게 나타났다. 텍사스나 미시시피, 아칸소, 애리조나, 뉴멕시코 주가 이에 해당한다.

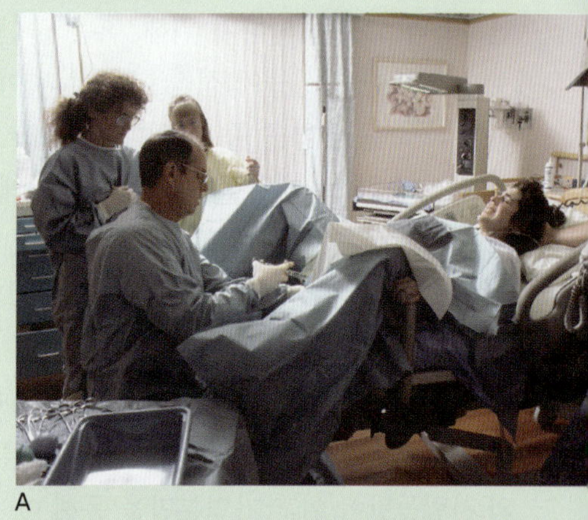

A

B

산모의 안전은 산모가 어떤 환경에 처해 있느냐에 달려 있다. 단순히 의학적 도움 여부만을 의미하는 것이 아니다. 그 문화권에서 여성에게 어떤 권한을 부여하는가에 대한 광의의 논제다. 당신의 문화권에서는 여성에게 권한을 부여하는가? 당신의 하위 문화권은 어떠한가? 모든 문화는 평등한가? 정말?

그리고 임신기간에 상관없이 신생아가 약 2.5 kg에 미치지 못하면 저체중으로 간주한다. 조산아나 저체중아는 기도폐쇄나 감염으로부터 영아돌연사증후군(sudden infant death syndrome, SIDS)에 이르기까지, 여러 종류의 원인에 의한 영아사망 위험에 직면한다(Berger, 2000; Kramer 등, 2000). 특히, 임신 25주 혹은 그 이전에 태어난 조산아에게는 여러 종류의 신경학적 · 발생학적 문제들이 일반적으로 동반된다(Saigal 등, 2006; Wood 등, 2000).

단생아 그룹과 비교하여 쌍생아 그룹이나 다생아 그룹에서 저체중아가 발생 확률이 높다(Blickstein 등, 2000). 또한 손위 자식과의 나이터울과 조산 사이에는 연관관계가 있다. 나이터울이 18개월에 미치지 못하거나 또는 59개월 이상 되는 아이를 가진 산모에게서 조산아가 태어날 위험성이 크다(Fuentes-Afflick & Hessol, 2000). 한편, 이미 조산아를 출산한 경험이 있는 여성은 조산아를 다시 낳을 가능성이 높다. 이는 아이를 만삭 분만하기에는 여성의 자궁이 작기 때문인 것으로 생각된다.

조산아들은 상대적으로 마른 체형이다. 왜냐하면 대부분의 만삭 신생아가 보여주는

표 11.4

여성의 사회적 권한과 연관하여 살펴본 전 세계 산모 및 영아 사망률

국가	산모가 사망할 위험성(제시된 숫자당 1명)	현대적 기법을 이용하여 피임하는 비율(%)	여아들에게 평균적으로 제공되는 교육기간(학교생활 연수)	중앙정부에 여성들이 진출한 의석수 비율(%)	5세 미만 사망(출생 1,000명 당 수)
아일랜드	47,600	자료 없음	18	13	5
이탈리아	26,600	39	17	17	4
스웨덴	17,400	72	17	47	3
영국	8,200	81	17	20	6
이스라엘	7,800	52	16	14	5
미국	4,800	71	17	17	8
중국	1,300	83	11	21	24
멕시코	670	60	13	23	35
브라질	370	70	15	9	20
파키스탄	74	20	6	23	97
인도	70	43	10	9	76
우간다	25	18	10	31	134
앙골라	12	5	3	15	260
아프카니스탄	8	4	4	28	257

출처: Data from Save the Children (2008); State of the World's Mothers 2008. The Complete Mothers' Index, 2008. http://www.savethechildren.org/publications/mothers/2008/SOWM-2008-full-report.pdf.

둥글고 포동포동한 모습을 갖게 하는 지방층의 형성이 아직 이루어지지 못했기 때문이다. 근육 또한 미성숙 상태여서 호흡반사나 흡인반사가 약하다. 또한 임신 마지막 몇 주 동안에, 태아는 **계면활성제(surfactant)**를 분비하여 기도 벽이 서로 달라붙는 것을 방지한다. 근육은 미성숙 상태이고 기도는 아직 계면활성제에 의해 완전히 덮여 있지 못하므로, 여러 가지 문제를 유발하는 **호흡곤란증후군(respiratory distress syndrome)**이 발생하며, 이는 많은 신생아들의 사망 원인이 된다. [오늘날에는 계면활성제를 대체할 수 있는 약물이 개발되어 조산아가 생존할 가능성이 크게 확대되었다(Cole, 2000).] 조산아는 또한 면역체계가 아직 덜 발달된 상태이기 때문에 감염에 매우 취약하다.

미숙아는 보통 일정 기간 동안 병원에 입원한다. 병원에서 미숙아는 일정한 온도가 유지되며 질병으로부터 보호받을 수 있는 인큐베이터에서 생활하며, 모니터링을 받게 된다. 만약 필요하다면 산소공급을 받을 수도 있다. 미숙아의 생존을 지원하는 위와 같은 의료기술의 괄목상대할 만한 발달에도 불구하고, 임신 25주 혹은 그 이전에 출생한 미숙아에게는 발달장애가 동반될 확률이 극적으로 높다(Cole, 2000).

사산 아이가 사망한 상태로 태어나는 사산은 출생 문제 중 가장 심각한 형태다. 사산은 조용하게 일어난다. 태어나기 전에 아이는 "고요"해진다. 심박동이 들리지 않으며 움직임을 느낄 수 없다(Trulsson & Rådestad, 2004). 사산은 태아 기형, 감염, 산모의 질환, 임신중독증과 같은 임신관련문제, 그리고 태반의 문제 등과 연관된다(Pasupathy &

계면활성제(surfactant) 기도가 서로 부착되어 막히는 것을 방지하는 물질.

호흡곤란증후군(respiratory distress syndrome) 호흡이 약하거나 불규칙적으로 일어나는 등의 호흡과 관련된 문제가 발생한 전반적인 상황. 특히 조산아가 이에 취약하다.

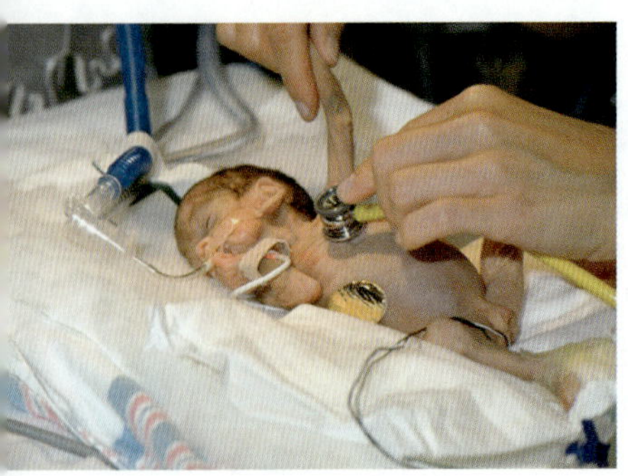

너무 이르다. 임신 37주 이전의 출산은 조산으로 간주한다. 조산아는 여러 발생학적 문제에 취약하다.

Smith, 2005). 그러나 대부분의 경우 원인이 명확하지 않으며, 설명할 수 없는 것으로 간주되곤 한다. 그렇지만 많은 "예기치 못한" 죽음은 태아의 성장제한과 연관된다. 그리고 성장제한은 산모의 나이 및 흡연 여부와 연관되어 있는 것으로 보인다(Cnattingius, 2004). 사산의 위험성은 또한 임신 초기 태반의 기능과 연관되어 있다. 따라서 위험성을 내포한 임신의 경우 정교한 모니터링이 수반되어야 하며, 태반의 혈액순환을 개선하기 위한 여러 조치들이 취해져야 한다.

사산을 경험한 부모들은 정신적으로 심한 충격을 받는다. 많은 경우 아이를 잃었다는 사실을 계속 되뇌이고, 침투사고를 경험하며, 악몽에 시달리는 등의 외상후스트레스장애(posttraumatic stress disorder, PTSD)를 경험한다(Born 등, 2006). 산모의 배속에 있는 아이가 죽었다는 진단이 내려진 후, 그 사실을 받아들이고 낙태를 유도하도록 결정하기까지는 산모에게 많은 시간이 요구된다(Trulsson & Radestad, 2004). 이 기간 동안, 산모는 될 수 있는 대로 많은 의학적 정보를 찾기 위해 노력할 수도 있고, 아니면 침묵하며 고독해 할 수도 있다. 이후, 산모는 브린이 명명한 "슬픔의 폭풍(grief storm)"이라는 과정을 경험하며(Brin, 2004), 사회적 관계를 통해 혹은 동정 어린 전문 치료자들과의 상담을 통해 이 과정을 헤쳐 나간다.

사산 이후 이어지는 임신은 부모 모두에게 극도의 불안감을 안겨줄 수 있다(Brisch 등, 2005; Turton 등, 2006). 유산의 경우에는, 다음 임신 첫 3개월 동안 안정적으로 몸조리를 잘 한다면, 모든 것이 잘 될 것이라고 부모들은 느낀다. 그러나 사산의 경우에는, 출산 과정뿐만 아니라 임신 전 과정에서 부모들은 심한 불안감을 느낀다. 이는 매우 고통스러운 과정이기도 하나, 또한 정상적인 것이기도 하다.

11.6 산후기간

출산 후 몇 주 동안의 기간을 **산후기간(postpartum)**이라고 한다. 산후기간의 첫 며칠은 일반적으로 행복하다. 긴 기다림의 시간이 끝났고 출산에 따른 고통 역시 끝났다. 그러나 아이를 출산한 약 70%의 여성들은 곧 눈물이 쏟아지고 슬픔이 몰아치며 자그마한 자극에도 민감하게 반응하는 시기를 경험하는데, 미국정신과학회에서는 이를 "베이비 블루스(baby blues)"라 명명하였다. 산후우울증이나 여타 산후에 경험할 수 있는 감정적인 문제들은 거의 모든 산모들에게 찾아오는 것으로 통계학적으로는 정상으로 간주된다(Gavin 등, 2005).

베이비 블루스를 포함한 산후문제들은 종종 매우 심각한 감정 장애("산후기분삽화")를 동반할 수 있으며, 이따금 "정신병적 증상"을 동반하기도 한다(Grigoriadis & Romans, 2006; American Psychiatric Association, 2000). 그러나 이러한 증상들은 전세계 모든 여성들에게 나타나는 증상으로, 연구에 의하면 중국, 터키, 기이아나, 호주, 남아프리카 등에서도 모두 비슷한 비율로 나타난다(Bloch 등, 2006; Cohen 등, 2006).

베이비 블루스는 출산 후 수 주 동안 대부분의 여성에게 나타난다. 연구자들은 베이비 블루스가 출산에 따른 호르몬 변화에 기인한다고 생각하기 때문에 매우 일반적인 현상이라고 생각한다(Bloch 등, 2006; Morris, 2000). 베이비 블루스는 약 10일 정도 지속되며, 엄마로서의 역할을 못하게 할 만큼 심각한 것은 아니다. 그러나 오해하지는 말

산후기간(postpartum) 출산 후 이어지는 기간.

자! 베이비 블루스는 심리적으로 매우 불편한 상태이며, 이 사실이 간과되어서는 안 된다("당신이 앓고 있는 베이비 블루스는 모든 여자들이 다 경험하는 거야"라는 식의 발언은 하지 말자). 중요한 점은 이것이다. 모든 여성들이 베이비 블루스와 연관된 심리 상태가 매우 일시적인 현상임을 알기에, 때로는 매우 힘들지라도 이를 스스로 견뎌낸다는 것이다.

여성 5명이나 10명 중 한 명은 좀 더 심각한 감정적 장애를 동반하는 **산후우울증(postpartum depression, PPD)**을 경험한다. 산후우울증은 출산 후 4주 이내에 시작되며, 수주에서 수개월 동안 지속될 수 있다. 산후우울증은 심각한 우울증, 좌절감이나 절망감, 존재의 무가치성, 집중력 상실, 식욕의 주된 변화(보통 식욕의 감퇴) 및 수면 양식의 변화(주로 불면증)와 같은 증상을 동반한다. 때때로 감정의 변화가 극심하여 어떤 때는 마냥 기분 좋아하기도 한다. 이 시기, 일부 여성들은 자신의 아이들이 잘 자랄 수 있을지에 대한 강박적인 근심을 보이기도 한다.

브룩실즈가 청문회에서 산후우울증에 대해 증언하고 있다. 영화배우인 브룩실즈는 자신이 산후우울증을 경험했기 때문에, 이 질환을 조기진단하고 치료할 수 있는 방법을 홍보하고 있다.

연구자들은 산후우울증이 생물학적 요인(주로 호르몬)의 변화, 특히 급작스러운 에스트로겐 혈중농도의 감소 등에 기인한다고 생각한다(Johnstone 등, 2001). 또한 다음과 같은 심리적 요인에 좌우될 수 있다.

- 엄마가 됨으로써의 맞이하게 될 삶의 변화에 대한 걱정.
- 좋은 엄마가 될 수 있을 것인가에 대한 걱정.
- 결혼 생활의 문제점.
- 아이가 질환을 가지고 있거나 혹은 원치 않는 자식일 경우.

그러나 최근에는 생물학적 요인에 초점이 모아지고 있다. 왜냐하면 임신과 출산에 따른 신체 호르몬의 변화가 가장 주요한 변화이기 때문이다. 또한 사회적 지지기반이나 삶의 경험이 서로 다른 나라의 여성들이나 미국 여성들이나 모두 거의 비슷한 양상의 심리적 장애를 경험하기 때문이다(Cohen 등, 2006).

미국심리학회의 보고에 의하면, 약 500명 내지 1,000명 중 한 명의 여성에게서 "정신병적 증상(현실감각상실)"이 동반되는 산후기분삽화가 나타난다(American Psychiatric Association, 2000). 매우 드문 경우지만 어떤 여성들은 자신의 아이가 악마의 자식이라는 환상을 경험하며, 아이를 죽여야만 한다고 느낀다.

산후우울증을 경험하는 여성들은 정신과 진료나 약물 치료를 통해 도움을 받을 수 있다. 에스트로겐의 농도를 높이는 약물이나 항우울제와 같은 약물이 도움이 된다. 그러나 대부분의 여성들은 스스로 산후우울증을 극복한다. 따라서 여성들은 이러한 문제들이 결코 비정상적인 것이 아니라는 사실을, 자신의 심각한 잘못에서 기인한 것이 아니라는 사실을, 그리고 자신이 책임져야만 될 사항 또한 아니라는 사실을 분명히 알 필요가 있다.

비판적인 사고하기

출산 후 시간 경과에 따른(시간별, 일별, 주간별) 산모의 감정적 반응은 어떻게 변화하였는지, 만약 관찰한 경험이 있다면 설명해 보자.

모유수유 대 인공영양

한 학자가 지적하였듯이 "현대 사회에서 모유수유는 의학적 측면에서 유아급식을 위한 가장 훌륭한 방식이며, 도덕적 측면에서 모성적 양육을 위한 가장 훌륭한 방법"이다(Knaak, 2005). 오늘날 미국과 캐나다의 대부분 산모들은 모유수유로 아이들을 키운다(그림 11. 8). 그러나 6개월이 지나면 모유수유를 하는 여성의 수가 급속히 감소하는

산후우울증(postpartum depression, PPD) 산후기간 동안에 동반될 수 있는 감정의 급격하고도 지속적인 변화. 절망감과 무관심이 동반되며 특징적으로 식욕이나 수면주기의 변화가 일어난다. 낮은 자존감을 보이며, 무엇에 집중하기 힘들어진다.

모유수유는 현재 미국과 캐나다에서 육아의 "가장 좋은 방법"으로 간주되고 있다. 왜 그럴까? 모유수유는 항상 가능한 것인가? 어떤 상황에 처해 있다 하더라도 여성은 반드시 모유수유를 해야 하는가?

프로락틴(prolactin) 모유의 생성을 자극하는 뇌하수체 호르몬.

젖의 분비(lactation) 유선에서의 모유 생산, 분비.

데, 미국소아과학회는 1년 혹은 그 이상의 모유수유를 권장한다(American Academy of Pediatrics, 2006).

엄마들이 인공영양으로 돌아서는 가장 주된 이유는 출산 후 빨리 직장에 복귀하기 위해서다. 일부 여성들은 자신의 배우자 혹은 아빠와 함께 분유먹이는 일을 공유하기 위해 인공영양을 선택한다. 물론 배우자나 아빠는 젖병을 준비하거나 잡는 방법을 알고 있어야 한다. 또한 일부 여성들은 모유수유가 매우 불편하고 불쾌하다고 느껴 인공영양을 선택한다. 모유수유와 인공영양을 받은 아이들을 대상으로 장기간 비교 조사한 연구에 의하면, 두 그룹 사이에 유의한 차이는 거의 없는 것으로 나타났다. 에이즈바이러스는 모유를 통해 유아에게 전파될 수 있다. 유엔의 조사에 의하면, 전 세계 에이즈바이러스에 감염된 유아의 약 3분의 1이 모유를 통해 감염되었다(United Nations Special Session on AIDS, 2001). 더욱이 영양결핍 상태의 개발도상국 산모가 모유수유를 할 경우에는 아기 또한 영양결핍에 걸릴 수 있다.

한편, 모유수유는 엄마가 보유한 항체를 아이에게 전달함으로써 아이가 감염성 질병에 노출될 위험성을 줄여준다. 또한 모유수유는 선진국 및 개발도상국 모두에서 알러지 발생 및 유아돌연사망증후군, 비만, 그리고 그 이외의 많은 건강상 문제들이 아이에게서 발생할 확률을 낮춘다(American Academy of Pediatrics, 2005). 모유수유는 또한 자궁수축을 유도하여 자궁이 정상적인 크기로 돌아가는 것을 돕는다. 그리고 모유수유는 임신 전 체중으로 회복되는 것을 촉진한다(Baker 등, 2008). 또한 모유수유는 정상 생리주기가 회복되는 것을 연장하기는 하나, 이는 완벽하게 믿을 만한 피임법은 아니다.

프로락틴과 옥시토신이라는 호르몬이 모유수유와 관계되어 있다. **프로락틴(prolactin)**은 출산 후 2일 혹은 3일 후부터 모유 생성 및 **젖의 분비(lactation)**를 촉진한다. 옥시토신

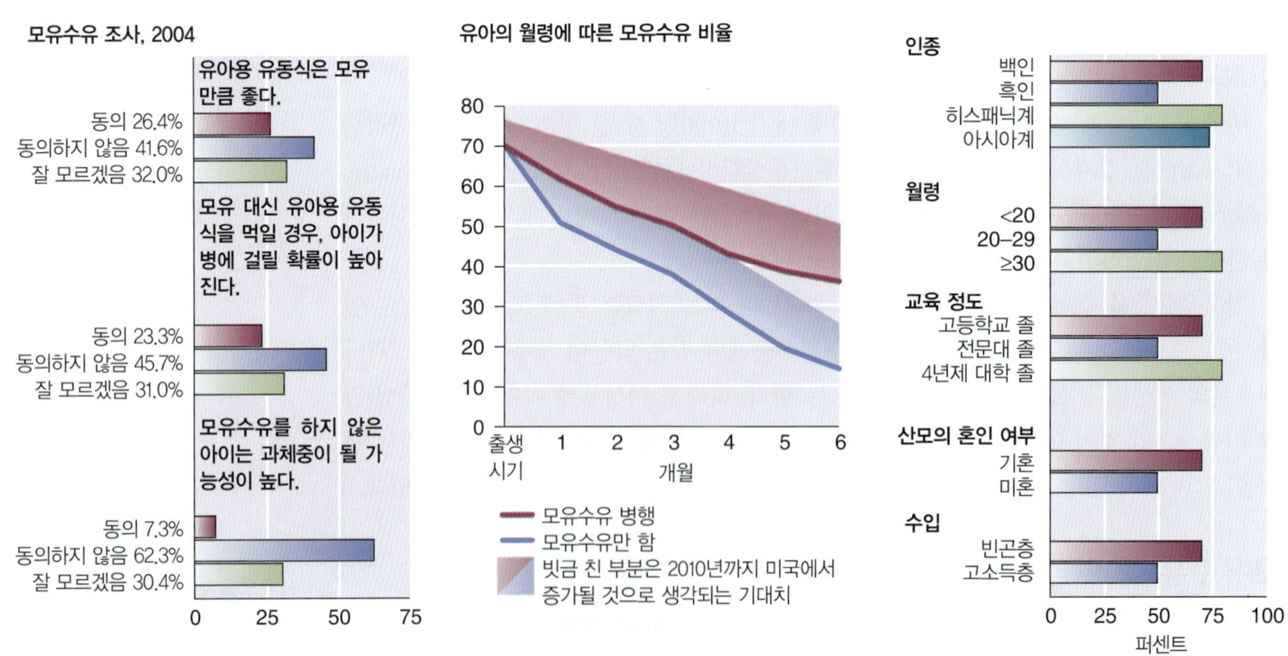

그림 11.8 누가 모유수유를 하는가? 대부분의 산모들이 모유수유를 선택하지만, 모유수유가 유아용 유동식보다 우월한가는 확실치 않다.

출처: CDC, *Healthy Styles Survey*, 2010.

은 아이가 젖을 빠는데 반응하여 분비되며, 젖으로부터 모유가 분출되도록 한다. 유아가 이유식을 시작하면 프로락틴과 옥시토신의 분비가 중단되며, 모유의 분비 또한 멈추게 된다.

여성은 모유수유를 해야만 하는가? 이 문제는 다분히 정치적이다(Knaak, 2005). 모유수유에 대한 많은 저작들은 모유의 화학식이나 장점 등에 대해서는 언급하지 않고, 직업적 합의 및 가정 내의 합의, 아이들의 주간보호 및 엄마-유아 유착관계 형성, 가정의 의사결정 등에 대해서만 이야기한다. 모유수유가 엄마와 아이에게 모두 유익한 것은 확실하며, 선진국에서의 인공영양 결과는 인공영양에 따른 상대적 위험성이 아주 없는 것이 아님을 보여준다. 따라서 개개 여성 스스로 장단점을 잘 검토할 것을 조언한다.

비판적인 사고하기

모유수유, 그리고 인공영양과 연관된 "정치적" 논점으로는 무엇이 있는가?

배란과 생리주기 회복

출산 후 약 한 달 동안, 여성은 **오로(lochia)**라 불리는 붉은색 질 분비물의 배출을 경험한다. 모유수유를 하지 않는 여성은 출산 후 2개월에서 3개월 정도가 지나면 실질적인 생리주기가 회복된다. 처음 몇 번의 생리주기는 보통 일정치 않다. 많은 여성들은 출산 후 월경을 하고 약 2주 후 배란이 개시되는 방식으로 생리주기가 재개된다고 오해한다. 그러나 대부분의 경우 그렇지 않다. 출산 후 먼저 배란이 일어나고 이후 첫째 생리주기가 시작된다. 그러므로 여성은 출산 후 최초 생리주기가 개시되기 전에 임신할 수도 있다. 임신 전, 월경전증후군으로 고생한 경험이 있는 여성들은 출산 후 이 기간 동안에 큰 불편함이 발생하지 않는다는 사실을 발견하게 된다.

성교의 재개

커플의 성적 관심 정도, 외음 절개 부위 및 여타 상처의 회복 정도, 피곤도, 산부인과 의사의 조언, 그리고 당연히 그 문화권의 전통에 따라 출산 후 성교 재개 시기가 결정된다. 산부인과 의사들은 보통 약 6주 정도 안정과 평온을 찾을 시간을 가지라고 조언한다. 570명의 여성을 대상으로 연구한 조사에 의하면, 여성들은 평균적으로 출산 7주 후 실질적인 성교를 재개한다고 한다(Byrd 등, 1998).

사실인가 아니면 허구인가 8: 출산 후 적어도 6주 정도는 성교를 자제하는 것이 좋다. 안전하면서도 큰 불편을 초래하지 않는 다른 많은 종류의 성적 활동이 있다. (의사와 상의해 보라.)

사실인가 아니면 허구인가 8

여성들은 육체적으로 평안함을 찾을 때까지는, 회음부 절개부위 및 여타 상처가 회복될 때까지는, 그리고 오로의 분비가 멈출 때까지는 대부분 성교를 미루고 싶어 하며, 이 과정은 몇 주 정도 소요된다. 그리고 모유수유를 하는 여성들은 질 윤활액이 많이 분비되지 않을 수 있으며, 성교 도중 질이 건조되어 큰 불편을 느낄 수 있다. 이 경우, K-Y 젤리나 보조 윤활액을 사용하면 도움이 된다.

성적 관심이 되돌아오고 성적 활동을 재개하는데 있어, 어떤 커플들은 다른 사람들에 비해 오랜 시간이 걸릴 수 있다. 성적 관심은 육체적 요인보다는 심리적 요인에 의해 더 많이 좌우된다. 그리고 일반적으로 아이를 보육하는데 많은 에너지와 시간을 빼앗기기 때문에 많은 커플들은 출산 첫 해 성적 관심 및 성적 활동의 감퇴를 경험한다. 출산 전, 배우자와의 성적 관계에서 만족감을 느꼈던 커플들이 그렇지 못했던 커플들에 비해 더 빨리 성적 활동을 재개하고, 더욱 강력한 성적 관심을 보이는 것은 놀랄만한 일이 아니다.

오로(lochia) 불그스름한 질 분비물로 출산 후 약 한 달 동안 분비가 지속된다.

11.7 수정, 임신 그리고 출산

총정리: 재숙고, 재인용, 재검토

이 책은 PQ4R 방법을 사용하고 있다. 여러분은 맨 먼저 장 읽기, 즉 첫 번째 R을 잘 마쳤다. 이제부터 나머지 3R(총정리), 즉 재숙고, 재인용, 재검토는 여러분이 숙달한 정도를 여러분 스스로 테스트해 볼 수 있게 해줄 뿐 아니라, 이 장의 내용들을 이해하고 기억할 수 있게 도와줄 것이다.

재숙고

- 여러분은 임신의 기회를 증가시키기 위해, 혹은 감소시키기 위해 이 장에서 제공된 정보를 어떻게 활용할 것인가?
- 2009년 여섯 자녀의 싱글맘이었던 라디아 슐먼은 체외 수정을 통해 다시 8쌍둥이를 낳았다. 여러분은 당시를 기억하는가? 그때 당신의 반응은 어떠했으며, 당신 주변 사람들의 반응은 어떠했는가? 왜 그랬는가?
- 여러분은 아동을 입양한 사람이나, 혹은 입양된 아동을 알고 있는가? 여러분은 아이를 입양하는 경험 혹은 자신이 입양아라는 사실을 알게 되는 경험을 어떻게 묘사할 것인가?
- 여러분은 임신기간 중 흡연을 하였거나 과음을 한 여성을 알고 있는가? 그녀는 자신의 행동이 촉발할 수 있는 문제점에 대해 인지하고 있었는가? 그리고 그녀는 문제점들에 대해 언급하였는가? 만약 그랬다면, 어떤 문제에 대해 언급하였는가? 당신의 반응은 어떠했는가?
- 여러분은 라마즈 출산이나 제왕절개로 출산한 여성을 알고 있는가? 그들의 경험은 어떠했는가?

▶ **비판적인 사고하기:** 수정과 임신에 관해 당신이 알고 있던 사실 중 이 장을 공부함으로써 잘못되었다고 깨달은 것이 있다면 무엇인가? 당신의 생각은 어떻게 바뀌었는가?

재인용

1. 수정 과정에서 어떤 일이 일어나는가?

- 수정은 하나의 정자와 하나의 난자가 융합하는 과정으로 정상적으로는 수란관에서 이루어진다. 유산은 남성 태아에서 더 높은 비율로 일어난다. 정자의 염색체가 난자의 염색체와 합쳐져 새로운 23쌍의 염색체가 형성된다.

2. 불임의 원인은 무엇인가? 그리고 커플이 아이를 가질 수 있도록 도울 수 있는 방법은 무엇인가?

- 남성 불임은 주로 정자 수가 적거나 운동성이 감소되어 발생한다. 여성 불임은 배란 실패, 감염, 자궁내막증, 생식관의 폐쇄 등의 원인으로 발생한다. 배란을 촉진하는 약물이 사용될 수 있으며, 인공수정을 위해서는 기증자의 정자가 사용될 수 있다. 체외수정은 수란관이 막혔을 경우 사용된다. 어떤 커플들은 입양을 선택한다.

3. 임신 과정에서 어떤 일들이 일어나는가?

- 임신 초기 증상은 생리주기가 사라지고, 혈액 및 소변 내 인간 융모성 생식선자극호르몬이 존재하는 것이다. "입덧"은 건강한 임신의 한 과정으로 여겨진다. 유산은 태아의 염색체 이상을 포함한 많은 원인에 의해 일어난다. 출산이 시작되기 전까지의 임신 중 성교는 안전하다는 견해에 대부분의 의료전문가들이 동의한다.

4. 태아기 발생 과정에서 어떤 일들이 일어나는가?

- 종자기 동안, 분열 중인 수정란은 자궁으로의 여행을 거쳐 자궁에 착상한다. 배아와 태아는 태반과 탯줄을 통해 영양분과 노폐물을 모체와 교환한다. 대부분의 주요 신체기관은 배아기 동안 발달한다. 태아기는 장기들이 성숙하고, 그 크기가 확장되는 시기로 특징지어진다. 산모의 영양부족은 저체중아 출산 및 미숙아 출산, 그리고 인지기능 장애 등과 연관된다. 산모에게 노출된 질환이나 장애는 배아에게 영향을 줄 수 있으며, 이를 기형발생물질이라 한다. 매독은 유산이나 사산의 원인이 될 수 있다. 인간후천성면역결핍증에 걸린 산모의 아이는 출생 도중 감염될 수 있다. Rh 부적합성의 경우, 모체에서 만들어진 항체는 태아를 죽이거나 뇌손상을 가할 수 있다. 산모의 음주는 태아알코올증후군과 연관된다. 산모의 흡연은 태아에게 산소부족을 야기하며, 저체중아 출산, 사산 및 학습장애 등의 문제를 일으킬 수 있다. 다운증후군과 같은 염색체 이상은 부모의 나이와 매우 밀접하게 연관되어 나타난다. 양수검사를 통해 양수 내에 존재하는 태아세포를 검사하여 유전자 이상을 발견한다. 또한 부모의 혈액검사를 통해서도 여러 종류의 질환 관련 유전자 및 표적자를 확인할 수 있다.

5. 출산 과정에서 어떤 일들이 일어나는가?

- 출산이 개시되기 전, 산도를 통해 출혈이 발생한다. 경우에 따

라서는 양수가 배출되기도 한다. 옥시토신은 아이를 분만하기에 충분할 만큼의 강력한 자궁수축을 유도한다.

- 출산의 첫 단계는 자궁의 규칙적인 수축과 더불어 시작한다. 자궁경부는 소실되고 확장되는데, 이때 산모는 극심한 고통을 경험한다. 두 번째 단계는 아이의 머리가 보이는 것으로 시작하여 출산으로 마무리된다. 세 번째 단계에서는 태반이 추출된다. 일반마취는 산모의 의식을 잠재운다. 국소마취는 산모가 의식이 있는 상태에서 통증만을 완화시킨다. 제왕절개는 복부를 통해 아이를 출산하는 외과적 수술이다. 출생 전 산소결핍은 신경계에 타격을 입힐 수도, 심지어는 아이를 죽음에 이르게 할 수도 있다.

6. 산후기간 동안 일어나는 주요 현상에는 어떤 것들이 있는가?

- 출산 후 여성은 베이비 블루스를 경험할 수도, 심한 경우에는 산후우울증을 경험할 수도 있다. 이러한 문제들은 출산에 따른 호르몬 변화가 원인인 것으로 여겨진다. 모유수유는 아이에게 감염이나 알러지 반응을 거의 일으키지 않는다. 산부인과 의사들은 출산 후 약 6주 정도는 성교를 자제하라고 권유한다.

재검토

1. 히알루로니다아제에 대한 설명으로 옳은 것은?
   (a) 모유의 생성을 촉진한다.
   (b) 태반을 통과할 수 있다.
   (c) 출산시 자궁의 수축을 촉진한다.
   (d) 투명막을 얇게 만든다.

2. 남성 불임의 가장 주된 원인은 무엇인가?
   (a) 정자의 운동성 감소
   (b) 정자 수의 감소
   (c) 정소의 손상
   (d) 정상보다 높은 음낭 온도

3. 인간 융모성 생식선자극호르몬의 존재 여부를 검사하는 것은 무엇을 판정하기 위함인가?
   (a) 수란관이 막혔는지 여부
   (b) 겸형적혈구빈혈증 여부
   (c) 임신 여부
   (d) 다운증후군 여부

4. 만약 수정 전 마지막 생리주기의 개시일을 기점으로 임신기간을 계산하였다면, 정상 임신일은 며칠이 되는가?
   (a) 266일
   (b) 272일
   (c) 280일
   (d) 288일

5. 태아의 둔위는 무엇을 의미하는가?
   (a) 엉덩이나 다리가 먼저 나오는 상태
   (b) 머리가 먼저 나오는 상태
   (c) 태아가 모로 누운 상태
   (d) 어깨가 먼저 나오는 상태

6. 태아알코올증후군과 연관하여 태아의 얼굴형태가 발달하는 가장 중요한 시기는 언제인 것으로 생각되는가?
   (a) 태아 발달 첫 1주
   (b) 태아 발달 첫 2주
   (c) 태아 발달 첫 1달
   (d) 태아 발달 첫 2달

7. 회음부 마취는 무엇인가?
   (a) 전신마취
   (b) 국소마취
   (c) 출산문제
   (d) 산소결핍

8. 아프리카계 미국인에게서 가장 호발하는 질병은 무엇인가?
   (a) 테이삭스병
   (b) 혈우병
   (c) 겸형적혈구빈혈증
   (d) 망막모세포증

9. 위턱의 발달장애는 어떤 경우 나타나는가?
   (a) 아이를 가진 산모가 임신기간 동안 흡연을 하였을 경우
   (b) 태아알코올증후군의 경우
   (c) 태아가 폴리염화비페닐(PCB)에 노출되었을 경우
   (d) 태아에게 스트레스가 가해질 경우

10. 산모의 출산 관련 사망률이 가장 높은 나라는?
   (a) 덴마크
   (b) 오스트리아
   (c) 파키스탄
   (d) 아프가니스탄

정답: 1. d; 2. b; 3. c; 4. c; 5. a; 6. d; 7. b; 8. c; 9. b; 10. d

12장

피임과 낙태

목차

사실인가 아니면 허구인가

다음 중 어느 것이 사실이고 어느 것이 허구인가? 답은 본문 안에 있는 「사실인가 아니면 허구인가」 아이콘에서 만날 수 있다.

1. 고대 이집트 사람들은 피임약으로 악어 배설물을 사용했다 T F
2. 성관계 다음날 아침에 먹을 수 있는 피임약이 있다 T F
3. 성교 후에 즉시 질을 세척하는 방법은 좋은 피임법이다 T F
4. 불임 수술은 수술로 다시 복구될 수 있다. T F
5. 피임법은 성병의 전염도 막을 수 있다. T F
6. 미국이 건국되었을 당시에는 낙태가 합법이었다. T F
7. 부분 유산은 미국에서 가장 많이 사용되는 낙태 방법이다. T F

1912년 7월의 한 습기가 많은 답답한 날이었다. 간호사인 마가렛 생어(1883~1966)는 혼자 낙태를 시도하다 사망한 한 여성의 집으로 소환되었다. 그녀의 남편은 의사에게 전화를 했고 의사는 생어를 보냈다. 의사와 간호사는 함께 밤낮 구분 없이 그 여성의 감염을 열심히 처치하였다. 생어는 나중에 이렇게 말했다.

> 나는 그렇게 빠르고 힘들게 일해본 적이 없었습니다. 찌는 듯한 낮과 밤이 녹아서 무기력한 지옥으로 변했습니다. 그렇게 뜨거운 열과 함께, 모든 음식, 얼음, 약 등이 세 단계의 계단 위로 올려지는 것이 가능해 보이지 않았습니다(Sanger, 1938).

지루한 2주가 지난 후 그 여성은 회복하기 시작했다. 최악의 상황을 걱정했던 이웃들은 기쁨을 감추지 못했다. 하지만 자기를 보러 온 사람들에게 미소를 보였던 여성은 목숨을 건진 사람에게서 예상했던 것보다 더 낙담하고 걱정이 많아 보였다. 3주 후에 생어가 환자 곁을 떠날 준비를 하였을 때 삭스 부인은 자기를 괴롭히던 공포에 대하여 이야기하였다. 그녀는 다시 임신하여 또 한 번 목숨을 걸고 낙태를 할 것인지 아니면 부양하기 어려운 아이를 낳을 것인지의 결정을 해야 하는 불안감 때문에 절망적인 모습이었다. 삭스 부인은 피임에 관하여 알려 달라고 간청하였지만 생어는 알려줄 수 없었다. 1912년에는 의약업 종사자인 생어조차도 피임에 관한 정보를 제공하는 것은 범죄였다. 낙태 또한 불법이었다. 생어는 삭스 부인을 위로하려고 노력했고 다시 이야기할 것을 약속했다(Reed & Lampe, 2003).

3달 후에 생어는 다른 위급 전화를 받았다. 삭스 씨였다. 부인이 같은 이유로 또 아프다는 것이었다. 생어가 기억하기를,

마가렛 생어의 상원 위원회에서 증언

> 내가 다른 사람을 보내야겠다고 생각했지만 정신 없는 상황에 제복으로 갈아입고, 가방을 들고 뛰어나갔습니다. 가는 도중 지하철이 전복되거나 폭파되어 그 집에 다시 가지 않도록 기대했습니다. 하지만 그런 일은 일어나지 않았고 내가 늦어지는 일조차 일어나지 않았습니다. 나는 초라한 출입구로 들어서서 익숙한 계단을 한 번 더 올라갔습니다. 어리고 작은 아이들이 거기에 있었습니다.
>
> 삭스 부인은 혼수상태에 빠졌고 10분 내에 사망했습니다. 나는 삭스 부인의 손을 가슴에 포개면서 얼마나 그들이 그녀의 권리에 대해 알기를 원했고 내게 간청하였는지 기억하였습니다. 나는 이불로 삭스 부인의 창백한 얼굴을 덮었습니다. 제이크는 미친 사람처럼 자기의 머리를 뒤로 제치고 잡아당기기도 하면서 울고 있었습니다. 그는 "세상에 세상에 세상에" 하면서 울부짖었습니다.

오늘날 피임에 중요한 지지자가 된 마가렛 생어의 운동이 도움을 주어 가족계획에 관한 정보는 미국에 자유롭게 전파되었다.

가족계획의 방법은 피임과 낙태를 포함한다. **피임**이란 뜻은 임신을 방지하는 기술을 일컫는다. 낙태란 말은 이후에 설명한 대로 자궁 밖에서 생존할 능력이 갖춰지기 전의 배아 또는 태아 상태일 때 임신을 종료시킨다는 뜻이다.

비판적인 사고하기

비판적 사고를 위해서는 용어의 정의에 주의를 기울여야한다. 로마 가톨릭 교회는 인공적인 피임을 반대하였다. 그렇다면 "인공적" 피임은 무슨 뜻인가?

12.1 피임

사람들은 그들이 성관계와 임신과의 상관관계를 인지한 이후에 피임의 방법을 개발해오고 있다. 우습긴 하지만 가장 안전하고 효과적인 피임법은 금욕이다. 성경에는 자궁내 스펀지와 피임용 조합물 등을 포함한 피임법 등에 관해 언급한 사항이 많이 포함되어 있다.

그리고 **체외사정법(coitus interruptus)**에 관한 인용도 있다. 예를 들어 오난의 이야기는 체외사정의 지식에 관하여 언급하였다.

고대 이집트 사람들의 피임법은 성관계 후 포도주와 마늘로 세척하는 것과 악어 배설물을 상한 우유와 혼합한 후 질 내 깊숙이 바르는 방법 등이 있다. 배설물은 대부분의 정자들이 자궁경부를 통해 이동하는 것을 가로막고 그들을 흡수하였다. 배설물은 또한 사회 작용을 통한 피임도 해내었다. 그 이유는 가장 열정적인 사람들 외에는 의욕을 상실시킬 수 있기 때문이다. **사실인가 아니면 허구인가 1:** 고대 이집트인들은 피임법으로 악어 배설물을 사용한 것은 사실이다(논평 없음).

사실인가 아니면 허구인가 1

고대 그리스나 로마 여성들은 정액 흡수를 목적으로 자궁 내 흡입 물질들을 두었다. 음경의 덮개나 뚜껑의 사용은 역사적으로 오래된 일이다. 음경의 장식용 덮개의 사용은 고대 이집트로 거슬러 올라간다(BC 1350). 헝겊 덮개는 1564년에 이탈리아 해부학자 팔로피우스(Fallopius; 나팔관이라는 fallopian tube라는 명칭에서 유래)의 글에서 처음 설명되어 있다. 헝겊 덮개는 성병의 가리개로 사용되었으나 성공하지 못했다. **콘돔(condom)**이라는 용어는 18세기가 되어서야 사용되었다. 그 당시 동물 가죽으로 만든 덮개가 성병을 예방하고 임신을 방지하는 것으로 인기를 끌었다. 초창기에 피임법으로 콘돔 사용을 신봉했던 사람은 이탈리아 모험가이자 작가인 지오바니 카사노바(1725~1798)였다. 현재 그의 이름은 호색적인 모험을 하는 남성들과 연관시키고 있다. 사무엘 존슨의 전기를 쓴 제임스 보스웰(1740~1795)은 생생한 런던 잡지에 그의 콘돔 사용을 설명하였다. 그러나 한 번은 콘돔사용을 게을리하고 거리의 창녀와 관계를 가진 후 임질에 걸렸다. 고무로 만든 콘돔(영어로 콘돔을 "고무"라고도 한다)은 찰스 굳이어가 1843년에 고무를 경화시킨 후 소개되었다. 다른 종류은 많은 피임법은 체외사정, 자궁 스펀지, 질 세척 등이 19세기에 널리 사용되었다.

12.2 미국에서의 피임: 정치적 논쟁

19세기에 피임법이 널리 보급되었을 때 반대자들은 피임을 불법화하는 투쟁을 하였다. 그 중 막강한 반대자 한 명은 안소니 컴스톡으로 그는 뉴욕 사회 타락 방지 위원회장이었다. 그는 1873년에 컴스톡 법안이라 불리는 법을 통과시키도록 성공적인 로비를 하였다. 이 법안은 우편메일로 피임 정보를 유포시키는 것을 추잡하고 타락하다는 이유로 금지시켰다. 많은 주들은 그보다 더 심한 법안을 통과시켰다. 이 법안에는 사람 간의 심지어 의사와 환자 간에도 정보를 교환할 수 없도록 하였다.

마가렛 생어가 피임에 관한 정보를 제한하는 법안에 이의를 제기하였을 때 직면했던 저항을 고려해 보자(Reed & Lampe, 2003). 1914년에 그녀는 전국 피임 리그를 조직했고 그곳에서 '여자의 반란'이라는 잡지를 발간하였다. 이 잡지는 피임 정보를 발행하지는 않았지만 관점들이 추잡하다는 도전을 받았다. 그럼에도 불구하고 생어는 기소되었고 그녀는 재판 전에 유럽으로 날아갔다. 1916년 기소가 유예되었을 때 그녀는 돌아와서 뉴욕주 브르클린에 피임 병원을 설립했다. 이 병원은 경찰에 의해 폐쇄되었고 그녀는 체포되었다. 보석으로 풀려난 뒤에 그녀는 병원을 다시 열었고 그에 따라 30일 수감이 구

체외사정(coitus interruptus) 피임의 한 방법으로 사정하기 전에 남성 성기를 여성 성기로부터 빼내는 방법. 중절 성교라고도 함.

콘돔(condom) 음경에 덮어씌워 정자의 장벽에 기여하는 동물의 막이나 라텍스로 만들어진 피복.

가까이서 보기

당신의 파트너와 피임에 관한 대화

피임에 관한 대화 피임에 관한 대화를 할 적절한 시기가 있는가? 이 주제에 어떻게 접근하는가? 무슨 말을 할 것인가?

언제가 피임에 관해 대화하기 적절한 시기일까? 첫 번째 데이트? 부모님 상견례날? 격렬히 포옹할 때? 갑자기 이 주제를 꺼내는 것은 어색할 수 있다. 꺼내지 않으면 재앙이 될 수도 있다. 많은 경우 남성은 그 파트너가 임신하였다는 소식을 접하고 이렇게 말한다: "하지만 나는 우리가 뭔가 하고 있는 줄 알았어!"

전문적으로 말하면 피임에 관한 좋은 대화 시기는 언제든지 성교 전에 성공적으로 피임할 시간을 줄 수 있는 때이다. 따라서 만약 경구 피임약, 자궁내 장치, 가로막, 자궁막 등을 사용하려면 몇 주에서 몇 개월 전이여야 한다. 만약 콘돔이나 즉시 사용할 수 있는 것을 이용하려면 성교 바로 직전이여야 한다. 성교 전에 피임에 관해 결정하는 것이 당연히 득이 됨에도 불구하고 파트너들은 성적으로 가까워졌을 때만 이 주제가 나오곤 한다. 전문적으로 이야기해서 첫 번째 만남에서 피임을 이야기하는 것은 이상하고 심지어 뻔뻔스럽게 느끼기도 한다. 하지만 최소한 이것은 성교 가능성을 대비할 수 있도록 하여 준다. 남성 또는 여성이 콘돔을 준비할 수도 있다. 여성이 피임약을 복용하고 있을 수도 있고 자궁내 장치 또는 가로막을 벌써 착용할 수도 있다.

피임에 관해 대화하는 것은 많은 커플들에게 편안한 만남에서 친밀한 만남으로 변화시킨다. 대화는 상대방으로 하여금 책임감을 느끼게 한다. 그 결과로 여성은 그 책임이 혼자에게만 있다고 원망을 하지 않게 된다.

그렇다. 이 주제를 꺼내는 것은 이상하고 어렵다. 커플들은 그들의 관계가 아직 충분히 가깝다고 느끼지 않을 수 있다. 그들은 "때가 되면 강을 건너지 뭐"라고 생각할 수 있다. 하지만 미리 계획하지 않으면 성공적인 피임을 하지 못 하게 된다. 성교 전에 피임을 이야기하는 커플들은 다음과 같은 대화 지침을 사용하는 것이 도움될 것이다.

- 전략적으로 비공개이고 조용한 시간과 장소를 정하라.
- 당신의 파트너 또는 연인관계를 편안히 토론하라. 피임에 관해 말하기 전에 당신의 파트너와 관계에 관한 일반적인 감정을 말해라.
- 이 주제를 꺼내는 것에 대해 사과하지 마라. 피임처럼 민감한 사항에 관하여 대화하는 것이 당황스러울 수 있다. 하지만 이 주제를 꺼낸다고 사과할 필요는 없다. 사과는 당신이 무언가 잘못하고 있다는 의미가 될 수 있다.
- 솔직한 대화를 유도할 수 있도록 주제를 이끌어 나가라. 파트너의 태도를 알 수 있도록 자유해답식의 질문을 이용해야 한다. 이런 식으로 말해라 "내 생각에 우리 관계는 피임에 관해 이야기할 정도로 가까워진 것 같아. 우리가 아직 성적 관계를 갖지 않았지만 어떤 종류의 피임은 미리 계획하여야 해. 그런 것들에 관해 생각해 본 적 있어?"
- 다양한 방법을 감안한다. 파트너에게 요구하지 말아라. 다른 말로 이렇게 말하지 말아라 "우리가 성관계를 가질 것 같으니 너가 경구 피임약을 복용해야 해". 그 대신에 이렇게 말해라. "여러 가지 방법의 피임법이 있다고 들었어. 우리가 관계를 갖기 전에 어떤 방식이 가장 적합할지 이야기해 볼래?" 상대방이 피임법이나 특정 방식에 관해 어떻게 생각하는지 들어볼 기회를 이용해라.

형되었다. 그녀는 성공적으로 항소를 하였다. 1918년 법원은 의사들이 치료와 병의 예방을 목적으로 피임 정보를 유포하는 것을 허용하였다. 컴스톡 법의 붕괴가 시작되었다. 부유한 친구인 캐서린 덱스터 맥콜맥의 경제적 지원으로 생어는 피임법 중 하나인 호르몬 사용법을 연구하였다. 생어가 사망하기 단 6년 전인 1960년 경구 피임약이 미국에서 드디어 판매되었다. 1965년에 대법원은 피임을 자유롭게 사용하는데 마지막 장애물을 헐었다. 그것은 코네티컷 주에서 피임 기구 판매 금지법이다(*Triswold v. Connecticut*, 1965). 1973년에는 로우 대 웨이드(*Roe v. Wade*) 판결을 통해서 여성이 원치 않는 임신

경구 피임약(oral contraceptive) 성호르몬으로 구성된 피임약으로 입으로 복용함.

복합약(combination pill) 에스트로겐과 프로게스테론이 함유된 피임약.

학생들의 실제 질문

질문: **만약 약사가 처방받은 제 피임약을 제공하지 않으면 소송을 제기할 수 있나요?**

답변: 처방된 피임약인 경구 피임약, 사후 피임약, 낙태약 등을 제공하지 않은 약사들에 관한 소송이 현재 진행 중에 있다. 질문의 답변은 당신이 어디에 있고 어떤 법률에 적용을 받는지에 따라 다르다. 대체로 약사들은 낙태약보다는 피임약을 처방하기를 원한다. 캘리포니아를 비롯한 많은 주에서 약사들은 양심에 따라 낙태 약을 제공하지 않도록 "빠져나갈" 수 있거나 다른 약사들에게 일을 떠 넘길 수 있다. 현재 추세는 약사들이 특정 처방을 제공하지 않아서 해고된 후에 그들의 종교의 자유가 실직의 원인이 된다는 이유로 소송 후 복직하려고 한다. 이는 승소와 패소를 모두 한 적이 있다. 정답은 이것이다: 지역 변호사와 상의하라.

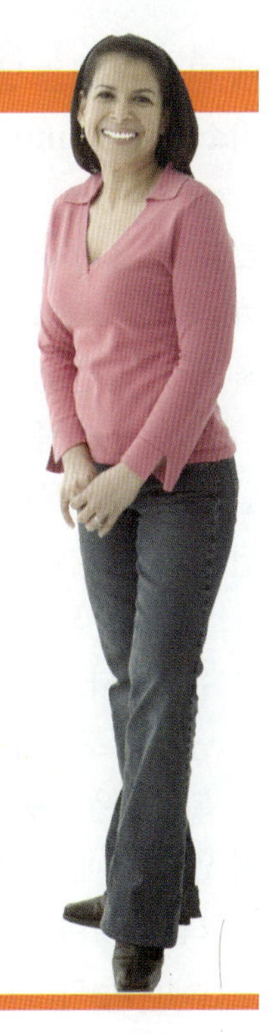

의 종료를 허용하는 낙태를 합법화하였다.

오늘날 피임은 유명 잡지에서 광고되고 대학 기숙사의 자동판매기를 통해 판매되고 있다. 하지만 미국 역사는 피임의 무제한 사용에 찬성하진 않는다. 최근 대법원의 결정은 로우 대 웨이드 판결은 차치하고 낙태에 관하여 국가가 조금 더 결정권을 가지고 청소년의 낙태를 제한하도록 하였다. 인공적인 낙태는 가톨릭 교회를 비롯한 많은 단체들은 지속적으로 반대하고 있다. 그럼에도 많은 신부를 포함한 가톨릭 신자들은 인공 낙태를 묵인하고 있다.

12.3 피임 방법

호르몬 조절법(경구 피임약, 피임 패치, 주사제), 자궁내 장치, 가로막, 자궁경부 캡, 살정제, 콘돔, 질 세척, 체외사정, 배란 주기법 등 다양한 피임 방법이 있다.

경구 피임약

경구 피임약(oral contraceptive)은 흔히 피임약이라고 부른다. 하지만 포함하는 호르몬의 종류와 용량에 따라 많은 종류의 피임약이 존재한다. 미국에서는 처방에 의해서만 구입할 수 있는 경구 피임약이 가임기의 여성들에게 가장 자주 사용된다(Frost & Frohwirth, 2005; Planned Parenthood, 2006).

복합약(combination pill, Ortho-Novum, Ovcon, Loestrin)은 합성 호르몬인 에스트로겐과 프로게스테론을 모두 포함하고 있다. 대부분의 복합약은 합성 에스트로겐과 프로게스테론을 지속적으로 정량 공급한다. 다상 피임약이라 불리는 다른 복합약은 월경주기

비판적인 사고하기

작은 피임약 또는 자궁내 장치를 이용한 방법은 피임인가? 아니면 낙태인가? 당신의 관점을 설명해 보시오.

최소피임약(minipill) 프로게스테론만 함유된 피임약.

에 따라 용량을 달리하여 여성들이 사용량을 감소시키고 이에 따른 부작용을 줄여준다. **최소피임약(mini-pill)**은 합성 프로게스테론만 포함한다.

작용 원리 여성들이 임신 중에는 난자가 배란을 하지 않기 때문에 더 이상의 임신은 불가능하다. 복합약은 뇌에 여성이 임신 중이란 것처럼 속여서 더 이상의 배란을 하지 않도록 한다. 배란 없이는 임신이 불가능하다.

정상 주기 중에는 생리 중이나 직후에 적은 양의 에스트로겐이 뇌하수체를 자극하여 난포자극호르몬을 분비하게 하고 이 난포자극호르몬이 배란을 유도한다. 복합약에 포함된 에스트로겐은 난포자극호르몬 생산을 저해하고 따라서 난자가 성숙할 수 없다. 프로게스테론은 뇌하수체의 황체형성 호르몬 분비를 저해하는데 이 황체형성호르몬은 배란을 유도한다. 여성은 월경 기간을 지속적으로 경험하지만 월경 분비물에는 수정되지 않은 난자가 포함되어 있지 않다.

복합약은 보통 28일 주기에서 21일간 복용한다. 그 후 7일간은 여성들이 약을 복용하지 않거나 매일 약을 먹는 습관을 유지하기 위하여 위약을 복용한다. 호르몬 수위가 갑작스럽게 낮아지는 것은 자궁 내막의 붕괴를 유도하고 월경이 약 복용을 중단한 뒤 3~4일간 지속된다. 그 후에 생리주기가 다시 시작된다.

복합약에 포함된 프로게스테론은 자궁 점액을 두껍게 하고 산성화시키기도 한다. 점액은 정자가 통과하기 더욱 어려운 장애물이 되어주고 자궁내막의 발달도 저해한다. 그러므로 난자가 어떤 이유로던 간에 성숙되고 나팔관에서 배란되더라도 정자가 자궁 경부를 통하는 길에서 살아남기 어렵다. 만약 정자가 난자에 수정이 일어나더라도 자궁 내막의 발달이 없으면 수정란은 자궁에 착상이 어려워진다. 프로게스테론은 난자가 나팔관을 통과하는 것을 방해하여 정자가 난자를 투과하는 것을 더욱 어렵게 만든다.

최소약은 에스트로겐 없이 프로게스테론만 포함한다. 최소약은 생리주기 동안 월경시기를 포함하여 매일 복용한다. 이 약은 두 가지 효과가 있다. 자궁점막을 두껍게 만들어 정자가 자궁경부를 통과하는 것을 방해하고, 자궁내막이 수정란의 착상을 줄여준다. 따라서 여성이 수정란을 가지더라도 이 수정란은 착상하는 대신 몸 밖으로 빠져나갈 것이다.

3장에서 우리는 시즈니크와 리브렐과 같은 호르몬 처리가 피임을 가능하게 하고 월경 횟수를 줄여준다고 설명한 바 있다.

효과 경구 피임약을 완벽히 사용하였을 경우 실패율은 아주 낮다—약의 종류에 따라 0.5% 이내(표 12.1). 일반적으로 실패율은 3% 정도다. 실패는 여성이 약 복용을 2일 이상 하지 않거나 처음으로 약을 복용하였을 때 보조 피임법을 사용하지 않거나 또는 약을 다른 제품으로 교환하였을 때 일어난다. 약 복용을 단지 하루 또는 이틀 잊어버렸을 때 배란과 수정이 가능하게 된다.

중단후 임신 가능성 경구 피임약을 중단하였을 때 일시적으로 수정 가능성이 줄어들 수도 있지만 영구 불임과는 관계가 없다. 거의 모든 여성이 중단후 3개월 이내에 배란을 정상적으로 시작한다(Hatcher 등, 2008). 여성이 복용 중단후 배란을 하지 않으면 클로미펜과 같은 약으로 배란을 유도하기도 한다.

장점과 단점 경구 피임약의 큰 장점은 정상적으로 사용하였을 때 거의 100% 효과가 있다. 콘돔이나 가로막과 같은 다른 방법과 다르게 성관계가 자연스럽고 성적 만족도를 줄이지 않는다. 콘돔을 사용하는 것과 다르게 성행위의 중단도 가져오지 않는다.

경구 피임약은 건강한 부작용도 가져올 수 있다. 골반 염증질환, 양성 난소 종양, 양성 유방암 성장 등의 위험을 줄여줄 수 있다. 약은 생리주기를 조절하고 생리통 및 생리전 고통을 줄여준다. 약은 또한 철분 부족으로 인한 빈혈과 여드름 치료를 도와주기도 한다. 복합약은 약을 끊은 후 몇 년간 난소암과 자궁 내막암의 위험을 낮춰준다(Gangy 등, 2000; Hatcher 등, 2008).

표 12.1

여러 가지 피임법의 실패율, 중단후 임신 가능성, 성병으로의 보호 가능성(사용 첫해의 임신한 여성 백분율)

	사용 첫해의 임신한 여성 백분율			
방법	**일반적 사용[1]**	**지속적이고 정확한 사용**	**최소 가능?**	**성병으로부터 보호해주나요?**
사용안함	85	85	예	아니오
살정제	26	6	예	아니오
가임기 인지방법	20		예	아니오
캘린더		9		
자궁내 점막		3		
기초체온		2		
배란		1		
체외사정	19	4	예	아니오
자궁경부 모자[2]	20~40	10~30	예	일부
가로막[2]	20	6	예	일부
콘돔				
여성 콘돔	21	5	예	(자료 부족)
남성 콘돔	14	3	예	예
피임약	3		예	아니오, 하지만 골반염질환 위험을 줄여줄 수 있다.
프로게스테론만		0.5		
복합약		0.1		
자궁내 장치				
프로게스타서트	2.0	1.5	예, 수정이 손상되지 않았을 경우	아니오, 하지만 골반염질환의 위험이 증가할 수 있다.
파라가드 카파티 380A	0.8	0.6	예, 수정이 손상되지 않았을 경우	아니오, 하지만 골반염질환 위험이 증가할 수 있다.
데포·프로베라	0.3	0.3	예	아니오
주사용 피임약	0.3	0.3	예	아니오
여성 불임술	0.5	0.5	의문	아니오
남성불임술	0.15	0.10	의문	아니오

[1]일반적인 커플들 중에서 의도하지 않은 임신. [2] 살정제와 함께 사용.

출처: American Academy of Family Physicians (2006), Hatcher et al. (2008), Planned Parenthood (2006).

피임약은 단점도 있다. 이 약은 성병으로부터의 보호를 제공하지 않는다. 이와 더불어 성병을 치료하는 항생제의 효과를 줄여줄 수 있다. 피임약을 사용하는 것은 의학적 상담이 필요하고 따라서 여성이 성생활을 가지기 전 또는 다른 피임법을 사용하기 최소 몇 주 전부터 계획해야 하고 의학적 상담을 부담하여야 한다. 마치뱅크스(Marchbanks 등, 2002)는 4,575명의 유방암 환자와 4,682명의 정상인을 비교해 보았을 때 경구 피임약을 사용 중이거나 사용 경험이 있는 사람들은 유방암의 위험을 증가시키지는 않은 것으로 보았다. 더욱이 피임약은 가족력이 있는 사람들도 유방암의 위험을 증가시키지는 않았다.

경구 피임약의 가장 큰 문제는 부작용과 건강상의 위험 가능성이다. 많은 연구가 피임약은 건강한 여성에게 안전하다고 제안하였지만 미국 산부인과 학회(2006)는 고혈압, 당뇨, 편두통, 유방 섬유낭병, 자궁 섬유낭 또는 고지혈증의 여성들은 주의를 해야 한다고 경고했다.

복합약의 에스트로겐은 구역질과 구토, 과잉체액잔류, 체중 증가, 질분비물 증가, 두통, 유방 압통, 현기증 등의 부작용이 있을 수 있다. 이들 중 많은 부분이 일시적이다. 지속적일 경우 피임약을 바꾸어야 하고 아마도 적은 양의 호르몬으로 골라야 한다. 임산부는 황체와 태반의 에스트로겐 양이 높다. 복합약은 인공적으로 호르몬의 양을 증가시키므로 어떤 여성들은 체중 증가나 입덧과 같은 임신 초기증세를 겪기도 한다. 체중의 증가는 에스트로겐(과잉체액잔류) 또는 프로게스테론(식욕 증가와 근육 발달)에 의한 것일 수 있다. 경구 피임약은 어떤 여성에게 혈압을 상승시키지만 적은 용량의 약이 여성에게 의학적으로 심각할 정도의 영향을 주진 않는다(Hatcher 등, 2008). 하지만 피임약을 복용하는 여성은 혈압을 정기적으로 점검하는 것이 현명하다. 피임약 복용으로 인한 혈압 상승을 경험한 여성은 다른 종류의 피임법을 사용하도록 권유받는다.

약 복용 피임약 복용의 장단점은 무엇일까? 앞으로 남성을 위한 경구 피임약은 개발될 수 있을까?

많은 여성은 피임약을 중단하였을 경우 호르몬 금단 현상을 경험한다(Sulak 등, 2000). 이것들은 두통, 골반 통증, 소화기 가스 증가, 유방 압통 등이 있다.

많은 여성들은 혈액 응고의 위험 때문이 피임약 사용을 하지 않고 있다. 오늘날 대부분의 피임약에서 사용되는 적은 양의 에스트로겐은 1960, 70년대에 사용되었던 많은 양의 에스트로겐보다 혈액 응고의 위험률을 대폭 감축시켰다(Hatcher 등, 2008). 아직도 순환기나 뇌졸중 등 혈액응고에 위험이 있는 여성들은 보통 피임약 사용을 제한한다.

피임약을 고려하는 여성들은 의약업 종사자들과 장단점을 상의해야 한다. 20대와 30대 초반의 건강한 여성들의 대부분은 혈액 응고나 다른 심혈관계 질환을 유발하지 않는다(Hatcher 등, 2008). 피임약이 비흡연이고 35세 이하의 대부분의 여성들에게 안전하다고 연구되었지만 정맥과 허파에 혈액 응고, 뇌졸중, 심장질환의 발병률에 아주 작은 증가가 있을 수 있다(Rako, 2003).

특정 여성들은 피임약을 사용할 수 없다. 순환계 또는 혈액 응고에 문제가 있거나, 심근 경색 또는 뇌졸중을 경험하였거나, 관상질환, 유방 또는 자궁암, 하혈, 간암 또는 낫적혈구 빈혈(혈액 응고와 관련)을 경험한 여성들이다. 심혈관계 질환 증가의 위험 때문에 35세 이상 흡연 여성은 사용시 주의가 필요하다(Hatcher 등, 2008). 모유를 먹이는 어머니들 또한 피임약 사용을 금하며 그 이유는 모유를 통해 호르몬이 아이에게 전달되기 때문이다.

나이가 들수록 심혈관계 질환의 위험이 증가하므로 35세 이상의 여성들은 산부인과 의사들로부터 다른 종류의 피임법을 권유 받는다. 하지만 미국 산부인과 학회는 최소 45세까지 건강한 비흡연자는 안전하게 피임약을 사용할 수 있다고 믿는다. 이 숫자는 계속 증가하여 많은 여성들은 50대에까지 사용할 수 있다고 권유 받는다.

피임약은 정신적 문제를 일으키기도 한다. 어떤 여성들은 우울 증세와 과민 증세를 보인다. 다른 회사 제품이나 용량을 바꾸는 것이 도움을 주기도 한다. 소량의 에스트로겐 피임약이 성욕을 감퇴시킨다는 증거는 부족하다.

프로게스테론은 남성의 2차 성징을 촉진하므로 최소약을 복용하는 여성은 여드름, 수염, 얇은 머리카락, 유방크기 감소, 질 건조, 불규칙하거나 짧은 월경 등을 경험할 수 있다. 생리주기 중간의 불규칙한 하혈은 최소약의 가장 흔한 부작용이다. 불규칙한 하혈은 전문가의 도움이 필요하다. 최소약은 질 건조를 유발하므로 성교시 질 윤활이 사라지고 성감이 떨어지며 고통을 수반하기도 한다.

연구자들은 유방암이 호르몬의 영향을 받으므로 피임약의 사용과 암과의 관계를 연구하기도 하였다. 몇 가지 대규모 연구 결과는 피임약 복용자와 유방암 발병률과의 관계는 없는 것으로 나타났으나 일부 여성들에게는 문제를 증가시킬 가능성이 보였다(Hatcher 등, 2008). 피임약 복용과 자궁암과의 관계는 복잡한데 어떤 연구 결과는 관련이 있고 다른 결과는 관련이 없다(Hatcher 등, 2008).

피임약을 고려하는 여성들은 위험을 가져올 상황인지 확인하기 위하여 의학적 검사를 받도록 권유 받는다. 검사는 자세한 의학 및 가족력 조사와 팝도말검사, 혈압 측정, 성병 검사, 소변검사, 유방과 자궁검사, 그리고 심전도검사 등을 포함한 신체검사이다. 피임약 사용자는 나이와 위험군에 관계없이 본인의 신체적 변화에 주의하고 정기적 검사를 받으며 예상치 못한 증세는 의사들에게 즉시 보고해야 한다.

사후 피임약

사후 피임약은 대량의 에스트로겐과 프로게스테론을 포함한 여러 종류의 피임약을 말한다. 이들은 꾸준히 복용하지 않으므로 배란을 방지하진 않는다. 대신에 수정을 저해하고 수정란의 착상을 방지한다. 2009년 미국에는 사후 피임약이 17세 이상에게는 처방 없이 구매할 수 있다. 그러나 여성들은 신분증을 제시하고 약사에게서 구입하여야 한다.

사후 피임약은 배란후 72시간 내에 복용하는 것이 가장 효과적이다. 월경을 건너뛴 여성들은 사후 피임약을 사용할 필요가 있는지 기다려 보아야 한다.

사후 피임약은 다른 경구 피임약보다 호르몬이 다량 함유되어 있다. 이러한 이유로 구역질이 흔한 부작용이다. 구역질은 보

두 번째 기회 두 번째 기회–사후 피임약–는 처방에 의해 구매가 가능하다.

통 경증이고 1~2일 후에 없어지지만 구역질 약을 사용할 수도 있다.

사실인가 아니면 허구인가 2

사실인가 아니면 허구인가 2: 사후 피임약은 당연히 주기적인 피임법으로 추천받지 않는다. 이들은 비상시에 한 번 사용하는 것이고 강간이나 피임기구의 부작용(예를 들면 콘돔 손상 또는 가로막이 떨어졌을 때)일 때 가장 필요로 한다. 사후 피임약은 일반적으로 착상을 막지만 실패하였을 경우 태아가 호로몬에 노출되어 손상 받을 수 있다.

피임 패치

피임 패치는 배란과 착상을 저해하기 위해 에스트로겐과 프로게스테론을 전달하는 다른 방법이다. 패치는 얇고 가로와 세로 길이가 각각 5 cm 정도의 크기이다. 배, 배꼽, 팔 또는 상체에 부착한다. 패치는 1주일분의 호르몬을 포함하고 혈류로 조금씩 방출한다.

경구 피임약처럼 적절히 사용하였을 경우 99% 이상의 효과가 있다. 패치를 사용하는 여성은 피임을 매일 걱정할 필요가 없다. 또한 피임약처럼 패치는 성교를 방해하지 않는다. 부작용은 경구 피임약과 흡사하다.

주사 피임약

루넬(Lunelle)과 데포프로베라(Depo-Provera)는 처방에 의해 가능한 주사 호르몬제이다. 루넬은 복합약과 비슷하게 에스트로겐과 프로게스테론을 함유한다. 매달 주사를 맞는다. 최소약처럼 데포프로베라는 프로게스테론만 포함한다. 이것은 3개월간 임신을 방지한다. 주사는 경구 피임약 다음으로 두 번째로 상용되는 방법으로 약 18%를 차지한다(Frost & Frohwirth, 2005).

루넬은 배란을 방지하고 자궁점액을 두껍게 하여 정자가 난자에 도달하지 못하게 하며 자궁내막을 변화시켜 착상을 방지한다. 데포프로베라는 배란을 방지한다. 다른 경구 피임약처럼 루넬은 적절히 사용하였을 경우 1% 이내의 실패율을 가지고 있다. 미국 가정의학과 학회에 따르면(2006) 데포프로베라는 여성 불임법과 같은 효과가 있다.

주사 피임약은 굉장히 효과적이고 자연스런 성관계를 허용하며 매일 복용하지 않아도 되는 장점을 가지고 있다. 단점은 다른 호르몬 피임약과 비슷한다. 이들은 하혈, 두통, 유방 압통, 불규칙한 생리주기, 체중 증가, 내장내 가스 증가, 구역질과 구토를 포함한다. 주사 피임약은 일반적으로 흡연하고 고혈압, 유방암 및 자궁암, 혈액 응고 문제, 심근 경색 또는 뇌졸중, 당뇨, 간질환, 호르몬에 알러지 반응 등이 있는 여성들에게는 권유하지 않는다.

루넬과 데포프로베라의 효과는 중단후 임신이 가능하고 배란은 몇 달 후에 시작된다. 하지만 이들은 성병으로부터 보호할 수 없다.

자궁내 장치

낙타 운전자들은 긴 사막 여정을 떠나기 전에 둥근 돌들을 낙타 암컷의 자궁 내에 집어넣어 임신을 방지하여 낙타가 여정을 마칠수 있도록 준비한다. 돌들은 원시적인 자궁 내 장치로 역할을 해 왔다. **자궁내 장치(intrauterine device, IUD)**는 자궁 내에 삽입하는 다양한 모양의 작은 물건이다. 이것들은 고대 그리스 시절부터 사람들이 사용하였다. 오늘날 자궁내 삽입은 의사나 간호사에 의해 이루어지고 일반적으로 1년 이상 보존된다.

자궁내 장치(intrauterine device, IUD) 자궁 내에 삽입하여 임신을 막는 물체.

가는 플라스틱 줄이 장치부터 질까지 늘어져 있어서 여성들이 제 위치에 존재하는지 확인이 가능하다.

자궁내 장치는 세계적으로 1억 명 이상이 사용하고 있다(Hatcher 등, 2008). 대부분은 중국에서 시행되는데 가임기간 여성의 약 3분의 1이 사용하고 있다. 그와 반대로 미국에서는 불과 3%의 여성만이 사용하고 있다(Hatcher 등, 2008).

장치는 1960, 70년대에 미국에서 가장 유행하였다. 그후 80년대에 유명한 모델인 달콘 쉴드가 사용한 후에 급속도로 감소하였는데 그 이유는 장치가 골반 감염과 나팔관 불임과 연관지어졌기 때문이다.

두 가지 장치가 있다: 매일 적은 양의 프로게스테론을 방출하는 프로게스타서트 T(Progestasert T)와 T자 모양이고 구리로 만들어진 카파티 380A (Copper T 380A[ParaGard(파라가드)]). 프로게스타서트 T는 매년 교체해야 하고 삽입시 감염의 위험이 있으므로 구리에 알러지가 있지 않는 한 8년간 사용 가능한 파라가드가 주로 추천되고 있다(Hatecher 등, 2008).

작용 원리 자궁내 장치와 같은 외부 물질은 분명히 자궁 내벽을 자극한다. 이 자극은 경증의 염증을 일으키고 항체 생성을 유도하는데 이 항체는 정자, 수정란에 유독하고 수정란의 착상을 방해할 수도 있다. 염증은 자궁내막의 분화를 저해하기도 하여 착상을 방해하기도 한다. 프로게스타서트 T에서 방출되는 프로게스테론 또한 최소약과 비슷한 영향을 준다. 그것은 수정과 착상의 가능성을 줄여주는 것이다. 수정란을 이용한 방법은 초기 낙태 방법으로 고려될 수도 있기 때문에 낙태를 반대하는 많은 사람들이 자궁내 장치 사용 또한 반대한다.

효과 프로게스타서트 T의 실패율은 보통 2% 정도다(표 12.1). 대부분의 실패는 삽입한 후 3개월 이내에 일어나고 흔히 장치가 위치를 변경하거나 빠져나와서 생긴다. 파라가드는 가장 효과적인 장치다. 정상적인 사용으로 첫해 실패율은 0.8%이다.

장치는 자궁 벽의 근육층을 자극하여 수축에 의해 질을 통해 빠져나올 수 있다. 장치는 월경 중에 빠질 가능성이 가장 높아서 사용자들은 생리대나 탐폰을 버리기 전에 확인하도록 권유받는다. 장치를 사용하는 여성들은 한 달에 여러 번 장치 끈을 확인하여 제 위치에 있는지 확인해야 한다. 자동적은 추출은 첫해 사용자의 2~10%가 경험한다(Hatcher 등, 2008). 어떤 가족계획 병원들은 기구 추출이 가장 빈번한 처음 3개월 동안은 피임 보조제 사용을 권장한다.

중단후 임신 가능성 자궁내 장치는 전문가에 의해 제거될 수 있다. 임신을 원하는 10명 중 9명의 장치 사용자는 1년 이내에 임신을 하였다(Hatcher 등, 2008).

장점과 단점 자궁내 장치는 아주 효과적이고, 자연스런 성행위가 가능하고 성감도 줄이지 않는 장점이 있으며 한 번 삽입되면 여성이 피임을 위해 아무것도 하지 않아도 된다. 실패할 작은 위험은 가로막이나 콘돔 등 피임 보조제 사용을 병행함으로써 없앨 수 있다.

다양한 세상

(지속적) 임신과 빈곤

하이티의 수도 포르토프랭스에서 빈곤을 물리치기 위한 미국과 국제사회의 노력을 위해서는 한 가지 분명한 것이 있다. 이 노력들은 나호미 넬큐어 같은 여성이 계속해서 10명의 자녀를 갖는 한 성공하기 어렵다.

세계적인 가족계획을 위한 노력은 지난 20년간 멈추어 있었고 나호미는 의욕을 잃고 그에 따라 가난이 계속되는 전형적인 예다. 그녀는 단지 두 명의 자녀를 갖기 원했던 교육받은 여성이었음에도 불구하고 지금 10번째 아이의 임신 8개월이다.

우리는 나호미가 거주하는 하이티의 빈민촌인 솔레일 시를 걸어갈 때 초등학생 또래의 아이들은 완전 나체로 뛰어다녔다. 네 명이 한 침대에서 자고 여섯 명이 그 옆 바닥에서 자는, 한 달에 6불짜리 오두막에는 아무런 음식이 없었다. 가족들은 아이들을 학교에 보낼 등록금을 마련하는데 어려움이 많았다.

이러한 여성들이 아이를 적게 낳기 전에는 전 세계적으로 이 가족과 같은 수백만의 사람들을 부양할 방법은 절대로 없다. 그럼에도 불구하고 가족 계획 프로그램은 자원과 질이 감축되고 있다.

유엔의 추정에 따르면 나호미는 전 세계적으로 인구통계학자들이 안전하고 효과적인 피임이 절대 부족한 2억 명 중 한 명이다. 이들은 임신을 원하지 않지만 현대적인 피임을 사용하지 않는다.

일 년에 7,000만에서 8,000만 정도의 원치않은 임신을 하게 되어 1,900만 건의 낙태와 15만 명의 산모가 사망한다고 유엔은 보고하였다.

피임법은 1960년대와 70년대에 개발 노력의 중심이었으나 점차 사라졌다. 부분적으로 중국과 인도의 탄압 등에 의해 빛이 바랬다. 다른 이유는 낙태에 관한 정치적 논쟁으로 (원치않은 임신과 낙태가 더 많음에도 불구하고) 이는 유엔 인구기금에 미국 원조가 줄어들게 하였다.

이와 더불어 가족계획은 예상보다 콘돔과 피임약이 훨씬 많이 필요해서 어려웠다. 하이티에는 가족계획 병원이 있고 이 병원은 피임에 많은 투자를 하며 여성들은 적은 수의 자녀를 갖기를 희망한다. 그럼에도 여성들 중 25%만이 피임을 한다.

나호미의 이야기가 궁금증을 좀 설명해준다. 그녀는 주사제를 사용해 보았으나 하혈이 심해 공포심을 유발하였다. 병원에서 설명이나 확신을 주지 않아서 9개월 후 중단하였다.

당시에 성병으로 인해 나호미는 자궁내 장치를 사용하기 어려웠고 의사는 자궁에 이상이 있는 그녀에게 피임약은 적절하지 않다고 하였다. 가난한 여성에게 냉대하는 병원을 회피하던 나호미는 결국 아무것도 하지 못했다.

두 명의 자녀 이후에 첫 번째 남편은 떠났고 다음 남편은 아이 갖기를 희망해 마지못해 따랐다. 몇 명의 자녀를 출산 후 나호미는 아이 갖기를 거부했지만 하이티의 사회적

특성상 남편의 고집에 동의하게 되었다. 나호미가 말하기를 "콘돔 사용을 요구했으나 거절당했다." 지난 가을 10번째 아이를 임신한 후 남편은 떠났다.

지금까지 이런 여성들을 도와주는 가장 좋은 방법은 교육을 받게 하고 대출, 공장 직업 또는 직업 교육 등을 통하여 수익을 올릴 수 있는 기회를 제공하는 것이다. 가장 좋은 피임법은 약이나 기구가 아닌 교육이라고 말하곤 한다.

누적되는 증거들은 하이티에서 무엇이 직관적으로 분명한지 강조해 주고 있다: 가족계획이 가난한 국가에서 보다 성공하기 전에는 빈곤을 절대 벗어날 수 없다. "다른 방법이 없다"라고 하이티에 유엔 인구기금의 대표인인 타냐 패드리오타는 말한다. "가족계획은 필수적이다."

출처: N. D. Kristof. (April 5, 2009). Pregnant (again) and poor. *The New York Times*, p. WR11.

장치는 또한 여성의 정상 호르몬 분비를 간섭하지 않는다. 사용자들은 난자가 성숙하고 파열하는 뇌하수체 호르몬을 지속적으로 분비하여 성숙된 난자를 방출하고 여성 호르몬을 분비한다.

단점은 삽입이 고통스럽다. 다른 단점은 부작용이다. 가장 흔한 부작용은 심각한 생리통과 월경 사이의 비정상적 하혈, 평소보다 많은 양의 생리물질 등이다(Hatcher 등,

2008). 이들은 보통 삽입 직후 일어나고 여성들이 기구를 제거하기를 원하는 가장 큰 이유다. 보다 중요한 문제는 골반염질환으로 치료받지 않으면 사망에 이를 수도 있다. 장치 사용 여성은 이 질병이 걸릴 확률이 높아진다. 감염의 위험은 매일 사용할 때보다 기구 삽입할 때가 더 높다(세균이 기구 삽입 중 여성 생식기로 들어갈 수 있다).

골반염질환은 나팔관을 막아서 불임에 이르게 하는 흉터 조직을 만들 수 있다. 골반 감염이 있는 여성은 장치를 사용할 수 없다. 또한 골반염질환을 가질 위험군의 여성들은 장치 사용의 타당성을 고려할 필요가 있다. 위험군은 최근 임질 또는 클라미디아 감염, 골반염질환의 재발, 여러 파트너와 성관계, 여러 파트너를 가진 사람과의 관계를 하는 여성들이다.

다른 위험은 장치가 난관이나 자궁벽을 관통하여 출혈, 고통, 흡착 등의 발생이다. 관통은 흔하지 않지만 일어나면 심각하다(Hatcher 등, 2008). 장치 사용자는 또한 자궁외 임신의 위험이 높다. 자궁외 임신은 장치 사용 중 임신한 여성의 약 5%에서 일어난다(Hatcher 등, 2008). 장치는 자궁외 임신을 경험한 여성에게는 권장되지 않는다. 장치 사용 중 임신한 여성의 약 50%는 낙태로 이어진다(Hatcher 등, 2008).

다른 단점은 비용이다. 보통 병원에서 장치삽입의 비용은 몇십만 원이다. 장치의 추출은 또 다른 단점이다. 게다가 경구 피임약처럼 장치는 성병으로부터 보호해 주지 않는다. 마지막으로 피임약처럼 장치는 여성에게만 피임의 부담을 준다.

가로막(diaphragm) 고무 컵 또는 둥근 천장으로 여성의 자궁 윤곽에 맞고 살정제로 칠해져 있으며 성교전에 삽입되어 임신을 막는 것.

가로막

가로막(diaphragm)은 한때 피임을 원하는 미국인의 3분의 1이 사용했다. 1882년에 개발되었을 때 이것은 획기적이었다. 1960년대에 피임약과 자궁내 장치의 출현으로 사용이 줄어들기 시작하였다.

가로막은 얇은 라텍스 고무로 만든 얕은 컵 또는 돔이다(그림 12.1). 가장자리는 고무로 싸여진 유연성이 있는 철이다. 가로막은 정확히 맞기 위해 여러 크기로 나온다.

가로막은 처방에 의해 구매되고 의약업 종사자에 의해 질의 체형에 꼭 맞게 끼워져야 한다. 꼭 맞기 위해서는 여러 크기와 종류의 가로막이 테스트되어야 한다. 여성은 병원에서 삽입을 연습하며 필요시 교육 받아야 한다.

작용 원리 가로막은 탐폰과 같이 여성에 의해 삽입되고 제거된다. 자궁 내에 안락하게 위치하여 정자의 방해막을 형성하는 것이 콘돔과 유사하다. 하지만 방해막으로는 신뢰도가 떨어진다. 따라서 가로막은 살정제와 같이 사용되어야 한다. 가로막의 주 역할은 살정제를 올바른 위치에 보관하는 것이다.

사용법 가로막은 성교 2시간 전 이내에 삽입되어야 하는데 그 이유는 살정제가 2시간 이후부터 효과가 떨어지기 때문이다. 하지만 성교 6시간 전까지 삽입하기를 권하는 의사들도 있다. (주의를 위해서 두 시간 제한을 두는 것이 보다 논리적인 것으로 예상된다). 여성 또는 그 파트너는 컵 안쪽에 살정제를 한 스푼 넣고 가장자리 안쪽까지 바른다. (가장자리 바깥 쪽까지 바르는 것은 가로막이 미끌어질 수 있다.) 여성은 한 손으로 소음순을 벌리고 다른 손으로 가장자리를 눌러서 가로막을 접는다. 가로막의 안쪽을 위로 향하

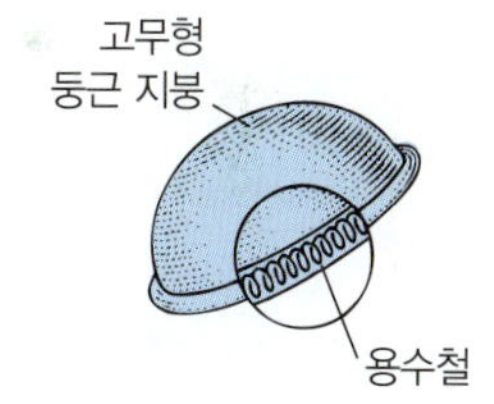

그림 12.1 가로막. 가로막은 고무로 만든 얇은 컵이나 둥근 지붕이다. 가로막은 의약업 종사자에 의해 자궁 윤곽에 정확히 맞아야만 한다. 가로막은 정자의 방벽을 형성하고 살정제 크림이나 젤리와 함께 사용하여야 한다.

면서 자궁경부를 따라 삽입한다(그림 12.2). 파트너가 가로막 삽입을 도와줄 수 있지만 여성이 위치를 확인하는 것이 좋다. 어떤 여성들은 플라스틱 삽입 기구를 선호하지만 대부분은 기구 없이 삽입하는 것을 편리하게 생각한다. 가로막은 질 내에서 최소 6시간은 남겨두어야 살정제가 남아 있는 정자를 죽이는데 충분한 시간을 갖는다(Hatcher 등, 2008). 독소충격증후군을 겪지 않으려면 24시간 이상 남겨두면 안 된다.

사용 후 가로막은 따뜻한 물과 가벼운 비누칠로 씻어야 하며 건조하고 시원한 곳에 보관해야 한다. 적절히 관리되었을 경우 가로막은 2년간 사용 가능하다. 임신 후나 5 kg 이상의 체중 변화가 있은 후에는 잘 맞는지 확인하여야 한다.

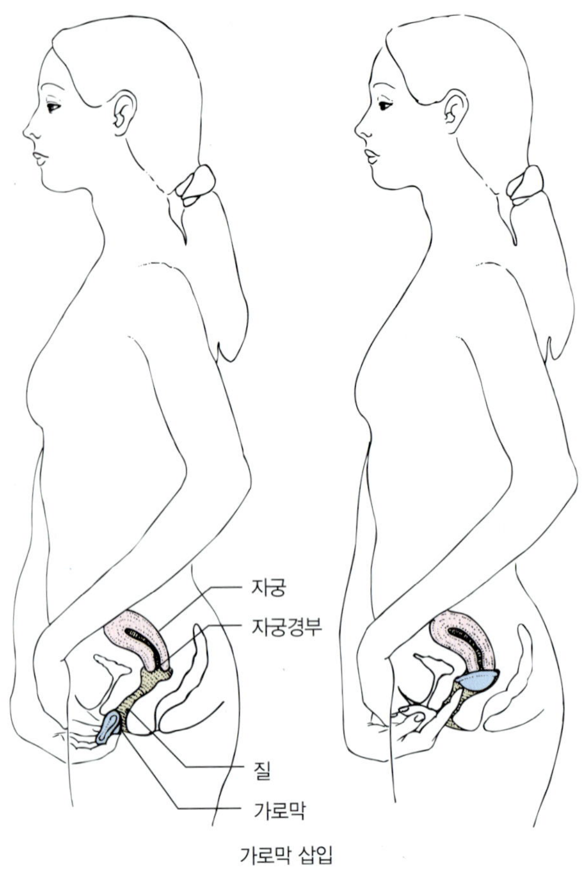

그림 12.2 가로막의 삽입과 확인. 여성들은 의료 종사자에의해 가로막 삽입법을 교육받아야 한다. 실제로 여성과 그 파트너는 함께 삽입하는 것이 황홀한 경험으로 생각할 수도 있다.

효과 지속적으로 정확히 1년간 사용하였을 경우 가로막의 실패율은 6%로 추정된다(표 12.1). 하지만 일반적으로 실패율은 세배 높은 약 18%로 예상된다. 일부 여성들은 성교 시마다 가로막을 사용하지 않아서 임신한다. 다른 사람들은 너무 일찍 삽입하거나 너무 일찍 빼내어서 임신한다. 가로막이 잘 맞지 않거나 미끄러질 수 있는데 특히 체위가 특별할 경우 일어난다. 가로막은 작은 구멍이나 금이 생길 수도 있다. 여성은 가로막이 닳은 정도를 검사하고 의심스러울 경우 전문가의 견해를 들어야 한다. 또한 살정제가 정확히 사용되지 않았을 경우 효과는 많이 떨어지게 된다.

중단후 임신 가능성 가로막의 효과는 완전히 중단 가능하다. 임신을 위해서는 여성은 단지 사용하지 않으면 된다. 가로막은 향후 임신에 영향을 미치지 않는다.

장점과 단점 정확히 사용하였을 경우 가로막은 안전하고 효과적인 피임 방식이며 여성의 호르몬 생산이나 생식주기를 변화시키지 않는다. 가로막은 필요시에 사용하는 반면에 피임약은 매일 복용해야 하고 자궁내 장치는 여성이 성교와 관계없이 삽입한 상태로 생활해야 한다. 다른 장점은 거의 부작용이 없다는 것이다. 가로막에 있는 고무에 알러지 반응을 보이는 여성들은 플라스틱으로 교체하면 된다.

가장 큰 단점은 일반 사용자들에게 실패율이 높은 것이다. 살정제도 사용하는 5명 중 1명(18%)은 1년 사용시 임신을 하게 된다(Hatcher 등, 2008). 다른 단점은 성관계 전에 가로막을 삽입해야 하므로 당사자들은 방해를 느껴야 한다. 여성의 파트너인 경우 구강성교 중 살정제의 나쁜 맛을 보기도 한다. 질과 자궁 벽에 가로막이 일으키는 압력이 요도를 자극하거나 요도염 또는 질염을 일으키기도 한다. 다른 크기의 가로막이나 다른 종류의 가장자리를 가진 것으로의 교체가 증상을 완화시킬 수 있다. 여성 또는 남성 20명 중 1명은 특정 살정제에 과민반응을 보여 성기가 자극받을 수 있다. 이 문제는 다른 상표 제품으로 교체하면 증상이 좋아질 수 있다.

살정제

살정제는 정자를 살균하는 제제이다. 이는 자궁 입구를 칠하여 정자의 통로를 막고 화학작용으로 정자를 죽인다. 젤리, 크림, 좌약, 에어로졸 거품, 필름 형태로 존재한다. 살정제는 성교 후 몇 시간 동안 질내에 (세척없이) 남겨져야 한다(Hatcher 등, 2008).

살정제 젤리와 크림은 질에 살정제를 바를 수 있는 면봉과 함께 튜브에 담겨 있다(그림 12.3). 살정제 거품은 면도 거품처럼 솜털 같은 하얀 크림이다. 이것은 압축 캔에 보관되고 젤리 또는 크림처럼 플라스틱 면봉으로 바르면 된다.

질 좌약은 골반 근처 위쪽 질로 삽입하여 녹으면서 살정제를 분비한다. 삽입 후 즉시 효과를 보는 젤리, 크림, 거품과 달리 좌약은 성교하기 10~15분이내에 삽입해야 충분히 녹일 시간을 갖는다(Hatcher 등, 2008).

필름은 살정제를 포함하는 가로 세로 5 cm의 얇은 정사각형으로 만들어진다. 질 내 삽입시 젤리같이 녹으면서 살정제를 방출한다. 필름은 녹아서 살정제가 퍼질 시간을 감안하면 성교 5분 전에는 삽입되어야 한다. 그리고 한 시간 이상 효과가 있다. 필름의 한 단점은 손가락에 달라붙는 경향이 있어서 정확히 삽입이 어려울 때가 있다.

일반적으로 살정제만 사용하는 경우 연 실패율은 21%이다(Hatcher 등, 2008). 정확하고 지속적으로 사용될 경우 실패율은 6% 정도로 떨어진다. 살정제는 콘돔이나 가로막과 같은 다른 피임법과 같이 사용되었을 때 가장 효과적이다.

가장 큰 장점은 여성의 자연적인 생물학적 과정을 변화시키지 않고 필요할 때만 사용하면 된다는 점이다. 살정제는 생식능력에 어떤 변화도 주지 않는다. 따라서 임신을 원하면 사용을 중지하면 된다. 의사의 처방이나 정비가 필요없이 약국에서 구매가 가능하다.

가장 큰 단점은 일반 사용자들에게 높은 실패율이다. 거품은 캔을 충분히 흔들지 않았을 경우 너무 소량이 사용되거나 질 깊숙이 삽입되지 않거나 성교가 시작된 후에 사용하였을 때 주로 실패한다.

살정제는 보통 부작용이 없지만 가끔은 질이나 음경에 자극을 준다. 자극은 다른 상표 제품을 사용하면 좋아지기도 한다. 파트너가 살정제의 맛을 나쁘게 느끼기도 한다.

살정제에 포함된 노녹시놀-9이 인간면역결핍바이러스/후천성면역결핍증, 생식기 헤르피스, 트리코모나스증, 매독, 클라미디아와 같은 성병을 방지하는데 도움을 준다고 생각한 적이 있다. 하지만 아프리카에서 시행된 실험에 따르면 노녹시놀-9은 성병 방지에 도움을 주지 않았다(Roddy 등, 1998). 아프리카와 태국에서 매춘부들을 대상

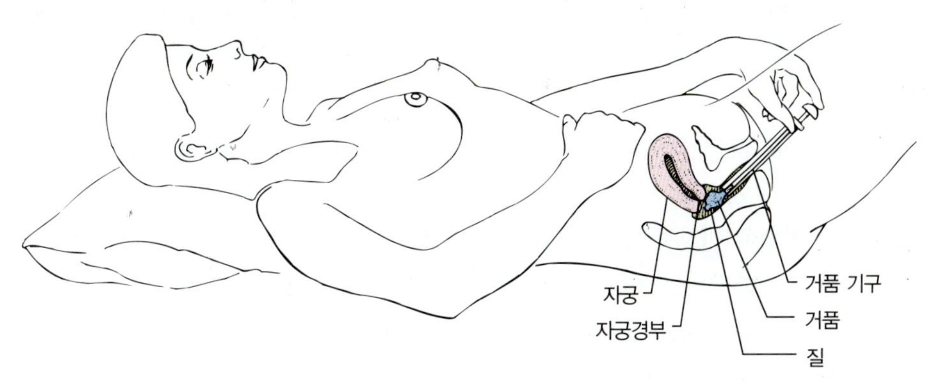

그림 12.3 살정제 거품의 사용. 살정자 젤리나 크림은 플라스틱 기구와 함께 튜브에 들어 있다. 살정제 거품은 압력이 들어 있는 캔에 제공되며 살정제 젤리나 크림처럼 플라스틱 기구를 이용하면 된다.

으로 살정제가 인간면역결핍바이러스 감염을 막는지 시행된 실험에서 살정제 사용자(15%)가 인간면역결핍바이러스 감염에 위약 사용자(10%)보다 감염률이 현저히 높았다(Stephenson, 2000). 해설자는 노녹시놀-9의 부분적 자극이 인간면역결핍바이러스의 침입에 용이하도록 질 관을 만들어 주는 것이라고 분석했다(Weiss 등, 2008).

피임 스펀지

피임 스펀지는 부드러운 1회용 기구이다. 가로막과 다르게 스펀지는 정확히 맞을 필요는 없다. 가로막과 같이 살정제를 포함한 방해막을 제공하지만 살정제가 미리 포함되어 있다. 스펀지는 성교 몇 시간 전에 삽입될 수 있으며 정자를 흡수하는 다른 장점이 있다. 무미, 무취이고 가로막보다 물이 떨어지지 않는다. 단점으로는 남녀 20명 중 1명은 살정제에 의해 약하게 자극을 받는다. 독성충격증후군이 나타날 400만분의 1의 작은 확률이 있다.

자궁경관부 모자

가로막과 같이 자궁경관부 모자는 돔 모양의 컵이다. 여러 가지 크기가 있어서 의약업 종사자에 의해 정확히 맞추어야 한다. 가로막보다 작고 골무만한 크기여서 자궁 입구에 안락하게 끼워진다.

가로막처럼 모자는 안쪽에 살정제가 칠해진 후 사용된다. 삽입시 여성 또는 그 파트너가 모자의 3분의 1 정도를 살정제로 채워야 한다. 그 후 가장자리를 압착한 후 여성이 질 내 높은 곳으로 삽입하며 그것이 자궁을 단단히 눌러야 한다. 여성은 손가락으로 자궁 입구가 모자로 덮여 있는지 확인하여야 한다. 성교 후 최소 8시간 이후까지 그 자리에 놓여져야 한다. 모자는 살정제의 추가 없이 48시간 지속적인 효과를 보인다. 독성충격증후군의 위험을 줄이기 위해서 모자를 48시간 이상 남겨두지 말아야 한다. 가로막처럼 자궁경관부 모자는 방어막을 형성하고 살정제를 알맞은 곳에 위치시킨다. 이것은 정자가 자궁과 나팔관으로 통과를 방지하며 화학작용에 의해 정자를 살균한다. 모자는 사용 후 세척하고 손상이 없는지 확인하여야 하다. 보존이 잘 될 경우 3년 이상 사용이 가능하다.

일반적으로 실패율은 아이가 없는 여성은 18%, 출산 경험이 있는 여성은 36%로 높은 편이다(Hatcher 등, 2008). 실패는 부분적으로 모자가 떨어지거나 생리주기의 변화로 모자가 자궁을 모두 덮지 못하는 경우가 있다.

가로막과 비슷하게 모자는 여성의 호르몬 분비나 생리주기에 영향을 주지 않는 물리적 기구이다. 모자는 특히 질 내 근육이 부족하여 가로막을 지지하지 못하는 여성들에게 적합하다. 그러나 모자가 자궁 내를 자극할 경우를 대비하여 정기적으로 팝도말검사를 권장한다.

일부 여성들은 자궁경관부 모자를 불편하게 느낀다. 또한 성교 중 떨어져 나올 수 있으며 생리주기 중 자궁의 변화로 잘 맞지 않을 경우도 있다. 부작용으로는 요도 감염과 고무 또는 살정제에 민감증 등이 있다. 다른 단점으로는 전문가에 의해 맞춰질 경우 비용과 불편함이 동반되는 점이다. 더욱이 일부 여성들은 모자가 제 위치에 남아 있지 못하도록 하는 구조를 가지고 있다. 이러한 이유와 구매가 어렵기 때문에 미국에서는 자궁경관부 모자가 널리 사용되지 않는다.

콘돔

예방제(prophylactic) 질병으로부터 보호하는 물질.

콘돔은 또한 "고무", "안전", **예방제(prophylactic**, 콘돔이 성병으로부터 방어가 가능하기 때문), "피부"(양 창자로 만들어진 것을 일컬음)라고도 불린다. 콘돔은 피임약과 자궁내 장치의 출현 이후 인기가 떨어졌다. 콘돔은 이 두 가지보다 덜 효과적이고 자연스런 성교를 간섭하고 음경과 질 벽의 접촉을 막아 성감을 떨어뜨린다.

하지만 라텍스 콘돔은 인간면역결핍바이러스 등 성병의 확산을 방지하는 큰 이유와 피임약과 자궁내 장치의 부작용이 없다는 작은 이유로 인기가 다시 증가하고 있다. 현재의 인기는 여성의 증가된 권리에 의해 이루어졌다. 콘돔 사용으로 남성이 피임의 의무를 지게 된다. 콘돔은 남성에 의해서만 이루어지는 피임법으로 남성이 할 수 있는 유일하게 중단 후 임신 가능한 방법이다. 콘돔은 저렴하고 처방 없이 약국, 병원, 자판기 등에서 구입할 수 있다.

일부 콘돔은 라텍스 고무로 만들어진다. 얇고 보다 비싼 콘돔은 양의 내장막으로 만들어진다. 이것들은 성감을 증대시키지만 인간면역결핍바이러스로부터 보호는 되지 않는다. 동물 내장으로 만들어진 콘돔은 인간면역결핍바이러스나 B형 간염바이러스 등 다른 바이러스가 통과할 수 있는 크기의 구멍을 가지고 있다(Hatcher 등, 2008). 몇몇 콘돔은 플라스틱과 같은 다른 재질로 만들어진다. 플라스틱 콘돔은 그 효과가 아직 밝혀지지 않았다. 일부 콘돔은 끝이 평평하다. 다른 것들은 꼭지나 저장소(그림 12.4)가 있어서 사정시 정액을 받거나 콘돔이 터지는 것을 방지한다.

작용 원리 콘돔은 방해물 역할을 하여 정자나 질병을 일으키는 세균의 통과를 방지한다.

사용법 콘돔을 음경이 발기하고 질 내 삽입 전에 음경 위로 말아 내린다(그림 12.5). 콘돔을 사정 직전까지 사용하지 않을 경우에는 쿠퍼샘 또는 사정전 수축을 통해 분비되는 정자를 포함하는 체액이 이미 질 내를 통과하였을 수 있다. 삽입 후 착용은 성병 예방에도 도움이 되질 않는다.

성교 중 또는 음경을 빼낼 때 약 1~2%의 콘돔은 파손 또는 분리된다(Hatcher 등, 2008). 콘돔은 또한 분리되지 않더라도 음경 기둥에서 미끄러질 경우도 있다. 콘돔을 가장 효과적으로 사용하고 손상 또는 분리를 방지하기 위해 커플들은 다음과 같은 지침을 따라야 한다(이것은 미국 질병관리본부의 소책자인 콘돔과 성병··· 특히 인간면역결핍증[HHS Publication FDA 90-4329]과 다른 출처에서 개작했다):

- 성교를 할 때마다 매번 콘돔을 사용한다.
- 손톱, 이빨 등 날카로운 물체에 상처받지 않도록 콘돔을 조심스럽게 다룬다.
- 콘돔을 발기한 음경이 음문에 닿기 전에 착용한다.
- 포경을 하지 않은 남성은 콘돔 착용 전에 음경꺼플을 뒤로 당겨야만 한다.
- 살정제를 사용한다면 콘돔 착용 전에 콘돔 안쪽에 살정제를 넣어야 한다. (커플은 필요에 따라서 추가적인 보호를 위해 질 내에 살정제를 더 사용할 수 있다.)

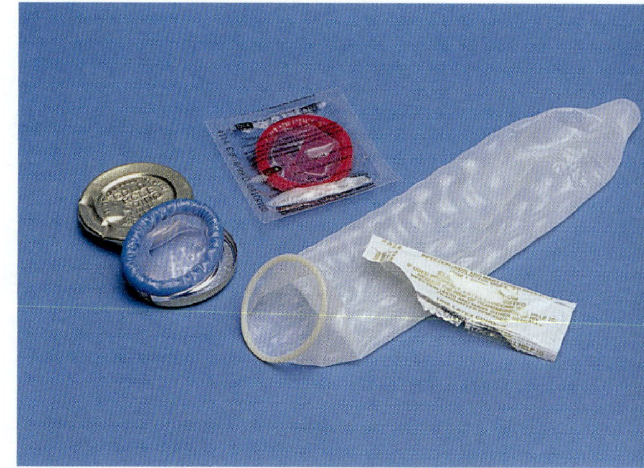

그림 12.4 콘돔. 어떤 콘돔들은 끝부분이 밋밋하지만 다른 것들은 꼭지 또는 저장소가 있어서 사정시 정액을 모아서 콘돔이 터지는 것을 방지한다. 고무 콘돔은 인간면역결핍바이러스(AIDS 바이러스)의 효과적인 방벽을 형성한다.

- 콘돔을 귀두에 꽉 끼게 당기지 마라.
- 저장소가 없는 콘돔의 경우 약 1 cm 정도의 정액을 모을 공간을 끝에 남겨두어야 하지만 공기가 차는 것은 방지해야 한다.
- 콘돔을 음경 뿌리까지 말아 내려야 한다.
- 성교 중 적당한 질 내 윤활이 있어야 하며 필요시 윤활제를 사용해라. 하지만 물로 만들어진 윤활제만 사용해라. 기름으로 만들어진 윤활제는 고무제품을 손상하는데 이 종류에는 바세린, 베이비 오일 또는 로션, 광유, 마사지 오일, 식물성 기름, 손 또는 바디 로션, 대부분 피부 크림 등이 있다.
- 만약 성교 중 콘돔이 손상되면 음경을 분리해 내고 살정제를 사용해라.
- 사정후 음경이 발기 중일 때 조심스럽게 음경을 분리해라.
- 음경을 분리 중에 콘돔이 빠지는 경우를 대비하여 가장자리를 잡아라.
- 사용 후 콘돔이 손상되었는지 확인한다. 만약 그렇다면 살정제를 사용해라.

콘돔은 체온이나 다른 열에 의해 부식될 수 있으므로 주머니나 차량 안에 보관을 금하여야 한다. 다음은 콘돔을 가지고 절대 해서는 안되는 다른 항목들이다.

- 포장을 조심히 뜯어서 콘돔이 찢어지거나 구멍이 나는 것을 피한다.
- 바람을 불어넣거나 잡아당겨서 콘돔을 테스트하지 말아라.
- 사용기한이 지나간 콘돔을 사용하지 말아라.
- 끈적하거나 색이 변하거나, 부식되거나 다른 손상을 받은 콘돔을 사용하지 말아라.
- 포장이 뜯겨지거나 손상된 콘돔을 사용하지 말아라.
- 콘돔사용 직전까지 포장을 뜯지 말아라.
- 콘돔은 한 번만 사용해라.
- 콘돔을 소지하려면 헐렁한 주머니나 지갑에 보관하고 바지 주머니나 그 안의 지갑 또는 체온에 영향을 받는 곳에 보관하지 마라.
- 열에 노출되거나 직사광선을 받는 자판기에서 콘돔을 구매하지 말아라.

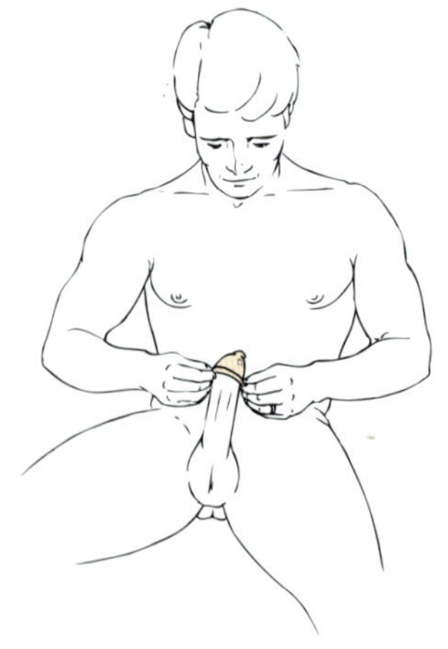

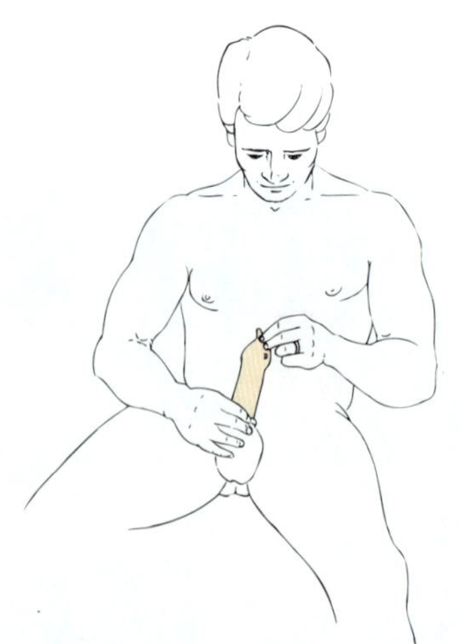

그림 12.5 콘돔 씌우기. 먼저 말아 올린 콘돔을 음경의 귀두에 위치한 후 음경 기둥을 따라 말아 내린다. 저장소가 없는 콘돔을 사용할 경우 약 1 cm의 공간을 남겨서 끝부분에 정액이 쌓이도록 하여야 한다.

효과 일반적으로 남성 콘돔의 실패율은 12%로 추정된다(표 12.1). 다시 말해서 콘돔에 의존한 100명의 여성 중 12명이 1년 사용 중 임신을 예상할 수 있다. 콘돔을 살정제와 함께 사용한다면 이 비율은 급격히 감소한다(Hatcher 등, 2008). 콘돔과 살정제를 함께 사용하는 것은 매일 피임약을 먹는 것과 경쟁이 가능하다.

중단후 임신 가능성 콘돔은 단순히 정자의 물리적 방해막이므로 생식력에는 영향을 주지 않는다. 따라서 아이를 원하는 커플들은 간단히 사용을 중단하면 가능하다.

장점과 단점 콘돔은 바로 사용할 수 있다는 장점이 있다. 처방없이 구매가 가능하다. 몸에 맞출 필요도 없고 필요시까지 포장되어 있다. 사용 후 처분도 용이하다. 콘돔과 살정제의 합체는 효과를 증대한다. 어떤 콘돔은 살정제를 윤활제로 포함한다. 의심스러우면 약사에게 문의하라.

콘돔은 호르몬, 난자, 정자의 생산에 영향을 주지 않는다. 파트너가 콘돔을 사용하는 여성은 배란을 정상적으로 한다. 사용하는 남성은 정자를 생산하고 사정도 정상적으로 한다. 이러한 장점에도 불구하고 콘돔은 왜 더 널리 사용되지 않을까?

한 이유는 성교가 부자연스럽다는 것이다. 커플들은 콘돔 착용을 위해서 성교를 중단해야 한다. 콘돔은 또한 성감을 감소시키는데 특히 남성에게 그렇다. 고무 콘돔이 동물막 콘돔보다 더 그렇다. 콘돔은 때때로 빠지거나 손상을 받아서 정자가 누출되곤 한다.

다른 관점에서 콘돔은 부작용이 거의 없다. 다른 피임 기구에서는 볼 수 없는 성병 방지도 가능한다. 사전 의학적 상담 없이 사용이 가능한다. 파트너 모두 콘돔 착용을 같이 한다면 성교의 에로틱한 한 부분이 될 수 있다. 결이 있거나 아주 얇은 콘돔은 특히 남성에게 성감을 증가시킬 수 있다. 후천성면역결핍증 세대의 성교는 콘돔사용이 인정받고 있고 심지어는 유행이 되었다. 광고주들은 또한 광고를 여성용으로 만들어서 여성들도 콘돔을 준비할 수 있다고 권유하고 있다.

콘돔은 완벽하게 안전하고 부작용이 전혀 없다고 말하고 싶다. 하지만 "거의 완벽"하다고 말하는 편이 좋을 것 같다. 어떤 이들은 일부 윤활제를 사용하는 콘돔의 살정제에 알러지 반응이 있다. 일부 사람들은 고무에 알러지 반응을 보인다.

여성들은 그들의 남성 파트너가 고무에 민감하지 않으면 고무 콘돔을 착용하라고 주장할 권리가 있다. 임질이나 클라미디아와 같은 성병은 남성보다 여성의 생식 기관에 더 많은 손상을 준다. 콘돔은 질염, 골반염질환, 태아의 손상이나 불임을 가져올 감염 또는 인간면역결핍바이러스로부터 여성을 보호할 수 있다(Crosby 등, 2005)

콘돔. 많은 수의 미혼 여성은 그들의 파트너가 준비하지 못 한 경우에 대비하여 콘돔을 가지고 다닌다.

질세척

많은 커플들은 여성이 성교 직후 **질세척(douche)**을 하면 임신하지 않을 것으로 믿고 있다. 피임을 목적으로 질 세척을 하는 여성들은 흔히 주사기를 이용하여 물 또는 살정제로 질을 세척한다.

사실인가 아니면 허구인가 3

사실인가 아니면 허구인가 3: 하지만 질 세척은 효과적이지 않은데 그 이유는 사정 직후 많은 수의 정자가 세척할 수 없는 곳까지 이동하기 때문이다. 더욱이 질 내로 액체를 뿜어내면 정자가 자궁 방향으로 이동을 촉진하기도 한다. 주기적인 질세척은 질 내의 자연적은 화학작용을 변화시키도 하는데 이는 질 내 감염의 위험을 증가시킬 수 있다. 결론적으로 질세척은 "피임법이 아니다".

체외사정

체외사정은 남성이 사정 전에 음경을 질로부터 분리하는 것을 뜻한다. 체외사정의 첫해 실패율은 일반적으로 20% 정도 된다(Hatcher 등, 2008). 실패하는데는 몇 가지 이유가 있다. 남성이 적시에 분리하지 않기도 한다. 음경이 사정 직전에 분리되었다고 하더라도 사정액이 음순에 떨어지기도 하며 정자가 나팔관을 찾아가기도 한다. 정자는 또한 쿠퍼샘에서 분비된 사정전 체액에도 존재한다. 이러한 높은 실패율 때문에 체외사정은 실용적인 피임법이 아니다.

가임기 인지 방법

몇 가지 가임기 인지 방법이 있다. 모두 여성의 생리주기 중 임신 가용기를 계산하는데

질세척(douche) 질관에 액체를 삽입한 후 배수하여 씻어내는 것.

의존한다. 이것은 자연 피임법 또는 자연 가족계획이라고도 불린다. 이들은 임신 확률이 높은 날들에 성교를 피하는 데 목표를 하고 있다. 이 방법들은 아주 적은 수의 여성들 특히 헌신적인 관계를 지속하는 여성들에 의해 사용된다. 또한 인공적인 장치를 이용하지 않기 때문에 가톨릭 교회에서도 허용된다.

작용 원리 많은 가임기 인지 방법들은 임신 가능 시기를 예측한다. 이들은 임신하려고 하는 커플들과 반대 방법이다(11장). 임신 가능성을 높이는 방법들은 배란 시기를 예측하여 커플이 그 순간에 여성의 생식기관에 정자가 도달하도록 조절하는 것이다. 가족계획 방법으로 가임기 인지 방법은 배란 시기를 예측하여 여성이 생식 가능 시기에 성교를 절제할 수 있다.

캘린더 방법 **캘린더 방법(calender method)**은 월경 전 14일에 배란이 일어난다고 추정한다. 커플은 생리주기 13일의 3일 전부터(정자는 여성 생식기관에서 72시간 이상 생존하기 어려우므로) 생리주기 15일의 2일 후까지(배란된 난자는 48시간 이후에는 수정되기 어려우므로) 금욕한다. 따라서 금욕시기는 여성주기의 10일부터 17일까지이다.

여성이 일반적인 28일 주기를 가지면 금욕시기를 예상하는 것은 비교적 간단한다. 불규칙한 주기를 가진 여성들은 10~12개월 동안 그들의 주기를 도표화시켜서 가장 짧은 주기와 가장 긴 주기를 결정하도록 충고받는다. 월경의 첫 날을 주기의 첫 날로 계산한다. 주기의 마지막 날은 월경 시작 전날이다.

주기가 23일에서 33일까지 다양한 여성을 고려해 보자. 이론적으로 그녀는 월경시작 14일 전에 배란한다. (월경 전 13일에서 15일 사이에 배란이 일어난다고 가정하는 것이 안전하다.) "3일 전"과 "2일 후" 규칙을 적용하면 그녀는 가장 빨리 배란 가능한 날인 그녀 주기의 5일부터(그녀의 가장 짧은 주기인 23일에서 15일을 뺀 후 3일을 더 감산하여) 가장 늦게 배란 가능한 날의 2일 후인 22일까지(가장 긴 주기인 33일에서 13일을 감산하고 거기에 2일을 더하여) 금욕한다. 이 금욕시기를 계산하는 다른 방법은 여성의 가장 짧은 주기로부터 18일을 빼서 "위험한" 시기의 시작일로 결정하고 그녀의 가장 긴 주기로부터 11일을 빼서 마지막 "위험한" 날로 결정한다. 보기로 사용된 여성은 불규칙한 주기를 가졌다. 따라서 그녀는 매월 18일의 금욕주기를 가져야 하는데 성적으로 활발한 커플에게는 큰 부담이 된다.

캘린더 방법을 따르는 대부분의 여성은 매 주기의 중간에 적어도 10일간 금욕주기가 필요한다. 게다가 캘린더 방법은 10~12개월 동안 기준선을 추적하는 동안 여성의 가장 짧거나 긴 주기를 확신하기 어렵다. 또한 일부 여성들은 기준선 추적을 더 오래 하더라도 "위험한" 날들의 범위 예측을 신뢰하기 어렵다.

기초체온법 **기초체온법(basal body temperature [BBT] method)**에서는 여성들이 배란 직전과 직후에 직접적으로 나타나는 체온의 작은 변화를 매일 아침 기상 후에 추적하는 것이다. 여성의 기본 체온은 때로는 배란 직전에 약간 떨어진 후 배란 전, 중, 후에 0.2~0.4도 정도 증가하는 추세를 보인다. 월경 시작까지 증가된 상태를 유지한다. (체온 증가는 황체기에 황체가 프로게스테론 생산을 증가시키기 때문이다.) 전자 체온계처럼 작은 눈금이 그려진 체온계가 작은 변화를 감지하는데 적합한다. 이 방법의 가장 큰

캘린더 방법(calendar method) 보통 10~14개월의 생리주기를 파악한 뒤 이에 따라 생리하기 14일 전에 배란이 된다고 가정하에 배란일자를 예측하여 피임하는 방법.

기초체온법(basal body temperature [BBT] method) 배란일자를 생리주기보다는 여성의 체온에 따라 예측하여 임신 가능일자를 추정하는 방식으로 피임하는 방법.

문제는 정자가 자궁 내에 생존하는 "위험한" 배란 전 며칠을 예시하기 어렵다. 대신에 이 방법은 여성이 배란을 한 시기를 알려준다. 따라서 많은 여성들은 캘린더 방법을 사용하여 배란 전 "안전한" 날들을 예측하고 기본 체온 방법을 이용하여 "위험한" 날의 수를 결정한다. 여성은 "위험한" 배란 전 시기 동안과(캘린더 방법으로 계산된) 그녀의 체온이 증가 및 유지된 후 3일간 성교를 피한다. 이 기초체온법의 단점으로 체온 변화는 감염, 수면 부족, 스트레스 등 배란과 관계없는 원인으로 일어나기도 한다. 그러므로 일부 여성들은 자궁내 점막 또한 추적하여 3중으로 확인한다.

기본 체온을 기록하고 있다.

자궁내 점막 방법 **자궁내 점막 방법(ovulatin method)**은 자궁내 점액의 **점성(viscosity)**의 변화를 추적하는 것이다. 월경 후 질은 보다 건조하게 느껴진다. 자궁으로부터 미량 또는 분비물이 없다. 이렇게 건조한 날들은 비교적 안전하다. 그 후 점성의 분비물이 질 내에 나타나는데 이는 걸쭉하고 점성이 있으며 하얗거나 탁한 색깔을 나타낸다. 점액이 처음 나타났을 때 성교(다른 피임법을 사용하지 않은 성교)는 피해야 한다. 주기가 진행될수록 점액은 얇고 맑아지며, 생달걀의 흰자처럼 미끈하고 끈끈해진다. 이 때가 **최고조 날(peak days)**이다. 이 점액 분비물은 **배란 점액**이라고도 불리는데 질 윤활제 또는 축축한 느낌을 동반할 수도 있다. 배란은 마지막 최고조 다음날 일어난다(이 배란 점액이 나타난 지 약 4일 후). 그 후 점액은 다시 탁해지고 끈끈해진다. 성교는 마지막 최고조날 4일 후에 다시 시작할 수 있다. 하지만 많은 여성이 점성 분비물의 변화를 감지하는데 어려움이 있다. 이러한 변화는 감염, 특정 약물, 피임용 크림, 젤리, 거품 등에 의해 발생하기도 한다. 성적 흥분 또한 점성의 변화를 유도하기도 한다.

배란 예측 도구 배란을 예측하는 것은 배란 예측 기구를 사용할 때보다 정확하다. 기구는 황체 호르몬의 존재를 소변 검사를 통해 일정하게 테스트할 수 있다. 황체호르몬 양은 배란 12~24시간 전에 증가한다. 기구는 커플들이 임신 또는 피임을 위해 사용할 수 있다. 하지만 이 배란 기구는 가격이 높다.

효과 가임기 인지 방법의 예상되는 첫해 실패율은 20%로 이런 농담이 떠오르다: "임신주기 방법을 쓰는 사람들을 뭐라고 부를까요? 부모들!"

몇 가지 방법을 같이 사용하고 여성의 주기가 일정한 경우 꼼꼼히 사용하면 실패율이 낮아진다. 배란 후 시기에 성교를 금하는 것은 임신율을 1%로 줄일 수 있다(Hatcher 등, 2008). 비법은 배란 시기를 결정하는 것이다.

장점과 단점 이 방법들은 피임의 자연적인 형태이므로 종교적이거나 다른 이유로 인공적인 방법을 사용하지 않기를 원하는 많은 사람들에게 매력적이다. 기구나 약품이 사용되지 않기 때문에 부작용도 없다. 콘돔처럼 성감을 잃지도 않는다. 콘돔, 가로막, 살정제 거품처럼 성교를 중단시키지도 않는다(성교가 금욕시기에 많은 "중단"을 가져온다고 할 수 있지만). 가임기 인지방법은 배란 예측 도구를 사용하는 것 외에는 비용이 들지도 않는다. 파트너 모두 이 방법에 책임을 공유하기도 한다. 예를 들어 남성은 여성의 체온을 재거나 도표를 만드는데 도움을 주기도 한다. 이 방법들은 완벽히 중단 후 임신이 가능하다.

가임기 인지 방법들은 불규칙한 생리주기를 가진 여성에게는 적합하지 않을 수 있다.

자궁내 점막 방법(ovulation method) 배란일자를 자궁의 점성도에 따라 임신 가능일자를 추정하는 방식으로 피임하는 방법.

점성(viscosity) 끈적거림, 점도.

최고조 날(peak days) 생리주기 중 임신확률이 가장 높은 날들.

게다가 이 방법은 매달 많은 날들, 때로는 몇 주 동안 금욕을 요구한다. 이 방법은 또한 시작 전 여러 달 동안 생리주기의 기록을 보관해야 하기도 한다. 이 방법은 바로 시작할 수 없다. 이 가임기 인지방법들은 성병으로부터 보호해 주지도 않는다.

불임법

불임법(sterilization)은 영원히 파트너를 임신시키지 못하거나 본인이 임신할 수 없도록 만드는 것이다. 많은 사람들이 더 이상 아이를 갖기 원하지 않았을 때 불임법을 사용하도록 결정한다. 금욕을 제외하고 불임법은 가장 효과적인 형태의 피임법이다. 하지만 불임법은 아이를 가질 수 있는 사람에서 없는 사람으로 순식간에 그리고 영원히 변형되기 때문에 강한 감정이 나타날 것을 예상하게 해 준다. 이 변형은 자아 개념에 변화로 이어질 수 있는데 특히 생식 능력을 자기 동일성으로 연관짓는 사람에게는 보다 많은 변화를 줄 수 있다. 하지만 불임법은 30세 이상의 뚜렷한 관계를 가진 커플들에게는 가장 널리 사용되는 피임법이다.

남성불임법 오늘날 사용되는 남성 불임법은 **정관절제술(vasectomy)**이다. 미국에서 6명당 1명꼴로 정관수술을 한다.

정관수술은 보통 병원에서 시행되고 국소 마취 후 약 15~20분 정도 소요된다. 음낭에 작은 절개를 한다. 각각의 정관을 자르고 일부가 제거된 후 끝 부분은 다시 자라는 것을 막기 위해서 묶거나 달군 쇠로 태운다(그림 12.6). 정자는 더 이상 요도에 도달할 수 없고 신체로 해로움 없이 재흡수된다.

남성은 보통 며칠 내에 성관계를 다시 시작할 수 있다. 하지만 의사들은 사정시 정자의 존재를 확인하기 위하여 재검사를 추천한다. 그 이유는 정자가 성공적인 수술 이후에 몇 주 때로는 몇 달간 발견되기도 한다(Dhar, 2006). 예외적으로 500분의 1의 확률로 정관이 "재소통" 하는데 이것은 손상된 끝부분이 자생적으로 다시 결합하였다는 뜻이다(Lucon, 2006).

정관수술은 성욕을 감소시키거나 발기력 및 사정능력, 성적흥분, 사정시 성감에 어떤 변화도 주지 않는다. 남성 성호르몬과 정자는 계속해서 고환에서 생성된다. 하지만 요도로 통하는 길이 없이는 정자가 사정으로 인해 더 이상 배출되지 않는다. 정자는 사정물의 약 1%밖에 되지 않기 때문에 사정물의 양의 변화는 감지하기 어렵다.

수년 동안 정관수술이 전립선 암의 발생빈도를 높이는 것에 관한 염려가 있었다. 923명의 전립선암 환자와 1,224명의 정상인과의 비교를 하는 뉴질랜드의 한 연구는 정관수술과의 연관성을 찾을 수 없었다. 정관수술을 고려하는 사람들은 의사들과 가장 최신 정보를 토론해야만 한다.

중단후 임신 가능성은 이론적으론 쉽지만 실제로는 어렵다. 따라서 정관수술은 영원하다고 고려해야만 한다. **정관복원술(vasovasotomy)**에서 정관의 끝부분은 봉합하면 며칠 내로 다시 자란다. 차후 임신율로 계산된 정관복원술의 성공률은 상당히 큰 변수를 가지는데 16~79%내로 보고되고 있다(Brechin & Bigrigg, 2006; Hatcher 등, 2008). 그렇지만 남성은 정자를 계속 생산하고 그것들은 채집되어 어렵지만 세포질 내 정자 주입법과 같은 방법으로 난자를 수정할 수 있다(Karpman 등, 2006).

불임법(sterilization) 성생활에 영향을 주지 않으면서 임신이 불가능하게 하는 수술 방법.

정관절제술(vasectomy) 양쪽 정관을 절제하고 끝을 묶거나 지져서 정자가 요도에 도달하지 못하게 하여 남성이 불임하게 하는 수술 방법.

정관복원술(vasovasotomy) 절단되거나 지져진 정관을 꼬매서 잇는 수술 방법.

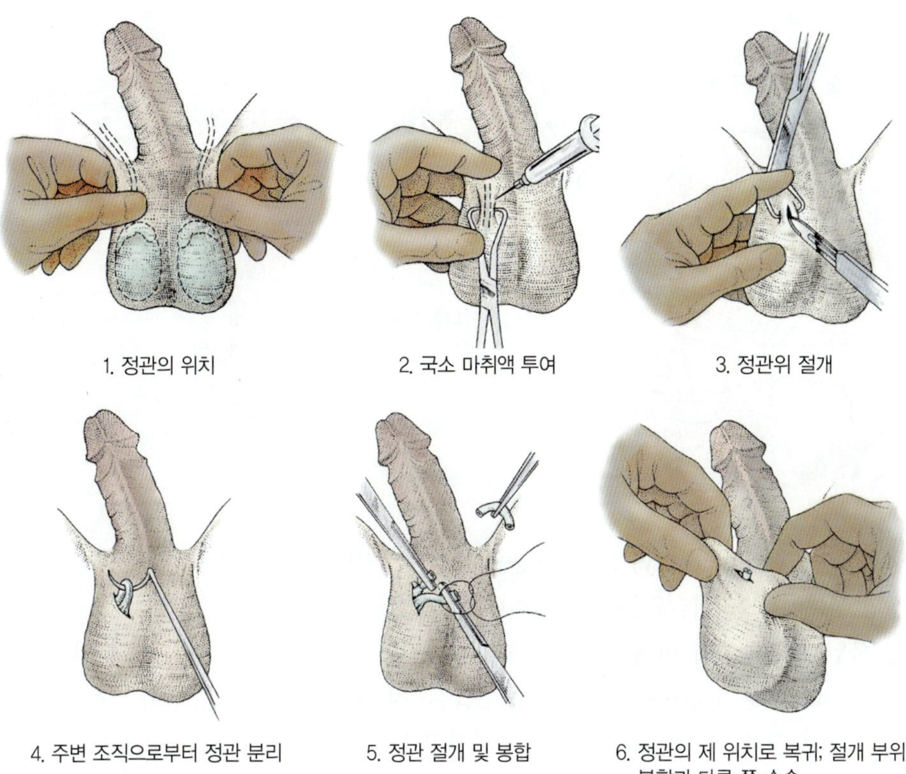

그림 12.6 정관절제술. 남성 불임법은 주로 병원에서 국소 마취를 이용하여 이루어진다. 작은 절개를 음낭에 하여 각각의 정관을 자른 후 끝을 묶거나 지져서 정자가 요도로 이동을 금지한다. 수술 후 정자는 몸으로 부작용 없이 흡수된다.

정관수술의 중대 합병증은 거의 보고되지 않았지만 작은 합병증은 희귀하지 않다. 이들은 주로 수술 후 일시적인 국소 염증 또는 부기이다. 얼음 찜질 또는 아스피린 같은 항염증제는 부기 또는 불편함을 줄여줄 수도 있다.

여성 불임법 15~44세의 미국 여성 중 약 21%는 불임 수술을 받았다(U.S. Bureau of the Census, 2006). 수치는 파트너와 확실한 관계를 가지는 고령의 여성일수록 증가한다. **나팔관 붙임술(tubal sterilization)** 또는 **나팔관 접합**이라 불리는 방식은 여성 불임법 중 가장 흔한 방법이다. 나팔관 붙임술은 난자와 정자가 나팔관을 통해 지나가는 것을 방지한다.

나팔관 붙임술의 두 가지 주요 수술법은 소개복술과 복강경수술법이 있다. **소개복술(mini-laparotomy)**은 체모 바로 위의 복부에 작은 절개를 하여 나팔관으로 접근하는 방법이다. 각각의 나팔관은 잘린 후 뒤로 묶이거나 집게로 집는다. **복강경수술법(laparoscopy,** 그림 12.7)은 가끔은 "배꼽 수술"이라고도 불리는데 배꼽 바로 아래 작은 절개를 통하여 나팔관에 접근하는 방식이다. 의사는 가늘고 가벼운 기구인 복강경을 사용하여 나팔관을 관찰한다. 각각의 나팔관을 절개한 뒤 달군 쇠로 태우거나, 자르거나, 집게로 집는다. 여성은 며칠 후 일상생활을 재개할 수 있고 불편함이 없어지면 성교도 재개할 수 있다. **컬포토미(culpotomy)**라고 불리는 다른 방법은 자궁 뒤벽 쪽으로 절개를하여 나팔관에 접근한다.

이 방법들은 모두 성욕이나 성반응에 영향을 주지 않는다. 수술법은 조기 폐경을 유도하거나 여성 호르몬 생산에 영향을 주지 않는다. 생리주기도 방해받지 않는다. 수정되지 않은 난자는 월경 분비물로 배출되지 않고 몸으로 재흡수된다.

나팔관 붙임술(tubal sterilization) 나팔관을 수술적으로 봉합하여 여성이 불임하도록 하는 방법.

소개복술(mini-laparotomy) 한 종류의 나팔관 붙임술로 나팔관에 도달하기 위해 복부를 절개하는 방법.

복강경수술법(laparoscopy) 복강경을 이용하여 나팔관 붙임술을 하는 방법. 복강경이란 배꼽 바로 아래 작은 절개 속으로 삽입하여 나팔관을 절단하거나 수술용 집게로 묶는데 사용하는 기구.

컬포토미(culpotomy) 여성 생식기의 등 쪽을 절개하여 나팔관에 접근하는 나팔관 붙임술의 한 종류.

그림 12.7 복강경수술법. 의사는 배꼽 아래 부근에 작은 절개를 통하여 나팔관에 접근하는 여성 불임 수술방법. 복강경이라고 불리는 얇은 기구를 절개부분 사이로 집어넣은 후 나팔관의 작은 절개를 한 뒤 절개된 부분을 봉합하여 정자가 난자를 향해 이동하는 것을 방지한다.

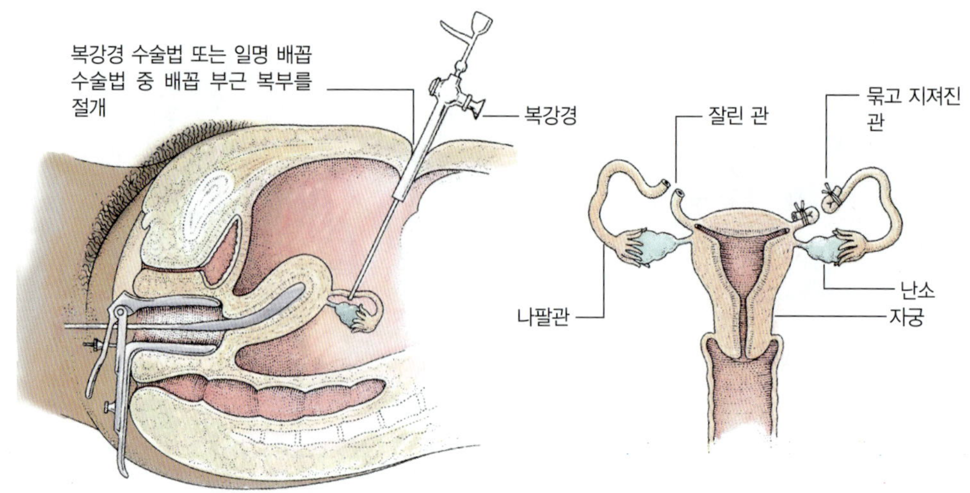

자궁절제술(hysterectomy) 자궁을 제거하는 수술.

자궁절제술(hysterectomy) 또한 여성을 불임시키지만 이것은 암이나 생식기관 내 다른 질병 때문에 보통 시술되는 큰 수술이다. 불임법으로는 적합하지 않다.

여성 불임법은 남성에 비해 약간 덜 효과적이지만 임신을 막는데 아주 효과적이다. 전체적으로 200명 중 1명(0.4%)의 여성이 수술 후 첫 해에 임신할 가능성이 있는데, 이는 수술 실패의 결과이거나 수술 당시 발견되지 않은 임신일 가능성이 가장 높다. 정관절제술처럼 나팔관 붙임술은 복원이 안되는 것으로 고려해야만 한다. 복원은 그 이후 임신으로 측정해서 43~88%의 경우 성공적이다(Hatche 등, 2008). 하지만 복원 수술은 어렵고 비싸다.

사실인가 아니면 허구인가 4

사실인가 아니면 허구인가 4: 모든 수술 불임법은 수술로 복원되지 않다. 따라서 불임법은 나중에 생각의 변화가 예상되는 사람들에게는 추천되지 않는다. 그럼에도 여성들은 계속해서 배란하고 나팔관이 다시 복원되지 않더라도 난자가 채집되어 체외에서 수정한 후 자궁 내로 착상이 가능하다.

일부 여성들은 복부 감염, 과다 출혈, 근처 다른 장기 파열, 흉터 등 복합증을 가진다. 일반 마취제의 사용(일반적으로 복강경술과 일부 소개복술의 경우) 은 다른 큰 수술에서처럼 다른 위험을 포함한다. (나팔관 붙임술로 사망하는 대부분은 실제로 마취제에 의한 것이다. 하지만 100,000명당 단지 2~5명만 사망한다.)

장점과 단점 불임법의 주요 장점은 효과와 영원성이다. 불임법은 거의 100% 효과적이다. 하지만 영원성은 주요 단점이 될 수도 있다. 사람들은 때로는 마음이 바뀌어 아이를

학생들의 실제 질문

질문: 저는 미국 드라마인 그레이의 해부학을 본 적이 있어요. 한 환자가 남편 모르게 나팔관 수술을 하고 싶어 했는데 혹시 수술 전에 배우자와 상의를 해야 한다는 법이 있나요?

답변: 일반적으로 성인의 경우 수술은 환자 신변 보호를 위해 비밀이 보장된다.

가까이서 보기

피임법 고르기

만약 당신과 파트너가 피임법을 사용해야 한다면 어떤 방식을 결정하겠는가? 정답은 없다. 당신 주변사람들에게 맞는 방식이 당신에게는 맞지 않을 수 있다. 당신과 파트너는 선택을 해야 하며 몇 가지 고려사항이 있다.

1. 편리함. 이 방식이 편리한가? 사전에 구입해야 할 기구가 있는가? 그렇다면 처방이 필요한가? 이 방식은 마지막 순간에 사용 가능한가? 아니면 경구 피임약처럼 시간이 걸리는지?
2. 도덕적 용인. 도덕적 용인은 사람마다 다르다. 예를 들어 가톨릭 신자는 인공적인 피임법에 반대할 수도 있다.
3. 비용. 피임법의 비용은 각각 다르다. 기구를 사용하는 방식은 대체로 비용이 많이 들고 병원비가 추가로 들 수도 있다.
4. 책임 분담. 대부분의 피임법은 여성이 모든 책임을 진다. 여성은 경구 피임약 또는 가로막, 자궁내 장치 등을 처방받으려면 의사와의 상의가 필요하다. 여성은 경구 피임약을 꾸준히 복용해야 하며 자궁내 장치가 올바른 곳에 위치하는지 검사를 받아야 한다.

   어떤 커플들은 책임을 공유하는 콘돔이나 가로막의 사용을 선호한다. 남성은 파트너의 병원 방문을 동행하고 비용을 같이 지불함으로써 책임감을 공유할 수 있다.
5. 안전성. 그 방식이 얼마나 안전한가? 부작용은 없는지?
6. 중단후 임신 가능성. 대부분의 피임 효과는 사용을 중단하면 완전히 사라진다. 경구 피임약 같은 경우에는 사용 중단후 회복하는데 시간이 걸린다. 불임법은 가장 신중하게 고려해야 한다.
7. 성병에 대한 보호. **사실인가 아니면 허구인가 5:** 사실은 콘돔과 같은 몇 가지 방법만이 성병과 임신을 동시에 예방한다.

   사실인가 아니면 허구인가 5
8. 성공률. 기술과 기구는 실제 성공률이 다르다. 특정 방법의 실패율은 첫 한해 처럼 특정 기간 동안 사용하였을 때 임신하는 확률을 뜻한다. 대부분 피임법은 많은 부분 제대로 사용하지 못한다. 특정 사용자들에게 실패율이 높은 이유는 부적절하고 비정기적으로 사용하기 때문이다. 표 12.1은 실패율, 중단후 임신 가능성 그리고 성병의 예방율을 비교해 놓았다.

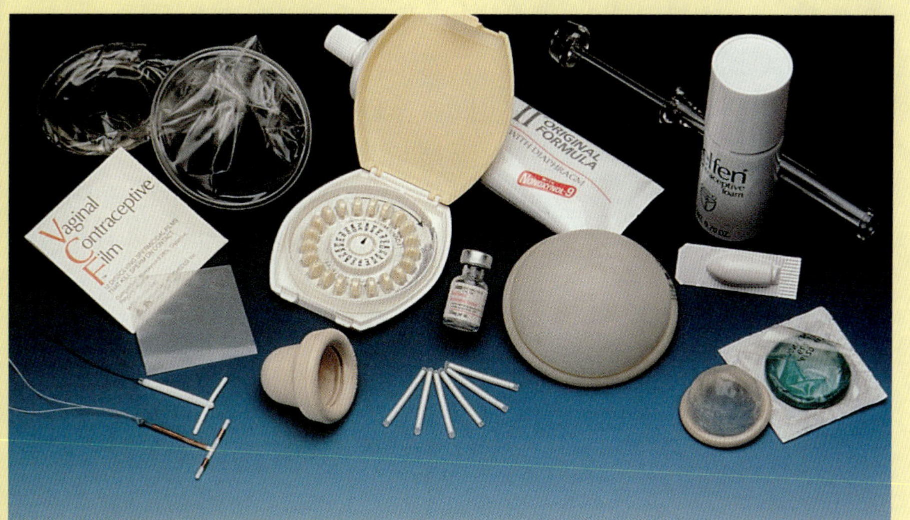

피임법 고르기. 당신과 파트너는 피임을 해야 하는가? 만약 그렇다면 어떤 방법이 당신에게 맞는지 결정하겠는가? 몇 가지 고려해야 할 사항은 편리성, 실효성, 도덕적 용인, 안전성, 취소성, 비용 등이 있다. 다른 사항은 당신과 파트너가 책임감을 공유하고 성병으로 보호가 가능한 지 등이 있다.

갖기를 원하기도 한다.

불임 수술후 합병증의 다양한 위험성이 존재하는데 남성보다 여성에 일반적으로 더 위험하다. 불임법은 성병으로부터 보호하지 못 한다.

12.4 낙태

"내가 어렸을 때 나는 내 스스로 아기를 죽이는 것은 나쁜 짓이라고 생각했다"라고 휴스턴에 살고 있는 17살 라틴계 고교생인 마리아는 말했다. 그녀는 낙태 병원에서 순서를 기다리고 있다. "하지만 10대가 돼서 성교를 시작했을 때 생각이 바뀌었다. 그것이 당신의 일이 되면 보다 복잡해진다. 대학 가기를 희망하고 남편 또는 다른 대비책 없이 지금 아이를 낳는 것은 대학 진학을 매우 어렵게 만든다"(Lewin, 1998a).

마리아는 오늘날의 미국에서의 다른 젊은이들과 비슷하다. 낙태는 그녀에게 아무런 정치적 영향을 주지 않는다. 로우 대 웨이드 판결은 마리아가 태어나기 10년 전에 나왔다. 미국의 다른 많은 성인들과 같이 마리아는 낙태가 살인이라고 믿지만 나쁜 상황에서 받아들여지는 해결책이라고도 믿는다.

일상적으로 낙태는 항상 **유도 낙태(induced abortion)**를 말한다(자연유산과는 비교된다). 그것은 임신을 목적을 가지고 종료하는 것이다. 아마도 현시대의 사회적 이슈 중 낙태처럼 가족들과 이웃들 사이에서도 의견이 양분되는 것은 없을 것이다.

유도 낙태(induced abortion) 배아 또는 태아가 독립적인 삶을 지속할 능력을 갖기 전에 의도적으로 임신을 종료하는 것.

미국에서의 낙태율은 1970년대 초반부터 1980년대까지 지속적으로 증가하다가 1980년대에 약간 주춤한 후 1990년 정도에 최고조를 이루어서 140만 건의 낙태가 이루어진 후 지금은 매년 120만 건이 시행된다(Frost & Frohwirth, 2005). 미국에서 대부분의 낙태는 임신 3분기 중 첫째 분기에 이루어진다(그림 12.8). 이때가 여성에게 가장 안전하고 비용도 저렴하다.

미국에서 약 43%의 여성이 낙태를 경험한다(Frost & Frohwirth, 2005). 대부분은 미혼이고 반 정도는 벌써 아이를 낳은 엄마들이다. 그들은 젊다. 4분의 3 정도는 30세 미만이다. 약 60%의 여성은 유럽계이고 35%가 흑인이고 6분의 1 정도가 라틴계이다.

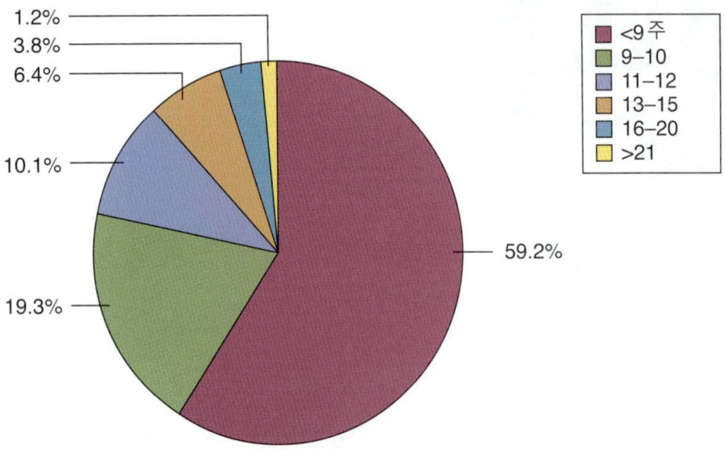

낙태는 캐나다, 일본, 러시아 그리고 많은 유럽 국가에서 널리 시술된다. 개발도상국에서는 비교적 흔하지 않는데 의료시설이 부족한 것이 가장 큰 이유이다. 낙태를 가족계획의 주요 방법으로 사용되는 것은 드물다. 다른 방법으로 실패하였을 경우 낙태를 하게 된다.

정신적인 요인으로부터 외적인 환경까지 여성이 낙태를 하는 이유는 다양하다. 낙태의 동기는 여성 자신과 현재와 미래의 자녀들에게 물리적, 경제적, 정신적, 사회적 피해를 줄이고자 하는 것에서 부여된다.

1.2%
3.8%
6.4%
10.1%
19.3%
59.2%
<9 주
9–10
11–12
13–15
16–20
>21

그림 12.8 여성이 낙태를 하는 시기 (주). 88%의 낙태는 임신 12주 이내에 이루어진다.

출처: Guttmacher Institute, Facts on induced abortion in the United States. *In Brief.* New York:Guttmacher Institute, 2006. www.guttmacher.org/pubs/fb_induced_abortion.html, accessed 9/16/06.

다양한 세상

사라진 중국 여아들은 어디에 있나요?

많은 민족의 많은 사람들은 자녀 또는 최소한 첫째는 아들을 선호하는 것은 잘 알려져 있다. 전통적인 남녀 역할에 따르면 남자들이 집안의 사업을 계승하고 가족의 지속성을 대표한다(LaFraniere, 2009; Sullum, 2007). 그들은 성을 물려준다. 중국 또는 인도 등 개발도상국 특히 시골에서는 아들이 노년기에 빈곤과 방치로부터 보호를 담당하고 있다. 이러한 경향은 3,000년 전에 쓰여진 중국의 고대 노래책의 가사에 잘 반영되어 있다.

아들이 태어나면
침대에서 재우고,
좋은 옷을 입히고,
가지고 놀 장난감을 주어라
딸이 태어나면
바닥에서 재우고,
일반 옷감으로 감싸고
깨진 벽돌을 장난감으로 주어라.

1949년에 모택동이 정권을 잡았을 당시 정부는 노년기 부양을 정부에서 하였고 남성 우월주의 또한 거부했습니다. 남녀 성비도 1970년대 대부분 유지되었다. 하지만 1979년부터 1,000만 명씩 갑작스럽게 증가하는 인구를 조절하기 위해 가족 수를 제한하기 시작하였다. 시골에서는 첫 아이(특히 첫 아이가 딸이면)를 낳은 후 5년 후에는 둘째 아이를 허용하였다. 중국 가족은 옛날 가족처럼 남아를 선호하기 때문에 이 가족계획으로 인해 남녀 성비의 변화가 시작되었다(Ding & Hesketh, 2006).

표 12.2에서 보는 바와 같이 중국에서 작은 가족을 갖고자 하는 욕망이 보편화되었다. 조사에 응한 대부분의 여성들이 자녀는 하나 또는 둘만 갖기를 희망하였다. 하지만 여성의 나이, 지역, 교육정도에 따라 차이를 보였다. 그렇다면 당신은 어떻게 해석하겠는가?

멸종 위기의 성별? 중국 사람들은 남아를 선호하고 일반적으로 아이를 하나만 가질 수 있기 때문에 종종 선호하는 성별의 아이를 보장받으려고 성결정 기술을 사용한다.

남아가 유아 사망률이 높음에도 1970년대에 중국에서 보여준 "정상" 남녀 유아 성비는 약 106:100 이었다. 이 비율은 1980년대에 108.5:100, 1990년대에 111:100, 2000년대에 117:100 그리고 지금 최소 120:100이다(LaFraniere, 2009).

따라서 중국여성이 절대 부족하지만 이는 그 부모들의 문제가 아니라 향후에 여성이 필요한 남성들의 문제가 될 것이다. 중국 당국은 수백만의 남성들이 결혼 시기에 도달하면 결혼 가능성이 현저히 낮은 문제가 초래될 것이라고 우려하고 있다. 따라서 이러한 사회적 불안의 증가가 예상되고 이는 단순 범죄뿐만 아니라 정치적 불합리로 이어질 것이다.

출생전 성 결정

어떻게 중국인들은 여아에 비해 그렇게 많은 남아를 가지게 될까? 예전에 중국 또는 인도 같은 지역에서 유아 살인(원치 않는 여자 유아를 죽이는 것)에 그 답이 있다. 국제가족계획연맹에 따르면 오늘날에는 저렴하고 휴대용인 초음파 기기와 무허가 낙태 병원을 이용하여 주로 여자 태아의 낙태가 이루어진다. 약 700만 건의 낙태가 매년 중국에서 행해지고 그 중 약 70%가 여자 태아인 것으로 추정된다(Hesketh & Xing, 2006; LaFraniere, 2009).

중국 인구 및 가족계획 위원회장은 국가의 인구 정책에 따른 성비 문제는 국가적으로 아주 큰 골칫거리라고 인정했다(Festini 등, 2006; Sullum, 2007). 하지만 국가는 인구 성장의 제동을 풀지 않을 것이다. 대신에 정부는 교육적인 캠페인, 성별 구분의 낙태, 여아를 가진 부모에게 보너스 지급 등을 실험할 것이다(Sullum, 2007).

낙태에 관한 국가적 논쟁은 최근에 시위 또는 낙태병원에 화염병 투척 심지어는 살인과 같은 과격 행동의 배경이 된다. 낙태반대자라고 일컫는 사람들은 인간의 생명이 수정과 함께 시작된다고 믿고 있으며 낙태는 태어나지 않은 어린이를 살해하는 것으로 보고 있다. 일부 낙태반대자는 낙태 반대에 예외를 허용하지 않지만 대부분은 산모의 생명을 구하거나 강간이나 근친상간에 의한 임신일 경우에는 낙태를 허용하자고 한다.

낙태찬성자들은 낙태는 개인의 선택에 달린 것이고 정부는 임신을 종료하고자 하는 여성의 권리를 침해하면 안된다고 생각한다. 낙태 옹호자들은 여성이 임신 등 그들의 몸 안에서 일어나는 일들에 대해 자유롭게 조절해야 한다고 주장하고 있다.

표 12.2

중국여성들이 선호하는 자식 수

선호하는 자식 수				
	0	1	2	3 이상
여성의 나이				
15~19	2.1	49	45	1.9
20~29	1.3	47	48	2.1
30~39	0.8	32	60	6.1
40~49	1.0	27	62	11.0
거주지				
도시	3.1	52	43	1.5
시골	0.4	30	61	7.5
교육 정도				
문맹 또는 그에 준함	0.4	17	67	14.0
초등학교	0.3	25	65	8.5
중학교	2.1	46	47	2.5
대학교	4.0	49	44	2.2

주: 조사한 여성의 수가 39,344명.

출처: National Family Planning and Reproductive Health Survey. Q. J. Ding and T. Hesketh. & (2006). Family size, fertility preferences, and sex ratio in China in the era of the one child family policy: Results from National Family Planning and Reproductive Health Survey. *British Medical Journal*, 333(7564), 371–373.

12.5 인간의 생명은 언제 시작하는가?

인간의 생명이 언제 시작하는지에 대한 질문은 여러분이 여러분 자신에게 대답해야 하는 것이다. 여기서는 낙태에 관한 도덕적 근심은 종종 언제 생명의 시작에 관한 질문으로 이어질 수 있다는 언급만 하겠다. 일부 기독교인들에게는 태아가 언제 영혼을 갖게 되는지의 믿음에 의해서 이 문제를 해결하기도 한다.

13세기 신학자 성 토마스 아퀴나스는 그의 논문인 "영혼을 부여하기"에서 남성 태아는 수정 후 40일까지 영혼을 얻지 못한다고 적었다. 여성 태아는 80일까지 영혼을 얻지 못한다. 과학자들도 인간의 생명이 언제 시작하는지 정의하려고 시도해 왔다. 예를 들어 천문학자인 칼 사간은 태아의 뇌 활동이 인간 생명의 과학적 지표로 고려될 수 있다고 설명했다(Sagan & Druyan, 1990). 뇌 활동은 사고를 위해 필요하고 그 양질은 많은 사람에 의해 대부분 "인간"으로 고려된다. 아이들의 일상적인 뇌파 패턴은 임신 30주까지 시작되지 않는다. 하지만 반대자들은 새로 수정된 난자는 장차 배아 또는 태아 뇌가 가진 것과 같은 방식으로 사고를 할 수 있는 능력을 가지고 있다고 주장한다. 심지어는 정자와 난자 들은 세포 생명에 특징적인 생물학적 진행을 수행할 수 있는 생명체라고도 주장한다. 결론적으로 언제 인간 생명이 시작하는지에 관한 질문은 과학적으로 풀리기 어렵다.

12.6 낙태의 역사적 관점과 정치적 관점

낙태에 관한 태도는 문화와 시대에 따라 다르다. 낙태는 고대 그리스와 로마에서 허용되었으나 고대 아시리아 여성들은 낙태를 시도하면 형벌에 처해졌다. 성경은 낙태를 특별히 금지하진 않는다(Sagan & Druyan, 1990). 로마 카톨릭 교회 역사상 대부분은 태아가 수정후 적어도 40일까지는 영혼을 부여받지 못한다는 토마스 아퀴나스의 믿음을 따랐다. 1869년 피우스 9세 교황은 인간 생명은 수정과 함께 시작한다고 공포하였다. 따라서 어떤 임신 단계에서도 낙태는 살인이고 파문을 당하게 된다.

사실인가 아니면 허구인가 6: 남북전쟁 전의 미국에서 낙태가 합법적이었던 것은 사실이다. 실제로 낙태는 1607년에서 1828년까지 미국에서 합법이었다(Hitt, 1988). 여성들은 "태동"(여성이 처음으로 태아가 몸속에서 느껴지는 순간)이 나타나기 전까지는 임신을 종료하도록 허용되었다. 보다 엄격한 낙태 금지법이 인구 증가와 낙태실패로부터 여성을 보호해야 한다는 의사들의 우려에 의해 생겨났다(Hitt, 1988). 1990년까지 사실상 모든 주가 여성의 생명을 살리기에 필수적인 경우을 제외하고 임신 중 어떤 순간에도 낙태를 금지하는 법을 발효하였다.

사실인가 아니면 허구인가 6

낙태 금지법은 국민들의 압력에 의해 일부 주가 낙태 금지법을 유연하게 만든 1960년대 말까지 거의 변화없이 지속되었다. 그 후 1973년에 미 대법원이 획기적인 로우 대 웨이드 판결로 실질적으로 전국적인 합법화를 이끌어냈다. 로우 대 웨이드는 여성의 낙태에 관한 권리가 헌법의 개인 기본권으로 보호받도록 하였다. 이 결정은 임신 첫 3개월 동안 어떤 이유에서건 낙태를 합법화하였다. 또한 이 판결로 법원은 태아를 인간으로 고려하지 않고 따라서 헌법으로 보호되지 않는다고 지적했다. 법원은 주들이 두 번째 3개월 동안 여성의 건강을 보호하기 위해 행해지는 낙태는 개인 의사보다는 병원에서 이루어지는 것을 강제하여 조절이 가능하도록 하였다. 대법원은 또한 태아가 보이기 시작하면 태아의 권리가 여성의 기본권보다 우선하다고 결정했다. 태아는 마지막 3개월 초기에 보이기 시작하므로 낙태가 여성의 건강에 필수적인 경우를 제외하고 마지막 3개월 동안 낙태를 금지시킬 수 있다.

로우 대 웨이드 이후에 대부분의 주에서는 미성년자가 낙태를 하기 전에 부모의 동의 또는 통지를 요구하는 법안을 실행하고 있다. 2005년에 진행된 CBS 뉴스의 조사에서 미국 성인의 80%가 미성년자가 낙태하기 전에 최소 부모 중 한 명이 통지를 받아야 한다고 말하였다. 하지만 법원의 유무에 상관없이 대부분의 낙태를 원하는 소녀들은 부모와 상의를 한다. 미국의학잡지에 보고된 조사에서 보면 계획출산협회를 방문한 950명의 소녀들 중 48%가 그들의 부모에게 통지되면 병원 방문을 중단하겠다고 나타났다(Reddy 등, 2002).

합법적 낙태에 관한 태도: 국가적 양분

로우 대 웨이드 이후 전국적 여론조사는 미국의 대다수의 사람들은 최소한 특정 조건에서는 낙태를 할 수 있는 여성의 권리를 존중한다고 나타났다(그림 12.9, 12.10, 12.11). 합법적 낙태 찬성률의 감소는 종교적, 혼전 성교에 대한 보수적 태도와 대가족을 가져야 한다는 믿음과 연관되어 있다.

자기평가

선택의 자유인가 아니면 생명의 자유인가? 어느 쪽을 지지하는가?

낙태에 관해 찬성은 무슨 뜻인가? 낙태 반대는 무슨 뜻인가? 당신은 낙태에 관한 견해가 어느 쪽에 가까운가?

낙태 원인에 대한 질문들(Parsons 등, 1990)은 낙태 이유의 찬성과 반대를 결정한다. 당신 자신이 어느 쪽에 가까운지 확인하기 위해서 당신이 아래의 질문에 당신의 느낌을 가장 잘 표현하는 숫자에 답하여 동의 또는 반대의 수준을 확인하라. 그 후 당신의 점수를 해석하기 위해서 부록의 핵심을 참고하라.

5 = 적극 찬성
4 = 찬성
3 = 중간
2 = 반대
1 = 절대 반대

1. 낙태는 개인 선택의 문제이다.	5 4 3 2 1
2. 낙태는 우리 사회의 위험요소이다.	5 4 3 2 1
3. 여성은 낙태를 선택할 수 있는 조건을 가짐으로써 그녀의 신체에서 일어나는 일들을 조절할 수 있어야 한다.	5 4 3 2 1
4. 인간이 아니라 신만이 태아가 생존할지 결정할 수 있다.	5 4 3 2 1
5. 일부 예외가 있다고 믿는다 할지라도 낙태는 기본적으로 잘못된 것이다.	5 4 3 2 1
6. 낙태는 태어나지 않은 사람의 살고자 하는 기본권을 침해한다.	5 4 3 2 1
7. 여성은 낙태를 선택함으로써 자주적 결정을 할 권리를 활용할 수 있다.	5 4 3 2 1
8. 낙태 추방은 여성 자신의 감정과 개인 주권을 박탈할 수 있다.	5 4 3 2 1
9. 낙태 추방은 여성의 시민권을 침해한다.	5 4 3 2 1
10. 낙태는 도덕적으로 받아들일 수 없으며 정당화되지도 않는다.	5 4 3 2 1
11. 내 견해로는 태어나지 않은 태아를 인간이라고 간주하는 의견은 낙태 견해에 결정적 요인이 되지 않는다.	5 4 3 2 1
12. 낙태는 생명을 부당하게 취급한다고 설명될 수 있다.	5 4 3 2 1
13. 여성은 생활 환경을 토대로 낙태를 결정할 권리를 가져야 한다.	5 4 3 2 1
14. 만약 여성이 아이를 가지는 것이 그녀의 인생을 망친다고 생각하면 그녀는 낙태를 고려해야만 한다.	5 4 3 2 1
15. 낙태는 모성애의 고결함을 망칠 수 있다.	5 4 3 2 1
16. 태어나지 않은 태아는 권리를 가진 살아 있는 인간이다.	5 4 3 2 1
17. 여성이 아기를 돌보지 못 한다고 느끼면 낙태를 해야만 한다.	5 4 3 2 1
18. 낙태는 한 인간의 편의를 위해 다른 인간의 인생을 망치는 것이다.	5 4 3 2 1
19. 낙태는 살인과 같다.	5 4 3 2 1
20. 낙태가 비도덕적이라고 믿는 시기가 있다고 하더라도 그것은 아직 기본적으로 여성 자신의 선택이다.	5 4 3 2 1

대부분의 마국인들은 합법적 낙태에 찬성하지만 모든 상황에서 그런 것은 아니다(그림 12.11). 대다수의 미국인은 그들이 낙태반대자로 고려하지만 그들은 또한 낙태는 특수 상황에서 허용되어야만 한다고 생각한다(Saad, 2009).

낙태를 찬성하는 많은 사람들은 낙태를 불법화하면 수천 명의 여성, 특히 가난한 여성들은 낙태에 의해 죽거나 중대한 신체의 손상으로 고통받을 것이라고 주장한다. 낙태반대론자들은 입양과 같은 낙태를 대체할 수 있는 방법이 있다고 반박한다. 낙태찬성자들은 낙태에 관한 논쟁은 엄마의 개인 권리뿐만 아니라 원하지 않는 아이의 삶의 질도 고려해야 한다고 주장한다. 그들은 미성년자와 정신적 또는 신체적 장애가 있는 아이들은 종종 입양이 어렵다고 말한다. 이러한 어린이들은 흔히 어린시절을 여러 집에 입양을 다니면서 보내기도 한다. 낙태반대자들은 태아를 죽이는 것은 비록 어렵겠지만 결실과 의미가 있는 삶을 가질 가능성을 없애는 것이라고 반박한다.

그림 12.9는 1995년에서 2009년까지 진행된 전국적인 여론조사에서 미국인들이 자신이 낙태 찬성인지 반대인지 보여준다(Saad, 2009). 낙태반대주의자의 백분율이 증가해 오는 것을 볼 수 있다. 반대로 2009년 여론조사에서 소수(22%)의 응답자만이 모든

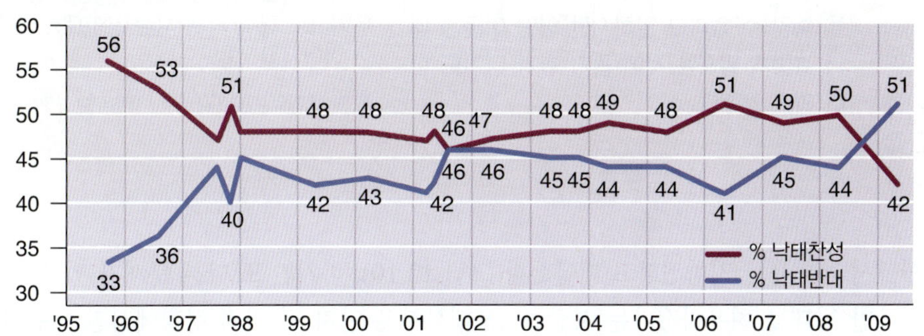

그림 12.9 낙태에 찬성 또는 반대?

출처: Gallup Poll.

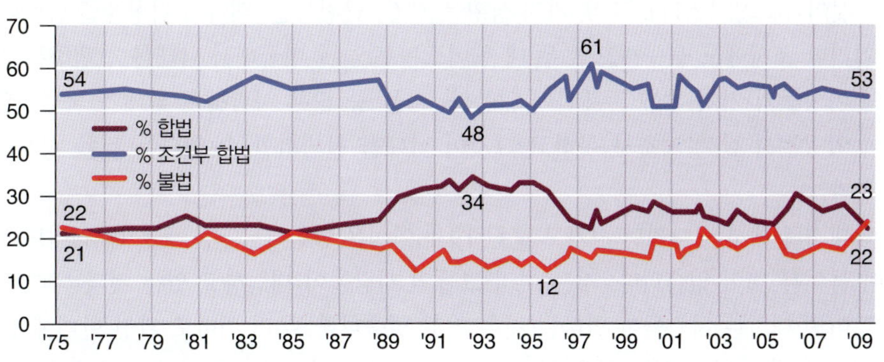

그림 12.10 낙태를 합법화, 불법화 또는 상황에 따라 결정할 것인가?

출처: Gallup Poll.

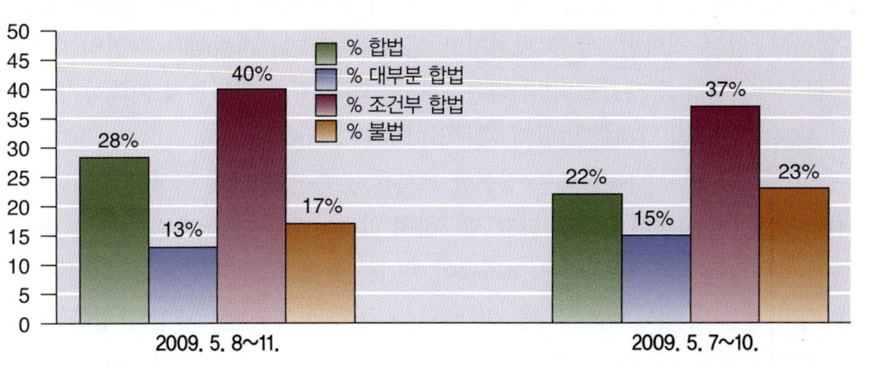

그림 12.11 낙태의 합법 또는 불법에 관한 의견 종합

출처: Gallup Poll.

가까이서 보기

위치타에서 죽음

때로는 낙태 선택 또는 반대는 사망에 이르게 한다. 최소 4명의 낙태를 시술하는 의사들이 사망했다. 이 책을 쓸 당시 가장 최근 사건은 캔사스 주의 위치타에서 사망한 죠르주 틸러이다. 그는 2009년 교회에서 총살되었다. 틸러는 만삭시 낙태를 실행하는 몇 안되는 의사들 중 하나였다. 틸러 죽음에도 불구하고 낙태반대자들은 그의 사무실 근처에서 아직도 시위를 하고 있다.

낙태반대자들은 틸러 박사의 죽음에 어떤 생각을 할까? 우리는 몇 명이 한 이야기를 통해 짐작할 수 있다. 위치타에 근거를 둔 잘 알려진 낙태반대 집단인 구출작전(Operation Rescue)이라는 단체의 회장인 트로이 뉴만(Newman, 2009)은 틸러 박사의 살해자를 두고 "이 멍청이는 우리 낙태반대 운동에 당신이 상상할 수 없을 만큼의 피해를 입혔다"라고 말했다.

캔사스 낙태반대 연합단체의 회장인 마크 기첸(Gietzen, 2009)은 "낙태반대자가 사람을 죽일 수 없다고 말하지만 어떤 이들은 내가 그렇게 말하는 것에 몹시 화가 나기도 한다"라고 말했다.

틸러 박사의 죽음 이후에도 장례식을 포함하여 위치타의 만삭 낙태 시술자에 대한 반대 시위가 이어지고 있다.

출처: Steve Hebert/Atlas Press for *The New York Times*.

상황에서 낙태를 금지하겠다고 대답했다(그림 12.10). 하지만 또 다른 문제가 있다. 특정 상황에만 낙태를 허용하겠다는 사람들 중 대부분은 단지 몇 가지 상황에서만 허용하겠다는 것이다(그림 12.11). 그 몇 가지 상황은 강간, 근친상간, 태아의 기형을 포함한다.

이러한 조사에도 불구하고 로우 대 웨이드는 오늘날 미국해서 낙태를 선택하는 대부분의 여성들의 기억 속에 존재하지 않는다. 그들 중 많은 사람들은 낙태가 불법이었던 적이 있었는지 잘 알지조차 못하고 그것이 낙태를 불법화할 수 있다는 것을 상상하지 못 한다.

낙태 병원에서 기다리던 시카고 출신 19세 여성은 말한다. "저는 로우 대 웨이드에 관하여 들어본 적이 없습니다. 저는 여러 그룹의 사람들이 대립하고 있는 것과 낙태를 아주 많이 반대하는 사람들이 있다는 것은 알고 있습니다. 우리 엄마도 완전 반대예요. 만약 엄마가 내가 여기 있는 것을 알게 되면, 와! 나는 낙태가 불법이면 어떨까 상상조차 할 수 없어요. 나는 전화번호부를 펼치기만 했어요. 오늘날 사람들은 당연히 여깁니다. 나는 영화 '더티 댄싱'을 생각합니다. 나는 그녀가 왜 그렇게 아팠는지 이해하지 못 했지만 그것은 그녀가 불법 낙태를 받았기 때문입니다"(Lewin, 1998a).

두 명의 자녀가 있고 낙태를 3번 경험한 브룩클린 출신의 24세 여성인 시레나는 말한다: "낙태가 불법인 시절이 올 것이라고 생각하지 않습니다. 아무도 그런 상황이 벌어지도록 만들지 않을 것입니다. 너무 많은 소녀들이 아기를 쓰레기통에 버리거나 학대를 할 것입니다. 하지만 항상 내 언니처럼 낙태를 반대하는 사람들과 저처럼 낙태를 찬성하는 사람들이 항상 존재할 것입니다. 항상 그래왔고 앞으로도 항상 그럴 것입니다"(Lewin, 1998a).

따라서 우리나라는 양분되었는가? 사람들은 낙태 반대자와 찬성자 두 그룹으로 나뉘

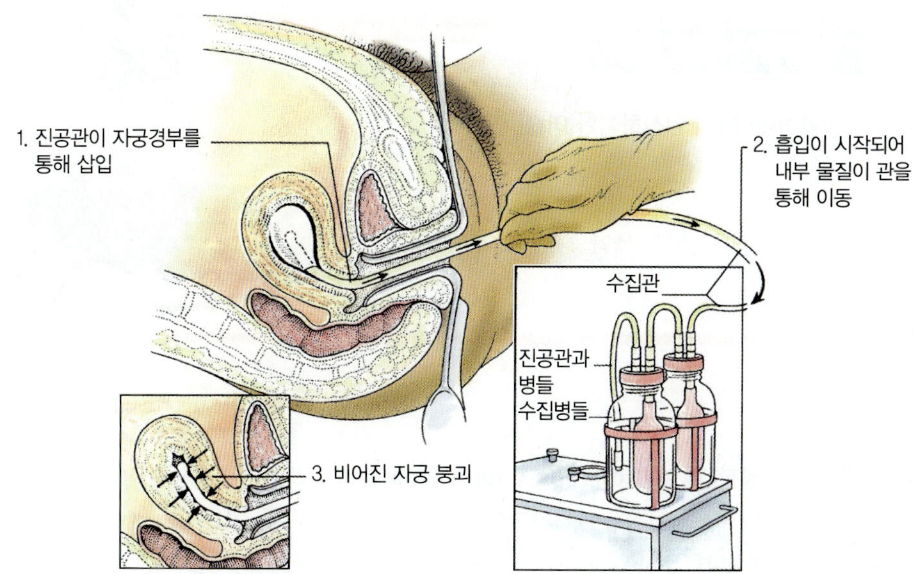

그림 12.12 진공 흡입법. 가장 안전하고 많이 이루어지는 낙태법이지만 임신 첫 3개월 이내에만 시술할 수 있다. 구부러진 관을 자궁경부를 통하여 자궁으로 삽입한 뒤 진공을 통해 자궁 내 물질들을 빨아들인다.

었나? 그렇다, 하지만 소수의 사람들만이 어떤 경우에도 낙태를 찬성하거나 반대하는 양극에 존재한다(Saad, 2009).

12.7 낙태 방법

낙태에 관한 도덕적, 법적, 정치적인 이슈들이 있음에도 불구하고 많은 낙태 방법이 있다.

사실인가 아니면 허구인가 7

진공 흡입법 **사실인가 아니면 허구인가 7:** 부분 유산은 가장 많이 사용되는 낙태 방법이 아니다; **진공 흡입법(vacuum aspiration)**이 미국에서 낙태의 90%를 차지한다. 이 방법은 비교적 고통이 없고 저렴하다. 병원에서 마취를 거의 하지 않고 가능하지만 임신 첫 3개월에만 가능하다. 수술 후 자궁벽이 얇아져서 관통 또는 출혈의 위험이 있다.

수술 중 자궁경부를 먼저 크고 구부러진 금속 막대 또는 "확장기"를 강제 삽입하거나 몇 시간 전에 다시마(*Laminaria digitata*)와 같은 해초의 줄기를 삽입하여 팽창시킨다. 다시마는 자궁경부의 습기를 흡수하여 확장되는데 이는 구멍을 넓혀주는데 보다 부드러운 방법이다. 그 후 흡입기가 연결된 튜브가 자궁 내로 삽입된다. 자궁내 물질은 흡입에 의해 배출된다(그림 12.12 참조). 가능한 합병증은 자궁내 천공, 감염, 자궁목찢김, 출혈 등이 있지만 흔히 발생하진 않는다.

부분 유산 **부분 유산(dilation and curettage, D&C)**은 한때 낙태의 가장 일반적인 방법이었다. 지금은 미국에서 아주 작은 수의 낙태를 차지한다. 이 방법은 보통 마지막 생리 후 8~20주 사이에 행해진다. 자궁경부가 팽창된 후 뭉툭한 찰과기로 자궁 벽을 따라 내용물을 긁어낸다.

부분 유산은 보통 전신마취하에 병원에서 시술된다. 긁어내는 것은 출혈, 감염, 천공의 확률을 높인다. 이러한 위험 때문에 부분 유산은 대체로 진공흡입법으로 대체되었다. 하지만 부분 유산은 비정상적인 월경, 과다출혈 등 다양한 산부인병을 치료하는데 아직

진공 흡입법(vacuum aspiration) 흡입을 통하여 자궁내 물질들을 제거하는 방식으로 임신 초기에 시행하는 낙태 방법.

부분 유산(dilation and curettage, D&C) 자궁을 팽창시킨 후 속의 내용물을 조심스럽게 긁어내는 낙태 방법.

학생들의 실제 질문

질문: 낙태를 하면 다시 임신하기가 어렵나요?

답변: 일반적으로 낙태를 합법적으로 의사에 의해 수행되면 낙태와 재임신은 관련이 없다.

도 사용된다.

팽창 배설법 **팽창 배설법(dilation and evacuation, D&E)**은 임신 4~6개월 동안에 가장 많이 사용되며 그 이유는 이 시기에 진공 흡입법이 너무 위험하기 때문이다. 팽창 배설법은 흡입과 부분 유산을 합한 것이다. 먼저 자궁경부를 팽창시키다. 자궁경부는 진공 흡입법보다 더 많이 팽창되어서 더 큰 태아가 통과할 수 있어야 한다. 둘째로 흡입관이 삽입되어 자궁 내용물의 일부를 제거한다. 하지만 흡입으로는 자궁내 물질 모두를 안전하게 제거할 수 없다. 따라서 나머지 내용물들은 집게로 제거되어야 한다. 뭉툭한 찰과기는 자궁벽이 모두 제거되었는지 확인하기 위하여 자궁벽을 긁어내는데 사용되기도 한다. 부분 유산처럼 팽창 배설법도 전신마취하에 병원에서 이루어진다. 대부분의 여성은 비교적 고통없이 빠르게 회복된다. 하지만 드물게 과다출혈, 감염, 자궁 벽 천공 등의 합병증이 동반된다.

양막내 주입으로 분만유도 4~6개월 낙태는 때로는 화학적으로 조산을 유도하여 시술된다. 병원에서만 시술되는 이 방법은 **양막내 주입(intra-amniotic infusion)** 또는 점적주입이라고도 불린다. 이 방법은 일반적으로 태아의 성장으로 인해 다른 방법들이 안전하지 않은 시기에 도달하였을 때 시술된다. 식염수 또는 프로스타글란딘 용액(분만 중 자궁 수축을 유도하는 호르몬)이 양막 내로 주입된다. 프로스타글란딘은 질좌약으로 또한 주입된다. 자궁 수축(분만)은 주입 후 몇 시간 내에 시작된다. 태아와 태반은 그 후 24~48시간 내에 자궁으로부터 떨어져 나온다.

양막내 주입은 낙태의 단지 작은 수에 해당한다. 이 방법에 따르는 의학적 문제점, 위험, 비용 등이 다른 낙태 방법들보다 크다. 지나치게 빠른 진통이 자궁을 찢을 수도 있지만 사전에 다시마로 자궁을 팽창시키는 것이 위험을 줄여준다. 프로스타글란딘을 사용하면 천공, 감염, 출혈은 드물지만 환자의 약 절반은 구역질과 구토, 설사 또는 두통을 경험한다. 만약 식염수 주입이 혈류에 조심스럽게 주입되지 않으면 쇼크를 유발할 수 있고 심지어 죽음에 이르기까지 한다.

자궁절개법 **자궁절개법(hysterotomy)**은 사실상 제왕절개술이다. 절개를 복부와 자궁에 만든 후 태아와 자궁 내용물을 제거한다. 자궁절개법은 마지막 월경 후 16~24주 내, 즉 임신 4~6개월에 시술된다. 이 방법은 일반적으로 양막내 주입이 어려울 경우에만 사용되므로 아주 드물다. 자궁절개법은 병원에서 전신마취하에 시술되어야만 하는 큰 수술이다. 자궁절개법은 마취나 수술에 의한 합병증을 포함한다.

팽창 배설법(dilation and evacuation, D&E) 자궁의 진공 흡입을 하기전에 팽창시키는 낙태 방법.

양막내 주입법(intra-amniotic infusion) 조기 출산을 유도하기 위해 양수막 내에 물질을 투입하는 낙태 방법.

자궁절개법(hysterotomy) 임신 중절 수술로 태아를 사망시키는 방법.

가까이서 보기

부분 유산에 관한 정치적 논쟁

대부분의 미국인들은 임신 초기 유산은 허용해야 한다고 믿지만 임신 말기에 부분 유산이라고 불리는 수술을 통한 유산에 관하여 많은 우려를 가지고 있다. 이는 자궁경부를 팽창시킨 후 약 25 cm 크기의 태아를 끄집어내는 방식이다. 뇌 조직을 손상시켜서 태아의 수명을 빨리 종료시킨다.

낙태의 찬성도는 임신 단계가 진행함에 따라 빠르게 감소한다. 임신 초기 낙태를 찬성하는 대부분의 사람들은 부분 유산을 시기적인 문제로 반대한다. 다른 사람들은 태아를 버리는것 자체를 반대한다. 하지만 많은 낙태 찬성자들은 최소 두 가지 이유로 부분 유산을 찬성한다. 한 가지는 이러한 낙태는 비교적 드물고 보통 산모의 건강상 이유로 수행된다는 점이다. 다른 이유는 소위 말하는 "미끄러운 비탈" 논쟁 또는 공포로 여성이 부분 유산의 권리를 포기하면 그들 인체의 다른 권리도 포기하게 될 것이라는 것이다.

부분 유산에 관한 의학 종사자들의 일반적인 관점은 이 수술법이 의학서적에서 찾아보기 힘들다는 사실로 표현될 수 있다. 많은 주에서 부분 유산을 금지하는 법안을 통과시켰고 이들 중 많은 부분은 법정에서 산모의 건강상 예외를 인정하지 않았다는 이유로 기각되었다. 이 논쟁은 지속될 가능성이 높다.

2000년도에 미국 대법원은 부분 유산을 금지하는 네브라스카 주의 법안(스텐버그 대 커허트)을 두 가지 이유에서 기각하였다. 첫 번째로 부분 유산이란 정의가 너무 모호하다는 점이다. 두 번째로 법안은 이 수술법이 산모 건강의 위협받을 때의 예외 규정이 없다는 이유이다. 오늘날 전국적 성향은 다음과 같다.

- 50개주 대부분은 부분 유산을 금지하는 법안을 통과시켰다.
    - 이들 중 대부분은 건강상 예외 규정의 부족으로 법정에서 기각되었다.
    - 남아 있는 대부분은 아직 헌법소원이 이루어지지 않았지만 건강상 예외 규정이 없는 관계로 효력을 잃을 것이 예상된다.
- 비교적 작은 수의 주들은 건강상 예외 규정이 있는 금지법을 가지고 있다.

▶ **비판적인 사고하기**
이 수술법을 의학 용어 대신 "부분 유산"이라고 명명하는 정치적 중요성은 무엇입니까?

낙태약 RU-486(mifepristone[미페프리스톤])은 프로게스테론의 효과를 차단하여 조기 낙태를 유도한다. 프로게스테론은 자궁내막의 증식을 촉진하여 태반의 착상과 발달을 가능하게 하는 호르몬이다. 일반적인 과정은 여성이 세 알을 복용한다. 이틀 후 두 번째로 미소프로스톨(misoprostol) 이란 약을 복용하는데 이는 자궁수축을 유도하여 배아를 방출한다.

낙태 논란이 지속되면서 다른 약들을 사용하는 연구도 계속된다. 암 치료제인 메토트렉세이트(methotrexate)와 미소프로스톨을 함께 복용하는 것 또한 초기 임신을 종료하는데 사용이 가능한다. 메토트렉세이트는 배아의 영양막 조직에 독성이 있고 RU-486과 합작으로 자궁이 배아를 방출하도록 한다.

12.8 낙태가 미치는 심리적 영향

원치 않는 임신을 한 여성은 공포, 자신에게 원망("내가 어떻게 이런 일이 생기도록 하였나?"), 죄책감("내가 낙태를 한다면 우리 부모님은 어떤 생각을 하실까?"), 감정의 교차("내가 낙태를 하면 후회할까? 낙태를 하지 않으면 더 후회할까?") 등 다양한 부정적인 감정을 경험할 수 있다.

3살짜리의 엄마이고, 16살 때 낙태를 하였으며 낙태 병원에서 기다리고 있는 22살 여성인 야데나가 다시 임신하였다는 사실을 알았을 때 제시했던 의견을 고려해 보자. "나는 낙태 찬성자가 아니고 반대자이다. 나는 낙태에 아직도 부정적인 감정을 가지고 있고 아이들을 사랑하지만 이것이 내 인생의 이 시점에서 해야 할 일이다”(Lewin, 1998a).

19살 대학생이 말한다. “피임으로 낙태를 사용하는 생각은 좋아하지 않는다. 이것이 처음이자 마지막이다. 그럴 리가 없지만 만약 내가 다시 임신하게 되면 아이를 낳을 것이다. 그것은 내가 두 번 멍청한 짓을 하였다는 뜻이다. 한 번은 괜찮지만 같은 실수를 두 번하는 것은 그렇지 않다.”

낙태 결정은 일반적으로 고통스러우며 아마도 여성이 내릴 결정 중 가장 어려운 것이다. 주저없이 결정을 내린 여성조차도 나중에 후회할 수 있다. 여성의 파트너도 낙태에 관한 연구에 소외되지만 그도 비슷한 감정을 느끼게 된다.

여성의 반응은 남들로부터 받을 지원(또는 무관심)과 파트너와 관계의 중요성 등을 포함한 다양한 원인에 의해 결정된다(Ring-Cassidy & Gentles, 2002; Williams, 2001). 파트너나 부모들에 의해 지원을 많이 받는 여성들은 낙태 후 비교적 긍정적인 감정 반응을 보이는 경향이 있다. 일반적으로 낙태를 빨리 할수록 스트레스가 적다. 임신을 본인 잘못으로 탓하는 성격이거나, 대처하는 능력이 떨어지거나, 사회적 지원을 적게 받는 여성들은 낙태 결정을 내리기 어려운데 이들은 낙태 후에도 보다 스트레스를 많이 받을 가능성이 높다.

많은 남성들은 그들의 파트너를 염려하고 지지한다. 다른 이들은 그들 자신을 그런 상황에서 분리하려고 노력한다. 물론 아버지의 정체가 알 수 없는 경우도 있다. 일부 남성들은 임신이 여성의 책임이라고 고려한다: “그녀가 본인이 임신하게끔 한 장본인이다.” 일부 남성들은 여성이 주의를 하지 않아서 실패하였다고 비난한다. 여권주의자들이 남성들도 임신에 책임을 같이 져야 한다고 주장하는 것은 당연하다.

좋다. 우리는 낙태가 정치적 논쟁을 계속하는 것을 알고 있다. 우리는 양쪽의 사람들이 도덕적 정치적 이유를 인용하면서 왜 그들이 옳다고 하는지 알고 있다. 하지만 낙태를 하는 여성의 경험은 어떨까? 그들은 어떻게 반응하나? 우리는 이 단락을 시작하면서 두 가지 일화를 보고하였고 이들을 잊지 말자. 우리는 낙태 후 적응을 잘 하는 사람들만 지적하고 나머지들은 “문제”라고 할 수도 있다. 자세히 조사된 여론조사는 우리에게 무엇을 말하고 있는가?

솔직히 이런 결과들은 아주 명확하지 않다. 임신 1~3개월 내 낙태를 시술하는 세 곳에서 수백 명을 조사하여 일반정신의학지(Major 등, 2000)에 보고된 바를 고려해 보자. 병원에서 무작위로 만난 1,000명 이상의 여성들 중 882명(85%) 은 그 후 2년간 다양한 시기에 조사 받을 것을 동의하였다. 882명 중 442명은 실제로 2년간 조사를 받았다. 그림 12.13에서 볼 수 있듯이 대부분(72%) 은 그들이 낙태를 하기로 한 결정에 만족한다고 말했다. 대부분은 다시 한다 해도 같은 결정을 내리겠다고 하였고(69%), 그들은 낙태를 함으로써 잃은 것보다 얻은 것이 많다고 하였다(72%). 더욱이 5명 중 4명(80%)은 우울증에 걸리지 않았다.

정치성을 띤 자료분석

당신은 이러한 결과들을 당신이 원하는 대로 해석할 수 있다는 것을 명심하라. 낙태 찬성자들은 대부분의 여성들이 낙태한 지 2년 후에 정신적으로 잘 적응하는 것으로 보인다

그림 12.13 낙태를 경험한 여성의 2년 후 정신 상태. 일반 정신과 학회지(*Archives of General Psychiatry*) 설문에 참여한 수 백명 중 72%가 낙태 결정에 만족한다고 응답했다(Major 등, 2000). 당신은 이 결과를 어떻게 생각하는가? 당신은 대다수의 여성들이 만족하는 것에 초점을 맞추겠는가? 아니면 비교적 많은 수(28%)의 여성이 불만족하는 것이 더 중요하다고 생각하는가?

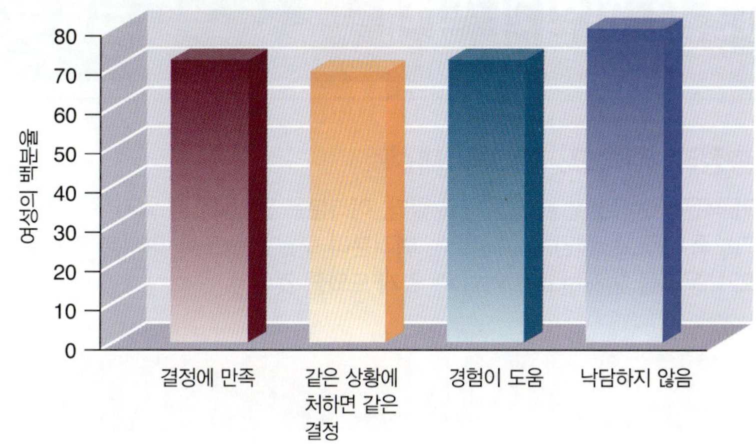

고 했다. 하지만 낙태 반대자들은 많은 수의 여성들은 그렇지 못하다고 한다. 무슨 뜻인지 이해하기 위해서 이 연구에서 보고된 백분율이 미국에서 낙태를 한 여성들의 정확한 척도라고 가정하자. 또한 매년 100만 건의 낙태(실제보다 약간 적은)가 이루어진다고 가정하자. 정확히 계산을 해보자. 이러한 가정하에 매년 72만 명의(72%) 여성들이 2년 후 결정에 만족한다고 말할 것이다. 하지만 28만 명의 여성은 결정에 만족한다고 말하지 않을 것이다. 비슷하게 31만 명의(31%) 여성들은 매년 낙태를 다시 할 것이라고 말할 수 없고 매년 28만 명은 낙태가 해보다 득이 많았다고 말하지 않을 것이다.

우리의 결론은 양쪽 다 옳다고 내렸다. 대다수의 여성들은 낙태 2년 후 정신적으로 잘 적응하는 것으로 보인다. 매년 수십만 명의 여성들은 낙태를 한 그들의 결정에 만족한다고 말할 수 없는 것도 사실이다. 다른 말로 숫자로는 이 이야기를 말할 수 없다. 낙태가 가져올 정신적인 효과의 본질에 관한 질문에는 간단한 대답이 없다.

하지만 양쪽 모두 극단적이거나 너무 일반화시키는 주장을 하진 않는다. 낙태 찬성자들은 낙태한 여성들이 나쁜 정신적 효과를 받지 않는다고 말할 수 없다. (일부는 하기도 한다.) 낙태반대자들은 낙태의 정신적 충격은 여성들을 유린한다고 주장할 수 없다. (대부분 낙태를 한 여성들은 잘 적응한다.)

비판적인 사고하기

엄마에게 미치는 낙태의 정신적 영향에 관한 연구가 왜 낙태찬성자와 낙태반대자에게 다르게 해석되나? 낙태의 정신적 영향에 관한 연구가 낙태의 정치적 결정에 영향을 주어야만 하나?

학생들의 실제 질문

질문: 낙태를 하였습니다. 아이의 아버지에게 알려야 할까요? 이제 헤어졌어도.

답변: 어려운 질문이다. 그런 동기가 무엇인가? 그 사람에게 그가 무엇을 잃었는지 알리기 위해? 우리는 그가 무엇을 잃었는지 정확히 이해하기 어려울 것이라 생각된다. 따라서 당신의 동기가 그를 이해시키기 위함이면 알릴 필요가 없다. 다른 관점에서 우리는 당신이 알려야 할 의무가 없다고 생각한다. 결국 당신의 몸이다. 당신과 솔직하게 당신의 동기를 얘기해 보면 아마도 당신의 답은 거기서 시작될 것이다.

12.9 피임과 낙태

총정리: 재숙고, 재인용, 재검토

이 책은 PQ4R 방법을 사용하고 있다. 여러분은 맨 먼저 장 읽기, 즉 첫 번째 R을 잘 마쳤다. 이제부터 나머지 3R(총정리), 즉 재숙고, 재인용, 재검토는 여러분이 숙달한 정도를 여러분 스스로 테스트해 볼 수 있게 해줄 뿐 아니라, 이 장의 내용들을 이해하고 기억할 수 있게 도와줄 것이다.

재숙고

- 사람들이 그들의 파트너와 피임에 관해 토론할 때 겪는 어려움은 무엇인가?
- 당신은 어떤 피임법이 의학적, 도덕적으로 적당하다고 생각하는가? 그 이유는 무엇인가?
- 당신은 고등학교에서 학생들에게 피임법을 제공하여야 한다고 생각하는가? 설명해 보라.
- ▶ **비판적인 사고하기:** 낙태에 관한 이슈 중 하나는 이것이 인간 생명을 없애는지에 대한 것이다. 당신은 인간 생명을 어떻게 정의하는가? 당신은 인간 생명이 언제 시작한다고 믿는가? 수정시? 배아가 자궁에 착상했을 때? 태아가 사람 형체를 가지거나 사람 얼굴 모양으로 발달했을 때? 태아가 독립적인 삶을 지탱할 수 있을때? 당신의 믿음이 영혼 부여의 개념과 관련이 있는가? 설명해 보라.
- ▶ **비판적인 사고하기:** 낙태에 관한 당신의 믿음이 특정 권력기관의 영향을 받은 결과인가? 혹은 그들이 당신의 비판적 사고를 반영하는가?

재인용

1. 피임은 무엇인가?

- 피임은 정자와 난자가 결합하는 것을 방지하는 방법이다.

2. 미국에서 피임의 정치적 역사는 무엇인가?

- 안소니 컴스톡은 1873년에 피임법을 우편으로 보내지는 것이 음란하고 추잡하기 때문에 금지하는 연방 법안 통과를 위해 로비하였다. 1918년에는 법원이 의사들은 질병을 치료와 예방에 돕는 정보를 보급하는 것을 허용한다고 결정하였다. 콤스톡 법안의 붕괴가 시작되었다.

3. 어떤 피임법이 있는가?

- 호르몬 방법은 에스트로겐과 프로게스틴 또는 프로게스틴만 제공한다. 피임약은 복합약(에스트로겐과 프로게스틴)과 최소약(프로게스틴)을 포함한다. 복합약은 여성이 이미 임신한 것처럼 행동하여 뇌를 혼란시켜서 더 이상의 난자가 배출되지 않는다. 최소약은 자궁경부 점액을 두껍게 하여 정자가 자궁경부를 통과하는 것을 막고 자궁내벽이 수정란을 받아들이기 어렵게 하는 프로게스틴을 포함한다. 이러한 호르몬들을 제공하는 다른 방법들은 피부 패치와 주사가 포함된다. 사후 피임약은 수정과 수장란의 착상을 금지하도록 많은 양의 호르몬을 가지고 있다. 자궁내 장치는 자궁내벽을 자극하여 염증과 항체 생성을 유도한다. 이는 난자가 착상되는 것을 저해한다. 가로막은 자궁경부를 덮어서 살정제와 함께 사용해야 한다. 피임용 스펀지는 정자를 흡수하고 살정제 또한 포함하고 있다. 자궁 모자는 자궁경부를 덮는다. 고무 콘돔은 임신뿐만 아니라 성병으로부터 보호를 한다. 질세척은 정자가 사정 후 몇 초 내에 세척 가능한 위치보다 더 멀리 통과하기 때문에 효과적이지 않다. 체외사정은 실패율이 높다. 가임기 인지 방법은 생리주기 중 수정 가능 시기를 이용하는 것이다. 불임법은 영원한 것으로 간주되지만 많은 경우 복원되기도 한다. 남성의 정관수술은 정관을 자르는 것으로 구성된다. 여성 불임법은 정자와 난자가 나팔관을 통과하는 것을 막는다.

4. 낙태에 관한 논쟁은 무엇인가?

- 낙태 논쟁은 대체로 언제 인간 생명이 시작되는 시기에 관한 것이다. 일부는 임신부터 시작되고 다른 이들은 태아가 보이는 시기에 시작되고 또 다른 이들은 그 중간 부분에 예를 들면 신경의 활동이 태아 뇌에서 시작되는 시기라고 주장한다. 1973년 미국 대법원에서 역사적인 로우 대 웨이드 판결로 전국적인 낙태 합법화를 하였다. 법률에 관한 의견들은 문화와 시대에 따라 다르다. 일부 낙태반대론자들은 로우 대 웨이드의 내용에 관해 비난해 왔다; 일부는 법률을 완전히 바꿔기를 원한다. 다른 사람들은 법률의 강력한 지지자들이다.

5. 어떤 낙태 방법이 사용되고 있는가?

- 오늘날 사용되는 낙태방법은 진공 흡입법, 부분 유산, 팽창 배설법, 양막내 주입으로 분만 유도, 자궁절제술, RU-486과 같은 낙태약이 포함된다. 부분 유산은 가장 논란이 되는 방법이다.

재검토

1. 다음 중 어떤 것이 책에서 피임법으로 부적합하다고 하는가?
   (a) 불임법
   (b) 콘돔
   (c) 체외사정법
   (d) 가임기 인지 방법

2. 다음 중 가장 효과적인 피임법은 무엇인가?
   (a) 여성 콘돔
   (b) 경구 피임약
   (c) 피임 스폰지
   (d) 질 세척

3. 다음 중 어느 피임법이 부작용이 가장 많은가?
   (a) 자궁내 장치
   (b) 남성 콘돔
   (c) 가로막
   (d) 개복술

4. 미국에서 낙태에 관한 태도는 무엇인가?
   (a) 대부분의 사람들은 특정 상황의 경우 낙태를 허용하고자 한다.
   (b) 대부분의 여성들은 여성이 아이를 키울 능력이 없으면 낙태를 허용하고자 한다.
   (c) 모든 가톨릭 신자들은 어떤 경우에도 낙태를 반대한다.
   (d) 미성년자 딸이 낙태를 원하면 통지 받길 원하는 부모들은 거의 없다.

5. 현재 미국에서 가장 흔히 시술되는 낙태법은 무엇인가?
   (a) 부분 유산
   (b) 팽창 배설법
   (c) 진공 흡입법
   (d) 자궁외 임신

6. 가장 널리 사용되는 피임법은?
   (a) 주사용 피임약
   (b) 피임 스폰지
   (c) 가로막
   (d) 경구 피임약

7. 가장 논란이 되는 낙태법은?
   (a) 최소 피임약
   (b) 팽창 배설법
   (c) 자궁 절제술
   (d) 부분 유산

8. 가임기 인지 방법이 의존하는 것은?
   (a) 수정 가능성
   (b) 호르몬 분비
   (c) 장애물
   (d) 살정제

9. 아프리카와 태국 창녀들을 대상으로 한 연구는 노녹시놀-9은 인간면역결핍바이러스 감염의 확률을 ________ 것으로 나타났다.
   (a) 감소시킨
   (b) 증가시킨
   (c) 변화시키지 않는
   (d) 여러 가지로 영향을 준

10. 미 대법원은 부분 유산을 금지하는 네브라스카의 재판 결과 스텐버그 대 커허트를 파기 시켰는데 그 이유는
    (a) 부분 유산이 정치적으로 우세하게 때문이다.
    (b) 부분 유산이 의학적 이슈이지 정치적 이슈가 아니기 때문이다.
    (c) 법원이 보수적이기 때문이다.
    (d) 법안이 시술이 여성의 건강을 보호하기에 필수적일 때 예외 조항을 두지 않았기 때문이다.

정답: 1. c; 2. b; 3. a; 4. a; 5. c; 6. d; 7. d; 8. a; 9. b; 10. d

13장

아동기와 청소년기의 성적 특성

목차

사실인가 아니면 허구인가

다음 중 어느 것이 사실이고 어느 것이 허구인가? 답은 본문 안에 있는 「사실인가 아니면 허구인가」 아이콘에서 만날 수 있다.

1. 많은 남아들은 발기한 상태로 태어난다. T F
2. 유아들은 종종 8~10개월 사이에 성기를 내미는 행동을 한다. T F
3. 대부분의 어린이들은 생명에 관한 사실을 부모 또는 학교 성교육 시간에 배운다. T F
4. 성교육은 어린이와 청소년에게 성적 행동을 유발한다. T F
5. 소년들의 몽정은 관능적인 꿈을 동반한다. T F
6. 애무는 실질적으로 미국의 청소년들에게 일반적이다. T F
7. 미국에서 매년 약 800,000명의 소녀들이 임신을 한다. T F

한 여성이 청소년이 되려는 시점의 기억에 대한 회상을 들어보자:

> 내가 8살이고 생리에 관해 막 들었을 때, 나는 [내 바비 인형]을 잘 접은 화장지로 만든 작은 생리대를 입혔다. 고무줄로 고정시켰다. 엄마는 당황해하며 말했다. "이제 바비가 생리를 해. 이제 아기를 가질 수 있어."* 나는 실망스러웠지만 친구들은 나를 만족시켜주려고 히죽거리며 말했다. 우리는 모두 바비가, 그러니까 더러워지길 바랐다.
>
> 바비 인형들은 최소한 아이들 수준의 성관계를 가졌다. 몇 안되는 남자인형들(면도하고 반듯한 켄과 보다 자유롭고 섹시한 알란)과 포옹하고 입맞춤을 했다. 또한 춤추고, 껑충거리고, 활보하였지만 대부분 바비들은 옷을 벗고 있었다. 친구가 바비를 등 파진 수영복을 반대로 입혀서 인형의 젖가슴을 노출시키곤 했다고 했다.

> 나는 내 인형에 홍백의 줄이 있는 앞치마만 입혔다. 여자아이들은 인형의 성에 직관적으로 반응하고 끝없이 흥미진진해하지만 궁극적으로 안전한 역할을 인형들이 하도록 하였다.

* 물론 우리는 대부분의 소녀들이 생리를 처음 시작하고 초기 주기에는 임신할 수 없는 것을 알지만 누군가가 이야기한 것을 상술한 것이다. 우리가 아는 한 어떤 경우에도 바비 인형은 임신하기 어렵다.

"유아기 형태"의 일들은 일생동안 성 경험을 결정지어주는 한 방식이다. 바비 인형 이야기에서 본 것처럼 어린이들은 진짜 성경험을 하기 전에 몇 년 동안 성적 놀이를 하는 경향이 있다. 이 장에서 우리는 일생동안 성적 행동을 연대별로 적어보겠다. 어린이와 어른들의 반응에서 성인의 성적 능력과 자존감(때로는 무능력, 죄책감, 창피함)이 잉태된다. 이 장과 다음 장에서 우리는 성욕이 우리 생에서 절대 필요한 부분으로 남거나 남을 수 있다는 것을 알게 될 것이다.

우리는 어린이가 월경에 관한 이해를 하기 오래 전부터 시작한다. 하지만 어린이의 성욕에 대한 신뢰할 만한 정보는 얻기 어렵다는 것을 미리 언급한다. 어린이의 성적 행동에 관한 실질적인 연구들이 거의 없다(Thigpen, 2009). 그 이유 중 하나는 어린이는 성욕과 무관하고 이 무관함을 보호해야 한다는 문화적 믿음이다. 어린이들에게 그들의 성적 행동을 물어보는 연구는 드물다. 우리는 어른들의 회상을 이용하거나 보호자의 관찰에 의존하는 경향이 있다(Thigpen, 2009).

13.1 유아기(0~2세): 인간의 성적 특성의 기원 탐색

유아와 태아는 그 "의미"를 알 수는 없지만 다양한 성적 행동을 한다. 예를 들면, 초음파와 같은 이미지 장비를 이용하여 태아가 발기를 하는 것이 관찰되었다. 남녀 태아 모두 그들의 손가락을 빤다. 빠는 반응을 통해 아기들은 양분을 얻지만, 또한 손가락, 공갈 젖꼭지, 유두, 또는 입에 들어가는 다른 것들을 빨면서 즐거움을 얻기도 한다. 입안 점막의 민감도를 고려해 보았을 때 이는 놀라운 것이 아니다.

유아의 성기 자극 또한 즐거움을 유발할 수 있다. 기저기를 갈거나 씻길 때 유아의 성기를 만지는 부모들은 유아들이 미소 짓거나 흥분하는 것을 관찰할 수도 있다. 유아들은 그들의 손으로 성기를 만질 수 있는 능력을 가졌을 때 자기 자극의 즐거움(자위)을 발견한다.

유아의 성적 반응 능력

사실인가 아니면 허구인가 1

남자 태아는 자궁에서 발기를 한다. **사실인가 아니면 허구인가 1:** 사실 많은 남자 아기들은 발기 상태에서 태어난다. 발기는 일생 초기부터 시작되는 반응이다. 대부분 남자 아기들은 첫 몇 주동안 발기를 한다. 여자 아기의 질내 윤활과 같은 성적 흥분의 표시는 찾기 어렵다. 하지만 윤활 또는 성기 확장 등은 보고된 바 있다(Mazur, 2006).

하지만 어린이의 반응을 성인의 성욕과 비교해서 해석하지 마라. 윤활과 발기의 반응은 성적인 관심을 표시하지 않을 수 있다. 우리는 아직 유아의 반응은 그것을 "의미"하는지 알 수 없다.

비판적인 사고하기

유아가 성기를 내미는 행위의 의미를 설명 또는 해석하는데 과학적인 문제는 무엇인가? 유아가 성기를 내미는 행위는 아무 뜻이 없을 수 있을까? (뜻이 없다는 것은 무슨 뜻인가?)

성기 내밀기 성기 내밀기는 원숭이, 유인원, 사람의 유아에서 관찰된다. 이런 관찰들은 동물학자인 보울비(Bowlby, 1969)가 유아의 성적행동은 예외적인 것이 아니라 포유류에서 일반적인 것이라고 제안하였다. **사실인가 아니면 허구인가 2:** 내밀기는 사람에서 8~10개월에 발견되고 애정표현일 수 있다. 일반적으로 유아는 몇 초간 성기를 부모에게 밀착하고 비벼대고 내밀고 돌린다.

사실인가 아니면 허구인가 2

오르가즘 최소한 일부 유아들은 오르가즘과 매우 배슷한 무의식중의 근육 수축이 가능한 것처럼 보인다. 킨제이와 그 동료들은(1953) 남자 아기들은 빠르면 5개월, 여자 아기들은 4개월에 오르가즘과 비슷한 행동을 보인다. 남자 아기들의 오르가즘은 어른과 비슷하지만 사정이 없다. 사정은 사춘기 이후에만 일어난다.

자위

자위는 유아와 어린이들에게 일반적이고 빠르면 생후 5개월부터 시작한다(Health24.com, 2006; Narchi, 2003). 유아들은 생식기를 부드러운 물체, 수건, 이불 또는 인형에게 문지름으로써 자위를 할 수 있다. 그들이 자라서 공동 감각운동을 개발하면 유아들은 생식기의 수동 자극을 선호할 수 있다.

자위를 통한 오르가즘은 2년차가 되기까지는 드물다(Reinisch, 1990). 일부 어린이들은 나중에 오르가즘을 위해 자위를 시작한다. 다른 일부는 절대하지 않는다. 하지만 전체적으로 자위를 통한 오르가즘은 어른들에서처럼 어린이들에게도 자주 발견된다(Reinisch, 1990).

성적 호기심

어린이들은 빠르면 생후 12~15개월에 성적 호기심을 발달시킬 때가 빈번한다. 그들은 "의사" 놀이를 하거나 목욕하는 부모를 보고 싶어하는 등 다른 방식으로 다른 사람에게 그들의 성적 해부학에 대한 관심을 보여준다(Health24.com, 2006; Pike, 2005).

몇 세부터 성에 관한 호기심이 시작되나? 어린이들은 자연적으로 성적 해부학이나 성행위에 대하여 알고 싶어 한다. 많은 호기심은 남성과 여성의 해부적 차이를 알아 차렸을 때 시작된다.

성기 행위

일반적으로 미국 어린이들은 2세 이전에 다른 사람들과 성기를 이용한 행위를 하지 않는다. 그 후에 환경과 다른 사람들에 대한 관심의 표현으로 그들은 다른 아이들의 생식기를 관찰하거나 포옹, 입맞춤, 또는 다른 어린이 위로 올라타기도 한다. 이런 일들은 걱정할 필요가 없다. 스피로(Spiro, 1965)는 이스라엘 집단농장 놀이를 하는 2세 어린이를 설명한다.

> 소년과 소녀가 대야에 나란히 앉는다…소년이 소녀의 발 위에 자신의 발을 올려놓고 소녀도 같은 행동을 한다(이것은 여러 번 일어난다). 마침내 소녀가 대야를 밀어내고 다시 당겨오고, 다시 밀쳐내고…그들은 웃는다… 소녀는 일어섰다가 탁자에 배를 깔고 눕는다…소년은 그녀의 엉덩이를 쓰다듬는다…소년은 소녀를 부드럽게 차고 같이 웃는다… 소녀는 소년의 다리를 발로 건드리고 쓰다듬으며 "좀 더 좀 더"라고 말한다…소년이 일어나고 소녀가 따라 일어나고 둘 다 깡충깡충 뛴다…두 어린이 모두 흥분하고, 뛰고, 같이 웃는다…소녀가 소년의 음경을 잡고 소년은 소녀를 밀어낸다…그녀는 반복하고 그는 그녀를 밀어내고 돌아선다…소녀는 그의 엉덩이를 만진다. (p. 225)

소년과 소녀가 성적 만족을 찾는 것으로 볼 이유가 없다. 생식기를 만지는 것을 포함하는 마구잡이 놀이는 어린이에게 일반적이다.

부모와 같이 자기

많은 부모에게 유아와 침대를 같이 쓰는 것이 "안전" 한 것인지 걱정스럽다. 부모들은 밤에 아이들이 깰 경우 부모 침대로 돌아올 가능성이 높은 것과 같은 이유로 같이 잔다. 또한 예상 외의 시간에 모유를 먹이는 것도 쉽다. 하지만 미국 소아과 학회는 같이 자는 것을 권하지 않으며(Montgomery-Downs, 2008), 유아가 부모와 같이 밤을 보내는 것은 성적 발달에 나쁜 영향을 줄 수도 있다는 우려가 있다. 이런 우려에도 불구하고, 약 10%의 유아는 항상 부모와 자고, 다른 5~16%는 대부분 그렇다(Montgomery-Downs, 2008).

하지만 연구가 같이 자는 것의 나쁜 영향을 밝혀내지는 못했다. 예를 들어 오스트리아에서 이루어진 연구는 어린이의 잠 습관이 그들의 사회적 발달과 중요한 연관이 없다고 말한다(Rothrauff 등, 2004). 다른 연구자들은 유아부터 18세에 이르는 동안 205가정의 어린이의 발달을 추적했다(Okami 등, 2002). 그들은 유아기에 부모와 침대를 같이 쓰는 아이들이 그렇지 않은 아이들보다 6세에 더 뛰어난 지적 발달을 한 것으로 발견하였다. 같이 자는 것의 장점은 18세가 되면 사라진다. 가장 중요한 점은 성적인 문제가 침대를 같이 쓰는 것과는 어떠한 연령에서도 상관관계가 없었다는 점이다.

부모의 성적 성향

동성애 부모가 자녀의 성적 성향에 어떠한 영향을 주는지에 관한 질문이 제기되었다. 스칸디나비아 연구팀은 동성애 부모로부터 길러진 615명의 어린이와 이성 부모에 의해 자란 387명에 대한 23가지 연구를 분석하였다(Anderssen 등, 2002). 결과 분석은 감정적 안정성, 성적 성향, 성에 따른 행동, 적응, 성 정체성, 지적 활동 등을 포함하였다. 동성부모에게 자란 어린이들은 성적 성향 성에 따른 행동 방식 등을 포함한 어떤 것들에도 이성부모에게서 자란 어린이들과 다르지 않았다. 최근 미국에서 이루어진 연구 또한 부모의 성적 성향이 자녀의 성적 성향에 영향을 주지 않는 것을 발견하였다(Fulcher 등, 2008).

13.2 초기 아동기(3~8세)

수잔: 한 번은 내 여동생과 내 동성친구의 침실로 놀러간 적이 있다. 어떤 이유에서였는지 그녀는 바지를 내리고 뒷부분을 우리에게 보여주었다. 우리는 우리가 알지 못했던 또 하나의 구멍이 친구의 아랫부분에 있는 것을 보고 감탄했다. 내 여동생도 같은 구멍이 있는지 우리에게 볼 수 있도록 바지를 내려서 보여주었다. 우리는 발견에 감탄하였고 엄마는 우리가 질이 있는 것을 언급하지 않았다!

크리스토퍼: 낸시는 내 친구였고 우리는 여러 시간 동안 서로의 몸을 의사와 간호사처럼 검사하였다. 우리는 심지어 서로가 성장하면서 이러한 검사들을 지속하기로 계약을 맺었다. 그것은 우리가 학교를 다니기 전이었다. (Morrison 등, 1980, p. 19)

아동기 초기의 이런 추억들은 어린이들의 성적 구조와 행동에 관심이 있음을 잘 알려준다. 초기 아동기에 어린이들은 서로에게 신체를 보여주곤 한다(Pike, 2005). 암묵적인 규칙은 "내 것을 보여줄테니 네 것을 보여줘" 인 것 같다.

자위

킴: 나는 3살부터 자위를 시작하였다. 내 부모는 오랫동안 열심히 나를 설득하려 시도하였다. 그들은 내게 젊은 숙녀가 다리 사이에 손을 넣는 것은 좋지 못한 일이라고 말했다.

내가 다섯 살 때 엄마는 내가 가지고 자는 헝겊 인형으로 자위하는 것을 발견한 것으로 기억한다. 엄마는 화가 났지만 그것을 큰 문제로 삼지 않았다. 엄마는 내게 "너가 하는 것이 자위라는 것을 알아?"라는 식으로 내게 말을 하였다. 그것은 내게 별 의미가 없었지만 나는 엄마가 그것을 하지 않기를 원한다는 인상을 받았다. (Morrison 등, 1980, pp. 4~5)

아동기 성욕에 관한 연구를 수행하기가 어려우므로 자위 또는 다른 성적 행동의 통계는 대체로 추정이다(Bancroft, 2003). 부모들은 자녀들의 성적 행동에 관해 답하기를 원하지 않을 수 있다. 또는 그들은 자녀의 성적 행동을 축소하여 그들이 "신사"와 "숙녀"로 표현되기를 원하기도 한다. 그들의 선입관은 생식기를 만지는 것은 자위가 아니라고 생각하도록 유도하기도 한다. 많은 부모들은 그들의 어린이들은 말할 것도 없고 사춘기 자녀들도 성에 관한 인터뷰를 허락하지 않는다(Kaiser Family Foundation, 2003). 그리고 우리가 성인이 된 후 기억해보면 우리의 기억은 명확하지 않다.

마요 클리닉의 프리드리히와 동료들의 연구(Friedrich, 1998)는 1100명의 어머니들

비판적인 사고하기

왜 어린이의 성적 행동에 관한 정확한 정보를 얻기 어려울까?

가까이서 보기

자녀가 자위행위를 할 때 부모는 어떤 반응을 보여야 하나?

선진국 부모들 중 아동기 자위가 신체적, 정신적 질병을 유발한다고 믿는 사람은 아주 적다. 그럼에도 불구하고 일부 부모들은 아동기 자위를 근심, 혐오감, 충격으로 반응한다.

자위가 아이들에게 일반적인 것을 알지 못하는 부모들은 자위하는 아이들은 성욕 과잉 또는 비정상으로 잘못 생각할 수 있다. 그들은 아이의 손들을 당기고 야단칠 수 있다. 일부는 아이의 손을 때릴 수도 있다. 아이가 말을 이해하기 시작하면 부모들은 "아래를 만지지마. 이것은 나쁜 짓이야. 그만 해."라고 말할 수 있다. 부모들은 협박하거나 체벌할 수도 있다. 또는 아이가 자위하는 것이 발견되었을 때 말로는 행동을 "무시"하지만 아이의 손들을 음부에서 밀쳐내거나 아이를 들어올릴 수 있다.

성교육자들은 체벌이 아이들이 자위에 대해 보다 민감하고 죄책감이 들게할 수 있다고 주장한다(Health24.com, 2006). 성적 죄책감은 지속되는 경향이 있고 결혼 후 성적 쾌감을 방해할 수도 있다. 킨제이 연구소의 라이니쉬(Reinisch, 1990)는 다음과 같이 보고하였다:

> 자녀가 성기를 만지작거리는 것에 대해 얼굴을 찌푸리거나 야단 치거나 혹은 체벌하는 부모는 자녀에게 이런 종류의 즐거움은 나쁜 것이며 이런 행동을 하는 것은 잘못 된 것이라고 가르칠 수 있다. 이 메시지는 성인으로서 성적 즐거움을 주거나 받는 능력을 저해할 수 있으며 최종적으로 사랑하고 밀접한 관계를 형성하는 능력을 저해할 수 있다(p. 248).

하지만 대부분의 성교육자들은 어린이들이 공공장소에서의 자위는 우리 문화에서 받아들일 수 없다는 점을 배워야 한다고 동의한다. 파이크(Pike, 2005)는 공공장소에서 자위하는 아이들에게 4세 이전에 "네 방에서는 괜찮지만 가게에서는 안돼"와 같은 말들을 해 주어야한다고 제안한다.

모든 권력 특히 모든 부모가 용납하진 않는다. 일부는 종교적 도덕적 관점에서 자위를 반대한다. 다른 사람들은 자위가 본인들에게 불편하고 반대된다고 생각한다. 일부 종교 지도자들은 보상이 지옥에 가는 것이면 자위가 어린이(부모)에게 신체적 쾌감이 긴장을 푸는데 별 도움이 되지 않는다고 믿고 있는 것 또한 우리는 알고 있어야 한다. 그들의 관점에서는 우리 몸이 즐거움을 포함한 성적 자극에 반응하는 능력은 새로운 것이 아니며 때로는 거절하거나 고통스러운 선택을 해야 하는 것도 당연히 새로운 것이 아니다. 부모들은 자위의 값어치를 검토하고 그들의 자녀가 자위하는 것을 발견하였을 때 어떻게 반응을 보여야 하는지 공부해야 한다.

학생들의 실제 질문

질문: 자위를 일찍 하게 되면 성적으로 조숙하게 되나요?

답변: 신체적으로? 아니. 감정적 또는 정신적으로? 나이에 상관없이 자위를 시작할 때 한 사람이 그의 성에 관해 알게 되는(무엇이 쾌감이고 그때 어떤 일이 벌어지는지) 것을 돕는다고 단순히 말할 수 있다.

과의 인터뷰에 의존했다. 연구의 목적은 교육자나 다른 직업인이 어떠한 성적 행동이 소아 성 학대의 증후인지 판단을 돕기 위해 아동기 때 정상적으로 일어나는 성적 행동들의 종류를 설정하기 위함이었다. 연구는 자위에 관한 직접적인 정보를 제공하지는 않았지만 표 13.1에서 보는 바와 같이 얼마나 많은 어린이들이 그들의 "개인적인 부분"을 만지는지에 관한 식견을 제공했다. 프리드리히는 최소 20%의 어린이들에게서 일어나는 행동들을 통계적인 관점에서 정상으로 제안하였다.

표 13.1

아동기 동안 일어나는 일반적인 성적 행위

	소년	소녀
2~5세		
엄마나 다른 여성의 젖가슴을 만지거나 만지려고 시도	42.4%	43.7%
집에서 성기를 만짐	60.2%	43.8%
나체나 탈의 중인 사람들을 보려고 시도	26.8%	26.9%
6~9세		
집에서 성기를 만짐	39.8%	20.7%
나체나 탈의 중인 사람들을 보려고 시도	20.2%	20.5%
10~12세		
이성에게 관심이 많음	24.1%	28.7%

출처: W.M. Friedrich, J. Fisher, D. Broughton, M. Houston, and C.R. Shafran (1998). Normative sexual behavior in children: A contemporary sample. *Pediatrics, 101*(4) e9 [electronic article]

인디아나 대학의 틱펜(Thigpen, 2009)은 2~12세의 흑인 어린이들의 성적 행동을 조사하여 약간 다른 결과를 얻었다(표 13.2). 41가지 종류의 소아 성적 행동 조사는 한 중서부 대도시의 공공병원에서 정상적인 소아 치료를 받는 227명의 흑인 아이를 돌보는 사람과 개인대면을 통해 이루어졌다. 연구자는 74%의 참여율을 확보했다.

프리드리히 연구와 같이, 소년(15%)보다 소녀(21%)들이 엄마 또는 다른 여성의 젖가슴을 만지려고 시도하였다는 것이 보고되었지만 흑인 어린이 중 같은 행동을 한 비율은 훨씬 낮았다(표 13.1과 13.2를 비교). 프리드리히 연구와 달리 소녀보다 두 배 많은 소년

학생들의 실제 질문

질문: 정상적인 아동기 성행위 또는 관찰은 성적 학대의 징조와 어떻게 다른가요?

답변: 이 답은 항상 쉬운 것은 아니다. 어린이들은 종종 무언가 잘못 되었다는 것을 알거나 의심한다. 학대는 어린이보다 나이가 많고 가까운 사람(낯선 사람이 아니라)에 의해 가장 많이 일어나므로 부모들은 가족들 중 또는 친한 친구를 암시하여도 아이의 말에 귀를 기울여야 한다. 학대받은 아이들은 종종 낙담(내성적, 귀찮아하거나, 반대로 공격적인)한듯 행동한다. 어린이들은 학대 또는 다른 용어를 설명하지 못할 수도 있다. 또는 자기들이 무언가 잘못 했다고 겁낼 수도 있다. 어린이들은 "좋은 접촉"과 "나쁜 접촉"의 차이를 배워야 한다. 어린이들은 자기들이 생각하는 것을 판정받거나 야단맞는 걱정을 하지 말고 보고하여야 한다. 일반적으로 많은 학대는 단순히 비슷한 나이의 어린이들과 어울리도록 하는 것으로 방해할 수 있다. 어린이들은 "의사" 또는 "쇼"를 할 수 있지만 이런 놀이들은 일반적으로 학대가 아니다.

표 13.2

어린이 성적행동의 성별 추세

성적 행동의 분류별 행동	소년	소녀
친밀감과 연관된 행동		
1. 사람들과 너무 가까이 서 있음	15.9%	20.5%
2. 엄마나 다른 여성의 젖가슴을 만지거나 만지려고 시도	15.2%	21.4%
3. 잘 모르는 사람에게 필요 이상 친함	4.5%	6.8%
4. 잘 모르는 어른들과 포옹	3.8%	5.1%
5. 엄마나 다른 여성의 젖가슴을 입에 넣음	0.8%	4.3%
6. 신체를 사람 또는 가구에 문지름	3.8%	0.0%
7. 잘 모르는 어른들과 입맞춤	0.0%	1.7%
노출 증세		
8. 어른들에게 성기 노출	2.3%	1.7%
9. 어린이들에게 성기 노출	2.3%	0.0%
성 역할에 관련된 행동		
10. 다른 성처럼 옷을 입음	2.3%	2.6%
11. 다른 성이 되고자 함	3.0%	0.0%
성적 참견 또는 공격성		
12. 잘 모르는 어린이들에게 입맞춤	1.5%	5.1%
13. 입맞출 때 혀를 다른 사람의 입으로 집어넣으려는 시도	2.3%	1.7%
14. 다른 어린이들의 성기를 만짐	3.0%	0.0%
15. 어린이 또는 어른과 성행위를 하려고 시도	2.3%	0.9%
16. 성인의 성기를 만지려는 시도	1.5%	0.9%
17. 원하지 않는 성인을 탈의하도록 시도	0.8%	0.0%
18. 주의를 받은 이후에도 다른 어린이의 성기를 만지려 시도	1.5%	0.0%
19. 다른 어린이들의 성기를 입에 가져가려는 시도	0.8%	0.0%
20. 동물의 성기를 만짐	0.0%	0.0%
21. 원하지 않는 어린이를 탈의하도록 시도	0.8%	0.0%

비판적인 사고하기

만약 프리드리히 조사에서 보고된 백분율이 틱펜 조사보다 정확하다면, 틱펜 조사에서 돌보는 사람들이 프리드리히 조사의 돌보는 사람들보다 이러한 행동들을 보고하는데 꺼리는 이유는 무엇일까?

들이 틱펜 연구에서는 다른 성에 관심이 있다고 보고되었다. 소년들이 소녀보다 집에서나 공공장소에서 자신의 "개인적인 부분"을 만질 가능성이 높은 것으로 두 연구에서 나타났으나 틱펜 연구에서 보여준 어린이의 백분율은 상당히 낮았다.

이성 간 성행위

알리샤: 나는 2학년 생일날 반친구인 팀과 다른 친구와 함께 집에 걸어온 것을 기억한다. 팀은 내 얼굴에 입맞춤을 하려고 계속 따라왔고 나는 팀의 행동을 원하지 않는 것처럼 행동하였지만 그것을 많이 좋아하는 것을 알고 있었다; 팀이 그만하였을 때 나를 더 이상 좋아하지 않는다고 생각했다. (Morrison 등, 1980, pp. 21, 29).

3, 4세의 어린이들이 입맞춤을 통해 애정을 나타내는 것은 아주 일반적이다. 생식기에 관한 호기심도 이 당시에 증가한다. "보여주기"와 "의사놀이" 같은 성적 놀이는 보다 빨

표 13.2 (계속)

어린이 성적행동의 성별 추세

성적 행동의 분류 별 행동	소년	소녀
22. 다른 사람들이 성행위를 하도록 유도	0.0%	0.0%
23. 다른 어린이들이 성행위를 하도록 강요	0.0%	0.0%
24. 성적으로 다른 어린이를 만지도록 계획	0.0%	0.0%
25. 다른 어린이의 질 또는 항문에 손가락 또는 다른 물건을 넣음	0.0%	0.0%
성적 불안		
26. 성인이 입맞춤하거나 끌어안을 때 화가 남	10.6%	12.8%
성적 관심		
27. 이성에 관심이 많음	33.3%	15.4%
28. 진지함 없이 대화	6.8%	6.8%
29. 사람을 그릴 때 성기를 그림	3.8%	5.1%
30. 성적 소리를 냄 (한숨, 신음, 거친 숨)	2.3%	0.9%
성적 지식		
31. 인형들이 성행위를 하는 것처럼 흉내	4.5%	6.8%
32. 또래 아이들보다 성에관해 많이 알고 있음	4.5%	4.3%
33. 성행위에관한 대화	3.0%	3.4%
자기충동		
34. 집에서 성기를 만짐	23.5%	11.5%
35. 집 밖에서 성기를 만짐	10.6%	0.9%
36. 손으로 자위	4.5%	2.6%
37. 인형 또는 물건으로 자위	3.0%	0.9%
38. 질 또는 항문에 물체를 삽입	0.8%	0.0%
관음적 행위		
39. 사람이 나체 또는 탈의 중 보려고 함	16.7%	12.8%
40. 나체 또는 성행위를 보여주는 TV 또는 영화를 보려고 함	9.8%	6.8%
41. 나체 또는 노출이 있는 사진을 보려고 함	9.8%	2.6%

출처: J.W. Thigpen (2009). Early sexual behavior in a smaple of low-income, African American children. Journal of Sex Research, 46(1), 67–79, Table 2, p. 72.

리 시작될 수 있지만 6~10세 사이에 보다 일반적이 된다(Pike, 2005). 많은 성적 행동이 동성 그룹에서 일어나지만 이성간의 성적 놀이도 흔하지 않다. 어린이는 자신의 생식기를 서로 보여주고 만지고 자위를 같이하기도 한다.

동성 간 성행위

아놀드: 내가 다섯 살 정도일 때 내 사촌과 나는 … 지하로 가서 바지를 내렸다. 우리는 서로의 음경을 만졌고 그 뿐이었다. 나는 아마도 우리가 한 행위에 대한 비밀의 중요성을 알아차리지는 못한 것 같다. 나중에… 우리 부모님께서 내게 물어보았다… 나는 부모님께 우리가 한 일들을 정확히 말했다. 부모님은 충격을 받았고 나에게 그것은 절대 비밀이라고 말했다(Morrison 등, 1980, p. 24)

아놀드 부모의 "충격"에도 불구하고 아동기 동성 간 성행위는 성인이 된 후 성 성향의 전조가 되진 않는다(Reinisch, 1990). 실제로 그것은 이성 간 성적 놀이보다 더 흔하기도 하다. 구강이나 항문 접촉이 있기도 하지만 일반적으로 서로의 생식기를 만진다. 또한 실외에서 소년들은 소변을 같이 보면서 누가 더 빠르거나 높이 도달하는지 보는 "보여주기" 놀이를 포함하기도 한다.

13.3 청소년 이전기(9~13세)

일부 청소년 이전의 행동은 성적인 것이기보다는 성적으로 관련된 것이다. 예를 들면 전 청소년기 아이들은 비밀을 공유할 수 있는 동성의 "제일 친한 친구"와의 관계를 형성한다. 전사춘기 아이들은 동성 간의 큰 무리의 친구들과 사회적 관계를 갖는 경향이 있다. 이 시기에 소년들은 소녀들이 "얼간이"라고 생각하기 쉽다. 소녀들은 대부분의 소년들을 "얼간이"라고 부르는 것은 너무 착한 일이라고 생각한다.

전 청소년기 아이들은 그들의 신체에 급격히 몰두하거나 자의식이 강하게 성장한다. 친구들은 전 청소년기 아이들에게 복장 규정, "적절한" 은어, 성과 마약 관련 기준을 강요한다. 친구들의 불인정은 심한 벌칙이 될 수 있다.

성적 강요는 많은 전 청소년기들에게 경험될 수 있지만 사춘기까지 문제되지 않을 수도 있다 (O'Sullivan, 2003). 프로이트는 전 청소년기 동안에 성적 충동은 감추어져(잠자고) 있지만 많은 전 청소년기들은 실지로 성적으로 활발하다고 학설을 세웠다.

자위

> 폴: 내가 10살쯤일 때, 자위에 관한 이야기로 걱정했다. 친구와 함께 존경하는 친구의 형에게 가서 물었다. "그게 진짜 나빠?" 형의 대답이 수년간 뇌리에 남았다. "글쎄, 그것은 한 병의 올리브와 같아(너가 하나를 꺼낼 때마다 그 안에는 하나씩 줄어)." 우리는 여자를 갖기 전에 다 소모할까봐 많이 걱정했다. (Morrison 등, 1980, pp. 6~8).

킨제이와 그의 동료들(1948, 1953)은 자위가 전 청소년기 동안 양성 모두 오르가즘을 이루는데 1차적인 도구라고 발표했다. 그들은 45%의 소년과 15%의 소녀가 13살 이전에 자위를 시작한다고 말했다. 킨제이와 그의 동료들이 발표한 숫자의 정확성은 의심스럽지만 다른 연구들도 청소년기 소년들이 소녀들보다 자위할 가능성이 높다는 점에서는 일치했다(Pinkerton 등, 2002). 핑커톤과 그의 동료들(Pinkerton 등, 2002)이 발표한 것처럼 자위의 빈도는 자위가 여성보다는 남성에게 보다 용인되고 정상적이라는 사회적 지표와 연관된다.

이성 간 성행위

전 청소년기 성놀이는 만지든 만지지 않든 서로 간에 생식기를 보여주는 것을 종종 포함한다. 이런 성적 경험은 아주 일상적인 것이라 미래의 성적 적응에 영향을 주지는 않는 것으로 보인다(Guttmacher Institute, 2009; Health24.com, 2006).

전 청소년기는 동성 그룹과 어울리는 경향이 있지만 이성애자들은 이성 간의 관심이 사춘기 때까지 지속적으로 증가한다. 그룹 활동과 양성 간의 파티 등은 종종 이성간의 활동으로 노출을 처음으로 제공하기도 한다(Connolly 등., 2004). 하지만 커플들은 사춘기 중반까지는 잘 이루어지지 않는다.

성교육 대부분의 학교에 성교육이 있음에도 불구하고 많은 젊은이들은 아직도 동료 또는 친구로부터 성에 대해 배우고 있다. 조사 결과에 따르면 대부분 부모들은 성교육이 금욕, 임신방지, 성병, 낙태 그리고 성적 성향을 다루길 원한다. 하지만 우리는 성에 관해 우리 어린이들을 대부분의 유럽국가, 심지어는 이란보다 잘 가르치지 못한다.

동성 간 성행위

전 청소년기 동성과의 성적 행동들은 대체로 단순한 탐험이다. 어떤 경우에는 이성의 파트너가 없다는 것이 이를 반영한다. 나이가 어릴수록 동성의 어린이와의 경험이 이성과의 경험보다 빈번한다(Guttmacher, 2009; Heath24.com, 2006).

이러한 활동들은 일반적으로 서로의 성기를 만지거나 서로 자위하는 것에 국한한다. 전 청소년기 때는 동성 친구와 일반적으로 어울리기 때문에 성적 탐구 또한 동성간에 일반적으로 이루어진다. 대부분의 동성 간 성적 경험은 한 번 또는 짧은 관계를 유지하고 성적 성향을 반영하진 않는다.

13.4 성교육과 잘못된 교육: "금지" 이상의 것들

> 운전을 성교육과 같은 방법으로 가르친다고 상상해 보라. 당신은 아마도 다치거나 병원에 가야할지 모르기 때문에 절대 운전하거나 동승하지 말라고 들을 것이다. 아무도 차를 몰고 나올 수 없을 것이다. (M. Miller, 1998)

전 청소년들과 청소년들은 보통 성을 적합한 교육과 잘못된 교육의 혼합을 통해 배운다. 성욕 학자들은 대부분의 성교육 방식을 한탄한다. 심리학자인 에크하르드트(Anke Ehrhardt, 1998)는 경고한다, "다른 나라에서는 성교육이 사랑하는 관계의 긍정적인 면을 다루지만 여기서 우리는 공포를 퍼트린다. 그것은 효과가 없었다. 우리의 10대 임신율이 훨씬 높다."

표 13.3에서 보이는 것과 같이 카이저 가족재단(2003)의 연구 결과는 청년과 젊은 성인들은 대체로 성에 관한 정보를 성교육 또는 부모한테서 보다는 친구나 미디어(TV, 영화, 잡지, 인터넷)에서 얻을 확률이 높은 것으로 나타난다. **사실인가 아니면 허구인가 3:** 대부분의 어린이들이 생명에 관한 현상을 부모나 학교 성교육시간에 배운다는 것은 사실이 아니다. 대부분의 어린이들은 친구로부터 성에 관해 배운다. 가로등이 미국 젊은이들을 이끄는 중요한 불인가?

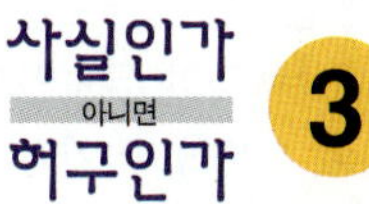

내용은 매우 다르지만 거의 모든 주에서 성교육은 필수이거나 추천받고 있다. 대부분의 교과 과정에서 사춘기, 재생산, 성병 등 생물학적 양상들이 강조되고 있다. 낙태, 자위, 성 성향, 심지어는 성적 쾌감 등 논쟁적인 주제들을 다루진 않는다.

어떤 이들은 성교육은 부모나 종교집단에게 맡겨져야 한다고 주장한다(Woog, 2005).

가까이서 보기

자녀들과 성에 관한 대화

"아빠, 아기는 어디서 오는 거야?"
"왜 나한테 물어보니? 엄마한테 물어봐."

대부분의 아이들은 부모와 성에 관해 대화하는 것이 쉽지 않다는 것을 발견한다. 전국 조사에서 약 25%만이 "성의 대화"를 시도하였다고 한다(National Campaign to Prevent Teenage Pregnancy, 2003). 어린이나 청소년들은 일반적으로 아버지보다는 어머니에게 다가가기가 쉽다고 한다. 많은 아이들이 그들의 친구로부터 잘못된 정보를 받고 이들은 다시 원하지 않는 임신이나 성병에 걸릴 확률이 높다(Ben-Zur, 2003).

하지만 대부분의 어린아이들은 어디서 아기가 오고, 여자와 남자는 어떻게 다른지 등을 궁금해한다(Pike, 2005). 이런 주제들을 회피하는 부모는 그들의 성에 대한 불편함을 전달해 주어서 성은 부끄러운 것이라고 아이들에게 가르칠 수 있다.

부모는 아이들과 성에 관해 이야기할 때 전문가일 필요는 없다. 부모는 책을 보거나 인터넷을 통해 필요한 지식을 찾을 수도 있고 부모가 아이들에게 읽어줄 수 있는 책도 있다. 모든 답을 알지는 못한다고 인정해도 된다. 아이들은 종종 그런 정직함을 존경한다.

아이들의 질문에 답하면서 부모들은 어린이들이 이해할 수 있는 것이 무엇인지 생각할 필요가 있다(Pike, 2005). 아기가 어디서 오는지 알고 싶어하는 4살 어린이는 아마도 자세한 성에 관해 관심이 있지는 않을 것이다. "엄마의 자궁에서"라고 말하면서 배를 가리키는 것이 충분할 수 있다. 왜 "배"라고 말하나? "배"는 잘못된 것이고 혼동을 줄 수 있다.

성 연구자는 종종 어린이와 성에 관해 대화할 때 이런 주의점을 제공한다:

- 질문 받을 수 있게 하라. 성에 관한 질문에 대답할 용의를 가지라.
- 적절한 언어를 사용하라. 아이들은 성기의 정확한 이름을 배워야 하며 다른 사람이 쓰는 "비속어"는 대부분의 사회에서 용납받지 못한다. 부모들이 사용하는 부적절한 언어 "쉬", 또는 "거기"는 사용해선 안 된다.
- 아이들이 올바른 결정을 내릴 수 있도록 명령보다는 필요한 정보의 형태로 조언을 제공하라. "법을 만드는" 부모는 정보를 제공하고 대화를 이끄는 부모보다 효과적이지 않다.
- 조금씩 정보를 교환하라. 이러한 토론이 자연스럽게 느껴지는 잠자기 전 또는 차에 있는 것과 같은 시간과 장소를 골라라.
- 아이들이 성에 관해 이야기하도록 용기를 주라. 어린이들은 성에 관해 이야기하는 것, 특히 가족들과 이야기하는 것을 당황스럽게 느낄 수 있다. 성에 관한 어린이용 책을 비치하든지 아이들에게 "너가 성에 관한 이 책에 관심이 있을지 모른다고 생각해. 읽고 싶으면 그 후에 우리가 그에 관해 얘기해보자"라고 말할 수도 있다.
- 개인 사생활을 존중하라. 부모와 아이들처럼 대부분의 우리들은 개인 사생활을 존중한다. 화장실을 공용하기 불편한 부모는 아이에게 말할 수도 있다. 부모는 "나는 문이 닫혀 있을 때 내 사생활을 좋아해. 노크를 하면 내가 들어와도 좋다고 말할게. 네 문이 닫혀 있으면 내가 노크할게"라고 설명할 수 있다. 공평한 것은 공평하니까.

어린이들과 성에 대해 이야기하기. 질문에 진실되게 답하라. 어린이가 이해할 수 있는 언어를 사용하지만 어리석은 어린이 언어를 하지는 말아라. 다른 말로 쉬, 엄마배 같은 것들은 말하지 마라. 음경, 질, 자궁 등을 시도하라. 그림 또는 사진이 있는 책을 구하라.

표 13.3

청소년 또는 젊은 성인(13~24세)들 중 그들이 다음 근원으로부터 "많이" 또는 "일정" 정도 배웠다고 말하는 백분율	
친구	76%
미디어(영화, 잡지, 인터넷)	72%
성교육	68%
부모	68%
남자친구 또는 여자친구	65%
의사 또는 다른 의약업 종사자	58%
형제 자매	39%

출처: *From National Survey of Adolescents and Young Adults: Sexual Health Knowledge, Attitudes and Experiences*, (#3218), The Henry J. Kaiser Family Foundation, 2003. This information was reprinted with permission from the Henry J. Kaiser Family Foundation. The Kaiser Family Foundation, based in Menlo Park, California, is a nonprofit, private operating foundation focusing on the major health care issues facing the nation and is not associated with Kaiser Permanente or Kaiser Industries.

하지만 자료에 따르면 학교의 대안은 친구, 인터넷, 잡지 가판대 등 교과서보다는 "성인" 잡지를 더 많이 파는 것이라고 제안한다. 많은 부모들은 성적 기술과 피임을 가르치는 것은 성 행위를 유발한다고 걱정하지만 연구 결과는 이 걱정을 지지하지 않는다(Kirby 등, 2007; Woog, 2005). **사실인가 아니면 허구인가 4:** 성교육이 어린이들이나 청소년들에게 성적 행위를 장려한다는 증거는 없다.

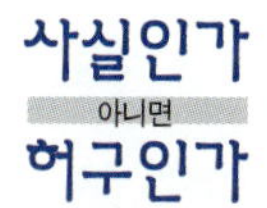

전 청소년기의 정확한 정보는 성적 실수를 방지할 수도 있다. 예를 들어, 많은 10대들은 여성들이 첫 성교에서 임신할 수 없다고 잘못 믿고 있다. 다른 이들은 질세척이 임신과 병을 방지한다고 믿는다. 둘 다 틀렸다. 표 13.4는 부모들이 성교육에서 다루기를 바라는 주제들을 보여준다.

비판적인 사고하기

당신은 학교에서 성교육을 찬성하나? 또는 반대하나? 성교육은 어떤 주제를 다뤄야 하나? 당신의 의견을 말해 보라.

표 13.4

미국 부모들이 성교육에 원하는 점	
부모가 원하는 성교육에서 다뤄야 할 주제들의 백분율	
후천성면역결핍증(AIDS)과 다른 성병	98%
금욕, 강간 또는 성추행 시의 대처법, 부모와 성에 관해 대화하는 법	97%
성관계를 해야 한다는 압박과 성에 관한 감정적 중요성에 대한 대처	92%
AIDS 또는 성병 검사법	92%
생식 및 피임에 관한 기본지식	90%
파트너와 피임 또는 성병에 관한 대화법	88%
콘돔 사용법	85%
다른 피임법의 사용법 및 구매법	84%
낙태	79%
성성향 및 동성애	76%

출처: From Survey Finds Parents Favor More Detailed Sex Education" by Dianna Jean Schemo, *The New York Times*, October 4, 2000, pp. A1, A27. Copyright © 2000 by The New York Times Co. Reprinted by permission.

청소년기 청소년기는 사춘기로 시작한다. 많은 어른들은 청소년들을 충동적이어서 그들 자신을 위해 제어되야만 한다고 보고 있다. 하지만 청소년들은 성호르몬의 과다분비로 성욕이 증가되어 있고, 그들은 대중매체의 성적 주제에 빠져 있다. 그러므로 많은 청년들이 자율권과 성행위에 관한 주제에 대해서 가족들과 의견 충돌이 있는 것은 놀라운 일이 아니다.

13.5 청소년기

청소년기는 사춘기의 시작과 성인의 책임감을 가질 능력의 사이에 있다. 우리 사회에서 청년들은 "물고기도 새고기도 아니다"라고 말한 것처럼 어린이도 어른도 아니다. 청소년들은 번식이 가능하고 부모보다 키가 클 수도 있지만 운전면허나 성인용 영화가 허용되지 않는다. 그들은 장기간 일하는 것은 금지되어 있고 16세까지는 일반적으로 학교를 가야 한다. 그들은 "동의할 나이"에 도달할 때까지 결혼할 수 없다. 이것은 명확하다: 성인은 청소년을 충동적이고 "그들 자신을 위해서" 규제되어야 한다고 본다. 이런 규제와 성호르몬의 대량분비와 성적주제의 미디어 범람으로 증가한 성 욕망으로 많은 청소년들이 특정 친구, 성, 가족의 자동차 사용 등으로 그들의 가족들과 갈등을 겪고 있는 것은 놀랄 일이 아니다(McGue 등, 2005; Renk 등, 2005).

13.6 사춘기

사춘기(puberty) 번식이 처음으로 가능해지는 생물학적 발달단계. 사춘기는 2차 성징이 나타나면서 시작되고 긴 뼈들이 더 이상 자라지 않을 때 끝난다.

2차 성징(secondary sex characteristics) 물리적 특징들로 남성과 여성을 구분할 수 있고 일반적으로 사춘기 때 번식과 직접 관련 없이 나타나며 예로는 털과 지방의 신체 분포, 근육량 발달, 변성 등이 있다.

1차 성징(primary sex characteristics) 물리적 특징들로 남성과 여성을 구분할 수 있고 성기처럼 번식과 직접 관련이 있다.

초경(menarche) 월경의 시작; 첫 월경.

사춘기(puberty)는 **2차 성징(secondary sex characteri-stics)**이 나타나면서 시작하고 긴 뼈가 더 이상 길어지지 않을 때 끝난다(표 13.5). 음모의 출현이 종종 사춘기의 첫 번째 눈에 띄는 표시이다. 사춘기는 또한 **1차 성징(primary sex characteristics)**의 변화를 포함한다. 대부분의 중요 변화는 소녀의 경우 3년, 소년은 4년 내에 일어난다.

번식은 사춘기의 끝에 가까워질 때 가능해진다. 번식능력의 두 가지 기본 표식은 여성의 경우 초경이고 남성의 경우 첫 사정이다. 하지만 이 사건들이 당장 수정을 의미하지 않을 수 있다.

소녀들은 일반적으로 10~18세 사이에 **초경(menarche)**을 경험한다. 1800년대 중반에 유럽 소녀들은 일반적으로 17세에 초경을 했다(그림 13.1). 서구 사회에서 초경의 나이는 그 후부터 급격히 빨라졌는데 향상된 영양과 의료시설 때문일 것이다. 미국에서 2000년대까지 초경의 평균나이는 흑인의 경우 12.1세, 백인은 12.6세로 낮아졌다(Anderson 등, 2003).

후리쉬(Rose Frisch, 2002)는 일반적으로 지방의 비율이 초경과 일정한 생리주기를 유지하는데 필수적이라는 증거를 제시하였다. 소녀들은 초경과 같은 사춘기 변화를 시작하기 위해서 특정 몸무게(약 47~49 kg)에 도달해야만 하고 오늘날의 어린이들은 빠르게 성장한다(Frisch, 2002). 지방세포는 렙틴이라는 화학물질을 분비하는데 이 물질은 신체가 에스트로겐 양을 증가시키기 위한 호르몬을 분비하도록 하기 때문에 체지방은 중요한 역할을 한다. 체중이 많이 나갈수록 초경을 빨리 한다(Anderson 등, 2003). 초경은 또한 체지방의 비율이 적은 운동선수들에게 늦게온다(Frisch, 2002; Robert-McComb, 2008).

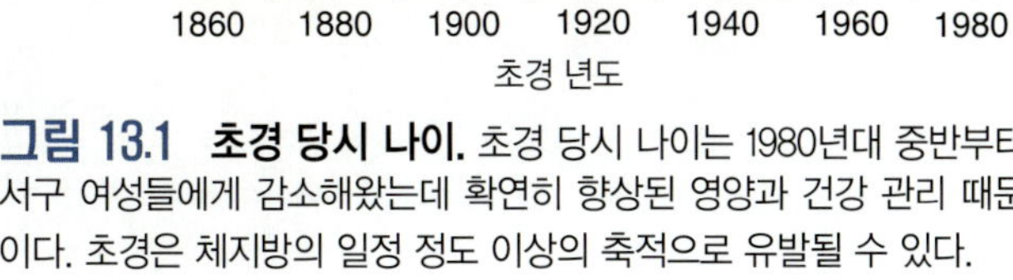

그림 13.1 초경 당시 나이. 초경 당시 나이는 1980년대 중반부터 서구 여성들에게 감소해왔는데 확연히 향상된 영양과 건강 관리 때문이다. 초경은 체지방의 일정 정도 이상의 축적으로 유발될 수 있다.

여성의 사춘기 변화 초경이 여성에게 가장 극명한 사춘기 징후이다. 하지만 보다 덜 분명한 변화들이 생리를 하도록 먼저 일어난다. 8~14세에 뇌하수체에서 분비된 난포자극호르몬이 난소를 자극하여 에스트로겐을 분비하기 시작한다. 빠르게는 8~9세에 에스트로겐이 유방조직의 성장을 자극한다. 젖가슴은 보통 10세에 커지기 시작한다.

에스트로겐은 또한 자궁의 성장과 질내 벽의 두께를 촉진한다. 그것은 엉덩이의 지방과 지지 조직의 성장을 촉진한다. 이 조직과 자궁의 넓어짐은 엉덩이를 둥글게 하여 출산이 가능하게 한다. 하지만 지방 축적과 지지 조직의 성장은 사람마다 다르다. 일부 여성은 두드러진 젖가슴을 가질 수 있고, 또 어떤 여성은 비교적 큰 엉덩이를 가지기도 한다.

여성의 부신에서 에스트로겐과 더불어 생성되는 적은 양의 안드로겐은 음모와 겨드랑이 털의 발달을 11세 정도부터 촉진시킨다. 안드로겐의 과다생성은 체모를 검고 굵게 만들 수 있다. 에스트로겐은 사춘기 동안 음순의 발달을 유발하지만 클리토리스의 발달은 안드로겐에 의해 이루어진다. 에스트로겐은 질과 자궁의 발달을 자극한다. 에스트로겐은 일반적으로 여성이 남성보다 몇 년 일찍 성장을 멈추게 한다. 초경을 늦게 경험하는 소녀들은 에스트로겐 양이 적어서 친구들보다 더 키가 클 수가 있다.

에스트로겐 생성은 사춘기 동안 주기적으로 일어나고 생리주기를 조절한다. 초기에는 일반적으로 **무배란성(anovulatory)** 월경주기를 경험한다. 여성들은 배란이 일어나기까지 임신하지 않으며 초경부터 1~2년 정도 늦춰질 수도 있다. 하지만 일부 청소년들은 초경 직후에 수정될 가능성이 높기도 한다(Frisch, 2002).

남성의 사춘기 변화 사춘기 때 뇌하수체는 부신이 난포자극호르몬과 황체형성호르몬의 생산이 증가하도록 자극한다. 이 호르몬들은 고환을 자극하여 테스토스테론의 방출을 증가시킨다. 테스토스테론은 남성 고환, 음낭, 음경 등 생식기의 성장을 조장한다. 그것은 또한 남성의 2차 성징을 발달하도록 촉진하는데 이는 얼굴, 신체, 생식기에 털이 자라게 하고 목소리가 굵어지게 한다. 고환의 성장은 테스토스테론의 분비와 사춘기 변화를 촉진시킨다. 고환은 계속해서 자라고 음낭은 커지고 몸에서 늘어지게 된다. 음경은 두께와 길이가 자라고, 체모가 나타난다.

13 또는 14세까지 발기는 일상적이 된다. 많은 중학교 소년들은 쉬는 시간에나 수업

무배란성(anovulatory) 배란이 없는.

표 13.5

사춘기 발달의 단계

	여성
8~11세 사이에 시작	뇌하수체 호르몬이 난소가 에스트로겐을 분비하도록 촉진. 내부 생식기 성장 시작.
9~15세 사이 시작	먼저 유륜(유두 주위의 검은 부분)과 그 후 유방의 크기가 증가하고 보다 둥글게 됨. 음모가 진하고 거칠게 변함. 신장이 지속적으로 성장. 체지방이 체외형 따라 증가. 정상적인 질분비물이 눈에 띔. 땀과 유지선의 작용이 활발하고 여드름 나타나기도 함. 내부와 외부 생식기가 자라서 질이 길어지고 음순이 명확해짐.
10~16세 사이에 시작	유륜과 유두가 성장하여 때로는 동그란 유방 위로 튀어나온 두 번째 융기를 형성하기도 함. 음모가 삼각형 모양으로 자라기 시작하여 음부의 중심을 덮음. 겨드랑이 체모가 보이기 시작. 초경. 내부 생식기가 계속 성장. 난소가 수정 가능한 성숙된 난자를 배출하기 시작할 수도 있음. 신장 성장은 줄어듦.
12~19세 사이에 시작	유방이 성인 크기와 모양에 가까워짐. 음모가 음부를 덮고 허벅지 윗부분까지 퍼짐. 음성은 약간(남성보다는 작은) 두꺼워짐. 생리주기가 점차적으로 일정해짐. 신체 모양의 변화는 20대 초반까지 이어짐.

시간에 발기한 것을 발각되거나 수업 중에 일어나라고 할까봐 걱정을 한다. 테스토스테론은 전립샘과 정낭(정액을 만드는 기관)이 자라서 정액을 생산하게 한다. 소년들은 일반적으로 첫 번째 사정을 13, 14세까지 경험하는데 자위를 통해 경험하는 경우가 많이 있다. 하지만 개인마다 많은 차이가 있다. 성숙한 정자는 일반적으로 평균 14세에 경험하는 첫 사정 후에 1년이 지나서야 발견된다. 하지만 정자가 첫 번째 사정에 존재할 수도 있어서 사춘기 소년들은 그들이 첫 사정 후 무수정의 "예외기간"이 있다고 간주하면 안 된다. 첫 사정 후 약 1년 정도에 소년들은 **몽정(nocturnal emission)**을 경험하기 시작할 수도 있다. 몽정은 야간에 사정할 때 에로틱한 꿈을 동반한다는 믿음이 있지만 꼭 그렇지는 않다. **사실인가 아니면 허구인가 5:** 몽정이란 용어에도 불구하고 에로틱한 꿈을 동반하지 않을 수 있다.

사실인가 아니면 허구인가 **5**

몽정(nocturnal emission) 수면 중 무의식적 사정. 영어로 "wet dream"이라고도 하지만 성에 관한 꿈 또는 아무 꿈도 필요하진 않는다.

겨드랑이 털은 약 15세에 나타난다. 처음에 수염은 윗입술 위에 나는 솜털이다. 턱수염은 2~3년 후에나 발견된다. 단지 절반의 미국 소년들은 필요에 의해서 17세 이전에 면도한다. 턱수염과 가슴털은 20세까지 계속해서 자란다. 14, 15세에 목소리는 후두의 성장과 성대의 신장으로 굵어진다. 발달은 점진적이고 청년의 목소리는 당황스럽도록 깨질 때도 있다.

표 13.5 (계속)

사춘기 발달의 단계

	남성
9~15세 사이 시작	고환이 성장하기 시작. 음낭의 피부가 붉어지고 거칠어짐. 음경 아래에 곧은 음모가 보이기 시작. 근육량이 증가하고 키가 성장. 유륜이 크고 검어짐.
11~16세 사이 시작	음경이 길어짐. 고환과 음낭이 계속해서 자람. 음모가 보다 거칠어지고 꼬불꼬불해 지며 다리 사이의 부위를 덮음. 키가 성장. 어깨가 넓어짐. 엉덩이가 좁아짐. 성대가 넓어져서 굵은 소리를 냄. 얼굴과 겨드랑이에 체모가 보이기 시작.
11~17세 사이 시작	음경이 두께와 길이(속도가 느려지기는 하지만) 모두 증가하기 시작. 고환은 계속해서 크기가 증가. 음모의 결은 성인 것처럼 변화. 얼굴과 겨드랑이 체모의 성장 증가. 면도를 시작할 수 있음. 약 반 정도의 소년들은 여성유방증을 겪지만 1~2년 이내에 유방이 작아짐. 피지 증가로 여드름을 유발할 수 있음.
14~18세 사이 시작	신체는 최종 성인 신장으로 증가하고 성기는 성인의 모양과 크기를 이루고 음모는 허벅지로 퍼지며 허리쪽으로 약간 증가함. 가슴 체모 등장. 얼굴 체모는 성장 완성. 면도의 빈도 증가. 일부 남성은 20대 초반까지 키, 체모, 근육 발달이 이어짐.

참고: 이 표는 일반적인 지표이다. 이와 다른 변화가 조만간 이루어질 것이고 항상 이 순서대로 진행되진 않는다.

출처: *The Kinsey Institute New Report on Sex*, 1990, pp. 264–265, 272–273. Reprinted by permission of The Kinsey Institute for Research in Sex, Gender, and Reproduction, Inc.

소년과 소녀는 사춘기 동안 일반적인 성장급증을 겪는다. 소녀들이 일반적으로 소년들보다 더 빨리 자란다. 하지만 개인차이가 있어서 일부 소년들은 일부 소녀들보다 일찍 자랄 수도 있다.

근육량의 증가가 체중을 증가시킨다. 어깨와 가슴둘레는 넓어진다. 약 18세 정도에 남성은 에스트로겐이 긴 뼈의 성장을 막으면서 전체 성장을 멈추게 한다. (남성은 일반적으로 부신과 고환에서 일정량의 에스트로겐을 생성한다.) 약 2명 중 1명은 일시적인 젖가슴 크기 증가 또는 **여성유방증(gynecomastia)**을 사춘기에 경험하며 이 또한 에스트로겐에 의한 것이다.

여성과 남성 모두 다량의 성호르몬이 혈류를 통과하게 되어 비교적 강한 성적 욕구를 가진다. 따라서 많은 청소년들은 자위 같은 성적 탈출구를 찾는다.

여성유방증(gynecomastia)
남성 젖가슴의 과도한 발달.

가까이서 보기

섹스팅: 휴대전화, 섹스 그리고 죽음

제시카 로간은 자살할 당시 18살이었다. 그녀는 휴대폰을 이용하여 자기의 나체를 찍고 남자친구에게 전송하였다. 그들이 헤어진 후, 남자친구는 사진을 고등학교의 다른 여학생들에게 전송했다. 그 여학생들은 제시카를 매춘부라고 부르는 등 무자비하게 욕하였다. 제시카는 지역 텔레비전 인터뷰에서 낙담한 이야기를 하였고 두 달 후 안정을 찾지 못해 침실에서 자살하였다.

제시카가 남자친구에게 자기의 사진을 보낸 것을 지금은 "섹스팅"이라고 부르는 것의 예이다. 섹스팅은 성적 문자(sex texting)의 줄임말이고 성적 내용이 포함된 문자를 주고받는 것을 뜻한다. 하지만 이것은 제시카가 한 일(나체 또는 도발적인 사진이나 동영상을 핸드폰으로 보내는 일) 또한 일컫는다. 섹스팅은 받는 사람을 흥분시키거나, 관계의 친밀도를 강조하거나, 누군가에게 굴욕감을 주거나 또는 성적 만남을 갖도록 유도하는데도 쓰인다.

다른 "사례 연구"에서 펜실바니아 주의 15세 소녀는 본인의 나체 사진을 다른 청소년에게 보낸 후 미성년 음란물을 제작하고 유포한 것으로 기소되었다. 19세 플로리다 대학생은 여자친구의 나체사진을 다른 사람과 공유하였다는 이유로 퇴학 당하고 향후 25년간 성범죄자로 등록되었다. 이러한 사례들은 처벌 수위가 높지만 드물다. 최근 조사에 따르면 17세 미만의 청소년 중 20%는 다른 청소년의 나체 사진을 받은 적이 있다고 인정했다(Celizic, 2009).

텔레비전 쇼인 투데이쇼(*The Today Show*)에서 변호사인 래리 월터스는 10대들에게 범죄인 섹스팅이 성인에게는 합법이라고 주지시켰습니다. 그는 "이런 10대들은 본인들이 어린이라고 생각하지 않는다. 그들은 자신을 10대라고 본다. 그들은 본인 행동이 미성년 음란물이라고 간주하지 않는다. 10대들은 이를 정상으로 믿는다. 그들에게 이것은 정상인 것이다. 미성년 음란물 법으로 10대들의 행동을 처벌하는 것은 이 법이 절대 의도하지 않은 과잉대응이며, 미성년 음란물 법이 다른 사람들에게 적용하는 효과를 상쇄시킨다" (Celizic, 2009).

"전송" 버튼을 누르기 전에 생각해야 할 다섯 가지

- **당신이 공지 또는 전송한 어떤 것도 비밀로 남을 것이라고 믿지 말 것.** 40%의 10대들은 비밀리에 보내진 성적 권유 문자를 받은 적이 있다고 말하고, 20%는 이런 문자를 의도하지 않은 수신자와 공유했다고 인정했다.
- **당신이 공지 또는 보낸 것은 평생 없어지지 않을 수 있음.** 미래의 고용주, 대학교 모집자, 선생님, 코치, 부모, 친구, 적 그리고 낯선 사람들이 당신의 글들에 접근할 수 있으며 심지어는 당신이 삭제 후에도 가능하다.
- **당신을 불편하게 만드는 것은 강요받더라도 공지하거나 보내지 말 것.** 47%의 10대들은 "남자들의 강요"가 여성들이 성적 자극하는 사진이나 문자를 보내는 이유라고 말한다. 24%의 10대들은 남자들도 강요에 의해서 성적 충동성의 사진이나 문자를 올리거나 보낸다고 한다.
- **전송을 누르기 전에 받는 사람의 반응을 고려할 것.** 당신은 문자를 재미로 보낼 수 있지만 받는 사람은 다르게 생각할 수 있다. 40%의 10대들은 성적인 내용을 "장난"으로 보내지만 29%의 소년들은 이 내용이 실제로 데이트를 하거나 관계를 갖는 것을 기대한다.
- **글을 올리거나 문자는 반드시 익명으로 남지는 않음.** 15%의 10대들은 성적인 사진이나 문자를 온라인 상에서만 "만난" 사람에게 보낸다고 한다. 이 사람들은 당신의 가명과 다른 정보를 바탕으로 당신을 찾아내곤 한다.

출처: Sex & Tech. (2009). A survey commissioned by The National Campaign to Prevent Teen and Unplanned Pregnancy and *CosmoGirl.com*. For additional data, please visit www.TheNationalCampaign.org/sextech or contact The National Campaign at 1-202-478-8500.

13.7 청소년기 성행위의 종류

청소년들은 일반적으로 많은 양의 성호르몬으로 억압받고 성 분출구를 찾는데 관심이 있다. 이러한 분출구는 자위, 동성 또는 이성 간의 성행위를 포함한다.

자위

자위는 청소년기 주요 성 분출구이다. 조사는 지속적으로 소년들이 소녀들보다 자위할 가능성이 높은 것을 보여준다(Friedman & Downey, 2008; Larsson & Svedin, 2002). 자위하는 소년들은 평균 일주일에 여러 번 할 수 있는데 이는 자위하는 소녀들보다 몇 배 더 많다. 이러한 차이는 소년들이 성 욕구가 더 강한 것을 반영하는지(Peplau, 2003), 소녀들이 사회적인 억압이 큰지(Pinkerton et 등, 2002) 또는 둘 다인지 명확하지 않다. 연구자들은 청소년기 자위와 성인의 성적 조절과는 관련이 없는 것으로 본다(Leitenberg 등, 1993).

이성 간 성행위

오늘날 젊은이들은 지난 세대보다 일찍 연애를 시작한다. 일찍 데이트를 하는 10대들은 고등학교 때 성적 관계를 가질 가능성이 높다(Guttmacher, 2006). 성관계를 일찍 갖는 10대들은 피임을 하지 않을 가능성 또한 높으며 원하지 않는 임신을 할 가능성이 높다. 소녀가 아기를 갖기로 결정하면 학교를 떠나 교육과 직업 계획을 서두를 가능성이 높다. 하지만 데이트를 일찍하는 것이 빠른 성관계를 항상 유도하는 것은 아니다. 일찍 성행위를 하는 것이 항상 원하지 않는 임신을 하는 것도 아니다. 하지만 일부 젊은 여성들이 초기 청소년기에 시작된 연속적인 사건들로 제한된 선택을 하게 된다.

애무 **사실인가 아니면 허구인가 6:** 미국에서 청소년들 사이에 애무는 실질적으로 만연한 것이 사실이고 지난 몇 세대 간 이어져왔다. 많은 청소년들은 임신을 피하고 처녀성을 유지하면서 애무를 사랑의 표현, 호기심 충족, 성적 흥분의 고조와 오르가즘 도달에 이용하였다. 많은 10대들은 그들이 성교하기 전에 멈추면 성적 관계를 진실로 맺은 것이 아니라고 믿는다. 소녀들은 소년들보다 애무를 하도록 강요받고 그것에 관해 죄책감을 느낀다(Larsson & Svedin, 2002).

구강성교 구강성교의 경험은 나이가 들면서 증가한다. 미국 질병관리본부에 따르면, 15~17세 소녀들의 42%가 구강성교에 참여했다고 밝혔는데 이는 18~19세의 소녀 72%와 차이가 있었다(Mosher 등, 2005). 전체적으로 청소년기 소녀 54%, 소년 55%가 구강성교를 경험한다. 성교를 갖지 않는 청년 중 구강성교의 가장 낮은 비율(약 19%)은 도덕적 종교적 이유로 성교를 멀리한다고 말한다. 일부 청소년 커플들은 구강성교를 성적 분출구로 이용하면서 임신과 성병을 방지하고 처녀성을 유지한다(Halpern-Felsher, 2008).

혼전성교

마크: 우리는 갈 곳이 없어서 몇 장의 담요를 가지고 숲으로 가서 사랑을 나눴다. 그것은 우디 앨

런의 영화에 나오는 것과 같았다. 나는 긴장과 추위로 내 바지를 벗을 수 없었다. 긴장과 추위는 처음에 내가 발기를 갖기 불가능하게 만들었고 발기하고 사랑을 나눈 후 차 열쇠를 찾을 수 없었다.

에이미: 내 첫 성경험은 고등학교 때 졸업 파티 후 자동차 영화관의 차 안에서 이루어졌다. 우리는 모두 처녀성을 가지고 있었고 어찌할 바를 몰랐으나 매우 사랑했고, 중학교 때부터 연애를 했다. 경험은 어느 정도 고통스러웠다. 나는 다음날 엄마한테 달리 보일까봐 무척 걱정했는데 엄마가 별말씀을 하지 않아 마음을 놓았다.

독신주의자로 남지 않는 사람은 첫 경험이 꼭 있다. 커플 중 최소 한 명의 무경험과 미숙함, 또는 종종 죄책감과 공포로 인해 마크와 에이미처럼 대부분의 사람들은 처음에 제대로 진행되지 않는 것은 놀라운 일이 아니다. 청소년기 남성들과 여성들은 종종 첫 성교에 다른 걱정을 말하곤 한다. 소녀들은 올바른 일을 하는지 염려스러운 경우가 많다. 소년은 그가 일을 제대로 진행하는지 걱정할 가능성이 높다. 여성들이 남성들보다 육체적, 정신적으로 실망할 가능성이 높고 사후에 죄책감이 높은 편이다(Sprecher 등, 1995).

조사에 따르면 미국 고등학생의 절반 정도가 성적으로 왕성하다. 가족 증가의 국가적 조사(가족 조사)에 따르면(Mosher 등, 2005), 질 성교를 경험한 청년의 수는 매년 15~19% 증가한다(표 13.2). 흑인 남성(78%)은 라틴(58%)과 백인(50%)보다 성교를 할 가능성이 높다(표 13.6).

성교의 동기 혼전 성교는 여러 가지 원인에 의해 동기를 부여받는다. 성호르몬의 사춘기 과다분비는 최소한 소년들에게는 직접적으로 성적 흥분을 자극한다(Peplau, 2003). 하지만 가족 조사에서는 반 정도의 남성(51%)과 4분의 1정도의 여성(24%)이 첫 경험의 주요 이유는 호기심 또는 "성교의 준비가 되었기 때문"이라고 답하였다(Michael 등, 1994, p. 93). 호르몬 변화는 2차 성징의 발달을 돕는다. 일부 조숙한 사람들은 준비가 되었건 그렇지 않건 간에 데이트나 성교를 갖도록 강요받는다.

사랑, 쾌감을 향한 욕망, 친구 규제의 유사성, 친구의 용인, 심지어는 누군가를 지배하고자 하는 욕망을 포함한 동기는 성적 활동에 관여한다(Browning 등, 2000; O'

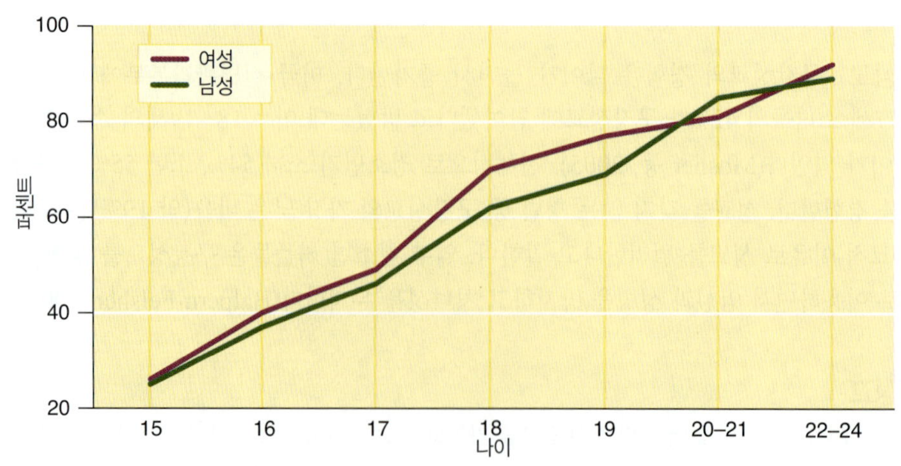

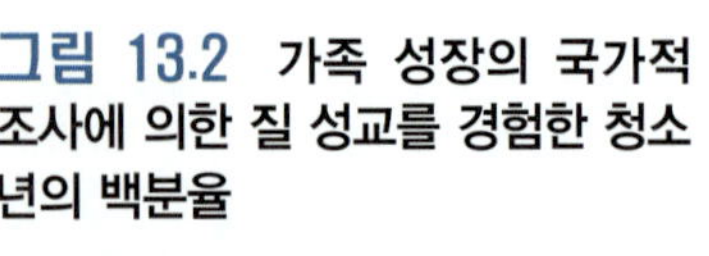
그림 13.2 가족 성장의 국가적 조사에 의한 질 성교를 경험한 청소년의 백분율

출처: W. D. Mosher, A. Chandra, and J. Jones. (2005). *Sexual behavior and selected health measures: Men and women 15–44 years of age, United States, 2002. Advancedata from vital and health statistics.* Centers for Disease Control and Prevention. National Center for Health Statistics. N. 362. Figures 2 and 3.

표 13.6

15세에서 19세까지 미혼 백인, 흑인, 라틴 미국인 중 다양한 성행위를 경험한 남성의 백분율

	수	여성에 의한 자위	여성의 구강성교	여성을 구강성교	항문성교	질 성교
백인	474	53	51	42	9	50
흑인	360	52	47	21	16	78
라틴 미국인	426	48	44	37	16	58

출처: From "Heterosexual Genital Sexual Activity Among Adolescent Males" by Gary J. Gates and Freya L. Sonenstein. *Family Planning Perspectives*, 32(6), 295–297, 304, (2000). Copyright © 2000. Reprinted by permission of The Alan Guttmacher Institute.

Donnell 등, 2003). 가족 조사는 상대방에 대한 애정이 첫 경험의 주요 원인이라고 거의 절반(48%)의 여성과 4분의 1(25%)의 남성이 답한 것으로 보고되었다(Michael 등, 1994). 베시는 그녀가 사랑에 빠졌었다고 믿었다:

> 내가 첫 성경험을 한 것은 17살 때였는데 남자친구와 5개월간 교제하였다. 그 기간 동안 그는 지속적으로 성관계를 갖자고 요구했다. 남자친구는 내가 동의해야만 하거나 아니면 관계를 종료해야 하는 것처럼 만들었다. 나는 그와 깊은 사랑을 나누었으므로(혹은 그렇게 생각했으므로), 허락하였다. (MaIntyre et al., 1991, p. 64)*

청소년들은 성교를 성숙의 증표, 소녀들이 충성스러운 남자친구에게 보답하는 방법 또는 부모를 처벌하는 방법으로 여길 수 있다(McBride 등, 2003; O'Donnell 등, 2003). 친구가 성교를 경험한 청소년들은 자신들 또한 성교를 할 가능성이 높다. 때로는 그들의 파트너로부터 압력이 들어온다. 여성의 약 4분의 1(24%)은 그들의 파트너가 원해서 성교에 동의했다고 가족 조사에서 말했다(Michael 등, 1994).

> 메간(18세, 캘리포니아): 나는 전에 압력을 느낀 적이 있다. 첫 번째 남자친구는 내가 그를 사랑하는 것을 알고 내 감정을 이용하여 압력을 주었다. 나는 감정에 눈이 멀어서 그와 성교를 했다. 나는 싫었다.

> 에이미(18세, 워싱턴): 나는 두 번째 남자친구에게 성적으로 압력을 받았다. 남자친구는 나를 사랑하지 않았지만 성교를 원했다. 그래서 그를 한밤중에 내방으로 몰래 들어오게 하였다. 우리가 성교를 하기 바로 직전, 나는 그것이 내가 원하는 것이 아니라는 것을 알았다. 나는 첫 경험이 내가 사랑하고 상대방도 나를 사랑하는 사람과 하고 싶었다. 남자친구는 내가 동의하도록 모든 짓을 시도하였지만 나는 그를 거절했다. 다음날 우리는 헤어졌고 나는 행복하기가 그지 없었다. (MaIntyre 등, 1991, pp. 4~6)

가족 조사에서 약 8%의 남성들은 그들의 파트너를 위해 성교를 했다고 답하였다.

* Copyright © 1991 by McIntyre, Formichella, Osterhout, and Green by arrangement with AVON BOOKS.

(Michael 등, 1994). 한 젊은 남성이 설명하였다:

> 매트(18세, 뉴욕): 내 여자친구가 요구를 했고 나는 잘 수행하지 못하였다. 나는 노력했고 여자친구는 화를 내거나 실망하지 않았다(MaIntyre 등, 1991, p. 65).

많은 젊은이들은 종교적 도덕적 이유로 혼전 성교를 거부한다(Mosher 등, 2005). 가족의 중요성과 인간관계로 일부 청년들은 주저한다. 거부하는 다른 이유들은 공포(발각되는 공포, 임신의 공포, 병의 공포)를 포함한다. 흑인과 백인 여성의 조사는 성적으로 활발하지 않거나 성적 활동에 보다 위험하지 않게 참여하는 소녀들은 보다 어리고 성공을 중시하고, 부모가 같이 살고, 보다 보수적인 성향이고 가족의 중요성과 종교에 영향을 많이 받는 경향이 있다(Belgrave 등, 2000; Langille & Curtis, 2002). 높은 교육 목표가 있고 학교 성적이 좋은 10대들은 그렇지 않은 친구들보다 성교에 참여할 가능성이 낮다(Belgrave 등, 2000).

10대와 그들의 부모와의 관계도 요인이 된다(Belgrave 등, 2000; Langille & Curtis, 2002). 자유방임적인 부모를 가진 청년들은 혼전 성교를 가질 가능성이 높다(Mundy, 2000). 자녀의 행동에 관심을 보이고 자녀를 이해와 존중하며 그들의 기대를 소통하는 부모들은 자녀들을 성적으로 자제하는데 영향을 주는 경우가 많다(National Campaign to Prevent Teenage Pregnancy, 2003).

비판적인 사고하기

아랫부분의 제목인 "10대 임신"에 관해 생각해 보라. 10대 임신은 문제가 있다고 제시하고 있다. 실제로 대부분의 역사 속에는(심지어 선진국의 역사를 포함하여) 여성들은 10대에 첫 임신을 하였다. 또한 오늘날 세계의 대부분 문화에는 여성들은 10대 때 첫 임신을 한다(Save the Childeren, 2008). 그렇다면 왜 우리는 이 주제를 포함하였을까? 정답은 미국에서 오늘날 10대 10명 중 9명은 임신을 우발적으로 정해진 파트너 없이 일어나기 때문이다(Guttmacher Institute, 2009). 선진국에서 대부분의 젊은 여성들은 그들이 교육의 일부 또는 전부를 마친 후까지 미룬다. 많은 사람들은 그들의 커리어에 많이 진입한 20대 후반, 30대 심지어는 40대까지 임신을 연기한다. 그러므로 현재 이곳에서 우리는 뭔가 문제가 있음을 제시하는 "10대 임신"이란 주제를 포함한다.

동성 간 성행위

약 4.5%의 남성 청소년들과 10.6%의 여성 청소년들이 가족 조사(Mosher 등, 2005)에서 "동성과 성적 접촉"을 경험한 적이 있다고 보고되었다. 15~44세의 모든 참가자들 중 백분율은 남성은 6%, 여성은 11.2%로 증가한다. 하지만 응답자 중 작년에 동성 성행위의 경우가 있는지 물어보았을 때 백분율이 남성은 2.9%, 여성은 4.4%로 감소한다. 청소년기에 동성 성행위는 파트너의 부족을 반영하지 성적 성향을 반영하는 것은 아니다. 성인 동성애자에 의한 청년의 유혹은 비교적 드물다.

물론 많은 동성애자들은 청소년기 동안에 동성애 대한 확실한 느낌이 발달한다. 청소년들에게 용어는 종종 전투적이지만 일반적으로 동성애자에 경우 더욱 심하다(10장). 청소년들은 동성애자들을 "호모", "퀴어(여자 동성애자를 일컫는 속어)", "파곳(남자 동성애자를 일컫는 속어)"과 다른 경멸적인 이름으로 낙인을 찍는데 보다 잔인할 수 있다. 따라서 많은 청소년 동성애자들은 고립을 느끼고 성적 성향을 은폐한다.

13.8 10대 임신

매년 미국에서 15~19세의 성적으로 활발한 소녀들 5명 중 1명이 임신한다(Guttmacher Institute, 2009).

사실인가 아니면 허구인가 7: 이 비율은 매년 약 800,000건 임신이 일어나서 50만 명이 출생하고 25만 건의 낙태가 이루어지는 것을 뜻한다(그림 13.3).

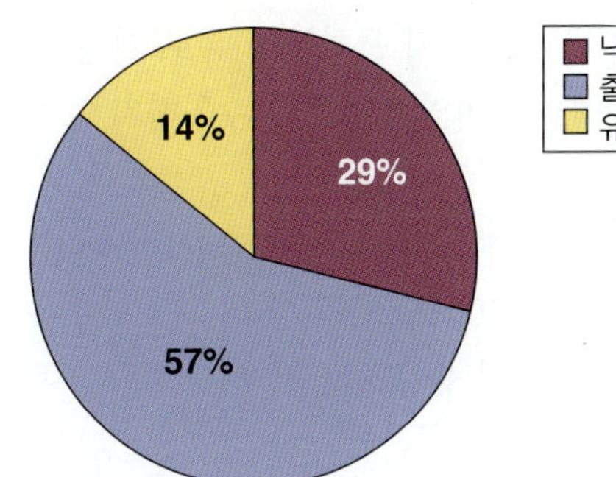

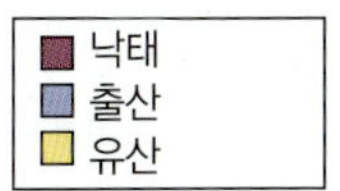

그림 13.3 10대 임신의 결과, 2006년 9월. 10대 임신의 약 1/3은 낙태로 끝난다.

출처: *Facts on American Teens' Sexual and Reproductive Health*, September 2006. www.guttmacher .org/sections/adolescents.php.

계획하지 않은 10대 임신의 중요성은 젊은 엄마와 그 자녀 그리고 사회 전체적으로 황폐화시킨다. 가난, 자퇴, 무직, 미래에 대한 절망은 이러한 임신의 반복되는 주제이다(Guttmacher Institute, 2009). 일하는 10대 엄마들은 20대에 자녀를 가진 엄마들보다 약 절반 정도 수입을 올린다(Guttmacher Institute, 2009). 한 아기를 겨우 돌봄에도 불구하고 15, 16세에 아이를 가진 많은 엄마들은 20대 초반까지 최소 한 명의 아기를 더 가진다. 임신한 10대 여성들 중 약 20%는 1년 내에 다시 임신할 것이다.

10대 엄마의 자녀들은 영양과 의료 부족, 가족의 불확실성, 부적절한 가정교육 등으로 인해 그들의 유치원 시절에 높은 육체적, 감정적, 정신적인 문제들을 당면하게 된다. 그들은 나이든 엄마를 가진 다른 유치원생들보다 난폭하고 충동적이다. 그들은 학교 생활을 잘 하지 못한다. 그들은 또한 엄마의 자학 또는 무관심으로 고통받을 가능성이 높다.

많은 요소들이 10대 임신의 발생에 기여한다. 이들은 청소년 성욕의 전통적인 금기의 해방, 부모와의 악화된 관계, 학교 문제, 임신에 관한 오해, 피임의 부재 등을 포함한다(Guttmacher Institute, 2009). 일부 소녀들은 아기가 파트너로부터 서약을 이끌어내거나 감정적으로 채워줄 것이라고 믿는다. 일부는 부모에게 반역하는 의미로 임신한다. 몇몇 가난한 10대들은 아기를 갖는 것이 그들의 미래에 제한된 선택 중 가장 좋은 것이라고 간주한다. 하지만 가장 많은 수는 번식의 오해 또는 임신 확률의 잘못된 계산에서 기인한다. 피임에 관해 알고 있는 많은 10대들은 지속적으로 사용하는데 실패한다.

10대 엄마들에게 대부분의 관심이 집중되지만 젊은 아빠들이 10대 임신에 동등한 책임감을 가진다. 10대 엄마들은 그들이 아이 아빠의 도움을 받을 때 확실히 더 잘 지낸다(Bunting & McAuley, 2004). 하지만 대부분의 10대 아빠들은 가족은커녕 자신들도 잘 돌보지 못한다. 10대 아빠들은 친구보다 학교성적이 나쁜 경향이 있고 젊은 나이에 일을 시작해야 한다(Guttmacher Institute, 2009).

10대 임신방지 10대들의 임신율이 최근 감소하였지만 미국에서 15~19세 사이 수십만 명의 여성들이 매년 임신하고 있다. 10대 엄마들은 같은 나이의 여성들보다 가난하고 생활 보조를 받을 확률이 높다. 반 정도는 학교를 그만두고 복지에 의존하고 있다. 애기 아빠로부터 제대로 된 도움을 받는 경우도 드물다.

성적으로 활발한 10대들 중 피임 사용 성적으로 활발한 10대들은 만약 사용한다 해도 불규칙적으로 피임을 한다(Guttmacher, 2009; Mundy, 2000). 피임은 안정적이고 일부일처의 관계에 있는 10대들에게 사용될 가능성이 가장 높다. 하지만 일부일처의 관계에 있는 10대들도 피임의 비효과적인 방법을 사용하거나 효과적인 방법을 불규칙하게 사용하는 경향을 보인다.

다양한 원인들이 피임 사용에 영향을 준다. 친구들이 피임을 하는 10대들은 그들 자신도 사용할 가능성이 높다(O'Donnell 등, 2003). 나이 많은 10대들이 어린 청소년들보다 피임을 사용할 가능성이 높다(O'Donnell 등, 2003). 성적으로 활발한 어린 10대들은 피임에 관한 정보가 부족하거나 자신의 행동의 반향을 지각하지 못하는 이유로 피임 사용을 할 확률이 낮다(O'Donnell 등, 2003). 어린 10대들은 피임에 접근이 수월하지 않기도 하다.

나쁜 가족관계와 부모와의 불통은 불규칙적인 피임 사용과 관련이 있다(McBride 등, 2003; National Campaign to Prevent Teen Pregnancy, 2003). 또한 성적이 낮고 교육에 대한 열망이 낮은 것도 성교를 일찍 시작하는 바와 같이 불규칙적인 피임 사용을 예측 가능하게 한다.

피임을 사용하지 않는 이유를 물어보았을 때 성적으로 활발한 10대들은 종종 피임을 할 정도로 성교를 자주 하지 않거나 성교시 자연스럽지 못하다는 이유를 댄다(Mosher 등, 2005). 많은 10대들은 단지 "흐름에 따라 떠내려간다".

미신 또한 피임을 사용할 가능성을 줄인다. 일부 청년들은 임신하기 너무 어리다고 믿는다. 다른 이들은 임신이 지속적인 성교에 의한 결과이거나 중지하면 임신하지 않는다고 믿는다. 하지만 다른 청년들은 단순히 "끝까지 간다"라고 인정하려고 하지 않는다.

행동의 장기적인 중요성에 관심이 있는 10대들은 피임을 사용할 가능성이 높다. 관계의 질 또한 요인이다. 관계의 만족은 보다 자주 성교로 이루어지고 보다 규칙적인 피임 사용과 연관이 있다. 보다 규칙적인 피임 사용은 젊은 여성이 스스로 책임지는 결정을 하고 문제를 해결하는 관계에서 찾을 수 있다.

10대 임신과의 싸움 10대 임신의 흥미있는 요인 중 하나는 부모들이 10대에 주는 영향역을 과소평가하는 경향이 있다는 것이다. 10대 임신을 막는 국가적 켐페인(2003)에서 수천 명을 조사한 결과에 따르면 88%가 부모와 보다 솔직한 대화를 할 수 있으면 성교를 지연하거나 임신을 회피하기가 쉬울 것이라고 말했다! 하지만 4명 중 1명(23%)은 부모와 섹스, 피임 또는 임신에 관해 한번도 대화한 적이 없다고 말했다. 부모님들! 자녀들과 대화하세요.

10대 임신과 싸움에 다른 방법은 성교육과 무료 피임 서비스이다. 다른 산업국의 효과를 보면 많은 전문가들은 미국에서 10대 임신율과 성병의 유포는 교육과 피임의 준비로 줄일 수 있다고 믿는다.

학교에서 임신을 막는 프로그램은 단지 10대들이 성교를 늦추도록 격려하는 것("아니오 라고 말하기")부터 콘돔을 나눠주거나 학생들을 피임 병원으로 인도하는 등 정보를 제공하는 것까지 다양하다(Santelli 등, 2003). 금욕은 임신과 AIDS를 막는 가장 좋은 방법이지만 성교육에서 "오로지 금욕"을 가르치는 것은 효과적일까? 표 13.7은 "오로지 금욕"을 가르칠 가능성이 높은 주에서 10대 임신의 확률이 가장 높다는 것을 보여준다. 이 문제를 인지하고 미국의 학군 4곳 중 3곳에서는 피임과 성병을 막는 방법에 대해 교육을 제공한다.

블레이크와 그 동료들(Blake 등, 2003)은 메사추세츠 주의 고등학생을 4,000명 이상 조사했다. 약 20%의 학교에서 학생들에게 콘돔을 제공했다. 콘돔을 분배하는 것은 성적으로 활발한 학생의 비율을 높이지 않았지만 성적으로 활발한 학생들이 콘돔을 보다 규칙적으로 사용하도록 유도하였다. 종합적으로:

표 13.7

10대 임신의 가능성이 가장 높거나 낮은 주

높은 주	낮은 주
미시시피	뉴햄프셔
텍사스	버몬트
애리조나	매사추세츠
알칸사	노스다코다
뉴멕시코	메인
조지아	미네소타
루이지애나	코넥티컷
네바다	뉴저지
앨라배마	뉴욕
오클라호마	펜실바니아

출처: C. M. Blow. (2009, June 27). The prurient trap. *The New York Times.*

가까이서 보기

외설적인 방송이 10대들에게 성적 행동을 유발시키고 임신에까지 이르게 하나?

10대들이 "섹스 인 더 시티(Sex in the City)" 또는 다른 성적 내용을 포함한 TV를 보면 무슨 일이 일어날까? 본 것을 그냥 지나칠까? 아니면 건초에 가서 뒹굴기를 유발할까?

소아의학지에 발표된 논문(Collins 등, 2004)에 의하면 TV에서 성적 내용물을 보는 것과 성 관계를 갖는 것과는 관련이 있다. 이 연구는 1,700명 이상의 12~17세의 10대들을 포함한다. 연구자들은 같은 청소년들을 3년 후에 TV에서 성을 보는 것이 높은 임신율로 이어지는지 조사하였다(Chandra 등, 2008).

성 관계를 갖고 임신에 관한 정보를 제공한 718명의 청소년(43% 여성)이 조사에 포함되었다. 연구자들은 10대 임신과 연관된 다른 변수들, 학년과 품행 등도 포함시켰다. 그들은 성관계의 시작 등 10대 임신은 TV에서 성적 내용물을 보는 것과 밀접한 관계가 있다고 하였다. 성인물 시청의 상위 10% 10대들은 하위 10%의 10대들보다 2~3배 더 임신을 하였거나 임신에 책임이 있다. 총 TV보는 시간은 임신과 관계가 없었다.

결론

처음 보았을 때 TV에서 성적 내용물을 보는 것이 성행위와 10대 임신을 유발한다고 결론지을 수 있을 것 같다. 하지만 연구는 10대가 무엇을 보는지와 성적 결과간 연관성이 있다는 것을 보여주었다. 2장에서 본 바와 같이 연관성 연구는 관계를 보여줄 뿐 원인과 효과를 보여주지는 않는다. 연구자들이 일부 10대에게 TV 속 성적 내용의 프로그램을 보여주고 다른 이들에게는 보여주지 않는 실험을 한 것은 아니기에 10대가 무엇을 보는지와 관련있는 성적으로 다른 변수가 있다고 설명 또한 가능하다.

이 연구의 결과는 선택의 인자에 따라 결정될 수도 있다. 예를 들어, 성에 관해 보다 많은 관심이 있는 청소년들, 성에 관해 자유분방한 가정에서 자란 청소년들 또는 음란한 TV를 좋아하는 친구들을 가진 청소년들은 보다 음란한 프로그램을 보게 되고 또한 성관계를 갖고 임신할 확률 또한 높을 수 있다. 이런 경우에는 성에 관한 관심, 가정 분위기, 친구 관계가 보다 "원인"이 될 수 있다.

▶ **비판적인 사고하기**

왜 연구자들이 "음란한 TV 방송 보기"를 처리 또는 개별적인 변수로 하는 실험을 할 수 없는지 고려해 보라. 인종차별적인 TV를 청소년들에게 보이는 것과 연관있는 도덕적 문제는 무엇인가? 더욱이 연구자들이 음란하지 않은 방송을 보는 청소년들에게 인종차별적인 방송을 보지 않도록 할 수 있는가?

연구들은 학생들에게 콘돔을 제공하는 것은 10대들이 성교를 하는지, 얼마나 자주하는지 얼마나 많은 상대방과 하는지에 관한 성적 행동의 어떤 치수에 변화가 없었다는 것을 지속적으로 보여준다. 그리고 일부 연구들은 콘돔을 나눠준 후 성교를 하는 10대들의 비율이 감소하였다는 것을 보여준다. (Kirchheimer & Smith, 2003)

비판적인 사고하기

교육청에서 학생들에게 피임 기구를 제공하는 것에 대해 여러분의 의견은 무엇인가? 여러분의 의견은 무엇을 바탕으로 하고 있는가? 도덕성? 연구 결과? 설명해 보라. 이성적으로 당신 의견을 반대할 수 있는가?

13.9 아동기와 청소년기의 성적 특성

총정리: 재숙고, 재인용, 재검토

이 책은 PQ4R 방법을 사용하고 있다. 여러분은 맨 먼저 장 읽기, 즉 첫 번째 R을 잘 마쳤다. 이제부터 나머지 3R(총정리), 즉 재숙고, 재인용, 재검토는 여러분이 숙달한 정도를 여러분 스스로 테스트해 볼 수 있게 해줄 뿐 아니라, 이 장의 내용들을 이해하고 기억할 수 있게 도와줄 것이다.

재숙고

- 만약 당신의 갓난 아기가 자위하는 것을 목격하였을 때 어떻게 반응하겠는가? 아동기 자위의 근원은 무엇이라고 생각하는가?
- 어린이가 "의사"놀이를 하는 것을 본 적이 있는가? 당신의 반응은 어땠는가? 왜 그런 반응을 하였는가?
- 당신의 경험으로 보아 어떤 요인들이 당신의 고등학교 친구들이 성적으로 활발하거나 금욕을 하게 하는가?
- 임신하게 되어 놀란 10대들을 알고 있는가? 그들이 왜 놀랐을까? 그들이 더 잘 알아야 한다고 생각하는가? 설명해 보라.
- 어린이에게서 관찰된 성적 활동의 내용에 의해 놀란 적이 있는가? 왜 그랬나?

▶ **비판적인 사고하기:** 섹스에 관해 어떻게 배웠는가? 자녀들이 같은 방법으로 배우길 바라는가? 왜 그런가?

재인용

1. 태아 또는 신생아에서 발견한 성적 행동은 무엇인가?

- 남자 태아는 발기를 한다: 남자, 여자 태아는 손가락을 빤다. 유아기에 생식기 자극은 쾌감을 유발할 수 있다. 성기 내밀기는 빠르면 8개월부터 관찰되고 있다. 자위는 6~12개월에 시작될 수 있다. 부모와 같이 자는 것은 성적 발달에 영향을 줄 수 있다. 동성 부모는 동성애 자녀를 가질 확률이 이성 부모보다 높지 않다.

2. 어떤 종류의 성적 행동이 아동기에서 발견되는가?

- 3~8세 사이의 아동들이 자위하는 것에 관한 통계는 의심스럽다. 아동기 초기에 어린이들은 생식기에 호기심을 보이고 "의사놀이"를 할 수 있다. 동성 간 성행위는 이성 간 성행위보다 흔할 수 있으며 이는 성성향을 예견하는 것은 아니다.

3. 청소년 이전기에 발견되는 성적 행동은 어떤 종류가 있는가?

- 청소년 이전기의 어린이들은 동성 친구와 사귀는 경향이 있고 그들의 신체에 자각을 시작한다. 자위는 이 시기에 오르가즘을 얻는 주요한 도구가 된다. 청소년 이전의 성 놀이는 접촉이 있거나 혹은 없이 서로 생식기를 보여주는 것을 종종 포함한다. 많은 동성 성행위는 탐구를 포함하고 짧은 시간 이루어진다.

4. 어린이들은 성에 관해 어떻게 배우나?

- 성교육 프로그램의 증가에도 불구하고 친구들이 성적 정보의 주요한 근원이다.

5. 청소년기는 무엇인가?

- 청소년기는 사춘기 출현의 시작과 성인의 책임감을 보여줄 능력이 있을 때 끝난다.

6. 사춘기 때는 어떤 일이 일어나나?

- 성호르몬이 사춘기를 인도한다. 사춘기는 2차 성징의 등장으로 시작하고 긴 뼈들이 더 이상 길이의 변화가 없을 때 끝난다. 2차 성징의 대부분의 주요 변화는 여성의 경우 3년 동안 남성의 경우 4년 동안 진행된다.

7. 청소년기에 어떤 종류의 성 행위를 발견하나?

- 청소년기 동안에 자위가 가장 주요한 성 분출이다. 많은 청소년들은 임신을 방지하고 처녀성을 보존하면서 성적 만족도를 얻을 수 있는 방법으로 애무를 사용한다. 혼전 성교의 빈도는 특히 여성에게 킨제이의 날 이후 급격히 증가해왔다. 소수의 청소년들은 대부분 비슷한 또래 동성 간의 성적 경험을 보고하였다. 이런 성적 경험은 대부분 일시적이다. 청소년은 대부분 낙인을 찍기 때문에 동성애자들에게 보다 과격한 경우가 많이 있다.

8. 10대 임신에 대하여 무엇을 알고 있는가?

- 미국에서 약 800,000명의 청년이 매년 임신한다. 10대 임신의 요인들은 부모와의 친밀감 부족, 학교공부의 관심 또는 성과 부족, 피임 기구의 불규칙적인 사용 등이 포함된다.

재검토

1. 킨제이에 따르면 어린이들이 처음 오르가즘과 같은 행동을 하는 나이는 언제인가?
   (a) 유아
   (b) 2~5세 사이
   (c) 5~8세 사이
   (d) 8세~청소년기 사이

2. 틀린 것은?
   (a) 성적으로 활발한 10대 소녀 5명 중 1명은 매년 임신한다.
   (b) 임신한 10대들은 파트너로부터 좋은 도움을 받는다.
   (c) 대부분 10대 임신들은 선택에 의한 것이다.
   (d) 10대 엄마들의 아기들은 20대 엄마들의 아기들보다 건강하다.

3. 사춘기가 끝나는 시점은 언제인가?
   (a) 1차 성징이 나타나면서
   (b) 2차 성징이 나타나면서
   (c) 사람들이 성인의 책임감을 가지면서
   (d) 긴뼈가 더 이상 자라지 않을 때

4. 에스트로겐이 하는 일이 아닌 것은?
   (a) 자궁의 성장
   (b) 젖가슴과 엉덩이에 지방과 주변 조직의 성장
   (c) 겨드랑이와 음모의 성장
   (d) 자궁 내벽의 두께 증가

5. ________는(은) 10대들에게 혼전 성교를 절제하도록 용기를 준다.
   (a) 성에 관한 호기심
   (b) 교육에 관한 목표
   (c) 친구들의 강요
   (d) 부모와의 소통 부재

6. 구트마커 연구소에 따르면 약 ________ 퍼센트의 10대 임신이 미국에서 낙태로 끝납니다.
   (a) 10
   (b) 30
   (c) 50
   (d) 70

7. "보여주기"와 "의사놀이" 같은 성적 놀이는 몇 세에서 흔한가?
   (a) 1~2
   (b) 3~5
   (c) 6~10
   (d) 11~15

8. 카이저 재단 조사에 의하면 약 몇 퍼센트의 미국 부모들이 성교육에서 낙태에 관해 가르치길 원하나?
   (a) 20
   (b) 40
   (c) 60
   (d) 80

9. 연구에 따르면 성교육이
   (a) 미국보다 이란에서 더 자세하다.
   (b) 미국에서 10대 임신이 높은데 가장 책임이 있다.
   (c) 도덕적이지 않다.
   (d) 미국 세무자에 의해 미국 10대들을 위협하고 있다.

10. 젊은이들이 보고한 성에 관한 정보를 얻기 가장 힘든 곳은?
    (a) 부모들
    (b) 성교육 수업
    (c) 형제 자매
    (d) 친구들

정답: 1. a; 2. d; 3. d; 4. c; 5. b; 6. b; 7. c; 8. d; 9. a; 10. c

성인의 성적 특성

14장

목차

사실인가 아니면 허구인가

다음 중 어느 것이 사실이고 어느 것이 허구인가? 답은 본문 안에 있는 「사실인가 아니면 허구인가」 아이콘에서 만날 수 있다.

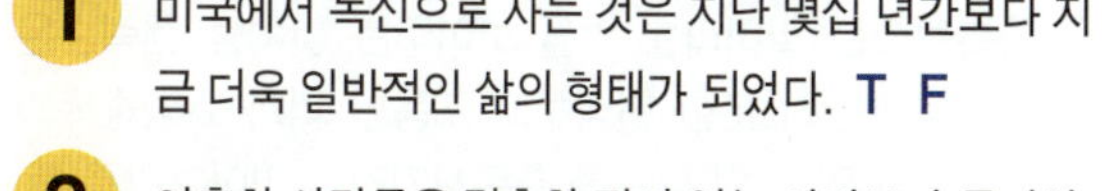

1. 미국에서 독신으로 사는 것은 지난 몇십 년간보다 지금 더욱 일반적인 삶의 형태가 되었다. T F
2. 이혼한 사람들은 결혼한 적이 없는 사람보다 동거할 확률이 높다. T F
3. 10대들은 결혼 없이 아이를 가질 가능성이 가장 높다. T F
4. 오늘날 세련된 젊은 사람들의 대부분은 혼외정사는 잘못된 것이 아니라고 본다. T F
5. 70대 이후 오르가즘을 느끼는 여성은 거의 없다. T F
6. 척추 손상으로 불수가 된 사람들은 성적으로 흥분하거나 성교를 할 수 없게 된다. T F

결혼제도가 궁지에 빠졌을 때 일부에게 너무 많은 결혼을 다룬 미국 케이블 TV인 HBO의 드라마가 사회적 반향을 일으키고 있다. 제목은 "큰 사랑"이고 때로는 뉴스를 만들기 좋아하는 뉴욕 타임즈는 여성들을 고용하여 유타 주 설트 레이크 시의 한 호텔방에서 이 드라마를 보고 의견을 말하도록 하였다.

그들의 조건은 무엇인가? 모든 여성은 현재 또는 과거에 일부다처의 결혼을 하였다. 그것은 한 남성과 두 명 이상의 여성과의 결혼이다.

리(Felica Lee, 2006)의 보고에 의하면 이 드라마는 베드신으로 시작한다. 빌 팩스턴이 분한 가상의 빌 헨릭슨은 세 부인 중 기니퍼 굿윈이 연기한 가장 젊은 말진과 열렬하다. 여러 여성을 거느리는 것은 축복보다는 일이라는 것을 보여주는 것처럼 헨릭슨은 여성들 – 진 트리플호른이 분한 현명하고 조용한 역과 쇼핑중독의 클로에 세비니가 분한 역 – 의 요구를 충족시키려고 비아그라를 뜯는다. 남편과 부인들은 총 7명의 자녀를 가지고 비교적 넓은 마당이 있다. 빌은 설트 레이크 시의 교외에서 살아가기 위해 일을 한다. 그들은 종교적이다: 실제로 그들은 종교적 원칙주의자로 그들의 일부다처제가 신이 요구한 것으로 믿다. 그러나 그들은 몰몬교는 아닌 것으로 매회 나타난다. 몰몬교는 오래 전에 일부다처제를 금지하였다.

아직 보지 않았을 경우를 대비해서 설명하자면 그 가족은 전형적인 중산층의 미국인인 것으로 보인다.

섹스신이 지나갔음에도 불구하고 그룹 중 한 명은 "이것은 주류 가족의 모습이다"라고 한다.

"이 남자는 그의 가족을 부양하려고 노력할 뿐이고 가족은 살아남기 위해 애쓸 뿐이다"라고 다른 사람은 말하였다.

큰 사랑. HBO 드라마 큰 사랑은 유타에서 한 남편과 세 부인들의 원칙주의 가족에 관한 것이다.

오늘날 성인이 되는 미국인들은 그 전 세대에 가능했던 것보다 다양한 종류의 성적 선택과 삶의 종류를 직면하고 있다(일부다처는 최소한 법적으로 불가능하지만). 성적 진화는 특히 여성에게 성적 선택에 있어서 전통적인 제약을 줄여주었다. 커플들은 과거에는 상상할 수 없었던 새로운 시도를 한다. 증가한 수의 젊은이들은 삶의 한 종류인 독신으로 남기를 선택하는데 이는 적임자를 찾기 위한 수단이 아니다.

이 장에서 우리는 오늘날 미국에서 독신, 결혼, 동거, 공개 결혼, 집단 결혼 등 다른 종류의 성적 특성에 관해 토론하겠다. 사람이 처음에 혼자로부터 시작되니 독신부터 알아보도록 하자.

14.1 독신

사실인가 아니면 허구인가

사실인가 아니면 허구인가 1: 최근에 우리 사회에서 독신 젊은이의 수가 급격히 증가하는 것을 볼 수 있다. 결혼하지 않은 독신은 이제 20대 초반에게 가장 일반적인 형태가 되었다. 결혼은 하늘이 내린 것일 수 있지만 많은 미국인은 하늘이 기다릴 수 있을 것이라고 말한다. 2000년도까지 15세 이상의 미국인 여성 4명 중 1명, 남성 10명 중 3명은 결혼한 적이 없다. 50년 전인 1950년에는 15세 이상 여성 5명 중 1명, 남성 4명 중 1명만이 결혼한 적이 없다. 결혼율 또한 감소하였다. 20~24세의 남성 5명 중 4명(84%) 은 미혼이고 이는 1970년의 55%보다 증가하였다. 2000년까지 같은 연령층의 독신 여성의 수는 1970년 36%에서 73%로 두 배 이상 증가하였다(U.S. Bureau of the Census, 2006).

몇 가지 요인이 독신의 비율을 증가시키는데 기여하였다. 한 가지는 보다 많은 사람들이 교육이나 직업적 성취를 위해 결혼을 미루고 있다. 많은 젊은이들은 결혼보다 최소한 잠시 동안은 "동거"를 결정하고 있다. 또한 표 14.1에서 보는 바와 같이 사람들은 늦게 결혼하고 있다. 미국에서 평균 남성은 오늘날 약 27세에 결혼하는데 50년 전에는 23세이었다(U.S. Bureau of the Census, 2006). 평균 여성은 현재 약 25세에 결혼한다: 50년 전에는 평균 여성이 20세에 결혼하였다.

편모 가정은 30년 전과 비교하였을 때 두 배 이상 증가하여 전체 가정의 4분의 1을 차지한다(U.S. Bureau of the Census, 2006). 이 여성들의 일부는 미혼모로 가정을 시작하지만 이혼의 증가 또한 편모의 비율을 증가시켰다.

독신자들은 오늘날 사회적 불명예를 적게 받는다. 현재 사회적으로 부적절하거나 실패자로 낙인 찍힐 가능성이 줄었지만 일부 미혼자들은 아직도 보수적인 사람들을 만나기도 한다. 결혼한 적이 없는 남성들은 동성연애자로 의심받기도 한다. 독신 여성들은 남성들이 그들을 "구속 받기 원하지 않는 사람"으로 인식하는 것을 느낄 때도 있다. 그렇지만 최소한 요즘에 30세 이상 여성들이 "노처녀"로 취급받을 가능성은 낮다 (Edwards, 2000).

많은 미혼들은 독신을 선택하지는 않다. 일부는 그들이 적임자를 찾지 못해서 독신으로 남는다. 하지만 많은 젊은 사람들은 독신이 제약이 없는 삶의 방식(결혼을 하기 전의 일시적인 상태가 아닌)이라고 생각한다. 직업 선택의 폭이 증가하면서 여성들은 그들의 어머니나 할머니처럼 경제적으로 남성들에게 의존하지는 않는다. 직업 최우선의 남성처럼 많은 직업여성들은 직업에 집중하기 위해서(최소한 잠시 동안이라도) 독신으로 남는 것을 선택한다.

미혼은 문제가 없는 것은 아니다. 많은 미혼들은 외롭다. 일부 독신자들은 지속적으로 의미 있는 사회적 관계의 부족에 관해 걱정을 표한다. 다른 사람들, 주로 여성들은 물리적 안전을 걱정한다. 일부 혼자 사는 사람들은 친밀함, 친교, 성교, 정신적 지지 등의 필요성을 충족시키지 못하는 것이 어렵게 느껴진다. 이러한 근심에도 불구하고 대부분의

비판적인 사고하기

사람들은 결혼해야 한다는 다양한 종류의 압박에 직면한다. 결혼을 할 것인지 독신으로 남을 것인지에 대한 주장 중 당신은 어떤 것에 동의하는가? 그 이유는?

표 14.1

1950년부터 2005년까지 성별 첫 결혼 추정 평균 연령

연도	남성	여성
2005	27.1	25.3
2000	26.8	25.1
1990	26.1	23.9
1980	24.7	22.0
1970	23.2	20.8
1960	22.8	20.3
1950	22.8	20.3

출처: U.S. Bureau of the Census. (2006). *U.S. Bureau of the census, current population reports, estimated median age at first marriage, by sex: 1890 - to present.* Table MS-2. www.census.gov/population/socdemo/hh-fam/ms2pdf.

독신자 "독신자 장면"은 하나도 없다. 독신자 전용 술집에서 독신끼리 만나기도 하지만 많은 사람들은 이웃 세탁소 등보다 자연적인 상황에서 만난다. 일부 독신들은 인터넷, 신문, 잡지 등에 광고를 내기도 한다.

미혼들은 잘 적응하고 만족한다. 많은 수의 친구들과 소셜네트워크를 가진 미혼들은 그들의 생활에 보다 만족하는 경향이 있다.

보편적인 "독신 사진"은 없다. 미혼들은 그들의 성적 성향과 생활 방식이 다르다. 많은 사람들이 감정적 정신적 안정을 친구들과 친밀한 관계를 통해서 얻고 있다. 대부분 성적으로 활발하고 **연속 연애(serial monogamy)**을 활용한다. 다른 싱글들은 한 명과 기본적인 성적 관계를 가지지만 때로는 짧은 외도를 한다. 에이즈 시대임에도 일부는 "바람둥이들"이다. 그것은 그들이 즉석 성적 만남 또는 "원 나잇"을 추구한다는 뜻이다.

일부 미혼들은 선택 또는 기회 부족으로 금욕한다. 사람들은 여러 가지 이유로 **금욕(celibacy)**을 선택한다. 수녀와 신부들은 종교적인 이유이다. 다른 사람들은 금욕이 그들의 에너지와 집중을 일에만 몰두하게 하거나 다른 중요한 일에 집중하게 한다고 믿는다. 그들은 금욕이 다른 목표를 위한 일시적인 도피처라고 생각한다. 다른 사람들은 결혼 외의 성교는 비도덕적이라고 생각하여 금욕한다. 또한 다른 이들은 성적 행위가 추잡하거나 매력적이지 않는 행위로 생각하거나 또는 성병의 위험으로 금욕한다.

가족성장에 관한 국가조사의 자료를 사용하여 린드버그와 싱(Lindberg & Singh, 2008)은 전국적으로 6,493명의 여성의 자발적으로 참여한 행동 조사를 분석했다. 그들은 20~44세의 여성 중 36%는 싱글이고 10명 중 9명은 성교를 하고 있었다. 성 경험이 있는 여성 중 70%는 조사 당시 성적으로 활발했으며 그들은 지난 12개월 중 7개월 동안 성교를 하였다. 기혼(2%) 또는 동거(9%) 여성보다 높은 비율의 싱글 여성(22%)은 지난해 동안 2명 이상의 성적 파트너를 가졌다고 보고했다.

연속 연애(serial monogamy) 동시에 여러 명과 성적인 관계를 갖는 것과 반대로 한 명씩 연속적으로 관계를 갖는 패턴.

금욕(celibacy) 완벽한 성적 절제(때로는 결혼하지 않은 상태를 설명하기도 하는데 특히 독신을 선언한 사람들의 경우에 그러함).

데이트-연애? 섹스 파트너?

사람들은 결혼 전, 이혼 후, 배우자 사망 후 싱글이 된다. 일부는 평생 싱글로 남는다. 요즘 데이트라는 말은 고등학생이나 대학생들 사이에서 보통 듣기 어렵지만 싱글들 중 많은 사람들은 데이트를 한다. 우리는 젊은 사람들이 "연애"한다는 말을 들을 가능성이 높다(Bogle, 2008). 그들은 교실, 캠퍼스, 스포츠 이벤트, 파티, 학교 식당 등 어디서나 만나면 "연애"한다(Bogle, 2008). 데이트를 하러 가는 것은 그들의 부모들이 한 것이거나 당신이 인터넷 상에서 만난 사람과 하는 것일 가능성이 높다.

싱글들은 때로는 연속 결혼(연속적으로 단기 혹은 장기적인 관계를 가지는데 이 관계는 결혼으로 이어질 가능성이 있음)을 가지기도 한다. 일부는 **섹스 파트너(friends with benefit, FWB)**들과 즉흥적인 관계를 가지며 다른 관계들도 유지한다(Bogle, 2008). 성적 파트너로도 불리는 즉흥적인 성적 관계를 유지하는 사람들이 있다. 섹스 파트너는 통상적으로 로맨틱한 관계보다는 싱글들의 성적 욕구를 충족시키기 위한 것이다. 때로는 섹스 파트너는 성관계를 가질 때도 있고, 때로는 서로 떨어져서 자위를 하거나 구강성교를 할 때도 있다. 섹스 파트너와의 관계는 일반적으로 일시적이며 한 명이 좋아하는 사람이 생기는 등 헤어지길 원하면 관계가 종료된다.

다른 독신들처럼 이혼자들도 데이트를 한다. 일부는 과거 때문에 "질렸"을 수도 있고 "관계"를 가질 준비가 안 되었을 수도 있다. 그들은 저녁식사, 의복 단정, 영화, 꽃처럼 진짜 데이트의 부속물을 모두 감사한다.

이혼 또는 미망인인 싱글들은 몇 가지 이유로 데이트를 할 때보다 공식적인 경향이 있다. 한 가지 이유는 그들이 비교적 나이가 많아서 현 시대의 추세(이들 중 많은 부분이 성적 진화이지만!)를 따라가기 어렵다. 그들은 현재의 유명 가수들이나 문화에 관해 담소 나누는 것에 걱정이 있을 수 있다(물론 그들의 친구들도 어렵다). 다른 이유는 그들 중 많은 이들이 책임져야 하는 자식, 직장, 대출들이 있고 그 결과로 젊고 부담이 없는 젊은 싱글들처럼 즐기고 모험할 경제적인 여유가 없다. 그들은 또한 몸매에 보다 근심이 많아서 만약 관계가 진행되어 성행위를 할 때 불을 끄기를 보다 원한다. 그리고 이혼한 사람들은 이전 관계들에 상처를 많이 받아서 빠르게 다른 관계를 가질 준비가 되어 있지 않을 수도 있다. 이런 경우에는 저녁식사, 멋진 옷, 영화, 심지어 꽃 등 전통적인 책략이 준비되어 있을 수도 있다.

14.2 동거: 자기야, 나의 단순 동거인이 되어 줄래?

만약 당신이 나의 단순 동거인이 된다면 내가 못할 일이 없어.

—찰스 오스굿

단순 동거인(POSSLQ)이라고? 단순 동거인은 미국 인구조사국이 **동거(cohabitation)**를 뜻하며 소개한 로맨틱하지 않은 약자이다. 이는 "근접한 생활을 공유하는 다른 성별의 사람들(People of Opposite Sex Sharing Living Quarters)"라는 뜻이며 함께 사는 미혼 커플에게 적용된다.

20, 30대의 미국인 중 대부분이 한동안은 동거한다(Bramlett & Mosher, 2002; Brown & Manning, 2009). 이런 이유로 동거는 사회적 주류의 일부분이 되었다. 우리

섹스 파트너(friends with benefit, FWB) 성적인 관계는 갖지만 로맨틱한 관계를 유지하지 않는 친구.

동거(cohabitation) 법적 절차 없이 결혼한 것처럼 같이 사는 것.

동거 동거는 한때 "불륜관계"라고 불리기도 했으나 요즘에는 흔한 삶의 방식이 되었다. 일부 사회학자는 이 세기에 결혼보다 일반적인 삶의 형태가 될 것이라고 예측한다.

비판적인 사고하기

동거율이 미국에서 백인보다 흑인이 더 높은 이유는 무엇인가?

는 동거를 기성세대에서 해온 "불륜관계" 또는 "부적절한 관계"라고 말하는 것을 듣기 어렵다. 오늘날 사람들은 동거를 큰 의미 없이 "함께 사는 것"이라고 설명하는 경향이 있다. 현재의 관용은 동거인 수에 따른 사회적 변화를 반영하는가? 동거 커플들의 수가 관용의 결과로 증가하는가? 두 가지 관점 모두 아마도 정답일 것이다.

미국에서 미혼인 성인 남성과 여성이 함께 사는 가정의 수는 1960년에 약 50만 커플이 그 이후로 10배 이상 증가하여 오늘날 약 500만 커플이 있다(Whitehead & Popenoe, 2006). 다른 50만 가정은 동성 파트너로 구성된다. 많은 부분 대학생들이 같이 사는 것에 집중된다 하더라도 동거는 실상 학력이 부족하고 부유하지 못한 사람들에게 보다 널리 퍼져 있다(Bramlett & Mosher, 2002). 동거율은 흑인 커플이 백인 커플 보다 두 배 정도 높다.

결혼의 반 이상이 동거 이후에 이루어진다(Bramlett & Mosher, 2002). 만약 백인 여성이 5년 이상 동거를 한다면 그 파트너와 결혼할 확률은 약 75%이다(Bramlett & Mosher, 2002). 확률은 라틴계 여성은 61%, 흑인 여성은 48%로 낮아진다. 일부 사회학자들은 동거가 많은 커플들에게 구혼의 새로운 단계라고 제안한다. 표 14.2에서 보는 바와 같이 오늘날 고교 졸업반의 반 이상이 결혼 전에 궁합이 맞는지 함께 살아보는 것은 좋은 생각이라고 믿는다. 그럼에도 이런 커플들의 40%는 추후에 이혼하므로 "연습 결혼"은 그들이 원하는 커플들의 정보를 제공하지 않을 수도 있다.

자녀들은 결혼한 커플들만큼 동거하는 가정에서도 일반적이다(Marquis, 2003). 새로운 파트너와 동거하는 이혼한 사람들의 절반 정도는 가정에 자녀가 있다(Bramlett & Mosher, 2002). 미혼의 동거 커플들의 가정 셋 중 하나 또한 함께 사는 자녀가 있다. 흥미롭게도 성인들은 동거하고 양쪽 모두 아이가 있는 복잡한 가정의 청소년들은 성인들이 동거하는 것을 인지하지 못하는 경우가 있다(Bramlett & Mosher, 2009). 그들은 단지 엄마와 아빠이다.

사람들은 많은 이유로 동거한다. 결혼처럼 동거는 혼자 사는 것의 대체이다. 파트너들은 서로에게 깊은 감정이 있을 수도 있지만 결혼할 준비는 되어 있지 않다. 일부 커플

표 14.2

미국에서 5년 주기 동안 다음 진술에 동의하거나 대체로 동의하는 고교 졸업반 학생들의 백분율: "커플들은 그들이 잘 맞는지 확인하기 위하여 혼전 동거를 하는 것은 좋은 생각이다"

연도	소년(%)	소녀(%)
1976~1980	44.9	32.3
1981~1985	47.4	36.5
1986~1990	57.8	45.2
1991~1995	60.5	51.3
1996~2000	65.7	59.1
2001~2004	64.1	57.0

주: 각각의 기간 동안 성별 응답자의 수는 약 6,000명이다. 2001~2004년만 예외적으로 약 4,500명이다. 전체적인 추세는 소년과 소녀 모두에게 통계적으로 의미 있게 상승세이다.

출처: From "Life Without Children" by Barbara Dafoe Whitehead and David Popenoe, *The State of Our Unions: The Social Health of Marriage in America*, 2006, Figure 18. Reprinted by permission of The National Marriage Project at Rutgers University.

들은 결혼의 법적 구속 없이 관계를 지속할 수 있어서 동거를 선호한다(Hussain, 2002; Marquis, 2003). 그리고 일부 문화에서는 동거가 보통이다.

동거의 의지는 성적 행동에 보다 자유로운 태도, 결혼에 관한 다소 적은 전통적 관념, 성별에 따른 역할이 적은 전통적 관념들과 연관되어 있다(Hussain, 2002; Marquis, 2003). **사실인가 아니면 허구인가 2:** 예를 들어 이혼한 사람들은 미혼보다 동거할 확률이 높다. (결혼 경험은 일부 사람들에게 은행계좌보다 그들의 삶을 함께하는 의지를 높여주는가?) 동거자들은 그렇지 않은 사람들보다 종교가 그들에게 매우 중요하다고 말할 가능성이 낮다(Bramlett & Mosher, 2002).

사실인가 아니면 허구인가 2

많은 동거자들은 기혼자보다 그들의 관계에 의무를 지지 않는다(Hsueh 등, 2009; Rhoades 등, 2009). 결혼 의무를 지지 않으려는 성향은 남성에게 보다 자주 일어난다(Peplau, 2003). 44세 컴퓨터 컨설턴트인 마크는 낸시와 그들의 7살 딸인 자넷과 살고 있다. 마크는 "우리는 기본적으로 커플이기보다 개인이지만 함께 살게 되었다고 생각한다. 이것은 나에게 조금 더 자유를 허용한다. 남성은 헌신하는 것을 좋아하지 않아서 이것이 아마도 어떤 종류의 변명이 된다"라고 말한다. 럿거스 대학의 대이빗 포페네는 많은 남성이 헌신하지 않고 그들이 "준아내(quasi-wife)"를 가질 수 있어서 동거한다고 적었다(Hussain, 2002).

비판적인 사고하기

결혼 전에 동거를 한 부부가 그렇지 않은 부부보다 이혼율이 높은 이유는 무엇인가? 동거가 이혼의 원인이라고 가정하지 말아야 한다. 우리는 항상 상호관계가 있는 자료에서 원인을 파악할 때 주의하여야 한다. 이 조사에 응한 부부 중 무작위로 동거를 하거나 그렇지 않도록 시키지 않은 것에 유념하라. 그러므로 선택 요건(일부 커플이 동거를 하고 다른 커플들은 하지 않는 요건)이 결과를 설명해 줄 수 있다(그림 14.1 참조). 동거하는 사람들은 개인적인 독립을 보다 열망하는 경향이 있다(Hsueh 등, 2009; Rhoades 등, 2009). 그들은 또한 전통적이거나 종교적이지 않다. 결론적으로 혼전 동거를 하는 사람들은 결혼 문화에 전통적으로 귀속되는 가치나 관심에 보다 적게 헌신한다. 동거 그 자체 때문이 아니라 동거를 하는 사람들의 태도가 이혼율의 증가를 설명할 수 있다.

경제적인 요인 또한 중요하다. 생활비를 함께 부담하여서 생기는 경제적 이득 때문에 동거를 결정하기도 한다. 사회보장 이익을 받는 동거자들은 만약 결혼한다면 도움을 받지 못한다(Hussain, 2002; Marquis, 2003). 일부 고령 커플들은 성인 자녀의 반대로 결혼보다 동거를 한다. 일부 자녀들은 부모가 생활이 어려운 노인들에게 이용될까봐 두려워한다. 다른 사람들은 유산이 문제가 되거나 양부모를 어디에서 장례를 치를지 결정하기를 원하지 않는다. 젊은 커플들은 결혼하거나 동거가 들통 나면 잃을지도 모르는 부모의 도움을 유지하기 위해서 비밀리에 동거하기도 한다.

동거 후 결혼: 득과 실?

동거하는 커플들은 관계에서의 문제점을 해결함으로써 추후 결혼을 튼튼하게 해 준다고 믿을 수 있다. 하지만 후에 결혼하는 동거인들은 이혼이라는 중대한 위험에 직면하기도 한다. 미시간 대학 사회연구소 스모크의 조사(Smock, 2000)에 의하면 결혼 전에 동거하는 커플의 40%는 후에 이혼한다. 결혼하는 동거인들은 그렇지 않은 사람들보다 이혼할 높은(낮지 않은) 위험에 처한다. 일부 연구들은 결혼 10년 내에 이혼할 가능성은 혼전 동거한 커플들에게 약 2배 높다고 제안한다(Smock, 2000).

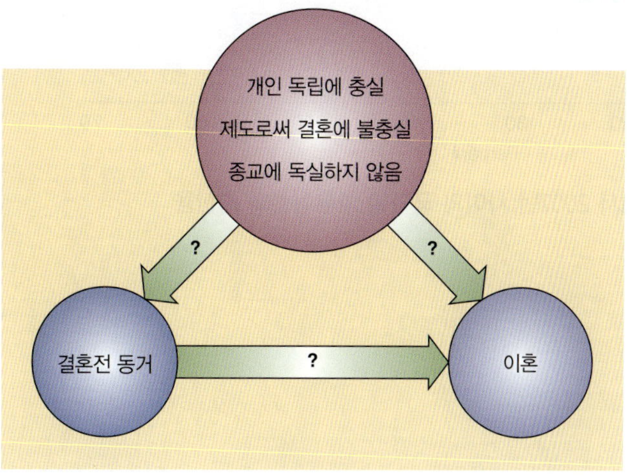

그림 14.1 혼전 동거가 이혼의 위험성을 증가시키나? 혼전동거와 그 후 이혼 위험성과의 상관관계가 있다. 동거가 이혼의 확률을 증가시키나? 혹은 다른 요인(개인적인 독립 등)이 동거와 최종 이혼의 가능성에 영향을 주나?

가까이서 보기

미혼 여성의 출산(2009년도 통계)

- 2002년 이후 미혼녀의 임신은 급격히 증가하였다.
- 2007년에 미혼녀의 출산은 1,714,643명으로 2002년보다 26% 증가하였다. 2007년에 미국에서 출산의 40%는 미혼모에 의한 것이다.
- 미혼 10대의 출산율은 감소하거나 변화가 없는 것에 반해 20대 이후 미혼녀의 출산율은 증가해 왔다.
- 미혼 출산은 라틴계 미국인에서 가장 높고 흑인이 다음이다. 백인이나 아시안계에서 비율은 훨씬 낮다.
- 10대 산모의 대부분(2007년에 86%)은 미혼이고 같은 해에 20~24세 여성의 출산 중 60%, 25~29세 여성 출산의 3분의 1은 미혼여성에 의한 것이다.
- 사실인가 아니면 허구인가 3: 2007년 10대 미혼모의 출산은 전체 미혼모의 23%에 불과하였는데 이는 1970년보다 50%나 감소하였다.

미혼모의 임신에 관해 미국과 다른 국가들의 비교

미국은 특별하지도 다른 국가에 비해 앞서나가지도 않는다. 예를 들어 그림 14.2에서 보이는 것과 같이 아이슬란드, 스웨덴, 노르웨이 출산의 반 이상이 미혼모에 의한 것이다. 미혼모의 출산 비율은 프랑스와 덴마크에서도 높다.

미국의 비율은 그럼에도 불구하고 일부 선진국에 비해 심각하게 높다. 예를 들어 최근 출산의 30% 미만이 독일, 스페인, 캐나다, 이탈리아, 일본의 미혼모에 의한 것이다.

미국에서 미혼모의 증가 추세는 대부분 선진국과 비슷하며 그 수준은 최소 2~3배이고 이들 국가 중 일부의 경우에는 1980년에서 2000년대 중반까지 몇 배 증가하기도 하였다.

출처: European Commission. Eurostat. (2009). Live births outside marriage. Accessed May 13, 2009. http://epp.eurostat.ec.europa.eu/portal/page/portal/eurostat/home; National Institute of Population and Social Security Research. Population statistics of Japan 2008. Accessed May 13, 2009; Stephanie J. Ventura. (2009, May). Changing patterns of nonmarital childbearing in the United States. NCHS data brief number 18. Hyattsville, MD: National Center for Health Statistics. http://www.cdc.gov/nchs/data/databriefs/db18.htm. Accessed May 13, 2009.

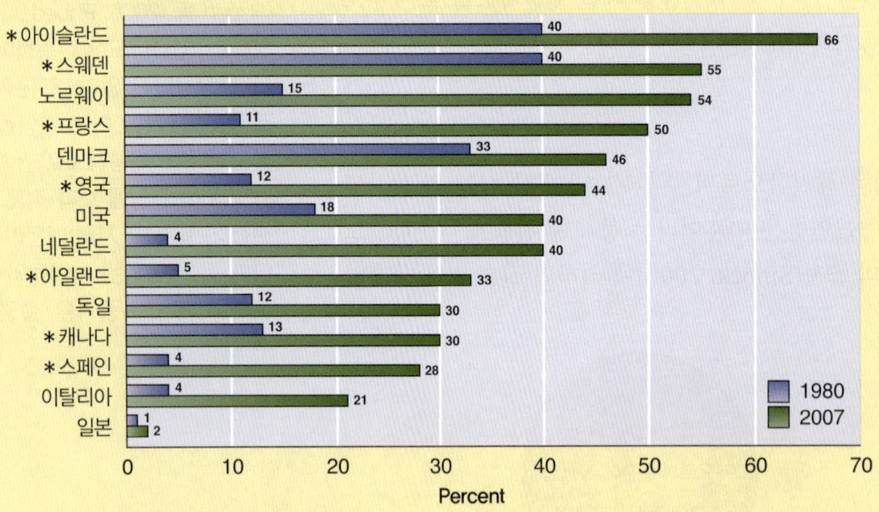

그림 14.2 1980년에서 2007년 사이의 국가별 미혼여성의 출산율

*가장 최근인 2006년 자료.

14.3 결혼: 끈 묶기

결혼의 모든 문제에도 불구하고 결혼은 미국에서 가장 일반적인 삶의 형태로 남아있다. 표 14.3은 미국 인구 조사국에서 모은 2005년에 35~44세의 결혼 상태를 보여준다(Whitehead & Popenoe, 2006). 이는 대학원을 졸업하거나 직업 경력에 정착하기 충분한 나이의 미국인 그룹이다. 또한 일반적으로 미망인이 되기에는 어린 나이의 그룹이기도 한다.

미국 가정에서 결혼한 커플들의 전체 비율은 계속해서 감소해왔으며 최근에는 2000년 52%에서 2005년 49.7%로 줄었다(Roberts, 2006). 한편으로 35에서 44세 사이 미국 남성과 여성의 3분의 2는 결혼했다.

결혼은 길고 다양한 역사를 가지고 있다. 고대 히브루인, 그리스와 로마인들은 남성이 삶의 대부분을 지배하는 가부장제로 살았다. 부인은 남편의 자산으로 여겨졌다: 그들의 책임은 아이를 키우고 가정을 돌보는 노예였다. 결혼은 보통 남성에 의해 조정이 되고 때로는 경제적, 정치적 이득을 얻는다. 전형적인 그리스에서 남성은 감각적인 성과 불순한 대화를 위해 상류 매춘을 하기도 한다.

기독교적인 전통 또한 가부장제를 기본으로 한다. 남성 우월은 신약성서의 글귀에서 보는 것처럼 성경에 적법화되어 있다: "교회가 그리스도에게 하듯 아내들도 범사에 자기 남편에게 복종할지니라. 이는 남편이 아내의 머리 됨은 그리스도께서 교회의 머리 됨과 같음이니 그가 바로 몸의 구주시니라"(에베소서 5:23~24).

시간이 흐른 후 여성은 노예 대신 사랑하는 동반자로 보이게 되었다. 그들은 교육으로부터 이득을 창출할 수 있게 되었다. 하지만 유부녀가 남편의 필요와 무관하게 직업을 통해서 충족을 찾는 일은 최근의 일이다. 여성이 성적 충족의 권리를 갖는 생각 또한 새롭다. 오늘날 미국 커플들은 역할을 분담하거나 과거와 반대의 역할을 할 가능성이 높다.

사람들은 왜 결혼하나?

연속 연애와 동거의 시대에도 사람들은 아직 결혼한다. 왜 그럴까? 결혼은 많은 개인적 문화적 필요를 충족시킨다. 전통주의자들에게는 (심지어 이 장의 처음에 써진 "전형적인" 일부다처 사람들에게도) 그것이 성적 관계를 합법화한다. 오늘날 미국 젊은이들의 대부

표 14.3

미국에서 1960년부터 2005년까지 35~44세의 성별 결혼율

연도	남성(%)	여성(%)
1960	88.0	87.4
1970	89.3	86.9
1980	84.2	81.4
1990	74.1	73.0
2000	69.0	71.6
2005	66.2	67.2

출처: From "Life Without Children" by Barbara Dafoe Whitehead and David Popenoe, *The State of Our Unions: The Social Health of Marriage in America*, 2006, Figure 4. Reprinted by permission of the National Marriage Project at Rutgers University.

가까이서 보기

결혼은 곤경에 빠지는 것인가?

그래서 누가 결혼할 필요가 있는가? 그리고 왜? 결국에는 당신이 원하면 같이 살면 되지 않나?

서구 사회에서는 대답이 '네' 인 것처럼 보인다. 당신은 당신이 원하는 것을 거의 대부분할 수 있다. 심지어 결혼의 가장 중요한 이유가 더 이상 옛날처럼 중요하지 않다. 예를 들어 많은 회사와 정부기관이 동성 결혼자에게도 혜택을 주고 있다.

그리고 설문조사에서도 현재 결혼이 과거보다 선택적이라고 반영하고 있다. 예를 들어, 한때는 커플이 아이를 가지려면 결혼을 해야 한다는 것이 당연히 받아들여졌다. 결혼은 아이를 안전하게 키우는데 사회적 허가와 정신적으로 충만한 둥지를 제공하곤 했다.

하지만 2006년 전국적으로 18세 이상 성인 1,000명 이상에게 갤럽 조사에서 물었다: "커플이 아이를 함께 가질 때 결혼이 얼마나 중요하나?"

정답은?

37%가 "매우 중요"
34%가 "중요"
27%가 "그리 중요하지 않음" 또는 "전혀 중요하지 않음" 이라고 답하였다.

대답자의 대부분이 전통적인 두 부모 가정의 존재가 확연히 필요한 것으로 보지는 않았다. 그리고 추세는 어떨까? 18~39세의 대답자 중 30%와 비교하여 65세 이상의 대답자 중 58%는 커플이 아이를 가질 때 결혼하는 것이 "매우 중요" 하다고 답하였다.

고등학교 졸업반에게 결혼 밖에서 아이를 가지는 것이 인정받을 수 있는지에 대한 다른 조사가 있었다. 표 14.4에서 보는 바와 같이 보다 많은 고교생이 과거보다 현재 긍정하는 추세를 보여주어서 지금은 대부분이 동의한다.

조사의 다른 질문: "커플이 그들의 삶을 같이 보내려고 할 때 결혼하는 것이 얼마나 중요하나?"

대답은:

65%가 "매우 중요"
20%가 "중요"
14%가 "그리 중요하지 않음" 또는 "전혀 중요하지 않음" 이라고 답하였다.

▶ **비판적인 사고하기**

당신은 결혼 제도가 "궁지에 빠졌다"라고 결론지을 것인가? 만약 결혼이 사라지거나 희박해지면 사회적 결과는 무엇인가?

표 14.4

고등학교 졸업반 학생 중 결혼 없이 아이를 가지는 것이 가치 있는 삶의 방식이거나 다른 사람에게 영향을 주지 않을 것이라고 답한 백분율(미국에서 5년 주기로 조사)

연도	소년(%)	소녀(%)
1976~1980	41.2	33.3
1981~1985	43.2	40.3
1986~1990	46.6	47.8
1991~1995	49.1	53.3
1996~2000	49.1	54.3
2001~2004	55.9	55.8

주: 2001~2004년에 4,500명이 응답한 것을 제외하고는 각 주기별 성별에 따른 응답자의 수는 약 6,000명이다. 소년 소녀의 추세는 모두 통계적으로 의미 있는 수치이다.

출처: From "Life Without Children" by Barbara Dafoe Whitehead and David Popenoe, *The State of Our Unions: The Social Health of Marriage in America*, 2006, Figure 18. Reprinted by permission of The National Marriage Project at Rutgers University.

표 14.5
18세 이상 기혼자 중 그들의 결혼이 "매우 행복"이라고 답한 백분율(미국에서 5년 주기로 조사)

연도	남성(%)	여성(%)
1972~1976	69.6	68.6
1977~1981	68.3	64.2
1982~1986	62.9	61.7
1987~1991	66.4	59.6
1992~1996	63.2	59.7
1997~2004	64.4	60.4

출처: From "Life Without Children" by Barbara Dafoe Whitehead and David Popenoe, *The State of Our Unions: The Social Health of Marriage in America*, 2006, Figure 4. Reprinted by permission of the National Marriage Project at Rutgers University.

분은 커플이 아이를 가지려고 할 때 결혼이 아주 중요하다고 더 이상 생각하지 않음에도 불구하고(Jason, 2006), 결혼은 아직도 아이들이 도움 받고 사회 적응하는 좋은 장소를 제공한다. 결혼은(이론적으로) 성적 관계를 제한하여 남성은 부인의 자녀가 그의 것이라고 확신 받는다(최소한 그렇게 간주한다). 혼전에 반대 동의서에 서명하지 않았을 경우에는 결혼은 한 가정에서 다른 가정으로 한 세대에서 다른 세대로 부의 질서적인 이동을 허락한다. 로맨틱한 사랑, 평등 그리고 남성과 여성은 신뢰의 극치를 열망하기 위해 노력하는 급진적인 생각과 같은 개념은 서구에서 결혼의 구조에 최근에 추가되었다. 19세기 전까지는 사랑이 결혼의 기본이라는 개념이 서구 문화에서 보급되지 않았다.

오늘날 보다 많은 사람들이 서로 사랑하는 두 사람 간의 혼전 성교는 용납된다고 믿기 때문에 성에 대한 욕망은 결혼의 동기를 부여할 가능성이 적다. 하지만 결혼은 안정된 느낌과 감정, 경험 그리고 다른 사람에게 특별한 관계를 유지한다는 생각을 공유할 기회를 제공한다. 심지어 젊은이들도 결혼은 남은 생애를 함께 보내려고 계획하는 사람들에게 중요하다는 개념을 믿는다(Jayson, 2006).

넓게 말해서 현재 미국의 많은 사람들은 보다 행복해질 것이라고 믿기 때문에 결혼하기를 원한다. 시카고 대학의 투표(표 14.5)는 비록 비율이 지난 수십 년간 어느 정도 낮아졌지만 그들의 대부분이 옳았다고 충분히 생각한다고 제시한다.

결혼의 종류

> 인도 군대의 영국 지휘관인 대이빗 옥테로니는 13명의 배우자가 있고 "그의 부인들을 각각의 코끼리에 태우고 퍼레이드하는 것을 좋아했다." (Bentley, 2009)

여러 종류의 결혼이 있다. 남성, 여성 커플들 중 우리는 두 가지가 있다: 일부일처제와 복혼. **일부일처제(monogamy)**에서 한 남편과 부인은 서로와만 결혼한다. 하지만 결혼생활의 한 형태인 일부일처제를 성적 독점성과 혼동하지 마라. 일부일처 형태로 결혼한 사람들은 아래에서 기술한 것처럼 혼외정사를 할 경우가 있지만 그들은 한 번에 한 사람과 결혼한다. 복혼에서는 한 사람은 다른 성의 한 명 이상의 배우자를 가지고 그들 모두

일부일처제(monogamy) 한 명과 결혼.

에게 성적 접촉을 허용한다. 동성 결혼에서는 한 명이 동성의 다른 사람과 결혼한다.

일부다처제(polygyny)는 선사시대에서 가장 흔한 복혼이었다(Ford & Beach, 1951; Frayser, 1985). **일처다부제(polyandry)**는 비교적 드물다. 많은 이슬람 사회를 포함한 일부다처 사회에서는 남성은 여러 부인을 갖는 것이 허용된다. 실질적으로 말해서 많은 경우에 부유한 남성만이 여러 여성과 그들 사이에서 아이들을 부양할 수 있다. 하지만 남성 대부분이 여러 부인을 가질 만큼 여성이 충분한 사회는 매우 드물다.

"전통" 영화 "지붕위의 바이올린"의 유명한 노래는 중매결혼이 결혼의 대표적인 방식이던 시기이다. 뮤지컬에서 갈등의 대부분은 딸이 아버지가 결혼을 원치 않는 사람과 사랑에 빠진 사실에서 기인한다.

일부다처제(polygyny) 한 명의 남성이 여러 여성과 결혼하는 결혼의 형태.

일처다부제(polyandry) 한 명의 여성이 여러 남성과 결혼하는 결혼의 형태.

중매결혼

현대의 인도(Myers 등, 2005)와 파키스탄(Zaidi & Shuraydi, 2002) 그리고 고대 유럽(Seward, 2005)과 같은 전통적인 사회에서는 자주 중매결혼을 이용하는데 이 결혼에서는 신랑과 신부의 가족들이 대체로 결합을 조절한다. 유태인 가족들에 의한 중매결혼은 뮤지컬 **지붕위의 바이올린**의 한 주제였다.

뮤지컬에서처럼 중매결혼의 목적 중 하나는 신랑과 신부가 비슷한 배경에서 와서 그들이 가족의 종교 및 문화적 전통을 이어가도록 확신하는 것이다. 중매결혼 지지자들은 특히 커플들이 느끼는 감정이 종종 일시적인 끌림이고 깊고 부동의 사랑이 아니기 때문에 개인의 감정보다 가족의 지혜를 따라가는 것이 보다 현명하다고 주장한다. 커플들은 또한 낮은 기대치로 중매결혼을 시작하고 그 후 일이 잘 풀릴 경우 기쁨을 감출 수 없다. 지지자들은 "본인이 준비한 결혼" 보다 중매결혼의 이혼율이 낮다고 주장하지만 중매결혼을 하는 커플들은 또한 보다 전통적이라는 점을 감안해야 한다.

동성결혼

마이크와 수 웨인버그는 저녁을 먹으러 나갔을 때 그들의 6살 난 아들 잭이 "엄마, 나는 엄마와 결혼할 거야"라고 선언했다. 웨인버그 부인이 그녀는 벌써 결혼하였다고 설명하였을 때 잭은 "그럼 아빠랑 결혼할 거야"라고 주장했다.

"너는 아빠랑 결혼할 수 없어"라고 웨인버그 부인은 참을성 있게 설명하였다. "아빠는 남자야."

"하지만 마크와 케빈은 남자들이잖아." 잭이 대답하였고 그 논리는 엄마가 반박할 수 없었다.

길 건너에 사는 커플인 마크 데미치와 케빈 행스트는 실질적으로 결혼하지는 않았다. 하지만 그들은 7년 동안 버킹검 씨네, 테론 씨네, 시코놀피스 씨네와 같은 이웃의 다른 젊은 가족들처럼 여름 저녁에 서로를 방문하며 어울리는 시카고 근교에 살았다.

도심보다 근교를 결정함으로써 데미치 씨와 행스트 씨는 그들이 "동성 커플"이 되는데 두려웠다. 하지만 위튼에서도(작년까지 음주와 춤을 금지하고 지속적인 공화당 세력인 카운티인 복음신학대학의 본고장임) 마크와 케빈은 많은 동료를 찾을 수 있었다. 몇 주 전에 60명의 남녀 동성애자들이 와인 시음에 참석했다. 약 30명이 지난 토요일에 인근 공원에서 소프트볼을 하였다.

비판적인 사고하기

결혼이란 단어는 종교적인 행사 또는 상태에 국한되고 동성 결혼 이란 단어는 동성 결혼과 그 상태에 국한되어야 한다고 제안되기도 한다. 하지만 종교적인 상태는 동성 간의 편의도 포함되고 있다. 어떻게 생각하나?

동성 결혼 몇 개의 주와 많은 국가들은 동성 간의 결혼이 많은 결혼의 혜택이 주어지도록 허용하고 있다. 동성 커플들은 미국의 많은 지역에서 주류 생활로 자리 잡고 있다.

30마일 떨어진 시카고의 보이스타운이라고 불리는 지역은 공무원들이 국가의 첫 번째 시 지정 동성 경제 구역인데, 사업가와 주민은 젊은 동성 가족의 유입이 이웃의 이름을 시대착오로 만들었다고 한다. 동성 책방은 이제 동성 서적보다 어린이 서적을 더 많이 판다.

교회와 정치에서 동성에 관한 논란은 최근에 **동성 결혼(gay marriage)**을 허용해야 하는지 또는 동성 성교를 합법화해야 하는지에 초점을 맞추고 있다. 하지만 위튼과 보이스타운 같은 곳에서는 일상생활에 보다 기본적인 질문에 답하고 있다. 동성애자가 이성애자와 터놓고 지내는 것으로 그들은 여러 가지 종류의 대립과 화합 속에 전형적인 것에 하나 둘씩 맞서고 서로의 합의점을 시험하고 있다.

결혼의 다른 문제점들

결혼은 일반적으로 성 독점성의 기대를 기본으로 한다. 하지만 개방결혼 또는 단체결혼 등 다른 종류 또는 비전통적인 생활 방식은 혼외 근접 관계를 허용한다. 이러한 종류의 삶의 방식은 1960년대와 1970년대에 성 진화의 전성기 동안 관심의 혼란을 일으켰으나 그 당시에도 현실보다는 토론이 더 자주 있었다(Bozell, 2005; Gates, 2001). 오늘날, 보다 적은 수의 지지자가 존재한다.

전통적인 결혼의 이상은 우리 문화에 강하게 남아 있다 하더라도 남성들은 여성들보다 성적 자유에 관심을 어느 정도 표현할 가능성이 높다(Knox & Schacht, 2002). 하지만 공동 동거, 개방결혼, 단체결혼과 같은 생활방식을 시도한 대부분의 사람들이 언젠가 전통적인 결혼으로 들어왔다.

누구와 결혼하나: 결혼은 하늘에서 아니면 이웃에서 이루어지나?

대부분의 선사 사회는 일정 방식으로 배우자 선택을 조절하였다. 공용되는 근친상간의 금기는 가까운 친척과 결혼을 금지하였다. 사회적 규범과 관습 또한 어떤 사람들이 원하는 상대이고 그렇지 않은지 결정한다.

현대 서구 문화에서 배우자 선택은 자유롭다. 부모들이 그들의 자녀가 근처에 사는 독실한 신자의 훌륭한 아들 또는 딸과 데이트하기를 권장하기도 하지만 결혼을 중매하

동성 결혼(gay marriage) 동성과 하는 결혼.

우리는 많은 사람들이 우리와 외형과 태도에 비슷하다고 생각하는 경향이 있다. 우리는 또한 키, 몸무게, 지식, 심지어 술과 마약의 사용도 비슷한 경향이 있다.

는 일은 드물다. 그럼에도 불구하고 인종, 사회적 계층, 종교 등의 요인들이 종종 우리가 찾는 상대의 부류를 결정한다. 우리 문화의 사람들은 같은 지역적 위치와 사회 계층의 사람들과 결혼하는 경향이 있다(Haandrikman 등, 2008; Hamplova, 2009). 이웃들은 비슷한 사회 계층의 사람들로 이루어지기 때문에 신데렐라와 같은 이야기 책 속의 결혼은 규칙에 예외적이다.

우리가 선택하기 때문에 외적 매력과 태도가 비슷한 사람들과 결혼하는 경향이 있다. 만남, 데이트, 아마도 동거, 결혼 등의 단계별로 관계가 진행하기 때문에 보다 엄선하는 경향이 있어서 우리의 선택을 배경, 태도, 관심 등이 비슷한 사람으로 좁히는 것이다(Blackwell & Lichter, 2004). 우리는 상대가 신장, 체중, 개인적 특성, 지능, 심지어는 술과 담배처럼 아주 작은 것까지 비슷한 경우가 그렇지 않은 경우보다 많다(Reynolds 등, 2006). 우리는 예비 배우자가 물질적, 성적, 정신적 필요를 충족시켜줄 수 있는지 생각하는 경향이 있다.

"비슷한 사람끼리 결혼"이라는 용어는 **동류결혼(homogamy)**이다. 대부분의 경우 우리는 같은 인종, 민족 배경, 학력 수준, 종교 등이 같은 사람들과 결혼한다. 그리고 연구는 비슷한 배경의 사람간 결혼이 보다 안정된 형태를 보여주는 경향이 있다(Myers, 2006; Willetts, 2006). 하지만 아시안, 라틴계 미국인들의 3분의 1과 13%의 흑인, 7%의 백인 들은 다른 인종/민족과 결혼한다(Carey, 2005). 배경이 비슷한 개인들은 가치와 태도를 공유할 가능성이 높기 때문에 함께 살 가능성이 보다 높다(Willetts, 2006). 그렇지만 점점 더 많은 미국인들이 사랑 때문에 다른 인종과 결혼한다(Kennedy, 2003).

우리는 또한 **연령 동류결혼**(자신의 나이 대에 비슷한 파트너를 선택하는 것)을 하는 경향이 있다(Michael 등, 1994). 연령 동류결혼은 성인기의 초반에 결혼하는 경향을 반응하기도 한다. 늦게 결혼하거나 재혼하는 사람들은 연령이 아주 가까운 배우자를 선택하지 않는 경향이 있다. 유럽, 북미, 남미 국가에서 평균적으로 신랑이 신부보다 2~5세 나이가 많은 경향이 있다(Buss, 1994).

동류결혼(homogamy) 사회적 배경이 비슷한 사람끼리 결혼하는 형태.

일부 결혼은 차이결혼을 보여주기도 한다. 대표적인 방식은 경제적으로 안정된 나이 많은 남성이 매혹적이고 젊은 여성을 아내로 받아들이는 것이다. 하지만 대체적으로 이웃집 또는 같은 사무실 남자 또는 여자에게 유혹되고 결혼한다. 대부분의 결혼은 하늘이 내린 것이 아니라 이웃에서 결정되는 듯하다.

결혼 중 성교

결혼 중 성교의 양상은 문화마다 다양하지만 인류학자들은 공통된 줄기를 강조한다. 성적 관계의 사생활은 거의 모든 문화에서 중요시한다. 대부분 문화에서 또한 생리 중, 임신의 일정 단계 그리고 출산 후 일정 기간 성관계를 금지한다.

1960년대와 1970년대의 성적 진화까지 서구 문화는 결혼 중 성교에까지도 제한적이라는 특성을 나타냈다. 우리는 보통 젊고 미혼의 사람들에게 일어나는 성적 행동과 태도의 변화에서 성적 진화를 생각한다. 하지만 결혼 중 성의 큰 변화 또한 받아들였다. 킨제이의 1930년대와 1940년대의 "진화 전" 표본과 비교해서 현재 결혼한 커플들은 보다 다양하고 긴 시간 동안 보다 빈번하게 성교를 가진다. 그들은 보다 큰 성적 만족도를 나타낸다. 성적 진화는 성적 쾌락이 남성들을 위한 것이고, 남편의 성적 욕구를 충족시켜주는 것은 여성의 임무라는 관점을 없애는데 일조했다. 케이블 텔레비전과 다운로드는 성적으로 숨김없는 영화들을 교외 가정과 휴대폰으로 보내주었다.

과학적 발견들도 자유스러운 영향이었다. 일반적인 여성들은 오르가즘뿐만 아니라 여러 번의 오르가즘을 가질 능력이 있다는 킨제이, 마스터즈와 존슨의 발견들은 성적 만족이 남성들만의 타고난 권리라는 전통적인 믿음에 구멍을 뚫었다. 텔레비전 쇼, 영화, 라디오 쇼에서 여성을 성을 즐기는 주체자로 그리기 시작했다. 2차 세계대전 이후의 풍요함 또한 보다 많은 젊은이들이 대학 교육을 받고 집에서 떨어져 사는 계기가 되었다. 대학은 좋은 책들과 과학적 지식에 노출되고 다른 배경의 학생들과의 교류를 자유롭게 하였다.

효과적인 피임의 개발은 임신과 성교를 분리하였다. 성적 즐거움의 동기는 보다 개방됐다. 킨제이 시대 이후 이런 모든 자유화하는 원동력은 결혼 중 성교의 빈도와, 전희와 성교 기술의 변화를 이끌었다(Mosher 등, 2005).

표 14.6

킨제이 보고서에 따른 남성과 여성의 경우를 합친 결혼 중 주당 성관계의 평균 빈도

나이	빈도
16~25	2.45
26~35	1.95
36~45	1.40
46~55	0.85
55~60	0.50

출처: A. C. Kinsey, W. B. Pomeroy, and C. E. Martin, (1948). *Sexual behavior in the human male*. Philadelphia: W. B. Saunders; and A. C. Kinsey, W. B. Pomeroy, C. E. Martin, and P. H. Gebhard. (1953). *Sexual behavior in the human female*. Philadelphia: W. B. Saunders.

표 14.7

NHSLS에 따른 지난해 동안 결혼 중 성관계의 빈도

성관계의 빈도	남성(%)	여성(%)
전혀 없음	1.3	3.0
일 년에 수차례	12.8	11.9
한 달에 수차례	42.5	46.5
한 주에 2~3번	36.1	31.9
한 주에 4번 이상	7.3	6.6

출처: Adapted by permission from E. O. Laumann, J. H. Gagnon, R. T. Michael, and S. Michaels (1994). *The Social Organization of Sexuality: Sexual Practices in the United States*. Chicago: University of Chicago Press, Table 3.4, pp. 88-89.

전희의 변화 킨제이 표본 중 기혼 여성들은 평균 전희의 길이는 약 12분이라고 답하였다. 킨제이는 교육 수준이 낮은 남성들이 일반적으로 삽입 전에 1~2분의 짧은 전희를 한다는 것을 발견했다. 전희의 길이는 대학교육을 받은 남성들에게는 5~15분으로 증가한다. 결혼 중 전희는 킨제이 시대 이후 지속성과 다양성을 얻었다. 보다 최근 조사에서 커플들은 젖가슴의 구강 자극과 구강성교를 포함한 보다 다양한 전희 기술을 사용한다고 답하였다(Laumann 등, 1994).

결혼 중 성교 빈도의 변화 얼마나 자주 결혼한 커플들이 성교를 하나? 표 14.6에서 킨제이 보고서의 결과를 요약하였다. 성교의 빈도는 나이와 역으로 관련이 있다. 고령의 커플들이 보다 낮은 빈도로 성교를 한다.

표 14.7에서 보는 바와 같인 대부분의 남성과 여성은 성적 행위를 한 달에 수차례 또는 한 주에 두세 번 참여한다고 NHSLS에서 보고하였다(Laumann 등, 1994). 평균은 한 달에 7번이다(Michael 등, 1994, p. 136). 이러한 수치들은 킨제이 보고서와 확연히 다르지는 않다.

하지만, 성적 행위의 빈도는 나이에 따라 감소한다(Call 등, 1995; Laumann 등, 1994). 예를 들어, 50~59세에서는 사람들이 한 달에 4~5회라고 답하였다(Laumann 등, 1994). 커플들의 나이와 무관하게 성적 빈도 또한 결혼 연차에 따라 감소하는 것처럼 보인다. 따라서 참신함의 효과가 있는 것처럼 보인다.

성교의 변화 킨제이 이후 전희와 같이 성교에서 침대가 배우들의 보다 다양한 역할을 하는 무대가 되었다. 현대의 커플들은 훨씬 다양한 체위를 이용한다.

킨제이의 남성들 중 70%는 남성 상위 체위만을 사용하였다(Kinsey 등, 1948). 약 10 중 3 커플들은 여성 상위 체위를 빈번히 사용하였다. 약 4~5 중 1는 배위를 종종 사용하였고, 약 10 중 1은 후배위를 사용하였다. 하지만 젊고 상위교육을 받은 남성들이 보다 다양성을 보여주었다.

킨제이와 현재 표본들의 중요한 차이는 성교 시간과 관련이 있다. 킨제이의 시기에서는 "남성적인" 사람은 성교 중 사정을 빨리 하는 것으로 널리 믿었다. 킨제이는 대부분의 남성이 삽입 후 2분 내에 오르가즘에 도달하고 많은 사람이 10~20초에 도달한다고 추

표 14.8

다양한 세상: 지난해 동안 주요 관계에서 인구 통계적인 요인과 성적 만족도

	항상 또는 주로 파트너와 오르가즘을 가졌다		파트너와 육체적으로 만족도가 매우 높다		파트너와 정신적인 만족도가 매우 높다	
인구 통계적 특징	남성	여성	남성	여성	남성	여성
나이						
18~24	92%	61%	44%	44%	41%	39%
25~29	94	71	50	39	46	40
30~39	97	70	45	41	39	38
40~49	97	78	44	42	38	42
50~59	91	73	53	32	52	32
결혼 상태						
동거하지 않음	94	62	39	40	32	31
동거	95	68	44	46	35	44
결혼	95	75	52	41	49	42
인종*						
백인	96	70	47	40	43	38
흑인	90	72	43	44	43	38
라틴	96	68	51	39	43	39

*아시안계 미국인과 미국 원주민들의 숫자는 너무 작아서 믿을 수 있는 통계를 보고할 수 없었다.

출처: Combined from E. O. Laumann, J. H. Gagnon, R. T. Michael, and S. Michaels, (1994). *The Social Organization of Sexuality: Sexual Practices in the United States*. Chicago: University of Chicago Press, Table 3.7, pp. 116–117; and R. T. Michael, J. H. Gagnon, E. O. Laumann, and G. Kolata, (1994). *Sex in America: A Definitive Survey*. Boston: Little, Brown, Table 9, pp. 128–129.

정하였다. 하지만 일부 의사들은 그 당시에 남성이 파트너가 오르가즘에 도달하기 전까지 사정을 늦추지 않으면 "조루" 라고 이미 주장하였다. NHSLS에 의하면 요즘 남성은 파트너의 요구에 보다 많은 시간을 사용한다: 4쌍의 기혼 커플 중 3쌍의 "마지막 성적 이벤트의 지속시간"은 15분에서 한 시간이었다(Michael 등, 1994).

성적 만족도 성적 만족도의 한 가지 지표는 오르가즘의 지속성이다. 남성들은 여성들보다 꾸준히 오르가즘에 도달하는 경향이 있다. NHSLS는 남성의 90% 이상과 여성의 70% 이상이 그들의 기본 파트너와 조사 이전의 12개월 동안 "항상" 또는 "보통" 오르가즘에 도달한다고 답하였다(Laumann 등, 1994; Michael 등, 1994; 표 14.8). 75%의 남성과 29%의 여성은 매번 오르가즘에 도달한다고 답하였다(자료 제시 없음). 단 2%의 기혼 여성들은 지난해 동안 남편과 오르가즘에 도달하지 못하였다고 답하였다(자료 제시 없음).

40대 여성들이 젊거나 나이 많은 여성들보다 오르가즘에 도달할 가능성이 일정 정도 높다. 40대 여성들은 아마도 그들의 성에 관해 배울 시간이 있었고 젊은 여성들보다 그들의 관계에 안정감을 느꼈을 것이다. 기혼 여성들은 오르가즘에 지속적으로 도달할 가능성이 가장 높고 그 다음으로는 동거 여성, 그리고 동거하지 않는 여성 순이다. 안정감은 오르가즘의 지속성을 촉진하는 것으로 보인다. 중요한 인종적, 민족적 차이는 없는 것으로 보인다.

비판적인 사고하기

다음 진술에 관해 동의하는지 반대하는지 그 이유를 말해보라: 결혼은 구태의연한 삶의 형태이어서 오늘날 세파에 물든 젊은이들에게는 부적절하다.

오르가즘이 성적 만족도를 측정하는 유일한 방법은 아니다. NHSLS는 참여자들에게 지난해 동안 그들의 기본 파트너와 육체적으로 아주 만족했는지 물어보았다. 표 14.8처럼 남성(47%)과 여성(41%)의 일반적인 육체적 만족도는 비슷하였다. 따라서 오르가즘은 만족을 보장하지 않는다. 그리고 오르가즘의 부족은 반드시 불만족의 표현은 아니다. 하지만 감정적 만족은 성적 만족과 연관이 있다. 표 14.8은 약 40%의 남성과 여성이 그들의 일차적 파트너와 감정적으로 아주 만족한다고 보고하였다. 가까운 관계는 보다 지속적인 오르가즘과 연결되어 있다.

학생들의 실제 질문

질문: **어떻게 하면 제 파트너가 지속적으로 성에 관심을 갖게 할 수 있나요? 저희는 5년간 같이 지냈습니다.**

답변: 당신은 성에 "장벽"이 있나? 방에 아이가 뛰어다니는 것과 같은? 굉장히 스트레스를 받는 직업? 불가능할 정도로 오랜 출퇴근? 피로? 음주(과음)? 만약 그렇다면 당신은 일반적으로 당신의 삶의 재조정을 고려해 보아야 한다. 하지만 만약 당신이 약간의 성적 지루함을 가졌다면 이 장 앞에서 언급한 가장 잘 알려진 최음제는 다양성이라는 것을 기억하길 원할 수 있다. 새로운 향수는 어떨까? 머리 스타일 변화? 잠옷 또는 속옷? 주말여행? 성적으로 새로운 것을 시도해 보는 것은 어떨까? 75세 내분비학자는 부인과 성교를 할 때 성인물을 본다고 한다. 아내에게는 대체로 지루하지만 성인물이 남편에게 주는 영향에 감사한다고 한다. 결론적으로: 장벽을 없애고 새로운 것을 창조하라. 그리고 당신이 만약 75세 내분비학자라면…

보다 최근에 로라 카펜터와 그녀의 동료들의 NHSLS 자료의 분석(2009)은 40~59세의 이성애자인 남성과 여성 1,053명 중 여성이 남성보다 성적으로 만족할 가능성이 낮았다. 흥미롭게도 중년의 사람들에게 전형적인 성 역할이 명백히 뒤바뀌었다: 남성의 물리적 만족은 관계의 요인들에게 보다 밀접한 연관이 있는 반면, 여성의 감정적 만족은 그들의 "신체의 성적 행위"(이것은 어떤 성적 자극을 받는지)와 밀접한 연관이 있었다.

간통

빌 클린턴 대통령, 존 엔사인 상원의원, 존 에드워드 상원의원, 뉴트 갱그리치 하원의원, 엘리옷 스피쳐 주지사, 데이비드 비터 상원의원, 마크 샌포드 주지사, 데이비드 패터슨 주지사. 좌익, 우익 그리고 "중도" 정치인들의 공통점은 무엇인가? 그들은 모두 간통을 저지른 것을 인정했다. 우리는 그들이 전부가 아닌 것을 알게 될 것이다.

어떤 사람들은 다양성을 위해 혼외정사를 한다(Peluso, 2008). 일부는 한정된 결혼의 일상을 깨기 위해 외도를 한다(Allen & Atkins, 2005; Markman, 2005). 다른 이들은 청소년들이 종종 성교를 위해 갖는 성 외적의 이유와 비슷한 이유로 외도를 한다: 배우자에 적대감을 표시하거나 부정을 보복하는 방법. 외도를 하는 남편들과 부인들은 종종 그들의 결혼 관계가 만족스럽지 않다고 보고한다. 개인의 성정을 위한 호기심과 욕망이 종종 결혼 불만족보다 강한 동기이다. 중년층은 그들의 자존심을 증가시키고 그들이 아직도 매력적이라는 것을 증명하기 위해 외도를 하기도 한다.

많은 경우 성적 동기는 감정적 근접의 열망보다는 더 작다. 어떤 여성들은 그들이 대화하고 소통하는 누군가를 찾는다고 말한다(Lamanna & Riedmann, 2005). 여기 성별 차이가 있다(Peplau, 2003). '외도 이후'라는 책의 저자 자니스 아브라함스 스프링에 의하면 남성들은 "애인"을 찾는 반면에 여성들은 "천생연분"을 일반적으로 찾는다. 여성들은 그들이 사랑할 때 외도를 정당화하는 경향이 있는 반면, 남성들은 외도가 사랑이 아닐 때 그렇다(Smart, 2006).

여성들은 감정적인 참여 없이 성교를 잘 받아들이지 않는다(Buss, 2009; Peplau, 2003). 여성들은 사랑과 성교가 같이 가는 것으로 보아서 사랑에 빠지는 것이 성교를 정당화하는 반면, 남성들은 여성들보다 성교와 사랑을 구분할 가능성이 높다(Peplau, 2003). 하지만 이는 전체적인 차이이다. 많은 개인 남성들은 성교보다 혼외 관계에 기본적으로 관심이 있다. 비슷하게 어떤 여성들은 관계를 위해서가 아닌 성교를 하기 위해 외도하기도 한다.

진화적인 측면에서 간통은 단기간 짝짓기의 방식으로 볼 수 있으며 여성들보다 남성들에게 적응되었다. 조나손과 그의 동료들(Jonason 등, 2008)은 224명을 주시하여 세 가지 특징적인 다발을 발견하였는데 이는 간통에 기여하지만 관계유지에는 그렇지 않아서 어둠의 삼각형이라고 연구자들이 이름을 붙였다: 이기주의(자만 또는 과도한 자기사랑), 정신이상(도덕성이 없거나 반사회적인 행동), 권모술수 주의(속임수와 기회주의). 이 어둠의 삼각형은 착취적이고 단기간의 관계를 남성에게 촉진한다. 하지만 연구자들은 모든 정직하지 않은 남성들이 어둠의 삼각형으로 분류되지 않는 것으로 발견된 것을 유의하여야 한다.

간통의 양상 몇 가지 정의로 시작하겠다. **혼외정사(extramarital sex)**는 일반적으로 배우자의 인지 또는 동의 없이 일어난다. 비밀 외도는 **비밀 간통(conventional adultery)**, 간통 또는 "부정"이라고 불린다. 비밀간통은 "하룻밤"에서 수년간 이어지는 외도까지 전영역이 있다. **공개 간통(consensual adultery)**에서는 혼외 관계가 공개적으로 이루어지는데 이것은 파트너의 인지와 동의가 있다. **부부교환(swinging)** 또는 상대교환으로 불리는 것에는 파트너가 참여한다.

얼마나 많은 사람들이 배우자에게 "부정"을 저지르나? 텔레비전 토크쇼를 보는 사람들은 모든 사람이 저지른다는 인상을 받을 수도 있지만 믿을만한 조사는 다른 그림을 그린다. 90% 이상의 기혼 여성과 75% 이상의 기혼 남성은 NHSLS 조사에서 그들의 배우자에게 충성스러운 것으로 보고되었다(Laumann 등, 1994). 동거하는 사람들의 대부분 또한 성적으로 배우자에게 충성스러운 것으로 보고되었다. 하지만 라우만 그룹의 결과는 60세 이상의 남성 중 평생 간통 비율이 1991년 20%에서 2006년 28%로 증가하였다(Parker-Pope, 2008). 노인 여성들은 평생 발생률이 1991년 5%에서 15%로 증가하였다. 연구자들은 또한 최근 결혼에 변화를 발견하였다. 35세 미만 남성 중 20%, 여성 중 15%가 충실하지 못한 적이 있다고 답하였는데 이는 1991년 남성 15%, 여성 12%보다 증가

혼외정사(extramarital sex) 결혼한 사람이 배우자 이외의 사람과 성적 관계.

비밀 간통(conventional adultery) 배우자 몰래 이루어지는 간통.

공개 간통(consensual adultery) 배우자에게 알리거나 동의하에 이루어진 간통.

부부교환(swinging) 부부 모두 간통 경험을 하는 공개 간통의 한 형태. 스와핑이라고도 함.

하였다. 유에스에이 투데이(USA Today)와 갤럽 조사는 조사에 응한 사람의 54%가 충실하지 못한 사람을 알고 있다고 답하였다(Blow, 2009).

보고된 혼외정사의 백분율을 밝힌 이상 이런 보고들을 확인할 수는 없다고 지적한다. 사람들은 그들이 익명을 보장받아도 "부정"을 저질렀다고 밝히는 것에 거부감이 있을 수도 있다(Parker-Pope, 2008; Peluso, 2008). 한 연구는 4,884명의 기혼여성을 1 대 1로 인터뷰와 익명 컴퓨터 질문을 이용하여 조사하였다(Whisman & Snyder, 2007). 1 대 1 조사에서는 단 1%의 여성들이 지난해에 부정을 저질렀다고 말했다. 하지만 6%의 같은 표본은 컴퓨터 질문에서 간통을 인정했다.

간통에 관한 태도 미국인, 특히 젊은 미국인들은 결혼을 "아주 중요"하다고 더 이상 보지 않지만, 그들은 아직도 약속을 지키는 것이 중요하다고 보는 것 같다. 10명의 미국인 중 9명 정도는 외도는 "항상 나쁨" 또는 "거의 항상 나쁨"이라고 말했다. 4명 중 3명은 간통이 "항상 나쁨"이라고 말했다(Berke, 1997). 7명 중 다른 한 명은 "거의 항상 나쁨"이라고 말했다. 단지 1% 정도만이 혼외정사는 "전혀 나쁜 것이 아님"이라고 말한다. 대부분의 기혼 커플들은 관계의 초석으로 일부일처제를 받아들인다(Silva, 2005; Smart, 2006).

사실인가 아니면 허구인가 4

사실인가 아니면 허구인가 4: 현재 사회에 물든 젊은 사람들의 대부분은 가끔 혼외정사는 잘못이 아닌 것으로 보는 것은 사실이 아니다. 성적 진화는 최소한 대부분의 기혼자들에게는 간통으로 발전시키지 않았다.

간통의 효과 간통의 발견은 다양한 감정적 반응을 불러일으킬 수 있다. 배우자는 화, 질투, 심지어는 창피함으로 가득할 수 있다. 매력과 욕구에 대한 부적절하고 의심스러운 감정이 나올 수도 있다. 탄로에 의해서 종료되지 않은 결혼은 상처받은 상태로 남아 있을 수 있다.

외도가 주는 손상은 외도가 개인과 그의 배우자에게 의미를 반영할 수도 있다(Peluso, 2008). 뉴욕에서 상담과 정신치료의 관리자인 람버티(Deborah Lamberti, 1997)는 여성의 전통적인 성과 관계의 복합을 지적하며 "남성은 다른 사람과의 성교가 일차적인 관계를 떠날 이유로 보지 않는다"고 주장했다(pp. 131~132). 여성들은 이것을 인지하고 남편들이 단지 물질적인 이유로 다른 사람과 잔다고 그들 자신에게 말할 수

학생들의 실제 질문

질문: 파트너가 7년마다 방황하게 된다는 "7년 가려움증(권태기)"이라는 이야기는 믿을 만한가요?

답변: 7년 가려움이란 권태기를 7년 가려움증이라는 말로 붙이게 된 것은 전통적으로 7주년 기념 선물의 하나로 양털(또는 구리 제품)을 준데서 기인한다. 하지만 7년이라는 표현은 7년이라는 짧지 않은 기간 동안 서로 익숙해져 관심이 줄어들게 되는데, 이때 특히 남성은 성적으로 새로운 것을 찾는데 보다 관심이 많아질 수 있다.

있다. 하지만 여성들은 1부1처제로 남는 것에 보다 걱정한다. 그러므로 만약 여성이 다른 남성과 잔다면 그녀는 벌써 문 밖으로 한 발이 나간 것이다. 부인의 외도는 남성의 자존심과 자부심에 잊지 못할 충격일 수도 있다(Rasmussen & Kilborne, 2008). 여성은 삶의 구조에 위협으로 일탈을 저지를 가능성이 높다(Allen & Atkins, 2005; Peluso, 2008).

만약 한 사람이 결혼에 큰 문제가 있어서 외도를 한다면 외도는 파멸을 가속하는 한 가지 요인이 될 수 있다. 결혼에 대한 효과는 외도의 본질에 달려 있을 수 있다. 배우자가 지속적인 외도를 받아들이는 것보다 단발적이고 우발적인 만남의 희생양이면 이해하기가 쉬울 수도 있다(Rasmussen & Kilborne, 2008). 어떤 경우에는 간통의 발견이 커플이 그들의 관계를 향상하기 위한 노력을 자극할 수 있다.

14.4 이혼: 연 끊기

> 아내와 나는 이혼을 고려하고 있었지만 변호사 수임을 확인한 후 우리는 대신 새 차를 사기로 결정했다.
>
> —헨리 영맨

> 데이트할 때마다 나는 이 사람이 내 아이들과 주말을 함께 보내기를 원하는 사람인지 생각한다.
>
> —리타 루드너

미국에서 약 40~50%의 결혼은 이혼으로 끝난다(Whitehead & Popenoe, 2006). 미국에서 이혼율은 1980년대에 유지하기 전까지 20세기의 대부분 꾸준히 증가하였다. 이혼 여성의 수는 남성보다 많은데 그 이유의 일부는 남성이 재혼할 확률이 높기 때문이다.

왜 이혼이 증가하는가? 1960년대 중반까지 불륜이 대부분의 주에서 이혼의 유일한 법적 근거였다. 하지만 잘못 없는 이혼법이 거의 모든 주에서 실행되어서 불륜의 발견 없이 이혼을 허가하게 되었다. 여성의 경제적 독립의 증가 역시 이혼율에 기여하였다. 오늘날 보다 많은 여성들은 문제 있는 결혼으로부터 해방되어 나오는 경제적 도구가 있다. 오늘날 보다 많은 사람들이 이전 세대들보다 결혼을 변경할 수 있는 상태로 본다.

오늘날 사람들은 그들의 부모 또는 조부모보다 결혼에 더 높은 기대를 하고 있기도 한다. 그들은 개인적인 만족감뿐만 아니라 가족의 삶과 자녀를 키우는 조직으로 결혼을 기대한다. 현재 이혼의 가장 흔한 이유들은 대화와 이해의 부족이다. 현재 이혼의 중요한 예측방법은 남편의 비판, 방어적임, 멸시, 의사방해를 포함하지 경제적 지원의 부족은 아니다(Carrer 등, 2000; Mahoney & Knudson-Martin, 2009).

이혼의 비용

이혼은 일반적으로 경제적 감정적 문제들과 연결되어 있다. 가정이 나뉠 때, 자원들은 종종 각자 파트너에게 이전 삶의 기준처럼 유지되지 않는다. 이혼은 남성보다 여성의 지갑에 영향을 준다. 인구조사국의 보고에 의하면 여성의 가정 소득은 약 24% 감소하였다

(Bianchi & Spain, 1997). 남성의 소득은 약 6% 감소한다. 직장생활을 하지 않았던 여성들은 젊고 보다 경험 있는 일꾼들과 경쟁하기 어려울 수도 있다. 이혼한 엄마들은 자주 혼자 아이를 키우는 책임을 져야 하고 소득을 증가시킬 필요성 등 복합적인 스트레스를 직면한다. 이혼한 아버지들은 새로운 삶의 방식을 확립함과 동시에 위자료와 자녀 양육비를 제공하기 어려울 수도 있다.

이혼은 또한 배우자와 부모로서 실패, 외로움과 미래에 관한 불확실성 그리고 우울 등의 감정을 유발할 수 있다. 기혼자들은 아마도 서로의 감정적 지지를 받기 때문에 삶의 스트레스와 긴장을 잘 처리할 수 있는 것처럼 보인다. 이혼과 사별한 사람들은 가장 높은 수준의 물리적 정신적 고통을 받는다(Lorenz 등, 2006; Meadows, 2009). 그들은 또한 높은 자살률을 보인다(Donald 등, 2006; Lorant 등, 2005). 한편으로 이혼은 개인적인 성장과 쇄신을 허용할 수도 있어서, 개인의 중요성을 받아들이고 새롭고 보다 보상받는 삶을 이룰 기회가 될 수 있다.

어린이들은 종종 부모들이 이혼할 때 가장 큰 실패자가 되지만 지속적으로 문제가 있는 결혼도 아이들에게 정신적인 스트레스와 연결되어 있다(Amato, 2006; Troxel & Matthews, 2004). 아들이 가정 문제나 이혼에 적응할 때 학교에서 행실 문제, 증가한 긴장, 의존성 등을 보이면서 더 어렵다. 부모가 이혼한 자녀들은 정신적인 문제들과 행실 문제들, 자신감 부족, 술과 마약 중독과 학교에서 잘 지내지 못할 가능성이 높다(Amato, 2006; Chao 등, 2001). 이 모든 것에 개인적인 차이가 있고 아들들이 딸들보다 더 심각한 경향이 있다(Grych 등, 2000). 하지만 일반적으로 헤어진 후 첫해가 가장 어렵다. 자녀들은 1~2년 내에 다시 회복되는 경향이 있다.

연구자들은 이혼 후 자녀들의 문제들은 이혼 그 자체뿐만 아니라 이에 따른 양육의 질 저하에 의한 것이라 한다. 양쪽 부모들이 양육의 책임을 공유하고 자녀양육의 방법에 충분히 동의하며 그들의 이혼 후 차이점을 줄여서 자녀들의 적응을 강화하여야 한다(Hetherington, 2006). 이혼한 가정의 자녀들은 또한 부모가 자녀들이 있을 때 서로에 대한 비방을 피하는 것이 도움이 된다(Amato & Afifi, 2006; Hetherington, 2006).

적응에 어려움이 있지만 대부분의 이혼자들은 결국 회복한다. 대부분 재혼한다. 나이 든 사람들 중 이혼남들은 이혼녀들보다 결혼할 가능성이 높은데 그 이유 중 하나는 남성들이 여성들보다 보통 먼저 사망하고(작은 숫자의 가능한 남성이 존재함), 다른 하나는 나이든 남성들이 젊은 여성과 결혼하는 경향이 있다(Whitehead & Popenoe, 2006).

"그래 우리는 싸웠어. 우리는 '아이들을 위해서' 결혼 상태를 유지해야 하나?"

솔직히 얘기해 보자. 우리는 과학적인 측면에서만 이 문제를 다루려고 한다. 많은 독자들은 도덕적인 이유들로 결혼은 어떤 경우에도 영원해야 한다고 믿는다. 독자들은 그들 자신의 가치관에 비추어 이혼의 도덕적 양상을 고려할 것이다.

그러므로 단지 과학적 관점에서 볼 때 다투는 부모들은 무엇을 해야 하나? 정답은 그들이 자녀들 앞에서 어떻게 행동하는지에 크게 달려 있는 것 같다. 연구는 부모의 다툼(특히 심한 다툼)은 부모가 결별하거나 이혼하였을 때 자녀들이 경험하는 것과 같은 문제들과 연결되어 있다고 말한다(Furstenberg & Kiernan, 2001; Troxel & Matthews, 2004). 더욱이 자녀들이 결혼의 문제에 노출되었을 때 생물학적 "경보 반응"을 보여준다

"아이들을 위해" 그들은 같이 살아야 하나? 연구는 정기적으로 다투는 부모가 헤어졌을 때 아이들이 더 잘 지낸다고 제안하는 것 같다. 중요한 사항은 부모가 아이들의 존재와 어떻게 상호작용하는 점이지 그들이 이혼하는 것이 중요하지 않다.

(그들의 심장 박동, 혈압, 식은땀이 급격히 증가하는 반응)(El-Sheikh & Harger, 2001). 그들의 신체 반응은 어린이들에게 일반적인 부모의 다툼을 그들 자신의 책임으로 돌릴 때 보다 강하다. 스트레스의 이런 증상들은 면역작용을 감소시켜 자녀들이 스트레스와 관련된 건강 문제에 취약해지게 한다.

한 연구는 정상적 가정의 4~9세 어린이 727명을 조사하고 많은 가정들이 결별 또는 이혼을 한 6년 후에 추가 조사하였다(Morrison & Coiro, 1999). 결별과 이혼 모두 부모 간의 다투는 횟수와 관계없이 어린이들의 행동 문제의 증가와 연관이 있었다. 하지만 결혼이 유지되어 부부싸움의 횟수가 많은 것이 자녀들에게 보다 많은 행동 문제와 연결되었다. 결론은 무엇인가? 결별과 이혼이 자녀들이 적응하는 문제와 연결되어 있다 하더라도 다투는 부모가 같이 산다면 결과는 자녀들에게 더 나쁠 수 있다는 것이다. 부모의 다툼에 의한 문제들은 부모가 이혼한 자녀들에게서 보여지는 많은 정신적 문제들이 헤어지기 전에 존재한다고 보여주는 연구에서 더욱 강조된다(Furstenberg & Kiernan, 2001; Kelly, 2000; Troxel & Matthews, 2004). 부부싸움에 놓인 아이들이 경험하는 스트레스 때문에 소아 정신학자인 헤더링턴과 켈리(Hetherington & Kelly, 2003)는 이혼이 파괴된 가정의 역할에 대한 긍정적인 반응일 수 있다고 제안한다.

혼합가족의 삶

높은 수의 이혼과 재혼 때문에 복합가족이 미국에서 보다 흔한 가족 집단이 되어가고 있다. 자기 자식을 선호하는 등 종종 의붓자식 간의 갈등 같은 이유로 많은 복합가족이 해체된다 하더라도(Golish, 2003; Hofferth & Anderson, 2003), 행복의 수준은 첫 결혼의 수준처럼 높을 수 있다(Braithwaite 등, 2001). 어떤 이유로든 3분의 1 이상의 미국 어린이들은 그들의 아동기 일부를 의붓 가정에서 지낼 것이다(U.S. Bureau of the Census, 2005).

혼합가족에서 사는 정신적 영향의 가장 일반적인 원칙은 가장 일반적인 원칙이 없다

노년기의 성 노인들은 성적으로 활발하나? 만약 그렇다면 그들이 비정상인가? 젊은 사람들은 종종 노인들이 성적 행위에 참여하는 것을 상상하기 어려워하지만 일생동안 성적 관심과 행동을 유지하는 것은 정상이다.

는 것이다. 복합가족에서 사는 것은 측정 가능한 정신적 영향이 없을 수도 있다(Coleman 등, 2000). 양부모들은 의붓자녀들을 자기 자식처럼 여길 수도 있다(Marsiglio, 2004). 중학생을 양자녀로 키우는 효과에 관한 한 연구에서 새엄마와 의붓자식의 좋은 관계는 아들과 딸 모두에게 보다 덜 공격적인 행동을 하는 것과 더불어 의붓딸들에게 높은 자존감을 갖는 것과도 관련이 있는 것으로 보여진다(Anderson 등, 1999). 하지만 혼합가족에서 모든 것이 행복하지는 않다. 일부 위험도 있다. 유아살해는 미국에서 드물지만 이 범죄는 생물학적 혈족 관계의 가정보다 혼합가족에서 훨씬 더 자주 일어난다(Daly & Wilson, 2003, 2005). 자연 부모보다 양부모에 의한 성적 학대 또한 중대하게 많이 일어난다.

왜 우리는 이런 위험들을 혼합가족에서 찾을 수 있을까? 진화적 정신학자에 따르면 사람들은 그들의 유전자가 다음 세대에서 번창하기를 원하는 것처럼 종종 행동한다. 따라서 양부모들은 그들의 자녀보다 의붓자녀들을 키우는데 적게 헌신할 수 있다. 그들은 "남남인" 자녀들을 그들 자녀의 경쟁자로 보기도 한다. 또는 양아버지가 다른 남자의 자녀를 여성이 소유하여 그의 자녀들을 돌보는 여성의 능력을 감소시킨다고 볼 수도 있다(Daly & Wilson, 2003, 2005).

14.5 노년의 성

미국 인구에서 가장 빠르게 증가하는 부분은 무엇인가? 65세 이상 인구이다. 미국의 "고령화"는 노인들의 성에 관한 우리의 관점에 심오한 영향을 줄 수 있다. 많은 사람들은 성이 단지 젊은 사람들에게만 전유된다고 생각한다. 이러한 믿음은 노인들에 관한 근거 없는 문화적 미신의 범주에 속한다. 이 미신들은 노인들은 섹스리스이고 성적 필요가 있는 노인들은 비정상이며 성에 관심이 있는 노인들은 "추잡한 노인"이라는 생각을 포함한다.

연구자들은 성적 몽상, 성욕, 성적 행동은 나이가 들어감에 따라 감소하는 경향

표 14.9

나이가 들어감에 따라 성적 반응의 변화

여성의 변화	남성의 변화
근육의 긴장감(근육 긴장증) 감소	발기와 오르가즘의 얻기까지 걸리는 시간 증가
윤활성 감소	발기와 오르가즘을 얻기 위해 보다 직접적인 자극이 필요
질 벽의 신축성 감소	사정시 정액량의 감소
성적 흥분시 유방 크기가 보다 적은 양으로 증가	약한 발기
오르가즘의 강도가 감소	고환이 사정 직전에 올라가는 높이 감소
	오르가즘의 경련 강도 감소
	사정이 쉬움
	무반응기의 증가

출처: From *The Kinsey Institute New Report on Sex*, 1990, pp. 227. Reprinted by permission of The Kinsey Institute for Research in Sex, Gender, and Reproduction, Inc.

이 있고 성에 대한 부정적인 태도는 오히려 증가하는 경향이 있다고 한다(Barnett & Dunning, 2003). 하지만 연구는 나이가 들어가면서 성을 잃어버린다는 믿음을 지지하지는 않는다(Laumann 등, 2006). 대부분의 노인들은 성을 좋아한다고 답하고 대다수는 오르가즘이 성적 만족에 중요하다고 보고한다. 다른 부류처럼 노인들도 성적 행동은 물리적 구조뿐만 아니라 친밀감과 문화적 기대 등의 정신적인 웰빙에 의해 영향을 받는다(Laumann 등, 2006).

물리적 변화

많은 노인들은 성적으로 반응할 능력을 유지함에도 불구하고 물리적 변화는 시간이 갈수록 나타난다(표 14.9 참조). 만약 우리가 그것들을 인지하고 있다면 그들을 비정상으로 보지 않을 것이며 우리 자신이 그것들에 대처할 준비를 하고 있지 않는다. 많은 예상된 문제들은 우리의 기대를 바꾸거나 노화를 받아들이는 행동의 변화를 일으킴으로써 피할 수 있다.

이 문단을 세포, 호르몬, 이와 같은 변화에 대한 심도 높은 생물학적 관점으로 시작하지 말자. 첫 번째로 우리가 거울을 보았을 때 무엇이 일어나는지 말해 보자. 우리들 중 많은 사람들은 나이가 들면서 발생하는 외적 변화에 당황한다. 주름살이 생기고 머리카락이 하얗게 되며 근육이 감소한다. 특히 규칙적으로 운동하지 않을 때 체중이 증가하는 경향이 있다. 대체적으로 우리는 이전보다 매력적이지 않다고 느낄 가능성이 높다. 그리고 실제로 파트너가 우리를 덜 매력적으로 생각할 수 있다. 그럼에도 불구하고 밀접한 관계의 지속, 사랑의 감정, 친밀감, 인생의 공유는 이러한 변화와 느낌을 메우기에 충분하다. 하지만 이혼 또는 사별로 인해 노년에 싱글이라면 성적인 미래를 포함한 미래는 보다 적막하다.

하지만 노인들도 성적으로 만족하는 삶을 유지할 수 있다. 만약 그들이 기대를 잘 조절하면 그들의 삶 중에서 가장 성적으로 만족하는 삶을 살도록 유도할 수 있다(Trudel 등, 2000).

여성의 변화 노인 여성의 많은 물리적 변화는 에스트로겐 생산의 감소에서 기인한다. 질벽은 임신 가능기의 수축성과 두껍고 주름진 조직을 잃는다. 질벽은 하얗고 얇아져서 아마도 성교가 벽을 자극할 것이다. 또한 벽이 얇아지면 성교 중 방광과 요도에 보다 큰 압력이 가해져서 소변이 급해지고 소변시 고통이 있기도 한다. 이러한 증상은 며칠간 지속될 수도 있다.

자궁 또한 수축한다. 대음순은 지방 축적의 대부분이 사라지고 얇아진다. 질 입구도 좁아지고 음경 삽입이 어려워질 수도 있다. 반면에 음경과 질벽의 증가된 마찰은 성적 자극을 증가시킬 수도 있다. 폐경 후 여성은 또한 질 윤활이 줄어들고 윤활은 몇 초가 아닌 몇 분 후에야 나타난다. 윤활의 부족은 고통스런 성교의 주요 원인이다.

이런 변화의 많은 부분들은 에스토로겐대체요법으로 늦춰지거나 되돌릴 수 있지만 이 요법 자체도 위험이 있다(3장). 자연 윤활은 정성들인 전희를 통해 증가될 수도 있다. 노인 남성 또한 발기하는데 보다 많은 시간이 필요할 가능성이 높다. 인공 윤활 또한 삽입과 피스톤 운동의 문제를 줄여줄 수 있다.

여성의 유방은 나이가 들면서 성적 흥분시 크기의 증가가 줄어들지만 유두는 발기한다. 요도의 근육과 항문의 괄약근이 감소하기 때문에 오르가즘의 경련은 보다 약해지고 그 횟수도 감소한다. 그러므로 오르가즘의 강도는 줄어들 수 있지만 오르가즘의 주관적인 경험은 만족스러울 수 있다. **사실인가 아니면 허구인가 5:** 이러한 변화에도 불구하고 여성들은 오르가즘에 도달할 수 있는 능력을 고령에서까지 유지한다. 하지만 오르가즘 중 생기는 자궁의 수축은 일부 노인여성에게 고통스러울 수 있다.

사실인가 아니면 허구인가 5

남성의 변화 나이에 의한 변화들은 여성보다 남성에게서 서서히 일어나는 경향이 있으며 하나의 생물학적 사건과 확연히 연결되어 있지 않다(Barnett & Dunning, 2003). 사춘기 소년들은 성적 환상만으로 수 초 내에 발기에 도달할 수 있다. 약 50세 이후에 남성은 점차적으로 발기에 도달하는데 오래 걸린다. 아마도 테스토스테론 양의 감소로 발기는 덜 강직해진다(Laumann 등, 2006). 보다 고령의 남성들은 발기를 하기 위해 오랫동안 음경을 직접 자극해야 하기도 한다. 커플들은 전희의 시간과 종류를 늘려서 이러한 변화에 적응 가능하다.

대부분의 남성은 평생 발기가 가능할 수 있다. 발기 불능은 나이 들면서 피할 수 없는 것은 아니다. 하지만 남성들은 일반적으로 나이가 들수록 오르가즘에 도달하는 시간이 오래 걸리며 이것 또한 감소한 테스토스테론의 양의 반영이다.

테스토스테론의 생산은 보통 40세에서 60세까지 서서히 감소한 후 유지되기 시작한다. 하지만 감소를 피할 수 없는 것은 아니고 남성의 일반 건강과 관련이 있을 수 있다. 정자의 생산은 정세관의 퇴화에 따라 감소하는 경향이 있지만 살아 있는 정자는 70, 80, 90대의 남성에서 생산되기도 한다.

야간발기는 나이가 들면서 강도, 지속성, 빈도가 감소하는 경향이 있지만 건강한 남성에게 일반적으로 사라지지는 않는다(Perry 등, 2001). 불응기는 나이와 함께 길어지는

학생들의 실제 질문

질문: 할아버지와 할머니께서 성교를 하는 것을 보았습니다. 할아버지와 할머니께서는 저와 잘 대화하려고 하지 않으시고 전과 다르게 대하십니다. 어떻게 해야 하나요?

답변: 모든 사람에게 교훈: 노크해야 한다. 혹은 다른 사람의 집에 들어갈 때는 "안에 계신가요?" 또는 비슷하게 말해야 한다. 조부모께서 당신과 얘기하지 않는가? 그들은 여러 가지 이유로 당황하고 있다. 한 가지는 그들이 보다 전통적인 시기에 자랐을 가능성이 있다. 또한 성은 젊은 사람들을 위한 것이라는 상징성이 있다. 그들에게 자필 편지(보낸 사람의 이름 없이 보내면 그들은 뜯어볼 것이다)를 쓰는 것은 어떨까? 노크를 하지 않아서 미안하다고 하고, 용서해 달라고 하라. 또는 나의 사랑도 할아버지, 할머니처럼 좋았으면 한다는 것 같은 농담을 하라. 만약 당신이 그렇게 해도 그들이 용서하지 않으면 최선을 다한 것이다. 그것이 결론이다.

가까이서 보기

70대 스웨덴 사람들—보다 많은 성생활을 하고 즐기기까지 한다

베이비 부머에게 좋은 소식으로 스웨덴 연구자들이 그들의 70대 남성과 여성들은 30년 전과 비교하여 많은 성교를 하고 즐기고 있는 것을 발견하였다(Beckman 등, 2008). 연구자들은 1971~1972년, 1976~1977년, 1992~1993년, 2000~2001년에 네 부류의 70대를 대상으로 조사한 결과를 발표했다. 지난 30년간 성교를 한 70대 이상의 백분율은 조사한 모든 그룹에서 증가하였다: 기혼 여성은 38%에서 56%, 기혼 남성은 52%에서 68%, 독신 여성은 0.8%(1% 미만)에서 12%, 독신 남성은 30%에서 54%.

스웨덴 커플들에게 그들은 나이가 많다고 말하지 말라. 그들은 서로를 즐기기에 너무 바빠서 들으려 하지 않는다.

또한 가장 최근에 출생한 조사군의 남성과 여성은 노년기에 보다 높은 성적 만족도, 적은 성적 장애, 성에 관한 보다 긍정적인 태도를 보고하였다. 보다 나은 성생활과 더불어 가장 최근 출생한 조사군은 그들의 파트너와 보다 행복한 관계를 가진다고 보고하였다. 또 다른 점은 가장 최근 출생군 중 응답자들은 성경험을 일찍 시작하여 보다 자유스럽게 성적 성숙에 도달하였다(표 14.10 참조).

표 14.10

20세 이전에 성교를 시작했다고 보고한 70세 이상의 스웨덴 사람들의 비율

	남성(%)	여성(%)
1971~1972	19	52
2000~2001	64	77

출처: N. Beckman, M. Waern, D. Gustafson, and I. Skoog. (2008). Secular trends in self reported sexual activity and satisfaction in Swedish 70 year olds: Cross sectional survey of four populations, 1971–2001. *British Medical Journal*, 337, a279.

경향이 있다. 소년은 첫 번째 오르가즘 후 다시 발기하고 사정하기에 몇 분이 필요할 수 있는 반면, 30대 남성은 30분이 필요할 수 있다. 50세 이후에는 불응기가 여러 시간으로 증가할 수 있다.

노인들은 사정량이 적고 쏘는 대신에 흘러나올 수 있다. 오르가즘의 수축은 약해지고 적어진다. 하지만 노인은 젊었을 때처럼 완전히 오르가즘을 느낄 수 있다. 오르가즘 후에 발기는 젊은 남성보다 빨리 사라진다.

성적 행위의 패턴

물리적 능력의 감소에도 불구하고 노인들은 성생활을 만족시킬 수 있다. 수년간 성적 경험은 물리적 반응의 감소를 충분히 보상할 수 있다(Barnett & Dunning, 2003; Laumann 등, 2006). 성교 빈도는 나이가 들어가면서 감소하는 경향이 있다(Laumann 등, 2006). 물리적 문제, 지루함, 문화적 태도 등 여러 요인들이 행위의 감소에 역할을 한다. 일반적 경향에도 불구하고 노인들의 성은 다양하다(Knox & Schacht, 2002). 많은 노인들이 그들이 젊었을 때만큼(또는 더 많이) 성교, 구강성교, 자위에 관여하고 있다;

일부는 성에 혐오를 느끼게 된다; 또 다른 이들은 관심을 잃는다.

커플들은 자극의 다양한 형태들을 포함한 성적 레퍼토리를 넓혀서 노령의 물리적 변화를 수용할 수 있다. 많은 노인들은 구강-질 자극, 성적 환상, 포르노, 항문 자극, 자위기구, 윤활 또는 발기에 도달을 저해하는 문제들을 제거하기 위해 다른 기술들을 사용한다고 답하였다. 성적 만족은 손 또는 구강 자극, 포옹, 애무와 오르가즘을 위한 성교로부터 받을 수 있다. 성적 관심이 있고 후원하는 파트너의 존재는 지속적인 성 행위의 가장 중요한 결정 요인일 수 있다(Laumann 등, 2006).

14.6 성과 장애

노인들처럼 장애가 있는 사람들(특히 물리적 장애로 다른 사람들을 의지하는 사람들)은 종종 섹스리스와 어린이처럼 비춰진다. 이러한 관점은 장애자들의 성적 능력에 관한 오해에서 기반을 둔다. 하지만 이러한 허구와 인습의 일부는 사회운동의 성공에 의해 또 다른 일부는 '7월 4일 생'과 '나의 왼발'과 같은 영화에서 장애자의 성에 관한 관심 때문에 사라졌을 수 있다.

사람은 타고 났거나, 신체장애를 얻거나, 기능 장애, 외형적인 손상을 받을 수 있다. 성적으로 수행하기 위해서 적응이 필요한 사람이 있지만 대부분의 장애인들은 장애가 없는 사람들처럼 성적 필요, 느낌, 욕망을 가진다. 성적 느낌과 필요를 표현하는 능력은 장애와 그것에 적응, 그리고 파트너의 존재에 따른 물리적 제한에 달려 있다. 성숙한 성적 관계의 확립은 부모들과 거리를 두는 것을 요구한다. 그러므로 물리적으로 그들의 부모에 의존하는 장애인들은 성적 관계를 구성하는데 어려움이 있을 수 있다. 자녀의 성적 발달을 인지한 부모들은 데이트를 촉진하는데 도움이 될 수 있다. 대부분, 부모들은 과잉보호를 한다.

물리적 장애

노세크와 그의 연구팀(Nosek, 2005; Nosek 등, 2004)에 의하면 장애인들에게 전체적으로 성적 건강은 다섯 가지 요인이 있다.

- 긍정적인 성적 자아개념; 다른 사람을 성적 가치와 인간적으로 봄
- 성에 관한 지식
- 긍정적이고 생산적인 관계
- 성적 장애의 대응(사회적, 환경적, 물리적, 정신적)
- 본인의 한계 내에서 가장 좋은 일반적 및 성적 건강 유지

물론 이 모델은 우리 모두에게 적용된다. 이제 구체적인 물리적 장애와 인간의 성을 고려해 보자.

다발 경화증 다발 경화증은 만성이고 예측할 수 없는 신경계 질병이다. 신경세포를 둘러싸고 보호하는 **말이집**이라고 불리는 조직이 해제되고 그 자리에 흉터가 남는다. 다발

경화증은 성적 능력을 손상시키고 환자들은 병이 없는 사람들보다 많은 성적 문제를 보고한다(Forbes 등, 2006; McCabe, 2004). 하지만 개인적으로 큰 차이가 있으며 장애의 진행과 그 영향은 일정하지 않다. 좋은 관계를 유지하는 많은 다발 경화증 환자들은 수 년 동안 좋은 성 생활을 즐긴다.

많은 척추 손상 남자들은 발기를 할 수 있고 많은 척추 손상 여자들은 질을 윤활할 수 있다. 그들이 생물학적으로 성적 흥분할 수 있는 능력은 손상의 종류와 정도에 따라 다르다. 그들은 그들 자신의 흥분과 오르가즘을 느끼지 못할 수도 있지만 그들은 파트너의 반응을 관찰하고 그것에서 정신적인 만족을 받을 수 있다.

뇌성마비 뇌성마비와 신경계 관련된 질환은 성적 관심, 오르가즘, 임신에 반드시 손상을 주는 것은 아니다. 하지만 근육 경직의 상태와 정도, 그리고 수의근의 조절 능력에 따라 환자들은 특정 종류의 성적 활동과 성교 자세에 제한이 있을 수 있다(Cho 등, 2004).

뇌성마비와 같은 장애가 있는 사람들은 청소년기에 사회적 거절로 종종 고통 받고 그들 자신을 특히 장애가 없는 사람들과 친밀한 성적 관계에 맞지 않거나 가치가 없는 사람으로 인식한다. 그들은 종종 성적 능력이 없는 것으로 사회화한다. 상담은 그들이 성을 이해하고 받아들이는 것을 돕고, 보다 긍정적인 신체상을 촉진하며 친밀한 관계를 형성하기 위한 사회적 능력을 제공하는데 도움을 줄 수 있다.

척추 손상 외상 또는 물리적인 병의 결과로 물리적 장애를 겪는 사람들은 그들의 육체적 제한에 대처할 뿐만 아니라 정상인을 위해 설계된 세상에 적응하는 법을 배워야 한다. 장애적인 척추 손상에 고통 받는 사람들의 대부분은 젊고 활발한 남성이다. 자동차 또는 보행 사고들은 이러한 경우의 반 정도를 차지한다. 다른 흔한 원인은 자상 또는 총상, 운동 중 손상, 추락 등이 있다. 척추 손상의 위치에 따라 자율 조절의 손실(마비)은 다리(하반신 마비) 또는 사지(사지마비)에 일어날 수 있다. 감각의 손실 또한 손상 아래에 위치한 신체의 부분에 일어날 수 있다.

사실인가 아니면 허구인가 6

사실인가 아니면 허구인가 6: 척추 손상으로 마비가 온 많은 사람들은 보통 성적으로 흥분하고 성교를 할 수 있다. 성적 반응에 척추 손상의 영향은 부상의 위치와 정도에 달려 있다. 남성은 척추에 두 개의 발기 중추가 있다: 정신적인 발기를 조절하는 요추 부근의 위쪽 중추와 반사성 발기를 조절하는 천골의 아래쪽 중추가 있다. 손상이 요추 중추 부위나 위에서 일어났을 때 남성은 정신적 발기(성인 동영상이나 환상을 보는 것처럼 정신적 자극만으로 일어나는 발기의 종류)의 능력을 잃게 된다. 그들은 음경의 직접 자극으로 반사성 발기를 할 수도 있는데 이 발기는 척추의 아래 부위에 존재하는 천골 발기 중추에 의해 조절되기 때문이다. 하지만 그들은 뇌로 통하는 신경 연결의 문제로 생식기 느낌을 받지 못한다. 천골 발기에 손상을 받은 남성들은 반사성 발기의 능력을 잃지만 그들의 상위 척추가 완전한 이상 정신적 발기를 이룰 수 있다. 전체적으로 연구자들은 척추 손상의 남성 4명 중 3명은 발기를 할 수 있지만 10명 중 1명만이 자연적으로 사정을 계속할 수 있는 것을 발견하였다. 다른 사람들은 진동기를 이용하여 사정할 수 있다. 그들의 뇌는 성교, 심지어는 오르가즘과 연관된 부족한 감각의 일부를 채워주는데 도와줄 수도 있다.

척추 손상을 받은 남성들에게 성적 활동의 빈도는 손상 후 감소하는 경향이 있지만 약 3분의 1은 성교에 계속해서 관여한다(Hyde, 2005; Komisaruk & Whipple, 2005).

그러한 남성들은 일반적으로 구강, 입술, 목, 귀 등 척추 손상 부위보다 위쪽의 부위가 관여하는 다른 종류의 성적 활동에 관심이 증가한다고 보고하였다.

여성에게서 성적 반응의 유지는 척추 손상의 부위와 강도에 달려 있다. 여성은 생식기 감각을 경험하거나 성적 자극 동안 정상적으로 윤활할 능력을 잃을 수 있다(Hyde, 2005; Komisaruk & Whipple, 2005). 하지만 유방의 감각은 영향 받지 않을 수 있으며 유방이 보다 뛰어난 성감대가 된다. 척추 손상 여성의 대부분은 성교를 할 수 있으며 임신할 수 있으며 자연 분만이 가능하다. 68명의 척추 손상 여성들의 조사에서 약 절반이 에로틱한 시청각 자료와 손을 사용한 생식기 자극의 결과로 오르가즘에 도달할 수 있다고 보여줬다(Sipski 등, 2001). 척추 손상 여성들은 성적 상상과 손 자극으로 그들의 성적 즐거움을 증대시킬 수 있다(Sipski 등, 2001).

척추 손상의 문제에 직면한 커플들은 생식기 자극(발기와 윤활의 반사성을 얻는 것을 제외하고)의 초점을 줄이고 자극을 느낄 수 있는 몸의 다른 부분에 초점을 맞추는 그들의 성적 레퍼토리를 넓힐 수 있다. 귀, 목, 유방(남성과 여성 모두) 등 몸의 일부 부위의 자극은 즐거운 성적 감각을 얻을 수 있다.

감각 장애 실명과 난청 같은 감각 장애는 생식기 반응에 직접적인 영향을 주지 않는다. 그럼에도 성이 여러 가지 방법으로 영향을 받을 수 있다. 출생 또는 초기 유아기 이후 실명한 사람들은 상대방의 신체 구조를 이해하는데 어려움이 있을 수 있다. 성교육의 교과과정은 시력에 장애가 있는 특정 사람들이 모델을 통해서 성적 해부학을 배우도록 구성되어 있다. 해부학적으로 일치하는 인형이 성교의 자세를 흉내 내기 위해 사용되기도 한다.

난청인 사람들은 성에 관한 지식이 부족한 경우가 많다. 친밀한 관계를 형성하고 유지하는 사회적 단서를 이해하는 능력 또한 손상되었을 수 있다. 수화를 이용한 성교육 프로그램은 많은 난청 사람들을 도와서 보다 사회적으로 지각이 있도록 만들어 주며 성의 물리적 양상에 관한 지식을 늘려준다. 시력과 청력 장애인은 종종 친밀한 관계를 형성하기 어려운 문제들인 자존심과 자신감이 부족하다. 상담은 그들의 성에 대해 보다 많이 인지하고 사회성을 개발하도록 도와줄 수 있다.

다른 물리적 장애와 손상 특정 장애는 성적 기능에 특별한 문제를 제공하며 특정한 제한을 강요한다. 관절염은 환자들이 성적 활동 중에 그들의 팔, 무릎, 엉덩이를 구부리기 어렵거나 고통을 줄 수 있다. 불편함을 최소화하는 자세와 성 행위 전에 관절 찜질을 하는 것이 도움을 줄 수 있다.

수족의 절단 수술을 받은 남성은 남성 상위 체위보다 배위 또는 여성 상위 체위가 몸의 중심을 잡는데 좋다. 손의 기능에 제한적인 여성은 가로막을 삽입하기 어렵거나 불가능할 수 있어서 파트너로부터 도움을 받아야 하거나 다른 피임법을 사용해야 한다. 다른 사람의 필요에 관한 민감성은 한 명이 장애가 있고 다른 한 명은 정상인 커플들에게는 꼭 필요한 것이다.

민감성에 관해 말한 이상 다른 정신적인 이슈들에 관해 알아보자.

지능적 장애

지적 장애자들은 종종 그들의 성적 본능을 이해하거나 조절이 불가능한 전형으로 비춰진다. 그들은 때로는 평생 어린이 같은 순결 유지 또는 성이 없는 것으로 간주된다. 다른 한편으로 제한적인 지적능력을 가진 사람들은 성적 학대에 취약하고 다른 사람들과 성적 활동의 동의를 제공할 능력이 없는 것으로 널리 알려져 있다(Levy & Packman, 2004; Plaut, 2006; Servais, 2006).

어떤 사람들은 지적 장애인을 다른 방향으로 전형화시킨다(정상보다 강한 성 욕구를 가지고 그것을 조절할 능력이 없는 방향). 지적 장애자의 일부는 예를 들어 공공장소에서 자위하는 등 실제로 부적절하게 행동한다. 하지만 전형은 과장되었으며 심지어 부적절한 행동을 하는 장애인들도 사회규범을 따르도록 훈련받을 수 있다.

부모와 돌보는 사람은 종종 지적 장애인들이 그들의 성에 관해 배우거나 그들이 성적 욕구를 거절하거나 억누르도록 가르치는 것을 말린다(J. Gross, 2006). 하지만 대부분은 보통의 성적 욕구를 가지고 가치 있고 책임 있는 친밀한 관계를 가지도록 유도될 수 있다(J. Gross, 2006).

장애인 중 성적 만족에 가장 큰 걸림돌 중 하나는 사랑하고 도움을 주는 파트너를 찾기가 어렵다는 것이다. 일부 사람들은 동정심에 의해 장애인과 성적 관계를 갖는다. 하지만 일반적으로 파트너들은 다른 장애인이거나 장애인은 원치 않는 것으로 묘사되는 전형을 극복한 일반인이다. 많은 파트너들은 일반적으로 아동기에 장애인과 좋은 관계를 가졌었다. 경험은 장애인들도 매력 있다는 생각을 받아들이도록 촉진한다. 장애의 종류에 따라 정상 파트너는 장애 파트너의 제한을 보상하도록 보다 활발한 성적 역할을 추정하는데 자유로워야 할 필요가 있을 수 있다. 둘 다 장애인 파트너들은 상대방의 필요와 물리적 제한에 민감할 필요가 있다. 장애인과 그 파트너는 생식기 자극에 국한되지 않고 서로를 만족시키는 방법들을 포함하는 그들의 성적 레퍼토리를 넓힐 필요 또한 있다.

이번 장의 결론은 간단하다: 성은 실질적으로 모든 연령과 대부분의 물리적, 정신적 상태의 거의 모든 성인들의 삶을 풍요롭게 할 수 있다.

학생들의 실제 질문

질문: 어떻게 지적 장애자가 성행위에 진심으로 동의할 수 있는가요?

답변: 대부분의 지적 장애자들은 약간의 장애이고 그들 중 대부분은 성행위에 동의한다는 의미를 이해한다. 많은 이들은 오랜 관계를 유지하고 일부는 결혼한다. 하지만 많은 지적 장애자들은 동의를 제공할 수 없어서 거의 모든 주에서 법은 다른 사람들이 그들을 성적으로 이용하는 것을 금지하고 있다.

14.7 성인의 성적 특성

총정리: 재숙고, 재인용, 재검토

이 책은 PQ4R 방법을 사용하고 있다. 여러분은 맨 먼저 장 읽기, 즉 첫 번째 R을 잘 마쳤다. 이제부터 나머지 3R(총정리), 즉 재숙고, 재인용, 재검토는 여러분이 숙달한 정도를 여러분 스스로 테스트해 볼 수 있게 해줄 뿐 아니라, 이 장의 내용들을 이해하고 기억할 수 있게 도와줄 것이다.

재숙고

- 독신으로 남는 것이 당신의 선택 중 하나인가? 왜 또는 왜 그렇지 않은가?
- 당신은 결혼하지 않고 같이 사는 사람을 알고 있는가? 그렇게 하는 동기는 무엇인가? 그들의 사회문화적 배경에서 대부분 사람들은 동거를 어떻게 생각하나? 왜?
- 결혼의 중요성에 관한 당신의 의견은 무엇인가? 현재 미국의 경향과 어떻게 맞는가?

▶ **비판적인 사고하기:** 당신의 사회문화적 배경에서 온 대부분의 사람들이 불행한 결혼의 치료로 이혼을 승인 또는 비난하나? 당신은 그들의 믿음에 동의하는가? 설명해 보라.

▶ **비판적인 사고하기:** 성은 젊은이들 "용(meant)"인가? 당신의 부모가 성적 활동에 참여한다는 생각은 당신을 혼란케 하나? 설명해 보라. [그리고 "용(meant)"은 무슨 뜻인가?]

재인용

1. 독신으로 남는 사람들의 수에 관한 추세는 무엇인가?

- 최근에 우리 사회에서 독신인 젊은이들의 수가 증가하는 것을 볼 수 있다. 이유는 혼전 성교에 관한 증가된 용인과 특히 여성에게 직업적 성공을 이루려는 욕망이 포함된다. 일부 사람들은 종교적인 이유로 독신 또는 금욕한다.

2. 누가 동거하나?

- 동거는 학력이 낮고 부유한 사람들 중에 보다 유력하다. 일부 커플들은 결혼의 법적, 경제적 얽힘 없이 지속적으로 친밀한 관계를 제공하기 때문에 동거를 선호한다. 일부 감정적으로 충실한 커플들은 생활비를 공유하는 경제적 이득 때문에 동거한다. 후에 결혼하는 동거자들은 그렇지 않은 사람들보다 이혼할 위험이 더 높을 수 있는데 아마도 동거자들은 결혼 전에 같이 살지 않는 사람들보다 자유로운 경향이 있기 때문일 것이다.

3. 왜 사람들은 결혼하나?

- 결혼은 성적 관계를 합법화하고 부의 순차적인 이동을 제공하고 아이를 갖는 것을 촉진한다. 오늘날 서구사회에서는 로맨틱한 사랑이 결혼의 필수 조건으로 보인다.
- 대부분의 남성-여성 결혼은 두 가지 종류로 구성된다: 일부일처제와 일부다처/다부일처제. 동성 결혼은 여러 서방 국가와 많은 주에서 인정된다. 미국은 그들과 비슷한 파트너와 결혼하는 경향이 있다. 오늘날 결혼한 커플들은 킨제이 시대보다 보다 자주 그리고 시간적으로 긴 성교를 한다. 부인들은 보다 활발한 성적 역할을 한다. 사람들은 성적 다양성을 위하거나, 배우자를 벌주려고, 누군가와 감정적 친밀감을 얻기 위해, 또는 그들이 아직 매력적이라는 것을 증명하기 위해 불륜을 할 수 있다. 부부 교환에서는 파트너가 참여한다. 혼외정사는 우리 사회에서 대부분의 사람들에게 부정적으로 비춰지고 있다.

4. 왜 사람들은 이혼하나?

- 미국 결혼 중 약 절반은 이혼으로 끝난다. 이혼의 이유들은 이혼의 관대한 제한, 여성의 사회참여로 인한 경제적 독립성과 결혼은 행복해야만 한다는 생각들을 포함한다. 이혼은 종종 경제적, 감정적 문제들과 연관되어 있다.

5. 노년에 성과 관련된 어떤 변화가 일어나는가?

- 파트너들은 서로에게 덜 매력적이 될 수 있다. 남성은 발기를 이루거나 유지하기가, 여성은 윤활하기가 어려워진다. 대다수 가능한 문제들은 기대를 변화시키고 나이가 들어감을 적응하면서 피할 수 있다.

6. 장애가 성적 능력에 어떻게 영향을 주는가?

- 뇌성마비는 일반적으로 성적 관심, 오르가즘의 가능성 또는 임신에 손상을 주지 않으나 장애인은 특정 종류의 성적 행동

과 성교 자세에 제한이 있을 수 있다. 척추 손상을 받은 사람들은 허리 이하에 마비가 올 수도 있지만 직접적인 생식기 자극에 반사적으로 반응할 수 있다. 지적 장애자 대부분은 책임 있는 친밀한 관계를 발전시킬 수 있다.

재검토

1. 아래 보기 중 오늘날 신세대들이 결혼하는 것과 연관되지 않은 것은
   (a) 조화성을 확인하기 위해 먼저 함께 사는 것
   (b) 직업을 중시하는 여성들의 욕망
   (c) 독신으로 남으라는 사회적 압력
   (d) 확대된 교육

2. 다음 중 미국에서 이혼율에 기여하지 않은 것은?
   (a) 결혼에 관한 높은 기대
   (b) 이혼에 법적 제한의 완화
   (c) 여성의 증가된 경제 독립성
   (d) 성적 문제

3. 노인기에
   (a) 고환의 크기가 약간 증가한다
   (b) 대부분의 남성은 발기를 이룰 수 없다.
   (c) 대부분의 남성은 아직도 성을 좋아한다.
   (d) 테스토스테론의 생산이 증가한다.

4. 2006년 갤럽 조사에서 ________%의 미국인은 자녀를 가지려면 커플이 결혼하는 것은 매우 중요하다고 말하였다.
   (a) 17
   (b) 37
   (c) 57
   (d) 77

5. 한 조사는 기혼자들이 미혼자들보다 행복할 가능성이 높은 것으로 보고했다. 우리는 이 결과들을 회의적으로 간주해야 하는데 그 이유는?
   (a) 선택적 요인이기 때문에
   (b) 동성결혼을 포함하지 않았기 때문에
   (c) 행복의 정의가 불분명하기 때문에
   (d) 통계가 부주의하게 사용되어서

6. 다부다처는 어떤 형태의 결혼인가?
   (a) 한 부인에게 한 명 이상의 남편이 있는 결혼
   (b) 한 남편에게 한 명 이상의 부인이 있는 결혼
   (c) 여러 남편과 부인이 있는 결혼
   (d) 빠르게 이혼하고 재혼하는 결혼

7. 비슷한 배경의 사람들 간의 결혼은
   (a) 선입관에 의한 것이다.
   (b) 아이를 많이 낳는다.
   (c) 사돈 간의 불화를 낳는다.
   (d) 보다 안정적이다.

8. 약 ________%의 미국 결혼은 이혼으로 끝난다.
   (a) 10
   (b) 25
   (c) 50
   (d) 60

9. 동류결혼의 뜻은
   (a) 비슷한 사람끼리 결혼
   (b) 동성결혼
   (c) 다부일처
   (d) 다부다처

10. NHSLS에 따르면 커플들은 성교를 할 가능성이 가장 크다고 보고한 횟수는?
   (a) 일 년에 수차례
   (b) 한 달에 수차례
   (c) 일주에 2~3번
   (d) 일주에 4번 이상

정답: 1, c; 2, b; 3, d; 4, c; 5, b; 6, c; 7, a; 8, a; 9, d; 10, c

15장 성기능 장애

목차

사실인가 아니면 허구인가

다음 중 어느 것이 사실이고 어느 것이 허구인가? 답은 본문 안에 있는 「사실인가 아니면 허구인가」 아이콘에서 만날 수 있다.

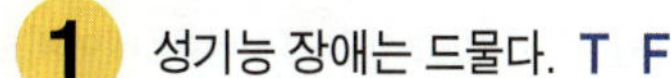

1. 성기능 장애는 드물다. T F
2. 단지 남성만이 오르가즘에 너무 일찍 도달할 수 있다. T F
3. 여성의 고통스런 성교의 가장 흔한 원인은 질내 감염이다. T F
4. 성 치료사는 발기 장애 남성에게 어떻게 발기를 "의지대로" 할 수 있는지 가르친다. T F
5. 어떤 의사 하나가 의학학회 발표회장에서 자신의 바지를 내리고 발기를 보여준 유별난 발표를 하였다. T F
6. 많은 성 치료사들은 오르가즘에 도달한 적이 없는 여성들의 치료로 자위를 추천한다. T F
7. 남성은 그가 곧 사정할 것 같이 느낄 때 음경을 눌러서 사정을 막을 수 있다. T F

39세의 데릭과 아내인 37세의 팸은 5년 동안 성교를 시도하지 않았다. 성적 관계는 애무와 때때로 구강-생식기 접촉으로 제한되어 왔다. 이 부부는 발기하고 유지하는데 어려운 데릭 때문에 성교 시도를 포기했었다. 하지만 최근에 이들은 다시 시도를 시작하였다. 어떤 밤은 데릭이 발기하여 삽입이 가능하였지만 발기가 금방 끝났다. 많은 밤 데릭은 아예 시작도 못하였다. 이 같은 실패는 데릭 자존심에 또 다른 타격이다. 팸은 남편이 자기에게 더 이상 매력을 느끼지 못하여 수행하기 어려운지 걱정하였다.

24세의 테리는 친구와 함께 읽은 여성들과 다르게 구성되었다고 결론지었다. 그들은 지체 없이 모두 오르가즘에 도달하는 듯하다. 하지만 그녀는 "그들 중 하나"도 이룬 적이 없다. 테리의 남편 데이비드, 역시 24세로 세심하지만 그 또한 사정할 때마다 좌절하고 죄책감을 느끼는 것을 알고 있다. 만약 테리가 즐기지 못한다면 데이비드는 섹스를 즐겨야만 하는가? 테리와 데이비드는 즐거움보다 두려운 섹스를 예상하고 데이비드는 발기하는데 어려움을 갖고 있다. 테리는 남편을 위해서 가짜 오르가즘을 시도해야 하는지 걱정이다. 하지만 테리는 어떻게 해야 하는지 몰라서 두렵다.

—작가의 파일에서

데릭과 테리는 **성기능 장애(sexual dysfunction)**가 있다. 성기능 장애는 성적으로 흥분하거나 오르가즘에 도달하는데 지속적이고 반복적인 문제가 있는 것을 말한다. 우리들 중 많은 사람들은 때때로 성적 문제를 가진다. 남성들은 때때로 발기를 얻기 어렵거나 원하는 것보다 빨리 사정한다. 여성은 가끔씩 윤활 또는 오르가즘 도달에 어려움이 있다. 하지만 성기능 장애는 말 그대로 지속적이고 중대한 스트레스를 유발한다.

성기능 장애인 사람들은 실패의 공포로 섹스할 기회를 회피하기도 한다. 그들은 섹스가 기쁨과 만족보다는 당혹감과 고통으로 끝날 것을 예상하기도 한다. 우리의 문화가 성적 능력을 강조하기 때문에 성기능 장애가 있는 사람들의 자존심을 감소시키고 본인이 부적절하거나 불능하다고 느낄 수 있다(Fishman & Mamo, 2001). 그들은 또한 죄책감, 창피함, 당혹감, 우울, 불안감 또한 경험하기도 한다.

비판적인 사고하기

언제 성적 문제가 성기능 장애가 되는가? 어디에 선을 그려야 하나? 어떻게 성적 문제에 관한 근심이 장애로 발전하는가?

성기능 장애를 가진 많은 사람들은 심지어 배우자나 전문가들과도 그것에 관하여 대화하기 어려워한다. 남편과 오르가즘에 도달할 수 없는 여성은 "긁어 부스럼"을 만들기 원하지 않을 수도 있다. 남성은 신체검사 중 주치의에게 발기불능을 인정하기 어렵다. 많은 의사들 또한 성에 관해 말하는 것을 불편해하고 그것에 관해 질문하지 않기도 한다.

우리는 성기능 장애 발생의 정확한 자료를 가지고 있지 않다. 가장 정확한 정보는 국민건강과 사회생활 조사(NHSLS)연구를 기초로 하는 것 같다(Laumann 등, 1994) (표 15.1). NHSLS 그룹은 지난해 동안 성에 관심이 없거나 오르가즘에 도달할 수 없거나, 오르가즘에 너무 빨리 도달하거나, 성교 중 통증이 있거나, 성교를 즐기지 못하거나, 성적 수행에 불안감이 있거나, 발기를 이루거나 유지하는데 문제가 있거나(남성의 경우), 윤활에 어려움이 있는(여성의 경우) 수개월의 기간이 있었는지 응답자에게 물어보았다. 여성들은 종종 고통스런 성교, 즐거움 부족, 오르가즘 도달 불가, 욕망 부재 등을 보고하였다. 남성들은 오르가즘에 너무 빨리 도달하거나 그들의 실행에 관한 불안감을 보고할

성기능 장애(sexual dysfunctions) 성적으로 흥분되거나 오르가즘에 도달하는데 지속적 또는 반복적 어려움들.

표 15.1

NHSLS에 따른 지난해 보고된 성기능 장애

	남성	여성
성교 중 고통	3.0%	14.4%
즐겁지 않은 성교	8.1	21.2
오르가즘에 도달할 수 없음	8.3	24.1
성에 관심 부족	15.8	33.4
성과 불안*	17.0	11.5
절정에 너무 일찍 도달	28.5	10.3
발기 유지 불가**	10.4	-
윤활 문제	-	18.8

*수행불안 자체는 성기능 장애가 아니다. 하지만 그것은 많은 성기능 장애에 현저하게 나타난다.

**빈도는 나이와 함께 증가하고 NHSLS 수치는 과소평가되어 있을 수 있다.

출처: Adapted by permission from E. O. Laumann, J. H. Gagnon, R. T. Michael, and S. Michaels (1994). *The Social Organization of Sexuality: Sexual Practices in the United States*. Chicago: University of Chicago Press, Tables 10.8A and 10.8B, pp. 370, 371.

가능성이 높았다.

사실인가 아니면 허구인가 1: 성기능 장애가 드물다는 것은 사실이 아니다. 전국적인 전화 조사를 통해 네 명 여성 중 아마도 한 명은 그녀의 성 또는 그녀의 성적 관계에 심각하게 스트레스를 받고 있음이 밝혀졌다(Bancroft, 2003). 하지만 NHSLS는 43%의 여성이 성기능 장애가 있다고 추정하였다(Laumann 등, 1994). 더욱이 로젠과 라우만(Rosen & Laumann, 2003)은 전화 조사는 대면 인터뷰보다 방법론적으로 하위에 있다고 주장하였다.

사실인가 아니면 허구인가 

15.1 성기능 장애의 종류

성기능 장애를 분류하는데 가장 널리 사용되는 방법은 미 정신과 연합회의 '정신 장애에 대한 진단과 통계 매뉴얼(*Diagnostic and Statistical Manual of Mental Disorders, DSM*)'을 기반으로 한다. 정신 장애에 대한 진단과 통계 매뉴얼은 성기능 장애의 4가지 유형을 제안한다.

1. **성욕 장애(sexual desire disorder).** 이는 성에 관심 부족 또는 성적 접촉의 혐오감을 포함한다.
2. **성흥분 장애(sexual arousal disorder).** 성적흥분은 남성에게는 발기로 여성에게는 질내 윤활과 외부 생식기의 팽창으로 주로 특성을 나타낸다. 남성에게는 성흥분 장애가 성교를 할 만큼 발기를 얻거나 지속하는데 문제가 있는 것과 관련된다. 여성에게는 일반적으로 불충분한 윤활을 하는 것과 관련된다.
3. **오르가즘 장애(orgasmic disorder).** 남성 또는 여성은 오르가즘에 도달하기 어렵거나 그들이 원하는 것보다 빨리 오르가즘에 도달할 수 있다. 여성은 오르가즘에 도달하기 어려운 것을 당면할 가능성이 높다. 남성은 너무 빨리 오르가즘에 도달할

성욕 장애(sexual desire disorder) 지속적 또는 반복적으로 성적 욕망이 없거나 성적 접촉을 혐오하는 성기능 장애.

성흥분 장애(sexual arousal disorder) 지속적 또는 반복적으로 성교에 참여 또는 유지하도록 성적흥분이 정상적으로 되지 않는 성기능 장애.

오르가즘 장애(orgasmic disorder) 정상적으로 오르가즘에 도달할 충분한 강도의 성적 자극을 받아도 지속적 또는 반복적으로 오르가즘에 도달하기 어렵거나 그들이 원하는 것보다 빨리 오르가즘에 도달하는 성기능 장애.

가능성이 높다(조기사정을 하는 것).

4. **성교동통 장애(sexual pain disorder).** 남성과 여성 모두 **성교통증(dyspareunia)**(고통스런 성교)으로 고통 받기도 한다. 여성은 **질경련(vaginismus)** 또는 질 내부를 싸고 있는 근육의 무의식적 수축으로 음경의 삽입을 막거나 고통 유발을 경험하기도 한다.

성기능 장애는 선천적 또는 후천적으로 분류된다. (후천적 장애는 정상 기능을 하는 기간 후에 이어진다.) 기능 장애는 또한 일반적 또는 상황적으로 분류된다. 일반적 기능 장애는 모든 상황에서 일어난다. 상황적 기능 장애는 자위 중에는 일어나지 않고 성교 중에만 일어나거나 한 파트너에게서 일어나지만 다른 파트너와는 그렇지 않는 것처럼 특정 상황에서만 성적 기능에 영향이 있다. 만약 남성이 자위 중에 발기를 하지만 한 파트너와 성적 관계 중 발기를 한 적이 없으면 그의 기능 장애는 선천적 상황적이다.

학생들의 실제 질문

질문: 고상한 체한다는 것은 무슨 뜻인가요? 이는 성기능 장애로 고려되는가요?

답변: 영어로 고상한 체란 단어는 자랑스러운이란 단어와 같은 기원을 가지고 그 사람의 말, 행동, 옷차림에 높게 심지어는 지나치게 적정하거나 겸손함을 말한다. 다른 말로 고상한 체하는 사람은 공공장소에서 진하게 키스하거나 유혹하는 듯한 옷차림과 같은 행동을 싫어하며 또한 일반적으로 다른 사람의 그러한 모습도 용납하지 않는다. 그들이 개인적으로 친밀한 관계에서 하는 것은 매우 다르다. 사실, 그들은 성을 아주 많이 즐기기도 하여서 공공장소의 고상함과 성적 기능 또는 장애와 필수적인 관계는 없다. 고상함의 근원은 확실하지 않다. 많은 젊은 사람들은 특히 공개 사회에서 저항하지만 철저히 뒤로 숨는 것이 그것과 관련이 있을 수 있다. 그리고 단지 유전적 요인도 있을 수 있다.

성욕 장애

성욕 장애는 성적 욕망이 부족하거나 생식기 성적 행위에 혐오감을 가진 것을 포함한다. 성적 관심 또는 욕망이 적거나 없는 사람들은 **성욕감소병**을 가졌다고 불린다. 그들은 종종 성적 환상이 없다고 보고한다. 욕망의 결핍은 문화를 통틀어 25에서 53% 정도로 남성보다 여성에 일반적이다(Heiman, 2008). 웨스트와 그녀의 동료들이 2,000명의 여성을 대상으로 조사한(West 등, 2008) 전국적 표본 샘플에서 낮은 성적 욕망의 횟수는 폐경기 전 여성의 26.7%와 폐경기 후 52.4%이었다. 하지만 다른 조사는 비율이 39%이었다(Shifren, 2008). 어쨌거나 인간이 항상 성에 욕망이 있다는 믿음은 미신이다(Hackett, 2008).

성적 욕망의 결핍은 발기를 이루거나, 적절히 윤활하거나 오르가즘에 도달하기 어려운 것을 의미하지 않는다. 일부 성적 욕망이 낮은 사람들은 적절히 자극을 받았을 때 성적 흥분과 오르가즘에 도달할 수 있다. 많은 사람들은 그들이 시작하고자 하지 않더라도

성교동통 장애(sexual pain disorder) 성교 도중 지속적 또는 반복적으로 통증을 느끼는 성기능 장애.

성교통증(dyspareunia) 성교 도중 지속적 또는 반복적으로 통증을 느끼는 것이 특징인 성기능 장애 중 하나.

질경련(vaginismus) 질 주위의 무의식적 근육 수축으로 음경 삽입을 막거나 삽입에 고통을 주는 성기능 장애.

성적 활동을 즐긴다. 많은 사람들은 물리적으로 친밀한 애정과 가까움에 감사하지만 생식기 자극에 관심이 없다(Hackett, 2008).

성욕감소는 가장 흔히 진단되는 성기능 장애 중 하나이지만 의사들과 연구자들 간에 성적욕망 결핍의 정의에 관해 확실한 합의가 없다(Heiman, 2008). 욕망 부족은 커플들이 성적 관심의 수준이 너무 낮아서 더 이상 관심이 없다고 느낄 때 일반적으로 문제라고 고려한다(Heiman, 2008). 욕망 결핍은 종종 한 파트너에 국한된다. 한 파트너가 다른 파트너보다 성적 관심이 더 많을 때, 성 치료사들은 종종 커플들이 절충할 것을 권장한다. 그들은 또한 성적 정열을 약화시켰을 연인관계에서 문제를 해결하려고 노력한다(Aubin 등, 2009).

여성들 중 욕망 결핍은 언제 장애인가? 성적 차이에 관한 문헌에서 일반적으로 여성은 남성보다 성에 관심이 적다고 강력히 제안한다(Heiman, 2008; Pelau, 2003). 이것이 강하고 주기적인 성 욕망을 경험하는 것은 잘못 된 것이라고 제안하는 것은 아니다. 한 파트너가 다른 파트너보다 성적 욕망이 강하지 않으면, 일반적으로 욕망 결핍으로 의료인들을 찾아오지 않는다는 것을 주지하라.

학생들의 실제 질문

질문: 저는 학업이 과중할 때 때때로 성욕이 느껴지지 않습니다. 이것은 정상인가요?

답변: "과중한 학업"이 스트레스로 해석된다면 그것은 확실히 정상이다. 일부 사람들은 스트레스의 감정에서 벗어나려는 노력으로 섹스에 눈을 돌리기도 하지만 스트레스가 성적 욕구를 감소시키는 효과도 단지 정상(아마도 보다 흔한 일)이다.

성혐오 장애 낮은 성욕의 사람들은 섹스에 관심이 적거나 없기도 하지만 그들은 생식기 접촉을 뿌리치지는 않다. 하지만 일부 사람들은 섹스가 메스껍거나 혐오스럽게 생각하고 생식기 접촉을 피한다.

발기불능의 과거는 남성에게 성적 혐오를 유발할 수 있다(Bancroft 등, 2005b, 2005c). 그런 과거가 있는 남성들은 그들이 실패와 창피의 느낌을 유발하기 때문에 성적 상황에서 불안해하기도 한다. 그들의 파트너 또한 그들 자신의 좌절로 인해 혐오를 발달하기도 한다. 강간 또는 유아기 성적 학대 또는 근친상간과 같은 성적 트라우마의 과거는 특히 여성에게서 종종 성적 혐오감에 현저하게 작용한다(Firestone 등, 2006b; Najman 등, 2005).

성흥분 장애

우리가 성적으로 자극받았을 때 일반적으로 남성은 발기를 이루고 여성은 질 윤활을 제공하는 **성기충혈(vasocongestion)**로 반응한다. 성흥분 장애인 사람들은 성적 활동을 가능케 하는 윤활 또는 발기를 이루거나 지속하는데 실패한다(Rowland & Incrocci, 2008). 또는 그들은 성흥분과 일반적으로 동반하는 성적 즐거움 또는 흥분의 느낌이 부족하다.

성흥분의 문제들은 때로는 남성에게 불능으로 여성에게 불감증으로 낙인된다. 하지만

성기충혈(vasocongestion) 혈관이 혈액으로 충혈되어 성기나 유방이 성적 흥분 도중 부풀어 오르는 것.

발기 장애의 정신적 대가 남성 발기 장애 또는 발기불능은 지속적으로 성적 행위를 완성하도록 충분한 발기를 이루거나 유지하기 어려운 것으로 특징지어진다. 미국에서 많게는 3,000만 명의 남성이 어느 정도의 발기장애를 경험하고 빈도는 나이가 들수록 증가한다. 일시적인 발기문제는 흔하고 피로, 음주, 새로운 파트너에 대한 불안 등이 원인이 되기도 한다. 하지만 반복의 공포가 악순환을 야기하는데 이는 불안이 실패를 낳고 실패가 불안을 증가시킨다.

이런 용어들은 경멸되어서 많은 전문가들은 보다 위협하지 않고 보다 설명적인 용어사용을 선호한다.

남성 발기 장애 남성에게 성흥분 장애는 **남성 발기 장애(male erectile disorder)** 또는 발기부전이라고 불린다. 그것은 지속적으로 성적 활동을 끝마치도록 충분히 발기를 이루거나 유지하기 어려운 것으로 특징되어 있다. 대부분의 경우에 실패는 모든 파트너들과 또는 특정 파트너와만의 성적 활동에 국한된다. 따라서 **상황적**으로 분류될 수 있다. 어떤 경우에는 기능 장애가 자위 등의 모든 성적 활동에서 발견된다. 이런 경우에는 **일반적 기능 장애**로 고려된다. 발기 장애의 일부 남성들은 그들의 파트너와 발기를 얻을 수 없다(Aubin 등, 2009). 다른 사람들은 발기를 하지만 삽입과 사정을 하도록 오래 유지(또는 회복)할 수 없다(Bancroft 등, 2005b).

미국에서 많게는 3,000만 남성이 어느 정도의 발기 장애를 경험한다(Goldstein, 1998). 얼마나 많은 남성이 영향을 받는지 큰 차이가 있다 하더라도 발기 장애의 빈도는 나이가 들수록 증가한다. NHSLS는 발기유지의 어려움은 18~24세 집단의 6%에서 55~59세 집단의 약 20%로 증가한다고 보고하였다. 다른 조사에서 50대의 남성 중 약 3%가 발기를 얻거나 유지하는 어려움이 있고 이 숫자는 70대 이후에 약 35%로 증가한다(Blanker 등, 2001). 하지만 비뇨기과 의사인 골드스타인(Goldstein, 1998)은 매사추세츠 주 조사에서 40~70세 남성의 약 절반이 발기를 얻거나 유지하기 어렵다고 (최소한 가끔씩) 보고하였다. 우리는 조사마다 차이를 설명할 수 없다. 우리가 할 수 있는 것은 발기 장애의 빈도는 일반적으로 믿어지는 것보다 자주 일어난다고 제안하는 것이다. 얼마나 많은 발기 장애 남성들이 사용하는지 알지 못하지만 장애를 치료하는 약은 매우 활발히 팔린다.

발기 장애는 일반적으로 정상 기능의 시기 이후에 발달한다. 많은 남성은 문제가 생기기 전에 성공적인 성교를 수년 동안 진행한다. 발기를 얻거나 유지하는데 가끔씩 문제가있는 경우는 아주 흔하다. 피로, 술, 새로운 파트너에게 인상을 주고자 하는 불안감과 다른 요인들이 일시적인 에피소드를 설명할 수 있다. 하지만 단발적인 발생도 남성이 재발을 두려워하면 지속적인 문제로 이어질 수 있다. 남성이 그의 성적 능력에 관해 보다

남성 발기 장애(male erectile disorder) 남성이 성교를 하거나 끝내도록 충분히 발기가 이루어지거나 유지되는데 지속적인 어려움. 발기불능이라고도 함.

불안하고 걱정할수록 그가 성과 불안감으로 고통 받을 가능성이 높다. 이 불안감은 반복적인 실패에 기여하고 불안감과 실패의 악순환이 발달하기도 한다(Bancroft 등, 2005c).

발기문제가 있는 남성은 발기를 "의지"대로 얻으려고 노력하기도 하는데 이것은 문제를 악화시킨다. 각각의 실패는 보다 더 그의 사기를 꺾고 좌절시키기도 한다. 그는 성 불완전에 대해 숙고하여 보다 큰 불안감의 자리를 마련하기도 한다. 그의 파트너는 "누구한테나 일어날 수 있어", "걱정하지 마" 또는 "좋아질 거야"와 같은 말을 하여 그를 편안하게 하고 그를 지지하는 노력을 할 수 있다. 하지만 자신감을 되찾으려는 시도는 성공하지 못하기도 한다. 한 환자가 말한 바대로,

> 나는 항상 근신 중인 것처럼 내 자신에게 증명해야 하는 열등감을 느낀다. 나는 벽에 부딪친 것처럼 느낀다. 당신은 이것(발기 실패)이 얼마나 당혹케 하는지 상상할 수 없다. 당신이 나체 모임이라고 생각한 관중 앞에 걸어 나갔는데 그것은 정장 모임인 것과 같다.
>
> —작가의 파일

불안감과 발기 실패의 악순환은 만약 남성이 일시적인 문제가 정상으로 생각하여 과민반응을 보이지 않으면 끊어지기도 한다. 하지만 남성의 성적 능력에 관한 우리 문화의 강조는 일시적인 실패를 잠시 실패보다는 대재앙으로 비추도록 박차를 가하기도 한다. 일시적인 문제를 비극보다 불편함으로 보는 것이 지속적인 발기 문제의 발달을 뒤집는데 도움이 되기도 한다.

여성 성흥분 장애 여성들은 성적 자극에 대해 성적으로 흥분하거나 충분히 윤활하는데 지속적인 어려움들을 직면하기도 한다. 어떤 경우에는 이러한 어려움들이 일생동안 일어난다. 다른 경우에는 정상 기능의 시기 이후에 발전한다. 일부의 경우에는 어려움들이 충만하여 자위할 때와 파트너와 성교할 때 모두 일어난다. 그것들은 특정 상황에서 일어나는 경우가 더 흔하다. 예를 들면 특정 파트너들과 일어나지만 다른 사람들과는 그렇지 않거나 성교 중에는 일어나지만 구강성교 또는 자위 중에는 일어나지 않는다(Goldstein 등, 2006).

여성 성흥분 장애는 종종 성욕감소병과 오르가즘 장애와 같은 다른 장애와 수반된다. 성적으로 흥분하기 어려움에도 불구하고 성흥분 장애 여성들은 종종 성교를 한다. 하지만 질 건조는 불편함을 제공하기도 한다.

남성의 경우처럼 여성 성흥분 장애는 물리적 원인이 있기도 한다. 의사들에 의한 정밀검사를 추천한다. 성적 자극에 질의 윤활 또는 팽창 반응을 저해하는 어떤 신경, 혈관, 호르몬 문제들도 여성 성흥분 장애에 기여할 수 있다. 예를 들어, 당뇨는 음핵 부근의 신경과 혈관에 손상을 주기도 한다. 줄어든 에스트로겐 생산도 질 건조를 초래할 수 있다.

연구의 다른 흥미 있는 점은 성흥분 장애 여성의 피부는 이러한 문제가 없는 여성의 피부처럼 감촉에 민감하지 않다고 제안한다(Frolic & Meston, 2005). 이러한 경우에 여성은 (정신적 뿐만 아니라 물리적) 성적 자극의 증가가 필요하기도 한다.

하지만 여성 성흥분 장애는 보다 일반적으로 정신적 원인에 있다. 일부 경우에는 여성은 그들의 파트너에 대해 뿌리 깊은 화와 후회가 있다(Moore & Heiman, 2006). 그러므로 그들은 침대로 갈 때 이러한 감정들을 억누르는 것이 어렵다. 다른 경우에는 성적 트라우마가 연루되어 있다. 성 학대의 생존자들은 종종 파트너에게 성적으로 반응하는

것이 어렵다. 아동기 성 학대는 여성 성흥분 장애의 경우 특히 일반적이다(Najman 등, 2005; van der Made 등, 2008; van Lankveld, 2008). 무력함, 증오, 죄책감 심지어 학대의 기억은 여성이 성적 활동을 시작할 때 떠올라서 흥분하는 능력을 감소시키기도 한다. 다른 심리적 원인들은 성과 비효과적인 자극에 관한 불안감 또는 죄책감을 포함한다(Goldstein 등, 2006).

학생들의 실제 질문

질문: 제가 어린이였을 때 성희롱을 당하였고 이 일이 있은 후 성에 대해서 관심이 없어졌습니다. 어떻게 해야 하나요?

답변: 우리는 당신에게 몇 가지 일반론을 제공할 것이지만 우리는 또한 처음부터 당신의 상황에 대해 충분히 알지 못하는 것을 인정하고 전문가와 상의할 것을 제안한다. 말한 바와 같이 당신은 품위 있고 돌보아 주는 사람과 좋은 관계를 허용하는 것에서 출발할 수 있다. 만약 당신이 관계에 편안하다고 약간의 애무을 허락한다면 당신은 성을 발전시키는 관심을 찾을 수 있다. 이러한 관계조차 당신에게 제공되지 않는다면 전문가와 상황을 토의하는 것도 손해가 되지 않을 것이다.

오르가즘 장애

오르가즘 장애는 (1) 여성 오르가즘 장애, (2) 남성 오르가즘 장애, (3) 조기 사정 또는 빠른 사정을 포함한다. 여성 또는 남성 오르가즘 장애에서 일반적으로 오르가즘으로 이어질 충분한 강도의 성적 자극을 받았음에도 불구하고 여성 또는 남성은 오르가즘에 도달이 지속적으로 늦춰지거나 전혀 오르가즘에 도달하지 못한다. 이 문제는 남성보다 여성에 보다 흔하다. 어떤 경우에는 성적 관계를 특정 파트너와 가졌을 때 문제없이 오르가즘에 도달하는 사람이 다른 파트너와는 그렇지 못한다.

여성 오르가즘 장애 오르가즘 장애 여성은 일반적으로 적당한 양의 성적 자극 후에 오르가즘에 도달할 수 없거나 오르가즘에 도달하기 어렵다. 어떠한 경우에도 오르가즘에 도달한 적이 없는 여성은 **불감증인(anorgasmic)** 또는 아직 오르가즘을 맛보지 못한 것으로 때로는 인식된다.

자위 또는 구강성교로 오르가즘에 도달한 여성은 파트너와 성교 도중 반드시 오르가즘에 도달하는 것은 아니다. 성교 중 피스톤 운동은 오르가즘을 촉진하도록 충분한 음핵 자극을 제공하지 못할 수 있다. 하지만 만약 성교 중 오르가즘이 성적 죄책감 또는 수행 불안감 같은 요인으로 손상된다면 오르가즘 장애로 진단받을 수 있다. 오르가즘을 억지로 이루려고 시도하는 여성들 또한 그렇게 할 수 없는 것을 알게 될 수 있다. 그들은 **구경꾼 역할(spectator role)**을 간주하고 성적 행위에서 완전히 참여하는 것보다는 관찰하게 된다. "관찰"은 오르가즘과 같은 것을 보다 감소시키기도 한다.

불감증인(anorgasmic) 오르가즘에 도달한 적이 없는.

구경꾼 역할(spectator role) 주로 수행 불안 때문에 사람들의 성적 상대와 완전히 참여하는 대신에 관찰하는 역할.

남성 오르가즘 장애 남성 오르가즘 장애는 또한 지루, 지연사정, 사정부전이라고 불린다. 문제는 선천적 또는 후천적, 일반적 또는 상황적일 수 있다. 한번도 사정한 적 없는 남성은 아주 드물다. 대부분의 경우에 장애는 성교에 국한된다. 남성은 자위 또는 구강성교 도중 사정할 능력이 있지만 성교 중(강도 높은 성적 흥분에도 불구하고) 사정하기 불가능하지 않으면 최소한 어렵다. 남성이 오래 지속될 수 있기 때문에 여성 파트너는 이러한 장애를 즐길 수 있다고 생각할 수 있다. 하지만 이 경험은 양쪽 파트너에게 당혹하게 할 수 있다(Richardson 등, 2006). 남성 오르가즘 장애는 일반 인구와 임상에서 비교적 희귀하며 가장 적게 진단받는 장애 중 하나이다.

남성 오르가즘 장애는 사정중추를 방해하는 다발경화증 또는 신경 손상과 같은 물리적 문제에서 기인하기도 한다. 다양한 정신적 요인들 또한 역할을 하는데 수행불안감, 성적 죄책감, 파트너에 관한 증오 등이 있는 것 같다. 임신의 공포 파트너에 대한 화와 같은 감정적 요인들이 역할을 할 수 있다.

다른 성기능 장애와 같이 오르가즘 장애 남성들과 그들의 파트너들은 "더 열심히 노력"하는 것 같다. 하지만 열심히 노력하는 것은 성적 문제를 도와주는 것 대신 더 나빠지게 하는 것 같다. 성적 관계가 즐거움과 만족의 기회 대신 의무적인 일을 마치는 것이 된다.

조기 또는 빠른 사정 남성 오르가즘 장애의 두 번째 유형인 조기 또는 빠른 사정은 남성 성기능 장애에서 가장 흔하다(Porst 등, 2008; 표 15.1). **조기사정(premature [rapid] ejaculation)**을 하는 남성은 너무 빨리 사정하여서 그들의 파트너 또는 그들 자신이 성적 관계를 충분히 즐기도록 허용하지 않는다. 조기 또는 빠름의 정도는 다양하다. 일부 남성들은 전희 중 심지어는 그들의 파트너가 옷 벗는 것을 보는 것만으로도 사정한다. 하지만 대부분은 삽입하기 직전 또는 직후, 또는 몇 번의 피스톤운동으로 사정한다(Byers & Grenier, 2003). 중요한 것은 그의 파트너(와 그)가 잠시 기다릴 수 있느냐는 것이다. 일부 학자들은 무엇이 너무 빠른 것인지 결정하는 초점이 특정 기간 대신에 커플이 성교 지속 시간 내에 만족하는지에 맞추어져야 한다고 주장한다(Byers & Grenier, 2003).

카플란(Kaplan, 1974)은 "조기"라는 수식어가 남성이 지속적 또는 반복적으로 그들의 사정을 의도적 조절이 부족한 경우에 적용되어야 한다고 제안한다. 이것은 사정이 반사운동이고 반사는 생각 또는 의식적으로 조절이 되지 않기 때문에 용어상 상충하는 것처럼 들릴 수도 있다. 하지만 카플란은 남성이 그가 경험하는 성적 자극의 양을 조절함으로써 사정을 조절할 수 있어서 파트너가 준비되었을 때까지 자극을 충분히 낮추어 사정 반사를 유발하지 않는 것이다.

학생들의 실제 질문

질문: 여성들은 남성 사정이 불결하다고 생각하는지요? 이것은 장애인가요?

답변: 일부 여성들은 사정을 불결하다고 생각한다. 어떤 이들은 그것에 흥분한다. 또 어떤 이들은 아무 느낌이 없다. 이러한 차이의 이유는 불확실하다. 사정이 불결하다고 생각하는 것 자체로는 성기능 장애가 아니다. 만약 이것이 성적 혐오가 되면 그것을 장애일 수 있다.

조기사정(premature [rapid] ejaculation) 최소한의 성적 자극으로 파트너가 원하기 전에 사정을 하는 성기능 장애.

빠른 여성 오르가즘: 여성이 오르가즘에 너무 빨리 도달할 수 있는가? 조기사정의 여성에게 상응하는 빠른 오르가즘은 문제로 인식되는 경우가 아주 드물어서 일반적으로 의사들에게 무시되고 정신 장애에 대한 진단과 통계 매뉴얼에 의해 성기능 장애로 구분되지 않는다. **사실인가 아니면 허구인가 2:** 그럼에도 일부 여성들은 오르가즘을 빨리 경험하고 파트너가 만족감을 얻기 위한 성적 활동의 지속에 별로 관심을 보이지 않는다. 하지만 오르가즘에 빨리 도달하는 많은 여성들은 지속적인 성적 자극에 개방되어 있고 연속적인 오르가즘을 경험할 능력이 있다.

사실인가 아니면 허구인가 2

성교동통 장애

우리들 중 대부분에게 성교는 기쁨의 원천이다. 하지만 우리들 중 일부에게는 성교가 통증과 불편을 제공한다.

성교통증 한 성교동통 장애인 성교통증 또는 고통스런 성교는 남성과 여성 모두 괴롭힌다. 성교통증은 흔한 성기능 장애이고 산부인과를 찾는 여성의 흔한 불만이다.

통증은 일반적으로 무언가가 물리적으로 잘못되었다는 신호이다(Brauer 등, 2009). 성교통증은 물리적 원인, 감정적 요인 또는 둘 간의 관계에서 비롯될 수도 있다(Goldstein 등, 2006). 하지만 성교통증의 발생은 정신 장애라고 제안되기 때문에 이것이 미국 정신과 학회의 진단과 통계 매뉴얼(*Diagnostic and Statistical Manual, DSM*)에 등재되어야 하는지 많은 논쟁이 있다(Binik, 2005; Spitzer, 2005).

사실인가 아니면 허구인가 3

사실인가 아니면 허구인가 3: 여성에게 고통스런 성교(또는 성교통증)의 가장 흔한 원인은 질내 감염이 아니다. 그것은 적당한 윤활의 부족이다. 이러한 경우에 추가적인 전희와 인공적 윤활이 도움을 주기도 한다. 나이가 들어감에 따라 정상적인 변화가 폐경전후기와 폐경의 여성 중에서 역할을 할 수 있다(Brauer 등, 2009). 질내 감염 또는 성병 감염 또한 고통스런 성교를 제공하기도 한다. 살정제 심지어 콘돔의 고무재질에 대한 알레르기반응도 고통스런 성교로 이어질 수 있다. 깊은 삽입 동안 통증은 자궁내막증, 골반염질환 또는 생식기의 구조적 장애를 예시할 수도 있다.

해결되지 않은 죄의식, 또는 성에 관한 불안감 또는 성적 트라우마의 지속되는 효과와 같은 정신적인 요인 또한 관여할 수 있다. 이러한 요인들은 윤활을 저해하고 질 근육의 무의식적 수축을 유도하여 삽입이 고통스럽거나 불편하게 만들 수 있다.

고통스런 성교는 남성에게 덜 흔하고 일반적으로 화끈거리거나 고통스런 사정을 유발하는 생식기 감염과 관련이 있다. 포경수술을 받지 않은 남성의 음경꺼풀 아래의 귀두지 또한 성적 접촉 중 귀두를 자극하기도 한다.

질경련 또 다른 성교동통 장애인 질경련은 질내 바깥쪽을 3번째로 싸고 있는 골반 근육의 무의식적 수축을 포함한다. 질경련은 질 삽입 시도 중 반사적으로 일어나서 음경의 삽입이 고통스럽거나 불가능하게 만든다. 근육 수축은 삽입의 공포에 의해 동반된다. 질경련을 경험하는 일부 여성들은 손가락, 탐폰 또는 의사의 벌리개를 포함한 어떤 물질의 삽입도 관용하지 못한다. 질경련의 유병률은 알려지지 않았다.

질경련 여성은 보통 질 근육을 수축하고 있는 것을 알지 못한다. 어떤 경우에는 질경련 여성의 남편은 반복되는 삽입 실패 후 발기 장애로 발전한다.

질경련은 물리적 손상 또는 결점보다는 삽입의 정신적 두려움에 의한 것으로 고려된다(Brauer 등, 2009; ter Kuile 등, 2009). 질경련 여성들은 종종 질 상처를 준 성적 트라우마, 강간 또는 실패한 낙태 등의 역사가 있다. 그들은 성적 관계를 희망하기도 한다. 그들은 성적으로 흥분하고 오르가즘에 도달할 능력이 있을 수도 있다. 하지만 삽입의 공포는 음경 삽입 시 질 근육의 무의식적 경련을 유발한다. 질경련은 또한 성교통증의 원인 또는 효과가 될 수 있다. 고통스런 성교를 경험한 여성들은 삽입의 공포를 발전시키기도 한다. 공포는 그 후 무의식적 질 수축으로 발전한다. 질경련과 성교통증은 남성에게 발기 장애를 유발하거나 그것에서 기인하기도 한다. 실패와 불안감의 감정은 양쪽 파트너들을 난처하게 할 수 있다.

여성외음부통

> 통증은 몇 달간 지속되었다. 당신은 너무 불편해서 앉기도 어렵다. 성교를 하는 것은 생각할 수 없다. 아무것도 통증, 화끈거림과 자극을 최소한 오랫동안 줄여주지 않는다. (Mayo Clinic, 2006)

이것은 여성외음부통의 마요클리닉 설명이다. **여성외음부통(vulvodynia)**은 음문 통증, 특히 만성 화끈거림, 자극, 동통에 의해 특징지어지는 산부인과적 상태이다(Lotery 등, 2004; Masheb 등, 2004). 여성외음부통과 그와 관련된 안뜰염과 같은 상태는 고통스런 성교를 일으킨다 하더라도 이 자체로는 성기능 장애로 고려되지 않는다(Kaler, 2005). 국소 감염, 국소 신경 손상, 알레르기가 예측되지만 원인은 알려지지 않았다. 냉찜질, 국소 마취제, 에스트로겐 또는 코르티손을 포함한 국소 크림이 통증완화를 제공하기도 한다(Mayo Clinic, 2006). 다른 가능한 치료에 관해 산부인과 의사와 상담하라.

표 15.2는 NHSLS에 따른 현재 성기능 장애와 다른 문제들의 빈도를 백인과 흑인과의 차이를 보여준다(Laumann 등, 1994). 흑인 남성의 성기능 장애는 백인 남성보다 높은 발생을 보여준다. 흑인 여성은 고통스런 성교와 윤활 문제를 제외한 대부분 성기능 장애의 높은 빈도를 보고한다.

여성외음부통(vulvodynia) 외음 통증, 화끈감, 자극, 동통으로 구분되는 산부인과적 상태.

표 15.2

다양한 세상: 현재 성적 문제 발생의 백인과 흑인의 차이들(지난해 동안 일어났던 문제를 보고한 응답자들)

	백인 남성	흑인 남성	백인 여성	흑인 여성
성교 중 통증	3.0%	3.3%	14.7%	12.5%
즐겁지 않은 성교	7.0	15.2	19.7	30.0
오르가즘에 도달할 수 없음	7.4	9.9	23.2	29.2
성에 관심 부족	14.7	20.0	30.9	44.5
수행불안	16.8	23.7	10.5	14.5
절정에 너무 일찍 도달	27.7	33.8	7.5	20.4
발기 유지 불가	9.9	14.5	-	-
윤활 문제	-	-	20.7	13.0

출처: Adapted by permission from E. O. Laumann, J. H. Gagnon, R. T. Michael, and S. Michaels (1994). *The Social Organization of Sexuality: Sexual Practices in the United States*. Chicago: University of Chicago Press, Tables 10.8A and 10.8B, pp. 370, 371.

15.2 성기능 장애의 근원들: 생물정신사회적 접근

우리 인간들은 복잡한 신체와 복잡한 정신적 과정으로 이루어져 있다. 우리는 또한 문화적 조건에서 가족 안에서 양육된다. 이러한 이유로 우리는 성기능 장애를 유발 가능한 생물학적, 정신적, 사회적 요인들을 고려할 필요가 있다(Brown & Haaser, 2005). 예를 들어 생물학적 사회정신적 요인들(호르몬 결핍, 우울, 관계의 불만족 등)은 욕망 결핍에 기여한다. 더욱이 이러한 요인들은 여러 가지 방법으로 상호작용을 할 수 있다. 연구자들은 이러한 접근법을 **생물사회심리 모형(biopsychosocial model)**이라 부른다.

생물학적 원인들

성적 욕망을 감소시키는 의학적 조건에는 테스토스테론 결핍, 갑상샘 과잉 또는 결핍, 일시적 측두엽간질 등이 있다. 성욕은 테스토스테론에 의해 일어나는데 이것은 남성의 고환과 남성과 여성의 부신에서 생성된다(Heiman, 2008). 여성은 부신이 수술로 제거되었을 때 성적 욕망을 적게 느끼기도 한다. 발기부전과 함께 낮은 성 관심은 **생식샘기능저하증(hypogonadism)**을 가진 남성에서 또한 일반적이며 테스토스테론으로 치료받는다(Lue, 2000).

중년과 노년에 일어나는 테스토스테론 양의 감소는 남성의 성적 욕망이 점차적으로 감소하는 것을 부분적으로 설명하기도 한다(Hackett, 2008). 하지만 여성의 성적 욕망 또한 나이에 따라 감소하는데 이것이 물리적 정신적 변화 때문인 것은 후에 다루겠다(Heiman, 2008). 몇몇 치료약 특히 불안감 또는 고혈압을 조절하는데 사용되는 약들 또한 욕망을 줄인다. 치료약 또는 용량의 변화는 이전 수준의 욕망으로 돌아가기도 한다.

피로는 남성에게 발기 장애와 오르가즘 장애, 여성에게는 불충분한 윤활과 오르가즘 장애로 이어지기도 한다. 하지만 이것에 너무 많은 의미를 부여하거나 미래 행동에 걱정을 하지 않으면 이것들은 일시적인 발생이다. 하지만 고통스런 성교는 종종 감염이 있음을 반영한다. 성적 반응에 영향을 주는 의학적 조건은 심장병(Lane & Thyer, 2008), 당뇨병, 다발성 경화증, 척추 손상, 수술 합병증(남성에서 전립선 제거와 같은), 호르몬 문제, 고혈압과 정신질환을 치료하는 일부 약의 사용 등을 포함한다(Byerly 등, 2006; Olfson 등, 2005; Wooten, 2008).

인간면역결핍바이러스와 성기능 장애 인간면역결핍바이러스/후천성면역결핍증이 남성과 여성 모두에게 성기능 장애와 관련이 있다는 것에는 의심의 여지가 별로 없다. 면역결핍바이러스를 가진 남성들은 또한 생식샘기능저하증과 발기부전을 가질 가능성이 높으며 항레트로바이러스 치료에 의해 명백히 악화된다(Crum 등, 2005). 항레트로바이러스 치료는 남성에게 에스트로겐의 수치를 증가시키는 것으로 알려져 있다(Lamba 등, 2004). 혈청반응양성인 동성애 남성 78명의 조사는 성적 관심 손실부터 지루와 발기 장애까지의 광범위의 성기능 장애를 보여주었다(Cove & Petrak, 2004). 남성은 콘돔이 있는 것 보다는 콘돔 없이 발기를 얻거나 유지할 능력이 보다 많기 때문에 그들 중 많은 사람들은 불규칙적으로 콘돔을 사용한다.

인간면역결핍바이러스 혈청반응양성인 여성에게도 관심부족부터 성적흥분 장애에

생물사회심리 모형(biopsychosocial model) 생물학적, 정신적, 사회/문화적 요인과 상호작용을 뜻하는 장애를 설명하기 위한 접근법.

생식샘기능저하증(hypogonadism) 테스토스테론 분비가 감소한 샘 장애.

서 오르가즘 장애까지 다양한 성기능 장애를 보인다(Florence 등, 2004). 연구자들은 장애를 정신적 요인(불안감, 자극과 우울증)과 면역결핍바이러스의 효과에 원인을 돌린다.

그들은 피곤하고 성적 반응은 일어나지 않았다. 그들은 계속 시도해야 하나? 혹은 그들이 밤에 숙면을 취할 때까지 기다려야 하나?

세로토닌 재흡수억제제와 성적 반응 사람들과 의사들은 우울증을 치료하는 일부 약품들의 성적 부작용에 대해 아주 많이 알아야 한다. 소위 선택적 세로토닌 재흡수억제제(SSRI)라고 불리는 것들은 우울증뿐만 아니라 공황 장애, 강박반응성 장애, 신경성 식욕부진과 다른 병들을 위해 널리 처방된다. 대부분의 의사들은 이러한 약들이 "일부" 환자들에게 "일부" 성적 부작용이 있는 것을 알고 있다. 하지만 사실을 말하면 그것들은 많은 환자들 특히 고령 환자들에게 성적 흥분을 거의 모두 손상시킨다(Heiman, 2008). 더욱이 환자들이 약을 끊었을 때까지도 성적 기능은 반드시 돌아오는 것은 아니다(Bolton 등, 2006; Csoka & Shipko, 2006).

우울증을 도와주는 일부 약들은 최소한 단기간에 성적 기능에 손상을 주지 않을 수도 있다. 웰부트린은 최소한 일시적으로 성적 기능을 향상시킬 수 있으며 때로는 세로토닌 재흡수억제제와 같이 처방해서 성적 부작용을 방지하는 데 도움을 준다. 의사와 상의하라.

연구자들은 건강문제가 남성에게 모든 종류의 성기능 장애, 여성에게는 대부분의 성적 고통과 관계있는 것으로 보고 있다(Barsky 등, 2006; Binik, 2005; Schultz 등, 2005). 생물학적 요인들이 성기능 장애에 관여할 때에도 노여움과 우울증 같은 정신적인 요인들이 장애를 지속시키거나 악화시킬 수 있다(Laurent & Simons, 2009).

발기 장애의 생물학적 원인들은 음경을 향하거나 통하는 (남성이 나이 들면서 보다 일반적이 되는 문제) 혈류 또는 발기에 관여하는 신경의 손상이 영향을 준다(Goldstein, 1998). 발기문제는 막히거나 좁아진 동맥이 음경의 산소를 고갈시키는 것으로 이어질 때 생길 수 있다(Thompson 등, 2005). 예를 들어, 발기 장애는 당뇨병을 가진 남성에게 보다 흔한데 이 병은 혈관과 신경에 손상을 줄 수 있다. 하버드 보건대학의 에릭 림(Rimm, 2000)은 2,000명의 남성을 연구하여 발기 장애가 큰 허리둘레, 물리적 활동부족, 과음(또는 금주!)과 연결되어 있는 것을 발견하였다. 이러한 남성들의 일반적인 조건은 높은 콜레스테롤 수치인 것 같다. 콜레스테롤은 심장으로 가는 혈류를 방해하는 것처럼 음경으로 유입되는 혈류를 방해할 수 있다. 다른 연구는 발기 장애를 심장병과 고혈압에 연관시킨다(Johannes 등, 2000). 운동, 체중감소와 육식 감소가 콜레스테롤 수치를 낮추는 데 도와준다.

여성에게 노화는 성적반응에 비슷한 영향을 준다. 폐경기 전후와 폐경 후에 여성들은 일반적으로 젊은 여성들보다 질 윤활이 적게 생산되고 질 벽이 얇아져서 성교가 고통스러워진다(Dennerstein & Goldstein, 2005). 이러한 물리적 변화들은 노년 남성과 여성의 부정적인 전형과 더불어, 수행불안과 서투른 행위를 만들고 성적 활동을 시도하려는 양쪽 파트너들이 용기를 잃게 한다(McCabe, 2005; Schultz 등, 2005). 이러한 경우에는 인위적 윤활이 여성 자신의 생산의 보조 역할을 할 수 있고 에스트로겐 치환이 나이에 따른 성적 변화를 멈추거나 반대로 하기도 한다(Goldstein & Alexander, 2005). 하지만 파트너들 또한 현실적인 기대감을 갖고 불편함 또는 높은 요구 없이 참여하는 즐거운 성적 활동을 고려할 필요가 있다(McCarthy & Fucito, 2005; Mohan & Bhugra, 2005).

중년과 노년 남성들은 체중조절과 규칙적인 운동을 시도할 수 있다. 매사추세츠 남성 노화 연구의 발견은 규칙적으로 운동하는 남성들은 발기 장애를 피할 수 있는 것으로 보인다(Derby, 2000). 물리적 활동으로 하루에 200칼로리 이상, 이는 약 3.5 km를 빠르게 걸을 때 도달하는 에너지를 소모하는 남성은 그들의 발기 장애 위험을 절반으로 줄인다. 운동은 동맥이 막히는 것을 방지하는 것처럼 보이며 이는 남경으로 혈류 유입을 지속적으로 허용한다.

전립선 수술에 의한 신경 손상은 발기 반응을 손상시키기도 한다. 전직 국회의원이자 대통령 후보인 밥 돌은 전립선 제거로 인해 발기 문제에 직면했다. 발기 장애는 다발성 신경증에 의하기도 하는데 이 병은 신경세포가 신경 전달을 촉진하는 보호적인 코팅을 잃는 것이다. 다발성신경증은 또한 남성 오르가즘 장애에 연루되어 있다.

성병인 매독을 유발하는 세균은 척수에 침입할 수 있으며 발기를 조절하는 세포에 영향을 주어 발기 장애를 초래할 수 있다. 만성 신장 질환, 고혈압, 암, 폐공기증과 심장병은 테스토스테론 생산을 손상시키는 내분비 장애와 같이 발기 반응에 모두 손상을 줄 수 있다(Ralph & McNicholas, 2000).

여성들은 또한 생식기 혈류를 손상시키는 혈관 또는 신경 장애를 발달시켜 윤활과 성적 흥분을 감소시키고, 성교를 고통스럽게 하며 오르가즘에 도달할 능력을 줄인다. 남성과 같이 이러한 문제들은 여성이 나이가 들어감에 따라 일어날 가능성이 높아진다.

일반적으로 성기능 장애 사람들은 신체검사를 받아서 문제들이 생물학적인 것인지 결정하기를 권유받는다. 발기 장애 남성은 그들이 수면 중에 발기를 하는지 결정하기 위해 수면센터에서 진단받기도 한다. 이 기술은 야간음경 **팽창(tumescence)**이라 불린다. 건강한 남성들은 보통 90~100분마다 일어나는 신속안구운동수면 중에 일반적으로 발기를 한다. 생물학적 발기 장애 남성은 종종 야간 발기를 하지 못한다.

처방약과 불법약은 발기 장애의 많은 경우의 원인이다. 항우울제와 정신병약은 발기 기능을 손상시키고 오르가즘 장애를 유발하기도 한다(Olfson 등, 2005; Taylor 등, 2005). 발륨과 제넥스 같은 안정제는 남성 또는 여성에게 오르가즘 장애를 유발하기도 한다. 고혈압을 치료하는 일부 약들은 발기 반응을 손상시킬 수 있다. 다른 혈압 치료제 또는 용량 조절이 도움이 되기도 한다. 발기 장애를 유발하는 다른 약들은 아드레날린차단제, 이뇨제, 콜레스테롤 강하제(스테틴스), 항경련제, 파킨슨 치료제, 소화불량과 위궤양 치료제를 포함한다(Do 등, 2009).

술, 헤로인과 메타돈 같은 중추신경계 저하제들은 성적 욕망을 줄이고 성적 흥분에 영향을 줄 수 있다(Brown 등, 2005). 마약 또한 테스토스테론 생산을 감소시켜 성적욕망을 줄여서 발기 실패를 유발한다. 마리화나 사용은 감소된 성적 욕망과 행위와 연관되어 왔다(Wilson 등, 2000).

코카인의 규칙적 사용은 발기 장애 또는 남성 오르가즘 장애와 남성, 여성에게 모두 성적 욕망을 감소시킬 수 있다(Rawson 등, 2002). 일부 사람들은 코카인의 초기 사용으

팽창(tumescence) 부어오름; 발기.

로부터 증가된 성적 즐거움을 보고하지만 반복적인 사용은 성적 흥분을 위한 약에 의존성으로 이어질 수 있다. 장기 사용은 성적 즐거움을 경험하는 능력과 타협하기도 한다.

술이 특정 기회에 성적 흥분에 손상을 줄 수 있는 사실에도 불구하고 라우만과 그의 동료들(Laumann, 1999)은 술 섭취와 성기능 장애에는 일반적 관계가 없는 것을 발견했다. 하지만 문제는 술이 그들 자신에게 유발하는 우울증을 통한 성적 약화에 잘못 기여할 때 생길 수 있다. 다른 말로 만약 당신이 술을 몇 잔 마시고 성적으로 수행하기 어렵고 술이 당신의 수행을 줄일 수 있는 것을 모른다면 당신은 무엇인가 잘못된 것을 믿는 중이다. 이러한 믿음은 당신의 다음 섹스할 기회에 불안감을 조성할 수 있고 불안감은 정상 작용을 막을 수 있다. 두 번째 실패는 자신감 저하가 불안감을 유발하고 불안감이 반복되는 실패와 보다 많은 불안감을 초래하는 악순화를 시작하기도 한다.

정신사회적 원인들

성적 욕망의 갑작스런 변화들은 정신적인 요인과 관계에서 우울, 스트레스와 문제들과 같은 사람 간의 요인들에 의해 보다 자주 설명된다(Aubin 등, 2009; Moore & Heiman, 2006). 불안감은 가장 자주 발표되는 요인이다. 그것은 성적 욕망을 낮추기도 하는데 수행불안감(부정적으로 평가받는 것의 불안감), 즐거움의 공포 또는 조절의 상실에 관여하는 불안감과 부상의 공포와 관련 있는 불안감의 깊은 근원들을 포함한다(Janssen & Bancroft, 2006). 우울증 또한 욕망 상실의 흔한 원인이다(Laurent & Simons, 2009). 성폭행의 경험 또한 낮은 성적 욕망에 연결되어 왔다(McCarthy 등, 2006).

성기능 장애와 연결된 정신사회적 요인들은 문화적 영향, 경제적 문제, 정신적 성 트라우마, 동성애의 성적 성향, 관계의 불만족, 성적 기술 부족, 타당하지 않은 믿음과 성과 불안감을 포함한다(Bancroft 등, 2005b; McCabe, 2005).

문화적 영향 성적으로 억압하는 문화 또는 가정환경에서 자란 어린이들은 성을 기대감과 즐거움 대신에 불안감과 창피한 느낌으로 반응하도록 배우기도 한다(Nobre & Pinto-Gouveia, 2006). 부모가 생식기를 만지는 것에 대한 죄책감을 심어준 사람들은 그들의 성기를 즐거움의 근원으로 받아들이기 어려운 것으로 나타나기도 한다(McCarthy 등, 2006).

대부분의 문화에서 성적 즐거움은 전통적으로 남성이 간직해왔다. 젊은 여성들은 섹스는 남편을 위해 행해지는 의무이지 개인적 즐거움의 근원이 아니라고 믿도록 길러지기도 한다. 전통적인 이중 잣대가 선진국에서 줄어들었음에도 불구하고(Fugl-Myer 등, 2006), 일부 여성들은 억압된 태도를 아직도 보여준다. 여성들은 남성들보다 성적 욕망을 억제하라고 배울 가능성이 높다(Nobre & Pinto-Gouveia, 2006). 자기조절과 경계(성적 지식과 수용이 아닌)는 여성의 미덕으로 인식된다. 이러한 태도로 자란 여성들은 그들의 성적 잠재력에 관해 배우거나 그들의 에로틱한 욕망을 파트너에게 표현하지 않기도 한다.

유아기와 사춘기 동안 성에 대한 부정적인 태도에 노출된 많은 여성들은 성인으로 즐거움과 만족의 근원으로 성을 갑자기 인식하는 것은 어려운 것으로 보인다. 일생동안 성에 관심을 끊는 것을 배우는 것은, 받아들일 기회가 생겼을 때 성적 흥분과 즐거움을 손상하기도 한다(Fishman & Mamo, 2001).

성심리적 트라우마 아동기에 성적으로 희생된 여성과 남성은 성적 흥분을 하기 어려운 경험을 할 가능성이 높다(Matthews 등, 2006; McCarthy 등, 2006; Mosher 등, 2005). 일부 교육 이론가들은 성기능 장애를 설명하는데 조건적 불안감을 말한다. 성적 자극들은 그들이 강간, 근친상간, 성희롱과 같은 트라우마적 경험들과 짝을 이룰 때 불안감을 야기하기도 한다. 풀리지 않은 노여움, 잘못된 죄책감과 혐오의 감정들 또한 성적 트라우마의 희생자들이 심지어 수년 후 사랑하는 파트너와도 성적으로 반응하기 어렵게 한다.

성적 성향 일부 동성애 남성과 여성들은 이성 관계, 심지어 다른 성의 파트너와 아이들을 키우는 "브록백 결혼"을 하면서 성적 성향을 점검한다. 다른 사람들은 이성애의 모습을 유지하여 동성애 성적 성향에 따라다니며 사회적 불명예를 회피하기를 희망한다. 이러한 경우에는 이성 파트너와의 문제들이 이성적 에로틱 관심의 부족을 나타낼 수 있다(McCarthy 등, 2006).

비효과적인 성 기술들 일부 관계에서 커플들은 한 파트너가 성적 기술의 타이밍과 순서를 지배하기 때문에 제한되고 반복적인 성적 행위를 하게 된다. 음핵의 에로틱한 중요성에 관해 지식이 없는 여성은 직접적인 음핵 자극을 구할 가능성이 낮기도 하다. 발기를 강제적으로 시도하여 발기 실패에 반응하는 남성은 무의식적으로 반복적인 실패를 설정하기도 한다. 성적 선호도를 대화하거나 새로운 기술을 실험하는데 실패한 커플은 관심을 잃기도 한다. 짧은 전희와 성교는 여성 오르가즘 장애에 기여하기도 한다.

감정적 요인들 오르가즘은 의식적인 제어의 갑작스런 실종을 포함한다. 제어를 잃거나 "놔두는" 것의 공포는 성적 흥분을 막기도 한다. 우울증과 같은 다른 감정적 요인들은 종종 성기능 장애에 포함된다(Laurent & Simons, 2009). 우울증은 성적 욕망 부족에 기여할 수 있다. 스트레스 또한 성적 관심과 반응을 방해할 수 있다.

비판적인 사고하기

우리의 문화적 가치관에서 여성이 성적 능력을 보여주면 관계에서 문제로 이어질 가능성이 있는가?

관계에 있어서 문제들 관계에서 문제들은 침실 문에 쉽게 남겨둘 수 없다(Aubin 등, 2009; Moore & Heiman, 2006). 이성 및 동성 간 커플들은 일반적으로 섹스는 그들의 관계에서 다른 일면과 다르지 않다고 발견한다(Matthews 등, 2006). 소통하는데 일반적인 문제가 있는 파트너들은 성적 욕망 또한 전달할 능력이 없을 수도 있다. 분노를 가진 커플들은 섹스를 전쟁터로 만들기도 한다. 그들은 파트너들과 흥분하는데 실패하거나 오르가즘을 "억제"하여 파트너가 죄책감 또는 무력함을 들게 하기도 한다(Firestone 등, 2006b).

다음 경우는 성기능 장애가 문제가 있는 관계의 배경으로 발달하는 것을 강조한다:

6개월간 같이 산 후에 폴과 페튤라는 결혼을 숙고하고 있다. 그러나 문제가 생겨 성 치료차 병원에 왔다. 페튤라가 말하기를 "지난 2개월 동안 폴은 삽입 후 발기를 유지 못했다." 폴은 26세 변호사이다; 페튤라는 24세로 큰 백화점의 구매 담당자이다. 그들은 중산층, 변두리 가정에서 자랐고

악순환? 관계에서 충돌과 성욕의 부족 관계에서 충돌은 성적 관심을 줄일 수 있다. 따라서 성적 관심의 부족은 관계를 보다 손상시킨다.

서로의 친구에 의해 소개받았다. 폴과 페튤라는 몇 달 후 문제없이 성교를 시작했다. 페튤라가 재촉하여 폴은 이런 발전에 확신이 없었지만 그녀의 아파트로 이사 왔다. 1주일 후 폴은 파트너의 강한 욕망에도 불구하고 성교 중 발기를 유지하는데 어려움을 갖기 시작했다. 발기가 줄어들 때 폴은 다시 시도했지만 욕망을 잃고 다시 발기할 수 없었다. 몇 번의 이런 비슷한 경우 후에 페튤라는 너무 화가 나서 폴의 가슴을 치고 소리를 지르기 시작했다. 페튤라보다 두 배인 90 kg의 체중을 가진 폴은 단지 피하기만 했고 그것은 페튤라를 더욱 화나게 했다.

그들의 관계에 성교가 유일한 문제점이 아닌 것은 분명해졌다. 페튤라는 폴이 자기와 시간을 보내는 것보다 친구들과 있고 야구시합을 선호하는 것을 불평했다. 집에 같이 있을 때에도 폴은 TV에서 스포츠를 보는 것에 몰입했고 페튤리가 즐기는 것(극장, 박물관에 가는 것 등)에는 관심을 보이지 않았다. 성적 문제가 오르가즘 문제 또는 우울증에 기인한다는 증거가 없으므로 남성 발기 장애의 진단을 받았다. 폴과 페튤라 모두 치료사와 성 외의 문제를 토론하려고 하지 않았다. 성적 문제가 마스터즈와 존슨에 의해 개발된 기술 이후 본보기가 된 성 치료의 형태로 성공적으로 처리되었고 커플은 나중에 결혼한 반면, 폴의 상반된 감정은 결혼 이후에도 지속되어 성적 문제의 향후 재발 또한 나타났다(Spitzer 등, 1989, pp. 149~150에서 수정).

성적 기술 부족 성적 역량은 배움을 통해서 얻어지는 성적 지식과 기술을 포함한다. 우리는 일반적으로 시도와 실수를 거치고 성에 관해 대화하거나 읽음으로써 우리와 다른 사람들을 기분 좋게 하는 것을 배운다. 일부 사람들은 지식과 경험을 얻을 기회 부족(심지어 친밀한 관계 내에서도) 때문에 성적 역량을 개발하지 못하기도 한다. 성기능 장애 사람들은 성에 관한 대화가 한계 밖의 일이고 빠른 성경험을 심하게 체벌 받는 가정에서 자라왔기도 하다.

근거 없는 믿음들 근거 없는 믿음들과 태도들은 성기능 장애에 기여하기도 한다. 우리는 파트너들이 우리의 마음을 읽기를 기대할 수 없다. 우리는 그들이 진심으로 우리를 돌보는지, 그들이 우리가 필요하거나 원하는 것을 아는지 단정할 수 없다. 소통이 성적 만족의 주요한 요소 중 하나이다.

수행불안(performance anxiety) 행위, 특히 다른 사람에게 평가받는 행위를 수행하는 능력에 관한 불안.

수행 불안감 불안감, 특히 **수행불안(performance anxiety)**은 성기능 장애에 중요한 역할을 한다(Bancroft 등, 2005b; McCabe, 2005). 수행불안감은 얼마나 잘 그 또는 그녀가 특정 행위 또는 업무를 행하는지와 연관될 때 일어난다. 수행불안감은 행위자의 역할보다 관람자 역할을 하는 사람을 장애인으로 만들 수 있다. 에로틱한 감각과 발기, 윤활, 오르가즘이 자연스럽게 일어나는 반사를 허용하는데 집중하는 대신에 그 또는 그녀는 자신을 의심하고 "내가 이번에 할 수 있을까? 이번이 또 실패일까"라고 생각하는데 집중한다.

남성에게 수행불안감은 발기를 저해하는 한편 조기사정을 유발하기도 한다(Hellstrom 등, 2006; Janssen & Bancroft, 2006). 부교감신경계에 의해 유발되는 발기는 불안감의 형태로 교감신경계의 활동에 의해 방지될 수 있다. 불안감처럼 사정은 교감신경계에 의해 이루어지기 때문에 불안감의 형태로 이 신경계의 흥분은 자극의 수위를 높여주어 조기사정의 가능성을 높여줄 수 있다.

여성에게 수행불안감은 질 윤활을 감소시키고 오르가즘 장애에 기여할 수 있다(Goldstein 등, 2006). 수행불안감 여성들은 억지로 오르가즘을 시도하기도 하는데 그들이 더 열심히 시도할 때 더 이루기 어려운 것을 찾아내기만 한다.

15.3 성기능 장애의 치료

킨제이가 1930년대와 1940년대에 조사를 진행할 때 성기능 장애의 효과적인 치료는 없었다. 그 당시에 성기능 장애 치료의 주된 모델은 장기적인 정신분석이었다. 정신분석자들은 성적 문제들은 근원으로 추정되는 무의식적 충돌이 장기적인 치료를 통해 해결되어야만 성적 문제들이 감소된다고 믿었다. 하지만 성기능 장애를 치료하는 정신분석 효과의 증거는 여전히 부족하다.

그 이후에 **성요법(sex therapy)**이라고 통합해 불리는 인지되고 행동학적 모델의 단기 치료가 탄생했다. 성요법은 장애적인 인지(믿음과 태도)와 행동을 가능한 한 직접적으로 수정하는 것을 목표로 한다. 성 치료사들은 또한 아동기 충돌의 역할과 파트너와의 관계의 질이 중요함을 인지한다. 그러므로 그들은 필요에 따라 치료의 다양한 형태를 그린다 (Adams, 2006; Hertlein & Weeks, 2008).

특정 방법들은 다르다 하더라도 성요법사들이 목표하기를:

1. 자멸하는 믿음과 태도를 변화시킨다.
2. 성 지식을 향상시킨다.
3. 성 기술을 가르친다.
4. 성 대화를 향상시킨다.
5. 수행불안감을 감소시킨다.

성요법(sex therapy) 성기능 장애를 치료하기 위한 단기간 행동 모델을 통틀어 일컫는 용어.

개인 치료가 일부 경우에는 선호하기도 하지만 성요법은 보통 양쪽 파트너를 포함한다. 치료사들은 성적 실험을 "허용"하고 성에 관한 부정적 태도를 토론하는 것이 많은 사람들이 보다 집중적인 치료의 필요 없이 성적 문제를 극복하는데 도와주는 것을 알아냈다.

가까이서 보기

성 대행자들: 이 "제인"은 평이하지 않다

"제인"은 30대이고 매력적이지만 슈퍼모델은 아니다. 그럼에도 그녀는 로스앤젤레스의 성요법사들과 그들의 환자들이 찾는다. 그녀는 성 대행자인데 이것은 그녀가 남성 환자들과 성교를 하여 그들의 성기능 장애를 극복하는 것을 돕는다는 뜻이다. 지난 3년간 그녀는 약 20명의 남성과 일했다(Alexander, 2009).

제인은 시간당 150불을 받는다. 그녀는 외상 환자, 우울증 환자, 발기 장애 남성들과 일해 왔다. "내가 선호하는 고객들은 40세 숫총각들이다"라고 그녀가 말한다. "모든 사람들이 충격 받지만 무슨 이유건 간에 많은 남성들이 많지 않은 성공적인 성경험을 가지거나 전혀 없는 남성들이 있다." 그녀는 그들 중 2명하고만 성교를 했다. 각각의 수업 후에 그녀는 치료사에게 보고한다.

성 대행자들은 마스터즈와 존슨이 성기능 장애인 일부 고객들에게 성대행자를 정규 파트너 없이 만나도록 조정한 것을 밝힌 후 한때 일반 문화에서 잘 알려졌다. 많은 남성들은 분명히 갑작스런 성기능 장애가 발전된 후 "성 대행자"와 일하기를 원한다. 알렉산더가 말한 것처럼 "나체의 대행자가 당신의 개인적인 부위를 만지거나 부드럽게 당신이 성교를 하도록 용기를 주는 것이 건너편에 앉아서 어떻게 당신의 오이디프스 콤플렉스가 당신의 조기사정을 일으키는지를 듣는 것보다 즐거운 치료법으로 보인다." 성 대행자들 또한 그들의 존재를 언론매체에 광고한다(전문가로부터 "처방전"이 필요 없다). 1980년에 400~500명의 성 대행자들은 거래를 한 것 같다.

당신은 아직 인터넷에 공지된 "성 대행자들" 또는 뉴욕 매거진 또는 빌리지 보이스와 같은 잡지에서 때때로 광고를 볼 수 있지만 그 후 그들의 수는 급격히 줄었다. 한 이유는 많은 전문가들은 성 대행자가 매춘의 한 종류이고 그들에게 처방하는 치료사들이 법적으로 포주들이 아닌지 크게 우려의 목소리를 내었다. 예를 들어 성 대행자들의 사용은 미국 성 교육자, 상담자, 치료사 연합회에서 승인된 적이 없다(Conley, 2009). 다른 이유로는 혼자 일하는 대행자들은 자신의 상품을 보다 직접적으로 광고(특정 가격으로 일체의 서비스 성교, 구강성교 등을 치료로 가장할 필요가 없는)하는 여성들과 경쟁한다.

하지만 많은 합법적 성 대행자(자격 있는 성 치료사와 일하는)는 남아 있다. 하지만 샌프란시스코에 인간 성의 진보된 연구소의 학장인 루펠(Ruppel, 2009)에 따르면 그들에게 처방하는 전문가들은 "약간 수면 아래에 있다."

오늘날 생물학적 치료들 또한 다양한 성기능 장애를 위해 개발된다. 가장 대중적인 관심은 비아그라에 초점이 맞추어졌는데 이 약은 발기 장애의 대부분 경우에 도움을 준다. 하지만 비아그라의 경쟁약, 조기사정, 여성 오르가즘 장애, 성욕 장애의 생물학적 치료 또한 부상하고 있다. 더욱이 비아그라 또는 다른 약들과 동시에 정신치료는 약 하나만 하는 것보다 보다 효과 있는 것을 연구 결과가 있다(Aubin 등, 2009).

이 부분에서 우리는 성기능 장애를 치료하는 정신적 행동적 방법을 탐구한다. 마스터즈와 존슨의 선구자적 일들로 시작하자.

마스터즈와 존슨 방법

마스터즈와 존슨은 성기능 장애를 치료하는 직접적 인지-행동 요법의 사용을 개척하였다(Masters & Johnson, 1970). 여성-남성 치료조는 2주 거주 프로그램 동안 치료 단위로 커플에 집중한다. 마스터즈와 존슨은 개인이 아닌 커플이 장애로 고려한다. 커플은 남편의 발기 장애를 문제로 설명하기도 하지만 이 문제는 치료를 원하는 시간까지 커플들 모두에게 다른 문제들로 이어질 가능성이 높다. 비슷하게 부인이 오르가즘 장애인 남성은 효과적인 성적 자극을 제공하는 자신의 능력에 대해 불안해 할 가능성이 높다.

이중 치료조는 각각의 파트너에게 그 또는 그녀 자신의 성에 관해 누군가와 문제를 토론하도록 허용한다. 그것은 여성 또는 남성 파트너에게 호의적인 편견을 치료사가 가질 기회를 감소시킨다. 그것은 각각의 파트너가 다른 성의 다른 회원이 표현하는 근심을 듣도록 한다. 불안감과 후회가 떠돌지만 치료의 초점은 행동적 변화이다. 커플들은 매일 **감각집중훈련(sensate focus exercise)**과 같은 성적 숙제를 그들 자신의 방에서 사적으로 행한다.

감각집중훈련은 나체로 행해진다. 파트너들은 번갈아 생식기 이외의 부분에 자극을 주고받는다. 젖가슴 또는 생식기의 접촉 없이 제공자는 긴장을 풀고 요구하는 것이 없는 조건하에 즐거움을 제공하기 위해서 수신 파트너를 마사지하거나 애무한다. 생식기 활동이 제한되기 때문에 “성과”에 대한 중압감이 없다. 제공 파트너는 수신 파트너의 선호도를 시도와 실수를 통해 배울 수 있도록 자유롭다. 수신 파트너 또한 보답하려고 재촉 받는 느낌 또는 성적 흥분하도록 행동할 책임감 없이 경험을 즐길 자유가 있다. 제공받는 파트너의 유일한 책임은 필요한 것을 제공하는 파트너에게 제시하는 것이다. 이러한 일반적인 감각집중훈련과 더불어 마스터즈와 존슨은 커플들이 특정 성기능 장애를 극복하기 위해서 특별한 할당을 사용했다.

마스터즈와 존슨은 성요법의 개발에 개척자였다. 하지만 많은 성요법사들은 마스터즈와 존슨의 형식에서 벗어났다. 예를 들어 많은 사람들은 집중 주거 프로그램에서 손님들을 치료하지 않는다. 많은 사람들은 여성-남성 치료조의 필요성에 의문한다. 연구자들은 한 명의 치료사가 그녀 또는 그의 성별에 상관없이 두 명과 비슷한 효과가 있다고 발견한다. 또한 마스터즈와 존슨 방법처럼 단기간에 수행되는 것과 장기간 시간을 두고 하는 것은 차이가 없는 것처럼 보인다.

성요법과 심리학의 접목

언급한 것처럼 성요법은 인지적 요소가 있는데, 예를 들어 자멸하는 태도와 기대 그리고 성교육과 맞닿아 있다. 성적 활동이 자주 관계에 묻히기 때문에 많은 치료사들은(예, Coyle, 2006; McCarthy 등, 2004, 2006) 정신치료와 관계에서 권력을 공유하는 방법, 성적 대화를 향상시키는 방법, 차이를 절충하는 방법 등을 커플들이 배우는 것을 돕는 커플 치료를 이용한다. 성요법과 커플 치료의 혼합은 관계 및 성 생활을 증진하는 강력한 방법으로 보인다.

카플란(Kaplan, 1974)은 성요법을 정신분석 방법과 혼합했다. 그녀는 성기능 장애를 가까운 원인과 먼 원인(아동시절의 사건)들을 가진 것으로 보았다. 성요법사로서 카플란은 커플의 성적 대화를 증진하고 수행불안감을 없애며 성적 기술과 지식을 가르치는 것에 초점을 맞추었다. 그렇게 함으로써 그녀는 개인의 성적 욕구 또는 반응을 억누르기도 하는 무의식적 충돌의 자극을 끌어오는 것이 목표였다.

이제 성요법사들이 몇 가지 주요한 형태의 성기능 장애를 치료하는데 소개된 특정 기술들의 일부를 고려하자.

성욕 장애

감각집중훈련(sensate focus exercise) 성 파트너가 번갈아 몸의 생식기 외의 부분 자극을 주고받는 훈련.

일부 치료사들은 성욕감소병을 가진 사람들에게 에로틱한 환상과 더불어 자가 자극 훈련을 처방하여 성적 욕망을 북돋는다(Leiblum & Rosen, 2000; McCarthy 등, 2006).

가까이서 보기

자격 있는 성요법사를 어떻게 찾을 수 있는가?

만약 당신이 성기능 장애가 있다면 자격 있는 성 치료사를 어떻게 찾겠는가? 당신은 전화번호부에 “성요법사”라는 광고를 찾을 수 있다. 하지만 명심하라. 대부분의 주에서는 성요법사라는 용어의 사용을 인정받는 전문가에게 국한하지 않는다. 이러한 주에서는 돌팔이 의사나 매춘부를 포함하여 그 직함을 원하는 사람 누구나 그렇게 할 수 있다.

따라서 성요법사가 성요법에 훈련과 지도 아래 인정된 직업(임상심리사, 사회복지사, 의사 또는 결혼과 가족 상담원과 같은)의 하나인지 결정하는 것은 필수적이다. 전문가들은 일반적으로 주에서 면허를 받거나 인증을 받는다. 모든 주에서 임상심리사와 의사의 면허를 요구하지만 일부 주에서는 사회복지사와 가족상담원은 면허를 부여하지 않다. 당신의 주에서 면허 법에 관해 질문이 있으면 당신 주의 전문가 면허 이사회에 문의하라. 이러한 전문 직업들의 도덕적 기준은 개업자들이 적당한 훈련 없이 성 치료사로 전문가로 권리를 주장하는 것을 금지한다.

만약 당신 지역에 자격 있는 성요법사를 찾는 방법이 확실하지 않으면 대학교 심리학과, 보건국, 상담 센터; 지역 의학 또는 심리학 협회; 가정의학과 의사; 또는 당신의 강사와 같은 다양한 자료에서 지역 개업가들의 이름을 얻을 수도 있다. 또한 지역 의료센터 또는 의과대학과 연관된 성요법 병원에서 서비스를 얻을 수도 있는데 많은 곳에서는 서비스에 당신의 소득 수준과 순응률에 따라 비용을 청구한다. 당신은 성요법자에 자격을 부여하는 미국 성 교육자, 상담자, 치료사 협회에 접촉할 수 있다. 그들은 지역에 인증 받은 성요법사의 이름들을 당신에게 제공할 수 있다(그들의 주소는 11 Dupont Circle, N.W., Washington, DC).

도덕적인 전문가들은 당신이 (1) 그들의 직업, (2) 그들이 어디서 상급학위를 취득했는지, (3) 그들이 면허를 받거나 인증을 받았는지, (4) 그들의 비용, (5) 치료의 계획, 그리고 (6) 인간 성과 성요법에서 그들의 훈련 본질을 물어보아도 화를 내거나 당황하지 않는다. 만약 치료사가 머뭇거리면서 왜 당신이 그런 질문들을 하는지 묻거나, 또는 즉답을 회피하면 주의하라.

전문가들은 그들의 고객들과 성적 관계를 갖는 등 비도덕적인 실습에 참여하는 것을 그들 직업의 도덕적 원칙에 따라 제한되기도 한다. 고객들은 치료의 본질이 생산하는 치료사와 고객 간의 비평등적 권력관계 때문에 공격받기 쉬울 수 있다.

성요법사들은 또한 감각집중훈련을 처방하고 대화를 조장하며 성적 기술에 대한 커플의 레퍼토리를 넓히는 것으로 장애 커플들을 돕기도 한다. 성요법사들은 성적 욕망 부족은 종종 흥분과 오르가즘 단계의 문제들보다 집중적인 치료를 요구하는 복잡한 문제인 것을 인지한다. 상담 또는 정신치료는 성욕감소병과 성 혐오를 털어놓고 정신적 충돌을 해결하는 치료가 효과적일 수 있다(McCarthy 등, 2006).

남성에게 성욕감소병의 어떤 경우에는 호르몬 부족 특히 테스토스테론의 부족이 관여한다. 테스토스테론 대체요법은 테스토스테론 수준이 낮은 일부 남성에게 효과가 있다(Rakic 등, 1997). 남성들과 같이 여성 중에는 성적 욕망 부족은 낮은 수준의 안드로겐과 연관될 수 있다. 폐경기 여성의 한 조사에서 24주 동안 다양한 용량의 테스토스테론 패치를 사용한 후에 300 μg 테스토스테론을 받은 여성은 4주 동안 2.1번의 만족하는 성경험을 가진 반면, 150 μg 테스토스테론을 받은 여성은 같은 기간 동안 1.2번의 만족스런 성 경험의 평균증가를 가진 것을 발견하였다(Davis 등, 2008). 패치를 사용한 사람들은 증가된 성적 욕망 또한 경험하였다.

성적 혐오 장애의 치료는 불안감을 감소시키는 약의 사용과 같은 생물학적 치료와 개인이 내재된 성적 공포 극복을 도와주기 위해 고안된 정신적 치료를 포함한 광범위한 접근을 포함하기도 한다. 커플 치료는 성적 혐오가 관계에서 문제들로부터 생성된 경우에 사용되기도 한다. 감각집중훈련은 성적 접촉에 관한 불안감을 감소시키는데 사용되기도 한다. 또한 고객이 성적 접촉의 공포를 유발하는 자극을 극복하도록 배우는 인식-행동 연습을 통해 극복될 필요가 있을 수 있다.

> 26살의 브리짓과 30살의 브라이언은 4년 동안 결혼생활을 했지만 브라이언이 브리짓과 성교를 시도할 때마다 겁먹기 때문에 그들의 관계를 완성한 적이 없었다. 브리짓은 전희를 즐기고 음핵 자극으로 오르가즘에 도달할 수 있는 반면에 성적 접촉의 공포는 브라이언이 질 삽입 시도에 의해 시작된다. 치료사는 무서운 자극을 점진적으로 노출하는 프로그램을 도입하여 브리짓의 공포를 작고 점차적인 단계를 통해 극복하는 기회를 제공했다. 첫째로 브리짓은 혼자 있을 때 생식기를 거울로 보는 것으로 배웠다(이는 자기 자신의 신체를 보거나 즐기는 것의 오래된 금기를 깨기 위해서). 이 훈련이 처음에는 브리짓을 불안하게 하였지만 지속적인 훈련으로 그것을 행하는데 편안함을 느꼈고 그 후 생식기의 직접 접촉으로 발전했다. 브리짓이 이 단계에서 편안해지고 즐거운 에로틱한 느낌을 받았을 때 손가락을 질 내에 삽입하는 것을 배웠다. 그녀는 이 단계에 극심한 불안감을 보였고 손가락을 질 내에 불편 없이 삽입하기까지는 2주 동안의 매일 연습이 필요했다. 브라이언은 그 후 치료과정에 들어왔다. 브라이언이 지켜보는 가운데 브리짓이 자기의 손가락을 질 내 넣도록 했다. 브리짓이 이 연습에 편안해졌을 때 비로소 남편의 손가락을 질 내에 삽입하는 것을 허용했다. 그녀가 삽입의 깊이, 속도와 지속을 조절할 동안, 브라이언은 하나를 위치하고 그 후 두 손가락을 아내의 질에 위치했다. 아내가 준비되었을 때, 그들은 여성 상위체위로 음경 삽입을 시도하는 것으로 진행되었는데 이 체위가 브리짓이 삽입의 조절을 유지하는데 편안했다. 여러 번 후에 브리짓은 삽입이 보다 편안해져서 이 커플이 정상적인 성 관계로 발전하는데 성공했다(Kaplan, 1987, pp 102~103에서 변형).

성흥분 장애

성요법사들은 남성과 여성 모두 성흥분 장애를 치료한다.

발기 장애 남성 성흥분 장애는 발기 장애로도 알려져 있다. 발기 장애 남성은 그들의 요법사에게 "가르쳐 달라고" 물어보거나 발기를 하는 방법을 "보여 달라고" 하기도 한다. 우리 고객의 일부는 우리에게 어떤 환상이 발기를 이루기 위해 즐겨야만 하는지 또는 그들이 어떻게 파트너를 접촉하거나 접촉받아야 하는지 말해달라고 우리에게 물어본다. 하지만 발기는 반사작용이지 기술이 아니다. 남성은 어떻게 숨 쉬는지 배우는 것처럼 어떻게 발기하는지 따로 배울 필요가 없다.

성요법에서 윤활하기 어려운 여성들과 발기문제의 남성들은 그들이 성적으로 흥분하기 위해 무언가를 "할" 필요가 없는 것을 배운다. 그들의 문제가 정신적이고 근본적인 근원이 아닌 이상 그들은 단지 편안한 환경에서 성적 자극을 받아서 불안감이 자연적 반사를 저해하지 않아야 한다.

사실인가 아니면 허구인가 4

사실인가 아니면 허구인가 4: 성요법사가 발기 장애 남성에게 어떻게 발기를 "의도"하는지 가르치는 것은 사실이 아니다. 발기 장애 남성은 실제로 발기를 "의도"할 수 없는 것을 배운다. 단지 발기(질 윤활)가 이뤄지는 무대를 만들고 그것이 반사적으로 일어나도록 할 수 있다.

수행불안감을 줄이기 위해서 파트너들은 요구가 없는 성적 접촉(윤활 또는 발기가 요

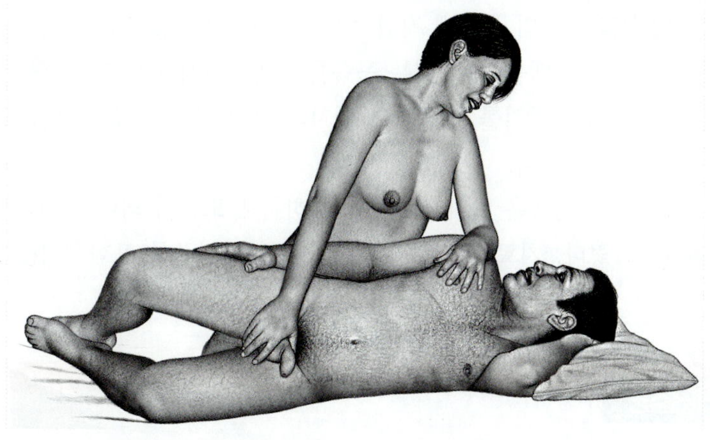

그림 15.1 발기 장애의 치료를 위한 행동 요법. 발기 장애를 극복하기 위해 개발된 프로그램의 한 부분은 남성의 파트너가 반복적으로 발기하도록 남성을 "희롱하고" 발기가 수그러들도록 허용한다. 따라서 파트너는 발기 실패로 이끌 수행불안을 피한다. 반복적으로 발기를 얻음으로써 남성은 발기의 상실이 회복되지 않을 것이라는 공포를 제거한다.

구되지 않는 접촉)에 참여한다. 그들은 마스터즈와 존슨의 형태로 연습하는 비생식기 감각집중훈련으로 시작하기도 한다. 몇 차례 수업 후에 감각집중을 생식기로 확장한다. 그림 15.1에서 보이는 자세는 여성이 파트너의 생식기에 쉽게 접근을 허용한다. 그녀는 반복적으로 발기하도록 그를 "집적거리고" 발기가 수그러들도록 놓아둔다. 반복적으로 발기를 다시 얻음으로 남성은 발기를 잃는 것이 돌아오지 않을 것이라는 공포를 없앤다. 그는 또한 그들 자신을 위한 에로틱한 감각에 집중하는 것을 배운다. 커플은 성교를 금지하도록 지시받으므로 그가 수행을 요구받지 않는 것을 경험한다.

기능 장애 파트너가 성적 흥분을 확실히 얻을 수 있을 때(남성은 발기로 여성은 윤활로 상징되는), 커플은 즉시 성교를 시도하지 않는데 이는 수행불안감을 다시 불붙이기 때문이다. 대신에 커플은 연속적인 요구하지 않고 즐거운 성적 활동에 참여하여 결국에는 성교로 끝낸다.

마스터즈와 존슨 방법에서 커플은 10일의 치료 후에 성교를 시작한다. 여성은 남성을 집적거려 발기하는 동안에 그녀는 그의 허벅지 위에 다리를 벌리고 앉는다. 그가 발기했을 때 그녀는 음경을 삽입하고 (삽입 시 실수를 방지하기 위해) 천천히 전후로 요구 없는 방식으로 움직인다. 오르가즘에 도달하려고 시도하지 않는다. 발기가 사라지면 집적거리고 성교를 반복한다. 커플은 발기가 얻어지는 것(또는 만약 잃으면 복귀)에 대해 자신 있게 되면 그들은 피스톤 운동을 서서히 증가시켜 오르가즘에 도달하기도 한다.

발기 장애 치료의 생물학적 방법 여성작가들이 아래와 같은 제목으로 비아그라에 대한 기사를 썼다.

- "비아그라의 대두" (Plante, 2006)—우리가 가장 마음에 들어하는 것.
- "새로운 남자다움"(Marshall, 2006).
- "삶에서 섹스란?"(Potts 등, 2006).

물론 이들 중 어떤 것도 몇 년 전 의학 학회에서 비뇨기과 의사의 연기를 이길 것은 없다. 그는 어느 정도 독특한 발표를 통해 발기 장애와의 생물학적 전쟁에서 시작 총성을 울렸다. **사실인가 아니면 허구인가 5:** 그는 바지를 내리고 발기를 보여주었다. 그는 알프로스타딜이라 불리는 화학물질의 효과를 보여주고 있었다. 발기는 성적 자극 또는

사실인가 아니면 허구인가 

성적 환상이 아니라 알프로스타딜을 그의 음경에 직접 주입의 결과였다. 알프로스타딜은 혈관확장제이다; 그것은 음경주위 동맥을 싸고 있는 근육을 이완시켜서 보다 많은 혈액이 유입되고 혈관울혈을 증가시키고 발기를 유발한다. 연자는 발기 장애 치료의 생물학적 방법을 "생생하게" 실연하는 중이었다.

생물학적 또는 생물의학적 접근법들은 발기 장애를 치료하는데 도움이 되며 특히 기본적 요인이 관련되었을 때 그렇다. 치료법은 수술, 약물과 진공 펌프를 포함한다(표 15.3).

학생들의 실제 질문

질문: 저는 비아그라가 음경에 혈액을 공급하는 것을 돕는 것으로 알고 있지만 어떻게 그렇게 되나요? 그것이 진짜 효과가 있나요?

답변: 정답은 화학적이고 그것은 비아그라뿐만 아니라 레비트라와 시알리스에도 적용된다. 결과적으로 음경에 있는 동맥을 팽창시키며 혈액으로 채워서 발기를 생성한다. 화학적으로 동맥이 확장하기 위해 일어나는 것을 뇌가 신경섬유를 타고 동맥에 있는 비아드레날린-비콜린 작용성(NANC) 세포에 신호를 보낸다; NANC 세포는 산화질소를 생산하고 혈류와 주위 세포로 이를 주입한다. 산화질소는 동맥을 따라 존재하는 근육을 이완시켜서 혈액의 흐름을 증가시키는 사이클릭 GMP(cGMP) 생성을 유발한다. 하지만 포스포디에스테라제(PDE)는 cGMP를 불활성화시킨다. 음경에서 발견되는 특정 종류의 PDE는 PDE5라고 불린다.

비아그라, 레비트라와 시알리스는 모두 PDE5 억제제이다. 그것은 그들이 PDE5를 불활성화시켜 작용한다. 단계별로:

1. 남성이 비아그라, 레비트라 또는 시알리스를 복용한다.
2. 약의 화학물질인 혈류를 따라 순환한다.
3. 화학물질은 음경에 있는 PDE5에 결합하여 대부분을 불활성화한다.
4. 그가 성적으로 흥분되었을 때 그의 두뇌는 음경에 있는 세포에 일상적인 신호를 보내서 산화질소의 분출이 된다.
5. 차례로 산화질소는 cGMP를 생산한다.
6. 대부분의 PDE5는 불활성화되었기 때문에 cGMP가 쌓여서 음경의 동맥을 확장하고 보다 충만한 발기를 생성한다.

주: 비아그라와 그와 비슷한 약물들은 PDE5 억제제로 판매된다. 그들의 효과는 어느 정도 광범위한데 이것이 때로는 편두통을 일으키는 원인이 된다.

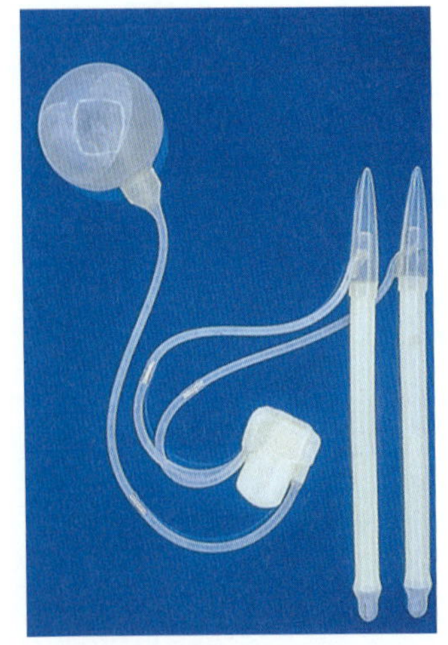

그림 15.2 음경 이식. 음경 이식은 남성의 심장계가 잘 작동하지 않을 때 발기를 제공한다. 이 이식은 음경에 이식되는 실린더를 포함한다. 유체 저장기(왼쪽 위)는 방광 근처에 위치한다. 펌프(아래 중간)는 일반적으로 음낭에 삽입된다. 펌프를 짜내면 유체가 실린더로 유입되어 음경을 팽창한다. 방출 밸브는 유체가 저장기로 되돌아가서 음경을 수축한다.

수술 두 가지 주요한 형태의 수술이 있다: 혈관 수술과 음경 이식. **혈관 수술**은 음경에 제공하는 혈관이 막혔을 경우 또는 음경의 구조적 결함으로 혈류가 제한될 경우 효과가 있을 수 있다. 동맥 우회로조성술은 막힌 부분 주위로 혈관을 변경한다.

음경 이식은 다른 치료들이 실패했을 때 사용되기도 한다. 이식은 순응성이 있거나(반 경직된) 팽창성이 있다(그림 15.2). 반 경직된 이식은 영원히 반 경직된 자세로 남는 막대기로 되어 있다. 이는 성교할 만큼 단단하지만 평상시에는 음경이 몸에 알맞게 붙어 있

표 15.3

발기 문제의 생물학적 치료법

수술	
혈관수술	음경에 제공하는 혈관이 막혔을 때 도와줌.
음경이식	생물학적 문제로 다른 치료법이 실패하였을 때 사용될 수 있음.
약물	
호르몬 요법	남성 성호르몬의 양이 비정상적으로 낮은 남성(과 여성)을 도움.
주사	알프로스타딜과 펜톨라민과 같은 근육이완제를 음경해면제에 주사하여 음경의 동맥을 싸고 있는 근육을 이완시켜 혈관을 넓혀서 혈액이 보다 자유롭게 유입을 허용.
좌약	알프로스타딜을 젤 형태로 음경의 끝 부분에 삽입.
경구약	여러 약물(실데나필[비아그라], 발데나필[레비트라], 타달라필[씨알리스])의 경구용은 음경에 있는 작은 혈관 주위의 근육을 이완하여 그들이 팽창시킴으로써 혈액이 보다 자유롭게 유입. 아포모르핀은 신호전달물질인 도파민의 양을 두뇌에서 증가시킨다. "유프리마"라고 불리는 약은 임상시험 중이다. 브레멜라노타이드는 중추신경계에 직접 작용하며 이 책이 출판될 때 역시 임상시험 중이다.
진공 펌프	
진공 펌프	진공 압축 장치는 음경 전체에 진공을 생성한다. 진공은 음경의 혈액 공급을 증가시켜 발기를 유도한다. 음경 아랫부분의 고무 밴드는 발기를 유지한다.

도록 허용한다. 팽창성 형태는 음경에 이식되는 실린더를 필요로 한다. 유체저장기는 방광 근처에 위치하고 작은 펌프는 음낭에 삽입된다. 발기하기 위해서 남성은 펌프를 짜내서 유체를 실린더로 방출한다. 발기가 더 이상 필요하지 않을 때 방출 밸브는 유체를 저장소에 되돌려서 음경이 수축한다. 팽창형 이식은 팽창과 수축의 정상 과정을 보다 비슷하게 복제한다. 발기조직의 파괴, 정상 발기를 할 수 있는 남성의 능력 저해를 포함한 음경 이식의 일부 부작용이 보고되었다.

이식 수술은 변경할 수 없다. 그러므로 미국국립보건원은 음경 이식은 성요법와 약물치료 등 보다 조직을 해치지 않는 기술이 성공하지 못했을 때만 사용하라고 권장한다.

약물치료 발기 문제가 있는 남성들을 돕기 위해 사용되는 약물치료는 여러 방법들이 있다. 예를 들어, 호르몬(테스토스테론) 치료는 비정상적으로 낮은 수준의 테스토스테론을 분비하는 많은 남성에게 성욕과 발기능력을 회복하는 데 도움을 준다(Lue, 2000; Rakic 등, 1997). 호르몬 치료는 정상 호르몬 수준의 남성을 도와주지는 않는 것처럼 보인다.

근육이완제 알프로스타일(상표명 카버젝트와 에젝트)과 펜톨라민(인비코프)은 음경해면제에 주입할 수 있다. 이 화학물질들은 음경의 작은 혈관들을 싸고 있는 근육들을 이완시킨다. 혈관들은 확장하여 혈액이 보다 자유롭게 흘러가게 한다. 알프로스테딜 발기는 한 시간 이상 지속되고 성적 자극의 유무와 관계없이 일어난다. 의사들은 남성에게 스스로 주입하는 방법을 가르친다. 펜톨라민이 단백질 VIP와 함께 사용되면 성적 자극이 주어질 때만 발기가 일어난다.

음경 주입은 주입 자체의 고통과 지속적인 고통스런 발기(지속발기증)를 포함한 부작용이 있기도 한다(Ralph & McNicholas, 2000). 많은 남성들은 음경 주입의 생각을 불쾌하며(주춤거리는 요인) 거절한다.

알프로스타딜은 또한 겔 형태의 좌약(상표명 MUSE)으로 유효하다. 그것은 도포기로 음경의 끝에 삽입된다. 좌약은 많은 남성이 주입으로 경험하는 "주춤거리는 요인"을 피해가는 데 도움을 준다. 의사 존 실리는 "음경에 바늘을 꽂는 것은 전희라고 생각하지 않는다"라고 기록한다(Kolata, 2000b).

다른 약물은 경구로 복용한다. 예를 들어 경구형 실데나필은 비아그라로 팔리고 경구형 발데나필은 레비트라로 팔린다. 경구형 타다라필(시알리스)은 36시간 지속된다. 프랑스의 사용자는 "주말약"이라고 부른다. 경구용 약물이 대부분의 남성에게 효과적이라는 많은 증거가 있다(예, W.A. Fisher 등, 2005; Hatzichristou 등, 2000, 2005).

아포모르핀 약(유프리마)은 뇌에서 발기에 관여하는 신경전달물질인 도파민 수치를 높인다. 유프리마는 영국의 인터넷에서 처방 없이 구매 가능하지만 사용 전에 의사와 상의하는 것을 권장한다. 과학자들은 파킨슨병의 연구를 통해서 도파민 증가 약의 가능한 혜택을 알게 되었다. 파킨슨병은 도파민을 생산하는 세포의 감소에 의해 확연히 유발되고 운동 조절의 부족과 발기 장애와 연관되어 있다. 파킨슨병을 치료하는데 사용되는 L-도파와 다른 약들은 도파민 수치를 증가시키고 종종 발기 "부작용"을 가진다(Thomas & Coughtrie, 2003).

진공 펌프 "다음에 그들은 무엇을 생각할까?" 범주의 것처럼 들리는 **진공압축기구**(VCD)는 남성이 진공 기압을 통해서 발기하게 도와준다. 이 기구는(상표명 이렉에이드) 손으로 작동하는 진공펌프에 연결된 실린더로 구성된다. 그것은 축 처진 음경 위에서 진공을 만든다. 진공은 음경으로 혈류를 증가시켜 발기를 유발한다. 음경 아래를 둘러싼 고무줄이 길게는 30분 동안 발기를 유지할 수 있다.

기구는 기본적, 정신적 발기 실패 남성에 의해 성공적으로 사용되어 왔다. 하지만 통증과 검정-파랑 표시와 같은 부작용은 일반적이다. 고무줄은 정상 사정을 방지하여 정액은 고무줄을 풀 때까지 요도에 잡혀 있다. 이 기구에 의해 생산되는 발기의 질 또한 자연적인 발기보다 떨어지는 것으로 고려된다.

이제 어떻게 해야 하나? 경구용 약(알약)이 발기문제의 가장 흔한 생물학적 치료가 될 것으로 보인다. 그들은 대부분의 남성들을 도와주고 "주춤하는 요인"을 피할 수 있다. 하지만 비아그라와 레비트라는 편두통, 홍조 그리고 다른 부작용이 있다. 편두통은 그들이 증가된 혈류와 관련되어 있으므로 놀랍지 않고 이러한 약들이 혈액을 생식기로만 유도할 만큼 정확하지는 않다. 비아그라가 식품의약국에서 승인된 직후 심혈관계 문제가 있는 남성들이 심장마비를 경험한다는 몇 가지 보고가 있다. 최소 하나의 심하게 좁아진 관상동맥을 가진 14명의 노인 남성을 대상으로 조심스럽게 행해진 연구는 비아그라 자체는 문제가 아닌 것으로 제안한다(Herrmann 등, 2000). 저명한 미국의학지(*New England Journal of Medicine*)에 보고된 이 연구에서 비아그라는 심장으로 혈류 공급에 부작용을 보이지는 않았다. 실제로 혈관을 확장시키는 비아그라는 현재 심장 약으로 사용을 일부에서 고려하고 있다.

여성 성흥분 장애 여성 성흥분 장애의 정신적 치료는 오르가즘 장애와 병행하며 뒤에 토의된다. 그것들은 가능한 인지적 방해(부정적인 성적 자세와 같은)를 찾아내고 상대

가까이서 보기

비아그라나 그 밖의 다른 약을 인터넷에서 사는 것에 대해 비판적으로 사고하기

비아그라, 레비트라와 시알리스는 처방전이 필요한 약이다. 이들을 사용할 수 있는 남성들은 의사들과 발기장애를 이야기하기를 꺼린다. 인터넷에서 하는 일의 익명성은 유혹이다(당신이 마주보고 당신의 개인적 근심을 인정하지 않아도 되는). 불행히도 일부 남성들은 일반 주치의도 없다. 무엇을 해야 하는가?

많은 사람들은 인터넷에서 "비아그라"를 검색하는 것으로 그들이 온라인 의사들과 "상담"할 수 있고, 처방전을 받고, 약을 집으로 배달 받을 수 있다는 많은 웹사이트를 찾을 수 있다. 쉽다! 몇 가지 질문과 요금, 그리고 약을 산다. 하지만 이것이 현명하나? 그럴 수도 그렇지 않을 수도 있다.

의사들은 문외한보다 개인의 건강상 문제를 진단하고, 치료를 위해 존재하는 약들의 화학적 본질과 부작용을 이해하고, 약이 개별 환자에게 어떤 영향을 줄지 예상을 하는데 보다 잘 준비되어 있기 때문에, 처방전은 다양한 약에 필요하다. 의사들은 또한 일반적으로 약의 기대하지 못했던 작용을 상대할 준비가 되어 있고 이런 것들은 많이 있다.

따라서 어떤 종류의 의사가 환자를 개인적으로 알지 못하고 온라인으로 약을 처방하는지 당신 자신에게 물어보라. 그들 중 일부는 개인 병원을 차리기 어렵거나 병원에서 일자리를 구할 수 없을 가능성이 있는가? 만약 당신이 약을 사용 후 약에 관한 질문이 있으면 당신은 처방을 한 의사에게 쉽게 답을 구하려 찾아갈 수 있는가? 또는 당신은 당신 주치의에게 당황한 전화를 거는 것으로 결말이 나거나 응급환자실로 가는 것으로 결말이 날까?

당신은 이 웹사이트 중 많은 것들이 탈모증 치료제인 프로페시아, 음모(네, 음모)의 탈모를 전환하는 약들, 음식의 지방 일부를 흡수하지 못하게 하는 체중조절약(예. 제니칼), 약초 보조식품 등등 또한 광고하는 온라인 약국인 것을 알 수 있다. 당신의 검색에서 노화를 방지하거나 또는 심지어 회춘한다는 것처럼 들리는 무기의 화학적 병기를 찾는다면 무슨 생각을 할 경향이 있는가? 그것은 당신이 성적으로 유혹하는 젊은 사람으로 남도록(또는 그런 상태로 돌아갈 수 있도록) 도움을 준다는 것처럼 들릴 수 있다. 하지만 실제로 의학은 아직 그렇지 못하다.

인터넷을 뒤질 동안 당신은 또한 비아그라와 같이 효과적이지만 부작용이 없고 처방전이 필요 없는 다양한 약초를 포함한 "자연" 준비물이라고 주장하는 웹사이트를 만날 수 있을 것이다. 비판적 사고를 이용하라: 이러한 물질들의 효과와 안전에 확신되는가? 그것들은 약보다는 음식이기 때문에 그들은 식품의약국의 규제를 벗어난다: 정부는 그것들을 주의하지 않는다. 조심하라.

결론적으로 약을 온라인에서 구매하는 것이 편리하다 하더라도 당신은 마주보고(당신이 알고 믿고 있는 의사에게서) 당신의 처방전을 받는 것을 적극 추천한다.

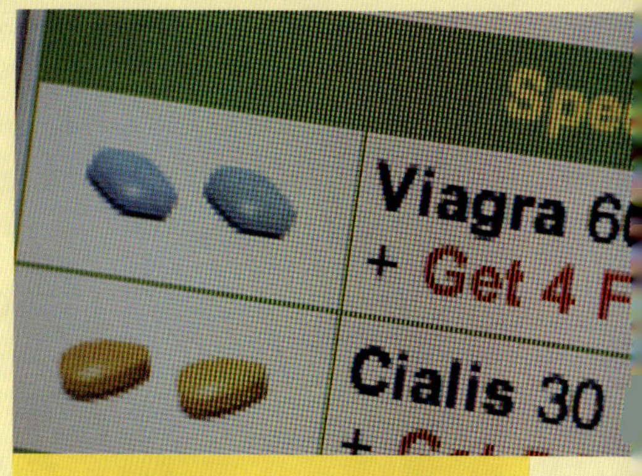

당신은 인터넷에서 비아그라를 사야만 하나? 많은 웹사이트들은 남성이 온라인으로 의사와 상담하고 비아그라를 주문 가능하게 한다. 비아그라(또는 다른 처방이 필요한 약)를 온라인으로 구매하는 것은 현명한가? 처방전은 개인의 진단이 어렵고 약이 부작용이 있을 때 필요하다. 의사들은 대부분의 문외한들보다 건강 문제를 진단하고 약의 화학 구성과 작용을 이해하며 약이 개인에게 줄 영향을 예측하도록 잘 준비되어 있다.

하며, 성적 흥분이 일어날 수 있는 부담 없는 상황을 만들고(적절할 때) 관계의 문제들에 노력하는 성교육(부위를 표시하고, 그들의 기능을 토론하며 그들이 어떻게 흥분하는지 설명함)을 포함한다.

하지만 발기 장애처럼 여성 성흥분 장애의 많은 경우는 생식기로 혈류의 손상을 반영한다. 여성 성흥분은 거대한 통증 유발, 마찰 없이 성교를 허용하는 질 윤활을 포함한다. 윤활은 질 울혈(생식기로의 혈류)에 의해 가능해진다. 윤활 부족은 노화, 폐경과 수술에 의해 유도되는 폐경의 물리적 효과를 반영할 수 있다.

때로는 윤활부족을 위해 필요한 모든 것은 K-Y 젤리와 같은 인공적 윤활제이다. 하지만 생식기로 줄어든 혈류 또한 성의 즐거움을 떨어트릴 수 있고 그 결과로 여성의 성

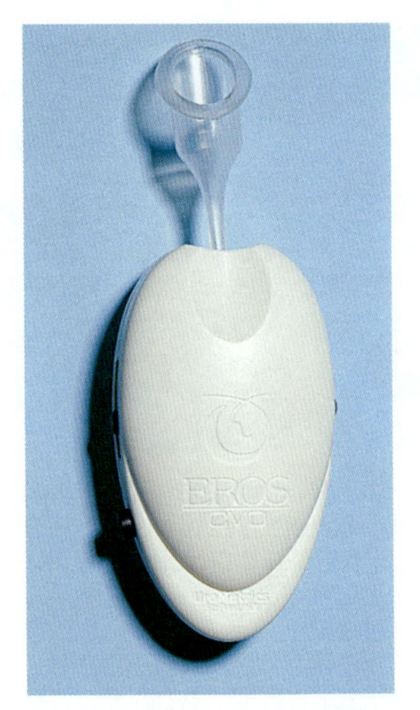

그림 15.3 음핵 위로 흡인을 유발하여 여성의 성기충혈을 자극하는 음핵 장치

욕구를 감소시킨다.

여성 치료의 개발은 남성요법의 개발에 비해 뒤처져 있다. 반어적으로 떠오르는 치료는 발기 장애 남성을 돕는 것들과 매우 비슷하다.

예를 들어 남성에게 사용되는 약과 같거나 비슷한 약들이 여성에게 사용으로 연구되고 있다(Leland, 2000). 많은 시도들이 여성용 비아그라로 행해지고 있다(Nurnberg 등, 2008). 연구자들은 주로 질 내에 삽입하여 혈류를 촉진하여 윤활하는 크림 형태의 여성용 알프로스타딜(혈관확장제) 또한 개발하고 있는 중이다.

"남성" 성호르몬의 수치가 낮아서 성욕망이 낮은 여성들에게 성적 욕망 부족 부분에서 완벽한 연관이 있다. (생산되는 양이 다르다 하더라도) 두 호르몬이 남성과 여성에게서 분비되고 여성과 남성의 건강, 성기능 그리고 다른 행동에 복잡하게 관여하기 때문에 우리는 에스트로겐을 여성 성호르몬으로 테스토스테론을 남성 성호르몬으로 부르는 것을 중지해야 하는지 작은 목소리로 물어볼 수 있다. 어떤 경우에도 테스토스테론 피부 패치는 여성이 적절한 양의 테스토스테론이 부족하여 성욕구가 부족한 여성이 사용할 수 있다.

발기 장애 일부 남성들이 사용하는 진공 펌프와 비슷한 기구도(에로스) 있다. 처방에 의해 구매 가능한 음핵기구이다. 음핵은 질울혈 때문에 성 흥분 중 팽창하고 질울혈은 음핵 성감을 증가시켜서 성적 관심과 윤활의 단계로 이동한다. 기구는 음핵 위를 부드럽게 빨아들여서 질울혈과 성감을 증가시킨다(그림 15.3).

오르가즘 장애

남성 중에서 오르가즘 장애는 비교적 드물기 때문에 우리의 반응은 주로 여성에게 집중할 것이다. 오르가즘을 경험하지 못한 여성들은 불안감을 유발하고 성적 반응을 저해하는 부정적인 성적 태도를 종종 품고 있다. 이런 경우의 치료는 먼저 그들의 태도를 다루기도 한다.

마스터즈와 존슨은 불감증 여성을 치료하는데 커플 중심의 방법을 사용한다. 그들은 감각집중훈련으로 시작한다. 그 후, 생식기 마사지 동안과 나중에 성교 동안 여성이 성적으로 흥분할 수 있는 애무와 행동을 그녀의 파트너에게 유도한다. 책임지는 것은 전통적으로 수동적이고 종속적인 여성의 역할에서 자유로워지도록 돕는다.

마스터즈와 존슨은 남성이 파트너의 젖가슴과 생식기에 접근이 가능한 연습 자세(그림 15.4)를 추천한다. 그녀는 그의 손을 이끌어서 그에게 그녀가 즐기는 종류의 자극을 보여준다. 생식기 놀이는 부담이 없다. 목표는 오르가즘에 도달하는 것이 아니라 효과적인 성적 자극을 제공하고 즐기는 것을 배우는 것이다. 음핵은 시작부터 자극받지 않는데 그렇게 하면 여성이 준비되기 전에 높은 수준의 자극을 생성하기도 하고 심지어는 고통스럽다.

많은 생식기 놀이 기회 후에 커플은 여성상위자세(그림 15.5)로 성교에 착수한다. 이 자세는 여성에게 움직임의 자유를 주어서 그녀의 생식기 감각을 조절한다. 커플은 음경에 의해 생성되는 감각으로 여성을 민감하게 하고 필사적으로 빠른 피스톤운동의 비생산적인 양식을 깨기 위해 고의적으로 천천히 피스톤운동을 하는 몇 번의 기회에 참여한다.

그림 15.4 여성 생식기의 과도한 자극을 주지 않는 연습 자세. 이 자세는 여성의 파트너가 그녀의 유방과 생식기에 접근하게 한다. 여성은 그녀 파트너의 손을 그녀가 즐기는 자극의 종류를 보여주도록 이끌 수 있다.

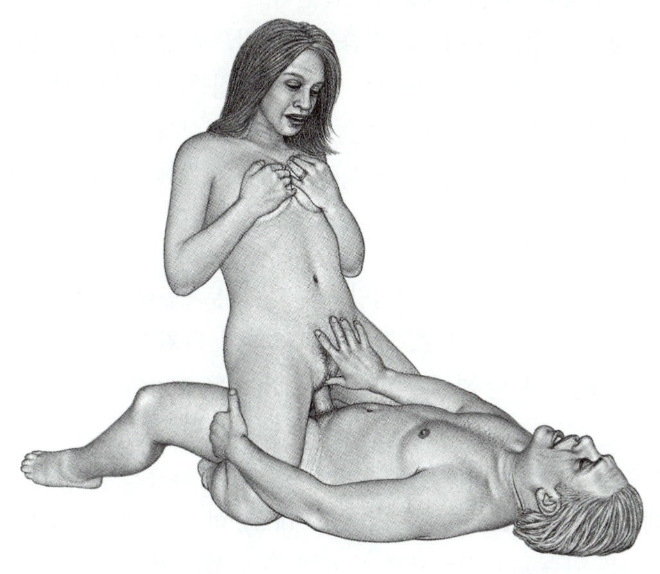

그림 15.5 여성상위체위. 여성의 오르가즘 장애의 치료로 커플은 여러 번의 생식기 자극 후에 여성상위체위로 성교를 착수할 수 있다. 이 자세는 여성이 움직임의 자유를 허용하고 그녀의 생식기 감각을 조절한다. 그녀는 음경을 그녀의 "장난감"으로 취급하라고 이야기 듣는다. 커플은 여성이 다급하고 빠른 피스톤운동의 평범하고 비생산적인 패턴을 깨고 음경이 제공하는 감각에 민감해지기 위해 의도적으로 천천히 피스톤운동을 하는 훈련을 한다.

오르가즘은 의도하거나 강요할 수 없다. 여성이 효과적인 자극을 받고, 에로틱한 감각에 자유롭게 집중하고 아무 부담이 없는 것을 느낄 때 일반적으로 오르가즘에 도달한다. 한 번 여성이 여성상위체위로 오르가즘을 얻을 수 있으면 커플은 그들의 성적 레퍼토리를 다른 체위로 확대하기도 한다.

마스터즈와 존슨은 무오르가즘의 경우에는 커플과 함께하기를 선호하지만 다른 성요법사들은 자위를 통해서 여성 개인과 함께 하기를 선호한다. **사실인가 아니면 허구인가 6:** 많은 성요법사들은 오르가즘에 도달할 수 없었던 여성들의 치료법으로 자위를 추천한다(Leiblum & Rosen, 2000). 자위는 사람에게 그들의 속도로 그들의 성적 반응과 접촉을 유지하도록 한다. 그들이 경험하는 성적 즐거움은 계속 남아 있는 성적 불안감을 저지하는데 도움을 준다. 치료사들 간 일부 차이가 있다 하더라도 다음의 요소들은 지시된 자위 프로그램에서 흔히 찾을 수 있다:

1. **교육.** 여성과 파트너는(만약 있다면) 여성의 성에 관해 교육받는다.
2. **자가 탐험.** 자가 탐험은 신체자각이 증가된 여성에게 감각의 한 방법을 장려한다. 그녀는 다리 사이에 거울을 대고 그녀의 성 해부학적 특징을 파악하기도 한다.

스퀴즈 테크닉(squeeze techniqu) 조기사정을 치료하는 방법으로 음경의 끝 부분을 일시적으로 눌러서 사정을 억제하는 법.

3. **자가 마사지.** 여성은 자가 마사지를 위해 개인적이고 편안한 환경을 만든다. 그녀는 접촉으로 그녀 신체의 민감성을 탐험하기 시작하여 그녀가 즐거운 애무를 찾아내고 반복한다. 알코올을 포함하지 않는 오일과 로션은 마사지의 감각적 질을 향상하고 외부생식기의 윤활을 제공하도록 사용되기도 한다. 수행불안감을 방지하기 위해서 여성은 처음 몇 번의 경우에 오르가즘에 도달하도록 시도하지 않는다.
4. **허가.** 여성은 성에 관한 계속 남아 있는 죄책감과 불안감에 도전하도록 충고받기도 한다. 예를 들어 그녀는 그녀에게 "이것은 내 몸이다. 나는 내 몸에 관해 배우고 그것으로부터 즐거움을 받을 권리가 있다"라고 반복하기도 한다.
5. **환상의 사용.** 흥분은 성적 사진, 환상, 에로틱한 서적 또는 시각 교재와 같은 환상 도움 등을 사용으로 증가된다.
6. **진동기 사용.** 진동기는 보다 강한 자극을 제공하기도 한다.
7. **파트너의 참여.** 한 번 여성이 자위를 통해 오르가즘을 정기적으로 얻는 능력이 되면 초점은 파트너와 그녀의 성적 관계로 이동하기도 한다. 감각집중훈련 후에 부담 없이 성교가 이어지기도 한다. 여성상위체위는 종종 사용되어 여성이 깊이, 각도, 속도의 피스톤운동을 조절할 수 있다. 따라서 그녀는 오르가즘 도달에 필요한 자극의 종류를 알게 된다.

우리의 초점은 성 기술이었지만 성 기술과 근원적인 개인 간의 문제들에 집중하는 혼합 방법은 성 기술에만 초점을 맞추는 것보다 효과적일 수 있다는 것(최소한 그들의 관계에 문제가 있는 커플들에게는)은 주목할 가치가 있다(Firestone 등, 2006).

남성 오르가즘 장애 남성 오르가즘 장애의 치료는 일반적으로 성적 자극을 증가시키고 수행불안감을 감소시키는데 집중한다(Leiblum & Rosen, 2000). 마스터즈와 존슨은 커플이 며칠 동안 감각집중훈련을 연습하게 가르치고 이 시기 중 남성은 사정을 시도하지 못하게 한다. 커플은 그 후 어떤 방식으로든, 주로 손으로, 남성이 오르가즘에 도달하도록 가르친다. 일단 남성이 파트너가 있을 때 사정할 수 있으면 그녀는 그가 사정하기 직전까지 그를 이끈다. 그 후에 여성상위체위에서 그녀가 음경을 삽입하고 그가 오르가즘에 도달하도록 과격하게 피스톤운동을 한다.

조기사정 마스터즈와 존슨 방법에서 감각집중훈련들 후 그림 15.1에서 보이는 연습 체위를 연습한다. 여성은 그녀의 파트너가 발기하도록 희롱하고 그가 사정할 것을 암시하면 **스퀴즈 테크닉(squeeze technique)**을 사용한다. 그녀는 음경의 끝을 쥐어짜서 일시적으로 사정을 방지한다. 이 과정은 남성이 일부러 사정하기 전 15~20분 회기 동안에 세네 번을 반복한다.

사실인가 아니면 허구인가 7

사실인가 아니면 허구인가 7: 남성이 사정하기 직전에 그의 음경을 압착하여 사정을 막을 수 있는 것은 사실이다. 스퀴즈 테크닉을 사용하여 파트너가 한 손의 엄지와 첫 번째 두 손가락으로 음경을 잡는다. 엄지는 주름띠를 누른다. 손가락들은 음경의 반대쪽 관상 능선에 걸쳐둔다. 엄지와 검지가 같이 강하게 약 20초간(또는 남성이 사정할 위기가 지나갈 때까지) 압착하는 것은 사정을 방지한다. 발기한 음경은 불편 없이 꽤 강한 압력

가까이서 보기

“비아그라 문화의 희망”

당신이 조총사격대 앞에 저자들을 줄 세우기로 정하기 전에 우리는 이 가까이서 보기의 제목이 저자 하틀리(Hartley, 2006)에서 인용하였다는 것을 지적하고 싶다.

많은 다른 연구자처럼 그녀의 요점은 비아그라와 유사한 약들은 남성만을 위한 것이 아니라는 것이다. 성기능 장애를 가진 여성을 치료하는 생체역학의 방법들과 약품들의 발전이 이루어지고 있다(Nunberg 등, 2008). 여성이 나이가 들수록 남성처럼 그들은 생식기 주변 혈액순환이 줄어드는 것을 경험한다(Thachil & Bhugra, 2006). 음핵은 성적 흥분 동안 덜 충혈되며 전체적으로 줄어든 성적 흥분의 느낌과 연결되어 있을 수 있다. 폐경기 여성들은 에스트로겐 양의 감소로 질내 건조를 경험한다(Dennerstein & Goldstein, 2005). 많은 수의 중년과 노년 여성들은 성에 관심을 잃거나 흥분하는데 어려움이 있다고 말한다. 표 15.4는 사용 중이거나 개발 중인 방법의 개요이다.

남성에게 도움을 주는 많은 방법들이 여성들에게도 장래 가능성을 가진다. 예를 들어 생식기 위치에 혈액 순환이 증가하는 비아그라 같은 약들은 남성뿐만 아니라 여성의 성 경험을 증대할 수 있다. 많은 여성들은 비아그라 사용 후 증가된 질내 윤활과 보다 강한 오르가즘을 보고한다(Brman 등, 2001; Nurnberg 등, 2008).

노년 여성들에게 남성 호르몬 대체요법의 효과에 대한 전형적인 연구를 고려해 보자(Munarriz 등, 2002). 여성들은 테스토스테론을 포함한 남성호르몬의 혈액 수치의 일반화와 함께 성적 욕구, 질내 윤활, 오르가즘의 중대한 증가를 보고하였다. 하지만 남성 성호르몬의 효과와 관련된 부작용도 있었다. 예를 들어 11%의 여성들은 안면 수염의 증가를 보였고 5%는 여드름을 유발하였다.

성요법의 “의학화”는 지속됨에 불구하고 의학적 치료는 관계의 질을 향상시키지는 못할 가능성이 있다. 만약 사람들이 그들의 파트너와 심각한 문제가 있다면 약을 먹는 것은 그것을 없앨 가능성이 적다.

에 견딜 수 있으나 발기는 부분적으로 사라지기도 한다.

2~3일의 이러한 교육 후에 마스터즈와 존슨은 사정하는데 적은 압력을 주는 여성상의 체위로 성교를 시작하게 한다. 여성이 음경을 삽입한다. 처음에는 피스톤운동 없이 삽입하고 있어서 남성이 질내 감각에 익숙해지도록 한다. 만약 남성이 사정하려는 신호를 보내면 그녀는 해제하고 음경을 압착한다. 몇 번 반복 후에 그녀는 앞뒤로 천천히 움직이기 시작하고 필요시 해제하고 압착한다. 남성은 사정없이 보다 높은 수준의 성적 자극을 수용하는 것을 서서히 배운다.

조기사정을 치료하는 “정지-시작” 방법은 비뇨기과의사인 시만스(Semans, 1956)에 의해 공식적으로 소개되었다. 하지만 조기사정하는 많은 남성들은 그들 스스로 정지하고 시작하는 것을 생각해왔다(Porst 등, 2007). 시만스의 방법은 손 자극 또는 성교에 적용될 수 있다. 예를 들어 남성의 파트너는 사정 직전까지 그를 손으로 자극한다. 그때 그는 그녀에게 성적 자극을 중지하라고 신호를 보내고 자극이 재개되기 전에 그의 흥분이 잦아들도록 한다. 이 과정은 남성이 사정이 불가피한 상태 또는 “돌아갈 수 없는 지점” 으로 이어질 신호를 감지하고 성적 자극을 보다 긴 시간 동안 허용하는 능력을 갖도록 한다. 정지-시작 기술이 성교에 적용될 때, 커플은 여성상위체위가 적합하고 피스톤운동 없이 단순 질내 삽입으로 시작한다. 남성은 사정하려고 하는 것을 느끼면 철회한다. 남성 감각의 조절이 증가하면 피스톤운동을 성교 체위의 다양성과 함께 시작할 수 있다. 커플은 남성이 사정이 불가피한 상태로 접근하는 신호를 줄 때 다시 정지한다.

표 15.4

여성 성기능 장애를 돕기 위해 사용되거나 연구되는 다양한 생물학적 치료법

방법	사용법	효과	현재 상태
알프로스타일	겔, 크림	음핵으로 혈류 증가로 흥분을 촉진할 가능성	연구 진행 중
DHEA	알약	테스토스테론 수치를 높여서 성욕 증강 가능성	처방전으로 구매가능; 전문가들이 남용을 주의하지만 건강보조식품으로 구매가능; 연구 진행 중
에로스 (그림 15.3)	음핵을 부드럽게 흡입하는 소형장치	음핵으로 혈류 증대로 흥분 증가	처방전으로 구매가능
에스트로겐	알약, 패치, 겔, 크림	질 건조 방지	처방전으로 구매가능
PDE5 억제제	알약	음핵으로 혈류 증대로 흥분 증가 가능	비아그라와 레비트라는 처방전으로 구매가능; 여성의 성적 문제 치료로의 연구 진행 중
테스토스테론	알약, 패치, 겔, 크림	성욕증강 가능성	처방전으로 구매가능; 여성의 성적 문제 치료로의 연구 진행 중
바소펨, 알리스타, 펨프록스	알약, 패치, 겔, 크림	음핵으로 혈류 증대로 흥분 증가 가능	여성의 성적 문제 치료로의 연구 진행 중
산화질소를 포함한 요힘빈	알약	음핵으로 혈류 증대로 흥분 증가 가능	연구 진행 중

조기사정의 생물학적 치료 정신질환을 치료하는데 주로 사용되는 일부 약물은 조기사정을 치료하는데 도움을 주어왔다(Bancroft 등, 2005b, 2005c). 강박반응성 장애 또는 정신분열증을 치료하는데 사용되는 클로미프라민은 고용량에서 발기반응을 손상시킬 수 있다. 하지만 15커플을 이용한 조사에서 저용량은 사정없이 평소보다 5배 길게 성교에 참여하도록 도와주었다(Althof, 1994). 흔히 말하는 우울증 치료제들도 조기사정을 치료하는데 도움을 주어왔다(Waldinger 등, 2001, 2002; Meston & Frolic, 2000).

왜 정신질환을 치료하는 약들이 조기사정을 도와주는가? 정신적 문제들이 종종 신경전달물질(두뇌에서 화학적 전령)과 같은 신체 화학작용에 불균형과 연관되어 있다. 신경전달물질은 또한 사정을 포함한 다른 신체의 기능에 관련되어 있다. "우울증 약"은 모두 신경전달물질인 세로토닌의 활용을 증가시킴으로써 작용한다. 이 세로토닌은 사정 반사를 저해하기도 한다(Meston & Frolic, 2000; Shipko, 2000). 하지만 이 장이 초반에 설명된 세로토닌 재흡수억제제의 사용에 주의점에 유의하라! 약물치료가 긍정적인 효과를 계속해서 보여주고 정신적 성요법 기술의 효과를 비교하는 것은 두고 봐야 한다.

성교동통 장애

두 가지 주요 성교동통 장애, 성교통증과 질경련이 있다.

성교통증 성교통증 또는 고통스런 성교는 일반적으로 고통을 유발할 수 있는 요로 감염과 같은 내재된 물리적 문제들을 확인하고 치료하는 의학적 도움을 필요로 한다(Brauer 등, 2009; Goldstein & Alexander, 2005). 성교통증이 질경련에 의해 생길 때 아래에 설명된 것처럼 인지행동요법을 통한 질경련의 치료가 통증을 줄일 수 있다.

질경련 질경련은 일반적으로 "노출"(이것은 여성이 긴장을 푼 환경에서 점차 큰 손가락 또는 질확장기의 삽입)에 의해 치료된다. 예를 들어 한 연구에서 질경련 여성들은 여성 성요법사와 함께 질 삽입 연습을 수행한다(ter Kuile 등, 2009). 여성이 음경과 비슷한 굵기의 확장기(또는 손가락)를 참을 수 있을 때 커플은 성교를 시작할 수 있지만 여성이 삽입을 조절해야 한다. 환경은 편안하고 부담이 없는 상태로 유지되어야 한다. 아이디어는 삽입의 공포에 다시 민감해지는 것을 회피하는 것이다. 질경련은 성폭행 또는 근친상간과 같은 성적 트라우마가 있는 여성에게 자주 생기므로 이런 경험들의 정신적 영향을 치료하는 것 또한 순서에 있을 수 있다(Crowley 등, 2006).

비판적인 사고하기

한 연구자는 성기능 장애의 치료는 "의학화"되어 가고 있다고 적었다. 무슨 뜻인가? 동의하는가? 설명해 보라.

15.4 성기능 장애

총정리: 재숙고, 재인용, 재검토

이 책은 PQ4R 방법을 사용하고 있다. 여러분은 맨 먼저 장 읽기, 즉 첫 번째 R을 잘 마쳤다. 이제부터 나머지 3R(총정리), 즉 재숙고, 재인용, 재검토는 여러분이 숙달한 정도를 여러분 스스로 테스트해 볼 수 있게 해줄 뿐 아니라, 이 장의 내용들을 이해하고 기억할 수 있게 도와줄 것이다.

재숙고

▶ **비판적인 사고하기:** 의사와 연구자 간의 성욕감소증의 정의에 관한 합의는 없다. 어느 정도의 성적 관심 또는 욕망이 당신에게 정상이라고 생각하게 하는가? 왜?

- 성적 문제 또는 기능 장애를 유발할 수 있는 당신과 인구통계학적 배경이 같은 사람들에게 일반적인 성적 태도가 있는가? 그 태도들은 무엇인가? 당신은 이러한 태도를 공유하는가? 설명해 보라.
- 만약 당신이 성기능 장애가 있다면 당신은 성요법에 참여할 의사가 있는가? 설명해 보라. (당신은 여성 또는 남성이 성요법을 받는데 보다 의욕적일 가능성이 누구라고 생각하는가? 왜 그런가?)
- 당신에게 "정도가 지나친"것 같은 성요법이 있는가? 설명해 보라.

재인용

1. 어떤 종류의 성기능 장애가 있는가?

- 성기능 장애는 성적으로 흥분하거나 오르가즘에 도달하기에 지속적이고 반복되는 어려움들이다. 남성들은 빠른 오르가즘을 가질 확률이 높고 여성들은 성욕 부족, 오르가즘 도달의 어려움과 고통스런 성교를 할 가능성이 높다. 성욕 장애에서 성욕의 부족 또는 생식기 성 접촉에 혐오감을 경험한다. 남성들에게 성흥분 장애는 발기를 얻거나 유지하는데 반복되는 어려움과 관련이 있다. 여성들에게는 전형적으로 충분한 윤활을 하는데 실패하는 것을 포함한다. 오르가즘 장애는 오르가즘에 도달하기 어렵거나 오르가즘에 너무 빨리 도달하는 것을 포함한다. 성교동통 장애는 성교통증 또는 고통스런 성교와 질 근육의 무의식적 수축으로 삽입을 고통스럽게 하는 질경련을 포함한다.

2. 성기능 장애의 원인은 무엇인가?

- 피로는 남성에게 발기장애, 여성에게 오르가즘 장애와 성교통증을 유발하기도 한다. 성교통증은 질내 감염과 성병을 반영하기도 한다. 생물학적 요인들은 대부분의 발기장애에 관련되어 있을 가능성이 있다. 다양한 건강문제들의 약물치료는 성기능을 손상할 수 있다. 노화 또한 성적 기능을 손상시킨다. 성기능 장애와 연결되어 있는 정신적 요인들은 문화적 영향(예, 성적으로 억압하는 환경들), 성심리적 트라우마, 관계의 문제들, 성기술 부족, 근거 없는 믿음들, 수행불안감을 포함한다. 일부 사람들은 성 지식과 경험의 획득할 수 있는 기회가 부족하다. 인정받거나 완벽하려는 과도한 필요는 성적 문제에 기여할 수 있다. 수행불안감은 장애가 있는 사람들을 행위자 역할보다 구경꾼 역할을 하게 하기도 한다.

3. 성기능 장애는 어떻게 치료하나?

- 성요법은 자멸하는 믿음과 태도를 고치고 성 기술과 지식을 가르치며 성 대화법을 향상시키고 수행불안감을 줄이는 동안 성 자극을 향상하는 연습을 통해 기능 장애 행동을 수정한다. 마스터즈와 존슨은 치료의 단위로 커플에 집중하는 주거 프로그램을 도용했다. 감각집중훈련은 부담 없는 환경에서 파트너가 서로에게 즐거움을 주는 능력을 키우는데 사용된다. 다른 치료사들은 성요법을 커플 치료 또는 카플란의 경우 정신분석 치료와 혼합한다. 일부 성요법사들은 자가 자극 훈련과 에로틱 환상을 혼합하여 욕망이 부족한 사람들의 성적 욕구를 불태운다. 안드로겐은 결핍한 사람에게 성적 욕구를 증대시킨다. 비침입성의 생물학적 치료들은 생식기의 혈류를 촉진하거나 신경전달물질의 수치를 높인다. 마스터즈와 존슨은 무오르가즘 여성을 치료하기 위해 커플 방법을 사용했다. 다른 요법사들은 그들의 원하는 속도로 파트너에게 의지할 필요 없이 그들의 신체에 대해 배울 수 있는 직접 자위를 선호한다. 성교통증은 여성이 적절하게 윤활되거나 노년의 여성 중에는 에스트로겐 치환을 사용하여 건강 문제를 다루는 것으로 치료되기도 한다. 질경련은 일반적으로 일련의 확장기로 치료된다.

재검토

1. NHSLS에 따르면 가장 흔한 남성 성기능 장애는 무엇인가?
   (a) 남성 오르가즘 장애
   (b) 발기 장애
   (c) 조기사정
   (d) 성과 불안감

2. 다음 중 생물학적 원인이 있을 가능성이 가장 높은 것은?
   (a) 성교통증
   (b) 질경련
   (c) 여성 오르가즘 장애
   (d) 수행불안감

3. NHSLS에 따르면 가장 흔한 여성 성기능 장애는 무엇인가?
   (a) 성교통증
   (b) 성에 관심부족
   (c) 너무 빨리 절정이 오름
   (d) 윤활에 어려움

4. ________은 성적 트라우마의 기억과 연관되어있을 가능성이 가장 높다.
   (a) 성교통증
   (b) 조기사정
   (c) 수행불안감
   (d) 질경련

5. 알프로스타딜은 무엇의 치료에 사용되나?
   (a) 조기사정
   (b) 남성 발기 장애
   (c) 여성 오르가즘 장애
   (d) 성욕감소병

6. 본문에 따르면 낮은 수준의 ________는(은) 성적 욕망을 감소시킬 수 있다.
   (a) 테스토스테론
   (b) 실데나필
   (c) 데포-프로베라
   (d) 알프로스타딜

7. 다음 중 성 요법이 아닌 것은?
   (a) 음경이식
   (b) 성 대화법 향상
   (c) 수행불안감 감소
   (d) 감각집중훈련

8. ________는(은) 때때로 일련의 플라스틱 확장기의 고리로 치료된다.
   (a) 성교통증
   (b) 여성 성흥분 장애
   (c) 질경련
   (d) 발기 장애

9. 시알리스는 무엇을 치료하는데 사용되는가?
   (a) 발기 장애
   (b) 여성 성흥분 장애
   (c) 성교통증
   (d) 조기사정

10. 성요법사는 무엇의 치료로서 자위를 추천할 가능성이 가장 높은가?
    (a) 조기사정
    (b) 여성 오르가즘 장애
    (c) 질경련
    (d) 지연사정

정답: 1. c; 2. a; 3. b; 4. d; 5. b; 6. a; 7. a; 8. c; 9. a; 10. b

성병

16장

목차

사실인가 아니면 허구인가

다음 중 어느 것이 사실이고 어느 것이 허구인가? 답은 본문 안에 있는 「사실인가 아니면 허구인가」 아이콘에서 만날 수 있다.

1. 임질에 감염된 여성들은 대부분 증상이 드러나지 않는다. T F
2. 크리스토퍼 콜롬부스는 신대륙에서 보물, 담요, 담배 이외에 다른 것들도 함께 유럽으로 도입하였다. 매독이 그 중 하나다. T F
3. 임질과 매독은 공중 화장실 양변기 변좌로부터 감염될 수 있다. T F
4. 매독의 발진이 저절로 사라지면 매독의 감염에 대한 치료가 더 이상 필요 없다. T F
5. 남성도 질 감염에 걸릴 수 있다. T F
6. 독자인 당신이 이 장을 읽어 내려가는 동안, 내 몸에서는 안으로 침투한 외래물질에 대한 수색-파괴의 임무를 수행하고 있다. T F
7. 인간면역결핍바이러스(HIV)에 감염된 사람들은 대부분 뚜렷한 증상없이 여러 해 동안 건강한 것처럼 지낸다. T F
8. 음부포진은 감염 부위가 터져 노출된 동안만 전염될 수 있다. T F
9. 음모에 붙어 자라는 이는 "바닷게"라고도 부르는데, 이것은 서로 같은 과에 속하는 동물이기 때문이다. T F

헤롤드와 캐린은 20세의 젊은 커플로 몇 달째 연애를 하고 있다. 그들은 서로에 대해서 성적으로 강한 느낌을 받고 있지만, AIDS에 대한 두려움 때문에 성적 접촉을 주저하고 있다. 헤롤드는 콘돔을 사용해도 성병의 감염을 막을 수 없다고 생각하며, 캐린과 함께 AIDS를 유발하는 HIV에 대한 검사를 받아보려고 한다. 하지만 캐린은 HIV 검사를 받기를 꺼려한다. 자신이 감염되었을거라고 의심받는 것이 기분이 나쁘기도 하지만 실상은 검사 결과가 어떻게 나올지 두렵기 때문이다. 감염이 된 지 몇 년 동안 증상이 없을 수 있다는 것을 알기 때문이다. 지난날 잠자리를 함께 했던 남자로부터 감염됐을지도 모르기 때문이다.

19살의 법대를 다니는 키사는 음부헤르페스에 감염되어 있다. 2년 전 처음 증상이 시작된 이후 아직 재발된 적은 없지만, 헤르페스가 일생동안 지속되는 것이고 언제든지 재발될 수 있다는 사실을 잘 알기 때문이다. 또한 의도치 않게 자기의 성 파트너에게 옮길 수 있고, 그 중 한 사람은 언젠가 결혼할 상대일 수도 있다. 최근 몇 달 동안 사귄 스티브에게 뜨거운 감정이 있다. 그 사람과 성행위를 하기 전에 사실을 얘기하고 싶기는 하다. 그러나 그것으로 인해 스티브가 자신을 떠날 것 같아 두렵다.

호세는 21살로 계산통계학을 전공하고 있으며 대기업의 전산망을 운영하는 전산업에 취업하려고 준비하고 있는 학생이다. 마음이 맞는 몇몇 친구들과 함께 학교 주변에서 자취를 하고 있다. 호세는 최근 몇 달 동안 연극을 전공하는 마리아와 사귀고 있다. 그들은 성적으로도 깊은 관계를 맺고 있는데, 가능하면 안전한 성행위를 하려고 한다. 몇 주 전 호세는 오줌을 쌀 때 따끔따끔한 증상이 있는 것을 알게 되었다. 지금은 없어졌기 때문에 별로 걱정하지 않아도 될거라고 생각하지만 의사를 찾아가야 할지 망설이고 있다.

헤롤드, 캐린, 키사와 호세는 성행위를 할 때마다 인간면역결핍바이러스(HIV)/후천성면역결핍증(AIDS)이나 다른 종류의 **성병(sexually transmitted infection, STI)**에 걸릴까 두려워는 하지만 성적 활동이 활발한 젊은 세대의 걱정과 두려움에 대해서 말한다.

16.1 전염병

성병이 만연하고 있다. HIV/AIDS는 매우 무서운 존재다—정말로 무서운 존재다. 그러나 HIV/AIDS는 수많은 성병 중의 하나일 뿐이다. 사실, 다른 종류의 성병은 훨씬 많고 이로 말미암은 위협이 광범위하다. HIV/AIDS는 미국에서만 1년에 약 4만 건 정도의 신규 사례가 있는 반면, 질편모충증은 700만 건이 넘고 클라미디아 세균증은 300만 건에 가깝다(Kuehn, 2009). 또한 12세 이상 미국인 중 20% 그리고 일부 여대생 집단의 50%가 인간유두종바이러스(HPV; 음부사마귀를 일으키는 바이러스)에 감염된 것으로 추정된다(Guttmacher Institute, 2009).

HIV/AIDS에 대한 사실들은 대학생들 사이에 상당히 잘 알려져 있는 편이다. 그러나 대다수의 학생들은 클라미디아에 걸리면 수년 동안 모르고 지나갈 수 있고, 걸린 채 방치되면 골반염과 불임을 가져올 수 있다는 사실에 대해서는 잘 알지 못한다. 또한 많은

성병(sexually transmitted infections, STIs) 성적 접촉을 통해 퍼지는 전염병.

어떤 사람들이 위험한가? 성적 활동이 활발한 젊은이들이 그 어느 때보다 더 위험하다는 증거가 있다. 그러므로 어떤 위험이 있는지 잘 알고 있어야 할 뿐만 아니라 건강한 개인의 성적 활동에 책임을 져야 한다는 점이 그 어느 때 보다 중요하다.

대학생들은 사람 유두종 바이러스가 음부 사마귀와 자궁경부암을 일으킬 수 있다는 것에 대해서 모르는 듯하다(Guttmacher Institute, 2009). 미국 질병관리예방본부는 인간 유두종바이러스 감염 건수가 미국 내에서 매해마다 백만 건이 넘는 것으로 집계되고 있다. 이 수는 매독, 음부포진 및 HIV/AIDS의 건수를 모두 합친 것보다 많은 것이다. 현재 미국인들 중에서 약 100만 명 정도가 HIV에 감염되어 있는 것으로 추산되는데, 이에 비해 성병을 일으키는 다른 종류의 바이러스(음부 사마귀, 포진, 및 간염)에 감염된 사람들은 5,000~6,000만 명인 것으로 추정되고 있다.

성병은 성교, 항문성교, 구강성교 등의 성행위를 통해서 전염된다. 성병은 영어로 그리스 신화에 나오는 사랑의 여신 비너스의 이름을 따서 venereal disease (VD)라고도 하는데, 공식적인 명칭은 sexually transmitted disease (STD)이다.

특정한 종류의 성병은 성적 접촉이 없이도 전염될 수 있다. 예를 들면, HIV/AIDS 및 바이러스성 간염은 바이러스에 오염된 주사기를 공유하는 과정에서도 전염될 수 있다. 또한 "이"와 같은 성병은 성병을 일으키는 전염체에 더러워진 침구류나 젖은 수건 등의 물건을 통해서 전염되기도 한다.

세계보건기구에 따르면, 전 세계적으로 해마다 최소 3억 3,300만 명이 치료 가능한 성병에 걸리는 것으로 보고되어 있다(UNAIDS, 2006). 미국은 다른 산업국가들 중에서 성병 감염률이 가장 높은 것으로 추정된다. 최근 몇 년 동안의 임질 감염 사례 건수를 예로 들면, 미국은 10만 명당 150건으로 보고되고 있는데, 이 수치는 캐나다의 10만명 당 18.6건, 스웨덴의 10만 명당 3건에 비해서 매우 높다.

미국 질병관리예방본부에 매해 보고되는 신규 성병의 사례가 1,000만에서 1,500만 건이고 이것 중에서 250만 건은 청소년이 감염된 것이다. 이 수치는 전체 건수의 1/6에 해당한다. 이러한 통계는 최소 네 명 중 한 명이 일생동안 언젠가 한 번은 성병에 걸린다는 것을 의미한다. 또한 성병 건수의 3건 중 2건은 25세 미만의 젊은 사람들 사이에서 나타난다.

이 책을 읽고 있는 독자들 중 일부는 성병을 지니고 있으나 성병이 걸리지 않은 것으

가까이서 보기

파트너와 성병에 대해서 이야기하기

많은 사람들은 자신의 이성과 성병에 대해 말하는 것이 어렵다는 것을 알고 있다. 여기 한 젊은 여성의 사례가 있다.

> 그것은 책임감을 말하는 것이고, 당연히 말해야 하는 매우 중요한 것이지만 말하기에는 아주 어렵습니다. 성적으로 매우 흥분된 상태에서 이성에게 말하는 것은 정말 어려운 것입니다.
>
> "있잖아, 우리 더 나아가기 전에, 성병에 관해 이야기 할 수 있을까?" 열정적인 순간에 상대의 귀에 이렇게 속삭인다는 것을 상상하기란 어려운 일입니다. "우리 중 한 명이 성병을 가지고 있을 경우를 대비해서 이 콘돔이나 크림을 사용하여 잠자리에 들면 안 될까?" 그러나 사랑을 나누기를 원하는 우리 중에 누가 감염되었는지도 모르면서 그 이야기를 꺼낸다는 것은 난처한 처사가 아닌가 싶습니다. (Boston Women's Health Book Collective, 2005)

왜냐하면 성교를 하는 이성에게 단지 성병에 대해서만 이야기하는 것으로 생각될 수 있기 때문에, 많은 사람들은 그 이야기를 생략한다(Montano 등, 2001). 사람들은 자신의 이성만큼은 성병으로부터 자유롭다고 여기며, 좋은 결과를 희망한다. 몇몇 사람들은 마치 인간면역결핍바이러스(HIV)/에이즈(AIDS)와 다른 성병들을 이야기하는 것은 그들이 헤어지는 원인이 되는 것처럼 행동합니다. 그러나 단순히 에이즈, 헤르페스, 클라미디아, 성기 사마귀 및 다른 성병의 원인이 되는 세균들을 무시하는 것으로 그것들을 물리치지는 못할 것이다.

이와 같은 상황을 상상해 보십시오: 당신은 몇 번 크리스와 함께 데이트를 했고, 그에게 아주 매료되었다. 크리스는 매력적이고, 똑똑하며, 유쾌하고, 당신과 함께 생각을 공유한다. 또 대체로, 그에게 강한 흥분을 느낀다. 지금 저녁이 서서히 저물어간다. 당신은 그에게 안겨 있으며, 어디로 나아갈지를 알고 있다.

무언가가 당신의 마음을 자극한다! 당신은 크리스가 "지내온 곳"들을 알지 못하지만, 그만큼 아주 멋진 사람은 없다고 생각한다. 또한 크리스의 혈액 속에 무엇이 있는지 알지 못하지만 그는 건강하게 보인다. 당신은 정말 크리스가 지내온 곳과 그의 건강에 대해 알지 못하면서 말이다. 또한 욕망의 순간에, 크리스는 감염된 사실 혹은 이전의 성경험에 대해 거짓말할지도 모른다. (우리는 이것을 어떻게 섬세하게 표현해야만 할까?)

지금 무엇을 말하고 있나? 당신은 크리스의 흥분을 가라앉히지 않고, 스스로를 어떻게 보호할 수 있을까? 아, 이 어색함이란! 만약 당신이 콘돔이나 성병에 대해 묻는다면, 그것은 성관계를 갖고 싶다는 의미로 여겨질 것이다. 그리고 아마도 당신은 상대방이 원하는 것이 무엇인지 정확하게 모를지도 모른다. 비록 당신이 가고 있는 곳이 명확할지라도, 정확하게 말하는 것은 너무 직설적인 것으로 보일까? 당신은 로맨스를 잠식시키는 걸까? 순간의 즉흥성은? 맞다. 당신은 분위기를 깨뜨릴지도 모른다. – 삶은 이러한 것들의 위험을 갖고 있다. 그러나 어떤 것이 위험한 것일까: 어색한 순간인가? 죽을 병에 감염되는 것인가? 다른 방식으로 생각해 보자: 당신은 정말로 성관계를 위해 기꺼이 죽을 수 있나? 몇 가지 완벽한 답변이 주어진다면, 여기 당신이 시도할 수 있는 답변들이 있다:

1. 당신은 다음과 같이 말할 수 있다: "내가 어떤 것을 사왔어요. 그리고 저는 그것을 사용하기를 원해요 "(참고로 여기서 말하는 어떤 것은 콘돔을 일컫는다.)
2. 아니면 당신은 이렇게 말할 수 있다. "저는 이것이 약간 까다롭다는 것을 알아요." [당신은 단정적으로 느낌을 표현하고, 까다로운 주제를 다루기 위해 상대방에게 허락을 요청하고 있다; 그러면 크리스는 "괜찮아" 또는 "걱정하지마!" 라고 대답할 것이며, – "그것이 무엇인데?"라고 덧붙일 것이다.], "그렇지만 콘돔을 사용하는 것만큼 안전한 것은 세상에 없을 것이에요. 그리고 저는 우리가 할 것을 이야기해야 한다고 생각해요."

당신의 파트너는 동굴에서 살아 온 것이 아니다. 또한 그와 그녀는 성병의 위험에 대해 알고 있다. 그리고 안전하고 비강압적으로 성관계를 해야만 한다. 만약 당신의 이성이 불편한 성관계를 강압하며, 당신의 감정과 생각을 고려하지 않는다면, 당신은 이 사람과 성관계를 해야 할지 말지를 다시 생각할 필요가 있다. 아마도 그러면 당신은 더 잘 할 것이다.

비판적인 사고하기

산업화가 이루어진 국가 중 미국이 가장 성병 발병률이 높은 나라다. 왜 그럴까?

로 알고 있을 것이다. 그러나 모르고 지낼 수 있다고 해서 축복받은 것은 아니다. 특정 성병은 눈에 띄는 증상이 없으나 치료하지 않고 놔두면 건강에 해롭다. 또한 성병에 걸리면 통증이 심하고, 일부 성병(HIV/AIDS, 후기 매독, 및 인간유두종바이러스에 감염된 후 발생한 자궁경부암)은 생명을 앗아 갈 수 있을 정도로 치명적이다. 또한 수많은 여성들이 성병에 걸린 후 생식계로 퍼져서 생식기관의 기능을 상실하게 되어 아이를 갖지 못하게 된다. 여성들의 불임 사례 중에서 15~30% 정도가 성병에서 기인한 것으로 추정된다. 문제는 이러한 생물학적 영향 이외에도, 성병으로 인해 사람들은 심리적인 상처를 입고 인간관계가 비틀어져 파탄에 이른다는 점이다.

그렇다면 성병의 발병률은 왜 갑자기 늘었을까? 첫째, 성교를 하는 젊은 사람들의 수가 증가하였다. 그들 중 대다수는 콘돔을 전혀 사용하지 않거나, 사용하더라도 항상 쓰지 않기 때문이다(Guttmacher Institute, 2009). 어떤 사람들은 여성이 피임약을 먹고 있을 때 콘돔을 사용하지 않는다. 그러나 피임약은 피임을 위한 방법으로는 좋지만, 성병을 예방할 수 없다. 둘째, 클라미디아처럼 증상이 뚜렷하지 않는 성병이 있기 때문이다. 증상이 없으므로 성병에 감염된 사람이 자기도 모르는 사이 다른 사람에게 전염시키기 때문이다. 그 밖의 이유로는, 성행위를 하는 나이가 빨라진 것, 성교를 하는 대상이 여러 명인 것, 마약을 사용하는 것 등이다. 특히, 마약의 남용은 성병의 감염과 밀접한 상관관계가 있다(Mansergh 등, 2008; Sutchliffe 등, 2009). 마약을 남용하는 사람들은 그렇지 않은 사람들에 비해 위험한 성행위를 할 가능성이 높다. 게다가 주사기를 공유하며 마약을 사용할 경우 HIV와 같은 전염성 생물에 바로 감염된다. 한편, 역설적이게도 HIV/AIDS 치료제의 성공적인 개발도 성병 증가의 위험요소이다. 즉, HIV/AIDS 치료제가 없었을 때에는 사람들이 성행위에 대해 좀 더 조심하였는데, 치료제의 개발로 그 위험성에 대한 조심성이 낮아진 것이다(Crepaz 등, 2004; Dilley 등, 2003).

성교육은 젊은이들에서 퍼지는 성병을 줄이는 데 있어서 핵심요소이다(Collins 등, 2006; Shoveller 등, 2006). 성교육의 목표는 성행위에 대해 책임감 있는 결정을 내리는 능력과 위험한 행위를 줄이는 것이다. 그러나 성교육을 하는 것으로는 충분하지 않다. 성교육을 통해 젊은이들의 행동을 바꾸려 한다면, 젊은이들 스스로가 성병을 예방하고 위험요소를 줄이는 일을 실천해야만 한다(Benotsch & Kalichman, 2002; Shoveller 등, 2006).

16.2 세균성 감염

세균(bacteria)은 하나의 세포로만 이루어진 미생물이다. 세균은 사람에게 이로운 종류도 있고 해로운 종류도 있다. 세균은 우리 몸의 소화계에서 핵심적인 역할을 한다. 세균은 발효에 없어서는 안되는 요소다. 세균이 없다면 와인은 만들 수 없다. 한편, 세균은 임질, 매독, 클라미디아와 같은 흔한 성병을 비롯해 폐렴, 결핵, 수막염과 같은 많은 질병을 일으킨다.

임질

임질(gonorrhea)은 한때 미국에서 가장 흔한 세균성 성병이었으나 지금은 클라미디아에 그 자리를 내주었다. 임질 감염률은 1975과 1997년 사이에 75% 감소했는데, 이는 안전한 성행위와 항생제의 사용에 기인하는 것으로 추정된다. 1997년 이후부터는 감염률이 변동 없이 일정하며(Kuehn, 2009), 이는 HIV/AIDS의 치료가 발달한 것 때문

세균(bacteria) 하나의 세포로 이루어진 엽록체가 없는 미생물로서 많은 질병을 일으킨다.

임질(gonorrhea) 세균인 나이세리아 고노로에(*Neisseria gonorrhoeae*)의해서 발생하는 성병으로서 성기의 분비물과 소변시 따가운 특징이 있다.

자기평가

성병에 대한 태도 분석

성병에 대한 태도가 어떤지에 따라 성병에 감염되는 기회가 늘어날까? 성병에 대한 태도 분석(Yarber 등, 1989)은 성인을 대상으로 성병에 대한 태도를 정량화하고 설문에 대한 의미를 파악하기 위해서 고안되었다.

자가 분석을 하기 위해서는 각각의 설문 문항을 자세히 읽고 해당하는 답을 표시한다. 해석은 부록의 점수표를 참고하여 해석한다.

SA = 매우 그렇다
A = 그렇다
U = 잘 모르겠다
D = 그렇지 않다
SD = 전혀 그렇지 않다

1. 성행위와 성병에 감염되는 것은 무관하다.	SA	A	U	D	SD
2. 성병에 걸릴 확률을 낮추는 예방법을 쓰는 것은 쉽다.	SA	A	U	D	SD
3. 책임있는 성행위는 성병의 위험을 낮추는 최선의 방법이다.	SA	A	U	D	SD
4. 초기 진단을 받는 것은 성병의 위해로운 점을 예방하는 데 매우 중요하다.	SA	A	U	D	SD
5. 올바른 성 파트너를 선택하는 것은 성병에 감염되는 위험을 줄이는 데 있어서 중요하다.	SA	A	U	D	SD
6. 높은 성병 발생률에 대해서 우리 모두가 걱정을 해야 한다.	SA	A	U	D	SD
7. 성병이 있는 사람들은 자신의 성 파트너도 성병에 대한 진료를 받게 할 의무가 있다.	SA	A	U	D	SD
8. 성 파트너의 성병을 치료하는 최선의 방법은 두 사람 모두 병원에 가는 것이다.	SA	A	U	D	SD
9. 성병에 걸렸다는 것을 알면 성에 대한 습관은 바꾸는 것이 필요하다.	SA	A	U	D	SD
10. 성병을 치료하려고 의학적인 시술을 받는 것에 반대한다.	SA	A	U	D	SD
11. 만일 내가 성적으로 왕성하다면 성행위를 하기 전과 한 후에 성병을 예방하기 위한 무언가를 하는 것이 귀찮을 것 같다.	SA	A	U	D	SD
12. 만일 내가 성적으로 왕성하다면 나의 성 파트너가 성병을 피하기 위해서 콘돔을 사용하자고 했을 때 기분이 나쁠 것 같다.	SA	A	U	D	SD
13. 나의 친구들과 성병에 대해서 얘기하는 것을 좋아하지 않는다.	SA	A	U	D	SD
14. 성병에 걸렸다는 확신이 서기 전에는 병원에 가지 않을 것 같다.	SA	A	U	D	SD
15. 내가 성병에 걸렸다면 나의 성 파트너와 병원 함께 가서 치료를 받아야 한다고 생각한다.	SA	A	U	D	SD
16. 상대방이 성적으로 왕성하다면 그 사람과 성병에 대해 얘기하는 것은 창피할 것이다.	SA	A	U	D	SD
17. 내가 성교를 한다면, 성병에 걸릴 가능성 때문에 한 명 이상과 하기 어려울 것 같다.	SA	A	U	D	SD
18. 성병을 예방하기 위해 금욕을 실천하는 것이 최선이라고 생각한다.	SA	A	U	D	SD
19. 내가 성병에 걸린다면 그 성병의 원인을 찾기 위해 공중보건의와 상의할 것이다.	SA	A	U	D	SD
20. 내가 성병에 걸린다면 그것을 치료하는 동안 다른 사람에게 병이 옮기지 않도록 할 것이다.	SA	A	U	D	SD
21. 한 명 이상과 성행위를 한다면 정기적인 성병 검사를 받을 것이다.	SA	A	U	D	SD
22. 그 누구와 성교를 하기 전에 성병의 징후가 있는지 살피는 편이다.	SA	A	U	D	SD
23. 성병에 걸릴 우려 때문에 단 한 명하고만 성행위를 할 것이다.	SA	A	U	D	SD
24. 성병에 걸릴 아주 조금의 위험이 있다고 생각되면 성적 접촉을 피할 것이다.	SA	A	U	D	SD
25. 내가 성병에 걸릴 확률이 어떻든 상관없이 성행위를 할 것이다.	SA	A	U	D	SD
26. 기회가 주어진다면 성병을 조절하려는 사회적인 노력에 참여할 것이다.	SA	A	U	D	SD
27. 내가 사는 곳에서 성병에 대한 사람들의 의식 고양을 위해서 일할 의향이 있다.	SA	A	U	D	SD

출처: W. L. Yarber, M. R. Torabi, and C. H. Veenker. (1989). Development of a three-component seually transmitted diseases attitude scale. Journal of Sex Education & Therapy, 15, 36-49.

표 16.1

주요 성병의 원인, 전파 경로, 증상, 진단 및 치료법

성병 및 병원균	전파 경류	증상	진단	치료법
세균성 감염				
임질: 고노코코스 세균(*Neisseria gonorrhoeae*)	성교, 구강성교, 항문성교, 또는 출산시 산모로부터 신생아로 전파된다	• 남성의 경우, 노랗고 걸죽한 분비물이 요도에서 나오고, 배뇨시 따끔거린다 • 여성의 경우, 질 분비물의 양이 많아지고, 배뇨시 따끔거리며, 불규칙적인 월경이 발생한다(대부분의 여성은 초기증상이 나타나지 않는다)	환자에 대한 진찰, 분비물의 배양	항생제: 세프트리악손, 사이프로플로악신, 세픽심, 오플로악신
매독: 트레포네마 팔리덤 세균(*Treponema pallidum*)	성교, 구강성교, 항문성교, 또는 감염된 궤양을 접촉	• 1기 단계에서는 딱딱하고, 원형의 통증을 수반하지 않는 궤양 및 발진이 감염된 부위에 2~4주 내로 나타난다. 2기단계는 잠복기이고, 치료를 하지 않으면 3단계로 발전한다	1기 매독은 환자에 대한 진찰과 궤양의 분비물을 암시야검사를 통해 검진한다; 2기 단계는 혈액검사의 일종인 VDRL 검사를 통해 검진한다	페니실린, 닥시사이클린, 테트라사이클린, 에리스로마이신을 처방하나, 후자는 임산부와 페니실린에 알레르기가 없는 사람에 한한다
클라미디아 및 비임균성 요도염(NGU): 클라미디아 트라코마티스 세균(*Chlamydia trachomatis*); 남성의 비임균성 요도염은 유리아플라즈마 유리알릭티쿰 세균(*Ureaplasma urealycticum*) 및 기타 병원균에 의해서 발생	성교, 구강성교, 항문성교를 통해 전파; 감염된 파트너의 음부를 손으로 접촉한 다음 눈을 만지면 눈으로 전염됨; 출산시 산모로부터 신생아로 전파됨	• 여성의 경우 배뇨시 통증이 자주 있고, 아랫배의 통증 및 염증, 질 분비물이 나옴(대부분의 여성은 초기증상이 나타나지 않는다) • 남성의 경우, 임질과 비슷하지만 정도가 약함: 배뇨시 따끔거림, 요도의 분비물(대부분의 남성은 증상이 없다) • 구강-성기 접촉으로 인해 인후염이 발생하기도 함	애봇검사(Abbott Testpack)를 이용하여 자궁경부의 세포들을 검사함; 남성은 음경에서 분비물을 추출하여 분석함	항생제를 처방: 아지스로마이신, 닥시사이클린, 오플로악신, 아목시실린
질감염				
세균질증: 가드네렐라 바지낼리스 세균(*Gardnerella vaginalis*) 및 기타 세균	원인 세균이 과도하게 증식하여 발생, 알레르기 반응 등; 성적 접촉을 통해 전파됨	• 여성의 경우, 질에서 가금류 냄새가 나는 묽은 분비물이 분비; 배뇨시 음부가 가렵고 통증이 있음 • 남성의 경우, 귀두, 요도에 염증 및 방광염 • 남녀 모두에서 아무 증상이 없을 수 있다	세균의 배양 및 검사	메트로니다졸, 클린다마이신
칸디다증: 효모처럼 생긴 균류인 칸디다 알비칸스(*Candida albicans*)	질 내에서 원인균이 과도하게 증식하여 발생; 성적 접촉이나 보균자의 옷을 공유하는 과정을 통해 전파	• 여성의 경우, 욕창, 염증, 음문주위의 가려움증; 흰색의 썩은 냄새가 나는 질 분비물 • 남성의 경우, 배뇨시 가렵고 따가운 느낌 및 음경이 붉은색은 띤다	증상을 진찰하여 진단	플르코나졸을 1회 복용, 마이코나졸, 클로트리마졸, 부타코나졸의 좌약

(계속)

표 16.1 (계속)

주요 성병의 원인, 전파 경로, 증상, 진단 및 치료법

성병 및 병원균	전파 경류	증상	진단	치료법
질편모충증: 원생동물의 일종인 트로코모나스 바지날리스(*Trochomonas vaginalis*)	거의 대부분 성적 접촉을 통해 전파	• 여성의 경우, 악취를 동반한 거품 같은 분비물이 노란빛의 분비물; 배뇨시 가려움증 및 따끔거림; 증상을 보이지 않는 여성들도 많다 • 남성의 경우, 증상의 거의 없으나, 가벼운 요도염이 나타나기도 함	질 분비물을 배양하여 현미경으로 관찰	메트로니다졸
바이러스성 감염				
구강포진: 일형 단순헤르페스바이러스(HSV-1)	발진, 물집과 접촉, 키스, 성적 접촉; 컵, 타월, 변기를 공유	• 입술, 입, 인후에 발진, 물집이 발달; 음부에 욕창 발달	병원에서 진찰을 통해 진단	약국에서 파는 입술용 크림, 발진 치료용 약품; 그러나 병원에 찾아가야 함
음부포진: 이형 단순헤르페스바이러스(HSV-2)	성교, 구강성교, 항문성교를 통해 전파; 발진이 나타나고 있을 때 가장 전파력이 큼	• 음부, 허벅지 및 엉덩이에 통증을 수반하는 붉은 덩어리가 발달; 여성의 경우, 질 내부와 자궁경부에 나타나기도 함; 덩어리는 물과 고름으로 찬 물집과 발진으로 변하여 바이러스 분자를 내뿜는다; 기타 증상으로는 배뇨시 따끔거림, 고열, 몸살, 림프선 비대 등이 있고, 여성의 경우 질 분비물이 나옴	발진의 진찰을 통한 진단; 음부발진에서 액을 채취하여 배양 후 검사	완치법이 없음, 그러나 항바이러스제를 이용하여 증상을 완화하고 치유속도를 촉진시킨다. 항바이러스제는 아시클로버, 팜시클로버, 발아시클로버가 있고 음부포진은 상담치유가 필요함
바이러스성 간염: A형 간염, B형 간염, C형 간염, 및 D형 간염	성적 접촉, 특히 항문을 사용한 성행위 (A형 간염); 감염된 대변을 접촉; 보균자의 혈액을 수혈(B형 및 C형 간염)	• 증상이 없기도 하고 가벼운 감기와 같은 증상에서 고열, 복통, 구토, 황달(눈과 피부)에 나타나는 심한 증상까지 있음	간염 항체를 검사하는 혈액검사; 간 조직검사	충분한 휴식 및 수분 섭취, 2차 감염으로 인한 항생제의 처방; C형 간염에 대해 알파 인터페론을 처방하기도 함
AIDS/HIV	성적 접촉, 오염된 주사기, 주사바늘; 감염된 혈액의 수혈; 산모로부터 태아 및 신생아; 수유를 통해 아이에게 전파됨	• 처음에는 아무런 증상이 없거나 가벼운 감기와 같은 증상이 있다가 없어진 후, 몇 년동안 잠복기를 거친다. 그 후 본격적인 AIDS 증상이 나타남. 고열, 체중저하, 피곤증, 설사, 암(카포시육종) 또는 백혈병과 같은 2차감염이 나타남	혈액, 타액, 소변을 채취하여 HIV 항체를 검사; HIV 유,무 자체를 검사하는 것은 비쌈; 흔히 항체 검사, CD4세포의 수 또는 증상이 나타나는지에 대한 여부로 진단	완치법이 없다. 단백질분해효소 억제제와 유사 뉴클레오시드 등을 한데 섞은 항바이러스 혼합제인 HAART 치료법이 널리 사용되며, 지도부딘이 대표적이다

표 16.1 [계속]

주요 성병의 원인, 전파 경로, 증상, 진단 및 치료법

성병 및 병원균	전파 경류	증상	진단	치료법
인간유두종바이러스 (HPV)/ 음부사마귀	성적 또는 다른 형태(젖은 옷과 수건)의 접촉을 통해 전파	• 통증이 없는 꽃배추 모양의 사마귀가 음경, 귀두, 음낭, 요도, 음문, 음순, 질벽, 및 자궁경부에 발생; 항문 주위 또는 직장에 발생하기도 함	병원에서 진찰을 통해	냉동요법, 포도필린, 삼염소초산, 이염소초산, 화염치료, 외과적 수술; 예방주사는 대부분의 여성에서 HPV를 예방할 수 있음
체외 기생충 감염				
이감염증(*Pthirus pubis*)	성적 접촉, 감염된 수건, 이불, 변기를 접촉	• 음모 부분 또는 이가 붙어 있는 신체의 다른 체모 부분이 매우 가렵다	병원에서 진찰을 통해	린데인(크웰이라는 상표명) - 처방샴푸; 일반의약품 중에서 피레스린 또는 피페로닐 부톡시드 (RID, Triple X) 등이 함유된 약품
옴(*Sarcoptes scabiei*)	성적 접촉, 감염된 수건, 이불, 옷감 등을 접촉	• 매우 가려움증; 원형의 붉은 반점; 부푼 자국 또는 물집	병원에서 진찰을 통해	린데인(크웰)

인 것으로 생각된다. 사람들이 HIV/AIDS에 대해서 점점 두려워하지 않게 되고 더 즉흥적인 성적 행위를 하기 때문에 성병 감염률이 증가한 것으로 풀이된다. 해마다 약 355,000건의 신규 임질 사례가 보고된다(Kuehn, 2009; Centers for Disease Control and Prevention, 2009b; 그림 16.1). 신규 사례의 대부분은 20살에서 24살의 환자들이 차지한다.

임질은 고노코코스 세균에 의해서 발병한다(표 16.1). 고대 이집트와 중국에서는 음경에서 분비물이 나오는 것으로 임질을 기술한 것으로 보이며 구약성서의 레위기 15장에 언급되어 있다. 고대 이스라엘과 그리이스 사람들은 음경 분비물이 정액의 무의식적인 소실인 것으로 생각하였다. 기원전 약 400년 그리이스의 의사인 히포크라테스는 정액의 소실이 성교나 아프로티테의(로마인들은 훗날 이를 비너스로 칭함) 숭배를 지나치게 했기 때문에 발생하는 것으로 추정하였다. 임질(gonorrhea)의 영어 용어는 약 2세기

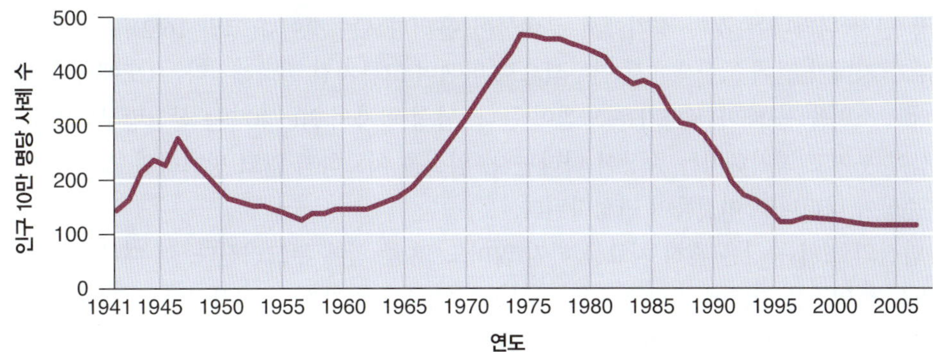

그림 16.1 미국에서의 임질 발병 추세, 1941~2007

출처: Center for Disease Control and Prevention (2009b, January 13). Trends in Reportable Sexually Transmitted Diseases in the United States, 2007: Naitonal Surveillance Data for Chlamydia, Gonorrhea, and Syphilis. http://www.cdc.gov/std/stats07/images/trends-gonorrhea-800.gif.

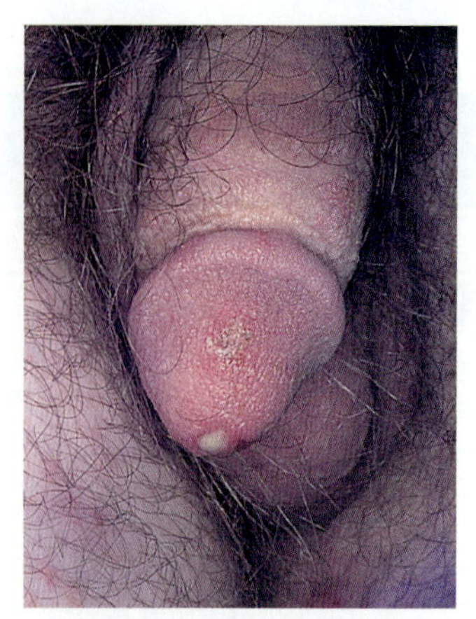

그림 16.2 임질 분비물. 남성에서 보이는 임질은 흔히 노란색을 띠는 고름 같은 끈적끈적한 분비물이 성기에서 나온다.

경에 살았던 그리스 의사 갤런이 만든 것으로 알려져 있다. 알버트 나이서(Alber L. S. Neisser)는 1879년 자기이름을 딴 고노코코스 세균을 발견하였다: 나이세리아 고노로이(*Neisseria gonorrhoeae*).

전염 임질세균은 남녀의 요도관의 점막이나 여성의 자궁경부와 같이 따뜻하고 습한 환경을 필요로 한다. 그러나 체외 환경에서는 1분 정도면 죽으며, 마른 물체나 공중 화장실의 변기로부터 임질이 전염되지는 않는다. 체외 환경에서 전염되는 경우는 매우 드문데, 임질에 감염된 사람이 쓰고 난 따뜻하고 젖은 수건이나 천을 곧바로 쓰게 될 경우 임질이 전염될 수 있다. 임질은 거의 대부분의 경우 성교, 구강성교, 또는 항문성교를 통해서 전염된다. 또한, 임산부가 임질에 걸린 경우 분만시 신생아에게 전염된다.

임질에 감염된 남성에 대해 펠라티오를 한 경우, 목구멍이 감염되는 **임균성인두염(pharyngeal gonorrhea)**에 걸릴 수 있다. 그러나 입과 입으로 하는 키스나 여자에 대한 쿠닐링구스를 해서는 임질이 쉽게 전염되지 않는다. 반면, 눈은 임질균이 잘 자라는 환경이다. 따라서 임질에 감염된 성기를 만진 손으로 눈을 만지게 되면 임질에 걸릴 수 있다. 자연분만하는 신생아는 임산부의 산도를 통과하여 출생하는데, 임산부가 임질이 있으면 신생아의 눈에 임질이 전염되어 **신생아 안염(ophthalmia neonatorum)**을 일으킨다. 이 안염 때문에 신생아는 실명까지 이를 수 있으나 최근에는 그 빈도가 매우 낮다. 이것은 출산 때 임질세균을 제거할 수 있는 질산은(silver nitrate) 또는 페니실린 연고로 신생아의 눈부위를 닦아주기 때문이다.

임질은 직장에서도 발생할 수 있다. 항문성교를 하게 되면 임질은 남성의 성기에서 파트너의 직장으로 전염될 수 있다. 또한 임질이 있는 여성이 파트너와 성교와 항문성교를 번갈아가면서 하는 경우, 자궁경부에 발생한 임질이 직장으로 퍼질 수 있다. 한편, 성기에서 흘러나온 분비물으로부터 임질이 전염되는 가능성을 비교해보면, 남성 성기에서 흘러나온 분비물보다 여성 성기에서 흘러나온 분비물에 의해서 임질이 전염될 가능성이 낮다.

임질은 전염성이 매우 높다. 여성은 한번 임질균에 노출되었을 경우 감염될 가능성이 약 50%이다. 남성은 25% 정도다(Hatcher 등, 2008). 임질에 대한 위험도는 여성이 훨씬 높은데, 이것은 임질에 감염된 정자가 질 내부에 머물러 있기 때문이다. 감염에 대한 위험도는 균에 자주 노출될수록 증가한다.

증상 대부분의 남성은 임질에 감염된 후 2~5일 내에 증상을 자각한다. 임질의 증상 중 가장 먼저 나타나는 것이 성기에서 분비물이 흘러나오는 것이다(그림 16.2). 분비물은 하루가 지나기 전에 노란색에서 연두색으로 바뀌며 고름처럼 걸쭉해진다. 요도에 염증이 생기고 소변을 볼 때마다 따가운 느낌이 든다. 남성 환자의 30~40%는 샅고랑부위의 림프선이 붓거고 딱딱해지는 증상이 나타난다. 임질을 치료하지 않고 방치하면 염증과 다른 증상이 나타나고 이것들이 만성화된다.

임질의 초기 증상은 흔히 치료를 하지 않아도 몇 주 안에 누그러진다. 이 때문에 일반 사람들은 임질을 감기에 걸린 것처럼 치부하여 치료를 하지 않기 십상이다. 그러나 임질세균은 체내에서 끊임없이 활동하여 손상을 입힌다.

임균성인두염(pharyngeal gonorrhea) 인두가 따가운 증상을 보이는 임질균 감염의 한 종류.

신생아 안염(ophthalmia neonatorum) 임질균 감염의 한 종류로서 신생아가 출생시 산도를 통과하면서 임질균에 눈이 감염되는 질병.

여성의 경우 자궁경부가 주로 감염되며 **자궁경부염(cervititis)**을 일으킨다. 자궁경부염은 노란색에서 연두색의 고름같은 분비물이 나오고 이것이 음문을 자극하게 되어 가려운 증상을 보인다. 만일 임질균이 요도까지 전염되면, 남성과 마찬가지로 소변을 볼 때마다 따가운 느낌이 든다.

사실인가 아니면 허구인가 1: 임질에 걸린 대부분의 여성들은 눈에 띄게 드러나는 증상이 없다. 사실, 임질에 걸린 여성의 약 80%는 감염 초기에 아무런 증상이 없다. 이 때문에 증상이 드러날 때까지 아무런 치료를 받지 않음으로써 임질에 감염되지도 모른 채 다른 성교 파트너에게 병을 옮길 수 있다.

사실인가 아니면 허구인가 1

임질은 초기에 치료하지 않으면 남성과 여성 모두 비뇨생식계를 통하여 임질균이 전파되어 생식기관을 파괴한다. 남성의 경우, 불임에 이를 수 있는 **부고환염(epididymitis)**을 일으킨다. 부고환염의 주된 증상은 음낭이 붓고 통증 또는 누름통증이 수반된다. 고열 증세도 있을 수 있다. 신장이 영향을 받기도 한다.

여성의 경우, 임질균이 자궁경부에서 자궁, 난관, 난소와 복강의 다른 부위로 전염되어 **골반내감염(pelvic inflammatory disease, PID)**을 일으킨다. 골반내감염 증상으로는 경련, 복부 통증 및 누름통증, 자궁경부의 누름통증 및 분비물 배출, 비규칙적인 월경주기, 성교시 통증, 고열, 메스꺼움, 구토가 있다. 골반내감염은 그 증상이 나타나지 않을 수도 있다. 그러나 증상이 있든 없든 간에 골반내감염은 흉터를 만들게 되고 이것이 난관을 막음으로써 불임에 이르게 된다. 골반내감염은 항생제를 써서 적극적으로 치료를 해야 하는 심각한 질병이다. 감염된 조직을 수술로써 제거시키기도 한다. 그러나 많은 수의 여성들은 골반내감염이 나타날 때까지 임균감염을 모르고 있다. 임질을 초기에 발견하고 치료하면 발병 사례 중 90% 이상을 없앨 수 있는데, 골반내감염까지 진행될 때까지 방치하게 되는 것은 매우 불행한 일이다.

비판적인 사고하기

페니실린 저항성을 갖는 세균 균주는 어떻게 진화하는가?

진단과 치료 임질은 가정의학과, 비뇨기과, 산부인과 의사가 성기 부분을 검사하고 성기 분비물을 배양 및 검사하는 방법을 통해서 진단한다.

임질을 치료할 때 항생제 치료법이 가장 많이 쓰인다. 페니실린은 한때 가장 많이 썼었는데 페니실린에 저항성을 가진 변종 임균(*Neisseria gonorrhoeae*)이 창궐함에 따라서 다른 항생제를 써야 한다(Hatcher 등, 2008). 가령 항생제인 세프트리악손을 주사하는 치료법이 흔히 쓰인다. 다른 항생제로는 시프로플로악신 및 오플로악신이 있다. 임질과 클라미디아증은 흔히 함께 발병하기 때문에 임질에 걸린 사람을 치료할 때는 클라미디아증을 치료하는 다른 항생제도 함께 처방한다(Hatcher 등, 2008). 임질에 걸린 사람을 치료할 때에는 그의 성교 파트너도 함께 검사해야 한다.

매독

그 누구도 **매독(syphilis)**과 연관되기를 원하지 않았다. 이탈리아 남부 항구 도시 나폴리에서는 매독을 "프랑스병"이라고 불렀다. 프랑스에서는 "나폴리병"이라고 불렀으며, 이탈리아 사람들의 대부분은 "스페인병"이라고 불렀다. 그러나 스페인에서는 "에스빠뇰라 병 (지금의 하이티)"이라고 불렀다.

매독의 영어명은 스필리스(syphilis)인데, 이 이름은 1530년 이탈리아 의사 지로라모

자궁경부염(cervicitis) 자궁경부의 염증.

부고환염(epididymitis) 부고환에 생기는 염증.

골반내감염(pelvic inflammatory disease, PID) 골반 부위에 생기는 염증; 증상으로는 복부 통증, 누름통증, 메스꺼움, 고열, 비규칙적인 월경주기 등이 있다; PID로 인해 불임이 되기도 한다.

매독(syphilis) 세균의 일종인 트레포네마 팔리덤(*Treponema pallidum*)의 감염에 의해서 발생하는 성병. 여러 단계를 거쳐 증상이 발달하며 굳은궤양, 발진, 주요 신체기관에 상해를 입힌다.

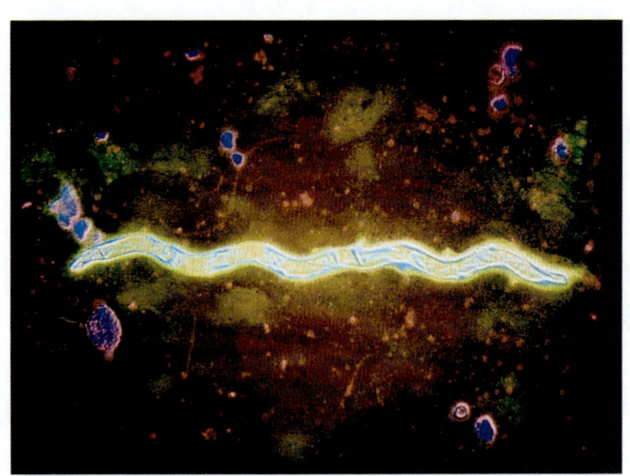

그림 16.3 *Treponema pallidum*. 이 세균은 매독을 일으킨다. 나선상 모양으로 생겨서 나선상 세균으로 분류된다.

프라카스토로가 양치기 소년 스필러스에 대한 시에서 유래했다. 스필러스가 태양의 신, 아폴로를 모욕한 죄로 이 병을 얻었다는 내용이다.

매독은 나선형 세균의 일종인 트레포네마 팔리덤(*Treponema pallidum*)에 의해 발병하는데, 이 세균은 1905년 독일의 과학자 프리츠 샤우딘에 의해 처음으로 분리되었다(그림 16.3). 이 세균의 이름은 약한 색깔을 띠고 실처럼 생겼다는 뜻으로, 그 모양이 코르코병 따개처럼 나선형으로 생겼다.

미국 내에서 매독의 발병은 페니실린 치료법으로 인해 감소하였다. 그러나 최근에는 페니실린이 있어도 매독의 발병률이 증가하는 추세다. 한 해에 11,000 사례 이상으로 많이 발병하고 있는데, 이것은 HIV/AIDS의 효과적인 치료제가 상용화되면서부터 사람들이 점점 위험한 성행동을 일삼고 있는 추세 때문일 것으로 추정된다(Kuehn, 2009). 대부분의 새로운 사례들은 남성과 성교를 한 남성에서 발생한다. 그럼에도 불구하고, 여성과 신생아(**선천매독[congenital syphilis]** 때문에 발병)에서도 높은 비율로 발병하고 있다. 2007년 미국에는 여성에서 발병된 1,692건의 새로운 사례가 보고되었는데, 이는 2006년 1,458건에 비해 증가한 것이다. 마찬가지로 같은 기간 신생아에서 발생하 사례 건수도 382건에서 430건으로 증가하였다.

선천매독(congenital syphilis) 태어날 때부터 감염된 매독.

굳은궤양(chancre) 궤양 또는 욕창의 일종.

매독은 과거에 비해 널리 퍼진 질병은 아니지만, 그 영향은 매우 해롭다. 매독으로 인하여 심장병, 시각상실, 정신착란 및 사망에까지 이르게 된다.

매독의 기원 매독의 기원에 대해서는 의견이 분분하다. 콜롬비아설은 서인도제도를 1492부터 1493까지 처음 여행하고 스페인으로 돌아온 콜롬부스가 보석, 담요, 담배만 가지고 온 것이 아니라 매독균도 가져와서 전염시켰다는 설이다. 그 후, 나폴리 사람들이 프랑스의 침입에 대항하기 위해 스페인으로부터 용병을 받아들였는데 이 스페인 용병들이 매독 보균자였고, 이들로부터 나폴리의 창녀들이 감염되고, 나폴리의 창녀들을 매개로 나폴리 사람들과 프랑스 군인에게 퍼져 나갔다는 것이다. 항구도시인 나폴리를 드나드는 선원들에 의해 매독은 동양으로 전파되어 결국에는 세계적으로 퍼졌다는 것이다.

사실인가 아니면 허구인가 **2**

콜롬부스가 1506년 사망할 때 매독으로 인한 말기증세를 보였다는 것이 일반적인 견해다. **사실인가 아니면 허구인가 2:** 콜롬부스가 신대륙에서 유럽으로 돌아올 때 매독균에 감염되어 왔는지에 대해서는 확실하지 않다. DNA 증거는 이를 뒷받침한다(Bower, 2009). 그러나 다른 연구자들은 콜롬부스가 신대륙으로 항해 하기 전에 유럽에 이미 매독이 퍼져 있었다는 "선콜롬부스설"을 주장한다(Frenton 등, 2008).

사실인가 아니면 허구인가 **3**

전염 **사실인가 아니면 허구인가 3:** 임질과 매독이 대중 화장실의 변기 좌석에서부터 감염될 수 있다는 얘기는 사실이 아니다. 임질과 마찬가지로 매독도 감염된 보균자와 성교나 항문성교, 또는 구강-생식기나 구강-항문 접촉을 통해서 전염되는 것이 가장 흔하다. 매독균은 보통 보균자의 환부 노출 부위가 성행위 동안 파트너의 점막이나 피부 찰과상 부위와 접촉하게 될 때 흔히 전파된다. 또한 매독균을 지니고 있는 **굳은궤양(chancre)**을 손으로 만질 때 전염된다. 그러나 보균자가 썼던 화장실 변기 좌석으로부터 감염되지는 않는다.

임산부의 경우, 매독균이 태반의 막을 통과하여 이동할 수 있기 때문에 엄마가 보균자이면 태아가 감염될 수 있다. 그 결과 유산, 사산, 선천매독이 발생한다. 선천매독은 시력과 청력을 손상시키거나 뼈와 치아를 변형시킨다. 임신 기간 중 혈액검사를 통해 매독 감염 여부를 검사할 수 있어서 선천매독은 피할 수 있다. 임산부가 보균자일 때, 임신 4개월 이전에 치료를 하면 태아는 매독의 영향을 받지 않는 것으로 알려져 있다.

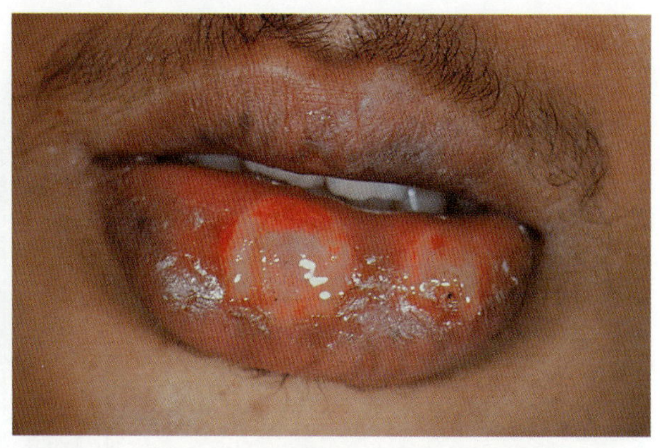

그림 16.4 매독의 초기 궤양. 매독 감염의 제1단계의 증상으로 감염 부위에 통증이 따르지 않는 발진이나 궤양이 나타난다.

증상 및 발병 단계 매독은 몇 단계를 거쳐서 발달한다. 1차단계는 감염된 지 2~4주 사이에 나타나며, 통증이 없는 굳은궤양이 감염된 부위에 발생한다. 굳은궤양은 둥글고 딱딱하며 가장자리가 올라와 있는 궤양 같은 환부를 말한다. 여성의 경우, 굳은궤양이 질벽이나 자궁경부에 흔히 발생하지만 음순 표면에 생기기도 한다. 남성의 경우, 굳은궤양은 음경 귀두에 발생한다. 음낭이나 음경에도 발생하기도 한다. 구강성교로 인해 전염된 경우에는 입술이나 혀에도 발생한다(그림 16.4). 항문성교에 의해 전파된 경우에는 직장에도 발생할 수 있다. 굳은궤양 자체는 몇 주 내에 사라지나, 감염된 매독을 치료하지 않으면 매독균은 체내에서 계속 살아 있다.

신경매독(neurosyphilis) 중추신경계가 매독균에 의해 감염되는 질병으로 뇌손상과 사망에 이를 수 있다.

진행마비(general paresis) 신경매독에 의해 발병하는 진행성 정신병의 일종으로 착란을 일으키는 특징이 있다.

2차단계는 몇 주에서 몇 달이 지난 후에 시작한다. 피부 발진이 발생하며, 이것은 통증이 없고, 붉은색을 띠며, 볼록 튀어나온 모습을 하며, 시간이 지남에 따라 어두운 색으로 변하며 분비물을 배출한다. 다른 증상으로는 입 안에 궤양이 생기는 것, 뼈 마디가 부어서 아픈 증상, 인후통, 두통 및 고열 등이 있다. 매독에 걸린 사람은 독감에 걸린 것으로 착각하는 수가 있다.

2차단계의 증상도 시간이 지남에 따라 사라진다. 그 이후, 매독은 3차단계인 잠복기에 접어들어 1~40년 동안 뚜렷한 증상을 보이지 않는다. 그러나 매독균은 체내에서 끊임없이 증식하여 순환계 중추신경계(뇌와 척수) 및 뼈를 포함한 다른 기관에 침투한다. 잠복기에 접어든 후 몇 년이 지난 보균자는 성교 파트너에게 더 이상 전염시킬 수 없으나 임산부는 태아에게 언제든지 전염시킬 수 있다.

대개의 경우, 매독은 최종단계인 4차단계까지 진행된다. 피부, 근육 조직, 소화기관, 폐, 간, 또는 다른 기관에 큰 궤양이 생긴다. 이 궤양은 신체를 파괴할 수 있다. 이 단계에서도 치료가 성공적인 경우가 흔하지만, 중추신경계나 심장혈관계통이 공격받게 됨에 따라 심각한 손상이 있을 수 있다. 어디가 손상되었든 상관없이 사망에 이를 수 있다. 뇌가 손상되는 경우를 **신경매독(neurosyphilis)**이라고 하며, 마비나 **진행마비(general paresis)**와 같은 신경질환을 낳게 된다.

매독의 두 단계 증상들은 궁극적으로 사라진다. **사실인가 아니면 허구인가 4:** 매독에 감염된 후 매독 초기 궤양이 발생했다가 없어지더라도 반드시 치료를 받아야 한다. 즉, 성병의 증상이 없어졌다고 해서 치료를 받지 않아도 된다는 생각은 잘못이다. 임질이나 매독과 같은 성병은 초기 증상이 누그러진다고 해도 신체에 상해를 줄 수 있다.

사실인가 아니면 허구인가

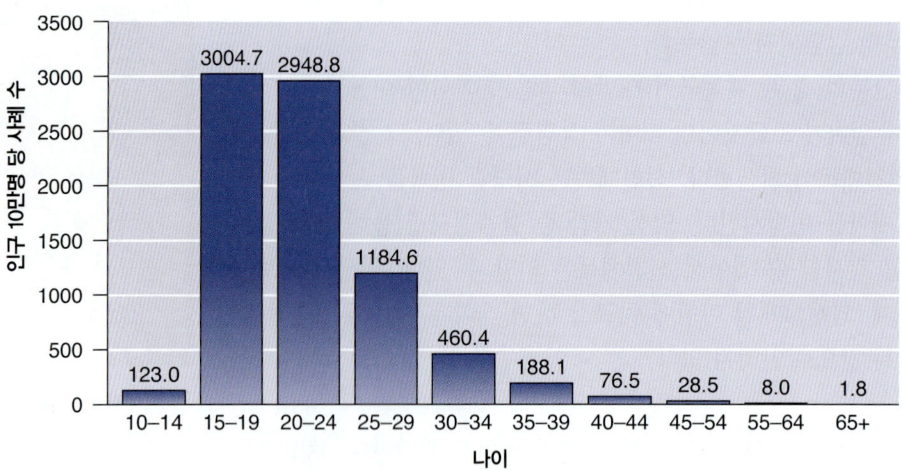

그림 16.5 나이에 따르는 클라미디아 신규 사례 수

출처: Center for Disease Control and Prevention (2009b, January 13). Trends in Reportable Sexually Transmitted Diseases in the United States, 2007: Naitonal Surveillance Data for Chlamydia, Gonorrhea, and Syphilis. http://www.cdc.gov/std/stats07/images/trends-chlamydia-700.gif.

진단과 치료 1차단계의 증상은 임상검사를 통해 진단한다. 궤양이 발견되면 궤양의 액을 채취하여 매독균이 있는지의 여부를 현미경으로 검사한다. 나선상세균인 매독균은 현미경 하에서 쉽게 판명할 수 있다. 2차단계에 대한 검사는 혈액검사를 실시한다. 가장 흔히 쓰이는 방법은 혈액 안의 매독균에 대한 **항체(antibody)**의 존재를 검사하는 **브이디알엘(VDRL) 검사**가 있다.

치료법은 페니실린 요법이 가장 널리 쓰인다. 그러나 사람에 따라서 페니실린 알레르기가 있기 때문에 닥시사이클린과 같은 다른 항생제도 쓰인다(Hatcher 등, 2008). 매독에 걸린 사람의 성교 파트너도 매독에 걸렸는지 검사해 보아야 한다.

클라미디아 세균

클라미디아는 세균에 의해 발병하는 성병으로서 미국 내에서 임질과 매독보다 더 흔하게 발생한다(Hatcher 등, 2008). 클라미디아 세균 감염은 클라미디아 트라코마티스 세균(*Chlamydia trachomatis*)에 의해서 발병하며, 이 세균은 세포 내에서만 기생한다. 클라미디아 세균은 다양한 종류의 감염증상을 초래한다. 비임균성 요도염(남, 여 모두 해당), 부고환염(남성만 해당) 및 여성에서 발병하는 자궁경부염, 자궁내막염, 골반염이 있다(Hatcher 등, 2008).

미국에서 해마다 약 110만 개 이상의 새로운 사례가 보고되고 있으나 대부분의 사례들은 보고되지 않아서 통계에 잡히지 않고 있는 실정이다(Kuehn, 2009). 미국질병관리본부가 추산한 바에 따르면 클라미디아 사례는 해마다 280만 개가 넘는다. 특히 10대 여성들과 대학생들에서 발병률이 가장 높은 것으로 나타났다(CDC, 2009; 그림 16.5).

항체(antibody) 면역계의 백혈구에 의해 생성되는 특수한 기능을 지닌 단백질. 몸 안에 침투한 병원균과 위해물질을 인식하여 파괴하는 기능을 지닌다.

브이디알엘(VDRL) Venereal Disease Research Laboratory의 약자로써 혈액에 매독균에 대한 항체가 있는지를 알아보는 검사법.

전염 클라미디아 세균은 흔히 성교나 항문성교를 통해 전염된다. 또한 이 세균에 감염된 성교 파트너의 성기를 만진 손으로 눈을 만지게 되면 눈으로 전염되어 안염이 발생하며, 구강성교는 인후 부위를 감염시키게 된다. 임산부가 클라미디아 세균에 감염되어 있으면 자연분만시 신생아가 자궁경부를 통해 출산하면서 눈이 감염되어 매우 심각한 클라미디아 안염에 걸릴 수 있다. 제왕절개에 의해 태어난 신상아의 경우에도 출산전 양막이 터질 경우 감염될 수 있다.

증상 클라미디아 감염의 증상은 임질과 비슷하지만 임질보다 가볍다. 남성의 경우, 요도에 염증이 발생하는 비임균성 요도염이 있다. 비임균성 요도염은 임질을 일으키는 임균이 아닌 다른 종류의 세균에 의해 발병한 요도염을 일컬으며 주로 남성에서 나타난다. 여성의 경우 클라미디아 세균에 의해 요도에 염증이 발생했을 때 클라미다이 감염 또는 단순클라미디아라고 부른다. 비임균성 요도염은 과거 비특이 요도염이라고 부르기도 했다. 비특이 요도염을 일으키는 원인은 다양하나, 남성 사례에서는 약 반 정도가 클라미디아 세균에 의해 발생한다(Hatcher 등, 2008).

비임균성 요도염은 남성 성기에서 얇고 희끗희끗한 분비물이 분비되며 배뇨시 따가운 느낌 또는 기타 통증이 있다. 이러한 증상은 황록색을 띠는 분비물과 더 강한 통증을 수반하는 임질과 대비된다. 음낭에 통증이 있거나 고환이 무거운 듯한 느낌이 드는 증상이 수반될 수 있다. 미국 남성에 대한 통계에 따르면, 비임균성 요도염은 임질에 비해 2~3배 더 흔히 나타난다(Hatcher 등, 2008). 젊은 남성은 임질과 비임균성 요도염에 걸릴 위험도가 가장 높은 것으로 알려졌는데, 이는 이들이 성적으로 가장 활발한 시기이기 때문인 것으로 추정된다(CDC, 2006).

여성의 경우, 클라미디아 감염은 요도나 자궁경부가 감염되는 증상을 보인다(CDC, 2006). 여성도 배뇨시 따가운 느낌, 성기 가려움증 및 심하지 않지만 질에서 분비물이 나오는 증상이 있을 수 있다. 여성은 골반 통증이나 월경 불순 등의 증상이 나타날 수 있다. 자궁경부가 붓고 염증이 발생할 수도 있다. 그러나 클라미디아에 감염된 남성의 약 25%와 여성의 70% 정도는 아무런 증상이 나타나지 않는다(Hatcher 등, 2008). 이 때문에 클라미디아 감염은 "침묵의 성병"이라고도 불린다. 증상이 없는 환자는 치료를 받지 않고 자신이 감염된지도 모른채 새로운 성교 파트너에게 병을 옮기게 된다. 여성은 클라미디아 감염을 치료하지 않으면 몸 안의 생식계로 감염이 전파되어 골반내감염 및 난관의 흉터로 인해 난관이 막혀 궁극적으로 불임이 될 수 있다. 골반내감염 환자는 한 해에 약 100만 명이 넘는데, 이 중 절반 정도는 클라미디아에 의해 발생한 것으로 알려져 있다(Hatcher 등, 2008). 클라미디아 세균에 노출된 여성은 자궁외 임신할 확률이 매우 높다.

클라미디아 감염을 치료하지 않으면 남성의 경우도 몸 안의 생식 기관이 상해를 받을 수 있다. 부고환염 환자의 약 50%는 클라미디아 감염에 의해 발병하는 것으로 알려져 있다(Hatcher 등, 2008). 그럼에도 불구하고 클라미디아 감염에 의해 비임균성 요도염이 발병한 남성 환자의 1~2% 정도에서만 부고환염으로 진행한다.

클라미디아 감염은 흔히 임질과 함께 발생한다. 임질 환자의 거의 절반 가량이 클라미디아 감염이 함께 나타난다(Hatcher 등, 2006).

진단과 치료 실험실이나 병원에서 여성의 클라미디아 감염을 진단하는 방법은 다양하다. 이러한 클라미디아 검사는 자궁경부의 표면을 채취한 시료를 분석하는 방법인데 매우 정확하다. 남성의 경우 가는 면봉을 성기 안으로 넣어 분비물을 채취한 후 클라미디아 세균의 존재를 분석한다.

치료약은 페니실린을 제외한 다른 종류의 항생제가 유용하게 쓰이는데, 아지스로마이신, 닥시사이클린, 오플로악신 및 아목시실린 등이 있다(CDC, 2006). 성교 파트너도 가능하면 함께 치료하여야 재감염되는 것을 막을 수 있다. 성교 파트너 모두 감염된 줄 모르고 몸 안의 지내다 장기가 상할 수 있으므로 유의해야 한다. 클라미디아 감염의 증상은 뚜렷하지 않은 경우가 많고, 여성의 경우 체내 장기 손상에 대한 위험이 크므로, 대부분의 의사들은 젊은 여성이 정기 건강 검진 때 클라미디아 검진도 병행한다.

기타 세균성 질병

임질, 매독, 클라미디아 이외의 세균성 성병이 몇 종류 있으나 흔하지 않다. 무른궤양, 이질, 서혜부육아종 및 성병림프육아종(LGV) 등이 있다.

무른궤양 **무른궤양(chancroid)**은 헤모필러스 두크레이(*Hemophilus ducreyi*) 세균에 의해 발생한다. 주로 열대 지방과 유럽 지역에서 발병한다. 무른궤양은 성기, 회음부 또는 항문부위에 작은 돌기들이 발달하는 특징을 갖는다. 이러한 환부는 감염된 지 며칠 내에 나타난다. 환부가 터지고 나면 개방된 궤양으로 발달한다. 여러 개의 궤양이 합쳐져서 대형 궤양으로 발달하기도 한다. 흔히 림프절 주위가 붓는 증상이 나타난다. 굳은궤양과 달리, 무른궤양은 환부주위가 부드럽고 남성의 경우 통증을 수반한다. 여성은 통증이 전혀 없어 감염 여부를 알기 힘들다(CDC, 2006). 무른궤양을 일으키는 세균은 성교를 비롯해 환부를 접촉하거나 환부의 분비물을 통해 전파된다. 세균을 배양하여 현미경으로 검사하는 방법으로 이 성병을 진단한다. 흔한 치료법으로 항생제를 처방한다(Hatcher 등, 2008)

이질 **이질(shigellosis)**은 이질균에 의해 발생하며 고열을 동반한 설사, 대장 염증 등의 복부 이상 증상 등이 나타난다. 미국에서 한 해에 약 25,000개 정도의 사례가 보고 되고 있다. 이질은 식중독에 의해서도 발병할 수 있고 구강성교-항문성교를 통한 분뇨물로부터 유래한 감염에 의해서도 발병할 수 있다. 이질은 종종 자연적으로 없어지지만, 설사 때문에 심한 탈수 증세가 나타난다. 증상이 심한 경우는 항생제로 치료한다.

서혜부육아종 **서혜부육아종(granuloma inguinale)**은 미국 내에서 드문 성병이지만 열대 지방에서는 흔하게 나타난다. 칼리마토박테리움 그라눌로마터스(*Calymmatobacterium granulomatous*) 세균에 의해 발생하며 다른 성병과 달리 전염성이 약하다. 1차증상은 서혜부(사타구니)에 통증이 없는 붉은 반점이나 염증이 나타나면서 주위로 번진다. 무른궤양처럼 서혜부육아종도 성교를 비롯해 환부를 접촉하거나 환부의 분비물을 통해 전파된다. 진단법은 염증 부위를 현미경 하에서 검사하는 방법을 쓴다. 이 질병을 치료할 수 있는 항생제의 종류는 매우 많다(Hatcher 등, 2008). 그러나 치료하지 않고 내버려두면 직장이나 방광에 누공(구멍)이 생겨서 감염된 조직 또는 기관이 파괴되거나 피부조직에 흉터가 생긴다. 이러한 증상을 **코끼리피부병(elephantiasis)**이라고 부른다.

성병림프육아종 마지막으로 소개하는 성병인 **성병림프육아종(lymphogranuloma venereum, LGV)**도 열대 지방에서 흔하지만 미국이나 캐나다에서는 드물다. 베트남전에 참전했던 미군병사들이 이 성병에 걸리기도 하였다. 이것은 클라미디아 트라코마티스

무른궤양(chancroid) 헤모필러스 두크레이(*Hemophilus ducreyi*) 세균에 의해 발생하는 성병의 일종.

이질(shigellosis) 이질균에 의해 발생하는 성병.

서혜부육아종(granuloma inguinale) 칼리마토박테리움 그라눌로마터스(*Calymmatobacterium granulomatous*) 세균에 의해 발생하는 열대성 성병.

코끼리병(elephantiasis) 다리와 성기 등 신체의 일부가 비대해지고 주위의 피부가 경화되고 궤양이 생기는 질병.

성병림프육아종(lymphogranuloma venereum) 클라미디아 트라코마티스(*Chlamydia trachomatis*) 세균에 의해 발생하는 열대성 성병.

(*Chlamydia trachomatis*) 세균의 여러 균주에 의해서 발병한다. 이 세균은 흔히 남성의 성기, 여성의 음문 및 자궁경부를 통해 침입하고 작고 통증이 없는 염증이 발생한다. 이 염증은 저절로 없어지기도 하지만 서혜부 주변의 림프선이 붓고 딱딱해진다. 그 밖의 증상으로는 독감과 유사하여 오한, 고열, 두통이 나타나기도 하며, 관절통, 여성의 경우 요통이 발생하기도 한다. 성병림프육아종을 치료하지 않으면 성기에 누공이 발달하고, 다리와 성기에 코끼리병이 나타날 수 있다. 진단법은 피부검사와 혈액검사로 한다. 항생제법으로 흔히 치료한다(Hatcher 등, 2008).

16.3 질 감염

질 부위가 감염되어 염증이 생기는 증상을 **질염(vaginitis)**이라고 한다. 질염은 흔히 성기 과민증 또는 가려움증과 배뇨시 따가운 증상이 나타나지만, 가장 흔한 증상은 악취가 나는 분비물이 나오는 것이다.

질염은 질 내부에 자라는 미생물 또는 성병균에 의해 발병한다. 피임약, 항생제, 식사 습관의 변화, 지나친 질 세척, 나이론 재질의 속옷 및 팬티 스타킹의 착용 등의 요인에 의해 질 내부 환경의 균형이 깨지는 경우 질 내부의 미생물이 과도하게 자라서 생긴다(질염의 위험을 피하기 위한 방법은 2장 참조). 다른 사례들은 여러 화학물질에 대한 알레르기 반응, 과민반응에 의해서 발생한다.

절대 다수의 질 감염은 세균질증, 칸디다증(흔히 진균감염이라고 부름) 및 질편모충증과 연관되어 있다. 세균질증은 그 중에서 가장 흔한 질병이며, 칸디다증, 질편모충증 순으로 발병률이 높지만, 어떤 경우는 이 세 종류의 조합으로 나타나는 경우도 있다(CDC, 2006).

여성의 질 감염을 낳는 미생물들은 남성의 요도관을 감염시키기도 한다. 따라서 "질 감염"은 남녀 성교 파트너 사이에 서로 전염시킬 수 있다.

사실인가 아니면 허구인가 5: 질 감염은 문자 그대로 남성에서 발병할 수 없고, 여성에서만 나타난다. 그러나 여성에서 질 감염을 일으키는 미생물은 남성에서도 문제를 일으킬 수 있다.

비판적인 사고하기

비판적으로 생각하는 사람들은 용어의 정의에 주의를 기울인다. 남성에서 질염이 발생한다는 것은 어떤 의미인가?

사실인가 아니면 허구인가 5

세균질증

세균질증(bacterial vaginosis, BV)은 비특이성 질염이라고 불렸던 성병으로 가드네렐라 바지날리스 세균(*Gardnerella vaginalis*)이 과도하게 증식하여 발생한다(CDC, 2006). 이 세균은 주로 성교활동을 통해 전파된다. 여성에서 나타나는 주요 특징은 가금류 냄새가 나는 묽은 분비물이 나오는 것이지만, 증상이 나타나지 않는 경우도 종종 있다. 진단을 하기 위해서는 이 세균을 실험실에서 배양하는 과정이 필요하다. 세균질증은 그 자체가 일으키는 문제뿐만 아니라 생식기관이 감염되는 것을 포함하여 여러 합병증이 발생하게 되는 위험도를 높이게 된다(CDC, 2006). 플라질이라는 상표명으로 판매되는 메트로니다졸을 복용하여 치료하며 그 효과는 좋은 편이다. 메트로니다졸이나 클린다마이신을 연고로 바르는 치료법도 효과적이나 재발하는 경우가 흔하다.

질염(vaginitis) 질에 염증이 생기는 증상.

세균질증(bacterial vaginosis) 가드네렐라 바지날리스 세균(*Gardnerella vaginalis*)에 의해 발생하는 질염.

문제는 남성 성교 파트너도 함께 치료를 해야 하는 것이냐이다. 세균질증을 일으키는 세균은 증상이 없는 남성의 요도에서도 흔히 발견된다(CDC, 2006). 이 때문에 남성도 의도하지 않게 다른 사람에게 세균을 전파할 우려가 있다.

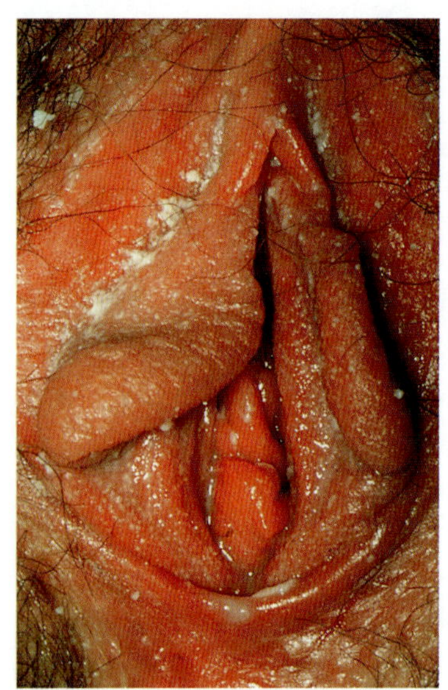

그림 16.6 칸디다증. "진균감염"으로 흔히 알려진 질염으로 효모 같은 균류인 칸디다 알비칸스(*Candida albicans*)에 의해 발생한다. 욕창, 염증, 음문 주위의 가려움증, 질에서 분비되는 흰색의 걸죽한 분비물 등의 증상이 나타난다.

칸디다증

칸디다증은 효모 같은 균류인 칸디다 알비칸스(*Candida albicans*)에 의해 발병한다. 흔히 진균감염(yeast infection)이라고 불린다. **칸디다증(candidiasis)**으로 유발되는 증상은 욕창, 염증, 음문 주위의 가려움증 등이 있다. 특히, 가려움증은 때에 따라서 참을 수 없을 정도로 강하다. 또한 흰색의 걸죽한 분비물이 질에서 나오는 특징이 있다. 질이 정상적인 환경이면 효모는 특별한 증상을 만들지 않는다. 이러한 진균감염은 남성과 여성의 입에서도 발생할 수 있으며 남성 성기에서도 발생할 수 있다.

감염이 일어나는 원인은 질 안의 환경이 변하여 진균이 웃자라기 때문에 발생한다. 항생제 및 피임약의 복용, 자궁내 피임기구(IUD) 사용, 임신, 비만 등으로 인해 질 안의 평형상태가 깨지면 칸디다증을 일으키는 진균이 유독한 수준으로 너무 많이 자라게 되어 발생하는 것이다. 나일론 소재의 속옷이나 몸에 딱 붙고 통풍이 되지 않는 옷을 입고 다녔을 경우에도 진균감염을 유발할 수 있다.

생활 습관도 진균감염의 발병과 밀접한 관계가 있다. 유제품, 설탕 및 감미제 등을 섭취함으로 소변 중 당 농도가 증가하게 되는데, 이들 물질의 섭취를 줄이면 진균감염의 재발생 빈도가 줄어든다. 유산균(*Lactobacillus acidophilus*)이 함유되어 있는 요구르트를 매일 0.5 L 정도 먹으면 진균감염의 재발생률을 낮출 수 있다.

칸디다증은 성교를 통해 파트너에게 전파될 수 있다. 또한 구강성교를 통해 성기와 입 사이에 전파될 수 있고, 항문성교를 통해 항문에 전염될 수 있다. 그러나 여성에서 나타나는 대부분의 감염사례들은 성교에 의한 전염보다는 질 안에서 정상적으로 발견되는 "효모"들이 과도하게 자라서 발생한다. 그럼에도 불구하고 진균감염이 발견되면 남성 파트너도 함께 검사해보는 것이 좋다. 남성은 칸디다증의 뚜렷한 증상을 보이지 않지만, 일부는 비임균성 요도염(NGU)이 발생하거나 성기아구창이 발생한다. 성기아구창이란 배뇨시 가렵고 따가운 증상을 수반하거나 성기가 붉게 변하는 증상이다. 칸디다증은 성행위를 통하지 않고도 전염될 수 있는데, 수건을 공유한 여성들 사이에게 발생한다.

성인 여성의 절반 이상이 20대 중반이 될 때까지 적어도 한번은 칸디다증에 걸린다(Marrazzo, 2003). 이들 중 약 25%는 감염이 재발한다. 치료제는 여러 가지가 있다. 플루코나콜을 복용하거나, 마이코나졸, 클로트리마졸 및 부타코나졸이 함유되어 있는 크림 또는 질 안에 삽입하는 좌약 형태의 외용약을 사용한다(CDC, 2006; Hatcher 등, 2008). 이러한 종류의 약들의 대부분은 의사의 처방없이 약국에서 구입할 수 있으며 약사에게 상의하면 안내 받을 수 있다. 그러나 질 부위에 문제가 생겼을 때에는 이러한 약을 쓰기 전에 의사와 상의하여 정확한 진단을 받는 것이 바람직하다.

칸디다증(candidiasis) 효모 같은 균류인 칸디다 알비칸스(*Candida albicans*)에 의해 발생하는 질염.

질편모충증(trichomoniasis) 원생생물인 질편모충(*Trochomonas vaginalis*)에 의해 발생하는 질염.

질편모충증

질편모충증(trichomoniasis)은 가장 흔한 성병의 일종이다. 이 성병은 단세포 기생생물인 질편모충(*Trochomonas vaginalis*)에 의해서 발생한다. 해마다 미국 내에서 약 740만 개의 발병 사례가 보고 되고 있다. 수반되는 증상은 음문 내부가 가렵거나 따끔거림, 배뇨시나 성교시 약간의 통증 및 흰색에서 노란색을 띠는 악취를 동반한 거품 같은 분비물이다. 어떤 여성들은 아랫배의 통증을 호소하기도 한다. 월경주기 동안과 주기가 끝난 후 증상이 나타나거나 더 심해지는 경우가 많다. 질편모충증은 HIV의 전파를 촉진시키며 불임을 초래하는 난관협착증의 합병증을 유발한는 것과 관련이 있다. 다른 종류의 성병과 마찬가지로 질편모충증에 걸린 여성들 중 상당수는 증상이 드러나지 않는다.

칸디다증은 질 내부에 정상적으로 자라는 미생물들이 과도하게 생장하여 발병하는 것이지만, 질편모충증은 반드시 성교활동을 통해서 전파된다. 기생생물은 체외에 있더라도 축축한 환경에 놓여 있으면 몇 시간 동안 생존할 수 있기 때문에, 질편모충증은 감염된 정액이나 질의 분비물이 묻은 수건, 걸레, 침대보 등을 통해서 전파될 수 있다. 이 기생생물은 변기좌석으로부터도 전파될 수 있는 몇 안되는 병원충 중에 하나다. 그러나 성기나 음문이 직접 변기좌석에 닿지 않으면 전염되지 않는다.

질편모충은 남성에서 비임균성 요도염(NGU)을 일으킬 수 있다. 이때 증상은 전혀 없거나, 아침에 처음 배뇨시 약간의 분비물이 오줌에 앞서 나오는 것이다. 때에 따라서 요도관이 따끔거리거나, 가렵거나, 기타 자극적인 느낌이 들기도 한다. 그러나 감염된 대부분의 남성들은 특별한 증상을 느끼지 못하고 불현중에 다른 섹스 파트너에게 병을 전파할 수 있다. 질편모충증에 대한 진단은 여성의 질액을 슬라이드글래스 위에 펼쳐서 현미경으로 검사함으로써 판명한다.

질편모충증은 보통 메트로니다졸(상표명: 플라질)로 치료한다. 여성의 경우 임신 첫 달 동안은 이 약을 처방하지 않는다. 남녀 모두 치료했을 경우, 그 치료성공률은 100%에 육박한다(CDC, 2006; Hatcher 등, 2008).

16.4 바이러스성 감염

바이러스는 단백질로 둘러싸인 작은 DNA 조각이다. 그들은 스스로 복제할 수 없다. 하지만 다른 숙주세포를 만나면 그 세포 안으로 들어가 스스로 복제하고 생식하며 다른 세포로 퍼져나가 감염의 원인이 된다. 우리의 면역체계는 많은 바이러스를 파괴하고 또한 많은 종류의 바이러스는 생명에 위협을 주지 않는다. 이 절에서는 바이러스에 의해 발생하는 성병에 대해서 논의하고자 하는데, HIV/AIDS, 포진, 바이러스성 간염, 생식기 사마귀, 그리고 전염 물렁종은 생명을 앗아갈 수 있다.

인간면역결핍바이러스(HIV)/에이즈(후천성면역결핍증, AIDS)

인간면역결핍바이러스(human immunodeficiency virus, HIV)는 **후천성면역결핍증(acquired immunodeficiency syndrome)**, 즉 **AIDS**의 원인이 된다. HIV의 공격으로 면역체계에 문제가 생기고, 몸의 질병에 대한 방어체계가 무너지게 된다. 많은 사람들이 강력한 항생제의 개발 덕분에 HIV/AIDS에도 살아 있긴 하지만 아직도 AIDS는 매우 치명적인 질병으로 간주된다. 미국이나 캐나다, 서유럽, 일본 그 밖의 선진화된 국가 사람들은 HIV/AIDS는 당뇨병과 같이 만성적이고 관리가 가능한 질병이라 여긴다. 그러나 수많은 개발도상국가들에게는 치료제가 너무 비싸거나 구할 수 없어 HIV/AIDS는

인간면역결핍바이러스(human immunodeficiency virus, HIV) 성교활동으로 전염되는 바이러스로서 면역계의 백혈구 세포들을 파괴하여 우리 몸이 생명을 위협하는 질병에 취약하게 만든다.

에이즈(후천성면역결핍증; acquired immunodeficiency syndrome, AIDS) HIV에 의해 발생하며 면역계가 파괴되어 생명을 위협하는 질병에 대체하는 능력을 상실하게 되는 증상.

표 16.2

2007년에 에이즈에 걸린 채 살아가는 사람들의 인종/민족성에 따른 수

인종/민족성	사례 수	비율
유럽계 백인(라티노 및 중남미계 제외)	159,338	34.97%
흑인(라티노 및 중남미계 제외)	199,124	43.70%
라티노 및 중남미계	86,244	18.92%
동양계	4,398	0.96%
미국 원주민	1,700	0.37%

출처: Centers for Disease Control and Prevention. (2009a, February 28). Cases of HIV Infection and AIDS in the United States and Dependent Areas, 2007. Table 13. Estimated numbers of persons living with AIDS at the end of 2007, by race/ethnicity and transmission category—50 states and the District of Columbia. http://www.cdc.gov/hiv/topics/surveillance/resources/reports/2007report/table13.htm.

여전히 죽음의 질병이다.

HIV/AIDS 발병률 거의 100만 명에 가까운 미국인들이 HIV/AIDS에 감염되어 있으며, 이 질병으로 사망한 사람은 이미 50만 명이 넘었다(CDC, 2009b). HIV/AIDS의 발병율은 특히 여성들, 유색인종(표 16.2, 그림 16.7), 마약을 주사한 바늘을 공유한 사람, 아무런 보호장치 없이 남녀 사이의 성행위를 한 사람들에서 급속도로 증가했다. 전 세계적인 HIV/AIDS에 관한 사실 몇 가지는 다음과 같다(UNAIDS, 2006).

- 전 세계적으로 남녀 모두 3,900만 명에 가까운 HIV/AIDS 환자들이 살고 있다 (그림 16.7). 그 중 300만 정도가 어린이들이다.
- 효과적인 항바이러스 치료약이 개발도상국가에 보급되지 않는 한 HIV/AIDS와 관련된 질병으로 향후 20년간 7,000만 명 정도의 사람들이 사망할 것이다.
- 2005년의 HIV 감염자가 400만 명 정도인 것으로 추산된다.
- 2005년의 AIDS로 300만 정도가 사망했고, 그들 중 아이들은 60만 명이 넘는 것으로 집계된다.

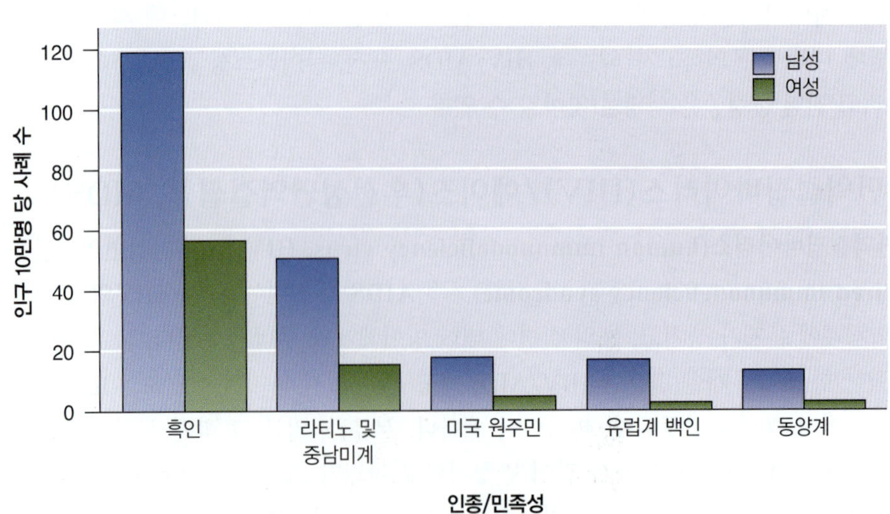

그림 16.7 미국 내의 인종별 HIV 진단율

출처: Center for Disease Control and Prevention (2008). HIV and AIDS in the United States: A Picture of Today's Epidemic. Accessed December 22, 2008. http://www.cdc.gov/HIV/topics/suveillance/united_states.htm.

표 16.3

전파경로와 성별에 따르는 에이즈 사례 수(성인 및 청소년)

전파경로	남성	여성	계
남성과 성교한 남성	445,645	-	445,645
마약 투여	166,251	69,591	235,842
마약을 투여하고 남성과 성교한 남성	67,797	-	67,797
남성-여성의 성교	65,238	123,801	189,039
기타	82,509	41,030	123,539

출처: Centers for Disease Control. (2009b, February 18). Cases of HIV Infection and AIDS in the United States and Dependent Areas, 2007. Table 19. Reported AIDS cases, by transmission category and sex, 2007 and cumulative—United States and dependent areas. http://www.cdc.gov/hiv/topics/surveillance/resources/reports/2007report/table19.htm.

미국 내의 HIV 감염자 중 절반 이상이 여성임에도 불구하고, HIV/AIDS는 여전히 남성끼리의 성행위와 마약을 주사한 바늘을 공유한 남성에게 매우 뚜렷하게 나타난다(CDC, 2009b; Mathers 등, 2008; 표 16.3). 그러나 남녀 간의 성관계로 인해서도 매우 빠르게 확산되고 있다. 여성의 경우, 남녀 간의 성적접촉으로 인한 사례가 전체 사례수의 절반이 넘는다(CDC, 2009b; 표 16.3).

면역체계와 HIV/AIDS AIDS는 병원체에 대해 방어를 하는 신체의 **면역체계(immune system)**를 공격하는 바이러스에 의해 나타나는 질병이다. 면역체계는 여러 경로를 통해 병원체에 대항한다. 면역체계는 박테리아, 바이러스, 곰팡이, 암세포 등과 같은 **병원체(pathogen)** 및 고장난 세포, 암세포를 둘러싸서 죽일 수 있는 백혈구 세포를 생산한다. **백혈구** 세포**(leukocyte)**는 미세한 병균들을 찾아서 죽이는 임무를 수행한다. 그들은 외부 물질과 약화된 세포를 확인하고 근절시킨다.

사실인가 아니면 허구인가 6: 지금 당신이 이글을 읽고 있는 동안에도 당신 몸속에서는 끊임없이 외부물질을 찾고 파괴하는 임무가 수행 중이다. 면역체계 속의 백혈구 세포는 당신 몸 속에서 병원체를 끊임없이 찾고 파괴하고 있다.

백혈구 세포는 외부물질의 표면에 나타나는 조각을 바탕으로 이물질의 존재를 인식한다. 이 표면의 조각들은 **항원(antigen)**이라 일컫는데, 이것은 신체가 항체라 불리는 특별한 단백질과 반응하는 과정을 통해 이물질의 존재를 인식하기 때문이다. 항체는 외부물질에 달라붙고, 불활성화 시키며, 파괴할 수 있도록 표시한다. (HIV 감염여부는 혈액, 타액, 소변에 존재하는 항체여부로 판명할 수 있다.)

특수 "기억림프구"는 병원균을 파괴할 수 있도록 그들을 표시하거나 전쟁을 수행하는 대신, 병원균의 존재에 대해서 기억한다. 기억림프구는 수 년 동안 혈액속에 남아있다가 병원체에 다시 공격을 받으면 재빠르게 면역체계를 가동시키는 기초가 된다.

다른 면역기능으로는 **염증(inflammation)**을 유발한다. 당신이 상처를 입었을 때, 환부의 혈관은 출혈양을 조절하기 위해 수축시킨다. 그리곤 다시 팽창시킨다. 혈관의 확장으로 상처부위에 혈액이 다시 공급되어 적열현상이 일어나게 되고 이것을 염증이라고 부른다. 혈액 공급량이 증가함에 따라 백혈구 세포의 양도 증가하여 침입하는 세균 따위의 병원균에 대항하여 싸우고, 더 이상 침입하지 못하도록 한다.

면역계(immune system) 병원체와 같은 질병을 일으키는 물질로부터 우리 몸을 보호하는 자체 방어 체계.

병원체(pathogen) 질병을 일으키는 물질로서 미생물이 대표적이다.

백혈구(leukocyte) 감염에 대항하여 신체를 보호하는데 필수적인 세포.

항원(antigen) 신체가 항체를 만들어 반응하게 되는 물질로서 단백질, 독성물질 등을 말한다.

염증(inflammation) 상처가 난 부분이 붉고 열이나는 증상. 혈관이 국부적으로 팽창하여 적혈구 세포가 증가하게 되어 나타난다.

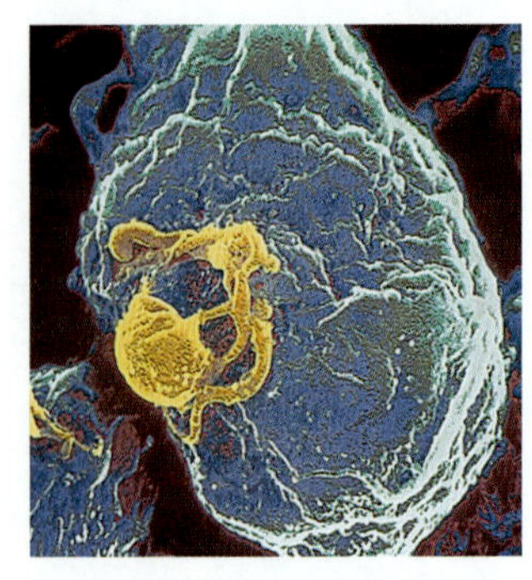

그림 16.8 HIV(AIDS를 일으키는 바이러스)가 백혈구를 공격하는 모습. HIV는 점진적으로 신체의 면역체계를 약화시켜서 우리 몸이 감염과 질병에 취약하게 한다.

면역체계에서의 HIV 영향 HIV 표면의 돌기는 면역체계의 세포 표면에 결합할 수 있다. 다른 바이러스처럼 HIV도 다른 세포에 침입해 그들을 복제한다. HIV는 역전사효소를 이용해 숙주세포의 유전자를 발현시켜 복제에 필요한 단백질을 만들어낸다.

HIV는 CD4세포라고 불리는 림프구를 파괴함으로써 면역체계를 공격한다(그림 16.8). CD4세포는 T-세포 또는 **조력 T-세포**라 불리며 면역체계를 총지휘한다. CD4세포는 외부병원체를 "인지"하고 백혈구의 또 다른 일종인 B-림프구 또는 B-세포에게 신호를 보내 병원체에 대항하는 항체를 생산하도록 한다. CD4세포는 또 다른 그룹인 T-세포 또는 **살해 T-세포**에게도 신호를 보내 감염된 세포를 파괴하도록 한다. HIV는 공격에 대항하여 파괴를 담당하는 조력 T-세포를 공격함으로써 몸이 병원균에 대항하는 능력을 못 쓰게 만드는 것이다. HIV가 신체의 방어능력을 불구로 만듦에 따라 인체는 병원균에 감염된다. 암세포 역시 급격히 증가할 수 있다. CD4세포가 HIV의 주된 공격 표적이지만, HIV는 다른 여러 종류의 백혈구들도 공격한다.

정상적인 혈액은 1 mm^3당 약 1,000개의 CD4세포를 갖는다. CD4세포의 수는 HIV 감염된 후에도 몇 년 동안 이런 수준을 유지한다. CD4세포의 수가 그 정도로 일정하게 유지되는 한 많은 사람들은 특별한 증상을 보이지 않고 건강하게 보인다. 그러다가 그 이유는 아직 잘 알지 못하지만 CD4 세포수가 줄어들게 된다. 이에 따라 증상은 점차 악화되고, 면역체계는 약해져 더 이상 싸울 수 없게 된다. CD4 세포가 1 mm^3당 200개 이하로 낮아지면 사람들은 새로운 감염에 대해 취약해진다.

HIV/AIDS의 진행 HIV는 일단 몸속에 들어가면 매우 복잡한 경로를 따른다. 감염초기에는 피로, 고열, 두통, 근육통, 식욕부진, 구역질, 림프선비대, 발진 등의 가벼운 독감에서 나타나는 증상을 나타낸다. 이런 증상은 몇 주 내에 사라지기 때문에 사람들은 곧 가벼운 독감쯤으로 여기며 잊고 만다. 이렇게 증상이 없는 단계로 접어든 사람들은 일반적으로 좋아 보이고 또 그렇게 살기 때문에 자신이 HIV에 감염된지 전혀 의식하지 못한다. 그러므로 아무 생각없이 다른 사람에게 바이러스를 전파시킬 수 있다.

사실인가 아니면 허구인가 

사실인가 아니면 허구인가 7: HIV에 감염된 사람들의 대부분은 몇 년 동안 아무 증상이 없다. 다른 사람들은 만성적인 림프절비대, 체중 감소, 고열, 피로감, 설사 등의 증상을 겪는다. 이렇게 증상이 보이는 단계도 AIDS가 완전히 진행된 상태는 아니지만 HIV에 의해 면역체계가 서서히 붕괴되고 있는 것이다.

심지어 HIV가 수년 동안 잠복기에 접어들어도 수많은 바이러스 입자들은 몸 안에서 계속해서 퍼진다. 면역체계와 밀고 당기는 싸움이 계속되는 동안 HIV 중 대부분은 건강한 면역체계에 의해서 떨어져 나간다. 그러나 궁극적으로는 HIV가 승리해서 바이러스의 숫자는 더 늘어난다. 아마도 HIV에 감염된 사람은 10년 정도가 지나면 바이러스가 면역체계를 장악하게 된다. 처음 침입했던 세포를 벗어나서 다른 면역세포들도 퍼져나간다. HIV에 감염된 사람의 절반 가량은 약 10년 이내에 AIDS로 발달한다. 이런 이유로 HIV에 감염된 사람들은 폭탄을 가지고 다니는 듯한 기분을 느낄 수 있다.

AIDS는 매우 다양한 증상들을 보이기 때문에 **증후군**이라 부른다. AIDS가 최고조에 달하면 림프절비대, 피로, 발열, 야한증, 설사, 운동이나 식이요법과 상관없는 몸무게 감소("체중감소증후군")가 시작된다. AIDS는 주폐포자충폐렴(pneumocystis carinii pneumonia, PCP); 암의 일종인 카포시육종(Kaposi's sarcoma); 뇌에 발생하는 기생충 감염인 톡소포자충증(toxoplasmosis); 만성궤양을 동반한 포진과 같은 질병이 발달하는 것과 관련이 있다. 이들은 면역체계가 약해졌을 때 나타나므로 **기회감염증(opportunistic disease)**이라고 한다.

AIDS 환자의 약 10%가 체중감소증후군을 경험한다. 이 증후군은 의도하지 않게 몸무게의 10% 이상이 빠지는 것을 일컬으며, HIV/AIDS, 다른 종류의 감염 및 암과 연관되어 있다. HIV/AIDS가 진행됨에 따라 환자들은 점점 말라가며 극심한 피로감을 느낀다. 여성이든 남성이든 일상 생활이 어렵고, 기회감염증에 걸리게 된다. 만일 치료받지 않는다면, AIDS로 인해 몇 년 안에 반드시 사망한다.

감염 HIV는 혈액, 정액, 질 분비액, 또는 모유 등의 체액이 감염된 경우 이를 통해 감염된다. 혈액, 정액, 질 분비액은 감염된 파트너와의 질, 항문성교, 또는 구강성교를 통해 몸속으로 들어온다. 혈청양성반응을 보이는 산모와 그들의 아이들을 2년 동안 조사한 아프리카인들에 대한 실험에 따르면 모유수유를 통해 HIV가 전염될 확률이 16.2%(6명 중 1명)인 것으로 나타났다(Nduati 등, 2000). 다른 감염의 수단으로는 감염된 사람과의 피하주사 바늘을 공유하는 것(마약을 투약중인 사람들이 하듯이), 감염된 혈액의 수혈, HIV에 감염된 사람의 장기 및 조직 이식, 감염된 정자를 이용한 인공수정, 또는 감염된 사람에게 썼던 주사바늘에 예기치 않게 찔린 경우가 포함된다. HIV는 질, 직장, 심지어 입 안의 점막 조직에 생긴 작은 상처나 궤양을 통해 체내로 들어간다. 상처나 궤양의 크기가 작아 알 수 없다 하더라도 HIV에 감염되는 것을 피할 수 없다. 전 세계적으로 마약을 하는 300만 명 정도가 HIV에 감염된 것으로 추정되며, 이들은 대부분은 중국, 러시아 및 미국에 있는 것으로 생각된다(Mathers 등, 2008).

HIV는 오랜 시간 동안 하는 키스, 일명 "프렌치키스"를 통해 감염될 가능성은 적다. 사람들이 쓰고 난 주사기에는, 주사바늘과 주사기에 적은 양의 혈액이 남아 있다. 만일 주사를 맞은 사람이 HIV에 감염되어 있었다면 이 바이러스는 주사기나 주사바늘에 남은 혈액에서 발견될 수 있다. 이때 그 주사바늘을 사용하게 되면 이 사람은 자기의 혈류 속으로 감염된 혈액을 주사하게 된다. HIV는 스테로이드 주사, 피어싱, 문신 등의 용도로 쓰는 바늘을 공유할 때도 전염될 수 있다.

HIV는 또한 임신 중에 산모에서 태아에게 전파될 수 있고, 출산 과정 및 모유수유를 통해서 신생아들이 감염될 수 있다. 가장 가능성이 높은 것은 출산 과정에서 전파되는 것이다.

성교를 통해 남성으로부터 여성이 감염되는 경우는 그 반대의 경우에 비해 약 2배 정도 더 일어나는데(CDC, 2009b; 표 16.3), 그 이유는 바이러스가 질분비액보다 사정액에서 더 많이 발견되기 때문이다. 남자의 사정액은 질 내에서 며칠 동안 머무를 수 있기 때문에 여성이 감염될 기회가 더 많다. 남성-여성 또는 남성-남성 간의 항문 성교는 그 과정에서 직장이 파열되어 바이러스가 혈류로 침입되기 쉬워지므로 감염의 위험이 더 크다(UNAIDS, 2006).

아프리카, 라틴 아메리카, 아시아 등에서는 성행위를 통한 남성-여성 간의 전파가 주된 경로다. 전 세계적으로도 남성-여성 간의 성교가 HIV/AIDS 발병의 주된 경로이다

기회감염증(opportunistic disease) 면역체계가 약해져서 병원균에 대항하지 못할 때만 발달하는 감염증.

(UNIDAS, 2006). 미국에서는 많은 경우 남성-여성 간의 감염은 마약을 주사하는 사람과 그들의 성적 파트너 사이에서 발생한다.

AIDS가 만연하기 시작했던 초기에는 수혈을 받아야 하는 혈우병 환자들 사이에서 HIV가 급속도로 퍼졌다. 그러나 지금은 수혈된 혈액에 대한 HIV 검사를 지속적으로 실시하고 있다.

HIV는 인공수정시에 필요한 공여 정자에 의해서도 감염 된다. 공여 정자를 받은 여성이 B형 간염, 임질, 질편모충증, 클라미디아에 감염된 사례들이 보고된 바 있다.

성적 감염의 위험성에 영향을 주는 요인 어떤 사람들은 HIV를 쉽게 전파하고, 또 사람에 따라서 감염에 대해 매우 취약한 사람들도 있다. HIV 감염과 AIDS로의 진행에 영향을 미치는 몇몇 위험 요인은 다음과 같다.

- 감염된 파트너와의 성적 접촉 수가 증가함에 따라 감염될 확률은 증가한다.
- 감염될 확률은 성행위 유형에 영향을 받는다. 특히 항문 성교가 감염에 취약한데, 이는 항문 성교시 직장이 손상을 받아 벗겨지기 때문에 HIV의 침입이 용이하기 때문이다.
- 감염 초기에 바이러스의 수가 최고조에 이르며, AIDS의 증상이 전면적으로 나타날 때도 그 수가 최고조에 이른다.
- 생식기 사마귀, 임질, 질편모충증, 클라미디아 등의 성병은 생식기 부위에 염증을 일으키며 이때 다른 종류의 성병에 추가로 감염될 위험성이 커진다. 매독이나 포진과 같은 음부 궤양을 유발하는 성병은 HIV에 추가 감염될 위험성을 증가시킨다.
- 아프리카에서의 연구에 의하면 포경 수술을 받고 여성과 성행위를 경험한 남성들은 HIV의 감염 위험이 낮다고 보고된다(Mattson 등, 2005; Scott 등, 2005; Tobian 등, 2009). 아프리카 우간다 지역의 결과를 분석해 보면, 포경수술로 인해 HPV의 감염률이 35%, 포진을 유발하는 HSV-2의 감염률은 28% 감소한 것으로 알려졌다. 그러나 미국이나 그 밖의 다른 지역에서 수행한 18개의 연구 결과는 조금 다르다. 남성끼리의 성행위를 한 남성을 대상으로 조사한 연구에서, 포경 수술로 인해 감염에 대해 뚜렷한 방어 능력이 있다는 증거가 약하다(Millett 등, 2008).
- 유전적 요인도 작용한다. 서유럽인 1% 정도는 HIV가 면역체계의 세포에 침투하는 것을 막아주는 유전자를 양쪽 부모 모두로부터 물려받는데, 이들은 HIV 감염에 면역력이 있다. 아마도 서유럽인들 중 20% 정도가 이 유전자를 한쪽 부모로부터 유전받으며 이들에게서는 HIV가 서서히 진행된다. HIV가 매우 만연되어 있는 태국이나 아프리카의 몇몇 매춘부들 사이에서도 HIV에 대한 면역성이 있는 것으로 보인다(Royce 등, 1997). 유전적 요인은 HIV가 AIDS로 진행되는 것도 영향을 주는 것으로 여겨진다(Oleksyk 등, 2009).

HIV가 전파되지 않는 경로 HIV 감염에 대해 잘못 알려진 정보들이 많이 있다. HIV가 전염되지 않는 여러 경로에 대해 살펴보기로 한다.

- HIV는 수혈로 전파되지 않는다. 수혈 때 한 번 사용한 주사기는 재사용하지 않으

므로 사실상 수혈로는 AIDS에 걸리지 않는다.

- HIV는 일상적인 접촉에 의해서 전파되지 않는다. 포옹, 악수, 버스, 기차 내에서의 낯선 사람과 부딪치는 것은 물론 감염된 사람이 만졌던 돈, 문 손잡이, 또는 물건을 만진다고 해서 HIV가 전염된다는 증거는 없다. 또한 감염된 사람과 수도 꼭지, 공중 전화, 공중 화장실, 또는 수영장을 함께 쓰는 것은 물론 옷을 나눠 입는 것도 감염과 직접적인 관련이 없다.
- HIV는 벌레나 다른 동물에 물려서 전파되는 것이 아니다.
- HIV는 공기 중의 병원균이나 오염된 식품을 통해 전염되지 않는다.
- HIV는 학교나 사무실과 같은 한 공간을 함께 쓴다고 해서 감염이 되지 않는다. 이들 장소에서 성적 행위가 아닌 접촉에 의해서 감염되었다는 사례는 하나도 없다.
- HIV는 엄밀하게 말하면 키스로는 감염되지 않는다. 그러나 '가까이서 보기'는 참고하기 바란다.

HIV와 AIDS의 진단 효소면역측정법(ELISA 또는 줄여 써서 EIA)은 가장 널리 이용되는 HIV 검사법의 하나이다. EIA검사는 직접적으로 HIV를 검출하는 것은 아니고 HIV의 항체가 있는지 검사하는 것이다. 20분 내에 항체여부를 진단할 수 있는 검사도 개발되었다. 어떤 사람들은 감염의 증상이 나타나기 훨씬 이전에 이미 HIV 항체반응을 보이기도 한다. **양성혈청반응(seropositive)**이 나왔다면 HIV 항체가 있다는 것을 의미하고, **음성혈청반응(seronegative)**은 HIV에 대한 항체가 검출되지 않았다는 것을 의미한다.

EIA검사는 혈액, 타액, 소변을 이용하여 분석할 수 있고, 오라퀵(OraQuick)검사는 바늘을 이용해 손가락을 찔러 채취한 소량의 혈액을 이용한다. 타액검사는 혈액검사보다 정확도가 낮지만 상당히 정확하고, 가격이 저렴하다. 특히, 혈액검사를 꺼리는 사람들이 손쉽게 할 수 있는 검사법이다. HIV 항체는 타액에서 검출되어 이 검사에서 이용될 수 있지만, HIV 자체는 측정할 만큼의 양이 타액에 존재하지 않는다. 키스가 감염의 결정적인 수단이 될 수 없는 이유가 바로 이 때문이다. 타액검사는 다음과 같은 과정을 따라서 이루어진다. 면패드를 아랫잇몸과 뺨 사이에 넣어 타액을 흡수시킨 후 실험실에서 타액을 분석한다. 만일 타액검사에서 HIV 항체가 있는 것으로 확인이 되면, 좀 더 비용이 비싼 검사인 웨스턴블럿(Western Blot) 또는 면역형광측정(immunoinfluorescence assay) 등과 같은 실험을 통해 결과를 판정한다.

HIV/AIDS의 치료 수년 동안 연구자들은 효과적인 HIV/AIDS 치료약과 백신 개발의 실패로 좌절을 맛보아야 했다. HIV/AIDS 백신은 사람과 동물을 통해 계속해서 실험되고 있으나, 백신 개발에 대한 낙관론은 한때 커지다가 곧 시들었다(Das 등, 2009). 저자들이 처음 이 글을 쓰고 있는 당시에는 안전하고 효과적인 백신이 없다고 결론을 내릴 수밖에 없다. 그러나 2009년 발표된 태국사람을 대상으로 6년간 이루어진 시험백신에 대한 실험은 긍정적이다(Rerks-Ngarm 등, 2009). RV 144라고 명명된 이 백신은 유전자 공학적으로 개발된 2개의 백신을 조합한 것이다. 일반인 사이에서 자원한 나이 18~30세 사이의 남성과 여성 16,402명을 대상으로 수행한 이 실험은 무작위적으로 선발한 절반의 사람에 대해 위약(placebo)을, 나머지 절반은 6단계에 거쳐 시험백신을 투

양성혈청반응(seropositive) 혈액 속에 항원이 있거나, 그 항원에 대한 항체가 있는 상태.

음성혈청반응(seronegative) 혈액 속에 항원이 없거나, 그 항원에 대한 항체가 없는 상태.

가까이서 보기

키스를 통해서 HIV가 전파될 수 있는가?
HIV는 혈액에서 자라는 바이러스로서 혈액을 비롯한 여러 종류의 체액을 매개로 전파된다. 그러나 미국 질병관리본부(CDC)에 따르면 타액에는 HIV 감염을 시킬만한 양이 존재하지 않는다고 알려져 있다.

키스하는 것은 안전할까?

키스의 안정성에 관한 설명은 우리를 행복하지 않게 한다. 미국질병관리본부(CDC)는 키스에 관한한 서로 상반된 얘기를 하는 것처럼 보인다. 그러나 사실상 그렇지 않다. 다음 두 개의 인용문은 2006. 9. 30일 www.cdc.gov/hiv/resources/factsheets/transmission.htm에서 다운로드 되었다. 다음의 것들을 주의 깊게 읽어본 후 아래의 권고 사항을 읽어보길 바란다.

키스

입을 가까이 하는 것을 통한 가벼운 접촉 또는 "사교적" 키스는 에이즈바이러스(HIV)의 위험이 없지만, "프렌치 키스" 또는 "오픈 마우스 키스(입을 벌리고 하는 키스)"를 하는 동안은 혈액접촉 가능성이 있기 때문에, 질병관리본부(CDC)는 에이즈에 감염된 사람과 함께 키스하는 것을 권장하지 않는다. 그렇지만 오픈 마우스 키스를 하는 동안 에이즈바이러스(HIV)에 감염될 위험성은 매우 낮을 것으로 생각된다. 단지 에이즈바이러스(HIV) 감염의 경우만 조사해 온 질병관리본부(CDC)는 오픈 마우스 키스를 하는 동안 혈액 접촉이 원인이 되어 에이즈에 감염 될 수 있다고 여긴다.

침, 눈물 그리고 땀

에이즈바이러스(HIV)는 몇몇 에이즈 환자의 침과 눈물에서 낮은 비율로 발견되었다. 체액에서 적은 양의 에이즈바이러스(HIV)가 발견된다는 점은 체액을 통해 반드시 전달될 수 있다는 것을 의미하지는 않다. 에이즈바이러스(HIV)는 에이즈에 감염된 사람의 땀에서는 발견되지 않는다. 즉, 침, 눈물 또는 땀의 접촉으로부터 에이즈바이러스(HIV)가 전달되는 결과는 없다.

즉, 사실은 이렇다. 만약 당신이 에이즈에 감염된 사람과 진한 키스(deep kissing)[오픈 마우스 키스(open-mouthed kissing), 텅 키스(tongue kissing), 또는 프렌치 키스(French kissing)]를 한다면, 당신이 그 사람의 침으로부터 에이즈 바이러스(HIV)를 얻는다는 어떠한 증거도 없다.

그러나 당신이 혈액을 공유함으로써 감염될 수 있는 기회가 낮지만, 있다? 어떤 일이 발생할까? 한 가지 가능성은 최근에 둘은 양치를 했고, 작은 마모나 잇몸이 찢어졌을지 모른다. 그러한 상처들은 일시적으로, 약간의 혈액이 이성으로부터 당신의 입을 통해 전달되는 것을 가능하게 하는 통로로 작용했을지도 모른다. 그것은 극도로 가벼운 위험으로, 지나치게 심한 위험은 아니다.

마지막으로 권고 사항이다: 만약 당신이 정말로 당신의 이성에 대해 알지 못한다면, 진한 키스는 하지 말라.(게다가 왜 당신은 낯선 이와 진한 키스를 하려 할까?) 만약 당신이 상대방을 얼마 동안만 알았고, 그 또는 그녀의 성관계나 약물 사용에 대한 이력 때문에 당신을 에이즈 감염의 높은 위험으로 이끈다는 확실한 의심이 없다면 키스를 해도 무방하다. (그러나 그것이 당신이 무방비적 성관계의 위험을 무릅써야만 한다는 것을 의미하지는 않다!)

여했다. 위약을 투여받은 사람들 중에서 74명, 백신을 투여받은 사람들 중 51명이 HIV에 감염이 되었다. 이 결과를 퍼센트로 환산해 보면 백신이 31% 정도 효과적이라고 할 수 있는데, 이는 HIV/AIDS 시험 백신 실험에서 제일 높은 효율을 보인 최고의 결과이기는 하다. 그러나 백신은 보통 투여한 사람들 중 면역력을 보이는 비율인 효율이 최소 70%에서 80% 이상이 되어야 효과적인 백신으로 여겨진다. 또 HIV/AIDS 시험백신이 왜 덜 효과적인지 그 이유가 밝혀지지 않았다. 이러한 이유에서 현재까지 HIV/AIDS 백신은 개발되지 않았다고 하는 것이 옳다. 효과적이고 안전한 백신 개발을 위한 연구는 계속되고 있다.

약물치료요법은 많이 발전되어 치료법이 점차 향상되고 있다. 오늘날 HIV/AIDS와 싸우는데 수많은 약들이 사용된다. 이는 HIV에 감염된 임산부를 포함하여 HIV/AIDS에 감염된 사람들에서 희망을 주고 있다.

지도부딘(Zidovudine, AZT)은 HIV/AIDS 치료제로 가장 널리 사용되고 있다. AZT는 역전사효소를 표적으로 하는 HIV 복제방지제이다. HIV에 감염된 임산부에게서 AZT의 복용으로 태아의 HIV 감염률이 감소되었다는 보고가 있다(Conner 등, 1994). 또한 AZT는 혈액의 HIV 양을 감소시킴으로써 출산시 바이러스가 엄마의 혈류를 통해 아이에게 감염되는 것을 감소시키는 데에도 도움을 준다. AZT 치료를 받은 여성의 경우 태아의 8% 정도가 감염이 된 반면 치료를 받지 않은 여성에게서는 25% 정도의 태아가 감염이 되었다. AZT는 출산 전 대략 26주 동안 사용한다. 그러나 출산 몇 주 전 AZT의 치료에도 HIV 감염률을 절반 정도 감소시킨다(Meyer 1998). 임신 초기부터 치료를 받지 못한 임산부의 치료제로 적당하다. 또한 AZT는 비싸므로, 개발도상국에서는 짧은 기간 동안만 사용한다.

유럽출산유형조사연합에 의한 출산 유형에 따른 HIV 전파의 연관관계를 조사한 바에 따르면, 제왕절개가 자연분만에 비해 HIV 전파의 위험도를 낮추는 것으로 나타났다(Ricci 등, 2000). 이 연구는 400명 정도의 양성혈청반응을 보인 산모들을 대상으로 수행하였으며, 참가자 모두에게 임신 기간 동안 AZT를 처방했다. 산모의 절반씩을 무작위로 선정해 자연분만과 제왕절개로 출산하도록 실험을 설계하였다. 자연분만에 의해 태어난 신생아의 HIV 감염률은 10.6%였으며(이는 1998년 Meyer가 보고한 8%와 유사함), 제왕절개에 의해 태어난 신생의 HIV 감염률은 1.7%였다. 이 결과는 임신 기간 동안의 AZT 처방을 하고 제왕절개를 통해 출산을 하는 경우 양성혈청반응을 보인 산모가 HIV를 신생아에게 전파할 확률이 약 50명 중 1명꼴로 줄어든다는 것을 의미한다.

HIV의 복제를 방해하는 다른 종류의 약은 단백질분해효소 억제제를 사용하는 것이 있다. 단백질분해효소 억제제는 단백질분해효소를 표적으로 한다. 억제제 혼합물은 복제기 상태의 HIV를 공격한다.

여러 종류의 항바이러스 약을 혼용하는 것, 소위 "칵테일" 요법은 HIV/AIDS 치료법으로 흔히 쓰이고 있다. 이러한 혼용을 일컬어 **하트치료법(HAART**[highly active antiretroviral therapy; 강한 항바이러스 치료법])이라고 불리는데, HIV가 특정 약물에 저항성이 생기는 가능성을 낮춘다. 이러한 치료법은 AIDS는 불치병이 아닌 일종의 만성 질환으로 관리가 가능하다는 희망을 갖게 해준다. 그러나 하트치료법은 매우 비싸서 아직 많은 사람들이 그 치료를 받을 수 없다. 이 치료법의 부작용으로는 우울, 메스꺼움이 있으며, 단백질분해효소 억제제가 포함된 경우 목에 비정상적으로 지방이 축적되어 흔히 "버팔로혹(buffalo hump)"으로 불리는 울퉁불퉁한 혹이 발생하는 부작용이 있다.

하트치료법을 이용한 의약품으로 세 가지 약제가 동시에 처방된 아트리플라(Atripla)가 시판되고 있다. 그러나 이 약은 아직까지는 비싸다.

하트치료법 덕분에 1990년대 중후반 이래로 HIV/AIDS 관련 질환으로 인한 사망률이 미국 내에서 75% 정도 감소하였다(CDC, 2005a). HIV/AIDS 치료를 받아서 일반적인 검사에 의해 검출되지 않는 정도로 HIV의 수가 감소되더라도 휴지 중인(복제하지 않는) CD4세포는 존재하는 것으로 알려져 있다(Lederman & Valdez, 2000). 따라서

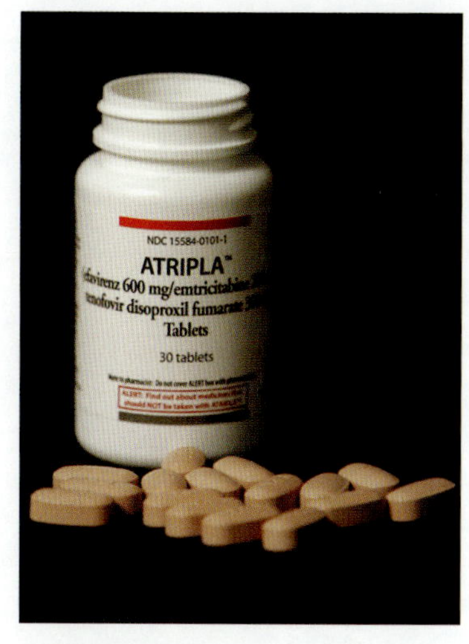

아트리플라(Atripla) 세 가지 약제를 하나의 약으로 조제된 알약으로 하트치료법을 이용할 때 쓰인다. 가격은 비싸다. 아트리피아는 항바이러스성 약제를 섞어 놓은 것으로 선진국에서 HIV/AIDS의 치료에 대표적으로 쓰인다. 비선진국에서는 이보다 저렴한 약품을 쓰거나 아예 약을 쓰지 않는다. HAART 치료법으로 인해 선진국에서는 많은 환자들의 생명을 살렸으나, 이 약품은 비싸고, 부작용이 있으며, 모든 사람들에게 듣지 않는 단점이 있다.

하트치료법(HAART) 강한 항바이러스 치료법의 영어 약자로 HIV/AIDS를 치료하는데 사용되며 여러 약품을 조합해서 처방하는 치료법.

HAART 치료법은 병을 완치하는 것은 아니다. 사실, 하트치료법을 사용하는 동안 하트 치료법에 저항성을 갖는 HIV가 진화할 수 있다. 이러한 이유를 포함해 여러 가지 이유로 많은 HIV 환자들은 하트치료법을 이용한 후 수개월 또는 수년 동안 약 사용을 잠시 중단하기도 한다. 치료과정에서 면역체계가 약해져서 진균이나 PCP 등에 의한 감염될 수 있는데, 이를 적절히 치료할 수 있는 희망적인 보고들도 많이 나와 있다.

하트치료법의 발달에도 불구하고, 미국 내에서만 해마다 10,000명에 가까운 사람들이 사망한다. 미국질병관리센터는 이렇게 높은 사망자수가 HIV를 초기에 발견하거나 치료를 받지 못하고, 하트치료법을 사용하지 않고, 치료 자체가 실패한 경우로 말미암은 것으로 판단하고 있다. 하트치료법으로 인해 HIV/AIDS가 더 이상 죽음에 이르게 하는 치명적인 질병이 아니란 기대를 갖게 되는 사람들이 있는데, 하트치료법이 모든 HIV/AIDS 환자들에게 적응할 수 없다는 것을 인식해야 한다. 아이러니컬하게도, 하트치료법의 출현으로 위험한 성행위를 하는 사람들의 빈도가 늘었다(Dilley 등, 2003).

불행히도 하트치료법은 전 세계는 물론 미국 내에서조차 모두에게 확대 시행되지 못하고 있다. 오늘날 미국 여성들의 경우, HIV/AIDS의 위험이 도시에 사는 흑인여성과 라틴아메리카인들 등의 가난한 여성들 사이에서 만연되어 있다. 이들은 미국 전체 여성 인구의 1/4 정도임에도 불구하고, 이 여성 무리들은 미국 내 AIDS 감염자의 3/4 정도를 차지한다(CDC, 2005a; 그림 16.7).

예방 HIV/AIDS가 퍼지는 것을 막는 방법은 무엇일까? 안전하면서도 효과적인 백신이 없고 완치할 수 있는 약이 없기 때문에 예방이 최선의 희망이다. 이 책에서 논의되는 감염의 예방은 성적접촉에 의한 감염을 중점적으로 다루지만, 모체로부터 태아로 이어지는 감염, 마약의 주사시에 이루어지는 감염, 수혈시에 이루어지는 감염 등의 다른 종류의 감염 경로를 차단하는 노력도 계속되고 있다. 한 예로, HIV에 감염된 여성은 모유수유를 피하라고 권고되며, AZT의 처방과 제왕절개 등의 예방법을 동원하여 신생아에게 전염될 가능성을 최대한 줄이려고 있다(Ricci 등, 2000). AZT와 다른 치료제를 신생아에게 처방하여 출산과정에서 신생아가 HIV에 감염되는 위험도를 좀더 낮추기도 한다(Taha 등, 2003). 혈액과 정자에 대한 HIV 검사를 통해 수혈이나 인공수정을 통한 감염의 가능성을 낮춘다. 그러나 위험한 성적 접촉으로 인한 감염의 위험을 줄이는 예방에는 성공적이지 못하고 있다.

예방을 위한 대부분의 노력은 교육과 홍보를 통해서 이루어진다. 금욕을 실천하거나, 일부일처의 관계처럼 평생 1명과 성관계를 맺는 등 성관계를 맺는 사람의 수를 제한하거나, "안전한 성관계"를 하도록 권하는 것이다. 가까이서 보기: 키스하는 것은 안전할까?

음부포진

음부포진은 단순 헤르페스 바이러스(Herpes simplex virus)에 의해 유발되는 성병의 일종이다. 1970년대와 1980년대에 급격히 널리 퍼진 음부포진에 대한 히스테리는 AIDS가 출현하면서 사그라들었다. 그럼에도 불구하고 음부포진은 해마다 20~50만 명의 신규 환자가 발생하고 있다. 미국질병관리본부가 2001년 예측한 바에 따르면 12살 이상의 미국인 중 약 4,500만 명이 음부포진에 감염되어 있다.

음부포진에 한번 감염되면 평생동안 없어지지 않는다. 헤르페스 바이러스는 최초 공격 후 다음에 재발할 때까지 신체 안의 조용한 곳에 남아 있는다. 평상시에는 조용히 있다가 기말고사 기간처럼 중요한 시기에 재발되는 경우가 많다. 이것은 우리 몸이 스트레스를 받으면 면역체계의 기능이 약화되어 음부포진 바이러스가 급증할 가능성이 높아지기 때문이다.

음부포진은 일생동안 성 파트너에게 전파될 수 있다. 음부포진의 발적은 계속해서 재발할 수 있고, 어떤 경우에는 자주 재발하기도 한다. 반면, 사람에 따라서 재발하지 않는 경우도 있고, 시간이 지남에 따라 재발하는 빈도가 낮아지고 발적 정도도 약해지는 경우도 있다.

음부포진의 여러 유형은 단순 헤르페스 바이러스의 다른 변종들에 의해 발병한다. 그 중 가장 흔한 종류는 **일형(1형) 단순 헤르페스 바이러스(HSV-1 virus)**인데, 이는 구강포진을 일으킨다. 구강포진은 입이나 입술 부위에 단순포진 또는 열성수포를 일으키는 특징이 있다. 이 바이러스는 손-성기 또는 구강-성기 접촉을 통해 성기로 전염될 수 있다. **음부포진(genital herpes)**은 앞의 바이러스와 비슷하지만 다른 종류인 **이형(2형) 단순 헤르페스 바이러스(HSV-2 virus)**에 의해서 발생한다. 이 바이러스는 음부에 통증이 심한 얕은 포진 또는 수포를 일으킨다. HSV-2는 구강-성기 접촉을 통해 입으로 전파될 수 있다. 일형과 이형의 헤르페스 바이러스 모두 성적 접촉을 통해 전파될 수 있다.

일형(1형) 단순 헤르페스 바이러스(herpes simplex virus type 1, HSV-1 virus) 구강포진을 일으키는 바이러스로 입이나 입술 부위에 단순포진 또는 열성수포를 일으키는 특징이 있다.

음부포진(genital herpes) 2형 단순 헤르페스 바이러스에 의해서 발생하는 성병의 일종으로 음부에 통증이 심한 얕은 포진 또는 수포가 발생한다.

이형(2형) 단순 헤르페스 바이러스(herpes simplex virus type 2, HSV-2 virus) 음부포진을 일으키는 바이러스.

안구포진(ocular herpes) 눈 부위에 헤르페스 바이러스가 감염된 증세. 흔히 신체 다른 감염된 부분을 건드린 후 눈 부위를 접촉하게 될 때 전염된다.

전파 헤르페스는 감염된 사람과 구강, 항문, 성기를 이용한 성적 접촉을 통하여 전염될 수 있다. 헤르페스 바이러스는 변기의 좌석과 같은 물체 위에 묻어 있어도 몇 시간 동안 생존할 수 있어서 이러한 물체를 매개로 전염될 수 있다. 구강 헤르페스는 감염된 사람이 쓰던 물컵을 쓰거나, 감염자와 키스, 심지어는 수건을 통해서도 전염될 수 있다. 그러나 음부포진은 성교나 구강 및 항문 성교를 통해서 전염되는 것이 일반적이다.

중요한 점은, 많은 경우, 헤르페스에 감염되었어도 감염된 사실을 잘 모른다는 것이다. 그래서 알지 못하는 사이 성적 접촉을 통해서 다른 사람에게 전파시킬 수 있다는 것이다. 또한 자신이 보균자인지 알고 있는 사람들도 눈에 띄는 포진이 없더라도 다른 사람에게 전염시킬 수 있는데, 이를 잘 모르고 있다. 음부포진은 발적할 때가 가장 전염성이 높지만 아무런 증상이 없는 보균자도 다른 사람에게 전염시킬 수 있다. 음부포진의 증상은 음부가 따갑거나, 가렵고, 화끈거림 등이다. 설령 보균자가 성행위 때나 그 다음에도 아무런 증상이 없다 하더라도, 파트너에게 전염시킬 위험은 항상 도사리고 있다. 또한 발적이 한번도 없었던 보균자도 다른 사람에게 전염시킬 수 있다.

사실인가 아니면 허구인가

사실인가 아니면 허구인가 8: 음부포진은 발적이 있을 때만 전파성이 있다는 것은 사실이 아니다. 물론 발적을 할 때가 가장 전염성이 높지만 그 이외의 기간에도 전염성을 가지고 있다. 헤르페스는 동일인의 신체 한 부분에서 다른 부분으로 전염될 수 있다. 감염된 부분을 만진 손으로 다른 부분을 만지면 전파될 수 있는 것이다. 이 중 헤르페스가 눈으로 전염되어 발생하는 **안구포진(ocular herpes)**은 매우 위험한 병이다. 감염된 부분을 만졌을 경우 물과 비누로 손을 깨끗이 씻음으로써 다른 부분으로 전염될 위험도를 낮출 수 있다. 특히 발적이 있을 때 감염된 부분을 건드리지 않는 것이 최선의 방법이다.

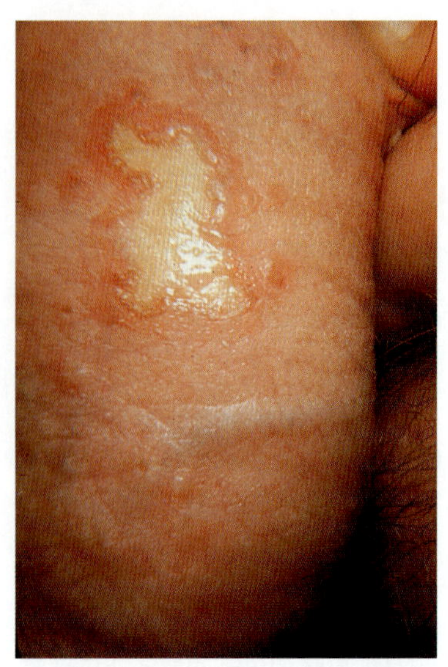

그림 16.9 남성 성기 위에 발생한 음부포진의 병변. 헤르페스 병변 또는 궤양은 남성과 여성의 음부에 발생할 수 있다. 경성하감(syphilis chancre)과 달리, 음부포진은 통증이 심하다. 음부포진은 궤양이 있는 발적할 때 전파될 가능성이 가장 높지만 그렇지 않을 때에도 전파될 수 있다. 스트레스를 받으면 발적이 잘 일어나는 경향이 있다. 항바이러스 약은 발적의 빈도, 기간, 증상에 따른 불편함을 줄여준다.

음부포진이 있는 여성은 건강한 일반적인 여성에 비해 유산할 가능성이 높다. 감염된 산모의 산도를 통해 태아가 지나가면서 헤르페스에 감염되어 상해를 입거나, 심지어 사망할 수 있다. 산부인과 의사들은 이러한 이유 때문에 산모가 출산시 음부포진이 진행 중이거나 이에 대한 **전구증상(prodromal symptom)**이 있으면 제왕절개를 수행한다. 헤르페스는 자궁경부암과 같은 음부의 암이 발병할 위험도를 높인다(음부포진을 지닌 여성들뿐만 아니라 모든 여성들은 자궁경부암의 조기발견을 위해서 팹 스미어 검사와 같은 정기적인 골반내진을 하도록 권장되고 있다).

증상 음부포진에 걸리면 6~8일 후 음부에 궤양이나 병변이 나타난다. 처음에는 붉으스름하고, 통증을 수반하는 덩어리 또는 솟음의 증상이 음경이나 음문에 발생한다(그림 16.9). 이러한 증상은 허벅지나 엉덩이, 질 내부, 또는 자궁경부에 발생하기도 한다. 이러한 솟음 증상은 작은 물집들로 발전하는데 이 속에는 전염성을 지닌 바이러스들이 들어 있다. 이 물집은 우리 신체의 면역체계(백혈구)에 의해 공격받게 된다. 이후 고름으로 차게 되고 통증이 매우 심하게 되며 붉은 빛으로 둘러싸인 얕은 욕창 및 궤양으로 발전한다. 이러한 발적이 나타날 때 궤양에서 수백만 개의 바이러스 입자가 터져 나오므로 가장 전염성이 높다. 다른 종류의 증상으로는 두통, 근육통, 림프선비대, 고열, 배뇨시 통증, 그리고 질에서 이물질이 분비되는 점이다. 물집은 시간이 지남에 따라 딱지가 앉아 굳어진 다음 1주에서 3주 안에 저절로 낫는다. 질이나 자궁경부에 발생한 내부궤양은 외부에 발생한 궤양에 비해 10일 이상 더 시간이 지나야 낫는다. 따라서 의사들은 외부에 궤양이 다 나은 후 최소 10일 동안은 콘돔을 사용하지 않는 성교를 피할 것을 권고한다.

음부포진의 증상은 시간이 지남에 따라 사라지지만, 질병 자체는 그렇지 않다. 헤르페스 바이러스는 신체 내부에 남아 있다. 이들은 척추의 아랫부분에 있는 신경세포에 조용히 남아 있는데, 이렇게 잠복기가 수년이 될 수도 있고 평생 가기도 한다. 감염자는 이런 잠복기 동안 전염성을 지니고 있다. 원인은 잘 밝혀지지 않았지만, 대부분의 경우 헤르페스 바이러스는 다시 활성화되어 음부포진이 재발된다.

재발은 여러 가지의 다른 요인들과 상관이 있는 것으로 알려져 있다. 감기와 같은 감염, 스트레스, 피로, 우울증, 햇빛의 지나친 노출, 임신 또는 월경 기간 동안에 나타나는 것처럼 체내의 호르몬 변화 등이다. 재발되는 시기는 대개 처음 발병한 지 3~12개월 내에 일어나며, 동일한 부위에 발생한다.

구강포진의 증상은 궤양 및 물집이 입술, 입의 안쪽, 혀, 목 부분에 발달한다. 열이 나고 피곤함이 나타나기도 한다. 잇몸이 붓거나 충혈되기도 한다. 궤양은 약 2주가 지나면 저절로 나으며, 바이러스는 목의 기부에 있는 신경세포로 후퇴하여 다음 번 재발할 때까지 잠복기에 들어간다. 구강포진에 한번 걸린 사람들은 대부분 구강포진이 재발한다.

진단과 치료 음부포진은 헤르페스 바이러스로 인한 궤양이나 욕창이 입 부분이나 음부에 있는지 검사으로써 진단한다. 음부 궤양의 물집에서 액을 채취한 후 실험실에 배양과정을 통해 바이러스가 있는지 여부를 검사할 수도 있다.

전구증상(prodromal symptom) 어떤 질병이 도지려고 할 때 나타나는 전조증상.

음부포진에 대한 효과적이고 안전한 예방 백신이 없지만 시범 백신을 개발 중에 있다(알레르기와 전염병 연구소[NIAID], 2009). 초기 연구에 따르면 한 백신이 남성에게는 효과가 없지만 여성에게는 효과적인 것으로 알려져 있다(NIAID, 2009).

바이러스는 매독과 임질을 일으키는 세균과 달라서 항생제로 완치할 수 없다. 항바이러스 약으로는 아시클로버(조비락스라는 제품명으로 판매되고 있다), 팜시클로버, 발아시클로버 등이 있는데, 이 약들은 통증의 완화, 치유기간의 단축, 바이러스가 물집 밖으로 방출되는 기간을 줄일 뿐이다(Hatcher 등, 2008). 아시클로버는 궤양에 직접 바르는 연고의 형태가 흔하지만, 복용할 수 있는 알약의 형태도 있어서 질 내부나 자궁경부 등 신체 내에 발생한 환부를 치유할 때 도움이 된다. 복용하는 항바이러스제는 초창기 발적의 강도를 낮춰주고 주기적으로 복용하면 재발하는 빈도와 기간을 줄인다(Hatcher 등, 2008). 반면에 주기적인 복용은 약에 대한 저항성이 생기기 때문에 효과를 보려면 점점 많은 양을 복용해야 한다.

따뜻한 물에 목욕을 하거나 헐거운 옷을 입고, 아스피린, 냉찜질을 하면 발적으로 인한 통증을 완화시킬 수 있다. 포진이 있는 사람들은 규칙적으로 잠을 자고 스트레스를 관리해야 한다.

음부포진을 극복하며 헤르페스와 관련하여 심리적인 문제는 질병으로 인한 신체적인 문제보다 더 심각하다. 평생동안 재발할 수 있다는 특징과 성 파트너에게 병을 옮길 수 있다는 우려 때문에 음부포진에 대한 감정적인 충격은 이루 말할 수없이 크다. 음부포진에 걸린 사람들은 흔히 자신에게 병을 옮긴 사람에 대해서 화가 치밀어 오르는 감정을 느낀다. 오랜 기간 관계를 맺거나 아이를 갖는데 대해서 걱정을 많이 하기도 한다.

> 음부포진의 첫 발병 후 내 몸이 싫어졌습니다. 그 사람과 다시 깊은 사랑을 나누어도 그 전과 달리 오르가즘을 느끼기지도 못하고 내 몸의 리듬을 믿지 못하게 되었습니다. 저는 그게 정말 슬퍼서 눈물이 났습니다. 제 몸이 침략을 받은 느낌이 들었습니다. 제 몸은 수수께끼처럼 되어 버렸습니다; 저는 어쨌든 오염되었으니까요. 그리고 "내가 아이를 낳으면 괜찮을까?" 하는 걱정을 늘 하게 됩니다. 내 아이가 태어날 때부터 감염된다면 부당한 것이지요. (Boston Women's Health Book Collective, 2005)

음부포진에 걸린 대다수의 사람들은 이를 극복하며 살아간다. 어떤 이는 그 질병과 함께 살아가는 법을 다른 사람들의 도움으로 배운다. 따뜻하게 위로해주고 믿음직한 파트너가 있는 것은 중요하다. 26세의 정보분석사인 조안은 남자친구인 조나단과 사귀기 시작한 첫 달 동안 자기가 음부포진에 걸려 있다는 사실을 비밀로 하였다. 그러나 성적으로 사랑을 나눌 때가 되자 조안은 자신이 바이러스 보균자라는 사실을 조나단에게 얘기를 해야 한다고 생각했다.

> "내가 그 사람에게 보균자라는 걸 얘기하면 그가 나를 버릴 것 같아 무서웠어요. 헤르페스 바이러스에 감염될지도 모르는데 누가 보균자와 깊은 관계를 맺을려고 하겠어요? 처음 몇 차례 그 사람과 데이트를 하고 난 다음, 저는 이 사람과 내 일생을 함께 보내고 싶다는 생각이 들었어어요. 그 사람도 저랑 똑같은 생각을 하고 있는 것도 알았구요. 그래서 일이 점점 더 복잡해지기 전에 말을 해야 되겠다고 생각을 하고 있었지요. 그런데 그게 말처럼 쉬운 일은 아니에요. 그 사람은 저에게 그 질병에 대해서 온갖

것들을 다 물어보았는데, 그것 말고는 충격을 받거나 하지는 않았어요. 제가 기억하기로는 1년에 한 번 정도 재발할 수 있고 한 번 시작하면 약 1주일 정도 지속된다는 얘기를 한 것 같아요. 또한 바이러스를 전파할 수 있는 가능성은 항상 있지만, 발적이 될 때면 콘돔을 끼고 성행위를 한다든지 성교를 피하든지 해야 한다고 했어요. 그러나 완벽하게 안전하다고는 장담할 수 없다고도 했어요. 조나단의 처음 반응은 시간을 두고 생각해 본다고 했지요. 그러나 그날 밤 전화를 걸어와서 이 병 때문에 저랑 헤어지고 싶지 않다고 하더군요."

조안과 조나단은 그로부터 약 6개월 후 결혼을 했다. 1년 후에는 딸, 앤드리아가 태어났다. 조나단은 지금까지 음부포진에 걸리지 않고 있다. 조안은 가끔 발적이 있는데, 이 때마다 아시클로버 연고를 바르고 일주일 정도가 지나면 치유된다.

—저자들의 취재물

음부포진이 있는 사람들의 태도는 적응을 하는데 중요한 역할을 한다. 음부포진을 의학적으로 고치기 힘든 날벼락과 같은 질병으로 여기지 않고 관리할 수 있는 질병 또는 문제라고 생각하는 사람들은 이 질병을 쉽게 극복하며 사는 것 같다.

바이러스 간염

바이러스성 간염은 바이러스의 감염으로 발생하는 간염의 여러 종류를 말한다. **간염(hepatitis)**은 간에 염증이 있는 것을 말한다. 주된 유형으로는 A형 간염, B형 간염, C형 간염, 그리고 D형 간염이 있다.

많은 수의 간염 환자들은 증상이 전혀 없다. 증상이 나타날 경우, 볼 수 있는 증상은 **황달(jaundice)**, 피로감과 어지러움증, 식욕부진, 복부 팽만, 희끗희끗한 변, 갈색 또는 녹차색의 오줌 등이 있다. B형 간염의 증상은 A형이나 C형보다 더 심하고 장기간 지속되는 경향이 있다. C형 간염은 상대적으로 증상이 약하지만, 간경화나 간염과 같은 만성 간 질환으로 발전하기 쉽다. D형 간염은 B형 간염을 앓은 환자에서만 나타나며 B형 간염과 비슷한 증상을 보인다. D형 간염의 증상은 심각한 간의 손상을 일으키고 흔히 사망에 이르게 한다.

A형 간염 바이러스는 대변을 매개로 전파된다. 보균자의 대변으로 오염된 음식, 물을 접촉할 때 옮기기도 하고 구강-항문 성교 등을 통해 대변과 직접 접촉함으로써 전파된다. 이와 같이 A형 간염의 위험 때문에 미국의 식당 종업원들은 화장실을 사용한 다음 반드시 손을 씻도록 법으로 규제된다. 바이러스에 감염된 어패류를 날로 먹었을 경우에도 A형 간염이 전파된다.

B형 간염은 (1) 보균자와 성교, 항문성교, 구강성교 등의 성행위; (2) 감염된 혈액의 수혈; (3) 감염된 주사기나 주사바늘; 그리고 (4) 면도기, 칫솔, 또는 다른 종류의 개인 위생용품을 보균자와 함께 사용했을 때 등의 과정을 통해 전파된다. C형과 D형 간염도 성행위 또는 감염된 혈액을 접촉함으로써 전파될 수 있다. 간염의 증상이 전혀 없는 사람도 바이러스를 가지고 있으면 다른 사람에게 전염시킬 수 있다.

간염은 대개 혈액검사를 통해 간염의 항원과 항체를 검사함으로써 검진한다. 바이러스성 간염은 완치가 되지 않는다. 증상이 심각해지면 누워서 쉬고 물을 많이 마시는 것이 흔히 치유법으로 쓰인다. 완전히 호전되는데에는 몇 달이 걸리기도 한다. D형 간염은

간염(hepatitis) 간에 발생하는 염증.

황달(jaundice) 피부와 눈의 흰자위에 노란색을 띠게 되는 증상.

B형 간염이 걸렸을 때만 발생하므로, B형 간염 예방주사는 D형 간염을 예방할 수 있다(Hatcher 등, 2008).

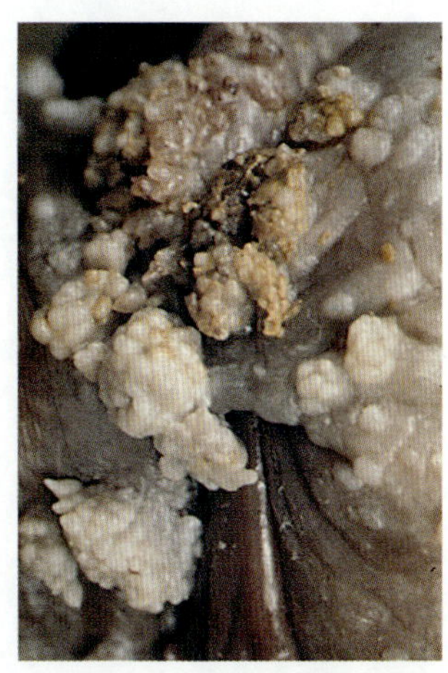

그림 16.10 음부사마귀(genital warts). 음부사마귀는 HPV의 감염에 의해서 일어나며 꽃양배추와 비슷한 모양을 한다. 대부분의 경우 눈으로 식별하기 어려운 곳에 발생한다. HPV는 자궁경부암과 연관되어 있는 것으로 알려져 있어서 여성들은 음부사마귀와 다른 종류의 눈에 잘 띄지 않는 성병에 대한 검사를 정기적으로 해야 한다.

인간유두종바이러스

음부사마귀는 인간유두종바이러스(HPV)에 감염되었을 때 발생하는 증상이다. HPV는 세계에서 가장 흔한 성병이며 성인 여성의 절반 가까이 감염된 나라도 있다(Wald, 2005). 미국의 예를 들면, 혈기왕성한 대학생 여성의 절반 또는 그 이상이 HPV에 감염되어 있다. 이러한 사마귀는 피부의 잘 보이는 부분에 발생하기도 하지만, 대부분의 경우는 여성의 경우 자궁경부나 남성의 경우 요도 내부와 같이 눈으로 볼 수 없는 곳에 나타난다. 이 질병은 20~24세의 젊은이들 사이에서 가장 흔히 발생한다(Wald, 2005). 감염된 후 몇 달 이내 사마귀는 음부나 항문 부위에 나타난다. 여성들은 남성보다 HPV 감염에 더 취약한데, 그 이유는 자궁경부의 세포들이 빨리 세포분열을 하기 때문에 HPV가 덩달아 빨리 증식하기 때문이다. 18세 이전에 성교의 경험이 있는 여성들과 여러 명과 성교를 하는 여성들은 HPV에 매우 취약하다. 미국의 몇몇 도시에 사는 성적으로 혈기왕성한 10대 여성의 절반이 HPV에 감염된 것으로 추정된다(Wald, 2005).

HPV에 대한 희소식도 있는데 아래와 같다!

- 첫째, 예방주사가 개발되어 있어서 감염되기 전에 주사를 맞으면 대다수의 여성들은 HPV에 면역력을 갖추게 된다.
- 둘째, HPV가 유행병인 것은 맞지만, 많은 건강한 여성들은 저절로 HPV가 치유된다.

음부사마귀(genital warts)는 흔히 볼 수 있는 사마귀와 비슷하며 다양한 크기와 모양의 간지러운 덩어리다. 음부사마귀가 건조한 피부에 발생하면 딱딱하고 노란색과 회색을 띤다. 질의 아랫부분과 같은 축축한 부분에 발생하면 분홍색을 띠며, 부드럽고, 꽃배추처럼 생긴 모습을 한다(그림 16.10). 남성의 경우 음경, 음경포피, 음낭, 요도에 발생한다. 여성의 경우, 음문, 질벽, 자궁경부에 발병한다. 음부사마귀는 음부 이외의 지역에도 나타날 수 있는데, 입, 입술, 눈꺼풀, 유두, 항문 주위, 직장의 내부 등에서도 발견된다.

음부사마귀는 아무런 증상이 없을 수도 있으나 요도에 발생한 경우에는 출혈이나 통증을 수반하는 분비물이 나오게 된다. HPV는 자궁경부암과 음경암과 같은 음부에 발생하는 암을 유발할 수 있는 것으로 알려져 있다(미국암학회, 2009). 자궁경부암의 거의 모든 사례가 HPV와 연관이 있다(미국암학회, 2009). 포경수술을 받은 남성이 HPV를 지닌 가능성은 그렇지 않은 남성에 비해 뚜렷하게 적다(미국암학회, 2009). 결국 여성들은 성행위를 하는 파트너의 수를 최소한으로 줄여서 HPV에 감염될 기회를 줄여서 HPV와 연관된 자궁경부암을 피하고, 성교 파트너가 바람을 피는 것에 대해서 주의를 기울이고, 정기적인 팹 스미어 검사를 하는 것이 최상책일 것이다.

비판적인 사고하기

남자아이가 태어났을 때 포경수술을 하는데 있어서 성병이 어떤 영향을 끼치는가?

인간유두종바이러스는 성교, 구강성교, 항문성교 과정에서 피부와 비부의 접촉을 통해서 전파될 수 있다. 이 바이러스는 감염된 수건이나 옷 등과 접촉함으로써도 전파될 수 있다. 잠복기는 다양하여 수주에서 수년에 이른다.

인간유두종바이러스(human papilloma virus, HPV) 세계에서 가장 널리 퍼진 성병.

음부사마귀(genital warts) 사람 유두종 바이러스의 감염에 의해 발생하는 성병으로 음부와 항문 부위에 사마귀처럼 생긴 것.

사마귀를 액체 질소로 급속히 얼려버리는 것이 널리 쓰이는 치료법(cryotherapy)이다. 다른 치료법으로는 사마귀 위에 포도필록스 액이나 젤, 이미퀴모드 크림, 삼염소초산

(TCA), 또는 이염소초산(BCA)으로 칠을 하거나 코팅을 입히는 방법이 있다(Hatcher 등, 2008). 알코올이 들어 있는 포도필린 액은 사마귀가 말라서 떨어지게 만든다. 이러한 치료법은 사마귀를 제거할 수 있지만, 신체 내에 있는 바이러스를 없애지는 못한다(Hatcher 등, 2008). 재발할 수도 있다. 포도필린은 임산부나 자궁경부에 발생한 사마귀를 처치하는데 쓰지 않는다. 음부사마귀는 의사가 전기를 이용하여 태우거나 레이저나 외과용 시술을 통해 제거하기도 한다.

학생들의 실제 질문

질문: 저절로 없어지는 감염도 있는지요?

답변: 물론이다. 우리의 신체 내에 있는 면역체계가 감염된 것을 없앤다. HPV와 같은 경우가 바로 그렇다. 그러나 치명적인 성병인 HIV/AIDS와 같은 감염은 몇 년 동안 휴면기에 접어들더라도 절대 저절로 사라지지 않는다.

전염 물렁종

전염 물렁종(molluscum contagiosum)은 통증을 수반하지 않는 궤양이 음부, 엉덩이, 허벅지, 아랫배 등에 나타나는 특징을 갖는 성병이며 팍스 바이러스의 감염에 의해 발생한다. 감염된 후 2~3달 이내에 표면이 진주처럼 반짝이고 분홍색을 띠는 궤양이 발생한다. 감염된 대부분의 사람들은 10~20개 정도의 궤양이 발생하나 궤양의 수는 사람에 따라서 1~100개 이상에 이른다. 궤양은 흔히 심각한 합병증과 연관되어 있지 않고 6개월 이내에 저절로 없어진다. 또는 궤양의 가운데에 있는 구멍을 쥐어 짜서 치유하기도 한다. 포도필린 액, 삼염소초산(TCA), 질산은 용액 등이 사용되기도 한다. 액체 질소로 얼려버리는 방법도 쓰인다. 그러나 스스로 치유하려고 하지 말고, 반드시 병원을 방문하여야 한다.

16.5 체외기생충에 의한 감염

체내기생충과 달리 **체외기생충(ectoparasite)**은 동물의 신체 외부에 기생한다. 질편모충(*Trichomonas vaginalis*)은 체내기생충이다. 체외기생충은 다른 성병을 일으키는 매개체보다 몸집이 크다. 이 절에서는 체외기생충에 의해서 발생하는 2종류의 성병에 대해서 알아본다: 이감염증과 옴.

전염 물렁종(molluscum contagiosum) 팍스 바이러스의 감염에 의해 발생하는 성병으로 통증을 수반하지 않는 궤양이 음부, 엉덩이, 허벅지, 아랫배 등에 나타난다.

체외기생충(ectoparasite) 숙주 몸 외부에 기생하는 기생충.

이감염증(pediculosis) 음부이에 의해서 발병하는 기생충 질병으로 가려움증을 수반한다.

이감염증

이감염증(pediculosis)은 바닷게처럼 생긴 체외기생충인 음부이(pubic lice)에 의해서 발생한다. **사실인가 아니면 허구인가 9:** 음부이는 현미경으로 관찰할 때 바닷게와 비슷하게 생겨서(그림 16.11) 이 두 생물이 같은 과에 속한다고 생각하는 사람들이 있는데 이는 잘못이다. 음부이는 곤충류인 흡혈이과에 속한다. 흡혈이과에 속한 다른 구성원으로 잘 알려져 있는 것이 머리카락에 매달려서 기생하는 머리이가 있다.

사실인가 아니면 허구인가 9

음부이는 성체 단계가 되면 육안으로 식별할 수 있을 정도로 크다. 성행위를 할 때 전파되지만, 음부이가 우글거리는 수건이나 담요, 변기 좌석 등을 접촉함으로써도 전파될 수 있다. 음부이는 인간 숙주에 붙어 있지 않으면 24시간 이상 생존할 수 없으나 알을 낳는다. 알은 침구류나 수건에서 7일 후 부화한다. 그러므로 음부이에 감염된 사람이 쓰고 난 침구류, 수건, 옷은 뜨거운 물에 빨아서 잘 말리거나 드라이클리닝을 해야 안전하게 쓸 수 있다. 음부에 감염된 음부이가 손가락을 통해서 두피나 겨드랑이처럼 신체에 털이 난 다른 부위로 전파될 수 있다. 음부이가 깨끗이 없어질 때까지 성행위는 삼가야한다.

그림 16.11 음부이(pubic lice). 이감염증은 음부이가 기생함으로써 발생한다. 음부이는 현미경으로 보았을 때 바닷게처럼 생겼기 때문에 "게"라고 오해한다.

가려움증이 음부이에 의해 발생하는 대표적인 증상인데, 그 정도는 보통의 가려움에서 참을 수 없을 정도로 심한 가려움까지 폭넓다. 가려움증은 음부이가 음부의 털에 매달려 상태에서 숙주의 혈액을 빨아먹기 위해서 피부를 찌르기 때문이다. 이의 생존 기간은 약 1달 정도인데, 다량의 알을 낳으며 일생동안 여러 번 알을 낳는다. 감염증은 1% 린데인(크웰이라는 상표명으로 판매되고 있다)을 처방함으로써 효과적으로 치료할 수 있다. 린데인은 크림, 로션, 샴푸의 다양한 형태로 판매된다. 일반의약품 중에서 피레스린 또는 피페로닐 부톡시드(RID, Triple X 등의 상표명으로 판매되고 있다)를 함유하고 있는 약이 효과적이다. 크웰은 임산부 또는 수유하는 여성에게 처방하지 않는다. 치료를 한 후 며칠 동안 음부이와 알들이 모두 제거되었는지 자세히 살펴보아야 한다.

학생들의 실제 질문

질문: 면도를 해서 털을 모두 깎으면 음부이를 없앨 수 있나요?

답변: 그렇지 않다. 음부이는 피부를 물어 뜯어 혈액을 빨기 때문에 털의 기부에 붙어 있다.

옴

옴(scabies)은 아주 작은 진드기가 기생하여 발생한다. 성행위를 포함하여 감염된 옷, 침구류, 수건 등의 섬유류를 매개로 전파된다. 옴 진드기는 음모의 기부에 달라붙어서 피부 속으로 파고들어가 알을 낳고 이 알들은 부화한 후 30일 동안 살다 죽는다. 음부이와 마찬가지로 옴도 음부에서 발견되며 가려움증과 불쾌감을 유발한다. 피부 속으로 파고듦으로 인해 피부에 붉은 선, 궤양, 부푼자국, 물집이 생긴다. 음부이와 달리 옴은 그 크기가 작아 육안으로 식별하기 힘들다. 옴에 대한 진단은 옴 또는 옴에서 나온 분비물을 현미경으로 관찰함으로써 이루어진다. 옴은 손이나 손목에서 가장 흔히 발견되는데, 음부, 엉덩이, 겨드랑이, 발에서도 발견된다. 그러나 목 윗부분에서는 나타나지 않는다.

옴(scabies) 아주 작은 진드기에 의해 발생하며 가려움증을 유발한다.

HIV/AIDS를 비롯해 다른 성병의 전염을 막으려는 대화. 대부분의 사람들은 성병을 예방하는데 솔직히 말하지 못한다. 대안은 무엇인가?

음부이를 처치할 때처럼 옴도 1% 린데인(크웰)을 사용하면 효과적으로 제거할 수 있다. 이 경우, 목 아랫부분의 몸 전체에 얇은 막으로 코팅을 하듯이 다 발라 주어야 하며, 적어도 8시간 동안 처리해야 한다. 그러나 린데인은 임산부나 수유를 하는 여성에게는 처방하지 않는다. 재감염을 막기 위해서는 성 파트너와 신체적 접촉이 잦은 사람들도 함께 치유하여야 한다. 옷과 침구류도 반드시 세탁을 한 후 뜨거운 온도에서 건조시키거나 드라이 클리닝을 해야 한다. 또한 옴을 완전히 제거할 때까지 성행위를 자제해야 한다.

16.6 성병의 예방: 안전한 성교를 넘어서

성병의 예방은 성병이 전염되는 것을 관리할 수 있는 최선의 방책이다. 특히, 완치법이나 예방주사가 없는 경우에 더욱이 그렇다. 단 하나의 사례라도 예방을 할 수 있으면 그로 인한 전염을 막을 수 있다—당신에게 전염될 것을 막았다고 생각해 보라.

성병에 걸릴 위험을 낮출 수 있는 길은 많다. 아래에서 다루겠지만, 무엇보다도 "안전한 성행위"가 거의 유일한 예방책이다.

금욕 또는 일부일처제

> 저는 더 이상 자위 행위도 하지 않습니다. 제 몸에서 무언가 나온다는 것이 두렵습니다. 저는 단지 제 자신과 그냥 친구로 지내고 싶습니다.
>
> —리차드 루이스

성병의 전염을 완벽하게 막을 수 있는 방법은 금욕과 성병에 걸리지 않은 한 사람과만 성관계를 맺는 것이다. 만일 당신이 종교적인 이유로 독신주의자이거나 당신과 당신의 성 파트너가 성병에 감염되지 않고 다른 아무와도 성관계를 맺은 적이 없다면 당신은 성병에 대해서 큰 걱정을 하지 않아도 될 것입니다. 그러나 많은 사람들은 성적으로 왕성하고 일부일처의 관계를 맺지 않고 있다. 설령 일부일처의 관계를 맺고 싶어 하는 사람들도 항상 "첫경험"이 반드시 있게 마련이다.

위험요소에 대해 알기

성병의 위험요소에 대해서 알아야 된다. 우리들은 대개 성병의 위험을 개의치 않으려고 한다—특히 열정이 뜨거운 순간에. 성병은 존재하지 않는다던지 자신은 성병에 면역이 되어 있다는 등의 위험한 생각을 버리자고 자신과 약속을 하자.

성병의 전파에 대해 안다고 해서 그것에 대처하는 행동(예를 들면, 콘돔을 이용하거나 다른 안전한 방법 등)으로 실천하지 않는다. 사실, HIV와 다른 성병의 전파에 대한 지식이 콘돔 이용의 증가와 바로 연결되지 않는다(Guttmacher Imstitute, 2009). 일반 대중에게 안전하지 않은 성행위의 위험성에 대한 교육과 홍보가 많이 이루어지고 있음에도 불구하고 콘돔의 사용에 대한 부정적인 태도는 계속되고 있고, 이것은 남성에게서 특히 두드러진다. 다음과 같은 긴 불평이 그런 예다: "콘돔을 끼면 성적 흥분이 약하다," "끼는 게 귀찮다," "너무 비싸다," "성행위를 방해한다," 등등.

미국의 거의 모든 젊은이들은 어떻게 HIV가 성행위를 통해 전파되는지 알고 있다. 그런데 왜 많은 사람들이 위험한 성행위를 계속하는가? 하나의 사실은 10대 청소년들이 성인들에 비해 위험한 성행위에 대한 경각심이 낮다는 점이다. 이러한 경향은 음주, 흡연, 자동차 좌석벨트을 매지 않는 것, 레이싱에 이른다. 그러나 젊은 사람들은 위험한 행위를 하지 않고 자신을 보호하는 구체적인 방책을 배움으로써 많은 것을 얻을 수 있다. 그 예로는 (1) 파트너와 할 수 있는 안전한 성행위에 대해 얘기할 수 있는 소통능력, (2) 자신의 필요와 관심이 파트너로부터 존중받을 수 있게 만드는 자기주장 능력, (3) 또래들의 압력에 굴하지 않는 사회적 능력, 그리고 (4) 콘돔의 올바른 사용법을 들 수 있다.

젊은이들 사이에 만연된 위험한 성행위와 관련된 몇 가지 요인들을 분석하면 다음과 같다.

1. 감염의 위험도가 낮다고 생각한다. 안전한 성행위를 실천하는 데 있어서 큰 장애물은 젊은이들이 HIV가 별로 위험하지 않은 성병으로 인식하고 있다는 점이다. 마약을 하지 않고, 이성과 성행위를 하는 젊은이들은 HIV 감염률이 낮은데 이로 인해 HIV/AIDS가 다른 사람들에게 큰 문제를 일으킬 수 있다는 사실을 간과한다. 동성연애를 하는 남성들도 자신들은 "그런 류의 사람이 아니다"라고 생각하며 위험도를 과소평가한다.
2. 콘돔을 쓰는 것에 대해서 부정인 태도. 어떤 사람들은 성행위를 할 수 있는 기회가 생기면 자신이 HIV에 감염될 수 있다는 위험성을 잊어버린다. 어떤 사람들은 콘돔이 한창 뜨겁게 열정이 올라 있을 때 성적인 흥분을 식게 만들고 성적인 느낌을 감소시킨다고 주장한다. 또 어떤 사람들은 콘돔을 끼는게 매우 필요없이 귀찮은 일이라고 생각한다.
3. 자신은 성병에 끄떡없다고 여기는 근거없는 과신. 자기는 어떻게 해도 성병에 걸리지

비판적인 사고하기

성병 전염 경로에 대한 지식과 성병이 초래하는 결과에 대한 지식이 행동의 변화로 바로 이어지지 않는 이유는 무엇인가?

않는다는 미신에 사로잡혀 있는 사람들도 있다. 예를 들면, 자신은 HIV/AIDS에 면역력이 있다고 믿는 사람들이 이런 부류에 속한다. 성병에 대한 잘 알고 있는 학생들 사이에서도 종종 자신은 성병에 면역력이 있다고 생각하는 학생들이 있다. 오하이오주 마이애미대학교의 한 3학년 학생은 성교를 할 때 남자친구에게 콘돔을 끼게 하지 않는지에 대해서 다음과 같이 설명했다: "저랑 하룻밤을 보내는 남자애들은 AIDS에 걸리지 않았을 거라는 생각(물론 잘못될 수도 있지만요)을 해요." 모험적인 정신은 젊음의 특징이지만, 이 때문에 위험천만한 생각과 행동을 하게 되는 단점이 있다. 자기 자신은 불사조라고 생각하는 잘못된 인식이 만연된 점은 왜 AIDS 교육이 반드시 직접적인 행동의 변화를 이끌어내지 못하고 있는지 그 이유를 설명하는 실마리를 제공한다.

술 취하지 않기

술과 마약은 위험한 성행위를 할 개연성을 높인다.

나 자신과 나의 파트너를 점검하기

자신의 몸을 점검하라. 분비물, 덩어리, 발진, 사마귀, 물질, 궤양, 이, 악취 등이 있는지 살펴라. HIV에 감염된 사람들은 눈에 띄는 특징이 나타날 거라고 기대하지 말라. 성병에 걸린 사람들은 흔히 다른 종류의 성병에도 걸려 있다는 것을 명심하라. 성행위를 하기 전에 이상한 점이 있으면 의사와 상의하라.

성교 파트너가 이상이 있는지 전희 중에 확인할 수 있다(처음으로 사랑을 나눌 때 불을 켜고 하는 이유). 특히, 여성은 남성의 음경을 잡고 젖을 짜듯이 포피를 위아래로 당겨보는데, 이때 요도구에서 어떤 분비물이 나오는지 확일할 수 있다. 남성은 손가락을 이용하여 질의 분비물을 확인할 수 있다. 눈으로 확인할 수 있는 성병의 징후로는 헤르페스 물집, 음부사마귀, 굳은궤양 또는 발진 그리고 음부이가 있다.

만일 냄새, 느낌, 또는 생김새가 비정상적인 것이 있으면 파트너에게 알려야 한다. 불쾌한 냄새는 경고 신호로 여겨라. 당신의 파트너는 증상에 대해서 모르고 있을 수도 있고 균을 보균하고 있을지도 모른다. 의심이 드는 어떤 징후가 있으면 파트너가 병원에 다녀올 때까지 더 이상 성적 접촉을 하지 말아야 한다. 성병의 흔한 징후와 증상에 대해서 잘 알고 있으면 좋다. 그렇다고 해서 의학적인 전문가가 되라는 소리는 아니다. 설령 성병에 걸리지 않았을까 하는 근심이 근거가 없는 것으로 판명나더라도 불확실성이 제거된 상태에서 성관계를 다시 할 수 있으니까 손해보는 것이 아니다.

물론 성 파트너에게 성병에 걸려 있는 것다고 하면 그렇지 않다고 항변하거나 화를 낼지도 모른다. 성병과 관련된 사회적인 오명으로 인해 자신이 감염됐을 가능성을 인정하는 것이 어렵다.

콘돔 이용하기

콘돔은 성행위를 통해서 전파되는 거의 모든 생명체의 전파를 막는 데 효과적이다. 그러나 부적절하게 사용하거나 꾸준하게 사용하지 않으면 성병의 전파를 막지 못한다(Hatcher 등, 2008). 콘돔을 올바르게 사용더라도 헤르페스, 음부사마귀, 체외기생충과 같이 성기 밖에서 전파되는 성병을 콘돔은 막을 수 없다.

동물성 막으로 만들어진 콘돔은 성병을 막는데 별로 효과가 크지 않다. 그 이유는 동물성 막은 구멍이 있어서 이 사이로 HIV와 같은 아주 작은 미생물이 통과할 수 있기 때문이다. 고무로 만든 콘돔도 HIV와 다른 성병을 100% 막지는 못한다. 콘돔(그리고 콘돔을 쓰는 사람)도 완벽하지 않다. 콘돔은 찢어지거나 벗겨질 수 있다.

구강성교시(펠라티오 또는 쿠닐링구스) 보호 장치 사용하기

구강성교를 하기로 한다면, 펠라티오를 할 때는 콘돔을 사용하고 쿠닐링구스를 하기 전에는 질을 덮을 수 있는 치아댐을 사용하라. 치아댐은 치과의사들이 수술을 할 때 사용하는 사각형의 고무 조각이다.

고위험성 성적 행위

콘돔을 사용하지 않는 성행위와 같이 무방비의 성교를 삼가라. 무방비의 항문성교는 가장 위험한 성행위 중 하나이다. 그 밖에 무방비 상태의 구강-성기, 구강-항문의 성행위, 손을 질이나 항문에 넣는 행위나 파트너의 혈액, 정액, 질액과 직접 접촉하는 행위도 위험하다. 만일 항문-성기 성교를 하는데 성병에 대해 걱정이 되면 콘돔을 이용하라. 구강-항문 성교(일명 아닐링구스)는 입과 항문 사이에 미생물균이 전파될 가능성이 있으므로 피해야 한다.

또한 성병이 있는 사람과는 성적 접촉을 피해야 하며, 위험한 종류의 성행위를 하는 사람, 마약을 투여하는 사람, 매춘부 또는 매춘부와 자주 접촉하는 사람들과는 성행위를 하지 말아야 한다.

성교 전후에 성기 씻기

성교 전과 후에 성기를 씻으면 잠재적으로 위험한 물질을 제거한다. 에로틱한 전희를 하면서 함께 씻을 수도 있다. 성교를 한 바로 직후 비누로 성기를 씻으면 감염의 위험을 줄이는데 도움이 된다. 그러나 그것이 안전한 성교를 대체할만큼 효과적이지 않다. 대부분의 성병은 성기 내부에서 내부로 전염된다. 세척하는 것은 내부 전염에 전혀 쓸모없다.

성교 후 질세척이 여성에게 주는 이점은 몇 가지 있다. 그러나 질을 자주 씻는 것은 오히려 좋지 않은데, 그 이유는 질 내부의 생태환경이 변화하게 되고 전염성 세균이 자라는 것을 도와주게 되기 때문이다.

건강진단을 주기적으로 하기

성적으로 왕성한 사람은 일년에 적어도 한 번 정기적으로 건강검진을 받아야한다. 검진받는 비용은 자신의 건강을 위해 투자하는 것이다. 성병의 증상이 없는 사람들도 실제 균을 보유하고 있는데 클라미디아 감염의 경우 특히 심하다. 병원에서 검진을 받는 것은 성병에 대해 배울 기회도 갖고 만일 성병에 걸렸으면 치료도 받을 수 있다. 의사들은 증상이 없는 젊은 여성들도 정기적으로 클라미디아 감염에 대한 검진을 받을 것을 권고하고 있다.

파트너와 성적 관계를 맺기 전에 검사를 할지 논의하기

어떤 커플들은 성적인 관계를 처음 맺기 전에 HIV와 다른 성병에 대한 검사를 받기로 서로 합의를 한다. 어떤 사람들은 성적 관계를 맺으려고 하는 사람에게도 검사를 요구하는 경우도 있다. 그러나 대다수의 사람들은 파트너가 검사받는 것에 대해서 얘기를 꺼내면 거부감이나 모욕감을 느낀다. 사람들은 흔히 성병의 증상이 없으면 자기는 성병에 걸리지 않았다고 생각하며 파트너를 신중히 골라서 성행위를 했다고 여긴다. 그러나 성병은 "괜찮은 사람"에게도 나타나며, 증상이 없다고 해서 감염이 없다는 걸 의미하지는 않는다. 금욕 생활을 해왔거나 감염되지 않은 사람과 일부일처의 관계를 지속해 온 경우가 아니라면 성병을 보균할 위험이 있다는 사실을 인식해야 한다.

성교 외의 성행위

성기 접촉이 없는 성적인 행위로는 껴안기, 마사지, 애무하기, 서로 자위해 주기를 비롯해서 입, 질, 항문을 제외하고 몸을 서로 비비는 행위를 들 수 있다. 이런 행위는 정액이나 질액이 점막조직과 접촉하거나 피부를 뚫고 들어오지만 않는다면, 성적 흥분을 느끼면서 성병의 전염의 가능성을 낮추는 것이다. 많은 성과학자들은 이러한 행위를 성기를 안으로 삽입하는 성교(intercouse)와 구분하기 위해서 **간접성교(outercouse)**라고 부른다. 함께 목욕이나 샤워를 하는 것 등 성적 환타지를 서로 공유하는 것은 매우 자극적이다. 진동기, 딜도 및 기타 "섹스토이"는 성적으로 흥분을 유발시키며, 감염의 위험도를 낮춘다. 이러한 기구는 사용하기 전에 비누로 잘 씻어야 함은 물론이다.

비판적인 사고하기

HIV에 노출되었다는 것과 HIV에 감염되었다는 것은 어떻게 다른가? 이 둘의 차이는 왜 중요한가?

성병에 감염되었다고 의심되면 의사와 상의하기

만일 HIV 등의 성병에 노출되었다고 의심되면 가능하면 빨리 의사를 찾아가야 한다. 많은 종류의 성병은 초기 단계에서 발견하면 성공적으로 치료할 수 있다. 만일 HIV가 아직 혈류에만 있다면, 바이러스가 면역계의 세포들을 공격하기 전에 치료하여 이를 몸에서 제거할 수 있는 확률이 높아진다. 초기에 발견하면 HIV 수의 수준을 낮춰서 AIDS로 발전하지 않도록 할 수 있다. 초기에 치료를 수행하면 성병으로 인한 신체의 다른 주요 기관이 상해받는 것을 막을 수 있다. 조그만 신체적 변화도 성병의 증상일 수 있다고 여기는 것이 좋다. 의심이 나면 항상 의사와 상의하여야 한다.

불행히도 성병에 노출될 위험도가 높은 사람들의 대부분은 치료 과정을 제대로 다 따르지 않는다는 점이다. 엘리스 올센과 공동연구자들(2006)은 성폭행을 당한 100명 이상의 청소년들에게 항바이러스 약을 처방하고 치료 과정을 잘 따르는지 연구하였다. 대부분의 청소년들은 28일 동안 계속되어야 하는 투약을 다 끝마치지 않는 것으로 드러났다.

성적 관계를 맺기 전에 파트너에 대해서 알기

당신의 성 파트너를 선택할 때 신중해야 한다. "하룻밤의 정사"처럼 여러 명의 파트너와 성교를 하는 것은 감염된 사람과 성교를 할 위험도를 높인다. 또한 파트너가 위험한 정사를 하는지 그런 사람과 성교를 한 적이 있는지 등 파트너에 대해 알 수 있는 시간적인 기회를 줄인다.

간접성교(outercouse) 체액을 교환하지 않는 성적인 행위로 껴안기, 마사지, 애무하기, 서로 자위해 주기 및 몸을 서로 비비는 행위 등을 말한다.

기타 고위험성 감염경로를 피하기

다른 사람의 체액(혈액, 정액, 질액, 대변)을 건드리지 않도록 조심해야 한다. 주사바늘, 면도기, 각질 제거기 및 기타 타인의 혈액이 묻어 있을 수 있는 물건을 공유하지 않도록 해야 한다. 또한 젖은 수건, 침구류나 기타 종류의 체액이 묻어 있는 물건을 다룰 때에는 조심해야 한다.

16.7 성병

총정리: 재숙고, 재인용, 재검토

이 책은 PQ4R 방법을 사용하고 있다. 여러분은 맨 먼저 장 읽기, 즉 첫 번째 R을 잘 마쳤다. 이제부터 나머지 3R(총정리), 즉 재숙고, 재인용, 재검토는 여러분이 숙달한 정도를 여러분 스스로 테스트해 볼 수 있게 해줄 뿐 아니라, 이 장의 내용들을 이해하고 기억할 수 있게 도와줄 것이다.

재숙고

- 파트너와 성병에 대해 얘기할 때 어떤 문제가 있을 것으로 생각하는가? 그런 문제를 어떻게 해결할 것인가?
- 성병에 걸린 적이 있나? 그렇다면 어떻게 전염되었나? 증상은 어떠했는가? 의사와 상의하였는가? 그 결과는 어떠했는가? 의사와 상의한 것에 대해서 어떻게 생각하는가?
- 당신은 지금 성병에 전염될 위험성이 높다고 생각하는가? 위험한 성행위를 하는가? 자신을 방비할 수 있는 무엇이라도 하고 있는가? 설명하시오.

▶ **비판적인 사고하기:** 성병을 전파시키는 사람들에 대해서 당신은 어떤 태도를 가지고 있는가? 그런 태도의 근원은 어디인가?

재인용

1. 성병은 어느 정도로 흔한가?

- 미국 내에서만 매해 1,300만 명을 웃도는 사람들이 성병에 감염된다. HIV/AIDS에 대해서 일반 대중들은 뚜렷이 주목하지만 클라미디아와 HPV와 같은 다른 종류의 성병은 공중보건에 큰 위협이 되고 있다.

2. 세균에 의한 성병은 어떤 종류들이 있는가?

- 임질은 고노코쿠스(gonococcus) 세균의 감염에 의해 발생한다. 남성에서 나타나는 증상은 음경에서 분비물이 나오고, 배뇨시 따가운 느낌이 든다. 대부분의 여성들은 특별한 증상이 없다. 그러나 치료하지 않으면 임질은 골반내감염(PID)으로 진행될 수 있다. 매독은 트레포네마 팔리덤(*Treponema pallidum*) 세균의 감염에 의해 발생한다. 매독은 여러 단계를 거치며 발달하며, 초기에 굳은궤양이 나타난다. 매독은 몇 년 동안 잠복할 수 있으나, 궁극적으로는 치명적이다. 클라미디아 감염은 클라미디아 트라코마터스(*Chlamydia trachomatous*)의 감염에 의해 발생한다. 임질과 비슷한 증상을 보이지만 강도는 낮다.
- 기타 세균성 감염으로는 무른궤양, 이질, 세혜부육아종, 성병 림프육아종이 있다. 세균성 감염은 항셍제로 치료한다.

3. 질염의 종류에는 어떤 것들이 있는가?

- 질염은 흔히 악취가 나는 분비물이 나오고, 성기가 가렵고 배뇨시 따가운 느낌이 나는 증상을 보인다. 대부분의 질염의 사례는 세균질증, 칸디다증(균류의 감염에 의해 발생), 또는 질편모충증(원생동물의 감염에 의해 발생)과 연관되어 있다. 이런 미생물은 신체 내에서 정상적으로 발견되는 것이나 지나치게 대량 번식할 수 있다.

4. 바이러스의 감염에 의한 성병은 어떤 종류가 있는가?

- HIV는 신체의 면역체계를 공격하여 몸이 아주 심각한 감염과 암과 같은 질병에 취약해지게 만듦으로써 AIDS를 일으킨다. HIV는 혈액, 정액, 질액 및 모유에서 발견된다. HIV가 흔하게 전파되는 경로는 성교, 항문성교, 주사바늘의 공유, 출산, 수유 등이다. 혈액, 타액, 요검사를 통해서 HIV 감염을 진단할 수 있다. HIV/AIDS에 대한 가장 효과적인 치료법은 HAART이며 이것은 여러 개의 항바이러스제를 한 약으로 조합한 것이다.
- 음부포진은 HSV-2의 감염에 의해서 발생하며, 음부에 통증을 수반하는 얇은 궤양과 물집이 나타난다. 항바이러스제는 통증을 완화하고 발적기간을 줄여 빨리 낫게 해준다. 간염은 몇 가지 종류가 있고 이들은 다른 종류의 바이러스에 의해 발생한다. 대부분의 경우는 성행위를 통하거나 혈액 및 대변의 접촉을 통해 전파된다. HPV는 음부사마귀를 일으키며 자궁경부암과 연관되어 있다.

5. 기생충 감염에 의한 성병으로는 어떤 것들이 있는가?

- 이 감염증은 음부이에 의해 발병한다. 음부이가 음부의 털에 붙어 숙주의 혈액을 빨아먹고 산다. 이로 인해 가려움증이 유발된다. 퍼진 기생충은 린데인으로 치유한다. 옴은 아주 작은 진드기에 의해서 발생하며 가려움증을 유발한다. 린데인으로

치유한다.

6. 성병을 예방하려면 어떻게 해야 하는가?

- 성병을 예방하려면 금욕, 일부일처, 콘돔의 사용, 정기적인 건강검진, 그리고 성교를 하기 전에 파트너에 대해서 잘 아는 것 등을 실천해야 한다.

재검토

1. 다음 중 가장 넓리 퍼진 성병은?
   (a) 옴
   (b) HIV/AIDS
   (c) 음부포진
   (d) HPV

2. 트레포네마 팔리덤(*Treponema pallidum*)은 다음 중 어떤 질병을 유발하는가?
   (a) 임질
   (b) 매독
   (c) 클라미디아증
   (d) 음부포진

3. 애봇 검진팩은 어떤 질병을 진단할 때 쓰이는가?
   (a) 질편모충증
   (b) HIV 감염
   (c) 클라미디아증
   (d) 칸디다증

4. 미코나졸은 어떤 질병을 치료하는데 쓰이는가?
   (a) 칸디다증
   (b) 간염
   (c) 이감염증
   (d) 매독

5. HAART는 어떤 질병을 치료하는데 쓰이는가?
   (a) 1형 단순 헤르헤스 바이러스
   (b) HPV
   (c) 음부이
   (d) HIV/AIDS

6. 진행마비는 매독의 몇째 단계에서 발생하는가?
   (a) 첫째 단계
   (b) 둘째 단계
   (c) 셋째 단계
   (d) 위의 모든 단계

7. 미국의 어느 지역 여대생의 절반은 다음 중 어떤 성병에 감염되어 있는가?
   (a) 임질
   (b) 음부포진
   (c) HPV
   (d) HIV/AIDS

8. 다음 중 HIV가 발견되지 않는 곳은?
   (a) 모유
   (b) 타액
   (c) 혈액
   (d) 정액

9. 질 내부에 정상적으로 발견되는 생물이 웃자라서 생기는 성병은?
   (a) 임질
   (b) 칸디다증
   (c) 전염물렁증
   (d) 클라미디아증

10. 골판의 통증과 월경불순을 수반하는 성병은 어떤 생물에 감염되었을 때 발생하는가?
    (a) 헤모필러스 두크레이(*Hemophilus ducreyi*)
    (b) 2형 단순 헤르페스 바이러스
    (c) HPV
    (d) 클라미디아 트라코마티스

정답: 1. d; 2. b; 3. c; 4. a; 5. d; 6. c; 7. c; 8. b; 9. b; 10. d

17장

비정상적인 성적 변이

목차

사실인가 아니면 허구인가

다음 중 어느 것이 사실이고 어느 것이 허구인가? 답은 본문 안에 있는 「사실인가 아니면 허구인가」 아이콘에서 만날 수 있다.

1. 프랑스의 왕 앙리3세는 자기가 여성이라고 여겨지길 고집했고, "왕후"로 불리길 원했다. T F
2. 여성 나체 무용수는 노출증이 있는 사람이다. T F
3. 파트너가 옷 벗는 모습을 보는 걸 즐기는 사람은 관음증이 있다. T F
4. 노출증과 관음증은 모두 폭력적이지 않다. T F
5. 성적 행위 중에 약한 정도의 통증을 즐기는 것은 정상으로 간주된다. T F
6. 어떤 사람들은 자신의 성 파트너가 끈으로 묶거나 때리거나 망가지게 하지 않으면 성적 흥분이 생기지 않는다. T F
7. 성적 가학증과 피학증을 가진 사람들이 연맹을 이루어 성적 행위를 할 때 서로 통증을 주거니 받거니 하는 문화가 있는 곳이 미국 내의 어떤 곳에 있다. T F

패션 디자인을 전공하며, 브루클린에 거주하는, 22살의 제나 카카로는 15살 때 지하철에서 처음으로 성희롱을 당했다고 했다. 그녀는 그 당시 카톨릭 학교 교복을 입고 있었기 때문에 그러한 일이 발생한 것이라 생각했다. "아마도 제가 그 사람을 유혹하는 어떤 행동을 했을 거라고 생각했어요. 그렇지만 우리 가족들은 그 남자가 단지 부도덕적인 사람이었다며 저를 안심시켰어요."

맨해튼에 살고 있는 25살의 사라 페인은 브롱크스구에 위치한 보석회사에 다닌다. 그녀는 회사에 출근하기 위해 지하철 1호선을 타는데, 뉴욕에서 살고 있는 8년 동안 지하철에서 약 6번의 성희롱을 당했다고 했다. 그녀는 대학교 신입생 때는 지금보다 더 빈번히 일어났다고 덧붙였다. "아마도 지금은 조금 더 자신감이 있어 보이나봐요." 그녀가 말했다. "그래서 사람들이 저를 겁주려고 시도하는 빈도가 낮은 것 같아요."

68세인 비비안 린치는 집에서 퀸즈까지 가는데 지하철 F노선을 이용하곤 했다. 그녀는 그 기억을 떠올리며 몸서리를 쳤다. "70년대에 일이었죠" 그녀가 말했다. "남자들은 지하철에서 여자들을 만지곤 했었죠. 여자들에게 가까이 다가서며, 여자들의 옷을 엉망으로 만들었어요."

어떤 점에서, 손으로 더듬는 것은 지하철 문화의 한 부분으로 거의 받아들여진 것처럼 보인다. 43살의 스테파니 불로는 그녀의 딸을 학교에 데려다 주는 아침에, 지하철 4,5호선에서 사람들이 많은 것을 틈타 남자들이 더듬거나, 만지기 위해 시도하는 것을 여러 번 경험했다고 했다. "모든 사람들의 옷의 길이가 점점 더 짧아지는 여름은 그야말로 최악이죠." "처음 당했을 때, 뒤돌아서서 그 남자에게 소리를 질렀었어요. 하지만 딸과 함께 있었기 때문에, 딸을 신경 쓰이게 하고 싶지 않았어요." (Hartocollis, 2006)

이처럼 뉴욕 지하철(전세계의 지하철 시스템)에서 일어난 성폭력 사건은 몇 가지 질문을 제기한다. 예를 들면, 노출증과 비비기와 같은 범죄의 가해자는 거의 대부분 남성인가? 그러한 행동의 원인은 심리학적인가? 사회학적인가? 그와 같은 변태행위를 하는 사람과 그렇지 않은 사람들 사이에 생물학적인 차이가 있는 것일까? 남성 자신의 성기를 낯선 여성에게 들어내 놓는 행위를 통해 어떤 종류의 만족감을 얻는 것일까? 여성 피해자는 어떻게 반응해야 하는 것인가? 만일 가해자에게 법적인 책임을 묻는다면 어느 정도 처벌해야 하는 것일까?

여성 앞에게 노출을 하는 남성들은 흔히 그 후 자위를 통해 성적인 쾌락을 추구하거나, 지하철에서와 같이 여성들의 몸에 비비면서 쾌감을 느낀다. 자신을 노출하거나 모르는 여성의 신체에 자신의 몸을 비비며 성적인 만족을 얻는 것은 비정상적인 것으로 여겨진다. 그러면 성적인 행동 중에서 어떤 것이 "정상"이고 어떤 것이 "비정상" 또는 "변태"인 것인가? 정상적인 성행동과 변태적인 성행동을 먼저 비교해보자.

17.1 정상적인 성행동과 변태

정상적인 성행동을 판단하는 가장 흔한 방법은 통계적인 기준에 기반하는 것이다(Laws & O'Donohue, 2008). 이러한 측면에서 볼 때, 드물고 비정상적인 성행동은 변태라고 판단한다. 통계적인 접근법은 어떤게 정상인지 하는 기준이 행동의 빈도에 근거를 두지 그것에 대한 사회적인 용납성을 기준으로 판단하지 않기 때문에 가치중립적이라고 할 수 있다. 그러나 서서 하는 성교라던지 1주일에 7번 이상하는 것 등도 이러한 기준에서 보면 변태에 해당될 수 있다는 단점이 있다.

더구나 어떤 행동을 통계분석할 것인가 하는 점에서 완전히 가치 중립적이지는 않다. 우리는 우리가 보는 종교적인 가치에 반하는 행동들을 비정상적이거나 변태적인 행동이라고 간주하는 경향이 있다. 특히 새디즘이나 마조이즘처럼 눈살을 찌푸리게 하거나 여성 자체 보다 여성의 신발 따위에 더 흥분하는 등의 쉽게 설명할 수 없는 행위에 대해 더욱 그렇다(Darcangelo, 2008; Laws & O'Donohue, 2008). 종교적인 가치에 어긋나는 행동이 보편적일 수 있지만 개개인은 자신이 어떤 것이 정상적인 것(또는 올바른 것)인지에 대한 믿음이 있고 이것으로부터 벗어나면 보편적인 행위도 변태라고 규정한다.

특정 시대, 특정 문화에서 정상적인 것으로 여겨지는 것이 다른 시대, 다른 문화에서 비정상적인 것으로 여겨지기도 한다. 파푸아 뉴기니아의 트로브리엔드 섬의 사춘기 여자의 정상적인 행동이 서구 문화의 잣대로 보면 변태(심지어 색광녀스럽다)라고 여겨진다(1장).

서양의 문화에서는 구강성교나 자위 같은 성적 행위가 한때는 변태 또는 비정상적인 것으로 여겨지기도 했다. 요즘 그러한 것들이 너무도 광범위하게 하고 있어서 그런 행위를 변태라고 부르는 사람은 거의 없다. "정상"과 "비정상"의 개념은 특정 시대와 문화 속에서의 풍습과 관습을 반영하는 것이다.

변태라고 규정하는 또 다른 근거는 성기가 아닌 부분에 성적으로 집착하는 행동이 강할 때이다(Laws & O'Donohue, 2008). 만일 어떤 남성이 어떤 여성과 성행위를 할 때 그 여자의 팬티에 대해 더 희열을 느끼다든지, 성교를 하기보다는 발에다 대고 자위를 하고 싶어한다든지 하는 것은 변태로 여겨질 것이다. 이러한 행위는 이상한 또는 특이한 특징을 지닌다(Lehne, 2009).

변태와 비정상이란 용어에 대한 의미가 여러 가지로 혼돈되기 때문에 몇몇 전문가들은 흔하지 않은 양상의 성적 희열 또는 행동을 "성적 변태"라고 하지 않고 "비전형적인 변형"이라고 부른다. 정신질환편람에는 개인 또는 어떤 사회가 문제로 보는 성적 희열과 행동의 비전형적인 양상을 성도착증이라고 설명되어 있다[American Psychiatric Association (APA), 2000]. 의료진들은 성도착증을 정신병의 하나로 여긴다. 그러나 아주 약한 형태의 행동은 실행하는 사람들이 아주 많고 정상적인 인간의 성행위 스펙트럼에 포함된다.

비판적인 사고하기

정상적인 성행위와 비정상적인 성행위를 가르는 잣대로 통계적인 흔한 정도를 사용하는 이유는 무엇인가?

학생들의 실제 질문

질문: 물속에서 성교를 하는 것은 비전형적인 것인가? 그것으로 인해 감염될 수 있나요?

답변: 성도착증은 아니다. 성교를 할 때 방귀를 뀌는 것처럼 퍽퍽 소리 나는 것을 싫어하기는 합니다만, 아주 이상한 것이 아닙니다. 바닷물에서 감염될 확률은 매우 낮지만 과민반응이 나타날 수 있습니다. 물속에 염소 성분을 넣는 수영장도 마찬가지다. 과민반응이 나타나면 좋을게 하나도 없고 물은 윤활유가 아니다. 물속에서 숨이나 잘 참거나 차라리 잠수장비를 차고 들어가는 건 어떨까요.

17.2 성도착증

성도착증(paraphilias)은 어린이나 기타 동의하지 않은 상태의 상대방(자신의 성기를 노출하는 것을 보게 되는 사람 등), 신발, 가죽, 고무, 속옷 등의 물건, 또는 고통이나 굴욕감 등 흔하지 않은 대상으로부터 성적인 희열을 느끼는 것과 관련되어 있다(Barbaree & Blanchard, 2008; Laws & O'Donohue, 2008). 정신과적으로 볼 때 의도적으로 그러한 충동을 일으킨 사람뿐만 아니라 그러한 행동으로 인해 자신이 고통을 받는 사람들도 성도착증이 있는 것으로 진단된다.

성도착증 증세가 있는 사람들은 흔히 자신들의 충동이 강박증적이고, 힘들고, 의무적인 것으로 느낀다(Lehne, 2009). 한순간이 지나면 자기 자신은 그 증세를 스스로 극복했다고 한다. 성도착증의 충동이 마약중독이나 도박중독과 같이 자신의 힘으로 어떻게 조절할 수 없는 것을 경험한다고 느끼며 그러한 충동을 억제하려는 자신의 노력이 무의미하다고 보는 경향이 있다. 이러한 이유로 인해 이론가들은 성도착증이 성적 충동이나 성적중독의 한 유형으로 보기도 한다.

성도착증 증세의 강도는 다양하다. 어떤 경우에는 이상한 자극이 없을 때 정상적인 성적 기능을 하고 변태의 충동을 좀처럼 실행으로 옮기지 않는다. 성도착증의 행동이 스트레스를 받았을 때만 생긴다고 보고하는 사람도 있다. 좀 더 심각한 형태는 성도착증의 행위가 반복적으로 나타나고 그런 경험에 대한 상상과 판타지로 사로잡혀 있는 경우다. 이러한 경우, 성도착증적인 자극이 없거가 그러한 것에 대한 판타지가 없으면 성적으로 흥분을 느끼지 못할 수 있다. 성도착증적인 행동이 유일하게 성적 만족을 얻는 수단인 사람들도 있다(Lehne, 2009). 성도착증이 있는 사람들은 흔히 자위를 하거나 성행위를 할 때에도 성적 흥분을 얻기위해 성도착증적인 행동을 반복한다. 그것은 마치 성도착증적인 장면의 영화를 머릿속에서 재상영하는 것과 같다. 그러나 그런 장면이 지루해지면 새 "비디오"를 찍기 위해 다른 종류의 도착증 행위를 하는 충동을 느낀다.

페티시즘이나 성적 흥분을 얻기 위해 이성의 옷을 입는 의상도착증을 지닌 사람들은 대부분 다른 사람에게 해를 끼치지 않는다. 만일 파트너가 인정을 해 준다면 파트너에게 무시를 당한다 하더라도 상대에게 해를 입지 않는다. 그러나 다른 종류의 성도착증—자신의 나체를 사람들 앞에서 노출시키거나 어린이와 성교를 하거나 하는—을 가진 사람들은 피해자를 만들고 그들에게 해를 입힌다. 때에 따라서는 심한 정신적, 물질적 손상을 입힌다. 이러한 것들은 불법적인 것이기도 하다(Hart & Kropp, 2008). 성적인 가학증은 다른 사람을 아프게 하거나 못살게 굴 때 성적 흥분을 느끼는 것인데, 동의를 하지 않는 사람에게 강요했을 경우 가장 상해를 크게 입히는 성도착증이다. 가끔 보도되는 잔혹한 강간 사건들은 가학증이 연결되어 있다.

성도착증은 성적 피학증을 제외하고 거의 대부분 남성에서만 발견되는 것으로 알려져 있다(Hucker, 2008; Logan, 2008). 이러한 성도착증이 일반 대중들 사이에서 얼마나 퍼져 있는지에 대해서는 알려져 있지 않다. 왜냐하면 사람들은 흔히 이러한 문제에 대해서 말하기를 꺼려하기 때문이다. 우리가 알고 있는 대부분의 지식은 공중장소에서 옷을 벗거나 해서 검거된 사람들과 얼마 되지는 않지만 스스로 치료받으려고 도움을 청해오는 사람들로부터 얻었다. 따라서 아직 알려지지 않거나 연구되지 않은 부류의 사람들에

성도착증(paraphilia) 비전형적으로 성적 희열을 느끼거나 그렇게 행동하는 양상으로 개인이나 사회적으로 문제를 일으키는 것. 페티시즘이나 노출증이 그 예다. 성도착증의 충동은 재발되며 일부러 그러기도 하고 본의 아니게 발생해서 고통을 주기도 한다.

페티시즘(fetishism) 페티시즘은 가죽신발, 가죽부츠와 같은 비생물의 물건 또는 발과 같은 신체의 한 부분에서 성적 흥분을 느끼는 것이다. 많은 페티시즘 집착자들은 이러한 물건이 없거나 그것에 대한 상상을 하지 않을 때 성적 흥분을 느끼지 못한다. 여성의 속옷, 고무, 가죽, 실크, 모피로 만든 물건은 페티시즘에 흔히 이용된다. 왜 어떤 남성들은 여성들의 성기보다 여성들의 발에 더 흥분을 느낄까?

대한 특징은 잘 알지 못한다.

이 장에서는 페티시즘을 시작으로 성도착증의 주요 유형을 살펴본다. 하나의 예외는 아동애호증이다. 이 아동애호증은 어린이를 성적 흥분의 대상으로 삼는 증상이다. 이것은 흔히 어린이와 근친상간이나 성폭행과 같은 어린이를 대상으로 하는 강제 성행위를 들 수 있다(Lalumière, 등, 2005a; Seto, 2008). 이것은 18장에서 강간의 한 유형으로 다룰 것이다.

페티시즘

페티시즘의 어원은 프랑스어인 "페시세"에서 왔고 이 말은 포르투갈어의 마법의 매력이라는 뜻을 지닌 페이티코라는 말에서 기원했다. "마법"이라는 말에서처럼 어떤 물건이 사람의 성적 흥분을 일으키는 것을 내포한다. 그래서 **페티시즘(fetishism)**은 비생물적인 물건으로부터 성적 흥분을 받는 증상을 말한다. 여성의 팬티, 브라, 란제리, 스타킹, 장갑, 구두, 부츠 등과 같은 물건, 고무, 가죽, 실크, 모피로 만들어진 물건 등이 페티시즘에 가장 흔히 이용되는 물건들이다. 가죽부츠와 하이힐 구두는 유명하다. 어린이의 기저귀에 대한 페티시즘이 있는 경우도 보고된 적이 있다(Oguz & Uygur, 2005).

페티시즘 집착자들은 그러한 행위를 시작하는 충동이 생기면 의도적으로 행위를 벌이기도 하는데, 물건을 치거나 그것에 대해 환상의 상상을 하면서 자위를 하는 행위를 들 수 있다. 또한 페티시즘의 충동이나 환상에 대해 행동으로 옮기지 않으면 정신적인 고통을 받기도 한다(Darcangelo, 2008). 이와 비슷한 성도착증으로는 **편애증(partialism)**이 있는데, 발, 가슴, 엉덩이와 같은 신체의 특정 부위로부터 지나치게 성적 흥분을 받는 증상이다.

대부분의 페티시즘과 편애증은 해를 끼치지 않는다. 페티시즘의 행위는 항상 개인적여서 자위행위만 하거나 협력적인 파트너와의 성교할 때 나타난다(Darcangelo, 2008). 페티시즘 집착자의 극히 일부분만이 파트너로 하여금 다른 종류의 성도착증 행위를 수행하도록 강제한다. 그러나 몇몇 편애증자는 여성의 신체를 공공장소에서 만진다. 또한 어떤 페티시즘 집착자는 페티시즘에 사용할 물건을 얻기 위해 절도를 저지르기도 한다. 가끔 여성의 구두를 수백 켤레나 훔친 보도를 접하기도 한다.

페티시즘(fetishism) 옷이나 고무, 가죽, 실크 등의 비생물적인 물건에서 성적 흥분을 느끼는 성도착증.

편애증(partialism) 발, 가슴, 엉덩이 등 신체의 한 부분에 대해 지나치게 집착하고 그로부터 성적 흥분을 느끼는 성도착증으로서 페티시즘과 관련있다.

의상도착(transvestism) 성적 흥분을 얻기 위해 반복적으로 이성의 옷을 입는 성도착증 또는 그러한 충동으로 고통받는 증상.

의상도착

페티시즘은 **의상도착(transvestism)**을 포함하는 듯하다. 페티시한 물건을 만지면서 자위를 통해 성적 흥분을 받는 사람이 있는 반면, 의상도착자는 다른 성의 옷(페티시한 물건)을 입음으로써 흥분된다. 페티시즘 도착자는 물건 또는 그러한 물건을 가지고 하는 성교가 성적인 자극이다. 의상도착자는 그 물건을 입거나 착용했을 때만 그 물건에 대한 성적 흥분을 느낀다는 점에서 다르다. 의상도착자는 대부분 남성이다(Långström & Zucker, 2005). 의상도착은 이성애 남성과 동성애 남성 모두에서 발견된다(Taylor & Rupp, 2004; Wheeler 등, 2008). 많은 경우 남성-여성의 정상적인 관계를 유지하지만, 그렇지 않은 사람들은 전형적인 남성적인 행위를 한다.

사실인가 아니면 허구인가 1

사실인가 아니면 허구인가 1: 17세기 프랑스의 왕 앙리3세는 자기가 여성이라고 여겨지길 고집했고, "왕후"로 불리길 원했다. 그러나 이성의 옷을 입는 행위는 다른 문화권에서도 성적인 이유가 아닌 다른 이유로 나타나기도 했다. 앙리3세의 경우, 의상도착이라기보다는 이성도착(transsexualism)인 것으로 보인다.

의상도착은 이성도착과 뚜렷이 구분된다. 의상도착자와 이성도착자들의 몇몇은 자기 자신의 신체가 여성이라는 환상에 의해 성적으로 자극되는 **자기여성증(autogynephilia)**에 의해 시작된다(Bailey, 2003b; Lawrence, 2004). 그러나 의상도착자들은 보통 이성의 물건을 착용하고 자위를 하거나 이성의 물건을 입고 성교를 할 때 흥분을 느낀다. 의상도착자들은 자위를 하기 위해 이성의 옷을 입는 장면을 상상하면서 흥분을 느끼기도 한다. 대부분의 의상도착자는 남성이라는 성 정체를 유지하고 있고, 그걸 해부학적으로 바꾸려고 하지 않는다. 반면, 이성도착자는 자신의 성 정체에 따르는 의상이 불편하기 때문에 바꿔 입으려고 하고, 이성이 되고자 하는 생각이 뚜렷하다. 이 때문에 이성도착자들은 성전환을 원한다.

의상도착(transvestism) 의상도착자들은 성적 흥분을 얻기 위해 이성의 옷을 입는다. 청바지를 입는 여성은 의상도착증이 있는 것일까? (답은 아니오이다. 그러나 비판적 사고를 하는 여러분은 왜 그런지 설명해 보시오.)

페티시즘과 마친가지로, 의상도착증의 기원도 잘 알지 못한다. 생물학적인 호르몬의 영향인지, 신경학적으로 비정상적인 상태로 인한 것인지 그 증거가 불분명하다(Bailey, 2003b). Långström과 Zucker(2005)는 2,450명의 스웨덴인을 대상으로 한 연구에서 의상도착증이 남성의 약 2.8%, 여성의 0.4%에서 나타난 것으로 보고하였다. 의상도착은 부모와 이별, 동성애 경험, 포르노의 사용, 빈번한 자위행위뿐만 아니라 성적 가학증, 노출증, 관음증과 같은 다른 종류의 성도착증과 연관이 되어 있다.

어떤 남성들은 성적 흥분과 무관한 이유로 이성의 물건을 착용하는데 이것은 "엄밀한 의미의" 의상도착은 아니다. 어떤 남성은 마를린 몬로나 마돈나와 같이 입고 무대에 서는 직업을 가지고 있지만 성적 흥분 때문에 시작하지 않는다. 어떤 게이 남성들 사이에서는 멋있게 보이려고 여성으로 치장하기도 한다. 하지만 게이 남성들은 보통 성적으로 자극을 받기 위해 이성의 물건을 착용하지 않는다.

의상도착은 여성 옷을 입는 형태부터 스포츠 옷, 가발, 화장 또는 의상도착 클럽에서 여성스럽게 하고 다니는 형태까지 다양하다. 어떤 의상도착자들은 여성처럼 가장하면 성적으로 흥분하고 뭇 남성의 관심을 끈다. 어떤 경우에는 자신들의 정체가 들어나서 물러설 때까지 남성들을 꼬시기도

가까이서 보기

아키: 의상도착증 환자

많은 의상도착증 환자들은 지속적이고, 진지한 남녀 관계를 가지면서, 성관계 파트너와 성 활동을 한다. 그렇지만 아키의 경우처럼, 그들은 또한 여성의 옷을 입는 것을 통해서 성적 만족감을 찾는다.

55세의 배관공인 아키는 남성임에도 불구하고 수년 동안 여성의 옷으로 바꿔 입어왔다. 그는 심지어 여장을 하고 밖에 나간 적도 있었다. 그러나 그의 유명세가 그 지역에 알려지면서, 그는 점점 더 사람들에게 발각될까봐 두려웠다. 그의 아내 미르나는 아키가 그녀의 옷을 많이 빌려가는 것을 보고, "조금 이상하다"는 것을 알았다. 그녀는 그의 "특이한 성향"을 고치는데 도움이 된다면서 그로 하여금 집에 머물도록 했다. 수년 동안 그의 성도착증은 집에서만 제한되었다.

아내의 재촉으로 아키와 미르나는 병원을 찾았다. 미르나는 아키가 20년 동안 그녀에게 얼마나 자신의 의지를 강요했는지를 설명했다. 아내가 그에게 그의 행동들이 얼마나 역겨운가를 말하는 중에도, 아키는 그녀의 속옷을 입고, 자위행위를 했다. (또한 부부는 미르나가 만족할 만큼 규칙적이고, "정상적인" 성관계를 했다.) 옷을 바꿔 입는 것은 생각으로만 이어졌다. 왜냐하면 아키의 공상을 행동으로 옮기려 할 때, 10대인 딸이 그의 침실로 들어올 뻔했기 때문이었다.

미르나가 상담실을 나가자 아키는 여러 명의 누나들이 있는 가정에서 자라왔다는 것을 이야기했다. 누나들이 하나밖에 없는 화장실에 속옷을 말리기 위해 항상 속옷을 걸어놓았었던 것도 설명했다. 청소년기에 접어들면서, 아키는 그 속옷들을 문지르는 경험을 했으며, 그런 후에는 그것들을 입어보았다. 어떤 때는, 그가 거울 앞에서 팬티를 입어보고 있는데 누나가 걸어왔다. 누나가 그에게 말했다. "사회에서 매장될 놈!" 그는 즉시 비할 데 없는 성적 흥분을 경험했다. 누나가 나가고 나서 그는 자위행위를 했고, 그의 오르가즘은 그의 어린 시절 중 가장 강한 것이었다.

아키는 여자 속옷을 입는 것과 자위행위를 하는 것이 잘못이라고 생각하지 않았다. 그는 결혼생활이 파괴될지 말지와는 상관없이 그것을 포기할 생각이 없었다. 미르나의 주된 걱정은 결국 그녀 스스로 아키의 "질병"으로부터 벗어나는 것이었다. 그녀는 그가 그

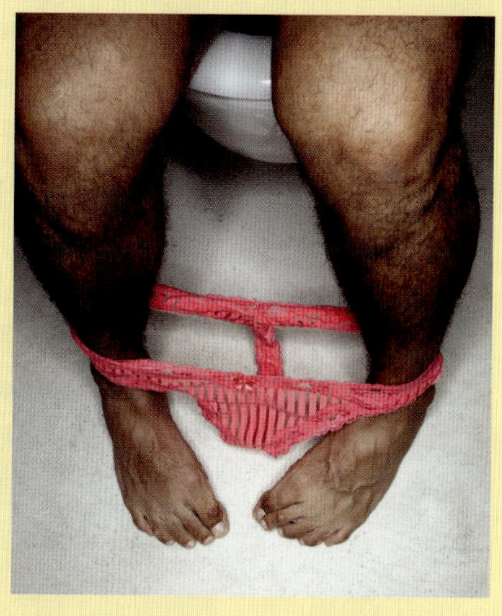

것을 자기 혼자만 한다면, 더 이상 신경 쓰지 않았다. "더 이상은 안 돼요" 그녀가 말했다.

이것이 이 부부가 생각해낸 타협이었다. 아키는 혼자서 공상에 빠진다. 미르나가 집에 없을 때 그렇게 하며 그녀에게는 그의 행위에 대해 말하지 않았다. 그는 또한 아주 아주 조심스럽게 아이들이 돌아다니지 않는 시간을 선택했다.

6개월 후 부부는 함께였고, 만족했다. 아키는 자신의 공상에서 미르나가 담당했던 부분을 의상도착적 가학피학애성의 잡지를 통해 채웠다. 미르나가 말했다. "저는 악을 보지도, 듣지도, 냄새 맡지도 않았어요." 그들은 계속해서 성관계를 가졌다. 얼마 지나지 않아, 미르나는 속옷이 사용됐는지를 체크하는 것을 잊어버렸다.

한다. 대다수의 의상도착자들은 반사회적 행동 또는 불법행위를 저지르지 않는다. 대부분 자신들의 성적인 편향을 사적으로 행하며, 여성 옷을 입는 행위가 아는 사람에게 들키는 것을 창피하게 생각하거나 두렵게 여긴다.

미국 북동부 지역 뉴잉글랜드에서 의상도착이 있고 이성애를 하는 남성을 대상으로 수행한 연구에 따르면, 그런 사람의 부인들 대부분이 참고 지내지만 결혼 후 몇 년이 지나서 알게 된 것에 대해서 배신감과 분노를 느낀다(Reynolds & Caron, 2000). 부인들의 공통적인 걱정거리는 다른 사람에게 자기 남편의 행동이 알려질까 하는 점이다.

노출증(exhibitionism) 모르는 사람이 벌거벗은 장면, 옷 벗는 모습, 또는 성교를 하는 장면을 보는 것에 대해 성적 환상을 가지고 있고 그러한 장면을 보려는 욕구가 강하고 반복적인 특징을 지니는 성도착증.

노출증

페티시즘으로 인해 제3자가 피해를 입는 경우는 별로 없는 것에 비해 **노출증(exhibi-**

tionism)은 그렇지 않다. 노출증은 성적 흥분이나 만족을 얻기 위해 지나가는 사람들에게 자신의 성기를 노출하는 행위 따위를 말하며 지속적이고 강력한 성적인 판타지와 연관되어 있다(Murphy & Page, 2008). 이러한 충동은 과시하기 위해서 하기도 하고 타인을 못살게 굴기 위해 하기도 한다. 노출증 환자는 거의 대부분 남성이지만, 여성인 경우도 있다(Hugh-Jones 등, 2005).

노출증에 대해 우리가 지금까지 알고 있는 지식은, 다른 성도착증과 마찬가지로, 사건과 연관되어 검거되거나 정신과적 치료를 받고 있는 남성들의 경우에서 얻은 것이다(Langevin 등, 2004). 따라서 검거되거나 선고를 받은 경우라는 것은 전체 현상에서 왜곡된 양상을 보여줄 수 있다. 전체적인 가해자의 특징은 연구를 위해 선정된 사람들의 풀과 다를 수 있다.

한 국가 내의 남성 중 약 4%가 성적 흥분을 얻기 위해 자신의 성기를 드러내는 것으로 보고되고 있는 반면 여성의 경우는 2% 정도로 낮은 것으로 보고되고 있다(Murphy & Page, 2008). 미국의 여대생들을 대상으로 수행한 설문 조사를 보면 노출증을 보이는 사람에 당하는 일이 광범위하게 퍼져 있는 것으로 나타났다. 약 32~39%가 갑자기 옷을 벗은 사람을 본 경험이 있는 것으로 나타났다(Murphy & Page, 2008). 대다수의 여성들은 16세 이전에 그러한 피해를 처음으로 접하며 그들 중 일부는 여러 번 당했다. 경찰에 신고한 여성은 단지 15명에 불과했다. 노출증에 대한 의학적인 정의는 이방인에게 노출을 하는 것이지만, 사고를 당하는 여대생의 약 36%는 친척이나 잘 아는 친구들에게 당하는 것으로 나타났다.

노출증은 전형적으로 젊은 사람들에서 나타나며 이들은 독신이거나 남성-여성 사이의 관계에서 불만이 많고 성적으로 위축된 사람들이다. 노출증 환자는 자신의 성 파트너와의 관계가 대체로 원만하다고 하며 자신을 노출하고자 하는 충동도 느낀다고 한다. 그럼에도 불구하고 많은 노출증 환자는 독신이다. 그들은 흔히 여성과 관계를 맺기 힘들어 하고, 의미있는 이성애 관계를 유지하지 못한다(Leue 등, 2004; Murphy & Page, 2008).

노출증은 보통 18세 이전에 시작한다(APA, 2000). 자기 몸을 노출시키고자 하는 욕구는 흔히 13~16세의 청소년기 초기에 흔히 시작한다. 노출증의 빈도는 40세가 넘어감에 따라 급격히 감소한다(APA, 2000). 전형적인 노출증 환자는 피해자와 더 이상의 성적 접촉을 시도하지 않는다. 따라서 이런 사람들은 물리적인 위협이 되지 않는다(APA, 2000).

비판적인 사고하기

비판적인 사고를 하는 사람들은 정의를 중요시한다. 나체 무용수와 나체로 일광욕을 즐기는 사람들은(대부분) 왜 노출증 환자가 아닌가?

경찰은 이러한 노출증을 "경범죄"로 다루지만, 피해자, 특히 어린이의 심리학적인 충격으로 볼 때 노출증이 피해자를 생산하지 않는다는 견해는 옳지 않다. 예를 들어, 피해자들은 피해를 얻은 충격과 함께 다시 피해를 받는 장면이 떠오르거나 악몽을 꾸며, 노출증 환자를 의도하지 않게 흥분시켰다는 잘못된 죄책감을 느끼거나, 자신의 대응이 지나쳤다거나 반대로 그런 사람이 경찰에 붙잡혀 가게 하지 못했다고 탓하며, 밖에 나다니기가 두려워지게 된다. 더구나 노출증 환자들은 징역을 살더라도 석방되면 범죄를 다시 저지를 확률이 매우 높다(Langevin 등, 2004)

어떤 이론학자들은 노출증이 여성을 향한 위협을 표현하는 하나의 수단으로 여긴다(Murphy & Page, 2008). 노출은 여성으로부터 불공평하게 대접을 받았다고 생각하거나 여성으로부터 무시 당해서 자존감에 상처를 받았다고 생각하는 것 때문에 여성에 대

가까이서 보기

마이클: 노출증 환자

마이클은 그의 부인과의 성관계를 좋아하지만, 스스로 노출하면서 느끼는 흥분만큼 흥분되지는 않았다고 했다. 그는 그의 노출증을 막을 수 없었다. 특히 지금, 그는 실직상태이며, 가족들의 다음 달 집세 내는 날이 다가올수록 걱정된다고 했다. 그는 무엇보다 딸을 사랑했고, 딸과 떨어지는 것을 생각하면 견딜 수가 없었다.

마이클의 작업 방식은 다음과 같았다: 그는 대개 중학교와 고등학교 근처에서 날씬한 청소년 여자아이들을 찾는다. 그의 성기를 바지 밖으로 꺼내서 여자아이나 여자아이들 무리 앞으로 차를 몰고 가면서 자신의 성기를 가지고 장난을 친다. 그는 점점 자동차 창문을 내리고, 계속해서 장난을 치면서 아이들에게 길을 묻는다. 때때로 소녀들은 그의 성기를 보지 못했다. 그것은 괜찮았다. 어떤 때는 아이들이 그의 성기를 보았지만 반응하지 않았다. 그것 또한 괜찮았다. 그러나 아이들이 자신의 성기를 보고 허둥대며, 무서워하면 그것은 무엇보다 최고의 느낌을 선사했다. 그는 더 강하게 자위하기 시작했고, 가끔 소녀들이 사라지기 전에 사정했다.

마이클의 생애는 불안정했다. 그의 아버지는 그가 태어나기 전에 세상을 떠났으며, 그의 어머니는 심한 술고래였다. 그는 어린 시절 내내 양부모 집을 들락거리며, 뉴욕 주 중심부 곳곳을 돌아다녔다. 10살도 되기 전에 그는 이웃집 소년들과 성관계를 맺었다. 또한 가끔, 그 소년들은 이웃집 소녀들에게 애무를 하도록 강요하기도 했다.

마이클은 소녀들이 화를 낼 때면 착잡했다. 그는 그들 때문에 기분이 나빴지만, 그것이 즐거웠다. 여러 번, 소녀들이 그의 성기를 보자 겁에 질린 것처럼 보였다. 그는 서서히 노출증 환자가 되었다. "정말로 진정한 남자가 된 거처럼 느껴졌어요. 당신도 알다시피, 그 표정을 보여주는 소녀. 성인 여성이 아닌, 단지 소녀. 즉, 내가 찾고 있는 것은 날씬한 소녀예요."

한 복수의 일환으로 저지르는 것이다. 노출증 환자는 분노를 직접적으로 표현하는 것은 너무 어렵다고 생각해서 방어하지 못하는 모르는 사람에게 모욕주는 방식으로 자신의 분노를 내뿜는다. 자신의 남성성이 손상을 받았다고 느낄 때 그렇게 노출하고 싶은 충동이 나타난다. 노출증 환자는 피해자의 반응을 자극함으로써 자신의 남성성을 확인받고 싶은 걸까?

다른 연구에 따르면 노출증 환자는 부끄러움을 잘 타고, 의존적이며, 수동적이고, 성적 및 사회적 능력이 떨어지며 심지어 이런 능력이 억제되는 사람들인 것으로 알려져 있다(Leue 등, 2004). 그들은 자신의 남성성에 대해 의심을 하는 경향이 있고 열등감과 소외감으로 고통을 받고 있다. 사회적으로 잘 어울리지 못하거나 적응을 못하는 사람들이 가깝게 사귀는 관계의 대용으로 노출증을 이용한다.

노출증 환자는 흔히 여학생 또는 젊은 여성을 대상으로 삼는다. 이방인의 앞으로 차를 몰고 가거나 걸어가서 자신의 성기를 노출한다. 피해자가 공포심, 혐오감, 혼돈, 또는 경악감을 느낄 때 옷을 입고 도망간다. 이러한 노출증 환자는 보통 노출을 할 당시 또는 그러한 행위를 한 바로 후 피해자의 반응을 되새기며 자위행위를 한다(APA, 2000). 어떤 노출증 환자는 노출 행위 도중 사정을 한다.

노출증 환자와 다른 종류의 성도착자들은 짜릿함을 크게 맛보기 위해서 남에게 붙잡힐지도 모를 위험을 감수하기도 한다. 이러한 행동으로 인해 테스토스테론과 화학적으로 유사한 스트레스 호르몬이 갑자기 분비되게 한다(Haake 등, 2003). 노출증 환자는 동일한 장소에서 자신의 차를 이용하는 등 잡혀갈 위험도를 일부러 높이기도 한다.

법원은 노출증 환자에게 엄한 경향이 있다. 그 이유는 노출증 환자는 좀 더 심각한 종

가까이서 보기

노출증 환자에 대처하는 법

노출증 환자가 나타날 것을 예상하지 못한 여성이 노출증 환자를 보고 충격을 받고, 놀라고, 또는 두려워 할 수도 있다는 사실은 당연한 것이다. 불행히도, 충격이나 두려움을 나타내는 것은 자신을 노출하려는 노출증 환자의 성향을 더 강화시킬지도 모른다. 그녀는 이미 적어도 하나의 사회 윤리를 깨뜨렸으며, 또한 신체적 폭행을 가할 수도 있는 노출증 환자를 두려워 할 수 있다. 그러나 다행스럽게도, 대부분의 노출증 환자들은 사실상 그들의 희생자인 여성들에게서 성적인 접촉을 추구하지 않는다; 일반적으로 그들은 경찰이나 행인에게 붙잡히기 전에 도망간다.

몇몇 여성들은 화를 내고, 모욕감을 주며, 심지어 범죄자들이 부끄러움을 느끼도록 논쟁하는 것으로 그들에게 대처한다. 화를 드러내는 것은 노출을 강화시킬 수 있다. 우리는 희생자들이 노출증 환자를 모욕함에 따라 폭력을 유발하지 않도록 하기 위해 그 방법은 추천하지 않는다.

비록 대부분의 노출증 환자가 폭력적이지 않다고 해도, 몇몇 환자들은 성폭행을 생각하거나 시도한다(Langevin, 2003; Price 등, 2002).

가능하다면, 반응을 보이지 않거나, 단순히 자신의 길을 계속 가는 것이 최고의 대처 방법일 것이다. 만약 여성들이 노출증 환자에게 반응하고 싶다면, 차분하게 이렇게 말해도 좋다. "당신은 정말로 전문적인 도움이 필요합니다." 또는 "당신은 당신이 갖고 있는 문제를 위해서 당신을 도울만한 전문가를 찾아야만 합니다." 그들은 즉시 경찰에게 사건을 알려야만 한다. 그래야만 당국이 범죄자를 체포할 수 있다.

류의 범죄나 성적으로 공격적인 성향으로 진행된다는 증거가 있기 때문이다(Price 등, 2002). 그러나 대부분의 노출증 환자는 강간이나 어린이 성폭행을 저지르는 단계로 나가가지는 않는 것 같다.

노출증의 정의는 정상적인 행위와 비정상적인 행위의 경계에 대해 깊게 생각해 보게 한다(Hugh-Jones 등, 2005; Laws & O'Donohue, 2008). 가령, 연인 사이의 사람들이 상대를 성적으로 흥분시키기 위해 파트너에게 자신의 신체를 보이는 행위를 즐기기도 한다. 물론 이것은 정상적이다. 나체 무용수들은 노출증 환자인가 하는 궁금증이 생긴다. 궁극적으로 나체 무용수들의 행위는 모르는 이방인에게 자신의 신체를 노출하는 것이 아닌가? **사실인가 아니면 허구인가 2:** 맞는 얘기이다. 그러나 나체 무용수들은 노출증 환자가 아니다. 그들은 관중들을 성적으로 더욱더 흥분을 잘 시킬수록 자신의 직장에서 성공한 것이지만 그들의 관중들은 예기치 않은 피해자가 아니다. 그들은 그 쇼를 보기 위해 돈을 지불한다. 나체 무용수들의 주된 동기는 (흔히) 돈을 벌기 위함이다(Philaretou, 2006).

이 여성은 노출증자인가 아니면 식탁 위에 음식을 놓는 것인가?

한편, 자신의 성 파트너 앞에서 발가벗을 때 성적으로 흥분되는 것은 정상이다. 이러한 행위는 성행위를 함께 하고자 하는 파트너를 흥분시키기 위해서 하는 것이지 놀래키거나 이방인 앞에서 하는 것이 아니다.

음탕한 전화걸기와 채팅 집착증

노출증 환자처럼 음탕한 전화를 거는 사람들은(거의 대부분은 남성이다) 그들의 피해자를 놀래킴으로써 성적으로 흥분되려고 한다(Briken 등, 2005; Pakhomou, 2006). 노출증 환자가 원하는 반응을 도출하려고 자신의 성기를 노출하는 것처럼, 음탕한 송화자는 불특정인에게 음탕한 말이나 외설스러운 말을 함으로써 자신을 "노출"한다. 정신질환편람(APA, 2000)은 이러한 유형의 성도착증을 **음란전화집착증(telephone scatologia)**이라고 부른다. "채팅집착증"을 하는 사람들은 음탕한 이메일이나, 문자, 대화방 문자를 보냄으로써 성적으로 흥분된다 (Abal 등, 2003; Quayle, 2008). 이러한 행동은 노출증의 한 형태로 간주되기도 한다.

음탕한 전화걸기를 하는 여성의 수는 상대적으로 적다(Quayle, 2008). 여성은 성적인 흥분을 얻기 위해서보다 어떤 실체적이거나 환상에 대한 복수를 하려는 심리에서 그러한 행동을 한다. 여성들은 자신이 복수심을 품었던 남성에 대해서 성적인 면을 조사하듯 공격하는 수단으로 전화를 이용하는 것이다. 반면, 남성은 성적인 흥분을 얻기 위해서 음탕한 전화걸기를 하고, 흔히 전화번호부에서 아무나 꼽아 전화를 걸거나 아무 번호나 거는 경향을 보인다. 그들은 전화 통화 중 또는 전화를 끊고 난 바로 직후에 흔히 자위행위를 한다. 대부분의 음탕한 전화를 거는 사람들은 다른 종류의 성도착증적인 행위를 하는데, 특히 관음증과 노출증에 취약하다(Heil & Simons, 2008).

음란전화걸기에는 여러 가지의 양상이 있다. 야한 얘기만을 하는 부류가 있는 반면 성행위를 시작하는 듯한 말을 하는 부류도 있다. 또 어떤 사람들은 단순히 수화기에다 대고 깊은 숨을 쉬기만 하는 부류도 있다. 피해자를 대상으로 자위행위를 하고 있는 것을 묘사하는 부류도 있다. 어떤 사람들은 피해자를 과거에 어떤 모임에서 만났다고 얘기하거나 서로 알고 있는 사이라고 주장하기도 한다. 심지어 자신들이 "성행위 조사"를 하고 있다고 소개하며 개인적인 질문을 하기도 하는 부류도 있다.

전형적인 음란전화집착증 환자들은 사회적으로 적응을 잘 하지 못하는 이성애(heterosexual)를 하는 남성들이고 이들은 여성과 끈끈한 관계를 맺는데 어려움을 겪는 사람들이다(Leue 등, 2004). 전화라고 하는 상대적으로 안전성과 익명성을 지닌 도구를 방패삼아 자신들의 행위가 거부되었을 때 상처받을지 모르는 심리적인 위험으로부터 보호받으려고 한다(Leue 등, 2004). 피해자가 충격을 받거나 놀라는 반응을 보고 가해자는 자신이 여성과의 관계를 비롯한 일상 생활에서 모자란 힘과 조정력이 있음을 느낀다. 이러한 음탕한 행위는 평소 가해자를 거부하던 여성에 대한 분노를 표출하는 분출구가 되기도 한다.

음란한 전화를 거는 행위는 불법이지만 위반한 사람을 찾아서 검거하기는 어려운 일이다. 경찰은 통화추적을 통해 음탕한 전화 거는 사람들을 찾아내기도 한다. 그러나 통화추적은 지역마다 다르게 작동한다. 발신자표시 장치는 전화거는 사람의 전화번호나 이름을 수신자의 전화기에 표시한다. 미국내 어떤 지역에서는 전화요금 서비스에 특별한 설정을 할 수 있어서 알지 못하는 번호나 발신자표시가 없는 전화가 걸려오면 수신자의 전화가 아는 사람 또는 번호만 받는다는 메시지를 발신자에게 보낸다. 이런 종류의 서비스는 몇몇 음탕전화 거는 자들로부터 보호할 수 있으나 어떤 가해자들은 자신의 집 전화 대신 공중전화를 이용하여 추적을 피하기도 한다.

음란한 전화를 받았을 때 어떻게 해야 할까? 일반적으로 노출증자에게 피해를 보는 여성들에게 권해주는 대처법과 비슷한 방법을 권고한다. 무엇보다 당황하지 말고 침착하여야 하며, 놀라거나 충격을 받은 것을 드러내지 말아야 한다. 그 이유는 이런 류의 반응에 음란전화 송신자들은 만족하면서 또다시 전화를 걸게 되는 가능성이 높아지기 때문

음란전화집착증(telephone scatologia)
음난전화를 거는 특징을 지닌 성도착증.

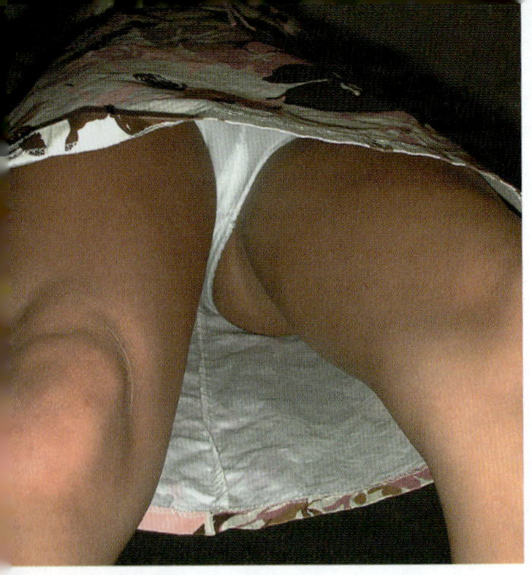

공공장소에서 음란사진 찍기 부도심 상가와 같은 공공장소에서 은밀한 부분을 촬영하는 사람들이 경찰에 붙잡히기 시작했다. 그들은 혼잡한 가게나 상가에서 소형 비디오 카메라로 여성의 치마 밑을 찍는다. 찍은 사진을 인터넷에 올려놓기도 한다. 그런 사진이나 비디오는 음란물 사이트에서 팔리기도 한다.

이다. 최선의 방법은 아무 대꾸도 하지 않고 조용히 전화를 끊는 것이다. 전화를 끊기 전에 송신자의 문제에 대해서 일침을 놓는 방법도 있다. 이럴 때 침착하고 강한 목소리로 "당신에게 이런 종류의 문제가 있다는 것은 참으로 딱한 일이에요. 전문가와 상의해 보세요." 와 같은 얘기를 하고 전화를 딱 끊는다. 만일 계속 전화가 걸려 온다면 발신자 차단을 요청하거나 경찰을 부르는 게 좋다. 많은 여성들은 전화번호부에 실릴 자신의 이름을 약자로 써서 여성임을 감춘다. 그러나 이런 관행이 너무 흔해서 음란전화집착증자들은 약자로 자신의 이름을 쓴 사람이 혼자 사는 여성일 거라고 쉽게 추측한다.

관음증

관음증(voyeurism)은 노출증의 반대면으로 여겨질 수 있다. 관음증은 모르는 사람이 벌거벗은 장면, 옷 벗는 모습, 또는 성교를 하는 장면을 엿보는 것에 대해 성적환상을 가지고 있고 그러한 장면을 보려는 욕구가 강하고 반복적인 특징을 지닌다(Lavin, 2008). 관음증환자는 "피해자"를 관찰함으로써 성적인 흥분이 유발되지만 직접적으로 성행위를 맺지는 않는 것이 보통이다. 페티시즘처럼 관음증도 거의 남성에게서만 나타난다. 흔히 15세 이전에 시작된다(APA, 2000).

관음증 환자는 훔쳐보면서 또는 훔쳐본 후에 그 장면을 연상하면서 자위행위를 한다. 훔쳐본 대상과 성행위를 하는 것에 대해 환상을 가지지만 적극적으로 나서서 그 사람과 직접 성관계를 맺으려는 시도는 하지 않는다(Lavin, 2008).

관음증이 있는 사람들은 자기 애인이 탈의하는 것을 보면서 성적으로 흥분될까? 포르노 영화나 나체쇼를 즐겨 보는 사람들은 어떤가? 정답은 아니오이다. 훔쳐보는 사람들이 전혀 모르는 상태에서 그러는 것이 아니기 때문이다. 연인들은 자신의 파트너가 보고 있다는 것을 안다. 포르노 배우나 나체쇼 댄서들도 다른 사람들이 자신을 본다는 점을 알고 있다. 이들은 관객이나 자신을 보는 다른 사람들이 없으면 공연을 하지 않는다.

사실인가 아니면 허구인가 **3**

사실인가 아니면 허구인가 3: 자기 파트너가 옷 벗는 장면을 보는 걸 즐긴다고 해서 관음증이라고 할 수는 없다. 이런 경우, 옷을 벗는 사람이 의도적이고 자발적으로 보여진다는 걸 알기 때문이며 그런 관찰하는 것을 즐기는 것도 정상이다(Montemurro 등, 2003). 진짜 관음증은 의심하지 않는 낯선 사람들을 훔쳐보고자 하는 것이다. 남성 나체쇼를 하는 클럽에 다니는 여성들도 자기 친구들과 클럽에서 만난 다른 여성들과 "유대감"을 즐긴다(Montemurro 등, 2003).

관음증 환자는 훔쳐보다 들키지 않기 위하려다가 오히려 종종 자신들을 위험한 상황에 빠트리곤 한다. 목표물을 더 잘 보기 위해 나무 위에 올라가거나 아주 간당간당한 곳에 올라 서 있다가 다치기도 한다. 북풍한설이 몰아치는 한겨울에도 지붕 위나 비상구 위에 박혀 있기도 한다. 훔쳐보는 사람들은 참을성이 매우 강하다. 훔쳐 보는 대상을 잠깐이라도 보기 위해 몇 시간은 물론이고 며칠 동안 기다리기도 한다. 25세이며 신혼인 한 남성은 자신의 장모가 옷벗는 장면을 보기 위해 장모방의 옷장 안에 숨었다. 성적인 흥분의 일부분은 관음증자가 초래하는 위험성에서 유래하는 듯하다. 위험성이 필요하다는 점은 관음증자가 나체해변이나 나체캠프와 같이 옷을 벗은 사람들을 보게 되는 것이(물론 또렷이 응시하는 것은 허락되지 않지만) 허용된 장소에서는 잘 나타나지 않는 이유를 설명해 준다.

관음증(voyeurism) 성적 흥분이나 만족을 얻기 위해 낯선 사람들에게 자신의 성기를 노출하는 행위에 대해 지속적이고 강한 충동을 가지고 있으며 이와 관련한 성적 판타지를 가지고 있는 것으로 특징지을 수 있는 성도착증.

사실인가 아니면 허구인가 4: 노출증자와 관음증자는 전혀 폭력적이지 않다는 믿음은 허구다. 노출증자와 관음증자는 대부분 폭력적이지 않으나 몇몇은 폭력을 휘두르는 것으로 알려져 있다. 게다가 화나게 만들거나 스스로 격분하면 폭력적으로 반응한다(Lalumière 등, 2005a; Langevin, 2003). 남의 집에 몰래 침투하거나 피해자의 주의를 끌기 위해 창문을 두드리는 관음증자들은 가장 위험한 부류들이다.

다른 류의 성범죄자들 가운데, 관음증자들은 상대적으로 성적인 경험이 적고 미혼인 확률이 높다(Lavin, 2008). 또한 많은 노출증자들처럼 관음증자들도 자신이 무능하다고 느끼고 있고 사회적 및 성적으로 미숙하다는 생각을 가지고 있다(Leue 등, 2004). 따라서 낭만적인 관계를 맺는데 어려움을 겪는다. 이처럼 내성적이며 사회적으로 무능한 유형의 관음증자들은 "훔쳐보기"를 통해 상대로부터 거부되는 위험 없이 성적으로 만족할 수 있는 기회가 되는 것이다. 그러나 관음증자 모두가 사회적으로 적응하지 못하고 여성과의 관계에 서투른 것은 아니다.

사실인가 아니면 허구인가 4

피학대음란증

사실인가 아니면 허구인가 5: 성행위 중에 약한 정도의 통증을 즐기는 것은 정상으로 간주된다. 깨물기, 머리잡아 당기기, 손톱으로 살짝 긁기 등은 통증을 유발하는 원인으로서 정상적인 행동의 한계 안에 포함되는 것으로 여겨진다(Laws & O'Donohue, 2008).

사실인가 아니면 허구인가 5

그러나 성 파트너가 자신에게 주는 통증 또는 굴욕감을 성교 자체보다 더 선호하거나 반드시 요구하는 사람들은 **피학대음란증(sexual masochism)**이 있다. 피학대음란증자들은 성 파트너로부터 묶이거나, 매로 맞거나, 굴욕감을 받거나 하는 등의 방법을 통해 성적 흥분에 이르려고 하는 욕구와 관련되어 있다. 이러한 행위에 대한 환상이나 지속적인 충동으로부터 스트레스를 받기도하고 일부러 그렇게 행동하기도 한다. **사실인가 아니면 허구인가 6:** 어떤 경우에는 묶이거나, 매로 맞거나, 굴욕감을 성 파트너로부터 받지 못하면 성적으로 흥분되지 않는 피학대음란증자들도 있다(Logan, 2008).

사실인가 아니면 허구인가 6

피학대음란증의 영어명은 마소키즘(masochism)이다. 이 명칭은 오스트리아의 이야기꾼 레오폴드 본 사쳐-마소키(Leopold von Sacher-Masoch [1835~1895])의 이름에서 유래하였다. 그는 여성 파트너가 매나 회초리로 때리는 등의 통증으로부터 성적인 만족을 얻는 남성들을 소재로 글을 썼다.

피학대음란증자들은 다양한 종류의 체벌경험으로부터 기쁨을 얻는다. 체벌의 종류는 묶이는 것[흔히 **굴레(bondage)**라고 불림], 눈가리기(감각의 굴레), 엉덩이 때리기, 회초리치기를 비롯해서 네발로 걷기나 파트너의 신발을 핥기, 저속하게 모욕을 주는 등의 굴욕감을 유발하는 행위를 포함한다. 어떤 피학대음란증자들은 자신의 파트너에게 오줌이나 똥을 싸기도 한다. 특정한 종류의 통증만을 선호하는 음란증자들이 있는 반면 여러 가지 종류를 다 즐기는 부류들도 있다. 그러나 피학대음란증자들이 성교와 무관한 종류의 통증을 즐긴다고 생각해서는 안 된다. 그들이 단순히 발을 밟히거나 뜨거운 것을 만진다고 해서 기쁨을 느끼는 것은 아니다. 통증은 낭만적인 욕구를 충족시키기 위해 반드시 정교한 성적인 절차에 속해야 한다(Hucker, 2008).

피학대음란증자와 **가학대음란증자(sexual sadist)**는 종종 서로의 필요에 따라 성적인 관계를 맺기도 한다(Yates 등, 2008). 어떤 피학대음란증자들은 매춘에 가담하거나 자신

피학대음란증(sexual masochism) 성적 흥분을 증가시키기 위해 통증을 필요로 하거나 요구하는 충동을 가지고 있는 성도착증.

굴레(bondage) 피학대음란증자들 사이에서 널리 퍼진 것으로 사슬 따위로 묶는 의식적 행위.

가학대음란증자(sexual sadist) 다른 사람에게 통증을 가하거나 굴욕감을 줌으로써 성적 흥분을 느끼는 사람.

의 일상적인 성 파트너로부터 도움을 받아 자신들의 피학대음란증적인 환상을 현실화한다. 통증이 성적인 기쁨과 연관되는 것은 얼핏보기에 상반되는 것처럼 보인다. 성적인 흥분이 어느 정도의 통증과 연관있는 것은 상당히 보편적이다. 킨제이보고서(Kinsey 등, 1953)에 따르면 적어도 세 명 중 한 명은 성행위 중 깨물렸을 때 흥분감을 느낀 것으로 나타났다. 이처럼 약한 정도의 통증(깨물기, 머리끌기, 살짝 긁기)으로부터 성적자극을 받는 것은 정상적인 성행위 변형에 포함된다. 이런 종류로부터 기인한 통증은 신체의 흥분도를 전반적으로 증가시키고 궁극적으로 성적인 흥분도를 증가시킨다. 우리들 중 몇몇은 성 파트너가 "지저분한 얘기"를 하거나 저속하게 이름을 부를 때 성적 흥분을 느낀다. 성적 흥분을 목적으로하는 통증에 대한 욕구가 지속적이고 강하게 되어 다른 종류의 성적 자극을 무색하게 할 때 또는 피학대음란증적인 경험이 신체적 및 정신적 피해를 낳을 때 정상의 경계를 넘는다고 말할 수 있다.

어떤 학자들은 독립적이고 책임감 있는 자기정체성이 때에 따라서 부담이 되고 스트레스로 작용한다고 주장한다(Knoll & Hazelwood, 2009). 피학대음란증은 독립적인 자기 정체성의 부담감으로부터 해방되는 공간을 제공한다는 것이다. 바로 눈앞에 있는 고통스럽지만 즐거운 느낌에 집중하거나 성적 도구가 되는 경험을 통해서 자신의 일상적인 수준의 자기의식을 벗어난다는 것이다.

피학대음란증은 상대적으로 유순한 수준에서 **과소산소호증(hypoxyphilia)**과 같은 잠재적으로 매우 위험한 행위까지 그 범위가 폭넓다. 과소산호호증을 지닌 사람들은 비닐봉지를 머리에 뒤집어 쓰거나, 목을 조이거나, 가슴에 압력을 가해 순간적으로 산소결핍을 유발하여 성적인 흥분감을 증가시킨다. 이런 사람들은 흔히 자신의 애인들로부터 목졸리는 장면에 환상을 가지고 있다. 이들은 의식을 잃기 전에 산소결핍행위를 중단하려고 하지만, 시기를 놓쳐서 질식으로 인해 사망에 이르기도 한다(Behrendt 등, 2002; Santtila 등, 2002).

과소산소호증(hypoxyphilia) 성적 흥분을 높이기 위해 산소가 결핍되도록 하는 행위로서 흔히 자위행위를 하는 동안 이루어진다.

학생들의 실제 질문

질문: 성적인 즐거움 때문에 성기에 피어싱을 하는 사람도 있나요?

답변: 그러는 사람들도 있다. 그 결과는 불확실하고 피어싱은 위험할 수 있다. 그러므로 피어싱을 하기 전에는 반드시 의사와 상의해야 한다. 몇몇은 실질적으로 괜찮지만 문제가 생기는 사람들도 있다. 어쨌든, 피어싱은 보통 성적인 즐거움을 증가시키기를 원하는 여성들 사이에서 이루어지는데 음핵, 음핵포피 및 음순에 피어싱을 한다. 그 중에서 신경과 혈관이 밀집해 있는 음핵에 수행하는 피어싱이 가장 위험하다. 유두, 남성의 성기, 배꼽에 하는 피어싱은 흔히 미적인 이유로 하며 어느 정도 문화적인 의미를 지니고 있거나 정력제의 효과보다 낫다. 정말로 끔찍한 것은 면허도 없이 가게 앞에서 서성이는 사람이 호객행위를 통해 고객의 몸 아무데다 피어싱을 할 수 있게 하는가 하는 점이다. 이런 류의 고객이 되지 말기를 권고한다. 훈련을 받고 면허가 있는 종업원을 고용하는 명성이 있는 피어싱 스튜디오를 이용하기 바란다.

가까이서 보기

론: 피학대음란증 환자

론은 결코 돈을 모으거나 성공의 사다리를 탈 수 없었다. 왜냐하면 자신의 성적 쾌감을 위해 성행위를 주도하는 매춘부에게 끊임없는 투자를 했기 때문이다.

론의 부모님은 론이 5살 때 이혼했다. 그러나 그의 아버지는 론이 9살 때까지 집에 계속 들락거렸다. 아버지가 방문하면, 론의 아버지는 아이들의 잘못된 행동에는 체벌을 가해야만 한다는 그의 어머니의 말에 따라 아이들의 발가벗은 엉덩이를 벨트로 정당한 이유 없이 매질했다. 8~9살쯤, 론은 맞는 동안 아버지를 충격에 빠뜨릴만한 발기를 경험했다. 그의 어머니는 론이 청소년이 될 때까지 볼기를 계속 때렸으며, 12살이 될 때까지 그는 수없이 매를 맞는 동안, 여러 번 계속해서 발기했다. 그의 아버지는 피학성애자였고, 어머니는 가학성애자였을 가능성이 있다.

론은 자위를 할 때, 발기를 하고, 오르가즘을 느끼기 위해 스스로 가학했다.

그의 성적인 황홀감은 여성이 다양한 방식으로 자신을 지배하는 것에서 비롯되었으며, 특히 그가 잘못한 행동을 할 때, 엉덩이를 때리며 체벌하면 느낄 수 있었다. 론은 짧은 결혼생활을 했다. 그러나 그가 성관계를 가지면서 흥분을 느낄 수 있는 유일한 방법은 여성에 의해 지배 당하거나, 체벌 받는 공상에 빠질 때 뿐이었다.

그는 판매원으로서 최고의 성공을 이룰 수 있었지만, 결코 돈을 모으거나 계속적인 성공을 거둘 수 없었다. 왜냐하면, 그는 성적 쾌감을 위해 폭력을 휘두르며 성행위를 주도하는 매춘부를 찾느라 돈과 시간을 사용했기 때문이다.

출처: Excerpted from Gregory K. Lehne. (2009). Phenomenology of paraphilia: Lovemap theory. In F. M. Saleh et al. (eds.), Sex Offenders: Identification, *Risk Assessment, Treatment, and Legal Issue* (pp. 12-26). New York: Oxford University Press.

가학대음란증

가학대음란증(sexual sadism)은 피학대음란증의 정반대다. 가학대음란증의 영어명은 새디즘(sadism)인데, 이의 어원은 악명 높았던 마르퀴스 드 새드[Marquis de Sade(1774~1814)]의 이름에서 기원한다. 프랑스인인 그는 다른 사람에게 고통을 주거나 굴욕감을 줌으로써 성적인 쾌락을 느끼는 것에 대한 이야기를 썼다. 그가 쓴 소설인 "저스틴"에는 도덕적으로 고결한 여걸 저스틴이 사악한 남성의 손으로부터 참혹한 고통을 받으며 지낸다. 그 여자는 독수리처럼 사지를 벌린 상태로 묶여서 사냥개가 물어 뜯어먹게 내버려지기도 한다. 그 후 외과의사에게 자신을 의탁하게 되는데, 이 의사는 그 여자의 온몸을 갈기갈기 분해하려고 한다. 큰 칼을 휘두르는 대량 살인 조직의 손에 들어가게 되나, 우연한 기회에 빠져나오게 된다는 줄거리다.

가학대음란증은 성적인 쾌락을 얻기 위해 타인에게 고통이나 굴욕감을 주려는 욕구와 환상이 지속적이고, 강력한 특징을 가지고 있다(Yates 등, 2008). 그러한 욕구는 일부러 행하기도 하지만, 본인에게 스트레스로 작용하기도 한다. 가학대음란증자 중에는 자신의 성 파트너를 괴롭히지 않으면 성적으로 흥분되지 않는 부류도 있고, 그러한 행동을 하지 않아도 성적으로 흥분되는 사람들도 있다.

어떤 가학대음란증자는 창녀나 피학대음란증자처럼 함께 응하는 파트너를 다치게 하거나 모욕을 준다. 또 다른 부류는 (매우 적은 수이지만) 학대 행위에 대해 동의하지 않는 피해자의 뒤를 밟거나 공격한다(Yates 등, 2008).

가학대음란증(sexual sadism) 다른 사람에게 통증을 가하거나 굴욕감을 줌으로써 성적 흥분을 느끼는 성도착증.

가학피학증(sadomasochism) **가학피학증(sadomasochism, S&M)**은 동의하는 성 파트너 사이에서 통증이나 굴욕감을 주고받음으로써 성적 흥분을 증가하는 행위를 말한다. 이따금씩 일어나는 가학피학증은 일반 대중 사이에서도 상당히 보편적으로 발견된다. 가벼운 수준에서 우월 및 굴복 게임이나 부드럽게 신체를 묶는 등의 낮은 수준의 가학피학증은 연애를 하는 사람들 사이에서 때때로 있다. 또한 깊은 사랑을 나누는 사람들이 성교를 하는 동안 서로 흥분감을 높이기 위해서 긁거나 무는 행위도 드물지 않다. 그러나 이러한 행위는 큰 고통이나 상처를 유발하지 않는다.

킨제이 등이 조사한 결과에 따르면 남성의 22% 및 여성의 12%가 피학가학증적인 이야기에 성적으로 어느 정도 반응하는 것으로 나타났다(Kinsey 등, 1953). 약한 정도의 피학가학증은 정상적인 성적인 변형의 범주 내에 들지만, 이러한 행위에 대해 환상을 직접 실행에 옮겨서 자신이나 타인에게 파괴적이고 위험하거나 스트레스를 주는 정도가 되면 병적이라고 할 수 있다. 아래의 경우가 그런 예다.

> 25세 여성으로 대학원에 다니는 학생은 다양한 종류의 피학대음란증의 경험에 대해서 얘기한다. 그 여성은 자신의 남편과 다툴 때 남편이 자신에게 고함치거나 때리면 성적으로 흥분된다고 한다. 때때로 깊은 사랑을 나눌 때면 남편에게 마치 강간당하는 것처럼 험악하게 해달라고 부탁하곤 한다. 그 여성은 폭력적인 것과 벌을 받는 느낌이 성적으로 자극을 준다는 것을 알았다. 뿐만 아니라, 낯선 사람 성관계를 맺을 때에도 흔히 있는 정상적인 종류의 자극보다 신체적으로 체벌을 받는 것을 더 즐기기 시작했다. 자신의 성적인 행동이 위험하다는 것을 알고 있고 다소 창피한 느낌도 있지만, 그런 행위로부터 얻는 쾌락 때문에 적극적으로 치료를 해야할지 망설였다(Spitzer 등, 1989, pp. 87~88에서 발췌).

사실인가 아니면 허구인가 7

사실인가 아니면 허구인가 7: 미국의 경우 피학대음란증자와 가학대음란증자들이 동아리를 맺어서 성행위를 하는 동안 고통과 모욕을 주고받는 문화가 있는 지역이 있다(Heil & Simons, 2008). 가학피학적 행위에 쓰이는 용품이나 잡지를 파는 성인용품점을 중심으로 퍼져 있다. 이러한 용품은 가죽 끈, 고대시대 처형할 때 쓰던 마스크를 흉내낸 가죽으로 된 가면 등을 포함한다. 이러한 행위를 즐기는 사람들은 서로가 아는 사람들을 통하거나, 가학피학의 사회조직 및 가학피학을 다루는 잡지에 광고를 통해서 상대를 더 넓혀간다.

가학피학증에 가담하는 사람들은 흔히 상대방을 장악하거나 굴복하는 과정과 관련해서 매우 복잡한 의식적 절차를 거친다. 이러한 절차는 몇 단계가 있는데, 막과 장으로 이루어진 연극과 같다(Gross, 2006). "주인과 노예" 게임에서는 가학대음란증자가 피학대음란증자의 목에 개줄을 묶고 끌고 다닌다. 가학대음란증자는 저질스럽고 지저분한 행동을 한다. 굴레와 훈육의 게임(bondage and discipline, B&D)에서는 장악하는 파트너가 굴복하는 파트너를 묶고 엉덩이나 허벅지에 회초리로 때리거나 성적으로 자극을 한다. 굴레가 성적으로 애용되는 까닭은 조절하고 조절되는 느낌과 관련이 있다.

가학피학적 행위를 하는 동안 고통을 주는 방법은 다양하지만 고통이 반드시 있는 것은 아니다. 고통을 수반하는 경우에, 대부분은 약하거나 적당한 정도다. 정신적인 고통 또는 모욕을 주는 것이 흔하다. 고통을 주는 척만 하는 표징적인 경우도 있는데, 가학대

가학피학증(sadomasochism, S&M) 동의하는 성 파트너 사이에서 이루어지는 상호 성적 만족의 행위로서 통증이나 굴욕감을 주고받음으로써 성적 흥분을 증가하는 행위.

음란증자가 부드러운 고무로 된 납작한 막대로 피학대음란증자의 엉덩이를 때리는 것이 이에 해당한다. 따라서 가학피학 행위에 가담하는 사람들의 고통에 대한 성적인 매력은 고통 그 자체보다 상대방을 조절하는 행위에서 유래한 것으로 보인다. 고문이나 죽도록 패는 것과 같이 극단적인 양상의 고통이 수행되는 것은 별로 알려져 있지 않다. 피학대음란증자는 고통 받는 것을 추구하지만 파트너로부터 심각한 상처를 입거나 위험에 빠지는 것은 피한다(Gross, 2006).

가학피학적 행위를 하는 사람들은 남녀연애자, 동성연애자, 또는 이들 둘 다 하는 사람들 사이에서 특별히 구분되지 않고 고루 발견된다(Heil & Simons, 2008). 그들은 피학대음란증자 또는 가학대음란증자의 역할을 하는데 때로는 역할을 서로 바꾸기도 한다. 피학대와 가학대의 역할을 모두 수행함으로써 성적인 흥분을 추구하는 사람들을 **가학피학증자**라고 부른다. 남녀연애의 관계에서 파트너들은 전통적인 성적 역할을 바꾸기도 한다. 남성은 굴복하거나 피학대음란적인 역할을 하며 여성은 장악하거나 가학대음란적인 역할을 한다(Gross, 2006). 가학피학의 행위에 가담하는 대다수의 사람들은 남성이지만, 여성의 수도 적지 않다(APA, 2000). 그들 대부분은 진지한 관계를 맺고 있는 사람들이다.

다른 종류의 성도착증과 마찬가지로 피학대음란증과 가학대음란증의 원인도 불분명하다. 그러나 고통은 쾌락과 연계되어 있는 것 같다(Grubin, 2008). 체내에서 분비되는 물질인 엔도르핀(endorphin)은 아편에 있는 마취제와 비슷하며, 고통에 반응해서 뇌에서 분비되어 낙원에 있는 듯한 느낌과 편안한 느낌을 가지도록 만든다. 즉, 엔도르핀의 분비 또는 그 효과의 증폭 때문에 쾌락은 고통으로부터 유래된다는 것이다. 그러나 이 이론은 미세한 고통이나 표징적인 고통에도 성적으로 매력을 느낀다는 점을 설명하지 못할 뿐만 아니라 고통을 일부러 주려는 적극적인 의도의 근원도 설명하지 못하는 단점이 있다.

그 원인이 무엇이든, 피학대음란증과 가학대음란증의 뿌리는 아동기에서 찾아볼 수 있다(Barbaree & Blanchard, 2008). 피학가학증적인 행동은 청소년기 후반에 흔히 시작하나, 피학가학증에 대한 환상은 아동기에서 종종 발견된다(APA, 2000).

접촉도착증

어떤 이들은 소매치기를 하기위해 지하철을 이용하는 반면, 어떤 사람들, 특히 여성들은 지하철에서 접촉도착증자로부터 피해를 본다. **접촉도착증(frotteurism;** 비비기 또는 더듬기)은 동의하지 않은 불특정인의 몸을 비비거나 만지는 행위를 일컫는다. 다른 종류의 성도착증과 마찬가지로 접촉도착증도 접촉 욕구를 해소하기 위해서 실행에 옮기거나 그러한 행동으로 인해 자신이 스트레스를 받는 증상이 있는 것으로 진단한다. 몸비비기는 남성에서만 나타나는 것으로 알려져 있다(APA, 2000)

비비기는 버스, 지하철, 또는 승강기와 같이 혼잡한 곳에서 일어난다. 성기를 삽입하는 성격은 아니지만, 비비거나 만지는 행위를 통해 접촉도착증자는 성적인 자극을 받는다. 여성의 몸에 자신의 몸을 비비는 동안 이런 사람들은 마치 그 여성과 동의하에 깊은 사랑을 나누는 듯한 환상을 갖는다. 일반적으로 접족도착증을 가지고 있는 남성은 자위할 때 여성의 몸에 자신을 비비는 상상을 한다(Lussier & Piché, 2008). 몸 비비기는 동

접촉도착증(frotteurism) 서로 동의하지 않은 사람에게 몸을 비비거나 만지는 것과 관련된 강력한 욕구와 환상을 가지고 있는 특징의 성도착증.

의하지 않는 모르는 사람을 손으로 **건드림증(toucherism)** 등의 유사한 행위를 포함하여 행한다.

몸 비비기가 순식간에 은밀한 동작으로 이루어지면 피해 여성은 자신에게 어떤 일이 일어나는지 모르는 수가 있다. 따라서 비비기를 하는 사람들은 들킬 가능성이 매우 적다. 지난 10년여 동안 수천 명의 여성에게 피해를 주었지만 고작 2번만 검거된 한 남성의 사례를 보자.

> 찰스는 45세로 지하철에서 한 여성의 몸을 비빈 혐의로 2번째 체포된 뒤로 그의 심리치료사가 그의 뒤를 밟기 시작했다. 그는 지하철에 들어서는 20대 여성을 대상으로 선정한다. 그러고는 승강장에서 기다리고 있는 그 여자의 뒤편에 서서 열차가 오기를 기다린다. 그 여자가 열차에 오르자 그녀를 따라간다. 열차의 문이 닫히자 그녀의 엉덩이에 성기를 부딪치기 시작한다. 마치 그녀가 동의해 주어 사랑스러운 성교를 즐기는 듯하는 환상을 그리면서 말이다. 그러는 행동을 하는 수의 절반 정도는 사정을 하는데, 바지가 젖을까봐 성기를 항상 비닐 주머니로 감싸고 다닌다. 그런 일을 마치면 아무렇지 않은 듯 출근한다. 사정을 하지 못한 날은 열차를 갈아타고 다른 피해자를 찾아 나선다. 그는 매번 일을 벌이고 나서 약간의 죄책감을 느끼지만, 이것은 잠깐이다. 그 다음에 어떻게 할까 궁리하느라 모든 생각이 그쪽으로 쏠린다. 자신으로 행위로 인한 피해자가 어떤 감정을 가지게 될지 그는 전혀 생각하지 못한다. 부인과 25년 동안 부부생활을 유지하고 있지만, 사회적으로 모자라고 확신에 차지 못한 생활을 하며 특히 여성과의 관계에서는 그런 현상이 두드러진다(Spitzer 등, 1989, pp. 106~107에서 발췌).

앞의 예에서 나오는 이 사람은 결혼을 했지만, 많은 수의 접촉도착증자들은 여성들과 관계를 맺는데 어려움을 겪는데, 여성으로부터 거부를 당할 것에 두려움을 가지고 있다. 몸 비비기는 상대적으로 덜 위협적인 측면에서 성적인 접촉을 할 수 있는 수단이다.

기타 성도착증

지금까지 다룬 페티시즘부터 접촉도착증까지의 성도착증들은 가장 흔한 것들이다. 그 이외에 다른 종류의 성도착증이 있다.

동물애증 동물애증은 희귀하며 종종 다른 종류의 장애와 연관되어 있다(Dittert 등, 2005; Lesjak 등, 2004). **동물애증(zoophilia)**이 있는 사람은 동물과 성적 접촉에 대한 반복적이고, 강한 욕구와 환상을 가지고 있다. 다른 종류의 성도착증과 마찬가지로 이러한 욕구도 스트레스를 따르는 것이거나 그것으로 인해 스트레스를 받는다. 아동기나 청소년기에 가정의 애완동물과 뒹굴며 놀다가 나타날 수 있는 성적인 반응은 동물애증이 아니다.

수간이라는 용어는 동물과의 직접적으로 성행위를 일컫는다. 신화와 실제 역사에서 사람이 동물과 성행위를 하는 것은 오래된 얘기다. 미켈란젤로는 레다와 백조에서 그리이스 신 제우스가 레다라는 한 여성과 성교를 하기 위해 백조로 변신하는 모습을 그렸다. 또한 제우스는 인간과 성행위를 하기 위해 황소 또는 뱀으로 변신하는 모습이 그려져 있다. 구약성서에 신은 동물과 성교한 사람을 사형시킨다고 한다. 그리이스 역사학자 헤로

건드림증(toucherism) 접촉도착증과 연관된 행위로 서로 동의하지 않은 상태에서 남을 애무하려는 지속된 욕구를 가지고 있다.

동물애증(zoophilia) 동물과 성적 접촉을 하고자 하는 반복된 욕구와 환상을 지닌 성도착증.

도터스는 멘데스에 있던 이집트 성에 염소가 인간과 성교하도록 훈련받았다고 기술한다.

일반 대중들 사이에서 동물애증이 얼마나 퍼져 있는지는 정확히 알지 못한다. 킨제이 보고서(Kinsey 등, 1948, 1953)에 따르면 연구에 참여한 남성의 8%, 여성의 3~4% 정도가 동물과 성적접촉을 한 것으로 나타났다. 남성들은 소나 양과 같은 농장의 동물들과 관계를 맺고, 여성들은 가정의 애완동물과 성적 접촉을 한 것으로 보고되었다. 남성은 동물과 자위를 하거나 성교를 하는 경향이 강한 반면, 여성들은 일반적인 신체 접촉을 했다. 도시와 농촌의 지역에 따르는 차이도 있었다. 농장에서 자라는 소년들은 수간의 비율이 높게 나타났다. 도시에서 크는 소년들은 수간을 경험한 이가 몇 명 되지 않으나 농장에서 자란 소년들의 17%는 개, 소, 염소 등과 성적 접촉을 통해 오르가즘을 느낀 적이 있다고 답했다. 이러한 성적 접촉은 청소년기에 한정되어 있었는데, 이는 다른 사람과의 관계가 제한되어 있는 시기인 특성과 관련이 있는 것으로 풀이된다. 그럼에도 불구하고 성인도 동물과 성적 접촉을 하기도 하는데, 호기심, 새로운 것에 대한 동경심, 또는 파트너가 없을 때 성적 욕구를 분출하기 위해서 일어난다. 동물애증은 알코올 중독, 지적능력 부족 등의 문제들과 종종 연관성이 있다(Lesjak 등, 2004).

학생들의 실제 질문

질문: 동물/애완동물과 성교를 하는 것이 허용되는 문화권이 있나요?

답변: 현대 문화권에서는 없다. 그러나 고대 벽화나 작품들을 보면 동물과 성교를 하는 것이 허용된 것으로 보이며, 어떤 경우에는 마술적인 의식에 쓰였음을 알 수 있다. 이것은 유대교, 기독교, 이슬람교가 창시되기 전에 이루어졌던 것으로 보인다. 이집트의 신들은 부분적으로 동물로 그려졌고 이것은 동물과 성교가 어떤 의식에서는 이루어졌다는 것으로 여겨진다. 이때 염소와 개코원숭이들이 성 파트너였던 것으로 생각된다.

시체성애증 **시체성애증(necrophilia)**은 희귀한 성도착증으로 시체와 성교를 하려는 욕구가 있는 사람들이 갖는 증상이다. 3가지 유형이 알려져 있다(Holmes & Holmes, 2002). 보통의 시체성애증은 죽은 사람과 성교를 하는 사람들에서 보이는 유형이다. 살해성 **시체성애증(necrophilic homicide)**을 가지고 있는 경우, 성적인 목적을 달성하기 위해서 살인을 저지른다. **공상적 시체성애증(necrophilic fantasy)**에서는 시체와 성행위를 하는 것을 공상으로 그리지만 실제로 시체와 성교를 하지 않는다. 시체성애증자들은 화장터, 영안실, 장례식장 등의 시체를 접할 수 있는 곳에 취직해서 일하는 경우가 종종 있다. 시체와 성교를 하려는 주된 의도는 저항이나 거부를 원천적으로 하지 못하는 파트너와 성적인 관계를 맺고 싶은 욕구인 것으로 보인다(Holmes & Holmes, 2002). 대다수 시체성애증자들은 심각한 정신과적 장애를 가지고 있다.

시체성애증(necrophilia) 시체와 성행위하려는 욕구의 특징을 가지고 있는 성도착증.

보기 드문 성도착증 **관장애증(klismaphilia)**은 대장을 씻어내는 과정인 관장을 함으로써 성적인 희열을 느끼는 증상이다. 관장애증이 있는 사람들은 관장을 해주는 것보다 관장을 받는 역할을 선호한다. 관장애증은 어린 시절 부모가 해준 관장 등의 자극으로부터 느낄 수 있는 성적인 기쁨에서 유래한다.

대변기호증(coprophila)은 대변과 관련해 성적인 자극을 느끼는 것이다. 이러한 도착증을 지닌 사람은 자신의 성파트너에게 대변을 싸거나 반대로 자신의 몸에 대변을 싸도록 하는 욕구가 있다. 대변과 성적 자극의 연관관계는 역시 아동기로 거슬러 올라간다. 많은 어린이들이 대변을 꾹 참고 있다가 한번에 배변함으로써 항문의 성적인 희열을 느끼는 것으로 보인다. 또한 아동기에 더러워진 기저귀를 하고 있는데 어쩌다가 발기 또는 성적인 자극이 생겨서 대변에 대한 성적인 끌림이 생기는지도 모른다.

요기애증(urophilia)은 오줌에 대해서 성적인 흥분을 느끼는 것이다. 시체성애증과 함께, 요기애증을 가진 사람은 성 파트너에게 오줌을 싸거나 그러고 싶은 욕구는 느낀다. 대변기호증처럼 요기애증도 어린시절의 경험에서 유래된다. 방뇨시 요도관의 자극이 성적 희열을 느끼게 되는 것으로 보인다. 또는 유아기 때 오줌을 싸서 젖은 기저기를 하고 옷을 입고 다니는 동안 발기를 경험하고 이를 통해 성적으로 자극되는 것이다.

17.3 이론적인 측면

성도착증은 성적인 행위 중에서 흥미롭고 복잡한 변형이다. 사람들이 어떻게 옷과 같은 물체나 이성의 옷을 입음으로써 성적으로 흥분되는지 이해하기가 쉽지 않다. 자신의 성기를 공공장소에서 드러내놓거나 불특정 피해자의 몸에 자신의 성기를 비비려고 하는 욕구의 정체를 이해하는 것 또한 쉽지 않다. 우리 자신에서도 어느 정도 관음증의 경향이 있다는 것을 알 수 있다. 그러나 훔쳐보기 위해서 주변의 나무 위에 올라가서 죽치고 앉아 망원경으로 들여다보거나 그런 일이 들켜서 사회적, 법적인 책임을 질만큼 위험을 감수하려 하지는 않을 것이다. 또한 고통을 주거나 고통을 받음으로써 어떻게 성적으로 흥분되는지 이해하지 못한다. 여러 가지 이론적 측면에서 진전된 설명들에 대해서 살펴보자.

생물학적인 측면

성도착증의 행동에 생물학적인 요소가 있는지 연구되고 있다. 생물학적 요소란 내분비계(호르몬)와 신경계 같은 요소가 성도착증의 행동과 연관이 있는지에 대한 고찰이다.

연구 결과에 따르면 성도착증을 가지고 있는 사람들의 다수가 정상보다 강한 성충동을 가지고 있다는 것이 밝혀졌다(Haake 등, 2003; Kafka, 2003). 독일에서 이루어진 연구를 보면, 성도착증자는 자위를 하고 느끼는 오르가즘 다음 나타나는 후회기의 시간이 대다수의 남성에 비해서 짧고, 성적인 환상과 욕구를 자주 경험한다(Haake 등, 2003). Kafka(2003)는 이렇게 증가된 성충동을 과잉성충동(hypersexual desire)이라고 하였으며, 이는 성욕저하증에 반대되는 개념이다(15장). Bradford(1998, 2001)는 이러한 성도착증을 과잉성충동장애(hyperactive sexual desire disorder)라고 하였다.

관장애증(klismaphilia) 관장을 함으로써 성적인 자극을 느끼는 성도착증.

대변기호증(cocrophilia) 대변과 연관되어 성적인 자극을 얻는 성도착증.

요기애증(urophilia) 오줌에 대해서 성적인 흥분을 느끼는 성도착증.

그러나 이들 연구는 성충동의 강도에 주안점을 두었지, 성충동으로 유발되는 방향에 대해서는 관심을 두지 않았다. 보다 더 최근의 연구들은 뇌파검사(EEG)를 이용하여 성도착증자와 대조군에서 뇌의 전기적 반응을 연구하고 있다(예, Kirenskaya-Berus & Tkachenko, 2003). 구체적으로 보면, 성적인 자극에 대한 이른바 "유도 전기 포텐셜"을 62명의 오른손잡이 남성을 대상으로 측정한다. 이들 중 절반은 성에 대한 상상이나 행위가 정상으로 생각되는 사람들이고(대조군), 나머지 반은 성도착증으로 진단받은 사람들(페티시즘과 가학피학증)이다(Waismann 등, 2003). 실험의 대상인 이들 남성에게 각각 57개로 이루어진 슬라이드 세트 3종류를 보여주었다. 즉, 57개의 슬라이드는 페티시즘과 가학피학적인 장면을 보여주고; 57개의 슬라이드는 나체의 여성, 성교장면, 구강성교장면을 보여주며; 57개의 슬라이드는 풍경, 길거리 모습과 같은 "중성적"인 모습을 담고 있다. "P600"이라고 명명된 전기자극이 남성에서 성적으로 달아오르는지를 나타내는데 가장 좋은 지표로 판명되었다. 연구대상 중 "정상적"인 성적 자극에 대해 P600이 반응하는 자리는 우뇌인 것으로 나타났으며, 오줌과 연관된 성적 흥분이 있는 성도착증에 대해서는 좌뇌 앞부분인 것으로 나타났다. 성도착증이 있는 사람들은 그렇지 않은 사람들에 비해서 좌뇌 앞부분에 P600의 반응이 매우 강하게 나타났다. 게다가 정상적인 사람들은 성도착증적인 자극와 정상적인 자극을 더 잘 구분하는 것으로 나타났으며 이것은 우뇌에서 일어났다.

심리분석가들에 따르면, 어렸을 때 엄마에게 혼난 경험이 성장 후 비정상적인 성적 환상과 행동을 낳게 한다고 한다.

신경학의 또 다른 연구는 피학대음란증에 대한 이해에 도움이 된다. 메사추세츠병원의 연구팀에 수행된 이 연구에서는 뇌의 성적자극에 대한 신경계가 고통스런 자극이나 기쁨에 대한 자극에 대해서 모두 활성되는 것을 밝혔다(Becerra 등, 2001). 이 연구팀에 따르면 고통스럽게 뜨거운 섭시 46도의 온도자극이 "보상"과 관련된 신경회로와 연관이 있다는 것이다. 처음에는 피학대음란증이 아니라 만성 통증이 있는 환자를 도우려는 목적으로 시작한 연구였지만, 이 연구 결과는 피학대음란증을 이해하는데 도움이 된다.

시간이 지남에 따라 성도착증적인 행동의 생물학적 근본 원리에 대해 더욱 잘 이해할 것이다. 비정상적인 양상의 성적 행동에 대한 진전된 이해는 보다 효과적인 치료법을 개발하는데 초석이 될 것이다.

심리분석학적인 측면

심리분석학적인 이론들은 많은 성적인 문제에 대해서 설명을 해왔다. 이런 측면에서 성도착증은 심리학적으로 방어기제라고 설명하며, 흔히 오디푸스 콤플렉스로 대표되는 거세공포증에 대한 방어라고 설명한다(Friedman & Downey, 2008). 아마도 의상도착자들에게는 여성의 성기를 본 것으로부터 거세공포증이 일어나고 이를 통해 자신도 거세되어 고통받을 수 있다는 것을 되새기기 때문이다. 자신의 자지를 여성의 옷 안에 숨기는 행동은 여성들도 자지가 있다는 것을 상징적으로 주장하는 것으로 자신이 지닌 거세공포증을 이겨내기 위한 무의식적인 자기위안이라는 것이다. 한편, 노출증자는 자신의 성기를 드러내놓음으로써 무의식적으로 그의 자지가 잘 있다고 확신하게 된다. 그것은 마치 "자, 봐! 내가 자지를 가지고 있어!"하고 확신을 하는 것과 같다. 피해자가 놀라고

비판적인 사고하기

성도착증이 있는 사람들에게 나타나는 비정상적인 행동에 대한 강한 욕구가 생물학적 요인이나 무의식적인 공포에서 기인한 것이라면 그런 행동을 조절할 수 있는 방법이 있는가?

충격을 받는 표정에서 그의 자지는 잘 있다고 증빙을 하게 되면서 일시적으로 거세공포증에서 벗어난다. 신발과 같은 물체로 자위를 하는 행위는 아마도 무의식적으로 여성과 성적인 접촉을 할지 모르는 위험에서 한 발 안전히 물러서 있으면서 성적인 욕구를 채우는 방법일 수 있다. 또는 페티시에 쓰이는 물건 자체(이 경우 신발)가 무의식적으로 자지를 상징할 수도 있다. 가학대음란증자는 발기부전에 대한 무의식적인 느낌을 이겨내기 위해서 다른 사람에게 고통을 주는 것일까?

어떤 심리분석학자는 남성 피학대음란증과 성적인 수치심과 죄의식이 억제된 경험을 연결짓는다(Schrut, 2005). 성인으로서 남성은 성적 흥분을 느낄 때 잘못하고 있다는 느낌을 받고 이에 대해 처벌을 받기를 원한다. 고통과 모욕은 그러한 경험을 누그러뜨린다.

성도착증은 심리분석학적 이론들의 풍부하게 하는 도태를 제공한다. 그러나 이러한 것들은 뚜렷이 해석하기 어려운 사례 연구와 일화적인 이야기들로 구성되어 있는 한계가 있다.

인지-행동학적 측면

인지-행동학적인 이론가들도 심리분석학적 이론가들처럼 성적 특이성 발달에 있어서 경험이 중요한 역할을 하는 것으로 생각하고 있다. 인지-행동학자들은 일반적으로 페티시즘과 다른 종류의 성도착증이 경험을 통해 학습되는 것으로 믿는다. 성적 흥분과 희열이 연관되는 과정을 통해 어떤 사물이 성적으로 흥미를 일으키는 성격을 지니게 된다는 것이다. 킨제이와 그의 동료들이 쓴 글(Kinsey 등, 1953)을 보자.

> 인간의 성행동에서 가장 극단적인 변태라고 하더라도 학습과 습관이라는 과정에 대해 지금까지 알려진 지식으로 설명할 수 있다. 아주 이상하고, 괴팍하거나 다른 사람들에게는 도저히 받아들일 수 없는 것처럼 보이는 행동도 다른 사람에게는 습관적으로 굳어진 행동 방식 때문에 중요할 수 있다(pp. 645~646)

예를 들어, 소년시절 자위를 하는 동안 어쩌다 빨래줄에 널린 엄마의 스타킹을 힐끗힐끗 보았던 어린이가 자라서 스타킹에 대한 페티시즘이 발달하게 되는 경우를 들 수 있다. 어떤 물체가 있는 상태에서 발생한 성적희열이 반복될 때 그 물체와 성적인 결합을 강화시킨다. 프라이드리치와 거버(Griedrich & Gerber, 1994)는 과소산소호증을 실행하는 5명의 청소년에 대한 연구 결과, 이 소년들이 어렸을 때 신체적 또는 성적으로 학대를 받으면서 목을 졸린 경험이 많은 것을 발견하였다. 이와 같은 조합으로 인해 소년들이 어른으로 성장한 후, 목졸림과 성적인 흥분과 연관되게 되었다는 것이다.

그녀의 행동은 타당한가 아니면 부적절한가? 많은 이론가들은 아동기 때 학습경험이 성도착증의 발달에 영향을 미칠 것으로 생각한다. 이 그림에서 보이는 여성과 어린이와의 상호작용이 어린이가 자라면 성적인 문제로 진전되게 할까?

피학대음란증에 대한 인지-행동학적인 설명은 성적인 흥분과 체벌의 짝이 어떻게 이루어지는가에 초점을 맞춘다. 예를 들어, 어린이가 자위를 하다가 들킬 때 혼난다. 또는 엉덩이에 매를 맞는 동안 어린이의 성기가 어쩌다가 부모의 몸에 비비게 되어 발기를 한 경험이 있다. 이와 같은 경험이 반복됨에 따라 고통과 기쁨은 서로 연결되는 것이다.

많은 수의 노출증자, 관음증자, 또 다른 종류의 성도착증자들은 여성과 정상적인 인간관계를 맺지 못하며, 사회적인 관계망도 피하려 한다. 이는 거부를 당할지도 모른다는 두려움 때문이다(Leue 등, 2004). 이처럼 은밀하고 변태적인 행동을 통해 거부에 대한 위험이 없이 성적인 충동을 방출하게 된다.

관찰을 통한 학습도 영향을 미친다. 예를 들어, 부모들은 의도하지 않게 어린 아들에게 노출증의 모델이 될 수 있고 이를 통해 아이는 자신을 노출하는 행위와 성적으로 흥분되는 것을 연관짓는다. 성도착증의 내용이 있는 책이나 잡지, 영화, TV 프로그램을 접함으로써도 성도착증이 발생할 수 있다. 대중매체는 성도착증적인 행동을 하려 하는 생각을 갖게 한다. 특히, 매체에서 보여주는 노출증이나 관음증과 같은 행위가 아드레날린의 분비를 촉진시킨다면 그런 성도착증적인 행동에 흥미를 느낀다.

사회학적 측면

심리분석학적 이론과 학습 이론은 개인의 행동과 사고 과정에 초점을 맞춘다. 사회학적 측면은 개인에 대한 집단과 사회의 일반적인 영향, 그리고 집단행동에 초점을 맞춘다. 예를 들어, 대부분의 성도착증자들이 남몰래 하지만, 피학대음란증과 가학대음란증을 즐기는 사람들은 파트너를 필요로 한다. 대부분의 피학가학증자들은 피학가학의 공감대층이라고 부를 수 있는 피학가학의 클럽들(성인용품점, 성인조직, 성인잡지 등)을 통해 피학가학증적인 의식을 공유하며, 서로의 성적인 상대를 찾고, 자신의 피학가학적인 성정체성을 확인한다. 그러나 피학가학의 공감대층은 보다 넓은 사회의 울타리 안에서 존재하는 것이고, 그러한 공감대층 속에서 이루어지는 의식은 범사회적인 역할과 성별의 차이에 따른 역할에 뿌리를 둔다.

와인버그(Weinberg, 1987)는 피학가학증을 사회적 맥락에서 집중적으로 연구하여 사회학적 모델을 제시하였다. 이에 따르면, 피학가학증의 의식은 일반적으로 장악하는 것과 굴복당하는 것의 형식을 띠게 된다는 것이다. 와인버그는 피학가학의 행동이 성적으로 매력을 지니는 이유를 남성과 여성 및 사회적 계급 사이에 존재하는 일상적인 힘의 관계를 뒤집을 수 있는 기회가 되기 때문이라고 설명한다. 정교하게 꾸며진 피학가학의 행위순서에 따르다 보면 온순한 사람도 힘이 생긴다. 사회적으로 하층계급 또는 천한 일을 하는 사람들이 피학가학증에 빠지게 되어 남을 장악하는 역할을 할 수 있게 된다. 장악과 굴복의 게임을 통해 장악은 남성, 굴복은 여성이라는 성별로 나누어진 특성을 보다 더 강화시키거나 반대로 바꿔볼 수 있다. 피학가학증을 가진 사람들을 조사하고 그들의 행동을 관찰한 결과에 따르면 장악과 굴복의 관계는 사회 통념적인 남성과 여성의 역할과 일치하는 것으로 나타났다(Damon, 2002; Santtila 등, 2002). 물론 예외적인 경우가 많지만 피학가학적 행위에서 남성은 장악하는 역할을 여성은 굴복되는 역할을 맡는 경향이 있다.

통합적인 측면: 러브맵

다른 종류의 성적인 행동 양상과 마찬가지로, 성도착증도 복잡한 신경사회학적 기원을 가지고 있다(Seligman & Hardenburg, 2000). 따라서 성도착증을 잘 이해하려면 다양한 측면에서 바라보아야 한다. 예를 들어, 존 머니(John Money, 2003)는 성도착증의 기원을 어린 시절까지 추적한다. 그는 아동기의 경험이 뇌에 각인된다고 주장하면서, 이를 **러브맵(lovemap)**이라고 불렀다. 러브맵은 개개인마다 성적인 흥분을 느낄 수 있는 자극과 활동의 종류를 결정하게 된다. 성도착증의 경우, 러브맵이 근친상간, 비성적 교육

러브맵(lovemap) 이상형의 연인과 이상적인 성적 행위에 대한 의식과 뇌에 각인된 표상.

및 학대, 무시 등의 아동기의 충격적인 경험으로 인해 찌그러지거나 "약탈당하게"된다. 그레고리 레인(Gregory Lehne)에 따르면, "성적으로 학대를 당한 소년은 자라서 소년과 성행위를 하는 등의 성도착증적인 환상을 가지게 된다… 어렸을 때 이성의 옷을 입었다고 체벌받거나 창피를 당했던 소년의 일부에서 어른이 되면 의상도착증이 나타난다" (2009, p. 15). 론은 어렸을 때(575쪽의 "가까이서 보기" 참조) "미운 짓"을 했다고 엉덩이를 자주 맞았고 어느새 그럴 때마다 성적 흥분을 느끼기 시작했다. 그는 후에 피학대음란증 환자가 되었다.

관음증과 노출증이 있는 사람들은 종종 아동기에 성적으로 학대받은 경험이 있는 피해자들인 것으로 나타났다(Barbaree & Blanchard, 2008). 물론 학대받은 경험이 있는 모든 사람에게서 성도착증적인 충동이 발달하는 것은 아니다. 사람에 따라서 학대의 경험이 러브맵을 변형시키는 정도는 다른데, 그 이유는 잘 모른다. 유전적인 소질, 호르몬의 요인, 뇌의 이상, 또는 이러한 요인들과 다른 요인의 조합들에 의해서 러브맵이 얼마만큼 약탈당할지 취약도를 결정한다(Lehne, 2009).

17.4 성도착증의 치료

비판적인 사고하기

치료를 원하지 않는 환자들을 치료하려고 하는 것은 윤리적인가?

성도착증을 치료하는데는 몇 가지 문제가 있다. 첫째, 성도착증이 있는 많은 사람들은 적어도 스스로 치료하려고 하지 않는다. 캐나다의 범죄학자인 론 랜지빈은 1960년대부터 2000년대까지 발생한 약 800명의 성범죄자들에 대해 조사하였다(Langevin, 2006). 그들 중 단지 절반만이 치료를 원했고, 이들은 치료과정을 모두 마쳤다. 그러나 많은 수의 성범죄자들은 경찰이나 가족, 파트너의 요청에 의해서 1차 의료기관에서 의사를 보는 것으로 그쳤다.

둘째, 1차 의료기관은 수사기관이나 재판정으로부터 진료기록을 제출하도록 요구받았을 때 윤리적인 문제에 맞닥드리게 된다. 1차 의료기관은 환자 자신의 목표를 분명히 하고 그 목표를 달성할 수 있도록 도와주는 역할을 하지, 환자 개인에 대해 사회적인 목표를 부여하지 않는 것이 통념적이다. 사회적 기준을 강제하는 것은 사법제도이지, 1차 의료기관의 의사들인 자신들이 아니라고 생각한다.

셋째 문제는 치료 자체다. 의료인들은 저항심이 강하거나 다루기 힘든 환자들이 일반적으로 치료가 잘 되지 않는다고 알고 있다. 변화에 대한 동기가 없는 한, 치료하는 노력이 물거품이 된다.

넷째 문제는 책임 소재다. 성범죄자들은 흔히 자신들의 욕정을 조절할 수 없다고 주장하며 자신의 행동에 대해 개인적으로 책임지는 것은 변화를 위한 서곡에 불과하다고 한다. 따라서 치료법이 성공적이려면 환자가 자신의 행동을 조절할 수 없다는 착각을 깰 필요가 있다.

이러한 문제점에도 불구하고 법정의 판결은 흔히 성범죄자들이 치료를 받도록 요구한다. 이들 중 일부는 자신의 행동이 다른 사람에게 얼마나 피해를 주는지 깨닫게 되어 치료를 적극적으로 받으려고 한다(Langevin, 2006). 치료에 있어서 심리학적 및 생물학적인 측면을 살펴볼 것이다. 대부분의 성범죄자들에 대한 치료 프로그램은 심리분석적인 심리치료, 인식-행동학적 치료 및 약물치료의 조합을 사용한다(Marvasti, 2004).

심리분석학적 치료

심리분석은 아동기에 시작하여 병적인 증상으로 발전한 무의식적인 문제를 해결하는데 주안점을 둔다. 치료의 목적은 아동기의 무의식적인 갈등을 의식의 세계로 불러와서 성인의 상태에서 살펴볼 수 있도록 하는 것이다(Laws & Marshall, 2003).

몇몇 긍정적인 결과도 있지만, 성도착증을 심리분석적인 방법으로 치료했을 때 그 실효성에 대한 분석은 이루어져 있지 않다. 따라서 성공적으로 치료를 했다고 해서 그것이 심리분석적인 치료 자체가 성공적이었는지, 아니면 자연적으로 치유됐다던지 환자 본인이 변하려는 의지 때문에 성공했는지 하는 등 다른 요인 때문에 성공했는지 알기 힘들다.

인지-행동학적 치료

전통적인 심리분석이 아동기의 문제가 있는 행동을 찾아내는 긴 과정을 수반하는 경향이 있는 반면, **인지-행동학적 치료(cognitive-behavioral therapy)**는 상대적으로 짧고 행동의 변화에 직접 주안점을 둔다. 인지-행동학적 치료는 성도착증적인 행동을 없애고 정상적인 성 행동을 강화시키려는 여러 개의 기술을 생산했다: 체계적 탈감각(systematic desensitization), 재발 방지훈련, 회피요법, 공감 훈련, 사회성 훈련, 분노조절, 은밀 감각훈련, 오르가즘 교정법 등(Krueger & Kaplan, 2002; Marvasti, 2004).

체계적 탈감각(systematic desensitization)은 성적인 자극(페티시적 자극과 같은 비정상적인 자극)과 부적절한 반응(성적 흥분) 사이의 연결 고리를 끊는 것을 목적으로 한다. 환자는 먼저 신체의 특정 부위의 근육을 이완하는 법을 배운다. 근육 이완 이후 바로 성도착증적인 장면이나 상상을 불러일으키는 것들과 관련한 장면들을 보여주는데, 반복적으로 그리고 점점 강한 것들로 제공된다. 이런 연계 과정을 통해 가장 도발적인 장면을 접할지라도 그런 자극에 따른 성적인 흥분을 이완작용으로 바꾸는 것이다. 한 연구에서, 13살 때 엄마의 속옷에 끌린 후 의상도착증자로 발전한 사람에게 의상도착이나 페티시즘과 관련된 장면을 들으면서 근육이완을 하도록 하였다(Fensterheim & Kantor, 1980). 이 사람은 편안히 이완하고 있는 동안 이런 류의 음성 테이프를 매일 들었다. 그 후 이 환자는 의상도착을 하고 싶은 생각이나 활동이 완전히 없어졌다고 보고하였다.

회피요법(aversion therapy)은 없애고자 하는 성적인 이상 행동(예를 들어, 페티시즘적인 상상을 하면서 자위를 하는 것)과 혐오스러운 자극(예를 들어, 해로움은 없지만 매우 아픈 전기적 충격 또는 구토를 유발하는 약)을 반복적으로 연계시킴으로써 환자가 비정상적인 행위를 대할 때마다 혐오감을 불러일으킬 수 있도록 하는 것이다.

공감훈련(covert sensitization)은 회피요법의 일종으로 성도착적인 환상과 이를 회피할 수 있는 혐오스러운 자극을 상상으로 연결시키는 것이다. 33명의 **아동성애자(pedophile)**와 62명의 노출증자를 대상으로 한 실험을 소개한다. 이들 중 반 이상은 공감훈련 치료를 받으라는 법원의 판결을 받고 시작하였다. 치료 대상자들은 우선 상상을 통해 혐오스러운 악취와 문제가 되는 행동에 대한 환상을 연관지어 치료를 수행하였다(Maletzky, 1980). 환자들이 소아성애적인 장면을 통해 성적 흥분을 유발하도록 하거나 노출증과 관련된 장면을 통해 성적환상을 불러일으키도록 하였다. 그 다음,

인지-행동학적 치료(cognitive-behavioral therapy) 사람들이 사물을 보고 반응하는 태도를 바꾸려고 시도하는 치유법으로 학습이론에 흔히 기초를 둔다.

체계적 탈감각(systematic desensitization) 성적인 자극(페티시적 자극과 같은 비정상적인 자극)과 부적절한 반응(성적 흥분) 사이의 연결 고리를 끊기위해 근육 이완을 이용하는 방법.

회피요법(aversion therapy) 불필요한 성적 이상 행동을 제거하기 위해 전기적 충격과 같은 혐오 자극을 서로 연계시키는 것을 반복함으로써 이상행동에 대한 혐오감을 느끼에 하는 방법.

공감훈련(covert sensitization) 회피요법의 일종으로 불필요한 성도착적인 상상과 이를 회피할 수 있는 혐오스러운 자극을 상상으로 연결시키는 것이다.

아동성애자(pedophile) 어린이에 대해 성적인 흥미가 높은 성도착증자.

때를 맞춰 . . . 성적인 흥분이 솟아오를 때, 혐오스러운 영상들을 보여준다 . . . . 예를 들면 소아성애증을 가지고 있는 사람이 어린이의 성기를 입으로 빨고 있는 장면을 보여주는데, 그 어린이의 성기에 물집이 나 있다든지, 노출증자가 한 여성 앞에서 옷을 벗는데 갑자기 자신의 아내나 경찰에게 들키는 등의 장면이다. 또는 소아성애증자가 어린 소년을 바닥에 눕히고 있는데, 바로 그 옆에 개똥이 잔뜩 쌓여든지 하는 장면이다(Maletzky, 1980, p. 308).

연구자인 말레츠키(Maletzky)는 이 치료법을 6개월 동안 매주 한 번씩 사용하였고 그 후에는 3개월에 한 번씩 이러한 내용을 강화시키는 치료를 3년 동안 수행하였다. 이 과정을 통해 치료에 참가한 사람들에서 그 이후 3년 동안 비정상적인 행위는 적어도 75%, 그리고 판다지는 80% 이상 감소되었다. 한편, 이와 비슷한 치료를 받고 난 7,275명의 성범죄자들이 경과를 25년에 걸쳐 조사한 결과에서 말레츠키와 스타인하우저(Maletzky & Steinhauser, 2002)는 노출증자들에게는 효과적인 반면 소아성애자들에게는 그렇지 않다는 것을 밝혔다. 그러나 25년이라는 긴 시간이 지난 후 처음부터 참여하였던 사람들 중의 50%가 넘는 사람들은 연락이 되지 않았다.

사회성 훈련(social skill training)은 이성과의 관계를 맺는 능력을 증진시키는 것에 초점이 맞춰져 있다. 치료사는 우선 올바른 행동을 설정하는데, 가령 여성에게 데이트를 어떻게 신청하는지 또는 거부당했을 때 어떻게 대처해야 하는지 등에 대한 행동법을 알려준다. 치료사가 여성의 역할을 맡고 환자는 적절한 행동을 역할극을 통해 익힌다. 역할극을 통한 훈련이 끝나면 치료사는 환자의 행동에 대한 의견을 제시하고 환자의 능력이 증진되도록 추가적인 안내와 모델링을 제공하게 된다. 이러한 과정은 환자가 사회성 능력을 완전히 습득할 때까지 반복한다.

오르가즘 교정법(orgasmic reconditioning)은 문화적으로 적절한 장면들과 성적 희열의 기쁨을 연관시킴으로써 사회적으로 적절한 자극에 대해서 성적인 흥분을 일으킬 수 있도록 하는 것을 목적으로 한다. 환자는 성도착증적인 장면을 보거나 상상을 하면서 자위를 하게함으로써 성적으로 흥분되게 만든다. 그러나 성적희열의 정점에 도달하게 되면 사회적으로 받아들여지는 적절한 장면으로 교체하여 오르가즘 동안 그것에 대해 집중하게 한다. 한 예로, 데이비슨(Davison, 1977)은 21세 대학생에서 가학적 판타지가 줄어들었다는 보고를 하였다. 이 환자는 가학적 판타지를 이용하는 한이 있더라도 자신이 할 수 있는 모든 방법을 동원하여 발기를 하게 하였다. 그러나 발기를 하게 되면, 플레이보이 모델을 보면서 자위를 하게 하였다. 따라서 오르가즘은 가학적이지 않은 장면과 짝을 이루게 된다. 이러한 비가학적인 이미지와 판타지들은 궁극적으로 성적인 흥분을 일으킬 수 있게 된다. 오르가즘 교정법은 종종 사회성 훈련과 같은 다른 종류의 기술과 병행해서 보다 더 바람직한 사회적 행동이 강화될 수 있도록 한다(Marvasti, 2004).

다음에 보는 바와 같이 여러 가지 측면에서 성적인 문제를 치료한다는 것은 점점 "의학화"하고 있다(Grubin, 2008).

사회성 훈련(social skills training) 치료사의 훈련과 연습에 바탕을 두며 사회적인 능력을 배양하는 인지-행동학적 치유법.

오르가즘 교정법(orgasmic reconditioning) 문화적으로 적절한 자극과 오르가즘을 반복적으로 연계시킴으로써 정상적인 성적 자극(이성의 성인에 대한 성적 판타지 등)과 성적인 흥분이 연결되는 것을 강화시키는 방법.

의학적 접근

성도착증에는 의학적으로 "완치"할 수 없다. 그 어떤 약물도 외과적인 수술법도 다른 인지기능을 나둔채 성도착적인 생각을 제거시킬 수 없다. 최근 세로토닌 재흡수 억제제

(serotonin reuptake inhibitor, SSRI)를 선택적으로 이용하여 성도착증을 치료하는 방법이 진전되고 있다. 이 약물은 주로 항우울증제으로 사용되어 노출증, 관음증, 페티시즘을 치료하는 데 사용된다(Grubin, 2008). 왜 항우울증제인가? 우울증을 치료하는 것과 더불어 SSRI는 만성적인 강박증(파괴적이고 역행적인 생각들이 들거나 특정한 행위나 생각이 계속되는 충동)을 포함하는 강박반응성 장애를 치료하는데 종종 사용된다. 성도착적인 행위는 강박반응성의 성격을 지니고 있다. 성도착증을 가지고 있는 사람들은 종종 파괴적이고 반복적인 판타지와 충동을 가지고 있다(Saleh, 2009).

이런 종류의 충동이 강하게 있어서 성폭력을 휘두를 수 있는 위험스러운 사람들은 약물치료를 통해 혈류에 있는 테스토스테론의 수준을 낮출 수 있다(Grubin, 2008; Saleh, 2009). 테스토스테론은 성욕 및 성적 흥미와 밀접하게 연관되어 있다. 상품명 데포-프로베라(Depo-Provera)로 팔리고 있는 약물 **메드록시프로제스테론(medroxyprogesterone acetate, MPA)**은 성폭력자에게 집중적으로 처방되는 항안드로젠의 일종으로서 매주 한 번씩 주사를 맞는다. 남성의 경우, 항안드로젠류 약물은 성적인 욕구 및 발기와 사정의 빈도를 줄이는 효과가 있다.

데포-프로베라는 남성의 성적 욕구를 억제한다. 즉, 성적 충동, 야한 판타지 및 욕구이 강도를 낮춤으로써 약물치료를 받는 남성이 성행위를 하고 싶은 욕구를 낮춘다(Grubin, 2008; Saleh, 2009). 그러나 항안드로젠이 모든 성도착증적인 욕구를 완전히 제거시키거나 각자의 성적인 행동양식을 완전히 변화시키지는 못한다.

항안드로젠은 종종 **화학적 거세**라고 불리는데, 이것은 잘못이다. 외과적 거세(surgical castration)는 고환을 제거하는 방법이다. 강간범 및 성폭력자 중에 법정에서 선고를 받은 사람들에 한해 외과적 거세를 수행한다(Roesler & Witztum, 2000). 외과적 거세는 남성호르몬인 테스테스테론의 생산되는 고환을 제거하는 것이다. 항안드로젠은 테스토스테론을 억제하지만, 이 호르몬의 생산을 제거하지는 못한다. 또한 외과적 거세와 달리, 약물치료는 영구적이지 않기 때문에 항안드로젠 치료를 끝냈을 때 역효과가 날 수 있다.

항안드로젠은 심리적 치료와 병행하여 사용했을 때 경우에 따라서 효과가 좋은 것으로 나타났다(Roesler & Witztum, 2000). 그러나 항안드로젠은 효과가 제한적이다. 그 이유는 환자들이 치료에 대한 거부율이나 중간에 그만두는 경우가 많기 때문이다(Roesler & Witztum, 2000). 또한 부작용에 대한 문제도 많은데 아직 이에 대해 해결책이 뚜렷하지 않다.

비정상적인 성적 행위에 대한 수많은 연구 결과가 쌓여 있음에도 불구하고, 이에 대한 이해와 어떻게 치료할 것인가에 대해서는 아직 만족할 만한 결론에 도달해 있지 않다.

비판적인 사고하기

성도착증에 대한 치료법 중 일반적인 성적 욕구를 줄여줌으로써 증세를 완화하고자 하는 것은 어떤 것이며, 사회적으로 부적절한 반응에 대한 성적 반응을 적절한 자극에 대해 반응하도록 유도하는 치료법은 어떤 것인가?

항우울증 약물이 강박증을 치료하는 데 효과가 있으므로 이를 이용하여 성적으로 강박증적인 행동을 치료해오고 있다.

17.5 비정상적인 성적 변이

총정리: 재숙고, 재인용, 재검토

이 책은 PQ4R 방법을 사용하고 있다. 여러분은 맨 먼저 장 읽기, 즉 첫 번째 R을 잘 마쳤다. 이제부터 나머지 3R(총정리), 즉 재숙고, 재인용, 재검토는 여러분이 숙달한 정도를 여러분 스스로 테스트해 볼 수 있게 해줄 뿐 아니라, 이 장의 내용들을 이해하고 기억할 수 있게 도와줄 것이다.

재숙고

▶ **비판적인 사고하기:** 구강성교나 자위행위 등과 같은 행동이 변태 또는 비정상적인 행동이라고 생각하는가? 왜 그런가? 아니면 왜 그렇지 않은가?

- 당신 학교의 여학생 중에서 청바지와 같은 남성의 복장을 즐겨 입는 여학생들은 복장도착증이라고 해야 하는가? 그 이유는 무엇인가? 아니라면 그 이유는 무엇인가?
- 노출증자에게 피해를 당한 경험이 있는가? 어떤 느낌이 들었는가? 어떻게 대처하였는가? 또 그런 일이 있다면 똑같은 방법으로 대응하겠는가? 설명하시오.
- 의도치 않게 야한 사진이나 비디오를 인터넷에서 접한 적이 있는가? 어떤 느낌이 들었는가? 설명하시오.
- 노출증자, 관음증자, 접촉도착증들에게 치료를 하도록 하겠는가, 교도소로 쳐 박은 후 열쇠를 치워버리겠는가 아니면 다른 방도를 찾아보겠는가? 당신의 선택에 대해서 설명하시오.

재인용

1. 어떤 행동이 정상적인지 비정상 또는 변태인지 어떻게 판단할 것인가?

- 성적 행동이 비정상적이라고 할 때는 통계적으로 매우 드물거나, 상식적인 가치에 반하거나(성도착증 사례에서 보는 바와 같이), 음부 이외의 부위에 대해서 지속적인 성적 매력을 느낀다는 증거가 있을 때다.

2. 성도착증이란 무엇인가?

- 성도착증이란 어린이, 불특정 다수, 특정 물체, 고통 및 모욕 등과 같은 평범하지 않은 자극에 대해 성적 흥분을 느끼는 것을 말한다. 성도착증은 대부분 남성에게서 나타난다.

3. 성도착증의 종류에는 어떤 것이 있는가?

- 페티시즘은 무생명 물체가 성적인 흥분을 일으키는 증상이다. 편애증은 사람들이 발과 같은 신체의 특정 부위에 대해 성적으로 흥분하는 비정상적인 행위다. 의상도착증자들은 자신과 다른 성의 의상을 입음으로써 성적 흥분을 느낀다. 노출증자는 모르는 사람들 앞에서 자신을 드러내려는 충동을 느낀다. 관음증은 상대방에 대한 성적인 관계는 추구하지 않으면서 훔쳐보기만 함으로써 성적으로 흥분을 느끼는 행위다. 야한 전화를 거는 사람들은 피해자를 깜짝 놀래킴으로써 성적 흥분을 느낀다. 이러한 부류의 사람들은 전화를 거는 동안 또는 그 바로 후에 자위행위를 하는 것이 일반적이다.
- 피학대음란증은 고통이나 모욕을 받을 때 성적인 흥분을 느끼는 증상이다. 가학대음란증은 성적인 흥분을 얻기 위해 다른 사람에게 고통이나 괴로움을 주려는 강한 충동과 성적 판타지를 갖는다. 가학대음란증을 가지고 있는 사람들은 성폭력을 휘두를 가능성이 높은 위험한 부류다. 접촉도착증의 대부분은 버스, 지하철, 승강기 등 사람들이 붐비는 곳에서 일어난다.
- 동물애증은 동물과 성적 접촉을 하고자 하는 반복된 욕구와 환상을 지닌 성도착증이다. 시체성애증은 시체와 성행위하려는 욕구의 특징을 가지고 있는 성도착증이다.

4. 성도착증이 왜 발생하는지 어떤 설명이 있는가?

- 성도착증이 있는 사람들은 보통 사람들에 비해 성욕이 강하다. 이들의 두뇌는 비정상적인 성적 반응에 대해 정상인들과 다르게 반응한다. 신경분석학적 이론은 남성의 성도착증이 거세공포에 대한 방어기제인 것으로 설명한다. 몇몇 인지행동학자들은 비범한 자극이 성적인 흥분이나 오르가즘과 연동되는 과정을 통해서 성적 흥분을 일으키는 자극으로 변질된다고 설명한다. 바인버그의 사회학적 모델에 따르면, 가학, 피학 의례가 성적인 매력을 갖게 되는 것은 남성과 여성, 사회적 계층 사이에 존재하는 관습적인 역학관계를 뒤집는 기회로부터 유래했다고 한다. 존 머니는 어린 시절의 경험이 두뇌에 "러브맵"을 기록하고 이것이 성적 흥분을 일으키는 자극의 종류를 결정한다는 이론을 세웠다. 성도착증자들에서는 성장기에 받은 충격적인 경험 때문에 러브맵이 변형되었다는 것이다.

5. 성도착증의 치료법에는 어떤 것들이 있는가?

- 심리분석학적 방법은 성도착적인 행동을 유발하는 무의식적인 갈등을 표면화시키려고 하며 이를 통해 성인스러운 자세로 해결하려고 한다. 인지행동학적 치유법으로는 체계적 탈감각, 재발 방지훈련, 회피요법, 공감 훈련, 사회성 훈련, 분노조절, 은밀 감각훈련, 오르가즘 교정법 등의 방법으로 성도착적인 행동을 제거하려고 한다. 우울증의 치료제로 널리 쓰는 선택적 세로토닌 재흡수 억제제(SSRI)는 충동적인 행위를 누그러뜨리는 경향이 있다. SSRI와 항안드로젠 호르몬은 성적인 반응을 줄인다.

재검토

1. 발, 가슴, 엉덩이 등의 특정 신체부위에 대해 지나친 성적 집착을 갖는 사람들을 이르러 무엇이라 하는가?
   (a) 관음증
   (b) 접촉도착증
   (c) 편애증
   (d) 의상도착증

2. 인지행동학적 치유사가 성도착증 환자를 치료할 때 사용하지 않을 방법은?
   (a) 공감훈련
   (b) 오르가즘 교정법
   (c) 체계적 탈감각
   (d) 항우울증 약물

3. 심리분석학적 이론에 따르면, ________는 "자 봐라. 나는 자지를 가지고 있다"고 외치는 것이다.
   (a) 노출증자
   (b) 관음증자
   (c) 접촉도착증자
   (d) 가학대음란증자

4. "러브맵"은 다음 중 어떤 경우에 변형되거나 "파괴"되는가?
   (a) 술
   (b) 신체적인 학대 또는 무시
   (c) 오디푸스 콤플렉스에서 기인한 무의식적인 충돌
   (d) 가학피학음란적인 문화

5. 의상도착증은 다음 중 어떤 도착증과 가장 가까운가?
   (a) 페티시즘
   (b) 노출증
   (c) 접촉도착증
   (d) 가학피학증

6. 다음 중 성적 흥분을 높이려 할 때 그에 따른 위험도를 감수해야 하는 경우는?
   (a) 가학피학증자
   (b) 대변기호증
   (c) 노출증자
   (d) 접촉도착증자

7. 와이스맨과 동료들은 남성들을 대상으로 슬라이드를 보여준 실험에서 정상적인 성적 자극에 대해 ________이 반응을 일으키는 주된 자리는 우뇌에 있다는 것을 밝혔다.
   (a) P100
   (b) P300
   (c) P400
   (d) P600

8. 성도착증은 어떻게 정의할 수 있는가?
   (a) 변태적인 반응에 대한 기호
   (b) 성적 흥미에 대한 통계적인 희소성
   (c) 사회의 핵심 가치로부터 벗어난 성적인 흥미
   (d) 강한 성욕

9. 성도착증을 가지고 있는 사람들은?
   (a) 피해자들에게 신체적 위협을 가한다.
   (b) 현실과 괴리된 것을 보여준다.
   (c) 여성보다 남성에서 더 많이 나타난다.
   (d) 심리분석에 의해 치료할 수 있다.

10. 다음 중 정상이라고 교과서에서 서술된 것은?
   (a) 모르는 사람를 놀래키기 위해서 그 앞에서 자신의 알몸을 노출시키는 것
   (b) 인터넷의 섹스 사이트를 무한정 이용하는 것
   (c) 연인 앞에서 자신의 몸을 노출하는 것
   (d) 시체와 성교를 하는 것에 대해서 판타지를 갖는 것

정답: 1. c; 2. d; 3. a; 4. b; 5. a; 6. c; 7. d; 8. a; 9. c; 10. c

18장

성폭력

목차

사실인가 아니면 허구인가

다음 중 어느 것이 사실이고 어느 것이 허구인가? 답은 본문 안에 있는 「사실인가 아니면 허구인가」 아이콘에서 만날 수 있다.

1. 미국에서는 매 10분당 1명의 여성이 강간당한다. T F
2. 대다수의 강간 피해자들은 사람이 없는 지역이나 어두운 골목에서 낯선 사람에게 강간을 당한다. T F
3. 미국에서 남성에 비해 여성이 10배 더 많이 강간당한다. T F
4. 다른 남성을 강간하는 남성은 동성연애자[게이(gay)]이다. T F
5. 많은 여성들이 "네"라는 자신의 속 마음을 "아니오"라고 표현한다. T F
6. 대부분의 강간범들은 정신적 질병을 가지고 있다. T F
7. 강간범을 만난 여성들은 강간범과 싸워서 강간범을 물리치도록 시도해야만 한다. T F
8. 부녀간 근친상간이 근친상간의 가장 흔한 형태이다. T F

캘리포니아에 거주하는 13세 소년이 자신의 집 컴퓨터 화면에 시선을 고정한 채로 앉아 있었다. 그는 인기 있는 무리들과는 결코 지내본 적이 없었다. 오래 전부터 그는 그가 갈망하는 친구들을 만나기 위해서 인터넷에 의지해왔다. 하지만 이 날은 사이버상에 드러난 저스틴 베리의 매력이 그의 삶을 변화시켰다.

몇 주 전, 저스틴은 온라인상에서 다른 10대 친구들을 만나기 위해서 그의 컴퓨터에 웹 카메라를 연결시켰다. 그렇지만 많은 친구들에게 연락 오는 대신에, 인터넷상에서 그의 사진을 본 남성들에게서만 쪽지를 받았다. 저스틴에게는, 그들은 마치 항상 칭찬과 선물을 주는 친구처럼 보였다.

2000년 오후인 지금, 그의 채팅방의 한 명이 다음과 같은 제안을 보내왔다: 당신이 웹 카메라 앞에서 3분 동안, 벗은 가슴을 보인 채로 앉아 있으면 50달러를 지불하겠습니다. 그 남자는 저스틴이 바로 돈을 받을 수 있다고 설명하며, 저스틴이 온라인 결제 시스템인 PayPal.com에 계좌를 만들 수 있도록 도왔다.

"나는 내가 아무런 대가없이 수영장에서 셔츠를 벗었던 것을 생각했어요." 그가 최근에 말했다. "그래서 그런 것과 같은 거였죠. 다른 게 무엇이죠?" 저스틴은 티셔츠를 벗었다. 그 남자들은 그를 보며 칭찬을 아끼지 않았다.

그래서 유혹에 넘어간 저스틴은 인터넷상에서 그의 신체 사진을 파는 10대의 비밀스러운 삶을 시작했으며, 그것을 5년 동안 계속하였다. 유혹에 넘어간 날로부터, 축구 영웅 명부에 이름이 올라갈 정도로 축구를 잘하던 이 학생은 그에게 돈을 지불하는 1,500명이 넘는 관중들을 위해 웹캠 앞에서 재주(탈의, 샤워하기, 자위, 그리고 심지어 성관계까지도)를 부리는 것에 빠져들었다. 그는 이것을 통해 수년 동안 수십만 달러를 벌어들였다.

저스틴의 어두운 청소년시절 이야기는 최근 눈부시게 발전한 기술의 부수적 결과이다. 가끔 어른들의 지도하에 있는 청소년들 중 저렴한 웹캠으로 찍은 자신의 사진을 인터넷에 올리는 유료 포르노 사이트를 열기도 한다. 그들은 부모들이 가까이 있지만, 닫힌 방문 너머로 그들만의 사생활을 시행한다.

저스틴 베리는 현 시대의 많은 아동 성적학대 희생양 중 한 명이다. 그는 캐피털 힐의 법정에서 증언했다.

이런 사업은 젊은 인터넷 포르노 스타들(닉네임이 Riotboyy, Miss Honey, Gigglez 같은)을 창출해왔으며, 그들의 포르노 사진들은 사이트가 없어진 후에도 오래도록 거래되고 있다. 이러한 세상에서, 청소년들은 자신이 자위행위를 하는 퍼포먼스의 일정을 알려서 관람료를 받거나, 정기구독료를 받는다. 심지어 단골 고객은 청소년들이 실시간 지시에 따라 성행위를 하는 "사적인 쇼(Private shows)"를 구입할 수 있다.

인터넷상의 이러한 코너들에 대해 뉴욕타임스가 6개월간 조사한 바에 의하면 어떤 사이트들은 법의 집행이나 청소년 보호기관의 눈에 띄지 않고 광범위하게 나타나는 것으로 밝혀졌다. 그러나 이 분야의 전문가들은 최근에 자가 웹캠 사진들이 홍수처럼 많이 발견되었지만, 청소년들이 유료로 자신의 사진을 파는 사이트로 발전된 사이트들은 발견되지 않았다고 밝혔다.

미디어는 미성년자들과 연예인, 고위 공직자들, 군인들이 연루된 성범죄 전반에서의 특종 기사를 찾기 위해 혈안이다. 1990년대에 복싱선수 마이크 타이슨(Mike Tyson)의 강간사건 재판이 세간의 주목을 받았으며, 그 뒤를 이어 빌 클린턴(Bill Clinton)과 백악관 인턴이었던 모니카 르윈스키(Monica Lewinsky) 사이의 불륜이 화두에 올랐었다. 많은 사람들은 비록 르윈스키가 자발적인 성적 파트너였을지라도, 그들의 관계는 두 사람의 권력 차이가 크기 때문에 성폭력에 해당한다고 했다.

2000년대에는 미국의 성직자들이 아동을 성학대한 이야기들이 전해졌다. 보스턴 가톨릭 대주교의 교구에서만 과거 몇십 년에 걸쳐 1,000건이 넘는 아동 성학대에 관한 항의를 받았으며, 책임자들을 눈 감아 주었다는 사실이 알려졌다(Finkelhor, 2003;Sex Abuse Victims, 2003). 일부 사람들은 성직자들을 독신주의자로 살도록 하는 교회의 요구가 문제를 초래한 것은 아닌지에 대해 의심의 소리를 높였다(Adams, 2003).

이와 비슷한 시기에, 여사관 후보생을 성폭행하는 것을 조장하거나 정당화하는 것을 "전통"으로 여겨 온 공군사관학교가 비난을 받았다. 많은 여사관 후보생들이 학교를 떠났으며, 장교들이 사임했고, 정책들이 바뀌었다(Janofsky & Schemo, 2003).

그런 후, 메리 케이 르터노(Mary Kay LeTourneau), 파멜라 로저스(Pamela Rogers), 데브라 라파브(Debra LaFave) 사건들이 발생했다. 이 매력적인 여성들은 미성년자인 남학생들과 성관계를 가져 기소되었다. 일부 남성들은 이 소년들이 단지 "바라던 성적 기회를 실현했던 것"은 아닌지 궁금해 했지만, 뉴햄프셔 대학의 아동범죄 조사 센터장인 데이비드 핀켈호(David Finklhor; 2005a)에 따르면 이 사건들이 법정에서 다뤄진 것은 남성과 여성에게 적용되는 성폭력에 대한 세간의 이중 잣대가 줄어든 것을 반영한다. 핀켈호는 소년들이 나이 든 여성과 성관계를 하는 것은 그 여성들에게 감사해야 하는 일이라는 전통적인 생각에 동의하지 않는 여성 경찰과 검사들의 수가 늘어나고 있다고 말한다(Zernicke, 2005).

결론적으로, 전문 작가들도 이보다 더 자극적인 이야기를 만들어 내지 못할 정도이지만, 이러한 미디어 시리즈에 나오는 줄거리와 등장인물들은 바로 실제 사건이다. 많은 시청자들은 이러한 미디어 시리즈를 보면서 이들의 면모(공격적인 모습으로거나 희생자인 측면으로서 모두)가 대중 앞에 공개되는 것을 보며 움찔 놀란다.

이번 과에서는 성폭력에 관해 다룰 것이다. 이번 과의 주제는 강간 및 성희롱을 포함하는 성적 강압의 형태들이다. 미성년자들과 연루된 사건들을 통해 성인과 아동 사이에서 일어나는 어떤 성행위도 성폭력에 포함된다는 것을 알게 될 것이다. 심지어 아동과 합의하에 한 성관계도 강압적인 것이 되는데, 그 이유는 어린이는 법적으로 결정을 내릴 수 있는 연령에 도달하지 않았기 때문이다.

두 명의 성 범죄자? 복싱 선수 마이크 타이슨(Mike Tyson)과 학교 선생님인 데브라 라파브(Debra LaFave)는 어떤 공통점을 가지고 있을까? 둘 다 성범죄를 저지른 범죄자다. 타이슨은 자신의 호텔 방으로 함께 온 여성을 강간한 것으로 유죄를 선고 받았다. 라파브는 미성년자인 남학생과 성관계를 맺은 죄를 인정했다. 타이슨의 죄는 폭력이었으며, 라파브의 경우는 법적으로 정한 강간에 속했다. 라파브의 사건에서, 비록 소년이 성관계를 강요받지 않았더라도, 14세의 소년은 너무 어려서 동의하는 것이 법적 효력이 없다.

18.1 강간: 가장 사적인 폭력 범죄

학교 다니는 동안에 당신이 성폭행을 당한 사람들과 이야기를 하면, 심지어 선배마저도 "성폭행을 당하는 것을 그냥 당연히 받아들여라. 만약 성폭행을 당하지 않는다면, 너는 아주 특이한 경우일 거야"라는 이야기를 모두 똑같이 한다. 그들은 만약 (공군사관학교에) 남기 원한다면, 졸업하고 싶다면, 말하지 말라고 한다. 혼자 대처해야만 한다.(Sharon Fullilove, Janofsky & Schemo, 2003에서 인용)

> **비판적인 사고하기**
>
> 왜 강간이 범죄로써뿐 아니라 정치적 화제로도 자주 언급되는가?

매년 50만 명의 다른 미국 여성들과 마찬가지로, 공군사관학교의 여사관생도들은 폭력 중 가장 흔한 범죄인 강간의 희생양이 된다. **강간(rape)**은 남성이 무력이나 강압적 위협을 사용하여 여성을 성적 형태로 정복하려는 것을 말한다(Malamuth 등, 2005; Rozee & Koss, 2001).

수천 년 동안, 강간에 대한 처벌은 단지 숫처녀를 더럽히는 것에만 국한되었다. 이는 사람에 대한 범죄가 아닌, 소유물(숫처녀들은 아버지의 소유물이다)에 대한 범죄로 간주되었다. 고대 바빌로니아에서 강간법은 결혼한 여성에게도 적용되었다. 바빌로니아법은 폭행범과 피해자를 밧줄로 묶어 강에 익사시키도록 규정했다. 손해를 입은 당사자로서(무엇보다, 그의 재산이 손해를 입음), 남편은 그의 부인을 익사시킬 것인지 구할 것인지를 결정할 수 있었다. 그러므로 강간 피해자를 비난하는 것은 예로부터 전해져 내려오는 전통이다. 고대 히브리인들은 강간을 당한 기혼여성을 강간범과 함께 돌로 쳐 죽였다. 고대 바빌로니아와 히브리 문화에서, 강간을 당한 기혼 여성은 간통죄를 저지른 것에 버금가는 것이었다. 히브리인들은 또한 성곽 안에 거주하는 숫처녀들이 강간을 당해도 돌로 쳐 죽였다. 이는 그들이 강간사건 당시에 비명을 질렀다면, 순결함을 지킬 수도 있었는데 그러지 않았다는 생각에서였다.

미국에서 현재 강간의 정의는 주(州)마다 다양하다. **강제적 강간(forcible rape)**은 대개 무력을 사용하거나 강압적 위협에 의한 동의하지 않은 사람과의 성관계로 정의된다. **법적 강간(statutory rape)**은 성관계 승낙 연령 이하의 사람(비록 순순히 응했을지라도)과 성관계를 맺는 것을 말한다.

전통적으로, 남편이 아내를 강간하는 것은 비록 물리적 힘이나 위협을 통해 성행위를 하도록 강요했을지라도 처벌할 수 없었다. 혼인관계에 따른 예외조항은 여성이 결혼할 때, 자신의 남편에게 "헌신한다"는 것이며 이 약속을 철회할 수 없다는 영국 관습법에서 유래되었다. 그러나 대부분의 주들은 아내를 강간한 남편을 기소하는 것을 허락한다.

또한 현재 강간법은 남성을 강간한 남성과 남성에게 성행위를 하도록 강압하거나 다른 여성을 강간하는 남성을 도운 여성에게도 적용된다. 강제적 강간은 **성폭력(sexual assault)**의 한 형태이다.

강간(rape) 동의 없이 일어나는 성활동. 강제적 강간과 법적 강간을 보시오.

강제적 강간(forcible rape) 무력을 사용하거나 협박에 의해 행해진 성활동.

법적 강간(statutory rape) 비록 피해자가 동조했더라도, 법적 연령 이하의 사람과 맺은 성활동.

성폭력(sexual assault) 무력 또는 힘을 쓰겠다는 협박이 수반된 성활동.

강간 발생률

연방 정부의 전국적 범죄피해 조사는 150,000~200,000명의 여성들이 매년 성폭행을 당한다고 추정했다. **사실인가 아니면 허구인가 1:** 이것은 미국의 여성이 평균적으로 약 7분마다 1명씩 강간당한다는 것을 의미한다. 강간 피해자들의 약 10%는 남성이다.

사실인가 아니면 허구인가 1

강간 피해자들에 대한 파키스탄의 테러와의 전쟁

파키스탄의 후드드(Hudood)법은 강간과 간통을 구분짓지 않는다. 그로 인해서 그 법이 여성에 대한 테러전을 야기했다. 특히, 목격자가 별로 없는데도 피해 여성들은 강제적이건 아니건 간에 간통 혹은 간음(zina)을 "인정"함으로써 종종 감옥으로 보내지게 된다. 간음은 비혼인 관계에 있는 남성과 여성의 성관계를 말한다(Western Resistance, 2006)

그 법은 간음죄로 밝혀진 남성들이나 여성들을 핫드(Hadd; Quran에 언급된 이슬람 형벌제도)에 처한다. 핫드에 따르면 가해자가 이슬람교도일 경우, 대중이 돌로 쳐 죽이는 것이 허용되며, 이슬람교도가 아닐 경우, 간음죄인들은 태형 100대를 선고받을 수 있다.

파키스탄 인권위원회(HRCP)가 발표한 보고서는 파키스탄 감옥에 수감된 6,000명의 여성과 아이들 중 80%는 후드드(Hudood)법에 의해 투옥되었다고 진술한다.

강간죄는 강제적 간통죄로 간주되며, 비이슬람교도가 태형 100대를 비롯하여 사형을 선고받을 수 있다는 형벌을 제외하고 형벌은 동일하다. 만약 강제적 간통의 가해자(또는 피해자)가 성인이 아니면, 30대의 태형과 함께, 5년형이 주어질 수 있으며, 벌금형 처벌을 받을 수 있다.

남자가 강간죄로 밝혀질 수 있는 경우는 단지 자백하거나 법정에서 종교적으로 숭고함이 있는 최소한 4명의 무슬림 성인 남자가 눈으로 직접 목격하여 그에 대한 증거를 제출했을 경우뿐이다. 피해자를 포함하여 여성에 의한 증거는 인정되지 않는다. 그러므로 만약 여성이 강간을 알리면, 그 여성은 간음을 자백하게 되는 것이며, 법에 따라 돌팔매형을 받을 수 있다. 다행히도, 지금까지는 이러한 규율에 따라 돌에 맞아 죽은 사람은 없다. 죽이기 위한 돌팔매형은 멈추었다. 그러나 대법원 상고는 이를 뒤집고 있다.

파키스탄 인권위원회는 돌팔매질의 두려움이 여성들이 간음을 알리는 것을 막는다고 진술한다. 예를 들어서, 라르카나의 5명의 여성들은 윤간을 당했다. 그들은 후드드법의 책임을 물을 것이라는 협박에 고소를 취하했다. 마지다무지드라 불리는 한 여성은 남자 강도들에게 납치를 당했고, 2달이 넘게 반복적으로 강간을 당했다. 그녀가 경찰에게 갔을 때, 그녀는 수감되었고, 그녀의 가해자들은 풀려났다. 파키스탄 인권위원회는 대부분의 후드드법 재판 방식은 여성들의 무죄가 입증될 때까지, 그 여성들은 유죄로 여겨진다고 진술한다.

그러나 이러한 수치들은 실제 강간 발생률보다 적게 추정되는 경향이 있다. 대체로 범죄 통계에 의존하기 때문이다. 미국에서 일어나는 강간의 약 2/3는 경찰에 신고되지 않거나 기소되지 않는다(Fisher 등, 2003; U.S. Departmet of Justice, 2006). 많은 여성들은 사법제도 시스템에 의해 굴욕감을 받을 거라는 이유로 폭행사실을 알리지 않는다. 또 자신의 가족들이나 강간범으로부터의 보복을 두려워한다. 일부 사람들은 단순히 범죄자들이 체포되지 않거나 기소되지 않을 거라고 추정함으로써 알리지 않는다. 멕시코계 여성들은 종종 "침묵의 고통"을 기대하며 살아가는 문화 때문에 유럽계 미국인 여성들보다 더 강간과 성폭력에 대해 침묵할 가능성이 높다(Lira 등, 1999).

미국의 전국 범죄피해 조사에서 강간 발생률이 낮게 추정되는 2가지 이유는 다음과 같다(Watts & Zimmerman, 2002). 첫째, 많은 여성들은 강제적 성관계가 단지 강간범이 낯선 사람일 때만 강간으로 여긴다고 잘못 알고 있다(Ullman 등, 2006). 둘째, 많은 여성들은 단지 강제적인 질 삽입만이 강간이라고 생각한다. 그러나 많은 주(州)에서 강간을 넓은 의미로 정의한다. 대체로, 여러 가지 증거를 종합하면 미국 여성은 일생동안 약 4명 중 1명꼴로 강간당하는 것으로 나타난다(Campbell & Wasco, 2005).

연령, 인종, 그리고 사회 계층에 구분없이 여성들이 강간당하지만, 젊은 여성들이 더 큰 위험에 처한다(Burgess & Morgenbesser, 2005). 16~24세의 여성들은 그보다 나이든 여성들보다 강간을 당할 가능성이 2~3배 높지만, 많은 범죄자들은 어린이와 젊은이, 나이든 성인들을 구분 없이 강간한다(Quinsey 등, 2006; U.S.Department of Justice, 2006).

18.2 강간의 유형

사실인가 아니면 허구인가 2

사실인가 아니면 허구인가 2: 대다수의 강간은 낯선 사람들에 의해 사람이 없는 동네나 어두운 골목에서 범해진다는 것은 진실이 아니다. 사실상 대부분의 여성들은 알고 있는 남성에게 강간당하며, 종종 그들이 신뢰하는 남성에게 강간당하기도 한다. 국립보건사회생활 조사(National Health and Social Life Survey)에 의하면 단지 약 4%의 여성만이 모르는 사람에 의해 "원하지 않았으나, 강제적으로 성적인 무언가를 강요받았다"고 한다(Laumann 등, 1994). 미국 법무부에 의하면(2006), 강간의 약 83%는 지인에 의한 강간이다. 강간의 유형에는 낯선 이에 의한 강간, 지인에 의한 강간, 배우자 강간, 남자 강간 그리고 여성에 의한 강간이 있다.

낯선 이에 의한 강간

낯선 이에 의한 강간(stranger rape)은 폭행당한 피해자가 알지 못하는 사람, 폭행범(또는 폭행범들)에 의해 당하는 강간을 일컫는다. 낯선 강간범들은 종종 혼자 살거나 늙은 여성 또는 정신지체 여성, 어두운 거리를 걷는 여성이나 깊은 잠에 빠진 여성, 술 취한 여성과 같이 약해 보이는 사람을 대상으로 삼는다. 대상을 선정한 후에 강간범들은 범행을 저지르기에 좋은 시간과 장소(사람이 없는 황폐한 도시지역, 어두운 거리, 창문 빗장이나 창문 자물쇠가 없는 아파트 2층)를 탐색한다.

지인에 의한 강간

여성들은 자신이 알고 지내던 학교 친구, 직장 동료, 심지어 남자형제의 친구처럼 아는 남성에 의해 강간당할 가능성이 낯선 이에게 강간당할 가능성보다 더 높다. **지인에 의한 강간(acquaintance rapes)**은 낯선 이의 강간보다 경찰에 신고될 가능성이 적다(Fisher 등, 2003). 그 이유는 강간 피해자들이 지인에 의한 성폭행을 강간으로 인식하지 않기도 한다는 것이다. 대학생들을 대상으로 전국적으로 실시한 조사에서 성폭행을 당한 여성들 중 자신을 성폭행 피해자로 보는 사람은 단지 1/4밖에 나타나지 않았다(Koss & Kilpatrick, 2001; Rozee & Koss, 2001). 점점 더 많은 사람들이 지인 강간에 대해 인지하고 있지만, 사람들은 여전히 강간범들은 몰래 숨어 있는, 낯선 사람으로 생각하며 남성들이 무기를 사용하지 않는 한, 여성들은 성폭력에 저항할 수 있어야만 한다고 생각한다. 지인 강간범들은 남성들이 데이트에서 성적으로 더 적극적인 역할을 해야 하며 강간범들은 낯선 사람이라는 전통적인 관점을 근거로 그들의 행동을 합리화하는 경향이 있다(Blezer&Koss, 2006). 심지어 지인 강간을 경찰에 신고한 때에도, "서로 오해한 것"으로 간주하나 폭력 범죄보다는 오히려 사랑하는 사람 간의 다툼 정도로 여긴다(Campbell, 2006; Logan 등, 2006).

낯선 이에 의한 강간(stranger rape) 희생자들이 이전에 모르던 폭력범에게 당하는 강간.

지인에 의한 강간(acquaintance rape) 희생자들이 아는 사람에 의해 당하는 강간.

연인에 의한 강간

데이트 상대에게 당하는 강간은 지인 강간의 한 형태이다. 여대생들에 관한 연구들은 변함없는 추이를 보여준다: 여성의 10~20%는 데이트 상대에 의해 성관계를 강요받는다고 보고된다(Koss & Kilpatrick, 2001). 데이트 상대에게 당하는 강간은 커플이 만취 상태

가까이서 보기

데이트 강간 파헤치기: 앤과 짐

앤

나는 그를 파티에서 처음 보았다. 그는 아주 잘 생겼고, 그의 미소는 정말 멋있었다. 나는 그를 만나기 원했지만 어떠한 확신도 없었다. 나는 너무 앞서 나가기를 원하지 않았다. 그때, 그가 다가오더니 자신을 소개했다. 우리는 서로 이야기했고, 많은 공통점들을 발견했다. 나는 정말로 그가 좋았다. 그가 나에게 자신의 방에서 술을 마시자고 할 때, 좋다고 생각했다. 그는 내 이야기를 아주 잘 들어주는 사람이었고, 나는 그가 다시 데이트 신청을 해주기를 원했다.

그의 방에 함께 들어갔을 때, 앉을 곳이라고는 침대뿐이었다. 나는 그가 잘못된 생각을 하지 않기를 원했다. 그렇지만 내가 할 수 있는 것이 무엇이란 말인가. 우리는 잠시 동안 이야기를 했고, 얼마 지나지 않아, 그가 나에게 가까이 다가오기 시작했다. 나는 깜짝 놀랐다. 내게 키스하기 시작했다. 나는 그를 정말 좋아했고, 그래서 키스하는 것이 좋았다. 그러나 키스 후에, 그는 나를 침대에 눕혔다. 나는 일어나려고 발버둥치며, 그에게 그만하라고 말했다. 나는 무서워서 울기 시작했다. 나는 완전히 얼어버렸고, 그에게 강간당했다.

단지 몇 분 만에 일어난 일이었다. 끔찍했다. 그는 아주 거칠었다. 성행위가 끝났을 때, 그는 마치 무엇이 잘못되었는지 알지 못하는 것처럼, 계속 나에게 무엇이 잘못되었는지를 물었다. 그가 나에게 성관계를 강요한 것쯤은 괜찮다고 생각한 모양이다. 그는 나를 집에 데려다 주었고, 다시 만나기를 원했다. 그러나 나는 그를 보는 것이 정말 두렵다. 내게 일어난 일을 결코 생각하고 싶지도 않다.

짐

나는 파티에서 그녀를 처음 만났다. 그녀는 흥분될 만큼 섹시했다. 그녀의 섹시한 드레스는 아름다운 몸매를 더욱 돋보이게 했다. 우리는 바로 이야기하기 시작했다. 나는 그녀가 말하는 동안, 연신 웃으며, 나의 팔을 툭툭 치는 것으로, 그녀가 나를 좋아한다는 것을 알았다. 그녀는 꽤 편해진 것처럼 보였다. 그래서 내 방에서 술을 마시는 게 어떠냐고 물었다. 그녀가 좋다고 말하는 순간, 나는 좋은 일이 생길 것이라고 생각했다.

내 방에 함께 갔을 때, 우리는 키스하면서 침대에 앉았다. 처음에는 모든 것이 순조로웠다. 그런데 내가 그녀를 침대에 눕히자, 그녀는 몸을 돌리면서 원하지 않는다고 말했다. 대부분의 여자들은 남자들에게 너무 쉽게 보이는 것을 싫어한다. 그래서 나는 그녀가 단지 행동을 통해 그러한 점을 말하고 있다고 생각했다. 그녀는 그만하라며, 심하게 저항했고, 성관계를 맺기 전, 그녀가 몇 방울의 눈물을 흘렸다는 것을 나는 알고 있다.

그녀는 성관계 후에도 여전히 매우 화가 나 있었다. 나는 정말로 그녀가 왜 그러는지 이해할 수 없다. 만약 그녀가 성관계를 원하지 않았다면, 왜 나와 함께 방으로 들어왔단 말인가? 그녀가 입은 옷차림이나 행동들로 그녀가 처녀가 아닌 것을 당신도 알 수 있었을 것이다. 그런데 왜 그렇게 심한 저항을 했는지 모르겠다.

에 이른 후, 남자친구의 차에 함께 있거나, 남자친구의 집에 들어갈 때 발생할 가능성이 크다(Cole, 2006; Locke & Mahalik, 2005). 남자는 여자친구가 그와 함께 집으로 들어가는 것이 성관계를 맺자는 신호로써 생각하는 경향이 있으며, 여자친구가 저항을 해도 소용이 없다.

데이트 강간범들은 데이트 승낙이 성관계를 갖고자 하는 의향이 있는 것으로 믿는다. 또한 만약 여성에게 저녁을 사준다면, 성관계로 화답해야만 한다고 생각한다. 다른 남성들은 싱글스바(독신 남녀가 데이트 상대를 찾아 모이는 술집)와 같은 장소에 자주 나다니는 여성들은 그들에게 관심을 보이는 남성들과 성관계를 맺는 것에 암묵적으로 동의하는 것이라고 여긴다. 일부 데이트 강간범들은 여성들이 성적 접근을 거부하는 것은 단지 "쉽게"보이지 않으려고, 스스로를 "과잉보호"한다고 믿는다. 여성이 저항하는 것은 소위 남녀 간의 싸움을 대표하는 고양이와 쥐 게임의 술책 중 하나인 '수줍어하는 것'이라고 생각한다. 데이트 강간범들은 여성이 싫다고 말하는 것이 좋다는 것을 의미한다고 믿는다. 특히, 이미 성관계를 시작한 사이라면 더욱 그렇다(Lalumiere 등, 2005c; Osman,

밤길을 내놔(Taking Back the Night) 밤에 혼자 다니는 여성이 강간을 당했다면, 그것은 누구의 잘못인가? 밤길을 내놔는 많은 여성들과 (여성을 걱정하는 남성들이) 혼자 걸어 다니는 여성에게 폭력을 행사하는 남성들에게 혐오스러움을 나타내기 위한 시위이다. 또한 발생한 사건을 강간 희생자들의 책임으로 돌리는 사회를 향해 항의한다.

2003).

로이 바우마이스터(Roy Baumeister)와 그의 동료들에 따르면(2001), 가해자들과 피해자들은 성폭력을 아주 다른 관점으로 본다. 여성들은 가해자들로부터 제압당했고, 깊은 상처를 입었다고 여긴다. 남성들은 종종 여성들의 감정을 무시한 채, 자신의 감정에만 집중하며, 여성들이 그만하자고 말할 때 느끼는 성적 좌절감에 따라 행동한다. 여성들이 원하는 것은 무시한 채 남성 자신이 원하는 것들만 집중할수록, 그 남성들은 더욱더 강간을 저지르게 될 가능성이 높아진다(Bushman 등, 2003). 이러한 경우에, 주로 성적인 동기에서 시작했지만, "싫다"는 대답을 받아들이기를 거절한 남성은 폭력범으로 변질되게 된다.

합의를 했는지의 문제는 성활동이 강간인지를 결정하는데 있어서 핵심이다. 낯선 이에게 당하는 강간의 경우와 달리 데이트 상대에게 당하는 강간은 자발적인 성관계가 일어나는 관계에서 발생한다는 것이다. 그러므로 합의의 쟁점은 모호해질 수 있다. 배심원과 판사들은 말쑥한 차림의, 마치 옆집 소년처럼 생긴 남성 피고로부터 자신의 의지와 상관없이 성활동을 강요당했다고 주장하는 여성 원고를 자주 만난다. 법정에 나타난 마이크 타이슨의 모습처럼, 피고는 성관계는 했다고 인정하지만, 합의하에 이루어진 것이라고 주장할지도 모른다. 그러면 배심원들과 판사들은 "합의"라고 여겨지는 의미의 미묘한 차이를 구분해야만 한다.

데이트 강간의 경우 남성의 발언은 여성의 발언보다 더 지지를 받는다. 만약 여성이 함께 저녁을 먹는다거나, 둘이서 영화를 보는 것, 남성의 집에 동행하는 것, 단둘이 술을 마시는 것, 어쩌면 키스나 애무와 같은 행동을 동의하에 했다는 것이 명백하면, 배심원들의 눈에는 종종 여성의 발언이 설득력 없게 비춰진다(Maxwell 등, 2003; Osman, 2003). 이러한 쟁점이 더 애매해지는 이유는 일부 데이트 강간 피해자들이 가해자와 계속해서 관계를 유지하며, 심지어 가해자와 결혼을 하는 경우도 있기 때문이다.

데이트 강간 문제는 최근 몇 년 동안, 대중들의 큰 관심을 끌게 되었다. "밤길을 내놔(Take Back the Night)" 행진은 남성의 잘못된 성행위에 반하여 대학 캠퍼스에서 일어나는 학생 시위의 일반적 형태가 되었으며, 많은 대학들이 데이트 강간 세미나와 워크숍을 진행해 오고 있다.

윤간

비록 일부 가해자는 여성에 대한 화를 표출하려하는 것일 수도 있지만, 윤간 이면에 숨겨진 주요 동기는 힘자랑이다. 범죄 조직단원들은 종종 여성들이 일단 성관계에 들어서면 그들을 "매춘부"로 생각한다. 그러므로 공격적인 범죄 조직 단원은 자신의 차례를 얻기 위해서 더 공격성을 띠게 된다. 코스(Koss) 대학 조사에 따르면, 폭력 단체와 연관된 성폭력이 개인적 폭력보다 더 잔인한 경향을 나타냈다(Gidycz & Koss, 1990).

남성 강간

남성 강간이 얼마나 퍼져 있는지는 잘 모른다. 왜냐하면 대부분 폭행이 신고되지 않기 때문이다. **사실인가 아니면 허구인가 3:** 미국 법무부는(2006) 10명의 강간 생존자 중 1명은 남자인 것으로 추정한다. **사실인가 아니면 허구인가 4:** 다른 남성을 강간하는 남성은 동성연애자(게이[gay])라는 사실은 진실이 아니다. 대부분 이성애자이다. 그들의 범행 동기는 지배, 통제, 복수와 보복, 가학대음란증과 비하를 포함하는 경향이 있다. 그리고 범죄 단체에 의한 강간이라면, 서열 결정과 조직 간 다툼의 일환으로 범죄를 저지르기도 한다(Krache 등, 2003).

사실인가 아니면 허구인가 
3

사실인가 아니면 허구인가 4

대부분의 남성 강간은 수감상태에서 발생하지만, 일부는 교도소 밖에서도 발생한다. 남성 피해자들은 여러 명의 폭력범들에 의해 공격당하는 경우가 많으며 더 오래 붙잡혀 있고, 여성 피해자들에 비해 신고를 꺼려한다. 이것은 결국 피해자가 되는 상황이 남자는 강인해야 한다는 고정관념에 위배되는 것이기 때문이다. 또한 남자는 강해야 할 뿐만 아니라, 과묵해야 한다고 기대되는 고정관념도 신고를 꺼려하게 만드는데 일조한다. 하지만 남자 강간 피해자들도 여성 피해자들과 마찬가지로 정신적으로 아주 충격적인 고통을 받는다(Bogin, 2006; Krahe 등, 2003; Walker 등, 2005)

배우자 강간

아마도 배우자 강간은 성관계가 이미 성립되었기 때문에, 데이트 상대에 의한 강간보다 더 흔할 것이다(Monson 등, 2000; Osman, 2003). "전통적인" 남성들은, 여성이 원하지 않을 때라도, 자신의 성적 요구를 만족시켜 주는 것이 배우자의 당연한 의무라고 믿고 있는지도 모른다. 그러나 교육수준이 높고, 성관계에 대한 고정관념에서 자유로운 남성들은 그들의 배우자를 강간할 가능성이 낮다(Basile, 2002).

배우자 강간은 대부분 신고되지 않으며, 피해자들은 종종 강간으로 인식하지 않는다(Strebeigh, 2009). 또한 여성들은 아무도 자신을 믿어주지 않을 것이라는 두려움에 배우자 강간을 신고하지 않는다.

배우자 강간의 동기는 다양하다. 성관계가 동기이지만, 일부는 배우자를 지배하기 위해 성관계를 이용한다. 또 다른 이들은 성관계를 통해 애인을 비하하려 하는데, 이것은 언쟁 후에 주로 일어난다. 성폭력은 주로 폭력과 신체적으로 친밀한 관례라는 맥락에서 발생한다(Johnson, 2003). 반면에 몇몇 경우에서는, 폭력이 성관계에 국한되며, 일부는 성관계를 논쟁의 해결책으로 본다. 그런 사람들은 애인에게 성관계를 강요할 수 있다면 모든 것이 잘 될 것이라고 생각한다.

중상 또는 사망에 이르기도 하는 낯선 사람에 의한 강간 피해자들 못지않게 배우자 강간 피해자들도 두려움을 느낀다. 장기적으로는 배우자 강간 피해자들도 낯선 사람에 의한 강간 피해자들이 경험하는 두려움, 우울증, 성기능 장애를 겪는다(Kaczmarek 등, 2006; Polusny & Arbisi, 2006). 게다가 남편에게 강간당한 여성은 대개 폭행범인 남편과 계속 함께 살면서, 공격에 대한 두려움을 안고 살아갈 것이다.

비판적인 사고하기

부부 사이의 강간에 대한 법을 확인해 보시오(예를 들어, Strebeigh[2009]를 보시오). 당신은 이러한 법들이 통과되는 것이 정치적 투쟁이었다고 생각하는가?

여성에 의한 강간

여성이 가해하는 강간은 드물다. 이러한 경우는 종종 다른 여성을 공격하고 있는 남성들을 도와주거나 방조하는 것에 가담한다. 윤간에서 발생할 수도 있는데, 이는 여성이 남성 두목에게 인정받기 위해 남성을 따른다. 이런 경우에는, 강간하기에 적당한 장소로 여성을 유혹하거나 여성이 폭행당할 때 붙잡고 있는 행위 따위이다.

그러나 직접적으로 여성에게 강간당한 남성들도 있다(Walker 등, 2005). 사렐과 마스터스(1982)가 11개 사건을 보고했는데, 그 중 하나는 37세 남성이 총으로 위협받으며, 2명의 여성에게 성교를 강요당한 사건이었고, 다른 사건은 27세 남성이 바에서 방금 만난 여성과 함께 호텔 방에서 잠이 들었다가 일어난 사건이었다. 일어났을 때, 그 남성은 눈이 가려지고, 재갈이 물린 채로 침대에 묶여 있었으며, 만족스럽게 성교를 하지 않으면, 거세할 것이라고 위협하는 4명의 다른 여성들에게 성교를 강요당했다.

학생들의 실제 질문

질문: 매춘부도 강간을 당할 수 있나요?

답변: 물론이다. 성노동자들도 강간당하는 것을 가장 위험한 것으로 본다. 강간은 신체적인 상해, 정신적인 피해, 그리고 성노동자의 경우 일로 인해 몸이 소진되는 결과를 낳는다.

18.3 강간을 부추기는 사회적 태도, 오해, 문화적 요소들

많은 사람들이 믿는 강간에 대한 여러 오해들이 있다. "여성이 싫다고 말하는 것은 좋다는 의미이다," "여성들은 강압하거나 힘센 남성을 좋아한다," "여성들이 옷 입는 방식은 강간당하기를 요청하는 것이다," 그리고 "강간범들은 성적 욕구에 미쳐 있다"(Beech 등, 2009; Tyler, 2009). 반면, 뿌리 깊게 박힌 다른 오해도 있다. 여성들은 남성들에게 성관계를 강압당하고, 강요받기 원한다는 것이다. **사실인가 아니면 허구인가 5:** 여성들이 싫다고 말하는 것을 좋다는 의미로 받아들이는 것은 잘못된 생각이다. 이 오해가 강간을 조장하는 결과를 낳는다.

비판적인 사고하기

다음 문장에 동의하거나 반대하고, 그 이유를 말하시오: 위험한 지역을 걷거나 낯선 사람과 말하는 여성은 강간을 당해도 마땅하다.

강간에 관한 잘못된 오해들이 강간을 정당화시키는 사회 환경을 조장한다. 비록 남성들과 여성들 모두 강간과 관련된 오해를 할 수 있지만, 조사에 의하면 여대생보다 남자 대학생들이 강간에 대한 오해를 더 옳은 것으로 받아들이는 것으로 밝혀졌다(Maxwell 등, 2003; Van Wie & Gross, 2001). 남성은 또한 여성보다 데이트 강간에 대한 잘못된 오해들에 더 완고히 사로잡혀 있으며, 심지어 이런 오해를 불식시키려는 데이트 강간 교육을 받은 다음에도 계속된다(Maxwell 등, 2003). 이러한 오해들은 사회적 진공상태에서 발생하지 않는다. 그것들은 성-역할 고정관념, 적대적인 것으로서의 성관계인지, 인간관계에서 폭력 수용과 같은 사회적 사고방식과 관련이 있다(Yost & Zurbriggen, 2006). 다음 페이지에 나올 『자기평가』를 통해, 당신은 강간을 합리화시키는 잘못된 오해를 얼마나 품고 있는지 알게 될 것이다.

많은 비평가들은 우리 사회가 남자들에게, 성적으로 우위의 역할을 하도록 강요하고

자기평가

강간을 부추기는 환경을 조성하는 문화적 오해

다음의 문장들은 마사 버트(Burt, 1980)의 설문지에 근거한다. 각각의 문장을 읽고, 진실인지(T) 거짓인지(F) 동그라미 치시오. 그런 다음 부록의 정답지에 의거하여 당신의 답을 채점하시오.

T F 1. 첫 번째 데이트에 남성의 집이나 아파트에 가는 여성은 성관계를 하겠다는 것을 말한다.

T F 2. 어느 여성이나 강간을 당할 수 있다.

T F 3. 여성들이 강간을 거짓으로 신고하는 이유 중의 하나는 관심을 끌어야 하기 때문이다.

T F 4. 건강한 여성은 정말로 원하지 않는다면 강간범들에게 잘 저항할 수 있다.

T F 5. 여성들이 브래지어를 착용하지 않거나, 짧은 치마와 딱 붙는 상의를 입고 돌아다니는 것은 위험을 자초하는 것이다.

T F 6. 대다수의 강간에서, 피해자들은 문란하거나 좋지 않은 평판을 가진 사람이다.

T F 7. 만약 여성이 서로 어루만지며 껴안거나 애무하며, 점점 과도하게 하는 것을 허락했다면, 파트너가 그녀에게 성관계를 강압적으로 했다 하더라도 여성 자신의 잘못이다.

T F 8. 히치하이킹 동안 강간을 당하는 여성들은 그런 대접을 받아도 무방하다.

T F 9. 거만하며, 길거리에서 좋다고 남성들에게 서슴지 않게 말을 건네는 여성들은 쓴맛을 봐야 한다. (혼나야만 한다.)

T F 10. 많은 여성들은 무의식적으로 강간을 당하기를 희망하며, 무의식적으로 공격당할 만한 상황을 만든다.

T F 11. 만약 한 여성이 파티에서 술에 취해, 그곳에서 방금 만난 남자와 성관계를 가진다면, 그녀는 그녀가 원하든 원하지 않든, 파티에 참석한, 성관계를 원하는, 다른 남성들에게 "공평한 게임"으로 고려될 것이다.

T F 12. 많은 여성들이 화가 나서 그리고 남자(고발 대상)에게 복수하기 위하여 강간을 거짓 신고한다.

T F 13. 대부분은 아니지만, 많은 강간은 단지 임신 사실을 알고, 자신의 명성을 지키기 위해 여성이 지어낸 이야기이다.

있다고 한다(Malamuth 등, 2005). 남성들은 대개 어릴 때부터 공격적이고, 경쟁적 행동을 하도록 강요받는다. 성편향성은 남성들이 다정함과 측은심과 같은 공격성을 억제할 수 있는 "여성다움"의 특성을 거부하도록 만들었다(Davis & Liddell, 2002; Shultz 등, 2000).

대학생들을 대상으로 한 연구를 보면 정형화된 남성적 신분과 강간하거나 혹은 강간을 용서하는 경향 사이의 관계를 뒷받침하는 것을 알 수 있다. 연구에서는 엄격하게 전통적인 성역할을 믿는 학생들과 성역할에 덜 엄격한 학생들을 비교했다. 전통주의자들은 강간을 저지를 가능성을 더 크게 표출하였으며, 여성에 대한 폭력에 대해 관대하다. 또한 이들은 강간 피해자들을 비난할 가능성이 더 크고, 강간에 대한 서술에 성적으로 더 흥분한다(Malamuth 등, 2000; Raichle & Lambert, 2000). 전통적인 남자다움의 성역할을 중시하는 것으로 확인된 남자 대학생들은 언어적으로, 무력으로 여성을 누르려 한다는 것이 더 자주 보고 된다(Shultz 등, 2000; Yost & Zurbriggen, 2006).

경쟁적인 운동경기를 통해 배운 교훈들이 미국의 어린 남학생들로 하여금 성폭력적 내재적 성향을 갖게 하는가(Forbes 등, 2006)? 소년들은 무슨 수를 써서라도 이길 것을 강조하는 코치들을 자주 만나게 된다. 이긴다는 것의 의미 자체가 상대방을 다치게 하거나 제

가까이서 보기

"로피즈"—데이트 강간 약물

로피즈(rophies), 루피스, R2, 루페놀, 로아치스, 라 로차, 로프, 당신이 무엇이라 부르던 간에 그것은 "데이트 강간 마약"이다. 이 약은 이상한 낌새를 눈치채지 못한 여성들의 술에 넣어 여성들을 잠들게 만들고, 그들의 통제력을 저하시키며, 성폭행에 대한 저항력을 줄인다. 이 약을 알코올과 혼합할 경우, 때때로, 피해자들은 필름이 끊겨, 폭행을 기억하지 못한다. 이러한 이유로, 로피놀은 또한 "망각의 약", "넘어지는 약", 그리고 "생각 지우개"라고도 불린다.

이 마약은 맛이나 냄새가 없다. 그래서 가해자가 그것을 술에 타도, 피해자는 무슨 일이 일어나는지 깨닫지 못한다. 약을 복용한지 약 10분이 지나면, 어지러움을 느끼고, 방향감각을 잃으며, 아주 덥거나 아주 춥게 느끼고 매스껍다. 여성은 말하고, 움직이는 것을 어렵게 느끼다가 기절할 것이다. 잃어난 일을 어렴풋이 기억하거나, 전혀 기억하지 못할 수 있으며, 의식을 잃은 상태는 8~24시간 지속될 수 있다.

로힙놀은 미국에서는 제조되거나 합법적으로 판매되지 않는다. 그러나 불면증 치료제로 처방되거나, 다른 나라들에서는 진정수면제로 처방된다. 이 마약은 신경안정제인 바륨보다도 약 10배는 더 강한 것으로 알려져 있다.

로힙놀은 종종 술과 같은 다른 약물들과 혼합하여 사용된다. 이는 로힙놀에 취하는 것을 극적으로 높이기 위함인데, 일반적으로 로힙놀에 취하는 것은 판단력, 기억, 운동능력을 떨어뜨려서 피해자들이 성폭행을 당할 때 저항할 수 없게 하거나, 그러한 것들을 기억할 수 없게 만들기 때문이다. 효과는 30분 안에 나타나기 시작하며, 2시간 이내에 최고치에 달한다. 또한 8시간 내지 그 이상도 지속될 수 있다.

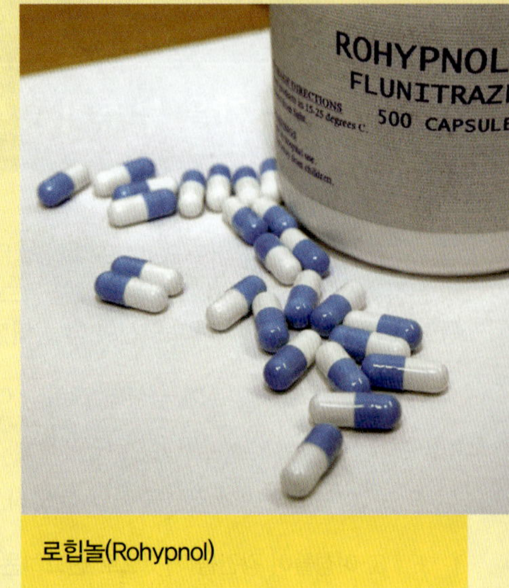

로힙놀(Rohypnol)

로힙놀에 의해 발생하는 문제들을 피하기 위한 방법

- 당신이 잘 모르거나, 오랜 기간 신뢰를 쌓지 않은 누군가로부터 술을 받는 것을 경계하라.
- 당신의 술잔을 내버려두어 아무나 쓸 수 있게 하지마라. 심지어 화장실을 갈 때도.
- 만약 당신이 피해자라고 생각한다면, 관계 당국에 즉시 알려라.

거한다는 의미일지라도, 그들은 상대편에 비해 우세해야 하며, 완파해야 한다고 배운다.

이 운동 경기의 철학이 여성과의 관계로 가져온 것일까?

우리 문화에서 성적인 행동과 스포츠는 공통적인 표현 양식들로 연결되어 있다. 젊은 남성은 데이트 후에 친구들로부터 "점수 좀 냈어?" 또는 더 직설적으로, "따 먹었어?"라는 질문들로 놀림을 당할 수도 있다. 가령, 이 남자 대학생은 남자와 여자가 데이트하는 관계를 공격적인 경쟁관계라 여긴다.

> 이 남성은 그녀와 가장 짜릿한 성관계를 하기 위해 미리 계획을 꾀하여 데이트 여성을 만나기로 한다. 그가 행동하고, 판단하는 모든 것들은 성관계라는 단 한 가지 기준에 따른다. 이 남성은 그가 어디까지 갈 수 있는지 알기 위해 계속해서 데이트 여성을 압박한다. 데이트 여성은 곧 그가 벌이는 전쟁의 상대방 적수이며 사람이 아닌 그가 따낼 물건으로서 전리품이다. 여성은 사랑을 꿈꾸는 동안, 남성은 그녀를 어떻게 정복할지를 생각한다(Powell, 1991, p. 55).

18.4 강간범의 정신적 특징: 그들은 누구인가?

성적으로 공격적인 면이 우리 사회 구조에 박혀 있을지라도, 모든 남성들이 이러한 문화적 영향을 쉽게 받아들이는 것은 아니다. 개인적 요소도 관여한다. 강간범들은 모두 정신에 이상이 있는 것일까? 지적으로 결함이 있는 것일까? 만족할 줄 모르는 성욕구에 이끌린 것일까?

대부분의 연구자들이 성적 동기가 강간에서 주요한 역할을 한다고 인정하지만(Bushman 등, 2003; Malamuth 등, 2005), 한 세대 전만하더라도, 일부 사회 과학자들은 정서적인 면과 사회적 요소에 더 초점을 맞췄다. 강간은 분노, 힘을 과시하려는 노력, 가학대음란증, 또는 이 세 가지의 일부 조합이 동기로 작용될 수 있다. 분노에 가득찬 강간범들은 성행위의 승낙을 얻기 위해 요구되는 힘보다 더 많은 힘을 사용하여 희생자들이 모멸적이고, 치욕스러운 행동을 하도록 강요한다. 힘이 강간의 동기인 사람들은 희생자들을 통제하고, 지배하기를 추구한다(Mardorossian, 2002). 가학대음란적인 강간범들은 가장 포악하다; 일부는 희생자들을 고문하거나 살인한다.

우리가 강간범들의 정신적 특성을 인식하는 것의 대부분은 감금된 강간범들을 대상으로 한 연구로부터 밝혀진 것들이다. 도출된 한 가지 결론은 강간범이 한 가지 유형만을 가지지 않다는 것이다. 강간범들은 정신적 특성, 가정환경, 정신 건강, 범죄경력의 측면에서 다양하다(Lalumière 등, 2005a). **사실인가 아니면 허구인가 6:** 비록 강간범들의 범죄가 보는 사람으로 하여금 "아픈 사람"으로 보이지만, 대부분의 강간범들이 정신적 질병을 가지고 있다는 것은 사실이 아니다. 일반적으로, 강간범들은 지식수준이 낮거나, 다른 사람들보다 더 정신적으로 병든 사람들이 아니다. 오히려 많은 강간범들은 심각한 정신 장애를 보이지 않으나, 그들이 갖고 있는 반사회적 성격으로 인해 죄의식, 부끄러움, 불안, 또는 측은심 없이 피해자들에게 폭력을 휘두르게 만든다(Lalumière 등, 2005a). 일부 반사회적 강간범들은 만성적인 폭력전과가 있다(Lalumière 등, 2005a, 2005b). 술을 마시는 것은 자제력을 무너뜨리며, 성적 공격성을 자극한다.

일부 강간범들은 폭력을 통해 성적 흥분을 느낀다. 그러므로 그들은 성적으로 더 흥분되기 위해 성관계와 폭력을 결부시킨다(Lalumière 등, 2005a). 몇몇 강간범들은 강간을 주제로 한 글, 영화, 또는 오디오 테이프를 접하면 다른 사람들보다 성적으로 더 흥분한다(발기된 크기를 측정했다)(Lalumière 등, 2005a, 2005b, 2005c). 그러나 다른 연구자들은 강간범들에게서 정상에서 벗어난 흥분 양상을 찾지 못했다(Lalumière 등, 2005a, 2005b, 2005c).

구속된 강간범들에 대한 연구의 약점은 표본이 전체 강간범 집단을 나타내는 것이 아니라는 점이다. 이러한 방법적 취약점을 상쇄시키기 위해서 연구자들은 형사사법제도에 의해 입건되지는 않았지만, 강간을 포함하여 성적으로 강제적 행동을 한, 남성들을 익명으로 연구하는 방식으로 조사 방법을 변경했다(Locke & Mahalik, 2005; Yost & Zurbriggen, 2006). 그 결과 성적으로 강압적인 남성들은 다른 남성들보다 다음과 같은 행위를 할 가능성이 더 높다.

- 강간을 용납하며, 여성들에게 폭력을 행사한다.

- 전통적인 성역할 태도를 갖는다.
- 성적으로 노련하다.
- 여성들에게 적대적이다.
- 사회적 우월감을 표출하기 위하여 성활동을 한다.
- 강간에 대해 묘사된 것들에 성적으로 흥분한다.
- 무책임하며, 사회적 양심이 부족하다.
- 성활동으로 압박하는 남자 대학생들 동아리와 같은 또래집단을 가진다.

18.5 강간 생존자의 적응

낯선 이에 의한 강간의 생존자 중 많은 사람들은 공격받는 내내 자신이 죽을지도 모른다는 두려움을 느낀다(Polusny & Arbisi, 2006). 무기가 있건 없건, 협박을 받건 받지 않건 간에 예상치 못했으며, 위협적이었던 폭력의 경험은 그들에게 끔찍한 것이다. 그 여성은 살아남을 수 있을지 알지 못하며, 어떤 것을 해야 할지 속수무책일 것이다.

많은 생존자들이 수일, 수주 동안 강간에 따르는 후유증을 겪는다(Campbell, 2006; Macy 등, 2006). 그들은 불면증에 걸리며, 자주 운다. 또한 섭식장애, 방광염, 두통, 과민증, 기분 변화, 불안, 우울증, 생리불균형 등이 나타나는 것으로 보고된다(Kaczmarek 등, 2006). 그들은 내성적이며, 침울해지고, 의심이 많아진다. 미국 사람들은 강간당한 여성들이 적어도 부분적으로 강간에 책임이 있다고 믿는 경향이 있다(Boros 등, 2005). 그러므로 일부 생존자들은 죄의식과 수치심을 느낀다. 정서적 고통은 폭력이 발생한 지 약 3주쯤, 정점에 달하는 경향을 보이며, 일반적으로 약화되기 시작하는 약 한 달에서 두 달 전까지 높게 유지된다(Duke 등, 2008; Littleton & Henderson, 2009).

많은 생존자들은 더 지속적인 문제들에 부딪히게 된다. 자신의 운명 앞에 전혀 아무것도 할 수 없게 되었다는 느낌들은 지속될 수 있으며, 그들의 성격도 변화시킬 수 있다(McEwan 등, 2005). 연구에 의하면, 군대에서 강간과 신체적 학대를 당한 여성 생존자들은 10년 후 건강에 이상이 있는 것이 밝혀졌다(Sadler 등, 2000). 일부 생존자들은 신체적 상해와 성병으로 고통 받는다.

생존자들은 또한 직업상의 문제를 겪을 수 있다. 예를 들어 직장 동료들이나 상사들과의 관계, 혹은 업무에 집중하는데 어려움을 겪는다. 그리고 그들은 배우자나 애인과의 관계에서도 고통을 받는다. 성기능 저하가 일반적으로 나타나며, 지속된다. 생존자들은 종종 성욕구의 감퇴, 성관계의 두려움, 성적 흥분이 고조되지 않는 등의 어려움을 겪는 것으로 보고된다(Beutel 등, 2008; Koss 등, 2002, 2003).

대부분의 여성들은 경찰에게 성폭력 사실을 신고하지 못한다. 그 이유들을 보면, 보복의 두려움, 강간 생존자라는 꼬리표가 붙은 사회적 오명, 다른 사람들이 자신을 말을 믿지 않을 것이라는 의심, 가해자를 기소하는 것이 가망 없을 것이라는 생각, 주위에 부정적으로 알려질 것에 대한 우려, 그리고 만약 그 사건이 재판정에 갔을 때에 받게 될 감정적 괴로움에 대한 두려움이 원인이다(Campbell, 2006; Logan 등, 2006).

학생들의 실제 질문

질문: 지난 학기에 친구가 파티에서 강간을 당했습니다. 친구를 병원에 데려 갔지만, 친구는 경찰에 이런 사실을 신고하는 것은 거절했다. 이 친구를 어떻게 설득할 수 있을까요?

답변: 좋은 질문이다. 파티에 가서 아마도 술을 마시고 남녀가 키스하며 스킨십을 할 때, 어디에서 허락했고, 강간이 시작되었는지 정확히 알지 못할 것이다. 또한 성폭행의 피해자들을 비난하는 풍토와 피해자의 성경험을 밖으로 드러내놓는 풍토가 있다. 친구가 형사 행정 시스템에 신고하기를 꺼려하는 것이 놀라운 일은 아니다. 아마도 친구는 먼저 개인 변호사와 그것에 대해 이야기하는 것이 좋을 것이다. 그러나 그것은 돈이 들기 때문에 무료 성폭력 상담전화 1-800-656-HOPE (4673)를 이용할 수 있습니다. 전화는 24시간, 1년 내내 언제나 이용 가능하며, 무료이다. 모든 상담 내용은 비밀 보장된다. 그러나 결국, 결정은 친구 스스로의 몫이다.

한국의 경우, 한국성폭력상담소(☎ 02-338-5801~2) 또는 한국여성의 전화(☎ 02-2263-6465)를 이용할 수 있습니다.

강간과 정신 장애

강간 생존자들은 불안 장애, 우울증, 지나친 음주나 다른 약물 남용으로 발전할 위험이 평균보다 더 높다(Littleton & Henderson, 2009). 강간 생존자들 중 일반적으로 나타나는 불안 장애는 **외상후 스트레스 장애**(Vickerman & Margolina, 2009)이다. PTSD는 대단히 충격적인 사건을 경험한 뒤 나타나는 것으로, 흔히 전쟁에 참여한 군인들에게서도 나타난다(American Psychiatric Association, 2000). PTSD를 가진 사람들은 외상 경험의 플래시백(회상 장면)을 경험하고, 꿈자리가 뒤숭숭하며, 정서적으로 멍해지고, 신경과민 증세를 보인다. 이 장애는 수년 동안 지속될 수 있으며, 충격적인 사건과 연관된 상황에 두려움을 느낄 수도 있다. 예를 들어, 엘리베이터에서 강간당한 여성은 혼자 엘리베이터 타는 것을 두려워할 것이다. 또 연구에 따르면, 강간에 대해 스스로에게 책임을 묻는 여성들은 더 심각한 우울증과 성적 문제들을 포함하여 적응 문제들로 고통을 받는 경향을 보인다(Kaczmarek 등, 2006; Vickerman & Margolina, 2009).

만약 당신이 강간을 당했다면…

당신이 강간당했을 때 해야만 하는 몇 가지 방법들을 제시한다.

- 신체의 어떤 것도 바꾸지 마라—씻지 말고, 머리도 빗지 마라, 머리카락이 붙어 있는 상태 그대로 옷을 벗어라. 그렇지 않으면 증거를 손상시킬 수 있다.
- 경찰에 사건을 신고할 것을 심각하게 고려하라. 당신이 신고함으로써 다른 여성들이 폭행당하는 것을 막을 것이다. 또한 당신은 피해자에서 생존자로의 삶을 부여받을 것이며, 새롭게 삶을 시작하게 될 것이다.

외상후 스트레스 장애(posttraumatic stress disorder, PTSD) 충격적인 사건에 의해 발생한 스트레스 반응의 일종이다. 꿈자리를 뒤숭숭하게 하는 형태인 경험의 플래시백(회상 장면), 수시로 떠오르는 기억, 정서적으로 멍해짐 또는 제한된 감정들과 고조된 신체적 흥분이 특징이다.

- 만약 당신이 구급차나 경찰차에 탈 수 없다면, 친지나 친구에게 병원에 데려다 줄 것을 요청하라. 만약 병원에 전화를 하고, 구급차를 부르는 이유를 설명한다면—병원 담당자들이 강간 사건들을 처리하는 숙련된 사람을 보내 줄 수 있을 것이다.
- 적극적인 방법으로 도움을 구하라. 의학적 도움을 구하라. 당신이 알지 못하는 상해들이 발견될 수 있다. 당신의 상태를 서류화한 서면 또는 사진 기록을 요청하라. 만약 당신이 가해자를 고소한다면, 검사는 유죄판결을 얻어내기 위해 이러한 자료를 요청할 것이다.
- 건강 전문가들에게 질문하라. 당신의 생물학적 위험들에 대해 질문하라. HIV 감염에 대한 예방 치료에 대해 질문하라. 어떤 치료를 받을 수 있는지 질문하라. 당신이 안정되도록 도와줄 무언가가 있는지 질문하라. 총괄적으로 감독하되, 원한다면, 비밀을 요청하고, 원하지 않는 것은 거절하라.

사는 지역에서 강간상담센터나 강간 신고전화를 이용할 수 있다면, 조언을 받기 위해 연락하라. 폭행신고를 한다면, 강간 대처 봉사자는 함께 병원에 가줄 것이며, 의학적 검사와 경찰조사 받는 것을 도와줄 것이다. 강간 생존자들이 기억에서 강간 사실의 세세함을 지우려고 노력하는 것은 당연한 일이다. 하지만 강간범의 옷차림이나 차종 등 세세한 부분들을 명확하게 기억하려는 노력은 경찰에게 강간사실을 정확하게 설명할 수 있게 할 것이다. 이 정보는 경찰이 강간범을 체포하는데 도움을 줄 것이며, 기소하는데 유용하다.

강간 생존자들의 치료

생존자들의 치료는 일반적으로, 공격 이후에 위기에 처한 여성을 돕는 것이며(압도적으로 여성이 많다) 그 후 긴 기간 동안 적응할 수 있도록 돕는다(Vickerman & Margolina, 2009). 위기 개입(정신적 위기 상태에 처한 사람에 대한 치료적 개입)은 일반적으로 생존자들을 지원하며, 생존자들이 자신의 감정을 표현하고, 충격에 대처할 수 있는 전략들을 개발할 수 있도록 도와주는 정보를 제공한다. 그룹 또는 개인 심리치료는 생존자들이 강간에서 발생한 감정적인 증상에 대처할 수 있도록 돕는다. 또한 자기비하에서 벗어나고, 자존감을 높이며, 강간의 경험과 관련된 격정적인 느낌을 순화시킬 수 있도록 돕는다. 그리고 사랑하는 사람들과 관계를 형성하고, 유지할 수 있도록 도와준다. 치료전문가들은 또한 강간 생존자들을 돕는 것은 사회적 지지가 동반되어야함을 강조한다. 가족, 친구들, 종교 지도자들 그리고 보건 전문가들은 모두 강간 피해자를 도울 수 있는 잠재적인 재원이다. 하지만 여성들은 종종 치료전문가들이 잠재적 지지세력이라 말하는 가족, 성직자와 같은 사람들이 그러한 폭력에 대해 생존자 자신들을 비난하는 것을 발견한다(Grubb & Harrower, 2009; Macy 등, 2006). 주요 도시와 많은 지역들에서, 강간을 걱정하는 남성들과 여성들은 강간 상담센터들과 신고 전화를 구축해왔다. 또한 동료 상담그룹을 형성했으며, 폭력 후에 생존자들의 어려움을 평가하고 처리해 줄 수 있게 전문적 도움을 받을 수 있는 곳으로 위탁해주는 단체들도 생겨났다. 일부 상담가들은 특별히 강간 생존자와 그들이 사랑하는 사람들(남편, 애인 등) 사이를 중재하는 훈련을 받았다. 종종 이 상담가들은 피해자들이 강간이 낳은 복잡한 정서적 부분을 논의하고, 헤어나올 수 있도록 돕는다. 이러한 서비스를 받을 수 있는 곳의 전화번호는 여성단체들(예를 들어,

가까이서 보기

"강간 키트"와 유전자 검사

여성이 성폭행을 신고할 때, 여성의 몸은 범죄현장이 된다. 피해자는 일반적으로 크고 흰 종이 위에서 머리카락이나 섬유를 모으기 위해서 탈의를 요청받는다. 그 후 피해자의 몸을 자외선으로 검사하고, 사진을 찍고, 성폭행범의 DNA를 면봉으로 채취하기 위해 샅샅이 뒤진다.

이 과정은 대단히 힘들고, 참기 힘들며 4~6시간 지속될 수 있다. 이러한 과정들이 "강간 키트"를 만든다. 만들어진 이 키트는 몇 개월에서 몇 년 동안, 개봉되지 않고, 검증되지 않은 상태로 방치된다. 놀랍게도 가끔은, 이것이 우선적으로 처리되지 않아서, 전혀 검사되지 않는다. 만약 검사되더라도, 느린 속도로 진행되어 결과가 나오기까지 일 년 또는 그 이상이 걸리기도 한다. (예상되는 결과들은 빨리하면 기술적으로 일주일이면 가능하다.)

우리가 범인을 찾을 수 있는 DNA 기술이 발달해 왔지만, 용의자들은 무죄를 입증 받는다. 결국 우리가 강간 키트를 적절히 사용하지 못함으로 인해 예견된 결과인 것이다. 그 까닭에 대해 이 분야에서 종사하는 사람들은 몇몇 성폭행 사건들의 심각성에 대해서 사람들이 가지고 있는 의심 때문이라고 분석한다.

내 동료는 로스앤젤레스에서 사는 한 여성에 대해 기록했는데, 그 여성은 43살의 법률 비서로 아들이 다른 방에서 잘 때, 자신의 집에서 반복적으로 성폭행을 당한 여성이었다. 가해자는 증거를 없애기 위해서 그 여성이 스스로 목욕할 것을 강요했다. 이 사건에서 수사관은 이것이 가해자가 다시 공격을 가하는 습관적 범죄자임을 의미하는 것이라고 생각했고, 과학수사 연구소에 강간 키트를 서둘러 분석해 달라고 요청했다. 그러나 이것이 일 년 이상 지체될 수 있다는 이야기를 들었다. 그래서 그는 직접 560 km를 운전해서 새크라멘토에 있는 주(州) 실험실에 그 키트를 전달했으나 심지어 그곳조차 밀린 일로 인하여 넉 달이 걸렸다. 분석 결과 이전 범죄자들 DNA 데이터베이스에서 일치하는 점을 찾은 "유전자 검사 결과"는 만들어졌다. 그렇지만 그 성폭력 키트가 분석되는 몇 달 동안 용의자는 2번 이상의 폭력범죄를 더 저질렀다. 경찰은 그가 임신한 여성과 17살 소녀의 집에 침입해서 그들을 성폭행했다고 밝혔다.

"성폭행을 다루기에 형사사법제도는 여전히 제대로 갖춰지지 않았으며, 성폭행 사건들을 더 나은 해결안으로 이끄는데도 미흡합니다." 강간 키트의 밀린 업무에 대해 국제인권감시 단체에 엄청나게 충격적인 보고서를 제출한 사라 토프테가 말했다. 그 보고서에 따르면 로스앤젤레스에서는 12,669개의 강간 키트들이 경찰 보관소에 방치되어 있다고 한다. 이 키트들 중 450개 이상은 10년 이상 방치되고 있으며, 많은 사건들의 공소시효가 만료된 상태였다. 국제인권감시센터가 조사를 시작한 이후에서야, 담당부서는 정기적으로 강간 키트 분석을 계속했고, 그 결과 유전자 검사 결과가 두 배로 많아질 수 있었다.

왜 경찰은 강간 키트를 빠르게 처리하지 않는 것일까? 아마도 비용이 한 가지 이유일 것이다. 각각의 키트는 검사하는데 1,500달러까지 비용이 들 수 있기 때문이다. 그러나 강간 사건에 대한 광범위한 혐오감 또한 중요한 이유인 것처럼 보인다. 그것은 특히 알코올이 관여하거나 지인에 의한 강간일 때, 기소하기에 미심쩍고, 애매하고, 어려운 것처럼 보이기 때문이다. "그들은 강간 피해자들의 신뢰도를 이야기할 때, 다른 범죄 피해자들의 신뢰도를 언급할 때와는 다른 방식으로 말합니다." 토프테가 말했다.

강간 키트에 관한 밀린 업무와 종잡을 수 없는 처리는 전국적인 문제이지만, 단 한 곳의 훌륭한 예외가 있다: 뉴욕시는 지난 10년이 넘게, 접수되는 모든 키트를 테스트하기 위해 엄청나게 노력했다. 국제인권감시센터에 따르면, 그 결과 최소 2,000개의 유전자 검사 결과가 강간 키트로부터 만들어졌고, 뉴욕시에 신고된 강간 사건들의 검거율은 40%에서 70%로 증가했다고 한다.

몇몇 미국인들은 여성들이 싫어하면 강간하는 것이 불가능하다고 주장하곤 했다. 요즘은 여성이 짧은 스커트를 입었다고 해서 그 여성이 강간을 원한다고 말하는 사람은 거의 없다. 그러나 강간 키트 테스트를 거절하는 것은 강간이 정신외상성 범죄임을 부정하는 구시대적 회의론과 다르지 않다.

출처: Nicholas D. Kristof. (2009, April 30). Is rape serious? The New York Times.

전미 여성기구[NOW]의 지역 지부), 경찰서, 또는 전화번호부를 통해 알 수 있다.

강간 생존자들을 위한 다양한 치료 효과 보고서에 따르면 치료해야 할 증상은 대부분 외상 후 스트레스 장애, 우울증, 불안이라는 것이 밝혀졌다(Vickerman & Margolina, 2009). 또한 여성들은 대부분 만성적(지속되는) 증상들을 경험했다. 가장 효과적인 치료는 인지행동치료(피해자들이 폭력에 대해 스스로를 비난하지 않고, 강간에 대해서 자신을 탓하지 않도록 유도하는 것과 같은 방식으로 자신이 당한 폭력을 보도록 돕는 치료이다)였고, "범죄 현장"과 다른 끔찍한 요인들을 피하기보다 오히려 접근하도록 돕는 치료

형태를 통해 피해자들은 그것에 대처하는 법을 배우게 된다.

물론, 우리가 강간을 예방한다면, 많은 생존자들이 적응할 수 있도록 돕는 것은 필요하지 않을 것이다.

18.6 강간의 예방

강간을 없애려면 문화적인 태도와 사회화 과정에 엄청난 변화가 필요하다. 교육을 통한 예방은 쉽게 시작할 수 있는 방법으로 어느 정도 일탈을 낮출 수 있다. 많은 대학에서는 연인 사이의 강간에 대한 교육 프로그램을 진행 중인데, 이를 통해서 데이트 강간 사건의 수를 줄여왔다(Foubert & Newberry, 2006; O'Donohue 등, 2003; Potter 등, 2009). 이런 프로그램들은 강간 피해자가 입는 상처에 대해 자세히 설명함으로써 측은심이 생기도록 하고, 강간을 부추기는 전통적인 문화적 오해에 대해서 설명하며, 성관계를 갖게 되는 데이트와 강간을 위한 데이트 사이의 경계에 대해서 설명한다.

강간에 대한 근본적인 문화적 태도가 바뀌기 전에 "강간 예방"은 여성들이 취할 수 있는 여러 가지 주의사항을 교육하는 것을 의미한다. 왜 여성들은 강간을 당하지 않기 위해 여러 조치를 취해하는 것인가? 이런 식으로 리스트를 작성하는 것은 어떤 의미에서 여성들이 강간범에게 당하면 여성 탓을 하려는 것이 아닌가? 그렇지 않다. 정보를 제공하는 것은 공격을 당하는 사람을 탓하려하는 것이 아니다. 언제나 강간범이 잘못이다.

여성들은 자신들을 보호하기 위해 다음과 같은 주의를 할 수 있다(Boston Women's Health Book Collective, 2005).

- 같은 건물이나 동네에 함께 사는 다른 여성들과 어떤 신호 체계를 만든다.
- 전화번호부와 우편통에 이름을 약자로 써서 남성인지 여성인지 모르게 한다.
- 대문에 잠금쇠를 단다.
- 1층의 경우에는 철제 창틀을 달고 창문은 잠근다.
- 대문과 현관은 밤에 불을 켜 둔다.
- 대문이나 차문은 바로 열 수 있게 미리 준비한다.
- 어두운 밤길을 혼자 걷지 않는다.
- 외진 곳을 피한다.
- 낯선 사람의 신원을 파악하지 않고 집 안으로 들이지 않는다.
- 차 문은 잠그고 창문은 올려둔다.
- 차를 탈 때 뒷자리에 누가 있는지 확인한다.
- 위험한 건물에 살지 않는다(상대적으로 가난해서 살 곳을 정하는데 제한적인 여성에게는 해당되지 않는다는 것을 알고 있다).
- 히치하이커를 태우지 않는다. (히치하이커가 여성이라도 태우지 말라.)
- 길에서 모르는 남성과 얘기하지 않는다.
- "강간이야"보다는 "불이야"하고 소리친다. 사람들은 화재 장소에는 모여 들지만, 폭력의 현장을 피하는 경향이 있다.

다음은 데이트 강간을 피하는 방법이다.

- 파트너에게 어디까지 갈 수 있는지 얘기하라. 이를 통해 남자친구는 어디가 끝인지 알 수 있을 것이다. 가령, 파트너가 당신을 불편할 정도로 치근대면 이렇게 말한다. "거기는 건드리지 않았으면 좋겠어. 너를 정말 좋아해, 그런데 우리 사이가 지금은 그렇게 육체적으로 친밀한 사이는 아니었으면 좋겠어."
- 새로 만난 데이트 상대를 공공장소에서 만나고, 모르는 사람이나 방금 만난 사람들과 함께 차를 몰지 않는다. 새 친구를 사귈 때에는 당신이 차를 몰고 공공장소에서 만나라. 모르는 사람들이나 한 무리의 사람들에게 차를 태워 주겠다고 하지 마라.
- 성적으로 접근해 오는 것을 거부하는데 있어서 단호히 하라. 파트너의 눈을 똑바로 본다. 당신이 확고할수록 당신의 파트너가 당신의 바라는 바를 오해할 가능성이 적다. 두려움에 대해서 알라. 파트너가 실망하면 어쩌나 하는 두려움을 직시하라. 이 두려움으로 인해 당신이 확고한 의지가 약해질지도 모른다. 파트너가 당신의 의견을 존중한다면 어떤 분노나 거북한 반응에 대해서 걱정할 필요가 없다. 만일 파트너가 당신을 존중하지 않는다면 바로 즉시 관계를 단절하라.
- 당신의 "감"을 느끼고 믿으라. 많은 연인 강간 피해자는 그 남자에게 이상한 느낌이 들었지만 대처하지 못했다고 한다.
- 대학에 입학하거나 외국에 나가거나 하는 등 새로운 환경에 있게 될 때 특히 조심하라. 새로운 환경과 다른 사람과 관습에 적응할 때 피해를 입기 쉽다.
- 정말 좋아하지 않은 사람과 헤어지고 나면, 그를 당신의 숙소로 들여보내지 마라. 연인 강간의 많은 경우는 헤어진 남자친구에 의해서 일어난다.

강간범에 대처하기: 싸워야 하나, 도망쳐야 하나, 아니면 애원해야 하나?

강간범이 접근하면 어떻게 할 것인가? 싸워 쫓아 보내야 하는가, 도망쳐야 하는가, 아니면 그만두라고 애원해야 하는가? 어떤 여성들은 빌거나 울거나 해서 강간범의 공격에서 벗어나기도 한다. 소리 지르는 것도 강간범을 쫓아내는데 도움이 된다. 도망치는 것도 때로는 방법이다(Gidycz 등, 2006). 어떤 특정한 방법이 모든 경우에 공통적으로 적용되지 않는다.

자기를 방어하는 훈련은 강간범으로부터 벗어날 수 있는 준비를 하게 도와준다(Gidycz 등, 2006). **사실인가 아니면 허구인가 7:** 그럼에도 불구하고 물리적 저항은 강간범에 따라서 더욱 도발적으로 변하게 하는 부작용이 있다(Gidycz 등, 2006). 저항하는 여성은 강간이 완전히 성립되는 것을 막을 수 있지만, 저항하는 것은 부상을 당할 우려가 커진다.

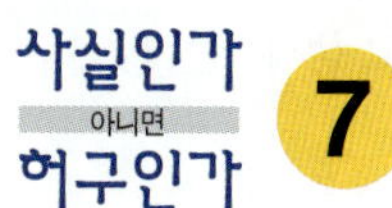

사람들은 누구로부터 공격을 받을 때 어떻게 해야 할지 침착하고 뚜렷하게 판단하기가 어렵다. 강간학 전문가들은 강간 공격에 대해서 몇 가지 반응을 준비해두는 것이 바람직하다고 말한다. 효과적으로 자기를 방어하는 것은 여러 개의 전략을 사용하는 것으로부터 시작한다. 이것은 잠재적 강간의 상황을 피하려는 노력(집에 보안 장치를 설치한다던지, 가로등이 있는 밝은 길만 걸어 다닌다던지 하는 것), 적극적으로 저항하는 것이 너무 위험해 보이면 저항 없이 받아들이는 것, 위험도가 낮아 보이는 경우에는 보다 더 적극적으로 구두 또는 신체적 저항을 하는 것들이다(Gidycz 등, 2006).

18.7 아동 성적 학대

방안의 괴물 괴물들이 다 꿈속에만 있는 것이 아니다. 어떤 괴물들은 근친상간을 저지르는 가족 구성원이다.

많은 사람들이 아동 성적 학대를 가장 사악한 범죄 중에 하나라고 본다. 성적으로 학대받은 어린이는 종종 사회적 및 감정적 문제로 고통 받고, 이것으로 인해 발달이 저해되며 성인이 된 이후까지 지속되어 자존감이 낮고 정상적인 남녀관계를 맺기 어렵기 때문이다.

얼마나 많은 어린이가 성적으로 학대 당하는지 아무도 정확히 모른다(Finkelhor 등, 2005b). 성적 학대를 당하는 어린이는 대부분 여자아이들이지만, 3분의 1에서 4분의 1 정도는 남자아이들이다(Edwards 등, 2003). 22개국에서 수행한 65개의 연구를 종합 분석한 결과를 보면, 남자 어린이의 7~8%, 여자 어린이의 19~20%가 성적 학대를 받는 것으로 나타났다(Pereda 등, 2009). 그러나 많은 사람들이 기억을 잘 못하거나, 부끄러움, 또는 창피함 때문에 신고를 제대로 하지 않기 때문에 실제 발생률은 이보다 높을 것이다.

아동 성적 학대의 유형으로는 여러 가지가 있는데, 노출증, 키스, 만지기, 애무하기에서 구강성교, 항문성교 및 질성교 등이 있다. 어린이의 옷을 갈아 입히거나 목욕을 시킬 때, 잠잘 때 성기를 만지는 행위와 어린이가 나체를 보게 되는 것 등은 어떻게 해석해야 할지 아직 잘 모르지만, 아동발달에 별 무리가 없는 것으로 여겨진다(Haugaard, 2000). 한편, 성인과 어린이의 성적인 접촉은 학대에 해당한다. 어린이는 어떤 행동을 결정하는 법적 권한이 없기 때문에 설령 어린이가 원해서 성적 접촉을 해도 학대다. 법적 결정권에 대한 제한 나이는 곳에 따라 다르지만, 성인과 법적 결정권이 없는 어린이의 성적인 관계는 모든 주에서 강력범죄로 처벌된다.

저스틴 베리(Justin Berry) 사건처럼 성적 학대는 인터넷상에서도 일어나다. 대부분의 청소년을 둔 부모들은 인터넷상의 위험물로부터 아이들을 보호할 수 있는 인터넷 필터가 있다는 것을 알고 있으나 잘 사용하지 않는다(Bross, 2005; Mitchell 등, 2005). 또한 사용해 본 부모들의 대부분은 사용을 그만둔다.

비슷한 연령대의 어린이들 사이에 자발적인 성적 활동은 성적 학대에 해당되지 않는다. 어린이들은 종종 친구나 형제자매와 "의사놀이"나 서로 자위행위를 하는 것 등의 성적인 놀이를 한다. 이러한 경험은 성인이 된 후 부끄럽거나 창피한 느낌으로 기억되지만, 일반적으로 어른에 의해서 당한 학대 경험만큼 해롭지 않다. 그러나 어린이들 사이에 폭력이 수반되거나, 한 어린이가 훨씬 나이가 많거나, 한 어린이가 다른 어린이보다 우월한 위치에 있는 상태에서 일어났다면 이런 성적 접촉은 성적 학대가 될 수 있다.

비판적인 사고하기

아동 성학대의 대부분의 경우 당국에 신고되지 않는데 그 이유는 무엇이라고 생각하는가?

학대의 양상

안정적인 중산층 가정에서 자란 어린이들은 가난하고, 편부모 슬하 또는 양부모 밑에서 자란 어린이들에 비해 성적 학대를 당할 위험도가 낮다(Amodeo 등, 2006; Turner 등, 2006). 대부분의 경우, 성적으로 학대를 당한 어린이들은 학교 뒤로 모여서 당한다거나 하지 않는다. 대부분의 가해자들은 어린이들 주변에 있는 사람들이다: 친척, 양부모의 가족, 동네 사람들(Turner 등, 2006).

자식이 가족의 누군가에 의해서 성적 학대를 당한 사실을 알게 된 부모들은 종종 관

가까이서 보기

〈위기의 주부들〉 배우 테리 해처, 어린 시절 성적 학대받은 경험을 털어놓다

〈위기의 주부들〉 배우 테리 해처는 어릴 적 이모부로부터 성적 학대를 받았다고 밝혔다. 그것은 수년이 지난 후에, 그녀의 이모부가 한 소녀—결국 자살한—를 성추행한 혐의로 체포될 때까지는 감추어진 사실이었다.

해처는 결국 검찰관에게 그녀가 당했던 학대 사실에 대해 이야기했다. 스스로 목숨을 끊은 14살 소녀에 대한 생각이 그녀의 뇌리에서 떠나지 않았으며, 이모부가 유죄선고를 모면할지도 모른다는 생각에 두려웠기 때문이다.

"저는 이 소녀의 아픔이 제게 밀려와서 당장이라도 쓰러질 것 같았어요." 잡지 베니티페어에서, 해처는 신문기사 스크랩을 통해 알게 된 그 사건에 대해 회상하며 이렇게 이야기했다.

"생각이 들었어요, '이런! 이 사건 정말 내게 확 와 닿잖아.' 일주일 내내 그런 고통이 어떤 것인지 느낄 수 있어요. 예전에 저도 분명 자살을 시도하지는 않았지만, 생각해 본 적은 있어요. 제 삶이 무엇이 그렇게 끔찍한가 하는 생각 때문에 자살을 생각하는 것이 부끄러웠어요."

부지방검사 척 질링엄은 해처의 이모부인 리처드 헤이스 스톤을 투옥시킬 수 있었던 것은 해처의 공이라고 말했다.

"테리가 아니었다면, 이 소송은 묵살되었을 것입니다." 그는 해처의 설명이 보강증거를 제공했다고 설명하면서 이처럼 말했다.

해처가 어렸을 때, 이모와 결혼한 스톤은 해처가 증언을 한 후, 4건의 아동 성추행에 대한 유죄를 인정했으며, 14년형을 선고 받았다.

"그는 유죄를 인정했어요. 비록 그 사건이 나에게 저지른 범죄는 아니었지만, 내게 범한 죄 때문에 유죄를 인정했어요. 그리고 그의 자백을 통해, 저는 제가 그의 죄를 입증했다고 느끼게 되었어요." 그녀가 말했다.

해처는 자신의 경력에 해를 끼치지나 않을까 걱정되어 극비사항으로 여겼던, 자신의 책 "타버린 토스트"에서도 밝히기를 거절했던, 자신의 과거사건을 밝혔다.

"제가 숨기는 것을 멈춰야 할 때가 지금인 것 같았어요"

해처는 ABC의 TV 드라마 〈위기의 주부들〉에서 불행을 잘 당하는 수잔 마이어 역으로 아주 잘 알려진 배우이다. 이전에는 TV드라마 〈로이스와 클락: 슈퍼맨의 새로운 모험〉에서 로이스 레인으로 주연을 맡았었다.

테리 해처. <베니티 페어>지와 인터뷰에서, 테리 해처는 5살부터, 이모부로부터 아동 성학대를 받았다고 밝혔다.

해처는 부모님과 함께 캘리포니아의 서니베일에서 살았던, 5살이 될 무렵, 이모부에게 어떻게 성추행 당했는지를 회상했다. 그리고 특이하면서 수치스러웠던 상반된 두 감정을 떠올렸다.

"내 삶에서 견뎌왔던 가장 끔찍한 것은 그가 나를 만지고, 내게 그런 짓을 했다는 거예요. 그는 나에게 '기분이 좋지 않아?'라고 말했었어요. 그 말에 저는 '아니, 안 좋아'라고 답했었는데, 그는 '음, 언젠가 내가 하는 말이 무엇인지 너도 알게 될 거야.'라고 말했어요."

해처는 4년 전 검찰에 가기 전까지 결코 누구에게도 말하지 않았으며, 심지어 그녀의 부모님께도 알리지 않았다. 그녀는 이모부를 8살 또는 9살 때 마지막으로 보았다고 말했다.

출처: Adapted from Steve Gorman. Reuters. Los Angeles, March 7, 2006.

계 당국에 신고하기를 꺼려한다(Zerubavel, 2006). 어떤 사람들은 그런 문제를 사적으로 다뤄져야 할 "가족 문제"로 여긴다. 또 다른 사람들은 관계 당국에 알리게 되면 가족을 욕보이는 것이라거나 자식을 보호하지 못한 책임을 뒤집어 쓸까봐 신고하기를 꺼려한다. 많은 경우 가해자와 학대 사실을 발견한 사람이 누구냐에 따라 경찰에 신고할지 말지 결정된다(Finkelhor 등, 2005b). 핀켈호(Finkelhor)의 조사를 보면 가족에 의해 성적 학대를 당한 어린이의 부모는 아무도 신고하지 않은 것으로 나타났다. 반면, 모르는 사람에 의해 학대를 당한 부모는 대부분 신고한 것으로 나타났다.

일반적으로 어린이는 처음에 가해자를 믿는다. 물리적 힘은 어린이가 순순히 따라오게 하는데 그다지 필요하지 않다. 어린이는 힘이 없고 쉽게 설득되며, 어른의 권위에 순종하기 때문이다. 대부분 성적 학대를 당한 어린이는 일회성인 반면, 가족 구성원에 의해 학대를 당한 어린이는 반복적으로 피해를 당해 고통 받을 가능성이 높다.

음부를 쓰다듬는 것은 가장 흔한 성적 학대의 유형이다(Edwards 등, 2003). 어린 시절 성적 학대를 당한 경험이 있는 여성들을 조사한 연구에서 대부분은 음부를 쓰다듬는 피해(조사대상의 38%) 또는 노출증의 피해(조사대상의 20%)이다. 성교는 드물다. 가족 구성원에 의해 발생한 학대는 일정한 양상이 있다. 유아원생일 때 쓰다듬기로 시작해서 학교를 다니기 시작하면 구강성교 또는 상호 자위를 하다가 청소년기가 되면 삽입성교(질 또는 항문)를 한다.

성적 학대를 당한 어린이는 그 사실을 거의 신고하지 않는데, 이는 가해자로부터 복수를 당할지 모르고 학대의 책임을 추궁 당할까봐 두렵기 때문이다. 어린이가 갑자기 성격이 변하거나 두려움이 갖기 시작하거나, 학교에서 문제가 생기기 시작하거나, 식욕 및 수면 장애가 있으면 성적 학대를 의심해 보아야 한다. 정기 건강검진 때 의사는 학대의 신체적 표징을 발견할 수 있다. 학대를 처음 당하는 어린이의 평균 나이는 여자아이의 경우 6세에서 12세 사이, 남자아이의 경우 7세에서 10세 사이다(Finkelhor 등, 2005b).

가해자의 유형 어린이(남자, 여자)를 성적 학대하는 사람들은 거의 대부분이 남성이다(Turner 등, 2006). 가해자는 대부분 성인이지만, 청소년인 경우도 있다. 성적 학대를 하는 남자 청소년은 어렸을 때 다른 청소년으로부터 성적 학대를 당했을 가능성이 높다. 어떤 청소년 가해자들은 자기가 피해를 받던 과정을 모방하기도 한다. 이러한 청소년들은 사회적으로 잘 적응하지 못하고 비슷한 또래의 여성들과 사회적인 관계를 형성하는 데 두려움을 갖는다.

비록 거의 대부분의 성적 학대자들은 남성이지만, 여성 학대자도 생각보다 많다(Zernicke, 2005). 많은 여성 성적 학대자들은 드러나지 않는데, 그 이유는 남성에 비해서 여성이 어린이를 신체적으로 접촉하는 정도에 대해서 우리 사회가 더 관대하기 때문이다. 어린이를 쓰다듬으면서 주물럭거리는 여성을 정이 많은 사람으로 여기고, 나쁘게 보아도 요염한 사람으로 여긴다. 반면 남자는 그 경우 어린이 성적 학대자로 인식된다.

여성은 어떤 동기로 자신의 아이를 포함해 어린이를 성적으로 학대할까? 여성 학대자들은 학대적인 남성에 의존하거나 그 반대로 거절된 내력이 있다. 사람들은 남편에 의해서 학대 행위를 하도록 조장된 경우도 있다. 다른 사람들은 감정적인 요구가 미성숙하고 자존감이 낮으며, 어린이와 성적인 행위를 통해서 승낙, 가까움, 주위를 끌려고 한다(Zernicke, 2005). 어떤 사람들은 해결하지 못한 분노, 복수, 무력감 및 질투심이 동기이다. 이 경우, 자신 또는 다른 사람의 어린이를 자신의 감정을 풀 안전한 대상으로 삼는다. 어떤 사람들은 자신의 범죄를 사랑의 표현이라고 생각한다.

어린이에 대한 성적인 관심은 비정상적인 양상의 성적 흥분에 의해서 일어나기도 한다. 아동애호증이 그 예다.

아동애호증

2006년 플로리다 주 상원의원이었던 마크 폴리는 의원회관에서 문서수발을 하는 소년들(대부분 16세 가량)을 꾀려고 이메일과 문자 메시지를 통해서 좇아다닌 사실이 알려지자 갑자기 의원직을 사임했다. 그의 변호사는 폴리의원이 게이였고 구석에 박혀서 지내는 알코올 중독자라는 사실을 발표했다. 폴리의원은 사임한 이후 알코올 중독자 교정원에 들어갔다. 알코올 중독증 때문에 폴리는 사람들의 입에 오르내리게 되었으며, 게이 남성들은 자신들의 거의 대부분은 어린 소년들과 관계를 맺으려고 하지 않는다고 시위까지 하게 되었다. 어쨌든, 비록 그의 변호사는 폴리가 아동애호증적인 행동을 한 적이 없다고 했지만, 폴리 자신은 자기가 아동애호증이 있다고 인정했다.

마크 폴리(Mark Foley) 폴리는 의회에서 문서수발을 하는 나이 어린 소년에게 음흉한 이메일과 문자메시지를 보낸 것이 알려지자 상원의원직을 갑자기 사임했다.

아동애호증(pedophilia)은 성인이 성적 욕구의 대상으로 아동들을 선호하거나 아동만을 선택하는 성도착증의 일종이다(17장). 아동애호증이 일반 대중 사이에서 얼마나 퍼져 있는지는 모른다. 어떤 아동애호증자들은 그들의 욕구에 대한 스트레스를 너무 많이 받는 나머지 실행에 옮기지 못한다. 그러나 많은 아동애호증자들은 어린이와 청소년들을 종종 반복적으로 착취한다.

아동애호증이 종종 아동학대로 불리기도 하지만, 아동학대를 하는 모든 사람들이 아동애호증이 있는 것은 아니다. 아동애호증은 아동에 대해 성적인 관심이 지속적으로 또는 자꾸 발생하는 증상이다. 몇몇 아동학대자들은 비정상적인 스트레스가 쌓이거나 다른 성적인 출구가 없을 때 아동과의 성적 접촉을 시도한다. 따라서 이런 사람들은 의학적으로 아동애호증이 있다고 말하기 힘들다.

아동애호증자는 거의 예외 없이 남성이다(Finkelhor, 2005b). 물론 예외적으로 여성인 경우도 있다. 어떤 아동애호증자는 오직 어린이에게만 성적으로 끌린다. 다른 아동애호증자는 성인에게도 성적인 관심이 있다. 어떤 아동애호증자는 성적 관심을 두는 대상으로 가족 구성원들 중의 어린이로 한정한다. 다른 아동애호증자는 특정한 관계가 없는 어린이들을 성적 학대한다. 어떤 아동애호증자는 단지 어린이를 바라보는 것 또는 옷을 벗기는 수준에서 만족하기도 하고, 다른 아동애호증자는 어린이들을 주물럭거리거나 앞에서 자위행위를 한다. 어떤 경우는 삽입 성교를 한다.

어린이들은 아주 현명하지 않는 경향이 있다. 그들은 종종 아동애호증자들이 뭔가를 보여주고, 가르쳐주고, 또는 뭔가 좋아할 만한 것을 한다고 하는 꼬임에 넘어간다. 어떤 아동애호증자는 어린이와 애정을 나누고 선물과 관심을 잔뜩 줌으로써 둘 사이의 성적 관계에 대해서 알리지 말 것을 종용한다. 다른 아동애호증자는 아동이나 아동의 가족들에게 협박을 하여 사실을 감추려 한다.

비록 대부분 아동애호증자는 군복 스타일의 옷을 입고 학교 주변을 어슬렁거리지 않지만, 연구 결과에 의하면 이들 중 많은 수는 성격 장애가 있는 것으로 나타났다(Madsen 등, 2006). 이들은 정서적으로 불안정하고 분노가 많고, 반항적이며, 충동적이며, 신뢰성이 없다.

사회성이 모자란 아동애호증자들은 성인 여성과의 관계를 맺는데 실패한 이후에 아동으로 그 대상을 옮긴다. 심리학적 연구에 의하면 많은 아동애호증자들은 아동들과 성적 활동을 추구할 수 있도록 현실을 비트는 것으로 밝혀졌다(Marziano 등, 2006). 아동애호증자들은 종종 다음과 같은 행동을 한다.

아동애호증(pedophilia) 아동애호증은 어린이에 대해 성적인 집착을 갖는 것으로 정의된다.

가까이서 보기

소년과 성관계를 위한 유혹의 노래

과거 카톨릭 학교 교사였던 산드라 베스 게이세이가 16살짜리 학생과 성관계를 맺어 6개월 형을 선고받았을 때, 그녀는 의외의 원인으로 동정을 받았다.

뉴욕 주 알바니 지방 법원의 판사인 스테픈 헤릭은 그녀의 행동에 대해 "전반적으로 받아들일 수 없는 선을 넘어 섰습니다"라고 말했다. 그러나 그는 청소년은 단지 엄격하게 법의 잣대로 볼 때만, 희생자였다고 덧붙였다.

"소년은 확실히 그 어떤 의미로 보았을 때에도 당신으로부터 피해를 입지 않았습니다." 판사가 말했다. 소년 가족측 검사와 변호사는 판사의 의견이 아주 충격적이라고 말했다. 그러나 16살 소년이 피해를 입지 않았다는 것이 가능한 것일까?

지난 몇 년 동안, 성인 여성들이 소년들과 성관계를 가져 기소되는 사건들이 발생했다: 예를 들어, 또 다른 교사인 플로리다의 데브라 라페이브는 14살 학생과 잠을 자서 유죄 선고를 받았다; 조지아의 리사 리네트 클라크는 아들의 친구인 15살 소년과 성관계를 맺어 임신했으며, 체포되기 전 날, 아들의 친구인 그 소년과 결혼했다; 콜로라도의 실비아 존슨은 청소년과 성관계를 맺고, 마약과 술을 제공했다는 혐의로 30년형을 선고받았다.

당연히 자신의 학생과 성관계를 맺은 선생이 직업을 잃어야만 한다는 것에 의심을 갖는 사람은 아무도 없다. 또는 37살 엄마가 자기 아들의 15살짜리 친구 사이에서 임신해서는 안 되는 것이고, 자기 딸 친구들에게 인기를 얻으려고, 청소년들에게 성관계, 마약, 술을 제공한 41세의 엄마에게 문제가 있다는 것을 의심하지 않는다.

그러나 그 여성을 형벌로 처벌할 때, 성관계 승낙 연령을 어떻게 결정하는가의 문제가 제기된다. 그리고 모든 사람들이 그 사건들이 아동학대와 연관되었다는 것에 동의하지는 않지만, 피해자로 불리는 많은 사람들이 서로 합의한 성행위였다는 말로 상대 여성에 대해 증언하기를 거절했다.

"우리는 법적인 문제에서 유래한 심리적 문제로부터 도덕적 문제들을 분리해야 할 필요가 있습니다." 사회심리학자인 캐롤 태브리즈가 말했다. "그것은 매듭입니다." 그녀는 덧붙였다: "당신은 어떤 것을 좋아하지 않을 수 있습니다. 그렇지만 그것이 불법화되는 것을 의미할까요? 만약 우리가 구식이 되어버린 도덕적 생각과 발달학적 생각들을 기반으로 한 법을 가지고 있다면, 우리는 법을 바꿔야 하지 않을까요?"

그것이 마치 신문기사 1면에 나올만한 중요한 것처럼 보일지도 모르지만, 성인 여성이 청소년인 남자아이와 성관계를 맺은 것은 새롭지 않다. 교육부의 "교육자 성적 위법행위" 제목으로 2004년 발표된 연구는 조사한 교육자 중 학생들과 성적위법행위를 한 교육자의 40%가 여성이라고 밝혔다.

연구의 권위자이자 호프스트라 대학교에서 교수로 재직 중인 캐롤 쉐이크쉐프트는 심지어 여성이 선생님이 아닐 때라도, 그 관계는 건강하지 않다고 말했다. "16살은 완전히 성숙하지 않았습니다." 그녀는 말했다. "남자의 머리는 16세 이후에, 어떻게 행동하는 것이 지혜로운지 아닌지를 결정할 수 있는 부분으로 발전하는 경향이 있습니다."

여성의 기소는 지난 몇 년 동안 조금 증가해왔다고 뉴햄프셔 대학의 어린이 범죄 연구 센터장인 데이비드 핀켈호가 말했다. 핀켈호는 성직자에 의한 성학대 관련 스캔들은 선생님이나 다른 권력자들의 사건보다 더 이목을 집중시킨다고 말했다. 그러나 그러한 경우들은 여성과 남성에게 적용되는 이중 잣대를 적용하는 추세가 줄어드는 것을 나타내며, 많은 여성검사와 경찰관들이 성인 여성과 성관계를 한 소년이 단지 행운이라는 전통적 개념을 믿지 않는 것에 의해 야기된 것이라 말했다.

그러나 몇몇 연구들을 이러한 사건들을 아동 성학대로 보아야 하는지 의문을 증가시켰다.

가장 논란이 많은 연구는 1998년 심리학 회보에 게재된 연구였다. 어렸을 때 성학대를 받았다고 이야기하는 대학생들을 대상으로 한 59가지 연구를 통계학적으로 재분석한 그 기사는 어떤 학대의 영향이 만연하거나, 일반적으로 극도로 심한 것이 아니고, 남자들이 여자들보다 훨씬 덜 부정적으로 반응했던 것이라고 결론지었다.

- 아동들이 성인과 성관계를 맺으려고 한다고 착각한다.
- 성관계는 아동들에게 해가 없고 유익하다고 믿는다.
- 자신들을 아중 중요한 사람이라고 생각하며 원하면 아무하고나 성교를 할 수 있다고 여긴다.
- 다른 사람들은 위험하고 조종하는 부류이며 자신들의 삶에 중심을 잡으려고 노력해야 한다고 생각한다.

파멜라 로저스 터너. 파멜라 로저스 터너는 어린 소년과 성관계를 맺은 혐의로 아홉 달 형을 선고받았다.

연구자들은 많은 연구에서 이루어지는 성 학대 모두를 하나의 유형으로 합쳐서 분석하는 관행이 문제가 있다고 주장했다. 그들은 모든 형태들을 동일한 유형으로 다루는 것은 문제라고 주장했다. "문제는 아마도 아버지에 의해 반복적으로 5살 소녀가 강간당할 때와, 관계가 없는 어른과 성숙한 15살 청소년기 소년의 자발적 성행위를 비교할 때 가장 명백해집니다."

첫 번째 경우, 심각한 피해가 도출될지도 모른다고 기사는 말했다. 그러나 후자의 경우 "개인적 피해로 이어지지 않고, 단지 사회규범의 위반으로 나타내어질지도 모른다"고 언급했다.

그들은 합의에 의해 성관계를 했다는 몇몇 경우에서는 아동학대 대신에 "성인과 청소년의 성관계"라는 말로 대체해야 한다고 제안했다.

"학대는 과학적용법으로 피해를 함축합니다. 그러므로 만약 동의가 있었고, 피해의 증거가 발견되지 않았다면, 그 말은 사용되지 말아야 합니다." 연구의 권위자이자 템플 대학교 교수인 브루스 린드가 말했다.

이러한 관점은 정치적으로, 법적으로 어려운 설득을 입증하는 것이나 다름없었다. 심리학회지의 기사는 저명한 보수주의자들에게 대대적으로 비난을 받았으며, 의회와 한때 게이세이 씨 재판을 담당했던 판사로부터 맹렬한 비난을 받았다. 뉴저지 판사인 브루스 가에타는 43세 여교사와 그녀의 학생이었던 13세 소년의 만남을 "단지 두 사람 사이의 어떤 것이 선생과 교사 관계를 뛰어넘어 즉시 좋아하게 만들었다"고 묘사하여 주 고등법원에 의해 심한 질책을 받았다.

테네시 주의 선생인 파멜라 로저스 터너는 13세 소년과 성관계를 맺어 아홉 달 형을 선고받았다.

13세? 교수 린드와 다른 사람들은 성관계 승낙 연령을 13세로 정하는 것은 너무 낮다고 동의했다. 그것은 사실상 빌리 푸알로가 성관계 파문에서 가장 악명 높은 선생님인 메리 케이르투르노와 성관계를 맺은 나이인 12세를 갓 넘긴 나이이다. (10년 후 둘은 결혼했고, 메이시스 백화점의 동료로 지내고 있다는 사실이 둘의 마음이 변하지 않았다는 것을 의미한다.)

그러나 린드 교수와 다른 사람들은 캐나다와 유럽국가의 절반이 국가위원회로부터 권고를 받은 이후 14세를 성관계 승낙 연령으로 정했다는 것에 주목한다. 그들은 대부분의 주들이 행하는 것처럼 연령을 높이 정하는 것은 연구와 호르몬 문제를 무시하는 것이라고 말한다.

비록 아동을 더 보호해야 한다고 주장하는 사람들조차도 이 나라의 법이 독단적이 될 수 있다는 것에 동의한다. 게이세이씨 사건에서, 게이세이 여성은 17살 학생과 함께 있다가 처음으로 붙잡혔다. 그러나 그 소년이 법적 연령이었기 때문에, 16살인 친구가 나서서 자기들이 돌아가면서 성행위를 했다고 진술한 후에야 기소되었다. 16세와 17세, 겨우 몇 달이 얼마나 큰 차이를 만들 수 있을까?

"저는 고민 중이에요. 잘 모르겠어요." 쉐이크쉐프트 교수가 말했다. "선생들이 항상 잘못 했고, 16세까지 사람들은 성숙되지 않는다는 것이 나의 신념이었어요. 그렇지만 한편으로는, 제 어머니가 아버지와 16세에 결혼했고, 그들은 65년 동안 결혼생활을 했단 말입니다."

핀켈호 교수는 여러 사건들과 청소년들 사이에 가변성이 있다는 것에 동의한다. 하지만 안전함 옆에서 실수를 범하는 것이 더 낫다고 말한다.

▶ **비판적인 사고하기**

왜 성인 여성과 청소년기 남자아이와의 성관계가 성인 남성과 청소년기의 여자아이와의 성관계 보다 덜 위험하다고 추측하는 것일까?

성인 여성과 청소년기의 남자아이와의 성관계가 성인 남성과 청소년기의 여자아이와의 성관계와 법적으로 다르게 다루어져야 할지 말지를 결정하는데 어떤 정치적 문제들이 연관되는 것일까?

- 자신의 충동을 조절할 수 없다고 믿는다.

근친상간: 금기의 파괴

근친상간은 가족 또는 친척 관계에 있는 사람끼리의 성적 접촉을 말한다. 귀족계급끼리 결혼하는 것과 같이 근친결혼을 용납한 사회도 있지만, 대부분의 사회는 근친상간을 금지한다(Argentieri, 2005).

근친상간(incest) 가까운 혈연관계에 있는 사람끼리 결혼 또는 성관계를 맺는 것으로 법에 의해 금지되어 있고 처벌받는다.

근친상간의 금기에 대한 견해 근친상간의 금기가 어떻게 기원했느냐에 대한 가설들은 많다. 그 중에 하나는 근친상간을 인해 유전적인 결함 또는 유전병을 가내에서 퍼트리게 되는 해로운 영향을 막기 위한 고대 인류의 적응 때문에 근친상간을 금기시했다는 것이다(Ellis & Bjorklund, 2005). 고대 조상들은 유전학에 대한 지식이 없었으나 가족 내에 있는 어떤 건강상의 문제를 파악하고 있었을 것이다. 연구 결과에 따르면 가까운 친족 사이에 태어난 자손은 유전병, 정신지체 및 다른 신체적 비정상이 발생하는 비율이 높은 것으로 밝혀졌다. 근친교배는 유전자 풀의 유전적 다양성을 줄이기 때문에 생존력을 저하시킨다. 따라서 근친교배는 개체군이 앞으로 변화하는 환경에 적응할 수 있는 능력을 낮추게 된다.

근친상간의 금기는 큰 범위에서 볼 때 가족의 안정성과 친족 간의 유대를 유지하는데 필요한 역할을 한다(Argentieri, 2005). 인류학자인 마리노위스키(Bronislaw Malinowski, 1927)는 근친상간의 금기는 가족 내에서 성적 경쟁을 줄이는 역할을 했다고 주장했다. 만일 그것을 내버려둔다면, 경쟁은 형제 간의 경쟁과 반목을 일으켜서 가족이 하나의 단위로 기능하지 못하게 된다. 가족의 단위가 사회의 생존을 촉진하므로 근친상간의 금기는 가족을 유지하는 수단으로 발전해 왔다.

근친상간의 유형 근친상간에 대한 대부분의 이해는 아버지-딸 사이의 근친상간에 맞춰져 있다. 왜 그럴까? 대부분 알려진 경우들이 가해자가 아버지들이기 때문이다.

사실인가 아니면 허구인가 8

미국 내 5개 도시에서 추출한 여성의 약 1%가 아버지 또는 양아버지와 성적인 접촉한 경험이 있는 것으로 보고되었다(Anderson, 2006). **사실인가 아니면 허구인가 8:** 그러나 부모-자식 간 근친상간보다 형제-자매 간 근친상간이 더 흔하다(Caffaro & Conn-Caffaro, 2005). 형제-자매 간 근친상간은 상당수 신고되지 않고 있는 것으로 생각되며, 그 이유는 아마도 발달단계에서 전이적인 성격을 지니고 있고 부모-자식 간 근친상간에 비해 덜 해롭기 때문일 것으로 여겨진다. 핀켈호(Finkelhor, 1990)는 대학생들을 대상으로 한 조사에서 약 21%의 남학생, 그리고 39%의 여학생이 다른 성을 지닌 형제자매와 근친상간의 경험이 있는 것으로 보고하였다. 약 4%만이 아버지와 관계가 있었다고 보고했다. 어머니-딸 사이의 근친상간은 가장 덜 흔한 형태이지만, 일어난다(Bartolo, 2005; Turton, 2005).

다음은 근친상간의 가장 흔한 형태인, 아버지-딸, 형제-자매의 유형에 대해서 살펴보자.

아버지-딸 근친상간 아버지-딸 근친상간은 종종 사랑스러운 포옹이나 껴안음과 같은 행동에서 시작해서 성적인 유희, 긴 애무, 포옹, 키스, 성기의 접촉, 더 나아가 삽입에 이른다. 어떤 경우에는 아버지가 만취상태에 있거나 부인과 싸움을 하고 난 후, 성기 접촉이 갑작스럽게 일어나기도 한다. 순순히 응하게 하는데 폭력이 사용되지 않는 것이 대표적이지만, 가끔 딸은 물리적으로 제압당하고 부상을 당하기도 한다.

형제-자매 근친상간 형제-자매 근친상간에서는 오빠나 남동생이 성행위를 주도하고 우월한 역할을 하는 것이 보통이다. 한 연구 결과에 의하면 성기 삽입은 아버지-딸(35%)

및 양아버지-딸(27%)에 비해 형제-자매 근친상간에서(71%) 더 흔히 일어나는 것으로 밝혀졌다(Cyr 등, 2002). 어떤 남동생과 여동생들은 그들의 성적 행위가 자연스러운 실험 또는 장난으로 여길 따름이며 금기시되는 행위인지 모른다.

형제와 자매들 사이에서 일어나는 근친상간이 어떤 영향이 있는지에 대해서 일치된 결과는 없다. 대학 학부생들을 대상으로 한 연구를 보면, 어린 시절의 형제-자매 간 근친상간의 경험이 있는 학생들이 그렇지 않은 학생들에 비해서 성적인 적응 문제에 있어서 크게 문제되지 않는 것으로 나타났다(Greenwald & Leitenberg, 1989). 형제-자매 근친상간은 폭력이 관여되거나, 부모가 알게 된 후 부모가 거칠게 대응할 때 가장 해롭다(Adams, 2007).

근친상간의 가족 요인 근친상간은 배우자 학대, 기능을 못하는 가족공동체, 부모가 알코올중독이 있거나 신체적 학대를 하는 경우와 같이 일반적으로 가족 내부의 문제에서 자주 기인한다(Welldon, 2005). 아버지의 실직 또는 직장에서의 문제와 같은 스트레스가 있은 후에 종종 근친상간이 발생한다.

나이가 많은 딸을 학대하는 아버지는 가족 내에서 권위적이고 지배적인 경향이 있다(Waterman, 1986). 유아원 나이 정도의 나이가 적은 딸을 학대하는 아버지는 수동적이고, 의존적이며, 자존감이 낮다. 워터맨(Waterman, 1986)은 다음과 같은 사실을 적었다.

> "[아버지는] 부드럽고 포근함이 필요하며, 유아원 아이들과 특히 안전하다고 느낀다: 그 애랑 편안한 느낌을 받고… 내가 꼭 할 필요도 없다. 그 애는 너무 작으니까 나를 해칠 수도 없고 해치려 하지 않는다는 걸 알고 있다." (p. 215)

근친상간이 발생한 가족에서 결혼생활은 배우자 사이의 권력관계가 불평등한 것이 특징이다. 학대를 하는 아버지는 항상 지배적이다. 또 다른 특징은 배우자 사이의 성적인 관계에 문제가 있다는 점이다. 부인은 종종 남편의 성적 접근을 거부한다(Waterman, 1986).

지브하드와 동료들(1965)에 의해 이루어진 연구에 따르면, 딸과 근친상간을 저지른 많은 수의 아버지는 종교적으로 독실하고, 원론적주의자이며 도덕주의인 것으로 나타났다. 아마도 그러한 남성들이 성적으로 상처를 받게 되면 결혼 외적 및 가족 외적인 성적 분출구를 찾거나 자위행위를 하게 된다. 이런 사람들은 딸을 아내의 대체로 여기게 되며 이러한 현상은 술을 마셨을 때 종종 나타난다(Gebhard 등, 1965). 피해자인 딸은 아버지의 판타지 속에서 "집안의 여성"이 된다. 이런 판타지로 인해 남성은 근친상간의 관계를 합리화한다. 근친상간이 있는 어떤 집에서는 역할이 바뀐 경우도 있다. 학대를 당하는 딸이 집안일과 어린 동생들을 돌보는 어머니의 역할까지 하도록 기대된다.

근친상간을 통한 학대는 종종 세대를 거듭해 반복된다. 한 연구 결과에 따르면 가정에서 성적으로 학대를 당한 어린이의 154개 사례 중 남성 가해자의 3분의 1과 어머니의 절반 이상이 자신 또는 어린이로서 학대를 당한 경험이 있는 것으로 나타났다(Faller, 1989).

아동 성적 학대의 영향

성적 학대의 영향은 다양하며 성적 학대로부터 기인한 증상도 다양하다(Anderson, 2006; Resick, 2003). 그럼에도 불구하고, 성적 학대는 종종 어린이에게 정신적으로 큰 폐해를 입힌다. 이것은 가족 구성원에 의해서 발생했는지, 아니면 친족이나 낯선 사람에 의해서 발생했는지 상관없다. 성적 학대의 경험이 있는 어린이들은 단기 및 만성 정신 장애를 갖는데, 구체적으로 보면 분노, 우울증, 정서불안, 식생활 장애, 부적절한 성적 활동, 공격적인 행동, 자기 파괴적 행동, 난잡한 성생활, 마약중독, 자살충동, 외상후 스트레스 장애, 낮은 자존감, 성기능 장애, 불신감, 소속감 결여 등이 있다(Edwards 등, 2003). 성적 학대는 또한 신체적으로도 영향을 끼쳐서 음부가 다치거나 복통 및 두통과 같은 정신 신체적 질환도 일으키기도 한다.

학대를 당한 어린이들은 흔히 "행동에 나선다." 나이가 어린 아이일수록 불특정한 분노를 갖고 공격적이고 반사회적인 행동양태를 보인다. 나이가 든 어린이는 약물 중독에 관심을 갖는다(Anderson, 2006; Herrera & McCloskey, 2003). 어떤 어린이는 위축되어 판타지 안에 갇혀 있거나 집 밖을 나가려 하지 않는다. 퇴행적 행동, 예를 들어 손가락을 빨거나 어두움을 두려워하거나, 낯선 사람을 두려워하는 등의 행동들은 성적 학대를 당한 어린이에서 흔히 나타나는 증상이다. 사건 후 몇 년 동안 성적 학대를 당한 어린이는 (강간을 당한 사람과 마찬가지로) 외상후 스트레스 장애를 겪는다. 회상, 악몽, 감정의 마비 및 다른 사람과의 관계가 소원해지는 것 등의 증상이 나타난다(Herrera & McCloskey, 2003).

성적 학대를 받은 어린이의 성적발달 과정은 장애를 갖는 유형으로 변질된다. 성적학대 생존자는 나이보다 일찍 성적으로 활동적이고 청소년기와 성년이 된 후 난잡한 성생활을 하기도 한다(Anderson, 2006). 성적 학대를 받은 청소년기 여자는 그렇지 않은 동년배와 비교했을 때 동의하에 시작하는 성행위를 일찍 시작하는 경향이 있다(Browning, 2002; Herrera & McCloskey, 2003).

어린 시절 성적학대에 대한 영향에 있어서 남녀 간 성별에 따르는 차이보다 공통점이 더 많다는 것이 알려져 있다(Edwards 등, 2003). 예를 들어, 남자와 여자는 모두 공포와 수면 방해 때문에 고통 받는다. 성별에 따르는 차이가 있기는 하다. 그 중 가장 큰 것은 남자는 신체적으로 보다 더 공격적인 성향을 띰으로써 문제를 "외부화"하고 여자는 우울

비판적인 사고하기

아동 성학대에 대해 남자와 여자가 다르게 대응하는지 그 이유는 무엇이라고 생각하는가?

학생들의 실제 질문

질문: 어린 시절 성적 학대를 받은 것이 나중에 자기 아이를 성적으로 학대하게 만드나요?

답변: 자신의 아이들을 학대하게 될 위험이 크다. 그러나 어른이 되었을 때 어린이 학대를 하게 될지 말지는 개인의 선택이지 과거의 이력에 따르는 것은 아니다. 어린이를 괴롭힐 것 같은 위험이 있다고 느껴지면 언제든지 1577-1391, 129, 112, 119로 전화하거나 기타 도움을 줄 수 있는 상담원과 접촉하기 바란다.

증을 갖게 되는 것처럼 문제를 "내부화"하는 것이다(Anderson, 2006).

청소년기 후반과 성년기의 초기는 어린 시절 성적 학대를 당한 생존자들에게 가장 힘들 시기이다. 이 시기의 여성들을 대상으로 수행한 연구는 학대를 받은 여성이 정신적 사회적 문제를 더 많이 갖는 것으로 드러났다(Anderson, 2006; Herrera & McCloskey, 2003). 학대를 받은 것에 대해서 자학을 하는 여성들은 상대적으로 낮은 자존감을 갖고 우울증에 빠질 위험도가 그렇지 않는 여성에 비해 높다(Edwards 등, 2003).

어린이를 성적으로 학대하는 것은 끔찍한 범죄행위이다. 어떻게 예방할 수 있을까?

아동 성적 학대의 예방

우리들은 모르는 사람들로부터 사탕을 받거나 공짜로 태워주는 차를 타지 말라고 배웠다. 그러나 성적 학대의 많은 경우는 가족 구성원 또는 친구처럼 잘 알고 있는 어른들에 의해서 저질러진다(Zielbauer, 2000). 따라서 예방 프로그램을 통해 어린이들은 성적 학대가 어떤 것이고 어떻게 피할 수 있는지 배우게 된다. 모르는 사람을 피하는 방법을 배우는 것에 덧붙여 사랑스럽게 안아 준다든지 머리를 톡톡 쓰다듬어주는 것과 같이 받아들일 수 있는 접촉과 그렇지 않고 받아들일 수 없는 "나쁜" 접촉이 어떻게 다른지 배울 필요가 있다. 초등학교 학생들도 "좋은 접촉과 나쁜 접촉"을 구분하는 것을 배울 수 있다. 학교에서 이루어지는 교육 프로그램의 내용은 실제로 학대 가해자를 맞부닥뜨렸을 때 어떻게 대처해야 할지에 대해 준비할 수 있게 한다. 훈련을 받은 어린이는 실제 상황에서 배운 도망치기, 고함지르기, 아니라고 거부하기 등의 방법들을 쓰게 된다. 교육을 받은 어린이들은 사건을 어른들에게 보고하려고 한다.

어린이들은 어른이나 나이 많은 아이들로부터 쉽게 겁을 먹거나 힘으로 제압당한다(Miller, 2005). 어린이들은 성적으로 학대를 당하는 순간에 아니라고 외치고 싶고 또 그러는 것이 옳다고 생각해도 말하기 힘들 수도 있다. 비록 어린이들이 항상 학대 상황을 예방할 수 있는 것은 아니지만 적어도 다른 사람에게 그것을 얘기하도록 할 수 있다. 대부분의 예방 프로그램은 어린이들에게 "너의 잘못이 아니야," "나쁘거나 무서운 비밀을 절대 감추고 있지 마라," 그리고 "언제나 너의 부모에게 그런 것에 대해서 얘기하고, 특히 누군가 네게 그걸 말하지 말라고 할 때면 더욱더 부모에게 얘기해야 해"와 같은 내용을 어린이들에게 강조해서 가르친다.

어린이들은 그들이 혹시 당할지 모르는 학대의 유형에 대해 배움으로써 경계심을 갖도록 할 필요가 있다. 어린이들은 학대 사건이 드러나도 부모들이 계속 사랑할 것이고 자신과 가족들이 학대자로부터 보호될 것이라는 믿음이 있을 때 성적 학대에 잘 저항하게 된다.

학교에서 이루어지는 예방 프로그램은 어린이를 보호하는데 주안점을 두고 있다. 대부분의 주에서 교사와 상담원들은 어린이가 학대를 당했다고 의심이 되면 관계당국에 신고해야 한다. 어린이집 교사를 고용하는 과정을 감시할 강한 규제와 보다 나은 선발 조건이 필요하다. 어린이집과 유치원의 교사와 사무직원들도 또한 성적 학대의 징후를 포착하고 의심되는 경우에는 보고할 수 있도록 교육받을 필요가 있다. 어린이를 성적으로 학대하기 전에 그러한 성향을 지닌 사람들을 대상으로 치료 프로그램을 운영하는 것도 도움이 된다.

성적 학대 피해자의 치료

어린 시절 성적 학대의 대부분의 사례들은 보고되지 않기 때문에 생존자들이 가지고 있는 통증, 분노, 죄의식 등의 감정을 성인이 된 이후에 정신치료법으로 치료하는 것이 첫 번째 기회이다(Finkelhor 등, 2005a). 그룹치료법 또는 개인별 치료법을 통해서 피해자들의 자존감을 증진시키고 정상적인 애정관계를 만들 수 있는 능력을 함양시킨다. 사회적인 지지 또한 중요한 요인으로 작용하여 아동 성적 학대의 피해자가 자존감을 유지하고 그들이 겪은 스트레스를 최소화하는 데 도움이 된다(Hyman 등, 2003).

많은 치료사들은 포괄적인 접근을 추천한다: (1) 어린이, 어머니, 아버지에 대한 개인별 치료; (2) 청소년 또는 성년 초기의 피해자들에게는 그룹치료; (3) 나이가 어린 피해자들에게는 예술치료 또는 연극치료(예를 들어, 그림이나 인형을 통해 감정을 표출하는 것); 그리고 (4) 부모에게는 결혼생활 상담; 전체 가족에 대해서는 가정상담.

18.8 강간범과 아동학대범에 대한 치료

가해자를 치료한다? 치료한다는 것이 도대체 무슨 의미인가? 의료 전문가가 누군가를 치료할 때 목적은 보통 그 사람을 도와주는 것이다. 성적 학대범을 치료한다고 했을 때에는 그 목적은 문제가 되는 행동을 제거함으로써 사회에 보탬이 된다고 보는 것이 타당할 것이다.

강간범과 아동학대범은 범죄자이지 환자가 아니다. 대부분의 기소된 강간범과 아동학대범은 치료의 수단이 아니라 처벌의 수단으로 거세된다. 정신적 치료 또는 교도소에서 사회로 다시 나갈 때를 대비해서 교정교육을 받는다. 가장 흔한 형태의 치료법은 그룹치료법인데, 이것은 가해자들이 상담자를 속이기는 쉽지만, 자신들끼리는 속이기 어렵다는 믿음에 근거한 치료법이다. 그럼에도 불구하고, 거세된 성학대가학자는 치료를 거의 또는 전혀 받지 않는다(Ward & Gannon, 2006).

> **비판적인 사고하기**
>
> 다음 문장에 동의하거나 반대하고, 그 이유를 말하시오: 성범죄자를 처벌해야 하며 "치료"하는 것은 걱정하지 않아도 된다.

교도소에서 이루어지는 치료 프로그램의 결과가 얼마나 효과적일지에 대해서는 미지수이다. 캐나다에서 이루어진 치료 프로그램에 참여한 54명의 강간범을 대상으로 한 연구는 부정적인 결과를 보여준다. 교도소에서 석방된 후 28%는 또 성범죄로 43%는 폭력범으로 다시 기소되었다(Rice 등, 1990). 또한 136명의 아동 성범죄자들을 치료한 프로그램의 결과는 재범을 방지하는지 못하였다(Rice 등, 1991).

보다 긍정적인 결과는 측은감 훈련(empathy training) 및 공감훈련(covert sensitization)을 포함한 인지-행동학적 방법을 쓴 프로그램이다(Ward & Gannon, 2006). 측은감 훈련은 가해자가 피해자의 입장이 되어보는 것이다. 한 예로 가해자가 피해자의 입장에서 범죄에 대해 기록을 하게 하는 것이다. 공감훈련은 성범죄자가 비정상적인 성적 판타지에 빠지지 않도록 이를 거부하는 능력을 배양하도록 한다. 가해자는 그의 상상에서 강간과 성폭행의 장면과 그 결과 나타나는 부정적인 결과를 서로 짝짓는다. 가령, 아동 학대자가 어린이에게 다가가는 장면과 그러자마자 경찰과 맞닥뜨리는 장면을 짝지어서 연상하는 훈련을 하는 것이다.

거세

프라하 페이블은 살인을 저지르기 이틀 전 악몽으로 시달렸던 밤을 기억한다. 가정전문의와 상담을 하러 갔다. 의사는 그냥 없어질 것이라 그랬다. 그러나 이소룡의 무술영화를 보고 난 후 성욕을 주체할 수 없었다고 했다. 그는 동네에 사는 12살짜리 어린이를 집으로 초대했다. 그리고 그 소년을 칼로 무참히 찔러 죽였다.

> 정신과 의사는 페이블의 성적 기쁨이 폭력에서 기인한다고 본다.
>
> 20여 년이 흘렀다. 당시 18살이었던 페이블은 교도소에서 7년을 보낸 후 정신치료소에서 5년을 보냈다. 교도소에서 나오기 바로 전 해에 외과적으로 거세당했다. 고환을 제거한 것은, 그의 말에 따르면, 잘 굴러가는 자동차에서 기름을 빼버리는 바람에 충돌사고가 일어나는 것과 같았다고 한다. 크고 둥근 얼굴을 한 이 남성은 이제 아이를 낳을 수 없고 결혼이나, 애정 어린 관계, 성관계를 할 수 없다. 그의 삶은 자신이 원예사로 일하고 카톨릭 자선단체에서 맴돈다.
>
> "저는 드디어 아무에게도 해가 되지 않는다는 걸 압니다," 아이들이 시끄럽게 놀고 있는 맥도날드에서 이루어진 인터뷰에서 이렇게 말했다. "저는 생산적인 삶을 살고 있습니다. 사람들에게 길이 있다고 말하고 싶습니다."(Bilefsy, 2009)

페이블은 거세를 했다: 다른 이들은 그렇지 않다. 그러나 루이지애나와 같은 몇 군데의 주에서는 특정한 성범죄자는 거세하게끔 법으로 규제되어 있다. 유럽의 반고문위원회는 외과적 거세가 "침투적이고, 비가역적이며 무자비하다"고 규정했다. 그럼에도 불구하고 체코공화국에서는 지난 10년 동안 94명의 성범죄자들을 외과적으로 거세했으며, 현재 유럽에서 거세처벌을 하는 유일한 국가다. 유럽에서는 특정 성범죄자들에 대해서 화학적 거세냐 외과적 거세냐를 놓고 논쟁 중이다(Bilefsky, 2009).

거세는 테스토스테론의 수준을 감소시키며 결과적으로 가해자의 성욕을 감소시킨다. 페이블의 사례가 있음에도 불구하고 전문가들은 거세로 인해 성범죄자들의 성적인 충동이 조절되는가 하는데 의견이 분분하다(Roesler & Witztum, 2000). 많은 거세한 강간범들은 성욕이 낮아졌다고 보고했는데 이는 고환의 제거로 인한 테스토스테론의 감소에 따르는 것이다. 그들은 성적인 관심은 그대로 유지할 수 있으며 발기도 가능하다. 그리고 어떤 사람들은 성범죄를 다시 저지르기도 한다. 다른 연구 결과는 거세한 성범죄자들의 재범률이 낮다고 보고한다.

외과적 거세는 극단적인 수단이다. 유럽의 위원회가 지적했듯이(Bilefsy, 2009), 거세는 침투적이고 비가역적인 특징 때문에 윤리적 문제가 대두된다. 항남성호르몬제인 데포-프로베라(Depo-Provera)와 같은 약물은 화학적으로 테스토스테론의 수준을 낮출 수 있다(Roesler & Witztum, 2000). 외과적 거세와 달리, 항남성호르몬제를 통한 "화학적 거세"는 가역적이다(Roesler & Witztum, 2000). 한 연구에 따르면 항남성호르몬제는 거세를 하지 않은 성범죄자 집단에서 소아기호증적인 판타지와 소아기호증적 판타지에 자위행위를 하는 개연성을 줄이는 것으로 나타났다(Schober 등, 2005). 그러나 가해자가 교도소에서 석방된 후 자발적으로 그러한 약물을 계속 쓴다는 보장은 없다.

18.9 성희롱

성희롱은 모든 곳에서 일어난다: 학교에서, 직장에서, 군대에서, 그리고 물론 온라인에서(Barak, 2005; Chaiyavej & Morash, 2009; Sullivan, 2006). 그렇다 하더라도 **성희롱(sexual harassment)**은 정의하기 힘들다. 법적인 목적으로 볼 때 직장에서 일어나는 성희롱은 흔히 원하지 않는 말, 손짓, 또는 신체적 접촉을 일부러 또는 반복적으로 하는 것을 말한다(Craig, 2005; Finkelman, 2005). 성희롱은 직장을 살벌한 장소로 만든다. 예를 들면 듣고 싶지 않은 성적인 조크, 얘기, 은유적인 말, 성적인 면을 암시하는 말에서 완전히 성적으로 공적적인 행동 등이며, 아래와 같은 행동을 포함한다.

- 언어적 희롱 또는 폭력.
- 성적인 행동을 할 목적으로 가하는 보이지 않는 압력.
- 상대방의 옷, 신체, 성적인 행동에 대한 평가.
- 상대방의 몸을 빤히 쳐다보거나 음탕한 눈으로 보는 것.
- 불필요하게 건드리거나, 톡톡치거나 꼬집는 것.
- 상대방의 몸을 쓰다듬는 것.
- 직장의 자리 또는 학생의 처지와 관련하여 암묵적 또는 가시적 위협을 통해 성적인 이득을 얻으려고 요구하는 것.
- 신체적 공격.

남성과 여성 모두 성희롱을 가하거나 당할 수 있다. 그러나 성희롱 가해자의 99%는 남성이다(표 18.1 참조; American Psychological Association, 1998).

성희롱은 신고해도 종종 동료 직원이나 직장 상사로부터 무시되거나 하찮은 일로 치부된다. 피해자는 다음과 같은 말을 듣기도 한다. "그게 뭐 대수인가요? 거리에서 괴한에게 당한 것도 아니잖아요." 연구 결과를 보면, 성희롱을 당한 사람은 피해를 입는다. 어떤 사람들은 신체에 병이 나고(Rospenda 등, 2005), 또 다른 사람들은 걱정, 불안, 불쾌감, 자존감 상실, 분노감 등이 발생하는 것으로 보고한다. 어떤 사람들은 직장에서 발생한 성희롱 때문에 직장을 그만두기도 한다(Sims 등, 2005). 여대생은 성적이 떨어진다(Huerta 등, 2006). 여대생들은 성희롱을 피하기 위해 수강취소, 전공변경을 하기도 하고 심지어 전공수련의 과정을 포기하기도 한다(Huerta 등, 2006; Stratton 등, 2005).

성희롱이 성폭력의 여러 형태처럼 매우 스트레스를 주는 나쁜 행동인 이유는 피해자가 잘못을 뒤집어쓴다는 것이다. 성희롱 가해자들 중 어떤 사람들은 성희롱의 잘잘못이 과장되었다고 믿으며, 피해자가 "과잉반응을 한다"거나 "너무 심각하게 받아들인다"고 여긴다. 우리 사회는 여성들이 자기 주장을 펼치지 않고 순종적인 모습으로 "다소곳" 해야 한다고 기대한다. 자신의 권리를 강하게 주장하는 여성은 "이상하거나" 혐오스럽거나 "문제아"로 치부된다. "여성은 자기 자신을 주장하면 망하고 그렇지 않으면 피해자가 된다." (Chaiyavej & Morash, 2009; Cortina & Wasti, 2005; Witkowska & Gådin, 2005).

성희롱은 성적인 욕구보다 가해자가 권력을 남용하는 것과 밀접한 관련이 있다(Chaiyavej & Morash, 2009). 성희롱의 사례 가운데 직접적으로 성행위를 요구한 경우는 그리 많지 않다. 대부분은 사람들을 관리하는 수단으로써 또는 누군가를 (흔히 여성)

성희롱(sexual harassment) 성적인 의미를 담은 의도적인 언어적 표현, 몸짓, 신체적 접촉을 말하며 상대방이 싫어함에도 불구하고 반복적으로 이루어지는 것.

표 18.1

성희롱: 오해와 실제

오해	실제
성희롱은 드물다.	성희롱은 매우 광범위하게 퍼져 있다. 일하는 여성의 40~60%의 삶에 영향을 미치며 여대생 사이에서도 이와 비슷한 빈도로 일어난다.
성희롱의 심각성은 과장되었다; 소위 성희롱이라고 부르는 것의 대부분은 따지고 보면 보잘 것 없고 해가 없는 구애과정이다.	성희롱은 파괴적일 수 있다. 연구에 따르면 대부분의 성희롱은 "구애과정"과 상관이 없거나 진실한 성적 또는 사회적 관심과 아무런 관련이 없다. 성희롱은 여성들을 불쾌하게 하고, 깜짝 놀라게 하며, 모멸감을 안겨준다. 여성들은 성희롱 때문에 학교나 직장을 그만두기도 한다; 많은 사람들이 심각한 정신적 및 건강상의 문제를 겪는다.
많은 여성들은 자신들을 화나게 만든 직장상사나 다른 사람들에게 앙갚음을 하기 위해 성희롱 얘기를 꾸며서 신고한다.	연구 결과에 의하면, 거짓 신고는 1% 미만인 것으로 나타났다. 여성은 거짓 신고를 거의 하지 않는다. 여성은 정당하게 신고해야 할 때도 거의 불평을 신고하지 않는다.
성희롱을 당한 여성들은 일반적으로 자신들의 겉모습, 복장 및 행동으로 성희롱을 유발한다.	여성이 야한 옷을 입었다거나 승진이나 경력에 이롭게 하기 위해 성행위를 유발했기 때문에 성희롱이 발생하는 것이 아니다. 연구에 따르면, 성희롱의 피해자는 외모, 복장상태, 연령 및 행동 등이 다양하다. 성희롱 사례의 99%에서 유일하게 공통적인 점은 이들이 여성이란 점이다.
성희롱을 무시하고 지내면 자연히 없어진다.	성희롱은 무시한다고 해서 자연히 없어지지 않는다. 단순히 성희롱의 행동을 무시하는 것은 효과가 없다는 연구 결과가 있다; 가해자는 일반적으로 자발적으로 그만두지 않는다. 그러한 행동을 무시하는 것은 오히려 동의하거나 권장하는 것으로 비춰질 수 있다.

출처: American Psychological Association, 1998.

겁주기 위해서 권력을 표현하는 것이다. 가해자는 흔히 높은 자리에 있고 피해자의 약점을 이용하여 자신의 자리를 남용하는 것이다. 성희롱은 사회적으로 무언가를 관리하기 위해 사용된다. 성희롱은 여성을 "그 자리에" 있게 하기 위한 수단일 수도 있다. 이것은 특히 소방서, 경찰서, 사관학교, 심지어 의료계의 특정 분야처럼 전통적으로 남성 우세적인 직장에서 흔히 일어날 수 있다(Stratton 등, 2005). 성희롱은 전통적인 여성의 역할을 넘어서는 여성에 대해서 비웃음과 겁주기 위한 방편으로 이루어질 수 있다.

성희롱은 직장이나 대학 내에서만 일어나는 것이 아니다. 의사와 환자 사이 및 치료사와 환자 사이에서도 일어날 수 있다. 치료사는 자신들의 권력과 영향력을 이용하여 환자와 성관계를 맺으려고 압력을 가할 수도 있다. 이때 성희롱은 다른 방식으로 포장되는데, 성행위가 "치유하는데 효험이 있는 것"으로 둔갑하는 식이다.

비판적인 사고하기

다음 문장에 대해 비판적 사고를 하는 사람은 어떤 반응을 보일까: 정상적인 남녀의 구애행위에 대해서 참지 못하는 사람 또는 자신의 직장 상사가 처벌받기를 원하는 사람들은 성희롱을 당했다고 외친다. 사람들이 모두 알게 되기 때문이다.

사회적 약자가 당하는 성희롱

캐나다에서 이루어진 두 연구 결과는 성희롱에서 나타나는 경험과 현상의 다른 점을 여실히 드러내 보여준다. 한 연구는 백인여성, 흑인여성, 필리핀계 여성을 대상으로 그들이

경험한 바를 비교하였다. 시민으로서의 모든 권리를 가지고 있는 백인여성들은 성희롱을 당했을 때 이를 관계당국에 신고하는데 주저하지 않았다. 흑인여성과 필리핀계 여성들은 백인남성이 권력을 이용해서 자신들에게 성희롱을 했다는 사실, 그리고 성희롱이란 용어 자체를 완전히 이해하지 못하고 있었다. 특히, 입주 가사도우미로 일하는 필리핀계 여성들은 더욱 무지했다.

둘째 연구는 직장 내에서 나타나는 성희롱을 대상으로 하였다(Berdahl & Moore, 2006). 그 결과, 여성은 남성보다 성희롱을 더 많이 당하는 것으로 나타났으며 저자들의 표현에 의하면 "이중고"라고 하듯이 사회적 약자이면서 여성의 경우는 사회적 약자인 점과 여성인 점에서 백인여성보다 더 많이 성희롱을 당하는 것으로 밝혀졌다.

직장에서 일어나는 성희롱

직장에서는 성희롱이 고용주, 상사, 동료, 또는 회사의 고객들에 의해서 일어난다. 어떤 경우에는 고객들이 직원에게 불필요하게 성적으로 접근하는데 직원의 상사는 이러한 것을 무시하거나 용인한다. 만일 직장 동료가 데이트를 신청하지만 거절을 당했다면 이것은 성희롱이 아니다. 그러나 끊임없이 치근대고 불필요한 접근을 하며, 그만두라고 해도 계속한다면 이것은 선을 넘은 행동이고 성희롱에 해당한다.

아마도 가장 극단적인 형태의 성희롱은 직접적인 공격의 축소형인, 취업 또는 진급의 대가로 성행위를 요구하는 것이다. 직장에서 성희롱의 정의는 성적인 성격을 띠는 행위로 인해 개인의 업무성과를 방해하는 행동 또는 직장 환경을 위협적이고, 공포스럽게 또는 공격적으로 만드는 행위를 포함한다.

미국 연방 대법원은 성희롱을 1964년에 제정된 인권법의 제7항에 근거해 성차별의 한 형태로 인정해왔다. 이 법은 성차별의 행동들로 인해서 직장의 환경이 위협적이고 권한이 남용되거나 직원의 업무성과가 방해되었을 때 고용주에게 책임을 묻도록 규정한다.

1993년 대법원에서 만장일치로 통과된 판결에 따르면 성희롱과 관련해서 고용주를 고소할 때 고소인이 정신적인 피해를 받지 않을 권리가 있다. 게다가 고용주는 자신들의 행위에 대한 책임뿐만 아니라 직장 내 직원들에 의한 성희롱 발생 방지를 위해 사전에 성희롱에 대한 교육과 관리감독의 책임을 진다(Craig, 2005; Finkelman, 2005). 스스로를 보호하기 위해서 많은 회사와 대학에서는 성희롱에 대한 교육 프로그램을 실시하고 있고 불만사항을 처리하는 정책을 세워놓고 있으며 성희롱 가해자에 대해 내부적으로 처벌을 하고 있다.

법적으로, 성희롱을 당한 사람은 성희롱을 중지시키라는 법정의 명령을 획득할 수 있고, 성적 접근을 거부하다가 실직을 당한 사람들은 복직할 수 있으며, 그 동안의 보수와 복지혜택을 받을 수 있으며 성희롱으로 인한 정신적 피해에 대해 금적적인 피해보상을 받을 수 있다. 하지만, 성희롱을 증명하는 것은 목격자나 증거가 없는 경우가 많아서 일반적으로 어렵다(Bowes-Sperry & O'Leary-Kelly, 2005; Craig, 2005). 그 결과, 직장 내에서 성희롱을 당한 사람들 중 정식적인 절차를 밟아서 불만신청을 하거나 법적 처리를 하는 사람들은 드물다. 성폭력의 다양한 형태에 피해를 본 사람들과 마찬가지로 성희롱을 경험한 사람들도 다른 사람들이 믿어주지 않거나 보복이 두려워서 피해사실을 신고하지 않는 경우가 흔하다. 어떤 경우는 "문제아"로 찍히거나 실직할까봐 두려워한다.

학교에서 일어나는 성희롱

대학생들이 성희롱으로 피해를 당하는 빈도는 연구에 따라 다르다. 대체적으로 25~30%의 학생들이 대학을 다니는 동안 적어도 한번 성희롱을 당한 경험이 있는 것으로 보고되며, 남학생은 여학생에 비해 약 2배 가량 성희롱을 저지르는 것으로 나타났다(Menard 등, 2003). 교육기관에서의 성차별은 연방법에 따라 금지되고 있으며 성희롱에 따르는 금전적 보상을 위해 학교당국을 고소할 수 있도록 했다.

학교 내에서의 성희롱은 보통 음담패설하기, 성적인 면을 평가하기, 음흉한 눈길 주기, 떠보기, 살짝 건드리기와 같이 상대적으로 정도가 심하지 않은 편이다(Menard 등, 2003). 성교를 하기 위해 직접적인 압력을 가한 경우는 상대적으로 적은 편이다. 대부분의 학생들은 성희롱 당한 것을 신고하지 않는다. 서로 간에 비밀을 알고 지키는 사람에게만 얘기하지 학교 관계자에게 신고하지 않는다.

대부분의 성희롱은 가해자와 피해자 사이의 권력의 차이에 따라 이루어진다(Huerta 등, 2006). 또래 사이에서 이루어지는 성희롱은 권력이 동등한 사람 사이에서 발생하는데, 동료 직원 사이 및 학생들 사이에서 행하는 반복적인 음담패설 같은 것을 들 수 있다. 어떤 경우에는 가해자가 피해자보다 권위적으로 낮은 위치에 있는 경우도 있다. 여교수는 학생들에 의해서 희롱당할 수 있는데, 이 경우 남성의 전통적인 사회적 권위가 여성 교수라는 직책에 앞선다는 것이다. 적어도 가해자의 생각에는.

학생들에 의한 성희롱의 가장 흔한 형태는 설문에 응한 여교수의 3분의 1이 보고하였으며 음담패설이다(Champion, 2006). 그 밖의 흔한 형태는 음란한 전화걸기와 지나친 관심이다.

성희롱은 학생들이 대학에 진학하기 훨씬 전에도 일어난다. 중학교와 고등학교 학생들을 대상으로 실시한 설문조사에서 학생들은 학교 복도를 지나다닐 때 누가 잡거나, 민감한 부분을 만지거나 손가락을 쳐드는 것처럼 성적으로 노골적인 몸짓을 하는 다른 학생들을 맞닥뜨린다(Witkowska & Gådin, 2005). 복도나 계단을 지나갈 때 겪는 음담패설과 성적인 접근은 많은 학생들(특히 여학생)에게는 골치 아픈 통과의례가 되었다. 많은 가해자와 피해자는 성희롱은 "학교생활의 일부분에 지나지 않는다"와 "별거 아닌" 것으로 여긴다. 학교에서 성희롱을 당한 여학생들은 학교에 가고 싶지 않다고 보고한다. 어떤 학생은 성희롱이 수업시간에 집중하기 힘들게 만들고 성적도 떨어지게 한다고 한다.

성희롱에 어떻게 대처하는가

고용주나 교수님에 의해 성희롱을 당하면 어떻게 할 것인가? 어떻게 해결할 것인가? 그냥 그것으로 끝날 것으로 생각하고 무시하겠는가? 도움이 될 만한 몇 가지 제안을 다음과 같이 제공한다. 반드시 염두에 두어야 할 점은 성희롱의 책임은 항상 가해자와 성희롱이 일어나게끔 한 조직에게 있지 피해자에게 있지 않다는 사실이다.

- 전문적인 태도를 유지하라. 가해자에 대해 사업상의 태도, 전문적인 태도와 같이 차가운 반응으로 성희롱을 멈출 수 있다.
- 성희롱의 행위를 못하게 하고 적절한 행위를 칭찬해라. 가해자의 행위를 유도함으로써 성희롱을 중지시킬 수 있다. 당신의 반응에 따라 가해자가 공식적인 태도를 취하게 되고 음흉한 행동을 막을 수 있다. 만일 교수님이 수업이 끝난 후 리포트를 검토하려고 다시 오라고 한다면 두 사람만 방해받지 않는 시간을 갖게 될 것이다. 이것에 대한 한계를 명확히 하라. 교수님께 원래 계획되어 있는 면담시간에 리포트에 대해서 상의하는 것이 더 편하다고 얘기하라. 업무에 관련된 방향으로 행동해라. 업무에만 신경을 쓰라. 당신이 전문적인 관계에만 집중하기를 원하는 뜻을 가해자는 쉽게 알아차린다. 만일 가해자가 집요하게 요구한다면 자신을 탓하지 마라. 당신은 당신의 행동에 책임이 있다. 가해자가 집요하다면 좀 더 직접적인 반응을 보여준다: "박 교수님, 우리의 관계가 순전히 학업적인 면에서만 이루어졌으면 좋겠어요. 네?"
- 가해자와 단둘이 있는 것을 피하라. 담당교수에게 피해를 입었는데 리포트 작성에 도움이 필요하다면 시간을 따로 내어서 독대를 하지 말고 수업이 끝나서 다른 학생들이 이것저것 물어볼 때 접근하라. 아니면 친구랑 같이 가서 교수님과 상의하고 있는 동안 밖에서 기다리라고 한다.
- 기록을 해두라. 성희롱의 사건들을 모두 기록해두면 이후에 혹시 정식으로 기소를 할 때 필요하다. 이러한 기록은 다음과 같은 사항을 포함해야 한다: (1) 사건이 일어난 장소; (2) 날짜와 시간; (3) 정확한 말을 포함해서 기억하는 모든 일들이 어떻게 벌어졌는지; (4) 어떤 느낌이 들었는지; 그리고 (5) 목격자의 연락처. 성희롱을 당한 피해자들 중 어떤 사람들은 비밀리에 음성녹음기를 이용하여 가해자와의 접촉을 녹음한다. 이렇게 녹음한 것은 법정에서 효력을 발휘하기 어렵지만, 조직에 불만사항을 접수하는 단계에서 유용하다. 비밀리에 녹음하는 것은 당신이 살고 있는 주에서 불법일 수도 있으니 법령을 확인하여야 한다.

- **가해자와 얘기하라.** 가해자와 이러한 문제로 직접 얘기하는 것이 불편할 수도 있지만 그렇게 하는 것이 가해자로 하여금 당신이 성희롱 문제를 잘 알고 있고 더 이상 원하지 않는다는 뜻을 전달할 수 있다. 피해를 주는 행동을 구체적으로 묘사하는 것이 얘기를 할 때 도움이 된다(예를 들어, "연구실에 단둘이 있을 때마다 저를 만지려고 했고 쓰다듬으려고 했습니다"); 피해를 주는 행동에 대한 당신의 느낌을 이야기한다("제 사생활이 침해되는 느낌을 들게 합니다. 매우 화가 나고요, 잠도 제대로 자지 못했습니다"); 그리고 피해자가 어떻게 했으면 좋겠다는 생각을 전달한다("그래서 다음부터는 저를 만지려고 하지 않았으면 좋겠습니다"). 가해자에게 얘기하는 것은 성희롱을 멈출 수 있다. 만일 가해자가 사실을 인정하지 않으면 다른 조치를 취할 필요가 있다.
- **가해자에게 편지를 쓴다.** 피해를 주는 행동의 기록을 종이 위에 남겨서 성희롱은 멈춰야 한다고 가해자에게 알려라. 이 편지에는 (1) 어떤 일들이 일어났는지("여러 번 당신은 내 몸을 가지고 음담패설을 했습니다"); (2) 어떤 느낌이 들었는지("당신이 그런 말을 할 때, 내가 성적 도구가 된 느낌을 줍니다"); 그리고 (3) 가해자가 어떻게 했으면 좋을지 기술한다("나에게 음담패설을 그만두기를 원합니다").
- **지원군을 찾으라.** 믿는 사람들로부터의 지지는 성희롱에 대항하는 과정에서 도움이 된다. 다른 사람과 얘기하는 과정에서 당신의 느낌을 표현할 수 있게 되고 감정적인 지지, 부축, 그리고 조언을 얻게 된다. 또한 만일 얘기하는 과정에서 동일한 가해자로부터 피해를 받은 사람을 알게 된다면 당신의 주장을 밝히는데 도움이 될 것이다.
- **의의신청을 하라.** 회사와 기타 조직은 법에 의해서 성희롱에 합리적으로 대응하도록 규제된다. 큰 조직에서는 이러한 의의신청을 처리하는 지정된 사무실이 있다(종종 옴부즈맨, 차별방지관, 성희롱상담관 등). 이러한 사무실과 예약을 해서 당신의 경험에 대해 논의하라. 당신이 있는 조직에서 불만사항을 접수하는 과정과 개인정보에 대한 기밀 처리에 있어서 당신의 권리에 대해서 물어보라. 사건이 발생한 날짜, 사건 개요, 그리고 어떤 느낌이 들었는지 등에 대해서 적어놓은 기록을 보관해 둔다. 성희롱을 처리하는 정부기관은 균등취업기회위원회와 각 주의 인권위원회 2군데이다. 이들 기관은 당신의 법적인 권리를 어떻게 보호할 수 있는지 공식적인 의의신청을 어떻게 신청하는지에 대해서 알려준다.
- **법적 해법을 찾으라.** 성희롱은 불법이며 처벌이 가능하다. 당신이 법적 조치를 강구하고자 하면 이 부분의 법에 밝은 변호사와 상의하라. 성희롱으로 유발된 실직이 있었다면 실직 기간 동안의 급료를 받을 수 있고, 복직할 수 있으며, 피해보상을 받을 수 있다.

결론적으로 이 책은 강간, 거세, 성희롱으로 고통 받는 사람들이 자신들이 받았던 상해를 고치려고 무언가 할 것이라고 요구하지 않는다. 이 책은 성이 더 이상 권력과, 횡포, 폭력의 수단이 되지 않게 우리 모두가 사회를 고쳐나갈 것을 요구한다.

18.10 성폭력

총정리: 재숙고, 재인용, 재검토

이 책은 PQ4R 방법을 사용하고 있다. 여러분은 맨 먼저 장 읽기, 즉 첫 번째 R을 잘 마쳤다. 이제부터 나머지 3R(총정리), 즉 재숙고, 재인용, 재검토는 여러분이 숙달한 정도를 여러분 스스로 테스트해 볼 수 있게 해줄 뿐 아니라, 이 장의 내용들을 이해하고 기억할 수 있게 도와줄 것이다.

재숙고

▶ **비판적인 사고하기:** 성행위가 언제 강간으로 되는지에 대해 논의해 본 적이 있는가? 한 여성이 옷을 벗은 남성을 만지고 난 후 남성이 삽입을 하려고 했을 때 거부를 한다. 남성이 강제로 삽입했다면 그 남성은 강간죄가 성립되는가? 설명하시오.

▶ **비판적인 사고하기:** 당신의 관점에서 성인 여성과 청소년 남자 사이의 성교를 성인 남성과 청소년 여자 사이의 그것과 법적으로 다르게 처리하여야 하는가? 당신의 생각을 설명하시오.

- 어린이에게 "괜찮은 만짐"과 "나쁜 만짐"의 차이를 어떻게 가르칠 것인가?
- 당신이 성희롱을 당하고 관계당국에 신고하려고 하는데 친구가 "왜 시끄럽게 해? 그럴 가치가 있니? 결국, 불평을 하는 것은 손해 보게 되어있어"라고 한다면, 어떻게 반응하겠는가?

재인용

1. 강간이란 무엇인가?

- 가해자가 비동의 상태의 상대방과 강제로 간음을 하는 것이다. 법적강간(statutory rape)은 나이가 너무 어리다거나 하는 법적으로 동의할 수 없는 사람과 간음을 하는 것이다.

2. 강간의 다양한 형태는 어떤 것이 있는가?

- 강간의 유형은 낯선 이에 의한 강간, 지인에 의한 강간, 연인 강간, 윤간, 남성 강간, 및 여성에 의한 강간이 있다. 여성은 남성에 비해 낯선 사람에 의해 강간당하는 비율이 더 높다.

3. 강간을 조장하는 사회적 태도는 어떤가?

- 성에 따르는 역할의 단순 고정화, 상반되는 특징으로써의 성을 바라보는 것 및 인간관계에서 폭력을 용인하는 것과 같은 사회적 태도는 강간을 조장하는 분위기를 만든다. 사회 비평가들은 우리 사회가 남성이 사회적으로 우세한 역할을 하게 함으로써 강간범을 양산한다고 비평한다.

4. 어떤 유형의 남성이 강간을 저지르는가?

- 성적으로 공격적인 남성은 다른 남성에 비해서 강간이나 여성에 대해서 폭력을 휘두를 가능성이 더 높다. 또한, 이런 남성들은 전통적인 남성의 역할에 대한 태도가 강하고, 여성에 대해서 적대적인 면이 있으며, 사회적 우월성의 표현을 성교로 하려고 하고, 측은심이 모자라며, 여성을 힘으로 눌러서 성행위를 하는 친구들을 갖는 특징이 있다.

5. 강간 생존자들은 어떻게 강간의 범죄로부터 적응하는가?

- 강간 생존자들은 종종 큰 위기와 스트레스성 장애를 겪는다. 생존자들에 대한 치료는 큰 위기를 넘길 수 있도록 위로해주고 장기간 적응을 할 수 있도록 도와주어야 한다.

6. 아동 성적 학대에 대해 알려진 것은 어떤 것이 있는가?

- 성인과 어린이 사이의 어떤 성적인 접촉도 어린이는 법적으로 동의할 수 있는 나이가 아니므로 학대다. 대부분의 경우에 학대범은 어린이와 가까운 관계(친척, 재혼에 의한 친척, 가족의 친구, 동네사람)에 있다. 음부를 만지작거리는 것은 가장 흔한 형태의 학대다. 아동애호증을 갖는 사람은 거의 대부분 남성이다. 아버지-딸의 근친상간은 신고와 처벌이 많이 되지만, 형제-자매의 근친상간이 가장 흔하다. 성적 학대를 당한 어린이는 사회적 감정적 문제로 종종 고통 받고, 자존감과 친밀한 관계를 이루는데 영향을 받는다. 어린이들은 받아들일 수 있는 만짐과 "나쁜" 만짐을 어떻게 구분하는지 교육이 필요하다.

7. 강간범과 아동학대범을 어떻게 치료해야 하는가?

- 교도소에서 이루어지는 교정프로그램은 집단치유법의 형태이며, 화학적 거세(항남성호르몬의 투약) 및 외과적 거세가 있다.

8. 성희롱이란 무엇인가?

- 성적인 의미를 담은 의도적인 언어적 표현, 몸짓, 신체적 접촉을 말한다. 성희롱은 종종 불평등한 권력관계를 대변한다. 이것은 남성의 역할이 보수적인 환경에서는 종종 여성을 "제 자리에 있게 하기"위해서 무기처럼 사용된다.

재검토

1 성인과 어린이 간 모든 형태의 성행위는 성폭력에 해당한다. 그 이유는?
- (a) 어린이가 저항하기 때문에
- (b) 성인들은 어린이들을 이끌어야 하기 때문에
- (c) 어린이는 성행위에 의해 다치기 때문에
- (d) 어린이는 법적 동의 연령에 못 미치기 때문에

2. 다음 중 강간 사건이 실제보다 덜 신고되는 이유는?
- (a) 어떤 여성들은 형사 시스템에 의해서 모멸될까봐 두려워서
- (b) 어떤 여성들은 가족 구성원이나 강간범에 의한 보복이 두려워서
- (c) 어떤 여성들은 가해자가 잡히거나 처벌받지 않을 거라는 믿음에서
- (d) 어떤 여성들은 낯선 이에게 강간을 당했기 때문에

3. 가장 흔한 형태의 강간은?
- (a) 아는 사람에 의한 강간
- (b) 모르는 사람에 의한 강간
- (c) 배우자 사이의 강간
- (d) 여성에 의한 강간

4. 다음 중 강간을 부추기는 문화적 미신에 해당하지 않는 것은?
- (a) 여성들은 그렇다는 의미로 아니라고 얘기한다.
- (b) 여성이 옷을 입은 방식은 강간을 해달라고 요청하는 것이다.
- (c) 여성들은 강제로 성행위를 하는 것을 원하지 않는다.
- (d) 여성들은 정말로 남성적이고 성적으로 공격적인 남성을 원한다.

5. 아동애호증자는 종종
- (a) 성인 피해자를 강간한다.
- (b) 스스로 치료법을 찾는다.
- (c) 간음이 어린이에 대해 악영향이 있다는 것을 부정한다.
- (d) 진보적인 성향을 띠는 사람들이다.

6. 다음 중 아동성학대의 가장 흔한 형태는?
- (a) 노출증
- (b) 음부를 만지작거리는 것
- (c) 구강-음부 성교
- (d) 성기 삽입에 의한 간음

7. 파키스탄의 후드드법이란?
- (a) 남성 강간범을 이슬람교에서 제외시킨다.
- (b) 결혼한 여성들이 다른 사람에 의해 강간당했을 때 유죄로 여긴다.
- (c) 오직 이슬람교 여성만 법정에서 진술하게 한다.
- (d) 여성 4명의 진술은 남성 1명의 진술과 동일하게 여긴다.

8. 로프놀이 "데이트 강간"약의 기능으로 이용되는 까닭은?
- (a) 기억 상실을 일으키기 때문에
- (b) 성욕촉진제이기 때문에
- (c) 테스토스테론의 효과를 증폭시키기 때문에
- (d) 여성이 동의한 성교를 성폭력으로 기억하도록 만들기 때문에

9. 학교 내에서 강간 방지 프로그램은 남학생의 어떤 면을 증진시키는데 초점을 맞추는가?
- (a) 학업적인 관심
- (b) 경쟁심
- (c) 운동에 대한 관심
- (d) 측은지심

10. 많은 아동애호증자는 어떤 특징을 가지고 있는가?
- (a) 강간범으로 긴 범죄경력
- (b) 남녀노소에 관계없는 피해자에 관심
- (c) 인격 장애
- (d) 성정체성 장애

정답: 1. d; 2. d; 3. c; 4. c; 5. c; 6. b; 7. b; 8. a; 9. d; 10. c

19장

성매매의 세계: 성인들의 디즈니랜드?

목차

사실인가 아니면 허구인가

다음 중 어느 것이 사실이고 어느 것이 허구인가? 답은 본문 안에 있는 「사실인가 아니면 허구인가」 아이콘에서 만날 수 있다.

1. 매춘은 미국 전역에서 불법이다. T F
2. 전화번호부 등에서 광고하는 마사지 서비스와 파트너 서비스는 매춘행위의 최전선이다. T F
3. 대부분의 여성 매춘부는 어린 시절 성적 학대를 받았다. T F
4. 매춘을 사는 전형적인 소비자는 다른 여성과 정상적인 성적 관계를 맺는데 어려움을 겪는다. T F
5. 남성만 음란물에 성적으로 흥분된다. T F
6. 인터넷 검색의 3분의 1은 성과 관련한 검색이다. T F
7. 음란물은 여성에 대한 폭력을 유발한다. T F

2008년 봄, 울고 있는 부인 옆에 서 있는 뉴욕 주지사 엘리엇 스피처는 직위에서 물러났다. 스피처는 최근에 약 8만 불을 매춘부에게 사용해 왔다는 사실이 밝혀졌다. 더 최악인 것은 그가 맨법(Mann Act) 위반으로 기소될 수 있다는 사실이었다. 몇백 년 동안 드물게 사용된 법령인 맨법은 주 경계를 넘어 매춘부를 보내는 것을 연방 범죄로 여긴다. 스피처는 매춘부 애슐리 듀퍼를 뉴욕에서 워싱턴으로 오게 해서 5,000불짜리 밀회를 계획했다(Kornacki, 2008). 그를 사임으로 이끈 원인들 중 하나는 노골적인 위선이었다. 예를 들자면, 스피처는 부자의 성매매 집단과 고객들에 대한 처벌을 강화했으며, 강력하게 기소해왔다.

동시에 루이지애나 상원의원 데이비드 비터의 이름이 막 재판을 받았던 "D.C. Madam"의 비밀 명부에 올라 있었던 것이 밝혀졌다. 그러나 비터는 그의 직책은 유지했다. 그는 "매우 심각한 죄"를 범했다고 인정했다. 그리고 그는 그 문제는 "하나님과 아내에게 용서받았기 때문에 해결되었다"고 말했다(Roberts, 2008). 어떤 이들은 정확하게 어떻게 비터가 하나님이 자신을 용서하셨다는 것을 알았는지 궁금하다고 의혹을 제기했다. 그러나 그는 고작 며칠 정도였던 폭풍우를 잘 견뎌냈다(어려운 상황에서 살아남았다).

스피처와 비터의 사건이 대대적으로 보도되었다 하더라도 그들은 명백하게 특별한 것이 아니었다. 몇 대에 걸쳐, 수백만 명의 남성들(또는 일부 여성들)은 성관계에 돈을 지불해 왔다. 월스트리트에서는 중개상과 무역상들이 주식과 국가의 상업적 기업을 이끄는 다른 금융수단들을 사고판다. 시카고 거래소에서는 중개인들이 콩, 옥수수, 밀과 다른 물건들을 거래한다. 가격은 수요와 공급 법칙에 따라 변동한다. 이러한 금융기관들이 있는 길모퉁이의 다른 한 쪽에서는 다른 종류의 상업이 성행한다. 뉴욕과 시카고에서, 할리우드, 그리고 국가의 소도시와 마을에서 역시, 매춘부들은 성관계를 돈과 맞바꾸거나 마약과 같은 상품들과 교환한다.

상업으로써의 성은 성인 서점에서부터 스트립쇼를 하는 나이트클럽, 성인용품점, 에로틱한 호텔과 모텔들, 에스코트/출장 서비스, 매춘부들, "일부 마사지 업소들", "일부 선탠장", 사이버섹스(예를 들어, 인터넷상에서의 성관계), 그리고 제품 광고에서의 성적 매력 사용까지 전반을 아우르고 있다. 상업적 성관계 세상은 트리플 X등급의 성인용 디즈니랜드인가?

엘리엇 스피처가 매춘을 한 혐의가 드러나서 뉴욕 주지사 직위를 사임했다.

애슐리 듀퍼는 5,000불을 받고 워싱턴에서 스피처와 만남을 가졌다.

19.1 매춘

사실인가 아니면 허구인가 1

매춘(prostitution) 성적인 활동을 돈 또는 가치를 지니는 물건(마약)을 받고 파는 것. 성산업이라고도 한다.

엘리엇 스피처(Eliot Spitzer)와 데이비드 비터(David Vitter)는 돈으로 성을 사는 **매춘(prostitution)**이 불법인 뉴욕과 워싱턴의 법 때문에 문제에 봉착했다. 사실인가 아니면 허구인가 1: 매춘은 유곽을 제한적으로 허가한 네바다 주의 시골지역 몇 군데를 제외한 미국 전 지역에서 불법이다. 매춘부와 고객들이 남성이나 여성일 수 있지만, 대부분의 매춘부들은 여성이고 사실상 모든 고객은 남성이다.

매춘을 호객하는 것은 모든 주에서 불법이나, 경찰은 드물게 고객 또는 "손님(Johns)"을 단속한다. 체포된 몇몇은 주로 적은 벌금형이 가해진다. 경우에 따라 이런 손님(Johns)의 이름은 지역 신문에 발표되며 자신의 이름이 알려질지 모르는 두려움 때문에 매춘을 단념하게 한다.

매춘은 종종 좋은 의미에서 세계에서 가장 오래된 직업이라 불린다. 적어도 매춘은 신전에서 흔히 행해졌던, 고대 메소포타미아로 거슬러 올라간다. 도시의 모든 여성이 신전에서 자신의 몸을 제공하도록 요구받았으며 신전을 방문한 순례자들은 이 여성에게 "종교적인 기부"를 한다고 그리스의 역사학자 헤로도토스는 기록했다.

매춘은 중세 유럽과 성적으로 억압했던 빅토리아 여왕 시대에 융성했다. 그리고 그때나 지금이나 매춘부의 주요 동기는 돈 문제다. 많은 가난한 여성들이 생존의 수단으로 매춘으로 빠진다. 빅토리아 시대의 영국에서는 여성들이 성행위를 즐기지 않는다고 생각했다. 그런 까닭에 남성은 육체적 욕정을 풀기 위해 자신의 아내의 몸을 더럽히기보다 매춘부를 찾아가는 것이 더 낫다고 여겼다.

19세기 미국의 기혼, 미혼 남성들은 주기적으로 매춘부를 찾았다. 모든 경제적, 사회적 경계를 초월해서 다양한 부류의 사람들에서 이루어졌다. 매춘은 대부분 남성이 성행위를 하러 어쩌다 이루어지는 것과 정기적인 유곽 방문객, 두 가지 방법으로 발생했다.

많은 사회학자와 연구자들뿐만 아니라 매춘부들도 매춘을 **성산업**으로 정의했다(Weitzer, 2007a). 전통적인 일은 폭넓게 연구되었으나, "노동으로서의 범죄(crime as work)"는 특히 여성과 성노동자들을 포함했을 때 관심있게 연구되지 못했다. 콜걸과 파트너(escorts) 같은 행위를 하는 엘리트 매춘부들은 그들의 시장과 고객과의 관계를 분석하고, 자신의 직업으로서 경력을 선택한다.

미국의 매춘 현황

미국에는 방대한 수의 매춘부들이나 성노동자들이 있으나, 어느 누구도 정확한 수치를 모른다. 성노동자들은 거리, 유곽, 성인영화, 인터넷, 전화번호부 그리고 안내광고에서 찾을 수 있다(Weizer, 2007a).

킨제이 표본(Kinsey 등, 1948)에 의하면 유럽계 미국인 남성 중 거의 2/3의 사람들이 적어도 한번 매매춘을 했다고 보고되고 있다. 약 15~20%의 남성이 주기적으로 매춘을 한다고 한다. 그러나 매춘부의 이용은 교육적인 수준에 따라 다양했다. 20세 이상의 남성들 중 대학교육을 받은 남성은 약 1/5이 매춘을 한 반면, 대학교육을 받지 않은 독신의 남성의 절반 정도가 매춘부를 찾았다.

킨제이의 자료가 비추는 매춘부와의 경험의 감소는 성적인 이중 잣대가 없어지는 것과 관련된 것으로 보인다. 최근 세대의 젊은 남성은 매춘부를 찾는 것이 줄어든 것처럼 보이는데, 이는 그들의 여자친구와 성행위를 할 수 있는 기회가 옛날에 비해 더 자유롭기 때문이다. 특히, HIV/AIDS와 같은 성병에 대한 걱정 때문에 전세계에서 성노동자들의 단골손님이 줄어들게 되었다(Kirby, 2008; Herbst 등, 2008). 그럼에도 불구하고, 매춘은 계속해서 융성하고 있다.

19.2 여성 매춘부

여성 매춘부—흔히 후커(hooker), 호어(whore), 나가는 여성(working girl), 또는 파트너(escorts)라고 불리는 여성 매춘부들은 주로 그들이 일하는 곳에 따라 분류된다. 매춘부의 종류는 크게 3가지인데, 거리에서 호객행위를 하는 여성들; 유곽이나 마사지실처럼 특정한 장소에서 일하는 매춘부; 그리고 파트너나 콜걸이다. 오늘날의 많은 매춘부들은 그들의 고객이 길거리 대신 전화번호부에 "손가락으로 걸어" 다닌다고 한다.

거리 매춘부

비록 대부분의 매춘부들이 **거리 매춘부(streetwalker)**들이지만, 이들은 성매매 종사자의 계급에서 최하층을 차지한다. 그들은 가장 적은 돈을 벌기 때문에 별로 원하는 종류의 직업이 아니다. 그들은 고객과 **포주(pimp)** 양쪽으로부터 폭행을 당할 수 있는 가장 큰 위험에 처해 있다. 거리의 여성들은 가난하고 불행한 유년시절을 보낸 경향이 있다(Kristoff, 2009; Farley 등, 2005; Rubenson 등, 2005). 대부분은 강간, 성폭행 또는 근친상간을 당한 경험이 있고 이것으로부터 살아남은 사람이다(Beech 등, 2009; Brown, 2005). 대부분은 10대에 가출하여 마약에 빠지거나 먹고 살기 위해 성적 일을 하는 경우가 많다(Hallgrímsdóttir 등, 2008).

거리 매춘부(streetwalker) 거리에서 성 소비자를 유혹하는 매춘부

포주(pimp) 매춘부의 관리자로 행세하는 남성으로 매춘부의 수입에 의존한다.

거리 매춘부들은 드러내 놓고 일한다. 따라서 다른 종류의 매춘부에 비해서 사람들의 관심을 더 끌어야 함으로 경찰에 체포될 위험도 더 높다(Kristof, 2009; McKeganey, 2006). 체포되지 않기 위해서, 거리의 여성들은 그들이 할 서비스를 에둘러서 알린다. 그들은 행인에게 섹스 그 자체로 보단 "좋은 시간을 보내거나" 또는 "재미 보는데" 관심 있는지 묻는다. 많은 도시에서, 거리의 여성들은 속이 비치거나 자극적인 옷을 입는다. 미국과 유럽의 많은 도시에는 경찰의 영향이 상대적으로 적은 이른바 "묵인지역"이 있고 이곳에서 매매춘이 이루어진다(Mckegancy, 2006).

대부분 지역에서 매춘에 대한 형벌은 미미한데, 벌금이 적거나 형기가 짧다. 마약밀매범과 난폭한 범죄자로 쇄도하는 경찰서는 매춘을 "2류" 또는 "귀찮은" 범죄로 생각한다. 일반적으로 매춘부들은 사법시스템이 회전문 처벌이라고 생각한다. 그들은 벌금을 내고, 하룻밤이나 이틀을 감옥에서 보내고, 다시 거리로 돌아온다.

술집의 매춘부는 거리 매춘부의 변형된 형태다. 자기의 단골 술집에서 술을 마시고 있는 남성에게 접근한다. 술집 주인이나 매니저는 그들 때문에 고객이 오기 때문에 매춘부와 사실상 협력관계를 유지하며 그들이 무엇을 하던 모른 채 한다. 몇몇 거리 매춘부는 포르노나 "성인" 영화관에서 일하고 자리에 앉은 고객들에게 손이나 구강성교를 서비스한다. 이에 대한 대가는 술집을 경영하는데 협조하는 관계를 유지한다.

멕시코시의 거리 매춘부

거리 매춘부의 40%는 포주가 있다(Norton-Hawk, 2004; Williamson & Cluse-Tolar, 2002). 포주는 연인-아버지-친구-고용주 노릇을 한다. 포주는 거리 매춘부를 보호해주고, 보석금, 그리고 가끔 방과 생활비를 제공하며, 그 대가로 높은 비율의 수입을 챙긴다. 포주는 협박과 매질로써 매춘부를 종종 통제하는데 이 과정을 통해 매춘부들은 육체적으로 혹사당한다(Noton-Hawk, 2004). 포주에 의해 통제되는 매춘부들은 해체된 가족에서 지냈거나, 교육을 거의 받지 못했거나, 합법적인 직업을 한 번도 갖지 못했거나,

가까이서 보기

우리 도시에서 거리를 떠도는 소녀들

14세인 아프리카계 미국인, 쟈스민 콜드웰은 자신의 매춘 알선업자로부터 도망칠 기회를 노리면서, 애틀랜타의 조지아주 거리에서 매춘을 알선하고 있었다: 쟈스민은 잠복하던 경찰에게 붙잡혔다. 그녀의 매춘 알선업자는 13세 소녀들을 "관리한다." 그리고 그 소녀들의 고객들로부터 받은 모든 수입을 착취했다. 만약 경찰관이 가출청소년 또는 폭력피해자 보호소로 쟈스민을 보냈다면, 아마도 그녀는 다시 학교로 돌아갈 수 있었을 것이고, 적합한 절차에 따라 새로운 삶을 살 수 있었을 것이다. 그러나 경찰관은 그러지 않았다. 그는 쟈스민에게 수갑을 보여주며 감옥에 집어넣겠다며 위협했다. 쟈스민은 겁에 질려, 투옥되지 않도록 애원했다. 그러자 경찰관은 쟈스민에게 감옥에 보내지 않는 대신 성관계를 맺도록 했다. 후에 그녀의 매춘 알선업자는 화대를 받지 않았다는 이유로 폭력을 가했다.

현재, 21살인 쟈스민은 말했다. "흔히 일어나는 일이에요"(Kristof, 2009), "경찰들은 이따금씩 성행위를 갈취하기 원해요."

미국의 성매매는 어린 소녀들이 자주 납치당하며, 집창촌 업주로부터 극심한 고통을 당하고, 때로는 업주의 말에 따르지 않는다는 이유로 죽음을 맞기도 하는 인도, 파키스탄, 말레이시아와 캄보디아만큼 잔혹하다. 미국인들은 강요된 매춘을 미국으로 끌려 와서 집장촌에 감금당한 아시아인이나 멕시칸 여성들의 문제로 치부하는 경향이 있다. 가장 큰 스캔들에 미국인 10대들이 연루되었다. 미국의 매춘부들은 정부당국이 쟈스민과 마찬가지로 14세 청소년들에 대해 별로 관심을 갖고 있지 않는 것처럼 보이기 때문에 학대와 폭력에 맞닥뜨린다. 가끔 중상층의 유럽계 미국인 소녀가 사라졌을 때, 라디오 방송국은 경계경보를 방송하고, 케이블 TV는 "사라진 미인"의 최근 정보를 방송한다(Kristof, 2009). 가난한 흑인 및 라틴계 소녀들은 매일 실종되지만, 이런 문제에 포주들만 관심을 갖는다(Hallgrímsdóttir 등, 2008). 이러한 소수의 청소년들은 일반적으로 가출하거나 "버려진다."—소녀들은 부모나 또는 다른 "돌보는 사람"과 싸워서 쫓겨난다.

매춘 알선업자들은 아빠나 사업 파트너가 아니다. 그들은 어린 소녀들에게서 그들이 벌어들인 모든 수입금을 착취하며, 그 소녀들을 관리한다. 매춘 알선업자들은 소녀들에게 일주일 내내 일하도록 강요하기도 한다. 어떤 경우에는, 매춘 알선업자들은 목장주인이 소와 말에 낙인을 찍는 것처럼 소녀들에게 문신을 새긴다. 또한 그들은 순순이 따르지 않는 소녀들을 때린다.

"만약 당신이 충분한 돈을 벌지 못하면, 맞을 거예요." 쟈스민이 말한다. "만약 당신이 말하면 안 되는 무언가를 말한다면, 맞을 거예요. 또, 만약 고객과 너무 오랜 시간을 보내면, 맞을 거예요. 그리고 매춘 알선업자로부터 달아나려고 시도한다면, 맞을 거예요."

폭행만이 소녀들을 매춘 알선업자에게서 붙어 있게 하는 것은 아니다. 쟈스민은 13세에 폭행의 집에서 도망쳤었다고 말하면서, 매춘 알선업자가 자신을 사랑한다고 생각했던 것을 설명했다. 마약, 선물, 약간의 애정, 그리고 대안의 부족이 대부분의 소녀들을 계속해서 일하도록 만든다. 만약 반항한다면, 매춘 알선업자는 그 소녀를 때리고, 죽인다고 협박한다.

뉴욕타임스 칼럼니스트 니콜라스 크리스토프에 따르면(2009), "해결책은 복잡하다. 그리고 도시 빈곤의 극복, 학교개선, 가족구조를 강화시키기 위한 광범위한 노력이 필요하다. 그러나 첫 번째 단계는 이러한 10대들을 범죄자로 여기지 않는 것이며, 대신에 매춘 알선업자들과 고객들—그리고 부패한 경찰관들을 체포하는데 전력을 다하는 것이다."

소수민족의 집단 출신이다(Norton-Hawk, 2004)

많은 거리 매춘부들에게 "삶"은 섹스, 폭력, 질병, 코카인이나 헤로인 같은 마약으로 구성된 것들의 연속이다(Degenhardt 등, 2006; Romero-Daza 등, 2005). 자신의 운명을 조절하는데 무력함을 느끼고, 피임약 없이 구강이나 질내 성교를 한다. 사실상, 거리 매춘부는 "이러한 생활"을 오래 유지하지 못한다. 몇몇은 보통의 삶으로 돌아가거나 결혼을 한다. 다른 이들은 약물남용, 질병, 자살 때문에 또는 포주나 고객들로부터 육체적 혹사를 당해서 요절한다. 살아남은 이들은 늙어감에 따라 값어치가 떨어진다.

연구자들은 매춘부, 특히 거리의 성노동자 여성들이 가지고 있는 높은 단계의 심리적 위해요인을 밝혔다(Brown, 2005; Raphael & Shapiro, 2005). 맬리사 펠리와 그녀의 동료들은 2005년(Farley 등, 2005)에 캐나다에서 100명의 매춘부들을 인터뷰한 결과 다음과 같은 사실을 알아냈다.

- 82%가 아동기 성적 학대를 경험했다.
- 72%가 아동기 육체적 학대를 경험했다.
- 90%가 직장에서 육체적 폭행을 경험했다.
- 78%가 직장에서 강간을 경험했다.
- 72%가 **외상후 스트레스 장애(posttraumatic stress disorder, PTSD)**로 진단되었다.

일반인의 5%만이 외상후 스트레스 장애를 가지고 있다. 그리고 참전용사 중에서 단지 20~30%만이 외상후 스트레스 장애를 겪는다. 매춘부들은 성병 이외에 많은 건강상의 문제가 발생한다. 90~95%가 "이런 삶"에서 벗어나길 원한다고 대답했다(Farley 등, 2005). 그러나 그러한 삶에서 탈출했던 대다수가 재정적인 이유와 사회적인 이유로 다시 되돌아온다(Dalla, 2006).

호텔에서 일하는 매춘부들은 일반적으로 거리나 술집에서 일하는 이들보다 높은 지위를 누린다. 고객들은 대부분 여행 중인 대회 참가자나 기업인이다. 호텔 매춘부는 호텔의 관리인이나 경비들 몰래 잠재적 고객에게 은밀한 메시지를 보낼 수 있는 솜씨가 있어야만 한다. 그들은 주로 고객의 호텔 방에서 성적인 서비스를 제공한다. 몇몇 호텔 관리인들은 매춘부가 사리있게 행동한다면 은밀히 대가를 받고 이들의 행위를 묵인해 준다.

유곽 매춘부

매춘부의 계급이 거리 매춘부가 한쪽 끝이고 콜걸이 다른 한쪽 끝이라고 한다면 유곽의 매춘부들은 이 계급에서 중간쯤을 차지한다. 그들은 유곽이나 마사지업소에서 일을 한다(Parent & Bruckert, 2005).

유곽의 매춘부들은 콜걸만큼 돈을 많이 벌지 못하지만 거리 매춘부처럼 저질스럽지도 않다. 마사지업소나 파트너 서비스를 하는 이들의 일부는 자신들이 "진짜 매춘부"라고 생각하지 않는다. 왜냐하면 거리에서 일을 하지 않으며, 합법적 계산대가 있는 곳에서 일하기 때문이다. 고양이집(cathouse), 보르델로(bordello), 고양이 마차(cat wagon), 휴게실(parlor house), 사창굴(whorehouse), 매음굴(joy house), 활동장(sport house), 악명난

학생들의 실제 질문

질문: 플럽퍼(fluffer)라는 말은 무슨 뜻인가요?

답변: 플럽퍼는 매춘부의 일종으로 외설 영화를 찍을 때 무대 뒤에서 남성 배우가 영화 찍기에 앞서 발기가 필요할 경우 주로 구강성교로써 성적으로 흥분시키는 역할을 한다. 플럽퍼라는 용어는 미용사가 여배우의 머리를 풍성(fluffing)하게 만드는 데에서 유래했다. 보통 플럽퍼는 남성을 상대하므로 여성이지만, 배우가 게이이면 플럽퍼가 남성이다. 게이 영화를 찍을 때 보통의 남성배우가 출연하기도 하는데, 이는 배우가 돈을 더 받기 위해서 그런 것이며 플럽퍼는 여성이다. 최근에 가장 좋은 플럽퍼는 비아그라(Viagra)라고 한다.

외상후 스트레스 장애(posttraumatic stress disorder, PTSD) 과거의 기억으로 인해 발생하는 스트레스로써 수면장애나 기억장애, 감정이 무뎌지는 현상 또는 느낌의 범위가 좁아지는 증상 및 경계심이 증가하는 증후가 나타난다.

가까이서 보기

크레이그리스트 살인범과 (추정되는) 성매매의 결말

크레이그리스트는 가장 큰 인터넷 광고 사이트이다. 2009년 3월 일리노이 주의 쿡 카운티의 보안관은 미국에서 가장 큰 매춘부 공급원이 되어버린 이 사이트를 고발했다. 뉴욕 주(州)의 앤드루를 포함하여 몇 개 주의 법무부 장관은 그 회사를 돌며, 엄벌에 처할 준비를 시작했다(Stone, 2009).

그때 "크레이그리스트 살인"이 발생했다. 한때, 보스턴 마담 크리스틴 데이비스 아래서 일했던 줄리사 브리스만은 크레이그리스트의 "성 서비스" 페이지에서 여성 마사지 광고 모델로 활동했다. 데이비스는 브리스만이 "관능적인 몸 문지르기"로 서비스들을 제한했다고 말한다; 즉, 고객들과 성관계를 하지 않는 것을 말한다. 그것과 관계없이 그녀의 광고는 명백하게 22살의 의대생인 필립 마코프를 매혹시켰다. 그로 인해 브리스만은 마코프에게 살해되었다. 필립 마코프는 브리스만을 총으로 쏴 죽인 혐의로 체포되었으며, "크레이그리스트 암살자"라는 별명이 붙여졌다. 마코프는 또한 로드아일랜드 주의 스트립 댄서를 상대로 총을 겨누고 훔치려한 혐의와, 보스턴 매춘부를 폭행한 혐의를 받고 있다. 두 여성은 모두 크레이그리스트의 성 서비스에서 광고를 냈다. 경찰관들은 수년 동안 크레이그리스트의 성 서비스에 대해 불만을 표해 오고 있었다. 그러나 결국 크레이그리스트 암살자가 그 문제를 부각시켰으며, 크레이그리스트는 2009년 5월 사이트의 방향을 바꿨다. 사이트에서 종종 제공했던 노골적 광고들과 매춘부들의 누드 또는 외설물 사진들인 성 서비스 광고들을 내렸다. 하지만 그 사이트에는 "성인 서비스" 섹션이 생겼다. 판매자들의 게시물들은 덜 노골적이어야 하며, 누드 사진이나, 외설물 사진은 올릴 수 없다. 그들은 많은 설명 없이 마사지 서비스를 제공하는 것 같다. 확대 개편된 크레이그리스트 직원들은 너무 "성적인" 것이 게시되는 것을 막기 위해 그러한 광고들을 분류한다.

필립 마코프(Phillip Markoff)
사진: Mark Garfinkel, AP

줄리사 브리스만(Julissa Brisman)
사진: Matthew Terhune, AP

수정된 광고들이 매춘을 찾는 수단으로써 크레이그리스트를 사용하는 방식을 누그러뜨릴 수 있을 것인가? 시간이 말해줄 것이다.

곳(house of ill repute)—매춘부들이 일하는 유곽이라는 공간에 붙여진 이름은 유곽 말고도 여러 개가 있다. 그러나 미국에서 유곽의 전성기는 끝났다. 합법적이지만 규제를 하는 네바다 주의 몇 군데 지역을 제외하고, 정식 유곽은 드물다. 유곽의 매춘부들은 관리자와 돈을 나눠 갖는다. 이처럼 돈을 나눠받는 것 이외에 매춘부들은 유곽의 주인으로부터 방과 식사를 무료로 받는다. 그들은 한 달에 3주는 의무로 일해야 하고, 그때는 하루 24시간 동안 전화를 받으면 바로 나와야 한다. 고객이 도착했을 때. 그들은 "줄서는" 방으로 들어간다. 선택되지 않은 매춘부들은 다시 돌아와 쉬고, 독서하며, 텔레비전을 보며 기다린다.

몇몇 유곽의 매춘부들은 타락된 삶으로 빠져든다. 많은 가난한 아시아와 동유럽 여성들은 큰 도시나 서양의 멋진 삶을 살 것이라는 꾐에 넘어가 오거나 납치되어 온다(Kristof, 2006; Rubenson 등, 2005).

마사지 업소

자연은 빈 자리를 싫어한다. "마사지 업소"는 유곽이 없어지자 남겨진 자리를 채우기 위해 우후죽순처럼 생겨났다. 많은 마사지 업소는 단지 마사지만을 제공하는 합법적인 시설이다. 많은 주에서 남성마사지사와 여성마사지사가 면허를 가지고 있고, 성적인 서비스를 제공하는 것은 법적으로 금지된다. 많은 곳에서 마사지사들은 몸의 특정 부분을 가리는 옷을 반드시 입어야 한다(디트로이트 외곽의 여성마사지사는 스카프나 카터를 입는다). 그리고 고객의 성기를 만져서는 안된다.

그러나 많은 마사지 업소가 매춘의 최전선으로서 서비스를 하는 것도 사실이다(Lewis 등, 2005; Nemoto 등, 2004). 그들은 주차공간이 충분한 중산층의 교외지역 상점가에서 찾을 수 있다. 이러한 시설은 고객들이 일반적인 마사지 요금을 지불하고, 성적인 행위에 대해서는 추가 요금을 지불하는 식으로 영업한다.

마사지 업소의 매춘부들은 일반적으로 성기를 손으로 자극하는 행위(국부적인 서비스), 구강성교, 드물게 성교(완전한 서비스)까지 한다. 몇몇 마사지 업소의 매춘부들은 거리 매춘부나 유곽 매춘부에 비해서 교육 수준이 높고 거리나 유곽에서 일하려 하지 않는다. 그러나 많은 마사지업소의 노동자들은 동양인들이며, 한 마사지 업소에서 다른 마사지 업소로, 한 도시에서 다른 도시로, 그리고 다시 아시아로 돌아간다(Nemoto 등, 2004).

스트립 클럽

스트립 클럽의 많은 성노동자들은 춤을 추고 옷을 벗는 행위만 한다. 다른 이들은 "랩 댄스" 또는 "테이블 댄스"를 하면서 고객들과 접촉한다. 고객들은 클럽에서 춤을 함께 추고 스트리퍼에게 팁을 준다(Frank, 2002, 2003). 몇몇 스트립 클럽에서는 스트리퍼가 고객과 따로 쓸 수 있는 독방인, 일명 "VIP방"에서 비밀 쇼를 한다. 이런 비밀 쇼에서 일어날 일의 종류는 클럽에서 강하게 규제되거나 팁의 양으로 결정된다.

학생들의 실제 질문

질문: 무희로 일할 때 가끔 돈을 받고 몸을 팔았어요. 제 남자친구에게 얘기를 해야 할까요? 이 사람과 결혼하려고 하는데, 저의 과거에 대해서는 모르고 있어요.

답변: 드릴 수 있는 조언은 당신의 과거는 당신 것이라는 거다. 그리고 그 친구와 삶을 함께 하겠다고 마음먹었다면 당신의 미래는 두 사람의 거다. 남자친구는 당신의 과거 사실에 대해서 견디지 못할지도 모른다. 그리고 당신이 남자친구와 약속하였다면, 당신의 미래를 약속한 것이지 당신의 과거를 약속한 것이 아니다.

파트너 서비스

대회에 참가하거나 사업상 여행하는 사람들은 호텔 매춘부를 찾기보다, 전화번호부나 지역신문의 개인광고나 온라인에서 "마시지"와 "파트너 서비스"의 항목을 이용한다. "방문 매춘"을 제공하는 서비스는 여성마사지사(혹은 남성마사지사) 또는 파트너를 호텔방으로 보낸다.

사실인가 아니면 허구인가 2: 전화번호부에 광고된 마사지와 파트너 서비스는 항상 그렇지는 않지만, 전형적으로 매춘의 최전선이다. 허가받은 여성마사지사와 남성마사지사는 주에서 발급한 면허가 있음을 광고한다.

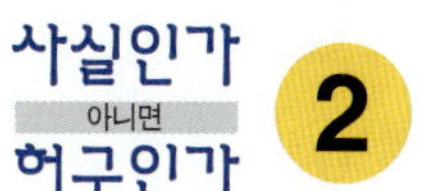

파트너 서비스는 미국의 모든 주요 도시에 있고, 남성의 상대로서 정당한 사업을 하는 것처럼 자신을 소개한다. 회사일로 홀로 여행하는 남성에게 여성 동료로서나 "파트너"로 서비스를 제공한다고 하는 것을 볼 수 있다. 그러나 많은 파트너 서비스는 단지 매춘만 할 뿐이며, 다른 종류의 파트너 서비스의 고객들도 공식적인 파트너 서비스가 끝난 후 매춘을 위해 흥정을 시작한다.

파트너 서비스로 일하는 매춘부들은 종종 중산층의 교육을 받은 사람들이 많고, 사회적인 대화를 하는데 보다 더 나은 입장에 있다. 파트너 서비스는 손님이나 잠재적인 고객을 방문할 때 "호위"해 주기 위해 합법적인 동행 관계를 맺을 수 있다. 파트너 서비스는 대회나 회담장의 모임에 참가하여 놀기 위해서 여성이 파트너가 되는 서비스를 제공하기도 한다. 오월의 꽃 마담이라고 불리는 시드니 배로우(Sidney Biddle Barrow)는 그녀의 높은 사회적 배경 때문에, 1980년대 뉴욕에서 "파트너 서비스"를 은밀히 운영한 사실이 드러나게 되었을 때 말썽이 많았다.

콜걸

콜걸(call girl)은 여성매춘부 중에서 가장 높은 사회적 지위를 갖고 있다. 그들 대부분은 파트너와 비슷하다. 콜걸들은 대부분 매력적이고 잘 배운 매춘부들인 경향이 있고 서비스에 보다 많은 요금을 받는 경향이 있다. 대부분은 중산층 출신이다. 다른 형태의 매춘부들과 다르게 콜걸들은 혼자서 일한다. 그러므로 자신들이 벌어들인 돈을 포주나, 파트너 서비스 소개인 또는 마사지업소와 나누지 않아도 된다. 결론적으로, 그들은 사업이 잘되면 호화로운 삶을 영위할 수 있어서 부유한 동네에 살고, 유행에 맞는 옷을 입으며 어떤 고객을 받을지에 대해 더 많은 선택권을 갖게 된다. 그러나 그들은 전화 응답 서비스, 세탁 서비스, 집세, 관리비, 체포되지 않게 경찰에게 주는 뒷돈 등의 경비를 지출해야 한다.

콜걸들은 저녁식사 자리와 사회적 역할을 위해 고객을 호위하고, 성교를 제공할 뿐만 아니라 매혹적이고 우아한 상대가 되어야 하며 그런 대화도 해야 한다. 콜걸들은 종종 고객들에게 그들이 매우 중요하고 매력적임을 느끼게 한다(Sanders, 2005). 그들은 성교의 기쁨과 오르가즘을 효과적으로 꾸미고, 시간은 아무 문제없다는 착각을 하도록 만들어야 한다. 물론 시간은 큰 문제다. 콜걸들에게 다른 사업주와 마찬가지로 시간은 돈이기 때문이다.

콜걸들은 그들의 아파트로 고객을 받거나 고객의 집이나 호텔로 출장 간다. 몇몇 콜걸들은 고객의 명단과 그들의 성적 선호에 관한 내용을 담은 "비밀장부"를 거래하거나 판다. 경찰과 폭력적인 고객으로부터 자신을 보호하기 위해, 콜걸들은 고객의 명함을 확인하거나 개인적인 접촉이 이뤄지기 전에 집 전화번호를 알아둔다. 그들은 고객 자신이 어떤 사람이라고 알려오면 정체가 맞는지 확인하기 위해 뒷조사를 하기도 한다.

콜걸(call girl) 전화를 받고 성적인 만남을 하러 나오는 매춘부. 콜은 전화라는 의미도 있고, "대기중"이라는 의미도 있다

"매춘부의 삶" 속으로

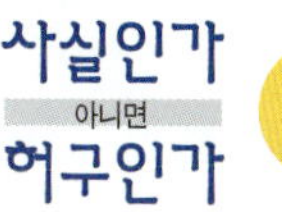

어떻게 해서 여성 매춘부가 되는지에 대한 질문은 여러 가지 요소로 설명된다. 사실인

가 아니면 허구인가 3: 그러나 가난과 성적 또는 물리적 학대가 대부분의 여성 매춘부의 뚜렷한 배경임에는 틀림이 없다(Carter & Dalla, 2006; Farley 등, 2005; Inciardi 등, 2006). 그들은 종종 도시의 가난한 동네의 결손가정이나 싸움이 그칠 날 없는 가정 또는 농촌에서 온다.

가난한 환경에 기술이 미숙한 어린 여성들에게는 성산업의 일이 매력적인 것으로 보일 수 있다. 비천하고 우울한 일을 빼고는 다른 대안이 없는 상태에서 성산업의 일은 좋은 대안이 된다. 가난은 많은 국가에서 어린 여성이 매춘을 빠져들게 하는 요인이 바로 그것이다. 태국과 같은 제3세계에서 많은 시골의 가난한 부모들은 딸을 도시의 유곽에 팔아넘긴다(Bamgbose, 2002; Gomes do Espirito & Etheredge, 2003; Kristof, 2006). 여성들의 대부분은 그들이 번 돈의 일부를 집으로 부치고, 포주에게 지불해야 하는 돈을 포함해 자신을 옭아매는 재정적인 문제에서 벗어나기 위해 열심히 일한다.

미국이나 캐나다에서, 매춘을 시작하는 대부분은 10대 가출 청소년들이다. 가출 청소년의 가정환경은 사회경제적 지위가 다양하다. 이들 가출 청소년의 사회경제적 배경은 다양한데, 몇몇은 중산층이나 부유한 가정 출신이고, 다른 이들은 가난한 집안에서 자랐다. 그러나 빈번한 가정 불화와 제대로 기능하지 못하는 가족의 모습으로부터 거리의 삶이나 매춘으로 들어가는 계기가 된다(Carter & Dalla, 2006; Medrano 등, 2003). 대부분의 가출 청소년은 거리에서의 삶이 가족 간의 다툼과 싸움 및 물리적, 감정적 또는 성적 학대로부터 탈출할 유일한 길이라고 생각한다. 설령 거리에서의 삶이 위험할지라도, 문제가 많은 가족 환경에 남아 있는 것보다 더 매력적으로 다가간다.

성적학대나 근친상간의 피해를 받은 10대들은 원하지 않는 성적 경험으로부터 생존하기 위해 성교와 감정을 분리하는 법을 체득한다(Sanders, 2005). 성산업에 종사하게 되는 전이 단계는 이렇게 불행한 학습 경험의 연장으로 볼 수 있다.

"손님"—여성 매춘부들의 고객들

많은 매춘부들은 자기 고객들을 "손님(Johns)"이라고 부른다. 후원자(patron), 미트 볼(meatball), 빨판(sucker) 또는 육체구매자(beefbuyer)라는 말을 쓰기도 한다.

성매매를 하는 남성들은 다양한 부류의 사람들이고, 모든 사회경제적, 인종에서 온다. 아마도 대부분은 중산층의 결혼한 남성들이다(Klusmann, 2002; Schmitt, 2003).

대부분의 **매매춘 고객들**은 어쩌다 한번 하는 사람들이다. 예를 들어, 정기적인 성 파트너가 없는 곳에 머물고 있는 군인들이나 판매원들을 들 수 있다. 여성들보다 남성들은 성적으로 새로움과 다양함을 추구하는데 관심이 있는데, 이처럼 어쩌다 하는 사람들은 정기적인 성 파트너가 있다는 특징이 있다. 이러한 점에서 볼 때 성적 다양함을 추구하는 욕망은 매매춘에 강한 동기가 된다(Hill & Buss, 2008; Peplau, 2003).

상습적으로 성매매를 하는 사람들은 매매춘이 그들의 주요한 성적 배출구다. 몇몇 상습적인 "손님"들은 애정 어린 성적 관계를 맺어본 적이 없다. 몇몇 부유한 사람들 중 친밀한 관계를 피하려고 하는 사람들은 습관적으로 콜걸과 지낸다.

강박적으로 성매매를 하는 사람들은 심리적 또는 성적 필요를 해결하기 위해 매매춘을 한다. 그들은 반복적으로 성매매를 그만두려고 하지만 강박 충동을 통제하기 어려움을 느낀다. 몇몇 강박적인 사장님들의 일부는 매춘부와 페티즘이나 복장도착의 변태 행위를 하지만, 자신의 부인이나 여자 친구에게는 자기가 성적 변이에 대한 흥미가 있다는 것을 알리지 않는다. 매춘부들을 강박적으로 이용하는 사람들의 일부는 **성모-창녀 콤플렉스(whore-Madonna complex)** 때문에 고통받는다. 이런 사람들은 여성을 죄인 아니면 성자로 본다. 그들은 성교를 즐기는 것은 매춘부들과 할 때만 그러하거나, 펠라치오 같은 행위는 매춘부에게만 요구해야 한다고 생각한다. 그들은 부부간의 성교를 자신의 임무나 의무로 본다.

성모-창녀 콤플렉스(whore-Madonna complex) 여성을 죄인 아니면 성녀로 보는 편협한 시각.

매춘을 하는 동기 매춘부를 이용하는 이유로 6가지의 동기를 서술했다.

1. 협상 없는 섹스. 남녀의 차이에 대한 연구가 뚜렷이 설명하는 것은 남자가 여성보다 강한 성욕을 갖는다는 것이다(Peplau, 2003). 성 산업은 남성의 갑작스런 성욕이 일어날 때 상대 여성이 있도록 함으로써 남녀 모두 손해 볼 것은 없다. 매춘을 함으로써 남성들은 성적인 행위를 하기 위해 시간과 노력과 돈을 써가며 연애를 할 필요가 없다.
2. 책임 없는 섹스. 남녀의 차이에 대한 연구에서 또한 보여주는 점은 책임성이 없는 상태에서 남성이 여성에 비해 보다 더 성적인 활동을 하려고 한다는 것이다(Peplau, 2003). 성 노동자들은 고객들에게 제공한 서비스에 대한 지정된 요금 이외의 다른 약속을 요구하지 않는다.
3. 에로티시즘과 다양성의 섹스. 많은 성 노동자들은 무언가 더 신기하고 변태적인 성행위를 제공하는데, 예를 들어 구강성교, 복장의 사용(가령 가죽 복장), 굴레 같은 가학피학적 의식을 수행한다. 남성들은 정기적인 파트너에게는 요청하지 못하는 이런 행위들을 내심 바랄 수 있다. 이런 남성들은 자신의 정기적인 파트너에게 그런 생각을 드러내는 것조차도 두려워한다. 남성들은 여성보다 성행위의 다양성에 더 흥미가 있고(Klusman, 2002; Peplau, 2003; Schmitt, 2003), 성 노동자들은 파트너에서 다양함을 제공한다.
4. 사교로서 매춘. 19세기와 20세기 초에 유곽은 섹스를 제공하는 장소뿐만 아니라 집과 일터 사이에 "들렀다 가는" 장소를 제공했다. 성교는, 유곽에서 할 수 있는 사교와 상냥한 대화에 뒤따르는, 2차적인 것이었고, 특히 서부 개척 시절 유곽이 "음탕한 집"으로서 여겨졌을 때 더욱 그러했다. [이와 비슷하게 남성 스트립 클럽을 다니는 여성들은 벗는 것 자체뿐만 아니라 클럽에서 친구들과의 "유대"를 즐긴다(Montemurro 등, 2003)].
5. 집에서 벗어난 섹스. 현재의 가장 많은 매춘의 이용은 "길 위의 용사들"—여행하는 사업가 같은 남자들에 의해 이루어진다. 또한 다른 도시에서 벌어지는 경기에 참관하는 스포츠팬들 사이에서도 흔하다. 이런 전형적인 형태의 남성의 영역과 동료 사이의 군중 심리 때문에 성적 모험이 잘 이루어진다.

   사실인가 아니면 허구인가 4: 매춘부들을 찾는 전형적인 고객이 다른 여성과 성적 관계를 형성하는데 어려움을 가진다는 것은 사실이 아니다. 많은 남성들은 성적인 다양함을 위해 또는 집을 벗어나 있을 때 성적인 활동을 추구하기 위해서 매춘을 한다.

6. 문제성 섹스. 신체적 불구나 추하게 생긴 사람들은 상대 파트너의 관심을 끌기 어렵

비판적인 사고하기

다음의 설명에 대해 어떻게 생각하는지 의견을 제시하시오: 매춘은 합법화되어야 한다.

거나 거부될 모르는 두려움 때문에 매춘부들의 서비스를 찾는다. (네바다 한 유곽의 매춘부는 뇌성마비가 있는 사장님을 받아들였기 때문에 유곽의 경영인이 자기를 좋아한다고 했다.) 몇몇 매춘부들은 그들의 고객을 고를 수 있지만 다른 이들은 돈을 지불하는 사람이면 누구나 받아들인다. 성기능 장애를 가진 남성들도 자신들로부터 성교의 잘하는지 요구하지 않는 매춘부들을 찾는다. 파트너가 없는 남성들은 파트너 대신 성 노동자를 찾는다.

19.3 남성 매춘부

남자들 역시 매춘부로 일할 수 있다. 스트립 클럽에서 일하는 경우처럼 몇몇 남성은 여성을 고객으로 상대하나, 대부분 매춘부의 고객은 남성이다. 여성 고객을 받는 남성 매춘부는 드물다. 남성 매춘부의 고객들은 전형적으로 늙고, 부유하며, 사귀는 사람이 없는 여성들이다. 호위 서비스나 여성의 수양아들로써 역할을 하지만, 성적 서비스는 제공하기도 하고, 하지 않기도 한다. 남성 매춘부의 많은 이들은 경제적으로 힘든 연기자나 모델들이다.

절대 다수의 남성 성 노동자들은 남성 동성연애자를 대상으로 하며 이들을 이르러 **남창(hustler)**이라 한다. 남창의 고객은 **스코어(score)**라고 한다. 남창의 평균 나이는 17~18세이고, 14세 정도에서 매춘을 시작한다. 이들은 일반적으로 고등학교 2학년 이하의 낮은 교육 수준과, 할 수 있는 기술력이 거의 없다. 남창의 대부분은 노동자 계급이나 하층 계급의 배경 출신이다. 여성 매춘부들처럼, 많은 남성 매춘부들도 가정불화, 알코올 중독 또는 신체적, 성적 학대로 문제가 많은 가정에서 온다(Bimbi, 2007).

남창은 동성애, 양성애 또는 이성애를 하는 사람이다. 오스트레일리아에서 이루어진 대규모 연구에 의하면, 남성 매춘부의 절반이 자신을 게이로 진술한 것으로 조사되었다(Minichiello 등, 2001). 3분의 1 정도(31%)가 양성애라고 답했으며 5.5%가 "정상"이라 답했다.

노르웨이에서 이루어진 또 다른 연구는 수도 오슬로의 공립, 사립학교에 다니는 14~17세의 청소년을 전수 조사했다(Pedersen & Hegna, 2003). 94%에 해당하는 10,828명의 학생이 응답했다. 1.4%의 학생들이 성적인 요소를 팔았는데, 남자들이 여자들에 비해서 3배 정도 많았다. 이들 중 반은 10번 이상 매춘을 했다. 매춘은 이른 나이에 여러 가지 문제 있는 행위를 시작하게 되는데, 성교를 시작하는 것, 알코올과 다른 약물(히로인 같은)의 남용, 신체적 및 성적 학대 등이 이에 해당된다. 남자 매춘부들은 고객의 많은 수가 게이나 양성애자라고 했다. 청소년 매춘부들은 콘돔을 쓰지 않아서 HIV/AIDS나 다른 성병에 대해서 무방비 상태였던 것으로 나타났다.

여성 성노동자와 마찬가지로, 남성 성노동자의 주요한 동기는 돈이다(Minichiello 등, 2001; Zhou 등, 2002). 대개 가출로부터 시작하여 매춘에 빠져들게 된다. 가출하는 이유는 가정 문제가 일반적이다. 모험을 하거나 독립하기 위해 가출하기도 한다. 몇몇 게이 성노동자의 경우 그들의 가족이 성정체를 받아들이지 못해서 사실상 버려진다.

대부분 남창들은 시간제로 일하며, 학교를 다니거나 직업교육을 받고 있고 이를

남창(hustler) 남성 소비자와 매춘을 하는 남성.

스코어(score) 남창의 고객.

위한 비용을 마련하기 위해서 매춘을 한다. 마약 밀매나 사용은 남창들에게 흔하다(Minichiello 등, 2001).

남창들은 일반적으로 포주들에게 소속되지 않는다. 그들은 일반적으로 게이바나 사교클럽 또는 게이가 빈번한 지역의 거리에서 일하는 방법으로 고객과 만난다. 그들은 다른 남창들이 거래를 하는 것을 보고 남창질을 어떻게 하는지 배운다. 남성 성노동자는 아래와 같이 다양한 종류로 분류된다(Minichiello 등, 2001).

- 스트리퍼는 춤을 추고 옷을 벗는다. 여성과 남성 후원자들은 그들에게 장난을 치거나 가끔 그들과 섹스를 한다.
- 나이 어린 남창은 나이가 많고 경제적으로 풍요로운 남자와 관계를 갖는다. 나이든 남성은 아버지의 역할을 한다.
- 콜걸과 마찬가지로 콜보이들도 혼자 일하거나 소속기관에 속해 있거나 또는 파트너 서비스를 통해 일한다.
- "펑크(punk)"들은 담배나 마약 같은 물품을 보호하기 위해 다른 수감자들에게 서비스하는 감옥 수감자이다.
- 마약 매춘부들은 이성의 복장을 입는 성도착자이거나 여성으로 성전환 수술을 아직하지 않은 중간 단계의 성정체성을 가지고 있는 사람들로서 이들과 매춘을 하는 사람들은 매춘부가 남자인 줄 모르고 성교를 한다. 그들 중 일부는 자신의 성을 숨기고 펠라치오만 한다. 다른 이들은 항문성교를 하는 순종적인 역할을 한다.
- 유곽에서 매춘을 하는 남성들은 여성 유곽 매춘부들에 비하면 매우 드물다.
- 여성 매춘부의 경우와 마찬가지로 바에서 일하는 남창과 거리의 남창들은 이런 부류에서 최하위 계급을 차지하고 게이바나 게이가 빈번히 다니는 거리에서 성거래를 한다. 거리 남창들은 가장 눈에 띄기 쉬우므로 경찰의 단속에 가장 많이 걸린다.

청소년기에 있는 남창은, 쉽게 얘기해서, 사업을 하는 것이다. 남창의 나이가 어릴수록 더 큰 대가를 요구한다. 20대 중반쯤이 되면 그는 어렸을 때는 거부했던 성행위를 하게끔 강요받는다.

학생들의 실제 질문

질문: 여성은 남성 매춘부를 전혀 이용하지 않나요? 여성은 여성 매춘부를 이용하나요?

답변: 정답은 가끔. 남성만큼 자주 매매춘을 하지 않는다. 여성이 스트립 클럽에 가서 남성 무희와 장난을 칠 때 실질적으로 이들은 성을 매매하는 것이다. 여자들만 모여서 하는 파티에서는 남성 무희와 돈을 주고 직접 성교를 하기도 한다. 가끔 남성 매춘부를 사용하기도 한다. 여성이 여성 매춘부를 쓰냐는 질문에 대해서는 다음과 같이 말할 수 있다. 정상적인 성정체성을 가진 여성은 남성과 함께 여성 매춘부를 쓴다는 것이다.

19.4 성병과 매춘

매춘으로 인한 성병의 확산에 대한 우려는 새로운 얘기가 아니다. 1960년대에 지브하드(Gebhard, 1969)가 조사한 매춘부들의 3명 중 2명이 임질이나 매독에 걸린 것으로 나타났다. 비록 매춘부들이 임질, 매독, 클라미디아 같은 성병에 걸리거나 퍼트릴 위험도가 높지만, HIV/AIDS의 위험도는 더 치명적이다. HIV/AIDS의 위험도는 남성과 여성 매춘부들 모두에 관련된 것으로 알려져 있다(Gomes do Espirito & Etheredge, 2003; Tucker & Poston, 2009).

범죄학자 제임스 인시아디(James Inciardi)와 그의 동료들은 2006년 플로리다 주 마이애미의 빈민가에서 586명의 매춘부들을 인터뷰했다. 그들의 중간 나이는 38살이고 평균 14년 동안 매춘을 했던 것으로 나타났다. 조사한 모든 여성들은 심각한 알코올 및 약물 남용을 하고 있었고, 42%는 집이 없었으며, 약 절반(51%)은 지난 한 달 동안 고객과 콘돔을 사용하지 않은 채 질내 성교를 했다. 혈액검사를 통해 다양한 성병을 검사했고 다음과 같은 사실을 발견했다.

- 22.4%가 HIV에 양성 반응이 검출됨.
- 53.4%가 HBV(B형 간염 바이러스)에 양성 반응이 검출됨.
- 29.7%가 HCV(C형 간염 바이러스)에 양성 반응이 검출됨.

주로 남녀 사이의 성교로 HIV가 전파되는 아프리카에서 매춘부들과의 성교는 남성과 여성 사이에 HIV가 퍼지는 가장 중요한 요인이다. 매춘부들은 대개 보호책 없이 많은 파트너와 성적 관계를 갖기 때문에 HIV 전파의 가장 큰 위험요소를 제공한다(Surratt 등, 2005).

더욱이, 많은 매춘부들과 고객들 및 다른 성교 파트너들은 마약을 투여하고 쓰고 난 바늘을 공유한다(Bobashev 등, 2009; Romero-Daza, 등, 2005). HIV/AIDS는 매춘부와 보호되지 않는 성교를 한 고객에게 퍼지고 이들이 부인이나 애인에게 옮기는 과정을 통해 널리 전파된다.

암스테르담의 홍등가. 암스테르담의 홍등가는 이 도시의 관광 명소 중에 하나이다. 이곳에서 매춘은 합법이며 관리된다. 콘돔은 반드시 사용해야 한다. 관광객이나 시민들은 이곳을 돌아다니며 창문 너머 누구랑 할지 고른다. 포주 할머니는 종종 현장에서 벌어지는 섹스쇼를 관람객 속에 들어가 본다.

매춘이 합법화되어야 하는가?

거리 매춘부에 의한 HIV/AIDS와 다른 성병이 전파되는 데에 대해 상반된 측면을 보여주는 예로써 네덜란드와 네바다의 일부 지역을 들 수 있다. 이들 지역에서는 매춘이 합법화되어 있고 정부 당국에 의해 면밀히 규제되고 있는데, 성병의 전염이 극도로 낮다(Wagenaar, 2006). 네바다에서는 1986년부터 콘돔 사용이 의무화되었으며, 매춘부들은 주기적으로 검사를 받는다. HIV/AIDS가 네바다 유곽에서 전염되었다고 보고된 사례는 하나도 없다

(Caporaletti, 2006).

매춘의 합법화는 허가받은 유곽에서 성병에 대해 정기검사를 하는 것 이상의 좋은 점이 있다. 합법화는 매춘부들과 유곽의 다른 직원 및 유곽 주인으로부터 세금을 걷게 되고 매춘부와 고객에게 보다 안전한 매춘망을 제공하게 된다. 안전한 환경은 매춘과 마약 남용 사이의 연결고리를 약화시키는 데에도 도움을 줄 것이다. 더욱이, 유곽 주인들은 성 노동자의 나이에 대한 증명을 요구하게 될 것이다.

합법화를 반대하는 사람들은 도덕적 이유와 현실적인 이유를 든다(Grenz, 2006; Munro, 2006). 많은 전통주의자들과 페미니스트 사람들은 문명화된 사회에서 여성과 가족의 가치를 낮추는 행위를 윤리적으로 비난할 만한 것으로 여긴다. 더욱이 매춘부들이 성적 학대와 착취에 빈번히 피해를 입는 점에 비추어 보아 성매매가 (비단 성인이 한다할지라도) 직업을 선택하는 자기결정권을 제대로 행사할 수 있는지에 대해서 의문을 제기한다.

좀 더 현실적인 측면에서 보면, 세계화와 성매매는 매춘이 합법화되거나 어느 정도 용납되는 지역이 있다 하더라도 성노예라는 범주를 만들 가능성이 높다는 것이 많은 사람들이 의견이다(예, Munro, 2006). 더욱이 사회 계급의 차이와 편견이 남게 되어서 비주류 집단 출신의 매력이 적은 매춘부들은 안전한 유곽 같은 곳을 찾는 것보다 길거리와 같은 규제되지 않은 곳에 남겨질 것이다.

19.5 외설물과 음란

성적으로 외설스러운 자료는 도처에서 찾을 수 있다. 성인잡지와 성인 DVD뿐만 아니라, 수백만의 사람들이 인터넷 외설물을 찾기 위해 구글이나 야후를 이용하거나 케이블이나 위성 방송 수신 안테나를 거쳐 포르노 영화를 빌린다. 사람들은 또한 외설물을 그들의 휴대폰과 비디오 MP3플레이어에 내려받아 본다.

외설물이 인기가 높은 것이 사실이나, 동시에 논란이 매우 많다. 많은 사람들은 윤리적인 측면에서 외설물을 반대한다. 페미니스트들은, 남성들이 원하는 비굴한 성적 노리개로써 묘사하거나, 색정광에게 강간당하고 학대당하는 것을 즐기는 피학대음란증과 같이 여성의 지위를 낮추는 모습으로 여성을 묘사하므로, 외설물을 반대한다. 또한 몇몇 페미니스트들은 성적으로 복종하는 여성의 역할에 대한 묘사가 남성들이 여성을 성 노리개로 다루도록 권장하고, 강간의 잠재성을 높인다고 말한다(Itzin, 2002). 반면, 많은 시민 자유론자들은 언론의 자유에 대한 중요성이 외설물에 대한 우려를 무시한다고 믿는다.

외설적이란 것은 무엇인가?

웹스터 사전의 정의에 의하면 **외설물(pornography)**은 "성적 욕망을 불러일으키도록 의도적으로 작성된 글, 그림 따위"라고 정의된다. 의도적이란 단어가 들어간 것은 작품을 창작하는 사람의 마음이 외설적인 것과 아닌 것을 결정하게 되는 잣대가 된다. 그러나 이런 정의를 적용하여 외설적인 것이 무언가를 결정하는 것은 사실상 불가능하다. 만약 영

외설물(pornography) 성적 흥분을 일으키거나 증가시키려고 만들어진 성적으로 노골적인 매체.

예술인가 외설인가? 에릭 피슬은 주류 화가이지만, 그가 그린 몇몇 그림은 비평가들이 음란하다고 평가한다.

화 제작자가 청중을 성적으로 흥분시키고자 하였다면, 적나라한 장면이나 노골적인 성교 장면이 없다 하더라도 우리는 그 작품을 외설적이라 판단하여야 하는가? 반면에, 노골적으로 성교 장면을 묘사하였더라도 예술적인 표현을 위해 그랬다면 **외설적(prurient)**이라고 할 수 없게 된다. 노골적인 성적 묘사로 한때 미국에서 판매 금지되었던 헨리 밀러의 「북회귀선」, 로렌스의 「채털리 부인의 연인」, 제임스 조이스의 「율리시스」 소설들 같은 많은 작품들은 외설물이 아니라 문학적 창작물로 여겨진다. 심지어 마크 트웨인의 「허클베리 핀」, 존 스타인벡의 「분노의 포도」, 어니스트 헤밍웨이의 「누구를 위하여 종을 울리나」 도 불쾌하고, 음란하고, 도덕적으로 문제가 많은 것으로 여겨져서 금지된 지역이 있었다.

외설물을 정의하는데 주관적인 요소가 들어간다. 보는 사람들을 성적으로 흥분시키는 에로틱한 조각물은 조각가의 의도가 예술적이라면 외설이 아닌 것으로 고려된다. 성적으로 흥분시키기 위해 의도된 나체의 사진은 외설적이다. 외설물인지를 결정하는 또 다른 정의는 다른 이들에게 불쾌함을 주는지에 대한 여부다. 이 정의 또한 자료를 보는 개인의 주관적인 판단에 의존한다. 다른 말로 하면, 한 사람에게 외설물인 것이 다른 사람에게는 예술적 창작물일 수 있다는 것이다. 반면에 대부분의 사람들은 나체물이 예술인지, 정보를 제공하기 위함인지(이 책에 나오는 그림들 같이), 아니면 외설물인지 구별하는데 큰 어려움이 없다(Eck, 2001).

법률은 주로 외설물보다 **음란(obscenity)**함에 대해 규정한다. 밀러 대 캘리포니아의 소송(1973)에서 대법관 윌리엄 베르난은 음란을 "애매한 부분에 대한 공격에 견딜 수 있을 정도로 충분히 명료하지 않아서 정의할 수 없음"이라 적었다. 반면에 대법관 포터 스튜어트는 비록 그가 음란을 정의할 수는 없으나 보면 안다고 꼬집었다. 그러나 대법원에서 음란을 정의하고 결정하는데 어려움이 있다 하더라도 외설물에 관한 법률이 언론의 자유를 보장하는 권리장전과 상충할 수는 없다. 허클베리 핀이 한때 외설물로 여겨졌다는 점을 상기해 보자.

외설물은 종종 **퇴폐물**(X-rated)과 **성인물**(R-rated)로 나눈다. 퇴폐적인 외설물은 성기와 성연기가 선정적이고 사실적이며 뚜렷이 성적인 묘사를 포함하는 것이다. 성인물 영화나 플레이보이 사진 같은 것으로 대표되는 성인물 포르노는 보다 정형화된 누드 사진과 흉내로 성적 행위를 묘사하는 것이 특징이다.

외설적인(prurient) 욕망을 흥분하게 하는 경향.

음란(obscenity) 사람들의 감정을 상하게 하거나 사람들이 생각하는 보편적인 또는 단정한 정도에 벗어나는 것.

스너프 영화(snuff film) 성행위를 연기하는 동안 계획된 실제 살인이 있는 영화.

스너프 영화 외설적인 영화에 대한 왜곡된 소문의 하나는 **스너프 영화(snuff film)**라고 할 수 있다. 강간과 같은 성행위에 가담하는 동안 살해당하는 장면이 있는 영화이다. 스너프라는 말은 분명 촛불을 불어 끄는 것 같이 생명을 훅 꺼버린다는 생각에서 왔는데, 이론적으로 존재하는 스너프 영화는 성인 영화 산업에 종사하는 사람들로 하여금 막연한 두려움을 불러일으키게 한다.

실제 사람이 죽는 장면을 찍은 영화나 비디오가 있다. 롤링 스톤즈 순회공연의 다큐멘터리 김미쉘터(*Gimme Shelter*)는 칼로 사람을 찔러 죽인 장면으로 끝난다. 2006년의 다큐멘터리 더 브릿지(*The Bridge*)는 간단히 다리에 여러 곳에 카메라를 설치해놓고, 자살하는 사람들의 모습을 찍어냈다. 그러나 두 영화 모두 감독에 의해 죽음이 연출된 것은 아니었다. 사형선고를 받은 많은 수의 수감자들의 죽음도 촬영되었으나, 이 영상들은 성적인 내용을 포함하고 있지 않다.

뉴욕 타임지의 작가 데니스 임(Lim, 2006)은 스너프 필름을 다음과 같이 요약했다: "카메라에 담기 위해서나 관람객의 상상을 불러일으키기 위해서 미리 죽음을 계획한 영화로 엄격히 정의되는 스너프 영화가 존재한다고 확증할 수 있는 근거는 없다."

19.6 외설물과 정책

음란을 금지하는 법들은 외설물의 유포를 규제하는 법적 토대를 이룬다. 음란의 정의가 사람들에게 정신적 피해를 주거나 사회기준에 어긋나는 것에 의존하기 때문에 음란은 사람마다 문화마다 다양할 수 있다. 해변에서 상의를 벗고 다니는 것은 음란한 것으로 받아들여지지만, 이러한 탈상의의 스타일이 관습적인 프랑스의 리비에라나 브라질의 리오데자네이로에 있는 해변에서는 아무런 문제가 되지 않는다. 음란이라는 단어는 성적인 문제만에 국한되는 것은 아니다. TV에서 나오는 폭력적인 장면이나 맥주 광고가 음란하다고 할 사람이 있다. 이것은 폭력적인 묘사가 음란의 법적 기준에 맞지 않는다고 하더라도 받아들이는 사람이 정신적인 피해를 받거나, 그런 영상물이 여성을 비하하기 때문이다.

미국에서 외설물을 음란의 한 형태로 여겨서 법적으로 금지시킨 것은 19세기로 거슬러 올라간다. 1873년, 콤스톡 법이라고 불리는 반음란법이 의회를 통과했다. 이 법안으로 인해 피임에 대한 정보의 유포를 금지된 것이다. 콤스톡 법과 유사한 법들은 음란한 책, 소책자, 사진, 그림 또는 편지를 보내는 것을 연방죄로 처벌했다. 그러나 음란이란 무엇인가?

1957년 일어난 한 획기적인 사건은 미국에서 음란의 법적인 기초를 쌓는데 도움이 되었다. 로스 대 미국의 소송(*Roth v. United States*)에서, 미국 대법원은 매체물의 주제가 "음탕한 흥미를 이끄는 방식으로의 성교"가 아닌 한, 성행위에 대한 묘사는 수정헌법 제1조에 의해 보호된다고 규정지었다(*Roth v. United States*, 1957, p. 487). 1973년의 밀러 대 캘리포니아(*Miller v. California*)의 경우 미국 대법원은 음란은 다음에 기초한다고 판결했다.

> (a) 평균적인 사람이 동시대의 사회 기준에 적용하여 매체물을 전반적으로 판단할 때 음탕한 흥미를 이끄는 것인지 아닌지; (b) 매체물이 주정부의 해당하는 법에서 구체적으로 정의되는 바대로 명백히 저속한 방법으로 성적 행동을 묘사하는지 여부; 그리고 (c) 전체적으로 볼 때 매체물이 문학적, 예술적, 정치적 또는 과학적 가치가 심각하게 결여되었는지 여부. (*Miller v. California*, 1973, p. 24)

법원은 해당하는 매체물이 음란한지 아닌지 판단할 때 이 밀러(*Miller*)의 기준을 적용하여 왔다. 밀러 판결은 음란의 잣대가 "사회적 기준"에 따라 다양하다고 인식했다. 그 결과, 같은 매체물이 어느 지역에선 음란한 것으로 여겨질 수 있고 다른 지역에선 그렇지 않을 수 있다. 밀러 판결 기준은 몇 가지 질문을 던진다. 예를 들어, 사회집단을 대표할 "평균의 사람"이 누구인가? 우리들 대부분은 민족적, 인종적, 종교적으로 다양한 사회집단에서 살고 있다. 사회의 관점 중 하나가 그 사회를 정말로 대표한다고 할 수 있는가? 비교적 균질한 집단에서도 다양한 의견이 존재한다. 거기에 덧붙여서, 사회집단이란 도대체 무엇인가? 이웃, 경찰의 관할구역, 지자체, 국가 또는 거대한 정치상 단위를 말하는가? "명백히" 저속하다는 것은 무슨 의미인가? "심각한" 문학적, 예술적, 정치적 또는 과학적 가치는 누가 판단하는가? 마지막의 이 질문을 명쾌하게 답하고자 하는 시도로 1987년 폽 대 일리노이(*Pope v. Illinois*) 소송이 있었다. 대법원은 다음과 같이 판결했다.

> 올바른 질문은 어느 사회의 보통 사람이 음란물 의혹이 있는 출판물에 심오한 문학적, 예술적, 정책적 또는 과학적 가치가 있는지 찾을 수 있는지 아닌지가 아니라, 상식적인 사람이 출판물을 전체적으로 볼 때 그러한 가치를 찾을 수 있는지 아닌지의 여부이다. (p. 445)

이 판결에서 법원은 특정한 사회에서 많은 또는 대부분의 사람들이 문학적, 예술적, 정책적 또는 과학적 가치가 심각하게 결여되었다고 보는 노골적인 성행위를 묘사한 출판물이라 하더라도 "상식적인" 사람이 동일한 결론에 이르지 않으면 음란으로 결론낼 수 없다고 말한다. "상식적인" 사람이 "평균적인" 사람이나 보통 사람보다 더 선명한 음란의 개념을 법정에 제공할지 두고 보아야 한다.

아동 외설물과 폭력성, 저질스런 출판물, 인간의 품위를 떨어뜨리는 외설물은 외설에 대한 문제를 더 까다롭게 한다. 성인 사이에 합의한 섹스가 노골적으로 묘사된 출판물이 외설물이 아니라고 하는 사람들도 아동 포르노나 폭력 포르노를 음란물로 간주한다. 아동 포르노는 분명히 어린 배우에게 심리학적으로 해롭다(McCabe, 2000; Quayle & Taylor, 2002, 2003). 또한 많은 사람들은 남성의 성적 욕망을 기쁘게 하기 위해 존재하는 "성 노리개"의 모습으로 여성을 묘사하는 성적으로 적나라한 출판물을 싫어한다.

몇 가지 각주: 미국 대법원(1969년 *Stanley v. Georgia* 소송에서)은 개인이 집에서 음란물을 소유하는 것은 범죄행위가 아니라고 판결했다. 그러나 대부분의 주에서 아동 외설물을 내려 받거나 소지하는 것은 불법이다. 경찰은 혐의자가 아동 포르노가 있는지 검사하기 위해 컴퓨터를 압류할 수 있다.

대부분의 사람들과 사회집단은 여성을 차별하기 때문에 외설물은 금지하도록 노력해왔다(Duggan, 2006a). 다른 말로 하면, 외설물은 남성에 복종적인 여성의 고정관념을 고착시킴으로써 남녀평등의 기회를 손상시킨다.

외설물의 규제

미국 수정헌법 제1조가 사람들의 아동 외설물을 제외한 외설물을 제작, 참여, 소유할 수 있는 시민의 권리를 보호하지만, 다양한 감독 기구들이 외설물 산업에 대해 규제를 하고

당신이 성인영화 산업에 처음 종사하기 시작했다면, 아래의 사항을 완수해야 한다.

1. *혈액검사:
   - HIV (PCR을 이용한 DNA 검사)
   - 매독 (RPR 검사)
2. *소변검사:
   - 임질 (초정밀 DNA 증폭방법에 의한 검사)
   - 클라미디아 (초정밀 DNA 증폭방법에 의한 검사)
3. *"PORN 101" 비디오를 시청한다. 이 비디오는 대여할 수 있고, 축약본이 AIH 재단병원에서 상영하고 있다. 또한 "배우의 책임성" 책자를 가져가 읽고 당신의 업무수행에 참조하시오.
4. *매달 매독, 클라미디아, HIV에 대한 혈액검사를 실시한다.
5. 다음의 항목에 대한 성기 검사를 수행한다.
   여성: 헤르페스, 성기 사마귀 및 아래의 항목에 대해 검진을 포함하는 골반부 검사
   - PAP 스미어 (인간 유두종 바이러스에 대한 검사)
   - 질액 배양을 통한 세균질증 검사
   - 질액 배양을 통한 질편모증 검사

   남성: 헤르페스 및 성기 사마귀에 대한 검진을 포함하는 음부검사
6. A, B, C형 간염에 대한 혈액검사
   (음성으로 판명된다면, A형 간염과 B형 간염 예방주사를 접종할 것을 강력히 추천함. C형 간염에 대한 예방주사는 없음.)
7. 결핵검사
8. 매 6개월마다 다음의 검사를 수행하여야 함:
   - 여성은 PAP 스미어 검사를 포함한 음부검사
   - 남성은 음부검사
   - 여성과 남성 모두는 매독에 대한 검사

*표한 항목은 처음 촬영을 하기 전에 반드시 마쳐야 하는 것임.

출처: Reprinted by permission of AIM Foundation/Dr. Sharon Mitchell.

그림 19.1 AIH 건강관리재단. AIH 재단은 성인영화 산업에 종사하는 배우들(특히 신인배우)이 건강을 유지하고 정부가 규제하는 검사의 요건을 충족하기 위해 도움을 주고 있다.

있다. 요약하자면, 성인영화 배우들은 사실상 성인이어야 하고, 성병이 없다는 증명이 있어야 한다. 그림 19.1에서 보는 바와 같이 200여 개 이상의 성인 영화 촬영소가 있는 남캘리포니아의 배우들은 HIV, 클라미디아, 임질을 매달 검사해야 하며 다른 종류의 감염(AIM 건강치료재단, 2009)이 있는지 확인하기 위해 주기적으로 검진 받아야 한다. 대부분의 촬영소는 연기자의 나이와 검사에 대한 증거의 기록을 갖춰야 한다.

브라질 성인 영화에서는 흔히 연기자들이 콘돔을 사용하는데, 미국의 성인 영화 산업에서는 이것을 요구하지 않는지를 궁금해 할 수 있다(Clendenning, 2004). 간단히 말해 관객이 남성 연기자가 "피임용구를 쓰지 않은" 것을 선호하기 때문이다. 미국 내에서 배우에게 콘돔의 사용을 요구하는 촬영소는 거의 없다.

다양한 세상

남녀평등주의자와 외설물 반대운동

성혁명은 사회에서 성 억제로부터 많은 것들을 자유롭게 했으며, 성적인 탐구를 조장했다. 1960년대 말부터, 외설물이 널리 퍼지기 시작했다. 그러나 많은 남녀평등주의자들은 외설물이 급격히 증가한 것이 여성의 자유가 확대된 것이 아니라는 것을 알았다. 오히려, 그것은 여성을 남성에게 복종하는 성적 대상으로 묘사했다.

1980년대에 일부 남녀평등주의자들은 도덕적 다수파 같은 보수적 기독교 단체와 협력하여, 외설물을 금지시키기 위해 노력했다. 그렇게 함으로써, 그들은 도덕적 운동으로 같은 길을 걸어갔다(Duggan, 2006a). 그들의 노력은 궁극적으로 실패했으나, 남녀평등주의 운동과 일부 성적 소수자들 내에서 갈등을 빚게 되었다. 일부 단체들은 포르노물 금지는 수정헌법 제1조의 권리를 침해할 뿐 아니라, 어떤 성적 주제들을 법률로 규제해야 하는가 하는 문제가 외설물로부터 성적 즐거움을 얻는 사람들을 소외시키는 것이라고 주장한다.

1980년, 안드리아 드워킨과 캐서린 맥킨논(MacKinnon, 2007)은 미니애폴리스에 법을 제안하면서 다음과 같이 외설물을 정의했다.

> 외설물은 사진이건 단어건 간에, 성적으로 여성을 종속적으로 묘사하거나, 다음 항목 중 하나 또는 그 이상으로 묘사하는 것이다: 여성들이 인간성이 부재된 성적 대상으로 나타내어지거나, 고통이나 굴욕을 즐기는 성적 대상으로 나타내어지는 것; 강간당하는 것에서 기쁨을 경험하는 여성들로 그려지거나, 여성들이 자신의 신체의 부분들을 격하시키는 것처럼 신체의 일부분을 드러내는 것; 혹은 여성들이 비하된 시나리오에서 추잡하거나, 하급으로 보이는 것; 또는 시나리오 문맥상 출혈, 멍들거나 상처 입은 상태들이 성적인 것으로 나타내어지는 것을 의미한다.

그 제안된 법은 외설물에 의해 영향을 받은 여성을 위한 형법이 아니라 민법에 포함되었다. 여성들은 제작자, 배급자, 그리고 외설물 판매자들을 고소할 수 있었다. 또한 법원은 사실상 출판사들과 서점들이 철저한 검토와 감시 하에 있을 수 있는 것과 마찬가지로, 대중에게서 외설물을 없앨 수 있었다.

외설물을 반대하는 페미니스트에 대한 반발

리사 더간(Duggan, 2006b)은 페미니스트 역사학자들이 외설물을 금지하는 노력이나 그것을 근본으로 하는 정치적 운동을 비판해왔다고 이야기한다. 첫 번째 이유는 이런 노력이 외설물에 대해 반대하는 입장을 제외하면 이들과 정반대 입장에 있는, 즉 "여성의 해방"을 반대하는 세력들, 예를 들면 "도덕적 다수파"같은 단체들의 연합으로 이어진다는 사실이다. 또 다른 이유는 이러한 노력이 노골적인 성적활동, 여성학대, 그리고 폭력 등의 정의에 대한 혼란이 있다는 것이다. 외설물, 그 자체만을 보면, 여성들을 남성의 성욕의 희생양으로 묘사할 필요가 없다. 또한 이 책에서 논의했듯이, 외설물 자체가 여성에 대한 폭력의 원인이라고 할 수도 없다. 따라서 외설물에 반대하는 노력은 여성학대나 미디어 속의 폭력 등을 반대하는 노력에 모아질 수 있는 자원들이 엉뚱한 곳에 쓰이게 된다.

게다가 맥키논과 드워킨이 제공한 것과 같은 법령들은 최근에 인디애나폴리스에서 일어난 것처럼 성 차별을 막는 법령들로 나타날 수도 있다(Duggan, 2006a). 그러나 그것들은 수정헌법 1조에 명백히 어긋나는 검열법이다(Duggan 등, 2006). 맥키논-드워킨 법령은 성적인 것과 여성의 몸을 나타내는 예술, 소설, 연극, 영화와 다른 매체들의 검열을 허가할 수도 있었다. 만약 그랬다면 표현의 자유를 침해하게 되며 그 대가는 받아들일 수 없다.

19.7 애정물과 외설물의 유포와 이용

우리의 거의 대부분은 노골적인 성인물에 노출되고 있다. 그것은 소설, 펜트하우스나 클럽에 널려 있는 사진, 성인영화, 또는 성인웹사이트 등의 다양한 형태를 통해서 접하게 된다. 미국건강사회생활조사는 남성의 4분의 1(23%)과 여성의 10분의 1(11%)이 지난 한 해 동안 성인영화나 비디오를 구매한 것으로 밝혔다(Michael 등, 1994). 그러나 요즘은, 성인웹사이트가 너무 발달해 있어서 많은 학생들이 섹스 사이트를 찾아 "밤새 공부하는" 지경에 이르렀다. 미국의 6개 대학의 813명의 학생들(평균 나이 = 20)을 대상으로 한 연구에서 열 명 중 아홉(87%)의 남자와 열 명 중 세 명(31%)의 여자가 외설물을 이용하는

높은 주	낮은 주
유타	몬태나
알래스카	아이다호
미시시피	테네시
하와이	오하이오
오클라호마	오리건
아칸사	뉴저지
노스다코다	델라웨어
루이지애나	코네티컷
플로리다	와이오밍
웨스트버지니아	미시간

출처: C. M. Blow. (2009, June 27). The prurient trap. *The New York Times.*

그림 19.2 온라인 외설물 웹사이트를 받아보는 사람들의 비율이 높은 주와 낮은 주의 순서

것으로 밝혀졌다(Carroll 등, 2008). 외설물을 보는 것에 대해서 창피하게 여기지도 않았다. 남성의 3분의 2(67%)와 여성의 절반(49%)가량의 상당히 많은 수는 외설물을 보는 것이 괜찮다고 답했다.

그림 19.2에서 어느 주의 주민들이 온라인 외설물 웹사이트에 가입한 비율이 가장 높고 낮은지에 대해서 보여준다. 하와이와 플로리다를 제외하고, 가장 높은 비율을 보이는 주는 시골에 사는 사람들이 많은 주인 것을 알 수 있다.

미국 사람들은 일반적으로 고등학생 때 친구로부터 외설물을 접하기 시작한다. 여자는 남자친구에 의해 접하게 되지만, 남자는 여자친구로부터 접하게 되지 않는다.

외설물은 일반적으로 성적흥분을 일으키거나 증가시키려고 사용하며, 종종 자위 할 때 이용한다(Kingston 등, 2009; Paul & Shim, 2008). 커플들은 그들의 성욕을 돋우고, 성적흥분을 증진시키는데 사용한다.

연구에 따르면 남자와 여자 모두 성적으로 적나라한 그림, 영화, 또는 테이프에 녹음된 구절 등이 생리적으로 성적 흥분을 일으킨다고 밝혀졌다(Bergner, 2009; Peplau, 2003). 즉, 남자와 여자 모두 근육긴장으로 인한 혈압이나 혈액 흐름이 증가하여 생식기가 붓는 현상으로 외설적인 자극물에 반응했다. 그러나 생리적 반응과 여성이 흥분하는 주관적인 느낌에는 차이가 있다. 몸에서 일어나는 생리적인 반응에도 불구하고, 여성은 성적으로 노골적인 장면보다 로맨틱한 장면에서 보다 강하게 성적으로 흥분하는 경향을 보였다(Laan, 2008). 여성은 감정이 포함되지 않는 섹스를 남성보다 잘 받아들이지 않는다(Peplau, 2003). 여성의 성기가 발기로 이르게 되는 것은, 만일 발기를 한다면, 로맨스이다. 에로물을 선택할 때에도, 여성은 로맨스의 요소가 포함된 것을 원하는 점이 남성과 다르다(Kingston 등, 2009).

같은 외설물을 반복적으로 보면 성적 반응도가 낮아진다. 시간이 지나간 후 다시 보게 되면 다시 흥분감을 얻는다. 소설 자료들은 성적 반응을 다시 잘 일으키는 경향이 있다(Goodson 등, 2001; Stein 등, 2001).

비판적인 사고하기

그림 19.2의 내용을 어떻게 해석하겠는가?

외설물을 대하는 남녀의 차이

사실인가 아니면 허구인가 5

사실인가 아니면 허구인가 5: 남성과 여성 모두 애정물에 의해 생리적으로 흥분된다. 그러나 남성과 여성은 동일한 반응을 보이지 않으며 흥미를 느끼는 수준도 다르다. 대부분의 에로틱한 시각 매체는 남성을 위해 남성에 의해 생산된다. 여성들은 에로틱한 로맨스 소설을 읽지만, 에로틱한 그림이나 영화 또는 웹사이트에는 관심이 적다(Paul & Shim, 2008). 많은 여성들은 성애물에 대해 지루하다고 생각하거나 역겨워한다. 특히, 여성을 "매춘부 같은" 모습처럼 남성에게 복종적인 역할로 묘사할 때 더욱 그렇다.

진화적 관점에서 볼 때, 기본적인 진화 과정이 작용하는가? 지나가는 여성을 보아도 성적으로 흥분이 덜한 원시 남성보다 여성을 볼 때마다 성적 흥분이 더 강하게 되는 원시 남성이 생식적 이점이 있었던 것일까? 그러나 여성은 남성보다 성교의 기회가 낮았고, 그로 인해 가장 좋은 상대이면서 부양자를 선택하도록 하는 방식으로 생식 기회를 최대한 사용하여야만 했다. 남성의 성기를 볼 때 성적흥분이 되는 것은 아무하고나 생식하는 것을 촉진하게 되어서 여성들이 생식적으로 성공을 못하게 된다.

사이버섹스의 중독: 누군가에게 섹스는 인터넷에 지나지 않는다

> 인터넷에서의 섹스는 헤로인 같다. [사람들]을 붙잡고, 그들의 삶에 침투한다. 그리고 중독된 사람들은 포기하려 하지 않기 때문에 치료하기 매우 어렵다.
>
> —마크 슈왈츠, 매스터스와 잔슨 연구소

사실인가 아니면 허구인가 6

사실인가 아니면 허구인가 6: 적어도 인터넷 사용자들의 3분의 1이 성적인 웹사이트, 채팅방, 뉴스 그룹으로 향하는 것으로 나타난다(Cooper 등, 2000, 2004). 대부분 사람들에게는 이러한 사이버섹스의 길은 해로운 점이 없으나, 용이한 접근성과 익명성은 사이버섹스의 중독이라는 새로운 형태의 중독에 손쉽게 빠져들게 된다. 이러한 중독은 빠르게 퍼지며, 중독된 사람들의 삶에 골칫거리를 야기하게 된다(Ayres & Haddock, 2009).

한 설문 조사를 보면 많은 사람들(대부분 남성들)이 음란 웹사이트 및 성과 관련된 웹사이트를 방문하는데 매주 10시간 이상씩을 보내고 있다(Cooper 등, 2004; Daneback 등, 2006). 그럼에도 불구하고, 그들은 현실의 관계나 직장을 잃을 지경에 이르지 않을 경우, 일반적으로 자신들이 문제가 있다고 생각하지 않는다. 온라인 섹스에 강력하게 중독되어 있는 대부분은 음란물을 보면서 자위를 하거나, 흔하지는 않지만 채팅방이나 웹캠을 이용하여 누군가와 "온라인섹스"를 하는데 매일 몇 시간을 소비한다(Daneback 등, 2006).

인터넷에서 섹스를 한다는 9,265명의 남성과 여성을 대상으로 수행한 조사에서, 쿠퍼와 그의 동료(1999, 2000)는 이들 중 적어도 1%는 온라인섹스에 심각하게 중독되었으며 인터넷은 "성적 강박감이라는 코카인"이라 결론지었다.

사이버섹스는 마약 중독과 같이 강박성이 있다(Ayres & Haddock, 2009). 그들은 "성 활동의 중요한 부분으로 인터넷을 사용하며, 이는 마치 마약중독자와 같다. 특히 성적 관심이 억제되거나 제한된 사람들은 무한정으로 공급되는 성적 기회 앞에서 중독에 빠지는데 취약하다(Cooper가 Brody, 2000에서 인용). 비록 몇몇 연구는 온라인섹스에 중독된 사람들이 현실 세계에서도 성행위를 할 기회가 충분히 많은 것으로 밝혔지만, 또 다른 연구 결과는 그러한 기회가 있는 사람에 비해 외로운 사람들에게 중독성이 많이 나타나는 것을 보고하였다(Yoder 등, 2005).

내과의사 제니퍼 슈나이더(Schneider, 2003, 2004)는 온라인섹스의 중독에 영향을 받은 94 명의 가족들을 조사했다. 그 결과, 좋은 관계와 풍부한 성적 기회를 갖는 사람들 사이에서도 일어날 수 있음을 알았다. "온라인에서의 섹스는 매우 매력적이고, 유혹에 약하기 때문에 자기도 알기 전에 중독될 수 있다"(Brody, 2000에서 인용).

슈나이더(Schneider, 2005)는 사이버섹스의 중독은 "통제력을 상실하고, 심각한 부작용에도 불구하고 행위를 계속하며, 마약을 얻거나 행위를 추구하려는 강박관념"으로 특징지어지는 전형적인 중독이다고 주장했다.

다른 중독과 마찬가지로, 사이버섹스의 자극에 대한 관대함도 초기의 수준을 조금씩 넘기며 위험도를 증가시키는 방향으로 발전될 수 있다. 온라인상에서 보기만 하는 무해한 오락 수준에서 시작해서 온라인에서 사람을 만나 실제로 성행위를 하는 단계로 발전할 수 있다. 사이버섹스 강박증은 가끔 그들의 배우자나 아이들을 무시하고, 실직될 위험에 처하기도 한다. 많은 회사에서 직원의 온라인 활동을 감시하며, 성적 사이트에 방문하는 것은 직원의 경력에 큰 결점이 된다. 다른 부작용으로는 인간관계가 깨지는 것을 들 수 있다. 배우자들은 종종 배신감, 무시, 온라인의 판타지와 비교될 수 없다고 느낀다.

목사와 결혼한 지 14년 되는 한 34세의 여성은 슈나이더에게 "우리의 침대와 그의 머리에 들어 있는 수백 명이 넘는 익명의 사람들과 제가 어떻게 경쟁할 수 있겠습니까? 한때 우리끼리 다정한 시간을 보냈던 침대는 지금 수많은 익명의 사람들로 바글바글 거린답니다"(Brody, 2000에서 인용).

19.8 외설물과 성폭행

외설물은 친밀한 관계를 파괴할 수 있다. 또한 외설물은 성폭력이나 다른 반사회적인 행동을 일으키는 원인이 되는가? 이제부터 이 뜨거운 문제에 대한 몇 가지 증거를 살펴보도록 하자. 1970년대 정부의 위원회가 당시 이용 가능한 증거를 살펴서 내린 결과물부터 차례차례 살펴보자.

음란과 외설물 위원회—정책적 안건

1960년대에 국회는 음란과 외설물 위원회를 만들어 외설물의 영향을 분석하였다. 연구 결과를 검토한 끝에, 위원회(Abelson 등, 1970)는 외설물이 폭력 범죄 및 노출, 관음증, 아동학대와 같은 성범죄를 일으키는데 관련된 아무런 증거가 없다고 결론지었다. 어떤 사람들은 외설물을 접하면 성적으로 흥분되고, 자위행위나 배우자와 성행위 등의 성적 활동이 증가하고, 노출이 많아졌다. 그러나 그들은 반사회적인 행동을 하지 않았다. 그러한 결과는 여러 번 검증되었다.

외설물이 무해하다는 발견을 통해, 위원회는 "연방, 주, 그리고 그 밖의 하위 행정지역의 법은 성인들이 외설물을 읽고, 소지하고, 보려하는 자유를 침해하지 말아야 한다"고 권고했다(Abelson 등, 1970, p. 58). 그러나 국회와 당시 대통령이던 리처드 닉슨은 위원회의 조사 결과와 권고를 도덕적이고 정치적인 측면에서 거부하는 비과학적인 결정을 내렸다.

미즈 위원회의 보고서—또 다른 정책적 안건

1985년 로널드 레이건 대통령은 법무장관 에드윈 미즈를 위원장으로 하는 위원회를 구성하여 외설물의 영향을 재검토하도록 했다. 1986년 미즈 위원회로 알려진, 외설물에 대한 미 법무장관의 위원회는 1970년의 결론과 매우 다른 결론을 도출한 보고서를 발표했다. 미즈 위원회는 성폭력과 폭력 외설물의 노출 사이의 인과 관계가 있다고 주장했다(미연방법무부, 1986). 게다가, 이 보고서는 여성의 품위를 낮추거나 복종적인 역할로서 여성을 그리는 외설물에 노출된 시청자들이 강간을 용인하는 개연성이 증가했다고 결론지었다. 반면, 위원회는 폭력적이지 않고, 품위를 낮추지 않는 외설물(동등한 역할로 배우자 간에 이루어진 합의된 성적 활동)의 노출과 성폭력 사이의 인과 관계는 없으나, 이러한 류의 음란물은 그 수가 시장에서 매우 적다고 밝혔다.

한편, 비평가들은 미즈 위원회가 자료를 눈에 띄게 위조하지 않았지만, 성적으로 노골적인 매체 자체의 영향과 폭력물의 영향을 구별하지 못했다고 비판했다(Sharp & Joslyn, 2008; Weizer, 2007b). 폭력적인 내용이 없는 성적 노출물과 성적 공격성 사이의 연결고리는 그 증거가 부족하다.

외설물과 성범죄자들

성범죄자들과 범죄자가 아닌 이들이 외설물을 접한 경험을 비교한 조사 결과는 일관되지 않다. 이러한 결과에 대해서 포괄적으로 검토한 연구 결과, 성범죄로 수감된 사람들과 성폭력과 관계없는 범죄로 수감된 사람들 사이에 외설물의 노출 정도에 따른 영향이 전혀 또는 거의 없음이 밝혀졌다(Marshall, 1989). 한편, 최근의 연구에서는 성적으로 공격적인 사람들은 그렇지 않은 사람들에 비해서 외설물을 더 사용한 것으로 나타났다(Alexy 등, 2009). 성폭행 범인과 아동학대범의 3분의 1 이상이 그들의 범죄를 저지르기 전에 성적 흥분상태가 되도록 외설물을 사용한다(Marshall, 1989). 그렇다 하더라도, 이런 연구들은 상관성 분석이지 실험적으로 증명한 결과가 아니다. 외설물을 사용하고자 하는 욕구와 성적으로 공격적인 행동을 하려는 욕구는, 여성을 수치스럽게 하려는 시도 및 성적인 그림을 찾아 나서는 일반적인 경향 따위의, 다른 요인들과 연관되어 있을 수 있다. 더욱이, 남자 대학생의 38%만이 공격적인 성적 판타지를 추구하고 싶은 동기가 있다고 하였지만(Williams 등, 2009), 38%라는 빈도는 너무 많다고 볼 수 있다.

폭력적인 외설물의 영향에 대한 실험

실험을 통한 연구 결과 폭력적인 외설물에 노출된 남성은 여성에게 더 폭력적이게 되고, 성폭력을 당한 여성에게 둔감해지는 것으로 나타났다. 이와 관련해서 유명한 실험(Donnerstein, 1980)이 있다. 이 실험은 실험자가 남자 대학생 120명에 대해서 중립적이거나 적대적으로 대하는 상대를 선정해서 이들과 시험대상의 대학생들 사이의 상호작용을 연구한 것이었다. 물론 실험대상인 120명의 남자 대학생은 자기와 상대하는 사람의 정체에 대해서 알지 못한 상태에서 진행됐다. 피실험자들에게 중립적, 비폭력적인 음란 영화, 폭력적인 음란 영화를 보여주었다. 후자의 영화는 한 남성이 여성의 집에 침입해 강간을 하는 장면이 들어 있다. 이후, 피실험자들이 자신의 상대에게 전기적 충격을 주도록 하였다. 폭력성은 충격의 강도로 측정하였다. 실제로 주어진 충격은 없었으나, 피실험자들은 충격기구가 가짜라는 것을 알지 못했다. 다른 이유로 감정을 흥분하지 않게 했을 때, 폭력적인 음란물을 본 피실험자가 비폭력적인 음란물을 본 학생에 비해 더 폭력적이었다. 감정을 흥분하게 한 경우에는 폭력적인 영화를 본 학생이 가장 높은 수준의 충격을 자기 상대에게 가하는 것으로 나타났다. 즉, 음란물이 복수의 모델로서 역할을 한 것이다.

다른 연구에서, 강간 장면이 있는 폭력적인 외설물을 본 남자가 상대 여성에 대한 폭력성이 증가했는데, 여성 자신이 강간당하는 경험을 즐기거나 성적으로 흥분이 되는 것으로 묘사될 때 특히 증가했다(Donnerstein & Berkowitz, 1981). 이러한 결과는 여성이 성폭력의 피해를 즐기거나, 그 과정에서 성적 흥분을 느끼는 것처럼 묘사하는 것이 여성에 대해 폭력을 휘두르는 것을 정당화할 수 있게끔 할 수 있다는 것을 의미한다. 또 몇몇 여성은 굴복시켜야 하고 힘센 남성에 의해 성적으로 흥분한다고 하는 왜곡된 문화적 믿음을 강화시키는 결과를 낳는다.

강간 생존자들에 대한 남성의 태도를 결정짓는 것은 폭력적인 음란물의 폭력성이 성적으로 노골적인 표현된 것이 아니라고 주장하는 연구도 있다. 한 연구(Donnerstein & Linz, 1987)에서 남자 대학생에게 폭력적인 음란물, 비폭력적인 음란물(커플 간의 합의된 성교), 또는 성적 노출이 없는 폭력에 관한 영화를 보게 했다. 폭력적인 음란물과 음란하지 않은 영화 모두 여성을 묶고, 총부리를 겨누는 장면을 담고 있다. 그러나 음란하지 않는 영화의 경우 나체나 노골적인 성적 장면이 포함되지 않았다. 대상 남성은 실험자나 실험자를 대신해 피실험자를 상대하는 여성 짝이 대상 남성을 화나게 만들거나, 중성적인 방식으로 비교하였다. 그 결과, 비폭력적인 음란물을 본 집단에 비해, 음란하고 폭력적인 영화와 음란하지 않지만 폭력적인 영화를 본 집단이 모두 강간을 더 용인하게 되고, 여성에게 성행위를 강요하려는 의지가 증가하였고, 들키지 않으면 강간하려는 가능성이 더 커지는 것으로 보고되었다. 이런 영향은 화나게 만든 사람이 여자이든 남자이든 상관이 없었다.

그러나 외설물의 영향에 대한 연구는 주의 있게 해석해야 한다(Sharp & Joslyn, 2008). 대부분의 연구는 대학생들을 대상으로 이루어지는데, 이들의 행동이 일반적인 대중의 전형적인 행동 양상을 대표하는지는 미지수이며, 성적으로 폭력성을 지니는 경향이 있는 사람들의 행동과 어느 정도 유사한지도 모르는 일이다. 또한 이 분야의 대부분의 연구는 공격성을 흉내 내거나 가상의 여성을 강간의 희생자로 삼아 이들에 대한 동정심을 판단하는 실험을 근거로 하는 실험실에서 이루어진 연구라는 것이다. 어느 누구도 연구실 밖에서 실제 폭력을 당한 여성을 연구하지 않았다. 따라서 보통 남성이 폭력적인 음란물에 노출되었기 때문에 강간을 하거나, 하려하거나, 여성을 성적으로 폭행한다고 말할 결정적인 증거는 없다.

음란물과 성적 공격성에 대한 포괄적인 문헌 조사 논문에서 닐 말라무스와 그의 동료(2000)들은 음란물과 공격성 사이에 믿을만한 연관 관계가 없다고 밝힌 연구들을 분석하고, 다양한 실험 연구 결과를 종합했으며, 평균 연령 21세의 2,972명의 대학생 남자를 대상으로 한 설문조사를 분석했다. 각각의 분석은 음란물의 빈번한 사용과 성적으로 공격적인 행동(특히 폭력적인 음란물과 성적으로 공격적인 경향의 남성들에서)이 의미 있는 연관 관계가 있음을 지지하였다.

사실인가 아니면 허구인가 7

사실인가 아니면 허구인가 7: 말라무스와 그의 동료들은 음란물이 폭력을 일으키는 원인이라고 결론짓지 않았으나, 비교적 폭력적인 남성은 동일한 음란물에 대해 비폭력적인 사람과 다르게 행동한다고 결론 내린다. 이것을 달리 얘기하면: 음란물이 남성을 폭력적으로 만드는 것이 아니라 음란물이 폭력적인 남성을 더 폭력적으로 만드는 것이다.

비판적인 사고하기

광범위하게 퍼진 외설물의 위험과 검열의 위험 중에서 어느 것이 더 위험하다고 생각하는가? 당신의 의견을 개진하시오.

비폭력적인 외설물의 영향에 대한 실험

비폭력적인 음란물은 성폭력의 장면은 없으나, 일반적으로 여성을 비하하고, 비인간적으로 묘사한다(Itzin 등, 2007). 이렇게 여성을 그리는 것으로 인해 여성을 성적 노리개로 삼는 관습적인 고정관념이 강화될까? 여성을 성적으로 쉽게 접근할 수 있다고 묘사하는 것 때문에 남성들은 여성들이 싫다고 말하는 것을 받아들이지 않게 되는 것일까?

질만과 브라이언트(Zilmann & Bryant, 1984)의 유명한 실험에서 남성과 여성을 대상으로 6주 연속으로 음란물을 6번에 걸쳐 보여주었다. 피실험자들은 이 기간 동안 세 무리로 나누어서 3가지 종류의 음란물을 보여주었다. 각각의 종류는 매 회마다 공격적이지 않은 음란물을 잔뜩 보여주거나; 3번의 음란물과 3번의 보통의 영화를 적당량 보여주거나; 양에 상관없이 6회의 평범한 영화로 구성되었다. 6회의 관람 이후 조사한 결과, 음란물에 장기간 과다로 노출된 남성 및 여성은 신문에 나온 강간범에 대해 보다 더 관대한 처벌을 주었다. 더욱이 남성은 여성에 대한 태도가 노골적으로 무시하고 냉담해졌다.

보다 최근의 연구에서 71명의 남성에게 (1) 성적으로 노골적이고 여성을 비하하는 영화, (2) 성적으로 노골적이지만, 여성을 비하하지 않는 영화, (3) 그리고 성적이지 않은 (대조구) 영화를 보여주었다(Mulac 등, 2002). 그런 후 남성들을 여성과 쌍을 이루어 함께 어떤 문제를 해결하도록 했다. 성적으로 노골적인 영화를 본 남성은 대조구의 남성에 비해 문제를 푸는데 있어 파트너에게 더 지배적으로 행동했다. 게다가 성적으로 노골적이고 여성을 비하하는 영화를 본 남성은, 성적으로 노골적이나 여성을 비하하지 않은 영화를 본 남성에 비해 더 지배적으로 행동했다.

전체적으로 보면, 적어도 음란물을 접한 남성들은 여성에 대해 더 부정적이고 비정한 태도를 갖게 되는 것을 의미한다. 음란물을 본 어떤 남성들은 여성을 개인으로 인식하지 않고 성욕을 푸는 대상으로서의 역할과 육체적인 특성으로 평가되는 성적 노리개로 간주하는 것으로 나타났다(Kingston 등, 2009).

또 다른 걱정거리는 시청자의 성적 및 가족적 가치에 비폭력적 음란물이 어떤 영향을 미치는가에 대한 것이다. 비폭력적인 음란물은 일반적으로 처음 만나는 사람들끼리 즉흥적인 성행위를 그리는 특징이 있다. 비폭력적인 음란물을 반복적으로 볼 때 전통적인 성에 대한 가치 및 가족에 대한 가치를 무너뜨리게 될까? 평범한 영화를 본 사람들과 비교할 때 매주 1시간 동안 이방인과 즉흥적인 성행위를 담은 음란물을 6주간 접한 남성과 여성은 혼전정사, 혼외정사, 동시에 다수의 파트너와 성적 관계를 맺는 행위에 대해 보다 더 관대했다(Zillman, 1989). 그들은 아이를 덜 낳기를 원했고, 결혼을 사회의 "핵심 기관"으로 여기는 데 인색했다.

비폭력적인 음란물은 책임감과 의무의식 없이 성적으로 즐기는 데 대한 상을 형성하게 함으로써 전통적인 가족의 가치를 훼손한다(Carroll 등, 2008). 또한 장기적으로 노출되면 자신의 친밀한 파트너의 신체적 외모와 성적인 기능에 불만족을 갖게 된다(Brown, 2003).

19.9 성매매의 세계

총정리: 재숙고, 재인용, 재검토

이 책은 PQ4R 방법을 사용하고 있다. 여러분은 맨 먼저 장 읽기, 즉 첫 번째 R을 잘 마쳤다. 이제부터 나머지 3R(총정리), 즉 재숙고, 재인용, 재검토는 여러분이 숙달한 정도를 여러분 스스로 테스트해 볼 수 있게 해줄 뿐 아니라, 이 장의 내용들을 이해하고 기억할 수 있게 도와줄 것이다.

재숙고

- 당신이 아는 사람들 중에서 매춘을 해 본 사람이 있는가? 그런 사람들의 동기는 무엇인가? 어떤 경험을 말하던가?
- 당신의 경험을 바탕으로(다른 사람과 한 얘기를 포함해서) 음란물은 어떻게 접하는가?
- ▶ **비판적인 사고하기:** 밀러 대 캘리포니아 소송에서 미 연방 대법원은 음란을 "평균적인 사람이 동시대의 사회 기준에 적용하여 매체물을 전반적으로 판단할 때 음탕한 흥미를 이끄는 것인지 아닌지"에 근거해서 판단한다고 선고했다. 당신의 "사회"란 무엇인가? 그 사회의 기준이란 어떤 것인가? 어떤 종류의 영화, 사진, 또는 이야기가 당신의 사회에 평균적인 사람이 보기에 음란하다고 하겠는가? 왜 그런가?
- ▶ **비판적인 사고하기:** 매춘을 합법화해야 한다고 생각하는가? 왜 그런가? 아니면 왜 그렇지 않은가?

재인용

1. 매춘이란 무엇인가?

- 매춘 또는 "성 직업"은 성을 파는 것이다. 매춘은 미국 내에서 네바다의 시골 몇 군데를 제외하고 불법이다. 요즘의 미국 청년들은 킨제이 보고서가 있던 시대와 비교했을 때 매춘을 덜 이용한다. 그것은 성적인 혁명 때문이다.

2. 여성 매춘부에 대해서 어떤 것을 알고 있는가?

- 여성 매춘부의 대표적인 유형은 거리 매춘부, 유곽의 매춘부, 마시지사, 파트너 및 콜걸이다. 많은 매춘부들은 성인 영화 산업이나 성인 웹사이트에서 일한다. 가난과 어린이 학대는 많은 매춘부의 배경이다. 10대 가출은 매춘으로 빠지는데 취약하다. 매매춘을 하는 소비자는 어쩌다 한번 매춘을 하며 정기적인 성 파트너가 있는 사람들이다.

3. 남성 매춘부에 대해서 어떤 것을 알고 있는가?

- 대부분의 남성 매춘부들은 남성 소비자를 접대하지만, 여성 소비자를 접대하는 경우—스트리퍼—도 있다.

4. 매춘과 성병은 어떤 관계가 있는가?

- 매춘은 여러 명의 파트너와 아무런 보호막 없이 성관계를 갖기 때문에 HIV를 전파할 수 있는 매우 위험한 것이다. HIV는 매춘부에서 소비자로, 소비자에서 그 소비자의 정기적인 성파트너로 전파될 수 있다.

5. 외설물과 음란물은 무엇인가?

- 외설물은 "성욕을 일으키려는 목적을 갖는 글, 그림 따위이다." 음란하다거나 외설스럽다는 것은 사람에 따라서, 문화에 따라서 다르다. 음란물은 사람들을 불쾌하게 만들거나 정도에 대한 보편적인 기준을 넘는 출판물 또는 매체를 말한다.

6. 외설물과 음란물에 대해서 어떤 법적 판결이 있는가?

- 밀러 대 캘리포니아 소송에서 미 연방 대법원은 외설을 다음과 같은 기준에 따라 판단한다고 판결했다. "평균적인 사람이 동시대의 사회 기준에 적용하여 매체물을 전반적으로 판단할 때 음탕한 흥미를 이끄는 것인지 아닌지; 성행위에 대한 묘사가 명백히 저속한 방법으로 이루어지는지; 그리고 전체적으로 볼 때 매체물이 문학적, 예술적, 정치적 또는 과학적 가치가 심각하게 결여되었는지 여부"에 따라서 결정한다. 어린이 외설물을 내려 받거나 소지하는 것은 미국 전 지역에서 범죄행위로 처벌된다.

7. 외설물은 얼마나 널리 퍼져 있는가? 어떻게 사용되고 있는가?

- 미국인들은 대체로 고등학교에 다닐 때 처음 외설물을 접하기 시작한다. 여성과 남성 모두 외설물에 의해 생리적으로 흥분이 일어나지만, 남성들이 상대적으로 더 외설물에 흥미를 갖는다. 외설물은 흔히 자위행위를 할 때 이용된다.

8. 외설물과 성폭력은 상관관계가 있는가?

- 1970년 정부 위원회는 외설물이 정상적인 사람들에게 아무 영향이 없다고 밝혔다. 1986년 정부 위원회는 폭력적인 외설물이 성적 공격성과 연관되어 있고, 여성을 비하하지만 폭력적이지 않은 외설물은 보는 사람의 마음에 강간에 대한 관용도를 높이는 것으로 밝혔다. 과학적인 실험 결과에 따르면 외설물에 노출된 남성은 비정상적인 성적 욕구를 자극될 수 있어 성범죄를 저지를 수 있는 개연성이 있고, 폭력적인 외설물은 대학교에 다니는 남성들이 여성에 대해서 공격적으로 변할 수 있게 자극할 수 있음을 밝혔다.

재검토

1 ________은(는) 매춘의 단계에서 바닥을 차지한다.
(a) 거리 매춘부
(b) 유곽 매춘부
(c) 마사지 업소 종사자
(d) 콜걸

2. 대부분의 매춘을 소비하는 사람들은 ________ 사람들이다.
(a) 습관적으로 하는
(b) 동성연애자인
(c) 어쩌다 한번 하는
(d) 비정상적인

3. 여성 매춘부는 대부분의 여성과 다른데, 대부분의 여성은 파트너에게 ________을 요구하지 않는다.
(a) 돈
(b) 충실함
(c) 콘돔
(d) 성적 활동

4. ________은 음란물을 보면 생리적으로 성적 흥분이 일어난다.
(a) 남성과 여성
(b) 오직 남성
(c) 오직 여성
(d) 게이 남성과 레즈비언

5. 밀러 대 캘리포니아 소송에서 미 연방 대법원은 외설을 판단할 때 ________ 기준들을 적용해야 한다고 판결했다.
(a) 성경적
(b) 사회적
(c) 교육적
(d) 보편적

6. 연구 결과에 따르면 ________ 음란물은 성적인 공격성과 연관되어 있는 것으로 나타났다.
(a) 노골적인
(b) 동성연애의
(c) 폭력적인
(d) 온라인

7. 미 연방 법원은 시민이 음란물을 소지할 권리가 수정헌법 ________조에 의해 보장된다고 판결했다.
(a) 1
(b) 2
(c) 5
(d) 23

8. 마이애미에서 586명의 거리 매춘부들을 대상으로 수행한 연구에서 ________%가 HIV에 양성으로 나타났다.
(a) 22
(b) 42
(c) 62
(d) 82

9. 펠리와 공동연구자들은 100명의 캐나다 매춘부들을 면접한 결과 ________%가 어린 시절 성적 학대를 당한 것으로 밝혔다.
(a) 22
(b) 42
(c) 62
(d) 82

10. 남창의 성 정체성에 대해 올바르게 설명한 것은?
(a) 정상적이다.
(b) 동성연애자이다.
(c) 남성과 여성 2개의 성 정체성을 가지고 있다.
(d) 특별한 성 정체성이 없다.

정답: 1. a; 2.c; 3. b; 4. a; 5. b; 6. c; 7. a; 8. a; 9. d; 10. d

부록

자기평가의 채점과 해석

"성적 행동에 대한 설문조사에서 여러분은 면접관에게 사실을 이야기하겠는가? 사회적 바람직성 척도" (2장, 49쪽)

각 문항에 대해 점수표의 정답과 일치하는지를 해당 칸에 표시하시오. 표시한 문항수 총계를 구하시오.

1. T_____	12. F_____	23. F_____
2. T_____	13. T_____	24. T_____
3. F_____	14. F_____	25. T_____
4. T_____	15. F_____	26. T_____
5. F_____	16. T_____	27. T_____
6. F_____	17. T_____	28. F_____
7. T_____	18. T_____	29. T_____
8. T_____	19. F_____	30. F_____
9. F_____	20. T_____	31. T_____
10. F_____	21. T_____	32. F_____
11. F_____	22. F_____	33. T_____

점수에 대한 해석

낮은 점수(0~8점) 대답한 사람 6명에서 약 1명꼴로 0~8점을 얻는다. 이런 사람들은 많은 경우 사회적으로 매력적이지 않은 방향으로 대답하는 부류이다. 대부분의 사람에 비해 이들은 설령 그 대답이 사회적으로 인정되지 않는다고 해도 설문에 충실히 대답하려고 하는 사람들이다.

중간 점수(9~19점) 대답한 사람 3명 중 약 2명이 이 부류에 속한다. 이들은 자신들의 답변이 사회적으로 어느 정도 매력이 있을까에 대한 관심이 평균적이다. 또한 일반적으로 이들의 행동은 사회적인 규범과 규율을 따르는데 평균적이라고 할 수 있다.

높은 점수(20~33점) 대답한 사람 6명에서 약 1명 정도가 20~33점의 높은 점수를 받는다. 이들은 사회적으로 인정되는 것에 대해 매우 신경을 쓰는 사람들이며, 설문지 문항에 대한 답변도 그런 방식으로 해서 다른 사람들의 눈치를 많이 보는 편이다. 일반적인 행동도 사회적인 규범과 규율을 매우 따른다.

"당신은 PMS 또는 PMDD를 겪고 있는가?" (3장, 100쪽)

이 자가진단의 수치는 정답이 없다. 그러나 당신이 PMS 또는 PMDD와 연관된 정신적 및 신체적 증상이 어느 정도 있는지 되돌아보자. 심각한 증상에서부터 약한 정도의 증상을 가지고 있다면 산부인과 의사를 만나 상의해 볼 필요가 있다. 당신을 힘들게 하는 모든 증상에 대해서 산부인과 의사와 상의하는 것이 당신의 건강에 중요하다. 비록 증상이 약하다고 하더라도 의사에게 확인해 볼 필요가 있다. 증상이 있는데도 아무말 없이 고통받는 것으로부터 얻을 수 있는 것은 아무것도 없다.

"스턴버그의 『삼각형 사랑』의 척도" (7장, 223쪽)

세 요소—친밀, 열정, 충실—의 각각에 대한 점수를 모두 합친 후 각각을 15로 나눈다. 각각의 점수는 평균 점수를 나타낸다. 예를 들어, 한 항목의 값이 5가 나왔다면 그 항목이 표현하는 정도가 중간임을 의미한다. 점수가 높은 것은 그 항목이 미치는 정도가 높다는 것을 의미한다. 점수가 낮은 것은 그 항목이 미치는 정도가 낮다는 것을 의미한다. 각각의 요소에 대한 당신의 점수는 세 요소로 특징되는 사랑의 관계를 당신이 어떻게 받아들이는지 알려준다. 가령 당신은 열정이 충실보다 더 강한 것으로 나타날 수 있는데, 이것은 강렬한 로맨틱한 관계의 초기 단계에서 흔히 볼 수 있는 패턴이다. 설문지를 앞으로 몇 달 동안 또는 1년 정도의 긴 시간 동안 채울 수도 있는데, 이를 통해서 당신이 관계를 맺는데에 대한 느낌이 어떻게 변화하는지 알 수 있을 것이다. 당신의 파트너에게도 같은 설문지를 작성하도록 하면 파트너와 점수를 비교해 볼 수 있을 것이다. 이런 비교는 당신과 당신의 파트너가 관계를 어느 정도 비슷한 식으로 보고 있는지 알 수 있을 것이다.

스턴버그(1988)는 미국 코네티컷 주 뉴헤이븐에 사는 결혼을 했거나 가까운 관계를 맺고 있는 50명의 남성과 51명의 여성(평균 연령, 31세)에 대한 사랑의 척도를 비교한 연구 결과를 발표하였다. 각각의 항목에 대한 평균점수는 친밀 7.39점, 열정 6.51점, 충실 7.39점인 것으로 밝혔다. 고득점(최상위 15%에 속하는 점수) 분포는 친밀 8.6점, 열정 8.2점, 충실 8.7점인 것으로 나타났다. 하위 15%에 해당하는 저득점은 친밀, 열정, 충실이 각각 6.2점, 4.9점, 5.7점인 것으로 나타났다. 열정의 점수가 낮은 이유는 뜨거운 사랑의 열정은 오랜시간 동안 지속하기 어려운데 설문에 참여한 사람들이 평균 6.3년 동안 관계를 지속해 온 점을 반영하고 있는 것으로 보인다. 이 연구 결과는 표본의 크기가 매우 작은 경우이므로 일반 대중의 경향을 정확하게 반영해 준다고 하기에는 무리가 있다.

"선택의 자유인가 아니면 생명의 자유인가? 어느 쪽을 지지하는가?" (12장, 408쪽)

첫째, 1, 3, 7, 8, 9, 11, 13, 14, 17 및 20번 값의 총계를 구한다. 이 값은 선택의 자유 대한 지지도를 나타낸다: _____.

둘째, 2, 4, 5, 6, 10, 12, 15, 16, 18 및 19번 값의 총계를 구한다. 이 값은 생명의 존중에 대한 지지도를 나타낸다: _____.

그 다음, 생명의 존중 값에서 선택의 자유 값을 뺀다. 그 값을 ±의 기호를 써서 여기에 기입한다: _____. 양의 점수는 생명의 존중에 대한 생각이 강하다는 것을 의미한다. 점수가 높을수록 지지하는 철학에 대한 동의하는 정도가 강하다는 것을 의미한다. 점수의 범위는 −40점에서 +40점까지이다.

230명의 학부생(남녀 각각 115명)을 대상으로 수행한 검사에서 평균 −7.48점, 중간값 −13.33점이 나왔다(Parsons 등, 1990). 이것은 학생들이 선택의 자유를 더 중요시 여기는 경향이 있다는 것을 나타낸다. 또 다른 연구는 38명의 대학원생(31명의 여성과 7명의 남성)을 대상으로 한 두 번의 조사했는데 평균 −11점과 −12점, 중간값 −17점과 −18점으로 나타났다. 조사 대상에 따라 점수는 다양하다.

"성병에 대한 태도 분석" (16장, 522쪽)

이 분석의 점수는 고위험 성행동의 개연성이라는 측면에서 해석을 해야 한다. 척도는 성병에 대한 믿음(항목 1~9), 성병에 대한 느낌(항목 10~18) 및 실천에 옮기고자 하는 의도(항목 19~27)에 따라서 고위험 성행동의 개연성을 측정하는 3가지 분야로 나누어진다. 각 분야와 전체의 점수를 아래의 점수값을 이용하여 계산하시오.

항목 1, 10~14, 16, 25:

매우 그렇다 = 5점
그렇다 = 4점
잘 모르겠다 = 3점
그렇지 않다 = 2점
전혀 그렇지 않다 = 1점

항목 2~9, 15, 17~24, 26, 27:

매우 그렇다 = 1점
그렇다 = 2점
잘 모르겠다 = 3점
그렇지않다 = 4점
전혀 그렇지않다 = 5점

믿음 분야의 소계(항목 1~9): _____
느낌 분야의 소계(항목 10~18): _____
실천 분야의 소계(항목 19~27): _____
총계(모든 항목): _____

각 항목의 점수와 총 점수가 높으면 높을수록 당신의 태도, 느낌, 실천이 성병에 감염되게 만들 위험도가 높다. 점수가 낮으면 낮을수록 위험도가 낮다. 현재까지 어떤 정해진 표준은 없지만, 각 분야의 소계가 27이 넘고 총점이 81이 넘으면 위험한 쪽에 속해 있다고 생각된다. 당신의 점수를 확인하면서 특정한 분야 및 특정한 문항에 대한 답변을 어떻게 했는지 눈여겨볼 필요가 있다. 가령 "이런 문항에 대한 나의 답변이 성병감염에 대한 위험도를 높였을까 낮췄을까?" 하는 것이고, 또한 "성병에 감염될 가능성을 낮추려면 나의 태도를 어떻게 바꿔야 할까?"하는 질문을 하는 것이다.

"강간을 부추기는 환경을 조성하는 문화적 오해" (18장, 601쪽)

2번 항목을 제외하고 나머지 모든 항목은 강간을 지지하는 문화적 오해를 나타낸다. 이런 견해들은 성을 광고의 게임으로 여기고, 여성을 농염한 사기꾼으로 정형화하고, 피해자를 탓하는 경향이 있다.

참고문헌

Aarts, H., & van Honk, J. (2009). Testosterone and unconscious positive priming increase human motivation separately. *NeuroReport, 20*(14), 1300–1303.

Abal, Y. N., Marı́ín, J. A. L., & Sánchez, S. R. (2003). A new paraphilia of the XXI century: Chat-scatophilia. *Archivos Hispanoamericanos de Sexologı́ía, 9*(1), 81–104.

Abell, J., Locke, A., Condor, S., Gibson, S., & Stevenson, C. (2006). Trying similarity, doing difference: The role of interviewer self-disclosure in interview talk with young people. *Qualitative Research, 6*(2), 221–244.

Abelson, H., et al. (1970). Public attitudes toward and experience with erotic materials. In *Technical reports of the commission on obscenity and pornography.* Vol. 6. Washington, DC: U.S. Government Printing Office.

Ackerman, D. (1991). *The moon by whale light.* New York: Random House.

ACOG (The American College of Obstetricians and Gynecologists). (2003, July 31). *Weighing the pros and cons of cesarean delivery.* ACOG news release. www.acog.com/from_home/publications/press_releases/nr07-31-03-3.cfm.

Adams, H., & Phillips, L. (2006). Experiences of two-spirit lesbian and gay Native Americans: An argument for standpoint theory in identity research. *Identity, 6*(3), 273–291.

Adams, H. E., Wright, L. W., Jr., & Lohr, B. A. (1996). Is homophobia associated with homosexual arousal? *Journal of Abnormal Psychology, 105,* 440–445.

Adams, K. M. (2003). Clergy sex abuse: A commentary on celibacy. *Sexual Addiction & Compulsivity: The Journal of Treatment and Prevention, 10*(2–3), 91–92.

Adams, N. (2006). Systemic therapy techniques for sexual difficulties. In J. Hiller et al. (Eds.), *Sex, mind, and emotion: Innovation in psychological theory and practice* (pp. 209–227). London, UK: Karnac Books.

Adams, R. A. (2007). College students' attribution of blame in father–daughter incest. *Family and Consumer Sciences Research Journal, 36*(1), 55–62.

Agrawal, A. (1997). Gendered bodies: The case of the "third gender" in India. *Contributions to Indian Sociology, 31,* 273–97.

AIM Health Care Foundation (2009). HIV/STD Testing. (Accessed November 6, 2009). http://www.aim-med.org/.

Alexander, B. (2009, March 26). "Sex surrogates" put personal touch on therapy: Despite dubious legality, some counselors still prescribe practice to patients. http://www.msnbc.msn.com/id/29881206/.

Alexander, G. M., Wilcox, T., & Woods, R. (2009). Sex differences in infants' visual interest in toys. *Archives of Sexual Behavior, 38*(3), 427–433.

Alexander, J. (2006). A critical introduction to queer theory. *Sexualities, 9*(1), 115–117.

Alexy, E. M., Burgess, A. W., & Prentky, R. A. (2009). Pornography use as a risk marker for an aggressive pattern of behavior among sexually reactive children and adolescents. *Journal of the American Psychiatric Nurses Association, 14*(6), 442–453.

Allen, E. S., & Atkins, D. C. (2005). The multidimensional and developmental nature of infidelity: Practical applications. *Journal of Clinical Psychology, 61*(11), 1371–1382.

Aloi, J. A. (2009). Nursing the disenfranchised: Women who have relinquished an infant for adoption. *Journal of Psychiatric and Mental Health Nursing, 16*(1), 27–31.

Aloni, M., & Bernieri, F. J. (2004). Is love blind? The effects of experience and infatuation on the perception of love. *Journal of Nonverbal Behavior, 28*(4), 287–295.

Althof, S. E. (1994). Paper presented at the annual meeting of the American Urological Association, San Francisco, CA.

Alzate, H., & Hoch, Z. (1986). The "G spot" and "female ejaculation": A current appraisal. *Journal of Sex and Marital Therapy, 12*(3), 211–220.

Amato, P. R. (2006). Marital discord, divorce, and children's well-being: Results from a 20-year longitudinal study of two generations. In A. Clarke-Stewart & J. Dunn (Eds.), *Families count: Effects on child and adolescent development* (pp. 179–202). The Jacobs Foundation series on adolescence. New York: Cambridge University Press.

Amato, P. R., & Afifi, T. D. (2006). Feeling caught between parents: Adult children's relations with parents and subjective well-being. *Journal of Marriage and Family, 68*(1), 222–235.

American Academy of Family Physicians. (2006). *Depo-Provera: An injectable contraceptive.* http://familydoctor.org/043.xml?printxml.

American Academy of Pediatrics. (2005). Breastfeeding and the use of human milk. *Pediatrics, 115,* 496–506.

American Cancer Society. (2006). *Cancer facts & figures 2006.* www.cancer.org/downloads/STT/CAFF2006f4PWSecured.pdf.

American Cancer Society. (2009). *Cancer facts & figures 2009.* http://www.cancer.org/downloads/STT/500809web.pdf.

American Fertility Association. (2006, February). www.theafa.org.

American Psychiatric Association. (2000). *Diagnostic and statistical manual of mental disorders* (4th ed.). *DSM-IV-TR.* Washington, DC: Author.

Amodeo, M., Griffin, M. K., Fassler, I. R., Clay, C. M., & Ellis, M. A. (2006). Childhood sexual abuse among black women and white women from two-parent families. *Child Maltreatment, 11*(3), 237–246.

Amodio, D. M., & Showers, C. J. (2005). "Similarity breeds liking" revisited: The moderating role of commitment. *Journal of Social and Personal Relationships, 22*(6), 817–836.

Andersen, M. L., Bignotto, M., & Tufik, S. (2003). The effect of apomorphine on genital reflexes in male rats deprived of paradoxical sleep. *Physiology & Behavior, 80*(2–3), 211–215.

Andersen, M. L., & Tufik, S. (2005). Effects of progesterone blockade over cocaine-induced genital reflexes of paradoxical sleep-deprived male rats. *Hormones and Behavior, 47*(4), 477–484.

Anderson, E. R., Greene, S. M., Hetherington, E. M., & Clingempeel, W. G. (1999). Dynamics of parental remarriage: Adolescent, parent, and sibling influences. In E. M. Hetherington (Ed.), *Coping with divorce, single parenting, and remarriage: A risk and resiliency perspective* (pp. 295–319). Hillsdale, NJ: Erlbaum.

Anderson, K. M. (2006). Surviving incest: The art of resistance. *Families in Society, 87(*3), 409–416.

Anderson, S. E., et al. (2003). Relative weight and race influence average age at menarche: Results from two nationally representative surveys of U.S. girls studied 25 years apart. *Pediatrics, 111,* 844–850.

Anderssen, N., Amlie, C., & Ytteroy, E. A. (2002). Outcomes for children with lesbian or gay parents: A review of studies from 1978 to 2000. *Scandinavian Journal of Psychology, 43*(4), 335–351.

Andriole, G. L. (2009a March 24). In T. Parker-Pope, Screen or not? What those prostate studies mean. *The New York Times.*

Andriole, G. L., et al. (2009). Mortality results from a randomized prostate-cancer screening trial. *New England Journal of Medicine, 360,* 1310–1319.

Apperloo, M. J. A., et al. (2003). In the mood for sex: The value of androgens. *Journal of Sex & Marital Therapy, 29*(2), 87–102.

Argentieri, S. (2005). Incest yesterday and today: From conflict to ambiguity. In G. Ambrosio (Ed.), *On incest: Psychoanalytic perspectives* (pp. 17–49). London: Karnac Books.

Armstrong, E. A. (2009). Cited in P. L. Brown & C. Pogash. (2009, March 15). The pleasure principle. *The New York Times online.*

Aron, A., et al. (2008). Falling in love. In S. Sprecher, A. Wenzel, & J. Harvey (Eds.), *Handbook of relationship initiation* (pp. 315–336). New York: CRC Press.

Arriaga, X. B., & Rusbult, C. E. (1998). Standing in my partner's shoes: Partner perspective taking and reactions to accommodative dilemmas. *Personality & Social Psychology Bulletin, 24*(9), 927–948.

Arthur, B. I., Jr., et al. (1998). Sexual behaviour in *Drosophila* is irreversibly programmed during critical period. *Current Biology, 8*(21), 1187–1190.

Ascher, N. (2006, July 10.) *Fight ignorance before it's too late.* www.classicalvalues.com/archives/003848.html.

Ashley-Koch, A., Yang, Q., & Olney, R. S. (2000). Sickle hemoglobin (Hb S) allele and sickle cell disease. *American Journal of Epidemiology, 151*(9), 839–845.

Astley, S. J., & Clarren, S. K. (2001). Measuring the facial phenotype of individuals with prenatal alcohol exposure: Correlations with brain dysfunction. *Alcohol & Alcoholism, 36*(2), 147–159.

Aubin, S., Heiman, J. R., Berger, R. E., Murallo, A. V., & Yung-Wen, L. (2009). Comparing sildenafil alone vs. sildenafil plus brief couple sex therapy on erectile dysfunction and couples' sexual and marital quality of life. *Journal of Sex and Marital Therapy, 35*(2), 122–143.

"Australia scientists find flowers dupe lonely bees." (2000, June 16). Reuters News Agency online.

Auyeung, B., et al. (2009). Fetal testosterone predicts behavior in girls and in boys. *Psychological Science, 20*(2), 144–148.

Aveline, D. (2006). "Did I have blinders on or what?": Retrospective sense making by parents of gay sons recalling their sons' earlier years. *Journal of Family Issues, 27*(6), 777–802.

Avis, N. E. (2003). Depression during the menopausal transition. *Psychology of Women Quarterly, 27*(2), 91–100.

Avivi, Y. E., Laurenceau, J-P., & Carver, C. S. (2009). Linking relationship quality to perceived mutuality of relationship. *Journal of Social and Clinical Psychology, 28*(2), 137–164.

Ayres, M. M., & Haddock, S. A. (2009). Therapists' approaches in working with heterosexual couples struggling with male partners' online sexual behavior. *Sexual Addiction & Compulsivity, 16*(1), 55–78.

Bach, G., & Deutsch, R. M. (1970). *Pairing: How to achieve genuine intimacy.* New York: Avon Books.

Bäckström T., et al. (2003). The role of hormones and hormonal treatments in premenstrual syndrome. *CNS Drugs, 17*(5), 325–342.

Bader, M. (2003). *Arousal: The secret logic of sexual fantasies.* New York: Griffin Trade Paperback.

Bagley, C., & D'Augelli, A. R. (2000). Suicidal behaviour in gay, lesbian, and bisexual youth. *British Medical Journal, 320,* 1617–1618.

Bailes, E., et al. (2003). Hybrid origin of SIV in chimpanzees. *Science, 300(5626),* 1713.

Bailey, J. M. (1999). Homosexuality and mental illness. *Archives of General Psychiatry, 56*(10), 883–884.

Bailey, J. M. (2003a). Personal communication.

Bailey, J. M. (2003b). *The man who would be queen: The science of gender-bending and transsexualism.* Washington, DC: Joseph Henry Press.

Bailey, J. M., & Pillard, R. C. (1991). A genetic study of male sexual orientation. *Archives of General Psychiatry, 48,* 1089–1096.

Bailey, J. M., et al. (1999). A family history study of male sexual orientation using three independent samples. *Behavior Genetics, 29*(2), 79–86.

Bakalar, N. (2005, November 22). Premature births increase along with C-sections. *The New York Times,* p. F8.

Baker, J. L., et al. (2008). Breastfeeding reduces postpartum weight retention. *American Journal of Clinical Nutrition, 88,* 1553–1551.

Balsam, K. F., et al. (2004). Culture, trauma, and wellness: A comparison of heterosexual and lesbian, gay, bisexual, and two-spirit Native Americans. *Cultural Diversity & Ethnic Minority Psychology, 10*(3), 287–301.

Bamgbose, O. (2002). Teenage prostitution and the future of the female adolescent in Nigeria. *International Journal of Offender Therapy & Comparative Criminology, 46*(5), 569–585.

Bancroft, J. (Ed.). (2003). *Sexual development in childhood.* Bloomington: Indiana University Press.

Bancroft, J., Carnes, L., & Janssen, E. (2005a). Unprotected anal intercourse in HIV-positive and HIV-negative gay men: The relevance of sexual arousability, mood, sensation seeking, and erectile problems. *Archives of Sexual Behavior, 34,* 299–305.

Bancroft, J., Carnes, L., Janssen, E., Goodrich, D., & Long, J. S. (2005b). Erectile and ejaculatory problems in gay and heterosexual men. *Archives of Sexual Behavior, 34*(3), 285–297.

Bancroft, J., et al. (2005c). The relevance of the dual control model to male sexual dysfunction: The Kinsey Institute/BASRT collaborative project. *Sexual & Relationship Therapy, 20,* 13–30.

Barak, A. (2005). Sexual harassment on the Internet. *Social Science Computer Review, 23*(1), 77–92.

Barbaree, H. E., & Blanchard, R. (2008). Sexual deviance over the lifespan. In D. R. Laws and W. T. O'Donohue (Eds.), *Sexual deviance: Theory, assessment, and treatment* (2nd ed., pp. 27–60). New York: Guilford Press.

Barnard, N. D., Scialli, A. R., Hurlock, D., & Bertron, P. (2000). Diet and sex-hormone binding globulin, dysmenorrhea, and premenstrual symptoms. *Obstetrics & Gynecology, 95,* 245–250.

Barnett, J. E., & Dunning, C. (2003). Clinical perspectives on elderly sexuality. *Archives of Sexual Behavior, 32*(3), 295–296.

Barney, D., & Feenberg, A. (Eds.). (2004). *Community in the digital age: Philosophy and practice.* Lanham, MD: Rowman & Littlefield.

Barrett, M. B. (1990). *Invisible lives: The truth about millions of women-loving women.* New York: Harper & Row (Perennial Library).

Barrett, S. E., Chin, J. L., Comas-Diaz, L., Espin, O., Greene, B., & McGoldrick, M. (2005). Multicultural feminist therapy: Theory in context. *Women & Therapy, 28*(3–4), 27–61.

Barrionuevo, A. (2009, March 28). Amid abuse of girls in Brazil, abortion debate flares. *The New York Times.*

Barsky, J. L., Friedman, M. A., & Rosen, R. C. (2006). Sexual dysfunction and chronic illness: The role of flexibility in coping. *Journal of Sex & Marital Therapy, 32*(3), 235–253.

Barth, R. P., et al. (2002). Methodological lessons from the National Survey of Child and Adolescent Well-Being: The first three years of the USA's first national probability study of children and families investigated for abuse and neglect. *Children & Youth Services Review, 24*(6–7), 513–541.

Bartolo, K. C. (2005). Mother–daughter incest: A guide for helping professionals. *Journal of Family Studies, 11*(2), 328–329.

Basile, K. C. (2002). Attitudes toward wife rape: Effects of social background and victim status. *Violence & Victims, 17*(3), 341–354.

Basow, S. A., & Rubenfeld, K. (2003). "Troubles talk": Effects of gender and gender-typing. *Sex Roles, 48*(3–4), 183–187.

Basson, B., Davis, S. R., & Rodenberg, C. (2009). Testosterone for low libido. *New England Journal of Medicine, 360*(7), 728–729.

Bastian, L. A., Smith, C. M., & Nanda, K. (2003). Is this woman perimenopausal? *Journal of the American Medical Association, 289,* 895–902.

Bauerle, S. Y., Amirkhan, J. H., & Hupka, R. B. (2002). An attribution theory analysis of romantic jealousy. *Motivation & Emotion, 26*(4), 297–319.

Baum, M. J., & Kelliher, K. R. (2009). Complementary roles of the main and accessory olfactory systems in mammalian mate recognition. *Annual Review of Physiology, 71,* 141–160.

Baumeister, R. F. (2000). Gender differences in erotic plasticity: The female sex drive as socially flexible and responsive. *Psychological Bulletin, 126*(3), 347–374.

Baumeister, R. F., Catanese, K. R., & Vohs, K. D. (2001). Is there a gender difference in strength of sex drive? Theoretical views, conceptual distinctions, and a review of relevant evidence. *Personality & Social Psychology Review, 5*(3), 242–273.

Bearak, B. (2006, July 9). The bride price. *The New York Times Magazine.* (Online).

Becerra, L., Breiter, H. C., Wise, R., Gonzalez, R. G., & Borsook, D. (2001). Reward circuitry activation by noxious thermal stimuli. *Neuron, 32*(5), 927–946.

Beckman, N., Waern, M., Gustafson, D., & Skoog, I. (2008). Secular trends in self reported sexual activity and satisfaction in Swedish 70 year olds: Cross sectional survey of four populations, 1971–2001. *British Medical Journal, 337,* a279.

Beech, A. R., Parrett, N., Ward, T., & Fisher, D. (2009). Assessing female sexual offenders' motivations and cognitions: an exploratory study. *Psychology, Crime & Law, 15*(2-3), 201–216.

Beech, A., et al. (2009). Evaluating rapists' distorted beliefs and deviant sexual fantasies: A preliminary study. *Journal of Aggression, Conflict, and Peace Research, 1*(1), 25–35.

Behrendt, N., Buhl, N., & Seidl, S. (2002). The lethal paraphiliac syndrome: Accidental autoerotic deaths in four women and a review of the literature. *International Journal of Legal Medicine, 116* (3). 148–152.

Belgrave, F. Z., van Oss Marian, B., & Chambers, D. B. (2000). Cultural, contextual, and intrapersonal predictors of risky sexual attitudes among urban African American girls in early adolescence. *Cultural Diversity and Ethnic Minority Psychology, 6*(3), 309–322.

Belkin, L. (2009, April 5). Your old man. *The New York Times Magazine.*

Bell, A. P., & Weinberg, M. S. (1978). *Homosexualities: A study of diversity among men and women.* New York: Simon & Schuster.

Bell, A. P., Weinberg, M. S., & Hammersmith, S. K. (1981). *Sexual preference: Its development in men and women.* Bloomington, IN: University of Indiana Press.

Bellavia, G., & Murray, S. (2003). Did I do that? Self esteem-related differences in reactions to romantic partner's mood. *Personal Relationships, 10*(1), 77–95.

Belluck, P. (2006, February 6). Fugitive in gay bar attacks dies after shootout with Arkansas police. *The New York Times.* (Online).

Bem, S. L. (1975). Sex role adaptability: One consequence of psychological androgyny. *Journal of Personality and Social Psychology, 31,* 634–643.

Bem, S. L. (1993). *The lenses of gender.* New Haven: Yale University Press.

Bem, S. L., Martyna, W., & Watson, C. (1976). Sex typing and androgyny: Further explorations of the expressive domain. *Journal of Personality and Social Psychology, 34,* 1016–1023.

Bengoa Vallejo, R. B., et al. (2008). Application of cantharidin and podophyllotoxin for the treatment of plantar warts. *Journal of the American Podiatric Medical Association, 98*(6), 445–450.

Benotsch, E. G., & Kalichman, S. C. (2002). Preventing HIV and AIDS. In L. A. Jason & D. S. Glenwick (Eds.), *Innovative strategies for promoting health and mental health across the life span* (pp. 205–226). New York: Springer.

Bentley, T. (2009, June 21). Harem envy. *The New York Times Magazine*, pp. 10–11.

Ben-Zur, H. (2003). Peer risk behavior and denial of HIV/AIDS among adolescents. *Sex Education, 3*(1), 75–85.

Berdahl, J. L., & Moore, C. (2006). Workplace harassment: Double jeopardy for minority women. *Journal of Applied Psychology, 91*(2), 426–436.

Berger, L. (2002, December 10). After long hiatus, new contraceptives emerge. *The New York Times.*

Bergner, D. (2009, January 22). What do women want? *The New York Times.*

Berke, R. L. (1997, June 15). Suddenly, the new politics of morality. *The New York Times,* p. E3.

Berke, R. L. (1998, August 2). Chasing the polls on gay rights. *The New York Times*, p. WK3.

Berman, J. R., & Berman, L. A., et al. (2001). Effect of sildenafil on subjective and physiologic parameters of the female sexual response in women with sexual arousal disorder. *Journal of Sex & Marital Therapy, 27*(5), 411–420.

Bernstein, I. M., et al. (2005). Maternal smoking and its association with birth weight. *Obstetrics & Gynecology, 106,* 986–991.

Bernstein, R. (2009). *The East, the West, and sex: A history of erotic encounters.* New York: Knopf.

Berry, D. A., et al. (2005). Effect of screening and adjuvant therapy on mortality from breast cancer. *The New England Journal of Medicine, 353,* 1784–1792.

Berscheid, E. (2003). On stepping on land mines. In R. J. Sternberg (Ed.), *Psychologists defying the crowd: Stories of those who battled the establishment and won* (pp. 33–44). Washington, DC: American Psychological Association.

Berscheid, E., & Walster, E. (1978). *Interpersonal attraction.* Reading, MA: Addison-Wesley.

Beutel, M. E., Stöbel-Richter, Y., & Brähler, E. (2008). Sexual desire and sexual activity of men and women across their lifespans: Results from a representative German community survey. *BJU International, 101*(1), 76–82.

Bhugra, D. (2004). Literature update: A critical review. *Sexual and Relationship Therapy, 19*(2), 201–208.

Bhugra, D. (2005). Queer theory. *Sexual and Relationship Therapy, 20*(4), 476.

Bhugra, D., Rahman, Q., & Bhintade, R. (2006). Sexual fantasy in gay men in India: A comparison with heterosexual men. *Sexual and Relationship Therapy, 21*(2), 197–207.

Bialy, M., & Sachs, B. D. (2002). Androgen implants in medial amygdala briefly maintain noncontact erection in castrated male rats. *Hormones & Behavior, 42*(3), 345–355.

Bianchi, S. M., & Spain, D. (1997). *Women, work and family in America.* Population Reference Bureau.

Bilefsky, D. (2009, March 11). Europeans debate castration of sex offenders. *The New York Times online.*

Billy, J. O. G., et al. (1993). The sexual behavior of men in the United States. *Family Planning Perspectives, 25,* 52–60.

Bimbi, D. S. (2007). Male prostitution: Pathology, paradigms and progress in research. *Journal of Homosexuality, 53*(1-2), 7–35.

Binik, Y. M. (2005). Should dyspareunia be retained as a sexual dysfunction in *DSM-V?* A painful classification decision. *Archives of Sexual Behavior, 34*(1), 11–21.

Blackwell, D. L., & Lichter, D. T. (2004). Homogamy among dating, cohabiting, and married couples. *Sociological Quarterly, 45*(4), 719–737.

Blake, S. M., et al. (2003). Condom availability programs in Massachusetts high schools: Relationships with condom use and sexual behavior. *American Journal of Public Health, 93,* 955–962.

Blanchard, R. (1988). Nonhomosexual gender dysphoria. *Journal of Sex Research, 24,* 188–193.

Blanchard, R. (1989). The concept of autogynephilia and the typology of male gender dysphoria. *Journal of Nervous & Mental Disease, 177*(10), 616–623.

Blanchard, R., Steiner, B. W., & Clemmensen, L. H. (1985). Gender dysphoria, gender reorientation, and the clinical management of transsexualism. *Journal of Consulting and Clinical Psychology, 53,* 295–304.

Blanker, M. H., et al. (2001). Erectile and ejaculatory dysfunction in a community-based sample of men 50 to 78 years old: Prevalence, concern, and relation to sexual activity. *Urology, 57*(4), 763–768.

Bletzer, K. V., & Koss, M. P. (2006). After rape among three populations in the southwest: A time of mourning, a time for recovery. *Violence Against Women, 12*(1), 5–29.

Blickstein, I., Goldman, R. D., & Mazkereth, R. (2000). Risk for one or two very low birth weight twins: A population study. *Obstetrics & Gynecology, 96*(3), 400–402.

Bloch, M., Rotenberg, N., Koren, D., & Ehud, K. (2006). Risk factors for early postpartum depressive symptoms. *General Hospital Psychiatry, 28*(1), 3–8.

Blow, A. J., & Hartnett, K. (2005). Infidelity in committed relationships II: A substantive review. *Journal of Family and Marital Therapy, 31*(2), 217–233.

Blow, C. M. (2009, June 27). The prurient trap. *The New York Times.*

Bobashev, G. V., Zule, W. A., Osilla, K. C., Kline, T. L., & Wechsberg, W. M. (2009). Transactional sex among men and women in the South at high risk for HIV and other STIs. (Accessed November 6, 2009). *Journal of Urban Health,* published online 10 June, 2009.

Bockting, W. O., & Fung, L. C. T. (2006). Genital reconstruction and gender identity disorders. In D. B. Sarwer (Ed.), *Psychological aspects of reconstructive and cosmetic plastic surgery: Clinical, empirical, and ethical perspectives* (pp. 207–229). New York: Lippincott Williams & Wilkins.

Bogaert, A. F. (2006). Toward a conceptual understanding of asexuality. *Review of General Psychology, 10*(3), 241–250.

Bogin, G. Y. (2006). Out of the darkness: Male adolescents and the experience of sexual victimization. *School Social Work Journal, 30*(2), 1–21.

Bogle, K. (2008). *Hooking up: Sex, dating, and relationships on campus.* New York: New York University Press.

Bolton, J. M., Sareen, J., & Reiss, J. P. (2006). Genital anaesthesia persisting six years after sertraline discontinuation. *Journal of Sex & Marital Therapy, 32*(4), 327–330.

Born, L., Soares, C. N., Phillips, S., Jung, M., & Steiner, M. (2006). Women and reproductive-related trauma. In R. Yehuda (Ed.), *Psychobiology of posttraumatic stress disorders: A decade of progress* (Vol. 1071, pp. 491–494). New York: Blackwell.

Boros, S., Mateuca, A., & Matus, M. (2005). The role of social identity in attributions—Evaluating the guilt in rape assault. *Cognitie Creier Comportament, 9*(1), 35–57.

Bos, H. M. W., Sandfort, T. G. M., de Bruyn, E. H., & Hakvoort, E. M. (2008). Same-sex attraction, social relationships, psychosocial functioning, and school performance in early adolescence. *Developmental Psychology, 44*(1), 59–68.

Boss, S., & Maltz, W. (2001). *Private thoughts: Exploring the power of women's sexual fantasies.* New York: New World Library.

Boston Women's Health Book Collective. (2005). *Our bodies, ourselves: A new edition for a new era.* New York: Touchstone.

Bower, B. (2009). Infectious voyagers: DNA suggests Columbus took syphilis to Europe. *Science News, 173*(3), 38.

Bowes-Sperry, L., & O'Leary–Kelly, A. M. (2005). To act or not to act: The dilemma faced by sexual harassment observers. *Academy of Management Review, 30*(2), 288–306.

Bowlby, J. (1969). *Attachment and loss* (Vol. 1). New York: Basic Books.

Boxer, S. (2000, July 22). Truth or lies? In sex surveys, you never know. *The New York Times.* (Online).

Boynton, P. (2008). A review of "G-strings and sympathy: Strip club regulars and male desire." *Journal of Sex & Marital Therapy, 34*(5), 457-459.

Bozell, B. (2005, December 30). Coming in 2006: Group marriage TV? www.townhall.com/opinion/columns/brentbozell/2005/12/30/180704.html.

Bradford, J. M. W. (1998). Treatment of men with paraphilia. *New England Journal of Medicine, 338,* 464–465.

Bradford, J. M. W. (2001). The neurobiology, neuropharmacology, and pharmacological treatment of the paraphilias and compulsive sexual behaviour. *Canadian Journal of Psychiatry, 46*(1), 26–34.

Bradley, S. J., Oliver, G. D., Chernick, A. B., & Zucker, K. J. (1998). Experiment of nurture: Ablatio penis at 2 months, sex reassignment at

7 months, and a psychosexual follow-up in young adulthood. *Pediatrics, 102*(1), e9.

Braithwaite, D. O., Olson, L. N., Golish, T. D., Soukup, C., & Turman, P. (2001). "Becoming a family": Developmental processes represented in blended family discourse. *Journal of Applied Communication Research, 29*(3), 221–247.

Bramlett, M. D., & Mosher, W. D. (2002). *Cohabitation, marriage, divorce, and remarriage*. National Center for Health Statistics, Vital Health Statistics, 23(22). www.cdc.gov/nchs/data/series/sr_23/sr23_022.pdf.

Brauer, M., ter Kuile, M. M., Laan, E., & Trimbos, B. (2009). Cognitive-affective correlates and predictors of superficial dyspareunia. *Journal of Sex & Marital Therapy, 35*(1), 1–24.

Brawley, O. (2009, March 24). In T. Parker-Pope, Screen or not? What those prostate studies mean. *The New York Times*.

Bray, P. F., et al. (2008). "Undesirable" lipid levels linked to HRT-related coronary events. *Inpharma, 1,* 20.

Brechin, S., & Bigrigg, A. (2006). Male and female sterilization. *Current Obstetrics & Gynaecology, 16*(1), 39–46.

Briken, P., Hill, A., Nika, E., & Berner, W. (2005). Obscene telephone calls—Relations to paraphilias, paraphilia related disorders and stalking. *Psychiatrische Praxis, 32*(6), 304–307.

Brin, D. J. (2004). The use of rituals in grieving for a miscarriage or stillbirth. *Women & Therapy, 27*(3–4), 123–132.

Brisch, K. H., et al. (2005). Effects of previous pregnancy loss on level of maternal anxiety after prenatal ultrasound screening for fetal malformation. *Journal of Loss & Trauma, 10*(2), 131–153.

Broder, M. S., Kanouse, D. E., Mittman, B. S., & Bernstein, S. J. (2000). The appropriateness of recommendations for hysterectomy. *Obstetrics & Gynecology, 95,* 199–206.

Brodkin, E. S., et al. (2002). Identification of quantitative trait loci that affect aggressive behavior in mice. *The Journal of Neuroscience, 22*(3), 1165–1170.

Brody, J. E. (1994, March 21). Notions of beauty transcend culture, new study suggests. *The New York Times,* p. A14.

Brody, J. E. (2000, May 16). Cybersex gives birth to a psychological disorder. *The New York Times,* pp. F7, F12.

Brodzinsky, D. M., & Palacios, J. (2005). *Psychological issues in adoption: Research and practice*. Westport, CT: Praeger Publishers/Greenwood Publishing Group.

Bronner, E. (1998, February 1). "Just say maybe. No sexology, please. We're Americans." *The New York Times*, p. WK6.

Bross, D. C. (2005). Invited commentary: Minimizing risks to children when they access the World Wide Web. *Child Abuse & Neglect, 29*(7), 749–752.

Broude, G. J., & Greene, S. J. (1976). Cross-cultural codes on twenty sexual attitudes and practices. *Ethnology, 15,* 409–429.

Brown, D. (2003). Pornography and erotica. In J. Bryant, D. Roskos–Ewoldsen, & J. Cantor (Eds.), *Communication and emotion: Essays in honor of Dolf Zillmann* (pp. 221–253). LEA's communication series. Hillsdale, NJ: Erlbaum.

Brown, G. R., & Haaser, R. C. (2005). Sexual disorders. In J. L. Levenson (Ed.), *The American psychiatric publishing textbook of psychosomatic medicine* (pp. 359–386). Washington, DC: American Psychiatric Publishing.

Brown, J., et al. (2009). Selective serotonin reuptake inhibitors for premenstrual syndrome. *Cochrane Database System Review, 15*(2), CD001396.

Brown, L. M., McNatt, P. S., & Cooper, G. D. (2003). Ingroup romantic preferences among Jewish and non-Jewish white undergraduates. *International Journal of Intercultural Relations, 27*(3), 335–354.

Brown, L. S. (2005). Prostitution, trafficking and traumatic stress. *Journal of Trauma & Dissociation, 6*(3), 143–145.

Brown, P. L., & Pogash, C. (2009, March 15). The pleasure principle. *The New York Times online.*

Brown, R., Balousek, S., Mundt, M., & Fleming, M. (2005). Methadone maintenance and male sexual dysfunction. *Journal of Addictive Diseases, 24*(2), 91–106.

Brown, S. L., & Manning, W. D. (2009). Family boundary ambiguity and the measurement of family structure: The significance of cohabitation. *Demography, 46*(1), 85–101.

Brown, T. (2002). A proposed model of bisexual identity development that elaborates on experiential differences of women and men. *Journal of Bisexuality, 2*(4), 67–91.

Browning, C. R. (2002). Trauma or transition: A life-course perspective on the link between childhood sexual experiences and men's adult well-being. *Social Science Research, 31*(4), 473–510.

Browning, D. S., Green, M. C., & Witte Jr., J. (Eds.). (2006). *Sex, marriage, and family in world religions.* New York: Columbia University Press.

Browning, J. R., Hatfield, E., Kessler, D., & Levine, T. (2000). Sexual motives, gender, and sexual behavior. *Archives of Sexual Behavior, 29*(2), 135–153.

Brunet, P. M., & Schmidt, L. A. (2008). Are shy adults really bolder online? It depends on the context. *CyberPsychology & Behavior, 11*(6), 707-709.

Bullough, V. L. (2002). Masturbation: A historical overview. *Journal of Psychology & Human Sexuality, 14(*2–3), 17–33.

Bunting, L., & McAuley, C. (2004). Teenage pregnancy and motherhood: The contribution of support. *Child & Family Social Work, 9*(2), 207–215.

Burch, B. (2008). Infidelity: Outlaws and in-laws and lesbian relationships. *Journal of Lesbian Studies, 12*(2-3), 145–159.

Burgess, A. W., & Morgenbesser, L. I. (2005). Sexual violence and seniors. *Brief Treatment and Crisis Intervention, 5*(2), 193–202.

Burt, M. R. (1980). Cultural myths and supports for rape. *Journal of Personality and Social Psychology, 38,* 217–230.

Bushman, B. J., Bonacci, A. M., van Dijk, M., & Baumeister, R. F. (2003). Narcissism, sexual refusal, and aggression: Testing a narcissistic reactance model of sexual coercion. *Journal of Personality and Social Psychology, 84*(5), 1027–1040.

Buss, D. M. (1994). *The evolution of desire: Strategies of human mating.* New York: Basic Books.

Buss, D. M. (Ed.). (2005). *The handbook of evolutionary psychology*. Hoboken, NJ: Wiley.

Buss, D. M. (2009). An evolutionary formulation of person–situation interactions. *Journal of Research in Personality, 43*(2), 241–242.

Buss, D. M. (2009). The great struggles of life: Darwin and the emergence of evolutionary psychology. *American Psychologist, 64*(2), 140–148.

Butler, J. (1993). *Bodies that matter: On the discursive limits of sex.* New York: Routledge.

Butler, J. (2003). *Kritik der ethischen Gewalt.* Adorno lectures, 2002. Frankfurt am Main: Institut fur Sozialforschung an der Johann Wolfgang Goethe-Universitat.

Byerly, M. J., et al. (2006). Sexual dysfunction associated with second-generation antipsychotics in outpatients with schizophrenia or schizoaffective disorder: An empirical evaluation of olanzapine, risperidone, and quetiapine. *Schizophrenia Research, 86*(1–3), 244–250.

Byers, E. S., & Grenier, G. (2003). Premature or rapid ejaculation: Heterosexual couples' perceptions of men's ejaculatory behavior. *Archives of Sexual Behavior, 32*(3), 261–270.

Byrd, J., Hyde, J. S., DeLamater, J. D., & Plant, E. A. (1998). Sexuality during pregnancy and the year postpartum. *Journal of Family Practice, 47*(4), 305–308.

Cacioppo, J. T., Hawkley, L. C., & Bernston, G. G. (2003). The anatomy of loneliness. *Current Directions in Psychological Science, 12*(3), 71–74.

Cado, S., & Leitenberg, H. (1990). Guilt reactions to sexual fantasies during intercourse. *Archives of Sexual Behavior, 19,* 49–64.

Caffaro, J. V., & Conn-Caffaro, A. (2005). Treating sibling abuse families. *Aggression and Violent Behavior, 10*(5), 604–623.

Cai, R., Alexander, M., & Marson, L. (2008). Activation of somatosensory afferents elicit changes in vaginal blood flow and the urethrogenital reflex via autonomic efferents. *The Journal of Urology*, 180(3), 1167–1172.

Call, V., Sprecher, S., & Schwartz, P. (1995). The incidence and frequency of marital sex in a national sample. *Journal of Marriage and the Family, 57,* 639–652.

Campbell, R. (2006). Rape survivors' experiences with the legal and medical systems: Do rape victim advocates make a difference? *Violence Against Women, 12*(1), 30–45.

Campbell, R., & Wasco, S. M. (2005). Understanding rape and sexual assault: 20 years of progress and future directions. *Journal of Interpersonal Violence, 20*(1), 127–131.

Campbell, W. K., Foster, C. A., & Finkel, E. J. (2002). Does self-love lead to love for others? A story of narcissistic game playing. *Journal of Personality & Social Psychology, 83*(2), 340–354.

Cancer Statistics, 2008. In American Cancer Society. (2009). http://www.cancer.org/downloads/STT/Cancer_Statistics_2008.ppt#405,10,Cancer Sites in Men for Which African American Death Rates Exceed White Death Rates, US, 2000–2004.

Caporaletti, J. (2006, September 20). *Prostitution is a world-wide problem.* www.collegiatetimes.com.

Carey, B. (2005, January 11). The secret lives of just about everybody. *The New York Times online.*

Carlson, N. (2007). *Physiology of behavior* (9th ed.). Boston: Allyn & Bacon.

Carpenter, L. M., Nathanson, C. A., & Kim, Y. J. (2009). Physical women, emotional men: Gender and sexual satisfaction in midlife. *Archives of Sexual Behavior, 38*(1), 87–107.

Carrère, S., Buehlman, K. T., Gottman, J. M., Coan, J. A., & Ruckstuhl, L. (2000). Predicting marital stability and divorce in newlywed couples. *Journal of Family Psychology, 14*(1), 42–58.

Carroll, J. S., et al. (2008). Generation XXX: Pornography acceptance and use among emerging adults. *Journal of Adolescent Research, 23*(1), 6–30.

Carter, D. J., & Dalla, R. L. (2006). Transactional analysis case report: Street-level prostituted women as mental health care clients. *Sexual Addiction & Compulsivity, 13*(1), 95–119.

Castellsague, X., et al. (2002). Male circumcision, penile human papillomavirus infection, and cervical cancer in female partners. *New England Journal of Medicine, 346*(15), 1105–1112.

Ceci, S. J., Williams, W. M., & Barnett, S. R. (2009). Women's underrepresentation in science. *Psychological Bulletin, 135*(2), 218–261.

Celizic, M. (2009, March 10). With child porn charges being leveled, some say laws are behind the times. TODAYShow.com (contributor).

Centers for Disease Control and Prevention (CDC). (2001, June). *Genital herpes.* National Center for HIV, STD and TB Prevention. Division of Sexually Transmitted Diseases. www.cdc.gov/nchstp/dstd/Fact_Sheets/facts_.Genital_Herpes.htm.

Centers for Disease Control and Prevention (CDC). (2002a). *Oral alternatives to cefixime for the treatment of uncomplicated* Neisseria gonorrhoeae *urogenital infections.* National Center for HIV, STD and TB Prevention. Division of Sexually Transmitted Diseases. www.cdc.gov/STD/treatment/Cefixime.htm.

Centers for Disease Control and Prevention (CDC). (2002b). *Laboratory guidelines screening tests to detect* Chlamydia trachomatis *and* Neisseria gonorrhoeae *infections.* National Center for HIV, STD and TB Prevention. Division of Sexually Transmitted Diseases. www.cdc.gov/STD/LabGuidelines/default.htm.

Centers for Disease Control and Prevention (CDC). (2003). *HIV/AIDS surveillance report: U.S. HIV and AIDS cases reported through December 2002, 14*(2).

Centers for Disease Control and Prevention (CDC). (2005a). *STD surveillance 2005.* www.cdc.gov/std/stats/toc2004.htm.

Centers for Disease Control and Prevention (CDC). (2005b). *DES Update: For Consumers.* www.cdc.gov/DES/consumers/index.html.

Centers for Disease Control and Prevention (CDC). (2006). *Sexually transmitted diseases.* Various fact sheets.

Centers for Disease Control and Prevention (CDC). (2008). HIV and AIDS in the United States: A picture of today's epidemic. Accessed December 22, 2008. http://www.cdc.gov/HIV/topics/surveillance/united_states.htm.

Centers for Disease Control and Prevention (CDC). (2009a, February 28). Cases of HIV infection and AIDS in the United States and dependent areas, 2007. http://www.cdc.gov/hiv/topics/surveillance/resources/reports/2007/report/table13.htm.

Centers for Disease Control and Prevention (CDC). (2009b, January 13). Trends in reportable sexually transmitted diseases in the United States, 2007: National surveillance data for chlamydia, gonorrhea, and syphilis. http://www.cdc.gov/std/stats07/trends.htm.

Chaiyavej, S., & Morash, M. (2009). Reasons for policewomen's assertive and passive reactions to sexual harassment. *Police Quarterly, 12*(1), 63–85.

Champion, D. R. (2006). Sexual harassment: Criminal justice and academia. *Criminal Justice Studies: A Critical Journal of Crime, Law & Society, 19*(2), 101–109.

Chance, S. E., Brown, R. T., Dabbs, J. M., Jr., & Casey, R. (2000). Testosterone, intelligence and behavior disorders in young boys. *Personality & Individual Differences, 28*(3), 437–445.

Chandler, C. H., & Zamudio, K. R. (2008). Reproductive success by large, closely related males facilitated by sperm storage in an aggregate breeding amphibian. *Molecular Ecology, 17*(6), 1564–1576.

Chandra, A., et al. (2008). Does watching sex on television predict teen pregnancy? Findings from a national longitudinal survey of youth. *Pediatrics, 122*(5), 1047–1054.

Chao, Q., Wang, P., & He, N. (2001). Comparative research on self-concept of middle school students from complete and divorced families. *Chinese Journal of Clinical Psychology, 9*(2), 143.

Chatham, M. L. (2008). Early predictors of disinhibited attachment behaviors among internationally adopted children. *Dissertation Abstracts International: Section B: The Sciences and Engineering, 69*(3-B), p. 1985.

Chavez, M. L., & Spitzer, M. F. (2002). Herbals and other dietary supplements for premenstrual syndrome and menopause. *Psychiatric Annals, 32*(1), 61–71.

Cheng, H., & Furnham, A. (2002). Personality, peer relations, and self-confidence as predictors of happiness and loneliness. *Journal of Adolescence, 25*(3), 327–339.

Chesler, P. (2006, February 24). The failure of feminism. *Chronicle of Higher Education, 52*(25).

Cheyne, R. A. (2005). The sanctification of parenting and adoption among special needs adoptive parents. *Dissertation Abstracts International: Section B: The Sciences and Engineering, 66*(1-B), p. 545.

Chisholm, J., & Greene, B. (2008). Women of color: Perspectives on multiple identities in psychological theory, research, and practice. In F. L. Denmark & M. A. Paludi (Eds.), *Psychology of women* (2nd ed., pp. 40–69). Westport, CT: Greenwood Publishing Group.

Chivers, M., & Bailey, J. M. (2005). A sex difference in features that elicit genital response. *Biological Psychology, 70*(2), 115–120.

Chivers, M. L., & Bailey, J. M. (2007). The sexual physiology of sexual orientation. In E. Janssen (Ed.), *The psychophysiology of sex. The Kinsey Institute series* (pp. 458–474). Bloomington: Indiana University Press.

Chivers, M. L., Rieger, G., Latty, E., & Bailey, J. M. (2004). A sex difference in the specificity of sexual arousal. *Psychological Science, 15*(11), 736–744.

Chivers, M. L., Seto, M. C., & Blanchard, R. (2007). Gender and sexual orientation differences in sexual response to sexual activities versus gender of actors in sexual films. *Journal of Personality and Social Psychology, 93*(6), 1108–1121.

Chlebowski, R, et al. (2003). Influence of estrogen plus progestin on breast cancer and mammography in healthy postmenopausal women: The Women's Health Initiative Randomized Trial. *Journal of the American Medical Association, 289,* 3243–3253.

Chlebowski, R., et al. (2009, May 30). HRT increases risk for death from non-small-cell lung cancer. American Society of Clinical Oncology, 45th Meeting.

Cho, S., Park, E. S., Park, C. I., & Na, S. (2004). Characteristics of psychosexual functioning in adults with cerebral palsy. *Clinical Rehabilitation, 18*(4), 423–429.

Clay, R. A. (2006). Battling the self-blame of infertility. *Monitor on Psychology, 37*(8), 44–45.

Clendenen, T. V., et al. (2009). Postmenopausal levels of endogenous sex hormones and risk of colorectal cancer. *Cancer Epidemiology Biomarkers & Prevention, 18,* 275.

Clendenning, A. (2004, April 29). *Yale global online.* www.yaleglobal.yale.edu.

Cnattingius, S. (2004). The epidemiology of smoking during pregnancy: Smoking prevalence, maternal characteristics, and pregnancy outcomes. *Nicotine & Tobacco Research,* 6(Suppl. 2), S125–S140.

Cnattingius, S., Bergstrom, R., Lipworth, L., & Kramer, M. S. (1998). Pre-pregnancy weight and the risk of adverse pregnancy outcomes. *New England Journal of Medicine, 338,* 147–152.

Cohen, A. B., & Tannenbaum, I. J. (2001). Lesbian and bisexual women's judgments of the attractiveness of different body types. *Journal of Sex Research, 38*(3), 226–232.

Cohen, D. L., & Belsky, J. (2008). Individual differences in female mate preferences as a function of attachment and hypothetical ecological conditions. *Journal of Evolutionary Psychology, 6*(1), 25–42.

Cohen, L. S., et al. (2006). Relapse of major depression during pregnancy in women who maintain or discontinue antidepressant treatment. *Journal of the American Medical Association, 295*(5), 499–507.

Cohen, M. S. (2000). Preventing sexual transmission of HIV: New ideas from sub-Saharan Africa. *The New England Journal of Medicine, 342*(13), 970–973.

Cohen-Bendahan, C. C. C., van de Beek, C., & Berenbaum, S. A. (2005). Prenatal sex hormone effects on child and adult sex-typed behavior: Methods and findings. *Neuroscience & Biobehavioral Reviews, 29*(2), 353–384.

Colapinto, J. (2000). *As nature made him: The boy who was raised as a girl.* New York: HarperCollins.

Colditz, G. A., & Rosner, B. A. (2000). Cumulative risk for breast cancer to age 70 years according to risk factor status. Data from the Nurses' Health Study. *American Journal of Epidemiology, 152*(10), 950–964.

Colditz, G. A., et al. (2004). Risk factors for breast cancer according to estrogen and progesterone receptor status. *Journal of the National Cancer Institute, 96*, 218–228.

Cole, F. S. (2000). Extremely preterm birth—Defining the limits of hope. *The New England Journal of Medicine, 343*(6).

Cole, T. B. (2006). Rape at US colleges often fueled by alcohol. *Journal of the American Medical Association, 296*(5), 504–505.

Coleman, E. (2002). Masturbation as a means of achieving sexual health. *Journal of Psychology & Human Sexuality, 14*(2–3), 5–16.

Coleman, M., Ganong, L. H., & Fine, M. (2000). Reinvestigating remarriage: Another decade of progress. *Journal of Marriage & the Family, 62*(4), 1288–1307.

Collaer, M. L., & Hill, E. M. (2006). Large sex difference in adolescents on a timed line judgment task: Attentional contributors and task relationship to mathematics. *Perception, 35*(4), 561–572.

Collaer, M. L., & Hines, M. (1995). Human behavioral sex differences: A role for gonadal hormones during early development? *Psychological Bulletin, 118*(1), 55–107.

Collins, C., Harshbarger, C., Sawyer, R., & Hamdallah, M. (2006). The diffusion of effective behavioral interventions project: Development, implementation, and lessons learned. *AIDS Education and Prevention, 18*(Suppl. A), 5–20.

Collins, L. (2004). We are not gay. In K. K. Kumashiro (Ed.), *Restoried selves: Autobiographies of queer Asian/Pacific American activists* (pp. 13–17). New York: Harrington Park Press/The Haworth Press.

Collins, N. L., & Miller, L. C. (1994). Self-disclosure and liking: A meta-analytic review. *Psychological Bulletin, 116*(1), 457–475.

Collins, R. L., et al. (2004). Watching sex on television predicts adolescent initiation of sexual behavior. *Pediatrics, 114*(3), e280–e289.

Colson, M.-H., Lemaire, A., Pinton, P., Hamidi, K., & Klein, P. (2006). Sexual behaviors and mental perception, satisfaction and expectations of sex life in men and women in France. *Journal of Sexual Medicine, 3*(1), 121–131.

Conley, S. (2009, March 26). In B. Alexander, "Sex surrogates" put personal touch on therapy: Despite dubious legality, some counselors still prescribe practice to patients. http://www.msnbc.msn.com/id/29881206/.

Connolly, J., Craig, W., Goldberg, A., & Pepler, D. (2004). Mixed-gender groups, dating, and romantic relationships in early adolescence. *Journal of Research on Adolescence, 14*(2), 185–207.

Connor, E. M., et al. (1994). Reduction of maternal–infant transmission of human immunodeficiency virus type 1 with zidovudine treatment. *New England Journal of Medicine, 331*, 1173–1180.

Connor, P. D., Sampson, P. D., Streissguth, A. P., Bookstein, F. L., & Barr, H. M. (2006). Effects of prenatal alcohol exposure on fine motor coordination and balance: A study of two adult samples. *Neuropsychologia, 44*(5), 744–751.

Cooke, B. M., Breedlove, S. M., & Jordan, C. L. (2003). Both estrogen receptors and androgen receptors contribute to testosterone-induced changes in the morphology of the medial amygdala and sexual arousal in male rats. *Hormones & Behavior, 43*(2), 336–346.

Cooper, A. J., Galbreath, N., & Becker, M. A. (2004). Sex on the Internet: Furthering our understanding of men with online sexual problems. *Psychology of Addictive Behaviors, 18*(3), 223–230.

Cooper, A., Delmonico, D. L., & Burg, R. (2000). Cybersex users, abusers, and compulsives: New findings and implications. *Sexual Addiction & Compulsivity, 7*(1–2), 5–29.

Cooper, A., Delmonico, D. L., Griffin-Shelley, E., & Mathy, R. M. (2004). Online sexual activity: An examination of potentially problematic behaviors. *Sexual Addiction & Compulsivity, 11*(3), 129–143.

Corona, G., et al. (2009). The age-related decline of testosterone is associated with different specific symptoms and signs in patients with sexual dysfunction. *International Journal of Andrology*, 10.1111/j.1365-2605.2009.00952.

Cortina, L. M., & Wasti, S. A. (2005). Profiles in coping: Responses to sexual harassment across persons, organizations, and cultures. *Journal of Applied Psychology, 90*(1), 182–192.

Courtenay, W. H. (2000). Engendering health: A social constructionist examination of men's health beliefs and behaviors. *Psychology of Men & Masculinity, 1*(1), 4–15.

Cove, J., & Petrak, J. (2004). Factors associated with sexual problems in HIV-positive gay men. *International Journal of STD & AIDS, 15*(11), 732–736.

Cox, B., Sneyd, M. J., Paul, C., & Skegg, D. C. G. (2006). Risk factors for prostate cancer: A national case-control study. *International Journal of Cancer, 119*(7), 1690–1694.

Cox, D. J. (1988). Incidence and nature of male genital exposure behavior as reported by college women. *Journal of Sex Research, 24*, 227–234.

Cox, W. M., & Alm, R. (2005, February 25). Scientists are made, not born. *The New York Times*. (Online).

Coyle, J. P. (2006). Treating difficult couples: Helping clients with coexisting mental and relationship disorders. *Family Relations: Interdisciplinary Journal of Applied Family Studies, 55*(1), 146–147.

Craig, R. J. (2005). Harassment. In R. J. Craig (Ed.), *Personality-guided forensic psychology. Personality-guided psychology* (pp. 155–167). Washington, DC: American Psychological Association.

Cramer, D. (2003). Facilitativeness, conflict, demand for approval, self-esteem, and satisfaction with romantic relationships. *Journal of Psychology, 137*(1), 85–98.

Crepaz, N., Hart, T. A., & Marks, G. (2004). Highly active antiretroviral therapy and sexual risk behavior: A meta-analytic review. *Journal of the American Medical Association, 292*(2), 224–236.

Crews, D. (1994). Animal sexuality. *Scientific American, 270*(1), 108–114.

Critelli, J. W., & Bivona, J. M. (2008). Women's erotic rape fantasies: An evaluation of theory and research. *Journal of Sex Research, 45*(1), 57–70.

Crosby, R., Yarber, W., Sanders, S., & Graham, C. (2005). Condom discomfort and associated problems with their use among university students. *Journal of American College Health 54*(3), 143–147.

Crowley, T., Richardson, D., Goldmeier, D., & BASHH Special Interest Group for Sexual Dysfunction. (2006). Recommendations for the management of vaginismus: BASHH Special Interest Group for Sexual Dysfunction. *International Journal of STD & AIDS, 17*(1), 14–18.

Crum, N. F., Furtek, K. J., Olson, P. E., Amling, C. L., & Wallace, M. R. (2005). A review of hypogonadism and erectile dysfunction among HIV-infected men during the pre-and post-HAART eras: Diagnosis, pathogenesis, and management. *AIDS Patient Care and STDs, 19*(10), 869–885.

Csoka, A. B., & Shipko, S. (2006). Persistent sexual side effects after SSRI discontinuation. *Psychotherapy and Psychosomatics, 75*(3), 187–188.

Cummings, S. R., et al. (1999). The effect of raloxifene on risk of breast cancer in postmenopausal women: Results from the MORE randomized trial. *Journal of the American Medical Association, 281*, 2189–2197.

Cunningham, A. L., et al. (2006). Prevalence of infection with herpes simplex virus types 1 and 2 in Australia: A nationwide population based survey. *Sexually Transmitted Infections, 82*, 164–168.

Cunningham, M. R., & Barbee, A. P. (2008). Prelude to a kiss: Nonverbal flirting, opening gambits, and other communication dynamics in the initiation of romantic relationships. In S. Sprecher, A. Wenzel, & J. Harvey (Eds.), *Handbook of relationship initiation* (pp. 97–120). New York: CRC Press.

Cunningham, M. R., et al. (1995). "Their ideas of beauty are, on the whole, the same as ours": Consistency and variability in the cross-cultural perception of female physical attractiveness. *Journal of Personality and Social Psychology, 68*(2), 261–279.

Curnoe, S., & Langevin, R. (2002). Personality and deviant sexual fantasies: An examination of the MMPIs. *Journal of Clinical Psychology, 58*(7), 803–815.

Cutler, W. B. (1999). Human sex-attractant hormones: Discovery, research, development, and application in sex therapy. *Psychiatric Annals, 29*(1), 54–59.

Cutler, W. B., Friedmann, E., & McCoy, N. L. (1998). Pheromonal influences on sociosexual behavior in men. *Archives of Sexual Behavior, 27*(1), 1–13.

Cyr, M., Wright, J., McDuff, P., & Perron, A. (2002). Intrafamilial sexual abuse: Brother–sister incest does not differ from father–daughter and stepfather–stepdaughter incest. *Child Abuse & Neglect, 26*(9), 957–973.

D'Angelo, D., et al. (2007). Preconception and interconception health status of women who recently gave birth to a live-born infant—Pregnancy risk assessment monitoring system. *Morbidity and Mortality Weekly Report, 56*(SS10), 1–35.

Dabbs, J. M., Jr., & Morris, R. (1990). Testosterone, social class, and antisocial behavior in a sample of 4,462 men. *Psychological Science, 1*, 1–3.

Dahl, D. W., Sengupta, J., & Vohs, K. D. (2009,

January 9). Sex in advertising: Gender differences and the role of relationship commitment, *Journal of Consumer Research*, published electronically.

Daley, A. (2009). Exercise and premenstrual symptomatology: A comprehensive review. *Journal of Women's Health, 18*(6), 895–899.

Dalla, R. L. (2006). "You can't hustle all your life": An exploratory investigation of the exit process among street-level prostituted women. *Psychology of Women Quarterly, 30*(3), 276–290.

Daly, M., & Wilson, M. (2003). Evolutionary psychology of lethal interpersonal violence. In W. Heitmeyer & J. Hagan (Eds.), *Handbook of research on violence* (pp. 709–734). New York: Westview.

Daly, M., & Wilson, M. (2005). Human behavior as animal behavior. In J. J.Bolhuis & L. A Giraldeau (Eds.), *The behavior of animals. Mechanisms, function, and evolution* (pp. 393–408). Oxford: Blackwell.

Damon, W. (2002). Dominance, sexism, and inadequacy: Testing a compensatory conceptualization in a sample of heterosexual men involved in SM. *Journal of Psychology & Human Sexuality, 14*(4), 25–45.

Daneback, K., Ross, M. W., & Månsson, S. (2006). Characteristics and behaviors of sexual compulsives who use the Internet for sexual purposes. *Sexual Addiction & Compulsivity, 13*(1), 53–67.

Dantzker, M. L., & Eisenman, R. (2003). Sexual attitudes among Hispanic college students: Differences between males and females. *International Journal of Adolescence & Youth, 11*(1), 79–89.

Darcangelo, S. (2008). Fetishism: Psychopathology and theory. In D. R. Laws and W. T. O'Donohue (Eds.), *Sexual deviance: Theory, assessment, and treatment* (2nd ed., pp. 76–107). New York: Guilford Press.

Darling, C. A., Davidson, J. K., & Jennings, D. A. (1991). The female sexual response revisited: Understanding the multiorgasmic experience in women. *Archives of Sexual Behavior, 20*, 527–540.

Das, A., et al. (2009). Frontiers of retrovirology: Complex retroviruses, retroelements and their hosts. Montpellier, France. 21-23 September 2009. *Retrovirology*, 6(Suppl 2), I24.

Davidson, J. K., & Hoffman, L. E. (1986). Sexual fantasies and sexual satisfaction: An empirical analysis of erotic thought. *Journal of Sex Research, 22*(2), 184–205.

Davies, M. (2004). Correlates of negative attitudes toward gay men: Sexism, male role norms, and male sexuality. *Journal of Sex Research, 41*(3), 259–266.

Davis, D., Shaver, P. R., & Vernon, M. L. (2003). Physical, emotional, and behavioral reactions to breaking up: The roles of gender, age, emotional involvement, and attachment style. *Personality & Social Psychology Bulletin, 29*(7), 871–884.

Davis, K. E., & Frieze, I. H., & Maiuro, R. D. (Eds.). (2002). *Stalking: Perspectives on victims and perpetrators* (pp. 212–236). New York: Springer.

Davis, S. (2000). Testosterone and sexual desire in women. *Journal of Sex Education & Therapy, 25*(1), 25–32.

Davis, S. R., et al. (2008). Testosterone for low libido in postmenopausal women not taking estrogen. *New England Journal of Medicine, 359*, 2005.

Davis, T. L., & Liddell, D. L. (2002). Getting inside the house: The effectiveness of a rape prevention program for college fraternity men. *Journal of College Student Development, 43*(1), 35–50.

Davison, G. C. (1977). Elimination of a sadistic fantasy by a client-controlled counter-conditioning technique. In J. Fischer & H. Gochios (Eds.), *Handbook of behavior therapy with sexual problems*. New York: Pergamon.

Dawood, K., Bailey, J. M., & Martin, N. G. (2009). Genetic and environmental influences on sexual orientation. In Y-K. Kim (Ed.), *Handbook of behavior genetics* (pp. 269–279). New York: Springer.

De Vries, G. J., et al. (2002). A model system for study of sex chromosome effects on sexually dimorphic neural and behavioral traits. *Journal of Neuroscience, 22*(20), 9005–9014.

Deci, E. L., La Guardia, J. G., Moller, A. C., Scheiner, M. J., & Ryan, R. M. (2006). On the benefits of giving as well as receiving autonomy support: Mutuality in close friendships. *Personality and Social Psychology Bulletin, 32*(3), 313–327.

Degenhardt, L., Day, C., Conroy, E., & Gilmour, S. (2006). Examining links between cocaine use and street-based sex work in New South Wales, Australia. *Journal of Sex Research, 43(2)*, 107–114.

Dekker, A., & Schmidt, G. (2002). Patterns of masturbatory behaviour: Changes between the sixties and the nineties. *Journal of Psychology & Human Sexuality, 14*(2–3), 35–48.

Delgado, A. R., & Prieto, G. (2004). Cognitive mediators and sex-related differences in mathematics. *Intelligence, 32*(1), 25–32.

Delgado, J. (1969). *Physical control of the mind*. New York: Harper & Row.

den Tonkelaar, I., & Oddens, B. J. (2000). Determinants of long-term hormone replacement therapy and reasons for early discontinuation. *Obstetrics & Gynecology, 95*(4), 507–512.

Denmark, F., Paludi, M. A., & Lott, B. (2008). *Psychology of women: A handbook of issues and theories*. Santa Barbara, CA: Greenwood Press.

Dennerstein, L., & Goldstein, I. (2005). Postmenopausal female sexual dysfunction: At a crossroads. *Journal of Sexual Medicine*, 2(Suppl. 3), 116–117.

Derby, C. A. (2000, October 2). Cited in Study finds exercise reduces the risk of impotence. The Associated Press.

Derlega, V. J., Winstead, B. A., & Greene, K. (2008). Self-disclosure and starting a close relationship. In S. Sprecher, A. Wenzel, & J. Harvey (Eds.), *Handbook of relationship initiation* (pp.153–174). New York: CRC Press.

Dhar, N. B. (2006). Vasectomy men pose pregnancy risk. *British Journal of Urology International, 97*, 773–776.

Diamond, L. (2008). *Sexual fluidity: Understanding women's love and desire*. Cambridge, MA: Harvard University Press.

Diamond, L. M. (2000). Sexual identity, attractions, and behavior among young sexual-minority women over a 2-year period. *Developmental Psychology, 36*(2), 241–250.

Diamond, L. M. (2002). "Having a girlfriend without knowing it": Intimate friendships among adolescent sexual-minority women. *Journal of Lesbian Studies, 6*(1) 5–16.

Diamond, L. M. (2003a). Was it a phase? Young women's relinquishment of lesbian/bisexual identities over a 5-year period. *Journal of Personality & Social Psychology, 84*(2), 352–364.

Diamond, L. M. (2003b). What does sexual orientation orient? A biobehavioral model distinguishing romantic love and sexual desire. *Psychological Review, 110*(1), 173–192.

Diamond, L. M. (2008). Female bisexuality from adolescence to adulthood: Results from a 10-year longitudinal study. *Developmental Psychology, 44*(1), 5–14.

Diamond, M. (1996). Prenatal predisposition and the clinical management of some pediatric conditions. *Journal of Sex & Marital Therapy, 22*(3), 139–147.

Dijkstra, P., & Buunk, B. P. (2002). Sex differences in the jealousy-evoking effect of rival characteristics. *European Journal of Social Psychology, 32*(6), 829–852.

Dilley, J. W., et al. (2003). Availability of combination therapy for HIV: Effects on sexual risk taking in a sample of high-risk gay and bisexual men. *AIDS Care, 15*(1), 27–37.

Dindia, K., & Allen, M. (1992). Sex differences in self-disclosure: A meta-analysis. *Psychological Bulletin, 112*, 106–124.

Dindia, K., & Timmerman, L. (2003). Accomplishing romantic relationships. In J. O. Greene & B. R. Burleson (Eds.), *Handbook of communication and social interaction skills* (pp. 685–721). Mahwah, NJ: Erlbaum.

Ding, Q. J., & Hesketh, T. (2006). Family size, fertility preferences, and sex ratio in China in the era of the one child family policy: Results from National Family Planning and Reproductive Health Survey. *British Medical Journal, 333*(7564), 371–373.

Disney, E. R., Iacono, W., McGue, M., Tully, E., & Legrand, L. (2008). Strengthening the case: Prenatal alcohol exposure is associated with increased risk for conduct disorder. *Pediatrics, 122*(6), e1225–e1230.

Dittert, S., Seidl, O., & Soyka, M. (2005). Zoophilia as a special case of paraphilia. Presentation of three case reports and an Internet survey. *Nervenarzt, 76*(1), 61–67.

Do, C., et al. (2009). Statins and erectile dysfunction: Results of a case/non-case study using the French Pharmacovigilance System Database. *Drug Safety, 32*(7), 591–597.

Donald, M., Dower, J., Correa-Velez, I., & Jones, M. (2006). Risk and protective factors for medically serious suicide attempts: A comparison of hospital-based with population-based samples of young adults. *Australian and New Zealand Journal of Psychiatry, 40*(1), 87–96.

Donnerstein, E. (1980). Aggressive erotica and violence against women. *Journal of Personality and Social Psychology, 39*, 269–277.

Donnerstein, E., & Berkowitz, L. (1981). Victim reactions in aggressive erotic films as a factor in violence against women. *Journal of Personality and Social Psychology, 41*, 710–724.

Donnerstein, E. I., & Linz, D. G. (1987). *The question of pornography*. New York: The Free Press.

Downs, M., & Nazario, B. (2003, February 11).

Aphrodisiacs through the ages. WebMD Features. (Online).

Drews, C. D., et al. (April 1996). *Pediatrics*.

Drigotas, S. M., Rusbult, C. E., & Verette, J. (1999). Level of commitment, mutuality of commitment, and couple well-being. *Personal Relationships, 6*(3) 389–409.

Driver, J., Tabares, A., Shapiro, A., Nahm, E. Y., & Gottman, J. M. (2003). Interactional patterns in marital success and failure: Gottman laboratory studies. In F. Walsh (Ed.), *Normal family processes: Growing diversity and complexity* (3rd ed., pp. 493–513). New York: Guilford

Duenwald, M. (2002, July 16). Hormone therapy: One size, clearly, no longer fits all. *The New York Times*.

Duggan, L. (2006a). Censorship in the name of feminism. In L. Duggan & N. D. Hunter (Eds.), *Sex wars: Sexual dissent and political culture* (10th ed., pp. 29–39). Oxford, UK: Routledge/Taylor & Francis Group.

Duggan, L. (2006b). Feminist historians and antipornography campaigns: An overview. In L. Duggan & N. D. Hunter (Eds.), *Sex wars: Sexual dissent and political culture* (10th ed., pp. 65–69). Oxford, UK: Routledge/Taylor & Francis Group.

Duggan, L., Hunter, N. D., & Vance, C. S. (2006). False promises: Feminist antipornography legislation. In L. Duggan & N. D. Hunter (Eds.), *Sex wars: Sexual dissent and political culture* (10th ed., pp. 43–64). Oxford, UK: Routledge/Taylor & Francis Group.

Duggirala, M. K., et al. (2003). A human papillomavirus type 16 vaccine. *New England Journal of Medicine, 348*, 1402–1405.

Duke, L. A., Allen, D. N., Rozee, P. D., & Bommaritto, M. (2008). The sensitivity and specificity of flashbacks and nightmares to trauma. *Journal of Anxiety Disorders, 22*(2), 319–327.

Dye, M. L., & Davis, K. E. (2003). Stalking and psychological abuse: Common factors and relationship-specific characteristics. *Violence & Victims, 18*(2), 163–180.

Dzokoto, V. A., & Adams, G. (2005). Understanding genital-shrinking epidemics in West Africa: Koro, juju, or mass psychogenic illness? *Culture, Medicine and Psychiatry, 29*(1), 53–78.

Eason, E., & Feldman, P. (2000). Much ado about a little cut: Is episiotomy worthwhile? *Obstetrics & Gynecology, 95*(4), 616–618.

Eason, E., Labrecque, M., Wells, G., & Feldman, P. (2000). Preventing perineal trauma during childbirth: A systematic review. *Obstetrics & Gynecology, 95*, 464–471.

Eastwick, P. W., & Finkel, E. J. (2008). Sex differences in mate preferences revisited: Do people know what they initially desire in a romantic partner? *Journal of Personality and Social Psychology, 94*(2), 245–264.

Eastwick, P. W., & Finkel, E. J. (2008). Speed-dating: A powerful and flexible paradigm for stufying romantic relationship initiation. In S. Sprecher, A. Wenzel, & J. Harvey (Eds.), *Handbook of relationship initiation* (pp. 217–234). New York: CRC Press.

Eck, B. A. (2001). Nudity and framing: Classifying art, pornography, information, and ambiguity. *Sociological Forum, 16*(4), 603–632.

Ecuyer-Dab, I., & Robert, M. (2004). Have sex differences in spatial ability evolved from male competition for mating and female concern for survival? *Cognition, 91*(3), 221–257.

Edser, S. J., & Shea, J. D. (2002). An exploratory investigation of bisexual men in monogamous, heterosexual marriages. *Journal of Bisexuality, 2*(4), 5–29.

Edwards, T. M. (2000, August 28). Single by choice. *Time Magazine, 156*(9).

Edwards, V. J., Holden, G. W., Felitti, V. J., & Anda, R. F. (2003). Relationship between multiple forms of childhood maltreatment and adult mental health in community respondents: Results from the Adverse Childhood Experiences Study. *American Journal of Psychiatry, 160*(8), 1453–1460.

Eggers, D. (2000, May 7). Intimacies. *The New York Times Magazine*, 76–77.

El-Defrawi, M. H., Lotfy, G., Dandash, K. F., Refaat, A. H., & Eyada, M. (2001). Female genital mutilation and its psychosexual impact. *Journal of Sex & Marital Therapy, 27*(5), 465–473.

El-Gibaly, O., Ibrahim, B., Mensch, B. S., & Clark, W. H. (2002). The decline of female circumcision in Egypt: Evidence and interpretation. *Social Science & Medicine, 54*(2), 205–220.

Elliot, A. J., & Niesta, D. (2008). Romantic red: Red enhances men's attraction to women. *Journal of Personality and Social Psychology, 95*(5), 1150–1164.

Ellis, B. J., & Bjorklund, D. F. (Eds.). (2005). *Origins of the social mind: Evolutionary psychology and child development*. New York: Guilford.

Ellis, L., & Ames, M. A. (1987). Neurohormonal functioning and sexual orientation: A theory of homosexuality–heterosexuality. *Psychological Bulletin, 101*, 233–258.

El-Sheikh, M. & Harger, J. (2001). Appraisals of marital conflict and children's adjustment, health, and physiological reactivity. *Developmental Psychology, 37*(6), 875–885.

Eltahawy, M. (2003, January 9). *Young Africans reject female genital mutilation*. www.feminist.com/news/news141.html.

Emanuele, E., et al. (2006). Raised plasma nerve growth factor levels associated with early-stage romantic love. *Psychoneuroendocrinology, 31*(3), 288–294.

Emmelot-Vonk, M. H., et al. (2009). Effect of testosterone supplementation on sexual functioning in aging men: A 6-month randomized controlled trial. *International Journal of Impotence Research, 21*, 129–138.

Eriksson, C., Salander, K., & Hamberg, K. (2007). Men's experiences of intense fear related to childbirth investigated in a Swedish qualitative study. *The Journal of Men's Health & Gender, 4*(4), 409–418.

European Commission. Eurostat. (2009). Live births outside marriage. Accessed May 13, 2009.

Fagot, B. I., Rodgers, C. S., & Leinbach, M. D. (2000). Theories of gender socialization. In T. Eckes & H. M. Trautner (Eds.), *The developmental social psychology of gender* (pp. 65–89). Mahwah, NJ: Erlbaum.

Faller, K. C. (1989). Why sexual abuse? An exploration of the intergenerational hypothesis. *Child Abuse and Neglect, 13*, 543–548.

Farley, M., Lynne, J., & Cotton, A. J. (2005). Prostitution in Vancouver: Violence and the colonization of First Nations Women. *Transcultural Psychiatry, 42*(2), 242–271.

Fausto-Sterling, A. (May/April 1993). The five sexes: Why male and female are not enough. *The Sciences*, 20–25.

Feinberg, D. R., et al. (2006). Menstrual cycle, trait estrogen level, and masculinity preferences in the human voice. *Hormones and Behavior, 49*(2), 215–222.

Feingold, A. (1994). Gender differences in personality: A meta-analysis. *Psychological Bulletin, 116*, 429–456.

Felson, R. B. (2002). *Violence and gender reexamined*. Washington, DC: American Psychological Association.

Fensterheim, H., & Kantor, J. S. (1980). Behavioral approach to sexual disorders. In B. Wolman & J. Money (Eds.), *Handbook of human sexuality*. Englewood Cliffs, NJ: Prentice-Hall.

Fenton, K., et al. (2008). Infectious syphilis in high-income settings in the 21st century. *The Lancet Infectious Diseases*, 8(4), 244–253.

Ferraro, G. (2004). *Cultural anthropology—An applied perspective* (5th ed.). Belmont, CA: Wadsworth.

Ferris, C. F., et al. (2004). Activation of neural pathways associated with sexual arousal in non-human primates. *Journal of Magnetic Resonance Imaging, 19*(2), 168–175.

Festa, E. D., et al. (2004). Sex differences in cocaine-induced behavioral responses, pharmacokinetics, and monoamine levels. *Neuropharmacology, 46*(5), 672–687.

Festini, F., et al. (2006, August 22). The open problems of China's One-Child Family Policy: Men surplus and support of the elders. Available at www.bmj.com.

Fichner-Rathus, L. (2010). *Understanding art* (9th ed.). Belmont, CA: Thomson Learning/Wadsworth.

Finkelhor, D. (1990). Early and long-term effects of child sexual abuse: An update. *Professional Psychology: Research and Practice, 21*, 325–330.

Finkelhor, D. (2003). The legacy of the clergy abuse scandal. *Child Abuse & Neglect, 27*(11), 1225–1229.

Finkelhor, D., Cross, T. P., & Cantor, E. N. (2005a). The justice system for juvenile victims: A comprehensive model of case flow. *Trauma, Violence, & Abuse, 6*(2), 83–102.

Finkelhor, D., Ormrod, R., Turner, H., & Hamby, S. L. (2005b). The victimization of children and youth: A comprehensive, national survey. *Child Maltreatment: Journal of the American Professional Society on the Abuse of Children, 10*(1), 5–25.

Finkelman, J. M. (2005). Sexual harassment: The organizational perspective. In A. Barnes (Ed.), *The handbook of women, psychology, and the law* (pp. 64–78). New York: Wiley.

Finkenauer, C., & Hazam, H. (2000). Disclosure and secrecy in marriage: Do both contribute to marital satisfaction? *Journal of Social & Personal Relationships, 17*(2), 245–263.

Firestone, R. W., Firestone, L. A., & Catlett, J. (2006a). *Sex and love in intimate relationships*. Washington, DC: American Psychological Association.

Firestone, R. W., Firestone, L. A., & Catlett, J. (2006b). Sexual withholding. In R. W. Firestone, L. A. Firestone & J. Catlett (Eds.), *Sex* and love in intimate relationships (pp. 171–195). Washington, DC: American Psychological Association.

Fisher, B. S., Daigle, L. E., Cullen, F. T., & Turner, M. G. (2003). Reporting sexual victimization to the police and others: Results from a national-level study of college women. *Criminal Justice & Behavior, 30*(1), 6–38.

Fisher, H. E. (2000). Brains do it: Lust, attraction and attachment. *Cerebrum, 2,* 23–42.

Fisher, W. A., et al. (2005). Improving the sexual quality of life of couples affected by erectile dysfunction: A double-blind, randomized, placebo-controlled trial of vardenafil. *Journal of Sexual Medicine, 2*(5), 699–708.

Fishman, J. R., & Mamo, L. (2001). What's in a disorder: A cultural analysis of medical and pharmaceutical constructions of male and female sexual dysfunction. *Women & Therapy, 24*(1–2), 179–193.

Flaxman, S. M., & Sherman, P. W. (2000). Morning sickness: A mechanism for protecting mother and embryo. *The Quarterly Review of Biology, 75*(2), 113–148.

Fletcher, J. (1966). *Situation ethics*. Philadelphia: Westminster Press.

Fletcher, J. (1967). *Moral responsibility: Situation ethics at work*. Philadelphia: Westminster Press.

Fletcher, S. W., & Colditz, G. A. (2002). Failure of estrogen plus progestin therapy for prevention. *Journal of the American Medical Association, 288*(3).

Florence, E., et al. (2004). Prevalence and factors associated with sexual dysfunction among HIV-positive women in Europe. *AIDS Care, 16*(5), 550–557.

Floyd, R. L., O'Connor, M. J., Sokol, R. J., Bertrand, J., & Cordero, F. F. (2005). Recognition and prevention of fetal alcohol syndrome. *Obstetrics & Gynecology, 106,* 1059–1064.

Forbes, A., While, A., Mathes, L., & Griffiths, P. (2006). Health problems and health-related quality of life in people with multiple sclerosis. *Clinical Rehabilitation, 20*(1), 67–78.

Forbes, G. B., Adams-Curtis, L. E., Pakalka, A. H., & White, K. B. (2006). Dating aggression, sexual coercion, and aggression-supporting attitudes among college men as a function of participation in aggressive high school sports. *Violence Against Women, 12*(5), 441–455.

Ford, C. S., & Beach, F. A. (1951). *Patterns of sexual behavior.* New York: Harper & Row.

Forgas, J. P., Levinger, G., & Moylan, S. J. (1994). Feeling good and feeling close: Affective influences on the perception of intimate relationships. *Personal Relationships, 1*(2), 165–184.

Foubert, J. D., & Newberry, J. T. (2006). Effects of two versions of an empathy-based rape prevention program on fraternity men's survivor empathy, attitudes, and behavioral intent to commit rape or sexual assault. *Journal of College Student Development, 47*(2), 133–148.

Fox, N. S., et al. (2008). Physical and sexual activity during pregnancy and near delivery. *Journal of Women's Health, 17,* 1431.

Frank, K. (2002). *G-strings and sympathy: Strip club regulars and male desire*. Raleigh, NC: Duke University Press.

Frank, K. (2003). Just trying to relax: Masculinity, masculinizing practices, and strip club regulars. *The Journal of Sex Research, 40*(1), 61–75.

Frank, K. (2007). Thinking critically about strip club research. *Sexualities, 10*(4), 501–517.

Frayser, S. (1985). *Varieties of sexual experience: An anthropological perspective on human sexuality.* New Haven, CT: Human Relations Area Files Press.

Freud, S. (1922/1959). Analysis of a phobia in a 5-year-old boy. In A. J. Strachey (Ed., Trans.), *Collected papers* (Vol. 3). New York: Basic Books. [Original work published 1909].

Freudenmann, R. W., & Schönfeldt–Lecuona, C. (2005). The syndrome of genital retraction from a transcultural psychiatric point of view. Chinese suo yang, Indonesian koro and non-Asian forms (koro-like symptoms). *Nervenarzt, 76*(5), 569–580.

Frey, K. S., & Ruble, D. N. (1992). Gender constancy and the "cost" of sex-typed behavior: A test of the conflict hypothesis. *Developmental Psychology, 28,* 714–721.

Friday, N. (1973). *My secret garden*. New York: Trident.

Friday, N. (2008). *My secret garden: Women's sexual fantasies*. New York: Simon & Shuster.

Fried, P. A., & Smith, A. M. (2001) A literature review of the consequences of prenatal marihuana exposure: An emerging theme of a deficiency in aspects of executive function. *Neurotoxicology & Teratology, 23*(1), 1–11.

Friedman, R. C., & Downey, J. I. (2001). The Oedipus complex and male homosexuality. In P. Hartocollis (Ed.), *Mankind's Oedipal destiny: Libidinal and aggressive aspects of sexuality* (pp. 113–138). Madison, CT: International Universities Press.

Friedman, R. C., & Downey, J. I. (2008). Sexual differentiation of behavior: The foundation of a developmental model of psychosexuality. *Journal of the American Psychoanalytic Association, 56*(1), 147–175.

Friedrich, W., Fisher, J., Broughton, D., Houston, M., & Shafran, C. R. (1998). Normative sexual behavior in children: A contemporary sample. *Pediatrics, 101*(4), e9. (Online).

Friedrich, W., & Gerber, P. N. (1994). Autoerotic asphyxia: The development of a paraphilia. *Journal of the American Academy of Child and Adolescent Psychiatry, 33*(7), 970–974.

Frisch, R. E. (2002). *Female fertility and the body fat connection*. Chicago: University of Chicago Press.

Frohlich, P. F., & Meston, C. M. (2005). Tactile sensitivity in women with sexual arousal disorder. *Archives of Sexual Behavior, 34*(2), 207–217.

Frost, J. J., & Frohwirth, L. A. (2005, July). *Family planning annual report: 2004 Summary.* The Alan Guttmacher Institute.

Fuentes-Afflick, E., & Hessol, N. A. (2000). Interpregnancy interval and the risk or premature infants. *Obstetrics & Gynecology, 95,* 383–390.

Fugl-Meyer, K. S., Öberg, K., Lundberg, P. O., Lewin, B., & Fugl-Meyer, A. (2006). On orgasm, sexual techniques, and erotic perceptions in 18- to 74-year-old Swedish women. *Journal of Sexual Medicine, 3*(1), 56–68.

Fulcher, M., Sutfin, E. L., & Patterson, C. J. (2008). Individual differences in gender development: Associations with parental sexual orientation, attitudes, and division of labor. *Sex Roles, 58*(5-6), 330–341.

Furnham, A. (2009). Sex differences in mate selection preferences. *Personality and Individual Differences, 47*(4), 262–267.

Furnham, A., Petrides, K. V., & Constantinides, A. (2005). The effects of body mass index and waist-to-hip ratio on ratings of female attractiveness, fecundity, and health. *Personality and Individual Differences, 38*(8), 1823–1834.

Furstenberg, F. F., & Kiernan, K. E. (2001). Delayed parental divorce: How much do children benefit? *Journal of Marriage & the Family, 63*(2), 446–457.

Gabriel, T. (1995, June 12). A new generation seems ready to give bisexuality a place in the spectrum. *The New York Times,* p. A12.

Gagnon, J. H. (1977). *Human sexualities*. Glenview, IL: Scott, Foresman.

Gagnon, J. H., & Simon, W. (1973). *Sexual conduct: The social origins of human sexuality.* Chicago: Aldine.

Garwood, S. G., et al. (1980). Beauty is only "name deep": The effect of first name in ratings of physical attraction. *Journal of Applied Social Psychology, 10,* 431–435.

Gates, J. (2001). *Survivors of an open marriage*. KiwE Publishing.

Gavin, N. I., et al. (2005). Perinatal depression: A systematic review of prevalence and incidence. *Obstetrics & Gynecology, 106,* 1071–1083.

Gebhard, P. H. (1969). Misconceptions about female prostitutes. *Medical Aspects of Human Sexuality, 3,* 24–26.

Gebhard, P. H., et al. (1965). *Sex offenders: An analysis of types*. New York: Harper & Row.

Geddes, L. (2008). Ultrasound nails location of the elusive G spot. *The New Scientist, 197*(2644), 6-7.

George, W. H., Stoner, S. A., Norris, J., Lopez, P. A., & Lehman, G. L. (2000). Alcohol expectancies and sexuality: A self-fulfilling prophecy analysis of dyadic perceptions and behavior. *Journal of Studies on Alcohol, 61*(1), 168–176.

Gidycz, C. A., & Koss, M. P. (1990). A comparison of group and individual sexual assault victims. *Psychology of Women Quarterly, 14,* 325–342.

Gidycz, C. A., Rich, C. L., Orchowski, L., King, C., & Miller, A. K. (2006). The evaluation of a sexual assault self-defense and risk-reduction program for college women: A prospective study. *Psychology of Women Quarterly, 30*(2), 173–186.

Gietzen, M. S. (2009). Cited in Monica Davey. (2009, June 7). Closed clinic leaves abortion protesters at a loss. *The New York Times*.

Gijs, L., & Gooren, L. (1996). Hormonal and psychopharmacological interventions in the treatment of paraphilias: An update. *Journal of Sex Research, 33,* 273–290.

Gillis, J. S., & Avis, W. E. (1980). The male-taller norm in mate selection. *Personality and Social Psychology Bulletin, 6,* 396–401.

Gilmore, K. (2008). Birth mother, adoptive mother, dying mother, dead mother. In E. L. Jurist et al. (Eds.), *Mind to mind: Infant research, neuroscience, and psychoanalysis* (pp. 373–397). New York: Other Press.

Giotakos, O., Markianos, M., & Vaidakis, N. (2005). Aggression, impulsivity, and plasma sex hormone levels in a group of rapists, in relation to their history of childhood attention-deficit/hyperactivity disorder symptoms. *Journal of Forensic Psychiatry & Psychology, 16*(2), 423–433.

Glasser, C. L., Robnett, B., & Feliciano, C. (2009). Internet daters' body type preferences: Race–ethnic and gender differences. *Sex Roles, 61*(1-2), 14–33.

Gnagy, S., Ming, E. E., Devesa, S. S., Hartge, P., & Whittemore, A. S. (2000). Declining ovarian cancer rates in U.S. women in relation to parity and oral contraceptive use. *Epidemiology, 11*(2), 102–105.

Goldberg, J., Holtz, D., Hyslop, T., & Tolosa, J. E. (2002). Has the use of routine episiotomy decreased? Examination of episiotomy rates from 1983 to 2000. *Obstetrics & Gynecology, 99*(3), 395–400.

Goldschmidt, L., Day, N. L., & Richardson, G. A. (2000). Effects of prenatal marijuana exposure on child behavior problems at age 10. *Neurotoxicology & Teratology, 22*(3), 325–336.

Goldstein, I., & Alexander, J. L. (2005). Practical aspects in the management of vaginal atrophy and sexual dysfunction in perimenopausal and postmenopausal women. *Journal of Sexual Medicine, 2*(Suppl. 3), 154–165.

Goldstein, I., Meston, C., Davis, S., & Traish, A. (Eds.). (2006). *Female sexual dysfunction.* New York: Parthenon.

Goldstein, I., et al. (1998). Oral sildenafil in the treatment of erectile dysfunction. *New England Journal of Medicine, 338*, 1397–1404.

Golish, T. D. (2003). Stepfamily communication strengths: Understanding the ties that bind. *Human Communication Research, 29*(1), 41–80.

Golombok, S., et al. (2008). Developmental trajectories of sex-typed behavior in boys and girls: A longitudinal general population study of children aged 2.5–8 Years. *Child Development, 79*(5), 1583–1593.

Gomes do Espirito, M. E., & Etheredge, G. D. (2003). HIV prevalence and sexual behaviour of male clients of brothels' prostitutes in Dakar, Senegal. *AIDS Care, 15*(1), 53–62.

Gonzaga, G. C., Turner, R. A., Keltner, D., Campos, B., & Altemus, M. (2006). Romantic love and sexual desire in close relationships. *Emotion, 6*(2), 63–179.

Goodman, J. J. (2006). Becoming an involved father of an infant. *Journal of Obstetric, Gynecologic, & Neonatal Nursing, 34*(2), 190–200.

Goodson, P., McCormick, D., & Evans, A. (2001). Searching for sexually explicit materials on the Internet: An exploratory study of college students' behavior and attitudes. *Archives of Sexual Behavior, 30*(2), 101–118.

Goodwin, R. D., Canino, G., Ortega, A. N., & Bird, H. R. (2009). Maternal mental health and childhood asthma among Puerto Rican youth: The role of prenatal smoking. *Journal of Asthma, 46*(7), 726–730.

Gordon, A. E., et al. (2002). Why is smoking a risk factor for sudden infant death syndrome? *Child: Care, Health & Development, 28*(Suppl. 1), 23–25.

Gottman, J. M., & Gottman, J. S. (2008). Gottman method couple therapy. In A. S. Gurman (Ed.), *Clinical handbook of couple therapy* (pp. 138–164). New York: Guilford Press.

Goulet, J. (2006). The "berdache"/"two-spirit": A comparison of anthropological and native constructions of gendered identities among the Northern Athapaskans. *Journal of the Royal Anthropological Institute, 683*(19).

Gouveia, V. V., et al. (2009). Versão abreviada da Escala Triangular do Amor: Evidências de validade fatorial e consistência interna. *Estudos de Psicologia, 14*(1), 31–39.

Gow, J. L. (2008). The mating game: Do opposites really attract? *Molecular Ecology, 17*(6), 1399–1400.

Grace, D. M., David, B. J., & Ryan, M. K. (2008). Investigating preschoolers' categorical thinking about gender through imitation, attention, and the use of self-categories. *Child Development, 79*(6), 1928–1941.

Gray, R., et al. (2009). The role of genital ulcer disease in the efficacy of male circumcision for HIV prevention. Sixteenth Conference on Retroviruses and Opportunistic Diseases. http://www.retroconference.org/2009/PDFs/1063.pdf.

Graziano, W. G., & Bruce, J. W. (2008). Attraction and the initiation of relationships. In S. Sprecher, A. Wenzel, & J. Harvey (Eds.), *Handbook of relationship initiation* (pp. 269–296). New York: CRC Press.

Green, R. (2003). When therapists do not want their clients to be homosexual: A response to Rosik's article. *Journal of Marital & Family Therapy, 29*(1), 29–38.

Green, R. (2008). Childhood cross-gender behavior and adult homosexuality: Why the link? *Journal of Gay & Lesbian Mental Health, 12*(1), 17–28.

Greene, B. (2000). African American lesbian and bisexual women. *Journal of Social Issues, 56*(2), 239–249.

Greene, B. (2005). Psychology, diversity and social justice: Beyond heterosexism and across the cultural divide. *Counselling Psychology Quarterly, 18*(4), 295–306.

Greenwald, E., & Leitenberg, H. (1989). Long-term effects of sexual experiences with siblings and non-siblings during childhood. *Archives of Sexual Behavior, 18*, 389–399.

Grenz, S. (2006). Review of *The Politics of Prostitution. Women's Movements, Democratic States and the Globalisation of Sex Commerce* and *Not for Sale: Feminists Resisting Prostitution and Pornography. Sexualities, 9*(2), 256–259.

Griffith, K. H., & Hebl, M. R. (2002). The disclosure dilemma for gay men and lesbians: "Coming out" at work. *Journal of Applied Psychology, 87*(6), 1191–1199.

Grigoriadis, S., & Romans, S. (2006). Postpartum psychiatric disorders: What do we know and where do we go? *Current Psychiatry Reviews, 2*(1), 151–158.

Grodstein, F., Manson, J. E., & Stampfer, M. J. (2006). Hormone therapy and coronary heart disease: The role of time since menopause and age at hormone initiation. *The Journal of Women's Health, 15*(1), 35–44.

Gross, J. (2006, April 20). Learning to savor a full life, love life included. *The New York Times*.

Grov, C., Bimbi, D. S., Nanin, J. E., & Parsons, J. T. (2006). Race, ethnicity, gender, and generational factors associated with the coming-out process among gay, lesbian, and bisexual individuals. *The Journal of Sex Research, 43*(2), 115–121.

Grubb, A. R., & Harrower, J. (2009). Understanding attribution of blame in cases of rape: An analysis of participant gender, type of rape and perceived similarity to the victim. *Journal of Sexual Aggression, 15*(1), 63–81.

Grubin, D. (2008). Medical models and interventions in sexual deviance. In D. R. Laws and W. T. O'Donohue (Eds.), *Sexual deviance: Theory, assessment, and treatment* (2nd ed., pp. 594–610). New York: Guilford Press.

Grych, J. H., Fincham, F. D., Jouriles, E. N., & McDonald, R. (2000). Interparental conflict and child adjustment: Testing the mediational role of appraisals in the cognitive–contextual framework. *Child Development, 71*(6), 1648–1661.

Guay, A. T. (2001). Decreased testosterone in regularly menstruating women with decreased libido: A clinical observation. *Journal of Sex & Marital Therapy, 27*(5), 513–519.

Gutmann, P. (2006). About confusions of the mind due to abnormal conditions of the sexual organs. *History of Psychiatry, 17*(1), 107–111.

Guttmacher Institute. (2009). Various fact sheets. (Accessed November 1, 2009). http://www.guttmacher.org/sections/adolescents.php.

Guzick, D. S., & Hoeger, K. (2000). Sex, hormones, and hysterectomies. *The New England Journal of Medicine, 343*(10).

Haake, P., et al. (2003). Acute neuroendocrine response to sexual stimulation in sexual offenders. *Canadian Journal of Psychiatry, 48*(4), 265–271.

Haandrikman, K., Harmsen, C., van Wissen, L. J. G., & Hutter, I. (2008). Geography matters: Patterns of spatial homogamy in the Netherlands. *Population, Space, and Place, 14*, 387–405.

Hackett, G. I. (2008). Disorders of male sexual desire. In D. L. Rowland & L. Incrocci (Eds.), *Handbook of sexual and gender identity disorders*. Hoboken, NJ: Wiley.

Haldeman, D. C. (2002). Gay rights, patient rights: The implications of sexual orientation conversion therapy. *Professional Psychology: Research & Practice, 33*(3), 260–264.

Hall, G., Collins, A., Csemiczky, G., & Landgren, B. (2002). Lipoproteins and BMI: A comparison between women during transition to menopause and regularly menstruating healthy women. *Maturitas, 41*(3), 177–185.

Hallgrímsdóttir, H. K., Phillips, R., Benoit, C., & Walby, K. (2008). Sporting girls, streetwalkers, and inmates of houses of ill repute. *Sociological Perspectives, 51*(1), 119–138.

Halpern, D. F. (1997). Sex differences in intelligence: Implications for education. *American Psychologist, 52*, 1091–1102.

Halpern, D. F. (2003). Sex differences in cognitive abilities. *Applied Cognitive Psychology, 17*(3), 375–376.

Halpern, D. F., & LaMay, M. L. (2000). The smarter sex: A critical review of sex differences in intelligence. *Educational Psychology Review, 12*(2), 229–246.

Halpern, D. F., et al. (2007). The science of sex differences in science and mathematics.

Psychological Science in the Public Interest, 8(1), 1–51.

Halpern-Felsher, B. (2008). Oral sexual behavior: Harm reduction or gateway behavior? *Journal of Adolescent Health, 43*(3), 207–208.

Hamann, S., Herman, R. A., Nolan, C. L., & Wallen, K. (2004). Men and women differ in amygdala response to visual sexual stimuli. *Nature Neuroscience, 7*(4), 411–416.

Hamer, D. H., et al. (1993, July 16). A linkage between DNA markers on the X chromosome and male sexual orientation. *Science, 261*, 321–327.

Hammack, P. L., & Cohler, B. J. (2009). *The story of sexual identity.* New York: Oxford University Press.

Hamplova, D. (2009). Educational homogamy among married and unmarried couples in Europe. *Journal of Family Issues, 30*(1), 28–52.

Harmon-Jones, E., Peterson, C. K., & Harris, C. R. (2009). Jealousy: Novel methods and neural correlates. *Emotion, 9*(1), 113–117.

Hart, S. D., & Kropp, P. R. (2008). Sexual deviance and the law. In D. R. Laws and W. T. O'Donohue (Eds.), *Sexual deviance: Theory, assessment, and treatment* (2nd ed. pp. 557–570). New York: Guilford Press.

Hartley, H. (2006). The "pinking" of Viagra culture: Drug industry efforts to create and repackage sex drugs for women. *Sexualities, 9*(3), 363–378.

Hartocollis, A. (2006, June 24). Women have seen it all on subway, unwillingly. *The New York Times.*

Harvey, J., & Berry, J. (2009). Andropause in the aging male. *The Journal for Nurse Practitioners, 5*(3), 207–212.

Haselton, M. G., Mortezaie, M., Pillsworth, E. G., Bleske-Rechek, A., & Frederick, D. A. (2007). Ovulatory shifts in human female ornamentation: Near ovulation, women dress to impress. *Hormones and Behavior, 51*(1), 40–45.

Hassebrauck, M. (2003). Romantische Männer und realistische Frauen: Geschlechtsunterschiede in Beziehungskognitionen. *Zeitschrift für Sozialpsychologie, 34*(1), 25–35.

Hassett, J. M., Siebert, E. R., & Wallen, K. (2008). Sex differences in rhesus monkey toy preferences parallel those of children. *Hormones and Behavior, 54*(3), 359–364.

Hatcher, R. A., et al. (2008). *Contraceptive technology,* 19th ed. New York: Ardent Media.

Hatfield, E., Pillemer, J. T., O'Brien, M. U., & Le, Y-C. L. (2008). The endurance of love: Passionate and companionate love in newlywed and long-term marriages. *Interpersona* 2(1), 35–64.

Hatfield, E., & Rapson, R. L. (2002). Passionate love and sexual desire: Cultural and historical perspectives. In A. L. Vangelisti, H. T. Reis, et al. (Eds.), *Stability and change in relationships. Advances in personal relationships* (pp. 306–324). New York: Cambridge University Press.

Hatzichristou, D. G., et al. (2000). Sildenafil versus intracavernous injection therapy: Efficacy and preference in patients on intracavernous injection for more than 1 year. *The Journal of Urology, 164*, 1197–1200.

Hatzichristou, D. G., et al. (2005). Vardenafil improves satisfaction rates, depressive symptomatology, and self-confidence in a broad population of men with erectile dysfunction. *Journal of Sexual Medicine, 2*(1), 109–116.

Haugaard, J. J. (2000). The challenge of defining child sexual abuse. *American Psychologist, 55*(9), 1036–1039.

Hawkley, L. C., Burleson, M. H., Berntson, G. G., & Cacioppo, J. T. (2003). Loneliness in everyday life: Cardiovascular activity, psychosocial context, and health behaviors. *Journal of Personality & Social Psychology, 85*(1), 105–120.

Hawkley, L. C., & Cacioppo, J. T. (2003). Loneliness and pathways to disease. *Brain, Behavior & Immunity, 17*(Suppl. 1), S98–S105.

Health24.com. *The girl child.* (2006, February 10). www.health24.com/sex/sexuality_throughout_life.

Heath, R. (1972). Pleasure and brain activity in man. *Journal of Nervous and Mental Disease, 154*, 3–18.

Heil, P., & Simons, D. (2008). Multiple paraphilias: Prevalence, etiology, assessment, and treatment. In D. R. Laws and W. T. O'Donohue (Eds.), *Sexual deviance: Theory, assessment, and treatment* (2nd ed., pp. 527–556). New York: Guilford Press.

Heiman, J. (2000). The technology of orgasm: "Hysteria," the vibrator, and women's sexual satisfaction. *New England Journal of Medicine, 342*(25), 1925–1926.

Heiman, J. R. (2008). Treating low sexual desire—New findings for testosterone in women. *New England Journal of Medicine, 359*(19), 2047–2049.

Hellstrom, W. J. G., Nehra, A., Shabsigh, R., & Sharlip, I. D. (2006). Premature ejaculation: The most common male sexual dysfunction. *Journal of Sexual Medicine, 3*(Suppl. 1), 1–3.

Henderson, A. W., Lehavot, K., & Simoni, J. M. (2009). Ecological models of sexual satisfaction among lesbian/bisexual and heterosexual women. *Archives of Sexual Behavior, 38*(1), 50-65.

Hendrick, C., & Hendrick, S. S. (Eds.). (2000). *Close relationships: A sourcebook.* Thousand Oaks, CA: Sage.

Hendrick, C., & Hendrick, S. S. (2003). Romantic love: Measuring Cupid's arrow. In S. Lopez & C. R. Snyder (Eds.), *Positive psychological assessment: A handbook of models and measures* (pp. 235–249). Washington, DC: American Psychological Association.

Hendrick, C., Hendrick, S. S., & Reich, D. A. (2006). The Brief Sexual Attitudes Scale. *Journal of Sex Research, 43*(1), 76–86.

Hendrick, S. S., & Hendrick, C. (2002). Love. In C. R. Snyder & S. J. Lopez (Eds.), *Handbook of positive psychology* (pp. 472–484). London: Oxford University Press.

Henshaw, S. K. (2003, May 1). U.S. teenage pregnancy statistics with comparative statistics for women aged 20–24. www.guttmacher.org/pubs/teen_stats.html.

Henslin, J. H. (2007). *Sociology: A down-to-earth approach* (8th ed.). Boston: Allyn & Bacon.

Herbst, J. H., et al. (2008). Estimating HIV prevalence and risk behaviors of transgender persons in the United States: A systematic review. *AIDS and Behavior, 12*(1), 1–17.

Herek, G. M., & Gonzalez-Rivera, M. (2006). Attitudes toward homosexuality among U.S. residents of Mexican descent. *Journal of Sex Research, 43*(2), 122–135.

Herek, G. M., Widaman, K. F., & Capitanio, J. P. (2005). When sex equals AIDS: Symbolic stigma and heterosexual adults' inaccurate beliefs about sexual transmission of AIDS. *Social Problems, 52*(1), 15–37.

Herrera, V. M., & McCloskey, L. A. (2003). Sexual abuse, family violence, and female delinquency: Findings from a longitudinal study. *Violence & Victims, 18*(3), 319–334.

Herrington, D. M., et al. (2000). Effects of estrogen replacement on the progression of coronary artery atherosclerosis. *The New England Journal of Medicine, 343*(8).

Herrmann, H. C., Chang, G., Klugherz, B. D., & Mahoney, P. D. (2000). Hemodynamic effects of sildenafil in men with severe coronary artery disease.*The New England Journal of Medicine, 342*(22), 1622–1626.

Hertlein, K. M., & Weeks, G. R. (2008). Toward a new paradigm in sex therapy. In K. M. Hertlein, G. R. Weeks, & N. Gambescia (pp. 44–61). *Systemic sex therapy*. New York: CRC Press.

Hesketh, T., & Xing, Z. W. (2006). Abnormal sex ratios in human populations: Causes and consequences. *Proceedings of the National Academy of Sciences, 103*, 13271–13275.

Hester, J. D. (2005). Eunuchs and the postgender Jesus: Matthew 19:12 and transgressive sexualities. *Journal for the Study of the New Testament, 28*(1), 13–40.

Hetherington, E. M., & Kelly, J. (2003). For better or for worse: Divorce reconsidered. *American Journal of Psychiatry, 160*(3), 601–602.

Hicks, T. V., & Leitenberg, H. (2001). Sexual fantasies about one's partner versus someone else: Gender differences in incidence and frequency. *Journal of Sex Research, 38*(1), 43–50.

Hill, R. A., et al. (2009). Estrogen deficiency results in apoptosis in the frontal cortex of adult female aromatase knockout mice. *Molecular and Cellular Neuroscience, 41*(1), 1–7.

Hill, S. E., & Buss, D. M. (2008). The mere presence of opposite-sex others on judgments of sexual and romantic desirability. *Personality and Social Psychology Bulletin, 34*(5), 635–647.

Hines, D. A., & Saudino, K. J. (2003). Gender differences in psychological, physical, and sexual aggression among college students using the Revised Conflict Tactics Scales. *Violence & Victims, 18*(2), 197–217.

Hines, M., Ahmed, S. F., & Hughes, I. A. (2003). Psychological outcomes and gender-related development in complete androgen insensitivity syndrome. *Archives of Sexual Behavior, 32*(2), 93–101.

Hines, T. M. (2001). The G-spot: A modern gynecological myth. *American Journal of Obstetrics and Gynecology, 185*(2), 359–362.

Hird, M. J. (2004). Naturally queer. *Feminist Theory, 5*(1), 85–89.

Hird, M. J. (2006). Sex diversity and evolutionary psychology. *The Psychologist, 19*(1), 30–32.

Hitt, J. (1998, January 18). Who will do abortions here? *The New York Times Magazine*, pp. 20–27, 42, 45–46, 54–55.

Hofferth, S. L., & Anderson, K. G. (2003). Are all dads equal? Biology versus marriage as a

basis for paternal investment. *Journal of Marriage & Family, 65*(1), 213–232.
Hogarth, H., & Ingham, R. (2009). Masturbation among young women and associations with sexual health: An exploratory study. *The Journal of Sex Research, 46*(1), 1559–8519.
Holman, T. B., & Jarvis, M. O. (2003). Hostile, volatile, avoiding, and validating couple-conflict types: An investigation of Gottman's couple-conflict types. *Personal Relationships, 10*(2), 267–282.
Holmberg, D., Blair, K. L., & Phillips, M. (2009). Women's sexual satisfaction as a predictor of well-being in same-sex versus mixed-sex relationships. *Journal of Sex Research*, 1559-8519.
Holmes, S. T., & Holmes, R. M. (2002). *Sex crimes*. Thousand Oaks, CA: Sage.
Holmstrom, A. J. (2009). Sex and gender similarities and differences in communication values in same-sex and cross-sex friendships. *Communication Quarterly, 57*(2), 224–238.
Honeycutt, J. M., & Cantrill, J. G. (2001). *Cognition, communication, and romantic relationships*. Mahwah, NJ: Erlbaum.
Horowitz, H. L. (2002). *Rereading sex: Battles over sexual knowledge and suppression in nineteenth-century America*. New York: Knopf.
Hsiao, M., Liu, C., Chen, K., & Hsieh, T. (2002). Characteristics of women seeking treatment for premenstrual syndrome in Taiwan. *Acta Psychiatrica Scandinavica, 106*(2), 150–155.
Hsueh, A. C., Morrison, K. R., & Doss, B. D. (2009). Qualitative reports of problems in cohabiting relationships: Comparisons to married and dating relationships. *Journal of Family Psychology, 23*(2), 236–246.
http://caliber.ucpress.net/doi/abs/10.1525/ctx.2007.6.4.28
http://epp.eurostat.ec.europa.eu/portal/page/portal/eurostat/home/.
Hucker, S. J. (2008). Sexual masochism: Psychopathology and theory. In D. R. Laws and W. T. O'Donohue (Eds.), *Sexual deviance: Theory, assessment, and treatment* (2nd ed., pp. 250–263). New York: Guilford Press.
Huerta, M., Cortina, L. M., Pang, J. S., Torges, C. M., & Magley, V. J. (2006). Sex and power in the academy: Modeling sexual harassment in the lives of college women. *Personality and Social Psychology Bulletin, 32*(5), 616–628.
Hugh-Jones, S., Gough, B., & Littlewood, A. (2005). Sexual exhibitionism as "sexuality and individuality": A critique of psycho-medical discourse from the perspectives of women who exhibit. *Sexualities, 8*(3), 259–281.
Hummer, T. A., & McClintock, M. K. (2009). Putative human pheromone androstadienone attunes the mind specifically to emotional information. *Hormones and Behavior, 55*(4), 548–559.
Hunt, M. (1974). *Sexual behavior in the 1970's*. New York: Dell Books.
Hunt, S. A., & Kraus, S. W. (2009). Exploring the relationship between erotic disruption during the latency period and the use of sexually explicit material, online sexual behaviors, and sexual dysfunctions in young adulthood. *Sexual Addiction & Compulsivity, 16*(1), 79–100.
Hussain, A. (2002, June 26) It's official. Men really are afraid of commitment.
Hutton, H. E. (2008, March 11). Gender differences in alcohol use and risky sexual behaviors and STDs among STD clinic patients. Chicago: 2008 National STD Prevention Conference,
Huxley, R. R. (2000). Nausea and vomiting in early pregnancy: Its role in placental development. *Obstetrics & Gynecology, 95*, 779–782.
Hyde, J. S. (Ed.) (2005). *Biological substrates of human sexuality*. Washington, DC: American Psychological Association.
Hyde, J. S., & Mertz, J. E. (2009). Gender, culture, and mathematics performance. *Proceedings of the National Academy of Sciences, 106*, 8801–8807.
Hyde, J. S., Fennema, E., & Lamon, S. J. (1990). Gender differences in mathematics performance: A meta-analysis. *Psychological Bulletin, 107*, 139–155.
Hyde, J. S., Lindberg, S. M., Linn, M. C., Ellis, A. B., & Williams, C. C. (2008). Gender similarities characterize math performance. *Science, 321*, 494–495.
Hyman, S. M., Gold, S. N., & Cott, M. A. (2003). Forms of social support that moderate PTSD in childhood sexual abuse survivors. *Journal of Family Violence, 18*(5), 295–300.
Iemmola, F., & Ciani, A. C. (2009). New evidence of genetic factors influencing sexual orientation in men: Female fecundity increase in the maternal line. *Archives of Sexual Behavior, 38*(3), 393–399.
Illes, J. (October 2000). Beauty secrets of ancient Egypt: Nefertem, Ancient Lord of Perfume. *Tour Egypt Monthly, 5*(1).
Imperato-McGinley, J., et al. (1974). Steroid 5 reductase deficiency in man: An inherited form of male pseudohermaphroditism. *Science, 186*, 1213–1215.
Inciardi, J. A., Surratt, H. L., & Kurtz, S. P. (2006). HIV, HBV, and HCV infections among drug-involved, inner-city, street sex workers in Miami, Florida. *AIDS and Behavior, 10*(2), 139–147.
Intersex Society of North America. Accessed August 22, 2006. www.isna.org.
Irwin, T. W., Morgenstern, J., Parsons, J. T., Wainberg, M., & Labouvie, E. (2006). Alcohol and sexual HIV risk behavior among problem drinking men who have sex with men: An event level analysis of timeline followback data. *AIDS and Behavior, 10*(3), 299–307.
Isay, R. A. (1990). Psychoanalytic theory and the therapy of gay men. In D. P. McWhirter, S. A. Sanders, & J. M. Reinisch (Eds.), *Homosexuality/heterosexuality: Concepts of sexual orientation* (pp. 283–303). New York: Oxford University Press.
Itzin, C. (2002). Pornography and the construction of misogyny. *Journal of Sexual Aggression, 8*(3), 4–42.
Itzin, C., Taket, A., & Kelly, L. (2007). The evidence of harm to adults relating to exposure to extreme pornographic material: a rapid evidence assessment (REA). Ministry of Justice Research Series 11/07. http://webarchive.nationalarchives.gov.uk/+/http://www.justice.gov.uk/docs/280907.pdf
Jacob, S., Hayreh, D. J. S., & McClintock, M. K. (2001). Context-dependent effects of steroid chemosignals on human physiology and mood. *Physiology & Behavior, 74*(1–2), 15–27.
Jacob, S., & McClintock, M. K. (2000). Psychological state and mood effects of steroidal chemosignals in women and men. *Hormones and Behavior, 37*(1), 57–78.
Jaeger, F., Caflisch, M., & Hohlfeld, P. (2009). Female genital mutilation and its prevention: A challenge for paediatricians. *European Journal of Pediatrics, 168*(1), 27-33.
Jameson, M. (2000, June 12). Childbirth that's not so labor-intensive. *Los Angeles Times*.
Jannini, E., et al. (2008). In vivo measurement of the human G-spot. *Sexologies, 17*(S1), S52-S53.
Janofsky, M., & Schemo, D. J. (2003, March 16). Women recount cadet life: Forced sex and fear. *The New York Times*. (Online).
Janssen, E. (Ed). (2006). *The psychophysiology of sex*. Bloomington, IN: Indiana University Press.
Janssen, E., & Bancroft, J. (2006). The dual-control model: The role of sexual inhibition & excitation in sexual arousal and behavior. In E. Janssen (Ed.), *The psychophysiology of sex*. Bloomington, IN: Indiana University Press.
Janssen, E., Prause, N., & Geer, J. (2006). The sexual response. In J. T. Cacioppo, L. G. Tassinary, & G. G. Berntson (Eds.), *Handbook of psychophysiology* (3rd ed.). New York: Cambridge University Press.
Jayson, S. (2006, May 29). Poll: Boomers go easy on marriage. *USA Today*.
Jemmott, J. B., Jemmott, L. S., & Fong, G. T. (2010). Efficacy of a theory-based abstinence-only intervention over 24 months: A randomized controlled trial with young adolescents. *Archives of Pediatrics & Adolescent Medicine*, 164(2), 152-159.
Johannes, C. B., et al. (2000). Incidence of erectile dysfunction in men 40 to 69 years old: Longitudinal results from the Massachusetts male aging study. *The Journal of Urology, 163*, 460.
Johanson, R. (2000). Perineal massage for prevention of perineal trauma in childbirth. *The Lancet, 355*(9200), 250–251.
Johnson, H. (2003). The cessation of assaults on wives. *Journal of Comparative Family Studies, 34*(1), 75–91.
Johnson, W., & Bouchard, T. J. Jr. (2007). Sex differences in mental abilities: *g* masks the dimensions on which they lie. *Intelligence, 35*(1), 23-39.
Johnson, W., & Bouchard, T. J. Jr. (2009). Linking abilities, interests, and sex via latent class analysis. *Journal of Career Assessment, 17*(1), 3–38.
Johnston, L. D., O'Malley, P. M., Bachman, J. G., & Schulenberg, J. E. (2005). *Monitoring the future national results on adolescent drug use: Overview of key findings, 2004*. NIH publication no. 05-5726. Bethesda, MD: National Institute on Drug Abuse.
Johnstone, S. J., et al. (2001). Obstetric risk factors for postnatal depression in urban and rural community samples. *Australian & New Zealand Journal of Psychiatry, 35*(1), 69–74.
Jonason, P. K., Li, N. P., Webster, G. D., & Schmitt, D. P. (2009). The dark triad: Facilitating a short-term mating strategy in men. *European Journal of Personality, 23*(1), 5–18.
Jones, B. E., & Hill, M. J. (2002). *Mental health issues in lesbian, gay, bisexual, and transgender communities: Review of Psychiatry* (Vol. 21). Washington, DC: American Psychiatric Publishing.
Kaczmarek, P., LeVine, E., & Segal, A. F. (2006).

Section 6. Civil and criminal trial matters. In P. Kaczmarek, E. LeVine, & A. F. Segal (Eds.), *Law & mental health professionals: New Mexico* (pp. 269–296). Washington, DC: American Psychological Association.

Kafka, M. P. (2003). Sex offending and sexual appetite: The clinical and theoretical relevance of hypersexual desire. *International Journal of Offender Therapy & Comparative Criminology, 47*(4), 439–451.

Kaiser Family Foundation, Holt, T., Greene, L., & Davis, J. (2003). *National Survey of Adolescents and Young Adults: Sexual health knowledge, attitudes and experiences.* Menlo Park, CA: Henry J. Kaiser Family Foundation.

Kaler, A. (2005). Peer commentaries on Binik (2005): Classifying pain: What's at stake for women with dyspareunia. *Archives of Sexual Behavior, 34*(1), 34–36.

Kaplan, H. S. (1974). *The new sex therapy: Active treatment of sexual dysfunctions.* New York: Brunner/Mazel.

Kaplan, H. S. (1987). *Sexual aversion, sexual phobias, and panic disorder.* New York: Brunner/Mazel.

Karpman, E., Williams, D. H., & Lipshultz, L. I. (2006). Vasectomy reversal: New techniques and role in the era of intracytoplasmic sperm injection. *Canadian Journal of Urology, 13*(Suppl. 1), 22–27.

Katz, J., & Tirone, V. (2009). Women's sexual compliance with male dating partners: Associations with investment in ideal womanhood and romantic well-being. *Sex Roles, 60*(5-6), 347–356.

Keen, J. D., & Keen, J. E. (2009). What is the point: Will screening mammography save my life? *BMC Medical Informatics and Decision Making,* in press.

Kelly, J. B. (2000). Children's adjustment in conflicted marriage and divorce: A decade review of research. *Journal of the American Academy of Child & Adolescent Psychiatry, 39*(8), 963–973.

Kendler, K. S., et al. (2000). Childhood sexual abuse and adult psychiatric and substance use disorders in women: An epidemiological and Cotwin control analysis. *Archives of General Psychiatry, 57*(10), 953–959.

Kennedy, N., & McDonough, M. (2002). Koro: A case in an eastern European asylum seeker in Ireland. *Irish Journal of Psychological Medicine, 19*(4), 130–131.

Kennedy, R. (2003). *Interracial intimacies: Sex, marriage, identity, and adoption.* New York: Knopf.

Kennedy, S. H., & Rizvi, S. (2009). Sexual dysfunction, depression, and the impact of antidepressants. *Journal of Clinical Psychopharmacology, 29*(2), 157–164.

Kersting, K. (2003). Cognitive sex differences: A "political minefield." *Monitor on Psychology, 34*(5).

Kessler, R. C. (2003). Epidemiology of women and depression. *Journal of Affective Disorders, 74*(1), 5–13.

Khoury, M. J., Burke, W., & Thomson, E. J. (Eds.). (2000). *Genetics and public health in the 21st century: Using genetic information to improve health and prevent disease.* New York: Oxford University Press.

Kim, A. A., Kent, C. K., & Klausner, J. D. (2002). Increased risk of HIV and sexually transmitted disease transmission among gay or bisexual men who use Viagra, San Francisco 2000–2001. *AIDS, 16*(10), 1425–1428.

Kimble, D. P. (1992). *Biological psychology* (2nd ed.). Fort Worth, TX: Harcourt Brace Jovanovich.

King, J. A., De Oliveira, W. L., & Patel, N. (2005). Deficits in testosterone facilitate enhanced fear response. *Psychoneuroendocrinology, 30*(4), 333–340.

King, M. (2008). A systematic review of mental disorder, suicide, and deliberate self harm in lesbian, gay and bisexual people. *BMC Psychiatry, 8.* http://www.biomedcentral.com/1471244X/8/70. (Accessed October 15, 2009).

Kingston, D. A., Malamuth, N. M., Fedoroff, P., & Marshall, W. L. (2009). The importance of individual differences in pornography use: Theoretical perspectives and implications for treating sexual offenders. *Journal of Sex Research, 46*(2-3), 216–232.

Kinsey, A. C., Pomeroy, W. B., & Martin, C. E. (1948). *Sexual behavior in the human male.* Philadelphia: W. B. Saunders.

Kinsey, A. C., Pomeroy, W. B., Martin, C. E., & Gebhard, P. H. (1953). *Sexual behavior in the human female.* Philadelphia: W. B. Saunders.

Kippax, S., & Smith, G. (2001). Anal intercourse and power in sex between men. *Sexualities, 4*(4), 413–434.

Kirby, D. (2008). Changes in sexual behaviour leading to the decline in the prevalence of HIV in Uganda: Confirmation from multiple sources of evidence. *Sexually Transmitted Infections, 84*(Suppl 2), ii35–ii41.

Kirby, D. B., Laris, B. A., & Rolleri, L. A. (2007). Sex and HIV education programs: Their impact on sexual behaviors of young people throughout the world. *Journal of Adolescent Health, 40*(3), 206–217.

Kirchheimer, S., & Smith, M. (2003, May 28). Condoms in schools don't boost teen sex: Key is making condom programs part of overall sex education, says one expert. *WebMD Medical News.* (Online).

Kirenskaya-Berus, A. V., & Tkachenko, A. A. (2003). Characteristic features of EEG spectral characteristics in persons with deviant sexual behavior. *Human Physiology, 29*(3), 278–287.

Kirkpatrick, R. C. (2000). The evolution of human homosexual behavior. *Current Anthropology, 41*(3), 385–413.

Kito, M. (2005). Self-disclosure in romantic relationships and friendships among American and Japanese college students. *Journal of Social Psychology, 145*(2), 127–140.

Kjerulff, K. H., et al. (2000). Effectiveness of hysterectomy. *Obstetrics & Gynecology, 95,* 319–326.

Klusmann, D. (2002). Sexual motivation and the duration of partnership. *Archives of Sexual Behavior, 31,* 275–287.

Klüver, H., & Bucy, P. C. (1939). Preliminary analysis of functions of the temporal lobes in monkeys. *Archives of Neurology and Psychiatry, 42,* 979.

Knaak, S. (2005). Breast-feeding, bottle-feeding and Dr. Spock: The shifting context of choice. *Canadian Review of Sociology and Anthropology, 42*(2), 197–216.

Knapp, M. L., & Vangelista, A. L. (2000). *Interpersonal communication and human relationships* (4th ed.). Boston: Allyn & Bacon.

Knickmeyer, R., et al. (2005). Gender-typed play and amniotic testosterone. *Developmental Psychology, 41,* 517–528.

Kniffin, K. M., & Wilson, D. S. (2004). The effect of nonphysical traits on the perception of physical attractiveness: Three naturalistic studies. *Evolution and Human Behavior, 25*(2), 88–101.

Knoll, J. L., & Hazelwood, R. R. (2009). Becoming the victim: Beyond sadism in serial sexual murderers. *Aggression and Violent Behavior, 14*(2), 106-114.

Knox, D., Gibson, L., Zusman, M., & Gallmeier, C. (1997). Why college students end relationships. *College Student Journal, 31*(4), 449–452.

Knox, D., & Schacht, C. (2002). *Choices in relationships—An introduction to marriage and the family* (7th ed.). Belmont, CA: Wadsworth.

Knox, D., Schacht, C., & Zusman, M. E. (1999). Love relationships among college students. *College Student Journal, 33*(1), 149–151.

Koblin, B. A., et al. (2006). Risk factors for HIV infection among men who have sex with men. *AIDS, 20*(5), 731–739.

Kohlberg, L. (1966). A cognitive-developmental analysis of children's sex-role concepts and attitudes. In E. E. Maccoby (Ed.), *The development of sex differences.* Stanford, CA: Stanford University Press.

Kolata, G. (2000a, April 5). Estrogen tied to slight rise in heart attack. *The New York Times,* pp. A1, A20.

Kolata, G. (2000b, April 18). New name for impotence, and new drugs. *The New York Times,* pp. F6, F14.

Kolata, G. (2002, December 22). Chasing youth, many gamble on hormones. *The New York Times.* (Online).

Kolata, G. (2005, October 27). Screening proves itself in breast cancer fight. *The New York Times.* (Online).

Komisaruk, B. R., & Whipple, B. (2005). Brain activity imaging during sexual response in women with spinal cord injury. In J. S. Hyde (Ed.). *Biological substrates of human sexuality* (pp. 109–145). Washington, DC: American Psychological Association.

Koren, G., Pastuszak, A., & Ito, S. (1998). Drug therapy: Drugs in pregnancy. *New England Journal of Medicine, 338,* 1128–1137.

Kornacki, S. (2008, April 10). Spitzer and Vitter: Equal hypocrisy, unequal punishment.

Korobov, N., & Thorne, A. (2006). Intimacy and distancing: Young men's conversations about romantic relationships. *Journal of Adolescent Research, 21*(1), 27–55.

Koscik, T., O'Leary, D., Moser, D. J., Andreasen, N. C., & Nopoulos, P. (2009). Sex differences in parietal lobe morphology: Relationship to mental rotation performance. *Brain and Cognition, 69*(3), 451–459.

Koss, M. P., Bailey, J. A., Yuan, N. P., Herrera, V. M., & Lichter, E. L. (2003). Depression and PTSD in survivors of male violence: Research and training initiatives to facilitate recovery. *Psychology of Women Quarterly, 27*(2), 130–142.

Koss, M. P., Figueredo, A. J., & Prince, R. J. (2002). Cognitive mediation of rape's mental, physical and social health impact: Tests of four models in cross-sectional data. *Journal of*

Consulting & Clinical Psychology, 70(4), 926–941.

Koss, M. P., & Kilpatrick, D. G. (2001). Rape and sexual assault. In E. Gerrity et al. (Eds.), *The mental health consequences of torture. Plenum series on stress and coping* (pp. 177–193). Dordrecht, the Netherlands: Kluwer Academic Publishers.

Kouros-Mehr, H., et al. (2001). Identification of non-functional human VNO receptor genes provides evidence for vestigiality of the human VNO. *Chemical Sciences, 26*(9), 1167–1174.

Krahe, B., Waizenhofer, E., & Moller, I. (2003). Women's sexual aggression against men: Prevalence and predictors. *Sex Roles, 49*(5–6), 219–232.

Kramer, M. S., et al. (2000). The contribution of mild and moderate preterm birth to infant mortality. *Journal of the American Medical Association, 284,* 843–849.

Kristof, N. D. (2004, January 24). Going home, with hope. *The New York Times*, p. A15.

Kristof, N. D. (2006, January 22). Slavery in our time. *The New York Times*, Section 4, p. 17.

Kristof, N. D. (2009, April 30). Is rape serious? *The New York Times.*

Kristof, N. D. (2009, May 7). Girls on our streets. *The New York Times.*

Krueger, R. B., & Kaplan, M. S. (2002). Behavioral and psychopharmacological treatment of the paraphilic and hypersexual disorders. *Journal of Psychiatric Practice, 8*(1), 21–32.

Kuehn, B. M. (2009). Sexually transmitted infections. *Journal of the American Medical Association, 301*(8), 817.

Kuhnle, U., Krob, G., & Maier, E. (2003). True hermaphroditism: Presentation, management, outcomes. *Endocrinologist, 13*(3), 214–218.

Kuiper, B., & Cohen–Kettenis, P. (1988). Sex reassignment surgery: A study of 141 Dutch transsexuals. *Archives of Sexual Behavior, 17,* 439–457.

Kulik, L. (2000). Gender identity, sex typing of occupations, and gender role ideology among adolescents: Are they related? *International Journal for the Advancement of Counselling, 22*(1), 43–56.

Kumashiro, K. K. (Ed.). (2004). *Restoried selves: Autobiographies of Queer Asian/Pacific American activists.* New York: Harrington Park Press/The Haworth Press.

Kurdek, L. A. (2005). What do we know about gay and lesbian couples? *Current Directions in Psychological Science, 14*(5), 251–254.

Kurdek, L. A. (2006). Differences between partners from heterosexual, gay, and lesbian cohabiting couples. *Journal of Marriage and Family, 68*(2), 509–528.

Kurzban, R., & Weeden, J. (2005). HurryDate: Mate preferences in action. *Evolution and Human Behavior, 26*(3), 227–244.

Laan, E. (2008). What makes women experience desire? *Feminism & Psychology, 18*(4), 505–514.

Ladas, A. K., Whipple, B., & Perry, J. D. (1982). *The G spot and other recent discoveries about human sexuality.* New York: Holt, Rinehart & Winston.

LaFraniere, S. (2009, April 11). Chinese bias for baby boys creates a gap of 32 million. *The New York Times.*

Lalumière, M. L., Harris, G. T., Quinsey, V. L., & Rice, M. E. (2005a). Introduction. In M. L. Lalumière, G. T. Harris, V. L. Quinsey, & M. E. Rice (Eds.), *The causes of rape: Understanding individual differences in male propensity for sexual aggression* (pp. 3–6). Washington, DC: American Psychological Association.

Lalumière, M. L., Harris, G. T., Quinsey, V. L., & Rice, M. E. (2005b). Antisociality and mating effort. In M. L. Lalumière, G. T. Harris, V. L. Quinsey, & M. E. Rice (Eds.). *The causes of rape: Understanding individual differences in male propensity for sexual aggression* (pp. 61–103). Washington, DC: American Psychological Association.

Lalumière, M. L., Harris, G. T., Quinsey, V. L., & Rice, M. E. (2005c). Sexual interest in rape. In M. L. Lalumière, G. T. Harris, V. L. Quinsey, & M. E. Rice (Eds.), *The causes of rape: Understanding individual differences in male propensity for sexual aggression* (pp. 105–128). Washington, DC: American Psychological Association.

Lamanna, M. A., & Riedmann, A. (2005). *Marriages and families* (8th ed.). Belmont, CA: Wadsworth.

Lamaze, F. (1981). *Painless childbirth.* New York: Simon & Schuster.

Lamba, H., Goldmeier, D., Mackie, N. E., & Scullard, G. (2004). Antiretroviral therapy is associated with sexual dysfunction and with increased serum oestradiol levels in men. *International Journal of STD & AIDS, 15*(4), 234–237.

Lane, R., & Thayer, J. (2008). Sexual dysfunction and coronary artery disease. *The American Journal of Medicine, 121*(4), 256–257.

Lane, T., Pettifor, A., Pascoe, S., Fiamma, A., & Rees, H. (2006). Heterosexual anal intercourse increases risk of HIV infection among young South African men. *AIDS, 20*(1), 123–125.

Langevin, R. (2003). A study of the psychosexual characteristics of sex killers: Can we identify them before it is too late? *International Journal of Offender Therapy & Comparative Criminology, 47*(4), 366–382.

Langevin, R. (2006). Acceptance and completion of treatment among sex offenders. *International Journal of Offender Therapy and Comparative Criminology, 50*(4), 402–417.

Langevin, R., et al. (1979). Experimental studies of the etiology of genital exhibitionism. *Archives of Sexual Behavior, 8,* 307–332.

Langevin, R., et al. (2004). Lifetime sex offender recidivism: A 25-year follow-up study. *Canadian Journal of Criminology and Criminal Justice, 46*(5), 531–552.

Langhinrichsen-Rohling, J., Palarea, R. E., Cohen, J., & Rohlin, M. L. (2002). Breaking up is hard to do: Unwanted pursuit behaviors following the dissolution of a romantic relationship. In K. E. Davis, I. H. Frieze et al. (Eds.). *Stalking: Perspectives on victims and perpetrators* (pp. 212–236). New York: Springer.

Langille, D. B., & Curtis, L. (2002). Factors associated with sexual intercourse before age 15 among female adolescents in Nova Scotia. *Canadian Journal of Human Sexuality, 11*(3), 91–99.

Langlois, J. H., et al. (2000). Maxims or myths of beauty? A meta-analytic and theoretical review. *Psychological Bulletin, 126*(3), 390–423.

Långström, N., & Zucker, K. J. (2005). Transvestic fetishism in the general population: Prevalence and correlates. *Journal of Sex & Marital Therapy, 31*(2), 87–95.

Laqueur, T. W. (2003). *Solitary sex: A cultural history of masturbation.* Zone Books. www.newzonebooks.com.

Larsson, I., & Svedin, C. (2002). Experiences in childhood: Young adults' recollections. *Archives of Sexual Behavior, 31*(3), 263–273.

LaSala, M. C. (2004). Monogamy of the heart: Extradyadic sex and gay male couples. *Journal of Gay & Lesbian Social Services: Issues in Practice, Policy & Research, 17*(3), 1–24.

Lau, J. T. F., Siah, P. C., & Tsui, H. Y. (2002). A study of the STD/AIDS related attitudes and behaviors of men who have sex with men in Hong Kong. *Archives of Sexual Behavior, 31*(4), 367–373.

Laumann, E. O., Gagnon, J. H., Michael, R. T., & Michaels, S. (1994). *The social organization of sexuality: Sexual practices in the United States.* Chicago: University of Chicago Press.

Laumann, E. O., Masi, C. M., & Zuckerman, E. W., et al. (1997, April 2). Circumcision in the United States: Prevalence, prophylactic effects, and sexual practice. *The Journal of the American Medical Association, 277,* 1052–1057.

Laumann, E. O., Paik, A., & Rosen, R. C. (1999). Sexual dysfunction in the United States. Prevalence and predictors. *Journal of the American Medical Association, 281*(6), 537–544.

Laumann, E. O., et al. (2006). A cross-national study of subjective sexual well-being among older women and men: Findings from the global study of sexual attitudes and behaviors. *Archives of Sexual Behavior, 35*(2), 145–161.

Laurent, S. M., & Simons, A. D. (2009). Sexual dysfunction in depression and anxiety: Conceptualizing sexual dysfunction as part of an internalizing dimension. *Clinical Psychology Review,* in press.

Lavin, M. (2008). Voyeurism: Psychopathology and theory. In D. R. Laws and W. T. O'Donohue (Eds.), *Sexual deviance: Theory, assessment, and treatment* (2nd ed., pp. 305–319). New York: Guilford Press.

Lawrence, A. A. (2004). Autogynephilia: A paraphilic model of gender identity disorder. *Journal of Gay & Lesbian Psychotherapy, 8*(1–2), 69–87.

Lawrence, A. A. (2005). Sexuality before and after male-to-female sex reassignment surgery. *Archives of Sexual Behavior, 34*(2), 147–166.

Laws, D. R., & Marshall, W. L. (2003). A brief history of behavioral and cognitive behavioral approaches to sexual offenders: Part 1. Early developments. *Sexual Abuse: Journal of Research & Treatment, 15*(2), 75–92.

Laws, D. R., & O'Donohue, W. T. (2008). Introduction. *Sexual deviance: Theory, assessment, and treatment* (2nd ed., pp.1–20). New York: Guilford Press.

Lederman, M. M., & Valdez, H. (2000). Immune restoration with antiretroviral therapies: Implications for clinical management. *Journal of the American Medical Association, 284,* 223–228.

Lee, F. R. (2006, March 28). "Big love": Real polygamists look at HBO polygamists and find sex. *The New York Times.*

Legato, M. J. (2000, May 12). Cited in "Study

of children born without penises finds nature determines gender." The Associated Press online.
Lehne, G. K. (2009). Phenomenology of paraphilia: Lovemap theory. In F. M. Saleh et al. (Eds.), *Sex offenders: Identification, risk assessment, treatment, and legal issue* (pp. 12–26). New York: Oxford University Press.
Leiblum, S. R., & Rosen, R. C. (Ed.). (2000). *Principles and practice of sex therapy.* 3rd ed. New York: Guilford Press.
Leinders-Zufall, T., et al. (2000). Ultrasensitive pheromone detection by mammalian vomeronasal neurons. *Nature, 405,* 792–796.
Leitenberg, H., Detzer, M. J., & Srebnik, D. (1993). Gender differences in masturbation and the relation of masturbation experience in preadolescence and/or early adolescence to sexual behavior and sexual adjustment in young adulthood. *Archives of Sexual Behavior, 22,* 87–98.
Leitenberg, H., & Henning, K. (1995). Sexual fantasy. *Psychological Bulletin, 117,* 469–496.
Leland, J. (2000, May 29). The science of women & sex. *Newsweek,* pp. 48–54.
Lesjak, B., Bogadi, M., & Tosic, G. (2004). Zoophilia in comorbidity with other psychiatric disorders. *Socijalna Psihijatrija, 32*(4), 160–164.
Leue, A., Borchard, B., & Hoyer, J. (2004). Mental disorders in a forensic sample of sexual offenders. *European Psychiatry, 19*(3), 123–130.
LeVay, S. (1991). A difference in hypothalamic structure between heterosexual and homosexual men. *Science, 253,* 1034–1037.
Lever, J., Frederick, D. A., & Peplau, L. A. (2006). Does size matter? Men's and women's views on penis size across the lifespan. *Psychology of Men & Masculinity, 7*(3), 129–143.
Levin, R. J. (2003). The G-spot: Reality or illusion? *Sexual and Relationship Therapy, 18*(1), 117–119.
Levin, R. J. (2005a). The mechanisms of human ejaculation—A critical analysis. *Sexual and Relationship Therapy, 20*(1), 123–131.
Levin, R. J. (2005b). The involvement of the human cervix in reproduction and sex. *Sexual and Relationship Therapy, 20*(2), 251–260.
Levin, R. J. (2006). The breast/nipple/areola complex and human sexuality. *Sexual and Relationship Therapy, 21*(2), 237–249.
Levine, D. (2000). Virtual attraction: What rocks your boat. *CyberPsychology & Behavior, 3*(4), 565–573.
Levy, H., & Packman, W. (2004). Sexual abuse prevention for individuals with mental retardation: Considerations for genetic counselors. *Journal of Genetic Counseling, 13*(3), 189–205.
Lewin, T. (1998, January 17). Debate distant for many having abortions. *The New York Times,* pp. A1, A9.
Lewis, A. L., & White, J. (2009). The defense mechanisms of homophobia adolescent males. *Journal of Adolescence, 31*(2).
Lewis, J., Maticka-Tyndale, E., Shaver, F., & Schramm, H. (2005). Managing risk and safety on the job: The experiences of Canadian sex workers. *Journal of Psychology & Human Sexuality, 17*(1–2), 147–167.
Li, N. P., & Kenrick, D. T. (2006). Sex similarities and differences in preferences for short-term mates: What, whether, and why. *Journal of Personality and Social Psychology, 90*(3), 468–489.
Lim, D. (2006, October 22). Mondo multiplex: The snuff film turns respectable. *The New York Times.*
Lindberg, L. D.,& Singh, S. (2008). Sexual behavior of single adult American women. *Perspectives on Sexual and Reproductive Health, 40*(1), 27–33.
Lippa, R. (2001). On deconstructing and reconstructing masculinity–femininity. *Journal of Research in Personality, 35*(2), 168–207.
Lippa, R. (2008). The relation between childhood gender nonconformity and adult masculinity–femininity and anxiety in heterosexual and homosexual men and women. *Sex Roles, 59,* 684–693.
Lippa, R., & Arad, S. (1997). The structure of sexual orientation and its relation to masculinity, femininity, and gender diagnosticity: Different for men and women. *Sex Roles, 37*(3–4), 187–208.
Liptak, A. (2003, January 23). Circumcision opponents use the legal system and legislatures. *The New York Times.* (Online).
Lipworth, L., et al. (2008). Cancer among Scandinavian women with cosmetic breast implants: A pooled long-term follow-up study. *International Journal of Cancer, 124*(2), 490–493.
Lira, L. R., Koss, M. P., & Russo, N. F. (1999). Mexican American women's definitions of rape and sexual abuse. *Hispanic Journal of Behavioral Sciences, 21*(3), 236–265.
Littleton, H., & Henderson, C. E. (2009). If she is not a victim, does that mean she was not traumatized? Evaluation of predictors of PTSD symptomatology among college rape victims. *Violence Against Women, 15*(2), 148–167.
Locke, B. D., & Mahalik, J. R. (2005). Examining masculinity norms, problem drinking, and athletic involvement as predictors of sexual aggression in college men. *Journal of Counseling Psychology, 52*(3), 279–283.
Locock, L., & Alexander, J. (2005). "Just a bystander"? Men's place in the process of fetal screening and diagnosis. *Social Science & Medicine, 62*(6), 1349–1359.
Loder, N. (2000). US science shocked by revelations of sexual discrimination. *Nature, 405,* 713–714.
Logan, C. (2008). Sexual deviance in females. In D. R. Laws and W. T. O'Donohue (Eds.), *Sexual deviance: Theory, assessment, and treatment* (2nd ed., pp. 486–507). New York: Guilford Press.
Logan, T. K., Walker, R., Jordan, C. E., & Leukefeld, C. G. (2006). Justice system options and responses. In T. K. Logan, R.Walker, C. E. Jordan, & C. G. Leukefeld (Eds.), *Women and victimization: Contributing factors, interventions, and implications* (pp. 161–194). Washington, DC: American Psychological Association.
Long, C. R., Seburn, M., Averill, J. R., & More, T. A. (2003). Solitude experiences: Varieties, settings, and individual differences. *Personality & Social Psychology Bulletin, 29*(5), 578–583.
Lorant, V., et al. (2005). A European comparative study of marital status and socio-economic inequalities in suicide. *Social Science & Medicine, 60*(11), 2431–2441.
Lorenz, F. O., Wickrama, K. A. S., Conger, R. D., & Elder, G. H., Jr. (2006). The short-term and decade-long effects of divorce on women's midlife health. *Journal of Health and Social Behavior, 47*(2), 111–125.
Lotery, H. E., McClure, N., & Galask, R. P. (2004). Vulvodynia. *Lancet, 363*(9414), 1058–1060.
Lovaas, K. E., Elia, J. P., & Yep, G. A. (2007). Shifting ground(s): Surveying the contested terrain of LGBT studies and queer theory. *Journal of Homosexuality, 52*(1-2), 1–18.
Lucon, A. M., et al. (2006). Spontaneous recanalization after vasectomy. *TSW Urology, 1,* 71–74.
Lue, T. F. (2000). Drug therapy: Erectile dysfunction. *The New England Journal of Medicine, 342*(24).
Lundström, J. N., & Marilyn Jones-Gotman, M. (2009). Romantic love modulates women's identification of men's body odors. *Hormones and Behavior, 55*(2), 280–284.
Lussier, P., & Piché, L. (2008). Frotteurism: Psychopathology and theory. In D. R. Laws and W. T. O'Donohue (Eds.), *Sexual deviance: Theory, assessment, and treatment* (2nd ed., pp. 131–149). New York: Guilford Press.
Maaita, M. J., Bhaumik, J., & Davies, A. E. (2002). Sexual function after using tension-free vaginal tape for the surgical treatment of genuine stress incontinence. *British Journal of Urology International, 90*(6), 540.
Maartens, L. W. F., Knottnerus, J. A., & Pop, V. J. (2002). Menopausal transition and increased depressive symptomatology: A community based prospective study. *Maturitas, 42*(3), 195–200.
MacCallum, F., & Keeley, S. (2008). Embryo donation families: A follow-up in middle childhood. *Journal of Family Psychology, 22*(6), 799–808.
MacDonald, T. K., MacDonald, G., Zanna, M. P., & Fong, G. T. (2000). Alcohol, sexual arousal, and intentions to use condoms in young men: Applying alcohol myopia theory to risky sexual behavior. *Health Psychology, 19,* 290–298.
MacGregor, E. (2009). Estrogen replacement and migraine. *Maturitas, 63*(1), 51–55.
Mackinnon, C. A. (2007). *Women's lives, men's laws.* Cambridge, MA: Harvard University Press.
Macy, R. J., Nurius, P. S., & Norris, J. (2006). Responding in their best interests: Contextualizing women's coping with acquaintance sexual aggression. *Violence Against Women, 12*(5), 478–500.
Madsen, L., Parsons, S., & Grubin, D. (2006). The relationship between the five-factor model and *DSM* personality disorder in a sample of child molesters. *Personality and Individual Differences, 40*(2), 227–236.
Mahoney, A. R., & Knudson-Martin, C. (2009). *Couples, gender, and power.* New York: Springer.
Major, B., Kaiser, C. R., & McCoy, S. K. (2003). It's not my fault: When and why attributions to prejudice protect self-esteem. *Personality & Social Psychology Bulletin, 29*(6), 772–781.
Major, B., et al. (2000). Psychological responses

of women after first-trimester abortion. *Archives of General Psychiatry, 57,* 777–784.

Malamuth, N. M., Addison, T., & Koss, M. (2000). Pornography and sexual aggression: Are there reliable effects and can we understand them? *Annual Review of Sex Research, 11,* 26–91.

Malamuth, N. M., Huppin, M., & Paul, B. (2005). Sexual coercion. In D. M. Buss (Ed.), *The handbook of evolutionary psychology* (pp. 394–418). Hoboken, NJ: Wiley.

Malaspina, D. (2009). Cited in L. Belkin (2009, April 5). Your old man. *The New York Times Magazine.*

Malec, K. (2003, Summer). The abortion–breast cancer link: How politics trumped science and informed consent. *Journal of American Physicians and Surgeons, 8*(2). www.abortionbreastcancer.com/jpands.pdf.

Maletzky, B. M. (1980). Assisted covert sensitization in the treatment of exhibitionism. *Journal of Consulting and Clinical Psychology, 48*(1), 306–312.

Maletzky, B. M., & Steinhauser, C. (2002). A 25-year follow-up of cognitive/behavioral therapy with 7,275 sexual offenders. *Behavior Modification, 26*(2), 123–147.

Malinowski, B. (1927). *Sex and repression in savage society.* London: Kegan Paul, Trench, Trubner & Co.

Malinowski, B. (1929). *The sexual life of savages in north-western Melanesia.* New York: Eugenics.

Man pays victim's husband in fondling case. (2000, June 2). Reuters News Agency. (Online).

Maner, J. K., Rouby, D. A., & Gonzaga, G. C. (2008). Automatic inattention to attractive alternatives: The evolved psychology of relationship maintenance. *Evolution and Human Behavior, 29*(5), 343–349.

Mansergh, G., et al. (2008). Alcohol and drug use in the context of anal sex and other factors associated with sexually transmitted infections: Results from a multi-city study of high-risk men who have sex with men in the USA. *Sexually Transmitted Infections, 84,* 509–511.

Maranda, M. J., Han, C., & Rainone, G. A. (2004). Crack cocaine and sex. *Journal of Psychoactive Drugs, 36*(3), 315–322.

Marazziti, D. (2005). The neurobiology of love. *Current Psychiatry Reviews, 1*(3), 331–335.

Marchbanks, P. A., et al. (2002). Oral contraceptives and the risk of breast cancer. *New England Journal of Medicine, 346,* 2025–2032.

Marcus, D. K., & Miller, R. S. (2003). Sex differences in judgments of physical attractiveness: A social relations analysis. *Personality & Social Psychology Bulletin, 29*(3), 325–335.

Mardorossian, C. M. (2002). Toward a new feminist theory of rape. *Signs, 27*(3), 743–775.

Markman, H. J. (2005). The prevention of extramarital involvement: Steps toward "affair proofing" marriage. *Clinical Psychology: Science and Practice, 12*(2), 134–138.

Marquis, C. (2003, March 16). Living in sin. *The New York Times,* p. WK2.

Marrazzo, J. (2003). Vulvovaginal candidiasis: Over the counter treatment doesn't seem to lead to resistance. *British Medical Journal, 326,* 993–994.

Marshall, B. L. (2006). The new virility: Viagra, male aging and sexual function. *Sexualities, 9*(3), 345–362.

Marshall, W. L. (1989). Pornography and sex offenders. In D. Zillmann & J. Bryant (Eds.), *Pornography: Research advances and policy considerations* (pp. 185–214). Hillsdale, NJ: Erlbaum.

Marsiglio, W. (2004). When stepfathers claim stepchildren: A conceptual analysis. *Journal of Marriage & Family, 66*(1), 22–39.

Martin, J. A., et al. (2008), Annual summary of vital statistics: 2006. *Pediatrics, 121*(4), 788–801.

Martino, S. C., et al. (2006). Exposure to degrading versus nondegrading music lyrics and sexual behavior among youth. *Pediatrics, 118,* e430–e441.

Martins, Y., Preti, G., Crabtree, C. R., Runyan, T., Vainius, A. A., & Wysocki, C. J. (2005). Preference for human body odors is influenced by gender and sexual orientation. *Psychological Science, 16*(9), 694.

Marvasti, J. A. (2004). Pharmacotherapy and surgical treatment of paraphiliacs and sexual offenders. In J. A. Marvasti (Ed.), *Psychiatric treatment of sexual offenders: Treating the past traumas in traumatizers. A bio-psycho-social perspective. American series in behavioral science and law* (pp. 97–115). Springfield, IL: Charles C. Thomas.

Marwick, C. (2000). Consensus panel considers osteoporosis. *Journal of the American Medical Association, 283*(16).

Marziano, V., Ward, T., Beech, A. R., & Pattison, P. (2006). Identification of five fundamental implicit theories underlying cognitive distortions in child abusers: A preliminary study. *Psychology, Crime & Law, 12*(1), 97–105.

Masheb, R. M., Lozano–Blanco, C., Kohorn, E. I., Minkin, M J., & Kerns, R. D. (2004). Assessing sexual function and dyspareunia with the female sexual function index (FSFI) in women with vulvodynia. *Journal of Sex & Marital Therapy, 30*(5), 315–324.

Masters, W. H., & Johnson, V. E. (1966). *Human sexual response.* Boston: Little, Brown.

Masters, W. H., & Johnson, V. E. (1970). *Human sexual inadequacy.* Boston: Little, Brown.

Masters, W. H., & Johnson, V. E. (1979). *Homosexuality in perspective.* Boston: Little, Brown.

Mathers, B. M., et al. (2008). Global epidemiology of injecting drug use and HIV among people who inject drugs: A systematic review. *The Lancet, 372*(9651), 1733–1745.

Matthews, A. K., Hughes, T. L., Tartaro, J., Omoto, A. M., & Kurtzman, H. S. (Eds.). (2006). *Sexual orientation and mental health: Examining identity and development in lesbian, gay, and bisexual people. Contemporary perspectives on lesbian, gay, and bisexual psychology.* Washington, DC: American Psychological Association.

Mattson, C. L., Bailey, R. C., Muga, R., Poulussen, R., & Onyango, T. (2005). Acceptability of male circumcision and predictors of circumcision preference among men and women in Nyanza Province, Kenya, *AIDS Care, 17*(2), 182–194.

Maxson, S. C. (1998). Homologous genes, aggression, and animal models. *Developmental Neuropsychology, 14*(1), 143–156.

Maxwell, C. D., Robinson, A. L., & Post, L. A. (2003). The nature and predictors of sexual victimization and offending among adolescents. *Journal of Youth & Adolescence, 32*(6), 465–477.

Maybach, K. L., & Gold, S. R. (1994). Hyperfemininity and attraction to macho and nonmacho men. *Journal of Sex Research, 31*(2), 91–98.

Mayo Clinic. (2006, October 10). Vulvodynia. www.mayoclinic.com/health/vulvodynia/DS00159.

Mazur, T. *The infant's developing sexuality.* Accessed February 10, 2006. www2.hu-berlin.de/sexology/GESUND/ARCHIV/SEN/CH07.HTM#b11-CHILDREN%20AND%20SEX.

McAndrew, F. T. (2009). The interacting roles of testosterone and challenges to status in human male aggression. *Aggression and Violent Behavior,* in press.

McBride, C. K., Paikoff, R. L., & Holmbeck, G. N. (2003). Individual and familial influences on the onset of sexual intercourse among urban African American adolescents. *Journal of Consulting and Clinical Psychology, 71*(1), 159–167.

McCabe, K. A. (2000). Child pornography and the Internet. *Social Science Computer Review, 18*(1), 73–76.

McCabe, M. P. (2004). Exacerbation of symptoms among people with multiple sclerosis: Impact on sexuality and relationships over time. *Archives of Sexual Behavior, 33*(6), 593–601.

McCabe, M. P. (2005). The role of performance anxiety in the development and maintenance of sexual dysfunction in men and women. *International Journal of Stress Management, 12*(4), 379–388.

McCabe, S. E., et al. (2005). Selection and socialization effects of fraternities and sororities on US college student substance use: A multi-cohort national longitudinal study. *Addiction, 100*(4), 512–524.

McCarthy, B. W., Bodnar, L. E., & Handal, M. (2004). Integrating sex therapy and couple therapy. In J. H. Harvey, A. Wenzel, & S. Sprecher (Eds.), *The handbook of sexuality in close relationships* (pp. 573–593). Erlbaum.

McCarthy, B. W., & Fucito, L. M. (2005). Integrating medication, realistic expectations, and therapeutic interventions in the treatment of male sexual dysfunction. *Journal of Sex & Marital Therapy, 31*(4), 319–328.

McCarthy, B. W., Ginsberg, R. L., & Fucito, L. M. (2006). Resilient sexual desire in heterosexual couples. *Family Journal: Counseling and Therapy for Couples and Families, 14*(1), 59–64.

McCoy, N. L., & Pitino, L. (2002). Pheromonal influences on sociosexual behavior in young women. *Physiology & Behavior, 75*(3), 367–375.

McDonough, Y. Z. (1998, January 24). What Barbie really taught me. *The New York Times Magazine,* 70.

McElduff, A., & Beange, H. (2003). Men's health and well-being: Testosterone deficiency. *Journal of Intellectual & Developmental Disability, 28*(2), 211–213.

McEwan, S. L., de Man, A. F., & Simpson-Hous-

ley, P. (2005). Acquaintance rape, ego-identity achievement, and locus of control. *Social Behavior and Personality,* 33(6), 587–592.
McGue, M., Elkins, I., Walden, B., & Iacono, W. G. (2005). Perceptions of the parent–adolescent relationship: A longitudinal investigation. *Developmental Psychology, 41*(6), 971–984.
McIntyre, S., Formichella, A., Osterhout, M. B., & Gresh, S. (1991). *Tell it like it is: Straight talk about sex.* New York: Avon Books (a division of HarperCollins).
McKeganey, N. (2006). Street prostitution in Scotland: The views of working women. *Drugs: Education, Prevention & Policy, 13*(2), 151–166.
Mead, M. (1935). *Sex and temperament in three primitive societies.* New York: Dell.
Meadows, S. (2009). Family structure and fathers' well-being: Trajectories of mental health and self-rated health. *Journal of Health and Social Behavior, 50*(2), 115–131.
Medical News Today. (2008, January 17). Circumcision rates highest in Midwest, lowest in West. http://www.medicalnewstoday.com/articles/94200.php.
Medrano, M. A., Hatch, J. P., Zule, W. A., & Desmond, D. P. (2003). Childhood trauma and adult prostitution behavior in a multiethnic heterosexual drug-using population. *American Journal of Drug & Alcohol Abuse, 29*(2), 463–486.
Menard, K. S., et al. (2003). Gender differences in sexual harassment and coercion in college students: Developmental, individual, and situational determinants. *Journal of Interpersonal Violence, 18*(10), 1222–1239.
Meston, C., & Buss, D. M. (2007). Why humans have sex. *Archives of Sexual Behavior, 36,* 477–507.
Meston, C. M., & Frohlich, P. F. (2000). The neurobiology of sexual function. *Archives of General Psychiatry, 57*(11), 1012–1030.
Meyer, I. H., Rossano, L., Ellis, J. M., & Bradford, J. (2002). A brief telephone interview to identify lesbian and bisexual women in random digit sampling. *Journal of Sex Research, 39*(2), 139–144.
Meyer, T. (1998, February 18). *AZT short treatment works.* The Associated Press. (Online).
Meyer-Bahlburg, H. F. L., et al. (1995). Prenatal estrogens and the development of homosexual orientation. *Developmental Psychology, 31*(1), 12–21.
Michael, R. T., Gagnon, J. H., Laumann, E. O., & Kolata, G. (1994). *Sex in America: A definitive survey.* Boston: Little, Brown.
Michel, A. & Pedinielli, J.-L. (2005). Vers une conceptualization du transsexualisme. *Annales Medico-Psychologiques, 163*(5), 379–386.
Mikach, S. M., & Bailey, J. M. (1999). What distinguishes women with unusually high numbers of sex partners? *Evolution & Human Behavior, 20*(3) 141–150.
Mill, J. S. (1983). *Utilitarianism.* Indianapolis: Hackett Publishing.
Miller, G., Tybur, J., & Jordan, B. D. (2007). *Evolution and Human Behavior, 28*(6), 375–381.
Miller, M. (1998, cited in Bronner, February 1). Just say maybe. No sexology, please. We're Americans. *The New York Times*, p. WK6.
Miller, R. (2005). Overcoming violence against women and girls: The international campaign to eradicate a worldwide problem. *Culture, Health & Sexuality, 7*(5), 519–521.
Miller, S. A., & Byers, E. S. (2004). Actual and desired duration of foreplay and intercourse: Discordance and misperceptions within heterosexual couples. *Journal of Sex Research, 41*(3), 301–309.
Miller, S. L., & Maner, J. K. (2009). Sex differences in response to sexual versus emotional infidelity: The moderating role of individual differences. *Personality and Individual Differences, 46*(3), 287-291.
Millett, G. A., et al. (2008). Circumcision status and risk of HIV and sexually transmitted infections among men who have sex with men: A meta-analysis. *Journal of the American Medical Association, 300*(14), 1674–1684.
Minichiello, V., et al. (2001). Male sex workers in three Australian cities: Socio-demographic and sex work characteristics. *Journal of Homosexuality, 42*(1), 29–51.
Missailidis, K., & Gebre-Medhin, M. (2000). Female genital mutilation in eastern Ethiopia. *The Lancet, 356,* 137–138.
Mitchell, K. J., Finkelhor, D., & Wolak, J. (2005). Protecting youth online: Family use of filtering and blocking software. *Child Abuse & Neglect, 29*(7), 753–765.
Mofenson, L. M. (2000). Perinatal exposure to zidovudine—Benefits and risks. *The New England Journal of Medicine, 343*(11).
Mohan, R., & Bhugra, D. (2005). Literature update: A critical review. *Sexual and Relationship Therapy, 20*(1), 115–122.
Money, J. (1994). The concept of gender identity disorder in childhood and adolescence after 39 years. *Journal of Sex and Marital Therapy, 20*(3), 163–177.
Money, J. (2003). History, causality, and sexology. *Journal of Sex Research, 40*(3), 237–239.
Monson, C. M., Langhinrichsen-Rohling, J., & Binderup, T. (2000). Does "no" really mean "no" after you say "yes"? Attributions about date and marital rape. *Journal of Interpersonal Violence, 15*(11), 1156–1174.
Montano, D., Kasprzyk, D., von Haeften, I., & Fishbein, M. (2001). Toward an understanding of condom use behaviours: A theoretical and methodological overview of Project SAFER. *Psychology, Health & Medicine, 6*(2), 139–150.
Montemurro, B., Bloom, C., & Madell, K. (2003). Ladies night out: A typology of women patrons of a male strip club. *Deviant Behavior, 24*(4), 333–352.
Montgomery-Downs, H. E. (2008). Normal sleep development in infants and toddlers. In A. Ivanenko (Ed.), *Sleep and psychiatric disorders in children and adolescents* (pp. 11-21). London: informa healthcare.
Montoya, R. M., Horton, R. S., & Kirchner, J. (2008). Is actual similarity necessary for attraction? A meta-analysis of actual and perceived similarity. *Journal of Social and Personal Relationships, 25(6),* 889–922.
Moore, D. R., & Heiman, J. R. (2006). Women's sexuality in context: Relationship factors and female sexual functioning. In I. Goldstein, C. Meston, S. Davis, & A. Traish (Eds.), *Female sexual dysfunction.* New York: Parthenon.
Moore, S., & Leung, C. (2002). Young people's romantic attachment styles and their association with well-being. *Journal of Adolescence, 25*(2), 243–255.
Morley, J. E., & Perry, H. M., III. (2003). Androgens and women at the menopause and beyond. *Journals of Gerontology: Series A: Biological Sciences & Medical Sciences, 58A*(5), 409–416.
Morofushi, M., Shinohara, K., Funabashi, T., & Kimura, F. (2000). Positive relationship between menstrual synchrony and ability to smell 5alpha-androst-16-en-3alpha-ol. *Chemical Senses, 25*(4), 407–411.
Morris, L. B. (2000, June 25). For the partum blues, a question of whether to medicate. *The New York Times.* (Online).
Morrison, D. R., & Coiro, M. J. (1999). Parental conflict and marital disruption: Do children benefit when high-conflict marriages are dissolved? *Journal of Marriage & the Family, 61*(3), 626–637.
Morrison, E. S., et al. (1980). *Growing up sexual.* New York: Van Nostrand Reinhold.
Morry, M. M. (2005). Allocentrism and friendship satisfaction: The mediating roles of disclosure and closeness. *Canadian Journal of Behavioural Science, 37*(3), 211–222.
Morry, M. M., & Gaines, S. O. (2005). Relationship satisfaction as a predictor of similarity ratings: A test of the attraction–similarity hypothesis. *Journal of Social and Personal Relationships, 22*(4), 561–584.
Mortola, J. F. (1998). Premenstrual syndrome—Pathophysiologic considerations. *New England Journal of Medicine, 338,* 256–257.
Mosher, W. D., Chandra, A., & Jones, J. (2005). *Sexual behavior and selected health measures: Men and women 15–44 years of age, United States, 2002. Advance data from vital and health statistics.* Centers for Disease Control and Prevention. National Center for Health Statistics, No. 362.
Mukherjee, S., et al. (2009). What is the effect of circumcision on risk of urinary tract infection in boys with posterior urethral valves? *Journal of Pediatric Surgery, 44*(2), 417–421.
Mulac, A., Jansma, L. L., & Linz, D. G. (2002). Men's behavior toward women after viewing sexually-explicit films: Degradation makes a difference. *Communication Monographs, 69*(4), 311–328.
Mulick, P. S., & Wright, L. W., Jr. (2002). Examining the existence of biphobia in the heterosexual and homosexual populations. *Journal of Bisexuality, 2*(4), 45–64.
Munarriz, R., et al. (2002). Androgen replacement therapy with dehydroepiandrosterone for androgen insufficiency and female sexual dysfunction: Androgen and questionnaire results. *Journal of Sex & Marital Therapy, 28*(Suppl. 1), 165–173.
Mundy, L. (2000, July 16). Sex and sensibility. *The Washington Post.* [Online].
Munro, V. E. (2006). Stopping traffic? A comparative study of responses to the trafficking in women for prostitution. *British Journal of Criminology, 46*(2), 318–333.
Murphy, S. M., Vallacher, R. R., Shackelford, T. K., Bjorklund, D. F., & Yunger, J. L. (2006). Relationship experience as a predictor of romantic jealousy. *Personality and Individual Differences, 40*(4), 761–769.
Murphy, W. D., & Page, I. J. (2008). Exhibitionism: Psychopathology and theory. In D. R.

Laws and W. T. O'Donohue (Eds.), *Sexual deviance: Theory, assessment, and treatment* (2nd ed., pp. 61–75). New York: Guilford Press.

Murray, S. L., Bellavia, G., Feeney, B., Holmes, J. G., & Rose, P. (2001). The contingencies of interpersonal acceptance: When romantic relationships function as a self-affirmational resource. *Motivation & Emotion, 25*(2), 163–189.

Murray, S. L., & Holmes, J. G. (2000). Seeing the self through a partner's eyes: Why self-doubts turn into relationship insecurities. In A. Tesser, R. B. Felson, et al. (Eds.), *Psychological perspectives on self and identity* (pp. 173–197). Washington, DC: American Psychological Association.

Murray, S. O., & Roscoe, W. (1997). *Islamic homosexualities: Culture, history, and literature.* New York: New York University Press.

Myers, J. E., Madathil, J., & Tingle, L. R. (2005). Marriage satisfaction and wellness in India and the United States: A preliminary comparison of arranged marriages and marriages of choice. *Journal of Counseling & Development,* 83(2), 183–190.

Myers, S. Myers, J. E., Madathil, J., & Tingle, L. R. (2005). Marriage satisfaction and wellness in India and the United States: A preliminary comparison of arranged marriages and marriages of choice. *Journal of Counseling & Development, 83*(2), 183–190.

Myers, S. M. (2006). Religious homogamy and marital quality: Historical and generational patterns, 1980–1997. *Journal of Marriage and the Family, 68*(2), 292–304.

Nagourney, A. (2009, April 29). Signs GOP is rethinking stance on gay marriage. *The New York Times,* p. A15.

Najman, J. M., Dunne, M. P., Purdie, D. M., Boyle, F. M., & Coxeter, P. D. (2005). Sexual abuse in childhood and sexual dysfunction in adulthood: An Australian population-based study. *Archives of Sexual Behavior, 34*(5), 517–526.

Nakaya, M. (2002). Fluvoxamine treatment of a Japanese patient with Koro. *Journal of Clinical Psychiatry, 63*(12), 1182–1183.

Nanda, S., & Warms, R. L. (2004). *Cultural anthropology* (8th ed.). Belmont, CA: Wadsworth.

Nappi, R. E., Wawra, K., & Schmitt, S. (2006). Hypoactive sexual desire disorder in postmenopausal women. *Gynecological Endocrinology, 22*(6), 318–323.

Narchi, H. (2003). Infantile masturbation mimicking paroxysmal disorders. *Journal of Pediatric Neurology, 1*(1), 43–45.

National Campaign to Prevent Teen Pregnancy. (2003, September 30). *Teens say parents most influence their sexual decisions: New polling data and "Tips for Parents" released.* www.teenpregnancy.org/about/announcements/pr/2003/release9_30_03.asp.

National Cancer Institute. (2009). www.nci.nih.gov/.

National Center for Biotechnology Information (NCBI). (2006, February 1). National Institute of Health. [Online]. www.ncbi.nlm.nih.gov/entrez/query.fcgi?=CMD=Search&db=homologene&term=SRY.

National Institute of Alcohol Abuse and Alcoholism. (2005). Apparent per capita ethanol consumption for the United States, 1850–2002. [Gallons of ethanol, based on population age 15 and older prior to 1970 and on population age 14 and older thereafter]. www.niaaa.nih.gov/databases/consum01.htm.

National Institute of Allergy and Infectious Diseases. (2009, July 14). Herpevac trial for women. (Accessed November 2, 2009). http://www3.niaid.nih.gov/topics/genitalHerpes/research/herpevac/default.htm.

National Institute of Population and Social Security Research. Population statistics of Japan 2008. Accessed May 13, 2009. http://www.ipss.go.jp/index-e.html.

National Science Foundation. (2007). The General Social Survey. Arlington, VA: National Science Foundation. http://www.nsf.gov/pubs/2007/nsf0748/nsf0748.pdf.

Nduati, R., et al. (2000). Effect of breastfeeding and formula feeding on transmission of HIV-1. *Journal of the American Medical Association, 283,* 1167–1174.

Neerman-Arbez, M. (2003, June 4). Genes implicated in sexual differentiation. Geneva Foundation for Medical Education and Research. www.gfmer.ch/Endo/Lectures_10/Sexualdi.htm.

Nemoto, T., Iwamoto, M., Wong, S., Le, M. N., & Operario, D. (2004). Social factors related to risk for violence and sexually transmitted infections/HIV among Asian massage parlor workers in San Francisco. *AIDS and Behavior, 8*(4), 475–483.

The New York Observer. http://www.observer.com/2008/equal-hypocrisy-unequal-punishment.

The New York Times/CBS News Poll, April 22–26, 2009. (2009, April 27). http://graphics8.nytimes.com/packages/images/nytint/docs/new-york-times-cbs-news-poll-obamas-100th-day-in-office/original.pdf.

Newman, G. A. (2006). Woman's place or women's spaces: Intertwining history, herstory, and Christianity. In C. K. Robertson (Ed.), *Religion & sexuality: Passionate debates.* (pp. 65–76). New York: Peter Lang Publishing.

Newman, T. (2009). Cited in Monica Davey. (2009, June 7). Closed clinic leaves abortion protesters at a loss. *The New York Times.*

Nieto, J. J., Cogswell, D., Jesinger, D., & Hardiman, P. (2000). Lipid effects of hormone replacement therapy with sequential transdermal 17-beta-estradiol and oral dydrogesterone. *Obstetrics & Gynecology, 95,* 111–114.

Njus, D. M., & Bane, C. M. H. (2009). Religious identification as a moderator of evolved sexual strategies of men and women. *Journal of Sex Research,* DOI: 10.1080/00224490902867855.

Nobre, P. J., & Pinto-Gouveia, J. (2006). Dysfunctional sexual beliefs as vulnerability factors for sexual dysfunction. *Journal of Sex Research, 43*(1), 68–75.

Norton-Hawk, M. (2004). A comparison of pimp- and non-pimp-controlled women. *Violence Against Women, 10*(2), 189–194.

Nosek, M. A. (2005). Wellness in the context of disability. In J. E. Myers & T. J. Sweeney, (Eds.), *Counseling for wellness: Theory, research, and practice* (pp. 139–150). Alexandria, VA: American Counseling Association.

Nosek, M. A., et al. (2004). The meaning of health for women with physical disabilities: A qualitative analysis. *Family & Community Health, 27*(1), 6–21.

Nour, N. M. (2000). Female circumcision and genital mutilation: A practical and sensitive approach. *Contemporary OB/GYN, 45*(3), 50–55.

Nurnberg, H. G., et al. (2008). Sildenafil treatment of women with antidepressant-associated sexual dysfunction: A randomized controlled trial. *Journal of the American Medical Association, 300*(4), 395–404.

O'Dell, K. M. C., & Kaiser, K. (1997). Sexual behaviour: Secrets and flies. *Current Biology,* 7(6), R345–R347.

O'Doherty, J., et al. (2003). Beauty in a smile: The role of medial orbitofrontal cortex in facial attractiveness. *Neuropsychologia, 41*(2), 147–155.

O'Donnell, L., et al. (2003). Long-term influence of sexual norms and attitudes on timing of sexual initiation among urban minority youth. *Journal of School Health, 23*(2), 68–75.

O'Donohue, W., Yeater, E. A., & Fanetti, M. (2003). Rape prevention with college males: The roles of rape myth acceptance, victim empathy, and outcome expectancies. *Journal of Interpersonal Violence, 18*(5), 513–531.

O'Keeffe, M. J., et al. (2003). Learning, cognitive, and attentional problems in adolescents born small for gestational age. *Pediatrics, 112*(2), 301–307.

O'Sullivan, L. F. (2003). The development of romantic relationships in adolescence. *Archives of Sexual Behavior, 32*(3), 292–294.

Ofer, D., & Weitzman, L. (Eds.). (1998). *Women in the Holocaust.* New Haven, CT: Yale University Press.

Oguz, N., & Uygur, N. (2005). A case of diaper fetishism. *Türk Psikiyatri Dergisi, 16*(2), 133–138.

Okami, P., Weisner, T., & Olmstead, R. (2002). Outcome correlates of parent–child bedsharing: An eighteen-year longitudinal study. *Journal of Developmental & Behavioral Pediatrics, 23*(4), 244–253.

Olds, J. (1956). Pleasure centers in the brain. *Scientific American, 193,* 105–116.

Olds, J., & Milner, P. (1954). Positive reinforcement produced by electrical stimulation of the septal area and other regions of the rat brain. *Journal of Comparative and Physiological Psychology, 47,* 419–427.

Oleksyk, T. K., et al. (2009, March 19). Extended IL10 haplotypes and their association with HIV progression to AIDS. *Genes and Immunity.* Advance online publication.

Olfson, M., Uttaro, T., Carson, W. H., & Tafesse, E. (2005). Male sexual dysfunction and quality of life in schizophrenia. *Journal of Clinical Psychiatry, 66*(3), 331–338.

Olshen, E., et al. (2006). Use of human immunodeficiency virus postexposure prophylaxis in adolescent sexual assault victims. *Archives of Pediatric Adolescent Medicine, 160,* 674–680.

Ompad, D.C., et al. (2006). Predictors of early initiation of vaginal and oral sex among urban young adults in Baltimore, Maryland. *Archives of Sexual Behavior, 35*(1), 53–65.

Ortega, V., Ojeda, P., Sutil, F., & Sierra, J. C. (2005). Culpabilidad sexual en adolescentes: Estudio de algunos factores relacionados. *Anales de Psicología, 21*(2), 268–275.

Osman, S. L. (2003). Predicting men's rape perceptions based on the belief that "no" really means "yes." *Journal of Applied Social Psychology, 33*(4), 683–692.

Pakhomou, S. M. (2006). Methodological aspects of telephone scatologia: A case study. *International Journal of Law and Psychiatry, 29*(3), 178–185.

Palace, E. M. (1995). Modification of dysfunctional patterns of sexual arousal through autonomic arousal and false physiological feedback. *Journal of Consulting and Clinical Psychology, 63,* 604–615.

Parent, C., & Bruckert, C. (2005). Sex work in establishments offering erotic services: A form of marginalised work. *Déviance et Societé, 29*(1), 33–53.

Parker-Pope, T. (2008, February 5). No answers for men with prostate cancer. *The New York Times.*

Parker-Pope, T. (2008, October 27). Love, sex and the changing landscape of infidelity. *The New York Times.*

Parker-Pope, T. (2009, May 28). Study urges weight gain be curbed in pregnancy. *The New York Times.*

Parker-Pope, T. (2009a, March 24). Screen or not? What those prostate studies mean. *The New York Times.*

Parrott, D., Zeichner, A., & Hoover, R. (2006). Sexual prejudice and anger network activation: Mediating role of negative affect. *Aggressive Behavior, 32*(1), 7–16.

Parsons, N. K., Richards, H. C., & Kanter, G. D. (1990). Validation of a scale to measure reasoning about abortion. *Journal of Counseling Psychology, 37,* 107–112.

Pasupathy, D., & Smith, G. C. (2005). The analysis of factors predicting antepartum stillbirth. *Minerva Ginecology, 57*(4), 397–410.

Paul, B., & Shim, J. W. (2008). Gender, sexual affect, and motivations for Internet pornography use. *International Journal of Sexual Health, 20*(3), 187–199.

Peaceman, A. M., et al. (2009). Previous preterm cesarean delivery and risk of subsequent uterine rupture. *Obstetric Anesthesia Digest, 29*(2), 69–70.

Pedersen, W., & Hegna, K. (2003). Children and adolescents who sell sex: A community study. *Social Science & Medicine, 56*(1), 135–147.

Peluso, P. R. (Ed.). (2008). *Infidelity.* Danvers, MA: CRC Press.

Peplau, L. A. (2003). Human sexuality: How do men and women differ? *Current Directions in Psychological Science, 12*(2), 37–40.

Pereda, N., Guilera, G., Forns, M., & Gómez-Benito, J. (2009). The prevalence of child sexual abuse in community and student samples: A meta-analysis. *Clinical Psychology Review, 29,* 328–338.

Perelman, M. A., & Rowland, D. L. (2008). Retarded and inhibited ejaculation. In D. L. Rowland & L. Incrocci (Eds.), *Handbook of sexual and gender identity disorders* (pp. 100–121). Hoboken, NJ: Wiley.

Peris, A. (2006, February 8). *Fertilitext: At the pharmacy: OTC.* www.fertilitext.org/p3_pharmacy/OTCproducts.html.

Perrin, M. C., Brown, A. S., & Malaspina, D. (2007, August 21). Aberrant epigenetic regulation could explain the relationship of paternal age to schizophrenia. *Schizophrenia Bulletin online.* http://schizophreniabulletin.oxfordjournals.org/cgi/content/abstract/sbm093v1.

Perry, J. D., & Whipple, B. (1981). Pelvic muscle strength of female ejaculation: Evidence in support of a new theory of orgasm. *Journal of Sex Research, 17,* 22–39.

Perry, P. J., et al. (2001). Bioavailable testosterone as a correlate of cognition, psychological status, quality of life, and sexual function in aging males: Implications for testosterone replacement therapy. *Annals of Clinical Psychiatry, 13*(2), 75–80.

Philaretou, A. G. (2006). Female exotic dancers: Intrapersonal and interpersonal perspectives. *Sexual Addiction & Compulsivity, 13*(1), 41–52.

Phillips, K. (2009, November 18). Sebelius on mammograms: Don't change what you're doing. *The New York Times.* (Online).

Phoenix, C. H. (2009). Organizing action of prenatally administered testosterone propionate on the tissues mediating mating behavior in the female guinea pig. *Hormones and Behavior, 55*(5), 566.

Pierce, A., Miller, G., Arden, R., & Gottfredson, L. S. (2009). Why is intelligence correlated with semen quality? *Communicative and Integrative Biology, 2*(5), 1–3.

Pike, L. B. (2005, July 1). *Sexuality and your child.* MU Extension, University of Missouri–Columbia.

Pinkerton, S. D., Bogart, L. M., Cecil, H., & Abramson, P. R. (2002). Factors associated with masturbation in collegiate sample. *Journal of Psychology & Human Sexuality, 14*(2–3), 103–121.

Planned Parenthood Federation of America. (2006). www.plannedparenthood.org/pp2/portal.

Plant, E. A., Hyde, J. S., Keltner, D., & Devine, P. G. (2000). The gender stereotyping of emotions. *Psychology of Women Quarterly, 24*(1), 81–92.

Plante, R. F. (2006). The rise of Viagra: How the little blue pill changed sex in America. *Sexualities, 9*(3), 379–380.

Plaut, S. M. (2006). Consent to sexual relations. *Archives of Sexual Behavior, 35*(1), 101–103.

Plomin, R., & Asbury, K. (2005). Nature and nurture: Genetic and environmental influences on behavior. *Annals of the American Academy of Political and Social Science, 600,* 86–98.

Polansky, D. C. (2006). The big book of masturbation: From angst to zeal. *Journal of Sex & Marital Therapy, 32*(1), 75–78.

Poll shows decline in sex by high school students. (1998, September 18). *The New York Times,* p. A26.

Pollack, A. (2009, April 14). Promising test for Dendreon's prostate cancer drug. *The New York Times.*

Pollack, H. A. (2001). Sudden infant death syndrome, maternal smoking during pregnancy, and the cost-effectiveness of smoking cessation intervention. *American Journal of Public Health, 91*(3), 432–436.

Polusny, M. A., & Arbisi, P. A. (2006). Assessment of psychological distress and disability after sexual assault in adults. In G. Young et al. (Eds.), *Psychological knowledge in court: PTSD, pain, and TBI* (pp. 97–125). Springer Science + Business Media.

Pommier, C. D., et al. (2008). Improved breast cancer survival among hormone replacement therapy users is durable after 5 years of additional follow-up. *American Journal of Surgery, 196,* 505–511.

Poppen, P. J., et al. (2005). Serostatus disclosure, seroconcordance, partner relationship, and unprotected anal intercourse among HIV-positive Latino men who have sex with men. *AIDS Education and Prevention, 17*(3), 227–237.

Porst, H., et al. (2008). The Premature Ejaculation Prevalence and Attitudes (PEPA) Survey: Prevalence, comorbidities, and professional help-seeking. *European Urology, 51*(3), 816–824.

Potosky, A. L., et al. (2000). Health outcomes after prostatectomy or radiotherapy for prostate cancer: Results from the Prostate Cancer Outcomes Study. *Journal of the National Cancer Institute, 92,* 1582–1592.

Potter, S. J., et al. (2009). Empowering bystanders to prevent campus violence against women. *Violence Against Women, 15*(1), 106–121.

Potts, A., Grace, V. M., Vares, T., & Gavey, N. (2006). "Sex for life?" Men's counter-stories on "erectile dysfunction," male sexuality and ageing. *Sociology of Health & Illness, 28*(3), 306–329.

Potts, M. (2006). China's one child policy. *British Medical Journal,* 333, 361–362.

Powell, E. (1991). *Talking back to sexual pressure.* Minneapolis: CompCare Publishers.

Premberg, A., & Lundgren, I. (2006). Fathers' experiences of childbirth education. *Journal of Perinatal Education, 15*(2), 21–28.

Prentice, R. L., et al. (2006). Low-fat dietary pattern and risk of invasive breast cancer: The Women's Health Initiative Randomized Controlled Dietary Modification Trial. *Journal of the American Medical Association, 295,* 629–642.

Preti, G., Wysocki, C. J., Barnhart, K. T., Sondheimer, S. J., & Leyden, J. J. (2003). Male axillary extracts contain pheromones that affect pulsatile secretion of luteinizing hormone and mood in women recipients. *Biology of Reproduction, 68*(6), 2107–2113.

Preti, G., et al. (1986). Human axillary secretions influence women's menstrual cycles: The role of donor extract of females. *Hormones and Behavior, 20,* 474–482.

Price, M., Kafka, M. P., Commons, M. L., Gutheil, T. G., & Simpson, W. (2002). Telephone scatologia: Comorbidity with other paraphilias and paraphilia-related disorders. *International Journal of Law & Psychiatry, 25*(1), 37–49.

Proctor, F., Wagner, N., & Butler, J. (1974). The differentiation of male and female orgasm: An experimental study. In N. Wagner (Ed.), *Perspectives on human sexuality.* New York: Behavioral Publications.

Psychology Today. (2006, July 25.) www.psychologytoday.com/images/.PT_MediaKit_Health_2006.pdf.

Puente, S., & Cohen, D. (2003). Jealousy and the meaning (or nonmeaning) of violence. *Personality & Social Psychology Bulletin, 29*(4), 449–460.

Punyanunt-Carter, N. M. (2006). An analysis of college students' self-disclosure behaviors on the Internet. *College Student Journal, 40*(2), 329–331.

Puri, S., & Nachtigall, R. D. (2009). The ethics of sex selection: A comparison of the attitudes and experiences of primary care physicians and physician providers of clinical sex selection services. *Fertility and Sterility,* in press.

Quartaro, G. K., & Spier, T. E. (2002). We'd like to ask you some questions, but we have to find you first: Internet-based study of lesbian clients in therapy with lesbian feminist therapists. *Journal of Technology in Human Services, 19*(2–3), 109–118.

Quayle, E. (2008). Online sex offending: Psychopathology and theory. In D. R. Laws and W. T. O'Donohue (Eds.), *Sexual deviance: Theory, assessment, and treatment* (2nd ed., pp. 439–458). New York: Guilford Press.

Quayle, E., Taylor, M. (2002). Child pornography and the Internet: Perpetuating a cycle of abuse. *Deviant Behavior, 23*(4), 331–362.

Quayle, E., Taylor, M. (2003). Model of problematic Internet use in people with sexual interest in children. *CyberPsychology & Behavior, 6*(1), 93–106.

Quinsey, V. L., Harris, G. T., Rice, M. E., & Cormier, C. A. (2006). Sex offenders. In V. L. Quinsey, G. T. Harris, M. E. Rice, & C. A. Cormier (Eds.), *Violent offenders: Appraising and managing risk. The law and public policy* (2nd ed.. pp. 131–151). Washington, DC: American Psychological Association.

Rabin, R. (2006, January 31). Rethinking hormones, again. *The New York Times.* (Online).

Raichle, K., & Lambert, A. J. (2000). The role of political ideology in mediating judgments of blame in rape victims and their assailants: A test of the just world, personal responsibility, and legitimization hypotheses. *Personality & Social Psychology Bulletin, 26*(7), 853–863.

Rakic, Z., Starcevic, V., Starcevic, V. P., & Marinkovic, J. (1997). Testosterone treatment in men with erectile disorder and low levels of total testosterone in serum. *Archives of Sexual Behavior, 26*(5), 495–504.

Rako, S. (2003). *No more periods? The risks of menstrual suppression and other cutting-edge issues about hormones and women's health.* New York: Crown.

Ralph, D., & McNicholas, T. (2000). UK management guidelines for erectile dysfunction. *British Medical Journal, 321,* 499–503.

Randolph, M. E., et al. (2009). Alcohol use and sexual risk behavior among college students. *The American Journal of Drug and Alcohol Abues, 35*(2), 80–84.

Raphael, J., & Shapiro, D. L. (2005). Reply to Weitzer. *Violence Against Women, 11*(7), 965–970.

Rasmussen, K. M., et al. (2009, May 27). Institute of Medicine report. In T. Parker-Pope, Study urges weight gain be curbed in pregnancy. *The New York Times,* May 28.

Rasmussen, P. R., & Kilborne, K. J. (2008). Sex in intimate relationships: Variations and challenges. In

Rathus, S. A. (2011). *Childhood and Adolescence: Voyages in development.* (4th ed.) Belmont, CA: Cengage.

Rawson, R. A., Washton, A., Domier, C. P., & Reiber, C. (2002). Drugs and sexual effects: Role of drug type and gender. *Journal of Substance Abuse Treatment, 22*(2), 103–108.

Reddy, D. M., et al. (2002). Effect of mandatory parental notification on adolescent girls' use of sexual health care services. *Journal of the American Medical Association, 288,* 710–714.

Reed, M., & Lampe, M. S. (2003). *Margaret Sanger: Her life in her words.* Barricade Books.

Reed, S. C., Levin, F. R., & Evans, S. M. (2008). Changes in mood, cognitive performance and appetite in the late luteal and follicular phases of the menstrual cycle in women with and without PMDD (premenstrual dysphoric disorder). *Hormones and Behavior, 54*(1), 185–193.

Reichenberg, A., et al. (2006). Advancing paternal age and autism. *Archives of General Psychiatry, 63*(9), 1026–1032.

Reiner, W. G. (2000). Cited in Study of children born without penises finds nature determines gender. Associated Press. (Online).

Reinisch, J. M. (1990). *The Kinsey Institute new report on sex: What you must know to be sexually literate.* New York: St. Martin's Press.

Reis, H. T., & Aron, A. (2008). Love: What is it, why does it matter, and how does it operate? *Perspectives on Psychological Science, 3*(1), 80–86.

Renk, K., Liljequist, L., Simpson, J. E., & Phares, V. (2005). Gender and age differences in the topics of parent–adolescent conflict. *Family Journal: Counseling and Therapy for Couples and Families, 13*(2), 139–149.

Rerks-Ngarm, S., et al. (2009). Vaccination with ALVAC and AIDSVAX to prevent HIV-1 infection in Thailand. *New England Journal of Medicine online.* www.nejm.org October 20, 2009 (10.1056/NEJMoa0908492)

Resick, P. A. (2003). Post hoc reasoning in possible cases of child sexual abuse: Just say no. *Clinical Psychology: Science & Practice, 10*(3), 349–351.

Reynolds, A., & Caron, S. L. (2000). How intimate relationships are impacted when heterosexual men crossdress. *Journal of Psychology & Human Sexuality, 12*(3), 63–77.

Reynolds, C. A., Barlow, T., & Pedersen, N. L. (2006). Alcohol, tobacco and caffeine use: Spouse similarity processes. *Behavior Genetics, 36*(2), 201–215.

Reynolds, S. J., et al. (2004). Male circumcision and risk of HIV-1 and other sexually transmitted infections in India. *The Lancet, 363*(9414), 1039.

Rhoades, G. K., Stanley, S. M., & Markman, H. J. (2009). Couples' reasons for cohabitation. *Journal of Family Issues, 30*(2), 233–258.

Ricci, E., Parazzini, F, & Pardi, G. (2000). Caesarean section and antiretroviral treatment. *The Lancet, 355*(9202), 496–502.

Rice, M. E., Harris, G. T., & Quinsey, V. L. (1990). A follow-up of rapists assessed in a maximum-security psychiatric facility. *Journal of Interpersonal Violence, 5,* 435–448.

Rice, M. E., Quinsey, V. L., & Harris, G. T. (1991). Sexual recidivism among child molesters released from a maximum security psychiatric institution. *Journal of Consulting and Clinical Psychology, 59,* 381–386.

Rich, F. (2009, June 28). 40 years later, still second-class Americans. *The New York Times,* p. WK 8.

Richters, J., Hendry, O., & Kippax, S. (2003). When safe sex isn't safe. *Culture, Health & Sexuality, 5*(1), 37–52.

Rickwood, A. M. K., Kenny, S. E., & Donnell, S. C. (2000). Towards evidence based circumcision of English boys: Survey of trends in practice. *British Medical Journal, 321,* 792–793.

Rieger, G., Linsenmeier, J. A. W., Gygax, L., & Bailey, J. M. (2008). Sexual orientation and childhood gender nonconformity: Evidence from home videos. *Developmental Psychology, 44*(1), 46–58.

Riggio, R. E., & Woll, S. B. (1984). The role of nonverbal cues and physical attractiveness in the selection of dating partners. *Journal of Social and Personal Relationships, 1,* 347–357.

Rimm, E. (May 2000). *Lifestyle may play role in potential for impotence.* Presented at the annual meeting of the American Urological Association, Atlanta, GA.

Ring-Cassidy, E., & Gentles, I. (2002). *Women's health after abortion: The medical and psychological evidence.* Toronto, Ontario: The deVeber Institute.

Ritner, C., & Roth, J. (1993). *Different voices: Women and the Holocaust.* New York: Paragon House.

Roan, S. (2006, July 22). Newer contraceptives put an end to "the period." *Los Angeles Times.* (Online).

Robert-McComb, J. J. (2008). The female athletic triad: Disordered eating, amenorrhea, and osteoporosis. In Robert-McComb, J. J., Norman, R., & Zumwalt, M. (Eds.), *The active female: Health issues throughout the lifespan* (pp. 81–92). Totowa, NJ: Humana Press.

Roberts, S. (2006, October 15). It's official: To be married means to be outnumbered. *The New York Times.* (Online).

Roberts, S. (2008, March 20). Podcast: Oh, these government affairs. http://cityroom.blogs.nytimes.com/2008/03/20/podcast-oh-these-government-affairs/?scp=5&sq=Spitzer%20Vitter&st=cse

Robinson, J. D., & Parks, C. W. (2003). Lesbian and bisexual women's sexual fantasies, psychological adjustment, and close relationship functioning. *Journal of Psychology & Human Sexuality, 15*(4), 185–203.

Roddy, R. E., et al. (1998). A controlled trial of nonoxynol 9 film to reduce male-to-female transmission of sexually transmitted diseases. *New England Journal of Medicine, 339,* 504–510.

Rodriguez, I., Greer, C. A., Mok, M. Y., & Mombaerts, P. (2000). A putative pheromone receptor gene expressed in human olfactory mucosa. *Nature Genetics, 26*(1), 18–19.

Rodriguez, M. (2010, February 1). Success seen with experimental abstinence program. *The New York Times online.*

Roesler, A., & Witztum, E. (2000). Pharmacotherapy of paraphilias in the next millennium. *Behavioral Sciences & the Law, 18*(1), 43–56.

Rojewski, J. W. (2005). A typical American family? How adoptive families acknowledge and incorporate Chinese cultural heritage in their lives. *Child & Adolescent Social Work Journal, 22*(2), 133–164.

Romero-Daza, N., Weeks, M., & Singer, M. (2005). Conceptualizing the impact of indirect violence on HIV risk among women involved in street-level prostitution. *Aggression and Violent Behavior, 10*(2), 153–170.

Rosario, M., Schrimshaw, E. E., Hunter, J., & Levy-Warren, A. (2009). The coming-out process of young lesbian and bisexual women: Are there butch/femme differences in sexual identity development? *Archives of Sexual Behavior, 38*(1), 34–49.

Roscoe, W. (2000). *Changing ones: Third and fourth genders in native North America.* Palgrave: Macmillan.

Rosen, R. C., & Laumann, E. O. (2003). The prevalence of sexual problems in women: How valid are comparisons across studies? Commentary on Bancroft, Loftus, and Long's (2003) "Distress about sex: A national survey of women in heterosexual relationships." *Archives of Sexual Behavior, 32*(3), 209–211.

Rosenbaum, J. E. (2006). Reborn a virgin: Adolescents' retracting of virginity pledges and sexual histories. *American Journal of Public Health, 96,* 1098–1103.

Rosenblatt, P. C., & Rieks, S. J. (2009). No compromise: Couples dealing with issues for which they do not see a compromise. *The American Journal of Family Therapy, 37*(3), 196–208.

Rosik, C. H. (2003). Motivational, ethical, and epistemological foundations in the treatment of unwanted homoerotic attraction. *Journal of Marital & Family Therapy, 29*(1), 13–28.

Rosky, C. J. (2009). Like father, like son: Homosexuality, parenthood, and the gender of homophobia. *Yale Journal of Law & Feminism, 20,* 257.

Rospenda, K. M., Richman, J. A., Ehmke, J. L. Z., & Zlatoper, K. W. (2005). Is workplace harassment hazardous to your health? *Journal of Business and Psychology, 20*(1), 95–110.

Ross, J. L., Roeltgen, D., Feuillan, P., Kushner, H., & Cutler, W. B. (2000). Use of estrogen in young girls with Turner syndrome: Effects on memory. *Neurology, 54*(1), 164–170.

Rothrauff, T., Middlemiss, W., & Jacobson, L. (2004). Comparison of American and Austrian infants' and toddlers' sleep habits: A retrospective, exploratory study. *North American Journal of Psychology, 6*(1), 125–144.

Roughgarden, J. (2004). *Evolution's rainbow: Diversity, gender, and sexuality in nature and people.* University of California Press.

Rowland, D. L., & Incrocci, L. (2008). *Handbook of sexual and gender identity disorders.* Hoboken, NJ: Wiley.

Royce, R. A., Seña, A., Cates, W., Jr., & Cohen, M. S. (1997). Sexual transmission of HIV. *New England Journal of Medicine, 336,* 1072–1078.

Rozee, P. D., & Koss, M. P. (2001). Rape: A century of resistance. *Psychology of Women Quarterly, 25*(4), 295–311.

Rubenson, B., Hanh, L. T., Höjer, B., & Johansson, E. (2005). Young sex-workers in Ho Chi Minh City telling their life stories. *Childhood: A Global Journal of Child Research, 12*(3), 391–411.

Rupp, H. A., & Wallen, K. (2009). Sex-specific content preferences for visual sexual stimuli. *Archives of Sexual Behavior, 38*(3), 417–426.

Ruppel, H. (2009, March 26). In B. Alexander, "Sex surrogates" put personal touch on therapy: Despite dubious legality, some counselors still prescribe practice to patients. http://www.msnbc.msn.com/id/29881206/.

Rusbult, C. E., Martz, J. M., & Agnew, C. R. (1998). The Investment Model Scale: Measuring commitment level, satisfaction level, quality of alternatives, and investment size. *Personal Relationships, 5*(4), 357–391.

Rusbult, C. E., & Van Lange, P. A. M. (2003). Interdependence, interaction and relationships. *Annual Review of Psychology, 54,* 351–375.

Rush, G., & Schapiro, R. (2009, April 19). Slain masseuse Julissa Brisman once worked for madam Kristin Davis. *Daily News.*

Saad, L. (2009, May 15). More Americans "pro-life" than "pro-choice" for first time. *The New York Times.*

Sadalla, E. K., Kenrick, D. T., & Vershure, B. (1987). Dominance and heterosexual attraction. *Journal of Personality and Social Psychology, 52,* 730–738.

Sadker, M., & Sadker, D. (1994). *How America's schools cheat girls.* New York: Scribners.

Sadler, A. G., Booth, B. M., Nielson, D., & Doebbeling, B. N. (2000). Health-related consequences of physical and sexual violence: Women in the military. *Obstetrics & Gynecology, 96*(3), 473–480.

Sagan, C., & Dryan, A. (1990, April 22). The question of abortion: A search for answers. *Parade Magazine,* pp. 4–8.

Sagarin, B. J., Becker, D. V., Guadagno, R. E., Nicastle, L. D., & Millevoi, A. (2003). Sex differences (and similarities) in jealousy. The moderating influence of infidelity experience and sexual orientation of the infidelity. *Evolution & Human Behavior, 24*(1), 17–23.

Saigal, S., et al. (2006). Transition of extremely low-birth-weight infants from adolescence to young adulthood. *Journal of the American Medical Association, 295,* 667–675.

Saks, B. R. (2008). Common issues in female sexual dysfunction. *Psychiatric Times, 25*(5), 2.

Saleh, F. M. (2009). Pharmacological treatment of paraphilic sex offenders. In In F. M. Saleh et al. (Eds.), *Sex offenders: Identification, risk assessment, treatment, and legal issue* (pp. 189–210). New York: Oxford University Press.

Salska, I., et al. (2008). Conditional mate preferences: Factors influencing preferences for height. *Personality and Individual Differences, 44*(1), 203–215.

Sanders, T. (2005). "It's just acting": Sex workers' strategies for capitalizing on sexuality. *Gender, Work & Organization, 12*(4), 319–342.

Sanger, M. (1938). *Margaret Sanger: An autobiography.* New York: Norton.

Sangrador, J. L., & Yela, C. (2000). "What is beautiful is loved": Physical attractiveness in love relationships in a representative sample. *Social Behavior & Personality, 28*(3) 207–218.

Santelli, J. S., et al. (2003). Reproductive health in school-based health centers: Findings from the 1998–99 census of school-based health centers. *Journal of Adolescent Health, 32*(6), 443–451.

Santtila, P., Sandnabba, N. K., Alison, L., & Nordling, N. (2002). Investigating the underlying structure in sadomasochistically oriented behavior. *Archives of Sexual Behavior, 31*(2), 185–196.

Sarrel, P., & Masters, W. (1982). Sexual molestation of men by women. *Archives of Sexual Behavior, 11,* 117–131.

Sartorius, G. A., & Nieschlag, E. (2009). Paternal age and reproduction. *Human Reproduction Update,* DOI:10.1093/humupd/dmp027.

Sasaki, E., et al. (2008). Adverse birth outcomes associated with maternal smoking and polymorphisms in the N-nitrosamine-metabolizing enzyme genes NQ01 and CYP2E1. *American Journal of Epidemiology,* DOI: 10.1093/aje/kwm360.

Saul, J. M. (2003). *Feminism: Issues & arguments.* Oxford: Oxford University Press.

Save the Children. (2008). Annual report. www.savethechildren.org.

Save the Children. (2008). *State of the world's mothers 2008.* www.savethechildren.org/publications/mothers/2008/SOWM-2008-full-report.pdf.

Savic, I., Berglund, H., & Lindström, P. (2005). Brain response to putative pheromones in homosexual men. *Proceedings of the National Association of Sciences, 102,* 7356–7361.

Savic, I., & Lindström, P. (2008). PET and MRI show differences in cerebral asymmetry and functional connectivity between homo- and heterosexual subjects. Published online on June 16, 2008. *Proceedings of the National Academy of Sciences.* USA, 10.1073/pnas.0801566105.

Savin-Williams, R. C. (2006). Who's gay? Does it matter? *Current Directions in Psychological Science, 15*(1), 40–44.

Savin-Williams, R. C., & Diamond, L. M. (2000). Sexual identity trajectories among sexual-minority youths: Gender comparisons. *Archives of Sexual Behavior, 29*(6), 607–627.

Sax, L. (2002). How common is intersex? A response to Anne Fausto-Sterling. *Journal of Sex Research, 39,* 174–179.

Saywitz, K. J., Mannarino, A. P., Berliner, L., & Cohen, J. A. (2000). Treatment for sexually abused children and adolescents. *American Psychologist, 55*(9), 1040–1049.

Schaller, S., & Træen, B. (2008).Attitudes toward pornography, self-esteem and feelings about sex in a longitudinal sample of Norwegian adolescents. *Sexologies, 17*(Suppl. 1), S148.

Schieve, L. A., et al. (1999). Live-birth rates and multiple-birth risk using in vitro fertilization. *Journal of the American Medical Association, 282,* 1832–1838.

Schlichter, A. (2004). *Contesting "straights," "lesbians," "queer heterosexuals," and the critique of heteronormativity.* Binghamton, NY: Haworth.

Schmidt, P. J., et al. (1998). Differential behavioral effects of gonadal steroids in women with and in those without premenstrual syndrome. *New England Journal of Medicine, 338,* 209–216.

Schmitt, D. (2008). An evolutionary perspective on mate choice and relationship initiation. In S. Sprecher, A. Wenzel, & J. Harvey (Eds.), *Handbook of relationship initiation* (pp. 55–74). New York: CRC Press.

Schmitt, D. P. (2003). Universal sex differences in the desire for sexual variety: Tests from 52 nations, 6 continents, and 13 islands. *Journal of Personality and Social Psychology, 85*(1), 85–104.

Schmitt, M. T., Branscombe, N. R., & Postmes, T. (2003). Women's emotional responses to the pervasiveness of gender discrimination. *European Journal of Social Psychology, 33*(3), 297–312.

Schneider, J. P. (2003). The impact of compulsive cybersex behaviours on the family. *Sexual and Relationship Therapy, 18*(3), 329–354.

Schneider, J. P. (2004). Editorial: Sexual addiction & compulsivity: Twenty years of the field, ten years of the journal. *Sexual Addiction & Compulsivity, 11*(1–2), 3–5.

Schneider, J. P. (2005). Addiction is addiction is addiction. *Sexual Addiction & Compulsivity, 12(2/3), 75–77.*

Schneidewind-Skibbe, A., Hayes, R. D., Koochaki, P. E., Meyer, J., & Dennerstein, L. (2007). The frequency of sexual intercourse reported by women: A Review of community-based studies and factors limiting their conclusions. *Journal of Sexual Medicine, 5*(2), 301–335.

Schober, J. M., et al. (2005). Leuprolide acetate suppresses pedophilic urges and arousability. *Archives of Sexual Behavior, 34*(6), 691–705.

Schröder, F. H., et al. (2009). Screening and prostate-cancer mortality in a randomized European study. *New England Journal of Medicine, 360,* 1320–328.

Schroeder–Printzen, I., et al. (2000). Surgical therapy in infertile men with ejaculatory duct obstruction: Technique and outcome of a standardized surgical approach. *Human Reproduction, 15,* 1364–1368.

Schrut, A. (2005). A psychodynamic (nonoedipal) and brain function hypothesis regarding a type of male sexual masochism. *Journal of the American Academy of Psychoanalysis and Dynamic Psychiatry, 33*(2), 333–349.

Schultz, W. W., et al. (2005). Women's sexual pain and its management. *Journal of Sexual Medicine, 2*(3), 301–316.

Schwam-Harris, M. (2008). Achieving permanency in public agency adoptions: Secondary analyses of the national survey of child and adolescent well-being data. *Dissertation Abstracts International Section A: Humanities and Social Sciences, 68*(9-A), 4073.

Schwartz, P., & Young, L. (2009). Sexuality Sexual satisfaction in committed relationships. *Research and Social Policy: Journal of NSRC, 6*(1), 1–17.

Sciolino, E., & Mekhennet, S. (2008, June 11). In Europe, debate over Islam and virginity. *The New York Times.*

Scott, B. E., Weiss, H. A., & Viljoen, J. I. (2005). The acceptability of male circumcision as an HIV intervention among a rural Zulu population, KwaZulu-Natal, South Africa. *AIDS Care, 17*(3), 304–313.

Secker-Walker, R. H., & Vacek, P. M. (2003). Relationships between cigarette smoking during pregnancy, gestational age, maternal weight gain, and infant birthweight. *Addictive Behaviors, 28*(1), 55–66.

Segrin, C., Powell, H. L., Givertz, M., & Brackin, A. (2003). Symptoms of depression, relational quality, and loneliness in dating relationships. *Personal Relationships, 10*(1), 25–36.

Seidman, S. M. (2003). The aging male: Androgens, erectile dysfunction, and depression. *Journal of Clinical Psychiatry, 64*(Suppl. 10), 31–37.

Seifert-Klauss V., et al. (2005). Bone metabolism, bone density and estrogen levels in perimenopause: A prospective 2-year study. *Zentralbl Gynakol., 127*(3), 132–139.

Seiffge-Krenke, I., & Kuehnemund, M. (2001). Relationship experiences during adolescence: How important are they for predicting romantic outcomes in young adulthood? *Zeitschrift für Entwicklungspsychologie und Paedagogische Psychologie, 33*(2), 112–123.

Seligman, L., & Hardenburg, S. A. (2000). Assessment and treatment of paraphilias. *Journal of Counseling & Development, 78*(1), 107–113.

Semans, J. (1956). Premature ejaculation: A new approach. *Southern Medical Journal, 49,* 353–358.

Semple, S. J., Patterson, T. L., & Grant, I. (2003). HIV-positive gay and bisexual men: Predictors of unsafe sex. *AIDS Care, 15*(1), 3–15.

Servais, L. (2006). Sexual health care in persons with intellectual disabilities. *Mental Retardation and Developmental Disabilities Research Reviews, 12*(1), 48–56.

Servin, A., Nordenström, A., Larsson, A., & Bohlin, G. (2003). Prenatal androgens and gender-typed behavior: A study of girls with mild and severe forms of congenital adrenal hyperplasia. *Developmental Psychology, 39*(3), 440–450.

Seto, M. C. (2008). Pedophilia: Psychopathology and theory. In D. R. Laws and W. T. O'Donohue (Eds.), *Sexual deviance: Theory, assessment, and treatment* (2nd ed., pp. 164–182). New York: Guilford Press.

Seward, R. R. (2005). Family and community in Ireland. *Journal of Comparative Family Studies, 36*(2), 343–344.

Sex & Tech. (2009). A survey commissioned by The National Campaign to Prevent Teen and Unplanned Pregnancy and *CosmoGirl.com.*

Sex abuse victims in Boston Church estimated at over 1,000. (2003). *The New York Times.* (Online).

Shackelford, T. K., Goetz, A. T., Buss, D. M., Euler, H. A., & Hoier, S. (2005). When we hurt the ones we love: Predicting violence against women from men's mate retention. *Personal Relationships, 12*(4), 447–463.

Sharp, D. (2002). Telling the truth about sex. *Lancet, 359*(9312), 1084.

Sharp, E. B., & Joslyn, M. (2008). Individual and contextual effects on attributions about pornography. *The Journal of Politics, 63,* 501–519.

Shaywitz, B. A., et al. (1995). Sex differences in the functional organization of the brain for language. *Nature, 373,* 607–609.

Sheffield, J. S., & Cunningham, F. G. (2005). Urinary tract infection in women. *Obstetrics & Gynecology, 106,* 1085–1092.

Sherwin, B. B., Gelfand, M. M., & Brender, W. (1985). Androgen enhances sexual motivation in females: A prospective, crossover study of sex steroid administration in the surgical menopause. *Psychosomatic Medicine, 47,* 339–351.

Shevell, T., et al. (2005). Assisted reproductive technology and pregnancy outcome. *Obstetrics & Gynecology, 106,* 1039–1045.

Shifren, J. L., et al. (2000). Transdermal testosterone treatment in women with impaired sexual function after oophorectomy. *The New England Journal of Medicine, 343*(10), 682–688.

Shifren, J. L., et al. (2008). Sexual problems and distress in United States women: Prevalence and correlates. *Obstetrics & Gynecology, 112,* 970–978.

Singh, D., Vidaurri, M., Zambrano, R. J., & Dabbs, J. M., Jr. (1999). Lesbian erotic role identification: Behavioral, morphological, and hormonal correlates. *Journal of Personality & Social Psychology, 76*(6), 1035–1039.

Shipko, S. (2000, February 7). *Antidepressants linked to sexual side effects.* WebMD/ Healtheon. (Online).

Shlipak, M. G., et al. (2000). Estrogen and progestin, lipoprotein(a), and the risk of recurrent coronary heart disease events after menopause. *Journal of the American Medical Association, 283,*1845–1852.

Shoveller, J. A., Johnson, J. L., & Savoy, D. M. (2006). Preventing sexually transmitted infections among adolescents: An assessment of ecological approaches and study methods. *Sex Education, 6*(2), 163–183.

Shultz, S. K., Scherman, A., & Marshall, L. J. (2000). Evaluation of a university-based date rape prevention program: Effect on attitudes and behavior related to rape. *Journal of College Student Development, 41*(2), 193–201.

Shuster, S. M., & Sassaman, C. (1997). Genetic interaction between male mating strategy and sex ratio in a marine isopod. *Nature, 388*(6640), 373–377.

Siegel-Hinson, R. I., & McKeever, W. F. (2002). Hemispheric specialisation, spatial activity experience, and sex differences on tests of mental rotation ability. *Laterality: Asymmetries of Body, Brain and Cognition, 7*(1), 59–74.

Silva, P. (2005). The state of affairs. *Sexual and Relationship Therapy, 20*(2), 261–262.

Simpson, J. L. (2000, June 1). Invasive diagnostic procedures for prenatal genetic diagnosis. *Journal Watch Women's Health.*

Sims, C. S., Drasgow, F., & Fitzgerald, L. F. (2005). The effects of sexual harassment on turnover in the military: Time-dependent modeling. *Journal of Applied Psychology, 90*(6), 1141–1152.

Singer, J., & Singer, I. (1972). Types of female orgasm. *Journal of Sex Research, 8,* 255–267.

Sipski, M. L., Alexander, C. J., & Rosen, R. (2001). Sexual arousal and orgasm in women. *Annals of Neurology, 49*(1), 35–44.

Slackman, M. (2007, September 20). In Egypt, a rising push against genital cutting. *The New York Times.*

Slovenko, R. (2001). Aphrodisiacs—then and now. *Journal of Psychiatry & Law, 29*(1), 103–116.

Smart, C. (2006). The state of affairs: Explorations in infidelity and commitment. *Sexualities, 9*(2), 259–262.

Smith, Y. L. S., Van Goozen, S. H. M., Kuiper, A. J., & Cohen–Kettenis, P. T. (2005). Sex reassignment: Outcomes and predictors of treatment for adolescent and adult transsexuals. *Psychological Medicine, 35*(1), 89–99.

Smock, P. J. (2000, February 15). Cited in E. Nagourney, *Annual Review of Sociology.* Study finds families bypassing marriage. *The New York Times,* p. F8.

Soble, A. (2009). A history of erotic philosophy. *Journal of Sex Research, 46*(2), 104–120.

Sommerfeld, J. (2000, April 18). *Lifting the curse: Should monthly periods be optional?* MSNBC. (Online).

Spehr, M., Schwane, K., Riffell, J. A., Zimmer, R. K., & Hatt, H. (2006). Odorant receptors and olfactory-like signaling mechanisms in mammalian sperm. *Molecular and Cell Endocrinology, 250*(1-2), 128–136.

Spehr, M., et al. (2003). Identification of a testicular odorant receptor mediating human sperm chemotaxis. *Science, 299*(5615).
Spencer, N. (2006). Explaining the social gradient in smoking in pregnancy: Early life course accumulation and cross-sectional clustering of social risk exposures in the 1958 British national cohort. *Social Science & Medicine, 62*(5),, 1250–1259.
Spencer, T., Biederman, J., & Mick, E. (2006). Attention-deficit/hyperactivity disorder: Diagnosis, lifespan, comorbidities, and neurobiology. *Ambulatory Pediatrics*, 7(1), 73–81.
Spiegel, D. (2001). Breast cancer: Society shapes and epidemic. *New England Journal of Medicine, 334,* 1337–1338.
Spiro, M. E. (1965). *Children of the kibbutz.* New York: Schocken Books.
Spitzer, R. L. (2005). Peer commentaries on Binik: A more radical proposal: Dyspareunia is not a mental disorder. *Archives of Sexual Behavior, 34*(1), 48.
Spitzer, R. L., et al. (1989). *DSM-III-R casebook.* Washington, DC: American Psychiatric Association.
Sprecher, S. (1998). Insiders' perspectives on reasons for attraction to a close other. *Social Psychology Quarterly, 61*(4), 287–300.
Sprecher, S., Barbee, A., & Schwartz, P. (1995). "Was it good for you, too?" Gender differences in first sexual intercourse experiences. *The Journal of Sex Research, 32,* 3–15.
Sprecher, S., Sullivan, Q., & Hatfield, E. (1994). Mate selection preferences: Gender differences examined in a national sample. *Journal of Personality and Social Psychology, 66*(6), 1074–1080.
Squier, S., & Littlefield, M. M. (Eds). (2004). Feminist theory and/of science: Feminist Theory special issue. *Feminist Theory, 5*(2), 123–126.
Stake, J. E., & Hoffman, F. L. (2001). Changes in student social attitudes, activism, and personal confidence in higher education: The role of women's studies. *American Educational Research Journal, 38*(2), 411–436.
Stamback, A., & Miriam, D. (2005). Feminist theory and educational policy: How gender has been "involved" in family school choice debates. *Signs, 30*(2), 1633–1658.
Stead, L., et al. (2009).Triple negative breast cancers are increased in Black Women regardless of age or body mass index. *Breast Cancer Research, 11*(2), R18.
Stearns, V., Beebe, K. L., Iyengar, M., & Dube, E. (2003). Paroxetine controlled release in the treatment of menopausal hot flashes. *Journal of the American Medical Association, 289,* 2827–2834.
Steele, C. M., & Josephs, R. A. (1990). Alcohol myopia: Its prized and dangerous effects. *American Psychologist, 45,* 921–933.
Stefanick, M. L., et al. (2006). Effects of conjugated equine estrogens on breast cancer and mammography screening in postmenopausal women with hysterectomy. *Journal of the American Medical Association, 295,* 1647–1657.
Stein, C. J., & Colditz, G. A. (2004). Modifiable risk factors for cancer. *Journal of Breast Cancer, 90*(2), 299–303.
Stein, D. J., Black, D. W., Shapira, N. A., & Spitzer, R. L. (2001). Hypersexual disorder and preoccupation with Internet pornography. *American Journal of Psychiatry, 158*(10), 1590–1594.
Stein, Z., & Susser, M. (2000). The risks of having children in later life. *British Medical Journal, 320*(7251), 1681–1682.
Steinemann, S., & Steinemann, M. (2005). Retroelements: Tools for sex chromosome evolution. *Cytogenetic and Genome Research, 110,* 134–143.
Stengers, J., Van Neck, A., & Hoffmann, K. (2001). *Masturbation: The history of a great terror.* New York: St. Martin's Press.
Stephenson, J. (2000). Widely used spermicide may increase, not decrease, risk of HIV transmission. *Journal of the American Medical Association, 284*(8). (Online).
Sternberg, R. J. (1988). *The triangle of love: Intimacy, passion, commitment.* New York: Basic Books.
Sternberg, R. J. (2004). A triangular theory of love. In H. T. Reis & C. E. Rusbult (Eds.), *Close relationships: Key readings* (pp. 213–227). London: Taylor & Francis.
Sternberg, R. J. (2007). Triangulating love. In T. J. Oord (Ed.), *The altruism reader* (pp. 331–374). West Conshohocken, PA: Templeton Press.
Stockett, M. K. (2005). On the importance of difference: Re-envisioning sex and gender in ancient Mesoamerica, *World Archaeology, 37*(4), 566–578.
Stone, B. (2009, May 13). Under pressure, Craigslist to remove "erotic" ads. *The New York Times.*
Storms, M. D. (1980). Theories of sexual orientation. *Journal of Personality and Social Psychology, 38,* 783–792.
Strassberg, D. S., & Holty, S. (2003). An experimental study of women's Internet personal ads. *Archives of Sexual Behavior, 32*(3), 253–260.
Stratton, T. D., McLaughlin, M. A., Witte, F. M., Fosson, S. E., & Nora, L. M. (2005). Does students' exposure to gender discrimination and sexual harassment in medical school affect specialty choice and residency program selection? *Academic Medicine, 80*(4), 400–408.
Strebeigh, F. (2009). *Equal: Women reshape American law.* New York: Norton.
Studd, J. (2009). Estrogens as first-choice therapy for osteoporosis prevention and treatment in women under 60. *Climacteric, 12*(3), 206–209.
Stulhofer, A. (2006). How (un)important is penis size for women with heterosexual experience? *Archives of Sexual Behavior, 35*(1), 5–6.
Sulak, P. J., et al. (2000). Hormone withdrawal symptoms in oral contraceptive users. *Obstetrics & Gynecology, 95,* 261–266.
Sullivan, C. (2006). Women and men in management. *Gender, Work & Organization, 13(*1), 96–98.
Sullum, J. (2007, January 25). 10 million missing Chinese girls reason online. Available at http://www.reason.com/blog/show/118311.html.
Surratt, H. L., Kurtz, S. P., Weaver, J. C., & Inciardi, J. A. (2005). The connections of mental health problems, violent life experiences, and the social milieu of the "stroll" with the HIV risk behaviors of female street sex workers. *Journal of Psychology & Human Sexuality, 17*(1–2), 23–44.
Sutcliffe, C. G., et al. (2009). Incidence of HIV and sexually transmitted infections and risk factors for acquisition among young methamphetamine users in Northern Thailand. *Sexually Transmitted Diseases, 36*(5), 284–289.
Symons, D. (1995, Cited in Goleman, D., June 14). Sex fantasy research said to neglect women. *The New York Times,* p. C14.
Szabo, R., & Short, R. V. (2000). How does male circumcision protect against HIV infection? *British Medical Journal, 320,* 1592–1594.
Taha, E. T., et al. (2003). Short postexposure prophylaxis in newborn babies to reduce mother-to-child transmission of HIV-1: NVAZ randomised clinical trial. *The Lancet, 362*(9391), 1171–1177.
Tamimi, R. M., Hankinson, S. E., Chen, W. Y., Rosner, B., & Colditz, G. A. (2006). Combined estrogen and testosterone use and risk of breast cancer in postmenopausal women. *Archives of Internal Medicine, 166,* 1483–1489.
Tan, R. S. (2002). Managing the andropause in aging men. *Clinical Geriatrics.* www.mmhc.com/cg/articles/CG9907/Tan.html.
Tan, R. S., & Culberson, J. W. (2003). An integrative review on current evidence of testosterone replacement therapy for the andropause. *Maturitas, 45*(1), 15–27.
Tanfer, K., Grady, W. R., Klepinger, D. H., & Billy, J. O. G. (1993). Condom use among U.S. men, 1991. *Family Planning Perspectives, 25,* 61–66.
Tang, M. C., Weiss, N. S., & Malone, K. E. (2000). Induced abortion in relation to breast cancer among parous women: A birth certificate registry study. *Epidemiology, 11*(2), 177–180.
Tashiro, T., & Frazier, P. (2003). "I'll never be in a relationship like that again": Personal growth following romantic relationship breakups. *Personal Relationships, 10*(1), 113–128.
Taylor, M. J., Rudkin, L., & Hawton, K. (2005). Strategies for managing antidepressant-induced sexual dysfunction: Systematic review of randomised controlled trials. *Journal of Affective Disorders, 88*(3), 241–254.
Taylor, V., & Rupp, L. J. (2004). Chicks with dicks, men in dresses: What it means to be a drag queen. *Journal of Homosexuality, 46*(3–4), 113–133.
Telushkin, J. (1991). *Jewish literacy.* New York: HarperCollins.
Teo, F. H., Oliveira, R. T. D., Mamoni, R. L., Coelho, O. R., & Blotta, M. H. S. L. (2009). I 009 Quantification and Characterization of $CD4^{+}CD28^{null}$ and $CD4^{+}CD28^{+}$ T Cells in Patients with Chronic Coronary Artery Disease and Healthy Subjects. *Atherosclerosis Supplements, 10*(3), 30.
ter Kuile, M. M., et al. (2009). Therapist-aided exposure for women with lifelong vaginismus: A replicated single-case design. *Journal of Consulting and Clinical Psychology, 77,* 149–159.
Thachil, A., & Bhugra, D. (2006). Literature update: A critical review. *Sexual and Relationship Therapy, 21*(2), 229–235.
Thigpen, T. W. (2009). Early sexual behavior in a sample of low-income, African American children. *Journal of Sex Research, 46*(1), 67–79.
Thomas, N. L., & Coughtrie, M. W. H. (2003). Sulfation of apomorphine by human sulfo-

transferases: Evidence of a major role for the polymorphic phenol sulfotransferase, SULT1A1. *Xenobiotica, 33*(11), 1139–1148.
Thomas, R. M., & Murray, T. R. (2009). *Sex and the American teenager: Seeing through the myths and confronting the issues.* Lanham, MD: L & R Publishers.
Thompson, B., & Borrello, G. M. (2008). Different views of love: Deductive and inductive lines of inquiry. *Current Directions in Psychological Science, 1*(5), 154–156.
Thompson, E. M., & Morgan, E. M. (2008). "Mostly straight" young women: Variations in sexual behavior and identity. *Developmental Psychology, 44*(1), 15–21.
Thompson, I. M., et al. (2005). Erectile dysfunction and subsequent cardiovascular disease. *Journal of the American Medical Association, 294*(23), 2996–3002.
Thompson, J. K., & Tantleff, S. (1992). Female and male ratings of upper torso: Actual, ideal, and stereotypical conceptions. *Journal of Social Behavior and Personality, 7,* 345–354.
Tobian, A. A. R, et al. (2009). Male circumcision for the prevention of HSV-2 and HPV infections and syphilis. *New England Journal of Medicine, 360,* 1298-1309.
Totman, R. (2004). *The third sex: Kathoey: Thailand's ladyboys.* London: Souvenir Press.
Touhara, K., & Vosshall, L. B. (2009). Sensing odorants and pheromones with chemosensory receptors. *Annual Review of Physiology, 71,* 307–332.
Traish, A. M., Goldstein, I., Munarriz, R., & Guay, A. (2006). Roles of androgens in women's sexual function & dysfunction: What have we learned in sex decades? *Current Women's Health Reviews, 2*(1), 75–86.
Troxel, W. M., & Matthews, K. A. (2004). What are the costs of marital conflict and dissolution to children's physical health? *Clinical Child & Family Psychology Review, 7*(1), 29–57.
Trudel, G., Turgeon, L., & Piche, L. (2000). Marital and sexual aspects of old age. *Sexual & Relationship Therapy, 15*(4), 381–406.
Trulsson, O., & Rådestad, I. (2004). The silent child—Mothers' experiences before, during, and after stillbirth. *Birth: Issues in Perinatal Care, 31*(3), 189–195.
Tucker, J., & Poston, D. L. (Eds.). (2009). *Gender policy and HIV in China: Catalyzing policy change.* Amsterdam: Springer.
Tunariu, A. D., & Reavey, P. (2003). Men in love: Living with sexual boredom. *Sexual & Relationship Therapy, 18*(1), 63–94.
Tuomikoski, P., et al. (2009). Evidence for a role for hot flushes in vascular function in recently postmenopausal women. *Obstetrics and Gynecology, 113*(4), 902–908.
Turner, H. A., Finkelhor, D., & Ormrod, R. (2006). The effect of lifetime victimization on the mental health of children and adolescents. *Social Science & Medicine, 62*(1), 13–27.
Turton, J. (2005). Perspectives on female sex offending: A culture of denial. *Sexualities, 8*(5), 632–633.
Turton, P., et al. (2006). Psychological impact of stillbirth on fathers in the subsequent pregnancy and puerperium. *British Journal of Psychiatry, 188*(2), 165–172.
Tyler, M. (2009). No means yes? Perpetuating myths in the sexological construction of women's desire. *Women & Therapy, 32*(1), 40–50.
U.S. Bureau of the Census. (2005). *Statistical abstract of the United States* (125th ed.). Washington, DC: U.S. Government Printing Office.
U.S. Bureau of the Census. (2006). U.S. Bureau of the Census, current population reports, estimated median age at first marriage, by sex: 1890–present. www.census.gov/population/socdemo/hh-fam/ms2.pdf.
U.S. Department of Justice. (1986). *Attorney general's commission on pornography: Final report.* Washington, DC: U.S. Government Printing Office.
U.S. Department of Justice. *Criminal victimization in the United States. Statistical tables, 2003.* Office of Justice Programs. Bureau of Justice Statistics. Accessed February 15, 2006. www.ojp.usdoj.gov/bjs/abstract/cvus/rape_sexual_assault.htm.
U.S. National Library of Medicine. (2006). *Androgen insensitivity syndrome.* National Institutes of Health. http://ghr.nlm.nih.gov/condition-androgeninsensitivitysyndrome.
U.S. Preventive Services Task Force. (2009). Screening for breast cancer: U.S. Preventive Services Task Force recommendation statement. *Annals of Internal Medicine, 151*(10), 716–726.
Udry, J. R. (2001). Feminist critics uncover determinism, positivism, and antiquated theory. *American Sociological Review, 66*(4), 611–618.
Ullman, S. E., Filipas, H. H., Townsend, S. M., & Starzynski, L. L. (2006). The role of victim–offender relationship in women's sexual assault experiences. *Journal of Interpersonal Violence, 21*(6), 798–819.
UNAIDS. (2006). *Report on the global AIDS epidemic: Executive summary.* Joint United Nations Programme on HIV/AIDS (UNAIDS). Geneva: UNAIDS.
United Nations Special Session on AIDS. (2001, June 25–27). *Preventing HIV/AIDS among young people.* New York: United Nations.
Vaculík, M., & Hudecek, T. (2005). Development of close relationships in the Internet environment. *Ceskoslovenská Psychologie, 49*(2), 157–174.
Valocchi, S. (2005). Not yet queer enough: The lessons of queer theory for the sociology of gender and sexuality. *Gender & Society, 19*(6), 750–770.
van de Beek, C., van Goozen, S. H. M., Buitelaar, J. K., & Cohen-Kettenis, P. T. (2009). Prenatal sex hormones (maternal and amniotic fluid) and gender-related play behavior in 13-month-old infants. *Archives of Sexual Behavior, 38*(1), 6–15.
van den Bree, M. B. M., & Pickworth, W. B. (2005). Risk factors predicting changes in marijuana involvement in teenagers. *Archives of General Psychiatry, 62*(3), 311–319.
van der Made, F., et al. (2008). Childhood sexual abuse, selective attention for sexual cues and the effects of testosterone with or without vardenafil on physiological sexual arousal in women with sexual dysfunction: A pilot study. *Journal of Sexual Medicine, 6*(2), 429–439.
Van Lange, P. A. M., et al. (1997). Willingness to sacrifice in close relationships. *Journal of Personality & Social Psychology, 72*(6), 1373–1395.
van Lankveld, J. (2008). Problems with sexual interest and desire in women. In D. L. Rowland & L. Incrocci (Eds.), *Handbook of sexual and gender identity disorders.* Hoboken, NJ: Wiley.
van Lankveld, J. (2009). Self-help therapies for sexual dysfunction. *Journal of Sex Research, 46*(2), 143–155.
van Straaten, I., Engels, R. C. M. E., Finkenauer, C., & Holland, R. W. (2009). Meeting your match: How attractiveness similarity affects approach behavior in mixed-sex dyads. *Personality and Social Psychology Bulletin, 35*(6), 685–697.
Van Wie, V. E., & Gross, A. M. (2001). The role of woman's explanations for refusal on men's ability to discriminate unwanted sexual behavior in a date rape scenario. *Journal of Family Violence, 16*(4), 331–344.
Ventura, S. J. (2009, May). Changing patterns of nonmarital childbearing in the United States. NCHS data brief number 18. Hyattsville, MD: National Center for Health Statistics. Accessed May 13, 2009. http://www.cdc.gov/nchs/data/databriefs/db18.htm.
Vickerman, K. A., & Margolina, G. (2009). Rape treatment outcome research: Empirical findings and state of the literature. *Clinical Psychology Review, 29,* 431–448.
Villar, F., Villamizar, D. J., & López–Chivrall, S. (2005). Components of loving experience in old age: Older people and long-term relationships. *Revista Espanola de Geriatria y Gerontologia, 40*(3), 166–177.
Vohs, K. D., & Baumeister, R. F. (2004). Sexual passion, intimacy, and gender. In D. J. Mashek & A. P. Aron (Eds.), *Handbook of closeness and intimacy* (pp. 189–199). Hillsdale, NJ: Erlbaum.
Vorauer, J. D., Cameron, J. J., Holmes, J. G., & Pearce, D. G. (2003). Invisible overtures: Fears of rejection and the signal amplification bias. *Journal of Personality & Social Psychology, 84*(4), 793–812.
Wack, E. R., & Tantleff-Dunn, S. (2008). Cyber sexy: Electronic game play and perceptions of attractiveness among college-aged men. *Body Image, 5*(4), 365–374.
Wade, T. J., Butrie, L. K., & Hoffman, K. M. (2009). Women's direct opening lines are perceived as most effective. *Personality and Individual Differences, 47*(2), 145–149.
Wagenaar, H. (2006). Democracy and prostitution: Deliberating the legalization of brothels in the Netherlands. *Administration & Society, 38*(2), 98–235.
Waismann, R., Fenwick, P. B. C., Wilson, G. D., Hewett, T. D., & Lumsden, J. (2003). EEG responses to visual erotic stimuli in men with normal and paraphilic interests. *Archives of Sexual Behavior, 32*(2), 135–144.
Wald, A. (2005, November 22). Investigational HPV vaccine shows 100% efficacy. *Journal Watch Women's Health.*
Waldinger, M. D., et al. (2002). The selective serotonin re-uptake inhibitors fluvoxamine and paroxetine differ in sexual inhibitory effects after chronic treatment. *Psychopharmacology, 160*(3), 283–289.
Waldinger, M. D., Zwinderman, A. H., & Olivier, B. (2001). Antidepressants and ejacu-

lation: A double-blind, randomized, placebo-controlled, fixed-dose study with paroxetine, sertraline and nefazodone. *Journal of Clinical Psychopharmacology, 21*(3), 293–297.

Walker, J., Archer, J., & Davies, M. (2005). Effects of rape on men: A descriptive analysis. *Archives of Sexual Behavior, 34*(1), 69–80.

Wallen, K., & Hassett, J. M. (2009). Sexual differentiation of behaviour in monkeys: Role of prenatal hormones. *Journal of Neuroendocrinology, 21*(4), 421–426.

Walther, C. S., & Poston, D. L., Jr. (2004). Patterns of gay and lesbian partnering in the larger metropolitan areas of the United States. *Journal of Sex Research, 41*(2), 201–214.

Ward, T., & Gannon, T. A. (2006). Rehabilitation, etiology, and self-regulation: The comprehensive good lives model of treatment for sexual offenders. *Aggression and Violent Behavior, 11*(1), 77–94.

Waterman, J. (1986). Overview of treatment issues. In K. MacFarlane et al. (Eds.), *Sexual abuse of young children: Evaluation and treatment* (pp. 197–203). New York: Guilford.

Watts, C., & Zimmerman, C. (2002). Violence against women: Global scope and magnitude. *Lancet, 359*(9313), 1232–1237.

Weeden, J., & Sabini, J. (2005). Physical attractiveness and health in Western societies: A review. *Psychological Bulletin, 131*(5), 635–653.

Weinberg, T. S. (1987). Sadomasochism in the United States: A review of recent sociological literature. *Journal of Sex Research, 23,* 50–69.

Weinrich, J. D., & Klein, F. (2002). Bi-gay, bi-straight, and bi-bi: Three bisexual subgroups identified using cluster analysis of the Klein Sexual Orientation Grid. *Journal of Bisexuality, 2*(4), 109–139.

Weiss, H. A., Wasserheit, J. N., Barnabas, R. V., Hayes, R. J., & Abu-Raddad, L. J. (2008). Persisting with prevention: The importance of adherence for HIV prevention. *Emerging Themes in Epidemiology, 5,* 8.

Weitzer, R. (2007a). Prostitution: Facts and fictions. *Contexts, 6*(4), 28–33.

Weizer, R. (2007b). The social construction of sex trafficking: Ideology and institutionalization of a moral crusade. *Politics & Society, 35*(3), 447–475.

Welldon, E. V. (2005). Incest: A therapeutic challenge. In G. Ambrosio (Ed.), *On incest: Psychoanalytic perspectives* (pp. 81–100). London: Karnac Books.

West, S. L., et al. (2008). Prevalence of low sexual desire and hypoactive sexual desire disorder in a nationally representative sample of US women. *Archives of Internal Medicine, 168(*13), 1441–1449.

Western Resistance. (2006, May 25). *Pakistan: "Hudood" ordinances (Islamic rape/adultery laws) may be repealed.* www.westernresistance .com/blog/archives/002215.html.

Wheeler, J., Newring, K. A. B., & Draper, C. (2008). Transvestic fetishism: Psychopathology and theory. In D. R. Laws and W. T. O'Donohue (Eds.), *Sexual deviance: Theory, assessment, and treatment* (2nd ed., pp. 272–284). New York: Guilford Press.

Whipple, B., & Komisaruk, B. R. (1988). Analgesia produced in women by genital self-stimulation. *Journal of Sex Research, 24,* 130–140.

Whisman, M. A., & Snyder, D. K. (2007). Sexual infidelity in a national survey of American women: differences in prevalence and correlates as a function of method of assessment. *The Journal of Family Psychology, 21*(2),147–154.

White, R. G., et al. (2008). Male circumcision for HIV prevention in sub-Saharan Africa: Who, what and when? *AIDS, 22*(14), 1841–1850.

Whitehead, B. D., & Popenoe, D. (2006). The state of our unions: The social health of marriage in America 2006. New Brunswick, NJ: Rutgers University.

Whitley, B. E., Jr. (1983). Sex role orientation and self-esteem: A critical meta-analysis. *Journal of Personality and Social Psychology, 44,* 765–788.

Wieselquist, J., Rusbult, C. E., Foster, C. A., & Agnew, C. R. (1999). Commitment, pro-relationship behavior, and trust in close relationships. *Journal of Personality & Social Psychology, 77*(5), 942–966.

Wilcox, A. J., Dunson, D., & Baird, D. D. (2000). The timing of the "fertile window" in the menstrual cycle: Day specific estimates from a prospective study. *British Medical Journal, 321,* 1259–1262.

Willetts, M. C. (2006). Union quality comparisons between long-term heterosexual cohabitation and legal marriage. *Journal of Family Issues, 27*(1), 110–127.

Williams, D. E., & D'Alessandro, J. D. (1994). A comparison of three measures of androgyny and their relationship to psychological adjustment. *Journal of Social Behavior and Personality, 9*(3), 469–480.

Williams, J. E., & Best, D. L. (1994). Cross-cultural views of women and men. In W. J. Lonner & R. Malpass (Eds.), *Psychology and culture.* Boston: Allyn & Bacon.

Williams, K. M., Cooper, B. S., Howell, T. M., Yuille, J. C., & Paulhus, D. L. (2009). Inferring sexually deviant behavior from corresponding fantasies: The role of personality and pornography consumption. *Criminal Justice and Behavior, 36*(2), 198–222.

Williams, M. E. (Ed.). (2001). *Abortion: Opposing viewpoints.* Greenhaven Press.

Williamson, C., & Cluse-Tolar, T. (2002). Pimp-controlled prostitution: Still an integral part of street life. *Violence Against Women, 8*(9), 1074–1092.

Wilson, J. M. B., Tripp, D. A., & Boland, F. J. (2005). The relative contributions of waist-to-hip ratio and body mass index to judgments of attractiveness. *Sexualities, Evolution & Gender, 7*(3), 245–267.

Wilson, W., et al. (2000). Brain morphological changes and early marijuana use: A magnetic resonance and positron emission tomography study. *Journal of Addictive Diseases, 19*(1), 1–22.

Winter, S. (2003). *Research and discussion paper: Language and identity in transgender: Gender wars and the case of the Thai kathoey.* Paper presented at the Hawaii conference on Social Sciences. Waikiki, HI.

Wismer Fries, A. B., Shirtcliff, E. A., & Pollak, S. D. (2008). Neuroendocrine dysregulation following early social deprivation in children. *Developmental Psychobiology, 50*(6), 588–599.

Witkowska, E., & Gådin, K. G. (2005). Have you been sexually harassed in school? What female high school students regard as harassment. *International Journal of Adolescent Medicine and Health, 17*(4), 391–406.

Wong, C. F., Kipke, M. D., & Weiss, G. (2008). Risk factors for alcohol use, frequent use, and binge drinking among young men who have sex with men. *Addictive Behaviors, 33*(8), 1012–1020.

Wood, J. T. (2005). *Gendered lives: Communication, gender, and culture* (6th ed.). Belmont, CA: Wadsworth.

Wood, N. S., et al. (2000). Neurologic and developmental disability after extremely preterm birth. *The New England Journal of Medicine, 343*(6).

Wooster, R., & Weber, B. L. (2003). Genomic medicine: Breast and ovarian cancer. *New England Journal of Medicine, 348,* 2339–2347.

Wooten, J. M. (2008). Drug-induced sexual problems. *Southern Medical Journal, 101*(11), 1092–1093.

Wortman, C. B., et al. (1976). Self-disclosure: An attributional perspective. *Journal of Personality and Social Psychology, 33,* 184–191.

Wyatt, G. E. (1985). The sexual abuse of Afro-American and white American women in childhood. *Child Abuse and Neglect, 9,* 507–519.

Wyatt, G. E. (1989). Reexamining factors predicting Afro-American and white American women's age at first coitus. *Archives of Sexual Behavior, 18,* 271–298.

Wyatt, G. E., Williams, J. K., Henderson, T., & Sumner, L. (2009). On the outside looking in: Promoting HIV/AIDS research initiated by African American investigators. *American Journal of Public Health, 99*(S1), S48–S53.

Wyatt, G. E., Williams, J. K., & Myers, H. F. (2008). African-American sexuality and HIV/AIDS. *Journal of the National Medical Association, 100*(1), 44–51.

Wyatt, T. (2003). *Pheromones and animal behaviour: Communication by smell and taste.* Cambridge, UK: Cambridge University Press.

Wyatt, T. D. (2009). Fifty years of pheromones. Nature, 457, *262–263.*

Xu, J., Burgoyne, P. S., & Arnold, A. P. (2002). Sex differences in sex chromosome gene expression in mouse brain. *Human Molecular Genetics, 11*(12), 1409–1419.

Yarber, W. L., Torabi, M. R., & Veenker, C. H. (1989). Development of a three-component sexually transmitted diseases attitude scale. *Journal of Sex Education & Therapy, 15,* 36–49.

Yates, P. M., Hucker, S. J., & Kingston, D. A. (2008). Sexual sadism: Psychopathology and theory. In D. R. Laws and W. T. O'Donohue (Eds.), *Sexual deviance: Theory, assessment, and treatment* (2nd ed., pp. 213–230). New York: Guilford Press.

Yeap, B. B. (2009). Testosterone and ill-health in aging men. *Nature Clinical Practice Endocrinology & Metabolism, 5,* 113–121.

Yeh, K-Y., Pu, H-F., Wu, C-H., Tai, M-Y., & Tsai, Y-F. (2009). Different subregions of the medial preoptic area are separately involved in the regulation of copulation and sexual incentive motivation in male rats: A behavioral and morphological study. *Behavioural Brain Research, 205*(1), 219–225.

Yela, C. (2000). Predictors of and factors related to loving and sexual satisfaction for men and

women. *European Review of Applied Psychology, 50*(1), 235–243.
Yela, C. (2006). The evaluation of love: Simplified version of the scales for Yela's tetrangular model based on Sternberg's model. *European Journal of Psychological Assessment, 22*(1), 21–27.
Yoder, V. C., Virden, T. B., III, & Amin, K. (2005). Internet pornography and loneliness: An association? *Sexual Addiction & Compulsivity, 12*(1), 19–44.
Yoshimoto, D., et al. (2006). Nonverbal communication coding systems of committed couples. In *The new handbook of methods in nonverbal behavior research* (pp. 369–397). New York: Oxford University Press.
Yost, M. R., & Zurbriggen, E. L. (2006). Gender differences in the enactment of sociosexuality: An examination of implicit social motives, sexual fantasies, coercive sexual attitudes, and aggressive sexual behavior. *The Journal of Sex Research, 43*(2), 163–173.
Young, K. S. (2008). Internet sex addiction: Risk factors, stages of development, and treatment. *American Behavioral Scientist, 52*(1), 21–37.
Zablotska, I. B., et al. (2009). Gay men's current practice of HIV seroconcordant unprotected anal intercourse. *AIDS Care: Psychological and Socio-medical Aspects of AIDS/HIV, 21*(4), 501–510.
Zaidi, A. U., & Shuraydi, M. (2002). Perceptions of arranged marriages by young Pakistani Muslim women living in a Western society. *Journal of Comparative Family Studies, 33*(4), 495–514.
Zaviacic, M., & Whipple, B. (1993). Update on the female prostate and the phenomenon of female ejaculation. *Journal of Sex Research, 30,* 148–151.
Zaviacic, M., et al. (1988a). Concentrations of fructose in female ejaculate and urine: A comparative biochemical study. *Journal of Sex Research, 24,* 319–325.
Zaviacic, M., et al. (1988b). Female urethral expulsions evoked by local digital stimulation of the G-spot: Differences in the response patterns. *Journal of Sex Research, 24,* 311–318.
Zeichner, A., Parrott, D. J., & Frey, F. C. (2003). Gender differences in laboratory aggression under response choice conditions. *Aggressive Behavior, 29*(2), 95–106.
Zelenski, J. M., Rusting, C. L., & Larsen, R. J. (2003). Consistency in the time of experimental participation and personality correlates. *Personality & Individual Differences, 34*(4), 547–558.
Zernike, K. (2005, December 11). The siren song of sex with boys. *The New York Times.* (Online).
Zerubavel, E. (2006). *The elephant in the room: Silence and denial in everyday life.* New York: Oxford University Press.
Zezima, K. (2006, February 3). Teenager attacks three men at gay bar in Massachusetts. *The New York Times.* [Online].
Zhou, Q., Zhang, K., Li, Z., Liu, D., & Zhou, X. (2002). Personality of 133 male commercial sex service providers and acceptors. *Chinese Mental Health Journal, 16*(1), 48.
Zielbauer, P. (2000, May 22). Sex offender listings on Web set off debate. *The New York Times.* (Online).
Zilbergeld, B. (1999). *The new male sexuality* (rev. ed.). New York: Bantam Doubleday Dell.
Zillmann, D. (1989). Effects of prolonged consumption of pornography. In D. Zillmann & J. Bryant (Eds.), *Pornography: Research advances and policy considerations* (pp. 127–157). Hillsdale, NJ: Erlbaum.
Zillmann, D., & Bryant, J. (1984). Effects of massive exposure to pornography. In N. M. Malamuth & E Donnerstein (Eds.), *Pornography and sexual aggression* (pp. 115–138). New York: Academic Press.
Zosuls, K. M., et al. (2009). The acquisition of gender labels in infancy: Implications for gender-typed play. *Developmental Psychology, 45*(3), 688–701
Zubeidat, l., Ortega, V., & Sierra, J. C. (2004). Assessment of some determinant factors of sexual desire: Emotional state, sexual attitudes and sexual fantasies. *Análisis y Modificación de Conducta, 30*(129), 105–128.
Zucker, K. J. (2005a). Gender identity disorder in children and adolescents. *Annual Review of Clinical Psychology, 1*(1), 467–492.
Zucker, K. J. (2005b). Gender identity disorder in girls. In D. J. Bell, S. L. Foster, & E. J. Mash (Eds.), *Handbook of behavioral and emotional problems in girls. Issues in clinical child psychology* (pp. 285–319). Kluwer Academic/Plenum Publishers.

한글 용어해설

가로막(diaphragm) 고무 컵 또는 둥근 천장으로 여성의 자궁 윤곽에 맞고 살정자제로 칠해져 있으며 성교 전에 삽입되어 임신을 막는 것. (12장)

가치관(values) 중요한지 아닌지, 옳은지 그른지, 욕구가 있는지 없는지를 판단하는 삶에서의 특질. (1장)

가학대음란증(sexual sadism) 다른 사람에게 통증을 가하거나 굴욕감을 줌으로써 성적 흥분을 느끼는 성도착증. (17장)

가학대음란증자(sexual sadist) 다른 사람에게 통증을 가하거나 굴욕감을 줌으로써 성적 흥분을 느끼는 사람. (17장)

가학증, 사디즘(sadism) 다른 사람에게 고통이나 굴욕을 주어 성적 만족을 얻는 행위. (1장)

가학피학증(sadomasochism [S&M]) 동의하는 성 파트너 사이에서 이루어지는 상호 성적 만족의 행위로서 통증이나 굴욕감을 주고받음으로써 성적 흥분을 증가하는 행위. (17장)

간성, 간성인(intersexual) 한 성의 생식선을 가지고 있기는 하지만 외부생식기는 다른 성의 것을 애매한 또는 전형적 형태로 가지고 있는 사람. 또한 가짜 남녀한몸(pseudohermaphrodite)이라고도 함. (6장)

간염(hepatitis) 간에 발생하는 염증. (16장)

간음(fornication) 결혼관계에 있지 않은 사람 사이의 성교. (1장)

간접성교(outercouse) 체액을 교환하지 않는 성적인 행위로 껴안기, 마사지, 애무하기, 서로 자위해 주기 및 몸을 서로 비비는 행위 등을 말한다. (16장)

간질세포(interstitial cell) 세정관 사이에 있으며 테스토스테론을 분비하는 세포. (4장)

간통(extramarital sex) 결혼한 사람이 배우자 이외의 사람과 성적 관계. (14장)

감각집중훈련(sensate focus exercise) 성 파트너가 번갈아 몸의 생식기 외의 부분 자극을 주고받는 훈련. (15장)

강간(rape) 동의 없이 일어나는 성활동. 강제적인 강간과 법적 강간을 보시오. (18장)

강제적인 강간(forcible rape) 무력을 사용하거나 협박에 의해 행해진 성활동. (18장)

갱년기(climacteric) 폐경기를 포함하는 장기간의 과정으로 난소의 생식능력이 점진적으로 쇠퇴해 감. (3장)

거리 매춘부(streetwalker) 거리에서 성 소비자를 유혹하는 매춘부. (19장)

거세불안(castration anxiety) 남성은 자신의 성기가 제거될 수 있다는 공포감을 가지고 있다는 심리분석학적 이론. 거세불안은 오이디푸스 콤플렉스의 한 구성 요소이며, 성적 관심의 방향성을 결정하는 요인이 됨. (10장)

거식증, 신경성 무식욕증(anorexia nervosa) 건강한 체중유지 거부, 과체중에 대한 극심한 두려움, 왜곡된 신체상, 그리고 여성에서는 월경의 결여(무월경)가 특징인 생명까지도 위협할 수 있는 섭식장애. (7장)

건드림증(toucherism) 접촉도착증과 연관된 행위로 서로 동의하지 않은 남을 애무하려는 지속된 욕구를 가지고 있다. (17장)

게이(gay male) 다른 남성에게 성적으로 이끌리고 성적 관계 형성을 원하는 남성. (10장)

결정적 취약 시기(critical period of vulnerability) 배아 및 태아가 기형유발물질에 쉽게 영향을 받을 수 있는 취약한 시기. (11장)

경구 피임약(oral contraceptive) 성호르몬으로 구성된 피임약으로 입으로 복용함. (12장)

계면활성제(surfactant) 기도가 서로 부착되어 막히는 것을 방지하는 물질. (11장)

고독(solitude) 고독은 자기 발견이나 내적 평화, 투영 및 영성으로 특징지어지는 상태임. (8장)

고정관념(stereotype) 어떤 그룹의 사람들에 대한 틀에 박힌 고정된 생각. (6장)

고조기(plateau phase) 성반응 주기의 두 번째 단계로서, 오르가즘의 준비로 혈관충혈, 근육 긴장, 심박수, 그리고 혈압의 증가가 특징적이다. (5장)

고환(testes) 남성의 생식샘. (3장)

고환거근(cremaster muscle) 온도변화와 성적 자극에 따라 고

환을 끌어올리거나 늘어뜨리는 근육. (4장)

골다공증(osteoporosis) 에스트로겐 부족으로 인한 질환이며, 뼈가 다공성이고 쉽게 부서지는 등 골밀도의 감소가 특징이다. (3장)

골반내감염(pelvic inflammatory disease [PID]) 골반 부위에 생기는 염증; 증상으로는 복부 통증, 누름통증, 메스꺼움, 고열, 비규칙적인 월경주기 등이 있다.; PID로 인해 불임이 되기도 한다. (16장)

공감훈련(covert sensitization) 회피요법의 일종으로 불필요한 성도착적인 상상과 이를 회피할 수 있는 혐오스러운 자극을 상상으로 연결시키는 것이다. (17장)

공개 간통(consensual adultery) 배우자에게 알리거나 동의하에 이루어진 간통. (14장)

공여자 체외수정(donor IVF) 체외수정의 변형된 한 방법으로, 한 여성의 난자를 채취하여 수정시킨 후, 다른 여성의 자궁이나 수란관으로 수정란을 이식하는 방법. (11장)

과소산소호증(hypoxyphilia) 성적 흥분을 높이기 위해 산소가 결핍되도록 하는 행위로서 흔히 자위행위를 하는 동안 이루어진다. (17장)

관음증(voyerism) 모르는 사람이 벌거벗은 장면, 옷 벗는 모습, 또는 성교를 하는 장면을 보는 것에 대해 성적 환상을 가지고 있고 그러한 장면을 보려는 욕구가 강하고 반복적인 특징을 지니는 성도착증. (17장)

관장애증(klismaphilia) 관장을 함으로써 성적인 자극을 느끼는 성도착증. (17장)

교감신경(sympathetic) 공포나 불안 등과 같은 에너지를 소비하는 감정적인 반응 동안 주로 활동적인 자율신경계의 분지. 교감신경성 자율신경계는 주로 사정을 조절한다. (4장)

구경꾼 역할(spectator role) 주로 수행불안 때문에 사람들의 성적 상대와 완전히 참여하는 대신에 관찰하는 역할. (15장)

구멍(os) 자궁경부의 중간 개구(구멍). (3장)

국소마취(local anesthesia) 마취의 한 형태로, 출산 시 신체의 특정지역에서만 고통을 없애주는 방법. (11장)

굳은궤양(chancre) 궤양 또는 욕창의 일종. (16장)

굴레(bondage) 피학대음란증자들 사이에서 널리 퍼진 것으로 사슬 따위로 묶는 의식적 행위. (17장)

귀두관(corona) 음경의 몸통과 기둥을 분리하는 관 모양 구조. (4장)

극치감 장애(orgasmic disorder) 정상적으로 극치감에 도달할 충분한 강도의 성적 자극을 받아도 지속적 또는 반복적으로 극치감에 도달하기 어렵거나 그들이 원하는 것보다 빨리 극치감에 도달하는 성기능 장애. (15장)

근긴장, 근긴장증, 근경직증(myotonia) 근육의 긴장(2장); 근육 긴장(5장). (2장, 5장)

근위원위(proximodistal) 중심축으로부터 몸의 바깥쪽으로 향하는. (11장)

근접성(propinquity) 가까움. (7장)

근친상간(incest) 가까운 혈연관계에 있는 사람끼리 결혼 또는 성관계를 맺는 것으로 법에 의해 금지되어 있고 처벌받는다. (18장)

근친상간 금기(incest taboo) 가까운 혈연관계 사이의 성교와 생식을 금지. (1장)

금욕(celibacy) 완벽한 성적 절제(때로는 결혼하지 않은 상태를 설명하기도 하는데 특히 독신을 선언한 사람들의 경우에 그러함). (14장)

끌림-닮음 가설(attraction-similarity hypothesis) 사람들이 자기와 신체적인 매력, 문화적 배경, 성격, 흥미 등이 비슷하게 닮은 사람과 낭만적인 관계를 발달시키려는 경향이 있다는 관점. (7장)

기저부(fundus) 자궁의 맨 윗부분. (3장)

기초체온법(basal body temperature [BBT] method) 배란일자를 생리주기보다는 여성의 체온에 따라 예측하여 임신 가능일자를 추정하는 방식으로 피임하는 방법. (12장)

기형유발물질(teratogens) 배아나 태아에 위험한 영향을 미칠 수 있는 환경 요인이나 특정 물질. (11장)

기회감염증(opportunistic disease) 면역 체계가 약해져서 병원균에 대항하지 못할 때만 발달하는 감염증. (16장)

나팔관 붙임술(tubal sterilization) 나팔관을 수술적으로 봉합하여 여성이 불임하도록 하는 방법. (12장)

난관(fallopian tube) 난소를 향해 위쪽으로 뻗어 있으며 난자를 자궁으로 보내는 관. (3장)

난소(ovaries) 난자와 호르몬인 에스트로겐과 프로게스테론을 생산하는 아몬드 모양의 기관. (3장)

난소절제술(ovariectomy) 난소의 외과적 제거. (5장)

난포(follicle) 난소 안에 난자를 함유하고 있는 캡슐 구조. (3장)

난포자극호르몬(follicle-stimulating hormone [FSH]) 난소에서 난소의 발달을 촉진시키는 성선자극호르몬. (3장)

남근상징(phallic symbol) 음경의 이미지. (1장)

남근숭배(phallic worship) 생식능력의 상징으로 음경을 숭배. (1장)

남녀한몸(hermaphrodite) 난소와 고환 조직을 모두 가지고 있

는 사람. (6장)

남색(pederasty) 소년 상대의 성적인 사랑. (1장)

남성 편향(butch) 정통적인 남성의 성 역할을 지향하는 레즈비언. (10장)

남성발기 장애(male erectile disorder) 남성이 성교를 하거나 끝내도록 충분히 발기가 이루어지거나 유지되는데 지속적인 어려움. 발기불능이라고도 함. (15장)

남창(hustler) 남성 소비자와 매춘을 하는 남성. (19장)

낭종(cyst) 액체나 병적인 물질로 채워진 주머니 모양의 구조. (3장)

낯선 이에 의한 강간(stranger rape) 희생자들이 이전에 모르던 폭력범에게 당하는 강간. (18장)

내배엽(endoderm) 배아로부터 새롭게 형성되는 가장 안쪽 층으로 이곳에서 허파와 소화계통이 발생한다. (11장)

내분비샘(endocrine gland) 혈액으로 직접 분비물을 방출하는 관이 없는 샘. (3장)

내연의 처(concubine) 일반적으로 법적으로 사회적으로 열등한 위치에 있는 보조 아내. (1장)

노출증(exhibitionism) 성적 흥분이나 만족을 얻기 위해 낯선 사람들에게 자신의 성기를 노출하는 행위에 대해 지속적이고 강한 충동을 가지고 있으며 이와 관련한 성적 판타지를 가지고 있는 것으로 특징지을 수 있는 성도착증. (17장)

뇌하수체(pituitary gland) 성장호르몬, 프로락틴, 옥시토신 등을 분비하는 샘. (3장)

다리(각)(crura) 치골에 음핵을 부착시키는 다리와 같은 해부학적 구조. (3장)

다운증후군(down syndrome) 21번 염색체가 한 개 더 존재하여 발생하는 염색체 이상으로 정신지체를 일으킨다. (11장)

다중 오르가즘(multiple orgasm) 첫 번째 오르가즘 후에 나타나는 한 번 또는 그 이상의 오르가즘을 말하는데, 짧은 기간 안에 일어나며, 몸은 전고조기 수준의 흥분 상태로 돌아간다. (5장)

대리모(surrogate mother) 잠재적인 아버지와의 인공수정을 통해 임신을 하고 배아 및 태아를 거쳐 출산할 때까지 아이를 양육한 후, 신생아를 잠재적 부모에게 양도하는 여성. (11장)

대변기호증(cocrophilia) 대변과 연관되어 성적인 자극을 얻는 성도착증. (17장)

대음순(labia majora) 음문의 양쪽 옆을 따라 음부로부터 아래쪽으로 달리는 피부의 큰 주름. (3장)

대조군(control group) 실험적 처리를 받지 않는 연구참가자 집단. 하지만 나머지 다른 조건들은 실험군에 속한 개인의 조건들과 같다. (2장)

도미니칸공화국 증후군(Dominican republic syndrome) 효소의 유전적 장애로 인해 테스토스테론이 외부 성기를 남성화되지 못하게 하는 간성의 한 형태. (6장)

도식화(schema) 개념. 경험을 해석하거나 정보를 처리하는 방식. (6장)

독립변수(independent variable) 과학적 연구에서 그 효과가 관찰될 수 있도록 조작되는 어떤 조건. (2장)

돌연변이(mutation) DNA의 분자 구조의 무작위적인 변화. (1장)

동거(cohabitation) 법적 절차 없이 결혼한 것처럼 같이 사는 것. (14장)

동류결혼(homogamy) 사회적 배경이 비슷한 사람끼리 결혼하는 형태. (14장)

동물애증(zoophilia) 동물과 성적 접촉을 하고자 하는 반복된 욕구와 환상을 지닌 성도착증. (17장)

동성결혼(gay marriage) 동성과 하는 결혼. (14장)

동성애 성전환자(homosexual transsexual) 성재부여를 추구하는 극히 여성적인 게이 남성. (6장)

동성애 혐오증(homophobia) 동성애자에 대한 혐오(1장); 동성애자를 향한 부정적인 태도 및 감정의 총체. 동성애자를 편협한 시각으로 바라보거나, 증오하고, 공포감을 느끼는 등의 모든 것을 포함(10장). (1장, 10장)

동성애자 학대(gay bashing) 동성애자에 대한 폭력. (10장)

동성애적(homoerotic) 동성에 대해 성욕적인. (10장)

동성애적 성향(homosexual orientation) 성적 이끌림과 성적 관계를 발전시키는 관심의 방향성이 동성을 향함(homo는 "동일함"을 의미하는 그리스어 *homos*에서 유래함. "남성"을 의미하는 라틴어 *homo*에서 유래한 것이 아님). (10장)

동일시(identification) 정신분석이론에서 다른 사람의 행동, 생각, 감정에 대한 우리의 인식을 자신 안에서 통합시키는 과정. (6장)

두부미부(cephalocaudal) 머리로부터 아래로 향하는. (11장)

두부태위(cephalic presentation) 자궁으로부터 태아의 머리가 먼저 출현하는 것. (11장)

둔부태위(breech presentation) 자궁으로부터 태아의 엉덩이 부위나 발이 먼저 출현하는 것. (11장)

디엔에이(DNA) 데옥시리보핵산(deoxyribonucleic acid)을 말하는데, 이 분자는 유전자와 염색체를 구성하는 화학물질. (1장)

디이에스(diethylstilbestrol [DES]) 임신을 유지시키기 위해 유산의 위험에도 불구하고 한때 여성에게 투여되었던 에스트로겐. (11장)

라마즈 분만법(Lamaze method) 출산의 한 방법으로 산모는 출산에 대해, 신체를 이완하는 방법에 대해, 그리고 에너지를 절약하고 고통을 완화할 수 있는 호흡법에 대해 배운다. 그리고 출산에 코치(보통 아빠)가 동석하도록 한다. 준비된 출산(prepared childbirth)이라고 불리기도 한다. (11장)

러브맵(lovemap) 이상형의 연인과 이상적인 성적행위에 대한 의식과 뇌에 각인된 표상. (17장)

레이디히세포(Leydig's cell) 간질세포의 다른 이름. (4장)

레즈비언(lesbian) 다른 여성에게 성적으로 이끌리고 성적 관계 형성을 원하는 여성(레즈비언은 여성 간의 성적 활동이 이상화되어 전설로 내려오는 *lesbos*라는 그리스의 섬에서 유래). (10장)

루빈테스트(rubin test) 자궁경부를 통해 이산화탄소 가스를 주입하고, 이 가스가 생식관을 통해 이동하는 경로를 추적함으로써 수란관이 막혔는지 여부를 확인하는 검사 방법. (11장)

매독(syphilis) 성행위로 전염되는 세균성 감염(11장); 세균의 일종인 트레포네마 팔리덤(*Treponema pallidum*)의 감염에 의해서 발생하는 성병. 여러 단계를 거쳐 증상이 발달하며 굳은궤양, 발진, 주요 신체 기관에 상해를 입힌다(16장). (11장, 16장)

매춘(prostitution) 성적인 활동을 돈 또는 가치를 지니는 물건(마약)을 받고 파는 것. 성산업이라고도 한다. (19장)

면역계(immune system) 병원체와 같은 질병을 일으키는 물질로부터 우리 몸을 보호하는 자체 방어 체계. (16장)

모집단(population) 생물이나 사건의 전체 집단. (2장)

몽정(nocturnal emission) 수면 중 무의식적 사정. 영어로 "wet dream"이라고도 하지만 성에 관한 꿈 또는 아무 꿈도 필요하지는 않는다. (13장)

무른궤양(chancroid) 헤모필러스 두크레이(*Hemophilus ducreyi*) 세균에 의해 발생하는 성병의 일종. (16장)

무월경(amenorrhea) 월경이 없음. (3장)

무작위 표본(random sample) 모집단의 모든 구성원이 동등한 참여기회를 가지는 표본. (2장)

민족학관찰(ethnographic observation) 특정 문화, 특히 문맹 사회를 서술적으로 다루는 연구의 한 방법. (2장)

바르톨린샘(Bartholin's gland) 소음순 바로 안쪽에 존재하며 오르가즘 직전에 액체를 분비하는 샘. (3장)

발기(erection) 혈액이 채워짐으로써 음경이 확대되고 단단해지는 것. (4장)

발정기(estrus) 호르몬 수준에 의해 조절되는 특정 기간으로서, 많은 종들은 그 기간에 성적 활동이 가장 수용적이다(3장); 배란과 일치하는 짧은 임신 시기(5장). (3장, 5장)

방광염(cystitis) 방광의 염증. (3장)

방사선 요법(radiotherapy) X-선이나 방사능 물질의 방사물에 의한 질병의 치료. (3장)

방어기제(defense mechanism) 정신분석이론에 있어서 수용할 수 없는 생각이나 충동을 감추거나 내쫓음으로써 불안으로부터 자신을 보호하는 자동적인 과정. (1장)

배란(ovulation) 난소로부터 난자의 방출. (3장)

배란 방법(ovulation method) 배란일자를 자궁의 점성도에 따라 임신 가능일자를 추정하는 방식으로 피임하는 방법. (12장)

배란기(ovulatory phase) 월경주기의 두 번째 시기로서, 난포가 파열되어 성숙한 난자가 방출된다. (3장)

배란통(mittelschmerz) 배란기에 발생하는 통증(독일어로 "중간 통증"이라는 용어임. 월경 기간 사이 중간쯤에 발생하는 통증). (3장)

배반(embryonic disk) 포배의 내부에 형성되는 판상구조로 이곳에서 배아의 내배엽, 중배엽, 외배엽이 분화한다. (11장)

배아, 배(embryo) 자궁에서 수정된 난자의 착상으로 시작되어 임신 후 약 두 달에 걸쳐 주요 기관계의 발생으로 귀결되는 태아의 발생단계. (6장)

배아기(embryonic stage) 착상으로부터 8주에 이르는 태아발달 시기로, 이 시기에 특징적으로 주요 장기가 분화한다. (11장)

배아이식(embryonic transfer) 여성 지원자는 임신을 원하는 여성의 남편과 인공수정을 하고, 임신이 된 후 여성 지원자로부터 배아를 축출하여 임신을 원하는 여성의 자궁 내로 착상시키는 임신 방법. (11장)

배출기(emission stage) 사정의 첫 번째 단계로써 전립선, 정낭, 그리고 정관의 상부의 수축을 포함한다. (4장)

백혈구(leukocyte) 감염에 대항하여 신체를 보호하는데 필수적인 세포. (16장)

법적 강간(statutory rape) 비록 피해자가 동조했더라도, 법적 연령 이하의 사람과 맺은 성활동. (18장)

병원체(pathogen) 질병을 일으키는 물질로서 미생물이 대표적이다. (16장)

복강경, 복강경수술법(laparoscopy) 길고 가는 튜브 형태의 의료 기구. 배꼽 내 절개부를 통해 관을 복강 내로 삽입하여 골반강 내 장기들을 육안으로 확인하는 장비(11장); 복강경을 이용하여 나팔관 붙임술을 하는 방법. 복강경이란 배꼽 바로 아래 작은 절개 속으로 삽입하여 나팔관을 절단하거나 수술용 집게로 묶는데 사용하는 기구(12장). (11장, 12장)

복합약(combination pill) 에스트로겐과 프로게스테론이 함유된 피임약. (12장)

부고환(epididymis) 각 고환의 뒤쪽 벽에 있으며 정자를 저장

하는 관. (4장)

부고환염(epididymitis) 부고환에 생기는 염증. (16장)

부교감신경(parasympathetic) 소화와 같은 에너지를 저장하는 과정 동안에 주로 활동적인 자율신경계의 분지. 부교감신경성 자율신경계는 주로 발기를 조절한다. (4장)

부부교환(swinging) 부부 모두 간통 경험을 하는 공개 간통의 한 형태. 스와핑이라고도 함. (14장)

부분 유산(dilation and curettage [D&C]) 자궁을 팽창시킨 후 속의 내용물을 조심스럽게 긁어내는 낙태 방법. (12장)

부분 자궁절제술(partial hysterectomy) 난소와 나팔관을 제외한 자궁의 제거 수술. (3장)

분비기(secretory phase) 월경주기의 세 번째 시기로서, 배란 뒤에 일어난다. 배란에 따라 황체(corpus luteum) 이후에 많은 양의 프로게스테론과 에스트로겐을 분비하기 시작하는 황체기(luteal phase)라고도 함. (3장)

불감증인(anorgasmic) 극치감에 도달한 적이 없음. (15장)

불응기(refractory period) 어떤 반응(예, 오르가즘) 뒤에 따르는 특정 기간으로서, 그 동안에는 더 이상 자극에 반응하지 않는다. (5장)

불임(infertility) 아이를 임신할 수 없는 상태. (11장)

불임법(sterilization) 성생활에 영향을 주지 않으면서 임신이 불가능하게 하는 수술 방법. (12장)

브랙스톤 힉스 수축(braxton-hicks contraction) 가진통 수축이라고도 불리며 비교적 고통은 없다. (11장)

브이디알엘(VDRL) Venereal disease research laboratory의 약자로써 혈액에 매독균에 대한 항체가 있는지를 알아보는 검사법. (16장)

비밀 간통(conventional adultery) 배우자 몰래 이루어지는 간통. (14장)

뿌리(root) 골반으로 뻗어 있는 음경의 기부. (4장)

사교적 담소(small talk) 깊이 있는 대화를 나누기보다는 폭넓은 사회 관심사에 대해 정보를 교환하는 표면적인 대화. (8장)

사례연구(case study) 인터뷰, 설문조사, 역사기록을 통해 얻을 수 있는 개인이나 개인들의 작은 집단에 대해 주의 깊게 얻어진 상세한 전기. (2장)

사산(stillbirth) 사망한 태아를 출산하는 것. (11장)

사정관(ejaculatory duct) 정낭으로 정관이 수렴됨으로써 형성된 도관. 그것을 통하여 정자는 전립선을 지나 요도로 간다. (4장)

사춘기(puberty) 번식이 처음으로 가능해지는 생물학적 발달단계. 사춘기는 2차 성징이 나타나면서 시작되고 긴 뼈들이 더 이상 자라지 않을 때 끝난다. (13장)

사회교환 이론(social-exchange theory) 관계의 발달이 사회교환의 전개, 즉 관계를 와해하지 않고 유지하기 위해 소요되는 보상과 비용의 전개를 반영한다는 이론. (8장)

사회성 훈련(social skills training) 치료사의 훈련과 연습에 바탕을 두며 사회적인 능력을 배양하는 인지-행동학적 치유법. (3장)

사회인지이론(social-cognitive theory) 관측 가능한 학습과 가치와 기대가 행동을 결정하는 핵심적인 역할을 한다는 인지 지향적 학습이론. (1장)

사회화(socialization) 정보, 보상, 처벌을 수단으로 하여 사회적으로 수용가능한 행동패턴으로 사람들을 끌고 가는 과정. (6장)

산소결핍(anoxia) 산소공급이 부족한 상태. (11장)

산후기간(postpartum) 출산 후 이어지는 기간. (11장)

산후우울증(postpartum depression [PPD]) 산후기간 동안에 동반될 수 있는 감정의 급격하고도 지속적인 변화. 절망감과 무관심이 동반되며 특징적으로 식욕이나 수면주기의 변화가 일어난다. 낮은 자존감을 보이며, 무엇에 집중하기 힘들어진다. (11장)

상관(correlation) 두 변수 간 관계의 통계적 측정. (2장)

상관계수(correlation coefficient) 두 변수 간 관계의 강도와 방향(양 또는 음)을 표현하는 통계량. (2장)

상동의(homologous) 구조가 유사한; 동일한 배아조직으로부터 발생함. (3장)

상사의(analogous) 기능이 유사한. (3장)

상호관계(mutuality) 같은 공간, 같은 시간 내에 두 명의 "내"가 우연히 함께 존재하는 것이 아니라 당사자가 서로를 "우리"로 여기게 되는 관계 형성 시기. (8장)

상호순환성장(mutual cyclical growth) 배우자의 요구가 헌신을 낳고, 헌신은 다시 관계를 강화하는 행동을 촉진한다. 그리고 이러한 행동들이 신뢰를 형성케 하며, 관계유지 및 발전을 위한 배우자의 헌신을 더욱 증가시킨다는 이론. (8장)

생물사회심리 모형(biopsychosocial model) 생물학적, 정신적, 사회/문화적 요인과 상호작용을 뜻하는 장애를 설명하기 위한 접근법. (15장)

생식샘기능저하증(hypogonadism) 테스토스테론 분비가 감소한 샘 장애. (15장)

생식세포(germ cell) 새로운 생물을 발생시키는 세포. (4장)

생존가능연령(age of viability) 태아가 독립적으로 생명을 유지할 수 있는 연령. (11장)

서혜관, 샅굴(inguinal canal) 음낭과 고환을 연결하는 태아기의 도관을 말하는데, 이들이 하강할 수 있게 해줌. (6장)

서혜부육아종(granuloma inguinale) 세균 캘리마토박테리움 그래눌로마터스(*Calymmatobacterium granulomatous*)에 의해 발생하는 열대성 성병. (16장)

선천매독(congenital syphilis) 태어날 때부터 감염된 매독. (16장)

선천부신과다형성(congenital adrenal hyperplasia) 유전적으로 여성인 사람이 내부는 여성의 성구조이지만 남성화된 외부생식기를 가지고 있는 간성의 형태. (6장)

선택요인(selection factor) 사람들이 어떤 처리를 받을지 받지 않을지를 결정해야 하는 상황에서 연구에 작용하게 될지 모를 어떤 편중. (2장)

섬모(cilia) 털과 같은 세포의 돌기물로써 리드미컬하게 파동운동을 하여 이동이나 흐름을 만들어낸다. (4장)

섬유선종(fibroadenoma) 양성 섬유상의 종양. (3장)

성감대(erogenous zone) 성적 자극에 반응하는 성 기관과 그 밖의 다른 신체 부분들(1장); 촉각을 이용한 성적 자극에 대해 특히 민감한 신체의 부분(5장). (1장, 5장)

성교(coitus) 성교. (1장)

성교동통 장애(sexual pain disorder) 성교 도중 지속적 또는 반복적으로 통증을 느끼는 성기능 장애. (15장)

성교통증(dyspareunia) 성교 도중 지속적 또는 반복적으로 통증을 느끼는 성기능 장애. (15장)

성기능 장애(sexual dysfunction) 성적으로 흥분되거나 극치감에 도달하는데 지속적 또는 반복적 어려움들. (15장)

성기충혈, 혈관울혈, 혈관충혈(vasocongestion) 혈관이 혈액으로 충혈되어 성기나 유방이 성적 흥분 도중 부풀어 오르는 것. (15장)

성도착증(paraphilia) 비전형적으로 성적 희열을 느끼거나 그렇게 행동하는 양상으로 개인이나 사회적으로 문제를 일으키는 것. 페티시즘이나 노출증이 그 예다. 성도착증의 충동은 재발되며 일부러 그러기도 하고 본의 아니게 발생해서 고통을 주기도 한다. (17장)

성모-창녀 콤플렉스(Whore-Madonna complex) 여성을 죄인 아니면 성녀로 보는 편협한 시각. (19장)

성반응 주기(sexual response cycle) 성반응의 마스터즈와 존슨의 모델로서, 네 단계로 구성되어 있다. (5장)

성별, 젠더(gender) 전형적으로 한 성과 관련된 행동적, 문화적, 심리적 특성(1장); 성별에 알맞는 행동에 대해 문화적 개념의 영향을 받아 여성이 되는 또는 남성이 되는 심리적 상태. 성별의 개념을 여성과 남성 간의 신체적 차이에 기반을 둔 해부학적인 성과 비교하고 대조하라(6장). (1장, 6장)

성별도식화(gender schema) 남성과 여성의 신체적 특성, 행동, 성격적 특성에 대한 일단의 심적 표상. (6장)

성별안정성(gender stability) 사람들이 일생 동안 그들의 성별을 유지한다는 개념. (6장)

성별역할(gender role) 남성과 여성이 주어진 문화 안에서 행동하리라고 기대되는 복잡한 일단의 방식(1장); 남성과 여성에 대해 행동에 관한 일단의 복잡한 기대들(6장). (1장, 6장)

성별위화감(gender dysphoria) 한 사람의 해부학적 성과 자신의 성별 정체성 사이에 부조화된 감각. (6장)

성별전환증, 성별전환 운동, 트란스젠더리즘(transgenderism) (1) 성전환증과 동의어. (2) 성전환자 개인의 권리와 긍지를 추구하는 행동주의자 운동. 성별전환(또는 "전환") 운동에서 대부분 트랜스젠더라는 칭호는 성전환자와 성별전환자인 사람뿐만 아니라 이성의 옷을 입은 사람(또는 이성복장자), 여장남성, 남장여성, 간성인, 그리고 통상적이지 않은 성별의 사람들(즉 출생 후에 그들에게 부여된 성별에 따른 사회규범에 반하는 방식으로 신원을 정하거나 행동하는 사람들)을 포함한다. (6장)

성별정체성(gender identity) 사람이 자기 자신이 남성 또는 여성이라고 여기는 믿음. (6장)

성별항상성(gender constancy) 그들의 복장이나 행동이 바뀌더라도 사람들의 성별은 변하지 않는다는 개념. (6장)

성병(sexually transmitted infection [STI]) 성적 접촉을 통해서 퍼지는 전염병. (16장)

성병림프육아종(lymphogranuloma venereum) 세균 클라미디아 트라코마티스(*Chlamydia trachomatis*)에 의해 발생하는 열대성 성병. (16장)

성부여(sex assignment) 신생아에 남성 또는 여성이라 붙이는 것. 또한 성별부여(gender assignment)라고도 함. (6장)

성분화(sexual differentiation) 남성과 여성이 서로 다른 생식적인 해부구조로 발생되는 과정. (6장)

성선자극호르몬(gonadotropin) 생식샘을 자극하는 뇌하수체 호르몬. (3장)

성선자극호르몬 방출호르몬(gonadotropin-releasing hormone [Gn-RH]) 뇌하수체가 성선자극호르몬을 방출하도록 자극하는 시상하부에 의해 분비되는 호르몬. (3장)

성욕억제제(anaphrodisiac) 성적 흥분이나 성적 욕구에 대해 억제 효과를 나타내는 약물. (5장)

성욕 장애(sexual desire disorder) 지속적 또는 반복적으로 성적 욕망이 없거나 성적 접촉을 혐오하는 성기능 장애 . (15장)

성적 성향(sexual orientation) 동성을 향한, 이성을 향한 혹은 양성을 향한 개인적인 성적 관심의 지향성. (10장)

성전환증(transsexualism) 한 사람이 다른 성이 되기를, 다른 성별의 사람으로 살기를 갈망하는 상태. 미국정신과 협회에 의해 성별정체성 장애로 여김. (6장)

성차별(sexism) 어떤 사람이 그 사람의 성으로 인해 부정적인 특성을 가질 것이라고 여기는 편견. (6장)

성치료(sex therapy) 성기능 장애를 치료하기 위한 단기간 행동 모델을 통틀어 일컫는 용어. (15장)

성폭력(sexual assault) 무력 또는 힘을 쓰겠다는 협박이 수반된 성활동. (18장)

성피(sex skin) 고조기 동안 일어나는 소음순의 붉어짐. (5장)

성홍조(sex flush) 성반응 주기의 흥분기 말에 가슴이나 유방에 나타나는 붉은색을 띠는 발진. (5장)

성흥분 장애(sexual arousal disorder) 지속적 또는 반복적으로 성교에 참여 또는 유지하도록 성적 흥분이 되지 않는 정상적으로 성기능 장애. (15장)

성희롱(sexual harassment) 성적인 의미를 담은 의도적인 언어적 표현, 몸짓, 신체적 접촉을 말하며 상대방이 싫어함에도 불구하고 반복적으로 이루어지는 것. (18장)

세균, 박테리아(bacteria) 하나의 세포로 이루어진 엽록체가 없는 미생물로서 많은 질병을 일으킨다. (16장)

세균질증(bacterial vaginosis) 세균 가드네렐라 바지낼리스(*Gardnerella vaginalis*)에 의해 발생하는 질염. (16장)

세정관(seminiferous tubule) 고환의 엽 안에 있는 작고 꼬여 있으며 정자를 생산하는 관. (4장)

세포질 내 정자주입술(intracytoplasmic sperm injection [ICSI]) 한 개의 난자에 단일 정자를 직접 주입하는 임신 방법. (11장)

섹스 파트너(friends with benefits [FWB]) 성적인 관계는 갖지만 로맨틱한 관계를 유지하지 않는 친구. (14장)

소실(efface) 얇게 됨. (11장)

소아성애증(pedophiles) 어린이에 대해 성적인 흥미가 높은 성도착증자. (17장)

소음순(labia minora) 털이 없고, 옅은 색을 띠는 막으로 되어 있으며, 대음순 사이에 위치해 있다. (3장)

쇠퇴기(resolution phase) 성반응 주기의 네 번째 단계로서, 몸은 점차적으로 전흥분기 상태로 되돌아간다. (5장)

수간(bestiality) 사람과 동물 사이의 성적 관계. (1장)

수란관 내 생식세포이식(gamete intrafallopian transfer [GIFT]) 수정이 잘 일어날 수 있도록 돕기 위해 난자와 정자를 수란관 내로 삽입하는 수정 방법. (11장)

수란관 내 접합자이식(zygote intrafallopian transfer [ZIFT]) 실험실 접시에서 수정된 수정란을 수란관 내로 삽입하는 수정 방법. (11장)

수행불안(performance anxiety) 성적 활동과 관련하여 경험된 두려움과 불안감(또는 다른 사람들에 의해서 판단될 것 같은 어떤 다른 행동)(4장); 행위, 특히 다른 사람에게 평가받는 행위를 수행하는 능력에 관한 불안(15장). (4장, 15장)

스너프 영화(snuff film) 성행위를 연기하는 동안 계획된 실제 살인이 있는 영화. (19장)

스코어(score) 남창의 고객. (19장)

스퀴즈 테크닉(squeeze technique) 조기사정을 치료하는 방법으로 음경의 끝 부분을 일시적으로 눌러서 사정을 억제하는 법. (15장)

스토르게(storge) 애착과 비성적인 애정. 부모로 하여금 자식에게 결속시키는 감정의 유형. (7장)

스토킹(stalking) 강박관념을 가진 사람이 다른 사람을 고집스럽게 따라다니거나 훔쳐보는 행위. 스토킹은 직접적인 행동으로도 일어날 수 있으며, 전자메일을 침입하는 방식으로 온라인을 통해 일어날 수 있다. (8장)

시상하부(hypothalamus) 체온, 동기부여, 감정 등의 조절에 관여하는 뇌의 중앙 근처의 구조. (3장)

시체성애증(necrophilia) 시체와 성행위하려는 욕구의 특징을 가지고 있는 성도착증. (17장)

신경관(neural tube) 배아의 움푹 들어간 부분으로 이곳에서 신경계통이 발생한다. (11장)

신경매독(neurosyphilis) 중추신경계가 매독균에 의해 감염되는 질병으로 뇌손상과 사망에 이를 수 있다. (16장)

신경성 식욕부진, 거식증(anorexia nervosa) 식사에 대한 정신적인 질환으로서 특징은 체중 증가에 대한 강한 불안감과 정상 체중을 유지하기에 필요한 식사를 거부함. (3장)

신생아 안염(ophthalmia neonatorum) 임질균 감염의 한 종류로서 신생아가 출생시 산도를 통과하면서 임질균에 눈이 감염되는 질병. (16장)

실험(experiment) 독립변수를 조작하여 종속변수에 미치는 영향을 관찰하여 인과관계를 입증하기 위한 과학적 방법. (2장)

실험군(experimental group) 어떤 처리를 받는 연구참가자 집단. (2장)

실험실관찰(laboratory observation) 어떤 주제를 실험실 환경에서 연구하는 방법. (2장)

심리적 양성성(psychological androgyny) 틀에 박힌 남성의 특성과 틀에 박힌 여성의 특성, 둘을 모두 가진 상태. (6장)

심취(infatuation) 다른 사람에게 강렬하게 몰두하거나 초점을 맞춘 상태를 말하는데, 통상 성적 욕구, 의기양양함, 그리고 일반적인 생리적 각성 또는 흥분이 동반됨. 열정. (7장)

아가페(agape) 이타적인 사랑. 관대함과 자비와 유사한 사랑의 한 종류. (7장)

아동애호증(pedophilia) 아동애호증은 어린이에 대해 성적인 집착을 갖는 것으로 정의된다. (18장)

악성(malignant) 죽거나 치명적인 결과를 초래하는. (3장)

안구포진(ocular herpes) 눈 부위에 헤르페스 바이러스가 감염된 증세. 흔히 신체 다른 감염된 부분을 건드린 후 눈 부위를 접촉하게 될 때 전염된다. (16장)

안드로겐(androgen) 남성 성호르몬. (4장)

안드로겐불감성 증후군(androgen-insensitivity syndrome) 출생 전에 안드로겐에 민감하지 못해 유전적으로 남성인 사람이 성기가 정상적으로 남성화되지 않는 간성의 한 형태. (6장)

알에이치 혈액형부적합(Rh incompatibility) 임신한 모체에서 생성된 항체가 태아에게로 전파되어 태아의 뇌에 상해를 입히거나 죽음에 이르게 할 수 있는 상태. (11장)

압박방출기(expulsion stage) 사정의 두 번째 단계로써 음경 기부에 있는 근육은 율동적으로 수축하여 정액을 강하게 밀어내고 쾌감을 느끼게 한다. (4장)

애닐링구스(anilingus) 항문을 구강으로 자극하는 행위. 미국에서는 이 행위를 비속어로 rimming, rim job이라고도 한다. (9장)

양막(amniotic sac) 태아를 감싸는 막. (11장)

양막내 주입법(intra-amniotic infusion) 조기 출산을 유도하기 위해 양수막 내에 물질을 투입하는 낙태 방법. (12장)

양성(benign) 위해성이 없거나 극히 적은. (3장)

양성 전립선 비대증(benign prostatic hyperplasia) 나이에 따른 호르몬 변화로 인한 전립선의 비대증. 증세로는 빈뇨증, 요절박 그리고 소변보기가 어려움 등이 있다. (4장)

양성애(bisexuality) 성적 이끌림과 성적 관계를 발전시키는 관심의 방향성이 남녀 모두를 향함. (10장)

양성애 혐오증(biphobia) 양성애자를 향한 부정적인 태도 및 감정의 총체. 양성애자를 편협한 시각으로 바라보거나, 증오하고, 공포감을 느끼는 등의 모든 것을 포함. (10장)

양성애적(bisexual) 두 성별 모두에 대해 성적으로 반응. (1장)

양성혈청반응(seropositive) 혈액 속에 항원이 있거나, 그 항원에 대한 항체가 있는 상태. (16장)

양수(amniotic fluid) 양막 내에 존재하는 액체로 태아를 떠 있게 하며 보호한다. (11장)

양수천자(amniocentesis) 태아에게 존재할 수 있는 여러 질병 유무를 판단하기 위해 양수 내에 존재하는 태아 세포를 축출하여 검사하는 방법. (11장)

양측하지마비 환자(paraplegic) 몸의 하반신의 감각과 운동이 마비된 사람. (4장)

억압(repression) 불안을 불러일으키는 생각을 의식으로부터 자동적으로 쫓아냄. (1장)

에로스(eros) 현대적 개념에 따른 열정의 의미에 가장 가까운 사랑의 종류. (7장)

에스트로겐(estrogen) 여성 특성의 발달을 촉진시키고 월경주기를 조절하는 여성 호르몬 또는 합성물질에 대해 총칭하는 용어. (3장)

에이비시디이 모델(ABCDE model) 로맨틱한 관계가 끌림(A; attraction), (2) 건설(B; building), (3) 유지(C; continuation), (4) 악화(D; deterioration), (5) 종결(E; ending, termination)의 다섯 단계로 구성된다는 이론. (8장)

에이즈, 후천성면역결핍증(AIDS) HIV에 의해 발생하며 면역계가 파괴되어 생명을 위협하는 질병에 대체하는 능력을 상실하게 되는 증상. (16장)

여성 편향(femme) 정통적인 여성의 성 역할을 지향하는 레즈비언. (10장)

여성외음부통(vulvodynia) 외음 통증, 화끈감, 자극, 동통으로 구분되는 산부인과적 상태. (15장)

연속 연애(serial monogamy) 동시에 여러 명과 성적인 관계를 갖는 것과 반대로 한 명씩 연속적으로 관계를 갖는 패턴. (14장)

열성형질(recessive trait) 우성 유전자와 한 쌍을 이루었을 때 발현되지 않는 유전형질. 그러나 열성형질은 이후 세대에게 전파될 수 있으며, 다른 열성형질과 한 쌍을 이루게 되면 발현된다. (11장)

열정(passion) 강력하고 강렬한 감정. (7장)

염색체(chromosome) 살아 있는 모든 세포의 핵에 위치하며, 유전암호를 유전자의 형태로 지니고 있는 막대 모양의 구조물(1장); 살아 있는 모든 세포의 핵에서 발견되는 막대 모양의 구조물을 말하는데, 이것은 유전암호를 유전자의 형태로 지니고 있음(6장). (1장, 6장)

염증(inflammation) 상처가 난 부분이 붉고 열이나는 증상. 혈관이 국부적으로 팽창하여 적혈구 세포가 증가하게 되어 나타난다. (16장)

영양막(trophoblast) 포배의 외부를 구성하는 부분으로 이곳에서 양막, 태반, 탯줄이 발달한다. (11장)

예방제(prophylacti) 질병으로부터 보호하는 물질. (12장)

오로(lochia) 불그스름한 질 분비물로 출산 후 약 한 달 동안 분

비가 지속된다. (11장)

오르가즘(orgasm) 성적 흥분의 절정. (4장)

오르가즘 교정법(orgasmic reconditioning) 문화적으로 적절한 자극과 오르가즘을 반복적으로 연계시킴으로써 정상적인 성적 자극(이성의 성인에 대한 성적 판타지 등)과 성적인 흥분이 연결되는 것를 강화시키는 방법. (17장)

오이디푸스 콤플렉스(Oedipus complex) 정신분석이론에서 남자아이가 성적으로 어머니를 소유하기를 원하고 자신의 아버지를 연적으로 여기는 남근기 때 일어나는 충돌(1장); 정신분석이론에서 말하는, 남자아이가 성적으로 어머니를 소유하기를 원하고, 자신의 아버지를 연적으로 여기는 남근기 때 일어나는 충돌(6장). (1장, 6장)

옥시토신(oxytocin) 분만시 자궁수축과 아기 양육시 젖의 방출을 촉진시키는 뇌하수체호르몬(3장); 자궁의 수축을 촉진하는 뇌하수체 호르몬(11장). (3장, 11장)

옴(scabies) 아주 작은 진드기에 의해 발생하며 가려움증을 유발한다. (16장)

완전 자궁절제술(complete hysterectomy) 난소, 나팔관, 자궁경부, 자궁 등을 제거하는 수술. (3장)

외로움(loneliness) 고통스러운 격리상태. (8장)

외배엽(ectoderm) 배아로부터 새롭게 형성되는 가장 바깥층으로 이곳에서 피부와 신경계통이 발생한다. (11장)

외상후 스트레스 장애(posttraumatic stress disorder [PTSD]) 충격적인 사건에 의해 발생한 스트레스 반응의 일종이다. 꿈자리를 뒤숭숭하게 하는 형태인 경험의 플래시백(회상 장면), 수시로 떠오르는 기억, 정서적으로 멍해짐 또는 제한된 감정들과 고조된 신체적 흥분이 특징이다(18장); 과거의 기억으로 인해 발생하는 스트레스로써 수면장애나 기억장애, 감정이 무뎌지는 현상 또는 느낌의 범위가 좁아지는 증상 및 경계심이 증가하는 증후가 나타난다(19장). (18장, 19장)

외설물(pornography) 성적 흥분을 일으키거나 증가시키려고 만들어진 성적으로 노골적인 매체. (19장)

외설적인(prurient) 욕망을 흥분하게 하는 경향. (19장)

외음부(pudenda) 여성의 외부 생식기. (3장)

외음부절개(episiotomy) 출산시 산도를 넓히기 위해, 그리고 회음부가 무작위적으로 찢어지는 것을 방지하기 위해 외과적 수술을 통해 회음부를 절개하는 것. (11장)

요기애증(urophilia) 오줌에 대해서 성적인 흥분을 느끼는 성도착증. (17장)

요도구(urethral opening) 여성의 신체로부터 오줌이 배출되는 개구(구멍). (3장)

요도구선(bulbourethral gland) 쿠퍼선의 다른 이름. (4장)

요도망울(urethral bulb) 요도의 전립선 부위를 이루며, 양 끝에 밀접한 근육으로 부풀어 있어서 사정 전에 정액을 가두어 두는 작은 관. (4장)

요도염(urethritis) 방광 또는 요도의 염증. (4장)

요도해면체(corpus spongiosum) 음경의 밑을 따라 달리는 해면체로써 음경요도를 가지고 있으며 음경의 끝에서 확장되어 귀두를 형성한다. (4장)

운동성(motility) 정자의 운동성. 정자의 생존력을 측정하는 도구. (11장)

월경(menstruation) 자궁 내면의 탈락으로 일어나는 주기적인 출혈. (3장)

월경곤란(dysmenorrhea) 월경 동안 생기는 통증이나 불편감. (3장)

월경기(menstrual phase) 월경주기의 네 번째 시기로서, 그 동안에 월경출혈로 자궁내막이 떨어져 나온다. (3장)

월경전증후군(premenstrual syndrome [PMS]) 매달 월경 전에, 4~6일 간격으로 많은 여성들을 규칙적으로 괴롭히는 신체적 정신적 증후군의 조합(예, 불안, 우울증, 자극 감응성, 체액 정체에 의한 체중 증가, 복부불쾌감). (3장)

유도 낙태(induced abortion) 배아 또는 태아가 독립적인 삶을 지속할 능력을 갖기 전에 의도적으로 임신을 종료하는 것. (12장)

유방륜(areola) 젖꼭지를 둘러싸고 있는 유방의 짙은 고리. (3장)

유방절제(mastectomy) 유방 전체를 제거하는 수술. (3장)

유방종양절제술(lumpectomy) 유방의 종양을 제거하는 수술. (3장)

유방통(mastalgia) 때때로 월경 전 불편감을 일으키는 유방의 팽창. (3장)

유사도(concordance) 일치도. (10장)

유산(miscarriage) 자연유산. (11장)

유선 X-선 촬영(mammography) 유방의 암종양을 찾아내는 특수한 유형의 X-선 검사. (3장)

유전자(gene) 유전의 기본단위인데, 염색체 DNA의 한 부분으로 이루어짐. (1장)

음경(음핵)해면체(corpora cavernosa) 혈액으로 충혈되며 성적 자극에 반응하여 딴딴해지는 음핵 자루에 있는 혈액조직의 덩어리(3장); 원통형의 음경의 해면조직으로써 성적으로 흥분하면 혈액으로 채워지며 딴딴해진다(4장). (3장, 4장)

음경성형, 음경성형술(phalloplasty) 수술로 인공음경을 만드는 것. (6장)

음란(obscenity) 사람들의 감정을 상하게 하거나 사람들이 생

각하는 보편적인 또는 단정한 정도에 벗어나는 것. (19장)

음란전화집착증(telephone scatologia) 음란전화를 거는 특징을 지닌 성도착증. (17장)

음낭(scrotum) 고환을 가지고 있는 늘어진 피부로 된 주머니. (4장)

음낭근(dartos muscle) 온도변화에 따라 수축하고 이완시키는 음낭의 중간층 근육. (4장)

음문(vulva) 여성의 외부 생식기에 대한 또 다른 용어. (3장)

음부(mons veneris) 신체의 앞 부분에 그리고 복부 아래에 있으면서 음핵 위에 있는 치골의 관절을 덮고 있는 지방조직의 둔덕. (3장)

음부 사마귀(genital warts) 인간유두종바이러스의 감염에 의해 발생하는 성병으로 음부와 항문 부위에 사마귀처럼 생긴 것. (16장)

음부포진(genital herpes) 2형 단순 헤르페스 바이러스에 의해서 발생하는 성병의 일종으로 음부에 통증이 심한 얕은 포진 또는 수포가 발생한다. (16장)

음성혈청반응(seronegative) 혈액 속에 항원이 없거나, 그 항원에 대한 항체가 없는 상태. (16장)

음핵(clitoris) 요도구 위에 있으며 몸체와 귀두로 구성되어 있는 여성의 생식기관. 그것은 성적 감각에 극히 민감하다. (3장)

음핵(음경)해면체(corpora cavernosa) 혈액으로 충혈되며 성적 자극에 반응하여 딴딴해지는 음핵 자루에 있는 혈액조직의 덩어리(3장); 원통형의 음경의 해면조직으로써 성적으로 흥분하면 혈액으로 채워지며 딴딴해진다(4장). (3장, 4장)

음핵절제(clitoridectomy) 수술에 의한 음핵의 제거. (3장)

의상도착(transvestism) 성적 흥분을 얻기 위해 반복적으로 이성의 옷을 입는 성도착증 또는 그러한 충동으로 고통받는 증상. (17장)

의인화(anthropomorphism) 어떤 동물에 인간의 특성을 부여하는 것. (2장)

이 감염증(pediculosis) 음부이에 의해서 발병하는 기생충 질병으로 가려움증을 수반한다. (16장)

이란성 쌍둥이(dizygotic [DZ] twin) 서로 다른 두 개의 수정란에서 발생한 쌍둥이. 이란성 쌍생아. (10장)

이성애적(heteroerotic) 이성에 대해 성욕적인. (10장)

이성애적 성향(heterosexual orientation) 성적 이끌림과 성적 관계를 발전시키는 관심의 방향성이 이성을 향함. (10장)

이질(shigellosis) 이질균에 의해 발생하는 성병. (16장)

이차(2차) 무월경(secondary amenorrhea) 월경이 있었던 여성의 무월경. (3장)

이차(2차) 성감대(secondary erogenous zone) 경험을 통하여 민감해지는 성감대. (5장)

이차(2차) 성징(secondary sex characteristic) 생식에 직접적으로 관여되어 있지 않지만 상호 성을 구별하는 특성(3장); 직접적으로 생식에 관련되어 있지는 않지만 성을 구분 짓는 성향(4장); 물리적 특징들로 남성과 여성을 구분할 수 있고 일반적으로 사춘기 때 번식과 직접 관련 없이 나타나며 예로는 털과 지방의 신체 분포, 근육량 발달, 변성 등이 있다(13장). (3장, 4장, 13장)

이차(2차) 월경곤란(secondary dysmenorrhea) 확인된 타고난 문제에 의해 발생하는 월경통 또는 불편감. (3장)

이행(transition) 자궁경부가 거의 완전히 확장되어 태아의 머리가 산도 내로 이동을 시작하는 시기. (11장)

이형(2형) 단순 헤르페스 바이러스(herpes simplex virus type 2 [hsv-2 virus]) 음부포진을 일으키는 바이러스. (16장)

인간유두종바이러스(human papilloma virus [HPV]) 세계에서 가장 널리 퍼진 성병. (16장)

인간 융모성 생식선자극호르몬(human chorionic gonadotropin [HCG]) 임신 초기에 잠시 동안 생성되는 호르몬으로, 황체를 자극하여 지속적으로 프로게스테론을 생성하도록 한다. 여성의 소변에 HCG가 존재하는지 유무로 임신 여부를 판단한다. (11장)

인간면역결핍바이러스(HIV) 성교활동으로 전염되는 바이러스로서 면역계의 백혈구 세포들을 파괴하여 우리 몸이 생명을 위협하는 질병에 취약하게 만든다. (16장)

인간의 성적 특성(human sexuality) 성적 존재로서 우리 자신을 경험하고 표현하는 방식. (1장)

인공남근(dildo) 성행위시 사용되는 음경 모양의 물질. (9장)

인공수정(artificial insemination) 성교가 아닌 다른 방법을 이용하여 정자를 여성의 생식관에 주입하는 것. (11장)

인지-행동학적 치료(cognitive-behavioral therapy) 사람들이 사물을 보고 반응하는 태도를 바꾸려고 시도하는 치유법으로 학습이론에 흔히 기초를 둔다. (17장)

일란성 쌍둥이(monozygotic [MZ] twin) 동일한 수정란에서 발생한 쌍둥이. 일란성 쌍생아. (10장)

일반마취(general anesthesia) 약물을 이용하여 출산시 고통을 없애주거나 수면상태에 들게 하는 것. (11장)

일부다처제(polygyny) 한 명의 남성이 여러 여성과 결혼하는 결혼의 형태. (14장)

일부일처제(monogamy) 한 명과 결혼. (14장)

일차(1차) 무월경(primary amenorrhea) 아예 월경이 없는 여성의 무월경. (3장)

일차(1차) 성감대(primary erogenous zone) 신경말단들을 풍

부하게 가지고 있기 때문에 특히 민감한 성감대. (5장)

일차(1차) 성징(primary sex characteristic) 물리적 특징들로 남성과 여성을 구분할 수 있고 성기들처럼 번식과 직접 관련이 있음. (13장)

일차(1차) 월경곤란(primary dysmenorrhea) 알려진 타고난 문제 없이 발생하는 월경통 또는 불편감. (3장)

일처다부제(polyandry) 한 명의 여성이 여러 남성과 결혼하는 결혼의 형태. (14장)

일형(1형) 단순 헤르페스 바이러스(herpes simplex virus type 1(HSV-1 virus)) 구강포진을 일으키는 바이러스로 입이나 입술 부위에 단순포진 또는 열성수포를 일으키는 특징이 있다. (16장)

임균성인두염(pharyngeal gonorrhea) 인두가 따가운 증상을 보이는 임질균 감염의 한 종류. (16장)

임신중독증(toxemia) 고혈압이 특징적으로 동반되는 생명이 매우 위급한 상태. (11장)

임질(gonorrhea) 세균인 나이세리아 고노로에(*Neisseria gonorrhoeae*)에 의해서 발생하는 성병으로서 성기의 분비물과 소변시 따가운 특징이 있다. (16장)

입덧(morning sickness) 임신의 징후로 메스꺼움, 특정 음식에 대한 혐오, 구토 등을 특징으로 하는 현상. (11장)

자가면역반응(autoimmune response) 신체에 자연적으로 존재하는 물질을 비자기 물질로(잘못) 인식하여 해당 물질을 공격할 수 있는 항체를 생산하는 것. (11장)

자궁(uterus) 가운데가 비어 있고 근육성인 배모양의 기관으로서 여기서 수정란이 착상하여 출산까지 발생함. (3장)

자궁경부(cervix) 자궁의 아래 끝. (3장)

자궁경부염(cervicitis) 자궁경부의 염증. (16장)

자궁근층(myometrium) 근육이 잘 발달한 자궁의 중간층. (3장)

자궁난관조영술(hysterosalpingogram) 생식관 내로 염료를 주입하고, 이 염료가 생식관을 통해 이동하는 경로를 X-선을 통해 추적함으로써 수란관이 막혔는지 여부를 확인하는 검사 방법. (11장)

자궁내 장치(intrauterine device [IUD]) 자궁 내에 삽입하여 임신을 막는 물체. (12장)

자궁내막(endometrium) 자궁의 가장 안쪽 층. (3장)

자궁내막증(endometriosis) 복강이나 자궁 밖에 자궁내막 조직의 성장으로 인해 생기는 질환으로서 월경통이 특징적으로 나타남(3장); 월경시 자궁 내막 조직이 떨어져 나와 몸 밖으로 배출되지 못하고 복강 내부로 유입되는 비정상적 상태. 자궁내막증은 복통을 유발할 수 있고, 불임의 원인이 될 수 있다(11장). (3장, 11장)

자궁외 임신(ectopic pregnancy) 수정란이 자궁 밖에, 보통 나팔관에 착상되는 임신(3장); 수정란이 자궁이외의 다른 어떤 부위에 착상한 상태(11장). (3장, 11장)

자궁외막(perimetrium) 자궁의 외층. (3장)

자궁절개법(hysterotomy) 임신 중절 수술로 태아를 사망시키는 방법. (12장)

자궁절제술(hysterectomy) 자궁의 제거 수술. (3장, 12장)

자기여성애적(autogynephilic) 자신의 신체가 여성이라는 환상에 의해 성적으로 자극을 받는 성전환자에 대해 쓰이는 표현. (3장)

자루(shaft) 혈관에 혈액이 채워짐으로써 확장되는 음경 자루. (4장)

자아개방(self-disclosure) 개인적 정보, 보통 친근한 정보를 공개하는 것. (8장)

자연관찰(naturalistic observation) 생물들이 자신의 자연환경에서 관찰되는 한 방법. (2장)

자연선택(natural selection) 적응된 형질이 한 종의 구성원으로 하여금 생식 연령에까지 생존하여 미래 세대에 이들 형질을 전달할 수 있게 하는 진화적 과정. (1장)

자연유산(spontaneous abortion) 독립적인 삶을 영위할 수 없는 시기에 배아 및 태아가 갑작스럽게, 불수의적으로 자궁으로부터 축출되는 현상. (11장)

자위행위(masturbation) 성적 자기자극. (9장)

자율신경계(autonomic nervous system [ANS]) 심장박동, 동공확장, 호흡 그리고 소화 등과 같은 자동적인 신체 과정을 조절하는 신경계의 부분. (4장)

작은개복술(mini-laparotomy) 한 종류의 나팔관 붙임술로 나팔관에 도달하기 위해 복부를 절개하는 방법. (12장)

잠복고환증(cryptorchidism) 한쪽 또는 두 쪽의 고환이 복부에서 음낭으로 내려가지 않는 병(4장); 하강이 되지 않는 비하강 고환으로 인한 병(6장). (4장, 6장)

전구증상(prodromal symptom) 어떤 질병이 도지려고 할 때 나타나는 전조 증상. (16장)

전립선(prostate gland) 방광 아래에 있으며 전립선액을 분비하는 선. 전립선액은 정액의 특징적인 냄새와 질감을 부여한다. (4장)

전립선염(prostatitis) 전립선의 염증. (4장)

전염 물렁증(molluscum contagiosum) 팍스 바이러스의 감염에 의해 발생하는 성병으로 통증을 수반하지 않는 궤양이 음부, 엉덩이, 허벅지, 아랫배 등에 나타난다. (16장)

전정(vestibule) 질과 요도의 개구를 포함하는 소음순 안에 있는 부위. (3장)

전정구(vestibular bulb) 질구의 양쪽을 따라 아래로 확장되어 있으며 성적 흥분기 동안 팽창되는 동굴 같은 구조물. (3장)

전희(foreplay) 성교의 단계로 들어가기 위해 행하는 성적 자극 및 육체적 상호작용. (9장)

절정기(orgasmic phase) 성반응 주기의 단계로서, 특징적으로 남성과 여성 모두의 성기 부위에 빠른 일련의 근수축과 남성의 사정이 일어난다. (5장)

점성(viscosity) 끈적거림, 점도. (12장)

접촉도착증(frotteurism) 서로 동의하지 않은 사람에게 몸을 비비거나 만지는 것과 관련된 강력한 욕구와 환상을 가지고 있는 특징의 성도착증. (17장)

접합자(zygote) 수정된 난자(알세포)(3장); 수정된 난자(11장). (3장, 11장)

정관(vas deferens) 음경의 사정관으로 정자를 수송하는 관. (4장)

정관복원술(vasovasotomy) 절단되거나 지져진 정관을 꼬매서 잇는 수술 방법. (12장)

정관절제(술)(vasectomy) 정관을 절제하여 정자가 사정관에 도달하지 못하도록 억제한다(4장); 양쪽 정관을 절제하고 끝을 묶거나 지져서 정자가 요도에 도달하지 못하게 하여 남성이 불임하게 하는 수술 방법(12장). (4장, 12장)

정낭(seminal vesicle) 방광 뒤에 있으며 사정관에서 정자와 혼합되는 액체를 분비하는 작은 선. (4장)

정모세포(spermatocyte) 정자세포의 발생에서 초기 단계를 말하며 각 친세포는 하나의 X염색체와 하나의 Y염색체를 포함하여 46개의 염색체를 갖고 있다. (4장)

정삭(spermatic cord) 음낭 안의 고환을 매달고 있으며 정관, 혈관, 신경을 갖고 있는 삭(끈). (4장)

정상체위(missionary position) 남성이 여성 위에 올라가는 성교 체위. 남성상위체위(male-superior position)라고도 한다. (9장)

정세포(spermatid) 정모세포의 분열에 의해 형성된 세포. 각 정세포는 23개의 염색체를 갖고 있다. (4장)

정신분석(psychoanalysis) 지그문트 프로이트가 맨 처음 제안한 성격에 관한 이론을 말하는 것인데, 이것은 내적인 힘이 충돌한 결과를 나타내는 것이라고 제안함. (1장)

정신성 발달(psychosexual development) 정신분석이론에 있어서 한 성감대에서 다른 성감대로 성적 감정이 이동하는 과정. (1장)

정액(semen) 정자와 정낭, 전립선 그리고 쿠퍼선의 분비물로 구성된 사정액을 이루는 희끄무레한 액체. (4장)

정액역류증(retrograde ejaculation) 사정 시에 사정액이 방광으로 밀려나는 증상. (4장)

정자(sperm) 남성생식세포. (4장)

정자(spermatozoa) 성숙 정자 세포. (4장)

정자형성(spermatogenesis) 정자가 생성되고 발생되는 과정. (4장)

젖샘(mammary gland) 젖을 분비하는 샘. (3장)

젖의 분비(lactation) 유선에서의 모유생산, 분비. (11장)

제왕절개(cesarean section) 출산의 한 방법으로 산모의 복부를 외과적으로 절개하여 태아를 분만한다. (11장)

조기사정(premature [rapid] ejaculation) 최소한의 성적 자극으로 파트너가 원하기 전에 사정을 하는 성기능 장애. (15장)

조산아(preterm) 임신 37주 이내에 출생한 아이. (11장)

종속변수(dependent variable) 어떤 실험의 측정결과를 말하는데, 이것은 독립변수의 어떤 역할이라고 생각된다. (2장)

종자기(germinal stage) 자궁에서의 착상이 일어나기 전 태아 발달시기. (11장)

종자기(period of the ovum) germinal stage와 동의어. (11장)

주름띠(frenulum) 음경 귀두의 밑과 자루를 연결하는 예민한 띠 모양의 조직. (4장)

중배엽(mesoderm) 배아의 중앙 부위로 이곳에서 뼈와 근육이 발생한다. (11장)

중절성교, 체외사정(coitus interruptus) 성교 중 사정하기 직전에 음경을 질로부터 빼는 행위. 미국에서는 withdrawal method라는 표현을 쓰기도 함(9장); 피임의 한 방법으로 사정하기 전에 남성 성기를 여성 성기로부터 빼내는 방법. 체외 사정이라고도 함(12장). (9장, 12장)

중증월경전증후군(premenstrual dysphoric disorder [PMDD])

월경전증후군의 경우를 설명하는 미국정신과협회(apa)에 의한 하나의 진단. 그 특징에는 심각한 기분의 변화와 직장에서 학교에서 또는 사회적 관계에서 기능 장애가 있다. (3장)

증식기(proliferative phase) 월경주기의 첫 시기로서, 월경 마지막에 시작되며 9 또는 10일 동안 지속된다. 이 단계 동안 자궁내막이 증식된다. (3장)

지인에 의한 강간(acquaintance rape) 희생자들이 아는 사람에 의해 당하는 강간. (18장)

진공 흡입법(vacuum aspiration) 흡입을 통하여 자궁내 물질

들을 제거하는 방식으로 임신 초기에 시행하는 낙태 방법. (12장)

진행마비(general paresis) 신경매독에 의해 발병하는 진행성 정신병의 일종으로 착란을 일으키는 특징이 있다. (16장)

진화(evolution) 현재 상태의 종으로의 발달을 말하는데, 이것은 환경에 대한 적응이 관련된 것으로 여겨짐. (1장)

질(vagina) 성교 시에 음경이 들어가며, 신생아의 출산 통로가 되는 여성의 성기관. (3장)

질경련(vaginismus) 질 주위의 무의식적 근육 수축으로 음경 삽입을 막거나 삽입에 고통을 주는 성기능 장애. (15장)

질구(introitus) 질의 개구(구멍). (3장)

질세척(douche) 린즈(rinse)처럼 질로 액체를 분사하는 도포 방법(3장); 질관에 액체를 삽입한 후 배수하여 씻어내는 것(12장). (3장)

질염(vaginitis) 질의 염증(3장); 질에 염증이 생기는 증상(16장). (3장)

질편모충증(trichomoniasis) 원생생물인 질편모충(*Trichomonas vaginalis*)에 의해 발생하는 질염. (16장)

착상전유전자진단(preimplantation genetic diagnosis) 착상전유전자진단은 착상이 이루어지기 전, 아이의 성별을 선택할 수 있는 가장 신뢰할 만한 유일한 방법이다. (11장)

참가자관찰(participant observation) 관찰자가 자료를 수집할 때 그들이 연구하는 사람들과 상호작용하는 한 방법. (2장)

창녀(courtesan) 매춘부, 특히 귀족이나 부유한 사람의 정부. (1장)

처녀막(hymen) 처녀막(hymen)은 질구를 가로지르는 조직의 주름. 보통 출생 시에 존재하며, 여성이 성교 전까지 적어도 부분적으로는 원래 상태를 유지함. (3장)

처리(treatment) 실험에서 그것의 효과가 관찰될 수 있도록 참가자들에게 가하는 개입(예를 들면 어떤 검사, 어떤 약물, 성교육 프로그램). (2장)

천골(sacrum) 척주의 아래 부위에 위치한 두껍고 삼각형의 뼈. (4장)

체계적 탈감각(systematic desensitization) 성적인 자극(페티시적 자극과 같은 비정상적인 자극)과 부적절한 반응(성적 흥분) 사이의 연결 고리를 끊기 위해 근육 이완을 이용하는 방법. (17장)

체외기생충(ectoparasite) 숙주 몸 외부에 기생하는 기생충. (16장)

체외수정(*in vitro* fertilization [IVF]) 수술적 기법을 이용하여 난소로부터 성숙한 난자를 채취하고, 이를 실험실 접시에서 정자와 함께 배양함으로써 수정을 유도하는 방법. (11장)

초경(menarche) 첫 월경기(3장); 월경의 시작, 첫 월경(13장). (3장, 13장)

최고조 날(peak days) 생리주기 중 임신확률이 가장 높은 날들. (12장)

최소 피임약(minipill) 프로게스테론만 함유된 피임약. (12장)

최음제(aphrodisiac) 성적으로 흥분을 일으키거나 성적 욕구를 높여주는 약물. (5장)

추론(inference) 결론이나 의견. (2장)

친밀, 친밀감(intimacy) 다른 사람에 대한 깊은 인식과 이해를 특징으로 하는 친근함(7장); 가장 내적인 생각이나 감정을 공유함으로써 특징지어지는 정서적 친근감과 유대감(8장). (7장, 8장)

칸디아증(candidiasis) 효모 같은 균류인 칸디아 알피칸스(*Candida albicans*)에 의해 발생하는 질염. (16장)

캘린더 방법(calendar method) 보통 10~14개월의 생리주기를 파악한뒤 이에 따라 생리하기 14일 전에 배란이 된다고 가정하에 배란일자를 예측하여 피임하는 방법. (12장)

컬포토미(culpotomy) 여성 생식기의 등쪽을 절개하여 나팔관에 접근하는 나팔관 불임술의 한 종류. (12장)

코끼리병(elephantiasis) 다리와 성기 등 신체의 일부가 비대해지고 주위의 피부가 경화되고 궤양이 생기는 질병. (16장)

콘돔(condom) 음경에 덮어씌워 정자의 장벽으로 기여하는 동물의 막이나 라텍스로 만들어진 피복. (12장)

콜걸(call girl) 전화를 받고 성적인 만남을 하러 나오는 매춘부. 콜은 전화라는 의미도 있고, "대기 중"이라는 의미도 있다. (19장)

쿠퍼선(Cowper's gland) 전립선 아래에 있으며, 성적 흥분시 그것의 분비액을 요도를 통해 보내는 구조물. (4장)

쿤닐링구스(cunnilingus) 입으로 여성의 성기를 접촉하는 성행위(1장); 여성 성기를 구강으로 자극하는 행위(9장). (1장, 9장)

퀴어 이론(queer theory) 이성애규범성과 이성애주의에 도전하는 이론. (1장)

클라인펠터증후군(Klinefelter syndrome) 여분의 X 성염색체에 의한 성염색체 장애. (6장)

탐폰(tampon) 면이나 유사한 재질로 만든 마개로서, 월경출혈을 흡수하기 위해 질에 끼워 넣는다. (3장)

태반(placenta) 탯줄을 통해 태아와 연결되어 있는 구조. 태반은 모체와 태아 사이의 중계국으로 역할을 하여, 이를 통해 영양분이나 노폐물의 교환이 일어난다. (11장)

태아알코올증후군(fetal alcohol syndrome [FAS]) 산모의 음주로 인해 발생할 수 있는 증상들의 총체. 아이는 발달이 더디며, 아래턱이 덜 발달되고, 납작한 코를 가지며, 양 미간이 넓은 전형

적인 안면 특징을 보인다. (11장)

탯줄(umbilical cord) 태아를 태반과 연결하는 관. (11장)

터너증후군(turner syndrome) 온전한 단 하나의 X 염색체만 지니며, 일반적으로 불임의 난소, 무월경, 작은 키와 같은 특징을 보이는 유전병. (6장)

테스토스테론(testosterone) 남성 특징의 발달을 촉진시키고 성적 충동과 관련된 남성 호르몬(3장); 남성의 스테로이드 성호르몬(4장). (3장, 4장)

투명막(zona pellucida) 난자를 싸고 있는 젤라틴 성분의 막. (11장)

파이로니병(Peyronie's disease) 발기를 고통스럽게 할 수 있을 만큼 음경이 과도하게 구부러져 있음. (4장)

팹테스트(Pap test) 자궁경부이 암과 기타 질환을 검색하는 자궁경부 세포의 시료에 대한 검사. (3장)

팽대부(ampulla) 관이나 통로의 주머니 또는 확장된 부분. (4장)

팽창(tumescence) 부어오름; 발기. (15장)

팽창 배설법(dilation and evacuation [D&E]) 자궁의 진공 흡입을 하기 전에 팽창시키는 낙태 방법. (12장)

페로몬(pheromone) 어떤 동물들에 의해 분비되는 화학물질로서, 정보를 동종의 다른 개체들에게 전달하거나 동종의 다른 개체들 안에서 특이 반응을 일으킴. (5장)

페미니스트(여권[여성]주의) 이론(feminist theory) 규범과 전통적인 성역할과 여성에 대한 남성의 억압과 같은 남성 편들기에 도전하는 이론. (1장)

페티시즘(fetishism) 옷이나 고무, 가죽, 실크 등의 비생물적인 물건에서 성적 흥분을 느끼는 성도착증. (17장)

펠라티오(fellatio) 입으로 음경을 접촉하는 성행위(1장); 남성 성기를 구강으로 자극하는 행위(9장). (1장, 9장)

편애증(partialism) 발, 가슴, 엉덩이 등 신체의 한 부분에 대해 지나치게 집착하고 그로부터 성적 흥분을 느끼는 성도착증으로서 페티시즘과 관련 있다. (17장)

폐경기(menopause) 월경의 중지. (3장)

폐경전후기(perimenopause) 폐경기의 시작. 3~11개월 동안 무월경 또는 불규칙적인 기간이 특징적임. (3장)

포경(phimosis) 포피가 아주 단단하게 덮여 있어서 귀두가 노출될 수 없는 비정상의 상태. (4장)

포배(blastocyst) 태아발달 시기 중 종자기 내 한 시기. 이 시기에 배아를 형성하는 세포들은 중앙에 액체로 채워진 공동을 둘러싸는 구 형태를 한다. (11장)

포주(pimp) 매춘부의 관리자로 행세하는 남성으로 매춘부의 수입에 의존한다. (19장)

포피(foreskin) 음경귀두를 덮는 늘어진 피부. 또한 음경 꺼풀(prepuce)이라고도 한다. (4장)

포피(prepuce) 음핵(또는 음경)의 귀두를 덮는 피부의 주름. (3장)

표면관계(surface contact) 서로에게 공통점이나 애정의 감정이 있는지 탐구하는 관계 형성의 탐침 시기. (8장)

표본(sample) 모집단의 일부. (2장)

풍진(rubella) 배아에게 심장 질환이나 정신 지체를 유발할 수 있는 바이러스성 감염. 독일 홍역이라고도 알려져 있다. (11장)

프로게스테론(progesterone) 자궁내막의 증식을 자극하고 월경주기의 조절에 관여하는 스테로이드 호르몬으로서 황체에 의해 분비되는데 합성하기도 함. (3장)

프로락틴(prolactin) 젖의 생산을 촉진시키는 뇌하수체호르몬(3장); 모유의 생성을 자극하는 뇌하수체 호르몬(11장). (3장, 11장)

프로스타글란딘(prostaglandin) 출산에서처럼 자궁벽에 있는 근육섬유가 수축을 일으키도록 하는 호르몬(3장); 자궁에서 생성되어 자궁의 수축을 촉진하는 호르몬(11장). (3장)

피학대음란증(sexual masochism) 성적 흥분을 증가시키기 위해 통증을 필요로 하거나 요구하는 충동을 가지고 있는 성도착증. (17장)

필리아(philia) 친구 간의 사랑. 이것은 성적 욕구보다 좋아함과 존중에 바탕을 두고 있음. (7장)

하트치료법(HAART) 강한 항바이러스 치료법의 영어 약자로 HIV/AIDS를 치료하는데 사용되며 여러 약품을 조합해서 처방하는 치료법. (16장)

할례 또는 포경수술(circumcision) 음경의 포피를 외과수술로 제거함. (4장)

항남성호르몬(antiandrogen) 혈액 중의 안드로겐 수준을 감소시키는 물질. (5장)

항원(antigen) 신체가 항체를 만들어 반응하게 되는 물질로서 단백질, 독성물질 등을 말한다. (16장)

항체(antibody) 면역계의 백혈구에 의해 생성되는 특수한 기능을 지닌 단백질. 몸 안에 침투한 병원균과 위해물질을 인식하여 파괴하는 기능을 지닌다. (16장)

행동주의자(behaviorist) 이해의 행동에 대한 과학적 접근은 관찰가능하고 측정가능한 행동만을 참조해야 한다고 주장하는 학습 이론가. (1장)

헌신(commitment) 어떤 관계를 유지하기 위한 서약이나 약속이나 결의. (7장)

혈관울혈, 혈관충혈, 성기충혈(vasocongestion) 혈류로부터의 울혈(라틴어의 *vas*는 혈관을 의미) (2장); 성기 조직이 혈액으로 채워져 팽창되는 것으로서, 음경의 발기와 질구 주변 부위의 충혈을 일으킨다(5장); 혈관이 혈액으로 충혈되어 성기나 유방이 성적 흥분도중 부풀어 오르는 것(15장). (2장, 5장, 15장)

호르몬(hormone) 다양한 신체 기능을 조절하는 내분비샘에 의해 분비되는 물질(3장); 도관 없는 선에 의해 혈류로 직접 분비되는 화학물질로서, 신체의 기능과(또는) 행동에 영향을 준다(5장). (3장, 5장)

호르몬 치환요법(hormone replacement therapy [HRT]) 자연 호르몬의 감소로 인한 건강 문제를 완화시키기 위하여 에스트로겐과 프로게스틴과 같은 호르몬을 투여함. (3장)

호혜(reciprocity) 서로 주고받음. (7장)

호흡곤란증후군(respiratory distress syndrome) 호흡이 약하거나 불규칙적으로 일어나는 등의 호흡과 관련된 문제가 발생한 전반적인 상황. 특히 조산아가 이에 취약하다. (11장)

확장(dilate) 열리거나 넓어짐. (11장)

활성효과(activating effect) 성적 기호가 아닌 성적 충동의 수위에 영향을 미치는 성호르몬의 효과. (10장)

황달(jaundice) 피부와 눈의 흰자위에 노란색을 띠게 되는 증상. (16장)

황체(corpus luteum) 난자를 방출한 다음 여성주기의 황체기 동안 풍부한 프로게스테론과 에스트로겐을 생산하는 난포. (3장)

황체형성호르몬(luteinizing hormone [LH]) 배란을 유발시킴으로써 월경주기 조절을 도와주는 성선자극호르몬. (3장)

회음부(perineum) 질구와 항문 사이에 있는 피부와 밑에 있는 조직(3장); 외부생식기와 항문 사이의 영역(11장). (3장, 11장)

회피요법(aversion therapy) 불필요한 성적 이상 행동을 제거하기 위해 전기적 충격과 같은 혐오 자극을 서로 연계시키는 것을 반복함으로써 이상행동에 대한 혐오감을 느끼게 하는 방법. (17장)

횡위(transverse position) 태아가 출산시 자궁에서 모로 누운 체위. (11장)

후천성면역결핍증(acquired immunodeficiency syndrome [AIDS]) 인간면역바이러스(HIV)의 감염에 의해 유발되는 질병. hiv는 면역을 담당하는 백혈구를 파괴하여 인체가 여러 "기회적인" 질병에 취약하도록 한다. (11장)

흥분기(excitement phase) 성반응 주기의 첫 번째 단계. 남성에서는 발기, 여성에서는 질 윤활작용, 그리고 남녀 모두에서 근육 긴장과 심박수의 증가가 특징적으로 나타난다. (5장)

히알루로니다아제(hyaluronidase) 일시적으로 투명막을 얇게 만들어서 정자가 침투할 수 있도록 하는 효소. (11장)

영문 용어해설

ABCDE model(에이비시디이[ABCDE] 모델) 로맨틱한 관계가 끌림(A; attraction), (2) 건설(B; building), (3) 유지(C; continuation), (4) 악화(D; deterioration), (5) 종결(E; ending, termination)의 다섯 단계로 구성된다는 이론. (8장)

acquaintance rape(지인에 의한 강간) 희생자들이 아는 사람에 의해 당하는 강간. (18장)

acquired immunodeficiency syndrome, AIDS(후천성면역결핍증) 인간면역바이러스(HIV)의 감염에 의해 유발되는 질병. HIV는 면역을 담당하는 백혈구를 파괴하여 인체가 여러 "기회적인" 질병에 취약하도록 한다. (11장)

activating effect(활성효과) 성적 기호가 아닌 성적 충동의 수위에 영향을 미치는 성호르몬의 효과. (10장)

agape(아가페) 이타적인 사랑. 관대함과 자비와 유사한 사랑의 한 종류. (7장)

age of viability(생존가능연령) 태아가 독립적으로 생명을 유지할 수 있는 연령. (11장)

AIDS(에이즈, 후천성면역결핍증) HIV에 의해 발생하며 면역계가 파괴되어 생명을 위협하는 질병에 대체하는 능력을 상실하게 되는 증상. (16장)

amenorrhea(무월경) 월경이 없음. (3장)

amniocentesis(양수천자) 태아에게 존재할 수 있는 여러 질병 유무를 판단하기 위해 양수 내에 존재하는 태아 세포를 축출하여 검사하는 방법. (11장)

amniotic fluid(양수) 양막 내에 존재하는 액체로 태아를 떠 있게 하며 보호한다. (11장)

amniotic sac(양막) 태아를 감싸는 막. (11장)

ampulla(팽대부) 관이나 통로의 주머니 또는 확장된 부분. (4장)

analogous(상사의) 기능이 유사한. (3장)

anaphrodisiac(성욕억제제) 성적 흥분이나 성적 욕구에 대해 억제 효과를 나타내는 약물. (5장)

androgen(안드로겐) 남성 성호르몬. (4장)

androgen-insensitivity syndrome(안드로겐불감성 증후군) 출생 전에 안드로겐에 민감하지 못해 유전적으로 남성인 사람이 성기가 정상적으로 남성화되지 않는 간성의 한 형태. (6장)

anilingus(애닐링구스) 항문을 구강으로 자극하는 행위. 미국에서는 이 행위를 비속어로 rimming, rim job이라고도 한다. (9장)

anorexia nervosa(거식증, 신경성 무식욕증, 신경성 식욕부진)) 식사에 대한 정신적인 질환으로서 특징은 체중 증가에 대한 강한 불안감과 정상 체중을 유지하기에 필요한 식사를 거부함(3장); 건강한 체중유지 거부, 과체중에 대한 극심한 두려움, 왜곡된 신체상, 그리고 여성에서는 월경의 결여(무월경)가 특징인 생명까지도 위협할 수 있는 섭식장애(7장). (3장, 7장)

anorgasmic(불감증인) 극치감에 도달한 적이 없음. (15장)

anoxia(산소결핍) 산소공급이 부족한 상태. (11장)

anthropomorphism(의인화) 어떤 동물에 인간의 특성을 부여하는 것. (2장)

antiandrogen(항남성호르몬) 혈액 중의 안드로겐 수준을 감소시키는 물질. (5장)

antibody(항체) 면역계의 백혈구에 의해 생성되는 특수한 기능을 지닌 단백질. 몸 안에 침투한 병원균과 위해물질을 인식하여 파괴하는 기능을 지닌다. (16장)

antigen(항원) 신체가 항체를 만들어 반응하게 되는 물질로서 단백질, 독성물질 등을 말한다. (16장)

aphrodisiac(최음제) 성적으로 흥분을 일으키거나 성적 욕구를 높여주는 약물. (5장)

areola(유방륜) 젖꼭지를 둘러싸고 있는 유방의 짙은 고리. (3장)

artificial insemination(인공수정) 성교가 아닌 다른 방법을 이용하여 정자를 여성의 생식관에 주입하는 것. (11장)

attraction-similarity hypothesis(끌림-닮음 가설) 사람들이 자기와 신체적인 매력, 문화적 배경, 성격, 흥미 등이 비슷하게 닮은 사람과 낭만적인 관계를 발달시키려는 경향이 있다는 관점. (7장)

autogynephilic(자기여성애적) 자신의 신체가 여성이라는 환상에 의해 성적으로 자극을 받는 성전환자에 대해 쓰이는 표현. (6장)

autoimmune response(자가면역반응) 신체에 자연적으로 존재하는 물질을 비자기 물질로(잘못) 인식하여 해당 물질을 공격할 수 있는 항체를 생산하는 것. (11장)

autonomic nervous system, ANS(자율신경계) 심장박동, 동공확장, 호흡 그리고 소화 등과 같은 자동적인 신체 과정을 조절하는 신경계의 부분. (4장)

aversion therapy(회피요법) 불필요한 성적 이상 행동을 제거하기 위해 전기적 충격과 같은 혐오 자극을 서로 연계시키는 것을 반복함으로써 이상행동에 대한 혐오감을 느끼에 하는 방법. (17장)

bacteria(세균, 박테리아) 하나의 세포로 이루어진 엽록체가 없는 미생물로서 많은 질병을 일으킨다. (16장)

bacterial vaginosis(세균질증) 세균 가드네렐라 바지낼리스(*Gardnerella vaginalis*)에 의해 발생하는 질염. (16장)

Bartholin's gland(바르톨린샘) 소음순 바로 안쪽에 존재하며 오르가즘 직전에 액체를 분비하는 샘. (3장)

basal body temperature (BBT) method(기초체온법) 배란일자를 생리주기보다는 여성의 체온에 따라 예측하여 임신 가능일자를 추정하는 방식으로 피임하는 방법. (12장)

behaviorist(행동주의자) 이해의 행동에 대한 과학적 접근은 관찰가능하고 측정가능한 행동만을 참조해야 한다고 주장하는 학습 이론가. (1장)

benign(양성) 위해성이 없거나 극히 적은. (3장)

benign prostatic hyperplasia(양성 전립선 비대증) 나이에 따른 호르몬 변화로 인한 전립선의 비대증. 증세로는 빈뇨증, 요절박 그리고 소변보기가 어려움 등이 있다. (4장)

bestiality(수간) 사람과 동물 사이의 성적 관계. (1장)

biopsychosocial model(생물사회심리 모형) 생물학적, 정신적, 사회/문화적 요인과 상호작용을 뜻하는 장애를 설명하기 위한 접근법. (15장)

biphobia(양성애 혐오증) 양성애자를 향한 부정적인 태도 및 감정의 총체. 양성애자를 편협한 시각으로 바라보거나, 증오하고, 공포감을 느끼는 등의 모든 것을 포함. (10장)

bisexual(양성애적) 두 성별 모두에 대해 성적으로 반응. (1장)

bisexuality(양성애) 성적 이끌림과 성적 관계를 발전시키는 관심의 방향성이 남녀 모두를 향함. (10장)

blastocyst(포배) 태아발달 시기 중 종자기 내 한 시기. 이 시기에 배아를 형성하는 세포들은 중앙에 액체로 채워진 공동을 둘러싸는 구 형태를 한다. (11장)

bondage(굴레) 피학대음란증자들 사이에서 널리 퍼진 것으로 사슬 따위로 묶는 의식적 행위. (17장)

braxton-hicks contraction(브랙스톤 힉스 수축) 가진통 수축이라고도 불리며 비교적 고통은 없다. (11장)

breech presentation(둔부태위) 자궁으로부터 태아의 엉덩이 부위나 발이 먼저 출현하는 것. (11장)

bulbourethral gland(요도구선) 쿠퍼선의 다른 이름. (4장)

butch(남성 편향) 정통적인 남성의 성 역할을 지향하는 레즈비언. (10장)

calendar method(캘린더 방법) 보통 10~14개월의 생리주기를 파악한 뒤 이에 따라 생리하기 14일 전에 배란이 된다고 가정하에 배란일자를 예측하여 피임하는 방법. (12장)

call girl(콜걸) 전화를 받고 성적인 만남을 하러 나오는 매춘부. 콜은 전화라는 의미도 있고, "대기 중"이라는 의미도 있다. (19장)

candidiasis(칸디아증) 효모 같은 균류인 칸디아 알피칸스(*Candida albicans*)에 의해 발생하는 질염. (16장)

case study(사례연구) 인터뷰, 설문조사, 역사기록을 통해 얻을 수 있는 개인이나 개인들의 작은 집단에 대해 주의 깊게 얻어진 상세한 전기. (2장)

castration anxiety(거세불안) 남성은 자신의 성기가 제거될 수 있다는 공포감을 가지고 있다는 심리분석학적 이론. 거세불안은 오이디푸스 콤플렉스의 한 구성 요소이며, 성적 관심의 방향성을 결정하는 요인이 됨. (10장)

celibacy(금욕) 완벽한 성적 절제. (때로는 결혼하지 않은 상태를 설명하기도 하는데 특히 독신을 선언한 사람들의 경우에 그러함). (14장)

cephalic presentation(두부태위) 자궁으로부터 태아의 머리가 먼저 출현하는 것. (11장)

cephalocaudal(두부미부) 머리로부터 아래로 향하는. (11장)

cervicitis(자궁경부염) 자궁경부의 염증. (16장)

cervix(자궁경부) 자궁의 아래 끝. (3장)

cesarean section(제왕절개) 출산의 한 방법으로 산모의 복부를 외과적으로 절개하여 태아를 분만한다. (11장)

chancre(굳은궤양) 궤양 또는 욕창의 일종. (16장)

chancroid(무른궤양) 헤모필러스 두크레이(*Hemophilus ducreyi*) 세균에 의해 발생하는 성병의 일종. (16장)

chromosome(염색체) 살아 있는 모든 세포의 핵에 위치하며, 유전암호를 유전자의 형태로 지니고 있는 막대 모양의 구조물(1장); 살아 있는 모든 세포의 핵에서 발견되는 막대 모양의 구조물을 말하는데, 이것은 유전암호를 유전자의 형태로 지니고 있음(6장). (1장)

cilia(섬모) 털과 같은 세포의 돌기물로써 리드미컬하게 파동운동을 하여 이동이나 흐름을 만들어낸다. (4장)

circumcision(할례 또는 포경수술) 음경의 포피를 외과수술로 제거함. (4장)

climacteric(갱년기) 폐경기를 포함하는 장기간의 과정으로 난소의 생식능력이 점진적으로 쇠퇴해 감. (3장)

clitoridectomy(음핵절제) 수술에 의한 음핵의 제거. (3장)

clitoris(음핵) 요도구 위에 있으며 몸체와 귀두로 구성되어 있는 여성의 생식기관. 그것은 성적 감각에 극히 민감하다. (3장)

cocrophilia(대변기호증) 대변과 연관되어 성적인 자극을 얻는 성도착증. (17장)

cognitive-behavioral therapy(인지-행동학적 치료) 사람들이 사물을 보고 반응하는 태도를 바꾸려고 시도하는 치유법으로 학습이론에 흔히 기초를 둔다. (17장)

cohabitation(동거) 법적 절차 없이 결혼한 것처럼 같이 사는 것. (14장)

coitus(성교) 성교. (1장)

coitus interruptus(중절성교, 체외사정) 성교 중 사정하기 직전에 음경을 질로부터 빼는 행위. 미국에서는 withdrawal method라는 표현을 쓰기도 함(9장); 피임의 한 방법으로 사정하기 전에 남성 성기를 여성 성기로부터 빼내는 방법. 체외 사정이라고도 함(12장). (9장, 12장)

combination pill(복합약) 에스트로겐과 프로게스테론이 함유된 피임약. (12장)

commitment(헌신) 어떤 관계를 유지하기 위한 서약이나 약속이나 결의. (7장)

complete hysterectomy(완전 자궁절제술) 난소, 나팔관, 자궁경부, 자궁 등을 제거하는 수술. (3장)

concordance(유사도) 일치도. (10장)

concubine(내연의 처) 일반적으로 법적으로 사회적으로 열등한 위치에 있는 보조 아내. (1장)

condom(콘돔) 음경에 덮어씌워 정자의 장벽으로 기여하는 동물의 막이나 라텍스로 만들어진 피복. (12장)

congenital adrenal hyperplasia(선천부신과다형성) 유전적으로 여성인 사람이 내부는 여성의 성구조이지만 남성화된 외부생식기를 가지고 있는 간성의 형태. (6장)

congenital syphilis(선천매독) 태어날 때부터 감염된 매독. (16장)

consensual adultery(공개 간통) 배우자에게 알리거나 동의하에 이루어진 간통. (14장)

control group(대조군) 실험적 처리를 받지 않는 연구참가자 집단. 하지만 나머지 다른 조건들은 실험군에 속한 개인의 조건들과 같다. (2장)

conventional adultery(비밀 간통) 배우자 몰래 이루어지는 간통. (14장)

corona(귀두관) 음경의 몸통과 기둥을 분리하는 관 모양 구조. (4장)

corpora cavernosa(음핵[음경]해면체) 혈액으로 충혈되며 성적 자극에 반응하여 딴딴해지는 음핵 자루에 있는 혈액조직의 덩어리(3장); 원통형의 음경의 해면조직으로써 성적으로 흥분하면 혈액으로 채워지며 딴딴해진다(4장). (3장, 4장)

corpus luteum(황체) 난자를 방출한 다음 여성주기의 황체기 동안 풍부한 프로게스테론과 에스트로겐을 생산하는 난포. (3장)

corpus spongiosum(요도해면체) 음경의 밑을 따라 달리는 해면체로써 음경요도를 가지고 있으며 음경의 끝에서 확장되어 귀두를 형성한다. (4장)

correlation(상관) 두 변수 간 관계의 통계적 측정. (2장)

correlation coefficient(상관계수) 두 변수 간 관계의 강도와 방향(양 또는 음)을 표현하는 통계량. (2장)

courtesan(창녀) 매춘부, 특히 귀족이나 부유한 사람의 정부. (1장)

covert sensitization(공감훈련) 회피요법의 일종으로 불필요한 성도착적인 상상과 이를 회피할 수 있는 혐오스러운 자극을 상상으로 연결시키는 것이다. (17장)

Cowper's gland(쿠퍼선) 전립선 아래에 있으며, 성적 흥분시 그것의 분비액을 요도를 통해 보내는 구조물. (4장)

cremaster muscle(고환거근) 온도변화와 성적 자극에 따라 고환을 끌어올리거나 늘어뜨리는 근육. (4장)

critical period of vulnerability(결정적 취약 시기) 배아 및 태아가 기형유발물질에 쉽게 영향을 받을 수 있는 취약한 시기. (11장)

crura(다리[각]) 치골에 음핵을 부착시키는 다리와 같은 해부학적 구조. (3장)

cryptorchidism(잠복고환증) 한쪽 또는 두 쪽의 고환이 복부에서 음낭으로 내려가지 않는 병(4장); 하강이 되지 않는 비하강 고환으로 인한 병(6장). (4장, 6장)

culpotomy(컬포토미) 여성 생식기의 등쪽을 절개하여 나팔관에 접근하는 나팔관 붙임술의 한 종류. (12장)

cunnilingus(쿤닐링구스) 입으로 여성의 성기를 접촉하는 성행위(1장); 여성 성기를 구강으로 자극하는 행위(9장). (1장, 9장)

cyst(낭종) 액체나 병적인 물질로 채워진 주머니 모양의 구조. (3장)

cystitis(방광염) 방광의 염증. (3장)

dilation and curettage, D&C(부분 유산) 자궁을 팽창시킨 후 속의 내용물을 조심스럽게 긁어내는 낙태 방법. (12장)

dilation and evacuation, D&E(팽창 배설법) 자궁의 진공 흡입을 하기 전에 팽창시키는 낙태 방법. (12장)

dartos muscle(음낭근) 온도변화에 따라 수축하고 이완시키는 음낭의 중간층 근육. (4장)

defense mechanism(방어기제) 정신분석이론에 있어서 수용할 수 없는 생각이나 충동을 감추거나 내쫓음으로써 불안으로부터 자신을 보호하는 자동적인 과정. (1장)

dependent variable(종속변수) 어떤 실험의 측정결과를 말하는데, 이것은 독립변수의 어떤 역할이라고 생각된다. (2장)

diaphragm(가로막) 고무 컵 또는 둥근 천장으로 여성의 자궁 윤곽에 맞고 살정자제로 칠해져 있으며 성교 전에 삽입되어 임신을 막는 것. (12장)

diethylstilbestrol, DES(디이에스) 임신을 유지시키기 위해 유산의 위험에도 불구하고 한때 여성에게 투여되었던 에스트로겐. (11장)

dilate(확장) 열리거나 넓어짐. (11장)

dildo(인공남근) 성행위시 사용되는 음경 모양의 물질. (9장)

dizygotic (DZ) twin(이란성 쌍둥이) 서로 다른 두 개의 수정란에서 발생한 쌍둥이. 이란성 쌍생아. (10장)

DNA(디엔에이) 데옥시리보핵산(deoxyribonucleic acid)을 말하는데, 이 분자는 유전자와 염색체를 구성하는 화학물질. (1장)

dominican republic syndrome(도미니칸공화국 증후군) 효소의 유전적 장애로 인해 테스토스테론이 외부 성기를 남성화되지 못하게 하는 간성의 한 형태. (6장)

donor IVF(공여자 체외수정) 체외수정의 변형된 한 방법으로, 한 여성의 난자를 채취하여 수정시킨 후, 다른 여성의 자궁이나 수란관으로 수정란을 이식하는 방법. (11장)

douche(질세척) 린즈(rinse)처럼 질로 액체를 분사하는 도포 방법(3장); 질관에 액체를 삽입한 후 배수하여 씻어내는 것(12장). (3장, 12장)

down syndrome(다운증후군) 21번 염색체가 한 개 더 존재하여 발생하는 염색체 이상으로 정신지체를 일으킨다. (11장)

dysmenorrhea(월경곤란) 월경 동안 생기는 통증이나 불편감. (3장)

dyspareunia(성교통증) 성교 도중 지속적 또는 반복적으로 통증을 느끼는 성기능 장애. (15장)

ectoderm(외배엽) 배아로부터 새롭게 형성되는 가장 바깥층으로 이곳에서 피부와 신경계통이 발생한다. (11장)

ectoparasite(체외기생충) 숙주 몸 외부에 기생하는 기생충. (16장)

ectopic pregnancy(자궁외 임신) 수정란이 자궁 밖에, 보통 나팔관에 착상되는 임신(3장); 수정란이 자궁이외의 다른 어떤 부위에 착상한 상태(11장). (3장, 11장)

efface(소실) 얇게 됨. (11장)

ejaculatory duct(사정관) 정낭으로 정관이 수렴됨으로써 형성된 도관. 그것을 통하여 정자는 전립선을 지나 요도로 간다. (4장)

elephantiasis(코끼리병) 다리와 성기 등 신체의 일부가 비대해지고 주위의 피부가 경화되고 궤양이 생기는 질병. (16장)

embryo(배아, 배) 자궁에서 수정된 난자의 착상으로 시작되어 임신 후 약 두 달에 걸쳐 주요 기관계의 발생으로 귀결되는 태아의 발생단계. (6장)

embryonic disk(배반) 포배의 내부에 형성되는 판상구조로 이곳에서 배아의 내배엽, 중배엽, 외배엽이 분화한다. (11장)

embryonic stage(배아기) 착상으로부터 8주에 이르는 태아발달 시기로, 이 시기에 특징적으로 주요 장기가 분화한다. (11장)

embryonic transfer(배아이식) 여성 지원자는 임신을 원하는 여성의 남편과 인공수정을 하고, 임신이 된 후 여성 지원자로부터 배아를 축출하여 임신을 원하는 여성의 자궁 내로 착상시키는 임신 방법. (11장)

emission stage(배출기) 사정의 첫 번째 단계로써 전립선, 정낭, 그리고 정관의 상부의 수축을 포함한다. (4장)

endocrine gland(내분비샘) 혈액으로 직접 분비물을 방출하는 관이 없는 샘. (3장)

endoderm(내배엽) 배아로부터 새롭게 형성되는 가장 안쪽 층으로 이곳에서 허파와 소화계통이 발생한다. (11장)

endometriosis(자궁내막증) 복강이나 자궁 밖에 자궁내막 조직의 성장으로 인해 생기는 질환으로서 월경통이 특징적으로 나타남(3장); 월경시 자궁 내막 조직이 떨어져 나와 몸 밖으로 배출되지 못하고 복강 내부로 유입되는 비정상적 상태. 자궁내막증은 복통을 유발할 수 있고, 불임의 원인이 될 수 있다(11장). (3장, 11장)

endometrium(자궁내막) 자궁의 가장 안쪽 층. (3장)

epididymis(부고환) 각 고환의 뒤쪽 벽에 있으며 정자를 저장하는 관. (4장)

epididymitis(부고환염) 부고환에 생기는 염증. (16장)

episiotomy(외음부절개) 출산시 산도를 넓히기 위해, 그리고 회음부가 무작위적으로 찢어지는 것을 방지하기 위해 외과적 수술을 통해 회음부를 절개하는 것. (11장)

erection(발기) 혈액이 채워짐으로써 음경이 확대되고 단단해지는 것. (4장)

erogenous zone(성감대) 성적 자극에 반응하는 성 기관과 그 밖의 다른 신체 부분들(1장); 촉각을 이용한 성적 자극에 대해 특히 민감한 신체의 부분(5장). (1장, 5장)

eros(에로스) 현대적 개념에 따른 열정의 의미에 가장 가까운 사랑의 종류. (7장)

estrogen(에스트로겐) 여성 특성의 발달을 촉진시키고 월경주기를 조절하는 여성 호르몬 또는 합성물질에 대해 총칭하는 용어. (3장)

estrus(발정기) 호르몬 수준에 의해 조절되는 특정 기간으로서, 많은 종들은 그 기간에 성적 활동이 가장 수용적이다(3장); 배란과 일치하는 짧은 임신 시기(5장). (3장, 5장)

ethnographic observation(민족학관찰) 특정 문화, 특히 문맹사회를 서술적으로 다루는 연구의 한 방법. (2장)

evolution(진화) 현재 상태의 종으로의 발달을 말하는데, 이것은 환경에 대한 적응이 관련된 것으로 여겨짐. (1장)

excitement phase(흥분기) 성반응 주기의 첫 번째 단계. 남성에서는 발기, 여성에서는 질 윤활작용, 그리고 남녀 모두에서 근육 긴장과 심박수의 증가가 특징적으로 나타난다. (5장)

exhibitionism(노출증) 성적 흥분이나 만족을 얻기 위해 낯선 사람들에게 자신의 성기를 노출하는 행위에 대해 지속적이고 강한 충동을 가지고 있으며 이와 관련한 성적 판타지를 가지고 있는 것으로 특징지을 수 있는 성도착증. (17장)

experiment(실험) 독립변수를 조작하여 종속변수에 미치는 영향을 관찰하여 인과관계를 입증하기 위한 과학적 방법. (2장)

experimental group(실험군) 어떤 처리를 받는 연구참가자 집단. (2장)

expulsion stage(압박방출기) 사정의 두 번째 단계로써 음경 기부에 있는 근육은 율동적으로 수축하여 정액을 강하게 밀어내고 쾌감을 느끼게 한다. (4장)

extramarital sex(간통) 결혼한 사람이 배우자 이외의 사람과 성적 관계. (14장)

fallopian tube(난관) 난소를 향해 위쪽으로 뻗어 있으며 난자를 자궁으로 보내는 관. (3장)

fellatio(펠라티오) 입으로 음경을 접촉하는 성행위(1장); 남성 성기를 구강으로 자극하는 행위(9장). (1장, 9장)

feminist theory(페미니스트 이론, 여권[여성]주의 이론) 규범과 전통적인 성역할과 여성에 대한 남성의 억압과 같은 남성 편들기에 도전하는 이론. (1장)

femme(여성 편향) 정통적인 여성의 성 역할을 지향하는 레즈비언. (10장)

fetal alcohol syndrome, FAS(태아알코올증후군) 산모의 음주로 인해 발생할 수 있는 증상들의 총체. 아이는 발달이 더디며, 아래턱이 덜 발달되고, 납작한 코를 가지며, 양 미간이 넓은 전형적인 안면 특징을 보인다. (11장)

fetishism(페티시즘) 옷이나 고무, 가죽, 실크 등의 비생물적인 물건에서 성적 흥분을 느끼는 성도착증. (17장)

fibroadenoma(섬유선종) 양성 섬유상의 종양. (3장)

follicle(난포) 난소 안에 난자를 함유하고 있는 캡슐 구조. (3장)

follicle-stimulating hormone, FSH(난포자극호르몬) 난소에서 난소의 발달을 촉진시키는 성선자극호르몬. (3장)

forcible rape(강제적인 강간) 무력을 사용하거나 협박에 의해 행해진 성활동. (18장)

foreplay(전희) 성교의 단계로 들어가기 위해 행하는 성적 자극 및 육체적 상호작용. (9장)

foreskin(포피) 음경귀두를 덮는 늘어진 피부. 또한 음경 꺼플(prepuce)이라고도 한다. (4장)

fornication(간음) 결혼관계에 있지 않은 사람 사이의 성교. (1장)

frenulum(주름띠) 음경 귀두의 밑과 자루를 연결하는 예민한 띠 모양의 조직. (4장)

friends with benefits, FWB(섹스 파트너) 성적인 관계는 갖지만 로맨틱한 관계를 유지하지 않는 친구. (14장)

frotteurism(접촉도착증) 서로 동의하지 않은 사람에게 몸을 비비거나 만지는 것과 관련된 강력한 욕구와 환상을 가지고 있는 특징의 성도착증. (17장)

fundus(기저부) 자궁의 맨 윗부분. (3장)

gamete intrafallopian transfer, GIFT(수란관 내 생식세포이식) 수정이 잘 일어날 수 있도록 돕기 위해 난자와 정자를 수란관 내로 삽입하는 수정 방법. (11장)

gay bashing(동성애자 학대) 동성애자에 대한 폭력. (10장)

gay male(게이) 다른 남성에게 성적으로 이끌리고 성적 관계 형성을 원하는 남성. (10장)

gay marriage(동성결혼) 동성과 하는 결혼. (14장)

gender(성별, 젠더) 전형적으로 한 성과 관련된 행동적, 문화적, 심리적 특성(1장); 성별에 알맞는 행동에 대해 문화적 개념의 영향을 받아 여성이 되는 또는 남성이 되는 심리적 상태. 성별의 개념을 여성과 남성 간의 신체적 차이에 기반을 둔 해부학적인 성과 비교하고 대조하라(6장). (1장, 6장)

gender constancy(성별항상성) 그들의 복장이나 행동이 바뀌더라도 사람들의 성별은 변하지 않는다는 개념. (6장)

gender dysphoria(성별위화감) 한 사람의 해부학적 성과 자신의 성별 정체성 사이에 부조화된 감각. (6장)

gender identity(성별정체성) 사람이 자기 자신이 남성 또는 여성이라고 여기는 믿음. (6장)

gender role(성별역할) 남성과 여성이 주어진 문화 안에서 행동하리라고 기대되는 복잡한 일단의 방식(1장); 남성과 여성에 대해 행동에 관한 일단의 복잡한 기대들(6장). (1장, 6장)

gender schema(성별도식화) 남성과 여성의 신체적 특성, 행동, 성격적 특성에 대한 일단의 심적 표상. (6장)

gender stability(성별안정성) 사람들이 일생 동안 그들의 성별을 유지한다는 개념. (6장)

gene(유전자) 유전의 기본단위인데, 염색체 DNA의 한 부분으로 이루어짐. (1장)

general anesthesia(일반마취) 약물을 이용하여 출산 시 고통을 없애주거나 수면상태에 들게 하는 것. (11장)

general paresis(진행마비) 신경매독에 의해 발병하는 진행성 정신병의 일종으로 착란을 일으키는 특징이 있다. (16장)

genital herpes(음부포진) 2형 단순 헤르페스 바이러스에 의해서 발생하는 성병의 일종으로 음부에 통증이 심한 얕은 포진 또는 수포가 발생한다. (16장)

genital warts(음부 사마귀) 인간유두종바이러스의 감염에 의해 발생하는 성병으로 음부와 항문 부위에 사마귀처럼 생긴 것. (16장)

germ cell(생식세포) 새로운 생물을 발생시키는 세포. (4장)

germinal stage(종자기) 자궁에서의 착상이 일어나기 전 태아발달시기. (11장)

gonadotropin(성선자극호르몬) 생식샘을 자극하는 뇌하수체 호르몬. (3장)

gonadotropin-releasing hormone, Gn-RH(성선자극호르몬 방출호르몬) 뇌하수체가 성선자극호르몬을 방출하도록 자극하는 시상하부에 의해 분비되는 호르몬. (3장)

gonorrhea(임질) 세균인 나이세리아 고노로에(*Neisseria gonorrhoeae*)에 의해서 발생하는 성병으로서 성기의 분비물과 소변시 따가운 특징이 있다. (16장)

granuloma inguinale(서혜부육아종) 세균 캘리마토박테리움 그래눌로마터스(*Calymmatobacterium granulomatous*)에 의해 발생하는 열대성 성병. (16장)

haart(하트치료법) 강한 항바이러스 치료법의 영어 약자로 HIV/AIDS를 치료하는데 사용되며 여러 약품을 조합해서 처방하는 치료법. (16장)

hepatitis(간염) 간에 발생하는 염증. (16장)

hermaphrodite(남녀한몸) 난소와 고환 조직을 모두 가지고 있는 사람. (6장)

herpes simplex virus type 1, HSV-1 virus (일형[1형] 단순 헤르페스 바이러스) 구강포진을 일으키는 바이러스로 입이나 입술 부위에 단순포진 또는 열성수포를 일으키는 특징이 있다. (16장)

herpes simplex virus type 2, hsv-2 virus (이형[2형] 단순 헤르페스 바이러스) 음부포진을 일으키는 바이러스. (16장)

heteroerotic(이성애적) 이성에 대해 성욕적인. (10장)

heterosexual orientation(이성애적 성향) 성적 이끌림과 성적 관계를 발전시키는 관심의 방향성이 이성을 향함. (10장)

HIV(인간면역결핍바이러스) 성교활동으로 전염되는 바이러스로서 면역계의 백혈구 세포들을 파괴하여 우리 몸이 생명을 위협하는 질병에 취약하게 만든다. (16장)

homoerotic(동성애적) 동성에 대해 성욕적인. (10장)

homogamy(동류결혼) 사회적 배경이 비슷한 사람끼리 결혼하는 형태. (14장)

homologous(상동의) 구조가 유사한; 동일한 배아조직으로부터 발생함. (3장)

homophobia(동성애 혐오증) 동성애자에 대한 혐오(1장); 동성애자를 향한 부정적인 태도 및 감정의 총체. 동성애자를 편협한 시각으로 바라보거나, 증오하고, 공포감을 느끼는 등의 모든 것을 포함(10장). (1장)

homosexual orientation(동성애적 성향) 성적 이끌림과 성적 관계를 발전시키는 관심의 방향성이 동성을 향함(homo는 "동일함"을 의미하는 그리스어 *homos*에서 유래함. "남성"을 의미하는 라틴어 *homo*에서 유래한 것이 아님). (10장)

homosexual transsexual(동성애 성전환자) 성재부여를 추구하는 극히 여성적인 게이 남성. (6장)

hormone(호르몬) 다양한 신체 기능을 조절하는 내분비샘에 의해 분비되는 물질(3장); 도관 없는 선에 의해 혈류로 직접 분비되는 화학물질로서, 신체의 기능과(또는) 행동에 영향을 준다(5장). (3장, 5장)

hormone replacement therapy, HRT(호르몬 치환요법) 자연 호르몬의 감소로 인한 건강 문제를 완화시키기 위하여 에스트로겐과 프로게스틴과 같은 호르몬을 투여함. (3장)

human chorionic gonadotropin, HCG(인간 융모성 생식선자극호르몬) 임신 초기에 잠시 동안 생성되는 호르몬으로, 황체를 자극하여 지속적으로 프로게스테론을 생성하도록 한다. 여성의 소변에 HCG가 존재하는지 유무로 임신 여부를 판단한다. (11장)

human papilloma virus, HPV(인간유두종바이러스) 세계에서 가장 널리 퍼진 성병. (16장)

human sexuality(인간의 성적 특성) 성적 존재로서 우리 자신을 경험하고 표현하는 방식. (1장)

hustler(남창) 남성 소비자와 매춘을 하는 남성. (19장)

hyaluronidase(히알루로니다아제) 일시적으로 투명막을 얇게 만들어서 정자가 침투할 수 있도록 하는 효소. (11장)

hymen(처녀막) 처녀막은 질구를 가로지르는 조직의 주름. 보통 출생 시에 존재하며, 여성이 성교 전까지 적어도 부분적으로는 원래 상태를 유지함. (3장)

hypogonadism(생식샘기능저하증) 테스토스테론 분비가 감소한 샘 장애. (15장)

hypothalamus(시상하부) 체온, 동기부여, 감정 등의 조절에 관여하는 뇌의 중앙 근처의 구조. (3장)

hypoxyphilia(과소산소호증) 성적 흥분을 높이기 위해 산소가 결핍되도록 하는 행위로서 흔히 자위행위를 하는 동안 이루어진다. (17장)

hysterectomy(자궁절제술) 자궁의 제거 수술. (3장, 12장)

hysterosalpingogram(자궁난관조영술) 생식관 내로 염료를 주입하고, 이 염료가 생식관을 통해 이동하는 경로를 X-선을 통해 추적함으로써 수란관이 막혔는지 여부를 확인하는 검사 방법. (11장)

hysterotomy(자궁절개법) 임신 중절 수술로 태아를 사망시키는 방법. (12장)

identification(동일시) 정신분석이론에서 다른 사람의 행동, 생각, 감정에 대한 우리의 인식을 자신 안에서 통합시키는 과정. (6장)

immune system(면역계) 병원체와 같은 질병을 일으키는 물질로부터 우리 몸을 보호하는 자체 방어 체계. (16장)

***in vitro* fertilization, IVF(체외수정)** 수술적 기법을 이용하여 난소로부터 성숙한 난자를 채취하고, 이를 실험실 접시에서 정자와 함께 배양함으로써 수정을 유도하는 방법. (11장)

incest(근친상간) 가까운 혈연관계에 있는 사람끼리 결혼 또는 성관계를 맺는 것으로 법에 의해 금지되어 있고 처벌받는다. (18장)

incest taboo(근친상간 금기) 가까운 혈연관계 사이의 성교와 생식을 금지. (1장)

independent variable(독립변수) 과학적 연구에서 그 효과가 관찰될 수 있도록 조작되는 어떤 조건. (2장)

induced abortion(유도 낙태) 배아 또는 태아가 독립적인 삶을 지속할 능력을 갖기 전에 의도적으로 임신을 종료하는 것. (12장)

infatuation(심취) 다른 사람에게 강렬하게 몰두하거나 초점을 맞춘 상태를 말하는데, 통상 성적 욕구, 의기양양함, 그리고 일반적인 생리적 각성 또는 흥분이 동반됨. 열정. (7장)

inference(추론) 결론이나 의견. (2장)

infertility(불임) 아이를 임신할 수 없는 상태. (11장)

inflammation(염증) 상처가 난 부분이 붉고 열이나는 증상. 혈관이 국부적으로 팽창하여 적혈구 세포가 증가하게 되어 나타난다. (16장)

inguinal canal(서혜관, 샅굴) 음낭과 고환을 연결하는 태아기의 도관을 말하는데, 이들이 하강할 수 있게 해줌. (6장)

intersexual(간성, 간성인) 한 성의 생식선을 가지고 있기는 하지만 외부생식기는 다른 성의 것을 애매한 또는 전형적 형태로 가지고 있는 사람. 또한 가짜 남녀한몸(pseudohermaphrodite)이라고도 함. (6장)

interstitial cell(간질세포) 세정관 사이에 있으며 테스토스테론을 분비하는 세포. (4장)

intimacy(친밀, 친밀감) 다른 사람에 대한 깊은 인식과 이해를 특징으로 하는 친근함(7장); 가장 내적인 생각이나 감정을 공유함으로써 특징지어지는 정서적 친근감과 유대감(8장). (7장, 8장)

intra-amniotic infusion(양막내 주입법) 조기 출산을 유도하기 위해 양수막 내에 물질을 투입하는 낙태 방법. (12장)

intracytoplasmic sperm injection, ICSI(세포질 내 정자주입술) 한 개의 난자에 단일 정자를 직접 주입하는 임신 방법. (11장)

intrauterine device, IUD(자궁내 장치) 자궁 내에 삽입하여 임신을 막는 물체. (12장)

introitus(질구) 질의 개구(구멍). (3장)

jaundice(황달) 피부와 눈의 흰자위에 노란색을 띠게 되는 증상. (16장)

Klinefelter syndrome(클라인펠터증후군) 여분의 X 성염색체에 의한 성염색체 장애. (6장)

klismaphilia(관장애증) 관장을 함으로써 성적인 자극을 느끼는 성도착증. (17장)

labia majora(대음순) 음문의 양쪽 옆을 따라 음부로부터 아래쪽으로 달리는 피부의 큰 주름. (3장)

labia minora(소음순) 털이 없고, 옅은 색을 띠는 막으로 되어 있으며, 대음순 사이에 위치해 있다. (3장)

laboratory observation(실험실관찰) 어떤 주제를 실험실 환경에서 연구하는 방법. (2장)

lactation(젖의 분비) 유선에서의 모유생산, 분비. (11장)

Lamaze method(라마즈 분만법) 출산의 한 방법으로 산모는 출산에 대해, 신체를 이완하는 방법에 대해, 그리고 에너지를 절약하고 고통을 완화할 수 있는 호흡법에 대해 배운다. 그리고 출산에 코치(보통 아빠)가 동석하도록 한다. 준비된 출산(prepared childbirth)이라고 불리기도 한다. (11장)

laparoscopy(복강경, 복강경수술법) 길고 가는 튜브 형태의 의료 기구. 배꼽 내 절개부를 통해 관을 복강 내로 삽입하여 골반강 내 장기들을 육안으로 확인하는 장비(11장); 복강경을 이용하여 나팔관 붙임술을 하는 방법. 복강경이란 배꼽 바로 아래 작은 절개 속으로 삽입하여 나팔관을 절단하거나 수술용 집게로 묶는데 사용하는 기구(12장). (11장, 12장)

lesbian(레즈비언) 다른 여성에게 성적으로 이끌리고 성적 관계 형성을 원하는 여성(레즈비언은 여성 간의 성적 활동이 이상화되어 전설로 내려오는 *lesbos*라는 그리스의 섬에서 유래). (10장)

leukocyte(백혈구) 감염에 대항하여 신체를 보호하는데 필수적인 세포. (16장)

Leydig's cell(레이디히세포) 간질세포의 다른 이름. (4장)

local anesthesia(국소마취) 마취의 한 형태로, 출산시 신체의 특정지역에서만 고통을 없애주는 방법. (11장)

lochia(오로) 불그스름한 질 분비물로 출산 후 약 한 달 동안 분비가 지속된다. (11장)

loneliness(외로움) 고통스러운 격리상태. (8장)

lovemap(러브맵) 이상형의 연인과 이상적인 성적행위에 대한 의식과 뇌에 각인된 표상. (17장)

lumpectomy(유방종양절제술) 유방의 종양을 제거하는 수술. (3장)

luteinizing hormone, LH (황체형성호르몬) 배란을 유발시킴으로써 월경주기 조절을 도와주는 성선자극호르몬. (3장)

lymphogranuloma venereum(성병림프육아종) 세균 클라미디아 트라코마티스(*Chlamydia trachomatis*)에 의해 발생하는 열대성 성병. (16장)

male erectile disorder(남성발기 장애) 남성이 성교를 하거나 끝내도록 충분히 발기가 이루어지거나 유지되는데 지속적인 어려움. 발기불능이라고도 함. (15장)

malignant(악성) 죽거나 치명적인 결과를 초래하는. (3장)

mammary gland(젖샘) 젖을 분비하는 샘. (3장)

mammography(유선 X-선 촬영) 유방의 암종양을 찾아내는 특수한 유형의 X-선 검사. (3장)

mastalgia(유방통) 때때로 월경 전 불편감을 일으키는 유방의 팽창. (3장)

mastectomy(유방절제) 유방 전체를 제거하는 수술. (3장)

masturbation(자위행위) 성적 자기자극. (9장)

menarche(초경) 첫 월경기(3장); 월경의 시작, 첫 월경(13장). (3장)

menopause(폐경기) 월경의 중지. (3장)

menstrual phase(월경기) 월경주기의 네 번째 시기로서, 그 동안에 월경출혈로 자궁내막이 떨어져 나온다. (3장)

menstruation(월경) 자궁 내면의 탈락으로 일어나는 주기적인 출혈. (3장)

mesoderm(중배엽) 배아의 중앙 부위로 이곳에서 뼈와 근육이 발생한다. (11장)

mini-laparotomy(작은개복술) 한 종류의 나팔관 붙임술로 나팔관에 도달하기 위해 복부를 절개하는 방법. (12장)

minipill(최소 피임약) 프로게스테론만 함유된 피임약. (12장)

miscarriage(유산) 자연유산. (11장)

missionary position(정상체위) 남성이 여성 위에 올라가는 성교 체위. 남성상위체위(male-superior position)라고도 한다. (9장)

mittelschmerz(배란통) 배란기에 발생하는 통증(독일어로 "중간 통증"이라는 용어임. 월경 기간 사이 중간쯤에 발생하는 통증). (3장)

molluscum contagiosum(전염 물렁증) 팍스 바이러스의 감염에 의해 발생하는 성병으로 통증을 수반하지 않는 궤양이 음부, 엉덩이, 허벅지, 아랫배 등에 나타난다. (16장)

monogamy(일부일처제) 한 명과 결혼. (14장)

monozygotic (MZ) twin(일란성 쌍둥이) 동일한 수정란에서 발생한 쌍둥이. 일란성 쌍생아. (10장)

mons veneris(음부) 신체의 앞 부분에 그리고 복부 아래에 있으면서 음핵 위에 있는 치골의 관절을 덮고 있는 지방조직의 둔덕. (3장)

morning sickness(입덧) 임신의 징후로 메스꺼움, 특정 음식에 대한 혐오, 구토 등을 특징으로 하는 현상. (11장)

motility(운동성) 정자의 운동성. 정자의 생존력을 측정하는 도구. (11장)

multiple orgasm(다중 오르가즘) 첫 번째 오르가즘 후에 나타나는 한 번 또는 그 이상의 오르가즘을 말하는데, 짧은 기간 안에 일어나며, 몸은 전고조기 수준의 흥분 상태로 돌아간다. (5장)

mutation(돌연변이) DNA의 분자 구조의 무작위적인 변화. (1장)

mutual cyclical growth(상호순환성장) 배우자의 요구가 헌신을 낳고, 헌신은 다시 관계를 강화하는 행동을 촉진한다. 그리고 이러한 행동들이 신뢰를 형성케 하며, 관계유지 및 발전을 위한 배우자의 헌신을 더욱 증가시킨다는 이론. (8장)

mutuality(상호관계) 같은 공간, 같은 시간 내에 두 명의 "내"가 우연히 함께 존재하는 것이 아니라 당사자가 서로를 "우리"로 여기게 되는 관계 형성 시기. (8장)

myometrium(자궁근층) 근육이 잘 발달한 자궁의 중간층. (3장)

myotonia(근긴장, 근긴장증, 근경직증) 근육의 긴장(2장); 근육

긴장(5장). (2장, 5장)

natural selection(자연선택) 적응된 형질이 한 종의 구성원으로 하여금 생식 연령에까지 생존하여 미래 세대에 이들 형질을 전달할 수 있게 하는 진화적 과정. (1장)

naturalistic observation(자연관찰) 생물들이 자신의 자연환경에서 관찰되는 한 방법. (2장)

necrophilia(시체성애증) 시체와 성행위하려는 욕구의 특징을 가지고 있는 성도착증. (17장)

neural tube(신경관) 배아의 움푹 들어간 부분으로 이곳에서 신경계통이 발생한다. (11장)

neurosyphilis(신경매독) 중추신경계가 매독균에 의해 감염되는 질병으로 뇌손상과 사망에 이를 수 있다. (16장)

nocturnal emission(몽정) 수면 중 무의식적 사정. 영어로 "wet dream"이라고도 하지만 성에 관한 꿈 또는 아무 꿈도 필요하지는 않는다. (13장)

obscenity(음란) 사람들의 감정을 상하게 하거나 사람들이 생각하는 보편적인 또는 단정한 정도에 벗어나는 것. (19장)

ocular herpes(안구포진) 눈 부위에 헤르페스 바이러스가 감염된 증세. 흔히 신체 다른 감염된 부분을 건드린 후 눈 부위를 접촉하게 될 때 전염된다. (16장)

Oedipus complex(오이디푸스 콤플렉스) 정신분석이론에서 남자아이가 성적으로 어머니를 소유하기를 원하고 자신의 아버지를 연적으로 여기는 남근기 때 일어나는 충돌(1장); 정신분석이론에서 말하는, 남자아이가 성적으로 어머니를 소유하기를 원하고, 자신의 아버지를 연적으로 여기는 남근기 때 일어나는 충돌(6장). (1장, 6장)

ophthalmia neonatorum(신생아 안염) 임질균 감염의 한 종류로서 신생아가 출생시 산도를 통과하면서 임질균에 눈이 감염되는 질병. (16장)

opportunistic disease(기회감염증) 면역 체계가 약해져서 병원균에 대항하지 못할 때만 발달하는 감염증. (16장)

oral contraceptive(경구 피임약) 성호르몬으로 구성된 피임약으로 입으로 복용함. (12장)

orgasm(오르가즘) 성적 흥분의 절정. (4장)

orgasmic disorder(극치감 장애) 정상적으로 극치감에 도달할 충분한 강도의 성적 자극을 받아도 지속적 또는 반복적으로 극치감에 도달하기 어렵거나 그들이 원하는 것보다 빨리 극치감에 도달하는 성기능 장애. (15장)

orgasmic phase(절정기) 성반응 주기의 단계로서, 특징적으로 남성과 여성 모두의 성기 부위에 빠른 일련의 근수축과 남성의 사정이 일어난다. (5장)

orgasmic reconditioning(오르가즘 교정법) 문화적으로 적절한 자극과 오르가즘을 반복적으로 연계시킴으로써 정상적인 성적 자극(이성의 성인에 대한 성적 판타지 등)과 성적인 흥분이 연결되는 것를 강화시키는 방법. (17장)

os(구멍) 자궁경부의 중간 개구(구멍). (3장)

osteoporosis(골다공증) 에스트로겐 부족으로 인한 질환이며, 뼈가 다공성이고 쉽게 부서지는 등 골밀도의 감소가 특징이다. (3장)

outercouse(간접성교) 체액을 교환하지 않는 성적인 행위로 껴안기, 마사지, 애무하기, 서로 자위해 주기 및 몸을 서로 비비는 행위 등을 말한다. (16장)

ovariectomy(난소절제술) 난소의 외과적 제거. (5장)

ovaries(난소) 난자와 호르몬인 에스트로겐과 프로게스테론을 생산하는 아몬드 모양의 기관. (3장)

ovulation(배란) 난소로부터 난자의 방출. (3장)

ovulation method(배란 방법) 배란일자를 자궁의 점성도에 따라 임신 가능일자를 추정하는 방식으로 피임하는 방법. (12장)

ovulatory phase(배란기) 월경주기의 두 번째 시기로서, 난포가 파열되어 성숙한 난자가 방출된다. (3장)

oxytocin(옥시토신) 분만시 자궁수축과 아기 양육시 젖의 방출을 촉진시키는 뇌하수체호르몬(3장); 자궁의 수축을 촉진하는 뇌하수체 호르몬(11장). (3장, 11장)

Pap test(팹테스트) 자궁경부이 암과 기타 질환을 검색하는 자궁경부 세포의 시료에 대한 검사. (3장)

paraphilia(성도착증) 비전형적으로 성적 희열을 느끼거나 그렇게 행동하는 양상으로 개인이나 사회적으로 문제를 일으키는 것. 페티시즘이나 노출증이 그 예다. 성도착증의 충동은 재발되며 일부러 그러기도 하고 본의 아니게 발생해서 고통을 주기도 한다. (17장)

paraplegic(양측하지마비 환자) 몸의 하반신의 감각과 운동이 마비된 사람. (4장)

parasympathetic(부교감신경) 소화와 같은 에너지를 저장하는 과정 동안에 주로 활동적인 자율신경계의 분지. 부교감신경성 자율신경계는 주로 발기를 조절한다. (4장)

partial hysterectomy(부분 자궁절제술) 난소와 나팔관을 제외한 자궁의 제거 수술. (3장)

partialism(편애증) 발, 가슴, 엉덩이 등 신체의 한 부분에 대해 지나치게 집착하고 그로부터 성적 흥분을 느끼는 성도착증으로써 페티시즘과 관련 있다. (17장)

participant observation(참가자관찰) 관찰자가 자료를 수집할 때 그들이 연구하는 사람들과 상호작용하는 한 방법. (2장)

passion(열정) 강력하고 강렬한 감정. (7장)

pathogen(병원체) 질병을 일으키는 물질로서 미생물이 대표적이다. (16장)

peak days(최고조 날) 생리주기 중 임신확률이 가장 높은 날들. (12장)

pederasty(남색) 소년 상대의 성적인 사랑. (1장)

pediculosis(이 감염증) 음부이에 의해서 발병하는 기생충 질병으로 가려움증을 수반한다. (16장)

pedophiles(소아성애증) 어린이에 대해 성적인 흥미가 높은 성도착증자. (17장)

pedophilia(아동애호증) 아동애호증은 어린이에 대해 성적인 집착을 갖는 것으로 정의된다. (18장)

pelvic inflammatory disease, PID(골반내감염) 골반 부위에 생기는 염증; 증상으로는 복부 통증, 누름통증, 메스꺼움, 고열, 비규칙적인 월경주기 등이 있다; PID로 인해 불임이 되기도 한다. (16장)

performance anxiety(수행불안) 성적 활동과 관련하여 경험된 두려움과 불안감(또는 다른 사람들에 의해서 판단될 것 같은 어떤 다른 행동)(4장); 행위, 특히 다른 사람에게 평가받는 행위를 수행하는 능력에 관한 불안(15장). (4장, 15장)

perimenopause(폐경전후기) 폐경기의 시작. 3~11개월 동안 무월경 또는 불규칙적인 기간이 특징적임. (3장)

perimetrium(자궁외막) 자궁의 외층. (3장)

perineum(회음부) 질구와 항문 사이에 있는 피부와 밑에 있는 조직(3장); 외부생식기와 항문 사이의 영역(11장). (3장)

period of the ovum(종자기) germinal stage와 동의어. (11장)

Peyronie's disease(파이로니병) 발기를 고통스럽게 할 수 있을 만큼 음경이 과도하게 구부러져 있음. (4장)

phallic symbol(남근상징) 음경의 이미지. (1장)

phallic worship(남근숭배) 생식능력의 상징으로 음경을 숭배. (1장)

phalloplasty(음경성형, 음경성형술) 수술로 인공음경을 만드는 것. (6장)

pharyngeal gonorrhea(임균성인두염) 인두가 따가운 증상을 보이는 임질균 감염의 한 종류. (16장)

pheromone(페로몬) 어떤 동물들에 의해 분비되는 화학물질로서, 정보를 동종의 다른 개체들에게 전달하거나 동종의 다른 개체들 안에서 특이 반응을 일으킴. (5장)

philia(필리아) 친구 간의 사랑. 이것은 성적 욕구보다 좋아함과 존중에 바탕을 두고 있음. (7장)

phimosis(포경) 포피가 아주 단단하게 덮여 있어서 귀두가 노출될 수 없는 비정상의 상태. (4장)

pimp(포주) 매춘부의 관리자로 행세하는 남성으로 매춘부의 수입에 의존한다. (19장)

pituitary gland(뇌하수체) 성장호르몬, 프로락틴, 옥시토신 등을 분비하는 샘. (3장)

placenta(태반) 탯줄을 통해 태아와 연결되어 있는 구조. 태반은 모체와 태아 사이의 중계국으로 역할을 하여, 이를 통해 영양분이나 노폐물의 교환이 일어난다. (11장)

plateau phase(고조기) 성반응 주기의 두 번째 단계로서, 오르가즘의 준비로 혈관충혈, 근육 긴장, 심박수, 그리고 혈압의 증가가 특징적이다. (5장)

polyandry(일처다부제) 한 명의 여성이 여러 남성과 결혼하는 결혼의 형태. (14장)

polygyny(일부다처제) 한 명의 남성이 여러 여성과 결혼하는 결혼의 형태. (14장)

population(모집단) 생물이나 사건의 전체 집단. (2장)

pornography(외설물) 성적 흥분을 일으키거나 증가시키려고 만들어진 성적으로 노골적인 매체. (19장)

postpartum(산후기간) 출산 후 이어지는 기간. (11장)

postpartum depression, PPD(산후우울증) 산후기간 동안에 동반될 수 있는 감정의 급격하고도 지속적인 변화. 절망감과 무관심이 동반되며 특징적으로 식욕이나 수면주기의 변화가 일어난다. 낮은 자존감을 보이며, 무엇에 집중하기 힘들어진다. (11장)

posttraumatic stress disorder, PTSD(외상후 스트레스 장애) 충격적인 사건에 의해 발생한 스트레스 반응의 일종이다. 꿈자리를 뒤숭숭하게 하는 형태인 경험의 플래시백(회상 장면), 수시로 떠오르는 기억, 정서적으로 멍해짐 또는 제한된 감정들과 고조된 신체적 흥분이 특징이다(18장); 과거의 기억으로 인해 발생하는 스트레스로써 수면장애나 기억장애, 감정이 무뎌지는 현상 또는 느낌의 범위가 좁아지는 증상 및 경계심이 증가하는 증후가 나타난다(19장). (18장, 19장)

preimplantation genetic diagnosis(착상전유전자진단) 착상전유전자진단은 착상이 이루어지기 전, 아이의 성별을 선택할 수 있는 가장 신뢰할 만한 유일한 방법이다. (11장)

premature (rapid) ejaculation(조기사정) 최소한의 성적 자극으로 파트너가 원하기 전에 사정을 하는 성기능 장애. (15장)

premenstrual dysphoric disorder, PMDD(중증월경전증후군) 월경전증후군의 경우를 설명하는 미국정신과협회(APA)에 의한 하나의 진단. 그 특징에는 심각한 기분의 변화와 직장에서 학교에서 또는 사회적 관계에서 기능 장애가 있다. (3장)

premenstrual syndrome, PMS(월경전증후군) 매달 월경 전에, 4~6일 간격으로 많은 여성들을 규칙적으로 괴롭히는 신체적 정신적 증후군의 조합(예, 불안, 우울증, 자극 감응성, 체액 정체에 의한 체중 증가, 복부불쾌감). (3장)

prepuce(포피) 음핵(또는 음경)의 귀두를 덮는 피부의 주름. (3장)

preterm(조산아) 임신 37주 이내에 출생한 아이. (11장)

primary amenorrhea(일차[1차] 무월경) 아예 월경이 없는 여성의 무월경. (3장)

primary dysmenorrhea(일차[1차] 월경곤란) 알려진 타고난 문제 없이 발생하는 월경통 또는 불편감. (3장)

primary erogenous zone(일차[1차] 성감대) 신경말단들을 풍부하게 가지고 있기 때문에 특히 민감한 성감대. (5장)

primary sex characteristic(일차[1차] 성징) 물리적 특징들로 남성과 여성을 구분할 수 있고 성기 들처럼 번식과 직접 관련이 있음. (13장)

prodromal symptom(전구증상) 어떤 질병이 도지려고 할 때 나타나는 전조 증상. (16장)

progesterone(프로게스테론) 자궁내막의 증식을 자극하고 월경주기의 조절에 관여하는 스테로이드 호르몬으로서 황체에 의해 분비되는데 합성하기도 함. (3장)

prolactin(프로락틴) 젖의 생산을 촉진시키는 뇌하수체호르몬(3장); 모유의 생성을 자극하는 뇌하수체 호르몬(11장). (3장)

proliferative phase(증식기) 월경주기의 첫 시기로서, 월경 마지막에 시작되며 9 또는 10일 동안 지속된다. 이 단계 동안 자궁내막이 증식된다. (3장)

prophylacti(예방제) 질병으로부터 보호하는 물질. (12장)

propinquity(근접성) 가까움. (7장)

prostaglandin(프로스타글란딘) 출산에서처럼 자궁벽에 있는 근육섬유가 수축을 일으키도록 하는 호르몬(3장); 자궁에서 생성되어 자궁의 수축을 촉진하는 호르몬(11장). (3장, 11장)

prostate gland(전립선) 방광 아래에 있으며 전립선액을 분비하는 선. 전립선액은 정액의 특징적인 냄새와 질감을 부여한다. (3장)

prostatitis(전립선염) 전립선의 염증. (4장)

prostitution(매춘) 성적인 활동을 돈 또는 가치를 지니는 물건(마약)을 받고 파는 것. 성산업이라고도 한다. (19장)

proximodistal(근위원위) 중심축으로부터 몸의 바깥쪽으로 향하는. (11장)

prurient(외설적인) 욕망을 흥분하게 하는 경향. (19장)

psychoanalysis(정신분석) 지그문트 프로이트가 맨 처음 제안한 성격에 관한 이론을 말하는 것인데, 이것은 내적인 힘이 충돌한 결과를 나타내는 것이라고 제안함. (1장)

psychological androgyny(심리적 양성성) 틀에 박힌 남성의 특성과 틀에 박힌 여성의 특성, 둘을 모두 가진 상태. (6장)

psychosexual development(정신성 발달) 정신분석이론에 있어서 한 성감대에서 다른 성감대로 성적 감정이 이동하는 과정. (1장)

puberty(사춘기) 번식이 처음으로 가능해지는 생물학적 발달단계. 사춘기는 2차 성징이 나타나면서 시작되고 긴 뼈들이 더 이상 자라지 않을 때 끝난다. (13장)

pudenda(외음부) 여성의 외부 생식기. (3장)

queer theory(퀴어 이론) 이성애규범성과 이성애주의에 도전하는 이론. (1장)

radiotherapy(방사선 요법) X-선이나 방사능 물질의 방사물에 의한 질병의 치료. (3장)

random sample(무작위 표본) 모집단의 모든 구성원이 동등한 참여기회를 가지는 표본. (2장)

rape(강간) 동의 없이 일어나는 성활동. 강제적인 강간과 법적 강간을 보시오. (18장)

recessive trait(열성형질) 우성 유전자와 한 쌍을 이루었을 때 발현되지 않는 유전형질. 그러나 열성형질은 이후 세대에게 전파될 수 있으며, 다른 열성형질과 한 쌍을 이루게 되면 발현된다. (11장)

reciprocity(호혜) 서로 주고받음. (7장)

refractory period(불응기) 어떤 반응(예, 오르가즘) 뒤에 따르는 특정 기간으로서, 그 동안에는 더 이상 자극에 반응하지 않는다. (5장)

repression(억압) 불안을 불러일으키는 생각을 의식으로부터 자동적으로 쫓아냄. (1장)

resolution phase(쇠퇴기) 성반응 주기의 네 번째 단계로서, 몸은 점차적으로 전흥분기 상태로 되돌아간다. (5장)

respiratory distress syndrome(호흡곤란증후군) 호흡이 약하거나 불규칙적으로 일어나는 등의 호흡과 관련된 문제가 발생한 전반적인 상황. 특히 조산아가 이에 취약하다. (11장)

retrograde ejaculation(정액역류증) 사정 시에 사정액이 방광으로 밀려나는 증상. (4장)

Rh incompatibility(알에이치[Rh] 혈액형부적합) 임신한 모체에서 생성된 항체가 태아에게로 전파되어 태아의 뇌에 상해를 입히거나 죽음에 이르게 할 수 있는 상태. (11장)

root(뿌리) 골반으로 뻗어 있는 음경의 기부. (4장)

rubella(풍진) 배아에게 심장 질환이나 정신 지체를 유발할 수 있는 바이러스성 감염. 독일 홍역이라고도 알려져 있다. (11장)

rubin test(루빈테스트) 자궁경부를 통해 이산화탄소 가스를 주입하고, 이 가스가 생식관을 통해 이동하는 경로를 추적함으로써 수란관이 막혔는지 여부를 확인하는 검사 방법. (11장)

sacrum(천골) 척주의 아래 부위에 위치한 두껍고 삼각형의 뼈. (4장)

sadism(가학증, 사디즘) 다른 사람에게 고통이나 굴욕을 주어 성적 만족을 얻는 행위. (1장)

sadomasochism, S&M(가학피학증) 동의하는 성 파트너 사이에서 이루어지는 상호 성적 만족의 행위로서 통증이나 굴욕감을 주고받음으로써 성적 흥분을 증가하는 행위. (17장)

sample(표본) 모집단의 일부. (2장)

scabies(옴) 아주 작은 진드기에 의해 발생하며 가려움증을 유발한다. (16장)

schema(도식화) 개념. 경험을 해석하거나 정보를 처리하는 방식. (6장)

score(스코어) 남창의 고객. (19장)

scrotum(음낭) 고환을 가지고 있는 늘어진 피부로 된 주머니. (4장)

secondary amenorrhea(이차[2차] 무월경) 월경이 있었던 여성의 무월경. (3장)

secondary dysmenorrhea(이차[2차] 월경곤란) 확인된 타고난 문제에 의해 발생하는 월경통 또는 불편감. (3장)

secondary erogenous zone(이차[2차] 성감대) 경험을 통하여 민감해지는 성감대. (5장)

secondary sex characteristic(이차[2차] 성징) 생식에 직접적으로 관여되어 있지 않지만 상호 성을 구별하는 특성(3장); 직접적으로 생식에 관련되어 있지는 않지만 성을 구분 짓는 성향(4장); 물리적 특징들로 남성과 여성을 구분할 수 있고 일반적으로 사춘기 때 번식과 직접 관련 없이 나타나며 예로는 털과 지방의 신체 분포, 근육량 발달, 변성 등이 있다(13장). (3장, 4장, 13장)

secretory phase(분비기) 월경주기의 세 번째 시기로서, 배란 뒤에 일어난다. 배란에 따라 황체(corpus luteum) 이후에 많은 양의 프로게스테론과 에스트로겐을 분비하기 시작하는 황체기(luteal phase)라고도 함. (3장)

selection factor(선택요인) 사람들이 어떤 처리를 받을지 받지 않을지를 결정해야 하는 상황에서 연구에 작용하게 될지 모를 어떤 편중. (2장)

self-disclosure(자아개방) 개인적 정보, 보통 친근한 정보를 공개하는 것. (8장)

semen(정액) 정자와 정낭, 전립선 그리고 쿠퍼선의 분비물로 구성된 사정액을 이루는 희끄무레한 액체. (4장)

seminal vesicle(정낭) 방광 뒤에 있으며 사정관에서 정자와 혼합되는 액체를 분비하는 작은 선. (4장)

seminiferous tubule(세정관) 고환의 엽 안에 있는 작고 꼬여 있으며 정자를 생산하는 관. (4장)

sensate focus exercise(감각집중훈련) 성 파트너가 번갈아 몸의 생식기 외의 부분 자극을 주고받는 훈련. (15장)

serial monogamy(연속 연애) 동시에 여러 명과 성적인 관계를 갖는 것과 반대로 한 명씩 연속적으로 관계를 갖는 패턴. (14장)

seronegative(음성혈청반응) 혈액 속에 항원이 없거나, 그 항원에 대한 항체가 없는 상태. (16장)

seropositive(양성혈청반응) 혈액 속에 항원이 있거나, 그 항원에 대한 항체가 있는 상태. (16장)

sex assignment(성부여) 신생아에 남성 또는 여성이라 붙이는 것. 또한 성별부여(gender assignment)라고도 함. (6장)

sex flush(성홍조) 성반응 주기의 흥분기 말에 가슴이나 유방에 나타나는 붉은색을 띠는 발진. (5장)

sex skin(성피) 고조기 동안 일어나는 소음순의 붉어짐. (5장)

sex therapy(성치료) 성기능 장애를 치료하기 위한 단기간 행동 모델을 통틀어 일컫는 용어. (15장)

sexism(성차별) 어떤 사람이 그 사람의 성으로 인해 부정적인 특성을 가질 것이라고 여기는 편견. (6장)

sexual arousal disorder(성흥분 장애) 지속적 또는 반복적으로 성교에 참여 또는 유지하도록 성적 흥분이 되지 않는 정상적으로 성기능 장애. (15장)

sexual assault(성폭력) 무력 또는 힘을 쓰겠다는 협박이 수반된 성활동. (18장)

sexual desire disorder(성욕 장애) 지속적 또는 반복적으로 성적 욕망이 없거나 성적 접촉을 혐오하는 성기능 장애 . (15장)

sexual differentiation(성분화) 남성과 여성이 서로 다른 생식적인 해부구조로 발생되는 과정. (6장)

sexual dysfunction(성기능 장애) 성적으로 흥분되거나 극치감에 도달하는데 지속적 또는 반복적 어려움들. (15장)

sexual harassment(성희롱) 성적인 의미를 담은 의도적인 언어적 표현, 몸짓, 신체적 접촉을 말하며 상대방이 싫어함에도 불구하고 반복적으로 이루어지는 것. (18장)

sexual masochism(피학대음란증) 성적 흥분을 증가시키기 위해 통증을 필요로 하거나 요구하는 충동을 가지고 있는 성도착증. (17장)

sexual orientation(성적 성향) 동성을 향한, 이성을 향한 혹은 양성을 향한 개인적인 성적 관심의 지향성. (10장)

sexual pain disorder(성교동통 장애) 성교 도중 지속적 또는 반복적으로 통증을 느끼는 성기능 장애. (15장)

sexual response cycle(성반응 주기) 성반응의 마스터즈와 존슨의 모델로서, 네 단계로 구성되어 있다. (5장)

sexual sadism(가학대음란증) 다른 사람에게 통증을 가하거나 굴욕감을 줌으로써 성적 흥분을 느끼는 성도착증. (17장)

sexual sadist(가학대음란증자) 다른 사람에게 통증을 가하거나 굴욕감을 줌으로써 성적 흥분을 느끼는 사람. (17장)

sexually transmitted infection, STI(성병) 성적 접촉을 통해서 퍼지는 전염병. (16장)

shaft(자루) 혈관에 혈액이 채워짐으로써 확장되는 음경 자루. (4장)

shigellosis(이질) 이질균에 의해 발생하는 성병. (16장)

small talk(사교적 담소) 깊이 있는 대화를 나누기보다는 폭넓은 사회 관심사에 대해 정보를 교환하는 표면적인 대화. (8장)

snuff film(스너프 영화) 성행위를 연기하는 동안 계획된 실제 살인이 있는 영화. (19장)

social skills training(사회성 훈련) 치료사의 훈련과 연습에 바탕을 두며 사회적인 능력을 배양하는 인지-행동학적 치유법. (17장)

social-cognitive theory(사회인지이론) 관측 가능한 학습과 가치와 기대가 행동을 결정하는 핵심적인 역할을 한다는 인지 지향적 학습이론. (1장)

social-exchange theory(사회교환 이론) 관계의 발달이 사회교환의 전개, 즉 관계를 와해하지 않고 유지하기 위해 소요되는 보상과 비용의 전개를 반영한다는 이론. (8장)

socialization(사회화) 정보, 보상, 처벌을 수단으로 하여 사회적으로 수용가능한 행동패턴으로 사람들을 끌고 가는 과정. (6장)

solitude(고독) 고독은 자기 발견이나 내적 평화, 투영 및 영성으로 특징지어지는 상태임. (8장)

spectator role(구경꾼 역할) 주로 수행불안 때문에 사람들의 성적 상대와 완전히 참여하는 대신에 관찰하는 역할. (15장)

sperm(정자) 남성생식세포. (4장)

spermatic cord(정삭) 음낭 안의 고환을 매달고 있으며 정관, 혈관, 신경을 갖고 있는 삭(끈). (4장)

spermatid(정세포) 정모세포의 분열에 의해 형성된 세포. 각 정세포는 23개의 염색체를 갖고 있다. (4장)

spermatocyte(정모세포) 정자세포의 발생에서 초기 단계를 말하며 각 친세포는 하나의 X염색체와 하나의 Y염색체를 포함하여 46개의 염색체를 갖고 있다. (4장)

spermatogenesis(정자형성) 정자가 생성되고 발생되는 과정. (4장)

spermatozoa(정자) 성숙 정자 세포. (4장)

spontaneous abortion(자연유산) 독립적인 삶을 영위할 수 없는 시기에 배아 및 태아가 갑작스럽게, 불수의적으로 자궁으로부터 축출되는 현상. (11장)

squeeze technique(스퀴즈 테크닉) 조기사정을 치료하는 방법으로 음경의 끝 부분을 일시적으로 눌러서 사정을 억제하는 법. (15장)

stalking(스토킹) 강박관념을 가진 사람이 다른 사람을 고집스럽게 따라다니거나 훔쳐보는 행위. 스토킹은 직접적인 행동으로도 일어날 수 있으며, 전자메일을 침입하는 방식으로 온라인을 통해 일어날 수 있다. (8장)

statutory rape(법적 강간) 비록 피해자가 동조했더라도, 법적 연령 이하의 사람과 맺은 성활동. (18장)

stereotype(고정관념) 어떤 그룹의 사람들에 대한 틀에 박힌 고정된 생각. (6장)

sterilization(불임법) 성생활에 영향을 주지 않으면서 임신이 불가능하게 하는 수술 방법. (12장)

stillbirth(사산) 사망한 태아를 출산하는 것. (11장)

storge(스토르게) 애착과 비성적인 애정. 부모로 하여금 자식에게 결속시키는 감정의 유형. (7장)

stranger rape(낯선 이에 의한 강간) 희생자들이 이전에 모르던 폭력범에게 당하는 강간. (18장)

streetwalker(거리 매춘부) 거리에서 성 소비자를 유혹하는 매춘부. (19장)

surface contact(표면관계) 서로에게 공통점이나 애정의 감정이 있는지 탐구하는 관계 형성의 탐침 시기. (8장)

surfactant(계면활성제) 기도가 서로 부착되어 막히는 것을 방지하는 물질. (11장)

surrogate mother(대리모) 잠재적인 아버지와의 인공수정을 통해 임신을 하고 배아 및 태아를 거쳐 출산할 때까지 아이를 양육한 후, 신생아를 잠재적 부모에게 양도하는 여성. (11장)

swinging(부부교환) 부부 모두 간통 경험을 하는 공개 간통의 한 형태. 스와핑이라고도 함. (14장)

sympathetic(교감신경) 공포나 불안 등과 같은 에너지를 소비하는 감정적인 반응 동안 주로 활동적인 자율신경계의 분지. 교감신경성 자율신경계는 주로 사정을 조절한다. (4장)

syphilis(매독) 성행위로 전염되는 세균성 감염(11장); 세균의 일종인 트레포네마 팔리덤(*Treponema pallidum*)의 감염에 의해서 발생하는 성병. 여러 단계를 거쳐 증상이 발달하며 굳은궤양, 발진, 주요 신체 기관에 상해를 입힌다(16장). (11장, 16장)

systematic desensitization(체계적 탈감각) 성적인 자극(페티시적 자극과 같은 비정상적인 자극)과 부적절한 반응(성적 흥분) 사이의 연결 고리를 끊기 위해 근육 이완을 이용하는 방법. (17장)

tampon(탐폰) 면이나 유사한 재질로 만든 마개로서, 월경출혈을 흡수하기 위해 질에 끼워 넣는다. (3장)

telephone scatologia(음란전화집착증) 음란전화를 거는 특징을 지닌 성도착증. (17장)

teratogen(기형유발물질) 배아나 태아에 위험한 영향을 미칠 수 있는 환경 요인이나 특정 물질. (11장)

testes(고환) 남성의 생식샘. (3장)

testosterone(테스토스테론) 남성 특징의 발달을 촉진시키고 성적 충동과 관련된 남성 호르몬(3장); 남성의 스테로이드 성호르몬(4장). (3장, 4장)

toucherism(건드림증) 접촉도착증과 연관된 행위로 서로 동의하지 않은 남을 애무하려는 지속된 욕구를 가지고 있다. (17장)

toxemia(임신중독증) 고혈압이 특징적으로 동반되는 생명이 매우 위급한 상태. (11장)

transgenderism(성별전환증, 성별전환 운동, 트란스젠더리즘) (1) 성전환증과 동의어. (2) 성전환자 개인의 권리와 긍지를 추구하는 행동주의자 운동. 성별전환(또는 "전환") 운동에서 대부분 트랜스젠더라는 칭호는 성전환자와 성별전환자인 사람뿐만 아니라 이성의 옷을 입은 사람(또는 이성복장자), 여장남성, 남장여성, 간성인, 그리고 통상적이지 않은 성별의 사람들(즉 출생 후에 그들에게 부여된 성별에 따른 사회규범에 반하는 방식으로 신원을 정하거나 행동하는 사람들)을 포함한다. (6장)

transition(이행) 자궁경부가 거의 완전히 확장되어 태아의 머리가 산도 내로 이동을 시작하는 시기. (11장)

transsexualism(성전환증) 한 사람이 다른 성이 되기를, 다른 성별의 사람으로 살기를 갈망하는 상태. 미국정신과 협회에 의해 성별정체성 장애로 여김. (6장)

transverse position(횡위) 태아가 출산시 자궁에서 모로 누운 체위. (11장)

transvestism(의상도착) 성적 흥분을 얻기 위해 반복적으로 이성의 옷을 입는 성도착증 또는 그러한 충동으로 고통받는 증상. (17장)

treatment(처리) 실험에서 그것의 효과가 관찰될 수 있도록 참가자들에게 가하는 개입(예를 들면 어떤 검사, 어떤 약물, 성교육 프로그램). (2장)

trichomoniasis(질편모충증) 원생생물인 질편모충(*Trichomonas vagininalis*)에 의해 발생하는 질염. (16장)

trophoblast(영양막) 포배의 외부를 구성하는 부분으로 이곳에서 양막, 태반, 탯줄이 발달한다. (11장)

tubal sterilization(나팔관 불임술) 나팔관을 수술적으로 봉합하여 여성이 불임하도록 하는 방법. (12장)

tumescence(팽창) 부어오름; 발기. (15장)

turner syndrome(터너증후군) 온전한 단 하나의 X 염색체만 지니며, 일반적으로 불임의 난소, 무월경, 작은 키와 같은 특징을 보이는 유전병. (6장)

umbilical cord(탯줄) 태아를 태반과 연결하는 관. (11장)

urethral bulb(요도망울) 요도의 전립선 부위를 이루며, 양 끝에 밀접한 근육으로 부풀어 있어서 사정 전에 정액을 가두어 두는 작은 관. (4장)

urethral opening(요도구) 여성의 신체로부터 오줌이 배출되는 개구(구멍). (3장)

urethritis(요도염) 방광 또는 요도의 염증. (4장)

urophilia(요기애증) 오줌에 대해서 성적인 흥분을 느끼는 성도착증. (17장)

uterus(자궁) 가운데가 비어 있고 근육성인 배모양의 기관으로서 여기서 수정란이 착상하여 출산까지 발생함. (3장)

vacuum aspiration(진공 흡입법) 흡입을 통하여 자궁내 물질들을 제거하는 방식으로 임신 초기에 시행하는 낙태 방법. (12장)

vagina(질) 성교 시에 음경이 들어가며, 신생아의 출산 통로가 되는 여성의 성기관. (3장)

vaginismus(질경련) 질 주위의 무의식적 근육 수축으로 음경 삽입을 막거나 삽입에 고통을 주는 성기능 장애. (15장)

vaginitis(질염) 질의 염증(3장); 질에 염증이 생기는 증상(16장). (3장, 16장)

values(가치관) 중요한지 아닌지, 옳은지 그른지, 욕구가 있는지 없는지를 판단하는 삶에서의 특질. (1장)

vas deferens(정관) 음경의 사정관으로 정자를 수송하는 관. (4장)

vasectomy(정관절제[술]) 정관을 절제하여 정자가 사정관에 도달하지 못하도록 억제한다(4장); 양쪽 정관을 절제하고 끝을 묶거나 지져서 정자가 요도에 도달하지 못하게 하여 남성이 불임하게 하는 수술 방법(12장). (4장, 12장)

vasocongestion(혈관울혈, 혈관충혈, 성기충혈) 혈류로부터의 울혈(라틴어의 *vas*는 혈관을 의미)(2장); 성기 조직이 혈액으로 채워져 팽창되는 것으로서, 음경의 발기와 질구 주변 부위의 충혈을 일으킨다(5장); 혈관이 혈액으로 충혈되어 성기나 유방이

성적 흥분 도중 부풀어 오르는 것(15장). (2장, 5장, 15장)

vasovasotomy(정관복원술) 절단되거나 지져진 정관을 꼬매서 잇는 수술 방법. (12장)

VDRL(브이디알엘) Venereal disease research laboratory의 약자로써 혈액에 매독균에 대한 항체가 있는지를 알아보는 검사법. (16장)

vestibular bulb(전정구) 질구의 양쪽을 따라 아래로 확장되어 있으며 성적 흥분기 동안 팽창되는 동굴 같은 구조물. (3장)

vestibule(전정) 질과 요도의 개구를 포함하는 소음순 안에 있는 부위. (3장)

viscosity(점성) 끈적거림, 점도. (12장)

voyerism(관음증) 모르는 사람이 벌거벗은 장면, 옷 벗는 모습, 또는 성교를 하는 장면을 보는 것에 대해 성적 환상을 가지고 있고 그러한 장면을 보려는 욕구가 강하고 반복적인 특징을 지니는 성도착증. (17장)

vulva(음문) 여성의 외부 생식기에 대한 또 다른 용어. (3장)

vulvodynia(여성외음부통) 외음 통증, 화끈감, 자극, 동통으로 구분되는 산부인과적 상태. (15장)

Whore-Madonna complex(성모-창녀 콤플렉스) 여성을 죄인 아니면 성녀로 보는 편협한 시각. (19장)

zona pellucida(투명막) 난자를 싸고 있는 젤라틴 성분의 막. (11장)

zoophilia(동물애증) 동물과 성적 접촉을 하고자 하는 반복된 욕구와 환상을 지닌 성도착증. (17장)

zygote(접합자) 수정된 난자(알세포)(3장); 수정된 난자(11장). (3장, 11장)

zygote intrafallopian transfer, ZIFT(수란관 내 접합자이식) 실험실 접시에서 수정된 수정란을 수란관 내로 삽입하는 수정 방법. (11장)

한글 찾아보기

ㄷ

ㄹ

ㅁ

ㅂ

ㅅ

ㅇ

ㅈ

ㅊ

ㅋ

ㅌ

ㅍ

ㅎ

영문 찾아보기

A

B

C

D

E

F

G

H

I

J

K

L

M

N

O

P

Q

R

S

T

U

V

W

Z